2026 2025~2018 전기산업기사

필기

공학박사 김상훈 편저
한빛전기수험연구회 감수

윤조

편저 **김상훈**

건국대학교 전기공학과 졸업(공학박사)

現 엔지니어랩 전기분야 대표강사

現 ㈜일렉킴에듀 대표

現 대한전기학회 이사(정회원)

前 인하공업전문대학 교수

前 NCS 전기분야 집필진

前 J. E사 전기기사 대표강사

前 김상훈전기기술학원 원장

前 EBS 전기(산업)기사/전기공사(산업)기사 교수

前 한국조명설비학회 이사(정회원)

저서 : 『2026 회로이론』 외 기본서 시리즈 7종
　　　『2026 전기기사 필기』 외 3종
　　　『2026 전기기사 실기』 외 3종
　　　『파이널 특강 – 전기기사 필기』 외 5종
　　　『2026 전기기사 필기 7개년 기출문제집』 외 1종
　　　『2026 9급 공무원 전기직 전기이론』 외 5종
　　　『2026 고등학교 교과서 전기설비』
　　　공기업 전기직 파이널 특강

감수 **한빛전기수험연구회**

동영상 강좌 수강

엔지니어랩 https://www.engineerlab.co.kr

2026 전기산업기사 필기(최신 8개년 기출문제)

초판 발행　　　　　2024년 11월 01일
25년 개정판 발행 2025년 10월 01일

편저자 김상훈
펴낸이 배용석
펴낸곳 도서출판 윤조
전화 050-5369-8829 / **팩스** 02-6716-1989
등록 2019년 4월 17일
ISBN 979-11-94702-13-9 13560
정가 26,000원

이 책에 대한 의견이나 오탈자 및 잘못된 내용에 대한 수정 정보는 아래 홈페이지와 이메일로 알려주시기 바랍니다.
홈페이지 www.yoonjo.co.kr / **이메일** customer@yoonjo.co.kr

한 번에 큐넷 합격!

" 원리를 이해하는 진짜 학습서
처음부터 제대로 준비해서 **한 번에 합격**하세요. **"**

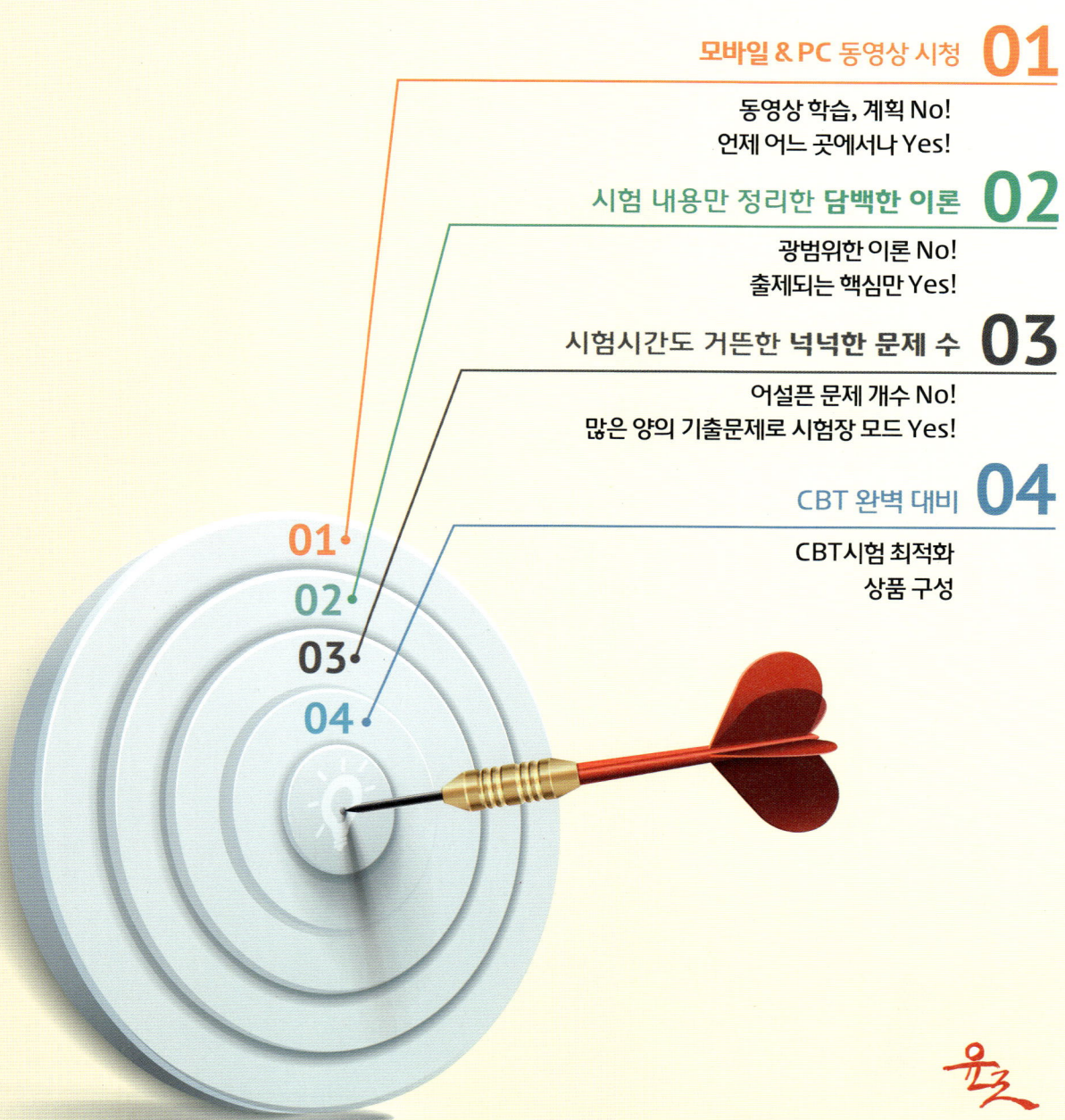

모바일 & PC 동영상 시청 **01**

동영상 학습, 계획 No!
언제 어느 곳에서나 Yes!

시험 내용만 정리한 담백한 이론 **02**

광범위한 이론 No!
출제되는 핵심만 Yes!

시험시간도 거뜬한 넉넉한 문제 수 **03**

어설픈 문제 개수 No!
많은 양의 기출문제로 시험장 모드 Yes!

CBT 완벽 대비 **04**

CBT시험 최적화
상품 구성

01
02
03
04

이제는
합격이다
Ⅰ

CBT 모의고사 안내

| CBT 모의고사 혜택 받는 방법 |

❶ 교재 구매 인증하러 가기

엔지니어랩(https://www.engineerlab.co.kr)에 로그인 후 화면 상단에 있는 「교재」를 클릭하여
구매인증 게시판으로 이동합니다.

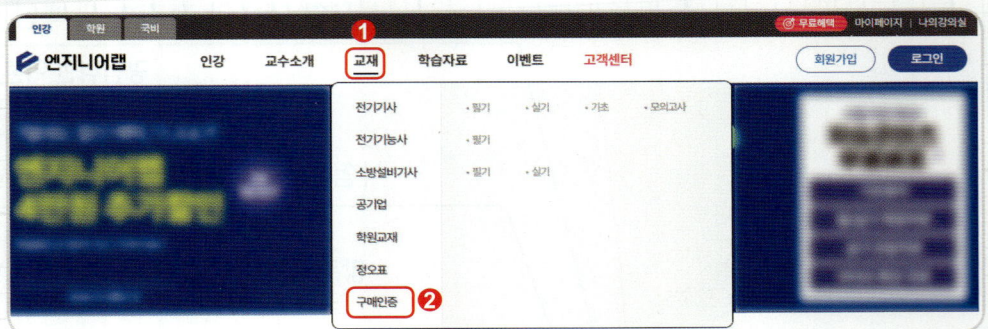

❷ 구매 인증 후 CBT 모의고사 받기

화면에 있는 「구매인증」을 클릭 후 증빙자료를 업로드합니다. 교재 구매 이력 인증 후 CBT 모의고사 2회분을 받으실 수 있습니다.

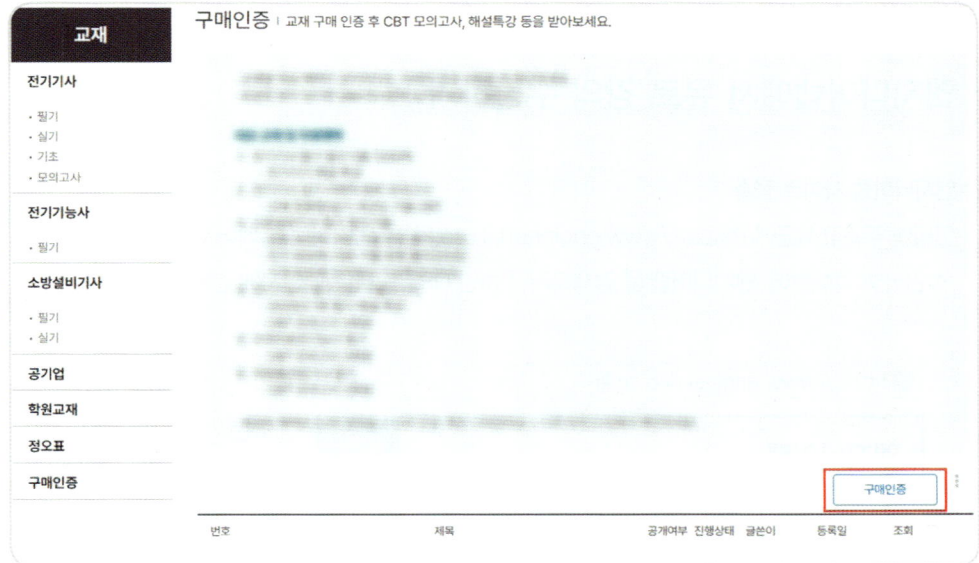

❸ 나의 강의실에서 CBT 모의고사 응시하기

CBT 모의고사는 「나의 모의고사」에서 확인 가능합니다. 화면 우측 상단에 있는 「나의 강의실」을 클릭하시면 화면 좌측에 「나의 모의고사」가 있습니다.

유료 강의 수강 안내

| 엔지니어랩에서 유료 강의 수강하기 |

① 엔지니어랩 사이트 접속

인터넷 주소표시줄에 [https://www.engineerlab.co.kr]을 입력하여 홈페이지에 접속합니다.

※ 인터넷 검색창에 '엔지니어랩'을 검색하거나 하단 QR코드로 홈페이지에 접속할 수 있습니다.

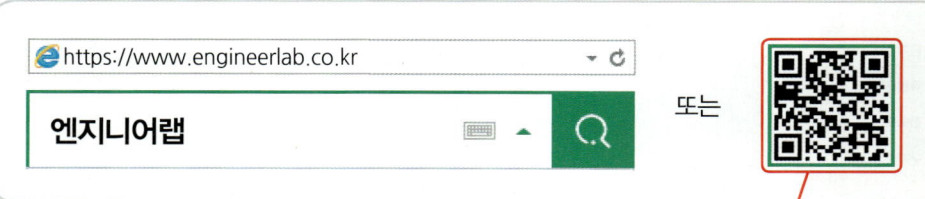

또는

② 회원가입 (로그인)

화면 우측 상단에 있는 「회원가입」을 클릭하여 가입 후 「로그인」합니다.

❸ 인강 수강하기

화면 좌측 상단에 있는 「인강」을 클릭 후 원하는 과정을 선택하고 나에게 맞는 상품을 선택하여 수강
신청합니다.

❹ 쿠폰 적용 및 결제

구매하시려는 상품과 금액을 확인하시고 최종 결제 전 잊으신 할인 혜택은 없는지 다시 한번 꼭 확인해주세요.

※ 엔지니어랩에서는 환승 할인, 대학생 할인, 내일배움카드 소지 할인 등 다양한 할인혜택을 제공하고 있으
며, 자세한 내용은 「맞춤할인 혜택 확인하기」 참고 부탁드립니다.

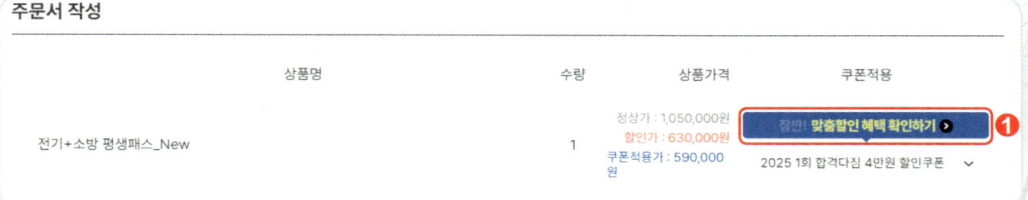

이제는 합격이다 III

이 책의 학습 방법

1. 이해를 돕는 자세하고 친절한 해설

풀이 과정을 이해할 수 있도록 가능한 한 풀어서 해설하고, 문제를 푸는 핵심 부분은 따로 별색 처리해서 가독성을 높였습니다.

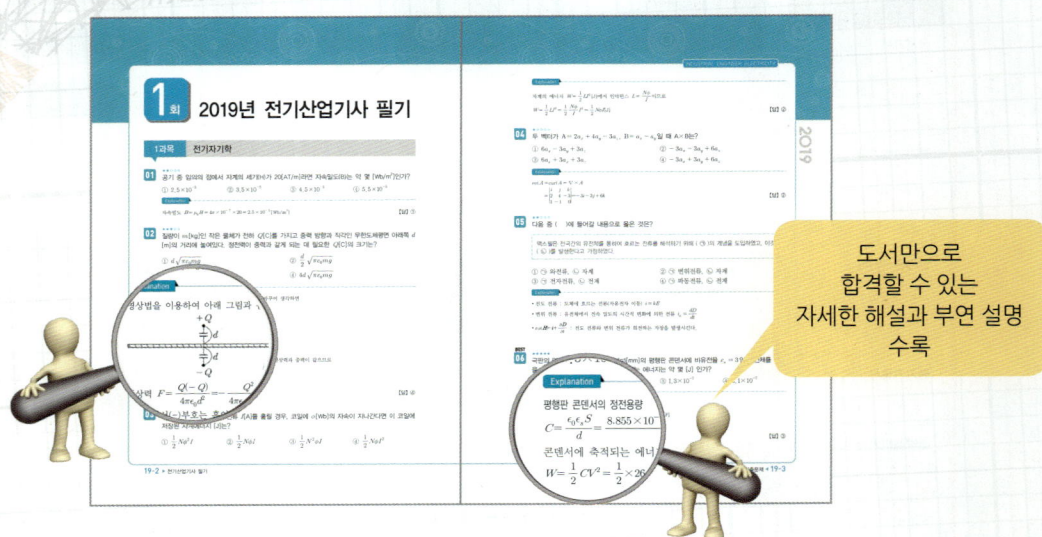

도서만으로
합격할 수 있는
자세한 해설과 부연 설명
수록

2. 새로운 CBT 시험 준비에 최적화된 최신 8개년 기출문제

- 최신 8개년 기출문제를 풀고 동영상 강좌로 복습하세요.
- 틀린 문제는 동영상 강좌를 통해 다시 한번 정확히 이해하세요.
- 출제빈도가 높은 문제들은 다시 한 번 풀거나 출제빈도에 따라 정리하면, [파이널특강-단기합격솔루션] 시리즈 도서를 참고합니다.
- 매번 새로 출제되는 CBT 문제를 꼭 풀어보세요.

3. 너무 어려운 문제 별도 표기

풀이에 시간이 지나치게 많이 걸리거나 난이도 극상의 문제는 학습계획을 고려해서 시간이 남을 때 학습하고 자주 나오는 문제에 집중할 수 있도록 해설을 QR코드로 표시해 두었습니다. 우선 답만 암기해 놓으세요.

---

12 구형 단면을 가진 토로이드 코일(toroid coil)에 전류 $I[A]$를 흘렸을 때 이 코일에 축적된 자기 에너지[J]는? 단, 토로이드의 내경은 $a[m]$, 외경은 $b[m]$, 두께는 $h[m]$, 권수는 N으로서 내부는 투자율 $\mu[H/m]$인 자성체로 채워져 있다.

① $\dfrac{\mu N^2 I^2 h}{\pi} \ln \dfrac{b}{a}$
② $\dfrac{\mu N^2 I^2 h}{2\pi} \ln \dfrac{b}{a}$

③ $\dfrac{\mu N^2 I^2 h}{8\pi} \ln \dfrac{b}{a}$
④ $\dfrac{\mu N^2 I^2 h}{4\pi} \ln \dfrac{b}{a}$

Explanation

【답】④

---

4. 언제, 어디서나 동영상 수강

PC는 물론! 모바일에서도 안정적이고 끊김 없는 최고의 환경으로 동영상 강의를 언제 어디서나 수강하실 수 있습니다.

N-screen(단말기 간 이어보기)

▶ 단말기 구분 없이 시청자에게 동영상 이어보기 서비스 제공
▶ PC/모바일 플레이어 데이터 통합 관리

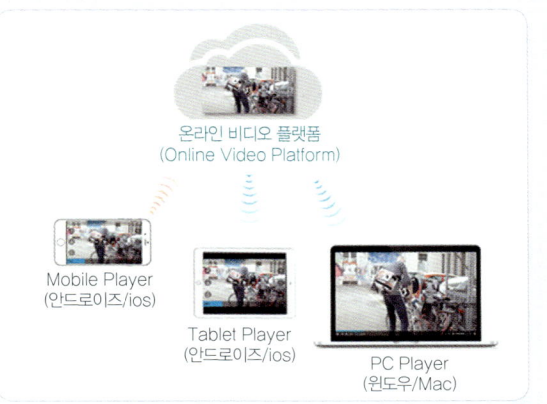

온라인 비디오 플랫폼
(Online Video Platform)

Mobile Player
(안드로이즈/ios)

Tablet Player
(안드로이즈/ios)

PC Player
(윈도우/Mac)

편저자의 말

1970년대 중반부터 시행된 전기 분야 국가기술자격시험은 일부 개정을 거쳐 현재에 이르고 있으며, 시험 합격을 위해서는 그에 맞는 전략과 노력이 필요합니다.

최근 5년 동안의 시험 경향을 보면 확실히 예전보다는 조금 어려워졌습니다. 예전처럼 그냥 외우는 방법으로는 어렵고, 이론을 이해해야 풀 수 있는 문제들이 많아지고 있기 때문입니다. 특히 필기시험은 출제 경향이 크게 다르지 않은데, 실기시험은 회차별로 난이도 차이가 크게 나고 예전보다 문제수도 늘어나 좀 더 세분화되었다고 볼 수 있습니다.

그러므로 합격의 전략은 새로운 경향을 찾는 것보다는 많이 출제되었던 기출문제를 공부하되 이론을 같이 공부하는 것이 빠른 합격에 유리할 수 있습니다.

또 전기기사 출제 경향을 합격자 수로 이야기하는 경우가 많지만, 작년에 합격자 수가 많았다고 해서 올해 꼭 적게 나오는 것은 아닙니다. 약간씩 출제 경향의 변화가 있지만 난이도는 거의 대동소이하며, 수급 조절은 3~5년으로 보기 때문에 수험생 스스로 섣부른 판단은 하지 않도록 해야 합니다.

필자는 10여 년 전부터 현재까지 오프라인 학원, 수많은 온라인 교육 및 EBS 강의를 진행하면서 많은 수험생을 접하며 그들이 가지고 있는 고충과 애로사항을 청취한 결과, 국가기술자격시험 합격을 위한 보다 쉽고 확실한 해법을 주기 위하여 이 교재를 집필하게 되었습니다.

본 수험서의 특징은 그간 어렵게 생각했던 문제를 쉽게 해설하여 수험생들이 혼자 공부할 수 있게 하고, 매년 출제 빈도를 반영하여 문제마다 별 표시를 해 중요 부분을 확인할 수 있게 함으로써 시험 대비 시 공부의 효율을 높이도록 한 점입니다.

아무쪼록 본 수험서로 공부하는 모든 분이 합격하시기를 기원하며, 마지막으로 본 수험서가 출간되기까지 큰 노력을 기울여주신 한빛전기수험연구회 여러분들과 도서출판 윤조 배용석 대표님께 감사의 말씀을 전합니다.

편저자 김상훈

감수자의 말

현대 사회에서 전기의 중요성은 날로 커지고 있으며, 일정한 자격을 갖춘 전문가들에 의해 여러 가지 기술의 개발과 발전이 이루어지고 있습니다. 이러한 전기 분야의 전문가를 국가기술자격시험을 통해 선발하기 때문에 이 시험의 비중이 날로 증가하고 있는 추세입니다.

우리 연구회 일동은 전기 분야 교육의 전문가이신 김상훈 박사가 책 출간 후 5년간의 노하우와 새로운 경향을 반영하는 개정 작업의 감수에 참여하게 되어 기쁜 마음으로 더욱더 좋은 책, 수험생들이 쉽게 이해할 수 있는 책이 되도록 노력하였습니다.

아무쪼록 본 수험서로 공부하는 수험생 모두가 합격하여 우리나라 전기 분야에 이바지하는 전문가들로 성장하기를 기원합니다.

한빛전기수험연구회 일동

전기산업기사 필기

2025

과년도
CBT 복원문제

- 2025년 제 01회
- 2025년 제 02회
- 2025년 제 03회

1회 2025년 전기산업기사 필기

1과목 전기자기학

01 전자 e[C]이 공기 중의 자계 H[AT/m]에 수직 방향으로 v[m/s] 속도로 돌입하였을 때 받는 힘은 몇 [N]인가?

① $\dfrac{eH}{\mu_o v}$

② $\dfrac{1}{\mu_o} evH$

③ evH

④ $\mu_o evH$

Explanation

$F = e(v \times B) = evB\sin\theta$ 에서 수직방향 $\theta = 90°$

따라서 $F = evB = ev\mu_o H$ (여기서, $\boldsymbol{B} = \mu_o \boldsymbol{H}$)

【답】④

02 2개의 도체를 Q[C]과 $-Q$[C]라 할 때, 두 개의 도체 간의 전위차를 전위계수로 표시하면?

① $P_{11}Q - P_{12}Q$

② $(P_{11} - 2P_{12} + P_{22})Q$

③ $(P_{11} + 2P_{12} + P_{22})Q$

④ $P_{12}Q - P_{22}Q$

Explanation

전위 $V_1 = P_{11}Q_1 + P_{12}Q_2$, $V_2 = P_{21}Q_1 + P_{22}Q_2$ 에서

$Q_1 = Q$, $Q_2 = -Q$를 대입하면

전위차 $V = V_1 - V_2 = P_{11}Q - P_{12}Q - P_{12}Q + P_{22}Q$

$\qquad\qquad = (P_{11} - 2P_{12} + P_{22})Q$

【답】②

03 자기인덕턴스 0.5[H]의 코일에 1/200초 동안에 전류가 25[A]로부터 20[A]로 줄었다. 이 코일에 유기된 기전력의 크기 및 방향은?

① 50[V], 전류와 같은 방향

② 50[V], 전류와 반대 방향

③ 500[V], 전류와 같은 방향

④ 500[V], 전류와 반대 방향

Explanation

유기기전력 $e = -L\dfrac{di}{dt} = -0.5 \times \dfrac{20-25}{\dfrac{1}{200}} = 500$ [V]

따라서 기전력이 (+)이므로 본래의 전류와 같은 방향

【답】③

04 반지름 a[m]인 접지 구도체의 중심으로부터 d[m]인 곳에 점전하 Q[C]가 있다면 구도체에 유기되는 전하량[C]은?(단, $d > a$이다)

① $-\dfrac{a}{d}Q$

② $+\dfrac{a}{d^2}Q$

③ $-\dfrac{d}{a}Q$

④ $+\dfrac{d^2}{a}Q$

Explanation

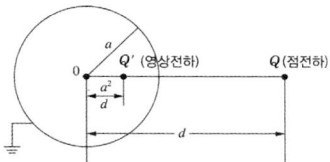

접지 도체구에 유기되는 전하

• 위치 : $x = +\dfrac{a^2}{d}$

• 크기 : $Q' = -\dfrac{a}{d}Q$

【답】 ①

05 권수 500의 코일에 3[A]인 전류를 흘릴 때 코일 면을 지나는 자속이 3×10^{-6}[Wb]라면 이 코일의 자기인덕턴스[mH]는?

① 0.5
② 4.5
③ 5
④ 1.8×10^{-5}

Explanation

인덕턴스 $L = \dfrac{N\phi}{I} = \dfrac{500 \times 3 \times 10^{-6}}{3} = 0.5 \times 10^{-3}$[H]=0.5[mH]

【답】 ①

06 두 종류의 금속으로 된 회로에 전류를 통하면 각 접속점에서 열의 흡수 또는 발생이 일어나는 것을 무슨 효과라고 하는가?

① 볼타 효과
② 제백 효과
③ 톰슨 효과
④ 펠티에 효과

Explanation

열전현상
• 제벡 효과 : 두 종류 금속 접속면에 온도차가 있으면 기전력이 발생
• 펠티에 효과 : **서로 다른 두 종류의 금속**선으로 폐회로를 만들고 전류를 흘리면 금속선의 접속점에서 열이 흡수 또는 발생
• 톰슨 효과 : 동일한 금속 도선의 두 접점 간에 전류를 흘리면 도선 속에서 열이 발생되거나 흡수

【답】 ④

07 권수 600, 자기인덕턴스 1[mH]의 코일에 3[A]의 전류가 흐를 때 이 코일 면을 지나는 자속[Wb]은?

① 2×10^{-6}
② 3×10^{-6}
③ 5×10^{-6}
④ 9×10^{-6}

Explanation

인덕턴스 : 전류에 대한 자속 쇄교수 $L = \dfrac{N\phi}{I}$ 에서

자속 $\phi = \dfrac{LI}{N} = \dfrac{1 \times 10^{-3} \times 3}{600} = 5 \times 10^{-6}$[Wb]

【답】 ③

08 다음 중 도체의 고유저항과 관계없는 것은?

① 길이
② 단면적
③ 온도
④ 단면적의 모양

Explanation

저항 $R = \rho \dfrac{l}{S}$

고유저항 $\rho = \dfrac{RS}{l} [\Omega \cdot m]$, $\rho = \dfrac{1}{k}$ 여기서, k는 도전율

따라서 고유저항은 도전율에 반비례하고 저항과 면적에 비례하며, 길이에 반비례한다.   【답】④

09 지름이 5[cm], 10[cm]인 두 개의 도체구에 동일한 전기량을 준 경우, 작은 구의 도체 표면 전위 (V_{5cm})와 큰 구의 도체 표면 전위(V_{10cm}) 사이의 관계는?

① $V_{5cm} = \dfrac{1}{4} V_{10cm}$ ② $V_{5cm} = 4 V_{10cm}$

③ $V_{5cm} = \dfrac{1}{2} V_{10cm}$ ④ $V_{5cm} = 2 V_{10cm}$

Explanation

$V_{5cm} = \dfrac{Q}{4\pi\epsilon_o r} = 9 \times 10^9 \times \dfrac{Q}{5}$

$V_{10cm} = \dfrac{Q}{4\pi\epsilon_o r} = 9 \times 10^9 \times \dfrac{Q}{10}$

따라서 $V_{5cm} = 2 V_{10cm}$ 【답】④

10 공기 중에 반지름이 a[m]인 두 개의 무한장 도선이 d[m]의 간격으로 평행하게 놓여 있을 때 단위 길이 당 정전용량[F/m]은?(단, $d \gg a$ 이다)

① $\dfrac{2\pi\epsilon}{\ln \dfrac{d}{a}}$ ② $\dfrac{\pi\epsilon}{\ln \dfrac{d}{a}}$

③ $\dfrac{4\pi\epsilon}{\dfrac{1}{a} - \dfrac{1}{d}}$ ④ $\dfrac{2\pi\epsilon}{\dfrac{1}{a} - \dfrac{1}{d}}$

Explanation

두 평행 도선 간 정전 용량 $C = \dfrac{\pi\epsilon_o}{\ln \dfrac{d}{a}}$ [F/m]   【답】②

11 변위 전류밀도를 나타낸 식은? 단, $\varPhi$는 자속, D는 전속 밀도, B는 자속밀도, $N\varPhi$는 자속쇄교수 이다.

① $i = \dfrac{\partial (N\varPhi)}{\partial t}$ ② $i = \dfrac{\partial \varPhi}{\partial t}$

③ $i = \dfrac{\partial D}{\partial t}$ ④ $i = \dfrac{\partial B}{\partial t}$

Explanation

- 전도 전류 : 도체에 흐르는 전류(자유전자 이동) $i = kE$
- 변위 전류 : 유전체에서 전속 밀도의 시간적 변화에 의한 전류 $i_d = \dfrac{\partial D}{\partial t}$ 【답】③

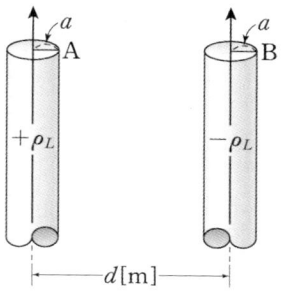

12 그림과 같이 반지름 a[m], 축 간격 d[m]인 평행원통도체가 공기 중에 있다. 원통 도체의 선전하밀도가 각각 $\pm\rho_L$[C/m]일 때 두 원통 도체 사이의 단위 길이 당 정전용량은 약 몇 [F/m]인가?(단, $d \gg a$이다)

① $\dfrac{4\pi\epsilon_0}{\ln\dfrac{a}{d}}$
② $\dfrac{4\pi\epsilon_0}{\ln\dfrac{d}{a}}$

③ $\dfrac{\pi\epsilon_0}{\ln\dfrac{a}{d}}$
④ $\dfrac{\pi\epsilon_0}{\ln\dfrac{d}{a}}$

Explanation

평행왕복도선의 정전용량 : $C = \dfrac{\pi\epsilon_0}{\ln\dfrac{d}{a}}$ [F/m]

【답】④

13 공극을 가진 환상 솔레노이드에서 총 권수 N, 철심의 비투자율 μ_r, 단면적 A, 길이 ℓ이고 공극이 δ일 때, 공극부에 자속밀도 B를 얻기 위해서는 얼마의 전류를 몇 [A] 흘려야 하는가?

① $\dfrac{10^7 B}{2\pi N}\left(\dfrac{\ell}{\mu_r} + \delta\right)$
② $\dfrac{10^7 B}{2\pi N}\left(\dfrac{\delta}{\mu_r} + \ell\right)$

③ $\dfrac{10^7 B}{4\pi N}\left(\dfrac{\ell}{\mu_r} + \delta\right)$
④ $\dfrac{10^7 B}{4\pi N}\left(\dfrac{\delta}{\mu_r} + \ell\right)$

Explanation

기자력 $F_m = NI = R_m\phi$에서

자기저항 $R_m = R_i + R_y = \dfrac{l}{\mu_0\mu_r A} + \dfrac{\delta}{\mu_0 A} = \dfrac{1}{\mu_0 A}\left(\dfrac{l}{\mu_r} + \delta\right)$

전류 $I = \dfrac{\phi R_m}{N} = \dfrac{(BA)R_m}{N} = \dfrac{B}{\mu_0 N}\left(\dfrac{l}{\mu_r} + \delta\right) = \dfrac{10^7 B}{4\pi N}\left(\dfrac{l}{\mu_r} + \delta\right)$

【답】③

14 진공 중에 두 개의 무한히 긴 직선도체를 거리 r[m] 간격으로 평행하게 놓고, 각각에 I_1, I_2의 전류를 흘렸을 때 단위 길이 당 작용하는 힘[N/m]은 어떻게 표현되는가?

① $\dfrac{I_1 I_2}{r} \times 10^{-7}$
② $\dfrac{2I_1 I_2}{r} \times 10^{-7}$

③ $\dfrac{I_1 I_2}{r^2} \times 10^{-7}$
④ $\dfrac{2I_1 I_2}{r^2} \times 10^{-7}$

Explanation

평행도선 단위길이 당 작용하는 힘

$F = \dfrac{\mu_0 I_1 I_2}{2\pi r} = \dfrac{2I_1 I_2}{r} \times 10^{-7}$[N/m]

힘은 거리에 반비례하고 전류의 곱과 투자율에 비례한다.
• 같은 방향(평행도선) : 흡인력
• 다른 방향(왕복도선) : 반발력

【답】②

15 자기 인덕턴스 L[H]인 코일에 전류 I[A]를 흘렸을 때, 자계의 세기가 H[A/m]이다. 이 코일에 전류 $\dfrac{I}{2}$[A]를 흘리면 저장되는 자기에너지[J]는 얼마인가?

① $\dfrac{1}{2}\mu_0 H^2$

② $\dfrac{1}{8}\mu_0 H^2$

③ $\dfrac{1}{2}LI^2$

④ $\dfrac{1}{8}LI^2$

Explanation

자기 에너지 $W = \dfrac{1}{2}LI^2$[J]

에너지 $W = \dfrac{1}{2}LI^2 = \dfrac{1}{2}L\left(\dfrac{1}{2}I^2\right) = \dfrac{1}{8}LI^2$[J]

【답】④

16 반경 a인 비접지 구도체의 중심에서 $d(>a)$만큼 떨어진 위치에 점전하 Q가 존재할 때 공간에서의 전계를 구하고자 한다. 이 문제를 영상전하법으로 풀 때 필요한 영상전하의 개수 및 영상 전하의 전하량의 총합은?

① 1개, $-\dfrac{a}{d}Q$

② 2개, 0

③ 2개, $-\dfrac{a}{2d}Q$

④ 3개, $\dfrac{a}{d}Q$

Explanation

비접지 도체구

영상전하 : $Q = -\dfrac{a}{d}Q$이므로 도체 내에도 반대 전하인 $Q' = +\dfrac{a}{d}Q$가 유도된다.

따라서 전하의 총합은 0이다.

【답】②

17 반지름 a[m]되는 도체구의 표면전하밀도가 σ[C/m²]일 때, 도체표면의 전위와 전계의 관계식은? (단, V는 전위이며 전계 $E = \dfrac{\sigma}{\epsilon_o}$[V/m]이다)

① $V = E\,a$

② $V = E\,a^2$

③ $V = \dfrac{E}{a}$

④ $V = \dfrac{E}{a^2}$

Explanation

구도체

• 전계 $E = \dfrac{Q}{4\pi\epsilon_o a^2}$[V/m]

• 전위 $V = \dfrac{Q}{4\pi\epsilon_o a}$[V]

따라서 $V = E\,a$[V]

【답】①

18 비투자율 μ_s가 1인 자성체 내에서 주파수 2[GHz]인 전자기파의 파장[m]은?

① 0.1

② 0.15

③ 0.25

④ 0.4

Explanation

전자파의 전파속도 $v = \dfrac{1}{\sqrt{\epsilon\mu}} = \dfrac{3\times10^8}{\sqrt{\epsilon_s\mu_s}} = \dfrac{3\times10^8}{\sqrt{1\times1}} = 3\times10^8 [\text{m/s}]$

전파속도 $v = f\lambda$에서

파장 $\lambda = \dfrac{v}{f} = \dfrac{3\times10^8}{2\times10^9} = 0.15 [\text{m}]$

【답】 ②

19 액체 유전체를 포함한 콘덴서 용량이 C[F]인 것에 V[V]의 전압을 가했을 경우에 흐르는 누설전류 [A]는?(단, 유전체의 유전율은 ϵ, 고유저항은 ρ라 한다)

① $\dfrac{\rho\epsilon}{C} V$

② $\dfrac{C}{\rho\epsilon} V$

③ $\dfrac{C}{\rho\epsilon} V^2$

④ $\dfrac{\rho\epsilon}{CV}$

Explanation

$RC = \rho\epsilon$에서 $R = \dfrac{\rho\epsilon}{C}$

누설전류 $I = \dfrac{V}{R} = \dfrac{V}{\dfrac{\rho\epsilon}{C}} = \dfrac{CV}{\rho\epsilon} [\text{A}]$

【답】 ②

20 전기력선의 기본성질에 관한 설명으로 틀린 것은?

① 전기력선은 그 자신만으로 폐곡선이 된다.

② 도체 내부에는 전기력선이 없다.

③ 전기력선은 전위가 높은 점에서 낮은 점으로 향한다.

④ 전기력선은 양전하(+)에서 시작하여 음전하(−)에서 끝난다.

Explanation

전기력선의 성질

전기력선의 밀도는 전계의 세기이다(전기력선의 총수 $N = \int_S E\,ds = \dfrac{Q}{\epsilon}$).

• 전기력선의 접선 방향은 전계의 방향이다.
• 전기력선은 등전위면과 수직이다.
• 전기력선은 정전하에서 시작하여 부전하로 도착한다.
• 전기력선(전계)은 전위가 높은 점에서 낮은 점으로 향한다.
• 전기력선은 그 자신만으로 폐곡선이 되지 않는다.
• 전기력선은 교차하지 않는다.
• 도체 내부에는 전기력선이 없다.(전계도 없다.)
• 전하가 없는 곳에서는 전기력선의 발생, 소멸이 없고 연속적이다.

【답】 ①

2과목   전력공학

21 송전선로의 4단자 정수가 A, B, C, D이고 송전단 상전압이 E_s인 경우 무부하 시의 충전전류(송전단전류)는?

① CE_s

② ACE_s

③ $\dfrac{C}{A} E_s$

④ $\dfrac{A}{C} E_s$

무부하 시$(I_r = 0)$

$E_s = AE_r + BI_s$ 에서 $E_s = AE_r$

$\therefore E_r = \dfrac{1}{A}E_s$

$I_s = CE_r + DI_r$

따라서 무부하시의 충전 전류(송전단 전류) $I_s = CE_r = \dfrac{C}{A}E_s$ 【답】③

22 62,000[kW]의 전력을 60[km] 떨어진 지점에서 송전하려면 전압은 몇 [kV]로 하면 좋은가? 단, Still 식을 사용한다.

① 66 ② 110

③ 140 ④ 154

Still의 식(경제적인 송전 전압 결정식)

$V_s = 5.5\sqrt{0.6l + \dfrac{P}{100}}$ [kV] 여기서, l : 송전 거리[km], P : 송전전력[kW]

$= 5.5\sqrt{0.6 \times 60 + \dfrac{62,000}{100}} = 140.86$[kV] 【답】③

23 전력계통에서 인터록의 설명으로 옳은 것은?

① 차단기와 단로기는 각각 열리고 닫힌다.

② 차단기가 열려 있어야만 단로기를 닫을 수 있다.

③ 차단기의 접점과 단로기의 접점이 동시에 투입될 수 있다.

④ 차단기가 닫혀 있어야만 단로기를 닫을 수 있다.

인터록(Interlock) : 차단기가 열려 있어야 단로기 조작 가능
• 투입 시 : DS - CB 순
• 차단 시 : CB - DS 순 【답】②

24 전력계통의 전압을 조정하는 가장 보편적인 방법은?

① 계통의 주파수 조정 ② 계통의 무효전력 조정

③ 부하의 유효전력 조정 ④ 발전기의 유효전력 조정

• **계통의 전압 조정 : 무효전력을 조정**(동기조상기, 분로 리액터, 전력용 콘덴서 등)
• 주파수 조정 : 유효전력 조정 【답】②

25 단상 승압기 1대를 사용하여 승압하는 경우 승압 전의 전압을 E_1 이라 하면, 승압 후의 전압 E_2는?

(단, 승압기의 변압비는 $\dfrac{전원측전압}{부하측전압} = \dfrac{e_1}{e_2}$ 이다)

① $E_2 = E_1 + \dfrac{e_1}{e_2}E_1$ ② $E_2 = E_1 + e_2$

③ $E_2 = E_1 + \dfrac{e_2}{e_1}E_1$ ④ $E_2 = E_1 + e_1$

단권변압기

$\dfrac{V_h}{V_l} = \dfrac{n_1 + n_2}{n_1} = \left(1 + \dfrac{n_2}{n_1}\right)$ 에서

$\dfrac{E_2}{E_1} = \dfrac{n_1 + n_2}{n_1} = \left(\dfrac{e_1 + e_2}{e_1}\right) = \left(1 + \dfrac{e_2}{e_1}\right)$

따라서 $E_2 = E_1 + \dfrac{e_2}{e_1} E_1$

【답】③

---

26 여러 회선의 비접지 3상 3선식 배전선로에 선택지락계전기를 사용하여 선택지락보호를 하려고 할 때 필요한 것은?

① PT와 CT
② GPT와 CT
③ GPT와 ZCT
④ PT와 ZCT

- GPT(Ground Potential Transformer) : 접지형 계기용 변압기. 지락 사고 시 영상전압 검출
- 영상변류기(ZCT) : 영상(지락)전류 검출. 지락(접지)계전기와 연결

【답】③

---

27 정격 전압이 24[kV], 정격 용량이 665[MVA]인 차단기가 있다. 이 차단기의 정격 차단전류는 약 몇 [kA]인가?

① 12.5
② 16
③ 25
④ 32

3상용 차단기의 정격 용량 $P_s = \sqrt{3} \times$ 정격전압 $\times$ 정격차단전류[MVA]

정격 차단 전류 : $I_s = \dfrac{P_s}{\sqrt{3}\,V} = \dfrac{665 \times 10^6}{\sqrt{3} \times 24 \times 10^3} \times 10^{-3} = 16[\text{kA}]$

【답】②

---

28 송전계통의 중성점을 접지하는 목적으로 틀린 것은?

① 지락 고장 시 전선로의 대지 전위 상승을 억제하고 전선로와 기기의 절연을 경감시킨다.
② 소호리액터 접지방식에서는 1선 지락 시 지락점 아크를 빨리 소멸시킨다.
③ 차단기의 차단용량을 증대시킨다.
④ 지락고장에 대한 계전기의 동작을 확실하게 한다.

송전선의 중성점 접지 목적
- 1선 지락 시 전위 상승 억제하고 전선로와 기기의 절연을 경감
- 지락 사고 시 보호 계전기 동작의 확실
- 과도안정도 증진
- 이상전압 발생 방지

【답】③

---

29 열사이클의 효율을 올리는 방법과 거리가 먼 것은?

① 절탄기 설치
② 저압저온 이용
③ 재생사이클 채용
④ 과열증기 사용

화력 발전소 열효율 향상

- 절탄기, 공기예열기의 설치
- 재생·재열 사이클의 채용
- 고압, 고온증기의 채용과 과열기의 설치 **【답】②**

30 뇌해방지와 관계가 없는 것은?
① 댐퍼 ② 초호각
③ 가공지선 ④ 매설지선

> Explanation

- 가공지선 : 직격뢰, 유도뢰 차폐
- 매설지선 : 역섬락 방지
- 소호각(소호환) : 섬락 시 애자련 보호
여기서, 댐퍼는 선로의 진동 방지에 쓴다. **【답】①**

31 총 설비용량은 800[kW], 수용률은 0.5인 건물의 변압기 용량은 몇 [kVA]인가?(단, 부하역률은 0.8 이다)
① 200 ② 250
③ 350 ④ 500

> Explanation

$$변압기 용량[kVA] = \frac{설비 용량 \times 수용률}{부등률 \times 역률} = \frac{800 \times 0.5}{0.8} = 500[kVA]$$ **【답】④**

32 송전 계통에서 이상 전압의 방지 대책으로 볼 수 없는 것은?
① 철탑 접지저항의 저감
② 가공 송전선로의 피뢰용으로서의 가공지선에 의한 뇌차폐
③ 기기 보호용으로서의 피뢰기 설치
④ 복도체 방식 채택

> Explanation

이상 전압 보호 장치 및 기능
- 가공지선 : 뇌의 차폐
- 피뢰기 : 기기(변압기) 보호
- 매설지선, 철탑 접지저항의 저감 : 역섬락 방지
여기서, 복도체 방식은 코로나 대책이다. **【답】④**

33 변류기의 2차측 외부를 변류기와 분리할 때 변류기의 2차측에 과전압이 유도되는 것을 방지하기 위한 조치로 옳은 것은?
① 2차 측 각 단자를 단락시킨다. ② 2차 측 각 단자를 절연시킨다.
③ 2차 측 각 단자를 고저항으로 연결한다. ④ 2차 측 각 단자를 개방한다.

> Explanation

계기용 변성기 점검
- PT(계기용 변압기) : 2차측 개방(2차측 과전류 보호)
- CT(변류기) : 2차측 단락(2차측 과전압보호, 2차측 절연보호) **【답】①**

34 송배전 선로에 사용하는 직렬 커패시터에 대한 설명으로 옳은 것은?
① 선로의 유도 리액턴스를 보상하고 전압강하를 감소시킨다.
② 최대 송전전력이 감소하고 정태안정도가 감소된다.
③ 부하의 변동에 따른 수전단의 전압변동률은 증대된다.
④ 송수 양단의 전달 리액턴스가 증가하고 안정극한전력이 감소한다.

Explanation

직렬콘덴서(직렬축전지)는 유도 리액턴스에 의한 **선로의 전압 강하 보상용**으로 전압변동을 줄이고 정태안정도 개선용으로 사용한다. 따라서 역률개선에는 큰 영향이 되지 않는다.　　　　　　　　　　　　　　　　　　　　【답】①

35 코로나 방지에 가장 효과적인 방법은?
① 선간거리를 증가시킨다.　　　　　　　② 전선의 높이를 가급적 낮게 한다.
③ 전선 표면의 전위경도를 높인다.　　　④ 전선의 바깥지름을 크게 한다.

Explanation

코로나 방지대책
• 코로나 임계 전압을 크게, 전위경도를 작게
• 전선의 지름을 크게
• 복도체(다도체) 방식(가장 효과적인 방법)
• 가선금구를 개량　　　　　　　　　　　　　　　　　　　　　　　　　【답】④

36 전력용 퓨즈는 주로 어떤 전류의 차단을 목적으로 사용하는가?
① 과도전류　　　　　　　　　　　　　　② 단락전류
③ 과부하전류　　　　　　　　　　　　　④ 지락전류

Explanation

전력 퓨즈(PF : Power Fuse) : 단락전류 차단　　　　　　　　　　　　　　【답】②

37 등가 선간거리를 D라 할 때, 등가 선간거리 D가 증가할 때 송전선의 정전용량은 어떻게 되는가?
① $\log_{10}\dfrac{r}{D}$에 비례　　　　　　　② $\log_{10}\dfrac{D}{r}$에 비례

③ $\log_{10}\dfrac{r}{D}$에 반비례　　　　　　④ $\log_{10}\dfrac{D}{r}$에 반비례

Explanation

작용정전용량 $C = \dfrac{0.02413}{\log_{10}\dfrac{D}{r}}[\mu\text{F/km}]$　　∴ 작용정전용량 $C \propto \dfrac{1}{\log_{10}\dfrac{D}{r}}$　　　【답】④

38 원자력 발전소에서 원자로의 냉각재가 갖추어야 할 조건으로 틀린 것은?
① 열전도가 적을 것
② 비열이 클 것
③ 핵연료의 피복재와 감속재 등의 사이에서 화학반응이 적을 것
④ 중성자 흡수 단면적이 적을 것

Explanation

냉각재
• 원자로 내의 열을 외부로 운반하는 역할

- 열전도율과 비열이 클 것
- H_2O(경수), D_2O(중수), CO_2, He, 액체 Na 등

【답】①

39 지락사고 시 일정 전압 이상이 되면 동작하는 계전기는?
① 비율 차동 계전기
② 부족 전압 계전기
③ 지락 과전류 계전기
④ 지락 과전압 계전기

> Explanation

지락과전압계전기(OVGR) : 지락사고 시 일정 전압 이상이 되면 동작

【답】④

40 출력 3,000[kW]의 수력 발전소를 설치하는 경우 유효 낙차가 20[m]이면 사용 수량은 약 몇 [m³/s]가 되는가?(단, 수차효율은 86[%], 발전기 효율은 96[%]이다)
① 8.5
② 12
③ 18.5
④ 28.5

> Explanation

수력 발전소 출력 $P_g = 9.8 QH\eta_t\eta_g$[kW]

유량 $Q = \dfrac{P}{9.8 H\eta} = \dfrac{3,000}{9.8 \times 20 \times 0.86 \times 0.96} = 18.5$[m³/sec]

【답】③

3과목 전기기기

41 6상 회전변류기의 정격 출력이 2,500[kW]이고 직류측 정격 전압이 1,000[V]이다. 교류측의 입력 전류[A]는 약 얼마인가?(단, 역률은 80[%], 효율은 100[%]이다)
① 943
② 1,170
③ 1,360
④ 1,473

> Explanation

회전 변류기 전류비 $\dfrac{I_a}{I_d} = \dfrac{2\sqrt{2}}{m \cdot cos\theta}$

여기서, 직류측 전류 $P = E_d I_d$에서

$I_d = \dfrac{P}{E_d} = \dfrac{2,500 \times 10^3}{1,000} = 2,500$[A]

교류측 전류 $I_a = \dfrac{2\sqrt{2}}{m \cdot cos\theta} I_d = \dfrac{2\sqrt{2} \times 2,500}{6 \times 0.8} = 1,473$[A]

【답】④

42 직류전동기 중에서 부하의 변화에 따른 속도 변화가 가장 많은 전동기는?
① 가동 복권전동기
② 타여자전동기
③ 직권전동기
④ 분권전동기

> Explanation

부하의 변화에 대하여 속도 변동이 큰 순서
직권 > 가동복권 > 분권 > 차동복권

【답】③

43 변압기유로 쓰이는 절연유에 요구되는 특성이 아닌 것은?
① 점도가 클 것
② 절연 내력이 클 것
③ 응고점이 낮을 것
④ 인화점이 높을 것

Explanation

절연유의 구비조건(절연+냉각)
• 절연내력이 클 것
• **점도가 낮고** 비열이 커서 냉각 효과가 클 것
• 인화점은 높고, 응고점은 낮을 것
• 고온에서 산화하지 않고, 침전물이 생기지 않을 것
【답】①

44 3상 유도전동기의 기동법으로 옳지 않은 것은?
① 전력 기동법
② 전전압 기동법
③ 단권 변압기 기동법
④ Y-△ 기동법

Explanation

3상 농형 유도 전동기 기동법
① 전전압 기동(직입기동) : 5[HP] 이하(3.7[kW])
② Y-△기동(5~15[kW])급 : 전류 1/3배, 전압 1/$\sqrt{3}$ 배
③ 기동 보상기법 : 15[kW] 초과 단권변압기를 사용하여 감전압기동
【답】①

45 교류 전압제어기를 전원과 부하회로에 연결된 조광기에 교류 실효전압을 변화시켜서 사용할 수 있는 소자 중 가장 옳은 것은?
① TRIAC
② MOSFET
③ Diode
④ Power Transister

Explanation

TRIAC의 특징
• SCR 2개를 역병렬 접속한 것과 같은 것
• 게이트에 전류를 흘리면 어느 방향이건 전압이 높은 쪽에서 낮은 쪽으로 도통
• 정격 전류 이하로 전류를 제어해주면 과전압에 의해서는 파괴되지 않는다.
• 교류전력 제어용
【답】①

46 단상 유도 전압 조정기에서 단락권선의 설치목적은?
① 분로권선에 직렬로 연결하여 파형을 개선한다.
② 직렬권선의 누설 리액턴스를 감소하여 전압강하를 적게 한다.
③ 직렬권선과 병렬로 연결하여 역률을 개선한다.
④ 분로권선에 병렬로 연결하여 고조파를 제거한다.

Explanation

단락권선의 역할
• 누설 리액턴스에 의한 2차 전압 강하 방지
• 단락 권선은 회전자 1차 권선과 직각으로 감는다.
【답】②

47 220[V], 6극, 60[Hz], 10[kW]인 3상 유도전동기의 회전자 1상의 저항은 0.1[Ω], 리액턴스는 0.5 [Ω]이다. 정격전압을 가했을 때 슬립이 4[%]일 때 회전자 전류는 몇 [A]인가?(단, 고정자와 회전자는 △결선으로서 권수는 각각 300회, 150회이며, 각 권선계수는 같다)
① 27
② 36
③ 43
④ 52

권선계수 $k_{w1} = k_{w2}$ 라 하면

권수비 : $a = \dfrac{w_1}{w_2} = \dfrac{300}{150} = 2$

정지 시 2차 유기 전압 : $E_2 = \dfrac{E_1}{a} = \dfrac{220}{2} = 110\,[\text{V}]$

회전자 전류 $I_2 = \dfrac{sE_2}{\sqrt{r_2^2 + (sx_2)^2}} = \dfrac{0.04 \times 110}{\sqrt{0.1^2 + (0.04 \times 0.5)^2}} = 43[\text{A}]$

【답】③

48 어느 변압기의 1차 권수가 1,500인 변압기의 2차측에 접속한 20[Ω]의 저항은 1차측으로 환산했을 때 8[kΩ]으로 되었다고 한다. 이 변압기의 2차 권수는?

① 400

② 250

③ 150

④ 75

Explanation

$a = \dfrac{n_1}{n_2} = \dfrac{V_1}{V_2} = \sqrt{\dfrac{Z_1}{Z_2}}$ 에서

$a = \sqrt{\dfrac{Z_1}{Z_2}} = \sqrt{\dfrac{8,000}{20}} = 20$

$a = \dfrac{n_1}{n_2} = \dfrac{V_1}{V_2} = \sqrt{\dfrac{Z_1}{Z_2}}$ 에서

2차측 권수 $n_2 = \dfrac{n_1}{a} = \dfrac{1,500}{20} = 75$

【답】④

49 변압기의 표유 부하손이란?

① 부하전류 중 누전에 의한 손실

② 무부하시 여자전류에 의한 동손

③ 누설자속에 의하여 외함, 기타 철물에 생기는 손실

④ 1차, 2차 권선 간의 누설자속에 의하여 생기는 손실

Explanation

변압기의 부하손

• 동손 : 권선에 의한 손실

• 표유 부하손 : 권선 이외 부분의 누설자속에 의한 손실

【답】③

50 전기기계에 있어서 히스테리시스손을 감소시키기 위한 방법은?

① 보극 설치

② 규소강판 사용

③ 보상권선 설치

④ 성층철심 사용

Explanation

• 히스테리시스손 감소 : 규소강판 사용

• 와류손 감소 : 성층철심 사용

【답】②

51 직류 분권 발전기를 역회전하면?

① 섬락이 일어난다.

② 과대전압이 유기된다.

③ 정회전 때와 동일하다.

④ 발전되지 않는다.

Explanation

직류 분권발전기를 역회전하면 기전력의 극성이 반대로 되므로 분권 회로의 여자 전류가 반대로 흘러서 잔류 자기를 소멸시키기 때문에 발전 불능이 된다.　　　　【답】④

52 다음 중 교류와 직류 모두 사용가능한 전동기는?
① 시라게 전동기
② 단상 직권 정류자 전동기
③ 단상 분권전동기
④ 단당 반발전동기

Explanation

단상 직권 정류자 전동기=만능 전동기(직·교류 양용)
• 종류 : 직권형, 보상형, 유도보상형
• 특징 : 성층 철심, 역률 및 정류 개선을 위해 약계자, 강전기자형으로 함.
　　　　역률 개선을 위해 보상권선 설치.
　　　　회전속도를 증가시킬수록 역률이 개선됨
• 용도 : 75[W]정도 이하의 소형 공구, 영사기, 치과 의료용으로 사용　　　【답】②

53 동기전동기의 위상특성곡선(V곡선)에 대한 설명으로 옳은 것은?
① 출력을 일정하게 유지할 때 부하전류와 전기자전류의 관계를 나타낸 곡선
② 역률을 일정하게 유지할 때 계자전류와 전기자전류의 관계를 나타낸 곡선
③ 계자전류를 일정하게 유지할 때 전기자전류와 출력사이의 관계를 나타낸 곡선
④ 공급전압 V와 부하가 일정할 때 계자전류의 변화에 대한 전기자전류의 변화를 나타낸 곡선

Explanation

동기 전동기의 위상 특성 곡선(V곡선)
• I_a와 I_f 관계곡선 (P는 일정)
• **계자전류의 변화에 대한 전기자 전류의 변화를 나타낸 곡선**
• 과여자 : 앞선 역률(진상)
• 부족여자 : 늦은 역률(지상)
역률 $\cos\theta = 1$ 일 때, 전기자 전류 최소

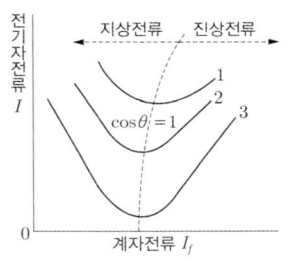

【답】④

54 단락비가 큰 동기 발전기에 대한 설명으로 틀린 것은?
① 과부하 용량이 크다.
② 전압변동률이 크다.
③ 전기자 반작용이 적다.
④ 동기 임피던스가 적다.

Explanation

단락비가 큰 동기기
• 전기자 반작용이 작다.
• 동기 임피던스가 작다
• 과부하 내량이 크다.
• 기계의 중량이 무겁고 고가이다.
• **전압 변동률이 작다.**
• 송전 선로의 충전 용량이 크다.
• 안정도가 우수하다.
• 극수가 적은 저속기(수차형)　　　【답】②

55 스테핑 모터의 특징을 설명한 것으로 틀린 것은?

① 위치제어를 할 때 각도오차가 적고 누적되지 않는다.

② 속도제어 범위가 좁으며 초저속에서 토크가 크다.

③ 가속, 감속이 용이하며 정·역전 및 변속이 쉽다.

④ 피드백루프가 필요 없이 오픈 루프로 손쉽게 속도 및 위치제어를 할 수 있다.

Explanation

스테핑(Stepping) 모터
- 피드백 루프가 필요 없이 오픈 루프로 **손쉽게 속도 및 위치 제어**
- 디지털 신호를 직접 제어 할 수 있으므로 컴퓨터 등 다른 디지털 기기와 인터페이스가 용이
- 가속, 감속이 용이하며 정·역전 및 변속이 쉽다.
- 위치제어를 할 때 각도오차가 적다.
- 회전각과 속도는 펄스 수에 비례
- 브러시, 슬립링 등이 없고 부품수가 적다.

【답】 ②

56 직류기에서 양호한 정류를 얻는 조건이 아닌 것은?

① 정류주기를 길게 한다.

② 접촉저항이 큰 탄소 크러시를 사용한다.

③ 보극을 설치하여 정류 코일 내에 정류전압을 유기시킨다.

④ 평균 리액턴스 전압을 브러시 접촉면 전압강하보다 크게 한다.

Explanation

양호한 정류를 얻는 방법
- 보극설치
- 접촉저항이 큰 탄소브러시 사용
- 리액턴스 전압을 적게 한다.
- 인덕턴스를 작게 한다.
- 정류주기를 길게 한다.

【답】 ④

57 3,300/210[V], 5[kVA] 단상변압기의 퍼센트 저항강하는 2.4[%], 퍼센트 리액턴스강하는 1.8[%]이다. 임피던스 와트[W]는?

① 90

② 120

③ 240

④ 320

Explanation

저항강하 $p = \dfrac{I_{1n}r}{V_{1n}} \times 100 = \dfrac{I_{1n}^2 r}{V_{1n}I_{1n}} \times 100 = \dfrac{P_c}{P_n} \times 100 [\%]$

동손(임피던스 와트) $P_c = \dfrac{\%p \times P_n}{100} = \dfrac{2.4 \times 5 \times 10^3}{100} = 120 [W]$

【답】 ②

58 동기발전기의 병렬운전에 필요한 조건이 아닌 것은?

① 기전력의 크기가 같을 것

② 기전력의 위상이 같을 것

③ 기전력의 주파수가 같을 것

④ 임피던스 및 상회전 방향과 각 변위가 같을 것

Explanation

동기 발전기의 병렬 운전 조건

병렬운전 조건	문제점
기전력의 크기가 같을 것	무효순환전류(무효횡류)
기전력의 위상이 같을 것	동기화 전류(유효횡류)
기전력의 주파수가 같을 것	난조발생
기전력의 파형이 같을 것	고조파 무효순환전류
상회전 방향이 같을 것	

【답】④

59 동기기의 전기자 권선법 중 단절권과 분포권을 사용하는 이유 중 가장 중요한 목적은?
① 높은 전압을 얻기 위해서
② 효율을 좋게 하기 위해서
③ 일정한 주파수를 얻기 위해서
④ 좋은 파형을 얻기 위해서

Explanation

동기기 전기자 권선법
• 분포권
 – 고조파를 제거하여 기전력의 파형을 개선
 – 누설 리액턴스를 감소
• 단절권
 – 고조파를 제거하여 기전력의 파형을 개선
 – 코일의 길이, 동량이 절약됨

【답】④

60 3상 유도전동기의 원선도를 작성하는 데 필요 없는 것은?
① 저항 측정
② 구속 시험
③ 무부하 시험
④ 슬립 측정

Explanation

유도전동기 원선도
• **저항측정**
• **무부하(개방) 시험**
• **구속(단락) 시험**
• 원선도에서 구할 수 있는 것 : 1차 입력, 1차 동손, 동기 와트
• 원선도에서 구할 수 없는 것 : 기계적 출력, 기계손

【답】④

4과목	회로이론

61 $F(s) = \dfrac{2}{(s+1)(s+3)}$ 의 역라플라스 변환은?
① $e^{-t} - e^{-3t}$
② $e^{-t} - e^{3t}$
③ $e^t - e^{3t}$
④ $e^t - e^{-3t}$

Explanation

분모가 인수분해가 가능하므로 $F(s) = \dfrac{2}{(s+1)(s+3)} = \dfrac{K_1}{s+1} + \dfrac{K_2}{s+3}$

$K_1 = \lim_{s \to -1} (s+1) \cdot F(s) = \left[\dfrac{2}{s+3} \right]_{s=-1} = 1$

$$K_2 = \lim_{s \to -3}(s+3)F(s) = \left[\frac{2}{s+1}\right]_{s=-3} = -1$$

$$F(s) = \frac{1}{s+1} - \frac{1}{s+3}$$

$$\therefore f(t) = \mathcal{L}^{-1}\left[\frac{1}{s+1} - \frac{1}{s+3}\right] = e^{-t} - e^{-3t}$$

【답】①

62 정현파 교류전압 $v(t) = \sin(\omega t + \theta)$[V]의 평균치는 최대값의 약 몇 [%]인가?

① 41.4

② 50

③ 63.7

④ 70.7

Explanation

정현파의 실효값 $V = \dfrac{V_m}{\sqrt{2}} = 0.707 V_m$

평균값 $V_{av} = \dfrac{2}{\pi}V_m = 0.636 V_m$

【답】③

63 그림의 평형 3상 Y결선 회로에서 소비하는 유효전력[W]은?

① 512

② 768

③ 1,536

④ 2,304

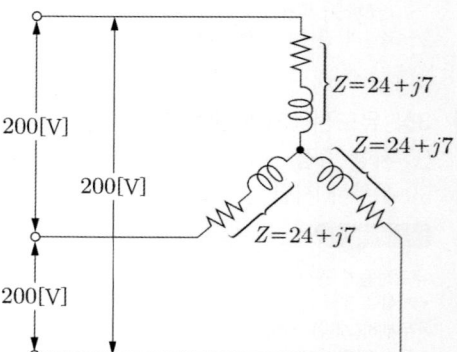

Explanation

3상 유효전력은 $P = 3V_p I_p \cos\theta = 3I_p^2 R$[Var]

Y결선이므로 $I_l = I_p$

여기서, 상전류는 $I_p = \dfrac{V_p}{Z} = \dfrac{\frac{200}{\sqrt{3}}}{24+j7} = \dfrac{\frac{200}{\sqrt{3}}}{\sqrt{24^2+7^2}}$ [A]

3상 유효전력은 $P = 3I_p^2 R = 3 \times \left(\dfrac{\frac{200}{\sqrt{3}}}{\sqrt{24^2+7^2}}\right)^2 \times 24 = 1,536$[W]

【답】③

64 회로에서 스위치를 닫았을 때 회로에 흐르는 전류 $i(t)$는?(단, 커패시터의 초기 전하를 무시한다)

① $\dfrac{V}{R}e^{-\frac{R}{C}t}$

② $\dfrac{V}{R}e^{\frac{R}{C}t}$

③ $\dfrac{V}{R}e^{-\frac{1}{RC}t}$

④ $\dfrac{V}{R}e^{\frac{1}{RC}t}$

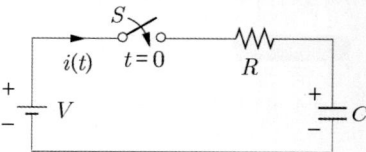

Explanation

R–C 직렬회로	직류 기전력 인가 시(S/W on)
전류 $i(t)$	$i = \dfrac{E}{R} e^{-\frac{1}{RC}t}$ [A]
특성근	$P = -\dfrac{1}{RC}$
시정수	$\tau = RC$ [sec]

【답】③

65 역률 60[%] 부하의 유효전력이 120[kW]이면 무효전력은 몇 [kVar]인가?

① 40

② 80

③ 120

④ 160

Explanation

피상전력 $P_a = VI = \dfrac{P}{\cos\theta} = \dfrac{120}{0.6} = 200[\mathrm{kVA}]$

무효전력 $P_r = P_a \sin\theta = 200 \times 0.8 = 160[\mathrm{kVar}]$

【답】④

66 2개의 단상전력계를 이용하여 어떤 불평형 3상 부하의 전력을 측정한 결과 $P_1 = 6$[W], $P_2 = 12$ [W]일 때, 이 3상 부하의 역률은?

① $\dfrac{3}{5}$

② $\dfrac{4}{5}$

③ $\dfrac{1}{\sqrt{3}}$

④ $\dfrac{\sqrt{3}}{2}$

Explanation

2전력계법 : 전력계 2대를 이용하여 3상 전력을 측정하는 방법

① 소비전력(유효전력) : $P = P_1 + P_2$ [W]

② 무효전력 　　　　 : $P_r = \sqrt{3}(P_1 - P_2)$ [Var]

③ 피상전력 　　　　 : $P_a = 2\sqrt{P_1^2 + P_2^2 - P_1 P_2}$ [VA]

④ 역률 　　　　　　 : $\cos\theta = \dfrac{P}{P_a} = \dfrac{P_1 + P_2}{2\sqrt{P_1^2 + P_2^2 - P_1 P_2}}$

여기서, 　$P_1 = P_2$ 　　　$\cos\theta = 1$

　　　　　$P_1 = 2P_2$ 　　$\cos\theta = \dfrac{\sqrt{3}}{2} = 0.866$

　　　　　$P_1 = 0$ 　　　$\cos\theta = 0.5$

문제에서는 　$P_1 = 3[\mathrm{kW}]$, $P_2 = 6[\mathrm{kW}]$ 　∴ $P_1 = 2P_2$이므로 　$\cos\theta = \dfrac{\sqrt{3}}{2} = 0.866$

【답】④

67 3상 불평형 회로에서 전압의 불평형률[%]은?

① $\dfrac{정상전압}{역상전압} \times 100$ [%]

② $\dfrac{영상전압}{정상전압} \times 100$ [%]

③ $\dfrac{역상전압}{정상전압} \times 100$ [%]

④ $\dfrac{정상전압}{영상전압} \times 100$ [%]

Explanation

불평형률 $= \dfrac{역상분}{정상분} \times 100$ [%]

【답】③

68 $R-L-C$ 직렬 회로에서 회로 저항값 R이 다음의 어느 값이어야 이 회로가 임계적으로 제동되는가?

① $\sqrt{\dfrac{L}{C}}$
② $2\sqrt{\dfrac{L}{C}}$
③ $\dfrac{1}{\sqrt{LC}}$
④ $2\sqrt{\dfrac{C}{L}}$

Explanation

$R-L-C$ 직렬회로에서 직류전압 인가
- 비진동 조건 $\left(\dfrac{R}{2L}\right)^2 - \dfrac{1}{LC} > 0$ 에서 $R^2 > \dfrac{4L}{C}$ $R > 2\sqrt{\dfrac{L}{C}}$
- **임계적 조건** $\left(\dfrac{R}{2L}\right)^2 - \dfrac{1}{LC} = 0$ 에서 $R^2 = \dfrac{4L}{C}$ $R = 2\sqrt{\dfrac{L}{C}}$
- 진동적 조건 $\left(\dfrac{R}{2L}\right)^2 - \dfrac{1}{LC} < 0$ 에서 $R^2 < \dfrac{4L}{C}$ $R < 2\sqrt{\dfrac{L}{C}}$

【답】②

69 회로에서 저항 3[Ω] 양단의 전압[V]은?

① 0.67
② 2
③ 3
④ 5

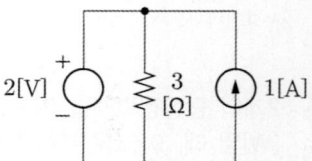

Explanation

중첩의 원리에 의해
- 전압원과 전류원이 단독 직렬 : 전압원 단락
- 전압원과 전류원이 단독 병렬 : 전류원 개방
따라서 전압원의 2[V]만 존재하므로 3[Ω] 양단의 전압은 2[V]이다.

【답】②

70 $f(t) = 1 - \cos\omega t$ 를 라플라스 변환하면?

① $\dfrac{s}{s^2 + \omega^2}$
② $\dfrac{\omega^2}{s(s^2 + \omega^2)}$
③ $\dfrac{\omega}{s(s^2 - \omega^2)}$
④ $\dfrac{s}{s(s^2 - \omega^2)}$

Explanation

$f(t) = 1 - \cos\omega t$ 를 라플라스 변환하면
$\mathcal{L}[1 - \cos\omega t] = \dfrac{1}{s} - \dfrac{s}{s^2 + \omega^2} = \dfrac{s^2 + \omega^2 - s^2}{s(s^2 + \omega^2)} = \dfrac{\omega^2}{s(s^2 + \omega^2)}$

【답】②

71 $Ri(t) + L\dfrac{di(t)}{dt} = E$ 에서 모든 초기값을 0으로 하였을 때의 $i(t)$의 값은?

① $\dfrac{E}{R}e^{-\frac{RL}{2}}$
② $\dfrac{E}{R}e^{-\frac{L}{R}t}$
③ $\dfrac{E}{R}(1 - e^{-\frac{R}{L}t})$
④ $\dfrac{E}{R}(1 - e^{-\frac{L}{R}t})$

Explanation

$R-L$ 직렬회로

	R-L 직렬회로	직류 기전력 인가 시(S/W on)
①	전류 $i(t)$	$i(t) = \dfrac{E}{R}(1 - e^{-\frac{R}{L}t})$
②	특성근	$P = -\dfrac{R}{L}$
③	시정수	$\tau = \dfrac{L}{R}$ [sec]

【답】 ③

---

72 $R-L-C$ 직렬공진회로에서 $R = 100[\Omega]$, $L = 314[\text{mH}]$, $C = 125.6[\text{pF}]$일 때 전압확대율(Q)은?

① 200
② 300
③ 400
④ 500

> Explanation

직렬 공진회로

양호도(전압확대율) $Q = \dfrac{1}{R}\sqrt{\dfrac{L}{C}}$

따라서 $Q = \dfrac{1}{R}\sqrt{\dfrac{L}{C}} = \dfrac{1}{100}\sqrt{\dfrac{314 \times 10^{-3}}{125.6 \times 10^{-12}}} = 500$

【답】 ④

---

73 $L = 2[\text{H}]$인 인덕턴스에 $i(t) = 20e^{-2t}[\text{A}]$의 전류가 흐를 때 L의 단자전압[V]은?

① $80e^{-2t}$
② $-80e^{-2t}$
③ $40e^{-2t}$
④ $-40e^{-2t}$

> Explanation

인덕턴스의 단자전압 $V_L = L\dfrac{di}{dt} = 2 \times \dfrac{d(20e^{-2t})}{dt} = -80e^{-2t}[\text{V}]$

【답】 ②

---

74 $R-L$ 직렬회로에 $v = 10 + 141.4\sin\omega t + 70.7\sin(3\omega t + 60°)[\text{V}]$인 전압을 가할 때 제3고조파 전류의 실효값은 약 몇 [A]인가?(단, $R = 8[\Omega]$, $\omega L = 2[\Omega]$이다)

① 1
② 3
③ 5
④ 7

> Explanation

제3고조파 전류 $I_3 = \dfrac{V_3}{Z_3} = \dfrac{V_3}{R + j3\omega L} = \dfrac{V_3}{\sqrt{R^2 + (3\omega L)^2}} = \dfrac{\frac{70.7}{\sqrt{2}}}{\sqrt{8^2 + 6^2}} = 5[\text{A}]$

【답】 ③

---

75 상순이 $a-b-c$인 3상 회로의 전압을 측정하였더니, $V_a = 120[\text{V}]$, $V_b = -60 - j80[\text{V}]$, $V_c = -60 + j80[\text{V}]$이었다. 이 회로의 역상전압 V_2는 약 몇 [V]인가?

① 0
② 13.81
③ 41.43
④ 106.19

> Explanation

역상분 전압 $V_2 = \dfrac{1}{3}(V_a + a^2 V_b + a V_c) = \dfrac{1}{3}\left(120 + \left(-\dfrac{1}{2} - j\dfrac{\sqrt{3}}{2}\right)(-60 - j80) + \left(-\dfrac{1}{2} + j\dfrac{\sqrt{3}}{2}\right)(-60 + j80)\right)$

$= 41.43[\text{V}]$

【답】 ③

76 다음과 같은 회로에서 a, b 양단의 전압은 몇 [V]인가?

① 1

② 2

③ 2.5

④ 3.5

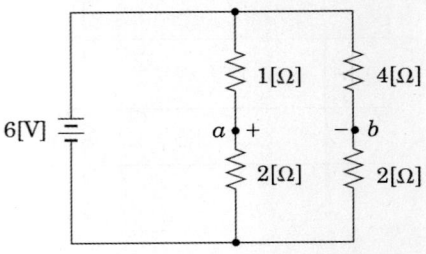

a, b 양단의 전압 $V_{ab} = \dfrac{4}{4+2} \times 6 - \dfrac{1}{1+2} \times 6 = 4 - 2 = 2$[V]

【답】②

77 다음 전압원 회로를 등가인 전류원 회로로 바꿀 경우, 전류원 전류의 크기[A]는?

① $5.5 + j7.33$

② $5.5 - j7.33$

③ $9.17 \angle - 53.13°$

④ $10.12 \angle - 53.13°$

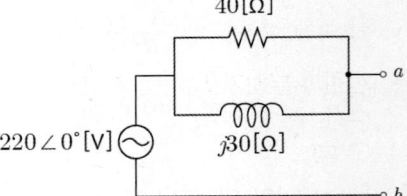

전체 임피던스 $Z = \dfrac{40 \times j30}{40 + j30} = \dfrac{j1,200(40 - j30)}{(40 + j30)(40 - j30)} = \dfrac{36,000 + j48,000}{2,500} = 14.4 + j19.2 \,[\Omega]$

전류원 $I = \dfrac{V}{Z} = \dfrac{220}{14.4 + j19.2} = \dfrac{220 \angle 0°}{\sqrt{14.4^2 + 19.2^2} \angle \tan^{-1} \dfrac{19.2}{14.4}}$

$= \dfrac{220 \angle 0°}{24 \angle 53.13} = 9.17 \angle - 53.13°$

【답】③

78 다음 중 비정현파에서 우함수 대칭의 조건은?

① $f(t) = - f(t)$

② $f(t) = f(-t)$

③ $f(t) = - f(-t)$

④ $f(t) = - f\left(t + \dfrac{T}{2}\right)$

- 정현대칭(기함수) : $f(t) = - f(-t)$, sin성분
- **여현대칭(우함수) : $f(t) = f(-t)$, 직류분, cos성분**
- 반파대칭 : $f(t) = - f\left(t + \dfrac{T}{2}\right)$, 홀수항

【답】②

79 다음의 회로에서 V_1이 30[V]일 때, 저항 R은 몇 [Ω]인가?

① 3
② 6
③ 9
④ 12

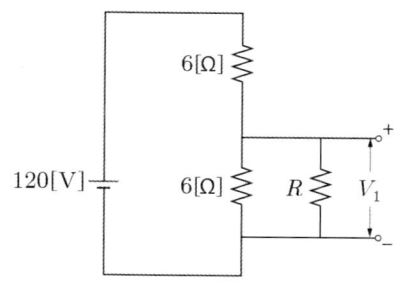

Explanation

$V_1 = 30[\text{V}]$이므로 앞에 연결된 $6[\Omega]$에는 $90[\text{V}]$가 걸리므로

V_1에는 $6 \times \dfrac{1}{3} = 2[\Omega]$의 저항이 되어야 한다.

따라서 $\dfrac{6R}{6+R} = 2$에서 $6R = 12 + 2R$

저항 $R = 3[\Omega]$

【답】 ①

80 전원과 부하가 모두 △결선된 평형 3상 회로에서 전원 전압의 크기가 200[V], 부하 한 상의 임피던스가 $6 + j8[\Omega]$인 경우 선전류의 크기는 몇 [A]인가?

① 20
② $20\sqrt{3}$
③ $\dfrac{20}{\sqrt{3}}$
④ $40\sqrt{3}$

Explanation

△결선 $I_l = \sqrt{3}\,I_p$

상전류 $I_p = \dfrac{V_p}{Z} = \dfrac{200}{\sqrt{6^2 + 8^2}} = 20[\text{A}]$

선전류 $I_l = \sqrt{3}\,I_p = \sqrt{3} \times 20 = 20\sqrt{3}\,[\text{A}]$

【답】 ②

5과목　전기설비기술기준

81 특고압 가공전선로에 B종 철주 또는 B종 철근콘크리트주로 시설할 경우에 경간은 몇 [m] 이하로 되는가?(단, 기타 조건은 적용하지 아니한다)

① 150
② 200
③ 250
④ 300

Explanation

(KEC 333.21조) 특고압 가공전선로의 경간 제한
특고압 가공전선로의 경간은 표에서 정한 값 이하이어야 한다.

지지물의 종류	경간
목주·A종 철주 또는 A종 철근 콘크리트주	150[m]
B종 철주 또는 B종 철근 콘크리트주	**250[m]**
철탑	600[m] (단주인 경우에는 400[m])

【답】 ③

82 중성점 접지용 접지도체는 연동선을 사용할 때 그 굵기는 최소 몇 [㎟] 이상인가?

① 2 　　　　　　　　　　　　　　　　② 2.5

③ 5 　　　　　　　　　　　　　　　　④ 16

> **Explanation**

(KEC 142.3.1.6조) 접지도체의 굵기
- 특고압 · 고압 전기설비용 접지도체 : 6[㎟] 이상의 연동선
- **중성점 접지용 접지도체 : 16[㎟] 이상의 연동선**　　　　　　　　　　　　　　　　　　　　　　　　　【답】 ④

83 수중조명등의 절연변압기는 1차 권선과 2차 권선 사이에 금속제의 혼촉방지판을 설치하는 경우 2차측 전로의 사용전압이 몇 [V] 이하인가?

① 30 　　　　　　　　　　　　　　　② 60

③ 150 　　　　　　　　　　　　　　　④ 300

> **Explanation**

(KEC 234.14조) 수중조명등
절연 변압기는 그 2차측 전로의 사용전압이 30[V] 이하인 경우에는 1차 권선과 2차권선 사이에 금속제의 혼촉방지판을 설치하여야 하며 또한 이를 접지공사 할 것　　　　　　　　　　　　　　　　　　　　　　　　　　　　　　　　　　　　　　【답】 ①

84 시가지에서 사용전압이 35[V] 이하 특고압 가공전선로에 절연전선을 사용할 경우 전선의 지표상 높이는 최소 몇 [m] 이상인가?

① 8 　　　　　　　　　　　　　　　② 10

③ 12.04 　　　　　　　　　　　　　　④ 13.72

> **Explanation**

(KEC 333.1조) 시가지 등에서 특고압 가공 전선로의 시설
사용전압이 170[kV] 이하인 전선로를 다음에 의하여 시설하는 경우 전선의 지표상의 높이는 표에서 정한 값 이상일 것

사용전압의 구분	지표상의 높이
35[kV] 이하	10[m](전선이 **특고압 절연전선인 경우에는 8[m]**)
35[kV] 초과	10[m]에 35[kV]를 초과하는 10[kV] 또는 그 단수마다 0.12[m]를 더한 값

【답】 ①

85 전력계통에서 돌발적으로 발생하는 이상현상에 대비하여 대지와 계통을 연결하는 것으로, 중성점을 대지에 접속하는 것은?

① 계통접지 　　　　　　　　　　　　② 단독접지

③ 보호접지 　　　　　　　　　　　　④ 피뢰시스템 접지

> **Explanation**

(KEC 112조) 용어 정의
"**계통접지**"란 전력계통에서 돌발적으로 발생하는 이상현상에 대비하여 대지와 계통을 연결하는 것으로, 중성점을 대지에 접속하는 것을 말한다.　　　　　　　　　　　　　　　　　　　　　　　　　　　　　　　　　　　　【답】 ①

86 특고압 가공전선로 첨가설치 통신선의 시가지 인입에 시설하는 통신선을 가공전선로의 지지물에 시설하고자 하는 경우 단선의 지름이 몇 [mm] 이상의 절연전선을 사용하여야 하는가?

① 2.6 　　　　　　　　　　　　　　② 4

③ 5 　　　　　　　　　　　　　　　④ 6

> **Explanation**

(KEC 362.5조) 특고압 가공전선로 첨가설치 통신선의 시가지 인입 제한

시가지에 시설하는 통신선은 연선의 경우 단면적 16[㎟](**단선의 경우 지름 4[㎜]**) 이상의 절연전선 또는 광섬유 케이블인 경우에만 특고압 가공전선로의 지지물에 시설할 수 있다. 【답】 ②

87 금속관공사에 의한 저압 옥내배선의 시설방법으로 틀린 것은?
① 전선은 절연전선일 것
② 관의 두께는 콘크리트에 매입하는 것은 1.2[㎜] 이상일 것
③ 전선은 16[㎟] 경동단선일 것
④ 전선은 금속관 안에서 접속점이 없도록 할 것

Explanation

(KEC 232.12조) 금속관공사
(1) 전선은 절연전선(옥외용 비닐절연전선을 제외한다)일 것
(2) **전선은 연선일 것.** 다만, 다음의 것은 적용하지 않는다.
　① **짧고 가는 금속관에 넣은 것**
　② **단면적 10[㎟](알루미늄선은 단면적 16[㎟]) 이하의 것**
(3) 전선은 금속관 안에서 접속점이 없도록 할 것
(4) 관의 두께는 다음에 의할 것
　① 콘크리트에 매설하는 것은 1.2[㎜] 이상
　② 콘크리트에 매설하는 것 이외의 것은 1[㎜] 이상 【답】 ③

88 수소냉각식 발전기 및 이에 부속하는 수소냉각방식의 시설에 대한 설명으로 틀린 것은?
① 발전기 안의 수소의 밀도를 계측하는 장치를 시설할 것
② 발전기 안의 수소의 순도가 85[%]로 이하로 저하한 경우에 이를 경보하는 장치를 시설할 것
③ 발전기 안의 수소의 압력을 계측하는 장치 및 그 압력이 현저히 변동한 경우에 이를 경보하는 장치를 시설할 것
④ 발전기는 기밀구조의 것이고 또한 수소가 대기압에서 폭발하는 경우에 생기는 압력에 견디는 강도를 가지는 것일 것

Explanation

(KEC 351.10조) 수소냉각식 발전기 등의 시설
수소냉각식의 발전기 · 무효 전력 보상 장치 또는 이에 부속하는 수소 냉각 장치는 다음 각 호에 따라 시설하여야 한다.
① 발전기 또는 무효 전력 보상 장치는 기밀구조(氣密構造)의 것이고 또한 수소가 대기압에서 폭발하는 경우에 생기는 압력에 견디는 강도를 가지는 것일 것
② 발전기축의 밀봉부에는 질소 가스를 봉입할 수 있는 장치 또는 발전기 축의 밀봉부로부터 누설된 수소 가스를 안전하게 외부에 방출할 수 있는 장치를 시설할 것
③ 발전기 내부 또는 무효 전력 보상 장치 내부의 수소의 순도가 85[%] 이하로 저하한 경우에 이를 경보하는 장치를 시설할 것
④ 발전기 내부 또는 무효 전력 보상 장치 내부의 수소의 압력을 계측하는 장치 및 그 압력이 현저히 변동한 경우에 이를 경보하는 장치를 시설할 것
⑤ **발전기 내부 또는 무효 전력 보상 장치 내부의 수소의 온도를 계측하는 장치를 시설할 것** 【답】 ①

89 정격용량이 몇 [kVA] 이상인 무효 전력 보상 장치에는 그 내부에 고장이 있는 경우에 자동적으로 이를 전로로부터 차단하는 보호장치를 하여야 하는가?
① 10,000　　　　　　　　　　② 15,000
③ 20,000　　　　　　　　　　④ 25,000

Explanation

(KEC 351.5조) 조상설비의 보호장치

설비종별	뱅크용량의 구분	자동적으로 전로로부터 차단하는 장치
무효전력 보상장치	15,000[kVA] 이상	내부에 고장이 생긴 경우에 동작하는 장치

【답】 ②

90 과전류차단기로 저압전로에 사용하는 범용의 퓨즈의 정격전류가 16[A]일 경우 용단전류는 정격 전류의 몇 배인가?(단 퓨즈(gG)인 경우이다)

① 1.25　　　　　　　　　　　　　　② 1.6
③ 1.5　　　　　　　　　　　　　　④ 1.9

Explanation

(KEC 212.3.4조) 보호장치의 특성
과전류차단기로 저압전로에 사용하는 범용의 퓨즈는 다음에 의하여야 한다.

정격전류의 구분	시간	정격전류의 배수	
		불용단 전류	용단 전류
4[A] 이하	60분	1.5배	2.1배
4[A] 초과　16[A] 미만	60분	1.5배	1.9배
16[A] 이상　63[A] 이하	60분	1.25배	**1.6배**
63[A] 초과 160[A] 이하	120분	1.25배	1.6배
160[A] 초과 400[A] 이하	180분	1.25배	1.6배
400[A] 초과	240분	1.25배	1.6배

【답】②

91 전선으로 ACSR(강심 알루미늄 전선)을 이용한 고압 가공전선의 처짐정도 계산에 이용되는 안전율은?

① 1.5　　　　　　　　　　　　　　② 2.0
③ 2.2　　　　　　　　　　　　　　④ 2.5

Explanation

(KEC 332.4조) 고압 가공 전선의 안전율
고압 가공전선은 케이블인 경우 이외에는 다음 각 호에 규정하는 경우에 그 안전율이 **경동선 또는 내열 동합금선은 2.2 이상,** 그 밖의 **전선은 2.5 이상이 되는 이도(처짐정도)**로 시설하여야 한다.　　　【답】④

92 합성수지관공사 시 연선이 아닌 경우 사용할 수 있는 전선의 단면적은 몇 [㎟] 이하인가? (단, 알루미늄선은 제외한다)

① 4　　　　　　　　　　　　　　② 6
③ 10　　　　　　　　　　　　　　④ 16

Explanation

(KEC 232.11조) 합성수지관공사
① 전선은 절연전선(옥외용 비닐 절연전선을 제외)일 것
② **전선은 연선일 것.** 다만, 다음의 것은 적용하지 않는다.
 – 짧고 가는 합성수지관에 넣은 것
 – **단면적 10[㎟](알루미늄선은 단면적 16[㎟]) 이하의 것**
③ 전선은 합성수지관 안에서 접속점이 없도록 할 것　　　【답】③

93 사람이 상시 통행하는 터널 안의 교류 220[V] 배선을 애자사용 공사에 의하여 시설할 경우 전선은 노면상 몇 [m] 이상의 높이로 시설하여야 하는가?

① 1.8　　　　　　　　　　　　　　② 2.0
③ 2.5　　　　　　　　　　　　　　④ 3.5

Explanation

(KEC 335.1조) 터널 안 전선로의 시설
• 저압전선 – 지름 2.6[㎜] 경동선 이상, 애자공사에 의할 때 레일면상 또는 노면상 2.5[m] 이상의 높이에 시설
　　　　　　 합성수지관공사, 금속관공사, 금속제 가요전선관공사, 케이블공사에 의해 시설
• 고압전선 – 지름 4[㎜] 경동선 이상
　　　　　　 애자공사 시 레일면상 또는 노면상 3[m] 이상의 높이　　　【답】③

94 아크 용접기의 시설 기준으로 틀린 것은?
① 용접변압기의 1차측 전로의 대지전압은 300[V] 이하일 것
② 전로는 용접 시 안전을 위해 흐르는 전류를 통과하지 못하게 하여 시설할 것
③ 용접변압기는 절연변압기일 것
④ 용접변압기 1차측 전로에는 용접변압기에 가까운 곳에 쉽게 개폐할 수 있는 개폐기를 시설할 것

Explanation

(KEC 241.10조) 아크 용접기
① 변압기는 1차 대지전압 300[V] 이하의 절연 변압기일 것
② 용접 변압기로부터 용접 접극에 이르는 부분 및 용접 변압기로부터 피용접재에 이르는 부분의 전선은 용접용
　케이블이나 1종 이외의 캡타이어 케이블을 사용한다.
③ 전로는 용접 시 흐르는 전류를 안전하게 통할 수 있는 것일 것　　　　　　　　　　　　　　　【답】②

95 제1종 특고압 보안공사로 시설하는 전선로의 지지물로 사용할 수 있는 것은?
① 목주　　　　　　　　　　　　　　　② A종 철근 콘크리트주
③ 철탑　　　　　　　　　　　　　　　④ A종 철주

Explanation

(KEC 333.22조) 특고압 보안공사
전선로의 지지물에는 B종 철주·B종 철근 콘크리트주 또는 철탑을 사용할 것(목주·A종 사용금지)　【답】③

96 임시 전선로 시설에서 건조물 상부 조영재의 옆쪽에 시설할 경우 이격거리는 몇 [m]까지 감할 수 있나?
① 0.1　　　　　　　　　　　　　　　② 0.4
③ 1　　　　　　　　　　　　　　　　④ 4

Explanation

(KEC 335.10조) 임시 전선로의 시설

조영물 조영재의 구분	건조물의 조영재	접근형태	이격거리[m]
건조물	상부 조영재	위쪽	1
		옆쪽 또는 아래쪽	0.4
	상부 이외의 조영재		0.4

【답】②

97 사용전압이 400[V] 이하인 저압 가공전선이 절연전선일 경우 지름이 몇 [mm] 이상의 경동선을 사용하는가?
① 2.6　　　　　　　　　　　　　　　② 3.2
③ 4.0　　　　　　　　　　　　　　　④ 5.0

Explanation

(KEC 222.5조) 저압 가공 전선의 굵기 및 종류
사용전압이 400[V] 이하인 저압 가공전선은 케이블인 경우를 제외하고는 인장강도 3.43[kN] 이상의 것 또는 지름 3.2[mm] (**절연전선인 경우는 인장강도 2.3[kN] 이상의 것 또는 지름 2.6[mm] 이상의 경동선**) 이상의 것이어야 한다.　【답】①

98 전선의 상(문자)과 색상이 바르게 연결된 것은?
① L3- 회색　　　　　　　　　　　　② L2- 적색
③ N- 녹색　　　　　　　　　　　　④ L1- 파란색

Explanation

(KEC 121.2조) 전선의 식별

상(문자)	색상
L1	갈색
L2	검은색
L3	회색
N	파란색
보호도체	녹색-노란색

【답】 ①

99 저압전로에 사용하는 주택용 배선차단기의 정격전류가 63[A] 초과인 경우, 과전류트립 동작전류는 정격전류의 몇 배로 하여야 하는가?

① 1.2   ② 1.25

③ 1.45   ④ 1.6

Explanation

(KEC 212.3.4조) 보호장치의 특성
과전류차단기로 저압전로에 사용하는 주택용 배선차단기는 표에 적합한 것이어야 한다. 다만, 일반인이 접촉할 우려가 있는 장소(세대내 분전반 및 이와 유사한 장소)에는 주택용 배선차단기를 시설하여야 한다.

정격 전류의 구분	시간	정격전류의 배수(모든 극에 통전)	
		부동작 전류	동작 전류
63[A] 이하	60분	1.13배	1.45배
63[A] 초과	120분	1.13배	**1.45배**

【답】 ③

100 지중전선로설비의 통신선 시설에서 지중 공가설비로 사용되는 광섬유 케이블 및 동축케이블은 지름 몇 [㎜] 이하인가?

① 4   ② 5

③ 16   ④ 22

Explanation

(KEC 363.1조) 지중통신선로설비 시설
지중 공가설비로 사용하는 광섬유 케이블 및 동축케이블은 지름 22[㎜] 이하일 것

【답】 ④

2025년 전기산업기사 필기

1과목 전기자기학

01 패러데이 관에 대한 설명으로 틀린 것은?
① 패러데이 관내의 전속수는 일정하다.
② 패러데이 관의 밀도는 전속 밀도와 같다.
③ 패러데이 관 진전하가 있는 점에서 연속이다.
④ 패러데이 관 양단에 양(+), 음(−)의 단위전하가 있다.

Explanation

패러데이관의 양단에는 양 또는 음의 단위 진전하가 존재
• 패러데이관의 밀도 = 전속밀도
• 진전하가 없는 곳에서는 연속   **【답】** ③

02 $B-H$ 곡선을 자세히 관찰하면 매끈한 곡선이 아니라 B가 계단적으로 증가 또는 감소함을 알 수 있다. 이러한 현상을 무엇이라 하는가?
① 퀴리점(Curie point)
② 자기여자효과(magnetic after effect)
③ 자왜현상(magneto-striction effect)
④ 바크하우젠 효과(Barkhausen effect)

Explanation

바크하우젠 효과(Barkhausen effect) : $B-H$ 곡선에서 B가 계단적으로 증감하는 것
자성체 내에서 임의의 방향으로 배열되었던 자구가 외부자장의 힘이 일정치 이상이 되면 순간적으로 회전하여 자장의 방향으로 배열되기 때문에 자속밀도가 증가하는 현상   **【답】** ④

03 유전체 중의 전계의 세기를 E[V/m], 유전율을 ε[F/m]이라 하면 전기변위[C/m²]는?
① εE
② εE^2
③ $\dfrac{\varepsilon}{E}$
④ $\dfrac{E}{\varepsilon}$

Explanation

전기변위는 전속밀도와 같으므로 $D = \epsilon E$[C/m²]   **【답】** ①

04 원점 주위의 전류밀도가 $J = \dfrac{2}{r} a_r$[A/m²]의 분포를 가질 때 반지름 5[cm]의 구면을 지나는 전전류는?
① 0.1π
② 0.2π
③ 0.3π
④ 0.4π

Explanation

$$\text{전류 } I = \oint_s J \cdot ds = \oint_s \frac{2}{r} a_r \cdot a_r \, ds (a_r \cdot a_r = 1)$$

$$= \frac{2}{r} \oint_s ds = \frac{2}{r} s = \frac{2}{r} 4\pi r^2 = 8\pi r$$

$$= 8\pi \times 0.05 = 0.4\pi [\text{A}]$$

【답】 ④

05 강자성체의 자화에 관한 설명으로 틀린 것은?

① 강자성체의 자화의 세기는 자계의 세기에 비례한다.
② 강자성체의 자계를 변화시키면 히스테리시스현상이 나타난다.
③ 강자성체의 히스테리시스손은 히스테리시스 곡선의 면적과 같다.
④ 강자성체의 자속밀도 B는 자계의 세기 H에 비례하지 않는다.

Explanation

자속밀도 $B = \mu H$이므로 강자성체의 자속밀도 B는 자계의 세기 H에 비례한다.

【답】 ④

06 자계의 세기가 1,000[AT/m]이고, 자속밀도가 0.1[Wb/m²]인 재질의 투자율[H/m]은?

① 10^{-3}[H/m]
② 10^3[H/m]
③ 10^{-4}[H/m]
④ 10^4[H/m]

Explanation

자속밀도 $B = \mu H$에서

$$\text{투자율 } \mu = \frac{B}{H} = \frac{0.1}{1,000} = 10^{-4} [\text{H/m}]$$

【답】 ③

07 무한길이의 직선 도체에 전하가 균일하게 분포되어 있다. 이 직선 도체로부터 l인 거리에 있는 점의 전계의 세기는?

① l에 비례한다.
② l에 반비례한다.
③ l^2에 비례한다.
④ l^2에 반비례한다.

Explanation

축 대칭(선전하밀도 : λ[C/m], 원통도체)

• 표면($r > a$) : $E = \dfrac{\lambda}{2\pi \epsilon_0 r}$

• 내부($r < a$) : $E = 0$

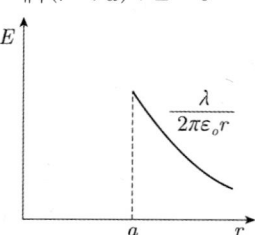

여기서, 직선 도체로부터 l인 거리 전계 $E = \dfrac{\lambda}{2\pi \epsilon_0 \ell} [\text{V/m}]$

【답】 ②

08 그림과 같은 반지름 a[m]인 원형 코일에 I [A]의 전류가 흐르고 있다. 이 도체 중심 축상 x[m]인 점 P의 자위는 몇 [A]인가?

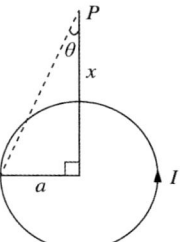

① $\dfrac{I}{2}\left(1-\dfrac{x}{\sqrt{a^2+x^2}}\right)$

② $\dfrac{I}{2}\left(1-\dfrac{a}{\sqrt{a^2+x^2}}\right)$

③ $\dfrac{I}{2}\left(1-\dfrac{x^2}{(a^2+x^2)^{\frac{3}{2}}}\right)$

④ $\dfrac{I}{2}\left(1-\dfrac{a^2}{(a^2+x^2)^{\frac{3}{2}}}\right)$

Explanation

자위 $U=\dfrac{P}{4\pi\mu_o}\omega=\dfrac{P}{4\pi\mu_o}\times 2\pi(1-\cos\theta)$

$\quad =\dfrac{P}{2\mu_o}\left(1-\dfrac{x}{\sqrt{a^2+x^2}}\right)$ 여기서, 판자석의 세기 $P=\sigma\delta=\mu_o I$[Wb/m]

$\quad =\dfrac{I}{2}\left(1-\dfrac{x}{\sqrt{a^2+x^2}}\right)$

【답】①

09 전자유도에 의하여 회로에 발생되는 기전력에 대한 법칙은 무엇인가?

① 패러데이의 법칙

② 옴의 법칙

③ 가우스의 법칙

④ 암페어 법칙

Explanation

• 패러데이 법칙 : 유도기전력의 크기 결정 $\left(e=N\dfrac{d\phi}{dt}\right)$

• 렌츠의 법칙 : 유도 기전력의 방향 결정$\left(e=-N\dfrac{d\phi}{dt}\right)$

【답】①

10 자기 쌍극자에 의한 자계는 쌍극자 중심으로부터의 거리의 몇 제곱에 반비례하는가?

① 1

② 2

③ 3

④ 4

Explanation

• 자기 쌍극자에 의한 자위 $U=\dfrac{M\cos\theta}{4\pi\mu_0 r^2}$ [AT/m]

• 자기 쌍극자에 의한 자계 $H=\dfrac{M}{4\pi\mu_0 r^3}\sqrt{1+3\cos^2\theta}$ [AT/m]

【답】③

11 자기회로에서 자속은 전기회로의 무엇에 대응되는가?

① 전류

② 기전력

③ 전계의 세기

④ 전기저항

전기회로와 자기회로와의 관계

전기회로	자기회로
전류 I	자속 ϕ
전기저항 R	자기저항 R_m
기전력 E(V)	기자력 F_m
도전율 k	투자율 μ
전계의 세기 E	자계의 세기 H

【답】 ①

12 비투자율이 4,000인 철심의 자속 밀도가 0.1[Wb/㎡]일 때 이 철심의 단위 체적 당 축적되는 에너지 밀도는 몇 [J/㎥]인가?

① 1   ② 2

③ 3   ④ 4

자화에 필요한 에너지 $w = \dfrac{1}{2}\mu H^2 = \dfrac{B^2}{2\mu} = \dfrac{1}{2}BH$[J/㎥]에서

$w = \dfrac{B^2}{2\mu} = \dfrac{0.1^2}{2 \times 4\pi \times 10^{-7} \times 4,000} \fallingdotseq 1\,[\text{J/㎥}]$

【답】 ①

13 자기 인덕턴스가 L_1, L_2이고 상호 인덕턴스가 M인 두 회로의 결합계수가 1일 때, 성립되는 식은?

① $L_1 \cdot L_2 = M$ ② $L_1 \cdot L_2 < M$

③ $L_1 \cdot L_2 > M$ ④ $L_1 \cdot L_2 = M^2$

상호 인덕턴스 $M = k\sqrt{L_1 L_2}$
결합계수 k가 1이므로 $M = \sqrt{L_1 L_2}$ ∴ $M^2 = L_1 \cdot L_2$

【답】 ④

14 진공 중의 MKS 유리화 단위계에서 정전하 간의 정전력 $F = \dfrac{Q_1 Q_2}{\alpha_o R^2}$[N], 자극 간의 자기력 $F = \dfrac{m_1 m_2}{\beta_o R^2}$[N] 및 전류와 자계 간의 전자력 $F = \dfrac{mIl\sin\theta}{\gamma_o R^2}$[N]이다. 상수 α_o, β_o, γ_o 상호 간의 관계식 $\dfrac{\gamma_o^2}{\alpha_o \beta_o}$ 의 값은?

① 3×10^8 ② 3×10^{10}

③ 9×10^{16} ④ 9×10^{20}

쿨롱의 법칙

• 정전계 : $F = \dfrac{Q_1 Q_2}{4\pi\epsilon_0 R^2}$[N]에서 $\alpha_o = 4\pi\epsilon_0$

- 정자계 : $F = \dfrac{m_1 m_2}{4\pi\mu_0 R^2}[N]$ 에서 $\beta_o = 4\pi\mu_o$

전류와 자계간의 전자력 : $F = IBl\sin\theta = \dfrac{mIl\sin\theta}{4\pi R^2}$ 에서 $\gamma_0 = 4\pi$

여기서, 자속밀도 $B = \mu H = \mu\dfrac{m}{4\pi\mu R^2} = \dfrac{m}{4\pi R^2}$

$$\therefore \frac{\gamma_0^2}{\alpha_0\beta_0} = \frac{(4\pi)^2}{4\pi\epsilon_0 \times 4\pi\mu_0} = \frac{(4\pi)^2}{(4\pi)^2(4\pi\times 10^{-7}\times 8.855\times 10^{-12})} = 9\times 10^{16}$$

【답】 ③

15 전송회로에서 무손실인 경우 $L = 360[\text{mH}]$, $C = 0.01[\mu F]$일 때 특성 임피던스는 몇 $[\Omega]$인가?

① $\dfrac{1}{6}\times 10^{-3}$ ② 3.6×10^7

③ $\dfrac{1}{36}\times 10^{-6}$ ④ 6×10^3

Explanation

무손실선로 : $R = G = 0$

특성 임피던스 $Z_0 = \sqrt{\dfrac{Z}{Y}} = \sqrt{\dfrac{R+j\omega L}{G+j\omega C}} = \sqrt{\dfrac{L}{C}}$

$= \sqrt{\dfrac{360\times 10^{-3}}{0.01\times 10^{-6}}} = 6\times 10^3 [\Omega]$

【답】 ④

16 평행판 공기콘덴서의 두 전극판 사이에 전위차계를 접속하고 전지에 의하여 충전하였다. 충전한 상태에서 비유전율 ϵ_r의 유전체를 콘덴서에 채우면 전위차계의 지시는 어떻게 되는가?

① 불변이다. ② 0이 된다.
③ 감소한다. ④ 증가한다.

Explanation

충전 후 전원을 제거한 경우이므로 Q가 일정한 경우이다.
$Q = CV$에서 유전체를 채우면 용량 C가 증가하므로
Q가 일정한 상태에서는 전위 V는 감소한다.

【답】 ③

17 진공 중에 놓인 반지름 2[m]의 도체구에 전하 $Q[\text{C}]$이 있다면 그 표면에 있어서의 전속 밀도 D는 몇 $[\text{C/m}^2]$인가?

① Q ② $\dfrac{Q}{16\pi}$

③ $\dfrac{Q}{2\pi}$ ④ $\dfrac{Q}{4\pi}$

Explanation

- 전속 밀도 $D = \dfrac{\psi}{S} = \dfrac{Q}{S} [\text{C/m}^2]$
- 도체구의 면적 $S = 4\pi r^2 [\text{m}^2]$

따라서 전속 밀도 $D = \dfrac{Q}{4\pi r^2} [\text{C/m}^2]$

$\therefore D = \dfrac{Q}{4\pi\times 2^2} = \dfrac{Q}{16\pi} [\text{C/m}^2]$

【답】 ②

18 공기 중에 무한 평면도체로부터 거리 a[m]인 곳에 점전하 Q [C]가 있을 때 도체 표면에 유도되는 최대전하밀도는 몇 [C/㎡]인가?

① $\dfrac{Q}{2\pi\epsilon_o\, a^2}$ ② $\dfrac{Q}{4\pi\, a^2}$

③ $-\dfrac{Q}{2\pi a^2}$ ④ $\dfrac{Q}{4\pi\epsilon_o\, a^2}$

Explanation

무한 평면 도체 표면에 유도되는 면밀도 $\sigma = -\dfrac{aQ}{2\pi(a^2+y^2)^{3/2}}$ [C/㎡]

면밀도가 최대인 점 $\sigma_{max} = |\sigma|_{y=0} = -\dfrac{Q}{2\pi a^2}$ [C/㎡]

【답】 ③

19 그림과 같이 진공 중에 서로 평행인 무한 길이 두 직선도선 A, B가 d[m] 떨어져 있다. A, B의 선전하 밀도를 각각 λ_1[C/m], λ_2[C/m]라 할 때, A로부터 $\dfrac{d}{3}$[m]인 점의 전계의 세기가 0이었다면 λ_1과 λ_2의 관계는?

① $\lambda_2 = \dfrac{1}{2}\lambda_1$

② $\lambda_2 = 2\lambda_1$

③ $\lambda_2 = 3\lambda_1$

④ $\lambda_2 = 9\lambda_1$

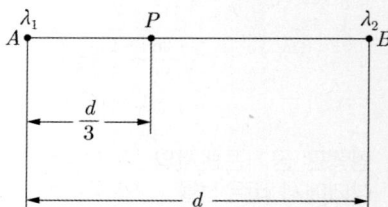

Explanation

전계의 세기가 0인 경우 $E_1 = E_2$

$\dfrac{\lambda_1}{2\pi\epsilon_o\left(\dfrac{d}{3}\right)} = \dfrac{\lambda_2}{2\pi\epsilon_o\left(\dfrac{2d}{3}\right)}$

$\therefore \lambda_2 = 2\lambda_1$

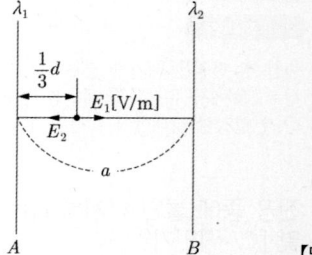

【답】 ②

20 내구의 반지름 a[m], 외구의 반지름 b[m]인 동심구 콘덴서의 외구를 접지한 경우 정전용량을 구하면?

① $\dfrac{4\pi\epsilon_0\, ab}{b-a}$ ② $\dfrac{2\pi\epsilon_0\, ab}{b-a}$

③ $\dfrac{4\pi\epsilon_0}{b-a}$ ④ $\dfrac{2\pi\epsilon_0}{b-a}$

Explanation

동심구 정전용량

정전용량 $C = \dfrac{Q}{V} = \dfrac{Q}{\dfrac{Q}{4\pi\epsilon_0}\left(\dfrac{1}{a}-\dfrac{1}{b}\right)} = \dfrac{4\pi\epsilon_0}{\dfrac{1}{a}-\dfrac{1}{b}} = \dfrac{4\pi\epsilon_0\, ab}{b-a}$ [F]

【답】 ①

21 송전계통에서 안정도 증진과 관계없는 것은?
① 고속 재폐로 방식 채용
② 계통의 직렬 리액턴스 감소
③ 속응 여자 방식의 채용
④ 선로의 회선수 감소

Explanation

안정도 향상 대책
- 직렬 리액턴스(X)를 작게 한다.
 ① 발전기나 변압기의 리액턴스를 작게 한다.
 ② **선로의 병행 회선수를 늘리거나** 복도체 또는 다도체 방식을 사용한다.
 ③ 직렬 콘덴서를 삽입하여 선로의 리액턴스를 보상한다.
- 전압 변동을 작게 한다.
 ① 속응 여자 방식의 채용
 ② 계통 연계를 한다.
- 중간 조상 방식을 채용한다.
- 고장 전류를 줄이고 고장 구간을 신속하게 차단한다.
 ① 적당한 중성점 접지 방식을 채용하여 지락 전류를 줄인다.
 ② 고속도 계전기, 고속도 차단기를 채용한다.
 ③ 고속도 재폐로 방식을 채용한다.

【답】④

22 연간 최대 수용전력이 60[kW], 75[kW], 80[kW], 105[kW]인 4개의 수용가를 합성한 연간 최대 수용 전력이 250[kW]이다. 이 수용가의 부등률은 얼마인가?
① 1.2
② 1.3
③ 1.4
④ 1.5

Explanation

$$부등률 = \frac{개개의\,최대\,수용\,전력의\,합}{합성\,최대\,수용\,전력}$$
$$= \frac{60+75+80+105}{250} = 1.28$$

【답】②

23 급수의 엔탈피 130[kcal/kg], 보일러 출구(터빈의 입구) 과열 증기 엔탈피 970[kcal/kg], 터빈 출구 엔탈피 550[kcal/kg]인 랭킨 사이클의 열사이클 효율은?
① 0.2
② 0.4
③ 0.5
④ 0.8

Explanation

$$\eta_c = \frac{H_e}{i_1 - i_f}$$
여기서, η_c : 터빈의 열효율,
  H_e : 증기 1[kg]이 터빈에서 유효하게 일을 한 열량[kcal/kg]
  i_1 : 터빈 입구의 증기 엔탈피[kcal/kg],
  i_f : 복수기의 엔탈피[kcal/kg]
$H_e = 970 - 550 = 420$ [kcal/kg]
$i_1 = 970$ [kcal/kg], $i_f = 130$ [kcal/kg]이므로
$$\therefore \eta = \frac{420}{970 - 130} = 0.5$$

【답】③

24 3상 3선식 3각형 배치의 송전선로가 있다. 선로가 연가되어 각 선간의 정전용량은 0.009[μF/km], 각 선의 대지정전용량은 0.003[μF/km]라고 하면 1선의 작용정전용량은 몇 [μF/km]인가?

① 0.03

② 0.023

③ 0.012

④ 0.006

1선당 작용정전용량

3상 3선식 : $C = C_s + 3C_m = 0.003 + 3 \times 0.009 = 0.03[\mu F/km]$

【답】①

25 복도체를 사용한 송전선로를 같은 단면적의 단도체를 사용한 선로와 비교할 때 틀린 것은?

① 코로나 임계 전압이 상승하므로 코로나 손실을 감소시킨다.

② 송전용량을 증대할 수 있다.

③ 안정도가 증대된다.

④ 작용 인덕턴스는 증가하고, 작용 정전용량은 감소한다.

복도체(다도체) 방식의 주목적 : 코로나 방지
- **인덕턴스는 감소, 정전 용량은 증가**
- 코로나의 방지, 코로나 임계 전압의 상승
- 송전 용량의 증대, 안정도 증대
- 전선 표면의 전위경도 감소

【답】④

26 수전전압 22.9[kV] 3상 가공전선로에서 차단기의 차단용량은 정격차단전류가 300[A]라면 얼마로 하는가?

① 10

② 20

③ 100

④ 150

3상용 차단기의 정격용량

$P_s = \sqrt{3} \times$ 정격전압 $\times$ 정격차단전류 [MVA]

$\quad = \sqrt{3} \times 25.8 \times 300 \times 10^{-3} = 13.4$ [MVA]

여기서, 22.9[kV]의 차단기 정격전압은 25.8[kV]이다.

【답】②

27 전력용 퓨즈는 주로 어떤 전류의 차단을 목적으로 사용하는가?

① 충전 전류

② 부하 전류

③ 단락 전류

④ 과도 전류

전력 퓨즈(PF : Power Fuse) : 단락전류 차단

【답】③

28 송전선로의 중성점을 접지하는 목적으로 맞지 않는 것은?

① 보호계전기의 확실한 동작

② 고장전류 감소 및 송전용량의 증가

③ 과도안정도 증진

④ 이상 전압의 경감 및 발생 방지

송전선의 중성점 접지 목적
- 1선 지락 시 전위 상승 억제, 계통의 기계 기구의 절연 보호
- 지락 사고 시 보호 계전기 동작의 확실

- 과도안정도 증진
- 이상전압 발생 방지

【답】②

29 변전소에 시설하는 조상설비에 대한 설명으로 틀린 것은?
① 조상설비에는 회전형과 정지형이 있다.
② 전력용 콘덴서는 진상전류만을 단계적으로 공급하는 기능을 가지고 있다.
③ 조상설비의 종류는 동기조상기, 비동기조상기, 전력용 콘덴서, 분로리액터 등이 있다.
④ 동기조상기는 여자전류를 조정하여 지상무효전류만을 연속적으로 공급한다.

Explanation

조상설비 비교

	진 상	지 상	시충전(시송전)	조 정	전력손실	증설
전력용 콘덴서	○	×	×	단계적	적다	가능
분로 리액터	×	○	×	단계적	적다	가능
동기 조상기	○	○	○	**연속적**	**크다**	**불가능**

【답】④

30 뒤진 역률 80[%], 10[kVA]의 부하를 가지는 주상변압기의 2차측에 2[kVA]의 전력용 콘덴서를 접속하면 주상변압기에 걸리는 부하는 약 몇 [kVA]가 되겠는가?
① 8
② 8.5
③ 9
④ 9.5

Explanation

변압기에 걸리는 부하 $P_a{}'$[kVA]
$$P_a{}' = \sqrt{P_1^2 + (Q - Q_c)^2}$$
$$= \sqrt{8^2 + (6-2)^2} = 9[kVA]$$

【답】③

31 3상 발전기의 1선이 지락 한 경우 지락 전류는? 단, Z_0 : 영상 임피던스, Z_1 : 정상 임피던스, Z_2 : 역상 임피던스이다.

① $\dfrac{E_a}{Z_0 + Z_1 + Z_2}$

② $\dfrac{3E_a}{Z_0 + Z_1 + Z_2}$

③ $\dfrac{-Z_0 E_a}{Z_0 + Z_1 + Z_2}$

④ $\dfrac{\sqrt{3}\, E_a}{Z_0 + Z_1 + Z_2}$

Explanation

영상전류 $I_0 = \dfrac{1}{3}(I_a + I_b + I_c)$

1선 지락 전류 $I_g = 3I_0 = \dfrac{3E_a}{Z_0 + Z_1 + Z_2}$

【답】②

32 3상용 차단기의 정격전압은 25.8[kV]이고 정격차단용량이 500[MVA]일 때 차단기의 정격차단전류는 약 몇 [kA]인가?
① 33.6
② 25.4
③ 11.2
④ 51.6

Explanation

3상용 차단기의 정격 용량 $P_s = \sqrt{3} \times$ 정격전압 $\times$ 정격차단전류 [MVA]

정격 차단 전류 : $I_s = \dfrac{P_s}{\sqrt{3}\,V} = \dfrac{500 \times 10^6}{\sqrt{3} \times 25.8 \times 10^3} \times 10^{-3} = 11.2 [\text{kA}]$ 【답】③

33 100[kVA] 단상변압기 3대를 △ − △ 결선으로 사용하다가 1대의 고장으로 V−V 결선으로 사용하면 약 몇 [kVA] 부하까지 사용할 수 있는가?

① 150   ② 173
③ 225   ④ 300

Explanation

V결선 출력
$P_V = \sqrt{3}\,K = \sqrt{3} \times 100 = 173 [\text{kVA}]$ 여기서, K는 변압기 1대 용량   【답】②

34 임피던스 Z_1, Z_2 및 Z_3을 그림과 같이 접속한 선로의 A 쪽에서 전압파 E가 진행해 왔을 때 접속점 B에서 무반사로 되기 위한 조건은?

① $Z_1 = Z_2 + Z_3$ ② $\dfrac{1}{Z_1} = \dfrac{1}{Z_3} - \dfrac{1}{Z_2}$

③ $\dfrac{1}{Z_1} = \dfrac{1}{Z_2} + \dfrac{1}{Z_3}$ ④ $\dfrac{1}{Z_1} = -\dfrac{1}{Z_2} - \dfrac{1}{Z_3}$

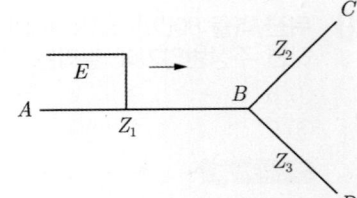

Explanation

• 반사 계수 : $\rho = \dfrac{Z_L - Z_o}{Z_L + Z_o}$

• 무반사 조건 : $Z_L = Z_o$

∴ $Z_1 = \dfrac{1}{\dfrac{1}{Z_2} + \dfrac{1}{Z_3}}$ 이므로 $\dfrac{1}{Z_1} = \dfrac{1}{Z_2} + \dfrac{1}{Z_3}$ 【답】③

35 다음 중 배전 선로의 손실을 경감하기 위한 대책으로 적절하지 않은 것은?

① 역률개선   ② 배전 전압의 승압
③ 배전선로의 전류밀도평형   ④ 대용량 변압기 채용

Explanation

배전선로 전력 손실 경감대책
• 역률 개선(전력용 콘덴서의 설치)
• 승압
• 부하 불평형 방지(전류밀도 평형)   【답】④

36 전력계통에서 연가하는 주된 목적은?

① 계전기의 확실한 동작 확보   ② 전선의 절약
③ 선로정수의 평형   ④ 유도뢰의 방지

Explanation

연가 : 선로정수를 평형시키기 위하여 3상 3선식 선로를 3배수 등분하여 실시

- 선로정수 평형(각 상의 전압, 전류 평형)
- 정전유도장해 감소
- 소호리액터 접지 시의 직렬공진 방지

【답】③

37 3상 Y결선된 발전기가 무부하 상태로 운전 중 3상 단락고장이 발생하였을 때 나타나는 현상으로 적합하지 않은 것은?

① 영상분 전류는 흐르지 않는다.
② 역상분 전류는 흐르지 않는다.
③ 정상분 전류는 영상분 및 역상분 임피던스에 무관하고 정상분 임피던스에 반비례한다.
④ 3상 단락전류는 정상분 전류의 3배가 흐른다.

Explanation

- 1선 지락 : $I_0 = I_1 = I_2$ $\therefore I_g = 3I_0 = \dfrac{3E_a}{Z_0 + Z_1 + Z_2}$
- 2선 지락 : $V_0 = V_1 = V_2 \neq 0$
- 선간 단락 : $I_0 = 0,\ V_0 = 0$ $I_1 = -I_2,\ V_1 = V_2$
- 3상 단락 : $I_1 = \dfrac{E_a}{Z_1}$

【답】④

38 전력계통의 전압안정도를 나타내는 P–V 곡선에 대한 설명 중 적합하지 않은 것은?

① 가로축은 수전단 전압을 세로축은 무효전력을 나타낸다.
② 진상무효전력이 부족하면 전압은 안정되고 진상무효전력이 과잉되면 전압은 불안정하게 된다.
③ 전압 불안정 현상이 일어나지 않도록 전압을 일정하게 유지하려면 무효전력을 적절하게 공급하여야 한다.
④ P–V 곡선에서 주어진 역률에서 전압을 증가시키더라도 송전할 수 있는 최대 전력이 존재하는 임계점이 있다.

Explanation

P–V 곡선
- **가로축은 유효전력, 세로축은 전압**
- 진상무효전력이 부족하면 전압은 안정되고 진상무효전력이 과잉되면 전압은 불안정
- 전압 불안정 현상이 일어나지 않도록 전압을 일정하게 유지하려면 무효전력을 적절하게 공급
- P–V 곡선에서 주어진 역률에서 전압을 증가시키더라도 송전할 수 있는 최대 전력이 존재하는 임계점이 존재

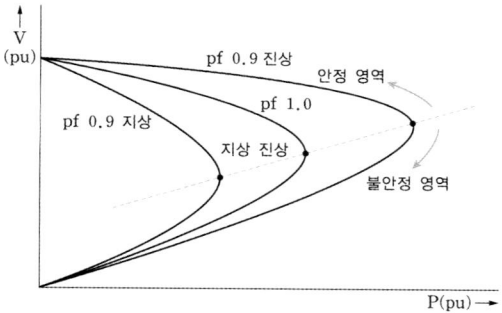

【답】①

39 그림과 같은 수전단 전력 원선도가 있다. 부하 직선을 참고하여 다음 중 전압 조정을 위한 조상설비가 없어도 정전압 운전이 가능한 부하전력은 대략 어느 정도일 때인가?

① 무부하일 때
② 50[kW]일 때
③ 100[kW]일 때
④ 150[kW]일 때

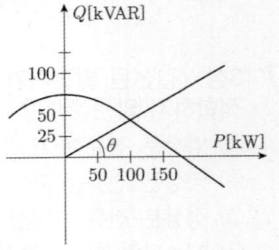

Explanation

정전압 송전방식에서 피상전력 $P_a = P \pm jQ$에서 원선도상에서의 피상전력은 항상 같으므로 원선도 그림에서 유효전력 100[kW], 무효전력 50[kVAR] 정도일 때 조상설비가 없어도 정전압 운전이 가능하다.　【답】③

40 전력계통에 사용하는 직렬 커패시터에 대한 설명으로 옳은 것은?
① 선로의 유도리액턴스를 보상하여 전압강하를 감소시킨다.
② 송수전단 양단의 전달 임피던스가 증가하고 안정극한전력이 감소한다.
③ 부하변동에 따른 수전단의 전압변동률을 증가시킨다.
④ 정태안정도가 감소하여 최대 송전전력이 감소한다.

Explanation

직렬콘덴서(직렬축전지)는 유도 리액턴스에 의한 **선로의 전압 강하 보상용**으로 전압변동을 줄이고 정태안정도 개선용으로 사용한다.　【답】①

3과목　**전기기기**

---

41 50[kW]를 소비하는 동기 전동기가 역률 0.8의 부하 300[kW]와 병렬로 접속되고 있을 때 합성부하에 0.9의 역률을 가지게 하려면 전동기의 진상 무효전력[kVar]은?

① 35.5　　　　　　　　② 55.5
③ 75.5　　　　　　　　④ 95.5

Explanation

동기전동기로 진상무효전력을 공급하면
합성 유효전력 $P = 50 + 300 = 350[kW]$

합성 무효전력 $Q = P\tan\theta - Q_c = 300 \times \dfrac{0.6}{0.8} - Q_c = 225 - Q_c[kVar]$

역률 0.9로 하려면 $\cos\theta = \dfrac{P}{P_a} = \dfrac{350}{\sqrt{350^2 + (225 - Q_c)^2}} = 0.9$에서

진상무효전력 $Q_c = 55.5[kVar]$　【답】②

42 변압기에서 권수가 2배가 되면 유기기전력은 몇 배가 되는가?

① $\dfrac{1}{2}$　　　　　② 1　　　　　③ 2　　　　　④ 4

변압기 유기기전력 $E_1 = 4.44 f \phi_m N_1$ 에서 **기전력과 권수는 비례**하므로
따라서 $E \propto N \propto 2$배

【답】③

43 3상 권선형 유도전동기의 기동법은?
① 리액터 기동법 　　　　　　　　② Y-△ 기동법
③ 2차 저항법 　　　　　　　　　④ 기동보상기법

농형 유도 전동기의 기동법
* 전전압 기동(직입기동)　: 5[kW] 이하의 소형
* Y-△기동 : 기동전류 제한을 위해 (5~15[kW]정도)
* 기동 보상기법 : 단권변압기를 이용한 감전압 기동, 15[kW] 이상
권선형 전동기 기동법 : 2차 저항 기동법, 게르게스법

【답】③

44 동기발전기에 회전계자형을 사용하는 이유로 틀린 것은?
① 기전력의 파형을 개선한다. 　　　② 절연이 용이하다.
③ 고주파 발전기로 사용할 수 있다. 　④ 회전자 관성을 줄일수 있다.

동기발전기 : 회전 계자형
* 계자는 기계적으로 튼튼하고 구조가 간단하여 회전 유리
* 계자회로는 직류로 소요 전력이 적다.
* 절연이 용이
동기발전기의 기전력 파형 개선법은 분포권과 단절권이다.

【답】①

45 2방향성 3단자 사이리스터는?
① SCR 　　　　　　　　　　② SSS
③ SCS 　　　　　　　　　　④ TRIAC

반도체 소자(가로안은 극(단자) 수)
* 단방향성 : SCR(3), GTO(3), SCS(4), LASCR(3)
* 양방향성 : SSS(2), **TRIAC(3)**, DIAC(2)

【답】④

46 특수 동기기에 대한 설명 중 잘못 연결된 것은?
① 반작용 전동기 : 역률이 좋다.
② 유도 동기 전동기 : 기동 토크와 인입 토크가 크다.
③ 동기 주파수 변환기 : 조작이 간편하고 효율이 좋다.
④ 정현파 발전기 : 부하에 관계없이 정현파 기전력을 발생한다.

반작용 전동기(reaction motor), 릴럭턴스모터(reluctance motor)
원리 : 고정자 회전자계의 자기유도에 의해 돌극 부분에서 발생하는 회전자계를 이용하는 동기전동기
* 특징 : **토크가 작고 역률이나 효율이 나쁘**지만 구조가 간단하고 직류여자가 필요하지 않다.
* 응용분야 : 팩시밀리의 드럼구동용, 공업계기의 차트지 발송용의 소용량 모터

【답】①

47 2,000/100[V], 10[kVA] 변압기의 1차 환산 등가임피던스가 $6.2 + j7[\Omega]$이라면 %임피던스 강하는 약 몇 [%]인가?

① 1.8   ② 2.3

③ 3.2   ④ 6.7

> **Explanation**
>
> 임피던스 $Z_{21} = \sqrt{r_{21}^2 + X_{21}^2} = \sqrt{6.2^2 + 7^2} = 9.35[\Omega]$
>
> 1차 정격전류 $I_{1n} = \dfrac{10 \times 10^3}{2,000} = 5[A]$
>
> %임피던스 강하 $Z = \dfrac{I_{1n} Z_{21}}{V_{1n}} \times 100 = \dfrac{5 \times 9.35}{2,000} \times 100 = 2.34[\%]$ 　　　【답】②

48 브러시의 이동으로 속도제어가 가능한 전동기는 무엇인가?

① 단상 직권전동기   ② 직류 직권전동기

③ 반발전동기   ④ 정류자형 주파수 변환기

> **Explanation**
>
> 반발 전동기(브러시를 단락시켜 브러시 이동으로 기동 토크, 속도 제어)
> - 종류 : 아트킨손형, 톰슨형, 데리형 　　　【답】③

49 3상 유도전동기의 원선도 작성에 필요한 기본량을 구하기 위한 시험이 아닌 것은?

① 충격 전압 시험   ② 저항측정 시험

③ 무부하 시험   ④ 구속 시험

> **Explanation**
>
> 유도전동기 원선도
> - 저항측정
> - 무부하(개방) 시험
> - 구속(단락) 시험 　　　【답】①

50 3상 유도전동기에 불평형 3상 전압을 가한 경우 다음 전동기의 특성 중 옳은 것은?

① 영상전압은 존재하지 않는다.

② 영상전압을 고려하여야 한다.

③ 정상전압과 역상전압에 의한 회전 자계의 방향은 같다.

④ 정상 운전 상태에서 역상분은 제동작용을 하지 않는다.

> **Explanation**
>
> 3상 유도전동기에 불평형 전압이 가해져도 중성점이 접지되어 있지 않으므로 영상분은 존재하지 않는다. 　　　【답】①

51 스텝각이 3°, 스테핑주파수(pulse rete)가 1,200[rps]인 스테핑모터의 축속도[rps]는?

① 8   ② 10

③ 12   ④ 14

> **Explanation**
>
> 스텝각 3°라면 1회전 시 120개의 펄스가 필요하므로 120[Hz]=120[rps]
> 따라서 1,200[rps]라면 초당 10회전 하므로 10[rps]가 된다. 　　　【답】②

52 용량 1[kVA], 3,000/200[V]의 단상 변압기를 단권변압기로 결선해서 3,000/3,200[V]의 승압기로 사용할 때 그 부하 용량[kVA]은?

① 16

② 15

③ 10

④ 1

Explanation

$$\frac{자기용량}{부하용량} = \frac{e_2 I_2}{V_h I_2} = \frac{e_2}{V_h} \fallingdotseq \frac{V_h - V_l}{V_h}$$

$$부하용량 = \frac{V_h}{e_2} \times 자기용량 = \frac{3,200}{200} \times 1 = 16[kVA]$$

【답】①

53 직류발전기에서 자속을 끊어 기전력을 유기시키는 부분을 무엇이라 하는가?

① 계자

② 전기자

③ 정류자

④ 계철

Explanation

직류기의 3요소
- **전기자** : 유기전력 발생
- 계자 : 자속을 공급
- 정류자 : 교류를 직류로 변환

【답】②

54 변압기의 정격을 정의한 것 중 옳은 것은?

① 전부하의 경우 1차 단자전압을 정격 1차 전압이라 한다.

② 정격 2차 전압은 명판에 기재되어 있는 2차 권선의 단자 전압이다.

③ 정격 2차 전압을 2차 권선의 저항으로 나눈 것이 정격 2차 전류이다.

④ 2차 단자 간에서 얻을 수 있는 유효전력을 [kW]로 표시한 것이 정격출력이다.

Explanation

변압기의 정격 : 변압기 명판에 기재되어 있는 사항

【답】②

55 자여자 발전기의 전압확립 조건으로 틀린 것은?

① 회전방향에 무관할 것

② 무부하 포화곡선은 자기포화를 가질 것

③ 잔류자기가 존재할 것

④ 계자저항이 임계저항 이하일 것

Explanation

자여자 발전기 전압확립 조건
- 무부하 포화곡선은 자기포화를 가질 것
- 잔류자기가 존재할 것
- 계자저항이 임계저항 이하일 것

【답】①

56 직류기에서 전압변동률이 (−)로 표시되는 발전기는?

① 분권발전기

② 평복권발전기

③ 과복권발전기

④ 타여자발전기

Explanation

전압변동률 $\epsilon = \frac{V_0 - V}{V} \times 100 = \frac{E - V}{V} \times 100 = \frac{I_a R_a}{V} \times 100[\%]$에서

- $\epsilon(+)$: 분권, 타여자 발전기$(V_0 > V)$

- $\epsilon(0)$: 평복권 ($V_0 = V$: 무부하 전압=정격전압)
- $\epsilon(-)$: 과복권 발전기($V_0 < V$)

【답】③

57 3상 유도전동기의 회전자 입력이 P_2, 슬립이 s일 때 2차 동손은?

① $\dfrac{P_2}{s}$

② sP_2

③ $(1-s)P_2$

④ $\dfrac{1-s}{s}P_2$

Explanation

2차 동손 $P_{c2} = sP_2$

【답】②

58 그림은 복권발전기의 외부특성곡선이다. 이 중 과복권을 나타내는 곡선은?

① A
② B
③ C
④ D

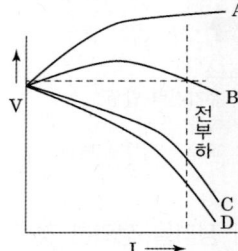

Explanation

복권발전기 중 가동복권발전기
분권발전기에서는 부하가 증가하면 전압강하가 커져서 단자전압이 낮아지는데, 가동복권발전기는 전기자와 직렬로 있는 직권
계자권선에 의한 기자력이 분권계자와 합해져서 유도기전력이 증가되어 전압강하를 보충하는 발전기
① 평복권 발전기 : 무부하전압과 전부하전압을 같게 하는 특성(B그림)
② 과복권 발전기 : 직권계자의 기자력을 크게 하여 유도기전력이 전기자 내부의 전압강하보다 크도록 설계하여
　　전부하전압이 무부하전압보다 크게 하는 특성(그림에서 A)

【답】①

59 정격 용량 12,000[kVA], 정격 전압 6,600[V]의 3상 교류 발전기가 있다. 무부하 곡선에서의 정격
전압에 대한 계자 전류는 280[A], 3상 단락 곡선에서의 계자 전류 280[A]에서의 단락 전류는
920[A]이다. 이 발전기의 단락비는 얼마인가?

① 1.14
② 0.88
③ 1.45
④ 0.67

Explanation

정격전류 $I_n = \dfrac{P}{\sqrt{3}\,V} = \dfrac{12,000 \times 10^3}{\sqrt{3} \times 6,600} = 1,050$

단락비 $K_s = \dfrac{I_s}{I_n} = \dfrac{920}{1,050} = 0.88$

【답】②

60 다이오드를 사용하는 단상반파 정류회로에서 입력 교류전압 대비 출력 직류전압 평균치는 얼마인가?

① 0.5배
② 0.45배
③ 1/0.45배
④ 1/0.5배

Explanation

정류회로 비교

구분	단상 반파	단상 전파	3상 반파	3상 전파
직류전압	$E_d = 0.45E$	$E_d = 0.9E$	$E_d = 1.17E$	$E_d = 1.35E$
맥동주파수	f	2f	3f	6f
맥 동 률	121[%]	48[%]	17[%]	4[%]

【답】②

4과목 회로이론

61 기본파의 30[%]인 제3고조파와 기본파의 20[%]인 제5고조파를 포함하는 전압파의 왜형률은?

① 0.21 ② 0.31
③ 0.36 ④ 0.42

Explanation

$$왜형률 = \frac{\text{각 고조파의 실효값의 합}}{\text{기본파의 실효값}}$$
$$= \frac{\sqrt{V_3^2 + V_5^2}}{V_1} = \frac{\sqrt{0.3^2 + 0.2^2}}{1} = 0.36$$

【답】③

62 분포정수회로에서 직렬임피던스 및 병렬어드미턴스가 각각 Z및 Y인 전송선로의 전파정수 γ는?

① $\sqrt{\dfrac{Z}{Y}}$ ② $\sqrt{\dfrac{Y}{Z}}$
③ $\sqrt{YZ}$ ④ YZ

Explanation

$$전파정수 \ \gamma = \sqrt{ZY} = \sqrt{(R+j\omega L)(G+j\omega C)} = j\omega\sqrt{LC}$$
$$= \alpha + j\beta \quad 여기서, \ \alpha는 \ 감쇠정수, \ \beta는 \ 위상정수$$

【답】③

63 전압 $v = 10\sin 10t + 20\sin 20t$[V]이고, 전류 $i = 20\sin 10t + 10\sin 20t$[A]일 때 소비전력은 몇 [W]인가?

① 141 ② 200
③ 300 ④ 400

Explanation

유효전력(평균전력)은 주파수가 같을 때만 발생되므로
$P = V_1 I_1 \cos\theta_1 + V_2 I_2 \cos\theta_2$ 에서
$$P = \frac{10}{\sqrt{2}} \times \frac{20}{\sqrt{2}} \cos 0° + \frac{20}{\sqrt{2}} \times \frac{10}{\sqrt{2}} \cos 0° = 200[\text{W}]$$

【답】②

64 저항 $R = 6[\text{k}\Omega]$, 인덕턴스 $L = 90[\text{mH}]$, 커패시턴스 $C = 0.01[\mu\text{F}]$인 직렬회로에 $t = 0$에서 직류전압 $E = 100[\text{V}]$를 가했다. 흐르는 전류의 최대값[mA]을 구하면?

① 11.8 ② 12.3
③ 14.7 ④ 15.6

【답】②

65 비정현파 전압 $v = 100\sqrt{2}\sin\omega t + 50\sqrt{2}\sin2\omega t + 30\sqrt{2}\sin3\omega t\text{[V]}$의 왜형률은 약 얼마인가?

① 0.36   ② 0.58
③ 0.87   ④ 1.0

Explanation

$$왜형률 = \frac{각\,고조파의\,실효값의\,합}{기본파의\,실효값}$$

$$= \frac{\sqrt{V_2^2 + V_3^2}}{V_1} = \frac{\sqrt{50^2 + 30^2}}{100} = 0.58$$

【답】②

66 코일의 권수 $N = 1,000$ 회이고, 코일의 저항 $R = 10\,[\Omega]$이다. 전류 $I = 10\text{[A]}$를 흘릴 때 코일의 권수 1회에 대한 자속이 $\phi = 3 \times 10^{-2}\text{[Wb]}$이라면 이 회로의 시정수[s]는?

① 0.3   ② 0.4
③ 3.0   ④ 4.0

Explanation

$R - L$ 직렬회로의 시정수 $\tau = \dfrac{L}{R}$ 에서

인덕턴스 $L = \dfrac{N\phi}{I} = \dfrac{1,000 \times 3 \times 10^{-2}}{10} = 3\text{[H]}$

$\therefore \tau = \dfrac{L}{R} = \dfrac{3}{10} = 0.3\text{[sec]}$

【답】①

67 $30[\Omega]$의 저항과 $40[\Omega]$의 유도성 리액턴스가 병렬로 연결되어 있다. 이 $R - L$ 병렬 회로에 $v = 220\sqrt{2}\sin377t\text{[V]}$의 전압을 가할 때 전원에 흐르는 전류[A]는 약 얼마인가?

① $i = 12.96\sin(377t - 36.87°)$ ② $i = 9.17\sin(377t - 36.87°)$
③ $i = 12.96\angle -36.87°$ ④ $i = 10.37 + j7.78$

Explanation

병렬회로이므로

저항에 흐르는 전류 $I_R = \dfrac{V}{R} = \dfrac{220}{30} = 7.33\text{[A]}$

인덕터에 흐르는 전류 $I_L = \dfrac{V}{j\omega L} = \dfrac{220}{j40} = -j5.5\text{[A]}$

전체 전류 $I = I_R + I_L = 7.33 - j5.5 = \sqrt{7.33^2 + 5.5^2} \angle \tan^{-1}\dfrac{-5.5}{7.33} = 9.16\angle -36.87°$

순시치로 나타내면 $i = 9.16 \times \sqrt{2}\sin(377t - 36.87°) = 12.96\sin(377t - 36.87°)$

【답】①

68 3상 평형회로에서 선간전압이 200[V]이고 각 상의 임피던스가 $24 + j7\,[\Omega]$인 Y결선 3상 부하의 유효전력은 약 몇 [W]인가?

① 192   ② 512
③ 1,536   ④ 4,608

3상 유효전력은 $P = 3V_pI_p\cos\theta = 3I_p^2R$ [Var]

Y결선이므로 $I_l = I_p$

여기서, 상전류는 $I_p = \dfrac{V_p}{Z} = \dfrac{\dfrac{200}{\sqrt{3}}}{24+j7} = \dfrac{\dfrac{200}{\sqrt{3}}}{\sqrt{24^2+7^2}}$ [A]

3상 유효전력은 $P = 3I_p^2R = 3\times\left(\dfrac{\dfrac{200}{\sqrt{3}}}{\sqrt{24^2+7^2}}\right)^2\times 24 = 1{,}536$ [W]

【답】③

69 인덕턴스가 L인 유도기에 $i = \sqrt{2}\,I\sin\omega t$ [A]의 전류가 흐를 때 유도기에 축적되는 에너지 [J]는?

① $\dfrac{1}{2}LI^2\sin^2\omega t$

② $\dfrac{1}{2}LI^2(1-\cos 2\omega t)$

③ $\dfrac{1}{2}LI^2\cos 2\omega t$

④ $\dfrac{1}{2}LI^2\sin 2\omega t$

순시에너지 $W = \dfrac{1}{2}Li^2 = \dfrac{1}{2}L(\sqrt{2}\,I\sin\omega t)^2 = \dfrac{1}{2}L(2I^2\sin^2\omega t) = LI^2\dfrac{1-\cos 2\omega t}{2}$

$\qquad = \dfrac{1}{2}LI^2(1-\cos 2\omega t)$ [J]

【답】②

70 $F(t) = \sin t \cdot \cos t$ 를 라플라스 변환하면?

① $\dfrac{1}{s+4}$

② $\dfrac{1}{s^2+4}$

③ $\dfrac{1}{(s+2)^2}$

④ $\dfrac{1}{(s+4)^2}$

삼각함수 2배각 공식 $\sin 2\alpha = 2\sin\alpha\cos\alpha$에서

$\sin t\cos t = \dfrac{1}{2}\sin 2t$ 이므로

$F(s) = \mathcal{L}\left[\sin t\cos t\right] = \mathcal{L}\left[\dfrac{1}{2}\sin 2t\right] = \dfrac{1}{2}\cdot\dfrac{2}{s^2+2^2} = \dfrac{1}{s^2+2^2} = \dfrac{1}{s^2+4}$

【답】②

71 T형 4단자 회로망에서 영상 임피던스가 $Z_{01} = 75[\Omega]$, $Z_{02} = 3[\Omega]$이고, 전달 정수가 0일 때 이 회로의 4단자 정수 A의 값은?

① 2

② 3

③ 4

④ 5

【답】④

72 3상 회로에 △ 결선된 평형 순저항 부하를 사용하는 경우 선간전압 220[V], 상전류가 3.67[A]라면 1상의 부하저항은 약 몇 [Ω]인가?

① 80

② 60

③ 45

④ 30

Explanation

△결선 $V_l = V_p$에서

임피던스 $Z = \dfrac{V_p}{I_p} = \dfrac{220}{3.67} = 60[\Omega]$

【답】②

73 그림에서 단자 a, b에 나타나는 전압 V_{ab}는 몇 [V]인가?

① 3.4   ② 4.3
③ 5.7   ④ 6.5

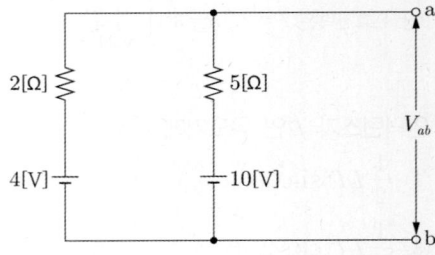

Explanation

밀만의 정리

$V_{ab} = \dfrac{\dfrac{V_1}{R_1} + \dfrac{V_2}{R_2}}{\dfrac{1}{R_1} + \dfrac{1}{R_2}} = \dfrac{\dfrac{4}{2} + \dfrac{10}{5}}{\dfrac{1}{2} + \dfrac{1}{5}} = \dfrac{40}{7} \fallingdotseq 5.7$

【답】③

74 $8 + j6[\Omega]$인 임피던스에 $v = 220\sqrt{2}\sin 377t[V]$의 전압을 인가할 때 복소전력은 약 몇 [VA]인가?

① $3,528 + j2,675$ ② $2,675 + j3,528$
③ $3,872 + j2,904$ ④ $2,904 + j3,872$

Explanation

전압의 페이저 : $V = 220\angle 0°$

임피던스의 페이저 : $Z = 8 + j6 = \sqrt{8^2 + 6^2}\angle\tan^{-1}\dfrac{6}{8} = 10\angle 36.87°$

전류 $I = \dfrac{V}{Z} = \dfrac{220\angle 0°}{10\angle 36.87°} = 22\angle -36.87°$

복소전력을 구하면 $P_a = VI^* = 220\angle 0° \times 22\angle 36.87° = 4,840\angle 36.87°[VA]$
$= 4,840(\cos 36.87° + j\sin 36.87°) = 3,872 + j2,904$

【답】③

75 $R - L - C$ 직렬회로에 110[V], 60[Hz]의 교류 전원을 인가했을 때 이 회로에 흐르는 전류의 크기는 약 얼마인가?(단, $R = 8[\Omega]$, $L = 0.0531[H]$, $C = 189.7[\mu F]$이다)

① 5.5   ② 11
③ 15.5   ④ 21.5

Explanation

유도성 리액턴스 $X_L = \omega L = 2\pi fL = 2\pi \times 60 \times 0.0531 = 20[\Omega]$

용량성 리액턴스 $X_c = \dfrac{1}{\omega C} = \dfrac{1}{2\pi fC} = \dfrac{1}{2\pi \times 60 \times 189.7 \times 10^{-6}} = 14[\Omega]$

임피던스 $Z = R + j(X_L - X_c) = 8 + j(20 - 14) = 8 + j6 = \sqrt{8^2 + 6^2} = 10[\Omega]$

전류 $I = \dfrac{V}{Z} = \dfrac{110}{10} = 11[A]$

【답】②

76 3상 불평형 전압에서 역상 전압이 25[V]이고 정상 전압이 100[V], 영상전압이 10[V]라고 할 때 전압의 불평형률은 몇 [%]인가?

① 10   ② 25

③ 30   ④ 40

Explanation

불평형률 = $\dfrac{\text{역상분}}{\text{정상분}} = \dfrac{25}{100} \times 100 = 25[\%]$ 　　　　　　　　　　　　　【답】②

---

77 단위 계단 함수 $u(t)$의 라플라스 변환은?

① 1   ② $\dfrac{1}{s}$

③ $\dfrac{1}{s^2}$ ④ $\dfrac{1}{s^2}e^{-1}$

Explanation

기본함수 라플라스 변환표

	$f(t)$	$F(s)$
단위 임펄스 함수	$\delta(t)$	1
단위 계단 함수	$u(t)$	$\dfrac{1}{s}$

【답】②

---

78 3상 부하가 Y결선으로 되었다. 각 상의 임피던스가 각각 $Z_a = 3[\Omega]$, $Z_b = 3[\Omega]$, $Z_c = j3[\Omega]$ 이다. 이 부하의 영상 임피던스[Ω]는?

① $6 + j3$ ② $3 + j3$

③ $3 + j6$ ④ $2 + j$

Explanation

영상 임피던스 $Z_0 = \dfrac{1}{3}(Z_a + Z_b + Z_c) = \dfrac{1}{3}(3 + 3 + j3) = 2 + j[\Omega]$ 　　　　【답】④

---

79 $e = 100\sqrt{2}\sin\omega t + 75\sqrt{2}\sin 3\omega t + 20\sqrt{2}\sin 5\omega t$[V]인 비정현파 전압을 $R-L$ 직렬회로에 가할 때 제3고조파 전류의 실효값은? 단, $R = 4[\Omega]$, $\omega L = 1[\Omega]$이다.

① 15   ② $15\sqrt{2}$

③ 20   ④ $20\sqrt{2}$

Explanation

제3고조파에 대한 임피던스 $Z_3 = R + j3\omega L = 4 + j3 = \sqrt{4^2 + 3^2} = 5[\Omega]$

제3고조파 전류의 실효값 $I_3 = \dfrac{V_3}{Z_3} = \dfrac{75}{5} = 15[\text{A}]$ 　　　　　　　　　【답】①

---

80 어떤 회로에 $i = 3t^2 + 2t$[A]의 전류가 도선을 1분간 흘렀을 때 통과한 전체 전기량[Ah]은?

① 55   ② 61

③ 65   ④ 71

전류 $i = \dfrac{dq}{dt}$ 에서

전하량 $q = \displaystyle\int_0^t i\, dt = \int_0^{60}(3t^2 + 2t)\,dt$

$\qquad = [(t^3 + t^2)]_0^{60} = 219,600 [\mathrm{A \cdot sec}]$

1시간은 $3,600[초]$이므로 $\dfrac{219,000}{3,600} = 61[\mathrm{Ah}]$

【답】②

5과목 　전기설비기술기준

81 폭발성 또는 연소성의 가스가 침입할 우려가 있는 것에 시설하는 지중전선로의 지중함으로서 그 크기가 몇 [㎥] 이상일 때 가스를 방산시키기 위한 장치를 시설하여야 하는가?

① 1.5　　　　　　　　　　　　　　② 0.9
③ 1.0　　　　　　　　　　　　　　④ 2.0

(KEC 334.2조) 지중함의 시설
폭발성 또는 연소성의 가스가 침입할 우려가 있는 것에 시설하는 지중함으로서 그 크기가 1[㎥] 이상인 것에는 통풍장치 기타 가스를 방산시키기 위한 적당한 장치를 시설할 것
【답】③

82 저압전선로를 다리의 윗면에 시설하는 경우 전선의 높이를 다리의 노면상 몇 [m] 이상으로 하여 시설하는가?

① 6.5　　　　　　　　　　　　　　② 3
③ 4　　　　　　　　　　　　　　　④ 5

(KEC 335.6조) 교량에 시설하는 전선로
교량의 윗면에 시설하는 것 : 전선의 높이는 교량의 노면상 5[m] 이상
【답】④

83 옥내전로의 대지전압에 대한 내용이다. ( )안에 알맞은 숫자를 바르게 나열한 것은?

> 주택의 전로 인입구에는 감전보호용 누전차단기를 시설하여야 한다. 다만, 전로의 전원측에 정격용량이(㉠)[kVA] 이하인 절연변압기(1차 전압이 저압이고 2차 전압이 (㉡)[V] 이하인 것에 한한다)를 사람이 쉽게 접촉할 우려가 없도록 시설하고 또한 그 절연변압기의 부하측 전로를 접지하지 않는 경우에는 예외로 한다.

① ㉠ : 1, ㉡ : 500　　　　　　　② ㉠ : 1, ㉡ : 300
③ ㉠ : 3, ㉡ : 300　　　　　　　④ ㉠ : 3, ㉡ : 500

(KEC 231.6조) 옥내전로의 대지 전압의 제한
주택의 전로 인입구에는 「전기용품 및 생활용품 안전관리법」에 적용을 받는 감전보호용 누전차단기를 시설하여야 한다. 다만, 전로의 전원측에 **정격용량이 3[kVA] 이하**인 절연변압기(1차 전압이 저압이고 **2차 전압이 300[V] 이하**인 것에 한한다)를 사람이 쉽게 접촉할 우려가 없도록 시설하고 또한 그 절연변압기의 부하측 전로를 접지하지 않는 경우에는 예외로 한다.
【답】③

84 고압 및 특별 고압용 개폐기의 시설기준이 틀린 것은?

① 전로 및 접지측 전선에는 과전류 차단기를 시설하여야 한다.

② 중력 등에 의하여 자연히 작동할 우려가 있는 것은 자물쇠 장치 기타 이를 방지하는 장치를 시설하여야 한다.

③ 부하전류를 차단하기 위한 것이 아닌 개폐기는 부하전류가 통하고 있을 경우에는 회로가 열리지 않도록 시설하여야 한다.

④ 그 작동에 따라 그 개폐 상태를 표시하는 장치가 되어 있는 것이어야 한다.

Explanation

(KEC 341.9조) 개폐기의 시설

① **전로 중에 개폐기를 시설하는 경우에는 그곳의 각 극에 설치**하여야 한다. 다만, 다음의 경우에는 그러하지 아니하다.
 - 특고압 가공전선로로서 다중 접지를 한 중성선을 가지는 것의 그 중성선 이외의 각 극에 개폐기를 시설하는 경우
 - 제어회로 등에 조작용 개폐기를 시설하는 경우
② 고압용 또는 특고압용의 개폐기는 그 작동에 따라 그 개폐 상태를 표시하는 장치가 되어 있는 것이어야 한다.
③ 고압용 또는 특고압용의 개폐기로서 중력 등에 의하여 자연히 작동할 우려가 있는 것은 자물쇠 장치 기타 이를 방지하는 장치를 시설하여야 한다.
④ 고압용 또는 특고압용의 개폐기로서 부하전류를 차단하기 위한 것이 아닌 개폐기는 부하전류가 통하고 있을 경우에는 개로(開路)할 수 없도록 시설하여야 한다. **【답】** ①

85 22.9[kV] 특고압 가공전선과 조영물 이외의 시설물이 접근하는 경우의 이격거리는 몇 [m]인가? (단, 전선은 케이블이다)

① 1.2

② 2

③ 0.5

④ 1

Explanation

(KEC 333.28조) 특고압 가공전선과 다른 시설물의 접근 또는 교차

다른 시설물의 구분	접근 형태	간격
조영물의 상부조영재 이외의 부분 또는 조영물 이외의 시설물		1[m] (전선이 케이블인 경우 0.5[m])

【답】 ③

86 중성선 다중접지방식의 것으로 전로에 지락이 생긴 경우 2초 이내 자동적으로 이를 전로로부터 차단하는 장치를 가지는 22.9[kV] 특고압 가공전선로에서 각 접지도체를 중성선으로부터 분리하였을 경우 1[km]마다의 중성선과 대지 사이의 합성 전기 저항 값은 몇 [Ω] 이하가 되어야 하는가?

① 10

② 15

③ 20

④ 30

Explanation

(KEC 333.32조) 25[kV] 이하인 특고압 가공 전선로의 시설
각 접지도체를 중성선으로부터 분리하였을 경우의 각 접지점의 대지 전기 저항치가 1[km]마다의 중성선과 대지 사이의 합성 전기 저항치

사용전압	각 접지점의 대지 전기저항치	1[km] 마다의 합성 전기저항치
15[kV] 초과 25[kV] 이하	300[Ω]	15[Ω]

【답】 ②

87 태양광발전이나 풍력발전 등이 현재 조건에서 가능한 최대의 전력을 생산할 수 있도록 인버터 제어를 이용하여 해당 발전원의 전압이나 회전속도를 조정하는 최대출력추종기능을 말하는 것은?

① MPPT

② BIPM

③ PV

④ PCS

(KEC 502조) 분산형 전원설비 용어의 정의
MPPT : 태양광발전이나 풍력발전 등이 현재 조건에서 가능한 최대의 전력을 생산할 수 있도록 인버터 제어를 이용하여 해당
발전원의 전압이나 회전속도를 조정하는 최대출력추종(MPPT, Maximum Power Point Tracking) 기능　　　　【답】①

88 수소냉각식 발전기의 내부 또는 무효전력 보상장치의 내부의 수소의 순도가 몇 [%] 이하로 저하한
경우에 경보하는 장치를 시설해야 하는가?
① 85
② 75
③ 98
④ 95

(KEC 351.10조) 수소냉각식 발전기 등의 시설
발전기안 또는 무효 전력 보상 장치 안의 수소의 순도가 **85[%] 이하로 저하한 경우에 이를 경보**하는 장치를 시설할 것
　　　　【답】①

89 저압 옥측전선로의 공사에서 목조 조영물에 시설이 가능한 공사는?
① 금속관 공사
② 버스덕트 공사
③ 합성수지관 공사
④ 연피케이블 공사

(KEC 221.2조) 옥측전선로
① 애자공사(전개된 장소에 한한다)
② **합성수지관 공사**
③ 금속관 공사(목조 이외의 조영물에 시설하는 경우에 한한다)
④ 버스덕트 공사[목조 이외의 조영물(점검할 수 없는 은폐된 장소를 제외)에 시설하는 경우에 한한다)
⑤ 케이블 공사(연피 케이블・알루미늄 피 케이블 또는 미네럴인슈레이션 케이블을 사용하는 경우에는 목조 이외의 조영물에
시설하는 경우에 한한다)　　　　【답】③

90 저압전로에 사용하는 산업용 배선차단기의 정격전류가 63[A] 이하인 경우, 과전류 트립 동작전류는
정격전류의 몇 배로 하여야 하는가?
① 1.25
② 1.3
③ 1.45
④ 1.6

(KEC 212.3.4조) 보호장치의 특성
과전류 과전류차단기로 저압전로에 사용하는 산업용 배선차단기는 표에 적합한 것이어야 한다.

정격 전류의 구분	시간	정격전류의 배수(모든 극에 통전)	
		부동작 전류	동작 전류
63[A] 이하	**60분**	1.05배	1.3배
63[A] 초과	120분	1.05배	1.3배

【답】②

91 전력보안통신선 전원공급기의 시설에 대한 설명으로 틀린 것은?
① 시설방향은 인도측으로 시설할 것
② 외함은 접지를 시행할 것
③ 지상에서 3.5[m] 이상 유지할 것
④ 누전차단기를 내장할 것

(KEC 362.9조) 전력보안통신선 전원공급기의 시설
① **지상에서 4[m] 이상 유지할 것**

② 누전차단기를 내장할 것
③ 시설방향은 인도측으로 시설하며 외함은 접지를 시행할 것　　　　　　　　　　　　　　　【답】③

92 애자공사에 의한 저압 옥내 배선 공사에서 전선 상호 간의 간격은 몇 [m] 이상이어야 하는가?

① 0.06　　　　　　　　　　　　　　　　② 0.02
③ 0.04　　　　　　　　　　　　　　　　④ 0.08

Explanation

(KEC 232.56조) 애자공사
애자공사에 의한 저압 옥내 배선시 전선 상호 간의 간격은 0.06[m] 이상일 것　　　　　　　　　　【답】①

93 보호도체의 보호에 대한 설명으로 틀린 것은?

① 보호도체를 접속하는 나사는 다른 목적으로 겸용해서는 안 된다.
② 접속부는 납땜(soldering)하여 전기적 연속성을 유지한다.
③ 나사접속 · 클램프접속 등 보호도체 사이 또는 보호도체와 타 기기 사이의 접속은 전기적연속성 보장 및 충분한 기계적강도와 보호를 구비하여야 한다.
④ 기계적인 손상, 화학적 · 전기화학적 열화, 전기역학적 · 열역학적 힘에 대해 보호되어야 한다.

Explanation

(KEC 142.3.2조) 보호도체
① 기계적인 손상, 화학적 · 전기화학적 열화, 전기역학적 · 열역학적 힘에 대해 보호되어야 한다.
② 나사접속 · 클램프접속 등 보호도체 사이 또는 보호도체와 타 기기 사이의 접속은 전기적 연속성 보장 및 충분한 기계적강도와 보호를 구비하여야 한다.
③ 보호도체를 접속하는 나사는 다른 목적으로 겸용해서는 안 된다.
④ **접속부는 납땜(soldering)으로 접속해서는 안 된다.**　　　　　　　　　　　　　　　　　【답】②

94 고압 보안공사에 있어서 지지물이 B종인 철근콘크리트주를 사용하면 그 경간은 몇 [m] 이하인가?

① 100　　　　　　　　　　　　　　　　② 150
③ 200　　　　　　　　　　　　　　　　④ 125

Explanation

(KEC 332.10조) 고압 보안공사

지지물 종류	표준 경간	저 · 고압 보안공사
목주, A종	150	100
B종	250	**150**
철탑	600	400

【답】②

95 특고압 가공전선이 건조물과 1차 접근상태로 시설되는 경우, 특고압 가공전선로의 보안 공사방법은?

① 제2종 특고압 보안공사　　　　　　　　② 특별 제3종 특고압 보안공사
③ 제1종 특고압 보안공사　　　　　　　　④ 제3종 특고압 보안공사

Explanation

(KEC 333.23조) 특고압 가공전선과 건조물의 접근
건조물과 **제1차 접근상태**로 시설되는 경우 : **제3종 특고압 보안공사**　　　　　　　　　　　【답】④

96 접지시스템에서 선도체와 보호도체의 재질이 모두 구리이고 선도체의 단면적(S)이 35[㎟]를 초과하는 경우 보호도체의 최소 단면적은 몇 [㎟]인가?

① S   ② 4

③ 16   ④ S/2

Explanation

(KEC 142.3.2조) 보호도체

선도체의 단면적 S [㎟]	대응하는 보호도체의 최소 단면적[㎟]	
	보호도체의 재질이 선도체와 같은 경우	**보호도체의 재질이 선도체와 다른 경우**
$S > 35$	$\dfrac{S}{2}$	$\dfrac{k_1}{k_2} \times \dfrac{S}{2}$

【답】④

97 전차선의 가선방식 중 표준으로 사용하는 방식이 아닌 것은?

① 가공방식   ② 강체방식

③ 제3레일방식   ④ 급전방식

Explanation

(KEC 402조) 전기철도의 용어 정의
전기철도차량에 전력을 공급하는 전차선의 가선방식은 **가공식, 강체식, 제3레일식**으로 분류한다.

【답】④

98 고압 가공전선로의 가공지선에 사용하는 나경동선은 지름 몇 [mm] 이상의 것을 사용하여야 하는가?

① 5.0   ② 2.0

③ 3.0   ④ 4.0

Explanation

(KEC 332.6조) 고압 가공전선로의 가공지선
인장강도 5.26[kN] 이상의 것 또는 **지름 4[mm] 이상**의 나경동선 사용

【답】④

99 저압 가공전선으로 사용할 수 없는 것은?

① 케이블   ② 절연전선

③ 다심형 전선   ④ 나동복 전선

Explanation

(KEC 222.5조) 저압 가공전선의 굵기 및 종류
저압 가공전선은 나전선(중성선 또는 다중접지된 접지측 전선으로 사용하는 전선에 한한다), 절연전선, 다심형 전선 또는 케이블을 사용하여야 한다.

【답】④

100 주택의 시설하는 전기저장장치는 이차전지에서 전력변환장치에 이르는 옥내 직류전로에 지락이 생겼을 때 자동적으로 전로를 차단하는 장치를 시설할 경우 옥내전로의 대지전압은 직류 몇 [V]까지 적용할 수 있는가?

① 110   ② 300

③ 600   ④ 1,000

Explanation

(KEC 511.3조) 전기저장장치 옥내전로의 대지전압 제한
주택의 전기저장장치의 축전지에 접속하는 부하 측 옥내배선에서 주택의 옥내전로의 **대지전압은 직류 600[V]까지 적용 가능**

【답】③

2025년 전기산업기사 필기

1과목 전기자기학

01 맥스웰 전자방정식에 대한 설명으로 틀린 것은?
① 폐곡면을 통해 나오는 전속은 폐곡면 내의 전하량과 같다.
② 폐곡면을 통해 나오는 자속은 폐곡면 내의 자극의 세기와 같다.
③ 폐곡선에 따른 전계의 선적분은 폐곡선 내를 통하는 자속의 시간 변화율과 같다.
④ 폐곡선에 따른 자계의 선적분은 폐곡선 내를 통하는 전류와 전속의 시간적 변화율을 더한 것과 같다.

Explanation

맥스웰 전자계 기초 방정식

• $\mathrm{rot}\,E = -\dfrac{\partial B}{\partial t}$ (패러데이 법칙의 미분형) : 전계의 회전은 자속밀도의 시간적 감소율과 같다.

• $\mathrm{rot}\,H = i + \dfrac{\partial D}{\partial t}$ (암페어 주회법칙의 미분형) : 자계의 회전은 전류밀도와 같다.

• $\mathrm{div}\,D = \rho$: 단위체적 당 발산 전속수는 단위체적당 공간전하 밀도와 같다.

• $\mathrm{div}\,B = 0$: 자계는 발산하지 않으며, 자극은 단독으로 존재하지 않는다.　　　　【답】②

02 점전하 Q[C]에 대한 무한평면도체의 영상전하로 옳은 것은?
① Q와 같다.　　　　　　　　② Q보다 작다.
③ Q보다 크다.　　　　　　　④ $-Q$와 같다.

Explanation

영상법을 이용하여 아래 그림과 같은 형태로 바꾸어 생각하면

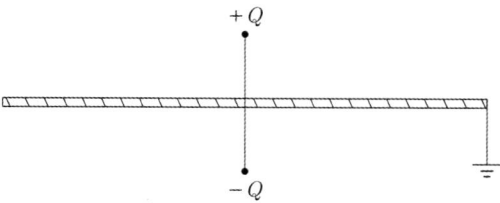

무한 평면 도체에서 점점하 Q[C]에 의한 영상전하는 크기는 같고 부호는 반대인 전하($-Q$)이다.　　　　【답】④

03 유전체의 초전효과(pyroelectric effect)에 대한 설명이 아닌 것은?
① 온도변화에 관계없이 일어난다.
② 자발 분극을 가진 유전체에서 생긴다.
③ 초전효과가 있는 유전체를 공기 중에 놓으면 중화된다.
④ 열에너지를 전기에너지로 변화시키는 데 이용된다.

초전효과(pyroelectric effect) : 결정의 온도변화에 대응하여 결정의 표면에 전하가 유기되는 현상 【답】①

04 철심이 들어있는 환상코일에 1차 코일의 권수 $N_1 = 100$ 회일 때 자기 인덕턴스는 0.01[H]이다. 이 철심에 2차 코일 $N_2 = 200$ 회를 감았을 때 1, 2차 코일의 상호인덕턴스는 몇 [H]인가?(단, 결합계수 $k = 1$ 로 한다)

① 0.01 ② 0.02
③ 0.03 ④ 0.04

상호인덕턴스 $M = \dfrac{N_1 N_2}{R_m} = \dfrac{N_2}{N_1} L_1 = \dfrac{200}{100} \times 0.01 = 0.02$ 【답】②

05 다음 중 전류의 연속방정식을 나타낸 식은?

① $J = 0$ ② $\nabla \cdot J = 0$
③ $J = -\dfrac{\partial \rho_v}{\partial t}$ ④ $\nabla \cdot J = -\dfrac{\partial \rho_v}{\partial t}$

전류의 연속성(키르히호프의 전류 법칙)
$\text{div} \cdot i = 0$: 도체 내에 흐르는 전류는 연속 【답】②

06 무손실 유전체에서 평면 전자파의 전계 E와 자계 H 사이 관계식으로 옳은 것은?

① $H = \sqrt{\dfrac{\epsilon}{\mu}} E$ ② $H = \sqrt{\dfrac{\mu}{\epsilon}} E$
③ $H = \dfrac{\epsilon}{\mu} E$ ④ $H = \dfrac{\mu}{\epsilon} E$

특성(고유)임피던스
$Z_0 = \dfrac{E}{H} = \sqrt{\dfrac{\mu}{\epsilon}} = 377 \sqrt{\dfrac{\mu_s}{\epsilon_s}}$ [Ω]

따라서 $\dfrac{E}{H} = \sqrt{\dfrac{\mu}{\epsilon}}$ 에서 $H = \sqrt{\dfrac{\epsilon}{\mu}} E$ 【답】①

07 접지 구도체와 점전하 간에 작용하는 힘은?

① 항상 흡인력이다. ② 항상 반발력이다.
③ 조건적 흡인력이다. ④ 조건적 반발력이다.

접지 도체구
유도전하 : $Q' = -\dfrac{a}{d} Q$
점전하와 반대 극성의 전하가 유도되므로 항상 흡인력이 작용한다. 【답】①

08 자극의 세기가 8×10^{-6}[Wb]이고, 길이가 30[cm]인 막대자석을 120[AT/m] 평등자계 내에 자력선과 30°의 각도로 놓았다면 자석이 받는 회전력은 몇 [N·m]인가?

① 1.44×10^{-4}　　　　　　　　　　② 1.44×10^{-5}

③ 2.88×10^{-4}　　　　　　　　　　④ 2.88×10^{-5}

Explanation

자성체에 의한 토크 : $T = M \times H = MH \sin\theta$

$T = MH\sin\theta = ml\,H\sin\theta = 8 \times 10^{-6} \times 0.3 \times 120 \times \sin30° = 1.44 \times 10^{-4} [\text{N} \cdot \text{m}]$　　【답】①

09 감자율(Demagnetization factor)이 "0"인 자성체로 가장 알맞은 것은?

① 환상 솔레노이드　　　　　　　　　② 굵고 짧은 막대 자성체

③ 가늘고 긴 막대 자성체　　　　　　④ 가늘고 짧은 막대 자성체

Explanation

자기감자력 $H' = \dfrac{N}{\mu_o} J$: 자화의 세기(J)에 비례

여기서, N은 감자율로서 구자성체는 $\dfrac{1}{3}$, 환상 솔레노이드는 0이다.　　【답】①

10 한 변의 길이가 a[m]인 정육각형의 각 정점에 각각 Q[C]의 전하를 놓았을 때 정육각형의 중심에서 전계의 세기는 몇 [V/m]인가?

① 0　　　　　　　　　　　② $\dfrac{Q}{2\pi\epsilon_0 a}$

③ $\dfrac{Q}{4\pi\epsilon_0 a}$　　　　　　　　④ $\dfrac{Q}{8\pi\epsilon_0 a}$

Explanation

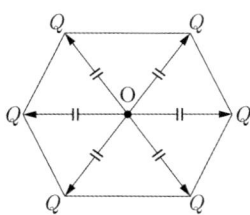

2개의 점전하가 3쌍으로 맞서 있고, 각 쌍의 중심 전계의 세기는 크기가 같고 방향이 정반대이므로 0이 되어 합성 전계의 세기도 0이 된다.　　【답】①

11 간격 d[m]인 무한히 넓은 평행판의 단위 면적당 정전용량은 몇 [F/m²]인가?

① $\dfrac{\epsilon_0}{d}$　　　　　　　　　　② $\dfrac{\epsilon_0}{d^2}$

③ $\dfrac{4\pi\epsilon_0}{d}$　　　　　　　　　④ $\dfrac{1}{4\pi\epsilon_0 d}$

Explanation

평행판 콘덴서의 정전용량 $C = \dfrac{\epsilon_0 S}{d}$ [F]에서

단위 면적당 정전용량 $C = \dfrac{\epsilon_0}{d}$ [F/m²]　　【답】①

12 전자석에서 사용하는 연철(soil iron)은 다음 어느 성질을 갖는가?

① 보자력이 크고 잔류자기가 작다.

② 보자력과 히스테리시스 곡선의 면적이 모두 작다.

③ 보자력이 크고 히스테리시스 곡선의 면적이 작다.

④ 잔류자기, 보자력이 모두 크다.

Explanation

영구자석
- 잔류자속과 보자력이 클 것
- 히스테리시스 루프의 면적이 클 것
- 한번 자화된 다음에는 자기를 영구적으로 보존하는 자석

전자석
- 잔류자속은 크고 보자력은 적을 것
- 히스테리시스 루프의 면적이 적을 것

【답】②

13 그림에서 2[μF]에 100[μC]의 전하가 충전되어 있었다면 3[μF]의 양단의 전위차는 몇 [V]인가?

① 50

② 100

③ 200

④ 260

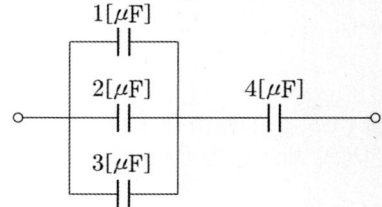

Explanation

2[μF]의 양단에 걸리는 전압 $V_2 = \dfrac{Q_2}{C_2} = \dfrac{100 \times 10^{-6}}{2 \times 10^{-6}} = 50[\text{V}]$

병렬 연결 시 각 콘덴서에 걸리는 전압은 같으므로 3[μF] 양단에 걸리는 전압은 2[μF]의 양단에 걸리는 전압과 같다.

$\therefore \ V_3 = V_2 = 50[\text{V}]$이다.

【답】①

14 권수 500회이고 자기인덕턴스가 0.05[H]인 코일이 있을 때 여기에 전류 5[A]를 흘리면 쇄교 자속수는 몇 [Wb·T]인가?

① 0.15

② 0.25

③ 15

④ 25

Explanation

인덕턴스 $L = \dfrac{N\phi}{I}$ 에서

쇄교 자속수 $\Phi = N\phi = LI = 0.05 \times 5 = 0.25[\text{Wb·T}]$

【답】②

15 자속밀도 $B = 0.4a_x$[Wb/㎡] 안에서 길이 5[m]인 30[A]의 선전류가 z 축의 (−)방향으로 흐를 때 선전류에 작용하는 전자력 F 는 몇 [N]인가?

① 0

② −60

③ $-60a_x$

④ $-60a_y$

Explanation

플레밍의 왼손법칙
- 평등자장 내에 전류가 흐르고 있는 도체가 받는 힘(전자력)
- $F = (I \times B)l = IBl\sin\theta = 30 \times 0.4 \times 5 \times \sin 90° = 60[\text{N}]$

여기서, 자속밀도는 x방향 전류는 −z 방향이므로 힘은 (−)y 방향이며
따라서 전자력은 $F = -60a_y$ [N]

【답】④

16 동심구에서 내부 도체의 반지름이 a, 절연체의 반지름이 b, 외부 도체의 반지름이 c이다. 내부 도체에만 전하 Q[C]를 주었을 때 내부 도체의 전위는?(단, 절연체의 유전율은 ϵ_0이다)

① $\dfrac{Q}{4\pi\epsilon_0 a}\left(\dfrac{1}{a} + \dfrac{1}{b}\right)$

② $\dfrac{Q}{4\pi\epsilon_0}\left(\dfrac{1}{a} - \dfrac{1}{b}\right)$

③ $\dfrac{Q}{4\pi\epsilon_0}\left(\dfrac{1}{a} - \dfrac{1}{b} - \dfrac{1}{c}\right)$

④ $\dfrac{Q}{4\pi\epsilon_0}\left(\dfrac{1}{a} - \dfrac{1}{b} + \dfrac{1}{c}\right)$

> **Explanation**

$$V_A = -\int_\infty^c E\,dr - \int_b^a E\,dr = \frac{Q}{4\pi\epsilon_0}\left(\frac{1}{a} - \frac{1}{b} + \frac{1}{c}\right)\,[\text{V}]$$

【답】④

17 표면 전하밀도 σ[C/m²]으로 대전된 도체 내부의 전속밀도는 몇 [C/m²]인가?

① 0

② σ

③ $\dfrac{\sigma}{\epsilon_0}$

④ $\epsilon_0 E$

> **Explanation**

도체내부는 등전위이므로 전계가 존재하지 않는다.
따라서 도체내부의 전속밀도 $D = \epsilon E = 0$이 된다.

【답】①

18 대전된 도체구를 반지름이 2배가 되는 대전이 되지 않은 도체구에 가는 도선으로 연결할 때 원래의 에너지에 대해 손실된 에너지의 비율은 얼마가 되는가?(단, 도체구는 충분히 떨어져 있다고 한다)

① $\dfrac{1}{2}$

② $\dfrac{1}{3}$

③ $\dfrac{2}{3}$

④ $\dfrac{2}{5}$

> **Explanation**

대전된 도체구의 정전 용량 $C = 4\pi\epsilon_0 a$[F]
대전되지 않은 구의 정전 용량 $C' = 4\pi\epsilon_0 a' = 4\pi\epsilon_0(2a) = 2C$[F]

연결 전의 에너지 $W = \dfrac{Q^2}{2C}$[J]

연결 후의 에너지
- 연결 후 합성정전용량 $C_T = C + 2C = 3C$
- 연결 후 전하량 : $Q_T = Q$
- 연결 후 에너지 $W' = \dfrac{Q_T}{2C_T} = \dfrac{Q^2}{2(3C)} = \dfrac{Q^2}{6C}$

따라서 에너지 손실비 $= \dfrac{W - W'}{W} = \dfrac{\dfrac{Q^2}{2C} - \dfrac{Q^2}{6C}}{\dfrac{Q^2}{2C}} = \dfrac{2}{3}$

【답】③

19 평행판 콘덴서의 판 사이에 비유전율 ϵ_s 의 유전체를 삽입하였을 때의 정전용량은 진공일 때보다 어떻게 되는가?

① ϵ_s 배로 증가

② $\pi\epsilon_s$ 배로 증가

③ $\dfrac{1}{\epsilon_s}$ 로 감소

④ $(\epsilon_s + 1)$ 배로 증가

Explanation

$C = \epsilon_s C_0$ 이므로 유전체를 삽입하면 정전용량은 ϵ_s 배 증가한다.　　　　　　　　　　　　【답】①

20 단면적 3[㎠], 자로의 길이 30[㎝], 코일의 권수 3,000회의 환상 솔레노이드가 있을 때 철심의 비투자율 $\mu_s = 1,000$ 이라면 자기 인덕턴스[H]는 약 얼마인가?

① 9.3

② 10.3

③ 11.3

④ 12.3

Explanation

자기 인덕턴스 $L = \dfrac{\mu S N^2}{l} = \dfrac{4\pi \times 10^{-7} \times 1,000 \times 3 \times 10^{-4} \times 3,000^2}{0.3} = 11.3 [\mathrm{H}]$　　　【답】③

2과목　전력공학

21 자가용 수전설비에서 변압기 1차 측 차단기의 정격차단용량을 결정할 때 가장 밀접한 관계가 있는 것은?

① 수전계약 용량

② 부하의 부하율

③ 부하설비 용량

④ 공급측의 단락용량

Explanation

변압기 1차 측 차단기의 정격 차단용량을 결정 : 단락용량 $P_s = \dfrac{100}{\%Z} P_n$

여기서, P_n 은 정격용량(공급 측의 전기설비용량)　　　　　　　　　　　　　　【답】④

22 선로의 길이가 5,280[m]인 3상 3선식 배전선로가 있다. 수전단에 6[kV], 1,800[kW], 역률 0.8의 3상 집중부하에 전력을 공급하는 경우, 전력 손실률을 10[%] 이하로 하려면 사용전선(경동선)의 굵기[㎟]는?

① 38

② 45

③ 55

④ 75

Explanation

전력 손실률 $K = \dfrac{P\rho l}{V^2 \cos^2\theta A}$

$A = \dfrac{P\rho l}{K V^2 \cos^2\theta} = \dfrac{1,800 \times 10^3 \times \dfrac{1}{55} \times 5,280}{0.1 \times 6,000^2 \times 0.8^2} = 75 \,[\text{㎟}]$　　　　　　【답】④

23 초고압 장거리 송전선로에 접속되는 1차 변전소에 병렬 리액터를 설치하는 목적은?

① 코로나손실 경감 ② 전압강하 경감

③ 선로손실 경감 ④ 페란티효과 방지

Explanation

페란티 현상
- 무부하시 송전단 전압보다 수전단 전압이 커지는 현상
- 발생원인 : 선로의 정전용량에 의해서
- 방지법 : 분로리액터(Sh.R)

【답】④

24 단상 2선식 저압 배전선로를 같은 전선으로 단상 3선식으로 변경하였다. 전압강하율은 변경 전에 비해서 어떻게 되는가?(단, 단상 2선식 전압과 단상 3선식 상전압은 같고, 단상 3선식에서 각 상의 부하는 동일하다. 부하의 역률은 1.0이고, 선로의 리액턴스는 무시한다)

① $\dfrac{1}{2}$ ② $\dfrac{1}{3}$

③ $\dfrac{1}{4}$ ④ $\dfrac{1}{9}$

Explanation

단상 3선식의 장점
① 2종의 전원을 얻을 수 있다(110[V], 220[V]).
② 2종의 전원은 전압이 2배 상승한 것으로 보면

- 전압 강하가 적다. ($e \propto \dfrac{1}{V} = \dfrac{1}{2}$)

- **전압 강하율이 적다.** ($\delta \propto \dfrac{1}{V^2} = \dfrac{1}{4}$)

- 전력 손실이 적다. ($P_l \propto \dfrac{1}{V^2} = \dfrac{1}{4}$) : 전력손실이 적으므로 효율이 우수하다.

- 전력이 증대된다. ($P \propto V^2 = 4$)

- 전선의 단면적이 감소된다. ($A \propto \dfrac{1}{V^2} = \dfrac{1}{4}$)

【답】③

25 송전단 전압이 3,300[V]이고, 수전단 전압이 3,000[V]이다. 수전단의 부하를 차단한 경우, 수전단 전압이 3,200[V]라면 이 회로의 전압 변동률은 약 몇 [%]인가?

① 3.25 ② 4.28

③ 5.67 ④ 6.67

Explanation

전압 변동률 $\epsilon = \dfrac{V_{r0} - V_r}{V_r} \times 100 = \dfrac{3,200 - 3,000}{3,000} \times 100 = 6.67\,[\%]$

여기서, V_{ro}는 무부하시 수전단 전압

【답】④

26 △결선의 3상 3선식 배전선로가 있다. 1선이 지락되는 경우 건전상의 전위상승은 지락 전의 몇 배인가?

① 1 ② $\sqrt{2}$

③ $\sqrt{3}$ ④ $\dfrac{\sqrt{3}}{2}$

Explanation

비접지 방식(3.3[kV], 6.6[kV])
- 일반적으로 비접지식은 △-△ 방식 이용
- 저전압 단거리, 지락전류가 적다, 통신선에 유도장해가 적다.
- 1상 고장 시 V-V 결선이 가능
- 1선 지락 시 $\sqrt{3}$ 배의 전위 상승

【답】③

27 변압기 결선에서 1차 측 전압에 제3고조파가 있을 때 2차 측 전압에 제3고조파가 나타나는 결선은?
① △-△
② Y-Y
③ △-Y
④ Y-△

제 3고조파 : 접지식 회로(Y-Y 결선)

【답】②

28 수력발전소에서 조압수조를 설치하는 목적은?
① 토사의 제거
② 유량의 조절
③ 수격작용의 완화
④ 부유물의 제거

조압 수조(surge tank)
부하 변동 시 수압(수격작용)을 완화시켜 수압 철관을 보호하기 위한 수조

【답】③

29 동기조상기에 대한 설명으로 틀린 것은?
① 전압조정이 연속적이다.
② 경부하시에는 부족여자로 운전하여 뒤진전류를 취한다.
③ 중부하시에는 과여자로 운전하여 앞선전류를 취한다.
④ 선로의 시충전이 불가능하다.

조상설비 비교

	진 상	지 상	시충전(시송전)	조 정	전력손실	증설
전력용 콘덴서	○	×	×	단계적	적다	가능
분로 리액터	×	○	×	단계적	적다	가능
동기 조상기	○	○	○	연속적	크다	불가능

【답】④

30 송전선로에서 4단자정수 A, B, C, D 사이의 관계는?
① $BC-AD=1$
② $AC-BD=1$
③ $AB-CD=1$
④ $AD-BC=1$

4단자회로 $AD-BC=1$

【답】④

31 3상 1회선 송전 선로에 전력을 공급하는 변압기의 중성점을 위한 소호리액터의 용량은?
① 선로 충전 용량과 같다.
② 3선 일괄의 대지 충전 용량과 같다.
③ 선간 충전 용량의 $\frac{1}{2}$ 이다.
④ 1선과 중성점 사이의 충전 용량과 같다.

소호리액터의 용량(3선 일괄의 대지 충전용량)

$$Q_L = E I_L = E \times \frac{E}{\omega L} = \frac{E^2}{\dfrac{1}{3\omega C_s}} = 3 \times 2\pi f C_s E^2 \times 10^{-3} [\text{kVA}]$$

【답】②

32 전선에 흐르는 전류가 3배가 되면 전력손실은 몇 배가 되는가?

① $\frac{1}{3}$ 배

② 3배

③ 9배

④ $\frac{1}{9}$ 배

Explanation

선로손실 $P_l = I^2 R \propto I^2 = (3)^2 = 9$배

【답】③

33 3상 3선식 송전선로를 연가하는 목적으로 볼 수 없는 것은?

① 선로 정수의 평형

② 코로나 감소

③ 통신선의 유도 장해의 방지

④ 직렬 공진의 방지

Explanation

연가 : 선로정수를 평형시키기 위하여 3상 3선식 선로를 3배수 등분하여 실시
- 선로정수 평형(각 상의 전압, 전류 평형)
- 정전유도 장해 감소
- 소호리액터 접지 시의 직렬공진 방지

【답】②

34 발전소의 발전기 정격전압[kV]으로 사용되는 것은?

① 6.6

② 33

③ 66

④ 154

Explanation

발전소의 발전기 정격전압 : 6.6[kV]

【답】①

35 무부하 송전선로의 충전전류를 차단하는 경우 차단기의 개폐에 의한 이상전압의 크기는 대지전압의 몇 배 정도인가?

① 2

② 4

③ 8

④ 10

Explanation

내부 이상 전압 : 직격뢰, 유도뢰를 제외한 나머지
- 개폐서지 : 무부하 충전전류 개로시 가장 크다.(송전선 Y전압의 4 ~ 6배)
- 1선 지락 사고시 건전상의 대지전위 상승
- 잔류전압에 의한 전위상승
- 경부하(무부하)시 페란티 현상에 의한 전위 상승

【답】②

36 그림과 같은 선로에서 점 F에서의 1선 지락이 발생한 경우 영상 임피던스는?

① $Z_{TS} + Z_n + 3Z_o$

② $Z_{TS} + 3Z_n + Z_o$

③ $Z_{TS} + Z_n + Z_o \dfrac{L_f}{L}$

④ $Z_{TS} + 3Z_n + Z_o \dfrac{L_f}{L}$

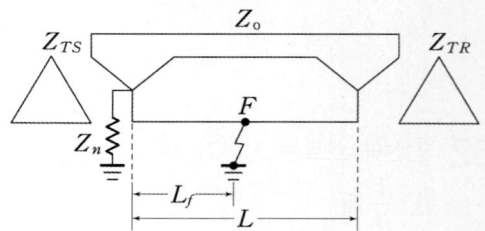

Explanation

영상 임피던스 : $Z_{TS} + 3Z_n + Z_o \dfrac{L_f}{L}$

【답】 ④

37 지상부하를 가진 3상 3선식 배전선로 또는 단거리 송전선로에서 선간 전압강하를 나타낸 식은? (단, I, R, X, θ 는 각각 수전단 전류, 선로저항, 리액턴스 및 수전단 전류의 위상각이다)

① $I(R\cos\theta + X\sin\theta)$

② $2I(R\cos\theta + X\sin\theta)$

③ $\sqrt{3}\,I(R\cos\theta + X\sin\theta)$

④ $3I(R\cos\theta + X\sin\theta)$

Explanation

3상 선간 전압강하 $e = V_s - V_r = \sqrt{3}\,I(R\cos\theta + X\sin\theta) = \dfrac{P}{V_r}(R + X\tan\theta)$

【답】 ③

38 전선 4개의 도체가 정사각형으로 배치되어 있을 때 각 도체간의 거리를 D 라고 하면 소도체간 기하 평균거리는?

① D

② $\sqrt[3]{2}\,D$

③ $4D$

④ $\sqrt[6]{2}\,D$

Explanation

정사각형 배열(기하평균거리)인 경우의 기하평균거리는 다음과 같다.

기하 평균 거리 $s' = \sqrt[6]{s \cdot s \cdot s \cdot s \cdot \sqrt{2}\,s \cdot \sqrt{2}\,s} = \sqrt[6]{2}\,s$

(s : 소도체간 간격)

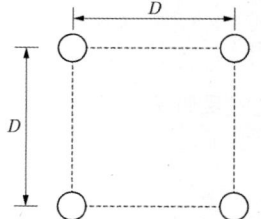

【답】 ④

39 외뢰(外雷)에 대한 주 보호장치로서 송전계통의 절연협조의 기본이 되는 것은?

① 애자

② 변압기

③ 차단기

④ 피뢰기

Explanation

절연협조 : 계통 내의 각 기기, 기구 및 애자 등의 상호간에 적정한 절연 강도를 지니게 함으로써 계통 설계를 합리적, 경제적으로 할 수 있게 한 것

피뢰기의 제한전압은 절연협조의 기본이 되는 부분으로 가장 낮게 잡으며 피뢰기의 제1보호 대상은 변압기이다.

피뢰기의 제한전압 〈 변압기의 기준충격절연강도(BIL) 〈 부싱, 차단기 〈 선로애자

【답】 ④

40 송전선로에서 초호환(arcing ring)의 설치 목적은?

① 선로의 섬락시 애자 보호　　　　　　② 송전전력 증가
③ 누설전류에 의한 편열 방지　　　　　④ 전력손실 감소

Explanation

초호각, 초호환(아킹혼, 아킹링)
- 섬락 시 애자련을 보호
- 애자련에 걸리는 전압 분담을 균일화

【답】①

3과목　전기기기

41 A, B 두 대의 직류발전기를 병렬운전 하고 있다. A기의 유효전력 분담을 늘리기 위한 방법으로 옳은 것은?

① B기의 계자 증대　　　　　　② A기의 계자 증대
③ B기의 속도 증대　　　　　　④ A기의 속도 증대

Explanation

직류발전기 병렬운전 시의 부하분담
- 유기기전력(계자전류)이 큰 쪽이 부하분담을 많이 한다.
- 전기자 저항이 작은 쪽이 부하분담을 많이 한다.
- 속도변동률이 적은 쪽이 부하분담을 많이 한다.

【답】②

42 포화하고 있지 않은 직류발전기의 회전수가 1/2로 감소되었을 때 기전력을 속도 변화 전과 같은 값으로 하려면 여자전류를 전과 비교하여 얼마로 해야 하는가?

① 1배　　　　　　② 2배
③ 4배　　　　　　④ 8배

Explanation

직류발전기 유기기전력 $E = K\phi N$에서

기전력이 일정하므로 회전수 N이 $\frac{1}{2}$로 되면, 여자전류(자속) ϕ가 2배가 되어야 한다.

【답】②

43 유도전동기의 슬립이 $s > 1$인 영역을 갖는 것은?

① 회생제동　　　　　　② 역상제동
③ 회전제동　　　　　　④ 발전제동

Explanation

슬립 $s = \dfrac{N_s - N}{N_s}$

- $0 < s < 1$: 유도 전동기
- $1 < s < 2$: 유도 제동기(**역상제동**)
- $s < 0$: 유도 발전기(비동기 발전기)

【답】②

44 전력용반도체 중 2단자 양방향성 저항소자이며, TRIAC, SCR의 게이트 트리거용에 적합한 소자는?

① LASCR
② UJT
③ DIAC
④ SUS

DIAC(Diode Alternating Current Switch)

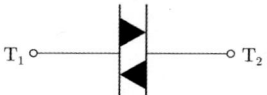

- 4층 다이오드 2개를 역 병렬로 결합
- 양방향 2단자
- **트리거와 스위칭 소자로서 주로 제어회로와 보호회로에 사용**
- 게이트에 의한 턴온을 이용하지 않음

【답】③

45 3상 동기 발전기에서 그림과 같이 1상의 권선을 서로 똑같은 2조로 나누어서 그 1조의 권선전압을 E[V], 각 권선의 전류를 I[A]라 하고 2중 Y형(double star)으로 결선한 경우 선간전압[V], 선전류 [A], 피상전력[W]은?

① $3E$, I, $5.19EI$
② $\sqrt{3}\,E$, $2I$, $6EI$
③ E, $2\sqrt{3}\,I$, $6EI$
④ $\sqrt{3}\,E$, $\sqrt{3}\,I$, $5.19EI$

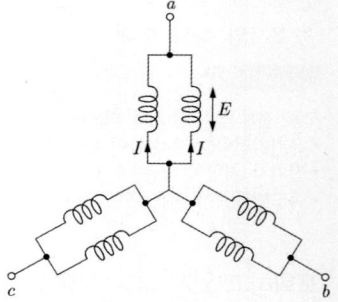

2개의 권선이 병렬 연결
- 전압은 동일
- 임피던스는 $\dfrac{1}{2}$

Y결선
$V_l = \sqrt{3}\,V_p$ 에서 선간전압 $V_l = \sqrt{3}\,E$

$I_p = I_l = \dfrac{V_p}{Z}$ 에서 $I_l = \dfrac{E}{\dfrac{Z}{2}} = 2I$

피상전력 $P_a = \sqrt{3}\,V_l I_l = \sqrt{3} \times \sqrt{3}\,E \times 2I = 6EI$

【답】②

46 20[kVA]의 단상변압기가 역률 1일 때 전부하 효율이 97[%]이다. 3/4 부하일 때 이 변압기는 최고 효율을 나타낸다. 전부하에서 철손(P_i)과 동손(P_c)은 각각 몇 [W]인가?

① $P_i = 222$, $P_c = 396$
② $P_i = 222$, $P_c = 528$
③ $P_i = 619$, $P_c = 528$
④ $P_i = 619$, $P_c = 396$

전부하 효율
$\eta_m = \dfrac{P_n \cos\theta}{P_n \cos\theta + P_i + P_c} \times 100[\%]$ 이므로 $\eta = \dfrac{20 \times 10^3}{20 \times 10^3 + P_i + P_c} = 0.97$

따라서 $P_i + P_c = \dfrac{20 \times 10^3}{0.97} - 20 \times 10^3 = 618[\text{W}]$

$\dfrac{1}{m}$ 부하에서의 최대 효율 $P_i = \left(\dfrac{1}{m}\right)^2 P_c$

3/4 부하이므로 $P_i = \left(\dfrac{3}{4}\right)^2 P_c = 0.563 P_c$

위의 식에 대입하면 $0.563 P_c + P_c = 618$ $\therefore P_c = \dfrac{618}{1.563} \fallingdotseq 396[\text{W}]$

$396 + P_i = 618$ $\therefore P_i = 618 - 396 = 222[\text{W}]$ 【답】 ①

47 어떤 IGBT의 열용량은 0.02[J/℃], 열저항은 0.625[℃/W]이다. 이 소자에 직류 25[A]가 흐를 때 전압강하는 3[V]이다. 몇 [℃]의 온도상승이 발생하는가?

① 1.5　　　　　　　　　　　　　　　　② 1.7
③ 47　　　　　　　　　　　　　　　　④ 52

Explanation

- 전압강하 : $e = IR = 25 \times R = 3[\text{V}]$
- 저항 : $R = \dfrac{e}{I} = \dfrac{3}{25}[\Omega]$
- 소비전력 : $P = I^2 R = 25^2 \times \dfrac{3}{25} = 75[\text{W}]$

따라서 열저항이 0.625[℃/W]이므로 온도상승 $\theta = 0.625 \times 75 = 46.9[℃]$ 【답】 ③

48 동기발전기가 난조를 일으키는 원인으로 틀린 것은?

① 부하가 급격히 변화하는 경우　　　　② 회전자의 관성 모멘트가 작은 경우
③ 발전기의 전기적 저항이 작은 경우　　④ 원동기의 토크에 고조파가 포함되어 있는 경우

Explanation

난조(hunting) : 발전기의 부하가 급변하는 경우 회전자 속도가 동기 속도를 중심으로 진동하는 현상
① 난조의 원인
  • 원동기의 조속기 감도가 너무 예민할 때
  • 전기자 저항이 너무 클 때
  • 부하의 급변
  • 원동기 토크에 고조파가 포함될 때
  • 관성모멘트가 작은 경우
② 난조 방지책
  • 계자의 자극면에 제동권선 설치(가장 유효한 방법)   【답】 ③

49 유도전동기에 전력용 커패시터를 사용하는 주된 목적은?

① 역률 개선을 위하여　　　　　　　　② 이상전압을 막기 위하여
③ 과부하를 막기 위하여　　　　　　　④ 과전류를 막기 위하여

Explanation

전력용 콘덴서 : 역률개선
전동기의 경부하 운전 시에 역률이 저하되므로 이를 보상하기 위하여 전동기에 전력용 콘덴서를 병렬로 설치   【답】 ①

50 3상 유도전동기를 기동할 때 슬롯수가 적당하지 않을 때 발생되는 기자력의 고조파 성분에 의해 발생되는 현상은?

① 크롤링 현상　　　　　　　　　　　② 게르게스 현상
③ 토크 증가 현상　　　　　　　　　　④ 제동 토크의 증가 현상

크롤링 현상
3상 유도전동기에서 고조파에 의해 기동 시 낮은 속도의 어느 점에서 회전자가 걸려 안정하게 되어 더 이상 가속이 되지 않는 현상을 크롤링 현상(Crawling)이라고 한다. 주로 슬롯수가 적고 용량이 낮은 농형유도전동기에서 발생하기 쉬우며, 사구 슬롯을 사용하여 예방할 수 있다. 【답】①

51 3상 직권 정류자 전동기의 중간 변압기는 고정자 권선과 회전자 권선 사이에 직렬로 접속되는데 이 중간 변압기를 사용하는 중요한 이유는?
① 경부하 시 속도의 급상승 방지를 위하여
② 주파수 변동으로 속도를 조정하기 위하여
③ 회전자 상수를 감소하기 위하여
④ 역회전을 방지하기 위하여

Explanation ▶

3상 직권 정류자 전동기에서 중간 변압기를 사용하는 목적
• 전원 전압의 크기에 관계없이 정류자 전압 조정
• 중간 변압기의 권수비를 조정하여 전동기 특성을 조정
• 경부하 시 직권 특성 $T \propto I^2 \propto \dfrac{1}{N^2}$ 이므로 속도가 크게 상승할 수 있어 중간 변압기를 사용하여 속도 상승을 억제
• 실효 권수비 조정 【답】①

52 변압기의 부하가 증가할 때의 현상으로서 틀린 것은?
① 동손이 증가한다.
② 온도가 상승한다.
③ 철손이 증가한다.
④ 여자전류는 변함없다.

Explanation ▶

변압기의 손실
• 부하손 : 동손
• 무부하손 : 철손(히스테리시스손 + 와류손)
부하가 증가하면 동손은 증가하지만, 철손은 무부하손이므로 변함없다. 【답】③

53 단락사고에 대한 전동기의 과전류 보호기기가 아닌 것은?
① OCR
② MC
③ PF
④ MCCB

Explanation ▶

전동기의 과전류 보호기기
• PF : 전력퓨즈
• OCR : 과전류 계전기
• MCCB(NFB) : 배선용 차단기
여기서, MC(Magnetic Contact)는 전자개폐기 【답】②

54 대형 변압기에서 변압기의 호흡작용으로 절연내력이 저하되는 절연열화를 방지할 목적으로 기름과 공기의 접촉을 방지하기 위해 봉입하는 기체는?
① 질소
② 탄산가스
③ 오존
④ 아르곤

Explanation ▶

절연열화 방지대책
• 콘서베이터(보조탱크) 설치
• **질소 봉입**
• 흡착제 방식 【답】①

55 직류전동기 중에서 부하의 변화에 따른 속도 변화가 가장 많은 전동기는?
① 가동 복권전동기
② 타여자전동기
③ 직권전동기
④ 분권전동기

Explanation

부하의 변화에 대하여 속도 변동이 큰 순서 : 직권 〉 가동복권 〉 분권 〉 차동복권 　【답】③

56 동기발전기를 병렬 운전하기 위해 동기화 회로로 구성하여 동기검정등을 관찰할 때 완전히 두 발전기가 일치하는 순간을 바르게 표현한 것은?

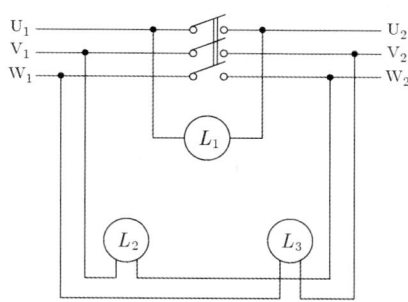

① 전등불이 L1, L2, L3 순으로 밝게 된다.
② 모든 전등불이 ON, OFF를 반복한다.
③ 전등불이 L1, L3, L2 순으로 밝게 된다.
④ 전등불이 L1은 꺼지고, L2, L3는 같은 밝기의 빛을 낸다.

Explanation

동기화 검정 장치
두 발전기의 위상 차를 확인하는 장치를 동기화 검정 장치라고 하며, 동기 검정등과 지침 모양의 동기 검정기로 이루어진다. 주파수, 위상에 차이가 있으면 왼쪽으로 또는 오른쪽으로 전등이 깜박이며, 그 차이가 줄어들면 속도가 느려진다. **주파수와 위상이 일치했을 때 L1은 꺼지고, L2, L3는 같은 밝기의 빛을 낸다.** 　【답】④

57 직류 분권발전기의 브러시를 중성축에서 회전 방향 쪽으로 이동하면 전압은?
① 상승한다.
② 급격히 상승한다.
③ 변화하지 않는다.
④ 감소한다.

Explanation

직류 분권발전기
브러시를 중성축에서 회전 방향으로 이동하면 전압은 단락전류가 흘러서 기전력의 일부가 상쇄되어 감소한다. 　【답】④

58 직류기에 탄소 브러시를 사용하는 주된 이유는?
① 접촉저항이 크기 때문에
② 마찰계수가 작기 때문에
③ 고유저항이 작기 때문에
④ 허용전류가 크기 때문에

Explanation

양호한 정류를 얻는 방법
• 보극 설치
• **접촉저항이 큰 탄소 브러시 사용**
• 리액턴스 전압을 적게 한다.
• 인덕턴스를 작게 한다.
• 정류 주기를 길게 한다. 　【답】①

59 단상변압기 2대를 사용하여 3,150[V]의 평형 3상에서 210[V]의 평형 2상으로 변환하는 경우에 각 변압기의 1차 전압과 2차 전압은 얼마인가?

① 주좌 변압기 : 1차 3,150[V], 2차 210[V]

    T좌 변압기 : 1차 3,150[V], 2차 210[V]

② 주좌 변압기 : 1차 3,150[V], 2차 210[V]

    T좌 변압기 : 1차 $3,150 \times \dfrac{\sqrt{3}}{2}$[V], 2차 210[V]

③ 주좌 변압기 : 1차 $3,150 \times \dfrac{\sqrt{3}}{2}$[V], 2차 210[V]

    T좌 변압기 : 1차 $3,150 \times \dfrac{\sqrt{3}}{2}$[V], 2차 210[V]

④ 주좌 변압기 : 1차 $3,150 \times \dfrac{\sqrt{3}}{2}$[V], 2차 210[V]

    T좌 변압기 : 1차 3,150[V], 2차 210[V]

Explanation

스코트 결선(T결선)

T좌 변압기의 권선비 : $a_T = \dfrac{\sqrt{3}}{2}a$

• 주좌 변압기 : 1차 3,150[V], 2차 210[V]

• T좌 변압기 : 1차 $3,150 \times \dfrac{\sqrt{3}}{2}$[V], 2차 210[V]

【답】②

60 유도 전동기 원선도에서 원의 지름은?(단, E를 1차 전압, r는 1차로 환산한 저항, x를 1차로 환산한 누설 리액턴스라 한다)

① rE에 비례   ② rxE에 비례

③ $\dfrac{E}{r}$에 비례   ④ $\dfrac{E}{x}$에 비례

Explanation

유도전동기 원선도 : 전류에 의한 궤적

$$I_{2s} = \frac{E_{2s}}{Z_{2s}} = \frac{sE_2}{r_2 + jsx_2} = \frac{E_2}{\sqrt{\left(\dfrac{r_2}{s}\right)^2 + x_2^2}} \fallingdotseq \frac{E_2}{x_2}$$

∴ 지름 $\propto \dfrac{E}{x}$

【답】④

4과목   회로이론

61 그림에서 단자 ab에 나타나는 전압 V_{AB}[V]는 얼마인가?

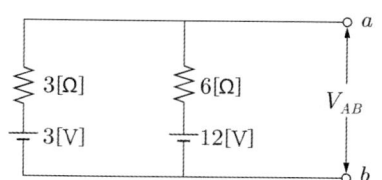

① 2.4
② 6
③ 8
④ 10

Explanation

밀만의 정리

$$V_{AB} = \frac{\dfrac{V_1}{R_1}+\dfrac{V_2}{R_2}}{\dfrac{1}{R_1}+\dfrac{1}{R_2}} = \frac{\dfrac{3}{3}+\dfrac{12}{6}}{\dfrac{1}{3}+\dfrac{1}{6}} = 6[\text{V}]$$

【답】②

62 100[Ω]의 저항에 흐르는 전류가 $i = 5 + 14.14\sin t + 7.07\sin 2t$[A]일 때 저항에서 소비하는 평균 전력은 몇 [W]인가?

① 20,000
② 15,000
③ 10,000
④ 7,500

Explanation

비정현파의 실효값

$$I = \sqrt{I_0^2 + \left(\frac{I_{m1}}{\sqrt{2}}\right)^2 + \left(\frac{I_{m2}}{\sqrt{2}}\right)^2 + \cdots + \left(\frac{I_{mn}}{\sqrt{2}}\right)^2}$$

$$= \sqrt{5^2 + \left(\frac{14.14}{\sqrt{2}}\right)^2 + \left(\frac{7.07}{\sqrt{2}}\right)^2} = 12.25[\text{A}]$$

저항에서 소비하는 평균 전력
$P = I^2 R = 12.25^2 \times 100 = 15,000[\text{W}]$

【답】②

63 다음 중 라플라스 변환식 중 옳지 않은 것은?

① $\mathcal{L}\left[\delta(t-T)\right] = e^{-Ts}$
② $\mathcal{L}\left[u(t-T)\right] = \frac{1}{s}e^{-Ts}$
③ $\mathcal{L}\left[t^n\right] = \frac{n!}{s}$
④ $\mathcal{L}\left[e^{-at}\right] = \frac{1}{s+a}$

Explanation

$\mathcal{L}\left[t^n\right] = \dfrac{n!}{s^{n+1}}$

【답】③

64 $R-L-C$ 직렬 회로에서 진동 조건은 어느 것인가?

① $R < 2\sqrt{\dfrac{L}{C}}$
② $R < 2\sqrt{\dfrac{C}{L}}$
③ $R < 2\sqrt{LC}$
④ $R < \dfrac{1}{2\sqrt{LC}}$

Explanation

$R-L-C$ 직렬회로에서 직류전압 인가

• 비진동 조건 $R^2 > \dfrac{4L}{C}$, $R > 2\sqrt{\dfrac{L}{C}}$

2025년 3회 CBT 복원문제 ◀ 25-71

- 임계적 조건 $R^2 = \dfrac{4L}{C}$, $R = 2\sqrt{\dfrac{L}{C}}$
- 진동적 조건 $R^2 < \dfrac{4L}{C}$, $R < 2\sqrt{\dfrac{L}{C}}$

【답】①

65 RC회로에 비정현파 전압을 가하여 흐르는 전류가 다음과 같을 때 이 회로의 역률은 약 [%]인가?

$$v = 20 + 220\sqrt{2}\sin120\pi t + 40\sqrt{2}\sin360\pi t\,[\text{V}]$$
$$i = 2.2\sqrt{2}\sin(120\pi t + 36.87°) + 0.49\sqrt{2}\sin(360\pi t + 14.04°)\,[\text{A}]$$

① 75.8
② 80.4
③ 86.3
④ 89.7

Explanation

유효전력 $P = 220 \times 2.2 \times \cos36.87° + 40 \times 0.49 \times \cos14.04° = 406.21\,[\text{W}]$
전압 $V = \sqrt{20^2 + 220^2 + 40^2} = 224.5\,[\text{V}]$
전류 $I = \sqrt{2.2^2 + 0.49^2} = 2.25\,[\text{A}]$
역률 $\cos\theta = \dfrac{P}{P_a} \times 100 = \dfrac{P}{VI} \times 100 = \dfrac{406.21}{224.5 \times 2.25} \times 100 = 80.4\,[\%]$

【답】②

66 공진주파수가 $\omega_r = 1,000\,[\text{rad/sec}]$, 저항 $R = 6\,[\Omega]$, $L = 15\,[\text{mH}]$, $R-L-C$ 직렬공진회로에서 전압확대율(Q)은?

① 2.5
② 3.3
③ 4.4
④ 6.5

Explanation

직렬 공진회로

양호도(전압확대율) $Q = \dfrac{V_R}{V} = \dfrac{\omega L}{R} = \dfrac{1,000 \times 15 \times 10^{-3}}{6} = 2.5$

【답】①

67 3상 Y결선의 전원에서 각 상전압의 크기가 220[V]일 때 선간전압의 크기는 약 몇 [V]인가?

① 127
② 220
③ 311
④ 381

Explanation

Y결선 $V_l = \sqrt{3}\,V_p$, $I_l = I_p$에서
선간전압 $V_l = \sqrt{3}\,V_p = \sqrt{3} \times 220 = 381\,[\text{V}]$

【답】④

68 $R = 1\,[\text{k}\Omega]$, $C = 1\,[\mu\text{F}]$가 직렬 접속된 회로에 스텝(구형파)전압 10[V]를 인가하는 순간에 커패시터 C에 걸리는 최대전압[V]은?

① 0
② 3.72
③ 6.32
④ 10

Explanation

R-C 직렬회로 직류(구형파) 인가

캐패시터 양단의 전압 $V_c = E\,(1 - e^{-\frac{1}{RC}t})\,[\text{V}]$에서
초기에는 $t = 0$를 대입하면 전압은 0이다.

【답】①

69 $\mathcal{L}^{-1}\left[\dfrac{\omega}{s\left(s^2+\omega^2\right)}\right]$은?

① $\dfrac{1}{\omega}(1-\sin\omega t)$ ② $\dfrac{1}{\omega}(1-\cos\omega t)$

③ $\dfrac{1}{2\omega}(1-\sin\omega t)$ ④ $\dfrac{1}{2\omega}(1-\cos\omega t)$

Explanation

$F(s)=\dfrac{\omega}{s\left(s^2+\omega^2\right)}=\dfrac{1}{\omega}\left(\dfrac{1}{s}-\dfrac{s}{s^2+\omega^2}\right)$에서

라플라스 역변환하면 $f(t)=\dfrac{1}{\omega}(1-\cos\omega t)$ 【답】②

70 그림과 같은 회로망에서 전류를 계산하는데 옳게 표시된 것은?

① $I_1+I_2+I_3+I_4=0$
② $I_1+I_2-I_3+I_4=0$
③ $I_1+I_4=I_2+I_3$
④ $I_1+I_2-I_4=I_3$

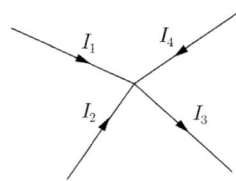

Explanation

키르히호프의 전류 법칙(제1법칙)
한 점을 기준으로 들어오는 전류와 나가는 전류의 대수합은 같다.
$I_1+I_2-I_3+I_4=0$ 【답】②

71 그림과 같은 회로의 영상 임피던스 Z_{01}과 Z_{02}의 값 $[\Omega]$은?

① $\sqrt{3}$, $\sqrt{\dfrac{16}{3}}$ ② $\sqrt{12}$, $\sqrt{\dfrac{16}{3}}$

③ $\sqrt{3}$, $\sqrt{\dfrac{4}{3}}$ ④ $\sqrt{12}$, $\sqrt{\dfrac{4}{3}}$

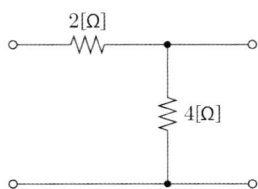

Explanation

T형 4단자 정수

$$\begin{bmatrix}A\,B\\C\,D\end{bmatrix}=\begin{bmatrix}1\,2\\0\,1\end{bmatrix}\begin{bmatrix}1&0\\\dfrac{1}{4}&1\end{bmatrix}=\begin{bmatrix}\dfrac{3}{2}&2\\\dfrac{1}{4}&1\end{bmatrix}$$

영상 임피던스

$Z_{01}=\sqrt{\dfrac{AB}{CD}}=\sqrt{\dfrac{\dfrac{3}{2}\times2}{\dfrac{1}{4}\times1}}=\sqrt{12}$

$Z_{02}=\sqrt{\dfrac{BD}{AC}}=\sqrt{\dfrac{2\times1}{\dfrac{3}{2}\times\dfrac{1}{4}}}=\sqrt{\dfrac{16}{3}}$ 【답】②

72 변압비 $\dfrac{n_1}{n_2} = 30$인 단상 변압기 3개를 1차 △ 결선, 2차 Y결선하고 1차 선간에 3,000[V]를 가했을 때 무부하 2차 선간전압[V]은?

① $\dfrac{100}{\sqrt{3}}$ [V]   ② $\dfrac{190}{\sqrt{3}}$ [V]

③ 100[V]   ④ $100\sqrt{3}$ [V]

Explanation

변압비 $a = \dfrac{n_1}{n_2} = \dfrac{V_1}{V_2} = \dfrac{I_2}{I_1} = 30$에서

2차 전압은 $V_2 = \dfrac{V_1}{a} = \dfrac{3,000}{30} = 100$[V]에서

2차가 Y결선이므로 선간전압은 $V_l = \sqrt{3}\,V_p = \sqrt{3} \times 100 = 100\sqrt{3}$ [V]   【답】④

73 회로에서 10[Ω]의 저항에 흐르는 전류[A]는?

① 8
② 10
③ 15
④ 20

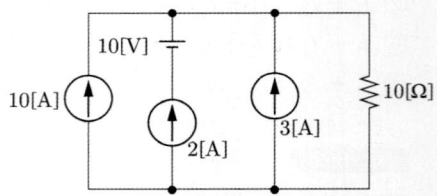

Explanation

중첩의 원리에 의해
- 전압원과 전류원이 단독 직렬 : 전압원 단락
- 전압원과 전류원이 단독 병렬 : 전류원 개방

따라서 10[Ω]의 저항에 흐르는 전류 $I_R = 10 + 2 + 3 = 15$[A]   【답】③

74 회로의 각 상의 전압이 다음과 같을 때 영상분 전압[V]의 순시값은?

$$v_a(t) = 40\sin\omega t \,[\text{V}]$$
$$v_a(t) = 40\sin(\omega t + 180°)[\text{V}]$$
$$v_a(t) = 40\sin(\omega t - 90°)[\text{V}]$$

① $\dfrac{40}{3}\sin(\omega t + 90°)$ ② $\dfrac{40}{3}\cos\omega t$

③ $\dfrac{40}{3}\sin(\omega t - 90°)$ ④ $\dfrac{40}{3}\sin\omega t$

Explanation

각 상의 전압을 페이저로 표현하면
$V_a = 40\angle 0 = 40$
$I_b = 40\angle 180° = 40(\cos 180° + j\sin 180°) = -40$
$I_c = 40\angle -90° = 40(\cos 90° - j\sin 90°) = -j40$

영상전압은 $V_o = \dfrac{1}{3}(V_a + V_b + V_c) = \dfrac{1}{3}(40 - 40 - j40) = \dfrac{40}{3}\angle -90°$

영상전압을 순시값으로 나타내면 $V_o = \dfrac{40}{3}\sin(\omega t - 90°)$ 【답】③

75 파형의 파형률 값이 잘못된 것은?

① 정현파의 파형률은 1.414 이다. ② 구형파의 파형률은 1.0 이다.

③ 전파 정류파의 파형률은 1.11 이다. ④ 반파 정류파의 파형률은 1.571 이다.

Explanation

$$파형률 = \frac{실효값}{평균값}$$

$$정현파(전파정류)의 \ 파형률 = \frac{\frac{1}{\sqrt{2}}I_m}{\frac{2}{\pi}I_m} = \frac{\pi}{2\sqrt{2}} = 1.11$$

【답】①

76 그림과 같은 순저항만의 회로에 평형 3상 전압을 가했을 때 각 선에 흐르는 전류가 같으려면 R의 값은 몇 [Ω]인가?

① 2.5

② 5

③ 7.5

④ 10

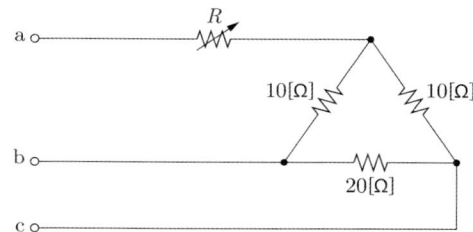

Explanation

각 선에 흐르는 전류가 같으려면 3상 △결선을 Y 결선으로 변환

* △결선 → Y 결선 변환 식

$$R_a = \frac{R_{ab} \cdot R_{ca}}{R_{ab} + R_{bc} + R_{ca}} \qquad R_b = \frac{R_{ab} \cdot R_{bc}}{R_{ab} + R_{bc} + R_{ca}} \qquad R_c = \frac{R_{ac} \cdot R_{bc}}{R_{ab} + R_{bc} + R_{ca}}$$

$$Z_a = \frac{Z_{ab} \cdot Z_{ca}}{Z_{ab} + Z_{bc} + Z_{ca}} = \frac{10 \times 10}{10 + 10 + 20} = 2.5[\Omega]$$

$$Z_b = \frac{Z_{ab} \cdot Z_{bc}}{Z_{ab} + Z_{bc} + Z_{ca}} = \frac{10 \times 20}{10 + 10 + 20} = 5[\Omega]$$

$$Z_c = \frac{Z_{ac} \cdot Z_{bc}}{Z_{ab} + Z_{bc} + Z_{ca}} = \frac{10 \times 20}{10 + 10 + 20} = 5[\Omega]$$

$$\therefore \ Z_a + Z = 5[\Omega]에서 \ Z = 2.5[\Omega]$$

【답】①

77 다음의 건전지 결선 중에서 전구 Ⓛ이 점등되지 않는 것은?

①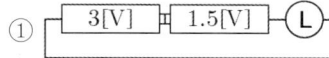

②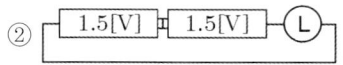

③

④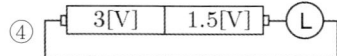

Explanation

전원공급은 건전지인 경우 극성이 (−) (+) (−) (+)로 연결되어야 한다.
따라서 ②번의 경우는 (−) (+) (+) (−)로 같은 전압 1.5[V]가 연결되므로 전원이 공급되지 않는다. 【답】 ②

78 $i(t) = 100 + 50\sqrt{2}\,\sin\omega t + 20\sqrt{2}\,\sin(3\omega t + \frac{\pi}{6})$[A]로 표현되는 비정현파 전류의 실효값은 약 몇 [A]인가?

① 20 ② 50
③ 114 ④ 150

Explanation

비정현파의 실효값 : 각파의 실효값 제곱의 합의 제곱근
$I = \sqrt{I_0^2 + I_1^2 + I_2^2 + \cdots + I_n^2}$
$= \sqrt{100^2 + 50^2 + 20^2} = 114[A]$ 【답】 ③

79 3상 불평형 전압에서 역상전압이 50[V], 정상전압이 200[V], 영상전압이 10[V]라고 할 때 전압의 불평형률[%]은?

① 1 ② 5
③ 25 ④ 50

Explanation

$\text{불평형률} = \frac{\text{역상분}}{\text{정상분}} \times 100 = \frac{50}{200} \times 100 = 25[\%]$ 【답】 ③

80 2단자 회로 소자 중에서 인가한 전류파형과 동위상의 전압파형을 얻을 수 있는 것은?

① 저항 ② 콘덴서
③ 인덕턴스 ④ 저항 + 콘덴서

Explanation

- **저항 : 전압과 전류가 동위상**
- 인덕턴스 : 전압이 전류보다 위상이 90° 앞선다(지상, 유도성).
- 캐패시턴스 : 전압이 전류보다 위상이 90° 느리다(진상, 용량성). 【답】 ①

5과목 전기설비기술기준

81 다음 그림은 전력선 반송통신용 결합장치의 보안장치로 사용하는 기기의 정격에 대한 설명으로 틀린 것은?

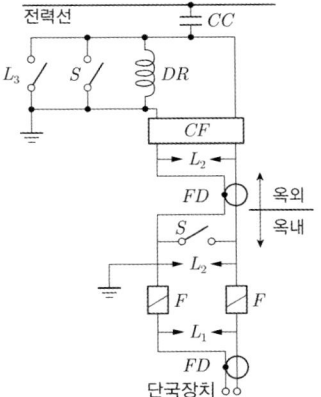

① DR는 전류용량 5[A]이상의 배류선륜이다.
② L_1은 교류 300[V]이하에서 동작하는 피뢰기이다.
③ L_2는 동작전압이 교류 1.3[kV]를 초과하고 1.6[kV]
　이하로 조정된 방전갭이다.
④ F 는 정격전류 10[A] 이하의 포장 퓨즈이다.

Explanation

(KEC 362.10조) 전력선 반송 통신용 결합장치의 보안장치

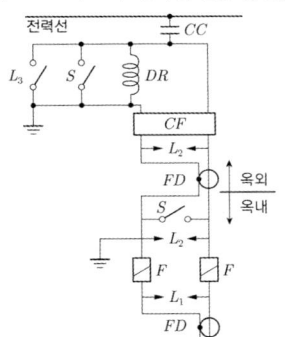

• FD : 동축케이블
• F : 정격전류 10[A] 이하의 포장 퓨즈
• **DR : 전류 용량 2[A] 이상의 배류 선륜**
• L_1 : 교류 300[V] 이하에서 동작하는 피뢰기
• L_2 : 동작 전압이 교류 1,300[V]를 초과하고 1,600[V] 이하로 조정된
　　　　방전갭
• L_3 : 동작 전압이 교류 2[kV]를 초과하고 3[kV] 이하로 조정된 구상
　　　　방전갭
• S : 접지용 개폐기
• CF : 결합 필터
• CC : 결합 커패시터(결합 안테나를 포함한다)

【답】 ①

82 사용전압이 22.9[kV]인 가공전선로를 시설하는 경우 지표상의 높이는 몇 [m] 이상으로 하여야 하는
가?(단, 철도 또는 궤도를 횡단하는 경우이다)

① 5
② 5.5
③ 6
④ 6.5

Explanation

(KEC 333.7조) 특고압 가공전선의 높이

사용전압의 구분	지표상의 높이
35[kV] 이하	5[m] (**철도 또는 궤도를 횡단하는 경우에는 6.5[m]**, 도로를 횡단하는 경우에는 6[m], 횡단보도교의 위에 시설하는 경우로서 전선이 특고압 절연전선 또는 케이블인 경우에는 4[m])

【답】 ④

83 전력 보안통신 설비인 무선통신용 안테나 또는 반사판을 지지하는 철근 콘크리트주 또는 철탑의
기초의 안전율은 얼마 이상이어야 하는가?

① 1.2
② 1.3
③ 1.5
④ 2.2

Explanation

(KEC 364.1조) 무선용 안테나 등을 지지하는 철탑 등의 시설
전력 보안통신 설비인 무선통신용 안테나 또는 반사판을 지지하는 목주·철근·철근 콘크리트주 또는 철탑
① 목주는 풍압 하중에 대한 안전율은 1.5 이상이어야 한다.
② **철주·철근 콘크리트주 또는 철탑의 기초 안전율은 1.5 이상이어야 한다.**　　　　　　　　　　【답】③

84 관등 회로에 대한 설명으로 옳은 것은?
① 분기점으로부터 안정기까지의 전로를 말한다.
② 스위치로부터 방전등까지의 전로를 말한다.
③ 스위치로부터 안정기까지의 전로를 말한다.
④ 방전등용 안정기 또는 방전등용 변압기로부터 방전관까지의 전로를 말한다.

Explanation

(KEC 112조) 용어 정의
"관등회로"란 방전등용 안정기 또는 방전등용 변압기로부터 방전관까지의 전로를 말한다.　　　　　　　　　　【답】④

85 빙설이 많은 지방 이외의 지방에서 저온계절에 어떤 풍압하중을 적용하는가?
① 갑종풍압하중　　　　　　　　　　　　　② 을종풍압하중
③ 병종풍압하중　　　　　　　　　　　　　④ 갑종풍압하중과 을종풍압하중 중 큰 것

Explanation

(KEC 331.6조) 풍압 하중의 종별과 적용
빙설이 많은 지방 이외의 지방에서는 고온계절에는 갑종 풍압하중, **저온계절에 병종** 풍압하중　　　　　　　　　　【답】③

86 전력보안 통신용 전화설비의 시설장소로 적합하지 않은 곳은?
① 수력설비의 안전상 필요한 양수소 및 강수량 관측소와 수력발전소 간
② 동일 수계에 속하고 안전상 긴급 연락의 필요가 있는 수력발전소 상호 간
③ 원격감시 제어가 되는 발전소·변전소, 전선로 및 이를 운용하는 급전소간
④ 2개 이상의 급전소 상호 간과 이들을 통합 운용하는 급전소 간

Explanation

(KEC 362조) 전력보안통신설비의 시설
다음 각 호에 열거하는 곳에는 전력 보안통신용 전화 설비를 시설하여야 한다.
① 원격감시 제어가 되지 아니하는 발전소·원격 감시제어가 되지 아니하는 변전소
② 2개 이상의 급전소 상호 간과 이들을 통합 운용하는 급전소 간
③ 수력설비 중 필요한 곳, 수력 설비의 안전상 필요한 양수소(量水所) 및 강수량 관측소와 수력발전소 간
④ 동일 수계에 속하고 안전상 긴급 연락의 필요가 있는 수력발전소 상호 간
⑤ 동일 전력계통에 속하고 또한 안전상 긴급연락의 필요가 있는 발전소·변전소(이에 준하는 곳으로서 특고압의 전기를 변성하기 위한 곳을 포함한다)·발전제어소·변전제 어소 및 개폐소 상호 간　　　　　　　　　　【답】③

87 전기온상의 발열선은 온도가 몇 [℃]를 넘지 않도록 시설하여야 하는가?
① 70　　　　　　　　　　　　　　　　　　② 80
③ 90　　　　　　　　　　　　　　　　　　④ 100

Explanation

(KEC 241.5조) 전기온상 등
① 전로의 대지전압 : 300[V] 이하
② **발열선은 그 온도가 80[℃]를 넘지 아니하도록 시설할 것**
③ 발열선을 공중에 시설하는 전기온상 등은 발열선의 지지점간의 거리는 1[m] 이하일 것　　　　　　　　　　【답】②

88 발열선을 공중에 시설하는 전기온상 등에서 발열선을 애자로 지지하는 경우 지지점간의 거리는 몇 [m] 이하이어야 하는가?(단, 발열선의 상호간의 간격이 0.06[m] 미만인 경우이다)

① 1
② 0.6
③ 1.5
④ 3

Explanation

(KEC 241.5조) 전기온상 등
발열선을 공중에 시설하는 전기온상 등은 발열선의 지지점간의 거리는 1[m] 이하일 것(단, 발열선 상호 간의 간격이 0.06[m] 이상인 경우에는 2[m] 이하 가능) 【답】 ①

89 저압 가공전선 상호간의 접근 또는 교차하여 시설할 때 다음 (   )에 알맞은 것은?

> 저압 가공전선이 다른 저압 가공전선과 접근상태로 시설되거나 교차하여 시설되는 경우에는 저압 가공전선 상호 간의 이격거리는 (ⓐ)[m](어느 한 쪽의 전선이 고압 절연전선, 특고압 절연전선 또는 케이블인 경우에는 0.3[m]) 이상, 하나의 저압 가공전선과 다른 저압 가공전선로의 지지물 사이의 이격거리는 (ⓑ)[m] 이상이어야 한다.

① ⓐ : 0.6 ⓑ : 0.3
② ⓐ : 0.3 ⓑ : 0.6
③ ⓐ : 0.3 ⓑ : 0.3
④ ⓐ : 0.6 ⓑ : 0.6

Explanation

(KEC 222.16조) 저압 가공전선 상호 간의 접근 또는 교차
저압 가공전선이 다른 저압 가공전선과 접근상태로 시설되거나 교차하여 시설되는 경우에는 **저압 가공전선 상호 간의 이격거리는 0.6[m]**(어느 한 쪽의 전선이 고압 절연전선, 특고압 절연전선 또는 케이블인 경우에는 0.3[m]) 이상, **하나의 저압 가공전선과 다른 저압 가공전선로의 지지물 사이의 이격거리는 0.3[m] 이상**이어야 한다. 【답】 ①

90 주택용 배선차단기의 B형은 순시트립전류의 범위가 차단기 정격전류(I_n)의 몇 배인가?

① $1I_n$ 초과 ~ $3I_n$ 이하
② $3I_n$ 초과 ~ $5I_n$ 이하
③ $5I_n$ 초과 ~ $10I_n$ 이하
④ $10I_n$ 초과 ~ $20I_n$ 이하

Explanation

(KEC 212.3.4조) 보호장치의 특성
과전류차단기로 저압전로에 사용하는 주택용 배선차단기는 아래 표에 적합한 것이어야 한다.

형	순시트립범위(I_n : 차단기 정격전류)
B	$3I_n$ 초과 $5I_n$ 이하
C	$5I_n$ 초과 $10I_n$ 이하
D	$10I_n$ 초과 $20I_n$ 이하

【답】 ②

91 태양광 설비의 시설 기준 중 인버터, 절연변압기 및 계통 연계 보호장치 등 전력변환장치의 시설 기준으로 틀린 것은?

① 인버터는 실내·실외용을 구분할 것
② 각 직렬군의 태양전지 개방전압은 인버터 입력전압 범위 이내일 것
③ 옥외에 시설하는 경우 방수등급은 IPX4 이상일 것
④ 옥내에 시설하는 경우 방수등급은 IPX5 이상일 것

Explanation

(KEC 522.2.2조) 태양광 설비의 전력변환장치 시설

인버터, 절연변압기 및 계통 연계 보호장치 등 전력변환장치의 시설
① 인버터는 실내·실외용을 구분할 것
② 각 직렬군의 태양전지 개방전압은 인버터 입력전압 범위 이내일 것
③ 옥외에 시설하는 경우 방수등급은 IPX4 이상일 것 【답】④

92
정류기에 접속하는 변압기 권선의 절연내력시험전압은 정류기 교류측 최대사용전압의 몇 배의 교류 전압인가?(단, 정류기의 최대사용전압은 60[kV]를 초과하는 경우이다)

① 1.1
② 0.92
③ 0.64
④ 0.72

Explanation

(KEC 135조) 변압기 전로의 절연내력
최대 사용전압이 60[kV]를 초과하는 정류기에 접속 : 1.1배 【답】①

93
변압기에 의하여 특고압 전로에 결합되는 고압전로에는 사용 전압의 3배 이하의 전압이 가하여진 경우에 방전하는 피뢰기를 어느 곳에 시설할 때, 방전장치를 생략할 수 있는가?

① 변압기의 단자
② 변압기 단자의 1극
③ 고압전로의 모선의 각상
④ 특고압 전로의 1극

Explanation

(KEC 322.3조) 특고압과 고압의 혼촉 등에 의한 위험방지 시설
변압기에 의하여 특고압전로에 결합되는 고압전로에는 사용전압의 3배 이하인 전압이 가하여진 경우에 방전하는 장치를 그 변압기의 단자에 가까운 1극에 설치하여야 한다. 다만, 사용전압의 3배 이하인 전압이 가하여진 경우에 방전하는 피뢰기를 고압전로의 모선의 각상에 시설하는 때에는 그러하지 아니하다. 【답】③

94
전력계통의 일부가 전력계통의 전원과 전기적으로 분리된 상태에서 분산형전원에 의해서만 가압되는 상태를 무엇이라 하는가?

① 계통연계
② 접속설비
③ 단독운전
④ 접근상태

Explanation

• 독립형 전원(단독운전) : 전력계통의 일부가 전력계통의 전원과 전기적으로 분리된 상태
• 계통연계형 전원 : 전력계통의 일부가 전력계통의 전원과 전기적으로 연결된 상태 【답】③

95
가공전선로의 지지물에 취급자가 오르고 내리는 데 사용하는 발판 볼트 등은 지표상 몇 [m] 미만에 시설하여서는 아니 되는가?

① 1.2
② 1.5
③ 1.8
④ 2

Explanation

(KEC 331.4조) 가공 전선로 지지물의 철탑오름 및 전주오름 방지
가공전선로의 지지물에 취급자가 오르고 내리는 데 사용하는 발판 볼트 등을 지표상 1.8[m] 미만에 시설하여서는 아니 된다. 【답】③

96
교통 신호등 제어장치의 2차측 배선의 최대사용전압은 몇 [V] 이하이어야 하는가?

① 380
② 300
③ 220
④ 110

(KEC 234.15조) 교통신호등
교통신호등 제어장치의 2차측 배선의 최대사용-전압은 300[V] 이하이어야 한다. 【답】②

97 저압가공전선의 높이는 도로를 횡단하는 경우와 철도를 횡단하는 경우에 각각 몇 [m] 이상이어야 하는가?

① 도로 : 지표상 5[m], 철도 : 레일면상 6[m]　　② 도로 : 지표상 5[m], 철도 : 레일면상 6.5[m]
③ 도로 : 지표상 6[m], 철도 : 레일면상 6[m]　　④ 도로 : 지표상 6[m], 철도 : 레일면상 6.5[m]

(KEC 332.5조) 저·고압 가공전선의 높이
① **도로횡단 : 6[m] 이상**
② **철도횡단 : 레일면상 6.5[m] 이상**
③ 횡단보도교 위 : 3.5[m] 이상(단, 저압용으로 인입용 절연전선 사용 시 3[m])
④ 기타 : 5[m] 이상 【답】④

98 금속관공사로부터 애자사용공사로 옮기는 경우 절연부싱을 사용하는 가장 주된 목적은?

① 관의 끝이 터지는 것을 방지　　② 관내 해충 및 이물질 출입 방지
③ 관의 끝부분에서 조영재의 접촉 방지　　④ 관의 끝부분에서 전선 피복의 손상 방지

(KEC 232.12조) 금속관공사
관의 끝 부분에는 전선의 피복을 손상하지 아니하도록 적당한 구조의 부싱을 사용할 것. 다만, 금속관공사로부터 애자사용공사로 옮기는 경우에는 그 부분의 관의 끝 부분에는 절연부싱 또는 이와 유사한 것을 사용하여야 한다. 【답】④

99 전차선과 건조물 간의 최소 절연거리에 대한 표이다. 다음 (　)안에 들어갈 내용으로 옳은 것은? (단, 제시되어 있는 동적 최소 이격거리 이상을 확보하여야 한다)

시스템 종류	공칭전압[V]	동적[mm]	
		비오염	오염
단상교류	25,000	(　)	220

① 150　　② 200
③ 170　　④ 220

(KEC 431.2조) 전차선로의 충전부와 건조물 간의 절연이격
건조물과 전차선, 급전선 및 전기철도차량 집전장치의 공기절연 이격거리는 표에 제시되어 있는 정적 및 동적 최소 절연이격거리 이상을 확보하여야 한다. 동적 절연이격의 경우 팬터그래프가 통과하는 동안의 일시적인 전선의 움직임 고려.

시스템 종류	공칭전압[V]	동적[mm]		정적[mm]	
		비오염	오염	비오염	오염
단상교류	25,000	170	220	270	320

【답】③

100 열차의 설계속도가 250 〈 V 〈 300[km/시간]이고 속도등급이 300킬로급이라면 전차선의 기울기(천분율)은?

① 3　　② 0
③ 2　　④ 1

(KEC 431.7) 전차선의 기울기
전차선의 기울기는 해당 구간의 열차 통과 속도에 따라 아래 표에 의한다.

설계속도 V[km/시간]	속도등급	기울기(천분율)
300 〈 V ≤ 350	350킬로급	0
250 〈 V ≤ 300	300킬로급	0

【답】②

전기산업기사 필기

2024

과년도
CBT 복원문제

1과목	전기자기학

01 두 종류의 금속을 접속하여 폐회로를 만들고 두 접합 부분을 다른 온도로 유지하여 열기전력을 일으켜 열전류가 흐르는 효과는?

① 홀 효과
② 제벡 효과
③ 톰슨 효과
④ 펠티에 효과

Explanation

열전현상
• **제벡 효과 : 두 종류 금속 접속면에 온도차가 발생하면 열기전력이 발생, 이에 의해서 전류가 흐르는 현상**
• 펠티에 효과 : 서로 다른 두 종류의 금속선으로 폐회로를 만들고 전류를 흘리면 금속선의 접속점에서 열이 흡수 또는 발생
• 톰슨 효과 : 동일한 금속 도선의 두 접점 간에 전류를 흘리면 도선 속에서 열이 발생되거나 흡수 **【답】②**

02 무한히 넓은 2개의 평행 도체판의 간격이 d[m]이며 전위차는 V[V]이다. 도체판의 단위면적에 작용하는 힘[N/m²]은?

① $\epsilon_0\left(\dfrac{V}{d}\right)$
② $\epsilon_0\left(\dfrac{V}{d}\right)^2$
③ $\dfrac{1}{2}\epsilon_0\left(\dfrac{V}{d}\right)$
④ $\dfrac{1}{2}\epsilon_0\left(\dfrac{V}{d}\right)^2$

Explanation

유전체 단위면적당의 힘
$$f = \frac{1}{2}DE = \frac{1}{2}\epsilon_0 E^2 = \frac{1}{2}\frac{D^2}{\epsilon_0} = \frac{1}{2}\frac{\sigma^2}{\epsilon_0}\ [\text{J/m}^3][\text{N/m}^2]$$
$$f = \frac{1}{2}\epsilon_o E^2 = \frac{1}{2}\epsilon_o\left(\frac{V}{d}\right)^2 [\text{N/m}^2]$$
【답】④

03 한 변의 길이가 2[cm]인 정삼각형에 100[mA]의 전류를 흘릴 때, 삼각형의 중심점의 자계의 세기는 약 몇 [AT/m]인가?

① 2.72
② 5.44
③ 3.63
④ 7.16

Explanation

정삼각형 중심에서의 자계의 세기 $H = \dfrac{9I}{2\pi l} = \dfrac{9 \times 100 \times 10^{-3}}{2 \times \pi \times 2 \times 10^{-2}} = 7.16[\text{AT/m}]$ **【답】④**

04 전계와 자계의 기본법칙에 대한 내용으로 틀린 것은?

① 암페어의 주회적분 법칙 : $\oint_c H \cdot dl = I + \int_S \frac{\partial D}{\partial t} \cdot dS$

② 가우스의 정리 : $\oint_S B \cdot dS = 0$

③ 가우스 정리 : $\oint_S D \cdot dS = \int_v pdv = Q$

④ 페러데이의 법칙 : $\oint_c D \cdot dl = -\int_S \frac{dH}{dt} dS$

Explanation

【답】 ④

05 전류가 흐르는 도선을 자계 내에 놓으면 이 도선에 힘이 작용한다. 평등자계의 진공 중에 놓여 있는 직선전류 도선이 받는 힘에 대한 설명으로 옳은 것은?
① 도선의 길이에 비례한다.
② 전류의 세기에 반비례한다.
③ 자계의 세기에 반비례한다.
④ 전류와 자계 사이의 각에 대한 정현(sine)에 반비례한다.

Explanation

플레밍의 왼손법칙
평등자장 내에 전류가 흐르고 있는 도체가 받는 힘 $F = (I \times B)l = IBl\sin\theta$

【답】 ①

06 그림과 같이 평행한 두 개의 무한 직선 도선에 전류가 I, $2I$ 인 전류가 흐르고 있다. 두 도선 사이의 점 P에서 자계의 세기가 0이라면 이 때 $\frac{a}{b}$ 는?

① 4

② 2

③ $\frac{1}{2}$

④ $\frac{1}{4}$

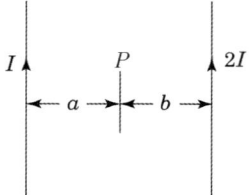

Explanation

무한장 직선의 자계의 세기 $H = \frac{I}{2\pi r}$

오른나사 법칙에서 자계의 방향이 서로 반대 방향이므로 $H_T = H_2 - H_1 = 0$

따라서 $H_1 = H_2$에서 $\frac{I}{2\pi a} = \frac{2I}{2\pi b}$

$\therefore b = 2a$이므로, $\frac{a}{b} = \frac{1}{2}$

【답】 ③

07 평균 반지름 50[cm], 권수 100회인 환상 솔레노이드 내부의 자계가 200[AT/m]가 되려면 코일에 흐르는 전류는 약 몇 [A]가 되어야 하는가?

① 15.8

② 18.6

③ 6.28

④ 12.15

Explanation

환상(무단) 솔레노이드의 자계의 세기 $H = \dfrac{NI}{2\pi r}$ [AT/m]

전류 $I = \dfrac{2\pi r\, H}{N} = \dfrac{2\pi \times 50 \times 10^{-2} \times 200}{100} = 6.28[A]$

【답】③

08 공간적 전하분포를 갖는 유전체 중의 전계 E에 있어서 전하밀도 ρ와 전하 분포 중의 한 점에 대한 전위 V와의 관계 중 전위를 생각하는 고찰점에 ρ의 전하분포가 없다면 $\nabla^2 V = 0$으로 된다는 것은?

① 스토크스 정리

② 톰슨 정리

③ 라플라스 방정식

④ 포아송 방정식

Explanation

• 프와송의 방정식 : $\nabla^2 V = -\dfrac{\rho}{\epsilon_0}$

• 라플라스의 방정식 : $\nabla^2 V = 0$

【답】③

09 두 개의 점전하가 진공 중에서 1[m] 떨어져 있을 때 작용하는 힘이 9×10^9[N]이면 이 점전하의 전기량[C]은?

① 1

② 3×10^4

③ 9×10^{-3}

④ 9×10^6

Explanation

쿨롱의 법칙

$F = 9 \times 10^9 \times \dfrac{Q_1 Q_2}{r^2} = 9 \times 10^9 \times \dfrac{Q^2}{r^2}$ [N]에서

$Q^2 = \dfrac{F \times r^2}{9 \times 10^9} = \dfrac{9 \times 10^9 \times 1^2}{9 \times 10^9} = 1$이므로 $Q = 1$[C]

【답】①

10 표피효과에 관한 설명으로 틀린 것은?

① 도체 내부는 전류의 전도에 거의 관여하지 않으므로 전기저항이 증가하는 요인이 된다.

② 도체 내의 전류 또는 자속의 분포는 표면에서의 길이에 대하여 지수함수적으로 증가된다.

③ 도체에 교류가 흐르면 표면으로부터 중심으로 들어갈수록 전류밀도가 작아진다.

④ 고주파일수록, 도체의 전도도 및 투자율이 클수록 심하다.

Explanation

표피효과 : 도선의 중심부로 갈수록 전류밀도가 적어지는 현상

• 침투깊이 : $\delta = \sqrt{\dfrac{2}{\omega \mu k}} = \sqrt{\dfrac{1}{\pi f \mu k}}$

　여기서, σ : 도체의 도전율, μ : 투자율,

　　　　　f : 전원 주파수, δ : 표피 두께(침투 길이)

• 침투깊이가 작을수록 표피효과는 커지므로 주파수, 투자율, 도전율이 클수록 커진다.

• 표피효과가 커지면 전류가 흐르는 면적이 작아지므로 실효저항이 커진다.

【답】②

11 면적 $S[\text{m}^2]$, 간격 $d[\text{m}]$인 평행판 콘덴서에 $Q[\text{C}]$의 전하를 충전시킬 때 흡인력[N]은?

① $\dfrac{Q^2}{2\epsilon_0 S}$ 　　　　　② $\dfrac{Q^2 d}{2\epsilon_0 S}$

③ $\dfrac{Q^2}{4\epsilon_0 S}$ 　　　　　④ $\dfrac{Q^2 d}{4\epsilon_0 S}$

Explanation

전하 Q가 주어져 있으므로 전하가 일정하다고 하면

$\therefore$ 정전 에너지 $W = \dfrac{Q^2}{2C} = \dfrac{Q^2}{2\dfrac{\epsilon_o S}{d}} = \dfrac{Q^2 d}{2\epsilon_0 S}$ [J]

정전력 $F = -\dfrac{\partial W}{\partial d} = -\dfrac{\partial}{\partial d}\left(\dfrac{d\,Q^2}{2\epsilon_0 S}\right) = -\dfrac{Q^2}{2\epsilon_0 S}$ [N]

【답】 ①

12 강자성체의 자속밀도 B의 크기와 자화의 세기 J의 크기 사이에는 어떤 관계가 있는가?
① J는 B와 똑같다. 　　　② J는 B보다 약간 작다.
③ J는 B보다 대단히 크다. 　④ J는 B보다 약간 크다.

Explanation

자화의 세기 $J = \mu_0(\mu_s - 1)H = (1 - \dfrac{1}{\mu_s})B$

여기서 강자성체의 비투자율 $\mu_s \gg 1$이므로
자화의 세기 J도 자속밀도 B보다 약간 작다.

【답】 ②

13 무한 평면 도체에서 $h[\text{m}]$의 높이에 반지름 $a[\text{m}](a \ll h)$의 도선을 도체에 평행하게 가설하였을 때 도체에 대한 도선의 정전용량은 몇 [F/m]인가?

① $\dfrac{\pi\epsilon_o}{\ln\dfrac{h}{a}}$ 　　　　　② $\dfrac{2\pi\epsilon_o}{\ln\dfrac{2h}{a}}$

③ $\dfrac{\pi\epsilon_o}{\ln\dfrac{2h}{a}}$ 　　　　　④ $\dfrac{2\pi\epsilon_o}{\ln\dfrac{h}{a}}$

Explanation

두 평형 도선 간 정전용량 $C = \dfrac{\pi\epsilon_o}{\ln\dfrac{2h}{a}}$ [F/m]에서

정전용량 $C = \dfrac{\epsilon S}{d}$에서 $C \propto \dfrac{1}{d}$

대지 간 정전용량은 거리가 $\dfrac{1}{2}$이므로

$\therefore C_o = 2C = \dfrac{2\pi\epsilon_o}{\ln\dfrac{2h}{a}}$ [F/m]

【답】 ②

14 자유 공간에 반지름 a인 도체구가 있고 반지름 $r=a\sim b$ 사이($b>a$)를 유전율 ϵ인 유전체로 덮은 경우 정전용량[F]의 값은?

① $C=\dfrac{4\pi}{\dfrac{1}{b\epsilon_0}+\left(\dfrac{1}{a}-\dfrac{1}{b}\right)\dfrac{1}{\epsilon}}$

② $C=\dfrac{4\pi}{\dfrac{1}{b\epsilon_0}+\left(\dfrac{1}{b}-\dfrac{1}{a}\right)\dfrac{1}{\epsilon}}$

③ $C=\dfrac{4\pi}{\dfrac{1}{b\epsilon}+\left(\dfrac{1}{a}-\dfrac{1}{b}\right)\dfrac{1}{\epsilon_0}}$

④ $C=\dfrac{4\pi}{\dfrac{1}{b\epsilon}+\left(\dfrac{1}{b}-\dfrac{1}{a}\right)\dfrac{1}{\epsilon_0}}$

> Explanation

【답】①

15 자장 중에서 도체에 발생되는 유기기전력의 방향은 어떤 법칙에 의하여 설명되는가?
① 패러데이(Faraday)의 법칙
② 앙페르(Ampere)의 오른나사 법칙
③ 렌츠(Lenz)의 법칙
④ 가우스(Gauss)의 법칙

> Explanation

패러데이-렌츠의 법칙 : $e=-N\dfrac{d\phi}{dt}=-L\dfrac{di}{dt}$

• **렌츠의 법칙(Lenz's Law)** : 유기기전력의 방향을 결정
• 패러데이 법칙(Faraday's Law) : 유기기전력의 크기를 결정

【답】③

16 두 유전체가 접해 있는 경계면에서 전속선의 방향이 그림과 같을 때 다음 중 틀린 것은?(단, 유전율 ϵ_1, ϵ_2인 유전체에서의 전계와 전속밀도는 각각 E_1, D_1과 E_2, D_2이고 입사각과 굴절각은 θ_1, θ_2이다)

① $\epsilon_1 D_1=\epsilon_2 D_2$

② $E_1\sin\theta_1=E_2\sin\theta_2$

③ $\dfrac{\tan\theta_1}{\tan\theta_2}=\dfrac{\epsilon_1}{\epsilon_2}$

④ $\epsilon_1>\epsilon_2$일 때, $\theta_1>\theta_2$

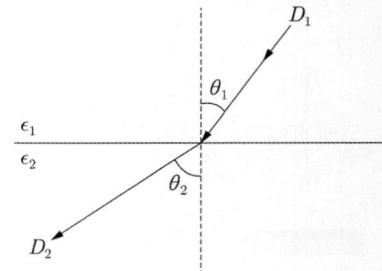

> Explanation

경계 조건
• 전계의 접선 성분 연속 : $E_1\sin\theta_1=E_2\sin\theta_2$
• 전속 밀도의 법선 성분 연속 : $D_1\cos\theta_1=D_2\cos\theta_2$, $\epsilon_1 E_1\cos\theta_1=\epsilon_2 E_2\cos\theta_2$

• 경계 조건 : $\dfrac{\tan\theta_1}{\tan\theta_2}=\dfrac{\epsilon_1}{\epsilon_2}$

• $\epsilon_1>\epsilon_2$이면, $\theta_1>\theta_2$, $E_1<E_2$, $D_1>D_2$

【답】①

17 다음 물질 중에서 비유전율(ϵ_s)이 가장 큰 것은?
① 물(증류수)
② 변압기 기름(절연유)
③ 유리
④ 종이

비유전율 $\epsilon_s = \dfrac{C}{C_0}$

여기서, 비유전율은 공기나 진공에서 1이고, 비유전율의 ϵ_s는 물질의 종류에 따라 다르며 항상 1보다 크다.
- 고무 : 3
- 유리 : 5.4~9.9
- 운모 : 5.5~6.6
- **물(증류수) : 80.7**

【답】①

18 자기회로의 자기저항에 대한 설명으로 옳지 않은 것은?
① 자기회로의 단면적에 반비례한다.　　② 자기회로의 길이에 반비례한다.
③ 자성체의 비투자율에 반비례한다.　　④ 단위는 [AT/Wb]이다.

- 자기저항 $R = \dfrac{l}{\mu_0 \mu_s S}$ 이므로 길이에 비례, 단면적과 비투자율에 반비례
- 기자력 $F_m = NI = R_m \phi$ [AT]에서 자기저항 $R_m = \dfrac{NI}{\phi}$ [AT/Wb]

【답】②

19 평등전계 내에서 얻어지는 전하의 운동속도는?
① 전위차에 비례한다.　　② 전위차의 제곱근에 비례한다.
③ 전위차의 제곱에 비례한다.　　④ 전위차의 1.6승에 비례한다.

정전계에서의 에너지 $W = QV = \dfrac{1}{2}mv^2$

$v^2 = \dfrac{2qV}{m}$　　$\therefore v = \sqrt{\dfrac{2qV}{m}}$, $v \propto \sqrt{V}$

따라서 운동속도는 전위차의 제곱근에 비례한다.

【답】②

20 그림과 같이 내외 도체의 반지름이 a, b인 동축선(케이블)의 도체 사이에 유전율이 ϵ인 유전체가 채워져 있는 경우 동축선의 단위 길이 당 정전용량에 대한 설명으로 옳은 것은?

① $\dfrac{1}{\epsilon} \log_{10} \dfrac{b}{a}$에 비례한다.　　② $\dfrac{\epsilon b}{a}$에 비례한다.

③ $\dfrac{\epsilon}{\ln \dfrac{b}{a}}$에 비례한다.　　④ $\epsilon \ln \dfrac{b}{a}$에 비례한다.

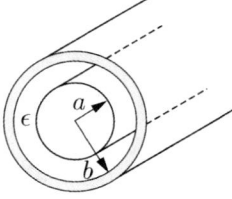

동축 케이블의 단위 길이당 정전용량 $C = \dfrac{2\pi\epsilon}{\ln\dfrac{b}{a}}$ [F/m]

따라서 정전용량 $C \propto \dfrac{\epsilon}{\ln\dfrac{b}{a}}$

【답】③

21 송전선로에 코로나가 발생하면 전선이 부식되는 이유는 무엇인가?
① 오존 ② 산소
③ 질소 ④ 수소

Explanation

코로나의 영향
- 전력 손실(코로나 손실) $P_c = \dfrac{241}{\delta}(f+25)\sqrt{\dfrac{d}{2D}}(E-E_0)^2 \times 10^{-5}$ [kW/km/Line]
- 통신선에 유도 장해(전파 장해)
- 코로나 잡음
- **전선의 부식(원인 : 오존(O_3))**
- 진행파의 파고 값은 감소(코로나 손실이 발생하므로 진행파(이상전압)의 파고 값은 낮아지게 된다) 【답】①

22 송전선로의 단락보호 계전방식이 아닌 것은?
① 과전류 계전방식 ② 방향단락 계전방식
③ 거리 계전방식 ④ 과전압 계전방식

Explanation

과전압 계전기(OVR : Over Voltage Relay)
- 설정값 이상의 전압이 걸렸을 때 동작
- 발전기 무부하 시 과전압 보호용 【답】④

23 길이가 37[km]인 단상 2선식 전선로의 유도성 리액턴스는 약 몇 [Ω]인가?(단, 전선로의 단위 길이당 인덕턴스는 1.5[mH/km], 주파수는 60[Hz]이다)
① 30 ② 34
③ 42 ④ 45

Explanation

$X_L = 2\pi f Ll = 2\pi \times 60 \times 1.5 \times 10^{-3} \times 2 \times 37 = 42$ [Ω] 【답】③

24 계기용 변성기가 아닌 것은?
① 계기용 변류기 ② 계기용 변압기
③ 영상 변류기 ④ 보호 계전기

Explanation

계기용 변성기
- PT(계기용 변압기) : 고전압을 저전압으로 변성
- CT(변류기) : 대전류를 소전류로 변성
- GPT(접지형계기용변압기) : 영상전압 검출
- ZCT(영상변류기) : 지락(영상)전류 검출 【답】④

25 다음은 송전선의 전압변동률 식이다. V_{R1}은 무엇을 의미하는가?

$$\epsilon = \frac{V_{R1} - V_{R2}}{V_{R2}} \times 100 [\%]$$

① 전부하시 송전단 전압 ② 무부하시 송전단 전압
③ 전부하시 수전단 전압 ④ 무부하시 수전단 전압

Explanation

전압 변동률 $\epsilon = \dfrac{V_{r0} - V_r}{V_r} \times 100 [\%]$

$= \dfrac{\text{무부하시 수전단 전압} - \text{수전단 정격 전압}}{\text{수전단 정격 전압}} \times 100$

【답】④

26 고압 가공 배전선로에서 고장, 또는 보수 점검 시 정전 구간을 축소하기 위하여 사용되는 것은?
① 구분 개폐기 ② 컷아웃 스위치
③ 캐치 홀더 ④ 공기 차단기

Explanation

구분 개폐기(section switch)
• 배전선로의 고장 또는 보수 점검 시 정전 구간을 축소하기 위하여 사용
• 종류 : 유입 개폐기(OS), 기중 개폐기(AS), 진공 개폐기(VS) 등

【답】①

27 송전선의 단면적 $A\,[\mathrm{mm}^2]$와 송전전압 $V\,[\mathrm{kV}]$의 관계로 옳은 것은?
① $A \propto \dfrac{1}{\sqrt{V}}$ ② $A \propto V^2$
③ $A \propto V$ ④ $A \propto \dfrac{1}{V^2}$

Explanation

전력 손실 $P_l = 3I^2 R = \dfrac{P^2 \rho l}{V^2 \cos^2\theta A}$ 에서

전선의 단면적 $A = \dfrac{P^2 \rho l}{P_l V^2 \cos^2\theta}$ 따라서 $A \propto \dfrac{1}{V^2}$

【답】④

28 3상 3선식 수직 배치인 선로에서 오프셋(off-set)을 주는 주된 이유는?
① 상간 단락 방지 ② 전선 진동 억제
③ 전선 풍압 감소 ④ 철탑 중량 감소

Explanation

오프셋(off-set) : 빙설에 의한 전선 도약 시 발생할 수 있는 상하선 혼촉 방지(단락 사고 방지)

【답】①

29 유량을 구분할 때 매년 1~2회 발생하는 출수의 유량을 나타내는 것은?
① 홍수량 ② 풍수량
③ 고수량 ④ 갈수량

Explanation

• 홍수량 : 3~5년에 한 번씩 발생하는 출수의 유량
• **고수량 : 매년 한두 번 발생하는 출수의 유량**
• 풍수량 : 1년을 통하여 95일은 이보다 내려가지 않는 유량(3개월 유량)
• 평수량 : 1년을 통하여 185일은 이보다 내려가지 않는 유량
• 갈수량 : 1년을 통하여 355일은 이보다 내려가지 않는 유량

【답】③

30 개폐 서지를 흡수할 목적으로 설치하는 것의 약어는?
① SA
② CT
③ GIS
④ ATS

서지흡수기(SA)
① 서지흡수기 설치 목적 : 구내선로에서 발생할 수 있는 개폐서지, 순간과도전압 등으로 2차 기기에 악영향을 주는 것 방지
② 설치 위치 : 서지흡수기는 보호하려는 기기전단으로 개폐서지를 발생하는 차단기 후단과 부하 측 사이　　　【답】①

31 전력선 1선의 대지전압을 E, 통신선의 대지 정전용량을 C_b, 전력선과 통신선 사이의 상호 정전용량을 C_{ab}라고 하면 통신선의 정전 유도전압(E_b)은?

① $\dfrac{C_b}{C_{ab}+C_b} \cdot E$

② $\dfrac{C_{ab}+C_b}{C_{ab}} \cdot E$

③ $\dfrac{C_{ab}+C_b}{C_b} \cdot E$

④ $\dfrac{C_{ab}}{C_{ab}+C_b} \cdot E$

정전 유도 전압 $E_s = \dfrac{C_{ab}}{C_{ab}+C_b} E$　　　【답】④

32 1[BTU]는 몇 [cal]인가?
① 232
② 242
③ 252
④ 262

열량 환산
• 1[J]=0.24[kcal]
• 1[kWh]=860[kcal]
• 1[BTU]=0.252[kcal]=252[cal]
여기서, [BTU]는 British Thermal Unit으로 질량 1파운드의 물을 1[atm] 하에 60.5[℉]에서 61.5[℉]까지 온도를 올리는 데 필요한 열량　　　【답】③

33 어느 발전소의 발전기의 정격 전압이 13.2[kV], 정격 용량이 93,000[kVA], %Z가 95[%]라고 명판에 쓰여 있다. 이 발전기의 내부 임피던스의 크기는 약 몇 [Ω]인가?
① 1.2
② 1.8
③ 1,780
④ 1,200

%임피던스 $\%Z = \dfrac{PZ}{10V^2}$　여기서, P[kVA], V[kV]

임피던스 $Z = \dfrac{\%Z \times 10V^2}{P} = \dfrac{95 \times 10 \times 13.2^2}{93,000} = 1.8[\Omega]$　　　【답】②

34 전압이 일정값 이하로 되었을 때 동작하는 것으로서 단락 시 고장 검출용으로도 사용되는 계전기는?
① 재폐로 계전기
② 역상 계전기
③ 부족 전류 계전기
④ 부족 전압 계전기

35 피뢰기의 구비 조건으로 틀린 것은?
① 방전내량이 크면서 제한전압이 높을 것
② 속류 차단 능력이 충분할 것
③ 충격 방전개시 전압이 낮을 것
④ 상용 주파 방전개시 전압이 높을 것

Explanation

피뢰기의 구비 조건
- 상용 주파 방전 개시 전압이 높을 것
- 충격 방전 개시 전압이 낮을 것
- **제한 전압이 낮을 것**
- 속류 차단 능력이 클 것
- 내구성이 있을 것

【답】①

36 차단기와 비교하여 전력용 퓨즈를 설명한 것으로 틀린 것은?
① 가격이 싸고 유지 보수가 간단하다.
② 밀폐형 퓨즈는 차단시에 소음이 적다.
③ 소형으로 큰 차단용량을 갖는다.
④ 과도 전류에 의해 용단되지 않는다.

Explanation

전력 퓨즈(PF : Power Fuse) : 단락전류 차단
① 장점
- 소형, 경량
- 차단 용량이 크다.
- 보수가 간단
- 가격이 저렴
- 정전용량이 작다.
② 단점
- 재투입이 불가능
- **과도전류에 용단되기 쉽다.**
- 한류형은 차단 시 과전압 유기
- 고임피던스 접지 계통은 보호할 수 없다.
- 계전기처럼 시한 특성을 자유롭게 할 수 없다.

【답】④

37 역률이 1.0인 전등 부하의 배전방식을 동일한 전력 및 동일한 전력 손실의 조건으로 단상 2선식에서 단상 3선식으로 변경하였을 때, 단상 3선식 선로에 흐르는 전류를 나타낸 것으로 옳은 것은?(단, 중성선에는 전류가 흐르지 않는다고 하고, I_1는 단상 2선식 선로에 흐르는 전류이다)

① $\frac{1}{2}I_1$
② $\frac{1}{\sqrt{3}}I_1$
③ $\frac{1}{3}I_1$
④ $\frac{1}{\sqrt{2}}I_1$

Explanation

공급전력 및 전압, 역률이 동일하므로
$$VI_1\cos\theta = 2VI_3\cos\theta$$
$$\therefore I_1 = 2I_3 \text{에서 } I_3 = \frac{1}{2}I_1$$

【답】①

38 주상 변압기의 1차(고압) 측에 사용되는 보호 장치는?

① 컷 아웃 스위치 ② 병렬 리액터

③ CF 차단기 ④ 캐치 홀더

Explanation

주상 변압기의 보호 장치
- 1차측 : COS(Cut Out Switch, 컷 아웃 스위치)
- 2차측 : Catch Holder(캐치홀더)

【답】 ①

39 상순이 $a-b-c$인 회로에서 a, b, c 전류가 각각 I_a, I_b, I_c이고 $I_x = \frac{1}{3}(I_a + aI_b + a^2I_c)$일 때 I_x는 어떤 전류인가?(단, $a = -\frac{1}{2} + j\frac{\sqrt{3}}{2}$이다)

① 정상전류 ② 무효전류

③ 영상전류 ④ 역상전류

Explanation

대칭좌표법

대칭 성분
영상분 $V_0 = \frac{1}{3}(V_a + V_b + V_c)$
정상분 $V_1 = \frac{1}{3}(V_a + aV_b + a^2V_c)$
역상분 $V_2 = \frac{1}{3}(V_a + a^2V_b + aV_c)$

【답】 ①

40 전력계통의 과도안정도 향상 대책과 관련이 없는 것은?

① 병렬 송전선로의 추가 건설 ② 속응 여자시스템 사용

③ 빠른 고장 제거 ④ 큰 임피던스의 변압기 사용

Explanation

안정도 향상 대책
① 직렬 리액턴스(X)를 작게 한다.
- 발전기나 변압기의 리액턴스를 작게 한다.
- 선로의 병행 회선수를 늘리거나 복도체 또는 다도체 방식을 사용한다.
- 직렬 콘덴서를 삽입하여 선로의 리액턴스를 보상한다.
② 전압 변동을 작게 한다.
- 속응여자방식의 채용
- 계통 연계를 한다.
③ 중간 조상 방식을 채용한다.
④ 고장 전류를 줄이고 고장 구간을 신속하게 차단한다.
- 적당한 중성점 접지방식을 채용하여 지락전류를 줄인다.
- 고속도 계전기, 고속도 차단기를 채용한다.
- 고속도 재폐로 방식을 채용한다.

【답】 ④

3과목	전기기기

41 교류 발전기의 고조파 발생을 방지하는 데 적합하지 않은 것은?

① 전기자 권선의 결선을 Y형으로 한다. ② 전기자 반작용을 작게 한다.

③ 전기자 권선을 전절권으로 감는다. ④ 전기자 슬롯을 스큐 슬롯으로 한다.

Explanation

고조파 기전력을 소거하는 방법

• 매극 매상의 슬롯수를 크게 한다.

• 단절권 및 분포권을 사용한다.

• 전기자 철심을 스큐 슬롯으로 사용한다.

• 공극의 길이를 크게 한다. 【답】③

42 6극, 60[Hz], 슬립이 4[%]인 유도 전동기의 회전수는 몇 [rpm]인가?

① 968 ② 1,012

③ 1,152 ④ 1,327

Explanation

동기속도 $N_s = \dfrac{120f}{p} = \dfrac{120 \times 60}{6} = 1,200$[rpm]

회전자 속도 $N = (1-s)N_s = (1-0.04) \times 1,200 = 1,152$[rpm] 【답】③

43 직류를 교류로 변환하는 기기는?

① 사이클로 컨버터 ② 정류기

③ 쵸퍼 ④ 인버터

Explanation

전력변환장치

• 정류기(컨버터) : 교류를 직류로 변환

• **인버터(Inverter) : 직류를 교류로 변환**

• 사이클로 컨버터 : 교류를 가변주파수의 교류로 변환

• 초퍼(chopper) : 직류를 직류로 변환 【답】④

44 다음 전자석의 그림 중에서 전류의 방향이 화살표와 같을 때 위쪽 부분이 N극인 것은?

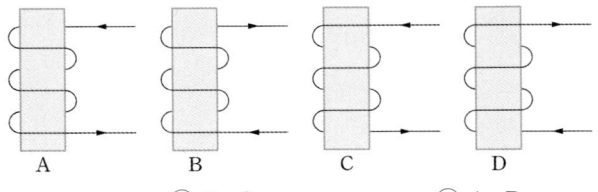

A B C D

① A, B ② B, C ③ A, D ④ B, D

Explanation

앙페르의 오른나사법칙

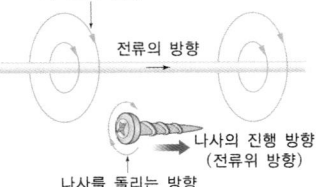

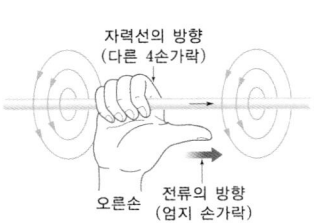

⊙ : 지면의 뒷면에서 표면으로 나오는 방향
⊗ : 지면의 표면에서 뒷면으로 들어가는 방향

앙페르의 오른나사법칙은 전류의 방향과 자장의 방향의 관계를 나타내는 법칙으로 오른나사의 진행방향으로 전류가 흐를 때 오른나사의 회전방향이 자장의 방향이 된다는 법칙이다.

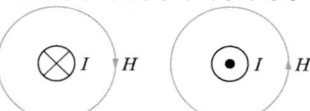

또한, 오른나사의 진행방향으로 자장의 방향이 형성되면 오른나사의 회전방향으로 전류가 흐른다는 법칙이다.

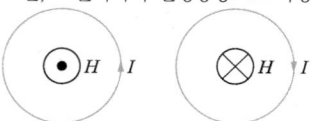

【답】③

---

45 권선형 3상 유도전동기가 있다. 2차 회로는 Y로 접속되고 2차 각 상의 저항은 0.3[Ω]이며 1차, 2차 리액턴스의 합은 2차 측에서 보아 1.5[Ω]이라 한다. 기동 시에 최대 토크를 발생하기 위해서 삽입하여야 할 저항[Ω]은 얼마인가? 단, 1차 각 상의 저항은 무시한다.

① 1.2
② 1.5
③ 2
④ 2.2

> **Explanation**
>
> 기동 시에 최대 토크를 발생하기 위해서 삽입하여야 할 저항
> $R' = \sqrt{r_1^2 + (x_1 + x_2')^2} - r_2' = \sqrt{(x_1 + x_2')^2} - r_2'$ 에서
> $x_1' + x_2 = 1.5[\Omega]$, $r_2' = 0.3[\Omega]$ 이므로
> $R = \sqrt{(x_1 + x_2')^2} - r_2' = \sqrt{(1.5)^2} - 0.3 = 1.2[\Omega]$
>
> 【답】①

---

46 유도기전력 210[V], 단자전압 200[V]인 10[kW]의 분권발전기가 있다. 계자저항이 50[Ω]이면 전기자 저항은 몇 [Ω]인가?

① 0.12
② 0.19
③ 0.22
④ 0.35

> **Explanation**
>
> 분권 발전기 $I_a = I + I_f = \dfrac{P}{V} + \dfrac{V}{R_f} = \dfrac{10 \times 10^3}{200} + \dfrac{200}{50} = 54[\text{A}]$
>
> 유기기전력 $E = V + I_a R_a$
>
> 전기자 저항 $R_a = \dfrac{E - V}{I_a} = \dfrac{210 - 200}{54} = 0.19[\Omega]$
>
> 【답】②

---

47 3,300/200[V], 50[kVA]인 단상 변압기의 %저항, %리액턴스를 각각 2.4[%], 1.6[%]라 하면 이때의 임피던스 전압은 약 몇 [V]인가?

① 95
② 100
③ 105
④ 110

> **Explanation**
>
> $\%Z = \sqrt{2.4^2 + 1.6^2} = 2.88$
>
> $\%Z = \dfrac{V_s}{V_1} \times 100$ 에서 임피던스 전압 $V_s = \dfrac{\%Z}{100} \times V_1 = \dfrac{2.88}{100} \times 3,300 = 95[\text{V}]$
>
> 【답】①

48 3상 동기기에서 제동권선의 주목적은?

① 역률 개선

② 효율 개선

③ 출력 개선

④ 난조 방지

Explanation

제동 권선의 역할
• 난조 방지
• 기동 토크 발생(동기전동기)

【답】④

49 3상 동기발전기 병렬운전 조건이 아닌 것은?

① 기전력의 위상이 같을 것

② 발전기 출력이 같을 것

③ 기전력의 파형이 같을 것

④ 상회전 방향이 같을 것

Explanation

동기발전기의 병렬 운전 조건

기전력의 크기가 같을 것	무효순환전류(무효횡류)
기전력의 위상이 같을 것	동기화 전류(유효횡류)
기전력의 주파수가 같을 것	난조 발생
기전력의 파형이 같을 것	고조파 무효순환전류
상회전 방향이 같을 것(3상)	

【답】②

50 3상 유도전동기의 공급전압이 일정하고, 주파수가 정격의 허용범위 이하로 감소할 때 옳지 않은 것은?

① 역률이 나빠진다.

② 철손이 약간 증가한다.

③ 동기속도가 감소한다.

④ 누설 리액턴스가 증가한다.

Explanation

주파수가 낮아지면
• 자속 $\phi = \dfrac{V}{4.44 K_\omega \omega f} \propto \dfrac{1}{f}$ 에서 자속 ϕ 증가, 여자전류 증가

• 히스테리시스손 $P_h = kfB_m^2 = K'f\left(\dfrac{V}{f}\right)^2 = K'\dfrac{V^2}{f}$ 이므로 히스테리시스손 및 철손 증가

• 손실이 증가하고 회전 속도가 감소하여 냉각 fan의 속도가 감소, 전체적으로 온도 상승

• 동기 속도 $N_s = \dfrac{120f}{P}$ 에서 회전 속도 감소

• 누설 리액턴스($X = 2\pi fL$)는 주파수에 비례하므로 **누설 리액턴스는 감소**한다.

【답】④

51 직류발전기의 전기자 반작용의 영향이 아닌 것은?

① 전기적 중성축 이동

② 정류자 편간 불꽃섬락

③ 편자작용

④ 주자속 증가

Explanation

전기자 반작용 : 전기자 전류에 의한 전기자 기자력이 계자 기자력에 영향을 미치는 현상(주자속이 감소하는 현상)
• 감자작용 : 전기자 기자력이 계자 기자력에 반대 방향으로 작용하여 자속이 감소
• 교차자화작용 : 전기자 기자력이 계자 기자력에 수직 방향으로 작용하여 자속 분포가 일그러짐
　– 전기적 중성축 이동 : 보극이 없는 직류기는 brush를 이동
　– 국부적으로 섬락 발생 : 공극의 자속 분포 불균형으로 섬락(불꽃) 발생

【답】④

52 역률을 개선하려고 할 때 사용되는 조상설비가 아닌 것은?

① 회전변류기   ② 분로리액터
③ 동기조상기   ④ 전력용 콘덴서

> **Explanation**
>
> • 조상설비 : 동기조상기, 전력용 콘덴서, 분로 리액터
> • 전력용 콘덴서 설비 : 직렬리액터, 방전코일
> 여기서, 회전 변류기는 교류를 직류로 바꾸는 회전기이다.   **【답】** ①

53 3상 유도전동기에 직결된 펌프가 있다. 펌프 출력은 80[kW], 효율 74.6[%], 전동기의 효율과 역률은 94[%]와 90[%]라고 하면 전동기의 입력은 약 몇 [kVA]인가?

① 95.74   ② 104.4
③ 121.1   ④ 126.7

> **Explanation**
>
> 펌프 입력 = 전동기 출력
>
> 효율 $\eta = \dfrac{출력}{입력} \times 100$에서
>
> 펌프 입력(전동기 출력) $P_i = \dfrac{P_0}{\eta_p} = \dfrac{80}{0.746} = 107.24[\text{kW}]$
>
> 따라서 전동기의 입력 $P_i = \dfrac{P}{\eta_m \cos\theta} = \dfrac{107.24}{0.94 \times 0.9} = 126.76[\text{kVA}]$ **【답】** ④

54 와전류손을 줄이기 위한 대책으로 틀린 것은?

① 고유 저항이 높은 철심을 사용한다.   ② 자속밀도를 낮게 한다.
③ 주파수를 크게 한다.   ④ 철판 두께를 얇게 한다.

> **Explanation**
>
> 와류손 $P_e = \sigma_e (t \cdot f \cdot K_f \cdot B_m)^2$ 여기서, t : 철심의 두께, K_f는 파형률   **【답】** ③

55 전기자 총 도체수 500, 6극 중권의 직류전동기가 있다. 전기자 전류가 100[A]일 때의 발생 토크는 약 몇 [kg·m]인가?(단, 1극 당 자속수는 0.01[Wb]이다)

① 8.12   ② 9.54
③ 10.25   ④ 11.58

> **Explanation**
>
> 토크 $\tau = \dfrac{pZ}{2\pi a}\phi I_a = \dfrac{6 \times 500}{2 \times \pi \times 6} \times 0.01 \times 100 = 79.58[\text{N·m}]$
>
> 따라서 토크 $\tau = \dfrac{79.58}{9.8} = 8.12[\text{kg·m}]$ **【답】** ①

56 단상 유도전동기의 기동 토크가 큰 순서로 배열한 것은?

ⓐ 반발유도형	ⓑ 반발기동형	ⓒ 콘덴서기동형
ⓓ 분상기동형	ⓔ 셰이딩코일형	ⓕ 모노사이클릭형

① ⓐ > ⓑ > ⓒ > ⓓ   ② ⓑ > ⓐ > ⓒ > ⓕ
③ ⓑ > ⓒ > ⓐ > ⓓ   ④ ⓐ > ⓕ > ⓓ > ⓔ

Explanation

단상유도전동기(기동 토크가 큰 순서)
반발 기동형 〉 반발 유도형 〉 콘덴서 기동형 〉 분상 기동형 〉 셰이딩코일형 〉 모노사이클릭형

【답】②

57 △ 결선 변압기의 한 대가 고장으로 제거되어 V결선으로 공급할 때 공급할 수 있는 전력은 고장 전 전력에 대하여 몇 [%]인가?

① 57.7

② 66.7

③ 75.0

④ 86.6

Explanation

V결선 변압기의 출력
$P_V = \sqrt{3}\,K$ 여기서, K는 변압기 1대 용량

V결선 출력비 $= \dfrac{V결선의\ 출력}{\triangle 결선의\ 출력} = \dfrac{\sqrt{3}\,K}{3K} = \dfrac{\sqrt{3}}{3} = 0.577 = 57.7[\%]$

【답】①

58 변압기의 내부 고장 보호에 쓰이는 계전기는?

① 차동계전기

② OCR

③ 역상계전기

④ 접지계전기

Explanation

변압기 내부 고장 보호용
• 전기적인 보호 : 비율차동 계전기(차동 계전기)
• 기계적인 보호 : 부흐홀쯔 계전기, 유온계(온도 계전기), 유위계, 충격압력 계전기

【답】①

59 전부하에 있어 철손과 동손의 비율이 1:2인 변압기에서 효율이 최고인 부하는 전부하의 약 몇 [%]인가?

① 50

② 60

③ 70

④ 80

Explanation

$\dfrac{1}{m}$ 부하의 경우, 최대 효율이 된다고 하면 $P_i = (\dfrac{1}{m})^2 P_c$

$\therefore \dfrac{1}{m} = \sqrt{\dfrac{P_i}{P_c}} = \sqrt{\dfrac{1}{2}} = 0.707$

따라서 효율이 최고인 부하는 70.7[%]부하이다.

【답】③

60 단락비가 큰 동기기의 설명 중 틀린 것은?

① 가격이 저렴하다.

② 전압 변동률이 낮다.

③ 동기임피던스가 작다.

④ 전기자 반작용이 작다.

Explanation

단락비가 큰 동기기
• 전기자 반작용이 작다.
• 과부하 내량이 크다.
• 기계의 중량이 무겁고 **고가이다.**
• 전압 변동률이 작다(동기 임피던스가 작다).
• 송전선로의 충전용량이 크다.
• 안정도가 우수하다.
• 극수가 적은 저속기(수차형)

【답】①

61 1,000[Hz]인 정현파 교류에서 5[mH]인 유도 리액턴스와 같은 용량 리액턴스를 갖는 C의 값은 약 몇 [μF]인가?

① 4.07　　　　　　　　　　　　　　　② 5.07

③ 6.07　　　　　　　　　　　　　　　④ 7.07

Explanation

유도성 리액턴스와 용량성 리액턴스가 같으면

$\omega L = \dfrac{1}{\omega C}$에서 정전용량 $C = \dfrac{1}{\omega^2 L} = \dfrac{1}{(2\pi \times 1,000)^2 \times 5 \times 10^{-3}} \times 10^6 = 5.07[\mu\mathrm{F}]$

【답】②

62 3상 회로의 대칭분 전압이 $V_0 = -8 + j3[\mathrm{V}]$, $V_1 = 6 - j8[\mathrm{V}]$, $V_2 = 8 + j12[\mathrm{V}]$ 일 때 a상의 전압[V]은?(단, V_0은 영상분, V_1은 정상분, V_2은 역상분 전압이다)

① $6 - j7$　　　　　　　　　　　　　② $5 + j6$

③ $5 - j6$　　　　　　　　　　　　　④ $6 + j7$

Explanation

대칭좌표법을 이용하면

$$\begin{bmatrix} V_a \\ V_b \\ V_c \end{bmatrix} = \begin{bmatrix} 1 & 1 & 1 \\ 1 & a^2 & a \\ 1 & a & a^2 \end{bmatrix} \begin{bmatrix} V_0 \\ V_1 \\ V_2 \end{bmatrix} \text{에서}$$

a상 전압 $V_a = V_0 + V_1 + V_2 = -8 + j3 + 6 - j8 + 8 + j12 = 6 + j7[\mathrm{V}]$

【답】④

63 자동차 축전지의 무부하 전압을 측정하니 13.5[V]를 지시하였다. 이 때 정격이 12[V], 55[W]인 자동차 전구를 연결하여 축전지의 단자전압을 측정하였더니 12[V]를 지시하였다. 축전지의 내부저항은 약 몇 [Ω]인가?

① 0.33　　　　　　　　　　　　　　　② 0.45

③ 2.62　　　　　　　　　　　　　　　④ 3.31

Explanation

축전지 회로

기전력 $E = V + I r$에서 부하전류 $I = \dfrac{V}{R}$

부하전류 $I = \dfrac{P}{V} = \dfrac{55}{12} = 4.58[\mathrm{A}]$

무부하 전압 = 유기기전력이므로

$E = V + Ir$에서 　$13.5 = 12 + 4.58 \times r$

축전지 내부저항 $r = \dfrac{13.5 - 12}{4.58} = 0.33[\Omega]$

【답】①

64 다음과 같은 회로에서 스위치 S가 닫힌 상태에서 회로에 정상전류가 흐르고 있다. $t = 0$에서 스위치 S를 열 때 회로에 흐르는 전류[A]는?

① $2 + 2e^{-2t}$

② $2 + 3e^{-2t}$

③ $2 + 2e^{-5t}$

④ $2 + 3e^{-5t}$

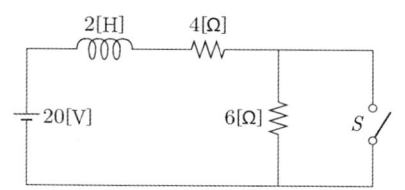

Explanation

스위치를 열 때 회로 방정식은 $2\dfrac{di}{dt} + (4+6)i = 20$

① 정상전류 : $i_s\,(t \to \infty)$

$(4+6)i_s = 20, \quad \therefore i_s = 2$

② 과도전류 : $i_t\,(E \to 0)$

$2\dfrac{di}{dt} + (4+6)i = 0$, $\quad i_t = Ke^{-\frac{4+6}{2}t} = Ke^{-5t}$

따라서 전체 해는 $i = i_s + i_t = 2 + Ke^{-5t}$[A]이며

초기 값을 통해서 K를 구하면 $t=0$에서 $i = \dfrac{20}{4} = 5$[A] $\therefore K = 5 - 2 = 3$

$i = 2 + 3e^{-5t}$[A]

【답】 ④

65 대칭 6상 성형결선의 전원이 있다. 이 전원의 선간전압과 상전압의 위상차는?

① $30°$　　　　　　　　　② $60°$

③ $90°$　　　　　　　　　④ $120°$

Explanation

대칭 n상 Y결선 전압 전류

$V_l = 2\sin\dfrac{\pi}{n}\,V_p \angle \dfrac{\pi}{2}\left(1 - \dfrac{2}{n}\right),\ I_l = I_p$

따라서 6상인 경우 위상차 $\theta = \dfrac{\pi}{2}\left(1 - \dfrac{2}{n}\right) = \dfrac{\pi}{2}\left(1 - \dfrac{2}{6}\right) = 60°$

【답】 ②

66 전압이 $v(t) = 14.1\sin\omega t + 7.1\sin\left(3\omega t - \dfrac{\pi}{4}\right)$[V]일 때 실효값은 약 몇 [V]인가?

① 5.6　　　　　　　　　② 11.2

③ 14.46　　　　　　　　④ 20.22

Explanation

비정현파의 실효값 : 각파의 실효값 제곱의 합의 제곱근

$V = \sqrt{V_0^2 + V_1^2 + V_2^2 + \cdots + V_n^2} = \sqrt{\left(\dfrac{14.1}{\sqrt{2}}\right)^2 + \left(\dfrac{7.1}{\sqrt{2}}\right)^2} = 11.2$[V]

【답】 ②

67 $R-C$ 직렬회로의 과도현상에 대한 설명으로 옳은 것은?

① $(R \times C)$의 값이 클수록 과도 전류는 빨리 사라진다.

② $(R \times C)$의 값이 클수록 과도 전류는 천천히 사라진다.

③ 과도 전류는 $(R \times C)$의 값에 관계가 없다.

④ $\dfrac{1}{R \times C}$의 값이 클수록 과도 전류는 천천히 사라진다.

Explanation

시정수(Time constant) : 목표 값에 63.2[%]에 도달하는 시간으로 정의

$$R-C \text{ 직렬회로의 시정수 } \tau = RC$$

시정수가 클수록 과도현상은 오래 지속된다.

【답】 ②

68 자기 인덕턴스가 100[mH]인 코일 2개를 감극성이 되게 직렬 접속하여 합성 인덕턴스를 20[mH]가 되게 하려면 두 코일 사이의 상호 인덕턴스[mH]는?

① 90

② 110

③ 120

④ 125

Explanation

L_1 과 L_2 의 결합이 차동결합(감극성)

$L = L_1 + L_2 - 2M$

$M = \dfrac{1}{2}[L_1 + L_2 - L] = \dfrac{1}{2}[100 + 100 - 20] = 90[\text{H}]$

【답】 ①

69 RL 직렬회로에 $v(t)$ 전압을 인가하였을 때 제3고조파 성분의 실효치 전류는 약 몇 [A]인가?(단, $v(t) = 150\sqrt{2}\cos\omega t + 100\sqrt{2}\sin 3\omega t + 25\sqrt{2}\sin 5\omega t[\text{V}]$, $R = 5[\Omega]$, $\omega L = 4[\Omega]$이다)

① 7.69

② 10.88

③ 15.62

④ 22.08

Explanation

제3고조파 전류 $I_3 = \dfrac{V_3}{Z_3} = \dfrac{V_3}{R + j3\omega L} = \dfrac{V_3}{\sqrt{R^2 + (3\omega L)^2}}$

$= \dfrac{100}{\sqrt{5^2 + (3 \times 4)^2}} = 7.69[\text{A}]$

【답】 ①

70 그림에서 $e(t) = E_m \cos\omega t$ 의 전원 전압을 인가했을 때 인덕턴스 L에 축적되는 에너지는?

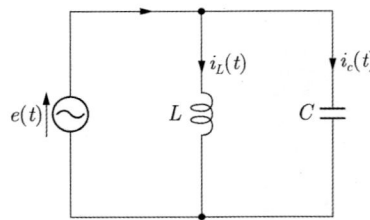

① $\dfrac{1}{4} \cdot \dfrac{E_m^2}{\omega^2 L}(1 - \cos 2\omega t)$

② $\dfrac{1}{2} \cdot \dfrac{E_m^2}{\omega^2 L^2}(1 - \cos 2\omega t)$

③ $\dfrac{1}{4} \cdot \dfrac{E_m^2}{\omega^2 L}(1 + \cos 2\omega t)$

④ $\dfrac{1}{2} \cdot \dfrac{E_m^2}{\omega^2 L^2}(1 + \cos 2\omega t)$

Explanation

【답】 ①

71 그림의 회로에서 전압 전달함수 $G(s) = \dfrac{V_2(s)}{V_1(s)}$ 는?

① $\dfrac{-RC}{s + \dfrac{1}{RC}}$

② $\dfrac{\dfrac{1}{RC}}{s + \dfrac{1}{RC}}$

③ $\dfrac{1}{s + RC}$

④ $\dfrac{1}{RC}$

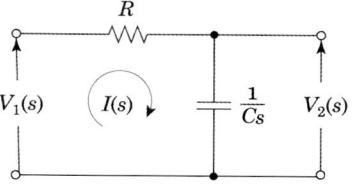

Explanation

전압비 전달함수는 임피던스비로 구하며

$$G(s) = \frac{V_2(s)}{V_1(s)} = \frac{\dfrac{1}{sC}}{R + \dfrac{1}{sC}} = \frac{1}{RCs+1} = \frac{\dfrac{1}{RC}}{s + \dfrac{1}{RC}}$$

【답】②

72 4단자 정수를 구하는 식 중 옳지 않은 것은?

① $A = \left(\dfrac{V_1}{V_2}\right)_{I_2 = 0}$

② $B = \left(\dfrac{V_2}{I_2}\right)_{V_2 = 0}$

③ $C = \left(\dfrac{I_1}{V_2}\right)_{I_2 = 0}$

④ $D = \left(\dfrac{I_1}{I_2}\right)_{V_2 = 0}$

Explanation

전송파라미터($ABCD$ 파라미터)
$V_1 = A V_2 + BI_2$
$I_1 = CV_2 + DI_2$
여기서,

$A = \dfrac{V_1}{V_2}\bigg|_{I_2=0}$ 전압비 $\qquad B = \dfrac{V_1}{I_2}\bigg|_{V_2=0}$ 임피던스[Ω]

$C = \dfrac{I_1}{V_2}\bigg|_{I_2=0}$ 어드미턴스[℧] $\qquad D = \dfrac{I_1}{I_2}\bigg|_{V_2=0}$ 전류비

【답】②

73 대칭 3상 Y결선에서 선간전압이 $200\sqrt{3}$ [V]이고, 각 상의 임피던스가 $30 + j40[\Omega]$인 평형 부하로 흐르는 선전류[A]의 크기는?

① 2

② $2\sqrt{3}$

③ 4

④ $4\sqrt{3}$

Explanation

Y결선 상전류 $I_p = \dfrac{V_p}{Z} = \dfrac{\dfrac{200\sqrt{3}}{\sqrt{3}}}{\sqrt{30^2 + 40^2}} = 4$

따라서 $I_p = I_l = 4$[A]

【답】③

74 그림과 같은 회로에서 L_2에 흐르는 전류 I_a[A]가 단자전압 V[V]보다 위상이 90° 뒤지기 위한 조건은? (단, ω는 회로의 각주파수[rad/s])이다)

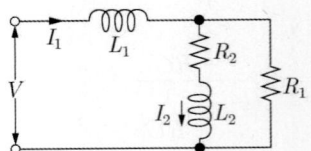

① $\dfrac{R_2}{R_1} = \dfrac{L_2}{L_1}$

② $R_1 R_2 = L_1 L_2$

③ $R_1 R_2 = \omega L_1 L_2$

④ $R_1 R_2 = \omega^2 L_1 L_2$

Explanation

【답】 ④

75 $V_a = 3$[V], $V_b = 2 - j3$[V], $V_c = 4 + j3$[V]를 3상 불평형 전압이라고 할 때 영상전압[V]은?

① 0

② 3

③ 9

④ 27

Explanation

대칭좌표법에서

$$\begin{bmatrix} V_0 \\ V_1 \\ V_2 \end{bmatrix} = \frac{1}{3} \begin{bmatrix} 1 & 1 & 1 \\ 1 & a & a^2 \\ 1 & a^2 & a \end{bmatrix} \begin{bmatrix} V_a \\ V_b \\ V_c \end{bmatrix}$$

영상분 $V_0 = \dfrac{1}{3}(V_a + V_b + V_c) = \dfrac{1}{3}(3 + 2 - j3 + 4 + j3) = 3$

【답】 ②

76 $f(t) = \delta(t) - 5e^{-3t}$의 라플라스 변환은? 단, $\delta(t)$는 임펄스 함수이다.

① $\dfrac{s-2}{s+3}$

② $\dfrac{2}{s+3}$

③ $\dfrac{s}{s+3}$

④ $\dfrac{1}{s+3}$

Explanation

라플라스 변환의 선형 정리에 의해서 $\mathcal{L}[\delta(t)] - \mathcal{L}[5e^{-3t}] = 1 - \dfrac{5}{s+3} = \dfrac{s-2}{s+3}$

【답】 ①

77 회로에서 단자 $a - b$에 나타나는 전압 V_{ab}는 약 몇 [V]인가?

① 4.3

② 5.2

③ 6.8

④ 7.7

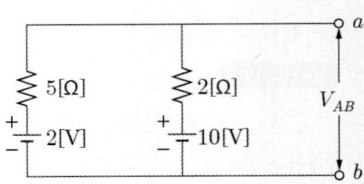

Explanation

밀만의 정리

$$V_{ab} = \frac{\dfrac{V_1}{R_1} + \dfrac{V_2}{R_2}}{\dfrac{1}{R_1} + \dfrac{1}{R_2}} = \frac{\dfrac{2}{5} + \dfrac{10}{2}}{\dfrac{1}{5} + \dfrac{1}{2}} = \frac{54}{7} = 7.7$$

【답】 ④

78 $v = 100\sin\left(\omega t + \dfrac{\pi}{6}\right) + 50\sin\left(2\omega t + \dfrac{\pi}{3}\right) + 25\cos\left(3\omega t\right)[\text{V}],$

$i = 30\sin\left(\omega t - \dfrac{\pi}{6}\right) + 20\sin\left(2\omega t - \dfrac{\pi}{3}\right) + 10\sin\left(3\omega t - \dfrac{\pi}{2}\right)[\text{A}]$일 때 소비전력[W]을 구하면?

① 250 ② 375
③ 500 ④ 750

유효전력(평균전력)은 주파수가 같을 때만 발생되므로

$P = V_1 I_1 \cos\theta_1 + V_2 I_2 \cos\theta_2 + V_3 I_3 \cos\theta_3$ 에서

여기서, $v = 100\sin\left(\omega t + \dfrac{\pi}{6}\right) + 50\sin\left(2\omega t + \dfrac{\pi}{3}\right) + 25\cos\left(3\omega t\right)$

$\qquad = 100\sin\left(\omega t + \dfrac{\pi}{6}\right) + 50\sin\left(2\omega t + \dfrac{\pi}{3}\right) + 25\sin\left(3\omega t + \dfrac{\pi}{2}\right)$

따라서 $P = V_1 I_1 \cos\theta_1 + V_2 I_2 \cos\theta_2 + V_3 I_3 \cos\theta_3$ 에서

$P = \dfrac{100}{\sqrt{2}} \times \dfrac{30}{\sqrt{2}} \cos 60° + \dfrac{50}{\sqrt{2}} \times \dfrac{20}{\sqrt{2}} \cos 120° + \dfrac{25}{\sqrt{2}} \times \dfrac{10}{\sqrt{2}} \cos 180°$

$\quad = 375[\text{W}]$

【답】②

79 평형 3상 3선식 회로에서 Y결선된 3상 부하의 선간전압이 $V_{ab} = 100\sqrt{3}\,[\text{V}]$이고 선전류가 $I_a = 20\angle -120°\,[\text{A}]$이다. 이 3상 부하의 상당 임피던스[$\Omega$]는?

① $5\sqrt{3}\angle 90°$ ② $5\angle 90°$
③ $5\sqrt{3}\angle 60°$ ④ $5\angle 60°$

임피던스 $Z = \dfrac{V_p}{I_p} = \dfrac{100\angle -30°}{20\angle -120°} = 5\angle 90°[\Omega]$

여기서 Y결선의 상전압 $V_p = \dfrac{V_l}{\sqrt{3}} \angle -30°$ 이므로

$V_p = \dfrac{100\sqrt{3}}{\sqrt{3}} \angle -30° = 100\angle -30°$

【답】②

80 그림과 같은 회로에서 임피던스 파라미터 Z_{11}은?

① sL_1
② sM
③ $sL_1 L_2$
④ sL_2

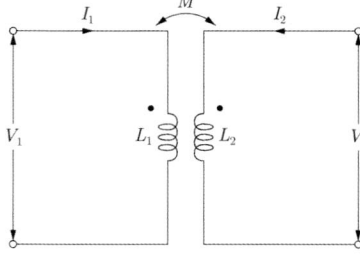

$Z_{11} = \dfrac{V_1}{I_1}\bigg|_{V_2 = 0} = \dfrac{Z \cdot I_1}{I_1} = \dfrac{j\omega L_1 I_1}{I_1} = j\omega L_1 = sL_1$ (여기서 $j\omega = s$)

【답】①

81 다음 ( ) 안에 들어갈 내용으로 옳은 것은?

> 전차선로는 무선설비의 기능에 계속적이고 또한 중대한 장애를 주는 ( )가 생길 우려가 있는 경우에는 이를 방지하도록 시설하여야 한다.

① 고주파
② 정전기
③ 서지
④ 전자파

Explanation

(KEC 461.6조) 전자파 장해의 방지
전차선로는 무선설비의 기능에 계속적이고 또한 중대한 장해를 주는 전자파가 생길 우려가 있는 경우에는 이를 방지하도록 시설하여야 한다. 【답】④

82 파이프라인 등에 전열장치 발열선을 시설하는 기준에 대한 설명으로 틀린 것은?
① 발열체 상호 간의 접속은 용접 또는 프렌지 접합에 의할 것
② 발열체는 그 온도가 피 가열 액체의 발화 온도의 90[%]를 넘지 않도록 시설할 것
③ 발열체에는 슈를 직접 붙이지 아니할 것
④ 발열체와 통기관 드레인관 등의 부속물과의 접속부분에는 발열체가 발생하는 열에 견디는 절연물을 삽입할 것

Explanation

(KEC 241.11조) 파이프라인 등의 전열장치
① 발열체는 그 온도가 피 가열 액체의 발화 온도의 **80[%]**를 넘지 아니하도록 시설할 것 【답】②

83 고압용 또는 특고압용의 개폐기 시설방법으로 틀린 것은?
① 개폐기로서 부하전류를 차단하기 위한 것이 아닌 개폐기는 부하전류가 통하고 있을 경우에는 회로가 열리지 않도록 시설하여야 한다.
② 개폐기는 그 작동에 따라 그 개폐상태를 표시하는 장치가 되어 있는 것이어야 한다.
③ 제어회로 등에 조작용 개폐기를 시설하는 경우 전로의 각 극 및 중성선에 개폐기를 시설해야 한다.
④ 개폐기로서 중력 등에 의하여 자연히 작동할 우려가 있는 것은 자물쇠 장치 기타 이를 방지하는 장치를 시설하여야 한다.

Explanation

(KEC 341.9조) 개폐기의 시설
③ 전로 중에 개폐기를 시설하는 경우 : 그 곳의 각 극에 설치 【답】③

84 고압가공전선에 케이블을 사용하고 케이블은 조가용선에 행거로 시설할 경우 행거의 간격을 몇 [m] 이하로 하는가?
① 0.2
② 0.3
③ 0.5
④ 0.7

Explanation

(KEC 332.2조) 가공케이블의 시설
케이블은 조가선에 행거로 시설할 것. 고압인 경우 행거의 간격은 0.5[m] 이하 【답】③

85 수도관 등을 접지극으로 사용하는 경우에 대한 내용들이다. (ⓐ), (ⓑ), (ⓒ) 안에 들어갈 숫자로 옳은 것은?

> 접지도체와 금속제 수도관로의 접속은 안지름 (ⓐ)[mm] 이상인 부분 또는 여기에서 분기한 안지름 (ⓑ)[mm] 미만인 분기점으로부터 5[m] 이내의 부분에서 하여야 한다. 다만, 금속제 수도관로와 대지 사이의 전기저항 값이 (ⓒ)[Ω] 이하인 경우에는 분기점으로부터의 거리는 5[m]을 넘을 수 있다.

① ⓐ 50, ⓑ 75, ⓒ 3　　　　　　② ⓐ 75, ⓑ 50, ⓒ 2
③ ⓐ 75, ⓑ 75, ⓒ 2　　　　　　④ ⓐ 50, ⓑ 50, ⓒ 3

Explanation

(KEC 142.2조) 접지극의 시설 및 접지저항
접지도체와 금속제 수도관로의 접속은 안지름 75[㎜] 이상인 부분 또는 여기에서 분기한 안지름 75[㎜] 미만인 분기점으로부터 5[m] 이내의 부분에서 하여야 한다. 다만, 금속제 수도관로와 대지 사이의 전기저항 값이 2[Ω] 이하인 경우에는 분기점으로부터의 거리는 5[m]을 넘을 수 있다. 【답】③

86 전기저장장치의 시설에 대한 설명으로 틀린 것은?
① 전기배선을 옥측 또는 옥외에 시설할 경우 수직 케이블의 포설에 준하여 시설할 것
② 외부터미널과 접속하기 위해 필요한 접점의 압력이 사용기간 동안 유지되어야 할 것
③ 전선은 공칭단면적 2.5[㎟] 이상 또는 이와 동등 이상의 세기 및 굵기의 것일 것
④ 단자를 체결 또는 잠글 때 너트나 나사는 풀림방지 기능이 있는 것을 사용할 것

Explanation

(KEC 511.2조) 전기저장장치의 시설
① 옥측 또는 옥외에 시설할 경우 배선설비 공사는 합성수지관공사, 금속관공사, 금속제 가요전선관공사 또는 케이블공사(**수직 케이블의 포설 제외**)의 규정에 준하여 시설할 것 【답】①

87 고압 또는 특고압의 기계기구 모선 등을 옥외에 시설하는 발전소·변전소·개폐소 또는 이에 준하는 곳에는 구내에 취급자 이외의 사람이 들어가지 아니하도록 시설해야 하는데, 이에 해당하지 않는 것은?
① 출입구에는 출입금지의 표시를 할 것　　② 감시카메라를 설치할 것
③ 울타리, 담 등을 시설할 것　　　　　　④ 출입구에는 자물쇠장치 등의 장치를 할 것

Explanation

(KEC 351.1조) 발전소 등의 울타리·담 등의 시설
고압 또는 특고압의 기계기구·모선 등을 옥외에 시설하는 발전소·변전소·개폐소 또는 이에 준하는 곳에는 다음에 따라 구내에 취급자 이외의 사람이 들어가지 아니하도록 시설하여야 한다.
① 울타리·담 등을 시설할 것
② 출입구에는 출입금지의 표시를 할 것
③ 출입구에는 자물쇠장치 등의 장치를 할 것 【답】②

88 다음 중 전로의 중성점 접지의 목적으로 거리가 먼 것은?
① 대지 전압의 저하　　　　　　　　② 이상 전압의 억제
③ 손실 전력의 감소　　　　　　　　④ 보호 장치의 확실한 동작 확보

Explanation

(KEC 322.5조) 전로의 중성점의 접지
전로의 보호 장치의 확실한 동작의 확보, 이상 전압의 억제 및 대지 전압의 저하를 위하여 특히 필요한 경우에 전로의 중성점을 접지한다. 【답】③

89 특고압을 직접 저압으로 변성하는 변압기를 시설할 수 없는 것은?

① 교류식 전기철도용 신호회로에 전기를 공급하기 위한 변압기
② 전기로 등 전류가 큰 전기를 소비하기 위한 변압기
③ 발전소 · 변전소 · 개폐소 또는 이에 준하는 곳의 소내용 변압기
④ 사용전압 100[kV]를 초과하는 변압기로서 특고압측과 저압측 권선사이에 접지공사를 한 금속제의 혼촉방지판이 없는 것

Explanation

(KEC 341.3조) 특고압을 직접 저압으로 변성하는 변압기의 시설
⑤ **사용전압이 100[kV] 이하인** 변압기로서 그 특고압측 권선과 저압측 권선사이에 접지공사(접지저항 값이 10[Ω] 이하인 것)를 한 **금속제의 혼촉방지판이 있는 것**　　　　　　　　　　　　　　　　　　　　　　　　　　　　　【답】④

90 그림과 같이 분기회로 S_2의 보호장치 P_2는 P_2의 전원 측에서 분기점 O 사이에 다른 분기회로 또는 콘센트의 접속이 없고, 단락의 위험과 화재 및 인체에 대한 위험성이 최소화 되도록 시설된 경우, 분기회로의 보호장치 P_2는 분기회로의 분기점 O로부터 몇 [m]까지 이동하여 설치할 수 있는가?

① 3
② 4
③ 5
④ 6

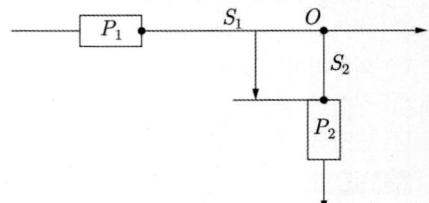

Explanation

(KEC 212.4.2조) 과부하 보호장치의 설치 위치
분기회로 S_2의 보호장치 P_2는 P_2의 전원 측에서 분기점 O 사이에 다른 분기회로 또는 콘센트의 접속이 없고, 단락의 위험과 화재 및 인체에 대한 위험성이 최소화 되도록 시설된 경우, 분기회로의 보호장치 P_2는 분기회로의 분기점 O로부터 3[m]까지 이동하여 설치할 수 있다.　　　　　　　　　　　　　　　　　　　　　　　　　　　　　【답】①

91 금속덕트공사에 대한 내용으로 틀린 것은?

① 덕트의 끝부분은 막지 않을 것
② 금속덕트 안에는 전선에 접속점이 없을 것
③ 전선은 옥외용 비닐절연전선을 제외한 절연전선일 것
④ 덕트는 물이 고이는 낮은 부분을 만들지 않도록 시설할 것

Explanation

(KEC 232.31조) 금속덕트공사
① **덕트의 끝부분은 막을 것**　　　　　　　　　　　　　　　　　　　　　　　　　　　　　　　　　　　　　【답】①

92 특고압 옥내 전기설비를 시설할 때 사용전압은 몇 [kV] 이하인가?(단, 케이블트레이공사로 시설하는 경우가 아니다)

① 100
② 170
③ 250
④ 345

Explanation

(KEC 342.4조) 특고압 옥내 전기설비의 시설
사용전압은 100[kV] 이하(케이블트레이공사에 의하여 시설하는 경우 35[kV] 이하)　　　　　　　　【답】①

93 시가지에 시설하는 154[kV] 가공전선로에는 지락 또는 단락이 생겼을 때에는 몇 초 이내에 자동적으로 이를 전로로부터 차단하는 장치를 시설하여야 하는가?

① 1   ② 2
③ 3   ④ 5

Explanation

(KEC 333.1조) 시가지 등에서 특고압 가공전선로의 시설
사용전압이 100[kV]를 초과하는 특고압 가공전선에 지락 또는 단락이 생겼을 때에는 1초 이내에 자동적으로 이를 전로로부터 차단하는 장치를 시설할 것 　【답】①

94 특고압 가공전선로에서 전선로 중 3°를 초과하는 수평각도를 이루는 곳에 사용하는 철탑의 종류는?

① 직선형   ② 보강형
③ 잡아 당김형   ④ 각도형

Explanation

(KEC 333.1조) 특고압 가공전선로의 철주·철근 콘크리트주 또는 철탑의 종류
• 각도형 : 전선로 중 3°를 넘는 수평 각도를 이루는 곳에 사용하는 것 　【답】④

95 폭연성 먼지가 존재하는 장소에서 전기설비가 발화원이 되어 폭발할 우려가 있는 곳에서의 저압 옥내배선 공사로 옳은 것은?

① 금속관 공사   ② 합성수지관 공사
③ 애자사용 공사   ④ 캡타이어 케이블 공사

Explanation

(KEC 242.2.1조) 폭연성 분진 위험장소
폭연성 분진 또는 화약류의 분말이 전기설비가 발화원이 되어 폭발할 우려가 있는 곳에 시설하는 저압 옥내 전기설비는 **금속관 공사 또는 케이블 공사(캡타이어 케이블을 사용하는 것 제외)**에 의할 것 　【답】①

96 지중전선로를 직접 매설식에 의하여 차량 기타 중량물의 압력을 받을 우려가 있는 장소에 시설할 경우에는 매설 깊이는 최소 몇 [m]이상인가?

① 1.0   ② 1.2
③ 1.5   ④ 1.8

Explanation

(KEC 334.1조) 지중전선로의 시설
지중 전선로를 직접 매설식에 의하여 시설하는 경우에는 매설 깊이를 차량 기타 중량물의 압력을 받을 우려가 있는 장소에는 **1[m] 이상**, 기타 장소에는 0.6[m] 이상 　【답】①

97 저압가공전선과 고압 가공 절연전선을 동일 지지물에 시설하는 경우 두 전선 사이 간격은 몇 [m] 이상인가?(단, 각도주 분기주 등에서 혼촉의 우려가 없도록 시설하는 경우가 아니다)

① 0.5   ② 0.6
③ 0.7   ④ 0.8

Explanation

(KEC 332.8조) 고압 가공 전선 등의 병행설치
① 저압 가공 전선을 고압 가공 전선의 아래로 하고 별개의 완금류에 시설할 것
② 저압 가공 전선과 고압 가공 전선 사이의 **이격거리는 0.5[m] 이상**일 것. 　【답】①

98 고압 및 특고압의 전로에 시설하는 피뢰기 접지저항 값은 몇 [Ω] 이하로 하여야 하는가?(단, 주어지지 않은 조건은 고려하지 않는다)

① 10
② 20
③ 30
④ 50

(KEC 341.14조) 피뢰기의 접지
고압 및 특고압의 전로에 시설하는 피뢰기 접지저항 값은 10[Ω] 이하로 하여야 한다. 【답】 ①

99 건조물과 전차선, 급전선 및 전기철도차량 집전장치의 공기절연 간격은 아래와 같이 정적 및 동적 최소 절연간격 이상을 확보하여야 한다. ( )에 들어갈 전압[V]은?

시스템 종류	공칭전압[V]	동적[mm]		정적[mm]	
		비오염	오염	비오염	오염
직류	( )	25	25	25	25

① 750
② 1,000
③ 2,000
④ 1,500

(KEC 431.2조) 전차선로의 충전부와 건조물 간의 절연이격
건조물과 전차선, 급전선 및 전기철도차량 집전장치의 공기절연 이격거리는 표에 제시되어 있는 정적 및 동적 최소 절연이격거리 이상을 확보하여야 한다. 동적 절연이격의 경우 팬터그래프가 통과하는 동안의 일시적인 전선의 움직임 고려.

시스템 종류	공칭전압[V]	동적[mm]		정적[mm]	
		비오염	오염	비오염	오염
직류	750	25	25	25	25

【답】 ①

100 전력보안통신설비의 전원공급기 시설에 대한 설명으로 틀린 것은?
① 기기주, 변압기 전주 및 분기주 등 설비 복잡개소에는 전원공급기를 시설해야 한다.
② 전원공급기는 지상에서 4[m] 이상으로 유지하여야 한다.
③ 전원공급기 시설 시 통신사업자는 기기 전면에 명판을 부착해야 한다.
④ 전원공급기의 시설방향은 인도측으로 시설하여 외함은 접지를 시행해야 한다.

(KEC 362.9조) 전원공급기의 시설
① 기기주, 변압기 전주 및 분기주 등 설비 복잡개소에는 전원공급기를 시설할 수 없다. 【답】 ①

2024년 전기산업기사 필기

1과목 전기자기학

01 그림과 같이 도체 1을 도체 2로 포위하여 도체 2를 일정 전위로 유지하고 도체 1과 도체 2의 외측에 도체 3이 있을 때 용량계수 및 유도계수의 성질로 옳은 것은?

① $q_{23} = q_{11}$
② $q_{13} = -q_{11}$
③ $q_{31} = q_{11}$
④ $q_{21} = -q_{11}$

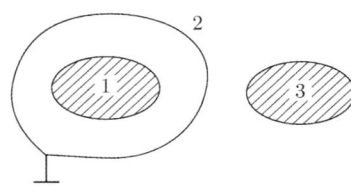

Explanation

정전차폐 : 1번 도체는 3번 도체의 영향을 받지 않는다.
$q_{13} = q_{31} = 0$
$q_{21} = -q_{11}$

【답】④

02 간격 d[m]인 두 개의 평행한 전극 사이에 유전체가 있다. 전극 사이에 전압 $v(t) = V_m \sin\omega t$[V]를 가하였을 때 전도전류의 위상은?

① 변위전류보다 90° 느리다.
② 변위전류보다 45° 느리다.
③ 변위전류보다 90° 빠르다.
④ 변위전류보다 45° 빠르다.

Explanation

변위전류 $I_d = \dfrac{V}{X_c} = j\omega CV = j\omega\dfrac{\epsilon S}{d}V = j\omega\epsilon SE$
전도전류 $I_c = kES$
따라서 전도전류의 위상이 변위전류보다 90° 느리다.

【답】①

03 전계 E와 전위 V와의 관계 즉, $E = -\,grad\,V$에 관한 설명으로 옳지 않은 것은?

① 전계의 전기력선은 연속이다.
② 전계의 전기력선은 폐곡면이 이루어지지 않는다.
③ 전계는 전위가 일정한 면에 수직이다.
④ 전계의 방향은 전위가 감소하는 방향으로 향한다.

Explanation

$E = -\,grad\,V$
• 전계의 전기력선은 폐곡면이 이루어지지 않는다.
• 전계는 전위가 일정한 면에 수직이다.
• 전계의 방향은 전위가 감소하는 방향으로 향한다.

【답】①

04 도체의 전도도를 k[/m], 투자율을 μ[H/m], 전원주파수를 f[Hz]라 할 때 침투깊이 δ는?

① $\delta = \dfrac{f\mu}{\sqrt{\pi k}}$

② $\delta = \dfrac{\mu}{\sqrt{\pi f k}}$

③ $\delta = \dfrac{\sqrt{\mu}}{\sqrt{\pi f k}}$

④ $\delta = \sqrt{\dfrac{1}{\pi f \mu k}}$

Explanation

표피효과 : 도선의 중심부로 갈수록 전류밀도가 적어지는 현상

− 침투깊이 : $\delta = \sqrt{\dfrac{2}{\omega \mu k}} = \sqrt{\dfrac{1}{\pi f \mu k}}$

침투깊이가 작을수록 표피효과는 커진다.

여기서, σ : 도체의 도전율, μ : 투자율, f : 전원 주파수, δ : 표피 두께(침투 길이)　　　　　　【답】④

05 $q = 2 \times 10^{-3}$[C]의 점전하가 진공 중에서 반지름 0.5[m]의 원주를 따라서 $v = 10^7$[m/sec]의 속도로 원운동하고 있을 때 원의 중심에서의 자계의 세기는 약 몇 [AT/m]인가?

① 9.35×10^3

② 6.37×10^3

③ 4.23×10^3

④ 7.87×10^3

Explanation

비오 샤브르의 법칙에 따라

$H = \dfrac{Il}{4\pi r^2}\sin\theta = \dfrac{qv}{4\pi r^2}\sin\theta$[AT/m]　여기서, $Il = \dfrac{Q}{t}l = Q \cdot v$

따라서 원운동시에는 $\theta = 90°$이므로

자계의 세기 $H = \dfrac{2 \times 10^{-3} \times 10^7}{4\pi \times 0.5^2} \times \sin 90° = 6.37 \times 10^3$[AT/m]　　　　　　【답】②

06 그림과 같이 균일한 자계의 세기 H[AT/m] 내에 자극의 세기가 $\pm m$[Wb], 길이 l[m]인 막대자석을 그 중심 주위에 회전할 수 있도록 놓는다. 이때 자석과 자계의 방향이 이룬 각을 θ라 하면 자석이 받는 회전력 [N·m]은?

① $mHl\cos\theta$

② $mHl\sin\theta$

③ $2mHl\sin\theta$

④ $2mHl\tan\theta$

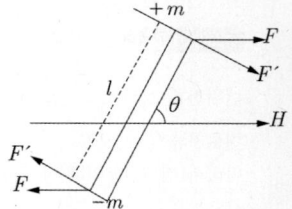

Explanation

자성체에 의한 토크

$T = M \times H = MH\sin\theta = mlH\sin\theta$

여기서, $M = ml$[Wb·m] : 자기모멘트　　　　　　【답】②

07 액체 유전체를 넣은 콘덴서의 용량이 20[μF]이다. 여기에 500[kV]의 전압을 가하면 누설전류는 몇 [A]인가?(단, 비유전율 $\epsilon_s = 2.2$, 고유저항 $\rho = 10^{11}$[Ω·m]이다)

① 4.2

② 5.13

③ 54.5

④ 61

Explanation

$RC = \rho\epsilon$에서 접지저항 $R = \dfrac{\rho\epsilon}{C}[\Omega]$

누설전류 $I = \dfrac{V}{R} = \dfrac{CV}{\rho\epsilon} = \dfrac{CV}{\rho\epsilon_0\epsilon_s}$

$$= \dfrac{20 \times 10^{-6} \times 500 \times 10^3}{10^{11} \times 8.855 \times 10^{-12} \times 2.2} = 5.13[A]$$

【답】②

08 평행판 콘덴서에서 전극간 $V[V]$의 전위차를 가할 때 전계의 강도가 공기의 절연내력 $E[V/m]$를 넘지 않도록 하기 위한 콘덴서의 단위 면적당 최대용량은 몇 $[F/m^2]$인가?

① $\dfrac{\varepsilon_0 V}{E}$

② $\dfrac{\varepsilon_0 E}{V}$

③ $\dfrac{\varepsilon_0 V^2}{E}$

④ $\dfrac{\varepsilon_0 E^2}{V}$

Explanation

평행판 콘덴서의 정전용량 $C = \dfrac{\epsilon_0 S}{d}[F]$

전계 $E = \dfrac{V}{d}$이며 여기서, $d = \dfrac{V}{E}$

콘덴서의 단위 면적당 최대용량 $C = \dfrac{\epsilon_0}{d} = \dfrac{\epsilon_0}{\dfrac{V}{E}} = \dfrac{\epsilon_0 E}{V}$

【답】②

09 반지름 $a[m]$인 도체가 접지되어 있다. 이 도체구의 중심에서 $d[m]$되는 거리에 점전하 $Q[C]$을 놓았을 때 도체구에 유도된 전하의 총합은 몇 $[C]$인가?

① 0

② 1

③ $-\dfrac{a}{d}Q$

④ $-\dfrac{d}{a}Q$

Explanation

접지 도체구에 유기되는 전하 $Q' = -\dfrac{a}{d}Q$

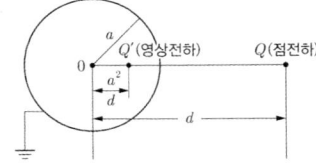

【답】③

10 전기 쌍극자 모멘트 $M[C \cdot m]$인 전기 쌍극자에 의한 임의의 점의 전위는 몇 $[V]$인가? 단, 전기 쌍극자 간의 중심점에서 임의의 점까지의 거리는 $R[m]$이고, 이들 간에 이루어진 각은 θ이다.

① $9 \times 10^9 \times \dfrac{M\cos\theta}{R}$

② $9 \times 10^9 \times \dfrac{M\cos\theta}{R^2}$

③ $9 \times 10^9 \times \dfrac{M\sin\theta}{R}$

④ $9 \times 10^9 \times \dfrac{M\sin\theta}{R^2}$

Explanation

• 전기쌍극자 전위 : $V = \dfrac{M\cos\theta}{4\pi\epsilon_0 r^2} = 9 \times 10^9 \times \dfrac{M\cos\theta}{R^2}[V]$

- 전기쌍극자 전계의 세기 : $E = \dfrac{M\sqrt{1+3\cos^2\theta}}{4\pi\epsilon_0 r^3}$ [V/m]

【답】②

11 10[V]의 기전력을 유기시키려면 5초간에 몇 [Wb]의 자속을 끊어야 하는가?

① 2

② 10

③ 25

④ 50

Explanation

패러데이-렌츠의 법칙 : $e = \dfrac{d\phi}{dt}$ 에서 $10 = \dfrac{d\phi}{5}$

따라서 자속의 변화율은 $d\phi = 10 \times 5 = 50$[Wb]

【답】④

12 맥스웰(Maxwell) 전자방정식의 설명으로 틀린 것은 ?

① 자계의 시간적 변화에 따라 전계의 회전이 발생한다.

② 전도전류와 변위전류는 자계를 발생한다.

③ 전하에서 전속선이 발산한다.

④ 고립된 자극이 존재한다.

Explanation

맥스웰 전자계 기초 방정식

- $\mathrm{rot}\,E = -\dfrac{\partial B}{\partial t}$ (패러데이 법칙의 미분형) : 전계의 회전은 자속밀도의 시간적 감소율과 같다.

- $\mathrm{rot}\,H = i + \dfrac{\partial D}{\partial t}$ (암페어 주회법칙의 미분형) : 전도전류와 변위전류는 회전하는 자계를 발생

- $\mathrm{div}\,D = \rho$: 단위체적 당 발산 전속수는 단위체적 당 공간전하 밀도와 같다.

- $\mathrm{div}\,B = 0$: 자계는 발산하지 않으며, 자극은 단독으로 존재하지 않는다.

【답】④

13 양극판의 면적이 S[m²], 극판 간의 간격이 d[m], 정전용량이 C_1[F]인 평행판 콘덴서가 있다. 양극판 면적을 각각 $\dfrac{1}{3}S$[m²]로 늘이고 극판 간격을 $\dfrac{1}{2}d$[m]로 줄였을 때의 정전용량 C_2[F]는?

① $C_2 = \dfrac{2}{3}C_1$

② $C_2 = \dfrac{1}{6}C_1$

③ $C_2 = \dfrac{1}{3}C_1$

④ $C_2 = \dfrac{3}{2}C_1$

Explanation

평행판 콘덴서의 정전용량 $C = \dfrac{\epsilon S}{d}$ [F]에서

양극판 면적을 1/3배로 하고 간격을 1/2배로 하면 $C_2 = \dfrac{\epsilon\frac{1}{3}S}{\frac{d}{2}} = \dfrac{2}{3}\dfrac{\epsilon S}{d} = \dfrac{2}{3}C_1$ [F]

【답】①

14 진공 중에서 도체구의 표면전하밀도가 σ[C/m²]일 때 표면 전계의 세기[V/m]는?

① $E = \dfrac{\sigma}{\epsilon_0}$

② $E = \dfrac{\sigma}{2\epsilon_0}$

③ $E = \dfrac{\sigma}{2\pi\epsilon_0}$

④ $E = \dfrac{\sigma}{4\pi\epsilon_0}$

Explanation

- 도체 표면에서의 전계 $E = \dfrac{\sigma}{\epsilon_0}$ [V/m]

- 무한 평면에서의 전계 $E = \dfrac{\sigma}{2\epsilon_0}$ [V/m]

【답】①

15 비투자율이 다른 두 자성체를 접하여 자계를 경계면에 수직으로 가할 때에 대한 설명으로 옳은 것은?

① 굴절각은 비투자율이 적을수록 크다.　　② 자력선은 연속이다.

③ 자속밀도는 변하지 않는다.　　④ 자속은 비투자율이 큰 쪽에 확산한다.

Explanation

자성체의 경계 조건

자계가 수직으로 입사($\theta = 0^\circ$)

- $H = 0$: 자계의 세기는 불연속, 자력선은 굴절하지 않는다.
- $B = B_1 = B_2$: 자속밀도는 불변, 자속은 굴절하지 않는다.
- $\mu_1 > \mu_2$ 일 경우 $H_1 < H_2$, $B_1 > B_2$, $\theta_1 > \theta_2$
- 자속선은 투자율이 큰 자성체쪽으로 모이려는 성질이 있다.

【답】③

16 두 종류의 금속으로 된 폐회로에 전류를 흘리면 양 접속점에서 한 쪽은 온도가 올라가고 다른 쪽은 온도가 내려가는 현상은?

① 볼타(Volta) 효과　　② 펠티에(Peltier) 효과

③ 톰슨(Thomson) 효과　　④ 지벡(Seebeck) 효과

Explanation

열전현상

- 제벡 효과 : 두 종류 금속 접속면에 온도차가 발생하면 열기전력이 발생, 이에 의해서 전류가 흐르는 현상
- **펠티에 효과** : 서로 다른 두 종류의 금속선으로 폐회로를 만들고 전류를 흘리면 금속선의 접속점에서의 열의 흡수 또는 발생
- 톰슨 효과 : 동일한 금속 도선의 두 접점 간에 전류를 흘리면 도선 속에서 열이 발생되거나 흡수

【답】②

17 반지름 a[m]되는 도체구의 표면전하밀도가 σ[C/m²]일 때, 도체표면의 전위와 전계의 관계식은?

(단, V는 전위이며 전계 $E = \dfrac{\sigma}{\epsilon_o}$ [V/m]이다)

① $V = E\,a$　　　　　② $V = E\,a^2$

③ $V = \dfrac{E}{a}$　　　　　④ $V = \dfrac{E}{a^2}$

Explanation

구도체

- 전계 $E = \dfrac{Q}{4\pi\epsilon_o a^2}$ [V/m]

- 전위 $V = \dfrac{Q}{4\pi\epsilon_o a}$ [V]

따라서 $V = Ea$[V]

【답】①

18 대지상 h[m]의 높이에 반지름 a[m]인 도선의 단위 길이당 대지정전용량은 몇 [F/m]인가? (단, $h \gg a$이다)

① $\dfrac{\pi\epsilon_o}{\ln\dfrac{h}{a}}$

② $\dfrac{2\pi\epsilon_o}{\ln\dfrac{2h}{a}}$

③ $\dfrac{\pi\epsilon_o}{\ln\dfrac{2h}{a}}$

④ $\dfrac{2\pi\epsilon_o}{\ln\dfrac{h}{a}}$

두 평형 도선간 정전 용량 $C = \dfrac{\pi\epsilon_o}{\ln\dfrac{2h}{a}}$ [F/m]에서 정전용량 $C = \dfrac{\epsilon S}{d}$ 에서 $C \propto \dfrac{1}{d}$

대지간 정전 용량은 거리가 $\dfrac{1}{2}$ 이므로 $C_o = 2C = \dfrac{2\pi\epsilon_o}{\ln\dfrac{2h}{a}}$ [F/m]

【답】②

19 와전류손과 히스테리시스손은 각각 최대 자속밀도의 몇 승에 비례하는가?
① 와전류손: 1.8, 히스테리시스손: 1.8
② 와전류손: 1.6, 히스테리시스손: 2.0
③ 와전류손: 2.0, 히스테리시스손: 1.6
④ 와전류손: 3.0, 히스테리시스손: 1.0

• 히스테리시스 손실 $P_h = \eta f B_m^{1.6}$ [W] : 최대자속밀도의 1.6승에 비례
• 와전류손 $P_e = \sigma_e (t f k_f B_m)^2$: 최대자속밀도의 2승에 비례

【답】③

20 전기력선에 대한 설명으로 옳지 않은 것은?
① 전기력선은 정전하에서 시작하여 부전하에서 그친다.
② 전기력선은 도체 내부에만 존재한다.
③ 전기력선은 전위가 높은 점에서 낮은 점으로 향한다.
④ 단위 전하에서는 $\dfrac{1}{\epsilon_o}$ 개의 전기력선이 발생한다.

전기력선의 성질
• 전기력선의 밀도는 전계의 세기이다(전기력선의 총수 $N = \displaystyle\int_s E \, ds = \dfrac{Q}{\epsilon}$).
• 전기력선의 접선 방향은 전계의 방향이다.
• 전기력선은 등전위면과 수직이다.
• 전기력선은 정전하에서 시작하여 부전하로 도착한다.
• 전기력선(전계)은 전위가 높은 점에서 낮은 점으로 향한다.
• 그 자신만으로 폐곡선이 되지 않는다.
• 전기력선은 교차하지 않는다.
• 도체 내부에는 전기력선이 없다(전계도 없다).

【답】②

2과목	전력공학

21 발전소에서 정격전압[kV]로 사용하는 것은?

① 6.6

② 33

③ 66

④ 154

Explanation

우리나라 발전소의 정격전압 : 6.6[kV]

【답】①

22 페란티 현상이 발생하는 원인은?

① 선로의 과도한 저항

② 선로의 정전용량

③ 선로의 인덕턴스

④ 선로의 급격한 전압강하

Explanation

페란티 현상
• 무부하(경부하)시 송전단 전압보다 수전단 전압이 커지는 현상
• **선로의 정전용량에 의해서**
• 방지법 : 분로리액터(Sh.R)
동기조상기 부족여자 운전

【답】②

23 그림에서 A, B 두 지점의 단면적을 각각 1.2[m²], 0.4[m²]이라 하고 A에서의 유속 v_1을 0.3[m/sec]라 할 때 B에서의 유속 v_2는 몇 [m/sec]이겠는가?

① 0.9

② 1.2

③ 3.6

④ 4.8

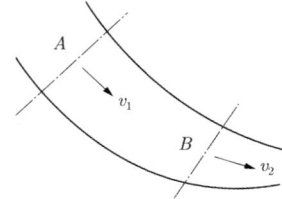

Explanation

연속의 정리 : 어느 지점에서나 유량은 같다.
유량 $Q[\text{m}^3/\text{sec}] = A[\text{m}^2] \times v[\text{m}/\text{sec}]$
따라서 $Q = v_1 A_1 = v_2 A_2 [\text{m}^3/\text{sec}] = $ 일정
연속의 정리에 의해 $v_1 A_1 = v_2 A_2$ 이다.

그러므로 $v_2 = \dfrac{A_1}{A_2} v_1 = \dfrac{1.2}{0.4} \times 0.3 = 0.9 [\text{m}/\text{sec}]$

【답】①

24 유도뢰에 대한 차폐에서 가공지선이 있을 경우 전선 상에 유기되는 전하를 q_1, 가공지선이 없을 때 유기되는 전하를 q_0라 할 때 가공지선의 보호율을 구하면?

① $\dfrac{q_0}{q_1}$

② $\dfrac{q_1}{q_0}$

③ $q_1 \times q_0$

④ $q_1 - \mu_s q_0$

Explanation

가공지선의 보호율 $m = \dfrac{q_1}{q_0}$

여기서, q_1 : 가공지선이 있을 경우 전선 상에 유기되는 전하, q_0 : 가공지선이 없을 때 유기되는 전하
보통의 m의 대략값(3상 1회선 기준)
• 가공지선이 1가닥인 경우 : 0.5
• 가공지선이 2가닥인 경우 : 0.3~0.4

【답】②

25 3상 1회선 전선로에서 작용 정전용량 C, 선간 정전용량을 C_1, 대지 정전용량을 C_2라 할 때, C, C_1, C_2의 관계는?

① $C = C_1 + C_2$ ② $C = 3(C_1 + C_2)$

③ $C = C_1 + 3C_2$ ④ $C = 3C_1 + C_2$

> **Explanation**
>
> 1선당 작용 정전용량
> • 단상 2선식 : $C = C_s + 2C_m$
> • 3상 3선식 : $C = C_s + 3C_m$
>
> 【답】 ④

26 송전계통에 있어서 지락보호계전기의 동작이 가장 확실한 방식은?

① 비접지식   ② 고저항 접지식

③ 직접 접지식   ④ 소호 리액터 접지식

> **Explanation**
>
> 직접 접지방식의 장점
> • 1선 지락 시 건전상의 대지전압 상승이 낮다(절연레벨 경감).
> • 중성점을 0전위로 유지 가능(단절연 가능)
> • 보호계전기 동작이 확실하다.
> • 정격이 낮은 피뢰기 사용 가능
>
> 【답】 ③

27 유효접지는 지락 사고시에 건전상의 전위상승이 대지전압의 몇 배를 넘지 않도록 하는 중성점 접지를 말하는가?

① 1.3   ② 0.8

③ 4   ④ 3

> **Explanation**
>
> 유효접지 : 1선 지락사고 시 건전상의 전위가 상용전압의 **1.3배 이하**가 되도록 중성점 임피던스를 억제한 중성점 접지 방식
> 직접접지 방식이 해당
>
> 【답】 ①

28 일정 값 이상의 전류가 흘렀을 때 동작하며 일명 과부하계전기라고 부르는 계전기는?

① 과전류 계전기   ② 비율차동 계전기

③ 차동 계전기   ④ 과전압 계전기

> **Explanation**
>
> 과전류 계전기(OCR) : 일정 값 이상의 전류가 흘렀을 때 동작, 과부하 계전기
>
> 【답】 ①

29 네트워크 배전 방식의 장점이 아닌 것은?

① 전압 변동이 적어진다.   ② 인축의 감전사고가 줄어든다.

③ 공급 신뢰도가 높다.   ④ 부하의 증가에 대한 적응성이 좋다.

> **Explanation**
>
> 저압 네트워크 방식
> • 무정전 공급 방식(공급 신뢰도가 가장 우수)
> • 공급 신뢰도가 가장 좋고 변전소의 수를 줄일 수 있다.
> • 전압 강하, 전력손실이 적다.
> • 부하 증가 대응 우수

단점
- 설비비 고가
- 인축의 접지 사고
- 고장 시 고장전류 역류 【답】②

30 송전단 전압을 V_s, 수전단 전압을 V_r, 선로의 직렬 리액턴스를 X라 할 때 이 선로에서 최대 송전 전력의 계산식은?

① $\dfrac{V_s V_r}{X}$ ② $\dfrac{V_s^2 - V_r^2}{X}$

③ $\dfrac{V_s V_r}{X^2}$ ④ $\dfrac{V_s^2 V_r^2}{X}$

Explanation

송전전력 $P_s = \dfrac{V_s V_r}{X} \sin\delta \text{[MW]}$에서 최대송전전력은 $\delta = 90°$일 때이다.

$\therefore P_s = \dfrac{V_s V_r}{X} \text{[MW]}$ 【답】①

31 전선의 구비 조건으로 틀린 것은?
① 도전율이 높을 것   ② 내구성이 있을 것
③ 가요성이 작을 것   ④ 허용 전류가 클 것

Explanation

전선의 구비조건(송·배전선로 기준)
- 도전율이 클 것
- 기계적 강도가 클 것
- 경제적일 것
- 비중(밀도)이 작을 것
- 가선공사(접속)가 쉬울 것
- 부식성이 작을 것 【답】③

32 조압수조의 설치 목적은?
① 여수의 처리   ② 수차의 보호
③ 수압관 보호   ④ 조속기 보호

Explanation

조압수조(surge tank)
부하 변동 시 수압(수격작용)을 완화시켜 수압 철관을 보호하기 위한 장치 【답】③

33 3상 3[kV], 650[kW]를 역률 0.85로 수전하는 공장의 수전회로에 시설할 계기용 변류기의 변류비로 적당한 것은? (단, 변류기의 2차 전류는 5[A]이며, 여유율은 1.25로 한다)
① 25/5   ② 100/5   ③ 50/5   ④ 200/5

Explanation

$P = \sqrt{3}\, VI\cos\theta$

CT 1차 전류 $I_1 = \dfrac{650 \times 10^3}{\sqrt{3} \times 3,000 \times 0.85} \times 1.25 = 183.95 \text{[A]}$

따라서 1차 전류는 200[A]로 정하면 CT비는 $\dfrac{200}{5}$ 【답】④

34 가공전선로의 작용 인덕턴스를 L[H], 작용 정전용량을 C[F], 사용전원의 주파수를 f[Hz]라 할 때 선로의 특성 임피던스는? (단, 저항과 누설컨덕턴스는 무시한다)

① $\sqrt{\dfrac{C}{L}}$

② $\sqrt{\dfrac{L}{C}}$

③ $\sqrt{LC}$

④ $2\pi f L - \dfrac{1}{2\pi f C}$

Explanation

무손실 선로($R = G = 0$)

특성임피던스 $Z_0 = \sqrt{\dfrac{Z}{Y}} = \sqrt{\dfrac{R + j\omega L}{G + j\omega C}} \fallingdotseq \sqrt{\dfrac{L}{C}}$ 【답】②

35 1,000[kW] 부하에 전력용 콘덴서를 병렬로 접속하여 지상역률 0.75에서 0.9로 개선할 때 필요한 콘덴서의 용량은 약 몇 [kVA]인가?

① 500

② 600

③ 300

④ 400

Explanation

역률 개선용 콘덴서 용량

$Q = P(\tan\theta_1 - \tan\theta_2) = 1,000 \times \left(\dfrac{\sqrt{1 - 0.75^2}}{0.75} - \dfrac{\sqrt{1 - 0.9^2}}{0.9} \right) = 400 [\text{kVA}]$ 【답】④

36 가공지선을 설치하는 주된 목적은?

① 뇌해 방지

② 전선의 진동 방지

③ 철탑의 강도 보강

④ 코로나의 발생 방지

Explanation

가공 지선의 설치 목적
* **직격뢰 차폐**
* 유도뢰에 대한 정전 차폐
* 통신선에 대한 전자유도장해 경감(지락전류의 일부가 가공지선에 흐르므로) 【답】①

37 소호 리액터 접지방식에 대한 설명으로 틀린 것은?

① 전자유도장해가 경감된다.

② 과도안정도가 높다.

③ 지락전류가 적다.

④ 선택지락계전기의 동작이 용이하다.

Explanation

소호리액터 접지
* L-C병렬공진(지락전류가 최소)
* 1선 지락 시 건전상의 전위상승 최대($\sqrt{3}$ 배 이상)
* 과도안정도 우수(지락 중에도 계속 송전이 가능)
* 전자유도장해 최소
* **지락계전기 동작이 불확실** 【답】④

38 정격전압 6,600/210인 단상변압기 2대를 승압기로 V결선하여 6,300[V]의 3상 전원에 접속한다면 승압된 전압[V]은?

① 6,500

② 6,300

③ 6,200

④ 6,400

단권변압기

$$\frac{V_h}{V_l} = \frac{n_1 + n_2}{n_1} = \left(1 + \frac{n_2}{n_1}\right) \text{에서}$$

승압전압 $V_h = V_l\left(1 + \frac{1}{n}\right) = 6,300 \times \left(1 + \frac{210}{6,600}\right) = 6,500[V]$

【답】①

---

39 차단기가 전류를 차단할 때 재점호가 일어나기 쉬운 차단전류는?
① 동상전류
② 지상전류
③ 진상전류
④ 단락전류

재점호는 콘덴서에 의한 진상전류(충전전류) 차단 시 발생하기 쉽다.

【답】③

---

40 선로 정수를 전체적으로 평형이 되게 하고, 근접 통신선에 대한 유도 장해를 줄일 수 있는 방법은?
① 딥(dip)을 준다.
② 연가를 한다.
③ 복도체를 사용한다.
④ 소호 리액터 접지를 한다.

연가
• 선로정수 평형(각 상의 전압, 전류 평형)
• 소호리액터 접지 시의 직렬공진 방지
• 유도장해 감소

【답】②

3과목 전기기기

41 100[V], 10[kW]인 직류분권발전기의 계자저항이 20[Ω]일 때 흐르는 전기자 전류 I_a는 몇 [A]인가?
① 100
② 105
③ 110
④ 95

분권발전기

전기자 전류 $I_a = I + I_f = \frac{P}{V} + \frac{V}{R_f} = \frac{10 \times 10^3}{100} + \frac{100}{20} = 105[A]$

【답】②

---

42 단중 파권인 직류전동기의 총 도체수는 100, 자극수는 4이며 극당 자속 3.14[Wb]이다. 부하를 걸어 전기자에 5[A]의 전류가 흐르고 있다면 이 전동기의 토크 [N·m]는?
① 500
② 550
③ 400
④ 450

파권 $a = 2$

토크 $\tau = \frac{pz}{2\pi a}\phi I_a = \frac{4 \times 100}{2 \times \pi \times 2} \times 3.14 \times 5 = 500[N \cdot m]$

【답】①

43 선간전압을 E[V], 정격 전류를 I[A], 동기 임피던스를 Z_s[Ω]이라 할 때 %Z_s는?

① $\dfrac{IZ_s}{\sqrt{3}\,E}\times100$

② $\dfrac{IZ_s}{3E}\times100$

③ $\dfrac{\sqrt{3}\,IZ_s}{E}\times100$

④ $\dfrac{IZ_s}{E}\times100$

Explanation

%동기임피던스 $\%Z_s=\dfrac{I_n Z_s}{E}\times100\,[\%]$

문제에서는 E[V]는 선간 전압이므로

∴ $\%Z_s=\dfrac{IZ_s}{E_n}\times100\,[\%]=\dfrac{IZ_s}{E/\sqrt{3}}\times100\,[\%]=\dfrac{\sqrt{3}\,IZ_s}{E}\times100\,[\%]$

【답】③

44 주상 변압기의 고압측에 설치하는 탭의 용도는?

① 단자고장의 예비

② 선로의 역률 개선

③ 선로전류의 조정

④ 선로전압 조정

Explanation

변압기 탭(tap)조정
• 변압기 2차 측의 전압조정을 위하여 1차측 탭을 조정
• 변압기 1차 탭 상승 : 변압기 2차측 전압 강하
• 변압기 1차 탭 강하 : 변압기 2차측 전압 상승

【답】④

45 타여자 직류전동기의 속도제어에 사용되는 워드 레오너드(Ward Leonard) 방식은 다음 중 어느 제어법을 이용한 것인가?

① 저항 제어법

② 전압 제어법

③ 주파수 제어법

④ 직병렬 제어법

Explanation

직류 전동기 속도 제어 $n=K'\dfrac{V-I_a R_a}{\phi}\;(K'$: 기계정수)

종류	특징
전압 제어	• 광범위 속도제어 가능 • 워드 레오너드 방식 : 소형부하(엘리베이터에 사용) • 일그너 방식(부하가 급변, 대용량 부하−제철, 제강, 압연) : 플라이 휠 효과(관성 모멘트 증가) • 정토크 제어
계자 제어	• 세밀하고 안정된 속도 제어 • 정출력 제어
저항 제어	• 속도 조정 범위 좁다. • 효율이 저하

【답】②

46 직류전동기의 회전속도와 자속의 관계에 대한 설명 중 옳은 것은?

① 회전속도는 자속에 비례한다.

② 회전속도는 자속의 제곱에 비례한다.

③ 회전속도는 자속에 반비례한다.

④ 회전속도는 자속의 제곱에 반비례한다.

Explanation

직류 전동기 속도 제어 $n=K'\dfrac{V-I_a R_a}{\phi}\;(K'$: 기계정수)　　∴회전속도와 자속은 반비례한다.

【답】③

47 단락비가 큰 동기기의 특징으로 틀린 것은?

① 기계의 중량이 크다.   ② 전압변동률이 작다.
③ 동기임피던스가 작다.   ④ 전기자 반작용이 크다.

Explanation

단락비가 큰 동기기
- **전기자 반작용이 작다.**
- 과부하 내량이 크다.
- 기계의 중량이 무겁고 고가이다.
- 전압 변동률이 적다(동기 임피던스가 작다).
- 송전 선로의 충전 용량이 크다.
- 안정도가 우수하다.
- 극수가 적은 저속기(수차형)

【답】 ④

48 단상 유도전동기의 기동방법 중 기동 토크가 가장 큰 것은?

① 반발 기동형   ② 셰이딩코일형
③ 콘덴서 기동형   ④ 모노사이클릭형

Explanation

단상유도전동기(기동 토크가 큰 순서)
반발 기동형 〉 반발 유도형 〉 콘덴서 기동형 〉 분상 기동형 〉 셰이딩코일형 〉 모노사이클릭형

【답】 ①

49 3상 유도전동기의 2차 저항을 n배로 하면 동일하게 n배로 되는 것은?

① 역률   ② 전류
③ 슬립   ④ 토크

Explanation

비례추이의 원리 : 권선형 유도전동기
- 최대 토크는 불변, 최대 토크의 발생 슬립은 변화
  (2차 저항이 증가하면 토크 곡선 등이 슬립이 증가하는 방향으로 2차 저항에 비례하여 이동)
- 기동 전류는 감소하고, 기동 토크는 증가

【답】 ③

50 동기발전기의 권선을 분포권으로 하면?

① 난조를 방지한다.   ② 기전력의 파형이 좋아진다.
③ 권선의 리액턴스가 커진다.   ④ 합성 유도 기전력이 증가한다.

Explanation

분포권 : 매극 매상의 도체를 각각의 슬롯에 분포시켜 감아주는 권선법
- 고조파 제거에 의한 기전력의 파형을 개선
- 누설 리액턴스를 감소
- 집중권에 비해 유기기전력이 K_d배로 감소

【답】 ②

51 3상 직권 정류자 전동기에 있어서 중간 변압기를 사용하는 목적은?

① 역회전 방지   ② 실효권수비 조정
③ 회전자 상수 감소   ④ 주파수 조정

Explanation

3상 직권 정류자 전동기에서 중간 변압기를 사용하는 목적
- 전원 전압의 크기에 관계없이 정류자 전압 조정

- 중간 변압기의 권수비를 조정하여 전동기 특성을 조정
- 경부하시 직권 특성 $(T \propto I^2 \propto \frac{1}{N^2})$이므로 속도가 크게 상승할 수 있으므로

  중간변압기를 사용하여 속도 상승을 억제
- 실효 권수비 조정

【답】②

52 정격속도로 회전하고 있는 무부하의 분권발전기가 있다. 계자저항이 40[Ω], 계자전류가 3[A], 전기자 저항이 2[Ω]일 때 유기기전력[V]은?

① 114

② 132

③ 120

④ 126

Explanation

분권발전기
단자전압 $V = R_f I_f = 40 \times 3 = 120[V]$
전기자전류 $I_a = I + I_f = 0 + 3 = 3[A]$
유기기전력 $E = V + I_a R_a = 120 + 3 \times 2 = 126[V]$

【답】④

53 자기 용량 20[kVA]의 단권변압기를 사용하여 배전선 전압 6,000[V]를 6,600[V]로 승압할 때 역률 80[%]의 부하용량[kW]은?

① 220

② 196

③ 176

④ 156

Explanation

$$\frac{자기용량}{부하용량} = \frac{e_2 I_2}{V_h I_2} = \frac{e_2}{V_h} \fallingdotseq \frac{V_h - V_l}{V_h}$$

$$부하용량 = \frac{V_h - V_l}{V_h} \times 자기용량 = \frac{6,600}{6,600 - 6,000} \times 20 \fallingdotseq 220[kVA]$$

부하전력 $P = P_a \cos\theta = 220 \times 0.8 = 176\ [kW]$

【답】③

54 슬립이 5[%]인 유도전동기의 등가 부하저항은 2차 저항의 몇 배인가?

① 36

② 25

③ 19

④ 20

Explanation

등가저항 $R' = \frac{1-s}{s} r_2' = \frac{1 - 0.05}{0.05} \times r_2' = 19\ [\Omega]$

【답】③

55 변압기의 절연유로서 갖추어야 할 조건이 아닌 것은?

① 비열이 커서 냉각 효과가 클 것

② 절연저항 및 절연내력이 작을 것

③ 인화점이 높고 응고점이 낮을 것

④ 고온에서도 석출물이 생기거나 산화하지 않을 것

Explanation

절연유의 구비조건(절연+냉각)
- **절연내력이 클 것**
- 점도가 적고 비열이 커서 냉각 효과가 클 것
- 인화점은 높고, 응고점은 낮을 것
- 고온에서 산화하지 않고, 침전물이 생기지 않을 것

【답】②

56 회전 변류기의 전류비는 다음 중 어느 것인가? 단, m은 상수이고, I_a는 교류측 선전류, I_d는 직류측 선전류이다.

① $\dfrac{I_a}{I_d} = \dfrac{2\sqrt{2}}{m\sin\theta}$

② $\dfrac{I_a}{I_d} = \dfrac{m\cos\theta}{2\sqrt{2}}$

③ $\dfrac{I_a}{I_d} = \dfrac{2\sqrt{2}\sin\theta}{m}$

④ $\dfrac{I_a}{I_d} = \dfrac{2\sqrt{2}}{m\cos\theta}$

> **Explanation** ▶

회전 변류기
- 전압비 $\dfrac{E_a}{E_d} = \dfrac{1}{\sqrt{2}}\sin\dfrac{\pi}{m}$ 여기서, m : 상수
- 전류비 $\dfrac{I_a}{I_d} = \dfrac{2\sqrt{2}}{m \cdot cos\theta}$ 【답】④

57 직류발전기의 부하전류와 단자전압의 관계를 나타내는 특성곡선에서 부하가 증가하는 경우에 단자 전압이 상승하는 발전기는?

① 타여자발전기
② 분권발전기
③ 과복권발전기
④ 차동복권발전기

> **Explanation** ▶

과복권 발전기
직류 복권 발전기의 일종으로, 전부하에서의 단자전압이 무부하 전압보다도 높아지는 특성의 발전기   【답】③

58 동기전동기에 관한 설명에서 잘못된 것은?

① 제동권선이 필요하다.
② 난조가 발생한다.
③ 여자기가 필요하다.
④ 역률 조정이 어렵다.

> **Explanation** ▶

동기전동기의 특징

장점	단점
① 속도가 N_s로 일정	① 기동토크가 작다.
② **역률 1로 조정 가능**	② 속도 제어가 어렵다.
③ 효율이 좋다.	③ 직류 여자가 필요
④ 공극이 크고 기계적으로 튼튼하다.	④ 난조가 일어나기 쉽다.

【답】④

59 SCR에 관한 설명으로 틀린 것은?

① 3단자 소자이다.
② 전류는 애노드에서 캐소드로 흐른다.
③ 소형의 전력을 다루고 고주파 스위칭을 요구하는 응용분야에 주로 사용된다.
④ 도통 상태에서 순방향 애노드전류가 유지 전류 이하로 되면 SCR은 차단상태로 된다.

> **Explanation** ▶

SCR(Silicon Controlled Rectifier) : 실리콘 제어 정류기
- 실리콘 정류 소자 역저지 3단자, **대전력제어**
- 동작 최고온도가 가장 높다(200[℃]).
- 정류기능의 단일 방향성 3단자 소자

- 위상 제어
- 역방향 내전압 : 약 500~1,000[V](역방향 내전압이 가장 큼)

【답】③

60 다음 중 권선형 유도 전동기의 2차 여자 제어법으로 사용되는 제어 방식은?

① 세르비우스 방식
② 플러깅 방식
③ 발전 방식
④ 회생 방식

Explanation

2차 여자법(슬립 제어)
- 유도 전동기 회전자의 외부에서 슬립링을 통하여 슬립주파수 전압을 인가하여 회전자 슬립에 의해 속도를 제어하는 방식
  - E_c(슬립 주파수 전압)를 sE_2와 같은 방향으로 인가 : 속도 증가
  - E_c(슬립주파수 전압)를 sE_2와 반대 방향으로 인가 : 속도 감소
- 크래머(kramer) 방법과 세르비우스(scherbious) 방식이 있다.

【답】①

4과목 회로이론

61 기본파의 60[%]인 제3고조파와 80[%]인 제5고조파를 포함하는 전압의 왜형률은?

① 0.3
② 0.8
③ 1
④ 0.5

Explanation

$$왜형률 = \frac{각고조파의 실효값의 합}{기본파의 실효값} = \frac{\sqrt{V_3^{\,2} + V_5^{\,2}}}{V_1} = \frac{\sqrt{0.6^2 + 0.8^2}}{1} = 1$$

【답】③

62 $v = 100\sqrt{2}\sin\omega t + 50\sqrt{2}\sin\left(3\omega t + \frac{\pi}{6}\right)$ [V], $i = 40\sqrt{2}\sin\left(3\omega t - \frac{\pi}{6}\right) + 100\sqrt{2}\sin 5\omega t$

[A]일 때, 이 회로에서 소비되는 전력은 약 몇 [kW]인가?

① 2
② 4.9
③ 5.2
④ 1

Explanation

유효전력(평균전력)은 주파수가 같을 때만 발생되므로
$$P = V_3 I_3 \cos\theta_3 = 50 \times 40 \times \cos 60° = 1 \times 10^3 = 1 \,[\text{kW}]$$

【답】④

63 다음의 회로에서 전류 $i(t)$를 나타낸 식은?

① $i(t) = \dfrac{q(t)v(t)}{C}$
② $i(t) = C\dfrac{dq(t)}{dt}$

③ $i(t) = \dfrac{q(t)}{j\omega C}$
④ $i(t) = C\dfrac{v(t)}{dt}$

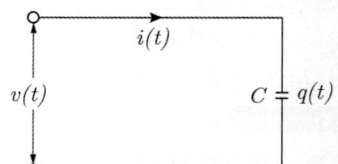

Explanation

콘덴서에서의 전압, 전류

전류 $i(t) = C\dfrac{v(t)}{dt}$

전압 $v(t) = \dfrac{1}{C}\displaystyle\int i(t)\,dt$

【답】 ④

64 출력이 $F(s) = \dfrac{3s+2}{s(s^2+2s+6)}$ 로 표시되는 제어계가 있다. 이 계의 시간함수 $f(t)$의 최종값은?

① $\dfrac{1}{3}$
② $\dfrac{1}{6}$
③ 3
④ 2

> **Explanation**
>
> 라플라스 변환의 최종값 정리를 이용하여
> $f(\infty) = \lim_{t \to \infty} f(t) = \lim_{s \to \infty} s\,F(s)$ 로부터
>
> $f(\infty) = \lim_{s \to 0} s \cdot \dfrac{3s+2}{s(s^2+2s+6)} = \dfrac{1}{3}$
>
> 【답】 ①

65 그림과 같은 고역 여파기에서 공칭 임피던스 $K[\Omega]$ 및 차단 주파수 f_c[kHz]는 얼마인가?

① 400, 약 25.9
② 460, 약 20.9
③ 480, 약 18.9
④ 500, 약 15.9

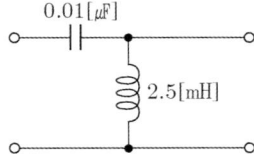

> **Explanation**
>
> 고역 여파기(High Pass Filter)
>
> 공칭 임피던스 $K = \sqrt{\dfrac{L}{C}} = \sqrt{\dfrac{2.5 \times 10^{-3}}{0.01 \times 10^{-6}}} = 500$
>
> 차단 주파수 $f_c = \dfrac{K}{4\pi L} = \dfrac{500}{4\pi \times 2.5 \times 10^{-3}} = 15.9 \times 10^3 = 15.9$[kHz]
>
> 【답】 ④

66 9[Ω]과 3[Ω]의 저항 6개를 그림과 같이 연결하였을 때 A, B 사이의 합성저항[Ω]은?

① 9
② 4
③ 3
④ 2

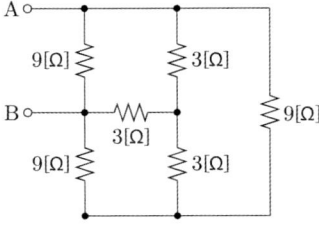

> **Explanation**
>
> 등가회로로 전환하면 다음과 같다.

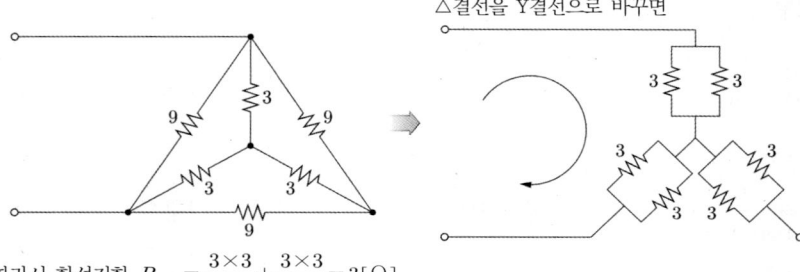

△결선을 Y결선으로 바꾸면

따라서 합성저항 $R_{AB} = \dfrac{3 \times 3}{3+3} + \dfrac{3 \times 3}{3+3} = 3 [\Omega]$

【답】③

67 그림과 같은 (a), (b)의 회로가 서로 역회로의 관계가 있으려면 L의 값 [mH]은?

① 1
② 2
③ 3
④ 4

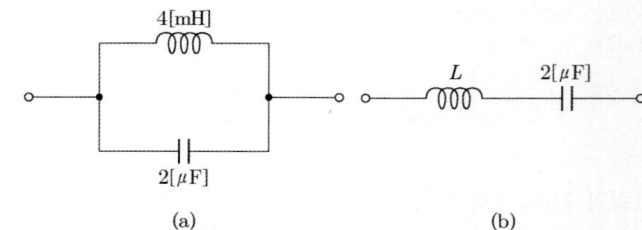

(a)

(b)

Explanation

역회로조건 : $K^2 = \dfrac{L_1}{C_1} = \dfrac{L_2}{C_2}$ 에서

$K^2 = \dfrac{L_1}{C_1} = \dfrac{4 \times 10^{-3}}{2 \times 10^{-6}} = 2 \times 10^3$

$\therefore L_2 = K^2 C_2 = 2 \times 10^3 \times 2 \times 10^{-6} = 4 \times 10^{-3} = 4 [\text{mH}]$

【답】④

68 비정현파의 전압이 $5 + 10\sqrt{2}\sin\omega t + 5\sqrt{2}\sin(3\omega t)$ [V]일 때 실효치[V]는?

① 9.2
② 10.6
③ 11.6
④ 12.2

Explanation

비정현파의 실효치 $E = \sqrt{{E_0}^2 + {E_1}^2 + {E_2}^2 + \cdots + {E_n}^2} = \sqrt{5^2 + 10^2 + 5^2} = 12.2[\text{V}]$

【답】④

69 그림과 같은 회로의 공진 시의 어드미턴스는?

① $\dfrac{CR}{L}$
② $\dfrac{L}{CR}$
③ $\dfrac{CL}{R}$
④ $\dfrac{LR}{C}$

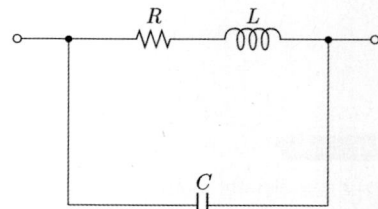

Explanation

병렬회로의 전체 어드미턴스 $Y = \dfrac{1}{R + j\omega L} + j\omega C = \dfrac{R}{R^2 + (\omega L)^2} + j\left(\omega C - \dfrac{\omega L}{R^2 + (\omega L)^2}\right)$

유입 전류를 최소로 하려면 병렬 공진 되어야 하므로
병렬공진 조건인 어드미턴스의 허수부를 0으로 하려면

$\omega C = \dfrac{\omega L}{R^2 + (\omega L)^2}$ 에서 $R^2 + \omega^2 L^2 = \dfrac{L}{C}$

공진 시 어드미턴스는 $Y = \dfrac{R}{R^2 + \omega^2 L^2}$ 에서

$R^2 + \omega^2 L^2 = \dfrac{L}{C}$를 대입하면

$\therefore\ Y_r = \dfrac{R}{R^2 + \omega^2 L^2} = \dfrac{R}{\dfrac{L}{C}} = \dfrac{RC}{L}$

【답】 ①

70 그림과 같은 4단자 회로망의 4단자 정수는?(단, $\begin{bmatrix} V_1 \\ I_1 \end{bmatrix} = \begin{bmatrix} A & B \\ C & D \end{bmatrix} \begin{bmatrix} V_2 \\ I_2 \end{bmatrix}$)

① $\begin{bmatrix} 1 - \omega LC & 1 \\ 0 & 1 \end{bmatrix}$ ② $\begin{bmatrix} 1 & \omega^2 LC \\ j\omega C & 1 \end{bmatrix}$

③ $\begin{bmatrix} 1 - \omega^2 LC & j\omega C \\ j\omega L & 1 \end{bmatrix}$ ④ $\begin{bmatrix} 1 - \omega^2 LC & j\omega L \\ j\omega C & 1 \end{bmatrix}$

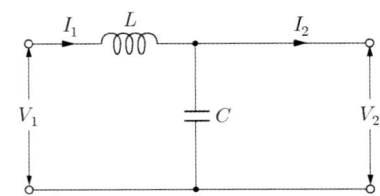

Explanation

$\begin{bmatrix} A & B \\ C & D \end{bmatrix} = \begin{bmatrix} 1 & j\omega L \\ 0 & 1 \end{bmatrix}\begin{bmatrix} 1 & 0 \\ j\omega C & 1 \end{bmatrix} = \begin{bmatrix} 1 - \omega^2 LC & j\omega L \\ j\omega C & 1 \end{bmatrix}$

【답】 ④

71 저항 $R = 5,000[\Omega]$, 커패시터 $C = 20[\mu F]$이 직렬로 접속된 회로에 일정 전압 $E = 100[V]$를 가하고, $t = 0$에서 스위치를 넣을 때 콘덴서 단자전압[V]을 구하면? 단, $t = 0$에서의 커패시터의 전압은 0[V]이다.

① $100(1 - e^{10t})$ ② $100e^{-10t}$

③ $100(1 - e^{-10t})$ ④ $100e^{10t}$

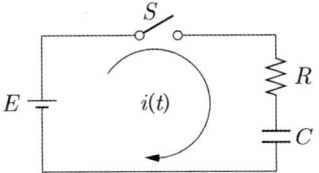

Explanation

$R-C$ 직렬회로	직류 기전력 인가 시(S/W on)
전류 $i(t)$	$i = \dfrac{E}{R} e^{-\frac{1}{RC}t}$ [A]
시정수	$\tau = RC$ [sec]
V_c	$V_c = E\left(1 - e^{-\frac{1}{RC}t}\right)$[V]

따라서 콘덴서에 걸리는 전압 $v_c(t) = 100 \times \left(1 - e^{-\frac{1}{5000 \times 20 \times 10^{-6}}t}\right) = 100(1 - e^{-10t})$

【답】 ③

72 인덕턴스가 100[mH]인 코일에 $220\sqrt{2}\sin(377t+30°)$[V]의 전압을 가할 때 유도성 리액턴스 X_L은 약 몇 [Ω]인가?

① 37.7   ② 75

③ 75.4   ④ 3.8

Explanation

유도성 리액턴스 $X_L = \omega L = 377 \times 100 \times 10^{-3} = 37.7[\Omega]$

【답】①

---

73 100[V], 50[Hz]의 교류 전압을 저항 100[Ω], 커패스턴스 10[μF]의 직렬 회로에 가할 때 역률은?

① 0.1   ② 0.27

③ 0.3   ④ 0.4

Explanation

용량성 리액턴스 $X_c = \dfrac{1}{\omega C} = \dfrac{1}{2\pi f C} = \dfrac{1}{2 \times 3.14 \times 50 \times 10 \times 10^{-6}} = \dfrac{10^3}{3.14}[\Omega]$

직렬 회로에서의 역률 $\cos\theta = \dfrac{R}{Z} = \dfrac{R}{\sqrt{R^2 + X_c^2}} = \dfrac{100}{\sqrt{100^2 + \left(\dfrac{10^3}{3.14}\right)^2}} ≒ 0.3$

【답】③

---

74 그림과 같은 회로가 정저항 회로가 되기 위한 R[Ω]의 값은 얼마인가?

① 200

② 2

③ 2×10^{-2}

④ 2×10^{-4}

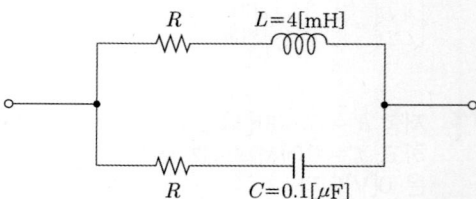

Explanation

정저항 회로 조건

$$R = \sqrt{\dfrac{L}{C}} = \sqrt{\dfrac{4 \times 10^{-3}}{0.1 \times 10^{-6}}} = 200[\Omega]$$

【답】①

---

75 그림과 같은 회로에서 20[Ω]에 흐르는 전류는 몇 [A]인가?

① 1.2

② 1.8

③ 2.2

④ 2.8

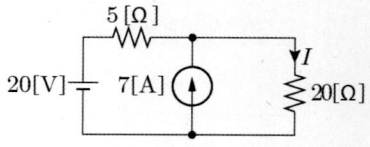

Explanation

중첩의 원리

20[V]에 의한 전류(전류원은 개방) : $I_1 = \dfrac{20}{5+20} = 0.8[A]$

7A에 의한 전류(전압원은 단락) : $I_2 = \dfrac{5}{5+20} \times 7 = 1.4[A]$

$\therefore I = I_1 + I_2 = 0.8 + 1.4 = 2.2[A]$

【답】③

76 정현파 교류전압의 파고율은?

① 0.91
② 1.11
③ 1.41
④ 1.73

Explanation ▶

각 파형의 평균값 및 실효값

	파형	실효값	평균값
정현파		$\dfrac{I_m}{\sqrt{2}}$	$\dfrac{2}{\pi}I_m$

정현파의 파고율 $= \dfrac{\text{최대값}}{\text{실효값}} = \dfrac{V_m}{\dfrac{V_m}{\sqrt{2}}} = \sqrt{2} = 1.414$

【답】③

---

77 $R-L$ 직렬 회로에서 시정수의 값이 클수록 과도현상의 소멸되는 시간에 대한 설명으로 옳은 것은?

① 짧아진다.
② 과도기가 없어진다.
③ 길어진다.
④ 변화가 없다.

Explanation ▶

시정수(Time constant) : 목표 값에 63.2[%]에 도달하는 시간으로 정의
시정수가 클수록 과도현상은 오래 지속된다.

【답】③

---

78 불평형 회로 조건에서 영상분 회로가 존재하는 3상 변압기의 구성은?

① △ − △ 결선의 3상 3선식
② △ − Y 결선의 3상 3선식
③ Y − △ 결선의 3상 3선식
④ Y − Y 결선의 3상 4선식

Explanation ▶

영상분은 접지식 회로에서만 발생한다.
Y − Y 결선의 3상 4선식은 중성점을 접지하므로 영상분이 존재한다.

【답】④

---

79 3상 유도전동기의 출력이 10[HP], 선간전압 200[V], 효율 90[%], 역률 85[%]일 때, 이 전동기에 유입되는 선전류는 약 몇 [A]인가?(단, 1[HP]=746[W])

① 16
② 20
③ 28
④ 45

Explanation ▶

유도전동기의 효율 $\eta = \dfrac{P_0}{P_i}$

여기서, 입력은 $P_i = \dfrac{P_0}{\eta} = \sqrt{3}\,VI\cos\theta$ 이고, 1[HP]=746[W]

따라서 선전류 $I = \dfrac{P_0}{\eta\sqrt{3}\,V\cos\theta} = \dfrac{10\times746}{0.9\times\sqrt{3}\times200\times0.85} = 28\,[A]$

【답】③

80 그림과 같은 회로의 출력전압 $e_o(t)$의 위상은 입력전압 $e_i(t)$의 위상보다 어떻게 되는가?

① 앞선다.
② 뒤진다.
③ 같다.
④ 앞설 수도 있고, 뒤질 수도 있다.

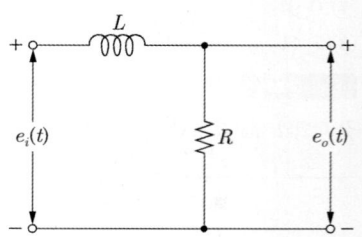

입력전압은 저항과 리액턴스의 함수이며 출력전압은 저항만의 함수이므로 **입력 전압의 위상이 앞선다.** 【답】②

5과목 **전기설비기술기준**

81 다음 그림은 전력선 반송통신용 결합장치의 보안장치로 사용하는 기기의 정격에 대한 설명으로 틀린 것은?

① DR는 전류용량 5[A]이상의 배류선륜이다.
② L_1은 교류 300[V]이하에서 동작하는 피뢰기이다.
③ L_2는 동작전압이 교류 1.3[kV]를 초과하고 1.6[kV] 이하로 조정된 방전갭이다.
④ F는 정격전류 10[A] 이하의 포장 퓨즈이다.

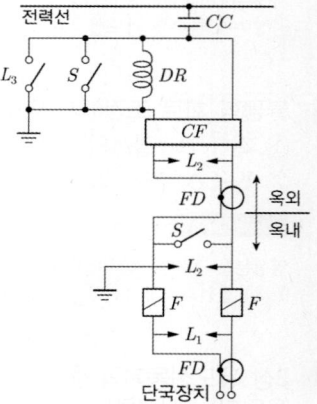

(KEC 362.10조) 전력선 반송 통신용 결합장치의 보안장치

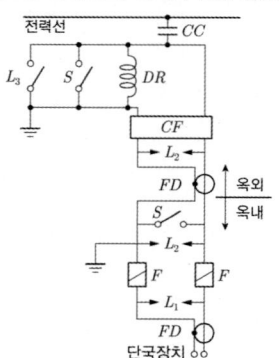

- FD : 동축케이블
- F : 정격전류 10[A] 이하의 포장 퓨즈
- **DR : 전류 용량 2[A] 이상의 배류 선륜**
- L_1 : 교류 300[V] 이하에서 동작하는 피뢰기
- L_2 : 동작 전압이 교류 1,300[V]를 초과하고 1,600[V] 이하로 조정된 방전갭
- L_3 : 동작 전압이 교류 2[kV]를 초과하고 3[kV] 이하로 조정된 구상 방전갭
- S : 접지용 개폐기
- CF : 결합 필터
- CC : 결합 커패시터(결합 안테나를 포함한다)

【답】①

82 사용전압이 22.9[kV]인 가공전선로를 시설하는 경우 지표상의 높이는 몇 [m] 이상으로 하여야 하는가?(단, 철도 또는 궤도를 횡단하는 경우이다)

① 5 　　　　　　　　　　　　　② 5.5
③ 6 　　　　　　　　　　　　　④ 6.5

Explanation

(KEC 333.7조) 특고압 가공전선의 높이

사용전압의 구분	지표상의 높이
35[kV] 이하	5[m] (**철도 또는 궤도를 횡단하는 경우에는 6.5[m]**, 도로를 횡단하는 경우에는 6[m], 횡단보도교의 위에 시설하는 경우로서 전선이 특고압 절연전선 또는 케이블인 경우에는 4[m])

【답】④

83 전력 보안통신 설비인 무선통신용 안테나 또는 반사판을 지지하는 철근 콘크리트주 또는 철탑의 기초의 안전율은 얼마 이상이어야 하는가?

① 1.2 　　　　　　　　　　　　② 1.3
③ 1.5 　　　　　　　　　　　　④ 2.2

Explanation

(KEC 364.1조) 무선용 안테나 등을 지지하는 철탑 등의 시설
전력 보안통신 설비인 무선통신용 안테나 또는 반사판을 지지하는 목주·철근·철근 콘크리트주 또는 철탑
① 목주는 풍압 하중에 대한 안전율은 1.5 이상이어야 한다.
② **철주·철근 콘크리트주 또는 철탑의 기초 안전율은 1.5 이상이어야 한다.**

【답】③

84 관등 회로에 대한 설명으로 옳은 것은?
① 분기점으로부터 안정기까지의 전로를 말한다.
② 스위치로부터 방전등까지의 전로를 말한다.
③ 스위치로부터 안정기까지의 전로를 말한다.
④ 방전등용 안정기 또는 방전등용 변압기로부터 방전관까지의 전로를 말한다.

Explanation

(KEC 112조) 용어 정의
"관등회로"란 방전등용 안정기 또는 방전등용 변압기로부터 방전관까지의 전로를 말한다.

【답】④

85 빙설이 많은 지방 이외의 지방에서 저온계절에 어떤 풍압하중을 적용하는가?
① 갑종풍압하중 　　　　　　　　② 을종풍압하중
③ 병종풍압하중 　　　　　　　　④ 갑종풍압하중과 을종풍압하중 중 큰 것

Explanation

(KEC 331.6조) 풍압 하중의 종별과 적용
① **빙설이 많은 지방 이외의 지방에서는 고온계절에는 갑종 풍압하중, 저온계절에 병종 풍압하중**
② 빙설이 많은 지방에서는 고온계절에는 갑종 풍압하중, 저온계절에는 을종 풍압하중

【답】③

86 전력보안 통신용 전화설비의 시설장소로 적합하지 않은 곳은?
① 수력설비의 안전상 필요한 양수소 및 강수량 관측소와 수력발전소 간
② 동일 수계에 속하고 안전상 긴급 연락의 필요가 있는 수력발전소 상호 간
③ 원격감시 제어가 되는 발전소·변전소, 전선로 및 이를 운용하는 급전소간
④ 2개 이상의 급전소 상호 간과 이들을 통합 운용하는 급전소 간

(KEC 362조) 전력보안통신설비의 시설
다음 각 호에 열거하는 곳에는 전력 보안통신용 전화 설비를 시설하여야 한다.
① 원격감시 제어가 되지 아니하는 발전소·원격 감시제어가 되지 아니하는 변전소
② 2개 이상의 급전소 상호 간과 이들을 통합 운용하는 급전소 간
③ 수력설비 중 필요한 곳, 수력 설비의 안전상 필요한 양수소(量水所) 및 강수량 관측소와 수력발전소 간
④ 동일 수계에 속하고 안전상 긴급 연락의 필요가 있는 수력발전소 상호 간
⑤ 동일 전력계통에 속하고 또한 안전상 긴급연락의 필요가 있는 발전소·변전소(이에 준하는 곳으로서 특고압의 전기를 변성하기 위한 곳을 포함한다)·발전제어소·변전제 어소 및 개폐소 상호 간 【답】 ③

87 전기온상의 발열선은 온도가 몇 [℃]를 넘지 않도록 시설하여야 하는가?
① 70 ② 80
③ 90 ④ 100

(KEC 241.5조) 전기온상 등
① 전로의 대지전압 : 300[V] 이하
② 발열선은 그 온도가 80[℃]를 넘지 아니하도록 시설할 것 【답】 ②

88 발열선을 공중에 시설하는 전기온상 등에서 발열선을 애자로 지지하는 경우 지지점간의 거리는 몇 [m] 이하이어야 하는가?(단, 발열선의 상호간의 간격이 0.06[m] 미만인 경우이다)
① 1 ② 0.6
③ 1.5 ④ 3

(KEC 241.5조) 전기온상 등
발열선을 공중에 시설하는 전기온상 등은 발열선의 지지점간의 거리는 1[m] 이하일 것(단, 발열선 상호 간의 간격이 0.06[m] 이상인 경우에는 2[m] 이하 가능) 【답】 ①

89 저압 가공전선 상호간의 접근 또는 교차하여 시설할 때 다음 (   )에 알맞은 것은?

> 저압 가공전선이 다른 저압 가공전선과 접근상태로 시설되거나 교차하여 시설되는 경우에는 저압 가공전선 상호 간의 이격거리는 (ⓐ)[m](어느 한 쪽의 전선이 고압 절연전선, 특고압 절연전선 또는 케이블인 경우에는 0.3[m]) 이상, 하나의 저압 가공전선과 다른 저압 가공전선로의 지지물 사이의 이격거리는 (ⓑ)[m] 이상이어야 한다.

① ⓐ : 0.6 ⓑ : 0.3 ② ⓐ : 0.3 ⓑ : 0.6
③ ⓐ : 0.3 ⓑ : 0.3 ④ ⓐ : 0.6 ⓑ : 0.6

(KEC 222.16조) 저압 가공전선 상호 간의 접근 또는 교차
저압 가공전선이 다른 저압 가공전선과 접근상태로 시설되거나 교차하여 시설되는 경우에는 저압 가공전선 상호 간의 이격거리는 0.6[m](어느 한 쪽의 전선이 고압 절연전선, 특고압 절연전선 또는 케이블인 경우에는 0.3[m]) 이상, 하나의 저압 가공전선과 다른 저압 가공전선로의 지지물 사이의 이격거리는 0.3[m] 이상이어야 한다. 【답】 ①

90 주택용 배선차단기의 B형은 순시트립전류의 범위가 차단기 정격전류(I_n)의 몇 배인가?
① $1I_n$ 초과 ~ $3I_n$ 이하 ② $3I_n$ 초과 ~ $5I_n$ 이하
③ $5I_n$ 초과 ~ $10I_n$ 이하 ④ $10I_n$ 초과 ~ $20I_n$ 이하

(KEC 212.3.4조) 보호장치의 특성
과전류차단기로 저압전로에 사용하는 주택용 배선차단기는 아래 표에 적합한 것이어야 한다.

형	순시트립범위(I_n: 차단기 정격전류)
B	$3I_n$ 초과 $5I_n$ 이하
C	$5I_n$ 초과 $10I_n$ 이하
D	$10I_n$ 초과 $20I_n$ 이하

【답】②

91 태양광 설비의 시설 기준 중 인버터, 절연변압기 및 계통 연계 보호장치 등 전력변환장치의 시설 기준으로 틀린 것은?
① 인버터는 실내・실외용을 구분할 것
② 각 직렬군의 태양전지 개방전압은 인버터 입력전압 범위 이내일 것
③ 옥외에 시설하는 경우 방수등급은 IPX4 이상일 것
④ 옥내에 시설하는 경우 방수등급은 IPX5 이상일 것

(KEC 522.2.2조) 태양광 설비의 전력변환장치 시설
인버터, 절연변압기 및 계통 연계 보호장치 등 전력변환장치의 시설
① 인버터는 실내・실외용을 구분할 것
② 각 직렬군의 태양전지 개방전압은 인버터 입력전압 범위 이내일 것
③ 옥외에 시설하는 경우 방수등급은 IPX4 이상일 것

【답】④

92 정류기에 접속하는 변압기 권선의 절연내력시험전압은 정류기 교류측 최대사용전압의 몇 배의 교류 전압인가?(단, 정류기의 최대사용전압은 60[kV]를 초과하는 경우이다)
① 1.1
② 0.92
③ 0.64
④ 0.72

(KEC 135조) 변압기 전로의 절연내력
최대 사용전압이 60[kV]를 초과하는 정류기에 접속 : 1.1배

【답】①

93 변압기에 의하여 특고압 전로에 결합되는 고압전로에는 사용 전압의 3배 이하의 전압이 가하여진 경우에 방전하는 피뢰기를 어느 곳에 시설할 때, 방전장치를 생략할 수 있는가?
① 변압기의 단자
② 변압기 단자의 1극
③ 고압전로의 모선의 각상
④ 특고압 전로의 1극

(KEC 322.3조) 특고압과 고압의 혼촉 등에 의한 위험방지 시설
변압기에 의하여 특고압전로에 결합되는 고압전로에는 사용전압의 3배 이하인 전압이 가하여진 경우에 방전하는 장치를 그 변압기의 단자에 가까운 1극에 설치하여야 한다. 다만, 사용전압의 3배 이하인 전압이 가하여진 경우에 방전하는 피뢰기를 고압전로의 모선의 각상에 시설하는 때에는 그러하지 아니하다.
【답】③

94 전력계통의 일부가 전력계통의 전원과 전기적으로 분리된 상태에서 분산형전원에 의해서만 가압되는 상태를 무엇이라 하는가?

① 계통연계   ② 접속설비
③ 단독운전   ④ 접근상태

> **Explanation**
>
> • **독립형 전원(단독운전) : 전력계통의 일부가 전력계통의 전원과 전기적으로 분리된 상태**
> • 계통연계형 전원 : 전력계통의 일부가 전력계통의 전원과 전기적으로 연결된 상태   **【답】③**

95 가공전선로의 지지물에 취급자가 오르고 내리는 데 사용하는 발판 볼트 등은 지표상 몇 [m] 미만에 시설하여서는 아니 되는가?

① 1.2   ② 1.5
③ 1.8   ④ 2

> **Explanation**
>
> (KEC 331.4조) 가공 전선로 지지물의 철탑오름 및 전주오름 방지
> 가공전선로의 지지물에 취급자가 오르고 내리는 데 사용하는 발판 볼트 등을 지표상 1.8[m] 미만에 시설하여서는 아니 된다.
>   **【답】③**

96 교통 신호등 제어장치의 2차측 배선의 최대사용전압은 몇 [V] 이하이어야 하는가?

① 380   ② 300
③ 220   ④ 110

> **Explanation**
>
> (KEC 234.15조) 교통신호등
> 교통신호등 제어장치의 2차측 배선의 최대사용전압은 300[V] 이하이어야 한다.   **【답】②**

97 저압가공전선의 높이는 도로를 횡단하는 경우와 철도를 횡단하는 경우에 각각 몇 [m] 이상이어야 하는가?

① 도로 : 지표상 5[m], 철도 : 레일면상 6[m]
② 도로 : 지표상 5[m], 철도 : 레일면상 6.5[m]
③ 도로 : 지표상 6[m], 철도 : 레일면상 6[m]
④ 도로 : 지표상 6[m], 철도 : 레일면상 6.5[m]

> **Explanation**
>
> (KEC 332.5조) 저・고압 가공전선의 높이
> ① **도로횡단 : 6[m] 이상**
> ② **철도횡단 : 레일면상 6.5[m] 이상**   **【답】④**

98 금속관공사로부터 애자공사로 옮기는 경우 절연부싱을 사용하는 가장 주된 목적은?

① 관의 끝이 터지는 것을 방지   ② 관내 해충 및 이물질 출입 방지
③ 관의 끝부분에서 조영재의 접촉 방지   ④ 관의 끝부분에서 전선 피복의 손상 방지

> **Explanation**
>
> (KEC 232.12조) 금속관공사
> 관의 끝 부분에는 전선의 피복을 손상하지 아니하도록 적당한 구조의 부싱을 사용할 것. 다만, 금속관공사로부터 애자사용공사로 옮기는 경우에는 그 부분의 관의 끝 부분에는 절연부싱 또는 이와 유사한 것을 사용하여야 한다.   **【답】④**

99 전차선과 건조물 간의 최소 절연거리에 대한 표이다. 다음 (   )안에 들어갈 내용으로 옳은 것은? (단, 제시되어 있는 동적 최소 이격거리 이상을 확보하여야 한다)

시스템 종류	공칭전압[V]	동적[mm]	
		비오염	오염
단상교류	25,000	( )	220

① 150

② 200

③ 170

④ 220

Explanation

(KEC 431.2조) 전차선로의 충전부와 건조물 간의 절연이격

건조물과 전차선, 급전선 및 전기철도차량 집전장치의 공기절연 이격거리는 표에 제시되어 있는 정적 및 동적 최소 절연이격거리 이상을 확보하여야 한다. 동적 절연이격의 경우 팬터그래프가 통과하는 동안의 일시적인 전선의 움직임 고려.

시스템 종류	공칭전압[V]	동적[mm]		정적[mm]	
		비오염	오염	비오염	오염
단상교류	25,000	170	220	270	320

【답】③

100 열차의 설계속도가 250 〈 V 〈 300[km/시간]이고 속도등급이 300킬로급이라면 전차선의 기울기 (천분율)은?

① 3

② 0

③ 2

④ 1

Explanation

(KEC 431.7) 전차선의 기울기

전차선의 기울기는 해당 구간의 열차 통과 속도에 따라 아래 표에 의한다.

설계속도 V[km/시간]	속도등급	기울기(천분율)
300 〈 V ≤ 350	350킬로급	0
250 〈 V ≤ 300	300킬로급	0

【답】②

1과목 **전기자기학**

01 다음 중 균일한 자장 내로 전자가 수직으로 입사되었을 때 설명으로 틀린 것은?
① 운동의 주기는 질량에 비례한다.
② 등속 원운동을 한다.
③ 운동의 주기는 자기장에 비례한다.
④ 자장방향으로 속도성분이 있었다면 나선운동을 할 것이다.

Explanation

로렌쯔의 힘 $F = e[E + (v \times B)]$이며

전자가 자계내로 진입하면 원심력 $\dfrac{mv^2}{r}$과 구심력 $e(v \times B)$가 같아지며, 전자는 원운동 하게 된다.

$\dfrac{mv^2}{r} = evB$에서 원운동 반경 : $r = \dfrac{mv}{eB} = \dfrac{mv}{e\mu_0 H}$

• 각주파수 $\omega = \dfrac{v}{r} = \dfrac{eB}{m}$

• 주파수 $f = \dfrac{eB}{2\pi m}$

• 주기 $T = \dfrac{1}{f} = \dfrac{2\pi m}{eB}$

【답】④

02 플레밍의 왼손법칙에서 왼손의 엄지, 검지, 중지의 방향에 해당되지 않는 것은?
① 자속밀도 ② 전압
③ 힘 ④ 전류

Explanation

플레밍의 왼손법칙 : 평등자장 내에 전류가 흐르고 있는 도체가 받는 힘 $F = (I \times B)l = IBl \sin\theta$
• 엄지 : 힘의 방향, 검지 : 자속의 방향, 중지 : 전류의 방향

【답】②

03 그림과 같이 무한장 직선도선 l이 있으며, 이것에 z의 + 방향으로 전류 i_1이 흐르고 있다. 그리고 $y - z$면상에 도선 ABCD가 있고 이것에 ABCD 방향으로 전류 i_2가 흐르고 있을 때 z의 방향으로 힘이 발생하는 변은?
① DA변
② AB변
③ CD변
④ BC변

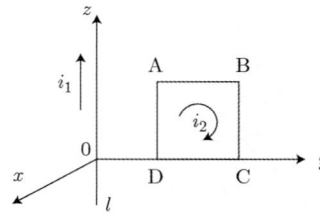

04 그림과 같이 공극의 면적 $S = 100[\text{cm}^2]$의 전자석에 자속밀도 $B = 5,000[\text{Gauss}]$의 자력이 생기고 있을 때 철편을 흡인하는 힘은 약 몇 [N]인가?

① 19.89

② 198.9

③ 1,989

④ 19,894

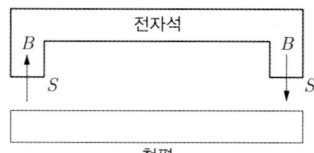

Explanation

흡인력 $F = f \times 2S = \dfrac{B^2}{2\mu} \times 2S = \dfrac{B^2}{\mu_0} S[\text{N}] = \dfrac{(5,000 \times 10^{-4})^2}{4\pi \times 10^{-7}} \times 100 \times 10^{-4} = 1,989[\text{N}]$

여기서, $1[\text{Wb/m}^2] = 10^{-4}[\text{Gauss}]$

【답】③

05 전위계수의 성질 중 잘못된 것은?

① $P_{11} > 2P_{21}$ ② $P_{11} > 0$

③ $P_{21} \geq 0$ ④ $P_{12} = P_{21}$

Explanation

전위 계수의 성질
• $P_{rr}, P_{ss} > 0$
• $P_{rr} \geq P_{rs}$
• $P_{rs} = P_{sr} \geq 0$

【답】①

06 벡터 $A = 2i - 6j - 3k$와 $B = 4i + 3j - k$에 수직인 단위 벡터는?

① $\pm\left(\dfrac{3}{7}i + \dfrac{2}{7}j + \dfrac{6}{7}k\right)$ ② $\pm\left(\dfrac{3}{7}i + \dfrac{2}{7}j - \dfrac{6}{7}k\right)$

③ $\pm\left(\dfrac{3}{7}i - \dfrac{2}{7}j + \dfrac{6}{7}k\right)$ ④ $\pm\left(\dfrac{3}{7}i - \dfrac{2}{7}j - \dfrac{6}{7}k\right)$

Explanation

외적(벡터곱) $A \times B = |A \times B|n$ (n : 법선 벡터, 벡터 A와 B에 수직인 단위 벡터)

$n = \dfrac{A \times B}{|A \times B|} = \dfrac{\begin{vmatrix} i & j & k \\ 2 & -6 & -3 \\ 4 & 3 & -1 \end{vmatrix}}{|A \times B|} = \dfrac{15i - 10j + 30k}{\sqrt{15^2 + (-10)^2 + 30^2}}$

$= \dfrac{1}{35}(15i - 10j + 30k) = \dfrac{3}{7}i - \dfrac{2}{7}j + \dfrac{6}{7}k$

따라서 법선은 (±)방향으로 존재하므로

$n = \pm\left(\dfrac{3}{7}i - \dfrac{2}{7}j + \dfrac{6}{7}k\right)$가 된다.

【답】③

07 전자파의 진행방향으로 옳은 것은?

① $\nabla \times E$의 방향과 같다.
② 자계 H의 방향과 같다.
③ 전계 E의 방향과 같다.
④ $E \times H$의 방향과 같다.

Explanation

전자파의 성질
• 전자파는 전계와 자계가 동시에 존재
• 포인팅 벡터 $P = E \times H$이므로 전자파의 진행 방향은 $E \times H$의 방향과 같다.

【답】④

08 면적이 S[m²], 극판 사이의 거리가 d[m], 유전체의 비유전율이 ϵ_s인 평행 평판콘덴서의 정전용량 [F]은?

① $\dfrac{\epsilon_0 \epsilon_s S}{d}$

② $\dfrac{\epsilon_0 \epsilon_s d}{S}$

③ $\dfrac{\epsilon_0 S}{d}$

④ $\dfrac{\epsilon_0 d}{S}$

Explanation

평행판 콘덴서의 정전용량 : $C = \dfrac{\epsilon_0 \epsilon_s S}{d}$ [F]

【답】①

09 맥스웰 전자방정식의 물리적 의미 중 틀린 것은?

① 전하에서 전속선이 발산한다.
② 자계의 시간적 변화에 따라 전계의 회전이 발생한다.
③ 전도전류와 변위전류는 자계를 발생시킨다.
④ 고립된 자극이 존재한다.

Explanation

맥스웰 전자계 기초 방정식

• $\mathrm{rot}\,E = -\dfrac{\partial B}{\partial t}$ (패러데이 법칙의 미분형) : 전계의 회전은 자속밀도의 시간적 감소율과 같다.
• $\mathrm{rot}\,H = i + \dfrac{\partial D}{\partial t}$ (암페어 주회법칙의 미분형) : 전도전류와 변위전류는 회전하는 자계를 발생한다.
• $\mathrm{div}\,D = \rho$: 단위체적 당 발산 전속수는 단위체적 당 공간전하 밀도와 같다.
• $\mathrm{div}\,B = 0$: 자계는 발산하지 않으며, 고립된 자극은 존재하지 않는다.

【답】④

10 공극의 자속밀도를 B라 할 때 전자석의 흡인력은?

① B^2에 비례
② $B^{0.5}$에 비례
③ $B^{1.6}$에 비례
④ B에 비례

Explanation

자성체 면적당 힘 $f = \dfrac{1}{2}\mu H^2 = \dfrac{B^2}{2\mu} = \dfrac{1}{2}BH$ [N/m²]에서

흡인력 $F = f \times S = \dfrac{B^2}{2\mu}S \propto B^2$ [N]

【답】①

11 반지름 a[m]의 반구형 도체를 반구면이 고유저항 ρ[$\Omega \cdot$ m]의 대지에 묻었을 때 접지저항[Ω]은?

① $\dfrac{a}{2\pi\rho}$

② $\dfrac{1}{2\pi\rho a}$

③ $2\pi\rho a$

④ $\dfrac{\rho}{2\pi a}$

Explanation

반구의 정전용량 $C = \dfrac{4\pi\epsilon_o a}{2} = 2\pi\epsilon_o a$[F]

$RC = \rho\epsilon$에서

접지저항 $R = \dfrac{\rho\epsilon}{C} = \dfrac{\rho\epsilon}{2\pi\epsilon a} = \dfrac{\rho}{2\pi a}$

【답】 ④

12 진공 중에 놓인 반지름 2[m]의 도체구에 전하 Q[C]가 있다면 그 표면에 있어서의 전속밀도 D는 몇 [C/m^2]인가?

① Q

② $\dfrac{Q}{4\pi}$

③ $\dfrac{Q}{16\pi}$

④ $\dfrac{Q}{8\pi}$

Explanation

구도체 전속밀도 $D = \epsilon E = \epsilon \times \dfrac{Q}{4\pi\epsilon a^2} = \dfrac{Q}{4\pi a^2}$ [C/m^2]

따라서 $D = \dfrac{Q}{4\pi a^2} = \dfrac{Q}{4\pi \times 2^2} = \dfrac{Q}{16\pi}$

【답】 ③

13 액체 유전체를 넣은 콘덴서의 용량이 20[μF]이다. 여기에 500[kV]의 전압을 인가하면 누설전류는 약 몇 [A]인가?(단, 비유전율 $\epsilon_s = 2.2$, 고유저항 $\rho = 10^{11}$[$\Omega \cdot$ m]이다)

① 4.2

② 5.14

③ 54.5

④ 61.0

Explanation

$RC = \rho\epsilon$에서 접지저항 $R = \dfrac{\rho\epsilon}{C}$[$\Omega$]

누설전류 $I = \dfrac{V}{R} = \dfrac{CV}{\rho\epsilon} = \dfrac{CV}{\rho\epsilon_0\epsilon_s}$

$= \dfrac{20 \times 10^{-6} \times 500 \times 10^3}{10^{11} \times 8.855 \times 10^{-12} \times 2.2} = 5.14$[A]

【답】 ②

14 반경 a인 비접지 구도체의 중심에서 $d(> a)$만큼 떨어진 위치에 점전하 Q가 존재할 때 공간에서의 전계를 구하고자 한다. 이 문제를 영상전하법으로 풀 때 필요한 영상전하의 개수 및 영상 전하의 전하량의 총합은?

① 1개, $-\dfrac{a}{d}Q$

② 2개, 0

③ 2개, $-\dfrac{a}{2d}Q$

④ 3개, $\dfrac{a}{d}Q$

Explanation

비접지 도체구

영상전하 : $Q' = -\dfrac{a}{d}Q$이므로 도체 내에도 반대전하인 $Q'' = +\dfrac{a}{d}Q$가 유도된다.

따라서 전하의 총합은 0이다.

【답】 ②

15 저항 및 저항률에 관한 설명 중 틀린 것은?

① 저항의 역수는 컨덕턴스이다.

② 저항률의 역수는 도전율이다.

③ 저항률의 단위는 $[\Omega \cdot \text{m}^2]$이다.

④ 도체의 저항은 온도가 올라가면 그 값이 증가한다.

Explanation

• 컨덕턴스 $G = \dfrac{1}{R}$: 저항의 역수

• 도전율 $k = \dfrac{1}{\rho}$: 저항률의 역수

• 저항온도계수 : 도체는 온도가 올라가면 저항이 증가한다.

• 저항률 단위 : $[\Omega \cdot \text{m}]$

저항 $R = \rho\dfrac{l}{A}$ 에서 저항률 $\rho = R\dfrac{A}{l} = \dfrac{RA}{l}[\Omega \cdot \text{m}]$

【답】 ③

16 진공 중의 평등자계 H_0 중에 놓인 투자율 μ인 구자성체의 감자율은?

① $\dfrac{1}{2}$ ② $\dfrac{1}{3}$ ③ $\dfrac{1}{5}$ ④ $\dfrac{1}{9}$

Explanation

자기감자력 $H' = \dfrac{N}{\mu_o}J$: 자화의 세기(J)에 비례

여기서, N은 감자율로서 구자성체는 $\dfrac{1}{3}$, 환상솔레노이드는 0이다.

【답】 ②

17 자속밀도 100[Wb/m²]인 평등자계 내에 한 변이 10[cm]인 정사각형 회로가 자계 방향과 직각인 중심축 둘레로 매분 3,600회 회전할 때 이 회로에 유기되는 기전력의 최대값은 몇 [V]인가?(단, 권선수는 1이다)

① 30π ② 60π

③ 180π ④ 120π

Explanation

코일과 쇄교하는 자속 $\phi = \phi_m \sin\omega t = BS\sin\omega t$

유기기전력 $e = -n\dfrac{d\phi}{dt} = -n\dfrac{d}{dt}BS\sin\omega t = -\omega nBS\cos\omega t$

따라서 유기기전력의 최대값 $E_m = \omega nBS = 2\pi \times \dfrac{3,600}{60} \times 1 \times 100 \times 0.1 \times 0.1 = 120\pi[\text{V}]$

【답】 ④

18 환상철심에 권수 20회의 A코일과 권수 80회의 B코일이 있을 때, A코일의 자기 인덕턴스가 5[mH]라면 두 코일의 상호 인덕턴스[mH]는?(단, 결합계수 $k = 1$이다)

① 20   ② 40

③ 60   ④ 80

상호인덕턴스 : $M = \dfrac{N_1 N_2}{R_m} = \dfrac{N_2}{N_1} L_1 = \dfrac{80}{20} \times 5 = 20[\text{mH}]$

【답】 ①

19 반지름이 9[cm]인 도체구 A에 8[C]의 전하가 균일하게 분포되어 있다. 이 도체구에 반지름 3[cm]인 도체구 B를 접촉시켰을 때 도체구 B로 이동한 전하는 약 몇 [C]인가?

① 1
② 2
③ 3
④ 4

Explanation

두 개의 도체 구를 접속하면 중화 현상으로 인해 전체 전기량 $Q = 8$ [C]이 되며,
전하는 도체구의 크기에 비례하므로

반지름 3 [cm]의 도체 구에 남는 전기량 $Q_1 = \dfrac{3}{9+3} \times 8 = 2$ [C]

【답】 ②

20 두 유전체의 경계면에 대한 설명 중 옳지 않은 것은?

① 유전율이 작은 쪽에서 전계가 입사할 때 입사각은 굴절각보다 작다.
② 전계가 경계면에 수직으로 입사하면 두 유전체 내의 전계의 세기는 같다.
③ 경계면에 작용하는 맥스웰 변형력은 유전율이 큰 쪽에서 작은 쪽으로 끌려가는 힘을 받는다.
④ 전계나 전속밀도가 경계면에 수직으로 입사하면 굴절하지 않는다.

Explanation

- 전계가 경계면에 수직($\theta = 0°$)이면 전계는 불연속($E_1 \neq E_2$)
- 전속밀도는 불변이므로 $D_1 \cos\theta = D_2 \cos\theta$에서 $D_1 = D_2$이고 $\epsilon_1 E_1 = \epsilon_2 E_2$

  따라서 $\dfrac{E_2}{E_1} = \dfrac{\epsilon_1}{\epsilon_2}$ 이 된다.
- 전기력선과 전속은 굴절하지 않는다.
- Maxwell 응력 : 유전체에 작용하는 힘의 방향은 유전율이 큰 쪽에서 작은 쪽으로 향한다.

【답】 ②

2과목 전력공학

21 첨두부하가 커지면 부하율은 어떻게 되는가?(단, 평균전력은 동일하다)

① 변하지 않고 일정하다.
② 낮아진다.
③ 높아진다.
④ 부하의 종류에 다라 달라진다.

Explanation

부하율=부하율$= \dfrac{\text{평균 전력}}{\text{최대 전력}} \times 100[\%]$에서

첨두부하가 커지면 즉, 최대전력은 커지고 평균전력은 변화가 크지 않은 경우 부하율은 낮아진다.

【답】 ②

22 역상전류가 각 상전류에 의하여 바르게 표시된 것은?

① $I_2 = aI_a + I_b + a^2I_c$

② $I_2 = I_a + I_b + I_c$

③ $I_2 = \dfrac{1}{3}(I_a + a^2I_b + aI_c)$

④ $I_2 = 3(I_a + aI_b + a^2I_c)$

대칭좌표법

$\begin{bmatrix} I_0 \\ I_1 \\ I_2 \end{bmatrix} = \dfrac{1}{3} \begin{bmatrix} 1 & 1 & 1 \\ 1 & a & a^2 \\ 1 & a^2 & a \end{bmatrix} \begin{bmatrix} I_a \\ I_b \\ I_c \end{bmatrix}$ 에서 역상전류 $I_1 = \dfrac{1}{3}(I_a + a^2I_b + aI_c)$

【답】③

23 송전선의 중성점을 접지하는 이유가 아닌 것은?

① 코로나 방지

② 지락사고의 차단

③ 이상전압의 방지

④ 전선로 및 기기의 절연레벨 경감

송전 계통의 중성점 접지의 목적
• 1선 지락 시 전위 상승 억제, 계통의 기계 기구의 절연 보호(절연레벨 경감)
• 지락 사고 시 보호 계전기 동작의 확실
• 과도안정도 증진
• 이상전압의 발생 방지 및 지락아크 소멸

【답】①

24 수력발전소의 댐 설계 및 저수지 용량 등을 결정하는 데 가장 적합하게 사용되는 것은?

① 유황곡선

② 유량도

③ 수위–유량곡선

④ 적산유량곡선

적산 유량 곡선 : 매일의 수량을 차례로 적산해서 가로축에 일수를, 세로축에 적산 수량을 그린 그림
수력 발전소의 댐(Dam)의 설계 및 저수지의 용량 등을 결정하는 데 사용

【답】④

25 배전선로의 손실경감과 관계없는 것은?

① 배전 전압의 승압

② 역률 개선

③ 대용량 변압기 채용

④ 배전 선로의 전류 밀도 평형

배전선로 전력 손실 경감대책
• 역률 개선(전력용 콘덴서의 설치)
• 승압
• 부하 불평형 방지(배전 선로의 전류 밀도 평형)

【답】③

26 송전선로 전압을 3,000[V]에서 5,200[V]로 높이면 송전전력이 같다고 할 때 전력 손실은 약 몇 [%]로 되는가?(단, 역률은 일정하다)

① 100

② 25

③ 33.3

④ 57.7

전력(선로)손실 : $P_l \propto \dfrac{1}{V^2} = \dfrac{1}{\left(\dfrac{5,200}{3,000}\right)^2} \times 100 = 33.3[\%]$

【답】③

27 송전선로의 특성임피던스를 Z_0, 전파속도를 V라 할 때 이 송전선의 단위길이에 대한 인덕턴스 L은?

① $L = \dfrac{V}{Z_0}$

② $L = \sqrt{Z_0}\, V$

③ $L = \dfrac{Z_0^2}{V}$

④ $L = \dfrac{Z_0}{V}$

Explanation

파동 임피던스 $Z_0 = \sqrt{\dfrac{L}{C}}$, 전파속도 $v = \dfrac{1}{\sqrt{LC}}$

$\therefore\ L = \dfrac{Z_0}{v} = \sqrt{\dfrac{\dfrac{L}{C}}{\dfrac{1}{LC}}}$

【답】④

28 피뢰기의 구비조건으로 틀린 것은?

① 속류 차단능력이 충분할 것

② 방전내량이 작으면서 제한전압이 높을 것

③ 상용주파 방전개시전압이 높을 것

④ 충격 방전개시전압이 낮을 것

Explanation

피뢰기의 구비조건
• 상용주파 방전개시전압이 높을 것
• 충격방전 개시전압이 낮을 것
• 제한전압이 낮을 것
• 속류차단능력이 우수할 것

【답】②

29 복도체를 사용한 가공송전방식을 같은 단면적의 단도체를 사용하는 경우와 비교했을 때 틀린 것은?

① 안정도를 증대시킬 수 있다.

② 송전용량을 증대시킬 수 있다.

③ 인덕턴스는 증가하고 정전용량은 감소한다.

④ 코로나 개시전압이 높아지므로 코로나 손실을 줄일 수 있다.

Explanation

복도체(다도체) 방식 : 주목적은 코로나 방지
• **인덕턴스는 감소, 정전 용량은 증가**
• 코로나의 방지, 코로나 임계 전압의 상승
• 송전 용량의 증대
• 안정도 증가

【답】③

30 조력발전소에 대한 설명으로 옳은 것은?

① 완만한 해안선을 이루고 있는 지점에 설치한다.

② 간만의 차가 작은 해안에 설치한다.

③ 지형적 조건에 따라 수로식과 양수식이 있다.

④ 만조로 되는 동안 바닷물을 받아들여 발전한다.

Explanation

조력 발전
조수 간만의 차를 이용하여 발전하며, 만조 시에 저수하여 간조 시에 발전한다.

【답】④

31 송전선로의 안정도 향상 대책으로 볼 수 없는 것은?

① 재폐로 방식이나 복도체방식을 채용한다.　② 속응 여자 방식을 채용한다.

③ 단락비가 작은 발전기를 사용한다.　④ 고속차단기를 사용한다.

Explanation

안정도 향상 대책
① 직렬 리액턴스(X)를 작게 한다.
- 발전기나 변압기의 리액턴스를 작게 한다.
- 선로의 병행 회선수를 늘리거나 복도체 또는 다도체 방식을 사용한다.
- 직렬 콘덴서를 삽입하여 선로의 리액턴스를 보상한다.
② 전압 변동을 작게 한다.
- 속응여자방식의 채용
- 계통 연계를 한다.
③ 중간 조상 방식을 채용한다.
④ 고장 전류를 줄이고 고장 구간을 신속하게 차단한다.
- 적당한 중성점 접지방식을 채용하여 지락전류를 줄인다.
- 고속도 계전기, 고속도 차단기를 채용한다.
- 고속도 재폐로 방식을 채용한다.

【답】③

32 단상2선식 교류 배전선로가 있다. 전선의 1가닥 저항이 0.15[Ω]이고, 리액턴스는 0.25[Ω]이다. 부하는 순저항부하이고 100[V], 3[kW]이다. 급전점의 전압[V]은 약 얼마인가?

① 105　　　　　　　　　　　　② 109

③ 115　　　　　　　　　　　　④ 124

Explanation

송전단 전압 $V_s = V_r + 2I(R\cos\theta + X\sin\theta)$에서 무유도성($\cos\theta = 1$)이므로

$$V_s = V_r + 2I(R\cos\theta + X\sin\theta) = 100 + 2 \times \frac{3,000}{100} \times 0.15 = 109[\text{V}]$$

【답】②

33 여러 회선의 비접지 3상 3선식 배전선로에 선택지락계전기를 사용하여 선택지락보호를 하려고 할 때 필요한 것은?

① PT와 CT　　　　　　　　　　② GPT와 CT

③ GPT와 ZCT　　　　　　　　　④ PT와 ZCT

Explanation

- GPT(Ground Potential Transformer) : 접지형 계기용 변압기. 지락 사고 시 영상전압 검출
- 영상변류기(ZCT) : 영상(지락)전류 검출. 지락(접지)계전기와 연결

【답】③

34 과도 안정 극한 전력을 옳게 설명한 것은?

① 부하가 서서히 증가할 때의 극한 전력　② 부하가 변하지 않을 때의 극한 전력

③ 부하가 갑자기 증가하였을 때의 극한 전력　④ 부하가 서서히 감소할 때의 극한 전력

Explanation

- 정태 안정도 : 송전 계통이 불변 부하 또는 극히 서서히 증가하는 부하에 대하여 계속적으로 송전할 수 있는 능력(정태안정극한전력)
- 과도 안정도 : 부하의 급변 또는 사고가 발생해서 계통에 큰 충격을 주었을 경우에도 탈조하지 않고 새로운 평형 상태를 회복하여 송전을 계속할 수 있는 능력
- 동태 안정도 : AVR이나 조속기 등이 갖는 제어효과까지도 고려한 안정도

【답】③

35 배전 계통에서 콘덴서를 설치하는 주된 목적과 관계없는 것은?
① 전력손실 감소
② 기기의 보호
③ 전압강하 보상
④ 송전용량 증가

> **Explanation**

전력용 콘덴서 설치 : 역률 개선
• 전력 손실 경감
• 전압 강하 경감
• 설비 용량의 여유분 증가
• 전력 요금의 절약

【답】②

36 3상 송전선로의 선간전압을 100[kV], 3상 기준 용량을 10,000[kVA]로 할 때 선로 리액턴스(1선당) 100[Ω]을 %임피던스로 환산하면 얼마인가?
① 0.5[%]
② 1[%]
③ 5[%]
④ 10[%]

> **Explanation**

%임피던스 $\%Z = \dfrac{PZ}{10V^2}$ 에서

여기서, V : 정격전압[kV], P : 기준용량[kVA]

$\%Z = \dfrac{PZ}{10V^2} = \dfrac{10,000 \times 100}{10 \times 100^2} = 10[\%]$

【답】④

37 피뢰기의 정격전압이란?
① 속류를 차단할 수 있는 최고의 교류전압
② 충격방전전류를 통하고 있을 때 단자전압
③ 방전을 개시할 때 단자전압의 순시값
④ 상용주파수의 방전개시전압

> **Explanation**

피뢰기 정격전압 : 상용주파 최대 허용전압. 속류를 차단할 수 있는 최고의 교류전압

【답】①

38 저항 10[Ω], 리액턴스 15[Ω]인 3상 송전선로가 있다. 수전단 전압이 60[kV], 부하역률이 0.8, 수전단 전류가 100[A]라 할 때 송전단 전압은 약 몇 [kV]인가?
① 33
② 42
③ 58
④ 63

> **Explanation**

송전단 전압 $V_s = V_r + \sqrt{3}\,I(R\cos\theta + X\sin\theta)$
$= 60,000 + \sqrt{3} \times 100(10 \times 0.8 + 15 \times 0.6) = 62,944 \fallingdotseq 63[kV]$

【답】④

39 3상 차단기의 정격차단용량을 나타낸 것은?
① $\dfrac{1}{\sqrt{3}} \times$ 정격전압 $\times$ 정격전류
② $\sqrt{3} \times$ 정격전압 $\times$ 정격전류
③ $\dfrac{1}{\sqrt{3}} \times$ 정격전압 $\times$ 정격차단전류
④ $\sqrt{3} \times$ 정격전압 $\times$ 정격차단전류

> **Explanation**

3상용 차단기의 정격용량 $P_s = \sqrt{3} \times$ 정격전압 $\times$ 정격차단전류 [MVA]

【답】④

40 역률 0.6, 출력 240[kW]인 유도부하에 병렬로 전력용 콘덴서를 설치하여 합성역률을 0.8로 개선하고자 한다. 이 때 전력용 콘덴서 용량은 약 몇 [kVA]인가?

① 48　　　　　　　　　　　　　　② 100
③ 140　　　　　　　　　　　　　　④ 192

Explanation

역률 개선용 콘덴서의 용량 $Q = P(\tan\theta_1 - \tan\theta_2) = 240 \times \left(\dfrac{0.8}{0.6} - \dfrac{0.6}{0.8} \right) = 140 [\text{kVA}]$ 　　【답】③

3과목　전기기기

41 출력 15[HP], 회전수 800[rpm]인 전동기의 토크는 약 몇 [N·m]인가?

① 102.2　　　　　　　　　　　　② 122.1
③ 133.6　　　　　　　　　　　　④ 153.6

Explanation

전동기 토크 $\tau = \dfrac{P_o}{\omega} = \dfrac{P_o}{2\pi\dfrac{N}{60}} = \dfrac{15 \times 746}{2\pi \times \dfrac{800}{60}} = 133.6 [\text{N·m}]$ 　　【답】③

42 동기발전기의 병렬운전조건이 아닌 것은?

① 기전력의 크기　　　　　　　　② 기전력의 임피던스
③ 기전력의 주파수　　　　　　　④ 기전력의 위상

Explanation

동기발전기의 병렬 운전 조건

기전력의 크기가 같을 것	무효순환전류(무효횡류)
기전력의 위상이 같을 것	동기화 전류(유효횡류)
기전력의 주파수가 같을 것	난조 발생
기전력의 파형이 같을 것	고조파 무효순환전류
상회전 방향이 같을 것(3상)	

【답】②

43 직류 초퍼제어 방식이 아닌 것은?

① 펄스 주파수 제어　　　　　　② 펄스 파고 제어
③ 펄스 폭 제어　　　　　　　　④ 시비율 제어

Explanation

직류 초퍼 제어 방식
• 펄스 주파수 제어　　　　　　• 펄스 폭 제어
• 순시값 제어

여기서, 시비율은 듀티비 $D = \dfrac{T_{ON}}{T}$ 으로 초퍼제어에 기본으로 사용된다. 　　【답】②

44 3상 유도전동기에서 기본파 회전자계와 비교하여 제5고조파에 의한 기자력의 회전방향과 속도는?

① 기본파와 반대 방향이고 1/7배의 속도
② 기본파와 같은 방향이고 1/7배의 속도
③ 기본파와 반대 방향이고 1/5배의 속도
④ 기본파와 같은 방향이고 5배의 속도

Explanation

고조파

- $h = 2nm + 1$: 기본파와 동일한 방향의 회전자계 발생. 7차, 13차.........$\dfrac{1}{h}$ 의 속도
- $h = 2nm - 1$: 기본파와 반대 방향의 회전자계 발생. 5, 11차.......$\dfrac{1}{h}$ 의 속도
- $h = 2nm$: 회전자계 발생 하지 않는다. 3, 6차.....

【답】③

45 단상 유도전동기의 기동방법에서 기동 토크의 크기가 가장 큰 것은?

① 분상 기동형
② 반발 기동형
③ 반발 유도형
④ 콘덴서 기동형

Explanation

단상유도전동기(기동 토크가 큰 순서)
반발 기동형 〉 반발 유도형 〉 콘덴서 기동형 〉 분상 기동형 〉 셰이딩코일형 〉 모노사이클릭형

【답】②

46 출력 P[kW]를 발생하는 직류 발전기와 직결된 3상 유도전동기의 입력[kVA]은? (단, η_g : 발전기 효율, η_m : 전동기 효율, $\cos\theta$: 전동기 역률이다)

① $\dfrac{P\eta_m}{\eta_g\cos\theta}$

② $\dfrac{P\eta_g}{\eta_m\cos\theta}$

③ $\dfrac{P}{\eta_g\eta_m\cos\theta}$

④ $\dfrac{P\cos\theta}{\eta_g\eta_m}$

Explanation

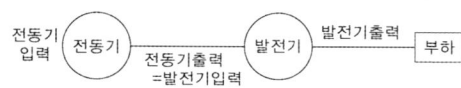

그러나 문제에서는 직류발전기와 3상 유도 전동기를 연결한 내용이므로 전동기의 출력=발전기의 입력

발전기의 효율 $\eta_g = \dfrac{\text{출력}}{\text{입력}}$ 에서 입력[kVA] $= \dfrac{\text{출력}(P)}{\eta_g \times \cos\theta}$

전동기의 입력을 구하면 $\eta_m = \dfrac{\text{출력}}{\text{입력}}$ 에서

전동기의 입력$= \dfrac{\text{출력}}{\eta_m} = \dfrac{1}{\eta_m} \times \dfrac{P}{\eta_g\cos\theta} = \dfrac{P}{\eta_g\eta_m\cos\theta}$ [kVA]

【답】③

47 3상 동기 발전기에서 부하의 역률에 따른 전기자 반작용을 잘못 설명한 것은?

① 전기자전류(I)가 무부하유도기전력(E_0)보다 위상 ϕ만큼 빠른 경우 교차 자화작용과 감자작용을 한다.
② 전기자전류(I)가 무부하유도기전력(E_0)보다 위상이 같은 경우 교차 자화작용을 한다.
③ 전기자전류(I)가 무부하유도기전력(E_0)보다 위상이 90° 빠른 경우 직축 반작용 중 증자작용을 한다.
④ 전기자전류(I)가 무부하유도기전력(E_0)보다 위상이 90° 늦을 경우 직축 반작용 중 감자작용을 한다.

48 직류발전기의 전기자에 대한 설명 중 잘못된 것은?
① 소형기에는 반폐 슬롯을 사용한다.
② 중형 및 대형기에는 가지형 슬롯을 사용한다.
③ 전기자 권선은 대전류인 겨우 평각동선을 사용한다.
④ 전기자 권선은 소전류인 경우 연동환선을 사용한다.

Explanation

- **중형 및 대형기 : 개방 슬롯**, 쐐기 넣는 슬롯이 사용
- 소형기 : 가지 모양 슬롯, 반폐 슬롯이 사용
【답】②

49 직류기의 속도 제어법 중 워드 레오너드 방식이 속하는 것은?
① 직,병렬 제어   ② 저항 제어
③ 계자 제어   ④ 전압 제어

Explanation

직류 전동기 속도 제어 $n = K'\dfrac{V-I_a R_a}{\phi}(K'$: 기계정수)

종류	특징
전압 제어	• **광범위 속도제어 가능** • 워드 레오너드 방식 : 소형부하(엘리베이터에 사용) • 일그너 방식(부하가 급변, 대용량 부하-제철, 제강, 압연) : 플라이 휠 효과(관성 모멘트 증가) • 정토크 제어

【답】④

50 변압기의 철심으로 갖추어야 할 성질이 아닌 것은?
① 전기 저항이 작을 것   ② 투자율이 클 것
③ 성층 철심으로 할 것   ④ 히스테리시스 계수가 작을 것

Explanation

변압기 철심의 구비조건
- 투자율이 클 것
- **전기 저항이 클 것**
- 히스테리시스 계수가 작을 것
- 성층 철심으로 할 것
【답】①

51 6극 파권의 전기자가 도체 250개로 되어 있다. 매분 1,200회전 한다고 하면 유도기전력을 600[V]로 하는 데 필요한 자속은 몇 [Wb]인가?
① 0.04   ② 0.16
③ 0.25   ④ 0.31

Explanation

직류 발전기 유기기전력 $E = \frac{P}{a}Z\phi\frac{N}{60}$

파권이므로 $a=2$

자속 $\phi = \frac{60aE}{PZN} = \frac{60 \times 2 \times 600}{6 \times 250 \times 1,200} = 0.04[\text{Wb}]$

【답】 ①

52 3상 유도전동기에서 동기속도와 주파수의 관계가 옳은 것은?

① 자승에 반비례한다.　　　　　　② 비례한다.

③ 반비례한다.　　　　　　　　　　④ 자승에 비례한다.

Explanation

동기속도 $N_s = \frac{120f}{P}$ 에서

주파수 $f = \frac{N_s P}{120}[\text{Hz}]$

동기속도와 주파수는 비례

【답】 ②

53 정격전압 6,000[V], 용량 5,000[kVA]의 Y결선 3상 동기발전기가 있다. 여자 전류 200[A]에서의 무부하 단자 전압 6,000[V], 단락전류 600[A]일 때, 이 발전기의 단락비는 약 얼마인가?

① 0.25　　　　　　　　　　　　　② 1

③ 1.25　　　　　　　　　　　　　④ 1.5

Explanation

정격 전류 $I_n = \frac{P}{\sqrt{3}\,V} = \frac{5000 \times 10^3}{\sqrt{3} \times 6000} = 481.13[\text{A}]$

∴ 단락비 $K_s = \frac{I_s}{I_n} = \frac{600}{481.13} = 1.25[\text{A}]$

【답】 ③

54 터빈발전기 출력 1,350[kVA], 2극, 3,600[rpm], 11[kV]일 때 역률 80[%]에서 전부하 효율이 96[%]라 하면 이 때의 손실전력[kW]은?

① 36.5　　　　　　　　　　　　　② 45

③ 56.6　　　　　　　　　　　　　④ 65

Explanation

$\eta = \frac{\text{출력}}{\text{출력} + \text{손실}} \times 100[\%]$

손실 $= \frac{\text{출력}}{\eta} - \text{출력}$

　　$= \frac{1,350 \times 0.8}{0.96} - 1,350 \times 0.8 = 45[\text{kW}]$

【답】 ②

55 다음 그림은 변압기 무부하 벡터도를 표시한 것이다. 그림에서 "C"는 무엇을 의미하는가?

① 자화전류

② 여자전류

③ 부하전류

④ 철손전류

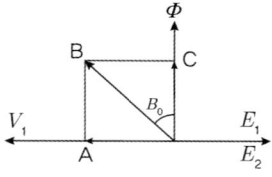

Explanation

- A : 철손전류
- B : 무부하전류(여자전류)
- C : 자화전류

【답】 ①

56 단상 정류자 전동기에 보상권선을 사용하는 가장 큰 이유는 무엇인가?
① 역률 개선
② 정류 개선
③ 기동 토크 조절
④ 속도 제어

Explanation

단상 직권 정류자 전동기=만능 전동기(직·교류 양용)
- 종류 : 직권형, 보상형, 유도보상형
- 특징 : 성층 철심, 역률 및 정류 개선을 위해 약계자, 강전기자형으로 함.
  역률 개선을 위해 보상권선 설치
  회전속도를 증가시킬수록 역률이 개선됨

【답】 ①

57 변압기에 콘서베이터를 설치하는 목적은?
① 통풍 방지
② 코로나 방지
③ 오일의 열화 방지
④ 오일의 강제 순환

Explanation

변압기 절연열화 방지대책
- 콘서베이터 설치
- 질소 봉입 방식
- 흡착제 방식

【답】 ③

58 전원용으로 사용되고 있는 정류기나 컨버터의 주된 사용 용도는?
① 교류전원 전압의 변화를 직류 전압화시키기 위함이다.
② 직류 전원 전압을 직류인 출력으로 변화시키기 위함이다.
③ 교류 전원 전압을 교류인출력으로 변화시키기 위함이다.
④ 직류 전원 전압의 주파수를 변화시키기 위함이다.

Explanation

- AC → DC : 정류기(컨버터)
- DC → AC : 인버터
- 사이클로 컨버터 : 주파수 변환기
- DC → DC : 초퍼

【답】 ①

59 3상 전원에서 2상 전압을 얻고자 할 때 결선 중 틀린 것은?
① 메이어(Meyer) 결선
② 우드브리지(Wood Bridge) 결선
③ 스코트(Scott) 결선
④ 포크(Fork) 결선

Explanation

변압기 상수 변환법
- 3상에서 2상변환 : scott 결선(=T결선), Meyer 결선, wood bridge 결선
- 3상에서 6상변환 : Fork 결선, 2중 성형 결선 환상 결선, 대각 결선, 2중△결선

【답】 ④

60 전압이나 전류의 제어가 불가능한 소자는?
① IGBT
② GTO
③ Diode
④ SCR

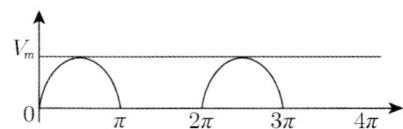

Explanation

다이오드(Diode) : 정류용으로 전압이나 전류의 제어는 불가능하다.　　　　　**【답】** ③

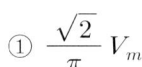 **회로이론**

61 최대값 V_m[V]인 정현파교류를 다이오드 1개로 반파 정류한 그림과 같은 전압을 순저항 부하에 가하고, 직류 전압계로 전압을 측정할 때 전압계의 지시값은 몇 [V]인가?

① $\dfrac{\sqrt{2}}{\pi}\,V_m$　　　　② $\dfrac{V_m}{\pi}$

③ $\dfrac{2}{\pi}\,V_m$　　　　④ $\pi\,V_m$

Explanation

각 파형의 평균값 및 실효값

파 형		실효값	평균값
정현반파	$i(t)$ 그래프	$\dfrac{I_m}{2}$	$\dfrac{1}{\pi}I_m$

【답】 ②

62 그림의 성형 불평형 회로에 각 상전압이 E_a, E_b, E_c [V]이고, 부하는 Z_a, Z_b, Z_c [Ω]이라면 중성선 임피던스가 Z_n [Ω]일 때 중성점간의 전위는 어떻게 되는가?

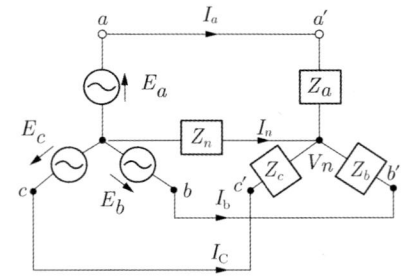

① $V_n = \dfrac{E_a + E_b + E_c}{Z_a + Z_b + Z_c}$

② $V_n = \dfrac{E_a + E_b + E_c}{Z_a + Z_b + Z_c + Z_n}$

③ $V_n = \dfrac{\dfrac{E_a}{Z_a} + \dfrac{E_b}{Z_b} + \dfrac{E_c}{Z_c}}{\dfrac{1}{Z_a} + \dfrac{1}{Z_b} + \dfrac{1}{Z_c} + \dfrac{1}{Z_n}}$

④ $V_n = \dfrac{\dfrac{E_a}{Z_a} + \dfrac{E_b}{Z_b} + \dfrac{E_c}{Z_c}}{\dfrac{1}{Z_a} + \dfrac{1}{Z_b} + \dfrac{1}{Z_c}}$

Explanation

밀만의 정리를 적용하면

$$V_n = \frac{\dfrac{E_a}{Z_a} + \dfrac{E_b}{Z_b} + \dfrac{E_c}{Z_c}}{\dfrac{1}{Z_a} + \dfrac{1}{Z_b} + \dfrac{1}{Z_c} + \dfrac{1}{Z_n}}$$

【답】③

63 다음과 같은 파형을 푸리에 급수로 전개하면?

① $y = \dfrac{A}{\pi} + \dfrac{\sin 2x}{2} + \dfrac{\sin 4x}{4} + \cdots\cdots$

② $y = \dfrac{4A}{\pi}(\sin\alpha\sin x + \dfrac{1}{9}\sin 3\alpha \sin 3x + \cdots\cdots)$

③ $y = \dfrac{4A}{\pi}(\sin x + \dfrac{1}{3}\sin 3x + \dfrac{1}{5}\sin 5x + \cdots\cdots)$

④ $y = \dfrac{4}{\pi}(\dfrac{\cos 2x}{1.3} + \dfrac{\cos 4x}{3.5} + \dfrac{\cos 6x}{5.7} + \cdots\cdots)$

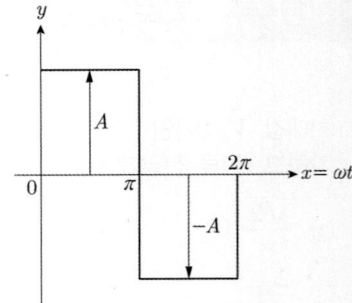

Explanation

비정현파를 푸리에 변환하면
비정현파 교류 = 직류분 + 기본파 + 고조파로 표시되며
- **정현대칭** : sin성분
- **여현대칭** : 직류분, cos성분
- **반파대칭** : 홀수항

여기서, 구형파는 정현반파 대칭이므로 홀수항의 sin항만 존재하며
$f(t) = b_1 \sin t + b_3 \sin 3t + b_5 \sin 5t + \cdots$의 형태이므로 무수히 많은 주파수 성분을 가지게 된다.

따라서, $y = \dfrac{4A}{\pi}(\sin x + \dfrac{1}{3}\sin 3x + \dfrac{1}{5}\sin 5x + \cdots\cdots)$

【답】③

64 $R-L$ 직렬회로에 $V = 14 + j38$[V]인 교류전압을 인가했을 때 $I = 6 + j2$[A]의 전류가 흘렀다. 이 회로의 임피던스 Z[Ω]는?

① $4 + j5$　　　　　　　　　② $5 + j4$
③ $6 + j3$　　　　　　　　　④ $7 + j2$

Explanation

임피던스 $Z = \dfrac{V}{I} = \dfrac{14 + j38}{6 + j2} = \dfrac{(14 + j38)(6 - j2)}{(6 + j2)(6 - j2)} = 4 + j5$ [Ω]

【답】①

65 평형 3상 저항 부하가 3상 4선식 회로에 접속되어 있을 때 단상 전력계를 그림과 같이 접속했더니 그 지시값이 W[W]이었다. 이 부하의 3상 전력[W]은?

① $\sqrt{2}\,W$

② $2\,W$

③ $\sqrt{3}\,W$

④ $3\,W$

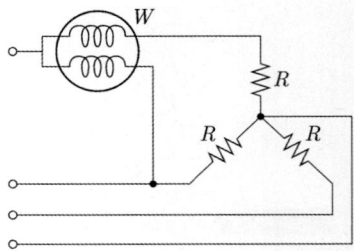

Explanation

2전력계법이므로 $W = W_1 + W_2 = 2W$

【답】②

66 그림과 같은 4단자 회로망의 4단자 정수는? (단, $\begin{bmatrix} V_1 \\ I_1 \end{bmatrix} = T \begin{bmatrix} V_2 \\ I_2 \end{bmatrix}$, $T = \begin{bmatrix} A\ B \\ C\ D \end{bmatrix}$)

① $T = \begin{bmatrix} 1 & \omega^2 LC \\ j\omega C & 1 \end{bmatrix}$

② $T = \begin{bmatrix} 1 - \omega^2 LC & j\omega L \\ j\omega C & 1 \end{bmatrix}$

③ $T = \begin{bmatrix} 1 - j\omega L & 1 \\ 0 & 1 \end{bmatrix}$

④ $T = \begin{bmatrix} 1 - \omega^2 LC & j\omega C \\ j\omega L & 0 \end{bmatrix}$

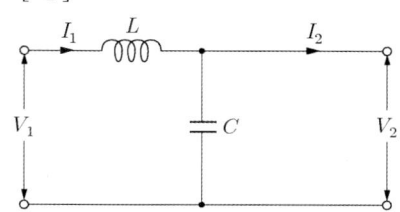

Explanation

$\begin{bmatrix} A\ B \\ C\ D \end{bmatrix} = \begin{bmatrix} 1 & j\omega L \\ 0 & 1 \end{bmatrix} \begin{bmatrix} 1 & 0 \\ j\omega C & 1 \end{bmatrix} = \begin{bmatrix} 1 - \omega^2 LC & j\omega L \\ j\omega C & 1 \end{bmatrix}$

【답】②

67 $\dfrac{E_o(s)}{E_i(s)} = \dfrac{1}{s^2 + 3s + 1}$ 의 전달함수를 미분방정식으로 표시하면?

(단, $\mathcal{L}^{-1}[E_o(s)] = e_o(t)$, $\mathcal{L}^{-1}[E_i(s)] = e_i(t)$ 이다)

① $\dfrac{d^2}{dt^2} e_i(t) + 3\dfrac{d}{dt} e_i(t) + e_i(t) = e_o(t)$

② $\dfrac{d^2}{dt^2} e_o(t) + 3\dfrac{d}{dt} e_o(t) + e_o(t) = e_i(t)$

③ $\dfrac{d^2}{dt^2} e_i(t) + 3\dfrac{d}{dt} e_i(t) + \displaystyle\int e_i(t) = e_o(t)$

④ $\dfrac{d^2}{dt^2} e_o(t) + 3\dfrac{d}{dt} e_o(t) + \displaystyle\int e_o(t) = e_i(t)$

Explanation

$G(s) = \dfrac{E_o(s)}{E_i(s)} = \dfrac{1}{s^2 + 3s + 1}$ 에서

$E_i(s) = s^2 E_o(s) + 3s E_o + E_o(s)$

미분방정식으로 표현하면 $e_i(t) = \dfrac{d^2}{dt^2} e_o(t) + 3\dfrac{d}{dt} e_o(t) + e_o(t)$

【답】②

68 그림의 회로에서 R_2 양단의 전압 V_2[V]는?

① $\dfrac{R_1 R_2}{R_1 + R_2} V$

② $\dfrac{R_1 + R_2}{R_1 R_2} V$

③ $\dfrac{R_1}{R_1 + R_2} V$

④ $\dfrac{R_2}{R_1 + R_2} V$

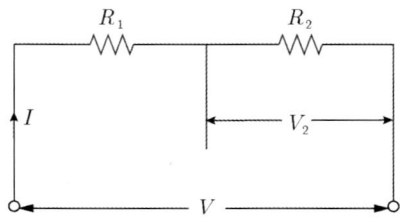

Explanation

직렬회로의 전압분배 : 저항의 크기에 비례

$V_2 = \dfrac{R_2}{R_1 + R_2} V$

【답】④

69 대칭 3상 Y결선 부하에서 각상의 임피던스가 $Z = 16 + j12[\Omega]$이고 부하전류가 5[A]일 때, 이 부하의 선간전압[V]은?

① $100\sqrt{3}$
② $100\sqrt{2}$
③ $200\sqrt{3}$
④ $200\sqrt{2}$

Explanation

상전류 $I_p = \dfrac{V_p}{Z}$ 에서

상전압 $V_p = ZI_p = \sqrt{12^2 + 16^2} \times 5 = 100[\text{V}]$

선간전압 $V_l = \sqrt{3}\, V_p = 100\sqrt{3}\,[\text{V}]$

【답】①

70 그림과 같은 $R-L$ 직렬 회로에 $t = 0$에서 스위치 S를 닫아 직류전압 100[V]를 회로 양단에 급히 가한 후 $\dfrac{L}{R}$[s]일 때 전류값[A]은? 단, $R = 10[\Omega]$, $L = 0.1[\text{H}]$이다.

① 0.632
② 6.32
③ 36.8
④ 63.2

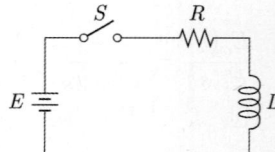

Explanation

$R-L$ 직렬 회로의 전류

$i(t) = \dfrac{E}{R}\left(1 - e^{-\frac{R}{L}t}\right)$ 에서 $i(t) = \dfrac{E}{R}\left(1 - e^{-\frac{R}{L}t}\right) = \dfrac{100}{10}\left(1 - e^{-\frac{10}{0.1} \times \frac{0.1}{10}}\right) = 6.32[\text{A}]$

【답】②

71 회로에서 $R[\Omega]$을 나타낸 것은?

① $\dfrac{E}{E-V}r$
② $\dfrac{V}{E-V}r$
③ $\dfrac{E-V}{V}r$
④ $\dfrac{E-V}{E}r$

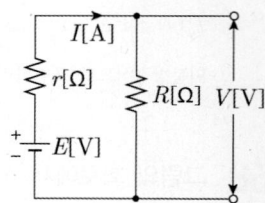

Explanation

$E = V + I \cdot r$에서 $E - V = I \cdot r$이며

$V = IR$에서 부하에 흐르는 전류 $I = \dfrac{V}{R}$이므로

따라서 $E - V = \dfrac{V}{R}r$

부하저항은 $R = \dfrac{V}{E-V} \cdot r$

【답】②

72 두 개의 코일 a, b가 있다. 두 개를 직렬로 접속하였더니 합성 인덕턴스가 119[mH]이었고, 극성을 반대로 접속하였더니 합성 인덕턴스가 11[mH]이었다. 코일 a의 자기 인덕턴스가 20[mH]라면 결합계수 K는 얼마인가?

① 0.6
② 0.7
③ 0.8
④ 0.9

$L_1 + L_2 + 2M = 119$ ······①

$L_1 + L_2 - 2M = 11$ ······②

①과 ②에서 상호인덕턴스 $M = 27$이므로

$119 = 20 + L_2 + 2 \times 27$에서 $L_2 = 45[\text{mH}]$

따라서 결합계수 $k = \dfrac{M}{\sqrt{L_1 L_2}} = \dfrac{27}{\sqrt{20 \times 45}} = 0.9$

【답】④

73 RC 직렬회로의 과도현상에 대한 설명으로 옳은 것은?

① 전류의 과도현상은 C의 값에 무관하다.

② $\dfrac{1}{RC}$ 의 값이 클수록 전류의 과도현상은 천천히 사라진다.

③ RC의 값이 클수록 전류의 과도현상은 천천히 사라진다.

④ 전류의 과도현상은 R의 값에 무관하다.

시정수(Time constant) : 목표 값에 63.2[%]에 도달하는 시간으로 정의

$\quad\quad\quad\quad R-C$ 직렬회로의 시정수 $\tau = RC$

시정수가 클수록 과도현상은 오래 지속된다.

【답】③

74 60[Hz]에서 3[Ω]의 리액턴스를 갖는 정전용량은 몇 [μF]인가?

① 584

② 685

③ 760

④ 884

용량성 리액턴스 $X_c = \dfrac{1}{\omega C}[\Omega]$

정전용량 $C = \dfrac{1}{\omega X_c} = \dfrac{1}{2\pi \times 60 \times 3} \times 10^6 = 884[\mu\text{F}]$

【답】④

75 저항 R인 검류계 G에 그림과 같이 r_1인 저항을 병렬로, 또 r_2인 저항을 직렬로 접속하였을 때 A, B 단자 사이의 저항을 R과 같게 하고 또한 G에 흐르는 전류를 전 전류의 $1/n$로 하기 위한 $r_1[\Omega]$의 값은?

① $\dfrac{n-1}{R}$

② $R(1 - \dfrac{1}{n})$

③ $\dfrac{R}{n-1}$

④ $R(1 + \dfrac{1}{n})$

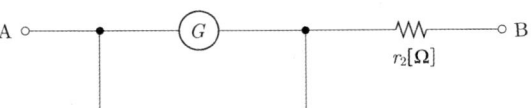

$I_G = \dfrac{1}{n}I = \dfrac{r_1}{R + r_1}I$

$R + r_1 = nr_1$에서 $(n-1)r_1 = R$

$r_1 = \dfrac{R}{n-1}$

【답】③

76 라플라스 변환함수 $\dfrac{1}{s(s+1)}$ 에 대한 역라플라스 변환은?

① $\dfrac{1}{1-e^{-t}}$

② $1+e^{-t}$

③ $1-e^{-t}$

④ $\dfrac{1}{1+e^{-t}}$

Explanation

부분분수로 전개하면 $F(s)=\dfrac{1}{s(s+1)}=\dfrac{K_1}{s}+\dfrac{K_2}{s+1}$

$K_1=\lim\limits_{s\to 0}s\cdot F(s)=\left[\dfrac{1}{s+1}\right]_{s=0}=1$

$K_2=\lim\limits_{s\to -1}(s+1)F(s)=\left[\dfrac{1}{s}\right]_{s=-1}=-1$

$F(s)=\dfrac{1}{s}-\dfrac{1}{s+1}$

$\therefore f(t)=\mathcal{L}^{-1}\left[\dfrac{1}{s}-\dfrac{1}{s+1}\right]=1-e^{-t}$

【답】③

77 $R-L$직렬회로에 $v(t)$전압을 인가하였을 때 제3고조파 성분의 실효치 전류는 약 몇 [A]인가?(단, $v(t)=150\sqrt{2}\cos\omega t+100\sqrt{2}\sin3\omega t+25\sqrt{2}\sin5\omega t$[V], $R=5[\Omega]$, $\omega L=4[\Omega]$이다)

① 7.69

② 10.88

③ 15.62

④ 22.08

Explanation

제3고조파 전류 $I_3=\dfrac{V_3}{Z_3}=\dfrac{V_3}{R+j3\omega L}=\dfrac{V_3}{\sqrt{R^2+(3\omega L)^2}}=\dfrac{100}{\sqrt{5^2+(3\times 4)^2}}=7.69[A]$

【답】①

78 불평형 3상 전류가 $I_a=15+j2$[A], $I_b=-20-j14$[A], $I_c=-3+j10$[A]일 때 정상분 전류는 약 몇 [A]인가?

① $1.91+j6.24$

② $-2.67-j0.67$

③ $15.7-j3.57$

④ $18.4+j12.3$

Explanation

정상분 $I_1=\dfrac{1}{3}(I_a+aI_b+a^2I_c)$

$=\dfrac{1}{3}\left\{-15+j2+\left(-\dfrac{1}{2}+j\dfrac{\sqrt{3}}{2}\right)(-20-j14)+\left(-\dfrac{1}{2}-j\dfrac{\sqrt{3}}{2}\right)(-3+j10)\right\}$

$=\dfrac{1}{3}(15+j2+22.12-j10.32+10.16-j2.4)$

$=15.7-j3.57[A]$

【답】③

79 같은 저항 $R[\Omega]$ 6개를 사용하여 그림과 같이 결선하고 대칭 3상 전압 V[V]를 가했을 때 흐르는 전류 I는 몇 [A]인가?

① $\dfrac{V}{2R}$ ② $\dfrac{V}{3R}$

③ $\dfrac{V}{4R}$ ④ $\dfrac{V}{5R}$

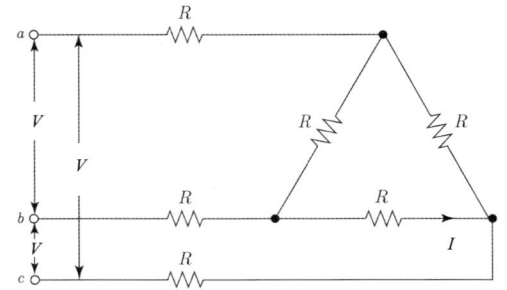

Explanation

우선 회로를 Y결선으로 전환하면

△→Y로 변환 : 저항은 $\dfrac{1}{3}$ 이 되므로 $\dfrac{R}{3}$

따라서 전체 1상의 저항은 $R_T = R + \dfrac{R}{3} = \dfrac{4}{3}R$

$$I_p = \dfrac{V_p}{Z} = \dfrac{\dfrac{V}{\sqrt{3}}}{\dfrac{4}{3}R} = \dfrac{3V}{4\sqrt{3}R} = \dfrac{\sqrt{3}\,V}{4R}$$

따라서 △결선의 상전류는 $I_p = \dfrac{I_l}{\sqrt{3}} = \dfrac{\dfrac{\sqrt{3}\,V}{4R}}{\sqrt{3}} = \dfrac{V}{4R}$ 【답】③

80 임피던스 함수가 $Z(s) = \dfrac{2s+3}{s}$ 로 표시되는 2단자 회로망은 다음 중 어느 것인가?

①   2[Ω] $\dfrac{1}{3}$[F]
     o—/\/\/—||—o

②   2[H]   3[Ω]
     o—∿∿—/\/\/—o

③   2[Ω]   3[H]
     o—/\/\/—∿∿—o

④   3[F]   2[Ω]
     o—||—/\/\/—o

Explanation

구동점 임피던스

① $R \rightarrow Z_R(s) = R$
② $L \rightarrow Z(s) = j\omega L = sL$
③ $C \rightarrow Z(s) = \dfrac{1}{j\omega C} = \dfrac{1}{sC}$

$$Z(s) = \dfrac{2s+3}{s} = 2 + \dfrac{3}{s} = 2 + \dfrac{1}{\dfrac{1}{3}s}$$

따라서 저항 2[Ω]과 정전용량 $\dfrac{1}{3}$[F]의 직렬회로가 된다.   【답】①

5과목   **전기설비기술기준**

81 시가지에 시설하는 154[kV] 가공전선로에는 지락 또는 단락이 생겼을 때에는 몇 초 이내에 자동으로 이를 전로로부터 차단하는 장치를 시설하여야 하는가?

① 1   ② 2

③ 3   ④ 5

Explanation

(KEC 333.1조) 시가지 등에서 특고압 가공 전선로의 시설
사용 전압이 100[kV] 넘는 특고압 가공전선로에 자기가 생기거나 단락한 경우에는 1초 이내에 차단되어야 한다. **【답】①**

82 특고압 옥내 전기설비를 시설할 때 사용전압은 몇 [kV] 이하인가?(단, 케이블트레이공사로 시설하는 경우가 아니다)

① 100   ② 170

③ 250   ④ 345

Explanation

(KEC 342.4조) 특고압 옥내 전기설비의 시설
① **사용 전압은 100[kV] 이하일 것**. 다만, 케이블 트레이 공사에 의하여 시설하는 경우에는 35[kV] 이하일 것
② 전선은 케이블일 것 **【답】①**

83 저압 가공전선과 고압 가공 절연전선을 동일 지지물에 시설하는 경우 두 전선 사이 간격은 몇 [m] 이상인가?(단, 각도주 분기주 등에서 혼촉의 우려가 없도록 시설하는 경우가 아니다)

① 0.5   ② 0.6

③ 0.7   ④ 0.8

Explanation

(KEC 332.8조) 고압 가공전선 등의 병행설치
저압 가공전선과 고압 가공전선 사이의 이격 거리는 0.5[m] 이상일 것. 다만, 각도주·분기주 등에서 혼촉의 우려가 없도록 시설하는 경우에는 그러하지 아니하다. **【답】①**

84 파이프라인 등에 전열장치 발열선을 시설하는 기준에 대한 설명으로 틀린 것은?

① 발열체와 통기관·드레인판 등의 부속물과의 접속부분에는 발열체가 발생하는 열에 견디는 절연물을 삽입할 것

② 발열체 상호 간의 접속은 용접 또는 프렌지 접합에 의할 것

③ 발열체에는 슈를 직접 붙이지 아니할 것

④ 발열체는 그 온도가 피 가열 액체의 발화온도의 90[%]를 넘지 않도록 시설할 것

Explanation

(KEC 241.11조) 파이프라인 등의 전열장치
① **발열체는 그 온도가 피 가열 액체의 발화 온도의 80[%]를 넘지 아니하도록 시설할 것.**
② 발열체 상호 간의 접속은 용접 또는 프렌지 접합에 의할 것.
③ 발열체에는 슈를 직접 붙이지 아니할 것.
④ 발열체 상호 간의 프렌지 접합부 및 발열체와 통기관·드레인관 등의 부속물과의 접속부분에는 발열체가 발생하는 열에 충분히 견디는 절연물을 삽입할 것. **【답】④**

85 고압가공전선에 케이블을 사용하고 케이블은 조가용선에 행거로 시설할 경우 행거의 간격을 몇 [m] 이하로 하는가?

① 0.3   ② 0.5

③ 0.7   ④ 0.2

(KEC 332.2조) 가공케이블의 시설
케이블은 조가용선에 행거로 시설하며 고압인 경우 **행거의 간격을 0.5[m]** 이하로 한다.　　　　　　　　　【답】②

86 고압용 또는 특고압용의 개폐기 시설방법으로 틀린 것은?
① 개폐기로서 부하전류를 차단하기 위한 것이 아닌 개폐기는 부하전류가 통하고 있을 경우에는 회로가 열리지 않도록 시설하여야 한다.
② 개폐기로서 중력 등에 의하여 자연히 작동할 우려가 있는 것은 자물쇠장치 기타 이를 방지하는 장치를 시설하여야 한다.
③ 제어회로 등에 조작용 개폐기를 시설하는 경우 전로의 각 극 및 중성선에 개폐기를 시설해야 한다.
④ 개폐기는 그 작동에 따라 그 개폐상태를 표시하는 장치가 되어 있는 것이어야 한다.

(KEC 341.9조) 고압 및 특고압 개폐기의 시설
① 고압용 또는 특고압용의 개폐기는 그 작동에 따라 그 개폐상태를 표시하는 장치가 되어 있는 것이어야 한다.
② 고압용 또는 특고압용의 개폐기로서 중력 등에 의하여 자연히 작동할 우려가 있는 것은 자물쇠장치 기타 이를 방지하는 장치를 시설하여야 한다.
③ 고압용 또는 특고압용의 개폐기로서 부하전류를 차단하기 위한 것이 아닌 개폐기는 부하전류가 통하고 있을 경우에는 개로할 수 없도록 시설하여야 한다.
④ 전로에 이상이 생겼을 때 자동적으로 전로를 개폐하는 장치를 시설하는 경우에는 그 개폐기의 자동 개폐 기능에 장해가 생기지 않도록 시설하여야 한다.　　　　　　　　　【답】③

87 전기저장장치의 시설에 대한 설명으로 틀린 것은?
① 외부터미널에 접속하기 위해 필요한 접점의 압력이 사용기간 동안 유지되어야 할 것
② 전기배선을 옥측 또는 옥외에 시설할 경우 수직 케이블의 포설에 준하여 시설할 것
③ 전선은 공칭단면적 2.5[㎟] 이상의 연동선 또는 이와 동등 이상의 세기 및 굵기의 것일 것
④ 단자를 체결 또는 잠글 때 너트나 나사는 풀림방지 기능이 있는 것을 사용할 것

(KEC 511.2조) 전기저장장치의 시설
① 전선은 공칭단면적 2.5[㎟] 이상의 연동선 또는 이와 동등 이상의 세기 및 굵기의 것일 것.
② 단자를 체결 또는 잠글 때 너트나 나사는 풀림방지 기능이 있는 것을 사용하여야 한다.
③ 외부터미널과 접속하기 위해 필요한 접점의 압력이 사용기간 동안 유지되어야 한다.
④ **옥측 또는 옥외에 시설할 경우 합성수지관공사에 의할 것**　　　　　　　　　【답】②

88 건조물과 전차선, 급전선 및 전차철도차량 집전장치의 공기절연 간격은 아래와 같이 정적 및 동적 최소 절연간격 이상을 확보하여야 한다. ( ) 안에 들어갈 전압[V]은?

시스템 종류	공칭 전압[V]	동적[mm]		정적[mm]	
		비오염	오염	비오염	오염
직류	( )	25	25	25	25

① 750　　　　　　　　　　　　　② 1,000
③ 1,500　　　　　　　　　　　　④ 2,000

(KEC 431.2조) 전차선로의 충전부와 건조물 간의 절연이격
건조물과 전차선, 급전선 및 전기철도차량 집전장치의 공기절연 이격거리는 표에 제시되어 있는 정적 및 동적 최소 절연이격거리 이상을 확보하여야 한다.

시스템 종류	공칭전압[V]	동적[mm]		정적[mm]	
		비오염	오염	비오염	오염
직류	750	25	25	25	25
	1,500	100	110	150	160

【답】①

89 지중전선로를 직접 매설식에 의하여 차량 기타 중량물의 압력을 받을 우려가 있는 장소에 시설할 경우에는 매설 깊이는 최소 몇 [m] 이상인가?

① 1.0
② 1.2
③ 1.5
④ 1.8

Explanation

(KEC 334.1조) 지중 전선로의 시설
직접 매설식 매설 깊이 : **중량물의 압력이 있는 곳은 1[m] 이상**, 없는 곳은 0.6[m] 이상

【답】①

90 수도관 등을 접지극으로 사용하는 경우에 대한 내용들이다. (ⓐ), (ⓑ), (ⓒ) 안에 들어갈 숫자로 옳은 것은?

> 접지도체와 금속제 수도관로의 접속은 안지름 (ⓐ)[mm] 이상인 부분 또는 여기에서 분기한 안지름 (ⓑ)[mm] 미만인 분기점으로부터 5[m] 이내의 부분에서 하여야 한다. 다만, 금속제 수도관로와 대지 사이의 전기저항 값이 (ⓒ)[Ω] 이하인 경우에는 분기점으로부터의 거리는 5[m]을 넘을 수 있다.

① ⓐ 50, ⓑ 75, ⓒ 3
② ⓐ 75, ⓑ 50, ⓒ 2
③ ⓐ 75, ⓑ 75, ⓒ 2
④ ⓐ 50, ⓑ 50, ⓒ 3

Explanation

(KEC 142.2조) 접지극의 시설 및 접지저항
접지도체와 금속제 수도관로의 접속은 안지름 75[mm] 이상인 부분 또는 여기에서 분기한 안지름 75[mm] 미만인 분기점으로부터 5[m] 이내의 부분에서 하여야 한다. 다만, 금속제 수도관로와 대지 사이의 전기저항 값이 2[Ω] 이하인 경우에는 분기점으로부터의 거리는 5[m]을 넘을 수 있다.

【답】③

91 고압 및 특고압의 전로에 시설하는 피뢰기 접지저항 값은 몇 [Ω] 이하로 해야 하는가?(단, 주어지지 않은 조건은 고려하지 않는다)

① 10
② 20
③ 30
④ 50

Explanation

(KEC 142.2조) 피뢰기의 접지
고압 및 특고압의 전로에 시설하는 피뢰기 접지저항 값은 10[Ω] 이하로 하여야 한다.

【답】①

92 폭연성 먼지가 존재하는 장소에서 전기설비가 발화원이 되어 폭발할 우려가 있는 곳에서의 저압 옥내배선 공사로 옳은 것은?

① 애자공사
② 금속관공사
③ 합성수지관공사
④ 캡타이어케이블공사

Explanation

(KEC 242.2.1조) 폭연성 분진 위험장소
폭연성 분진 또는 화약류의 분말이 전기설비가 발화원이 되어 폭발할 우려가 있는 곳에 시설하는 저압 옥내 전기설비는 저압

옥내배선, 저압 관등 회로 배선, 소세력 회로의 전선은 **금속관공사 또는 케이블공사(캡타이어 케이블을 사용하는 것을 제외)**에 의할 것
【답】②

93 고압 또는 특고압의 기계기구 모선 등을 옥외에 시설하는 발전소 · 변전소 · 개폐소 또는 이에 준하는 곳에는 구내에 취급자 이외의 사람이 들어가지 아니하도록 시설해야 하는데, 이에 해당하지 않는 것은?
① 감시카메라를 설치할 것
② 울타리, 담 등을 시설할 것
③ 출입구에는 출입금지의 표시를 할 것
④ 출입구에는 자물쇠장치 등의 장치를 할 것

Explanation

(KEC 351.1조) 발전소 등의 울타리 · 담 등의 시설
고압 또는 특고압의 기계기구 · 모선 등을 옥외에 시설하는 발전소 · 변전소 · 개폐소 또는 이에 준하는 곳에는 다음에 따라 구내에 취급자 이외의 사람이 들어가지 아니하도록 시설하여야 한다. 다만, 토지의 상황에 의하여 사람이 들어갈 우려가 없는 곳은 그러하지 아니하다.
① 울타리 · 담 등을 시설할 것.
② 출입구에는 출입금지의 표시를 할 것.
③ 출입구에는 자물쇠장치 기타 적당한 장치를 할 것.
【답】①

94 다음 ( )에 들어갈 내용으로 옳은 것은?

> 전차선로는 무선설비의 기능에 계속적이고 또한 중대한 장해를 주는 ( )가 생길 우려가 있는 경우에는 이를 방지하도록 시설하여야 한다.

① 정전기
② 전자파
③ 서지
④ 고조파

Explanation

(KEC 461.6조) 전자파 장해의 방지
전차선로는 무선설비의 기능에 계속적이고 중대한 장해를 주는 **전자파를** 발생할 우려가 없도록 시설하여야 한다. 【답】②
※ 기술기준 제18조 통신장해 방지에 유사 조항 존재 : 전선로 또는 전차선로는 무선설비의 기능에 계속적이고 중대한 장해를 주는 **전파를** 발생할 우려가 없도록 시설하여야 한다. 이 조항이 나오고 문항에 "전파"가 있으면 "전파"가 답이 된다.

95 특고압 가공전선로에서 전선로 중 3°를 초과하는 수평각도를 이루는 곳에 사용하는 철탑의 종류는?
① 각도형
② 보강형
③ 잡아당김형
④ 직선형

Explanation

(KEC 333.11조) 특고압 가공전선로의 철주, 철근콘크리트주, 철탑의 종류
① 직선형 : 전선로의 직선부분(3° 이하인 수평각도를 이루는 곳을 포함한다. 이하 같다)에 사용하는 것. 다만, 내장형 및 보강형에 속하는 것을 제외한다.
② **각도형 : 전선로중 3°를 초과하는 수평각도를 이루는 곳에 사용하는 것.**
③ 잡아당김형 : 전가섭선을 잡아당기는 곳에 사용하는 것.
④ 내장형 : 전선로의 지지물 양쪽의 경간의 차가 큰 곳에 사용하는 것.
⑤ 보강형 : 전선로의 직선부분에 그 보강을 위하여 사용하는 것
【답】①

96 금속덕트공사에 대한 설명으로 틀린 것은?
① 전선은 옥외용 비닐절연전선을 제외한 절연전선일 것
② 덕트의 끝부분은 막지 않을 것
③ 덕트는 물이 고이는 낮은 부분을 만들지 않도록 시설할 것
④ 금속덕트 안에는 전선에 접속점이 없을 것

(KEC 232.31조) 금속덕트공사
① 전선은 절연전선(옥외용 비닐 절연전선 제외)일 것
② 금속 덕트에 넣은 전선의 단면적(절연피복의 단면적을 포함)의 합계는 덕트 내부 단면적의 20[%](전광표시 장치 기타 이와 유사한 장치 또는 제어회로 등의 배선만을 넣는 경우는 50[%])이하일 것
③ 금속 덕트 안에는 전선에 접속점이 없도록 할 것. 다만, 전선을 분기하는 경우에는 그 접속점을 쉽게 점검할 수 있을 때에는 그러하지 아니하다.
④ **덕트의 끝부분은 막을 것**
⑤ 덕트 안에 먼지가 침입하지 아니하도록 할 것
⑥ 덕트는 물이 고이는 낮은 부분을 만들지 않도록 시설할 것　　　　　　　　　　　　　　　　　　　　　　　　　　　【답】②

97 전로의 중성점 접지의 목적에 해당하지 않는 것은?
① 이상전압의 억제　　　　　　　　　　　　② 보호장치의 확실한 동작의 확보
③ 대지전압의 저하　　　　　　　　　　　　④ 손실전력의 감소

(KEC 322.5조) 전로의 중성점의 접지
전로의 보호 장치의 확실한 동작의 확보, 이상 전압의 억제 및 대지 전압의 저하를 위하여 특히 필요한 경우에 전로의 중성점에 접지한다.　　【답】④

98 그림과 같이 분기회로 S_2의 보호장치 P_2는 P_2의 전원 측에서 분기점 O 사이에 다른 분기회로 또는 콘센트의 접속이 없고, 단락의 위험과 화재 및 인체에 대한 위험성이 최소화 되도록 시설된 경우, 분기회로의 보호장치 P_2는 분기회로의 분기점 O로부터 몇 [m]까지 이동하여 설치할 수 있는가?

① 3
② 4
③ 5
④ 6

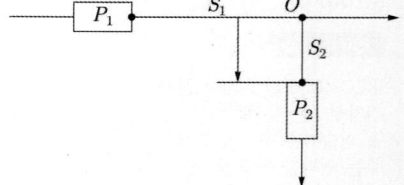

(KEC 212.4.2조) 과부하 보호장치의 설치 위치
분기회로 S_2의 보호장치 P_2는 P_2의 전원 측에서 분기점 O 사이에 다른 분기회로 또는 콘센트의 접속이 없고, 단락의 위험과 화재 및 인체에 대한 위험성이 최소화 되도록 시설된 경우, 분기회로의 보호장치 P_2는 분기회로의 분기점 O로부터 3[m]까지 이동하여 설치할 수 있다.　　　　　　　　　　　　　　　　　　　　　　　　　　　　　　　　　　　　【답】①

99 전력보안통신설비의 전원공급기 시설에 대한 설명으로 틀린 것은?
① 전원공급기의 시설방향은 인도측으로 시설하며 외함은 접지를 시행하여야 한다.
② 전원공급기는 지상에서 4[m] 이상 유지하여야 한다.
③ 전원공급기 시설 시 통신사업자는 기기 전면에 명판을 부착하여야 한다.
④ 기기주, 변압기 전주 및 분기주 등 설비 복잡개소에는 전원공급기를 시설하여야 한다.

(KEC 362.9조) 전력보안통신설비의 전원공급기 시설
① 전원공급기는 다음에 따라 시설하여야 한다.
　– 지상에서 4[m] 이상 유지할 것.
　– 누전차단기를 내장할 것.
　– 시설방향은 인도측으로 시설하며 외함은 접지를 시행할 것.
② **기기주, 변대주 및 분기주 등 설비 복잡개소에는 전원공급기를 시설할 수 없다.** 다만, 현장 여건상 부득이한 경우에는 예외

적으로 전원공급기를 시설할 수 있다.
③ 전원공급기 시설시 통신사업자는 기기 전면에 명판을 부착하여야 한다. 　　　　　　　　　【답】④

100 특고압을 직접 저압으로 변성하는 변압기를 시설할 수 없는 것은?
① 발전소 · 변전소 · 개폐소 또는 이에 준하는 곳의 소내용 변압기
② 전기로 등 전류가 큰 전기를 소비하기 위한 변압기
③ 교류식 전기철도용 신호회로에 전기를 공급하지 위한 변압기
④ 사용전압 100[kV]를 초과하는 변압기로서 그 특고압측과 저압측 권선 사이에 접지공사를 한 금속제의 혼촉방지판이 없는 것

Explanation

(KEC 341.3조) 특고압을 직접 저압으로 변성하는 변압기의 시설
특고압을 직접 저압으로 변성하는 변압기는 다음에 한하여 시설할 수 있다.
① 전기로 등 전류가 큰 전기를 소비하기 위한 변압기
② 발전소 · 변전소 · 개폐소 또는 이에 준하는 곳의 소내용 변압기
③ 특고압 전선로에 접속하는 변압기
④ 사용전압이 35[kV] 이하인 변압기로서 그 특고압 측 권선과 저압 측 권선이 혼촉한 경우에 자동적으로 변압기를 전로로부터 차단하기 위한 장치를 설치한 것
⑤ **사용전압이 100[kV] 이하인 변압기로서 그 특고압 측 권선과 저압 측 권선 사이에 접지공사(접지저항 값이 10[Ω] 이하인 것에 한한다)를 한 금속제의 혼촉방지판이 있는 것**
⑥ 교류식 전기철도용 신호회로에 전기를 공급하기 위한 변압기 　　　　　　　　　【답】④

MEMO

전기산업기사 필기

2023

과년도
CBT 복원문제

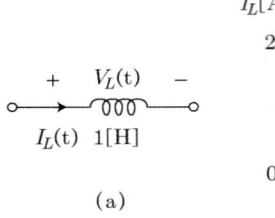

2023년 전기산업기사 필기

1회

01 트로이드 코일에 전류를 흘릴 경우 이 코일의 자기 인덕턴스는?
① 단면적과 권선수의 제곱에 비례하고 반지름에 반비례한다.
② 반지름과 권선수의 제곱에 비례하고 단면적에 반비례한다.
③ 반지름 및 권선수에 비례하고 단면적에 반비례한다.
④ 단면적 및 권선수에 비례하고 반지름에 반비례한다.

Explanation

환상솔레노이드 자기인덕턴스 $L = \dfrac{\mu S N^2}{l} = \dfrac{\mu S N^2}{2\pi r}$ [H] (여기서, r은 평균반지름)

따라서 인덕턴스는 단면적과 권선수의 제곱에 비례하고 반지름에 반비례한다. 【답】①

02 전계 내에서 폐회로를 따라 단위 전하가 일주할 때 전계가 한 일은 몇 [J]인가?
① ∞ 　　　　　　　　　　　② π
③ 1 　　　　　　　　　　　④ 0

Explanation

에너지 $W = QV = -Q\displaystyle\int_{\infty}^{P} E\, dl = -\int_{\infty}^{P} E\, dl$ [J]

폐곡면을 일주한다면 전위차가 0이므로 일(에너지)은 0이 된다. 【답】④

03 그림 (b)의 인덕터에 전류 I_L[A]가 그림과 같이 흐를 때 2초에서 6초 사이의 인덕터 전압 V_L[V]는 몇 [V]인가?

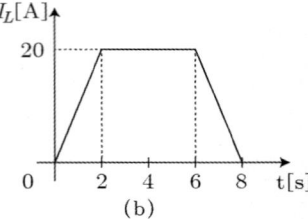

(a)　　　　　　　　　(b)

① 20 　　　　　　　　　　② 10
③ 5 　　　　　　　　　　④ 0

Explanation

인덕턴스에서의 유기기전력 $e_L = -L\dfrac{di}{dt}$ 에서

2초에서 6초 사이는 전류의 변화가 없으므로 기전력은 발생되지 않는다. 【답】④

04 정전계에 대한 설명으로 옳은 것은?

① 전계에너지와 무관한 전하분포의 전계이다.

② 전계에너지가 최대로 되는 전하분포의 전계이다.

③ 전계에너지를 일정하게 유지하는 전하분포의 전계이다.

④ 전계에너지가 최소로 되는 전하분포의 전계이다.

Explanation

정전계 : 전계에너지가 최소인 계(field)　　　　　　　　　　　　　　　　　　　　　　　【답】④

05 도전성을 가진 매질 내의 평면파에서 전송계수 γ를 표현한 것으로 알맞은 것은? 단, α는 감쇠정수, β는 위상정수이다.

① $\gamma = \alpha + j\beta$　　　　　　　　　　② $\gamma = \alpha - j\beta$

③ $\gamma = j\alpha + \beta$　　　　　　　　　　④ $\gamma = j\alpha - \beta$

Explanation

전파정수 $\gamma = \sqrt{ZY} = \sqrt{(R+j\omega L)(G+j\omega C)} = \alpha + j\beta$

여기서, α는 감쇠정수, β는 위상정수　　　　　　　　　　　　　　　　　　　　　　【답】①

06 그림과 같이 진공 내의 A, B, C 각 점에 $Q_A = 4 \times 10^{-6}$[C], $Q_B = 3 \times 10^{-6}$[C], $Q_C = 5 \times 10^{-6}$ [C]의 점전하가 일직선 상에 놓여 있을 때 B점에 작용하는 힘은 몇 [N]인가?

① 0.8×10^{-2}

② 1.2×10^{-2}

③ 1.8×10^{-2}

④ 2.4×10^{-2}

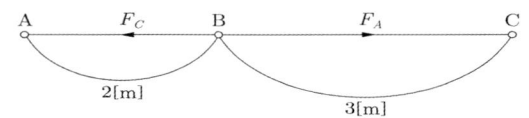

Explanation

그림에서 B구에 작용하는 힘 $F_B = F_C - F_A$ 이므로

$$F_B = F_C - F_A = \frac{Q_B Q_A}{4\pi\epsilon_o r_A^2} - \frac{Q_B Q_C}{4\pi\epsilon_o r_B^2} = \frac{Q_B}{4\pi\epsilon_o}\left(\frac{Q_A}{r_A^2} - \frac{Q_C}{r_B^2}\right)$$

$$= 9 \times 10^9 \times 3 \times 10^{-6}\left(\frac{4 \times 10^{-6}}{2^2} - \frac{5 \times 10^{-6}}{3^2}\right) = 12 \times 10^{-3} = 1.2 \times 10^{-2} \text{[N]}$$

【답】②

07 모든 전기 장치를 접지시키는 근본적 이유는?

① 영상전하를 이용하기 때문에

② 지구는 전류가 잘 통하기 때문에

③ 편의상 지면의 전위를 무한대로 보기 때문에

④ 지구의 용량이 커서 전위가 거의 일정하기 때문에

Explanation

지구는 정전용량이 커서 많은 전하가 축적되어도 지구의 전위는 일정하므로 모든 전기 장치를 접지시킨다.　　【답】④

08 π[C]의 전하가 2[m/sec]의 속도로 진공 중에서 운동하고 있을 때, 이 운동 방향에 대해 각도 θ이고 거리 2[m] 떨어진 점에서의 자계의 세기는 몇 [AT/m]인가?

① $\sin\theta$　　　　　② $\frac{1}{8}\sin\theta$　　　　　③ $\frac{1}{4}\cos\theta$　　　　　④ $\cos\theta$

비오-사바르법칙 : 전자(전하)가 자계로 진입하는 경우

자계의 세기 $H = \dfrac{Idl}{4\pi r^2} \times \sin\theta = \dfrac{\pi \times 2}{4 \times \pi \times 2^2} = \dfrac{1}{8}\sin\theta$

여기서, $Il = \dfrac{Q}{t}l = Qv$

【답】②

09 반지름 a[m]인 접지 도체구의 중심에서 d[m] 되는 거리에 점전하 Q[C]을 놓았을 때 도체구에 유도된 총 전하는 몇 [C]인가?

① 0

② $-Q$

③ $-\dfrac{a}{d}Q$

④ $-\dfrac{d}{a}Q$

접지 도체구에 유기되는 전하

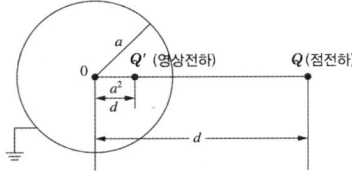

• 크기 : $Q' = -\dfrac{a}{d}Q$

【답】③

10 투자율이 각각 μ_1, μ_2인 두 자성체의 경계면에서 자기력선의 굴절의 법칙을 나타낸 식은?

① $\dfrac{\mu_1}{\mu_2} = \dfrac{\sin\theta_1}{\sin\theta_2}$

② $\dfrac{\mu_1}{\mu_2} = \dfrac{\sin\theta_2}{\sin\theta_1}$

③ $\dfrac{\mu_1}{\mu_2} = \dfrac{\tan\theta_1}{\tan\theta_2}$

④ $\dfrac{\mu_1}{\mu_2} = \dfrac{\tan\theta_2}{\tan\theta_1}$

자성체의 경계조건

• 경계조건 : $\dfrac{\mu_1}{\mu_2} = \dfrac{\tan\theta_1}{\tan\theta_2}$

【답】③

11 유전율 ϵ[F/m]인 유전체 중에서 전하가 Q[C], 전위가 V[V], 반지름 a[m]인 도체구가 갖는 에너지는 몇 [J]인가?

① $\dfrac{1}{2}\pi\epsilon a\, V^2$

② $\pi\epsilon a\, V^2$

③ $2\pi\epsilon a\, V^2$

④ $4\pi\epsilon a\, V^2$

구도체의 정전용량은 $C = 4\pi\epsilon a$[F]

에너지 $W = \dfrac{1}{2}CV^2 = \dfrac{1}{2}(4\pi\epsilon a)V^2 = 2\pi\epsilon a V^2$[J]

【답】③

12 양극판의 면적이 $S[m^2]$, 극판 간의 간격이 $d[m]$, 정전용량이 $C_1[F]$인 평행판 콘덴서가 있다. 양극판 면적을 각각 $3S[m^2]$로 늘이고 극판 간격을 $\frac{1}{3}d[m]$로 줄였을 때의 정전용량 $C_2[F]$는?

① $C_2 = C_1$ 　　② $C_2 = 3C_1$
③ $C_2 = 6C_1$ 　　④ $C_2 = 9C_1$

Explanation

평행판 콘덴서의 정전용량 $C_1 = \dfrac{\epsilon S}{d}[F]$에서

양극판 면적을 3배로 하고 간격을 1/3배로 하면 $C_2 = \dfrac{\epsilon 3S}{\dfrac{d}{3}} = 9\dfrac{\epsilon S}{d} = 9C_1[F]$ 【답】 ④

13 면적이 $300[cm^2]$, 판 간격이 $2[cm]$인 2장의 전극 사이를 비유전율 5의 유전체로 채우고 양 전극에 $20[kV]$의 전압을 인가할 경우 전극 사이에 작용하는 정전력은 약 몇 $[N]$인가?

① 0.33   　　② 0.99
③ 0.66   　　④ 1.32

Explanation

정전응력 $f = \dfrac{\sigma^2}{2\epsilon_0} = \dfrac{1}{2}\epsilon_0 E^2 = \dfrac{D^2}{2\epsilon_0} = \dfrac{1}{2}ED \,[N/m^2]$

$$f = \dfrac{1}{2}\epsilon_0 E^2 = \dfrac{1}{2}\epsilon_0 \left(\dfrac{V}{d}\right)^2$$

힘 $F = f \cdot S = \dfrac{1}{2}\epsilon E^2 \cdot S = \dfrac{1}{2}\epsilon \left(\dfrac{V}{d}\right)^2 \cdot S \,[N]$

$$= \dfrac{1}{2} \times 5 \times 8.855 \times 10^{-12} \times 300 \times 10^{-4} \times \dfrac{(20 \times 10^3)^2}{(2 \times 10^{-2})^2} = 0.66[N]$$ 【답】 ③

14 강자성체가 아닌 것은?
① 철   　　② 백금
③ 니켈   　　④ 코발트

Explanation

- **강자성체** : 철(Fe), 니켈(Ni), 코발트(Co)
- 상자성체 : 알루미늄(Al), 백금(Pt), 주석(Sn), 산소(O), 질소(N)
- 반자성체 : 구리(Cu), 은(Ag), 납(Pb)   【답】 ②

15 자기회로의 자기저항에 대한 설명으로 옳은 것은?
① 투자율에 반비례한다.
② 자기회로의 단면적에 비례한다.
③ 자기회로의 길이에 반비례한다.
④ 단면적에 반비례하고, 길이의 제곱에 비례한다.

Explanation

자기저항 : $R_m = \dfrac{l}{\mu S}[AT/Wb]$
∴ 자기저항은 길이에 비례, 투자율과 면적에 반비례   【답】 ①

16 제벅(Seebeck) 효과를 이용한 것은?

① 광전지   ② 열전대

③ 전자냉동   ④ 수정 발진기

> **Explanation**
>
> 열전현상
> - **제벅 효과** : 두 종류 금속(열전대) 접속면에 온도차가 있으면 기전력이 발생, 열전온도계의 원리
> - **펠티에 효과** : 서로 다른 두 종류의 금속선으로 폐회로를 만들고 전류를 흘리면 금속선의 접속점에서의 열이 흡수 또는 발생
> - **톰슨 효과** : 동일한 금속 도선의 두 접점 간에 전류를 흘리면 도선 속에서 열이 발생되거나 흡수   **【답】②**

17 액체 유전체를 넣은 콘덴서의 용량이 30[μF]이다. 여기에 500[V]의 전압을 가했을 때 누설전류는 약 얼마인가? 단, 고유 저항 ρ는 $10^{11}[\Omega \cdot m]$, 비유전율 ϵ_s는 2.2이다.

① 5.1[mA]   ② 7.7[mA]

③ 10.2[mA]   ④ 15.4[mA]

> **Explanation**
>
> $RC = \rho\epsilon$에서 접지저항 $R = \dfrac{\rho\epsilon}{C}[\Omega]$
>
> 누설전류 $I = \dfrac{V}{R} = \dfrac{CV}{\rho\epsilon} = \dfrac{CV}{\rho\epsilon_0\epsilon_s} = \dfrac{30 \times 10^{-6} \times 500}{10^{11} \times 8.855 \times 10^{-12} \times 2.2} \times 10^3 = 7.7[mA]$ **【답】②**

18 다음은 전기 및 자기 쌍극자에 의한 전계와 자계의 세기에 대한 설명이다. ( )안에 들어갈 내용으로 옳은 것은?

> 전기 쌍극자에 의해 발생하는 전위의 크기는 전기 쌍극자 중심으로부터 거리의 (㉮)에 반비례하고, 자기 쌍극자에 의해 발생하는 자계의 크기는 자기 쌍극자 중심으로부터 거리의 (㉯)에 반비례한다.

① ㉮ 제곱, ㉯ 제곱   ② ㉮ 제곱, ㉯ 세제곱

③ ㉮ 세제곱, ㉯ 제곱   ④ ㉮ 세제곱, ㉯ 세제곱

> **Explanation**
>
> - 전기 쌍극자 : 전위 $V = \dfrac{M\cos\theta}{4\pi\epsilon_0 r^2}$, 전계 $E = \dfrac{M\sqrt{1+3\cos^2\theta}}{4\pi\epsilon_0 r^3}$
> - 자기 쌍극자 : 자위 $U = \dfrac{M\cos\theta}{4\pi\mu_0 r^2}$, 자계 $H = \dfrac{M\sqrt{1+3\cos^2\theta}}{4\pi\mu_0 r^3}$ **【답】②**

19 2개의 도체를 Q[C]과 $-Q$[C]라 할 때, 두 개의 도체 간의 전위차를 전위계수로 표시하면?

① $P_{11}Q - P_{12}Q$ ② $(P_{11} - 2P_{12} + P_{22})Q$

③ $(P_{11} + 2P_{12} + P_{22})Q$ ④ $P_{12}Q - P_{22}Q$

> **Explanation**
>
> 전위 $V_1 = P_{11}Q_1 + P_{12}Q_2$, $V_2 = P_{21}Q_1 + P_{22}Q_2$에서
> $Q_1 = Q$, $Q_2 = -Q$를 대입하면
> 전위차 $V = V_1 - V_2 = P_{11}Q - P_{12}Q - P_{12}Q + P_{22}Q$
> $\qquad\qquad = (P_{11} - 2P_{12} + P_{22})Q$ **【답】②**

20 그림과 같이 무한장 직선도선 l이 있으며, 이것에 z의 + 방향으로 전류 i_1이 흐르고 있다. 그리고 $y-z$면상에 도선 ABCD가 있고 이것에 ABCD 방향으로 전류 i_2가 흐르고 있을 때 z의 방향으로 힘이 발생하는 변은?

① DA변
② AB변
③ CD변
④ BC변

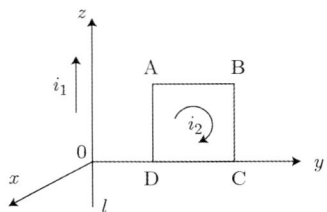

Explanation

플레밍의 왼손 법칙
• 힘(F) : 엄지
• 자장(B) : 검지
• 전류(I) : 중지

따라서 도선 ABCD에 미치는 전자력은 무한 직선 전류 I_1에 의한 자계의 방향이 지면으로 들어가는 방향이므로 변 AB가 z의 +방향으로 힘을 받게 됨을 알 수 있다.

【답】②

2과목 전력공학

21 늦은 역률의 부하를 갖는 단거리 송전선로에 대한 전압강하의 근사식은?(단, P는 3상 부하전력 [kW], E는 상전압[kV] ,R은 선로 저항[Ω], X는 선로의 리액턴스[Ω], θ는 부하의 역률이다)

① $\dfrac{P}{\sqrt{3}\,E}(R+X\tan\theta)$ 　　　　　② $\dfrac{P}{\sqrt{3}\,E}(R\cos\theta+X\sin\theta)$

③ $\dfrac{P}{3E}(R+X\tan\theta)$ 　　　　　　④ $\dfrac{\sqrt{3}\,P}{E}(R+X\tan\theta)$

Explanation

단거리 송전선로 전압강하

전압강하 $e=\dfrac{P}{V}(R+X\tan\theta)$에서 상전압이 주어져 있으므로

$V=\sqrt{3}\,E$를 대입하면 $\dfrac{P}{\sqrt{3}\,E}(R+X\tan\theta)$

【답】①

22 다음 (　)에 알맞은 내용으로 옳은 것은? (단, 공급 전력과 선로 손실률은 동일하다)

> 선로의 전압을 2배로 승압할 경우, 공급전력은 승압 전의 (㉮)로 되고, 선로 손실은 승압 전의 (㉯)로 된다.

① ㉮ $\dfrac{1}{4}$, ㉯ 2배 　　　　　② ㉮ $\dfrac{1}{4}$, ㉯ 4배

③ ㉮ 2배, ㉯ $\dfrac{1}{4}$ 　　　　　④ ㉮ 4배, ㉯ $\dfrac{1}{4}$

Explanation

전압과의 관계

전력 손실	$P_l = \dfrac{P^2 R}{V^2 \cos^2\theta}$	$P_l \propto \dfrac{1}{V^2}$
공급 전력		$P \propto V^2$

- 공급전력 $P \propto V^2 = 2^2 = 4$
- 선로손실 $P_l \propto \dfrac{1}{V^2} = \dfrac{1}{2^2} = \dfrac{1}{4}$

【답】④

23 소호각의 사용 목적은?
① 이상전압의 발생 방지
② 전선의 진동 방지
③ 애자의 보호
④ 클램프의 보호

Explanation

애자 보호 대책 : 소호환(아킹링), 소호각(아킹혼)
- **섬락 시 애자련 보호**
- 애자련의 전압 분포 개선

【답】③

24 발전기 내부 고장에 대한 보호용으로 많이 사용되는 것은?
① 전류력계형 계전기
② 임피던스 계전기
③ 비율차동 계전기
④ 과전류 계전기

Explanation

비율차동 계전기
- 보호 구간에 유입하는 전류와 유출하는 전류의 벡터 차와 출입하는 전류의 관계비로 동작
- **발전기, 변압기 내부고장 보호**

【답】③

25 차단기의 정격 차단시간에 대한 정의로써 옳은 것은?
① 고장 발생부터 소호까지의 시간
② 트립 코일 여자부터 아크 소호까지의 시간
③ 트립코일 여자부터 가동접촉자 시동까지의 시간
④ 가동접촉자 시동부터 소호까지의 시간

Explanation

차단기의 정격 차단 시간
- **트립코일 여자로부터 소호까지의 시간**
- 개극 시간과 아크 시간의 합

【답】②

26 3상 3선식 1선 1[km]의 임피던스가 $Z[\Omega]$이고, 어드미턴스가 $Y[\mho]$일 때 특성 임피던스는?
① $\sqrt{\dfrac{Z}{Y}}$
② $\sqrt{\dfrac{Y}{Z}}$
③ $\sqrt{ZY}$
④ $\sqrt{Z+Y}$

Explanation

특성 임피던스 $Z_0 = \sqrt{\dfrac{Z}{Y}} = \sqrt{\dfrac{R+j\omega L}{G+j\omega C}} \fallingdotseq \sqrt{\dfrac{L}{C}}$

【답】①

27 수조에 대한 설명 중 옳지 않은 것은?

① 수로 내의 수위의 이상상승을 방지한다.

② 수로식 발전소의 수로의 처음 부분과 수압관의 아래 부분에 설치한다.

③ 수로에서 유입하는 물속의 토사를 침전시켜서 배사문으로 배사하고 부유물을 제거한다.

④ 용량을 크게 하는 것이 바람직하나, 지형적 조건에 따라서 최소한 최대사용유량을 1~2분 동안 저장할 수 있는 용적을 가져야 한다.

Explanation

수조(head tank)
• 수로와 수압관을 연결하는 접속부에 설치
• 유하 토사의 최종적인 침전(부유물 제거)
• 유량의 과부족 조정(최대 사용 수량의 1~2분 정도)
• 수로 내 수위 상승 억제

【답】②

28 3상 3선식 가공 송전선로가 있다. 전선 한 가닥의 저항은 15[Ω], 리액턴스는 20[Ω]이고, 수전단의 선간전압은 30[kV], 부하 역률은 0.8(늦음)이다. 전압강하율을 5[%]로 하면 이 송전선로로 몇 [kW]까지 수전할 수 있는가?

① 2,000[kW] ② 2,500[kW]
③ 1,000[kW] ④ 1,500[kW]

Explanation

전압 강하율 $\delta = \dfrac{V_s - V_r}{V_r} \times 100 = \dfrac{e}{V_r} \times 100 = \dfrac{P}{V_r^2}(R + X\tan\theta) \times 100[\%]$에서

부하전력 $P = \dfrac{V_r^2 \, \delta}{R + X\tan\theta}$

∴ 부하전력 $P = \dfrac{30,000^2 \times 0.05}{15 + 20 \times \dfrac{0.6}{0.8}} \times 10^{-3} = 1,500[kW]$

【답】④

29 지중 케이블에서 고장점을 찾는 방법이 아닌 것은?

① 머레이 루프(murray loop) 시험기에 의한 방법
② 메거(megger)에 의한 측정 방법
③ 정전용량의 측정에 의한 방법
④ 펄스에 의한 측정법

Explanation

지중 케이블 고장점 탐색
• 머레이 루프법   • 정전용량법
• 수색 코일법   • 펄스법
• 음향법
여기서, 메거는 절연저항을 측정하는 계기이다.

【답】②

30 가공전선을 단도체식으로 하는 것보다 같은 단면적의 복도체식으로 하였을 경우에 대한 내용으로 틀린 것은?

① 전선의 인덕턴스가 감소된다.   ② 전선의 정전용량이 감소된다.
③ 코로나 발생률이 적어진다.   ④ 송전용량이 증가한다.

Explanation

복도체(다도체) 방식의 주목적 : 코로나 방지

- 인덕턴스는 감소, 정전용량은 증가
- 코로나의 방지, 코로나 임계 전압의 상승
- 송전용량의 증대, 안정도 증대

【답】 ②

31 송전계통의 안정도 증진 대책이 아닌 것은?
① 병렬 회선 수 증가
② 차폐선의 채용
③ 고속 재폐로 방식 채용
④ 중간 조상설비 설치

Explanation

안정도 향상 대책
① 직렬 리액턴스(X)를 작게 한다.
- 발전기나 변압기의 리액턴스를 작게 한다.
- **선로의 병행 회선수를 늘리거나 복도체 또는 다도체 방식을 사용한다.**
- 직렬 콘덴서를 삽입하여 선로의 리액턴스를 보상한다.
② 전압 변동을 작게 한다.
③ **중간 조상 방식을 채용한다.**
④ 고장 전류를 줄이고 고장 구간을 신속하게 차단한다.

【답】 ②

32 소호 원리에 따른 차단기의 종류 중에서 소호실에서 아크에 의한 절연유 분해 가스의 흡부력을 이용하여 차단하는 것은?
① 기중차단기
② 가스차단기
③ 유입차단기
④ 자기차단기

Explanation

차단기의 종류와 특징

	특징	소호 매질
OCB 유입차단기	• 아크에 의한 절연유 분해 가스의 흡부력을 이용 • 부싱 변류기 사용 가능 • 방음 설비가 불필요, 화재의 위험	절연유

【답】 ③

33 복도체에 있어서 소도체의 반지름을 r[m], 소도체 사이의 간격을 s[m]라고 할 때 2개의 소도체를 사용한 복도체의 등가 반지름은 몇 [m]인가?
① rs
② $r\sqrt{s}$
③ $\sqrt{rs}$
④ $s\sqrt{r}$

Explanation

등가반지름 $r_e = \sqrt[n]{rs^{n-1}}$ 이고 (여기서, n : 소도체 수, r : 소도체 반지름, s : 소도체간 거리)
복도체의 경우 2개의 소도체($n=2$)를 사용하며
따라서 등가 반지름 $r_e = \sqrt{rs}$ 이다.

【답】 ③

34 여러 회선의 비접지 3상 3선식 배전선로에 선택지락계전기를 사용하여 선택지락보호를 하려고 할 때 필요한 것은?
① PT – CT
② GPT – CT
③ GPT – ZCT
④ PT – ZCT

Explanation

사고 별 보호 계전기
• 단락 사고 : 과전류 계전기(OCR)

- 지락 사고 : 지락 계전기(GR), 선택 지락 계전기(SGR)
  - 영상 변류기(ZCT) : 영상(지락)전류 검출
  - GPT(접지형 계기용 변압기) : 영상 전압 검출

【답】③

35 그림과 같이 접지공사가 시공된 기기의 외함에서 누전 되었을 때 지락전류 I[A]는?

① $\dfrac{V}{R_2}$

② $\dfrac{V}{R_2 + R_3}$

③ $\dfrac{V}{R_3}$

④ $\left(\dfrac{1}{R_2} + \dfrac{1}{R_3} \right) V$

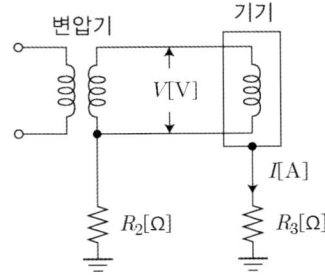

Explanation

저압회로의 지락전류 $I = \dfrac{V}{R_2 + R_3}$

【답】②

36 3상 1회선 전선로의 작용 정전용량을 C, 선간 정전용량을 C_1, 대지 정전용량을 C_2라 할 때 C, C_1, C_2의 관계는?

① $C = C_1 + C_2$

② $C = 3(C_1 + C_2)$

③ $C = 3C_1 + C_2$

④ $C = C_1 + 3C_2$

Explanation

1선당 작용 정전용량(대지 정전용량 : C_s, 선간 정전용량 : C_m)

• 단상 2선식 : $C = C_s + 2C_m$

• 3상 3선식 : $C = C_s + 3C_m$

【답】③

37 페란티 현상이 발생하는 주된 원인으로 알맞은 것은?

① 선로의 인덕턴스

② 선로의 정전용량

③ 선로의 누설 컨덕턴스

④ 선로의 저항

Explanation

페란티 현상

• 무부하(경부하) 시 **선로의 정전용량에 의해서** 송전단 전압보다 수전단 전압이 커지는 현상

• 방지법 : 분로 리액터(Sh.R)

【답】②

38 전력계통은 충분한 안정도를 가지고 가장 경제적으로 그 의무를 다하는 것이 최종 목표이다. 이런 관점에서 계통 운용과 개발확충 계획으로 구분했을 때, 계통 운영의 관점에서 문제점으로 적합하지 않은 것은?

① 전력계통의 주파수와 유효 전력 제어

② 전력계통의 전압과 무효 전력 제어

③ 발전설비의 확충

④ 전력계통의 신뢰도 제어

Explanation

전력계통 운영 목표

전력계통 운영의 목표는 발전 및 송, 변전, 배전 등의 전력설비를 종합적으로 운영하여 전력에너지를 고품질로, 경제적으로, 신뢰성 있게 공급하는 것

- 규정주파수 유지 : 유효전력 제어, 자동발전제어
- 규정전압 유지 : 무효전력 제어
- 경제적 생산과 공급 : 여러 발전설비를 최소한의 송전손실과 종합경제성을 갖도록 최적 배분
- 신뢰성 확보 : 상시 감시 제어 및 긴급 시의 예방제어와 복구제어

【답】③

39 장거리 대전력을 송전할 때 교류 송전방식에 비교한 직류 송전의 장점이 아닌 것은?

① 변압이 쉬워 고압 송전에 유리하다.　　② 송전효율이 높다.

③ 선로 절연이 유리하다.　　④ 안정도가 좋다.

Explanation

직류송전의 특징
- 선로의 리액턴스가 없으므로 안정도가 높다.
- 비동기연계가 가능하다(주파수가 다른 선로의 연계 가능).
- 도체의 표피효과가 없다.
- 충전전류와 유전체손을 고려하지 않아도 된다.
- **변압이 어렵다.**
- 고조파 억제 대책이 필요하다.

【답】①

40 공칭 단면적 200[mm²], 전선 무게 1.838[kg/m], 전선의 바깥지름 18.5[mm]인 경동연선을 경간 200[m]로 가설하는 경우 이도는 약 몇 [m]인가? 단, 경동연선의 인장하중은 7,910[kg], 빙설하중은 0.416[kg/m], 풍압 하중은 1.525[kg/m]이고 안전율은 2.0이다.

① 3.44　　② 3.78

③ 4.28　　④ 4.78

Explanation

전체 하중 $W = \sqrt{\text{수평하중}^2 + \text{수직하중}^2} = \sqrt{W_1^2 + W_2^2} = \sqrt{(1.838 + 0.416)^2 + 1.525^2} = 2.72\,[\text{kg/m}]$

이도 $D = \dfrac{WS^2}{8T} = \dfrac{2.72 \times 200^2}{8 \times \dfrac{7,910}{2}} = 3.44\,[\text{m}]$

【답】①

3과목　전기기기

41 3상 직권 정류자 전동기의 중간 변압기는 고정자 권선과 회전자 권선 사이에 직렬로 접속되는데 이 중간 변압기를 사용하는 중요한 이유는?

① 경부하 시 속도의 급상승 방지를 위하여　　② 주파수 변동으로 속도를 조정하기 위하여

③ 회전자 상수를 감소하기 위하여　　④ 역회전을 방지하기 위하여

Explanation

3상 직권 정류자 전동기에서 중간 변압기를 사용하는 목적
- 전원 전압의 크기에 관계없이 정류자 전압 조정
- 중간 변압기의 권수비를 조정하여 전동기 특성을 조정
- **경부하 시 직권 특성 $T \propto I^2 \propto \dfrac{1}{N^2}$ 이므로 속도가 크게 상승할 수 있어 중간 변압기를 사용하여 속도 상승을 억제**
- 실효 권수비 조정

【답】①

42 단상변압기 2대를 사용하여 3,150[V]의 평형 3상에서 210[V]의 평형 2상으로 변환하는 경우에 각 변압기의 1차 전압과 2차 전압은 얼마인가?

① 주좌 변압기 : 1차 3,150[V], 2차 210[V]
    T좌 변압기 : 1차 3,150[V], 2차 210[V]

② 주좌 변압기 : 1차 3,150[V], 2차 210[V]
    T좌 변압기 : 1차 $3,150 \times \dfrac{\sqrt{3}}{2}$[V], 2차 210[V]

③ 주좌 변압기 : 1차 $3,150 \times \dfrac{\sqrt{3}}{2}$[V], 2차 210[V]
    T좌 변압기 : 1차 $3,150 \times \dfrac{\sqrt{3}}{2}$[V], 2차 210[V]

④ 주좌 변압기 : 1차 $3,150 \times \dfrac{\sqrt{3}}{2}$[V], 2차 210[V]
    T좌 변압기 : 1차 3,150[V], 2차 210[V]

Explanation

스코트 결선(T결선)

T좌 변압기의 권선비 : $a_T = \dfrac{\sqrt{3}}{2}a$

• 주좌 변압기 : 1차 3,150[V], 2차 210[V]

• T좌 변압기 : 1차 $3,150 \times \dfrac{\sqrt{3}}{2}$[V], 2차 210[V]

【답】②

43 3상 동기 발전기에서 그림과 같이 1상의 권선을 서로 똑같은 2조로 나누어서 그 1조의 권선전압을 E[V], 각 권선의 전류를 I[A]라 하고 2중 Y형(double star)으로 결선한 경우 선간전압[V], 선전류 [A], 피상전력[W]은?

① $3E$, I, $5.19EI$
② $\sqrt{3}\,E$, $2I$, $6EI$
③ E, $2\sqrt{3}\,I$, $6EI$
④ $\sqrt{3}\,E$, $\sqrt{3}\,I$, $5.19EI$

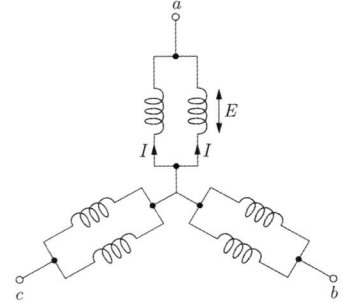

Explanation

2개의 권선이 병렬 연결

• 전압은 동일

• 임피던스는 $\dfrac{1}{2}$

Y결선

$V_l = \sqrt{3}\,V_p$에서 선간전압 $V_l = \sqrt{3}\,E$

$I_p = I_l = \dfrac{V_p}{Z}$에서 $I_l = \dfrac{E}{\dfrac{Z}{2}} = 2I$

피상전력 $P_a = \sqrt{3}\,V_lI_l = \sqrt{3} \times \sqrt{3}\,E \times 2I = 6EI$

【답】②

44 직류 분권발전기의 브러시를 중성축에서 회전 방향 쪽으로 이동하면 전압은?

① 상승한다.　　　　　　　　　　　② 급격히 상승한다.
③ 변화하지 않는다.　　　　　　　　④ 감소한다.

Explanation

직류 분권발전기
브러시를 중성축에서 회전 방향으로 이동하면 전압은 단락전류가 흘러서 기전력의 일부가 상쇄되어 감소한다.　　【답】④

45 변압기의 부하가 증가할 때의 현상으로서 틀린 것은?

① 동손이 증가한다.　　　　　　　　② 온도가 상승한다.
③ 철손이 증가한다.　　　　　　　　④ 여자전류는 변함없다.

Explanation

변압기의 손실
• 부하손 : 동손
• 무부하손 : 철손(히스테리시스손 + 와류손)
부하가 증가하면 동손은 증가하지만 철손은 무부하손이므로 변함없다.　　【답】③

46 동기발전기가 난조를 일으키는 원인으로 틀린 것은?

① 부하가 급격히 변화하는 경우　　　② 회전자의 관성 모멘트가 작은 경우
③ 발전기의 전기적 저항이 작은 경우　④ 원동기의 토크에 고조파가 포함되어 있는 경우

Explanation

난조(hunting) : 발전기의 부하가 급변하는 경우 회전자 속도가 동기 속도를 중심으로 진동하는 현상
난조의 원인
• 원동기의 조속기 감도가 너무 예민할 때
• **전기자 저항이 너무 클 때**
• 부하의 급변
• 원동기 토크에 고조파가 포함될 때
• 관성모멘트가 작은 경우　　【답】③

47 포화하고 있지 않은 직류발전기의 회전수가 1/2로 감소되었을 때 기전력을 속도 변화 전과 같은 값으로 하려면 여자전류를 전과 비교하여 얼마로 해야 하는가?

① 1배　　　　　　　　　　　　　　② 2배
③ 4배　　　　　　　　　　　　　　④ 8배

Explanation

직류발전기 유기기전력 $E = K\phi N$ 에서
기전력이 일정하므로 회전수 N 이 $\frac{1}{2}$ 로 되면, 여자전류(자속) ϕ 가 2배가 되어야 한다.　　【답】②

48 직류전동기 중에서 부하의 변화에 따른 속도 변화가 가장 많은 전동기는?

① 가동 복권전동기　　　　　　　　② 타여자전동기
③ 직권전동기　　　　　　　　　　　④ 분권전동기

Explanation

부하의 변화에 대하여 속도 변동이 큰 순서
직권 〉 가동복권 〉 분권 〉 차동복권　　【답】③

49 유도전동기의 슬립이 $s > 1$인 영역을 갖는 것은?
① 회생제동
② 역상제동
③ 회전제동
④ 발전제동

Explanation

슬립 $s = \dfrac{N_s - N}{N_s}$

• $0 < s < 1$: 유도 전동기
• $1 < s < 2$: 유도 제동기(**역상제동**)
• $s < 0$: 유도 발전기(비동기 발전기)

【답】②

50 대형 변압기에서 변압기의 호흡작용으로 절연내력이 저하되는 절연열화를 방지할 목적으로 기름과 공기의 접촉을 방지하기 위해 봉입하는 기체는?
① 질소
② 탄산가스
③ 오존
④ 아르곤

Explanation

절연열화 방지대책
• 콘서베이터 설치
• **질소 봉입**
• 흡착제 방식

【답】①

51 3상 유도전동기를 기동할 때 슬롯수가 적당하지 않을 때 발생되는 기자력의 고조파 성분에 의해 발생되는 현상은?
① 크롤링 현상
② 게르게스 현상
③ 토크 증가 현상
④ 제동 토크의 증가 현상

Explanation

크롤링 현상
3상 유도전동기에서 고조파에 의해 기동 시 낮은 속도의 어느 점에서 회전자가 걸려 안정하게 되어 더 이상 가속이 되지 않는 현상을 크롤링 현상(Crawling)이라고 한다.

【답】①

52 동기발전기를 병렬 운전하기 위해 동기화 회로로 구성하여 동기검정등을 관찰할 때 완전히 두 발전기가 일치하는 순간을 바르게 표현한 것은?

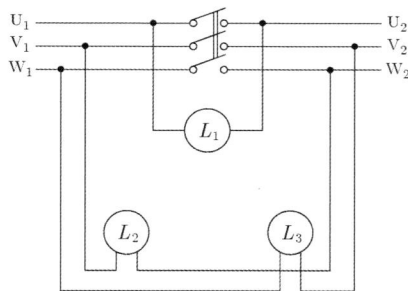

① 전등불이 L1, L2, L3 순으로 밝게 된다.
② 모든 전등불이 ON, OFF를 반복한다.
③ 전등불이 L1, L3, L2 순으로 밝게 된다.
④ 전등불이 L1은 꺼지고, L2, L3는 같은 밝기의 빛을 낸다.

동기화 검정 장치
두 발전기의 위상 차를 확인하는 장치를 동기화 검정 장치라고 하며, 동기 검정등과 지침 모양의 동기 검정기로 이루어진다. 주파수, 위상에 차이가 있으면 왼쪽으로 또는 오른쪽으로 전등이 깜박이며, 그 차이가 줄어들면 속도가 느려진다. **주파수와 위상이 일치했을 때 L1은 꺼지고, L2, L3는 같은 밝기의 빛을 낸다.** 【답】 ④

53 단락사고에 대한 전동기의 과전류 보호기기가 아닌 것은?
① OCR
② MC
③ PF
④ MCCB

전동기의 과전류 보호기기
• PF : 전력퓨즈
• OCR : 과전류 계전기
• MCCB(NFB) : 배선용 차단기
여기서, MC(Magnetic Contact)는 전자개폐기 【답】 ②

54 직류기에 탄소 브러시를 사용하는 주된 이유는?
① 접촉저항이 크기 때문에
② 마찰계수가 작기 때문에
③ 고유저항이 작기 때문에
④ 허용전류가 크기 때문에

양호한 정류를 얻는 방법
• 보극 설치
• **접촉저항이 큰 탄소 브러시 사용**
• 리액턴스 전압을 적게 한다.
• 인덕턴스를 작게 한다.
• 정류 주기를 길게 한다. 【답】 ①

55 전력용반도체 중 2단자 양방향성 저항소자이며, TRIAC, SCR의 게이트 트리거용에 적합한 소자는?
① LASCR
② UJT
③ DIAC
④ SUS

DIAC(Diode Alternating Current Switch)

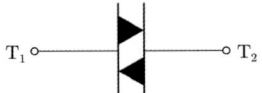

T_1 ○———————○ T_2

• 4층 다이오드 2개를 역 병렬로 결합
• 양방향 2단자
• **트리거와 스위칭 소자로서 주로 제어회로와 보호회로에 사용**
• 게이트에 의한 턴온을 이용하지 않음 【답】 ③

56 A, B 두 대의 직류발전기를 병렬운전 하고 있다. A기의 유효전력 분담을 늘리기 위한 방법으로 옳은 것은?
① B기의 계자 증대
② A기의 계자 증대
③ B기의 속도 증대
④ A기의 속도 증대

직류발전기 병렬운전 시의 부하분담
- 유기기전력(계자전류)이 큰 쪽이 부하분담을 **많이** 한다.
- 전기자 저항이 작은 쪽이 부하분담을 많이 한다.
- 속도변동률이 적은 쪽이 부하분담을 많이 한다.

【답】②

57 유도전동기에 전력용 커패시터를 사용하는 주된 목적은?

① 역률 개선을 위하여　　　　　　② 이상전압을 막기 위하여
③ 과부하를 막기 위하여　　　　　　④ 과전류를 막기 위하여

Explanation

전력용 콘덴서 : 역률개선
전동기의 경부하 운전 시에 역률이 저하되므로 이를 보상하기 위하여 전동기에 전력용 콘덴서를 병렬로 설치　　【답】①

58 20[kVA]의 단상변압기가 역률 1일 때 전부하 효율이 97[%]이다. 3/4 부하일 때 이 변압기는 최고 효율을 나타낸다. 전부하에서 철손(P_i)과 동손(P_c)은 각각 몇 [W]인가?

① $P_i = 222$, $P_c = 396$　　　　　② $P_i = 222$, $P_c = 528$
③ $P_i = 619$, $P_c = 528$　　　　　④ $P_i = 619$, $P_c = 396$

Explanation

전부하 효율

$\eta_m = \dfrac{P_n \cos\theta}{P_n \cos\theta + P_i + P_c} \times 100[\%]$ 이므로 $\eta = \dfrac{20 \times 10^3}{20 \times 10^3 + P_i + P_c} = 0.97$

따라서 $P_i + P_c = \dfrac{20 \times 10^3}{0.97} - 20 \times 10^3 = 618[\text{W}]$

$\dfrac{1}{m}$ 부하에서의 최대 효율 $P_i = \left(\dfrac{1}{m}\right)^2 P_c$

3/4 부하이므로 $P_i = \left(\dfrac{3}{4}\right)^2 P_c = 0.563 P_c$

위의 식에 대입하면 $0.563 P_c + P_c = 618$ 　　$\therefore P_c = \dfrac{618}{1.563} ≒ 396[\text{W}]$

$396 + P_i = 618$ 　$\therefore P_i = 618 - 396 = 222[\text{W}]$　　【답】①

59 유도 전동기 원선도에서 원의 지름은? (단, E를 1차 전압, r는 1차로 환산한 저항, x를 1차로 환산한 누설 리액턴스라 한다)

① rE에 비례　　　　　　② rxE에 비례
③ $\dfrac{E}{r}$에 비례　　　　　④ $\dfrac{E}{x}$에 비례

Explanation

유도전동기 원선도 : 전류에 의한 궤적

$I_{2s} = \dfrac{E_{2s}}{Z_{2s}} = \dfrac{sE_2}{r_2 + jsx_2} = \dfrac{E_2}{\sqrt{\left(\dfrac{r_2}{s}\right)^2 + x_2^2}} ≒ \dfrac{E_2}{x_2}$

$\therefore$ 지름 $\propto \dfrac{E}{x}$　　【답】④

60 어떤 IGBT의 열용량은 0.02[J/℃], 열저항은 0.625[℃/W]이다. 이 소자에 직류 25[A]가 흐를 때 전압강하는 3[V]이다. 몇 [℃]의 온도상승이 발생하는가?

① 1.5

② 1.7

③ 47

④ 52

• 전압강하 : $e = IR = 25 \times R = 3[V]$

• 저항 : $R = \dfrac{e}{I} = \dfrac{3}{25}[\Omega]$

• 소비전력 : $P = I^2 R = 25^2 \times \dfrac{3}{25} = 75[W]$

따라서 열저항이 0.625[℃/W]이므로 온도상승 $\theta = 0.625 \times 75 = 46.9[℃]$

【답】③

4과목 회로이론

61 그림에서 e_i를 입력전압, e_o를 출력전압이라 할 때 전달함수는 어느 것인가?

① $\dfrac{1}{RCs - 1}$

② $\dfrac{1}{RCs + 1}$

③ RCs

④ $\dfrac{RCs - 1}{RCs + 1}$

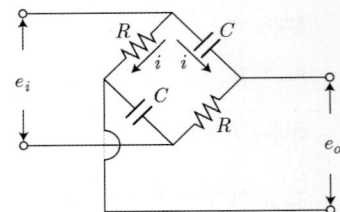

전압비 전달함수는 임피던스비로 구하면

$$G(s) = \frac{V_o(s)}{V_i(s)} = \frac{\left(R - \dfrac{1}{sC}\right)}{\left(R + \dfrac{1}{sC}\right)}$$

$$= \frac{RCs - 1}{RCs + 1}$$

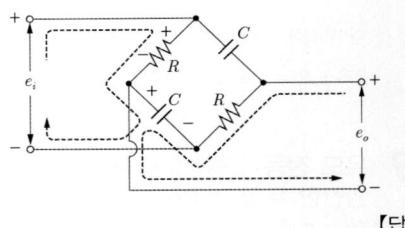

【답】④

62 L형 4단자 회로망에서 R_1, R_2를 정합하기 위한 Z_1은? 단, $R_2 > R_1$이다.

① $\pm jR_2 \sqrt{\dfrac{R_1}{R_2 - R_1}}$

② $\pm jR_1 \sqrt{\dfrac{R_1}{R_2 - R_1}}$

③ $\pm j\sqrt{R_2(R_2 - R_1)}$

④ $\pm j\sqrt{R_1(R_2 - R_1)}$

【답】 ④

63 비접지 3상 Y부하의 각 선에 흐르는 비대칭 각 선전류를 I_a, I_b, I_c라 할 때 선전류의 영상분 I_0는?

① 1

② $I_a + I_b + I_c$

③ $\frac{1}{3}(I_a + aI_b + a^2 I_c)$

④ 0

> **Explanation**
>
> 영상분은 접지식 회로에서만 발생한다.
>
> 비접지식에서는 영상분 $I_0 = \frac{1}{3}(I_a + I_b + I_c) = 0$
>
> **【답】** ④

64 그림과 같이 높이가 1인 펄스의 라플라스 변환은?

① $\frac{1}{s}(e^{-as} + e^{-bs})$

② $\frac{1}{a-b}(\frac{e^{-as} + e^{-bs}}{1})$

③ $\frac{1}{s}(e^{-as} - e^{-bs})$

④ $\frac{1}{a-b}(\frac{e^{-as} - e^{-bs}}{s})$

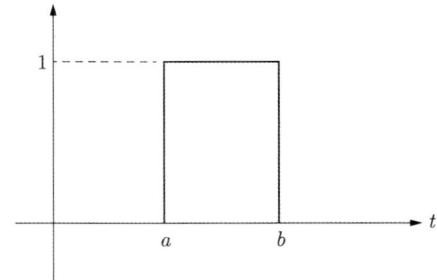

> **Explanation**
>
> 함수 $f(t) = u(t-a) - u(t-b)$이므로
>
> $\mathcal{L}[f(t)] = \mathcal{L}[u(t-a) - u(t-b)] = \left\{ \frac{e^{-as}}{s} - \frac{e^{-bs}}{s} \right\} = \frac{1}{s}(e^{-as} - e^{-bs})$
>
> **【답】** ③

65 전류 $i = 5 + 10\sqrt{2}\sin 100t + 5\sqrt{2}\sin 200t$가 1[H]의 인덕터에 흐르고 있을 때 인덕터에 축적되는 에너지는 몇 [J]인가?

① 200

② 100

③ 75

④ 150

> **Explanation**
>
> 비정현파 전류의 실효값
>
> $I = \sqrt{5^2 + 10^2 + 5^2} = \sqrt{150}$ [A]
>
> 인덕터에서의 에너지
>
> $W = \frac{1}{2}LI^2 = \frac{1}{2} \times 1 \times (\sqrt{150})^2 = 75$ [J]
>
> **【답】** ③

66 $R - C$ 직렬회로에서 $t = 0$에 직류 전압 10[V]를 인가하였다. 0.1초가 지났을 때 흐르는 전류는 약 몇 [mA]인가? (단, $R = 1,000[\Omega]$, $C = 50[\mu F]$이고, 커패시터의 초기 전하는 0[C]이다)

① 2.25

② 1.8

③ 1.35

④ 2.4

$R-C$ 직렬회로에서의 전류 $i = \dfrac{E}{R} e^{-\frac{1}{RC}t}$ 에서

$t = 0.1$이므로

$i = \dfrac{E}{R} e^{-\frac{1}{RC}t} = \dfrac{10}{1,000} e^{-\frac{0.1}{1,000 \times 50 \times 10^{-6}}} ≒ 1.35 \,[\mathrm{mA}]$ 【답】③

67 어느 회로에 $V = 120 + j90[\mathrm{V}]$의 전압을 인가하면 $I = 3 + j4[\mathrm{A}]$의 전류가 흐른다. 이 회로의 역률은?

① 0.92 ② 0.94
③ 0.96 ④ 0.98

Explanation

$V = 120 + j90 = 150 \angle 36.87°$
$I = 3 + j4 = 5 \angle 53.13°$

임피던스 $Z = \dfrac{V}{I} = \dfrac{150 \angle 36.87°}{5 \angle 53.13°} = 30 \angle -16.26°$

따라서 역률은 $\cos\theta = \cos(16.26°) = 0.96$ 【답】③

68 어떤 회로에 $E = 100 \angle 30°$ 의 전압을 가했을 때, 전류 $I = 5 \angle -15°$ 가 흘렀다. 소비전력은?

① 250 ② 500
③ 176 ④ 353

Explanation

소비전력 $P = VI\cos\theta = 100 \times 5 \times \cos(30° - (-15°)) = 353.55[\mathrm{W}]$ 【답】④

69 그림과 같은 주기 전압파에 있어서 0으로부터 0.02초의 사이에서는 $e = 5 \times 10^4 (t - 0.02)^2[\mathrm{V}]$로 표시되고 0.02초에서부터 0.04초까지는 $e = 0$이다. 전압의 평균치는?

① 2.2
② 3.3
③ 4
④ 5.5

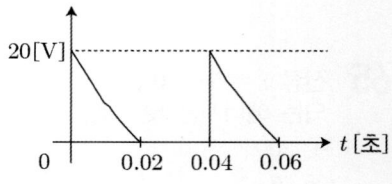

Explanation

평균값 $V = \dfrac{1}{T}\displaystyle\int_0^T v\,dt = \dfrac{1}{0.04}\int_0^{0.02} 5 \times 10^4 (t - 0.02)^2 dt$

$\qquad = \dfrac{5 \times 10^4}{0.04}\left[\dfrac{1}{3}(t - 0.02)^3\right]_0^{0.02} ≒ 3.33\,[\mathrm{V}]$ 【답】②

70 3상 불평형 전압에서 영상전압이 150[V]이고 정상 전압이 500[V], 역상전압이 300[V]이면 전압의 불평형률[%]은?

① 60[%] ② 50[%]
③ 40[%] ④ 70[%]

Explanation

불평형률 $= \dfrac{\text{역상분}}{\text{정상분}} \times 100 = \dfrac{300}{500} \times 100 = 60[\%]$ 　　　　【답】①

71 다음과 같은 교류 브리지 회로에서 Z_0에 흐르는 전류가 0이 되기 위한 각 임피던스의 조건은?

① $Z_1 Z_2 = Z_3 Z_4$

② $Z_1 Z_2 = Z_3 Z_0$

③ $Z_2 Z_3 = Z_1 Z_0$

④ $Z_2 Z_3 = Z_1 Z_4$

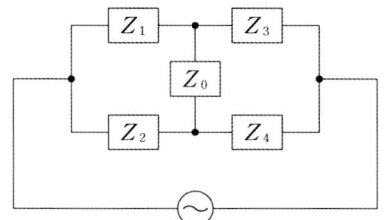

Explanation

브리지 회로이므로

브리지 평형조건 : $Z_1 Z_4 = Z_2 Z_3$ 　　　　【답】④

72 저항 30[Ω], 용량성 리액턴스 40[Ω]의 병렬 회로에 120[V]의 정현파 교류전압을 가할 때 전체 전류는?

① 3[A] 　　　　　　　　　　　　② 4[A]

③ 5[A] 　　　　　　　　　　　　④ 6[A]

Explanation

$R - C$ 병렬 회로

• 전체 전류 $I = I_R + jI_c$

• 저항에 흐르는 전류 $I_R = \dfrac{V}{R} = \dfrac{120}{30} = 4[A]$

• 커패시터에 흐르는 전류 $I_c = \dfrac{120}{-jX_c} = j\dfrac{120}{40} = j3[A]$

• 전체 전류 $I = I_R + jI_c = 4 + j3$

따라서 전류의 크기 $|I| = \sqrt{4^2 + 3^2} = 5[A]$ 　　　　【답】③

73 그림은 평형 3상 회로에서 운전하고 있는 유도전동기의 결선도이다. 각 계기의 지시가 $W_1 = 0.811$ [kW], $W_2 = 1.989$[kW], $V = 200$[V], $I = 10$[A] 일 때, 이 유도 전동기의 역률은 약 몇 [%]인가?

① 81

② 86

③ 76

④ 71

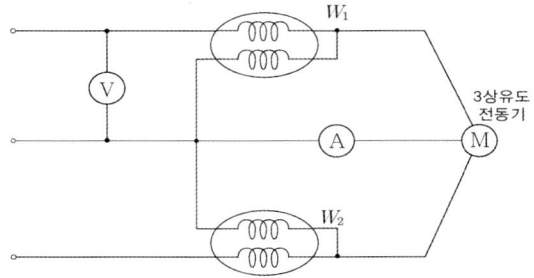

Explanation

2전력계법이므로

유효전력 $P = P_1 + P_2 = 0.811 + 1.989 = 2.8[\text{kW}]$

피상전력 $P_a = \sqrt{3}\, VI = \sqrt{3} \times 200 \times 10 = 3,464.1[\text{VA}]$, 역률 $\cos\theta = \dfrac{P}{P_a} \times 100 = \dfrac{2,800}{3,464.1} \times 100 = 81[\%]$ 　　【답】①

74 그림과 같은 4단자망의 영상 전달 정수 θ는?

① $\sqrt{5}$ ② $\log_e \sqrt{5}$

③ $\log_e \dfrac{1}{\sqrt{5}}$ ④ $5\log_e \sqrt{5}$

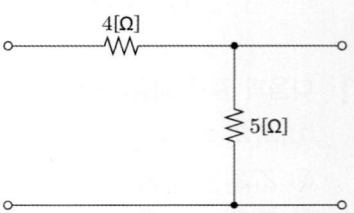

Explanation

$$\begin{bmatrix} A & B \\ C & D \end{bmatrix} = \begin{bmatrix} 1+\dfrac{4}{5} & 4 \\ \dfrac{1}{5} & 1 \end{bmatrix} = \begin{bmatrix} \dfrac{9}{5} & 4 \\ \dfrac{1}{5} & 1 \end{bmatrix}$$

영상전달정수 $\theta = \log_e(\sqrt{AD}+\sqrt{BC}) = \log_e\left(\sqrt{\dfrac{9}{5}\times 1}+\sqrt{4\times\dfrac{1}{5}}\right)$

$\qquad\qquad\qquad = \log_e\left(\dfrac{3}{\sqrt{5}}+\dfrac{2}{\sqrt{5}}\right) = \log_e\left(\dfrac{5}{\sqrt{5}}\right) = \log_e \sqrt{5}$

【답】②

---

75 △ 결선된 3상 저항부하를 Y결선으로 바꾸면 소비 전력은 어떻게 되겠는가? 단, 선간 전압은 일정하고, $P_\triangle$는 △ 결선 시 소비전력, P_Y는 Y결선 시 소비전력이다.

① $P_Y = \dfrac{1}{3}P_\triangle$ ② $P_Y = 3P_\triangle$

③ $P_Y = \sqrt{3}\,P_\triangle$ ④ $P_Y = \dfrac{1}{\sqrt{3}}P_\triangle$

Explanation

3상 소비전력 $P = 3I_p^2 R$에서

• △결선 시 $P_\triangle = 3I_p^2 R = 3\left(\dfrac{V_p}{Z}\right)^2 R = 3\left(\dfrac{V}{R}\right)^2 R = \dfrac{3V^2}{R}$

• Y 결선 시 $P_Y = 3I_p^2 R = 3\left(\dfrac{V_p}{Z}\right)^2 R = 3\left[\dfrac{\frac{V}{\sqrt{3}}}{R}\right]^2 R = 3\cdot\dfrac{V^2}{3R} = \dfrac{V^2}{R}$ 따라서 $\dfrac{P_Y}{P_\triangle} = \dfrac{\frac{V^2}{R}}{\frac{3V^2}{R}} = \dfrac{1}{3}$

【답】①

---

76 그림과 같은 회로에서 스위치 S를 닫았을 때 시정수의 값[sec]은? 단, $L = 10$[mH], $R = 20$[Ω]이다.

① 5×10^{-3}
② 5×10^{-4}
③ 200
④ 2,000

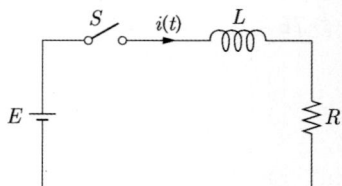

Explanation

$R-L$ 직렬 회로의 시정수

$\tau = \dfrac{L}{R} = \dfrac{10\times10^{-3}}{20} = 5\times10^{-4}$ [sec]

【답】②

77 저항만으로 구성된 그림의 회로에 평형 3상 전압을 가했을 때 각 선에 흐르는 선전류가 모두 같게 되기 위한 $R[\Omega]$의 값은?

① 2
② 4
③ 6
④ 8

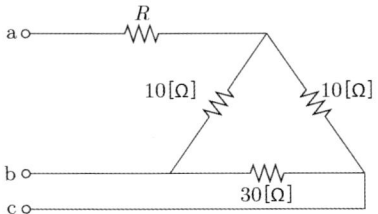

Explanation

상전압을 가하여 각 선전류를 같게 하려면 Y결선하여야 하며
△결선의 저항을 Y결선 저항으로 변환하면

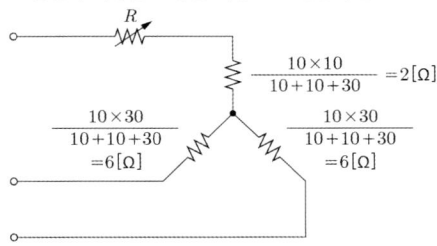

따라서 $R+2 = 6[\Omega]$이고, $R = 6-2 = 4[\Omega]$

【답】②

78 복소전력이 S이고, 임피던스가 Z인 회로의 역률에 대한 표현으로 틀린 것은?

단, $Z = R+jX = |Z| \angle \theta_Z$, $Y = G+jB = |Y| \angle \theta_Y = \dfrac{1}{Z}$, $S = P+jQ = |S| \angle \theta_S$이다.

① $\dfrac{Q}{P}$
② $\dfrac{P}{|S|}$
③ $\dfrac{G}{|Y|}$
④ $\dfrac{R}{|Z|}$

Explanation

역률 $\cos\theta = \dfrac{\text{유효전력}}{\text{피상전력}} = \dfrac{P}{|S|}$

직렬회로 역률 $\cos\theta = \dfrac{R}{Z}$

병렬회로에서의 역률 $\cos\theta = \dfrac{G}{Y}$

【답】①

79 대칭 3상 Y결선 부하에서 각 상의 임피던스가 $16+j12[\Omega]$이고 부하전류가 10[A]일 때, 이 부하에서의 선간전압의 크기는 약 몇 [V]인가?

① 346.4
② 445.1
③ 229.1
④ 152.6

Explanation

상전류 $I_p = \dfrac{V_p}{Z}$ 에서

상전압 $V_p = ZI_p = \sqrt{16^2+12^2} \times 10 = 200[V]$

선간전압 $V_l = \sqrt{3}\,V_p = 200 \times \sqrt{3} = 346.4[V]$

【답】①

80 ϕ가 0에서 π까지는 $i = 20$[A], π에서 2π까지는 $i = 0$[A]인 파형을 푸리에 급수로 전개할 때 a_0는?

① 5

② 7.07

③ 10

④ 14.14

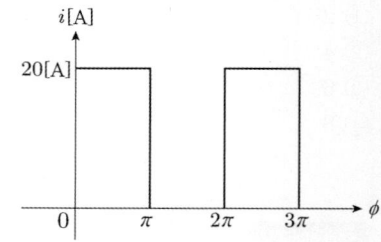

Explanation

푸리에 급수 전개에서 a_0는 평균값(직류값)

구형반파이므로 $a_0 = \dfrac{I_m}{2} = \dfrac{20}{2} = 10$[A]

【답】③

5과목 ▶ 전기설비기술기준

81 연료전지의 내압시험은 연료전지 설비의 내압 부분 중 최고 사용압력이 0.1[MPa] 이상의 부분은 최고 사용압력의 몇 배의 수압을 가압하는가?

① 1.5

② 1.03

③ 1.25

④ 1.1

Explanation

(KEC 542조) 연료전지설비의 시설

내압시험 : 연료전지 설비의 내압 부분 중 최고 사용압력이 0.1[MPa] 이상의 부분은 **최고 사용압력의 1.5배의 수압**(수압으로 **시험을 실시하는 것이 곤란한 경우는 최고 사용압력의 1.25배의 기압**)까지 가압하여 압력이 안정된 후 최소 10분간 유지하는 시험을 실시하였을 때 이것에 견디고 누설이 없어야 한다. 【답】①

82 지중전선로를 직접 매설식에 의하여 시설하는 경우에는 매설 깊이를 중량물의 압력을 받을 우려가 있을 때 1.0[m] 이상으로 해야 하지만, 저압 또는 고압의 지중전선을 견고한 트라프 기타 방호물에 넣지 않고도 부설할 수 있는 것은?

① PVC 외장 케이블

② 강심알루미늄 연선

③ 콤바인덕트 케이블

④ 염화비닐 절연 케이블

Explanation

(KEC 334.1조) 지중전선로의 시설

지중 전선로를 직접 매설식에 의하여 시설하는 경우에는 매설 깊이를 차량 기타 중량물의 압력을 받을 우려가 있는 장소에는 1.0[m] 이상, 기타 장소에는 0.6[m] 이상으로 하고 또한 지중 전선을 견고한 트라프 기타 방호물에 넣어 시설하여야 한다. 다만, 다음의 어느 하나에 해당하는 경우에는 지중전선을 견고한 트라프 기타 방호물에 넣지 아니하여도 된다.
① 저압 또는 고압의 지중전선을 차량 기타 중량물의 압력을 받을 우려가 없는 경우에 그 위를 견고한 판 또는 몰드로 덮어 시설하는 경우
② 저압 또는 고압의 지중전선에 콤바인덕트 케이블 등을 사용하여 시설하는 경우 【답】③

83 발전기를 구동하는 수차 압유 장치의 유압이 현저히 저하한 경우 자동적으로 차단하는 장치를 시설하는 용량은 몇 [kVA] 이상인가?

① 500
② 15,000
③ 1,500
④ 10,000

Explanation

(KEC 351.3조) 발전기 등의 보호 장치
용량이 **500[kVA] 이상**인 발전기를 구동하는 수차 압유 장치의 유압이 현저히 저하한 경우 【답】 ①

84 금속제 가요전선관 공사에 대한 설명 중 틀린 것은? 단, 전개된 장소이거나 점검할 수 있는 은폐된 장소이며, 옥내배선의 사용전압은 400[V] 이하이다.

① 가요전선관 공사는 접지공사를 생략할 것
② 전선은 절연전선(옥외용 비닐절연전선을 제외한다)일 것
③ 전선은 연선일 것. 다만, 단면적 10[㎟](알루미늄선은 단면적 16[㎟]) 이하인 것은 그러하지 아니하다.
④ 1종 가요전선관을 사용할 수 있다.

Explanation

(KEC 232.13조) 금속제 가요전선관공사
① 전선은 절연전선(옥외용 비닐 절연전선을 제외한다)일 것
② 전선은 연선일 것. 다만, 단면적 10[㎟](알루미늄선은 단면적 16[㎟]) 이하인 것은 그러하지 아니하다.
③ 가요전선관 안에는 전선에 접속점이 없도록 할 것
④ 가요전선관은 2종 금속제 가요전선관일 것. 다만, 전개된 장소이거나 점검할 수 있는 은폐된 장소(옥내배선의 사용전압이 400[V] 초과인 경우에는 전동기에 접속하는 부분으로서 가요성을 필요로 하는 부분에 사용하는 것에 한한다) 또는 점검 불가능한 은폐장소에 기계적 충격을 받을 우려가 없는 조건일 경우에는 1종 가요전선관(습기가 많은 장소 또는 물기가 있는 장소에는 비닐 피복 1종 가요전선관에 한한다)을 사용할 수 있다.
⑤ 접지공사를 할 것 【답】 ①

85 저압가공전선로 또는 고압가공전선로와. 기설 가공약전류 전선로가 병행하는 경우에는 유도작용에 의하여 통산상의 장해가 발생하지 아니하도록 전선과 기설 약전류 전선간의 이격거리는 몇 [m] 이상인가?

① 3
② 4
③ 2
④ 1

Explanation

(KEC 332.1조) 가공약전류전선로의 유도장해 방지
가공 전선과 약전류 전선의 이격거리 증대(2[m] 이상) 【답】 ③

86 접지시스템의 시설 시 선도체(구리)의 단면적이 16[㎟]인 경우 보호도체의 최소 단면적은 몇 [㎟]인가?(단, 보호도체의 재질이 선도체와 같은 경우이다)

① 16
② 6
③ 10
④ 4

Explanation

(KEC 142.3.2조) 보호도체의 굵기

선도체의 단면적 S (㎟, 구리)	보호도체의 최소 단면적(㎟, 구리)
	보호도체의 재질이 선도체와 같은 경우
16[㎟] 이하	S

【답】 ①

87 사용전압이 25[kV] 이하인 다중접지방식 지중전선로를 관로식 또는 직접매설식으로 시설하는 경우, 지중전선 상호 간의 이격거리는 몇 [m] 이상인가?(단, 예외 사항은 고려하지 않는다)

① 0.6   ② 1.2
③ 1.0   ④ 0.1

(KEC 334.7조) 지중전선 상호 간의 접근 또는 교차
사용전압이 25[kV] 이하인 다중접지방식 지중전선로를 관로식 또는 직접매설식으로 시설하는 경우, 그 이격거리가 0.1[m] 이상이 되도록 시설하여야 한다.   【답】 ④

88 옥내의 네온방전등 공사에서 전선지지점 간의 거리는 몇 [m] 이하로 하는가?

① 1   ② 4
③ 2   ④ 3

(KEC 234.12조) 네온방전등
네온방전등을 옥내, 옥측 또는 옥외에 시설하는 경우 배선은 애자공사에 의할 것
① 전선은 네온관용 전선
② 전선은 조영재의 옆면 또는 아랫면에 붙일 것(전개된 장소+기술상 부득이한 경우 예외)
③ **전선 지지점간의 거리는 1[m] 이하**
④ 전선 상호간의 간격은 60[mm] 이상   【답】 ①

89 특고압 가공전선을 저고압 가공전선과 제1차 접근상태로 시설하는 경우, 사용전압이 22.9[kV]인 특고압 가공전선과 저고압 가공전선 사이의 이격거리는 몇 [m] 이상인가?

① 2.2   ② 2.5
③ 1.8   ④ 2.0

(KEC 333.26조) 특고압 가공전선과 저고압 가공전선 등의 접근 또는 교차

사용전압의 구분	이격거리
60[kV] 이하	2[m]
60[kV] 초과	2[m]에 사용전압이 60[kV]를 초과하는 10[kV] 또는 그 단수마다 0.12[m]을 더한 값

【답】 ④

90 가공전선로의 지지물에 시설하는 지지선에 연선을 사용할 경우 소선은 몇 가닥 이상인가?

① 3   ② 7
③ 5   ④ 9

(KEC 331.11조) 지지선의 시설
• 가공전선로의 지지물로 사용하는 철탑은 지지선을 사용하여 그 강도를 분담시켜서는 아니 된다.
• 가공전선로의 지지물에 시설하는 지지선은 다음 각 호에 따라야 한다.
  – 지지선의 안전율은 2.5 이상일 것
  – 이 경우에 허용 인장하중의 최저는 4.31[kN]으로 한다.
  – 지지선에 연선을 사용할 경우에는 다음에 의할 것
  – **소선(素線) 3가닥 이상의 연선일 것**
  – 소선의 지름이 2.6[mm] 이상의 금속선을 사용한 것일 것. 다만, 소선의 지름이 2[mm] 이상인 아연도강연선으로서 소선의 인장강도가 0.68[kN/mm²] 이상인 것을 사용하는 경우에는 그러하지 아니하다.   【답】 ①

91 전로의 최대 사용전압이 7[kV] 초과 25[kV] 이하인 중성점 접지식 전로의 절연내력 시험전압은 최대사용전압의 몇 배인가?

① 1.5 ② 1.25
③ 0.92 ④ 0.64

Explanation

(KEC 132조) 전로의 절연저항 및 절연내력

구분		배율	최저 전압
중성점 직접 접지식	7[kV] 초과 ~ 25[kV] 이하(중성점 다중 접지식)	0.92	
	60[kV] 초과 ~ 170[kV]까지	0.72	
	170[kV] 초과	0.64	

【답】③

92 전기철도용 변전소 설비에 대한 설명 중 틀린 것은?
① 제어용 교류전원은 상용과 예비의 2계통으로 구성한다.
② 개폐기는 개폐상태를 표시하고, 쇄정장치를 설치한다.
③ 직류 전기철도의 경우 3상 스코트 변압기를 적용한다.
④ 제어반의 경우 디지털 계전기 방식을 원칙으로 한다.

Explanation

(KEC 421.4) 변전소의 설비
① 급전용변압기 : 직류 전기철도 3상 정류기용 변압기, 교류 전기철도 3상 스코트결선 변압기 원칙
② 차단기 : 계통의 장래계획을 감안하여 용량 결정+회로의 특성에 따라 기종과 동작책무 및 차단시간을 선정
③ 개폐기 : 중요한 분기점, 고장발견이 필요한 장소, 빈번한 개폐 필요한 곳(개폐상태의 표시, 쇄정장치 등 설치)
④ 제어용 교류전원 : 상용과 예비의 2계통
⑤ 제어반 : 디지털계전기방식 원칙

【답】③

93 사용전압이 400[V] 초과인 저압 가공전선에 사용할 수 없는 전선은?(단, 시가지에 시설하는 경우이다)
① 케이블
② 지름 5[㎜] 이상의 경동선
③ 인입용 비닐절연전선
④ 나전선(중성선 또는 다중접지된 접지측 전선으로 사용하는 전선에 한한다)

Explanation

(KEC 222.5조) 저압 가공전선의 굵기 및 종류
① 저압 가공전선은 나전선(중성선 또는 다중접지된 접지측 전선으로 사용하는 전선에 한한다), 절연전선, 다심형 전선 또는 케이블 사용
② 용전압이 400[V] 이하인 저압 가공전선은 케이블인 경우를 제외하고는 인장강도 3.43[kN] 이상의 것 또는 지름 3.2[㎜](절연전선인 경우는 인장강도 2.3[kN] 이상의 것 또는 지름 2.6[㎜] 이상의 경동선) 이상의 것
③ 용전압이 400[V] 초과인 저압 가공전선은 케이블인 경우 이외에는 시가지에 시설하는 것은 인장강도 8.01[kN] 이상의 것 또는 지름 5[㎜] 이상의 경동선, 시가지 외에 시설하는 것은 인장강도 5.26[kN] 이상의 것 또는 지름 4[㎜] 이상의 경동선
④ 용전압이 400[V] 초과인 저압 가공전선에는 인입용 비닐절연전선 사용 금지

【답】③

94 등기구 설치 시 가연성 재료로부터 적절한 간격을 유지하여야 하며, 제작자에 의해 다른 정보가 주어지지 않으면, 스포트라이트나 프로젝터는 모든 방향에서 가연성 재료로부터 최소 거리를 두고 설치하여야 한다. 설명으로 틀린 것은?

① 정격용량 100[W] 초과 300[W] 이하 : 0.8[m]

② 500[W] 초과 : 1.0[m] 초과

③ 100[W] 이하 : 0.4[m]

④ 300[W] 초과 500[W] 이하 : 1.0[m]

Explanation

(KEC 234.1.3조) 열 영향에 대한 주변의 보호
가연성 재료로부터 적절한 간격을 유지하여야 하며, 제작자에 의해 다른 정보가 주어지지 않으면, 스포트라이트나 프로젝터는
모든 방향에서 가연성 재료로부터 다음의 최소 거리를 두고 설치하여야 한다.
① **정격용량 100[W] 이하 : 0.5[m]**
② 정격용량 100[W] 초과 300[W] 이하 : 0.8[m]
③ 정격용량 300[W] 초과 500[W] 이하 : 1.0[m]
④ 정격용량 500[W] 초과 : 1.0[m] 초과

【답】③

95 특고압용 변압기의 뱅크용량이 몇 [kVA] 이상일 때, 내부에 고장이 생긴 경우 전로로부터 자동
차단장치 만을 반드시 시설하여야 하는가?

① 15,000

② 50,000

③ 7,500

④ 10,000

Explanation

(KEC 351.4조) 특고압용 변압기의 보호 장치

뱅크용량의 구분	동작조건	장치의 종류
5,000[kVA] 이상 10,000[kVA] 미만	변압기 내부고장	자동차단장치 또는 경보장치
10,000[kVA] 이상	**변압기 내부고장**	**자동차단장치**

【답】④

96 다음 그림의 급전전용통신선용 보안장치에서 L1에 대한 설명으로 옳은 것은?

① 교류 1[kV] 이하에서 동작하는 단로기

② 교류 1[kV] 이하에서 동작하는 피뢰기

③ 교류 1.5[kV] 이하에서 동작하는 단로기

④ 교류 1.5[kV] 이하에서 동작하는 피뢰기

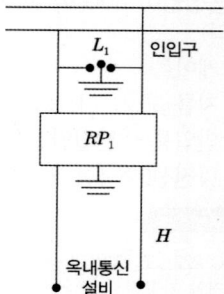

Explanation

(KEC 362.5조) 특고압 가공전선로 첨가설치 통신선의 시가지 인입 제한
규정에 의한 보안장치의 표준
① 급전전용통신선용 보안장치일 것.
② RP₁ : 릴레이 보안기
③ L₁ : 교류 1[kV] 이하에서 동작하는 피뢰기

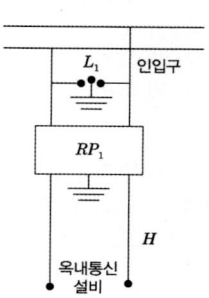

【답】②

97 비나 이슬에 젖지 않는 장소에서 사용전압이 400[V] 이하인 옥측전선로를 애자공사로 시설하는 경우 전선과 조영재 사이의 이격거리는 몇 [m] 이상인가?
① 0.12 　　　　　　　　　　② 0.025
③ 0.045 　　　　　　　　　④ 0.06

Explanation

(KEC 221.2조) 옥측전선로
애자공사에 의하는 경우, 전선 상호 간의 간격 및 전선과 그 저압 옥측전선로를 시설하는 조영재 사이의 이격거리는 표에서 정한 값 이상일 것

시설 장소	전선 상호 간의 간격		전선과 조영재 사이의 이격거리	
	사용전압이 400[V] 이하인 경우	사용전압이 400[V] 초과인 경우	사용전압이 400[V] 이하인 경우	사용전압이 400[V] 초과인 경우
비나 이슬에 젖지 아니 하는 장소	0.06[m]	0.06[m]	0.025[m]	0.025[m]

【답】②

98 하중을 지탱하는 전차선로 설비의 강도는 작용이 예상되는 하중의 최악 조건 조합에 대하여 경동선의 경우 얼마의 최소 안전율이 곱해진 값을 견디어야 하는가?
① 2.0 　　　　　　　　　　② 1.0
③ 2.2 　　　　　　　　　　④ 2.5

Explanation

(KEC 431.10조) 전차선로 설비의 안전율
하중을 지탱하는 전차선로 설비의 강도는 작용이 예상되는 하중의 최악 조건 조합에 대하여 다음의 최소 안전율이 곱해진 값을 견디어야 한다.
① 합금전차선의 경우 2.0 이상
② **경동선의 경우 2.2 이상**

【답】③

99 사용전압 154[kV]의 가공전선을 시가지에 시설하는 경우 전선의 지표상의 높이는 최소 몇 [m] 이상인가?(단, 기타 조건은 적용하지 않는다)
① 7.44 　　　　　　　　　　② 9.44
③ 11.44 　　　　　　　　　④ 13.44

Explanation

(KEC 333.1조) 시가지 등에서 특고압 가공 전선로의 시설
사용전압이 170[kV] 이하인 전선로를 다음에 의하여 시설하는 경우 전선의 지표상의 높이는 표에서 정한 값 이상일 것

사용전압의 구분	지표상의 높이
35[kV] 이하	10[m](전선이 특고압 절연전선인 경우에는 8[m])
35[kV] 초과	10[m]에 35[kV]를 초과하는 10[kV] 또는 그 단수마다 0.12[m]를 더한 값

지표상의 높이 : $10+$단수$\times 0.12=10+12\times 0.12=11.44$[m]
여기서, 단수 : $15.4-3.5=11.9$ ∴ 12단

【답】③

100 발전기가 정격운전상태에 있을 때, 동기기 단자에서의 전압을 무엇이라 하는가?
① 정격전압 　　　　　　　　② 부족전압
③ 동기전압 　　　　　　　　④ 보호전압

Explanation

(KEC 112조) 용어 정의
정격전압 : 발전기가 정격운전상태에 있을 때, 동기기 단자에서의 전압

【답】①

1과목 전기자기학

01 자기인덕턴스와 상호인덕턴스와의 관계에서 결합계수 k에 영향을 주지 않는 것은?

① 코일의 형상
② 코일의 크기
③ 코일의 재질
④ 코일의 상대위치

Explanation

상호 인덕턴스 $M = k\sqrt{L_1 L_2}$ 이고 (여기서 k : 결합계수)
• 완전결합 시 $k = 1$
• 미결합시 $k = 0$
결합계수는 코일의 형상, 코일의 크기, 코일의 상대위치에 따라 결정된다.

【답】③

02 전자석의 흡인력은 자속 밀도를 B라 할 때 어떻게 되는가?

① B에 비례
② $B^{\frac{3}{2}}$에 비례
③ $B^{1.6}$에 비례
④ B^2에 비례

Explanation

자화에 필요한 에너지 $w = \dfrac{1}{2}\mu H^2 = \dfrac{B^2}{2\mu} = \dfrac{1}{2}BH[\mathrm{J/m^3}][\mathrm{N/m^2}]$에서

흡인력(힘) $F = \dfrac{B^2}{2\mu_0} \times S[\mathrm{N}]$

따라서 흡인력은 자속밀도의 제곱(B^2)에 비례한다.

【답】④

03 무한 직선 전류에 의한 P점에서의 자계의 세기[AT/m]는? (단, I[A]는 전류이고, a[m]는 직선 전류가 흐르는 도체로부터 P점까지의 거리이다)

① $H = \dfrac{1}{2a}$
② $H = \dfrac{1}{2\pi a}$
③ $H = \dfrac{I}{2a}$
④ $H = \dfrac{I}{2\pi a}$

Explanation

무한장 직선도체의 자계의 세기 $H = \dfrac{I}{2\pi r} = \dfrac{I}{2\pi a}$ [AT/m]

【답】④

04 도체 1을 Q 가 되도록 대전시키고, 여기에 도체 2를 접촉했을 때 도체 2가 얻은 전하를 전위계수로 표시하면? 단, P_{11}, P_{12}, P_{21}, P_{22} 는 전위계수이다.

① $\dfrac{Q}{P_{11}-2P_{12}+P_{22}}$

② $\dfrac{(P_{11}-P_{12})Q}{P_{11}-2P_{12}+P_{22}}$

③ $\dfrac{(P_{11}P_{12}+P_{22})Q}{P_{11}-2P_{12}+P_{22}}$

④ $\dfrac{(P_{11}-P_{12})Q}{P_{11}+2P_{12}+P_{22}}$

> **Explanation**

【답】 ②

05 여러 개의 도체가 한 공간 내에서 하나의 도체계를 형성하고 있을 때, 각 도체의 전하를 n 배 할 경우 각 도체의 전위는 어떻게 되는가?

① n^2 배가 된다.

② $\dfrac{1}{2}n$ 배가 된다.

③ n 배가 된다.

④ $2n$ 배가 된다.

> **Explanation**

전위 : 스칼라 함수이므로 중첩의 원리가 성립 → 전하를 n 배하면 전위도 n 배된다.　　　　【답】 ③

06 비유전율이 2.4인 유전체 내의 전계의 세기가 100[mV/m]이다. 유전체에 축적되는 단위 체적당 정전에너지는 몇 [J/m³]인가?

① 1.06×10^{-13}

② 1.77×10^{-13}

③ 2.32×10^{-13}

④ 2.32×10^{-11}

> **Explanation**

유전체 내의 체적당 에너지

$w = \dfrac{1}{2}\epsilon E^2 = \dfrac{D^2}{2\epsilon} = \dfrac{1}{2}ED[\text{J/m}^3]$에서

$= \dfrac{1}{2} \times 8.855 \times 10^{-12} \times 2.4 \times (100 \times 10^{-3})^2 = 1.06 \times 10^{-13}[\text{J/m}^3]$　　【답】 ①

07 두 유전체의 경계면에서 정전계가 만족하는 것은?

① 전계의 법선성분이 같다.

② 전계의 접선성분이 같다.

③ 전속밀도의 접선성분이 같다.

④ 분극 세기의 접선성분이 같다.

> **Explanation**

경계조건
• 전계의 접선성분이 연속 : $E_1\sin\theta_1 = E_2\sin\theta_2$
• 전속밀도의 법선성분이 연속 : $D_1\cos\theta_1 = D_2\cos\theta_2$　　　　【답】 ②

08 div $i = 0$ 에 대한 설명이 아닌 것은?

① 도체 내에 흐르는 전류는 연속적이다.

② 도체 내에 흐르는 전류는 일정하다.

③ 단위 시간당 전하의 변화는 없다.

④ 도체 내에 전류가 흐르지 않는다.

> **Explanation**

전류의 연속성 : $\text{div } i = 0$ (도체 내의 전류는 일정하며, 전류의 발산은 없다) 　　　　　　　　【답】④

09 그림과 같이 도체구 내부 공동의 중심에 점전하 Q[C]가 있을 때 이 도체구의 외부로 발산되어 나오는 전기력선의 수는 몇 개인가? 단, 도체 내외의 공간은 진공이라 한다.

① 4π

② $\dfrac{Q}{\epsilon_o}$

③ Q

④ $\epsilon_o Q$

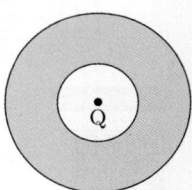

> **Explanation**

전기력선의 총수 $N = \displaystyle\int_s E\,ds = \dfrac{Q}{\epsilon_0}$ (가우스의 법칙)　　　　　　　　【답】②

10 전류와 자계 사이의 힘의 효과를 이용한 것으로 자유로이 구부릴 수 있는 도선에 대전류를 통하면 도선 상호간의 반발력에 의하여 도선이 원을 형성하는 이와 같은 현상은?

① 스트레치 효과

② 핀치 효과

③ 홀 효과

④ 스킨효과

> **Explanation**

스트레치 효과 : 자유로이 구부릴 수 있는 도선에 대전류를 통하면 도선 상호간의 반발력에 의하여 도선이 원을 형성하게 되는 현상　　　　　　　　【답】①

11 단면적이 0.6[m²], 길이가 0.8[m], 비투자율이 200인 막대 모양 철심의 자기 저항은 약 몇 [AT/Wb]인가?

① 5.31×10^3

② 6.37×10^3

③ 7.26×10^3

④ 8.85×10^3

> **Explanation**

자기 저항 $R_m = \dfrac{l}{\mu_0 \mu_s S} = \dfrac{0.8}{4\pi \times 10^{-7} \times 200 \times 0.6} = 5.31 \times 10^3 \,[\text{AT/Wb}]$　　　　　　　　【답】①

12 도체계에서 각 도체의 전위를 $V_1,\ V_2,\ \cdots$ 으로 하기 위한 각 도체의 유도계수와 용량계수에 대한 설명으로 옳은 것은?

① $q_{11},\ q_{22},\ q_{33}$ 등을 유도계수라 한다.

② $q_{21},\ q_{31},\ q_{41}$ 등을 용량계수라 한다.

③ 일반적으로 유도계수 ≤ 0 이다.

④ 용량계수와 유도계수의 단위는 모두 [V/C]이다.

> **Explanation**

용량 계수 및 유도 계수의 성질
- 용량 계수 $q_{ii} > 0$
- 유도 계수 $q_{ij} = q_{ji} \leq 0$
- 용량계수와 유도계수의 단위 : [C/V]　　　　　　　　【답】③

13 점전하 Q[C]와 무한평면도체에 대한 영상전하는?

① $-Q$[C]보다 크다.

② $-Q$[C]와 같다.

③ Q[C]와 같다.

④ Q[C]보다 크다.

영상법을 이용하여 아래 그림과 같은 형태로 바꾸어 생각하면

$$+Q \;\; \underset{\overline{}}{\overline{}} \Big) d$$
$$\underset{\overline{}}{\overline{}} \Big) d$$
$$-Q$$

무한 평면 도체에서 점전하 Q[C]에 의한 영상전하는 크기는 같고 부호는 반대인 전하($-Q$)이다.　　【답】②

14 전류 I[A]가 흐르는 반지름 a[m]의 원형코일의 중심으로부터 x[m]인 점 P의 자계의 세기는 몇 [AT/m] 인가?

① $\dfrac{I}{2a}\cos^2\theta$

② $\dfrac{I}{2a}\sin^3\theta$

③ $\dfrac{I}{2a}\cos^3\theta$

④ $\dfrac{I}{2a}\sin^2\theta$

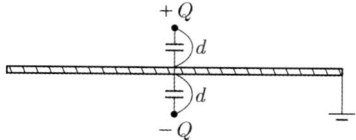

【답】②

15 솔레노이드 코일에 흐르는 전류가 2[A]일 때 자로의 자속이 1×10^{-2}[Wb]라고 한다. 코일의 권수를 400회라 할 때 이 코일의 자기 인덕턴스는 몇 [H]인가?

① $\dfrac{1}{2}$　　　　② 1　　　　③ 2　　　　④ 3

인덕턴스 $L = \dfrac{N\phi}{I} = \dfrac{400 \times 1 \times 10^{-2}}{2} = 2$[H]　　【답】③

16 동일 용량 C[μF]의 커패시터 n개를 병렬로 연결하였다면 합성 정전용량은 얼마인가?

① $n^2 C$

② nC

③ $\dfrac{C}{n}$

④ C

동일 용량의 콘덴서 연결

• 직렬연결 : $\dfrac{C}{n}$

• 병렬연결 : nC　　【답】②

17 반지름 r[m], 선간 거리 D[m]의 평행 왕복 도선간의 자기 인덕턴스는 다음 중 어떤 값에 비례하는가?

① $\dfrac{\mu_0}{4\pi}\ln\dfrac{D}{r}$

② $\dfrac{\mu_0}{2\pi}\ln\dfrac{D}{r}$

③ $\dfrac{\mu_0}{\pi}\ln\dfrac{D}{r}$

④ $\dfrac{\mu_0}{\pi}\ln\dfrac{r}{D}$

평행 왕복도선의 인덕턴스 $L = \dfrac{\mu_0}{\pi}\ln\dfrac{d}{a}$ [H/m]

문제에서 반지름 r[m], 선간 거리 D[m]이므로

인덕턴스 $L = \dfrac{\mu_0}{\pi}\ln\dfrac{D}{r}$ [H/m]

【답】③

18 지표면에 대지로 향하는 300[V/m]의 전계가 있다면 지표면의 전하 밀도의 크기는 몇 [C/m²]인가?

① 1.33×10^{-9}
② 2.66×10^{-9}
③ 1.33×10^{-7}
④ 2.66×10^{-7}

전기력선은 (+)전하에서 (−)전하로 진행하므로

지구 표면의 전하 밀도의 극성은 (−)전하이고 크기 $E = \dfrac{\sigma}{\epsilon_o}$ 이다.

따라서 $\sigma = -8.855 \times 10^{-12} \times 300 = -2.66 \times 10^{-9}$ [C/m²]이다.

【답】②

19 전자계에서 맥스웰의 기본 이론이 아닌 것은?

① N극은 단독으로 존재한다.
② 전도전류는 회전하는 자계를 발생한다.
③ 전하에서 전속선이 발산된다.
④ N계의 시간적 변화에 따라 전계의 회전이 생긴다.

전자계에 대한 맥스웰의 기본 이론

$\text{rot}\,E = -\dfrac{\partial B}{\partial t}$: 자계의 시간적 변화에 따라 전계의 회전이 생긴다.

$\text{rot}\,H = i + \dfrac{\partial D}{\partial t}$: 전도 전류와 변위 전류는 회전하는 자계를 발생시킨다.

$\text{div}\,D = \rho$: 전하에서 전속선이 발산된다.

div B = 0 : 고립된 자극이 없다(연속).

【답】①

20 유전체 중을 흐르는 전도전류 i_σ와 변위전류 i_d를 같게 하는 주파수를 임계주파수 f_c, 임의의 주파수를 f라 할 때 유전손실 $\tan\delta$는?

① $\dfrac{f_c}{2f}$
② $\dfrac{f}{2f_c}$
③ $\dfrac{f_c}{f}$
④ $\dfrac{f}{f_c}$

【답】③

21 단상 승압기 1대를 사용하여 승압할 경우 승압기의 전압을 E_1 이라 하면, 승압 후의 전압 E_2는 어떻게 되는가? 단, 승압기의 변압비는 $\dfrac{전원측전압}{부하측전압} = \dfrac{e_1}{e_2}$ 이다.

① $E_2 = E_1 + e_1$

② $E_2 = E_1 + e_2$

③ $E_2 = E_1 + \dfrac{e_2}{e_1}E_1$

④ $E_2 = E_1 + \dfrac{e_1}{e_2}E_1$

> **Explanation**
>
> 단권변압기
>
> $\dfrac{V_h}{V_l} = \dfrac{n_1 + n_2}{n_1} = \left(1 + \dfrac{n_2}{n_1}\right)$ 에서
>
> $\dfrac{E_2}{E_1} = \dfrac{n_1 + n_2}{n_1} = \left(\dfrac{e_1 + e_2}{e_1}\right) = \left(1 + \dfrac{e_2}{e_1}\right)$
>
> 따라서 $E_2 = E_1 + \dfrac{e_2}{e_1}E_1$
>
> 【답】③

22 출력 3,000[kW], 유효 낙차 50[m]인 수력발전소의 최대사용수량[m³/s]은 얼마가 되는가? (단, 수차 및 발전기의 효율은 80[%]이다)

① 7.6

② 12

③ 18.5

④ 28.5

> **Explanation**
>
> 수력 발전소 출력 $P_g = 9.8QH\eta_t\eta_g$ [kW]
>
> 유량 $Q = \dfrac{P}{9.8H\eta} = \dfrac{3,000}{9.8 \times 50 \times 0.8} = 7.6[\text{m}^3/\text{sec}]$
>
> 【답】①

23 송전계통의 중성점을 접지하는 목적으로 틀린 것은?

① 지락 고장 시 전선로의 대지 전위 상승을 억제하고 전선로와 기기의 절연을 경감시킨다.

② 소호리액터 접지방식에서는 1선 지락 시 지락점 아크를 빨리 소멸시킨다.

③ 차단기의 차단용량을 증대시킨다.

④ 지락고장에 대한 계전기의 동작을 확실하게 한다.

> **Explanation**
>
> 송전선의 중성점 접지 목적
> • 1선 지락 시 전위 상승 억제하고, 전선로와 기기의 절연을 경감
> • 지락 사고 시 보호 계전기 동작의 확실
> • 과도안정도 증진
> • 이상 전압 발생 방지
>
> 【답】③

24 62,000[kW]의 전력을 60[km] 떨어진 지점에서 송전하려면 전압은 몇 [kV]로 하면 좋은가? 단, Still의 식을 사용한다.

① 66

② 110

③ 140

④ 154

Still의 식(경제적인 송전 전압 결정식)

$$V_s = 5.5 \sqrt{0.6l + \frac{P}{100}} \, [\text{kV}] \quad \text{여기서, } l : \text{송전 거리}[\text{km}], \; P : \text{송전전력}[\text{kW}]$$

$$= 5.5 \sqrt{0.6 \times 60 + \frac{62,000}{100}} = 140.86 [\text{kV}]$$

【답】③

25 여러 회선의 비접지 3상 3선식 배전선로에 방향계전기를 사용하여 선택지락보호를 하려고 할 때 필요한 것은?

① GPT와 ZCT

② PT와 CT

③ PT와 ZCT

④ GPT와 CT

• GPT(Ground Potential Transformer) : 접지형 계기용 변압기. 영상전압 검출
• 영상변류기(ZCT) : 영상(지락)전류 검출

【답】①

26 뇌해 방지와 관계없는 것은?

① 초호각

② 매설지선

③ 가공지선

④ 댐퍼

• 가공지선 : 직격뢰, 유도뢰 차폐
• 매설지선 : 역섬락 방지
• 소호각(소호환) : 섬락 시 애자련 보호
여기서, 댐퍼는 선로의 진동 방지에 쓴다.

【답】④

27 송전 계통에서 이상 전압의 방지 대책으로 볼 수 없는 것은?

① 철탑 접지저항의 저감
② 가공 송전선로의 피뢰용으로서의 가공지선에 의한 뇌차폐
③ 기기 보호용으로서의 피뢰기 설치
④ 복도체 방식 채택

이상 전압 보호 장치 및 기능
• 가공지선 : 뇌의 차폐
• 피뢰기 : 기기(변압기) 보호
• 매설지선, 철탑 접지저항의 저감 : 역섬락 방지
여기서, 복도체 방식은 코로나 대책이다.

【답】④

28 정격 전압 15.4[kV], 차단용량 665[MVA]인 3상 차단기의 정격차단전류는 약 몇 [kA]인가?

① 16

② 25

③ 32

④ 12.5

3상용 차단기의 정격 용량 $P_s = \sqrt{3} \times$ 정격전압 $\times$ 정격차단전류[MVA]

정격 차단 전류 : $I_s = \dfrac{P_s}{\sqrt{3}\,V} = \dfrac{665 \times 10^6}{\sqrt{3} \times 15.4 \times 10^3} \times 10^{-3} = 25 \, [\text{kA}]$

【답】②

29 변류기의 2차측 외부를 변류기와 분리할 때 변류기의 2차측에 과전압이 유도되는 것을 방지하기 위한 조치로 옳은 것은?

① 2차 측 각 단자를 단락시킨다.　　　② 2차 측 각 단자를 절연시킨다.
③ 2차 측 각 단자를 고저항으로 연결한다.　　④ 2차 측 각 단자를 개방한다.

Explanation

계기용 변성기 점검
• PT(계기용 변압기) : 2차측 개방(2차측 과전류 보호)
• CT(변류기) : 2차측 단락(2차측 과전압보호, 2차측 절연보호)　　　【답】①

30 열사이클의 효율을 올리는 방법과 거리가 먼 것은?

① 절탄기 설치　　　　　　　　② 저압저온 이용
③ 재생사이클 채용　　　　　　　④ 과열증기 사용

Explanation

화력 발전소 열효율 향상
• 절탄기, 공기예열기의 설치
• 재생·재열 사이클의 채용
• 고압, 고온증기의 채용과 과열기의 설치　　　　　　　　【답】②

31 지락사고 시 영상변류기를 사용하는 계전기는?

① 지락 과전류 계전기　　　　　② 비율 차동 계전기
③ 지락 과전압 계전기　　　　　④ 부족 전압 계전기

Explanation

영상변류기(ZCT) : 영상(지락)전류 검출
　　　　　　　지락(접지)계전기와 연결　　　　　　　【답】①

32 원자력 발전소에서 원자로의 냉각재가 갖추어야 할 조건으로 틀린 것은?

① 열전도가 잘 될 것
② 비열이 클 것
③ 핵연료의 피복재와 감속재 등의 사이에서 화학반응이 적을 것
④ 중성자 흡수 단면적이 클 것

Explanation

냉각재
• 원자로 내의 열을 외부로 운반하는 역할
• 열전도율과 비열이 클 것
• H_2O(경수), D_2O(중수), CO_2, He, 액체 Na 등
중성자의 흡수 단면적이 클 것은 제어재의 구비 조건이다.　　　【답】④

33 전력계통에서 인터록의 설명으로 옳은 것은?

① 차단기와 단로기는 각각 열리고 닫힌다.
② 차단기가 열려 있어야만 단로기를 닫을 수 있다.
③ 차단기의 접점과 단로기의 접점이 동시에 투입될 수 있다.
④ 차단기가 닫혀 있어야만 단로기를 닫을 수 있다.

Explanation

인터록(Interlock) : 차단기가 열려 있어야 단로기 조작 가능
- 투입 시 : DS - CB 순
- 차단 시 : CB - DS 순

【답】②

34 전력계통의 전압 조정을 위한 방법은?
① 계통의 주파수 조정
② 계통의 무효전력 조정
③ 부하의 유효전력 조정
④ 발전기의 유효전력 조정

Explanation

- **계통의 전압 조정 : 무효전력을 조정**(동기조상기, 분로 리액터, 전력용 콘덴서 등)
- 주파수 조정 : 유효전력 조정

【답】②

35 전력용 퓨즈는 주로 어떤 전류의 차단을 목적으로 사용하는가?
① 과도전류
② 단락전류
③ 과부하전류
④ 지락전류

Explanation

전력 퓨즈(PF : Power Fuse) : 단락전류 차단

【답】②

36 총 설비용량이 400[kW], 수용률이 70[%]라면, 변압기 용량은 최소 몇 [kVA]인가? (단, 부하역률은 0.8이다)
① 250
② 200
③ 350
④ 500

Explanation

$$변압기\ 용량[kVA] = \frac{설비\ 용량 \times 수용률}{부등률 \times 역률} = \frac{400 \times 0.7}{0.8} = 350[kVA]$$

【답】③

37 일반회로정수가 A, B, C, D이고 송전단 상전압이 E_s인 경우, 무부하 시의 충전전류(송전단 전류)는?
① CE_s
② ACE_s
③ $\dfrac{C}{A}E_s$
④ $\dfrac{A}{C}E_s$

Explanation

무부하 시($I_r = 0$)

$E_s = AE_r + BI_r$ 에서 $E_s = AE_r$ ∴ $E_r = \dfrac{1}{A}E_s$

$I_s = CE_r + DI_r$

따라서 무부하시의 충전 전류(송전단 전류) $I_s = CE_r = \dfrac{C}{A}E_s$

【답】③

38 송배전 선로의 도중에 직렬로 삽입하여 선로의 유도성 리액턴스를 보상함으로써 선로정수 그 자체를 변화시켜서 선로의 전압 강하를 감소시키는 직렬 콘덴서 방식의 특성에 대한 설명으로 옳은 것은?
① 최대 송전전력이 감소하고 정태 안정도가 감소된다.
② 부하의 변동에 따른 수전단의 전압 변동률은 증대된다.
③ 장거리 선로의 유도 리액턴스를 보상하고 전압 강하를 감소시킨다.
④ 송·수 양단의 전달 임피던스가 증가하고 안정 극한 전력이 감소한다.

직렬 콘덴서(직렬 축전지)는 유도 리액턴스에 의한 선로의 전압 강하 보상용으로, 전압 변동을 줄이고 정태 안정도 개선용으로 사용한다. 따라서 역률 개선에는 큰 영향이 되지 않는다. **【답】③**

39 등가 선간거리를 D라 할 때, 등가 선간거리 D가 증가할 때 송전선의 정전용량은 어떻게 되는가?

① $\log_{10} \dfrac{r}{D}$에 비례

② $\log_{10} \dfrac{D}{r}$에 비례

③ $\log_{10} \dfrac{r}{D}$에 반비례

④ $\log_{10} \dfrac{D}{r}$에 반비례

작용정전용량 $C = \dfrac{0.02413}{\log_{10} \dfrac{D}{r}}$ [μF/km] ∴ 작용정전용량 $C \propto \dfrac{1}{\log_{10} \dfrac{D}{r}}$ **【답】④**

40 코로나 방지에 가장 효과적인 방법은?
① 선로의 절연을 강화한다.
② 선간거리를 감소시킨다.
③ 선로의 높이를 낮게 한다.
④ 전선의 바깥지름을 크게 한다.

코로나 방지대책
• 코로나 임계 전압을 크게, 전위경도를 작게
• **전선의 바깥지름을 크게**
• 복도체(다도체) 방식(가장 효과적인 방법)
• 가선금구를 개량 **【답】④**

3과목 전기기기

41 특수 동기기에 대한 설명 중 틀린 것은?
① 정현파 발전기는 부하에 관계없이 정현파 기전력을 발생한다.
② 동기 주파수변환기는 조작이 간편하고 효율이 좋다.
③ 유도 동기전동기는 기동 토크와 인입 토크가 크다.
④ 반작용 전동기는 역률이 좋다.

반작용 전동기(reaction motor), 릴럭턴스 모터(reluctance motor)
① 원리 : 고정자 회전자계의 자기유도에 의해 돌극 부분에서 발생하는 회전자계를 이용하는 동기전동기
② **특징 : 토크가 작고 역률이나 효율이 나쁘지만 구조가 간단하고 직류여자가 필요하지 않다.**
③ 응용 분야 : 팩시밀리의 드럼구동용, 공업계기의 차트지 발송용의 소용량 모터 **【답】④**

42 직류발전기에서 유기기전력을 발생시키는 부분은 어디인가?
① 계자
② 전기자
③ 정류자
④ 계철

직류기의 3요소
① 전기자 : 유기기전력을 발생
② 계자 : 자속을 발생
③ 정류자 : 교류를 직류로 변환하는 부분

【답】②

43 브러시를 이용하여 회전속도를 제어하는 전동기는?
① 반발 전동기
② 단상 직권전동기
③ 직류 직권전동기
④ 정류자형 주파수 변환기

반발 전동기 : 기동토크가 크며 브러시를 단락하며 브러시를 이동하여 속도를 제어
　　　　　종류 : 아트킨손형, 톰슨형, 데리형

【답】①

44 변압기에서 권수가 2배가 되면 유기기전력은 몇 배가 되는가?
① 1
② 2
③ 4
④ 8

변압기 유기기전력 $E_1 = 4.44 f \phi_m N_1$ 에서 기전력과 권수는 비례하므로
따라서 $E \propto N \propto 2$배

【답】②

45 자여자 발전기에 대한 설명으로 옳은 것은?
① 계자저항이 대단히 크다.
② 회전방향에 상관 없이 발전이 가능하다.
③ 무부하 특성곡선이 존재한다.
④ 잔류자기가 존재해야 발전이 가능하다.

자여자 발전기
• 잔류자기에 의한 발전(직권, 분권, 복권발전기)
• 회전방향이 변경되면 잔류자기가 소멸되어 발전 불능

【답】④

46 용량 1[kVA], 3,000/220[V]의 단상변압기를 단권변압기로 연결해서 승압기로 사용할 때, 1차 측에 3,000[V]를 가할 경우 부하용량은 약 몇 [kVA]인가?
① 1
② 10
③ 15
④ 16

승압돈 전압 $V_h = V_l \left(1 + \dfrac{1}{a}\right) = 3,000\left(1 + \dfrac{220}{3,000}\right) = 3,220[\text{V}]$

$\dfrac{\text{자기용량}}{\text{부하용량}} = \dfrac{e_2 I_2}{V_h I_2} = \dfrac{e_2}{V_h} \fallingdotseq \dfrac{V_h - V_l}{V_h}$

부하용량 $= \dfrac{V_h}{e_2} \times \text{자기용량} = \dfrac{3,220}{220} \times 1 = 14.64[\text{kVA}]$

【답】③

47 전부하시의 단자전압이 무부하시의 단자전압보다 높은 직류발전기는?
① 분권발전기
② 평복권발전기
③ 과복권발전기
④ 차동복권발전기

Explanation

전압변동률 $\epsilon = \dfrac{V_0 - V}{V} \times 100 = \dfrac{E - V}{V} \times 100 = \dfrac{I_a R_a}{V} \times 100[\%]$에서

- $\epsilon(+)$: 분권, 타여자 발전기($V_0 > V$)
- $\epsilon(0)$: 평복권 ($V_0 = V$: 무부하 전압=정격전압)
- $\epsilon(-)$: 과복권 발전기($V_0 < V$)

【답】 ③

48 역률 0.85의 부하 350[kW]에 50[kW]를 소비하는 동기전동기를 병렬로 접속하여 합성 부하의 역률을 0.95로 개선하려면 전동기의 진상 무효 전력은 약 몇 [kVar] 인가?

① 68
② 72
③ 80
④ 85

Explanation

동기전동기로 진상무효전력을 공급하면
합성 유효전력 $P = 50 + 350 = 400[kW]$

합성 무효전력 $Q = P\tan\theta - Q_c = 350 \times \dfrac{\sqrt{1 - 0.85^2}}{0.85} - Q_c = 216.92 - Q_c[kVar]$

따라서 역률 0.95로 하려면
$\cos\theta = \dfrac{P}{P_a} = \dfrac{400}{\sqrt{400^2 + (216.92 - Q_c)^2}} = 0.95$

따라서 진상무효전력 $Q_c = 85.45[kVar]$

【답】 ④

49 2방향성 3단자 사이리스터는?

① SCR
② SSS
③ TRIAC
④ SCS

Explanation

반도체 소재(괄호 안은 극(단자) 수)
- 단방향성 : SCR(3), GTO(3), SCS(4), LASCR(3)
- **양방향성** : SSS(2), **TRIAC(3)**, DIAC(2)

【답】 ③

50 스테핑 전동기의 스텝 각이 3°이고, 스테핑 주파수(pulse rate)가 1,200[pps]이다. 이 스테핑 전동기의 회전속도[rps]는?

① 10
② 12
③ 14
④ 16

Explanation

스테핑 모터 속도 계산
- 스텝각×스테핑 주파수=$3 \times 1,200 = 3,600$
- 스테핑의 회전속도 $n = \dfrac{3,600°}{360°} = 10[rps]$

【답】 ①

51 3상 유도 전동기에 불평형 3상 전압을 가한 경우 다음 전동기의 특성 중 옳은 것은?

① 영상 전압은 거의 고려할 필요가 없다.
② 영상 전압은 고려하여야 한다.
③ 정상 전압과 역상 전압에 의한 회전 자계의 방향은 같다.
④ 직렬 운전 상태에서 역상분은 제동 작용을 하지 않는다.

전동기는 불평형 전압이 가해져도 중성점이 접지되어 있지 않아 영상분이 존재하지 않으므로, 영상전압은 고려하지 않는다.

【답】 ①

52 3상 유도전동기의 원선도 작성에 필요한 기본량을 구하기 위한 시험이 아닌 것은?
① 충격전압 시험　　　　　　　　　② 저항 측정 시험
③ 무부하 시험　　　　　　　　　　④ 구속 시험

유도전동기 원선도
• 저항 측정
• 무부하(개방) 시험
• 구속(단락) 시험

【답】 ①

53 다이오드를 사용하는 단상반파 정류회로에서 입력 교류전압 대비 출력 직류전압 평균치는 얼마인가?
① 0.5배　　　　　　　　　　　　② 0.45배
③ 1/0.45배　　　　　　　　　　　④ 1/0.5배

정류회로 비교

구분	단상 반파	단상 전파	3상 반파	3상 전파
직류전압	$E_d = 0.45E$	$E_d = 0.9E$	$E_d = 1.17E$	$E_d = 1.35E$

【답】 ②

54 그림은 복권발전기의 외부특성곡선이다. 이 중 과복권을 나타내는 곡선은?
① A
② B
③ C
④ D

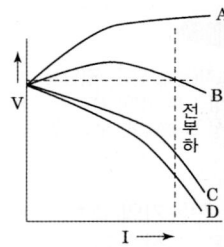

복권발전기 중 가동복권발전기
분권발전기에서는 부하가 증가하면 전압강하가 커져서 단자전압이 낮아지는데, 가동복권발전기는 전기자와 직렬로 있는 직권계자권선에 의한 기자력이 분권계자와 합해져서 유도기전력이 증가되어 전압강하를 보충하는 발전기
① 평복권 발전기 : 무부하전압과 전부하전압을 같게 하는 특성(B그림)
② **과복권 발전기** : 직권계자의 기자력을 크게 하여 유도기전력이 전기자 내부의 전압강하보다 크도록 설계하여 전부하전압이 무부하전압보다 크게 하는 특성(A그림)

【답】 ①

55 3상 권선형 유도전동기의 기동법은?
① 기동보상기법　　　　　　　　　② Y-△ 기동법
③ 리액터 기동법　　　　　　　　　④ 2차 저항기동법

농형 유도 전동기의 기동법
• 전전압 기동(직입기동) : 5 [kW] 이하의 소형

- Y−△기동 : 기동전류 제한을 위해 (5~15 [kW]정도)
- 기동 보상기법 : 단권변압기를 이용한 감전압 기동, 15 [kW] 이상

권선형 전동기 기동법 : 2차 저항기동법　　　　　　　　　　　　　　　　　　　【답】④

56 변압기의 정격을 정의한 것 중 옳은 것은?

① 전부하의 경우 1차 단자전압을 정격 1차 전압이라 한다.

② 정격 2차 전압은 명판에 기재되어 있는 2차 권선의 단자 전압이다.

③ 정격 2차 전압을 2차 권선의 저항으로 나눈 것이 정격 2차 전류이다.

④ 2차 단자 간에서 얻을 수 있는 유효전력을 [kW]로 표시한 것이 정격출력이다.

Explanation

변압기의 정격 : 변압기 명판에 기재되어 있는 사항　　　　　　　　　　　　　　　　【답】②

57 3상 유도전동기의 슬립이 s, 2차 입력이 P_2일 때 2차 동손은?

① $\dfrac{P_2}{s}$

② sP_2

③ $\dfrac{(1-s)P_2}{s}$

④ $(1-s)P_2$

Explanation

2차 동손 $P_{c2} = sP_2$　　　　　　　　　　　　　　　　　　　　　　　　　　　【답】②

58 정격 용량 12,000[kVA], 정격 전압 6,600[V]의 3상 교류 발전기가 있다. 무부하 곡선에서의 정격 전압에 대한 계자 전류는 280[A], 3상 단락 곡선에서의 계자 전류 280[A]에서의 단락 전류는 920[A]이다. 이 발전기의 단락비는 얼마인가?

① 1.14

② 0.88

③ 1.45

④ 0.67

Explanation

정격전류 $I_n = \dfrac{P}{\sqrt{3}\,V} = \dfrac{12,000 \times 10^3}{\sqrt{3} \times 6,600} ≒ 1,050$

단락비 $K_s = \dfrac{I_s}{I_n} = \dfrac{920}{1,050} = 0.88$　　　　　　　　　　　　　　　　　　【답】②

59 10[kVA], 2,000/100[V] 변압기에서 1차에 환산한 등가 임피던스는 $6.2 + j7\,[\Omega]$이다. 이 변압기의 %리액턴스 강하는?

① 3.5

② 0.175

③ 0.35

④ 1.75

Explanation

변압기 1차 정격전류 $I_{1n} = \dfrac{P}{V_{1n}} = \dfrac{10 \times 10^3}{2,000} = 5[A]$

%리액턴스 강하 $q = \dfrac{I_{1n}x_{21}}{V_{1n}} \times 100 = \dfrac{5 \times 7}{2,000} \times 100 = 1.75[\%]$　　　　【답】④

60 동기발전기에 유도자형을 사용하는 이유로 옳은 것은?

① 고주파 발전기로 사용할 수 있다
② 회전자 관성을 크게 하기 쉽다.
③ 기전력의 파형을 좋게 할 수 있다.
④ 절연이 용이하다.

Explanation

• 회전 전기자형 : 직류발전기(전기자가 회전자이며 계자가 고정자)
• 회전 계자형 : 동기발전기(전기자가 고정자이며 계자가 회전자)
• 유드자형 : 계자극과 전기자를 함께 고정시키고 그 중앙에 유도자라고 하는 권선이 없는 회전자를 갖춘 것으로
 수백~수만[Hz] 정도의 고주파 발전기로 사용   【답】①

4과목　회로이론

61 아라와 같은 비정현파 전압을 $R-L$ 직렬회로에 인가할 때에 제3고조파 전류의 실효값[A]은?
단, $R=4[\Omega]$, $\omega L=1[\Omega]$이다.

$$e = 100\sqrt{2}\sin\omega t + 75\sqrt{2}\sin3\omega t + 20\sqrt{2}\sin5\omega t \text{ [V]}$$

① 4
② 15
③ 20
④ 75

Explanation

제3고조파에 대한 임피던스는 $Z_3 = R+j3\omega L = 4+j3\times1 = 5[\Omega]$이므로

제3고조파에 의하여 흐르는 전류의 실효값 $I_3 = \dfrac{V_3}{Z_3} = \dfrac{75}{5} = 15[A]$ 【답】②

62 인덕턴스가 L인 유도기에 $i = \sqrt{2}I\sin\omega t$ [A]의 전류가 흐를 때 유도기에 축적되는 에너지[J]는?

① $\dfrac{1}{2}LI^2\sin^2\omega t$
② $\dfrac{1}{2}LI^2(1-\cos2\omega t)$
③ $\dfrac{1}{2}LI^2\cos2\omega t$
④ $\dfrac{1}{2}LI^2\sin2\omega t$

Explanation

순시에너지 $W = \dfrac{1}{2}Li^2 = \dfrac{1}{2}L(\sqrt{2}I\sin\omega t)^2 = \dfrac{1}{2}L(2I^2\sin^2\omega t) = LI^2\dfrac{1-\cos2\omega t}{2}$

$= \dfrac{1}{2}LI^2(1-\cos2\omega t)$ [J]   【답】②

63 30$[\Omega]$의 저항과 40$[\Omega]$의 유도성 리액턴스가 병렬로 연결되어 있다. 이 $R-L$ 병렬회로에
$v(t) = 220\sqrt{2}\sin377t$[V]의 전압을 인가할 때 흐르는 순시값 전류는 약 몇 [A]인가?

① $12.96\sin(377t - 36.87°)$
② $9.17\sin(377t - 36.87°)$
③ $12.96\angle -36.87°$
④ $10.37 + j7.78$

Explanation

병렬회로이므로

저항에 흐르는 전류 $I_R = \dfrac{V}{R} = \dfrac{220}{30} = 7.33[\text{A}]$

인덕터에 흐르는 전류 $I_L = \dfrac{V}{j\omega L} = \dfrac{220}{j40} = -j5.5[\text{A}]$

전체 전류 $I = I_R + I_L = 7.33 - j5.5 = \sqrt{7.33^2 + 5.5^2} \angle \tan^{-1}\dfrac{-5.5}{7.33} = 9.16 \angle -36.87°$

순시치로 나타내면 $i = 9.16 \times \sqrt{2}\sin(377t - 36.87°) = 12.96\sin(377t - 36.87°)$

【답】①

64

전압 $v = 20\sin 20t + 30\sin 30t$ 이고 전류가 $i = 30\sin 20t + 20\sin 30t$ 이면 소비전력[W]은?

① 120[W]
② 600[W]
③ 400[W]
④ 300[W]

Explanation

유효전력은 주파수가 같을 때만 만들어지며

$$P = \frac{20}{\sqrt{2}} \times \frac{30}{\sqrt{2}} \times \cos 0° + \frac{30}{\sqrt{2}} \times \frac{20}{\sqrt{2}} \times \cos 0° = 600[\text{W}]$$

【답】②

65

3상 평형회로에서 선간전압이 200[V]이고 각 상의 임피던스가 $24 + j7[\Omega]$인 Y결선 3상 부하의 유효전력은 약 몇 [W]인가?

① 192
② 512
③ 1,536
④ 4,608

Explanation

3상 유효전력은 $P = 3V_p I_p \cos\theta = 3I_p^2 R[\text{Var}]$
Y결선이므로 $I_l = I_p$

여기서, 상전류는 $I_p = \dfrac{V_p}{Z} = \dfrac{\dfrac{200}{\sqrt{3}}}{24 + j7} = \dfrac{\dfrac{200}{\sqrt{3}}}{\sqrt{24^2 + 7^2}} = 4.62[\text{A}]$

3상 유효전력은 $P = 3I_p^2 R = 3 \times 4.62^2 \times 24 = 1,536[\text{W}]$

【답】③

66

T형 4단자 회로망에서 영상 임피던스가 $Z_{01} = 50[\Omega]$, $Z_{02} = 2[\Omega]$이고, 전달 정수가 0일 때 이 회로의 4단자 정수 D의 값은?

① 10
② 5
③ 0.2
④ 0.1

Explanation

【답】③

67

저항 10[Ω], 인덕턴스 10[mH]인 인덕턴스에 실효값 100[V]인 정현파 전압을 인가했을 때 흐르는 전류의 최대값[A]은? 단, 정현파의 각주파수는 1,000[rad/s]이다.

① 5
② $5\sqrt{2}$
③ 10
④ $10\sqrt{2}$

Explanation

유도성 리액턴스 $X_L = \omega L = 1,000 \times 10 \times 10^{-3} = 10[\Omega]$

임피던스 $Z = R + j\omega L = \sqrt{R^2 + (\omega L)^2} = \sqrt{10^2 + 10^2} = 10\sqrt{2}$

전류의 최대값 $I_m = \dfrac{V_m}{Z} = \dfrac{100\sqrt{2}}{\sqrt{10^2 + 10^2}} = 10\,[\text{A}]$ 【답】③

68 3상 회로에 △ 결선된 평형 순저항 부하를 사용하는 경우 선간전압 220[V], 상전류가 7.33[A]라면 1상의 부하저항은 약 몇 [Ω]인가?

① 80   ② 60

③ 45   ④ 30

Explanation

△결선 $V_l = V_p$에서

임피던스 $Z = \dfrac{V_p}{I_p} = \dfrac{220}{7.33} = 30[\Omega]$ 【답】④

69 저항 6[kΩ], 인덕턴스 90[mH], 커패시턴스 0.01[μF]인 직렬회로에 $t = 0$에서의 직류전압 100[V]를 가하였다. 흐르는 전류의 최대값(I_m)은 약 몇 [mA]인가?

① 11.8   ② 12.3

③ 14.7   ④ 15.6

Explanation

【답】②

70 3상 부하가 Y결선으로 되었다. 각 상의 임피던스가 각각 $Z_a = 3[\Omega]$, $Z_b = 3[\Omega]$, $Z_c = j3[\Omega]$이다. 이 부하의 영상 임피던스[Ω]는?

① $6 + j3$ ② $3 + j3$

③ $3 + j6$ ④ $2 + j$

Explanation

영상 임피던스 $Z_0 = \dfrac{1}{3}(Z_a + Z_b + Z_c) = \dfrac{1}{3}(3 + 3 + j3) = 2 + j[\Omega]$ 【답】④

71 어떤 회로에서 $t = 0$초에 스위치를 닫은 후 $i(t) = 3t^2 + 2t$[A]의 전류가 1분 동안 흘렀다. 스위치를 통과한 총 전기량[Ah]은?

① 55   ② 61

③ 65   ④ 71

Explanation

전류 $i = \dfrac{dq}{dt}$에서 전하량 $q = \displaystyle\int_0^t i\, dt = \int_0^{60} (3t^2 + 2t)dt$

$= [(t^3 + t^2)]_0^{60} = 219,600[\text{A} \cdot \sec] = 61[\text{Ah}]$ 【답】②

72 기본파의 30[%]인 제3고조파와 20[%]인 제5고조파를 포함하는 전압파의 왜형률은?

① 0.23　　　　　　　　　　　② 0.46

③ 0.33　　　　　　　　　　　④ 0.36

Explanation

$$왜형률 = \frac{전고조파의\ 실효값}{기본파의\ 실효값} = \frac{\sqrt{V_2^2 + V_3^2 + V_4^2 + \cdots}}{V_1}$$

$$= \frac{\sqrt{V_{3+}^2\ V_5^2}}{V_1} = \frac{\sqrt{0.3^2 + 0.2^2}}{1} = 0.36$$

【답】④

73 코일의 권수 $N = 1,000$ 회이고, 코일의 저항 $R = 10[\Omega]$ 이다. 전류 $I = 10[A]$를 흘릴 때 코일의 권수 1회에 대한 자속이 $\phi = 3 \times 10^{-2}[Wb]$이라면 이 회로의 시정수[s]는?

① 0.3　　　　　　　　　　　② 0.4

③ 3.0　　　　　　　　　　　④ 4.0

Explanation

$R-L$ 직렬회로의 시정수 $\tau = \dfrac{L}{R}$ 에서

인덕턴스 $L = \dfrac{N\phi}{I} = \dfrac{1,000 \times 3 \times 10^{-2}}{10} = 3[H]$

$\therefore\ \tau = \dfrac{L}{R} = \dfrac{3}{10} = 0.3[\sec]$

【답】①

74 단위 계단 함수 $u(t)$의 라플라스 변환은?

① 1　　　　　　　　　　　② $\dfrac{1}{s}$

③ $\dfrac{1}{s^2}$　　　　　　　　　　　④ $\dfrac{1}{s^2}e^{-1}$

Explanation

기본함수 라플라스 변환표

·	$f(t)$	$F(s)$
단위 임펄스 함수	$\delta(t)$	1
단위 계단 함수	$u(t)$	$\dfrac{1}{s}$
단위 램프 함수	t	$\dfrac{1}{s^2}$

【답】②

75 그림에서 단자 ab에 나타나는 전압 V_{ab}는 약 몇 [V]인가?

① 2[V]

② 4.3[V]

③ 5.6[V]

④ 8[V]

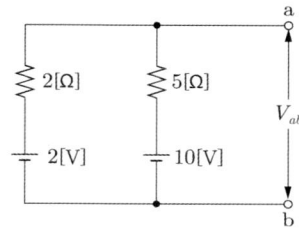

밀만의 정리를 적용하면 $V_{ab} = \dfrac{\dfrac{V_1}{R_1} + \dfrac{V_2}{R_2}}{\dfrac{1}{R_1} + \dfrac{1}{R_2}} = \dfrac{\dfrac{2}{2} + \dfrac{10}{5}}{\dfrac{1}{2} + \dfrac{1}{5}} = \dfrac{30}{7} = 4.3[\text{V}]$ 【답】②

76 3상 불평형 전압에서 역상전압이 25[V], 정상전압이 100[V], 영상전압이 10[V]라고 할 때 전압의 불평형률[%]은?

① 25

② 10

③ 40

④ 70

불평형률 $= \dfrac{\text{역상분}}{\text{정상분}} \times 100 = \dfrac{25}{100} \times 100 = 25[\%]$ 【답】①

77 왜형파 전압 $v = 100\sqrt{2}\sin\omega t + 40\sqrt{2}\sin 2\omega t + 30\sqrt{2}\sin 3\omega t$ 의 왜형률을 구하면?

① 1.0

② 0.8

③ 0.5

④ 0.3

왜형률 $= \dfrac{\text{전고조파의 실효값}}{\text{기본파의 실효값}} = \dfrac{\sqrt{V_2^2 + V_3^2 + V_4^2 + \cdots}}{V_1}$

$= \dfrac{\sqrt{V_3^2 + V_5^2}}{V_1} = \dfrac{\sqrt{40^2 + 30^2}}{100} = 0.5$ 【답】③

78 $f(t) = \sin t \cos t$ 의 라플라스 변환은?

① $\dfrac{1}{s+4}$

② $\dfrac{1}{s^2 + 4}$

③ $\dfrac{1}{(s+4)^2}$

④ $\dfrac{1}{(s^2 + 4^2)^2}$

삼각함수 2배각 공식 $\sin 2\alpha = 2\sin\alpha\cos\alpha$ 에서

$\sin t \cos t = \dfrac{1}{2}\sin 2t$ 이므로

$F(s) = \mathcal{L}[\sin t \cos t] = \mathcal{L}\left[\dfrac{1}{2}\sin 2t\right] = \dfrac{1}{2} \cdot \dfrac{2}{s^2 + 2^2} = \dfrac{1}{s^2 + 2^2} = \dfrac{1}{s^2 + 4}$ 【답】②

79 임피던스가 $Z = 8 + j6[\Omega]$인 회로에 공급전압 $v = 220\sqrt{2}\sin(\omega t + 60°)$인 경우 회로에 흐르는 전류는 약 얼마인가?

① $20.23 + j8.64$

② $8.64 + j20.23$

③ $20.23 + j20.23$

④ $8.64 + j8.64$

$$전류 \ I = \frac{V}{Z} = \frac{220\angle 60°}{\sqrt{8^2+6^2}\angle \tan^{-1}\frac{6}{8}} = \frac{220\angle 60°}{10\angle 36.87°} = 22\angle 23.13°$$

$$= 22(\cos 23.13° + j\sin 23.13°) = 20.23 + j8.64[A]$$

【답】①

80 분포정수회로에서 직렬임피던스를 Z, 병렬어드미턴스를 Y라 할 때, 선로의 특성임피던스 Z_0는?

① ZY

② $\sqrt{ZY}$

③ $\sqrt{\dfrac{Y}{Z}}$

④ $\sqrt{\dfrac{Z}{Y}}$

Explanation

특성임피던스 $Z_0 = \sqrt{\dfrac{Z}{Y}} = \sqrt{\dfrac{R+j\omega L}{G+j\omega C}}$

【답】④

5과목　전기설비기술기준

81 저압가공전선이 상부 조영재의 위쪽에서 접근하는 경우 전선과 상부 조영재 간의 이격거리는 몇 [m] 이상이어야 하는가? (단, 케이블인 경우이다)

① 0.8

② 1.0

③ 1.2

④ 2.0

Explanation

(KEC 222.11조) 저압 가공 전선과 건조물의 접근
저압 가공 전선과 건조물의 조영재 사이의 이격거리는 다음 표에서 정한 값 이상일 것

건조물 조영재의 구분	접근 형태	이격거리
상부 조영재[지붕·챙(차양 : 遮陽)·옷말리는 곳 기타 사람이 올라갈 우려가 있는 조영재를 말한다. 이하 같다.]	**위쪽**	2[m](전선이 고압 절연전선, 특고압 절연전선 또는 케이블인 경우는 1[m])
	옆쪽 또는 아래쪽	1.2[m](전선에 사람이 쉽게 접촉할 우려가 없도록 시설한 경우에는 0.8[m], 고압 절연전선, 특고압 절연전선 또는 케이블인 경우에는 0.4[m])

【답】②

82 저압 전로의 전로와 대지 간의 전압이 100[V]인 경우, 전로의 절연저항은 몇 [MΩ] 이상이어야 하는가?

① 2.0

② 0.2

③ 0.5

④ 1.0

Explanation

(기술기준 제52조) 저압의 전로의 절연저항 하한값

전로의 사용전압[V]	DC 시험전압[V]	절연저항[MΩ]
SELV 및 PELV	250	0.5
FELV, 500[V] 이하	500	1.0
500[V] 초과	1,000	1.0

【답】④

83 지중통신선로설비를 시설할 때 지중 공가설비로 사용하는 광섬유 및 동축케이블은 지름이 몇 [mm] 이하이어야 하는가?

① 4 ② 5

③ 16 ④ 22

(KEC 363.1조) 지중통신선로설비 시설
지중 공가설비로 사용하는 광섬유 케이블 및 동축케이블은 지름 22[mm] 이하일 것 【답】④

84 관등회로의 사용전압이 400[V] 초과이고 1[kV] 이하인 배선을 전개된 건조한 장소에 시설하는 경우 공사방법으로 틀린 것은?

① 합성수지몰드공사 ② 버스덕트공사

③ 애자공사 ④ 금속몰드공사

(KEC 234.11조) 1[kV] 이하 방전등
400[V] 초과이고 1[kV] 이하인 관등회로의 배선방식

시설장소의 구분		배선방법
전개된 장소	건조한 장소	애자공사 · 합성수지몰드공사 또는 금속몰드공사
	기타의 장소	애자공사
점검할 수 있는 은폐된 장소	건조한 장소	금속몰드공사

【답】②

85 고압 옥내배선의 공사 방법으로 틀린 것은?

① 케이블트레이공사
② 케이블공사
③ 가요전선관공사
④ 애자사용공사(건조한 장소로서 전개된 장소인 경우)

(KEC 342.1조) 고압 옥내배선 등의 시설
① 애자 사용 공사(건조한 장소로서 전개된 장소에 한한다)
② 케이블 공사
③ 케이블 트레이 공사 【답】③

86 목주, A종 철주 및 A종 철근 콘크리트주를 지지물로 사용할 수 없는 보안공사는?

① 제3종 특고압 보안공사 ② 제1종 특고압 보안공사

③ 제2종 특고압 보안공사 ④ 고압 보안공사

(KEC 333.22조) 특고압 보안공사
제1종 특고압 보안공사 지지물 : B종 철주, B종 철근 콘크리트주 또는 철탑 사용(목주, A종 사용불가) 【답】②

87 직류 전기철도 시스템이 매설 배관 또는 케이블과 인접할 경우 누설전류를 피하기 위해 최대한 이격 시켜야 하는데, 주행레일과의 이격거리는 최소 몇 [m] 이상이어야 하는가?

① 0.5 ② 1

③ 1.5 ④ 2

(KEC 461.5조) 누설전류 간섭에 대한 방지
직류 전기철도 시스템이 매설 배관 또는 케이블과 인접할 경우 누설전류를 피하기 위해 최대한 이격시켜야 하며,
주행레일과 최소 1[m] 이상의 거리를 유지   【답】②

88 태양전지 발전소의 배선 및 모듈의 시설기준으로 틀린 것은?
① 충전부분은 노출되도록 시설한다.
② 태양전지 모듈 및 기타 기구에 전선을 접속하는 경우 접속점에 장력이 가해지지 않도록 할 것
③ 모듈의 출력배선은 극성별로 확인할 수 있도록 표시할 것
④ 태양전지 모듈의 프레임은 지지물과 전기적으로 완전하게 접속할 것

(KEC 522.1.3조) 태양광설비의 전기배선
① 모듈 및 기타 기구에 전선을 접속하는 경우는 나사로 조이고, 기타 이와 동등 이상의 효력이 있는 방법으로 기계적 · 전기적
  으로 안전하게 접속하고, 접속점에 장력이 가해지지 않도록 할 것
② 배선시스템은 바람, 결빙, 온도, 태양방사와 같이 예상되는 외부 영향을 견디도록 시설할 것
③ 모듈의 출력배선은 극성별로 확인할 수 있도록 표시할 것
④ 직렬 연결된 태양전지모듈의 배선은 과도과전압의 유도에 의한 영향을 줄이기 위하여 스트링 양극간의 배선간격이 최소가
  되도록 배치할 것   【답】①

89 플로어덕트 공사에 의한 저압 옥내배선에서 연선을 사용하지 않아도 되는 전선의 단면적은 최대
몇 [㎟]인가?
① 2   ② 4
③ 8   ④ 10

(KEC 232.32조) 플로어덕트공사
전선은 연선일 것. 다만, **단면적 10[㎟](알루미늄선은 단면적 16[㎟]) 이하**인 것은 그러하지 아니하다.   【답】④

90 전기자동차의 충전장치의 충전 케이블 인출부는 옥외용의 경우 지면으로부터 몇 [m] 이상에 위치하
여야 하는가?
① 0.3   ② 0.45
③ 0.6   ④ 1.2

(KEC 241.17.3조) 전기자동차의 충전장치 시설
충전장치의 충전 케이블 **인출부**는 옥내용의 경우 지면으로부터 0.45[m] 이상 1.2[m] 이내에, **옥외용의 경우 지면으로부터
0.6[m] 이상**에 위치할 것.   【답】③

91 관등회로에 대한 정의로 옳은 것은?
① 발전소 · 변전소 · 개폐소, 이에 준하는 곳, 전기사용장소 상호간의 전선(전차선을 제외한다) 및 이를
  지지하거나 수용하는 시설물을 말한다.
② 방전등용 안정기 또는 방전등용 변압기로부터 방전관까지의 전로를 말한다.
③ 광섬유케이블 및 이를 지지하거나 수용하는 시설물(조영물의 옥내 또는 옥측에 시설하는 것을 제외
  한다)을 말한다.
④ 전차의 집전장치와 접촉하여 동력을 공급하기 위한 전선을 말한다.

(KEC 112조)용어 정리
"관등희로"란 방전등용 안정기 또는 방전등용 변압기로부터 방전관까지의 전로를 말한다.   【답】②

92 발전기의 용량에 관계없이 자동으로 전로로부터 차단하는 장치를 시설해야 하는 경우는?
① 발전기에 과전류나 과전압이 생긴 경우
② 수차 발전기의 스러스트 베어링의 온도가 현저히 상승한 경우
③ 전동식 브레이드 제어장치의 전원전압이 현저히 저하한 경우
④ 발전기를 구동하는 수차의 압유 장치의 유압이 현저히 저하한 경우

Explanation

(KEC 351.3조) 발전기 등의 보호 장치
발전기에는 다음과 같은 경우에 자동적으로 전로로부터 차단하는 장치를 시설하여야 하는데, **용량에 관계없는 것은 ①번 뿐이다.**
① **발전기에 과전류나 과전압이 생긴 경우**
② 용량이 500[kVA] 이상인 발전기를 구동하는 수차 압유 장치의 유압이 현저히 저하한 경우
③ 용량 100[kVA] 이상의 발전기를 구동하는 풍차(風車)의 압유장치의 유압, 압축 공기장치의 공기압 또는 전동식 브레이드 제어 장치의 전원 전압이 현저히 저하한 경우
④ 용량이 2,000[kVA] 이상인 수차 발전기의 스러스트 베어링의 온도가 현저히 상승한 경우
⑤ 정격 출력이 10,000[kW]를 넘는 증기 터빈에 있어서 그의 스러스트 베어링이 현저하게 마모되거나 그의 온도가 현저히 상승한 경우
⑥ 용량이 10,000[kVA] 이상인 발전기의 내부에 고장이 생긴 경우   【답】①

93 철도 궤도 또는 자동차도 전용터널 안의 저압 전선로를 지름 2.6[mm] 이상의 경동선의 절연전선을 사용하고 애자공사에 의해 시설하는 경우 레일면상 몇 [m] 이상의 높이로 유지하여야 하는가?
① 2   ② 2.5
③ 3   ④ 4

Explanation

(KEC 335.1조) 터널 안 전선로의 시설
철도・궤도 또는 자동차도 전용터널 안의 전선로에 저압 전선을 시설하는 경우
• 인장강도 2.30[kN] 이상의 절연전선 또는 **지름 2.6[mm] 이상의 경동선의 절연전선을 사용하고 애자공사에 의하여 시설하여야 하며 또한 이를 레일면상 또는 노면상 2.5[m] 이상의 높이**로 유지할 것
• 합성수지관 공사・금속관 공사・가요전선관 공사 또는 케이블 공사에 의하여 시설할 것   【답】②

94 시가지에 시설하는 통신선은 단선의 절연전선인 경우 지름 몇 [mm] 이상이어야 특고압 가공전선로의 지지물에 시설할 수 있는가?
① 4   ② 5
③ 2.3   ④ 16

Explanation

(KEC 362.5조) 특고압 가공전선로 첨가설치 통신선의 시가지 인입 제한
시가지에 시설하는 통신선은 특고압 가공전선로의 지지물에 시설하여서는 아니 된다. 다만, 통신선이 절연전선과 동등 이상의 절연성능이 있고 인장강도 5.26[kN] 이상의 것. 또는 연선의 경우 단면적 16[㎟](**단선의 경우 지름 4[mm]**) 이상의 절연전선 또는 광섬유 케이블인 경우에는 그러하지 아니하다.   【답】①

95 피뢰등전위본딩의 상호 접속 중 본딩도체로 직접 접속할 수 없는 장소의 경우에 시설하는 것은?
① 과전류차단기   ② 지락보호장치
③ 서지보호장치   ④ 개폐기

Explanation

(KEC 153.2조) 피뢰등전위본딩

① 자연적 구성부재의 전기적 연속성이 확보되지 않은 경우에는 본딩도체로 연결
② **본딩도체로 직접 접속할 수 없는 장소의 경우에는 서지보호장치를 이용**
③ 본딩도체로 직접 접속이 허용되지 않는 장소의 경우에는 절연방전갭(ISG)을 이용 【답】③

96 전기저장장치를 시설하는 곳에는 다음의 사항을 계측하는 장치를 시설하여야 한다. 옳지 않은 것은?
① 이차전지 출력 단자의 주파수　　　　② 주요변압기의 전압, 전류
③ 이차전지 출력 단자의 전압　　　　　④ 주요변압기의 전력

Explanation

(KEC 512.2.3조) 계측장치
전기저장장치를 시설하는 곳에는 다음의 사항을 계측하는 장치를 시설하여야 한다.
① 축전지 출력 단자의 전압, 전류, 전력 및 충방전 상태
② 주요 변압기의 전압, 전류 및 전력 【답】①

97 저압 이웃 연결 인입선은 폭 몇 [m]를 넘는 도로를 횡단하지 말아야 하는가?
① 5　　　　　　　　　　　　　　② 6
③ 7　　　　　　　　　　　　　　④ 8

Explanation

(KEC 221.1.2조) 이웃 연결 인입선의 시설
① 분기하는 점으로부터 100[m]를 초과하지 않을 것
② **폭 5[m]를 넘는 도로를 횡단하지 않을 것**
③ 옥내를 관통하지 않을 것 【답】①

98 B종 철주 또는 B종 철근 콘크리트주를 사용하는 제1종 특고압 보안공사의 경간은 몇 [m] 이하이어야 하는가?
① 150　　　　　　　　　　　　　② 400
③ 250　　　　　　　　　　　　　④ 600

Explanation

(KEC 333.22조) 특고압 보안공사
제1종 특고압 보안공사의 경간은 아래 표에서 정한 값 이하일 것. 다만, 전선의 인장강도 58.84[kN] 이상의 연선 또는 단면적이 150[㎟] 이상인 경동연선을 사용하는 경우에는 그러하지 아니하다.

지지물의 종류	경간
B종 철주 또는 B종 철근 콘크리트주	**150[m]**
철탑	400[m] (단주인 경우에는 300[m])

【답】①

99 금속관공사에 의하여 저압 옥내배선 시설기준에 적합하지 않은 것은?
① 콘크리트에 매입하는 데 두께 1.2[㎜]를 사용하였다.
② 금속관 안에는 접속점이 없도록 하였다.
③ 관의 끝부분 및 안쪽 면은 전선을 피복을 손상하지 아니하도록 매끈하게 하였다.
④ 전선으로 옥외용 비닐절연전선을 사용하였다.

Explanation

(KEC 232.12조) 금속관공사
① 전선은 절연전선(**옥외용 비닐절연전선을 제외**한다)일 것
② 전선은 연선일 것. 다만, 다음의 것은 적용하지 않는다.
　- 짧고 가는 금속관에 넣은 것

     – 단면적 10[㎟](알루미늄선은 단면적 16[㎟]) 이하의 것
③ 전선은 금속관 안에서 접속점이 없도록 할 것
④ 안쪽 면 및 끝부분은 전선을 넣거나 바꿀 때에 전선의 피복을 손상하지 아니하도록 매끈한 것일 것
⑤ 관의 두께는 콘크리트에 매설하는 것은 1.2[㎜] 이상, 이외에는 1[㎜] 이상   【답】④

100 사용전압이 22.9[kV]인 특고압 가공전선로를 시가지에 경동연선으로 시설할 경우 단면적은
     몇 [㎟] 이상인가?

① 55   ② 150

③ 100   ④ 200

Explanation

(KEC 333.1조) 시가지 등에서 특고압 가공 전선로의 시설
사용전압 100[kV] 미만 특고압 가공 전선로 전선은 단면적 55[㎟]의 경동연선 또는 동등 이상의 세기 및 굵기의 연선일 것

사용전압의 구분	전선의 단면적
100[kV] 미만	인장강도 21.67[kN] 이상의 연선, **55[㎟] 이상의 경동연선**, 알루미늄전선, 절연전선
100[kV] 이상	인장강도 58.84[kN] 이상의 연선, 150[㎟] 이상의 경동연선, 알루미늄전선, 절연전선

【답】①

 **2023년 전기산업기사 필기**

1과목 **전기자기학**

---

01 비투자율 μ_r인 자성체의 자속밀도가 $B\,[\text{Wb/m}^2]$일 때 자성체의 자화의 세기 $J\,[\text{Wb/m}^2]$는?

① $\left(\mu_0 - \dfrac{1}{\mu_r}\right)\dfrac{\mu_r}{B}$

② $(\mu_0\mu_r - 1)B$

③ $(\mu_r - 1)\dfrac{B}{\mu_r}$

④ $\mu_0(\mu_r - 1)B$

Explanation

자화의 세기 : 단위 체적당 자기 모멘트

$$J = \lim_{\triangle v \to 0} \frac{\triangle M}{\triangle v} = \frac{M}{V}\,[\text{Wb/m}^2]$$

$$= \mu_0(\mu_s - 1)H = \left(1 - \frac{1}{\mu_s}\right)B = (\mu_s - 1)\frac{B}{\mu_s}\,[\text{Wb/m}^2]$$

【답】③

---

02 도체 내 정전계의 성질에 대한 설명으로 틀린 것은?

① 도체 내부의 전위는 등전위이다.

② 도체 내부의 전계는 0이 아니다.

③ 도체 표면의 전하밀도는 곡률이 클수록 크다.

④ 전하는 도체 표면에만 존재한다.

Explanation

도체(등전위체적)이며 대전도체에 인가된 전하는 도체 표면에만 분포한다. 또한, 도체 표면에서의 전하밀도는 곡률이 크고 곡률반경이 작을수록 높다. 전계는 등전위면에 수직이므로 도체 표면에 수직이며 **도체 내부는 등전위체적이므로 전계(전기력선)가 존재하지 않는다.** 【답】②

---

03 전자유도 현상에서 유도기전력 크기에 관한 법칙은?

① 패러데이의 법칙

② 암페어의 법칙

③ 쿨롱의 법칙

④ 렌츠의 법칙

Explanation

패러데이의 유도법칙 : $e = -N\dfrac{d\phi}{dt}$

코일에 발생하는 유도기전력의 크기는 쇄교 자속의 시간 변화율과 같다. 【답】①

---

04 와전류손과 히스테리시스손은 각각 최대 자속밀도의 몇 승에 비례하는가?

① 와전류손: 1.8, 히스테리시스손: 1.8

② 와전류손: 1.6, 히스테리시스손: 2.0

③ 와전류손: 2.0, 히스테리시스손: 1.6

④ 와전류손: 3.0, 히스테리시스손: 1.0

- 히스테리시스 손실 $P_h = \eta f {B_m}^{1.6}$ [W] : 최대자속밀도의 1.6승에 비례
- 와전류손 $P_e = \sigma_e (t f k_f B_m)^2$: 최대자속밀도의 2승에 비례

【답】③

05 질량이 m[kg]인 작은 물체가 전하 Q[C]를 가지고 중력 방향과 직각인 무한도체평면 아래쪽 d[m]의 거리에 놓여 있다. 정전력이 중력과 같게 되는 데 필요한 Q[C]의 크기는?

① $\pm \dfrac{d}{2}\sqrt{\pi\epsilon_0 mg}$

② $\pm 4d\sqrt{\pi\epsilon_0 mg}$

③ $\pm d\sqrt{\pi\epsilon_0 mg}$

④ $\pm 2d\sqrt{\pi\epsilon_0 mg}$

영상법을 이용하여 아래 그림과 같은 형태로 바꾸어 생각하면

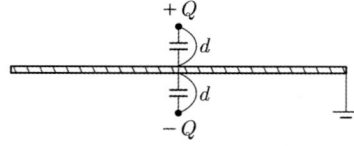

영상력 $F = \dfrac{Q(-Q)}{4\pi\epsilon_0 d^2} = -\dfrac{Q^2}{4\pi\epsilon_0 (2d)^2} = -\dfrac{Q^2}{16\pi\epsilon_0 d^2}$ [N]

단, 여기서 (−)부호는 흡인력을 의미한다. 여기서, 영상력과 중력이 같으므로

$\dfrac{Q^2}{16\pi\epsilon_0 d^2} = mg$에서 $Q^2 = 16\pi\epsilon_0 d^2 mg$

따라서 $Q = \pm 4d\sqrt{\pi\epsilon_0 mg}$

【답】②

06 자장 중에서 도선에 발생되는 유기기전력의 방향은 어떤 법칙에 의하여 설명되는가?

① 암페어의 오른나사 법칙

② 패러데이의 법칙

③ 가우스의 법칙

④ 렌츠의 법칙

패러데이-렌츠의 법칙 : $e = -N\dfrac{d\phi}{dt} = -L\dfrac{di}{dt}$

- **렌츠의 법칙(Lenz's Law)** : 유기기전력의 방향을 결정
- 패러데이 법칙(Faraday's Law) : 유기기전력의 크기를 결정

【답】④

07 그림과 같이 반지름 r[m]인 원의 원주상 임의의 2점 a, b 사이에 전류 I[A]가 흐른다. 원의 중심에서 자계의 세기는 몇 [AT/m]인가?

① $\dfrac{I\theta}{4\pi r^2}$

② $\dfrac{I\theta}{2\pi r}$

③ $\dfrac{I\theta}{2\pi r^2}$

④ $\dfrac{I\theta}{4\pi r}$

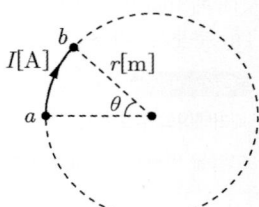

원형 코일에 전류가 흐를 때 중심점의 자계의 세기

$$H = \frac{I}{2a} \text{에서 } H = \frac{I}{2r} = \frac{I}{2r} \times \frac{\theta}{2\pi} = \frac{I\theta}{4\pi r} \text{ [AT/m]}$$

【답】④

08 내구의 반지름이 6[cm], 외구의 반지름이 8[cm]인 동심구 콘덴서의 외구를 접지하고 내구에 전위 1,800[V]를 가했을 경우 내구에 충전된 전기량은 몇 [C]인가?

① 2.8×10^{-8} ② 3.8×10^{-8}
③ 4.8×10^{-8} ④ 5.8×10^{-8}

Explanation

동심구의 정전용량
$$C = \frac{4\pi\epsilon_o ab}{b-a} = \frac{4\pi \times 8.855 \times 10^{-12} \times 0.08 \times 0.06}{0.08 - 0.06} = 2.67 \times 10^{-11} \text{ [F]}$$

전기량 $Q = CV = 2.67 \times 10^{-11} \times 1,800 = 4.8 \times 10^{-8} \text{ [C]}$

【답】③

09 두 개의 도체에서 전위 및 전하가 각각 V_1, Q_1 및 V_2, Q_2일 때, 이 도체계가 갖는 에너지는 얼마인가?

① $V_1 Q_1 + V_2 Q_2$ ② $\frac{1}{2}(V_1 Q_1 + V_2 Q_2)$
③ $\frac{1}{2}(Q_1 + Q_2)(V_1 + V_2)$ ④ $(Q_1 + Q_2)(V_1 + V_2)$

Explanation

2개의 도체의 에너지 $W = \frac{1}{2}(Q_1 V_1 + Q_2 V_2) \text{[J]}$

【답】②

10 정전계에 대한 설명으로 틀린 것은?
① 전계의 세기는 전위의 경도로 구할 수 있다.
② 전계의 세기에 유전율을 곱하면 전속밀도를 구할 수 있다.
③ 도체 표면에서의 전계의 세기는 표면에 대해 법선 방향이다.
④ 전위의 경도는 미분 연산이다.

Explanation

전계의 세기
① 전계 $E = -grad V$ (전위의 경도는 전계의 세기와 크기는 같고 방향이 반대)
② 전속 밀도 $D = \epsilon \times E$ (전속밀도는 전계의 세기와 유전율의 곱이다.)
③ **도체 표면에서의 전계의 세기는 표면에 대해 항상 수직이다.**
④ ①식의 의미는 결국 편미분을 하라는 의미이다.

【답】③

11 진공 내에서 전위가 $V = x^2 + y$로 주어질 때 $0 \le x \le 1$, $0 \le y \le 1$, $0 \le z \le 1$인 공간에 저장되는 에너지[J]는?

① $\frac{5}{3}\epsilon_0$ ② $\frac{7}{6}\epsilon_0$
③ $\frac{3}{2}\epsilon_0$ ④ $\frac{5}{7}\epsilon_0$

Explanation

【답】②

12 비유전율이 2.8인 유전체에서의 전속밀도가 $D = 3.0 \times 10^{-7}$[C/m²]일 때 분극의 세기 P는 약 몇 [C/m²]인가?

① 1.93×10^{-7}
② 2.93×10^{-7}
③ 3.50×10^{-7}
④ 4.07×10^{-7}

Explanation

분극의 세기

$$P = D - \epsilon_0 E = D - \epsilon_0 \left(\frac{D}{\epsilon}\right) = \left(1 - \frac{1}{\epsilon_s}\right)D = \epsilon_0(\epsilon_s - 1)E$$

$$= \left(1 - \frac{1}{2.8}\right) \times 3 \times 10^{-7} = 1.93 \times 10^{-7}[\text{C/m}^2]$$

【답】①

13 평행판 콘덴서의 판 사이에 비유전율 ϵ_s의 유전체를 삽입하였을 때의 정전용량은 진공일 때보다 어떻게 되는가?

① ϵ_s배로 증가
② $\pi\epsilon_s$배로 증가
③ $\dfrac{1}{\epsilon_s}$로 감소
④ $(\epsilon_s + 1)$배로 증가

Explanation

$C = \epsilon_s C_0$이므로 유전체를 삽입하면 정전용량은 ϵ_s배 증가한다.

【답】①

14 동심구형 콘덴서의 내외 반지름을 각각 2배로 하면 정전용량은 몇 배로 되는가?

① 1
② 2
③ 4
④ 8

Explanation

동심구의 정전용량 $C' = \dfrac{4\pi\epsilon_0 ab}{b-a} = \dfrac{4\pi\epsilon_0 \cdot (2a \times 2b)}{2b - 2a} = \dfrac{2 \cdot 4\pi\epsilon_0 ab}{b-a} = 2C$

【답】②

15 투자율이 각각 μ_1, μ_2인 두 자성체의 경계면에 대한 입사각과 굴절각을 각각 θ_1, θ_2라 할 때 성립되는 관계식은?

① $\dfrac{\tan\theta_1}{\tan\theta_2} = \dfrac{\mu_1}{\mu_2}$
② $\dfrac{\cos\theta_1}{\cos\theta_2} = \dfrac{\mu_1}{\mu_2}$
③ $\dfrac{\cot\theta_1}{\cot\theta_2} = \dfrac{\mu_1}{\mu_2}$
④ $\dfrac{\sin\theta_1}{\sin\theta_2} = \dfrac{\mu_1}{\mu_2}$

Explanation

자성체의 경계조건

• 경계조건 : $\dfrac{\tan\theta_1}{\tan\theta_2} = \dfrac{\mu_1}{\mu_2}$

【답】①

16 그림과 같이 각 반지름이 $a, b, c(a < b < c)$인 무한히 긴 동축 원통도체가 있다. 내외 도체에 전류 I를 서로 반대 방향으로 균일한 밀도로 흘릴 때 각 부분의 자계를 설명한 것으로 옳은 것은?

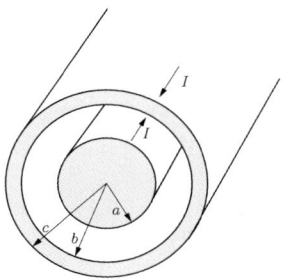

① 외부 도체 내의 자계의 세기는 중심축으로부터의 거리에 반비례한다.
② 두 원통 도체 외부 공간의 자계의 세기는 중심축으로부터의 거리에 반비례한다.
③ 내부 도체 내의 자계의 세기는 중심축으로부터의 거리의 제곱에 비례한다.
④ 양 도체 사이의 자계의 세기는 중심축으로부터의 거리에 반비례한다.

Explanation

- 도체 내부의 자계의 세기$(r < a)$: $H = \dfrac{rI}{2\pi a^2}$ 중심으로부터의 거리에 비례

- 두 도체 사이(내부 공간)$(a < r < b)$: $H = \dfrac{I}{2\pi r}$ 중심으로부터의 거리에 반비례

- 외부 도체 내$(b < r < c)$: $H_3 = \dfrac{I}{2\pi r}\left(1 - \dfrac{r^2 - b^2}{c^2 - b^2}\right)$

- 외부 공간$(r > c)$: $H = 0$ 자계는 없다.

【답】 ④

17 그림과 같이 유전체 경계면에서 $\varepsilon_1 < \varepsilon_2$이었을 때 E_1과 E_2의 관계식 중 옳은 것은?

① $E_1 > E_2$
② $E_1 < E_2$
③ $E_1 = E_2$
④ $E_1 \cos\theta_1 = E_2 \cos\theta_2$

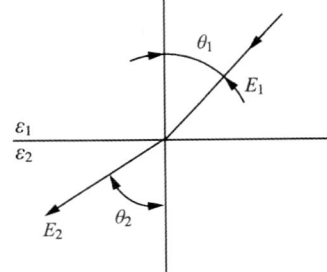

Explanation

경계조건
- 전계의 접선성분이 연속 : $E_1 \sin\theta_1 = E_2 \sin\theta_2$
- 전속밀도의 법선성분이 연속 : $D_1 \cos\theta_1 = D_2 \cos\theta_2$
$\varepsilon_1 < \varepsilon_2$ 일 경우 $\theta_1 < \theta_2$, $E_1 > E_2$, $D_1 < D_2$

【답】 ①

18 자기회로의 자기저항에 대한 설명으로 옳은 것은?
① 단면적에 반비례하고 길이의 제곱에 비례한다.
② 자기회로의 단면적에 비례한다.
③ 자기회로의 길이에 비례한다.
④ 자기회로의 투자율에 비례한다.

Explanation

자기저항 $R_m = \dfrac{l}{\mu_0 \mu_s S}$ [AT/Wb]

자기저항은 길이에 비례하고 투자율과 단면적에 반비례한다.　　　　　　　　　　　　　　　　　【답】③

19 어떤 TV 방송 전자파의 주파수가 190[MHz]의 정현파일 때 비유전율이 80, 비투자율이 1인 물속에서의 전파속도 v[m/s]와 파장 λ[m]은 약 얼마인가?
① $v = 37.5 \times 10^6$, $\lambda = 0.190$
② $v = 33.5 \times 10^6$, $\lambda = 0.176$
③ $v = 2.33 \times 10^6$, $\lambda = 0.210$
④ $v = 3.35 \times 10^6$, $\lambda = 0.176$

Explanation

전파 속도 $v = \dfrac{1}{\sqrt{\epsilon\mu}} = \dfrac{3 \times 10^8}{\sqrt{\epsilon_s \mu_s}} = \dfrac{3 \times 10^8}{\sqrt{80 \times 1}} = 0.335 \times 10^8 = 33.5 \times 10^6$

전파 속도 $v = f\lambda$에서

파장 $\lambda = \dfrac{V}{f} = \dfrac{33.5 \times 10^6}{190 \times 10^6} = 0.176$[m]　　　　　　　　　　　　　　　　　　　　【답】②

20 철심에 코일을 N회 감은 환상 솔레노이드가 있다. 철심의 투자율이 일정하다고 하면, 이 솔레노이드의 자기 인덕턴스 L은?(단, R_m는 철심의 자기 저항이다)
① $L = \dfrac{N^2}{R_m}$
② $L = \dfrac{N}{R_m}$
③ $L = \dfrac{R_m}{N^2}$
④ $L = R_m N^2$

Explanation

자기인덕턴스

$L = \dfrac{N\phi}{I} = \dfrac{N}{I}\dfrac{NI}{R_m} = \dfrac{N^2}{R_m} = \dfrac{\mu S N^2}{l}$ [H]　　　　　　　　　　　　　　　　　　【답】①

2과목	전력공학

21 SF_6 가스를 이용한 가스차단기에 대한 특징으로 틀린 것은?
① 설치면적이 적게 소요된다.
② 소음이 적다.
③ SF_6 가스에 의한 화재의 우려가 있다.
④ 차단능력이 대단히 우수하다.

Explanation

SF_6(육불화황)가스

- 무색, 무취, 무독성 기체
- **불연성, 불활성 기체**
- 아크 소호능력은 공기의 100 ~ 200배
- 절연내력은 공기의 2 ~ 3배 이상
따라서 가스차단기(GCB)는 밀폐구조이며 신뢰성이 우수 【답】 ③

22 송전선로에서 코로나 임계전압이 높아지는 경우는?

① 상대공기밀도가 작을 경우 ② 기압이 낮은 경우
③ 전선의 지름이 큰 경우 ④ 온도가 높아지는 경우

Explanation

코로나 임계 전압 $E = 24.3 m_0 m_1 \delta d \log_{10} \dfrac{D}{r}$ [kV]

m_0 : 전선의 표면 상태

m_1 : 천후 계수

δ : 상대 공기 밀도 $= \dfrac{0.386b}{273+t}$ (b : 기압, t : 온도)

d : 전선의 지름

따라서 **코로나 임계전압이 높아지려면 상대 공기밀도가 높고, 전선의 직경이 커야한다.**
또한, 맑은 날, 기압이 높고, 온도가 낮은 경우에 임계전압이 높다. 【답】 ③

23 1회선의 4단자 정수가 A, B, C, D인 3상 2회선 송전선의 합성 4단자 정수가 A_o, B_o, C_o, D_o일 때 합성 4단자 정수로 옳은 것은?

① $A_o = 2A, B_o = \dfrac{1}{2}B, C_o = 2C, D_o = 2D$

② $A_o = A, B_o = 2B, C_o = C, D_o = D$

③ $A_o = 2A, B_o = 2B, C_o = \dfrac{1}{2}C, D_o = D$

④ $A_o = A, B_o = \dfrac{1}{2}B, C_o = 2C, D_o = D$

Explanation

선로의 병렬(병행)운전(2회선 이상 방식, 다회선 방식)

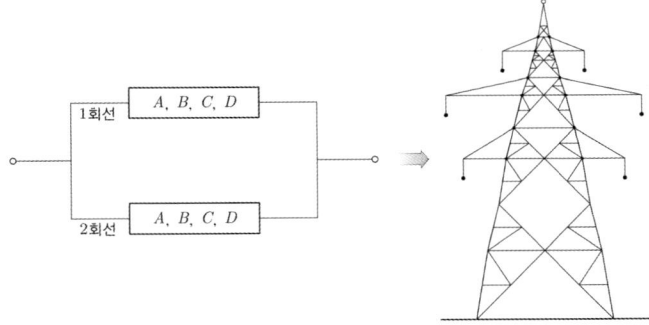

선로정수의 변화는 다음과 같다.
- $A_0 = A$
- $B_0 = \dfrac{B}{2}$
- $C_0 = 2C$
- $D_0 = D$

【답】 ④

24 단거리 3상 3회선 송전선로에서 전선의 중량(H)과 전압(V) 및 역률($\cos\theta$)의 관계는?(단, 송전전력, 송전거리, 전력손실률, 전선재질은 동일하다)

① $H \propto \left(\dfrac{1}{V \times \cos\theta}\right)^2$

② $H \propto \dfrac{1}{V \times \cos\theta}$

③ $H \propto V \times \cos\theta$

④ $H \propto (V \times \cos\theta)^2$

Explanation

선로손실 $P_l = I^2 R = \left(\dfrac{P}{V\cos\theta}\right)^2 \times R = \dfrac{P^2 R}{V^2 \cos^2\theta} = \dfrac{P^2 \rho}{V^2 \cos^2\theta} \dfrac{l}{A}$

따라서 전선의 중량(단면적) $A \propto \dfrac{1}{(V \times \cos\theta)^2}$

【답】①

25 대용량 화력발전소의 위치를 선정할 때 실질적으로 고려하지 않아도 되는 것은?

① 지질

② 용수

③ 부하와의 거리

④ 운전 조건

Explanation

화력 발전소 위치 선정 시 고려사항
• 전력 수요지에 가까울 것
• 풍부한 용수와 냉각수가 얻어질 것
• 연료의 운반과 저장이 편리할 것
• 지반이 견고할 것

【답】④

26 어떤 공장의 저압 간선의 부하설비 용량이 100[kW], 150[kW], 200[kW]이고, 수용률이 모두 50[%]이고, 각 저압 간선 사이의 부등률이 1.2일 때 이 공장의 수전설비(변압기)의 최소 용량은 약 몇 [kVA]인가?(단, 평균 부하 역률은 80[%]이다)

① 235

② 160

③ 470

④ 355

Explanation

변압기 용량 [kVA] $= \dfrac{설비용량 \times 수용률}{부등률 \times 역률}$

$= \dfrac{(100 + 150 + 200) \times 0.5}{1.2 \times 0.8} = 234.38[kVA]$

【답】①

27 저압 뱅킹배전방식에서 저압선의 고장에 의하여 건전한 변압기의 일부 또는 전부로 사고가 확대되는 현상은?

① 아킹

② 밸런서

③ 캐스케이딩

④ 플리커

Explanation

저압 뱅킹 방식 : 부하가 밀집된 시가지(부하증가에 대한 탄력성)
• 장점 : 전압 강하와 전력 손실이 적다.
　　　　변압기의 동량 및 저압선 동량 감소
　　　　플리커 현상 감소
• 단점 : 캐스케이딩 현상 발생
　　　　(저압선의 일부 고장으로 건전한 변압기의 일부 또는 전부가 차단되는 현상)

【답】③

28 3상 3선식 계통에서 수전단전압 60[kV], 전류 200[A], 선로저항 7.61[Ω], 리액턴스 11.85[Ω]일 때 전압강하율은 약 몇 [%]인가?(단, 수전단 역률은 0.8이다)

① 7.62   ② 6.61

③ 8.42   ④ 9.43

Explanation

$$전압강하율 \ \epsilon = \frac{V_s - V_r}{V_r} \times 100 = \frac{\sqrt{3}\,I(R\cos\theta + X\sin\theta)}{V_r} \times 100$$

$$= \frac{\sqrt{3} \times 200(7.61 \times 0.8 + 11.85 \times 0.6)}{60,000} \times 100 = 7.62[\%]$$

【답】①

29 3상 1회선 전선로에서 대지정전용량은 C_s 이고 선간정전용량을 C_m 이라 할 때, 작용정전용량 C_n 은?

① $C_s + C_m$ ② $C_s + 2C_m$

③ $C_s + 3C_m$ ④ $2C_s + C_m$

Explanation

1선당 작용 정전용량
- 단상 2선식 : $C = C_s + 2C_m$
- **3상 3선식 : $C = C_s + 3C_m$**

【답】③

30 %임피던스에 대한 설명 중 옳은 것은?

① 터빈 발전기의 %임피던스는 수차의 %임피던스보다 작다.

② 전기기계의 %임피던스가 크면 차단용량이 작아지며 플리커현상이 심해진다.

③ %임피던스는 %리액턴스보다 작다.

④ 직렬 리액터는 %임피던스를 크게 하여 차단기의 용량이 커지게 된다.

Explanation

- 터빈 발전기의 %임피던스는 수차의 %임피던스보다 크다.
  (터빈의 단락비는 수차의 단락비보다 작으며 단락비와 %임피던스는 반비례한다)
- 차단용량 $P_s = \frac{100}{\%Z} P_n$, $P_s \propto \frac{1}{\%Z}$
- $\%Z > \%X$
- 직렬 리액터는 %임피던스를 크게 하여 차단기 용량을 감소시킨다.

【답】②

31 전력용 커패시터와 직렬로 연결하는 직렬리액터는 어떤 고조파를 제거하기 위해서 설치하는가?

① 제2고조파   ② 제3고조파

③ 제4고조파   ④ 제5고조파

Explanation

직렬 리액터 : 제5고조파를 제거하여 파형을 개선하기 위해 사용한다.

【답】④

32 전로에서 역률의 개선효과가 없는 것은?

① 분로리액터   ② 전력용 커패시터

③ 성형변압기   ④ 동기조상기

Explanation

조상설비 : 무효전력조정(역률조정)

	진상	지상	시충전(시송전)	조정	전력손실	증설
전력용 콘덴서	○	×	×	단계적	적다	가능
분로 리액터	×	○	×	단계적	적다	가능
동기 조상기	○	○	○	연속적	크다	불가능

【답】③

33 파동임피던스 Z_1이 500[Ω]인 선로에 파동 임피던스 Z_2가 1,500[Ω]인 변압기가 접속되어 있다. 선로로부터 600[kV]의 전압파가 들어왔을 때 접속점에서의 투과파 전압[kV]은?

① 300 　　　　　　　　　② 1,200
③ 600 　　　　　　　　　④ 900

Explanation

투과계수 $\tau = \dfrac{2Z_2}{Z_1 + Z_2}$

투과파 전압 $e_2 = \dfrac{2Z_2}{Z_1 + Z_2} \times e_1 = \dfrac{2 \times 1,500}{500 + 1,500} \times 600 = 900[\text{kV}]$

【답】④

34 보호 계전 방식의 구비 조건이 아닌 것은?

① 여자돌입전류에 동작할 것
② 고장 구간의 선택 차단을 신속 정확하게 할 수 있을 것
③ 과도 안정도를 유지하는 데 필요한 한도 내의 동작 시한을 가질 것
④ 적절한 후비 보호 능력이 있을 것

Explanation

보호계전기의 구비조건
• 정확성, 신뢰성 우수
• 감도가 예민(과도전류에 동작하지 말 것)
• 속응성
• 후비보호능력

【답】①

35 서울과 같이 부하밀도가 큰 지역에서는 일반적으로 변전소의 수와 배전거리를 어떻게 결정하는 것이 좋은가?

① 변전소의 수를 감소하고 배전거리를 증가한다.
② 변전소의 수를 증가하고 배전거리를 감소한다.
③ 변전소의 수를 감소하고 배전거리도 감소한다.
④ 변전소의 수를 증가하고 배전거리도 증가한다.

Explanation

서울과 같이 부하밀도가 큰 지역에서는 변전소의 수를 증가해서 배전거리를 작게 해야 전력손실도 줄어든다.

【답】②

36 동일한 전력을 거리, 역률, 전압 및 전선이 동일한 상태에서 송전하는 경우, 3상 3선식에 대한 단상 3선식의 전력손실 비율은?

① $\dfrac{3}{4}$ 　　　　　　　　　② $\dfrac{1}{4}$

③ $\dfrac{1}{2}$ 　　　　　　　　　④ $\dfrac{1}{3}$

중량비가 동일하다면 전력손실비는 중량비와 동일하므로

$$\frac{단상\ 3선식}{3상\ 3선식} = \frac{\dfrac{3}{8}}{\dfrac{3}{4}} = \frac{1}{2}$$

【답】③

---

37 유효낙차 50[m], 최대 사용 수량 50[m³/s], 수차 및 발전기의 합성효율이 80[%]인 수력발전소의 최대출력은 약 몇 [kW]인가?

① 11,760

② 23,520

③ 19,600

④ 15,680

수력발전소 출력 $P = 9.8 QH\eta_t \eta_g$[kW]

$P = 9.8 \times 50 \times 50 \times 0.8 = 19,600$[kW]

【답】③

---

38 3,300/220[V]의 단상 승압기를 그림과 같이 접속하여 60[kW], 역률 0.85의 부하에 공급하는 전압을 상승시킬 경우 승압기의 용량은 약 몇 [kVA]인가?

① 6

② 5

③ 4

④ 3

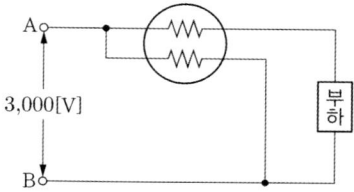

승압기

$$\frac{V_h}{V_l} = \frac{n_1 + n_2}{n_1} = \left(1 + \frac{1}{a}\right)$$

$$V_h = \left(1 + \frac{1}{n}\right)V_l = 3,000\left(1 + \frac{220}{3,300}\right) = 3,200[\text{V}]$$

$$\frac{자기용량}{부하용량} = \frac{e_2}{V_h} \fallingdotseq \frac{V_h - V_l}{V_h}$$

따라서 자기용량[kVA] = 부하용량[kVA] $\times \dfrac{e_2}{V_h} = \dfrac{60}{0.85} \times \dfrac{220}{3,200} = 4.85$[kVA]

따라서 승압기의 자기용량은 5[kVA]로 정한다.

【답】②

---

39 피뢰기의 직렬 갭의 역할로 옳은 것은?

① 특성요소 보호

② 전압 분배 개선

③ 손실 감소

④ 속류 차단

피뢰기의 구성요소

• **직렬 갭** : 이상전압 내습 시 대지로 방전하고 속류를 차단

• **특성요소** : 방전전류의 크기를 제한

【답】④

40 플리커 경감대책 중 전력 공급 측에서 실시하는 방법으로 옳지 않은 것은?
① 단락용량이 작은 계통에서 공급한다.　② 공급 전압을 승압한다.
③ 전용 변압기로 공급한다.　④ 전용 계통으로 공급한다.

Explanation

플리커 경감 대책 – 전력 공급 측
• 전용 계통으로 공급
• **단락 용량이 큰 계통에서 공급**
• 전용 변압기로 공급
• 공급 전압을 승압

【답】①

3과목　전기기기

41 변압기의 개방회로 시험으로 구할 수 없는 것은?
① 동손　② 히스테리시스손실
③ 무부하 전류　④ 와류손

Explanation

변압기의 시험
• **무부하시험(개방시험) : 여자 어드미턴스, 철손, 무부하전류**
• 단락시험 : 임피던스 와트, 임피던스 전압, 동손, 전압변동률

【답】①

42 4극 3상 유도전동기를 60[Hz]의 전원에 접속하여 운전하고 있다. 회전자의 주파수가 3[Hz]일 때 회전자 속도[rpm]는?
① 1,700　② 1,710
③ 1,720　④ 1,730

Explanation

회전 시 주파수 $f_{2s} = s f_1$에서

슬립 $s = \dfrac{f_{2s}}{f_1} = \dfrac{3}{60} = 0.05$

$N = (1-s)N_s = (1-s)\dfrac{120f}{p} = (1-0.05) \times \dfrac{120 \times 60}{4}$

$\quad = 1.710[\text{rpm}]$

【답】②

43 직류기에서 전기자 반작용을 방지하기 위한 보상권선의 전류 방향은?
① 계자 전류의 방향과 같다.　② 계자 전류의 방향과 반대이다.
③ 전기자 전류의 방향과 같다.　④ 전기자 전류의 방향과 반대이다.

Explanation

보상권선의 전류 방향 : 전기자 전류의 방향과 반대

【답】④

44 유도전동기를 6극에서 운전할 때 토크를 τ라 하면 12극으로 운전할 때의 토크(τ)는?

① τ ② 2τ
③ 0.5τ ④ 4τ

Explanation

$$N_s = \frac{120f}{p}$$

$\tau = 0.975 \times \dfrac{P_2}{N_s} = 0.975 \times \dfrac{P_2\, p}{120f}$ 에서 $\therefore \tau \propto p$

토크는 극수에 비례하므로 극수가 2배가 되면 토크도 2배가 된다.   **【답】** ②

45 유도 발전기에 대한 설명으로 틀린 것은?

① 농형 회전자를 사용할 수 있으므로 구조가 간단하고 가격이 싸다.
② 선로에 단락이 생기면 여자가 없어지므로 동기 발전기에 비해 단락 전류가 적다.
③ 공극이 크고 역률이 동기기에 비해 좋다.
④ 유도 발전기는 여자기로서 동기 발전기가 필요하다.

Explanation

유도발전기
• 고정자 권선을 전원에 연결하고 회전자를 원동기로 회전시키면 회전자 속도가 회전자계 속도(N_s)보다 빠르게 회전하여 발전기로 동작
• 슬립 $s = \dfrac{n_s - n}{n_s}$ 에서 $n_s < n$인 경우 $s < 0$ (여기서, n : 회전자 속도, n_s : 회전자계 속도)

문제에서, 유도 발전기는 동기기(동기기는 역률 1로 운전 가능)에 비하여 효율, 역률이 나쁘다.   **【답】** ③

46 동기전동기의 특징으로 틀린 것은?

① 속도가 일정하다.   ② 역률을 조정할 수 없다.
③ 직류전원을 필요로 한다.   ④ 난조를 일으킬 염려가 있다.

Explanation

동기전동기의 특징

장점	단점
① 속도가 N_s로 일정	① 기동토크가 작다.
② 역률 1로 조정 가능	② 속도 제어가 어렵다.
③ 효율이 좋다.	③ 직류 여자가 필요
④ 공극이 크고 기계적으로 튼튼하다.	④ 난조가 일어나기 쉽다.

  【답】 ②

47 직류기의 전기자에 일반적으로 사용되는 전기자 권선법은?

① 2층권   ② 개로권
③ 환상권   ④ 단층권

Explanation

직류기 권선법 : 고상권, 폐로권, 이층권   **【답】** ①

48 어느 변압기의 무유도 전부하시 효율이 96[%], 그 전압변동률이 3[%]이다. 이 변압기의 최대 효율[%]은 약 얼마인가?

① 약 96.3
② 약 97.1
③ 약 98.4
④ 약 99.2

Explanation

【답】 ①

49 단상 다이오드 반파정류회로인 경우 정류효율은 약 몇 [%]인가?(단, 저항부하인 경우이다)

① 40.6
② 81.2
③ 60.6
④ 12.6

Explanation

구분	단상 반파	단상 전파	3상 반파	3상 전파
직류전압	$E_d = 0.45E$	$E_d = 0.9E$	$E_d = 1.17E$	$E_d = 1.35E$
정류효율	40.6[%]	81.2[%]	96.5[%]	99.8[%]

【답】 ①

50 3상 동기 발전기의 전기자 권선을 Y결선으로 하는 이유로서 적당하지 않은 것은?

① 고조파 순환 전류가 흐르지 않는다.
② 이상 전압 방지의 대책이 용이하다.
③ 전기자 반작용이 감소한다.
④ 코일의 코로나, 열화 등이 감소된다.

Explanation

Y결선(동기발전기)
• 중성점을 접지할 수 있어 이상 전압의 대책이 용이(중성점 접지가능)
• 코일의 유기 전압이 $1/\sqrt{3}$ 배 감소하므로 절연이 용이
• 제3고조파의 순환 전류가 흐르지 않는다.
• 코로나 발생이 적다.

【답】 ③

51 중부하에서도 기동하도록 하고 회전계자형의 동기전동기에 고정자인 전기자 부분이 회전자의 주위를 회전할 수 있도록 2중 베어링의 구조를 가지고 있는 전동기는?

① 반작용 전동기
② 유도자형 전동기
③ 유도 동기 전동기
④ 초동기 전동기

Explanation

초동기 전동기
중부하에서도 기동되도록 하고 회전계자형의 동기전동기에 고정자인 전기자 부분이 회전자의 주위를 회전할 수 있도록 2중 베어링의 구조

【답】 ④

52 변압기의 병렬운전 조건에 해당되지 않는 것은?

① 각 변압기의 극성이 같을 것
② 각 변압기의 권수비가 같고 1차 및 2차의 정격전압이 같을 것
③ 상회전 방향 및 위상 변위가 같을 것
④ 각 변압기의 정격출력이 같을 것

Explanation

변압기 병렬운전 조건
- 극성, 권수비, 1, 2차 정격전압이 같을 것(용량은 무관)
- 각 변압기의 저항과 리액턴스비가 같을 것
- 부하 분담 시 용량에 비례하고 %임피던스 강하에는 반비례할 것
- 상회전 방향과 각 변위가 같을 것(3상 변압기)

【답】 ④

53 어느 전동기가 입력 20[kW]로 운전하여 25[HP]의 출력을 달성하고 있을 때 손실[kW]은?
① 23.5
② 1.35
③ 13.5
④ 2.35

Explanation

손실 = 입력 − 출력 = $20 \times 10^3 - 25 \times 746 = 1,350$[W]   ∴ 1.35[kW]

【답】 ②

54 유도전동기의 제동법이 아닌 것은?
① 회생제동
② 발전제동
③ 역전제동
④ 3상제동

Explanation

유도전동기 제동법
- 발전제동 : 전동기를 발전기로 적용하여 생긴 유기기전력을 저항을 통하여 열로 소비하는 제동법
- 회생제동 : 유도전동기를 유도발전기로 적용하여 생긴 유기기전력을 전원을 궤한시키는 제동법
- 역상제동(역전제동) : 3선 중 2선의 접속을 변경하여 역토크에 의해 제동하는 것

【답】 ④

55 직류발전기의 병렬운전 조건으로 틀린 것은?
① 극성을 같게 할 것
② 단자전압이 같을 것
③ 유도기전력의 크기가 같을 것
④ 외부특성곡선이 수하특성일 것

Explanation

직류발전기 병렬 운전 조건
- 정격 전압 및 극성이 같을 것
- 외부 특성 곡선이 어느 정도 수하 특성일 것
- 용량이 다를 경우 % 부하전류로 나타낸 외부 특성 곡선이 거의 일치할 것

【답】 ③

56 교류전동기에서 브러시 이동으로 속도변화가 용이한 전동기는?
① 3상 농형 유도전동기
② 시라게 전동기
③ 2중 농형 유도전동기
④ 동기전동기

Explanation

시라게 전동기(Schrage Motor)
- 권선형 유도 전동기로서 브러시 간격을 조정하여 속도 제어
- 3상 분권 정류자 전동기(직류 분권전동기와 특성이 유사)
- 정속도 전동기

【답】 ②

57 여자 전류 및 단자 전압이 일정한 비돌극형 동기발전기의 출력과 부하각 δ와의 관계를 나타낸 것은?(단, 전기자 저항은 무시한다)

① δ에 반비례

② δ에 비례

③ $\sin\delta$에 비례

④ $\cos\delta$에 비례

Explanation

비돌극기의 1상의 출력 $P = \dfrac{EV}{x_s} \sin\delta$ [W]

【답】③

58 GTO의 특징으로 틀린 것은?

① 양(Positive)의 게이트 전류펄스로 턴 온 한다.

② 전압 전류 특성은 SCR과 유사하다.

③ 음(Negative)의 게이트 전류펄스로 턴 오프 한다.

④ 전류회로가 반드시 필요하다.

Explanation

GTO(Gate Turn-off Thyristor)

GTO(Gate Turn-off Thyristor)는 역저지 3극 사이리스터로서 게이트에 흐르는 전류를 점호할 때의 전류와 반대 방향의 전류를 흐르게 함으로서 소호가 가능하므로 자기소호 기능이 있는 사이리스터이다.

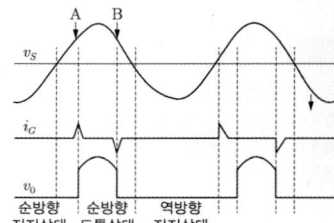

【답】④

59 상시여자방식과 보호계전기에 의한 동작시만 여자되는 순시여자방식이 있으며, 일반적으로 7.2[kV] 이하의 소형차단기에서 채택되고 있고, 코일의 용량은 500[VA] 이하인 차단기 트립방식은?

① 콘덴서 트립방식

② 부족전압 트립방식

③ 과전류 트립방식

④ 전압 트립방식

Explanation

차단기 트립방식
• 과전류 트립방식
 – 변류기 2차 전류에 의한 트립방식의 종류 : 상시 여자방식, 순시 여자방식
• 직류전압 트립방식
• 부족전압 트립방식
• 콘덴서 트립방식

【답】③

60 정격용량 20[kVA]의 단권변압기를 사용하여 배전선 전압 6,000[V]를 6,600[V]로 승압할 때 역률 80[%]의 부하 용량[kVA]은?(단, 변압기의 손실은 없다)

① 176

② 220

③ 156

④ 196

Explanation

$$\frac{\text{자기용량}}{\text{부하용량}} = \frac{e_2}{V_h} = \frac{V_h - V_l}{V_h}$$

따라서 부하용량[kVA] = 자기용량[kVA] $\times \dfrac{V_h}{V_h - V_l} = 20 \times \dfrac{6,600}{6,600 - 6,000} = 220$ [kVA]

【답】②

61 $F(s) = \dfrac{s+1}{s^2 + 2s}$ 의 라플라스 역변환은?

① $\dfrac{1}{2}(1 + e^{-2t})$

② $\dfrac{1}{2}(1 - e^{-2t})$

③ $\dfrac{1}{2}(1 + e^{t})$

④ $\dfrac{1}{2}(1 - e^{-t})$

Explanation

부분분수 전개로 역라플라스 변환하면

$$F(s) = \frac{s+1}{s^2 + 2s} = \frac{s+1}{s(s+2)} = \frac{k_1}{s} + \frac{k_2}{s+2}$$

여기서, $k_1 = \lim\limits_{s \to 0} \dfrac{(s+1)}{(s+2)} = \dfrac{1}{2}$

$k_2 = \lim\limits_{s \to -2} \dfrac{(s+1)}{s} = \dfrac{-1}{-2} = \dfrac{1}{2}$

따라서 $\mathcal{L}^{-1}\left[\dfrac{1}{2}\dfrac{1}{s} + \dfrac{1}{2}\dfrac{1}{s+2} \right] = \dfrac{1}{2}(1 + e^{-2t})$

【답】①

62 $r[\Omega]$인 6개의 저항을 그림과 같이 접속하고 평형 3상 전압 E를 가했을 때 전류 I는 몇 [A]인가? 단, $R = 3[\Omega]$, $E = 60[V]$이다.

① 8.66
② 9.56
③ 10.8
④ 12.6

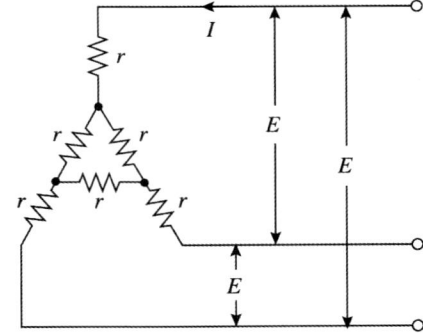

Explanation

우선 회로를 Y결선으로 전환하면

$\triangle \to$ Y로 변환 : 저항은 $\dfrac{1}{3}$이 되므로 $\dfrac{r}{3}$

따라서 전체 1상의 저항은 $R = r + \dfrac{r}{3} = \dfrac{4}{3}r$

$I_p = \dfrac{V_p}{Z} = \dfrac{\dfrac{E}{\sqrt{3}}}{\dfrac{4}{3}r} = \dfrac{3E}{4\sqrt{3}r} = \dfrac{\sqrt{3}E}{4r}$ 이므로 선전류 $I_l = \dfrac{\sqrt{3}E}{4r} = \dfrac{60\sqrt{3}}{4 \times 3} = 8.66[A]$

【답】①

63 리액턴스 함수가 $Z(s) = \dfrac{3s}{s^2 + 15}$ 로 표시되는 리액턴스 2단자망은?

①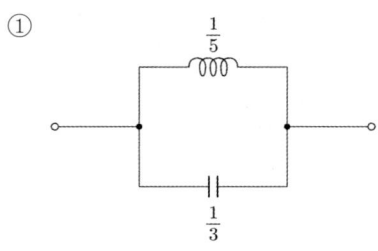

②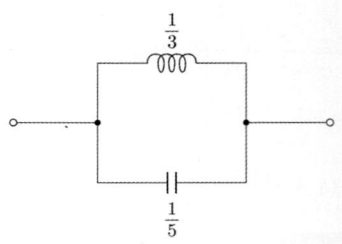

③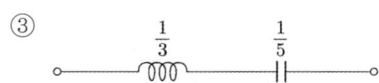

④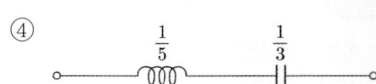

【답】①

64 저항 5[Ω], 인덕턴스 10[H]의 직렬 회로에 기전력 20[V]를 인가하는데 스위치를 닫고 나서 2[sec] 후의 전류는 약 몇 [A]인가?

① 0.25[A] ② 2.53[A]

③ 5.32[A] ④ 10.02[A]

Explanation

$R-L$ 직렬 회로

전류 $i = \dfrac{E}{R}(1 - e^{-\frac{R}{L}t}) = \dfrac{20}{5}(1 - e^{-\frac{5}{10} \times 2}) = 2.53[A]$

【답】②

65 $V = 50\sqrt{3} - j50$[V], $I = 15\sqrt{3} + j15$[A]일 때 유효전력 P[W]와 무효전력 Q[Var]는 각각 얼마인가?

① $P = 3,000, \; Q = -1,500$ ② $P = 1,500, \; Q = -1,500\sqrt{3}$

③ $P = 750, \; Q = -750\sqrt{3}$ ④ $P = 2,250, \; Q = -1,500\sqrt{3}$

Explanation

복소전력 $P_a = VI^* = P \pm jP_r = (50\sqrt{3} - j50) \times (15\sqrt{3} - j15) = 1,500 - j1,500\sqrt{3}$ [VA]

유효전력 $P = 1,500$[W], 무효전력 $P_r = -1,500\sqrt{3}$ [Var]

【답】②

66 불평형 3상 전류가 다음과 같을 때 역상 전류 I_2는 약 몇 [A]인가?

$$I_a = 15 + j2[A], \; I_b = -20 - j14[A], \; I_c = -3 + j10[A]$$

① $1.91 + j6.24$ ② $2.17 + j5.34$

③ $3.38 - j4.26$ ④ $4.27 - j3.68$

Explanation

역상분 전류는

$$I_2 = \frac{1}{3}\left(I_a + a^2 I_b + a I_c\right) = \frac{1}{3}\left(15 + j2 + \left(-\frac{1}{2} - j\frac{\sqrt{3}}{2}\right)(-20 - j14) + \left(-\frac{1}{2} + j\frac{\sqrt{3}}{2}\right)(-3 + j10)\right)$$
$$= 1.91 + j6.24$$

【답】 ①

67 그림의 T형 회로에 대한 4단자 정수 A, B, C, D로 틀린 것은?

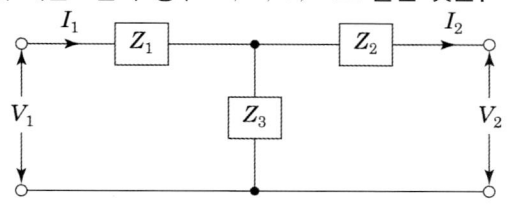

① $A = 1 + \dfrac{Z_1}{Z_3}$

② $B = \dfrac{Z_1 Z_2}{Z_3} + Z_1 + Z_2$

③ $C = 1 + \dfrac{Z_3}{Z_2}$

④ $D = 1 + \dfrac{Z_2}{Z_3}$

Explanation

$$\begin{bmatrix} A & B \\ C & D \end{bmatrix} = \begin{bmatrix} 1 & Z_1 \\ 0 & 1 \end{bmatrix} \begin{bmatrix} 1 & 0 \\ \dfrac{1}{Z_3} & 1 \end{bmatrix} \begin{bmatrix} 1 & Z_1 \\ 0 & 1 \end{bmatrix}$$

$$= \begin{bmatrix} 1 + \dfrac{Z_1}{Z_3} & Z_1 + Z_2 + \dfrac{Z_1 Z_2}{Z_3} \\ \dfrac{1}{Z_3} & 1 + \dfrac{Z_2}{Z_3} \end{bmatrix}$$

【답】 ③

68 전압 $e = 100\sqrt{2}\sin(\omega_1 t + \pi/3)$[V]이고, 전류 $i = 100\sqrt{2}\sin(\omega_2 t + 0)$[A]일 때, 평균전력은 몇 [W]인가?(단, $\omega_1 \neq \omega_2$이다)

① 0

② $10,000$

③ $5,000$

④ $5,000\sqrt{3}$

Explanation

평균전력(유효전력)은 주파수가 같은 경우에만 생기며 주파수가 다른 경우에는 생기지 않는다. 따라서 전압과 전류의 주파수가 다르므로 즉, $\omega_1 \neq \omega_2$이므로 평균전력은 0이 된다.

【답】 ①

69 어떤 회로에 $E = 40 + j30$[V]의 전압을 가하면 $I = 30 + j10$[A]의 전류가 흐른다. 이 회로의 역률은?

① 0.456

② 0.567

③ 0.854

④ 0.949

Explanation

$E = 40 + j30 = 50\angle 36.9°$

$I = 30 + j10 = 31.6\angle 18.4°$

임피던스 $Z = \dfrac{E}{I} = \dfrac{50\angle 36.9°}{31.6\angle 18.4°} = 1.58\angle 18.5°$

$\therefore$ 역률 $\cos\theta = \cos(18.5°) = 0.949$

【답】 ④

70 저항 4[Ω]과 X_L의 유도 리액턴스가 병렬로 접속된 회로에 12[V]의 교류 전압을 가하니 5[A]의 전류가 흘렀다. 이 회로의 리액턴스 X_L의 값[Ω]은?

① 8   ② 6

③ 3   ④ 1

Explanation

저항에 흐르는 전류 $I_R = \dfrac{12}{4} = 3[A]$

$\dot{I} = \dot{I}_R + \dot{I}_L = \sqrt{I_R^2 + I_L^2}$ 에서 $I_L = \sqrt{I^2 - I_R^2} = \sqrt{5^2 - 3^2} = 4[A]$

인덕터에 흐르는 전류 $\dot{I}_L = \dfrac{V}{X_L}$ 에서 $X_L = \dfrac{12}{I_L} = \dfrac{12}{4} = 3\,[\Omega]$

【답】③

71 3대의 단상변압기를 △ 결선으로 하여 운전하던 중 변압기 1대를 고장으로 제거하여 V결선으로 한 경우 공급할 수 있는 전력은 고장 전 전력의 몇 [%]인가?

① 57.7   ② 50.0

③ 63.3   ④ 67.7

Explanation

·V결선 변압기 $P_V = \sqrt{3}\,K$ 여기서, K는 변압기 1대 용량

△결선 변압기 $P_\triangle = 3K$

출력비 $= \dfrac{P_V}{P_\triangle} = \dfrac{\sqrt{3}\,K}{3K} = \dfrac{\sqrt{3}}{3} \times 100 = 57.7[\%]$

【답】①

72 저항 $R_1 = 10[\Omega]$과 $R_2 = 40[\Omega]$이 직렬로 접속된 회로에 100[V], 60[Hz]인 정현파 교류전압을 인가할 때, 이 회로에 흐르는 전류로 옳은 것은?

① $\sqrt{2}\,\sin 377t\,[A]$ ② $2\sqrt{2}\,\sin 377t\,[A]$

③ $\sqrt{2}\,\sin 422t\,[A]$ ④ $2\sqrt{2}\,\sin 422t\,[A]$

Explanation

• 각주파수 $\omega = 2\pi f = 2\pi \times 60 = 377$

• 합성저항 $R = R_1 + R_2 = 10 + 40 = 50[\Omega]$

• 전압 $v = V_m \sin\omega t = \sqrt{2}\,V\sin\omega t = 100\sqrt{2}\,\sin 377t\,[V]$

• 전류 $i = \dfrac{v}{R} = \dfrac{100\sqrt{2}\,\sin 377t}{50} = 2\sqrt{2}\,\sin 377t\,[A]$

【답】②

73 콘덴서 양단의 전위차와 콘덴서에 축적되는 에너지와의 관계는?

① 전위차가 클수록 에너지는 작다.   ② 전위차가 클수록 에너지는 크다.

③ 전위차에 관계없이 에너지는 항상 일정하다.   ④ 에너지량에 관계없이 전위차는 항상 일정하다.

Explanation

콘덴서에서의 에너지 $W = \dfrac{1}{2}QV = \dfrac{Q^2}{2C} = \dfrac{1}{2}CV^2\,[J]$

콘덴서에서의 에너지는 전위차가 클수록 크다.

【답】②

74 시정수 τ를 갖는 RL 직렬회로에 직류전압을 가할 때 $t=3\tau$가 되는 시점에 회로에 흐르는 전류는 정상상태 전류의 약 몇 [%]가 되는가?

① 98

② 86

③ 63

④ 95

Explanation

$R-L$ 직렬회로에서 직류 기전력 인가 시의 전류

$$i(t) = \frac{E}{R}(1 - e^{-\frac{R}{L}t}) \text{ [A]}$$

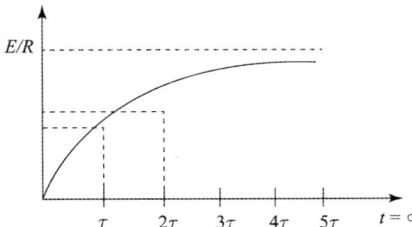

직류 기전력 인가 시 흐르는 전류
$t = \tau \;\rightarrow\; i(t) = 0.632\dfrac{E}{R}$
$t = 1.2\tau \;\rightarrow\; i(t) = 0.7\dfrac{E}{R}$
$t = 3\tau \;\rightarrow\; i(t) = 0.95\dfrac{E}{R}$

【답】④

75 최대치가 100[V]이고 주파수가 60[Hz]인 정현파 전압이 $t=0$일 때 전압의 크기가 50[V]이고 이 순간에 정현파 전압의 크기가 감소하고 있었다. 이 정현파 전압의 순시치 $v(t)$는 몇 [V]인가?

① $v(t) = 100\sin(120\pi t + 135\,^\circ)$

② $v(t) = 100\sin(120\pi t + 150\,^\circ)$

③ $v(t) = 100\sin(120\pi t + 45\,^\circ)$

④ $v(t) = 100\sin(120\pi t + 30\,^\circ)$

Explanation

① $t=0$일 때 전압의 크기가 50[V]이므로, 최대치 100[V]의 1/2이어야 하므로 sin 30° 또는 sin150°가 되어야 한다.

② 최대값이 100이며 $t=0$에서 순시값이 감소하므로 정현파의 감소 구간 즉 90°~180° 사이만큼 파형이 앞서고 있는 것이므로 그림과 같다.
따라서 $v = 100\sin(\omega t + 150°)$

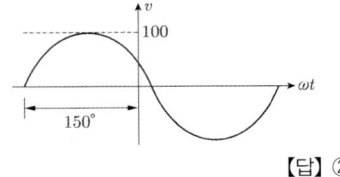

【답】②

76 $\cos\omega t$의 라플라스 변환은?

① $\dfrac{\omega}{s^2 + \omega^2}$

② $\dfrac{\omega}{s^2 - \omega^2}$

③ $\dfrac{s}{s^2 + \omega^2}$

④ $\dfrac{s}{s^2 - \omega^2}$

Explanation

라플라스 변환표

	$f(t)$	$F(s)$
정현(여현)파 함수	$\sin\omega t$	$\dfrac{\omega}{s^2 + \omega^2}$
	$\cos\omega t$	$\dfrac{s}{s^2 + \omega^2}$

【답】③

77 임피던스 궤적이 직선일 때 이의 역수인 어드미턴스 궤적은?

① 원점을 통하는 직선 ② 원점을 통하지 않는 직선
③ 원점을 통하는 원 ④ 원점을 통하지 않는 원

Explanation

역궤적 관계
- 임피던스 궤적 ↔ 어드미턴스 궤적
- **(반)직선 ↔ (반)원**
- 1상한 ↔ 4상한

【답】 ③

78 3상 불평형 전압을 V_a, V_b, V_c라고 할 때 영상전압은?

① $\frac{1}{3}(V_a + aV_b + a^2V_c)$ ② $\frac{1}{3}(V_a + a^2V_b + aV_c)$
③ $\frac{1}{3}(V_a + a^2V_b + V_c)$ ④ $\frac{1}{3}(V_a + V_b + V_c)$

Explanation

대칭좌표법

$$\begin{bmatrix} V_0 \\ V_1 \\ V_2 \end{bmatrix} = \frac{1}{3}\begin{bmatrix} 1 & 1 & 1 \\ 1 & a & a^2 \\ 1 & a^2 & a \end{bmatrix}\begin{bmatrix} V_a \\ V_b \\ V_c \end{bmatrix}$$ 에서

영상분 $V_0 = \frac{1}{3}(V_a + V_b + V_c)$

【답】 ④

79 주기함수 $f(t)$의 푸리에 급수 전개식으로 옳은 것은?

① $f(t) = \sum_{n=1}^{\infty} a_n \sin n\omega t + \sum_{n=1}^{\infty} b_n \sin n\omega t$

② $f(t) = b_o + \sum_{n=2}^{\infty} a_n \sin n\omega t + \sum_{n=2}^{\infty} b_n \cos n\omega t$

③ $f(t) = a_0 + \sum_{n=1}^{\infty} a_n \cos n\omega t + \sum_{n=1}^{\infty} b_n \sin n\omega t$

④ $f(t) = \sum_{n=1}^{\infty} a_n \cos n\omega t + \sum_{n=1}^{\infty} b_n \cos n\omega t$

Explanation

푸리에 급수
비정현파 = 직류분 + 기본파 + 고조파

$f(t) = a_0 + \sum_{n=1}^{\infty} a_n \cos n\omega t + \sum_{n=1}^{\infty} b_n \sin n\omega t$

【답】 ③

80 그림과 같은 순저항으로 된 회로에 대칭 3상 전압을 가했을 때 각 선에 흐르는 전류가 같으려면 $R[\Omega]$의 값은?

① 20
② 25
③ 30
④ 35

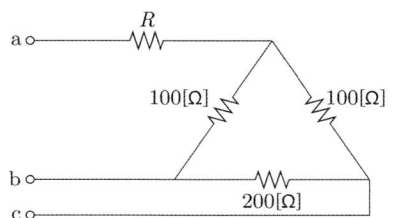

상전압을 가하여 각 선전류를 같게 하려면 Y결선하여야 하며
△결선의 저항을 Y결선 저항으로 변환하면

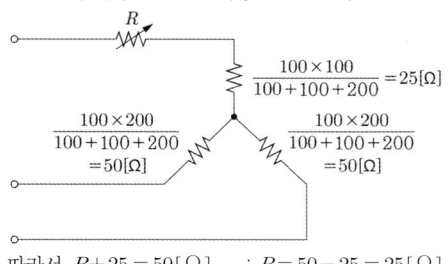

$$\frac{100 \times 100}{100 + 100 + 200} = 25[\Omega]$$

$$\frac{100 \times 200}{100 + 100 + 200} = 50[\Omega]$$

$$\frac{100 \times 200}{100 + 100 + 200} = 50[\Omega]$$

따라서 $R + 25 = 50[\Omega]$ ∴ $R = 50 - 25 = 25[\Omega]$

【답】②

5과목　전기설비기술기준

81 특고압 가공전선로에 B종 철주 또는 B종 철근콘크리트주로 시설할 경우에 경간은 몇 [m] 이하로 되는가?(단, 기타 조건은 적용하지 아니한다)
① 150
② 200
③ 250
④ 300

(KEC 333.21조) 특고압 가공전선로의 경간 제한
특고압 가공전선로의 경간은 표에서 정한 값 이하이어야 한다.

지지물의 종류	경간
목주·A종 철주 또는 A종 철근 콘크리트주	150[m]
B종 철주 또는 B종 철근 콘크리트주	**250[m]**
철탑	600[m] (단주인 경우에는 400[m])

【답】③

82 중성점 접지용 접지도체는 연동선을 사용할 때 그 굵기는 최소 몇 [㎟] 이상인가?
① 2
② 2.5
③ 5
④ 16

(KEC 142.3.1.6조) 접지도체의 굵기
• 특고압·고압 전기설비용 접지도체 : 6[㎟] 이상의 연동선
• **중성점 접지용 접지도체 : 16[㎟] 이상의 연동선**

【답】④

83 수중조명등의 절연변압기는 1차 권선과 2차 권선 사이에 금속제의 혼촉방지판을 설치하는 경우 2차측 전로의 사용전압이 몇 [V] 이하인가?

① 30

② 60

③ 150

④ 300

(KEC 234.14조) 수중조명등

절연 변압기는 그 2차측 전로의 사용전압이 30[V] 이하인 경우에는 1차 권선과 2차권선 사이에 금속제의 혼촉방지판을 설치하여야 하며 또한 이를 접지공사 할 것
【답】①

84 시가지에서 사용전압이 35[V] 이하 특고압 가공전선로에 절연전선을 사용할 경우 전선의 지표상 높이는 최소 몇 [m] 이상인가?

① 8

② 10

③ 12.04

④ 13.72

(KEC 333.1조) 시가지 등에서 특고압 가공 전선로의 시설

사용전압의 구분	지표상의 높이
35[kV] 이하	10[m](전선이 특고압 **절연전선인 경우에는 8[m]**)
35[kV] 초과	10[m]에 35[kV]를 초과하는 10[kV] 또는 그 단수마다 0.12[m]를 더한 값

【답】①

85 전력계통에서 돌발적으로 발생하는 이상현상에 대비하여 대지와 계통을 연결하는 것으로, 중성점을 대지에 접속하는 것은?

① 계통접지

② 단독접지

③ 보호접지

④ 피뢰시스템 접지

(KEC 112조) 용어 정의

"계통접지"란 전력계통에서 돌발적으로 발생하는 이상현상에 대비하여 대지와 계통을 연결하는 것으로, 중성점을 대지에 접속하는 것을 말한다.
【답】①

86 특고압 가공전선로 첨가설치 통신선의 시가지 인입에 시설하는 통신선을 가공전선로의 지지물에 시설하고자 하는 경우 단선의 지름이 몇 [mm] 이상의 절연전선을 사용하여야 하는가?

① 2.6

② 4

③ 5

④ 6

(KEC 362.5조) 특고압 가공전선로 첨가설치 통신선의 시가지 인입 제한

시가지에 시설하는 통신선은 연선의 경우 단면적 16[㎟](**단선의 경우 지름 4[mm]**) 이상의 절연전선 또는 광섬유 케이블인 경우에만 특고압 가공전선로의 지지물에 시설할 수 있다.
【답】②

87 금속관공사에 의한 저압 옥내배선의 시설방법으로 틀린 것은?

① 전선은 절연전선일 것

② 관의 두께는 콘크리트에 매입하는 것은 1.2[mm] 이상일 것

③ 전선은 16[㎟] 경동단선일 것

④ 전선은 금속관 안에서 접속점이 없도록 할 것

(KEC 232.12조) 금속관공사
(1) 전선은 절연전선(옥외용 비닐절연전선을 제외한다)일 것
(2) **전선은 연선일 것**. 다만, 다음의 것은 적용하지 않는다.
　① **짧고 가는 금속관에 넣은 것**
　② **단면적 10[㎟](알루미늄선은 단면적 16[㎟]) 이하의 것**
(3) 전선은 금속관 안에서 접속점이 없도록 할 것
(4) 관의 두께는 다음에 의할 것
　① 콘크리트에 매설하는 것은 1.2[㎜] 이상
　② 콘크리트에 매설하는 것 이외의 것은 1[㎜] 이상

【답】③

88 수소냉각식 발전기 및 이에 부속하는 수소냉각방식의 시설에 대한 설명으로 틀린 것은?
① 발전기 안의 수소의 밀도를 계측하는 장치를 시설할 것
② 발전기 안의 수소의 순도가 85[%]로 이하로 저하한 경우에 이를 경보하는 장치를 시설할 것
③ 발전기 안의 수소의 압력을 계측하는 장치 및 그 압력이 현저히 변동한 경우에 이를 경보하는 장치를 시설할 것
④ 발전기는 기밀구조의 것이고 또한 수소가 대기압에서 폭발하는 경우에 생기는 압력에 견디는 강도를 가지는 것일 것

(KEC 351.10조) 수소냉각식 발전기 등의 시설
수소냉각식의 발전기·무효전력 보상장치 또는 이에 부속하는 수소 냉각 장치는 다음 각 호에 따라 시설하여야 한다.
① 발전기 또는 무효전력 보상장치는 기밀구조(氣密構造)의 것이고 또한 수소가 대기압에서 폭발하는 경우에 생기는 압력에 견디는 강도를 가지는 것일 것
② 발전기축의 밀봉부에는 질소 가스를 봉입할 수 있는 장치 또는 발전기 축의 밀봉부로부터 누설된 수소 가스를 안전하게 외부에 방출할 수 있는 장치를 시설할 것
③ 발전기 내부 또는 무효전력 보상장치 내부의 수소의 순도가 85[%] 이하로 저하한 경우에 이를 경보하는 장치를 시설할 것
④ 발전기 내부 또는 무효전력 보상장치 내부의 수소의 압력을 계측하는 장치 및 그 압력이 현저히 변동하는 장치를 시설할 것
⑤ **발전기 내부 또는 무효전력 보상장치 내부의 수소의 온도를 계측하는 장치**를 시설할 것

【답】①

89 정격용량이 몇 [kVA] 이상인 무효전력 보상장치에는 그 내부에 고장이 있는 경우에 자동적으로 이를 전로로부터 차단하는 보호장치를 하여야 하는가?
① 10,000
② 15,000
③ 20,000
④ 25,000

(KEC 351.5조) 조상설비의 보호장치

설비종별	뱅크용량의 구분	자동적으로 전로로부터 차단하는 장치
무효전력 보상장치	15,000[kVA] 이상	내부에 고장이 생긴 경우에 동작하는 장치

【답】②

90 과전류차단기로 저압전로에 사용하는 범용의 퓨즈의 정격전류가 16[A]일 경우 용단전류는 정격전류의 몇 배인가?(단 퓨즈(gG)인 경우이다)
① 1.25
② 1.6
③ 1.5
④ 1.9

(KEC 212.3.4조) 보호장치의 특성

과전류차단기로 저압전로에 사용하는 범용의 퓨즈는 다음에 의하여야 한다.

정격전류의 구분	시간	정격전류의 배수	
		불용단 전류	용단 전류
4[A] 이하	60분	1.5배	2.1배
4[A] 초과 16[A] 미만	60분	1.5배	1.9배
16[A] 이상 63[A] 이하	60분	1.25배	1.6배
...		...	...

【답】②

91 전선으로 ACSR(강심 알루미늄 전선)을 이용한 고압 가공전선의 처짐 정도(이도) 계산에 이용되는 안전율은?

① 1.5
② 2.0
③ 2.2
④ 2.5

Explanation

(KEC 332.4조) 고압 가공 전선의 안전율
고압 가공전선은 케이블인 경우 이외에는 다음 각 호에 규정하는 경우에 그 안전율이 **경동선 또는 내열 동합금선은 2.2 이상**, 그 밖의 전선은 2.5 이상이 되는 **처짐 정도(이도)**로 시설하여야 한다.
【답】④

92 합성수지관공사 시 연선이 아닌 경우 사용할 수 있는 전선의 단면적은 몇 [㎟] 이하인가? (단, 알루미늄선은 제외한다)

① 4
② 6
③ 10
④ 16

Explanation

(KEC 232.11조) 합성수지관공사
① 전선은 절연전선(옥외용 비닐 절연전선을 제외)일 것
② **전선은 연선일 것**. 다만, 다음의 것은 적용하지 않는다.
– 짧고 가는 합성수지관에 넣은 것
– **단면적 10[㎟](알루미늄선은 단면적 16[㎟]) 이하의 것**
③ 전선은 합성수지관 안에서 접속점이 없도록 할 것
【답】③

93 사람이 상시 통행하는 터널 안의 교류 220[V] 배선을 애자사용 공사에 의하여 시설할 경우 전선은 노면상 몇 [m] 이상의 높이로 시설하여야 하는가?

① 1.8
② 2.0
③ 2.5
④ 3.5

Explanation

(KEC 335.1조) 터널 안 전선로의 시설
• **저압전선** – 지름 2.6[㎜] 경동선 이상, 애자공사에 의할 때 레일면상 또는 노면상 2.5[m] 이상의 높이에 시설
    합성수지관공사, 금속관공사, 금속제 가요전선관공사, 케이블공사에 의해 시설
• **고압전선** – 지름 4[㎜] 경동선 이상
    애자공사 시 레일면상 또는 노면상 3[m] 이상의 높이
【답】③

94 아크 용접기의 시설 기준으로 틀린 것은?
① 용접변압기의 1차측 전로의 대지전압은 300[V] 이하일 것
② 전로는 용접 시 안전을 위해 흐르는 전류를 통과하지 못하게 하여 시설할 것
③ 용접변압기는 절연변압기일 것
④ 용접변압기 1차측 전로에는 용접변압기에 가까운 곳에 쉽게 개폐할 수 있는 개폐기를 시설할 것

Explanation

(KEC 241.10조) 아크 용접기
① 변압기는 1차 대지전압 300[V] 이하의 절연 변압기일 것
② 용접 변압기로부터 용접 접극에 이르는 부분 및 용접 변압기로부터 피용접재에 이르는 부분의 전선은 용접용
케이블이나 1종 이외의 캡타이어 케이블을 사용한다.
③ **전로는 용접 시 흐르는 전류를 안전하게 통할 수 있는 것일 것**【답】②

95 제1종 특고압 보안공사로 시설하는 전선로의 지지물로 사용할 수 있는 것은?
① 목주 ② A종 철근 콘크리트주
③ 철탑 ④ A종 철주

Explanation

(KEC 333.22조) 특고압 보안공사
전선로의 지지물에는 B종 철주B종 철근 콘크리트주 또는 철탑을 사용할 것(목주·A종 사용금지)【답】③

96 임시 전선로 시설에서 건조물 상부 조영재의 옆쪽에 시설할 경우 이격거리는 몇 [m]까지 감할 수 있나?
① 0.1 ② 0.4
③ 1 ④ 4

Explanation

(KEC 335.10조) 임시 전선로의 시설

조영물 조영재의 구분	건조물의 조영재	접근형태	이격거리[m]
건조물	상부 조영재	위쪽	1
		옆쪽 또는 아래쪽	0.4
	상부 이외의 조영재		0.4

【답】②

97 사용전압이 400[V] 이하인 저압 가공전선이 절연전선일 경우 지름이 몇 [㎜] 이상의 경동선을 사용하는가?
① 2.6 ② 3.2
③ 4.0 ④ 5.0

Explanation

(KEC 222.5조) 저압 가공 전선의 굵기 및 종류
사용전압이 400[V] 이하인 저압 가공전선은 케이블인 경우를 제외하고는 인장강도 3.43[kN] 이상의 것 또는 지름 3.2[㎜] (**절연전선인 경우는 인장강도 2.3[kN] 이상의 것 또는 지름 2.6[㎜] 이상의 경동선**) 이상의 것이어야 한다.【답】①

98 전선의 상(문자)과 색상이 바르게 연결된 것은?
① L3 – 회색 ② L2 – 적색
③ N – 녹색 ④ L1 – 파란색

Explanation

(KEC 121.2조) 전선의 식별

상(문자)	색상
L1	갈색
L2	검은색
L3	회색
N	파란색
보호도체	녹색-노란색

【답】①

99 저압전로에 사용하는 주택용 배선차단기의 정격전류가 63[A] 초과인 경우, 과전류트립 동작전류는 정격전류의 몇 배로 하여야 하는가?

① 1.2
② 1.25
③ 1.45
④ 1.6

Explanation

(KEC 212.3.4조) 보호장치의 특성
과전류차단기로 저압전로에 사용하는 주택용 배선차단기는 표에 적합한 것이어야 한다. 다만, 일반인이 접촉할 우려가 있는 장소(세대내 분전반 및 이와 유사한 장소)에는 주택용 배선차단기를 시설하여야 한다.

정격 전류의 구분	시간	정격전류의 배수(모든 극에 통전)	
		부동작 전류	동작 전류
63[A] 이하	60분	1.13배	1.45배
63[A] 초과	120분	1.13배	**1.45배**

【답】③

100 지중전선로설비의 통신선 시설에서 지중 공가설비로 사용되는 광섬유 케이블 및 동축케이블은 지름 몇 [mm] 이하인가?

① 4
② 5
③ 16
④ 22

Explanation

(KEC 363.1조) 지중통신선로설비 시설
지중 공가설비로 사용하는 광섬유 케이블 및 동축케이블은 지름 22[mm] 이하일 것

【답】④

전기산업기사 필기

2022

과년도
CBT 복원문제

1과목 **전기자기학**

01 반지름 a인 원주 대전체에 전하가 균등하게 분포되어 있을 때 원주 대전체의 내외 전계의 세기 및 축으로부터의 거리와 관계되는 그래프는?

① $E[\text{V/m}]$

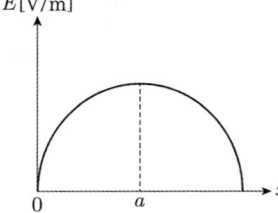

② $E[\text{V/m}]$

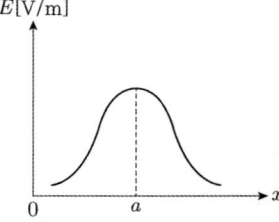

③ $E[\text{V/m}]$

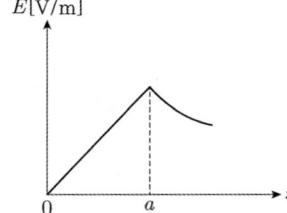

④ $E[\text{V/m}]$

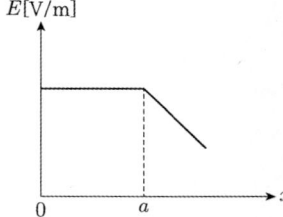

Explanation

축 대칭(선전하 밀도 : $\lambda[\text{C/m}]$, 원통도체)
① 일반조건

표면$(r > a)$: $E = \dfrac{\lambda}{2\pi\epsilon_0 r}$

내부$(r < a)$: $E = 0$

② **강제조항(내부에 균일 분포)**

표면$(r > a)$: $E = \dfrac{\lambda}{2\pi\epsilon_0 r}$

내부$(r < a)$: $E = \dfrac{r\lambda}{2\pi\epsilon_0 a^2}$

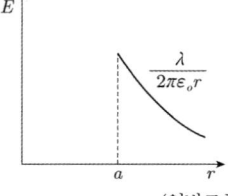

〈일반조항인 경우〉

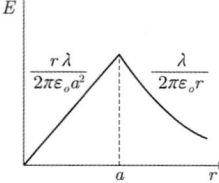

〈강제조항인 경우〉

【답】 ③

02 자기인덕턴스가 각각 L_1, L_2인 두 코일을 서로 간섭이 없도록 병렬로 연결했을 때 그 합성 인덕턴스는?

① $L_1 + L_2$

② $L_1 \cdot L_2$

③ $\dfrac{L_1 + L_2}{L_1 \cdot L_2}$

④ $\dfrac{L_1 \cdot L_2}{L_1 + L_2}$

Explanation

상호 인덕턴스가 없는 경우

병렬 합성 인덕턴스 $L = \dfrac{1}{\dfrac{1}{L_1} + \dfrac{1}{L_2}} = \dfrac{L_1 L_2}{L_1 + L_2}$ [H]

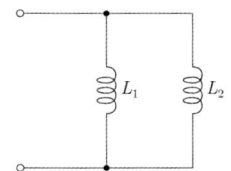

【답】④

03 두 유전체의 경계면에 대한 설명 중 옳지 않은 것은?

① 전계가 경계면에 수직으로 입사하면 두 유전체 내의 전계의 세기가 같다.

② 경계면에 작용하는 맥스웰 응력은 유전율이 큰 쪽에서 작은 쪽으로 끌려가는 힘을 받는다.

③ 유전율이 작은 쪽에서 전계가 입사할 때 입사각은 굴절각보다 작다.

④ 전계나 전속 밀도가 경계면에 수직으로 입사하면 굴절하지 않는다.

Explanation

• 전계가 경계면에 수직($\theta = 0°$)이면 전계는 불연속($E_1 \neq E_2$)

• 전속밀도는 불변이므로 $D_1 \cos\theta = D_2 \cos\theta$에서

$\quad D_1 = D_2$이고 $\epsilon_1 E_1 = \epsilon_2 E_2$

$\quad$따라서 $\dfrac{E_2}{E_1} = \dfrac{\epsilon_1}{\epsilon_2}$이 된다.

• 전기력선과 전속은 굴절하지 않는다.

• Maxwell 응력 : 유전체에 작용하는 힘의 방향은 유전율이 큰 쪽에서 작은 쪽으로 향한다.

【답】①

04 그림과 같은 반지름 a[m]인 원형코일에 I[A]가 흐르고 있다. 이 도체 중심축상 x[m]인 점 P의 자위[AT]는?

① $\dfrac{I}{2}\left(1 - \dfrac{x}{\sqrt{a^2 + x^2}}\right)$

② $\dfrac{I}{2}\left(1 - \dfrac{a}{\sqrt{a^2 + x^2}}\right)$

③ $\dfrac{I}{2}\left(1 - \dfrac{x^2}{(a^2 \cdot x^2)^{3/2}}\right)$

④ $\dfrac{I}{2}\left(1 - \dfrac{a^2}{(a^2 + x^2)^{3/2}}\right)$

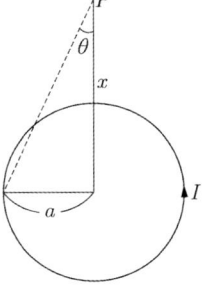

Explanation

자위 $U = \dfrac{P}{4\pi\mu_o}\omega = \dfrac{P}{4\pi\mu_o} \times 2\pi(1 - \cos\theta) = \dfrac{P}{2\mu_o}\left(1 - \dfrac{x}{\sqrt{a^2 + x^2}}\right)$ $\quad$여기서, 판자석의 세기 $P = \sigma\delta = \mu_o I$[Wb/m]

$\quad = \dfrac{I}{2}\left(1 - \dfrac{x}{\sqrt{a^2 + x^2}}\right)$

【답】①

05 $1[\mu F]$의 콘덴서를 30[kV]로 충전하여 200[Ω]의 저항에 연결하면 저항에서 소모되는 에너지는 몇 [J]인가?

① 450

② 900

③ 1,350

④ 1,800

저항에서 소모되는 에너지는 콘덴서에 축적되는 에너지와 같고,

$W = \dfrac{1}{2}CV^2[\text{J}]$에서

$W = \dfrac{1}{2}CV^2 = \dfrac{1}{2} \times 1 \times 10^{-6} \times (30 \times 10^3)^2 = 450[\text{J}]$

【답】①

06 자기인덕턴스와 상호인덕턴스와의 관계에서 결합계수 k에 영향을 주지 않는 것은?

① 코일의 형상

② 코일의 크기

③ 코일의 재질

④ 코일의 상대위치

상호 인덕턴스 $M = k\sqrt{L_1 L_2}$ 이고(여기서 결합계수 k)

결합계수는 코일의 형상, 코일의 크기, 코일의 상대위치에 따라 결정된다.

【답】③

07 공기 중에 $Q = 1[\mu C]$의 점전하가 있다. 이 점전하 Q에서 거리 $a = 1[\text{m}]$, $b = 2[\text{m}]$에 떨어진 두 점 a, b 사이의 전위차 V_{ab}는 몇 [V]인가?

① 4.5

② 45

③ 450

④ 4,500

두 점간의 전위차 $V_{ab} = \dfrac{Q}{4\pi\epsilon_0}\left(\dfrac{1}{a} - \dfrac{1}{b}\right) = 9 \times 10^9 \times 1 \times 10^{-6} \times \left(\dfrac{1}{1} - \dfrac{1}{2}\right) = 4,500[\text{V}]$

【답】④

08 환상 철심에 감은 코일에 5[A]의 전류를 흘리면 2,000[AT]의 기자력이 생기는 것으로 한다면 코일의 권수는 얼마로 하여야 하는가?

① 10^4

② 5×10^2

③ 4×10^2

④ 2.5×10^2

기자력 $F_m = NI = R_m \phi$에서

권수 $N = \dfrac{F}{I} = \dfrac{2,000}{5} = 400$회

【답】③

09 유전체에서의 변위전류에 대한 설명으로 틀린 것은?

① 변위전류가 주변에 자계를 발생시킨다.

② 변위전류의 크기는 유전율에 반비례한다.

③ 전속밀도의 시간적 변화가 변위전류를 발생시킨다.

④ 유전체 중의 변위전류는 진공 중의 전계변화에 의한 변위전류와 구속전자의 변위에 의한 분극전류와 의 합이다.

• 변위 전류 : 전속 밀도의 시간적 변화. 유전율에 비례 【답】②

10 div $i = 0$에 대한 설명이 아닌 것은?
① 도체 내에 흐르는 전류는 연속적이다.
② 도체 내에 흐르는 전류는 일정하다.
③ 단위 시간당 전하의 변화는 없다.
④ 도체 내에 전류가 흐르지 않는다.

Explanation

전류의 연속성 : div $i = 0$ (도체내의 전류는 일정하며, 전류의 발산은 없다) 【답】④

11 내부 저항 20[Ω] 및 25[Ω], 최대 지시 눈금이 다같이 1[A]인 전류계 A_1 및 A_2를 그림과 같이 접속했을 때 측정할 수 있는 최대 전류의 값은 몇 [A]인가?
① 1
② 1.5
③ 1.8
④ 2

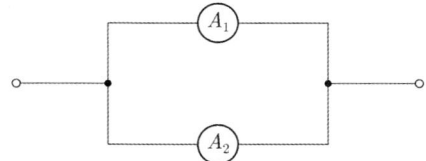

Explanation

내부저항이 적은 전류계 A_1방향으로 전류가 더 많이 흐르므로

전류계 A_1에 최대 전류인 1[A]가 흐르면 A_2에 흐르는 전류는 $I \propto \dfrac{1}{R}$ 이므로

$A_1 : A_2 = \dfrac{1}{R_1} : \dfrac{1}{R_2}$ 에서 $A_2 = A_1 \times \dfrac{R_1}{R_2} = 1 \times \dfrac{20}{25} = 0.8$[A]이다.

따라서 최대 전류 $A_1 + A_2 = 1 + 0.8 = 1.8$[A] 【답】③

12 그림에 표시한 반구형 도체를 전극으로 한 경우의 접지 저항은? 단, ρ는 대지의 고유 저항이며 전극의 고유 저항에 비해 매우 크다.

① $4\pi a \rho$
② $\dfrac{\rho}{4\pi a}$
③ $\dfrac{\rho}{2\pi a}$
④ $2\pi a \rho$

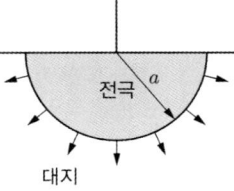

전극 a

대지

Explanation

반구의 정전용량 $C = 2\pi \epsilon a$[F]
$RC = \rho \epsilon$ 에서

접지 저항 $R = \dfrac{\rho \epsilon}{C} = \dfrac{\rho \epsilon}{2\pi \epsilon a} = \dfrac{\rho}{2\pi a}$ [Ω] 【답】③

13 내압과 용량이 각각 200[V] 5[μF], 300[V] 4[μF], 500[V] 3[μF]인 3개의 콘덴서를 직렬 연결하고 양단에 직류 전압을 가하여 전압을 서서히 상승시키면 최초로 파괴되는 콘덴서는 어느 것이며, 이때 양단에 가해진 전압은 몇 [V]인가? 단, 3개의 콘덴서의 재질이나 형태는 동일한 것으로 간주한다. 단, $C_1 = 5$[μF], $C_2 = 4$[μF], $C_3 = 3$[μF]이다.

① C_2 , 468

② C_3 , 533

③ C_1 , 783

④ C_2 , 1050

> **Explanation**
>
> 콘덴서 직렬연결 시 파괴되는 콘덴서는 $Q = CV$에서 Q값이 작은 콘덴서가 먼저 파괴된다.
> $Q_1 = C_1 V_1 = 5 \times 200 = 1,000$[C]
> $Q_2 = C_2 V_2 = 4 \times 300 = 1,200$[C]
> $Q_3 = C_3 V_3 = 3 \times 500 = 1,500$[C]
> 따라서 전하량이 가장 적은 200[V]–5[μF]의 콘덴서가 가장 먼저 파괴된다.　　　【답】③

14 $E = i\left(\dfrac{x}{x^2+y^2}\right) + j\left(\dfrac{y}{x^2+y^2}\right)$인 전계의 전기력선의 방정식을 옳게 나타낸 것은?

① $y = c \ln x$

② $y = \dfrac{c}{x}$

③ $y = cx$

④ $y = cx^2$

> **Explanation**
>
> 전계는 $\boldsymbol{E} = x i + y j$의 형태
> $\dfrac{dx}{x} = \dfrac{dy}{y}, \quad \displaystyle\int \dfrac{dx}{x} + \ln A = \int \dfrac{dy}{y}, \quad \ln x + \ln A = \ln y$
> $\therefore \ y = Ax$　　　【답】③

15 접지 구도체와 점전하 사이에 작용하는 힘은?

① 항상 반발력이다.

② 항상 흡인력이다.

③ 조건적 반발력이다.

④ 조건적 흡인력이다.

> **Explanation**
>
> 접지 도체구에 유도되는 전하
> • 크기 : $Q' = -\dfrac{a}{d}Q$
> • 영상력 : **항상 흡인력**
>
>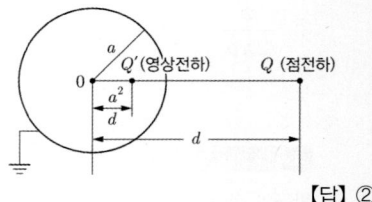
>
> 　　　【답】②

16 면적 S[m²], 극간 거리 d[m]인 평행판 콘덴서에 비유전율 ϵ_s의 유전체를 채운 경우의 정전 용량은? 단, 진공의 유전율은 ϵ_0이다.

① $\dfrac{\epsilon_s S}{4\pi \epsilon_0 d}$

② $\dfrac{4\pi \epsilon_0 \epsilon_s}{Sd}$

③ $\dfrac{\epsilon_s S}{\epsilon_0 d}$

④ $\dfrac{\epsilon_0 \epsilon_s S}{d}$

평행판 콘덴서의 정전용량 $C = \dfrac{\epsilon_0 \epsilon_s S}{d}$ [F]

【답】 ④

17

자속 밀도 0.5[Wb/㎡]의 균일한 자계 내에 길이 1[m]의 도선을 자계와 수직 방향으로 운동시킬 때 도선에 50[V]의 기전력이 유기된다면 이 도선의 속도는 몇 [m/s]인가?

① 10
② 25
③ 50
④ 100

플레밍의 오른손 법칙(유기기전력)
$e = (v \times B)l = vBl\sin\theta$

$\therefore v = \dfrac{e}{Bl\sin\theta} = \dfrac{50}{0.5 \times 1 \times 1} = 100[\text{m/s}]$

【답】 ④

18

자유 공간의 고유 임피던스 $\sqrt{\dfrac{\mu_0}{\epsilon_0}}$ 의 값은 몇 [Ω]인가?

① 60π
② 80π
③ 100π
④ 120π

고유임피던스 $Z_0 = \dfrac{E}{H} = \sqrt{\dfrac{\mu_0}{\epsilon_0}} = 377 = 120\pi$

【답】 ④

19

비유전율이 10인 유리 콘덴서와 동일 크기의 공기 콘덴서가 있다. 유리 콘덴서에 380[V]의 전압을 가할 때 동일한 전하를 축적하기 위하여 공기 콘덴서에 필요한 전압은 몇 [kV]인가?

① 1.8
② 3.8
③ 5.4
④ 7.6

동일한 전하를 축적하므로
$Q = C_1 V_1 = C_2 V_2$

$\dfrac{\epsilon_0 \epsilon_s}{d} s V_1 = \dfrac{\epsilon_0}{d} s V_2$

$V_2 = \epsilon_s V_1 = 10 \times 380 = 3,800[\text{V}] = 3.8[\text{kV}]$

【답】 ②

20

길이 1[cm]마다 권수가 50인 무한장 솔레노이드에 500[mA]의 전류를 흘릴 때 내부의 자계는 몇 [AT/m]인가?

① 1,250
② 2,500
③ 12,500
④ 25,000

무한장 솔레노이드
• 내부 자계의 세기 : **평등자장, $H = n_0 I$ [AT/m]**
  단, n_0는 단위 길이당 코일 권수[회/m]

$H = n_0 I = 100 \times 50 \times 500 \times 10^{-3} = 2,500$ [AT/m]

【답】 ②

21 송전 선로에서 매설 지선의 설치 목적은?
① 코로나 전압의 감소
② 뇌해의 방지
③ 기계적 강도의 증가
④ 절연 강도의 증가

Explanation

역섬락 방지법
• 매설지선 설치
• 탑각 접지저항 적게

【답】②

22 송전계통의 중성점 접지 방식에서 유효접지에 대한 설명으로 맞는 것은?
① 국내에서는 소호 리액터 접지방식이 이에 해당 된다.
② 1선 지락 시에 건전상의 전압이 상규 대지전압의 1.3배 이하로 중성점 임피던스를 억제시키는 중성점 접지방식으로 직접접지가 해당된다.
③ 중성점에 고저항을 접지시켜 1선 지락 시에 이상전압의 상승을 억제시키는 중성점 접지방식이다.
④ 송전선로에 사용되는 변압기의 중성점을 저 리액턴스로 접지시키는 방식이다.

Explanation

유효접지
1선 지락사고 시 건전상의 전위가 상용전압의 1.3배 이하가 되도록 중성점 임피던스를 억제한 중성점 접지 방식, 직접 접지 방식이 해당

【답】②

23 경간 200[m]인 가공 전선로가 있다. 사용 전선의 길이는 경간보다 몇 [m] 더 길게 하면 되는가? 단, 사용 전선의 1[m]당 무게는 2.0[kg], 인장 하중은 4,000[kg]이고 전선의 안전율을 2로 하고 풍압하중은 무시한다.

① $\dfrac{1}{2}$

② $\sqrt{2}$

③ $\dfrac{1}{3}$

④ $\sqrt{3}$

Explanation

이도 $D = \dfrac{WS^2}{8T}$ 여기서, 수평장력 $T = \dfrac{\text{인장하중}}{\text{안전율}}$

실제길이 $L = S + \dfrac{8D^2}{3S}\,[\text{m}]$

이도 $D = \dfrac{WS^2}{8T} = \dfrac{2 \times 200^2}{8 \times \dfrac{4,000}{2}} = 5$

실제길이 $L = S + \dfrac{8D^2}{3S} = 200 + \dfrac{8 \times 5^2}{3 \times 200} = 200.33\,[\text{m}]$

따라서 실제 길이는 경간보다 $0.33 = \dfrac{1}{3}\,[\text{m}]$ 더 길다.

【답】③

24 압축된 공기를 아크에 불어 넣어서 차단하는 차단기는?

① ABB
② MBB
③ VCB
④ ACB

Explanation

차단기의 종류와 특징

종류	특징	소호 매질
ABB 공기차단기	• 투입과 차단을 압축 공기(임펄스 차단기) • 소음이 크다.	압축 공기

【답】①

25 %임피던스에 대한 설명 중 옳은 것은?

① 터빈 발전기의 %임피던스는 수차의 %임피던스보다 작다.
② 전기기계의 %임피던스가 크면 차단용량이 작아지며 플리커현상이 심해진다.
③ %임피던스는 %리액턴스보다 작다.
④ 직렬 리액터는 %임피던스를 크게 하여 차단기의 용량이 커지게 된다.

Explanation

• 터빈 발전기의 %임피던스는 수차의 %임피던스보다 크다.
  (터빈의 단락비는 수차의 단락비보다 작으며 단락비와 %임피던스는 반비례한다)

• 차단용량 $P_s = \dfrac{100}{\%Z} P_n$, $P_s \propto \dfrac{1}{\%Z}$

• $\%Z > \%X$

• 직렬 리액터는 %임피던스를 크게 하여 차단 용량을 감소시킨다.

【답】②

26 고압 배전선로의 선간전압을 3,300[V]에서 6,600[V]로 승압하는 경우, 같은 전선으로 전력 손실을 같게 한다면 약 몇 배의 전력을 공급할 수 있겠는가?

① 1.5
② 2
③ 3
④ 4

Explanation

공급전력 $P \propto V^2 \propto \left(\dfrac{6,600}{3,300}\right)^2 = 4$배

【답】④

27 송전 선로에 근접한 통신선에서 발생하는 유도 장해에 관한 설명으로 옳지 않은 것은?

① 정전 유도의 원인은 전력선의 영상 전압에 의해 발생한다.
② 전자 유도의 원인은 전력선의 영상 전류에 의해 발생한다.
③ 유도 장해를 억제하기 위하여 송전선에 충분한 연가를 시행한다.
④ 유도되는 전압은 통신선의 길이에 비례한다.

Explanation

• **전자유도장해의 원인 : 상호 인덕턴스, 영상전류**
  전자유도전압 $E_m = 2\pi f M l (3 I_0)$은 병행길이와 비례
• **정전유도장해의 원인 : 상호 정전용량, 영상전압**
  정전유도전압 $E_n = \dfrac{\sqrt{C_a(C_a - C_b) + C_b(C_b - C_c) + C_c(C_c - C_a)}}{C_a + C_b + C_c + C_o} \times \dfrac{V}{\sqrt{3}}$ 은 병행 길이와는 관계가 없다.

【답】④

28 고압 배전선로의 보호 방식에서 고장 전류의 차단방식이 아닌 것은?

① 퓨즈에 의한 보호 방식

② 리클로저(recloser)에 의한 방식

③ 섹셔널라이져(sectionalizer)에 의한 방식

④ 자동부하전환개폐기(ALTS : Automatic Load Transfer Switch)에 의한 방식

Explanation

자동부하 전환 개폐기(ALTS : Automatic Load Transfer Switch)

주전원이 정전되면 자동적으로 예비 전원으로 절체되어 지속적으로 전력을 공급할 수 있도록 하는 장치   **【답】** ④

29 배전 선로의 부하율이 F일 때 손실 계수 H는?

① F와 F^2의 합

② F와 같은 값

③ F와 F^2의 중간값

④ F^2의 같은 값

Explanation

$$손실계수(H) = \frac{평균전력손실}{최대전력손실} \times 100 [\%]$$

부하율과 손실계수의 관계 : $0 \leqq F^2 \leqq H \leqq F \leqq 1$ **【답】** ③

30 흡출관이 필요 없는 수차는?

① 프로펠러 수차

② 카플란 수차

③ 프란시스 수차

④ 펠턴 수차

Explanation

흡출관 : 반동수차(물의 압력 에너지를 이용)의 유효 낙차를 늘리기 위한 관

따라서 고낙차에 사용되는 수차인 펠톤 수차에서는 흡출관이 필요 없다.   **【답】** ④

31 재폐로 차단기에 대한 설명으로 옳은 것은?

① 배전선로용은 고장 구간을 고속 차단하여 제거한 후 다시 수동 조작에 의해 배전이 되도록 설계된 것이다.

② 재폐로 계전기와 함께 설치하여 계전기가 고장을 검출하여 이를 차단기에 통보, 차단하도록 된 것이다.

③ 3상 재폐로 차단기는 1상의 차단이 가능하고 무전압 시간을 약 20~30초로 정하여 재폐로 하도록 되어 있다.

④ 송전 선로의 고장구간을 고속 차단하고 재송전하는 조작을 자동적으로 시행하는 재폐로 차단 장치를 장비한 자동 차단기이다.

Explanation

재폐로 차단기 : 송전 선로의 고장구간을 고속 차단하고 재송전하는 조작을 자동적으로 시행하는 재폐로 차단 장치를 장비한 자동 차단기, 3상 일괄 개폐   **【답】** ④

32 전력 계통의 전압 조정 설비의 특징에 대한 설명 중 틀린 것은?

① 병렬 콘덴서는 진상 능력만을 가지며 병렬 리액터는 진상 능력이 없다.

② 동기조상기는 무효전력의 공급과 흡수가 모두 가능하여 진·지상 용량을 갖는다.

③ 동기조상기는 조정의 단계가 불연속적이나 직렬 콘덴서 및 병렬 리액터는 연속적이다.

④ 분로리액터는 장거리 초고압 송전선 또는 지중선 계통의 충전용량 보상용으로 주요 발변전소에 설치되어 페란티현상 방지에 사용된다.

Explanation

조상설비 비교

	진상	지상	시충전(시송전)	조정	전력손실	증설
전력용 콘덴서	○	×	×	단계적	적다	가능
분로 리액터	×	○	×	단계적	적다	가능
동기 조상기	○	○	○	연속적	크다	불가능

【답】③

33 다음 중 원방감시제어(SCADA)의 기능과 관계가 먼 것은?
① 원격 제어 기능
② 원격 측정 기능
③ 부하 조정 기능
④ 자동 기록 기능

Explanation

원방감시제어(SCADA)의 기능
• 원격 제어 기능
• 원격 측정 기능
• 자동 기록 기능
• 경보 발생 기능
• 타 시스템과의 연계 기능

【답】③

34 역률 개선용 콘덴서를 부하와 병렬로 연결할 때 △ 결선방법을 채택하는 이유로 가장 타당한 것은?
① 부하 저항을 일정하게 유지할 수 있기 때문이다.
② 콘덴서의 정전용량[μF]의 소요가 적기 때문이다.
③ 콘덴서의 관리가 용이하기 때문이다.
④ 부하의 안정도가 높기 때문이다.

Explanation

진상용량(콘덴서 용량)

△결선 $C_\triangle = \dfrac{Q}{3 \times 2\pi f V^2} \times 10^3$

Y결선 $C_Y = \dfrac{Q}{2\pi f V^2} \times 10^3$

$C_\triangle : C_Y = \dfrac{1}{3} : 1 \qquad \therefore C_\triangle = \dfrac{C_Y}{3}$

따라서 Y결선에 비해 콘덴서의 정전용량[μF]의 소요가 적기 때문이다

【답】②

35 그림과 같은 4단자 정수를 가진 2개의 회로가 직렬로 연결되어 있을 때 합성 4단자 정수는?

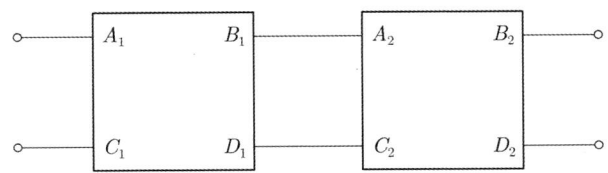

① $A = A_1 A_2 + B_1 C_2$, $B = A_1 B_2 + B_1 D_2$
　$C = A_2 C_1 + C_2 D_1$, $D = B_2 C_1 + D_1 D_2$

② $A = A_1 A_2 + B_1 C_1$, $B = A_1 B_2 + B_1 D_2$
　$C = A_2 C_1 + D_1 C_2$, $D = B_1 C_2 + D_1 D_2$

③ $A = A_1 A_2 + B_2 C_1$, $B = A_1 B_2 + B_1 D_2$
$C = A_1 C_2 + D_1 C_2$, $D = B_2 C_1 + D_1 D_2$

④ $A = A_1 A_2 + B_1 C_2$, $B = A_2 B_1 + B_1 D_1$
$C = A_1 C_2 + D_1 D_2$, $D = B_1 C_1 + D_1 D_2$

Explanation

$$\begin{bmatrix} A_o & B_o \\ C_o & D_o \end{bmatrix} = \begin{bmatrix} A_1 & B_1 \\ C_1 & D_1 \end{bmatrix} \begin{bmatrix} A_2 & B_2 \\ C_2 & D_2 \end{bmatrix} = \begin{bmatrix} A_1 A_2 + B_1 C_2 & A_1 B_2 + B_1 D_2 \\ C_1 A_2 + D_1 C_2 & C_1 B_2 + D_1 D_2 \end{bmatrix}$$

【답】①

---

36 단상 2선식의 교류 배전선이 있다. 전선 1줄의 저항은 0.15[Ω], 리액턴스는 0.25[Ω]이다. 부하는 무유도성으로서 100[V], 3[kW]일 때 급전점의 전압은 몇 [V]인가?

① 100 ② 109
③ 120 ④ 130

Explanation

송전단 전압 $V_s = V_r + 2I(R\cos\theta + X\sin\theta)$ (여기서, R은 1선당 저항)
무유도성($\cos\theta = 1$)이므로
$V_s = V_r + 2I(R\cos\theta + X\sin\theta) = V_r + 2IR$
$\quad = 100 + 2 \times \dfrac{3,000}{100} \times 0.15 = 109[\text{V}]$

【답】②

---

37 전원이 양단에 있는 방사상 송전선로의 단락보호에 사용되는 계전기의 조합방식은?

① 방향 거리 계전기와 과전압 계전기의 조합
② 방향 단락 계전기와 과전류 계전기의 조합
③ 선택 접지 계전기와 과전류 계전기의 조합
④ 부족 전류 계전기와 과전압 계전기의 조합

Explanation

방사선로 단락보호
• 전원 1군데 : 과전류 계전 방식
• **전원 2군데 : 방향단락계전기 + 과전류계전기**

【답】②

---

38 유효 저수량 200,000[m³], 평균 유효낙차 100[m], 발전기 출력 7,500[kW]이다. 1대를 운전할 경우 약 몇 시간 정도 발전할 수 있는가? 단, 발전기 및 수차의 합성 효율은 85[%]이다.

① 4.17 ② 5.25
③ 6.17 ④ 7.25

Explanation

【답】③

---

39 지상 역률 80[%], 1,000[kW]의 3상 부하가 있다. 이것에 전력용 콘덴서를 설치하여 역률을 95[%]로 개선하는 데 필요한 전력용 콘덴서의 용량은 약 몇 [kVA]가 되겠는가?

① 376 ② 398
③ 422 ④ 464

Explanation

전력용 콘덴서 용량 $Q = P(\tan\theta_1 - \tan\theta_2)[\text{kVA}]$
$$Q_c = 1,000 \times \left(\frac{0.6}{0.8} - \frac{\sqrt{1 - 095^2}}{0.95} \right) = 422[\text{kVA}]$$

【답】③

40 우리나라의 특고압 배전 방식으로 가장 많이 사용되고 있는 것으로 중성선을 다중접지하는 방식인 것은?
① 단상 2선식
② 단상 3선식
③ 3상 3선식
④ 3상 4선식

> Explanation

우리나라 공급방식
• 송전 : 3상 3선식
• 배전 : 3상 4선식(중성선 다중접지 방식)

【답】④

3과목　전기기기

41 무부하 전압 213[V], 정격전압 200[V], 정격 출력 80[kW]인 분권 발전기가 있다. 계자저항이 20[Ω]일 때, 전부하 때의 전기자 반작용에 의한 전압강하가 4.8[V]라면 그 전기자 회로의 저항[Ω]은?
① 0.02
② 0.05
③ 0.06
④ 0.1

> Explanation

분권 발전기 $I_a = I + I_f = \dfrac{P}{V} + \dfrac{V}{R_f} = \dfrac{80 \times 10^3}{200} + \dfrac{200}{20} = 410[A]$

유기기전력 $E = V + I_a R_a + e_a$

전기자 저항 $R_a = \dfrac{E - V - e_a}{I_a} = \dfrac{213 - 200 - 4.8}{410} = 0.02[\Omega]$

【답】①

42 권선형 유도 전동기의 기동시 2차 저항을 넣는 이유는?
① 기동 전류 감소
② 회전수 감소
③ 기동 토크 감소
④ 기동 전류 감소와 토크 증대

> Explanation

비례추이의 원리 : 권선형 유도전동기
• 최대 토크는 불변, 최대 토크의 발생 슬립은 변화
• 기동 전류는 감소하고, 기동 토크는 증가

【답】④

43 주상 변압기의 고압측에는 몇 개의 탭을 내놓았다. 그 이유는?
① 변압기의 여자전류를 조정하기 위하여
② 부하 전류를 조정하기 위하여
③ 수전점의 전압을 조정하기 위하여
④ 예비용 단자

> Explanation

변압기 탭(tap)조정
• 변압기 2차 측의 전압조정을 위하여 1차측 탭을 조정

【답】③

44 직류 발전기의 부하 포화 곡선은 다음 중 어느 관계를 표시한 것인가?
① 계자전류 대 부하전류　　　　　② 부하전류 대 단자전압
③ 계자전류 대 유기기전력　　　　④ 계자전류 대 단자전압

Explanation

직류 발전기의 특성
• 무부하 포화곡선 : $E-I_f$(유기기전력과 계자전류) 관계 곡선
• 부하 포화곡선 : $V-I_f$(단자전압과 계자전류)관계 곡선　　　　　　　　　　【답】④

45 6,600/210[V], 10[kVA]단상 변압기의 퍼센트 저항강하는 1.2[%], 리액턴스 강하는 0.9[%]이다. 임피던스 전압[V]은?
① 99　　　　　　　　　　　　　② 81
③ 65　　　　　　　　　　　　　④ 37

Explanation

%임피던스 $\%Z=\dfrac{V_s}{V_{1n}}\times100[\%]=\sqrt{p^2+q^2}=\sqrt{1.2^2+0.9^2}=1.5[\%]$

따라서 임피던스 전압 $V_s=\%Z\times V_{1n}=0.015\times6,600=99[V]$　　　　　　　【답】①

46 출력 10[kVA], 정격 전압에서의 철손이 85[W], 뒤진 역률 0.8. 3/4 부하에서의 효율이 가장 큰 단상 변압기가 있다. 역률 1일 때의 최대 효율은?
① 96[%]　　　　　　　　　　　② 97.8[%]
③ 98.8[%]　　　　　　　　　　④ 99[%]

Explanation

$\dfrac{1}{m}$ 부하의 경우, 최대 효율이 된다고 하면

$(\dfrac{1}{m})^2 P_c = P_i$

따라서 동손은 $P_c=\dfrac{P_i}{\left(\dfrac{1}{m}\right)^2}=\dfrac{85}{\left(\dfrac{3}{4}\right)^2}=151.1[W]$

역률 $\cos\theta=1$일 때

효율 $\eta=\dfrac{10\times10^3\times1\times\dfrac{3}{4}}{10\times10^3\times1\times\dfrac{3}{4}+85+\left(\dfrac{3}{4}\right)^2\times151.1}\times100=97.8[\%]$　　　【답】②

47 전력용 반도체를 사용 직류 전압을 제어하는 것은?
① 단상 인버터　　　　　　　　　② 3상 인버터
③ 초퍼형 인버터　　　　　　　　④ 브리지형 인버터

Explanation

초퍼(Chopper) : 직류를 직류로 변환　　　　　　　　　　　　　　　　　　【답】③

48 정류기의 단상 전파 정류에 있어서 직류 전압 100[V]를 얻는 데 필요한 2차 상전압[V]을 구하면? 단, 부하는 순저항으로 하고 변압기 내의 전압 강하는 무시하며 전압 강하를 15[V]로 한다.단, 부하는 순저항으로 하고 변압기 내의 전압 강하는 무시하며 전압 강하를 15[V]로 한다.
① 약 94.4
② 약 128
③ 약 181
④ 255

Explanation

단상 전파 정류 직류측 전압 $E_d = 0.9E - e$ (여기서, e는 전압강하)

$$E = \frac{E_d + e}{0.9} = \frac{100 + 15}{0.9} ≒ 128[V]$$

【답】②

49 동기 전동기의 난조를 방지하기 위한 방법이 아닌 것은?
① 조속기의 감도를 둔감하게 조정한다.
② 관성모멘트를 크게 하기 위하여 플라이휠을 설치한다.
③ 계자의 자극면에 제동권선을 설치한다.
④ 전기자 권선에 제동권선을 설치한다.

Explanation

난조(hunting) : 발전기의 부하가 급변하는 경우 회전자 속도가 동기속도를 중심으로 진동하는 현상
• 난조 방지책
 – 계자의 자극면에 제동권선 설치
 – 관성 모멘트를 크게 : 플라이휠 설치
 – 조속기의 감도를 너무 예민하지 않도록 할 것

【답】④

50 3상 송전선의 수전단에서 전압 3,300 [V], 전류 800[A], 역률 0.8의 지상 전력을 수전하는 경우 동기 조상기를 사용해서 역률을 100 [%]로 개선하고자 한다. 필요한 동기 조상기의 용량 [kVA]은?
① 1,452
② 1,584
③ 2,743
④ 3,200

Explanation

유효전력 $P = \sqrt{3}\,VI\cos\theta = \sqrt{3} \times 3,300 \times 800 \times 0.8 \times 10^{-3}$[kW]
역률 개선용 콘덴서(조상기) 용량

$$Q = P(\tan\theta_1 - \tan\theta_2) = P\left(\frac{\sin\theta_1}{\cos\theta_1} - \frac{\sin\theta_1}{\cos\theta_2}\right)[kVA]$$

$$= \sqrt{3} \times 3300 \times 800 \times 0.8 \times 10^{-3} \times \left(\frac{0.6}{0.8} - \frac{0}{1}\right)$$

$$= 2,743.56\,[kVA]$$

【답】③

51 임피던스 전압강하 4[%]의 변압기가 운전 중 단락되었을 때 단락전류는 정격전류의 몇 배가 흐르는가?
① 15
② 20
③ 25
④ 30

Explanation

단락 전류 $I_s = \frac{100}{\%Z}I_n = \frac{100}{4} \times I_n = 25I_n$

【답】③

52 3상 권선형 유도 전동기의 회전자에 슬립 주파수의 전압을 공급하여 속도를 변화 시키는 방법은?

① 2차 여자 제어법
② 교류 여자 제어법
③ 주파수 변환법
④ 2차 저항법

Explanation

2차 여자법(슬립 제어)
• 유도 전동기 회전자의 외부에서 슬립링을 통하여 슬립주파수 전압을 인가하여 회전자 슬립에 의한 속도를 제어하는 방식
• E_c(슬립 주파수 전압)를 sE_2와 같은 방향으로 인가 : 속도 증가
• E_c(슬립주파수 전압)를 sE_2와 반대 방향으로 인가 : 속도 감소

【답】①

53 권선형 유도 전동기의 슬립 s에 있어서의 2차 전류는? 단, E_2, X_2는 전동기 정지시의 2차 유기전압과 2차 리액턴스로 하고 R_2는 2차 저항으로 한다.

① $\dfrac{E_2}{\sqrt{(R_2/s)^2 + X_2^2}}$

② $sE_2/\sqrt{R_2^2 + \dfrac{X_2^2}{s}}$

③ $E_2/\left(\dfrac{R_2}{1-s}\right)^2 + X_2$

④ $E_2/\sqrt{(sR_2)^2 + X_2^2}$

Explanation

회전 시 2차 전류 $I_{2s} = \dfrac{E_{2s}}{Z_{2s}} = \dfrac{sE_2}{\sqrt{R_2^2 + (sX_2)^2}} = \dfrac{E_2}{\sqrt{\left(\dfrac{R_2}{s}\right)^2 + X_2^2}}$

【답】①

54 직류 분권전동기가 있다. 총도체수 100, 단중 파권으로 자극수는 4, 자속수 3.14[Wb]일 때, 여기에 부하를 가하여 전기자에 5[A]가 흐르고 있으면 이 전동기의 토크[N·m]는?

① 400
② 450
③ 500
④ 550

Explanation

직류전동기 토크 $T = \dfrac{P}{\omega} = \dfrac{EI_a}{2\pi\dfrac{N}{60}} = \dfrac{\dfrac{p}{a}z\phi\dfrac{N}{60}I_a}{2\pi\dfrac{N}{60}} = \dfrac{pz}{2\pi a}\phi I_a\,[\text{N·m}]$

$= \dfrac{4 \times 100}{2 \times 3.14 \times 2} \times 3.14 \times 5 = 500\,[\text{N·m}]$

【답】③

55 SCR의 애노드 전류가 10[A]일 때 게이트 전류를 1/2로 줄이면 애노드 전류는 몇 [A]가 되는가?

① 20
② 10
③ 5
④ 2

Explanation

SCR이 도통 상태일 때 게이트 전류가 변하여도 애노드 전류는 변하지 않는다.

【답】②

56 T-결선에 의하여 3,300[V]의 3상으로부터 200[V], 40[kVA]의 전력을 얻는 경우 T좌 변압기의 권수비는?

① 약 16.5
② 약 14.3
③ 약 11.7
④ 약 10.2

스코트결선(T결선)

T좌 변압기의 권선비 : $a_T = \dfrac{\sqrt{3}}{2} a$

$\therefore a_T = \dfrac{\sqrt{3}}{2} \times \dfrac{3,300}{200} = 14.3$

【답】②

57 3상 변압기의 병렬 운전조건에 맞지 않는 것은?

① 1차, 2차의 정격 전압 및 극성이 같을 것   ② %저항 강하 및 리액턴스 강하가 같을 것
③ 각 군의 임피던스가 용량에 비례할 것   ④ 상회전 방향과 각변위가 같을 것

변압기 병렬운전 조건
• 극성, 권수비, 1,2차 정격전압이 같을 것(용량은 무관)
• 각 변압기의 저항과 리액턴스비가 같을 것
• 부하 분담 시 용량에 비례하고 %임피던스 강하에는 반비례할 것
• 상회전 방향과 각 변위가 같을 것 (3상 변압기)

【답】③

58 유도 전동기의 속도 제어 방식으로 적합하지 않은 것은?

① 세르비우스 방식   ② 2차 저항 제어 방식
③ 1차 저항 방식   ④ 1차 주파수 제어 방식

유도 전동기의 속도제어

	특징

농형
유도 전동기
	① 주파수 변환법
	  • 역률이 양호하며 연속적인 속도제어가 되지만, 전용 전원이 필요
	  • 인견·방직 공장의 포트모터, 선박의 전기추진기
	② 극수 변환법
	③ 전압 제어법 : 전원 전압의 크기를 조절하여 속도제어

권선형
유도 전동기
	① 2차 저항법
	  • 토크의 비례추이를 이용한 것
	  • 2차 회로에 저항을 삽입 토크에 대한 슬립 S를 바꾸어 속도 제어
	② 2차 여자법
	  • 회전자 기전력과 같은 주파수 전압을 인가하여 속도제어
	  • 고효율로 광범위한 속도제어
	③ 종속접속법

【답】③

59 어떤 직류 전동기의 역기전력이 210[V], 매분 회전수가 1,200[rpm]으로 토크 16.2[kg · m]를 발생하고 있을 때의 전류 I[A]는?

① 약 65   ② 약 75
③ 약 85   ④ 약 95

토크 $T = 0.975 \times \dfrac{P}{N} = 0.975 \times \dfrac{EI}{N}$[kg · m]   (여기서, E는 역기전력)

전류 $I = \dfrac{TN}{0.975 \times E_c} = \dfrac{16.2 \times 1,200}{0.975 \times 210} = 95$[A]

【답】④

60 다음 중 교류에서 직류를 얻는 방법이 아닌 것은?

① M-G set
② 회전 변류기
③ 수은 정류기
④ 셀신 장치

Explanation

교류에서 직류 변환 : M-G set, 회전 변류기, 수은 정류기
셀신 장치 : 원격 측정하는데 사용되는 장치

【답】 ④

4과목 회로이론

61 전류의 크기가 $i_1 = 30\sqrt{2}\sin\omega t$[A], $i_2 = 40\sqrt{2}\sin\left(\omega t + \dfrac{\pi}{2}\right)$일 때 $i_1 + i_2$의 실효값은 몇 [A]인가?

① 50
② $50\sqrt{2}$
③ 70
④ $70\sqrt{2}$

Explanation

$I_1 = 30\angle 0°$
$I_2 = 40\angle 90° = 40(\cos 90° + j\sin 90°) = j40$
$\therefore I_1 + I_2 = 30 + j40$
$|I_1 + I_2| = \sqrt{30^2 + 40^2} = 50$[A]

【답】 ①

62 어떤 회로망의 4단자 정수가 $A = 8, B = j2, D = 3 + j2$이면 이 회로망의 C는 얼마인가?

① $2 + j3$
② $3 + j3$
③ $24 + j14$
④ $8 - j11.5$

Explanation

선형회로 조건 $AD - BC = 1$
$C = \dfrac{AD - 1}{B} = \dfrac{8(3 + j2) - 1}{j2} = 8 - j11.5$

【답】 ④

63 시간 지연 요인을 포함한 어떤 특정계가 다음 미분 방정식으로 표현된다. 이 계의 전달 함수를 구하면?

$$\frac{dy(t)}{dt} + y(t) = x(t - T)$$

① $P(s) = \dfrac{Y(s)}{X(s)} = \dfrac{e^{-sT}}{s + 1}$
② $P(s) = \dfrac{Y(s)}{X(s)} = \dfrac{s + 1}{e^{-sT}}$
③ $P(s) = \dfrac{Y(s)}{X(s)} = \dfrac{e^{sT}}{s - 1}$
④ $P(s) = \dfrac{Y(s)}{X(s)} = \dfrac{e^{-2sT}}{s + 2}$

Explanation

$\dfrac{dy(t)}{dt} + y(t) = x(t - T)$를 라플라스 변환하면
$(s + 1)Y(s) = e^{-sT}X(s)$

전달함수 $G(s) = \dfrac{Y(s)}{X(s)} = \dfrac{e^{-sT}}{s+1}$

【답】 ①

64 정현파의 파고율은 얼마인가?

① 1.0

② 1.414

③ 1.732

④ 2.0

Explanation

각 파형의 평균값 및 실효값

	파형	실효값	평균값
정현파	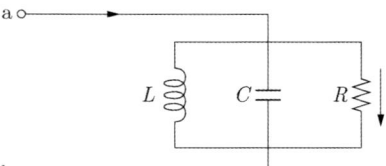	$\dfrac{I_m}{\sqrt{2}}$	$\dfrac{2}{\pi} I_m$

정현파의 파고율 $= \dfrac{최대값}{실효값} = \dfrac{V_m}{\dfrac{V_m}{\sqrt{2}}} = \sqrt{2} = 1.414$

【답】 ②

65 그림과 같이 주파수 f[Hz]인 교류 회로에 있어서 전류 I와 I_R이 같은 값으로 되는 조건은? 단, R은 저항[Ω], C는 정전용량[F], L은 인덕턴스[H]로 된다.

① $f = \dfrac{1}{\sqrt{LC}}$

② $f = \dfrac{2\pi}{\sqrt{LC}}$

③ $f = \dfrac{1}{2\pi\sqrt{LC}}$

④ $f = 2\pi(LC)^2$

Explanation

병렬 공진 조건 : 어드미턴스의 허수부 = 0이어야 하므로

$Y = \dfrac{1}{R} + j\left(\dfrac{1}{X_C} - \dfrac{1}{X_L}\right) = \dfrac{1}{R} + j\left(\omega C - \dfrac{1}{\omega L}\right)$

$\omega C = \dfrac{1}{\omega L}$ $\omega^2 LC = 1$ 따라서, 공진주파수 $f_r = \dfrac{1}{2\pi\sqrt{LC}}$

【답】 ③

66 $Z_1 = 3 + j10[\Omega]$, $Z_2 = 3 - j2[\Omega]$의 두 임피던스를 직렬로 하고 양단에 100[V]의 전압을 가했을 때 각 임피던스 양단의 전압은?

① $V_1 = 98 + j36$, $V_2 = 2 + j36$

② $V_1 = 98 - j36$, $V_2 = 2 + j36$

③ $V_1 = 98 + j36$, $V_2 = 2 - j36$

④ $V_1 = 98 - j36$, $V_2 = 2 - j36$

Explanation

합성 임피던스 $Z = Z_1 + Z_2 = 6 + j8$

전류 $I = \dfrac{E}{Z} = \dfrac{100}{6+j8} = \dfrac{100(6-j8)}{(6+j8)(6-j8)} = \dfrac{100(6-j8)}{100} = 6 - j8$[A]

$V_1 = IZ_1 = (6-j8)(3+j10) = 98 + j36$

$V_2 = IZ_2 = (6-j8)(3-j2) = 2 - j36$

【답】 ③

67 기본파의 30[%]인 제3고조파와 20[%]인 제5고조파를 포함하는 전압파의 왜형률은?

① 0.23

② 0.46

③ 0.33

④ 0.36

$$왜형률 = \frac{전고조파의\ 실효값}{기본파의\ 실효값} = \frac{\sqrt{V_2^2 + V_3^2 + V_4^2 + \cdots}}{V_1}$$

$$= \frac{\sqrt{V_3^2 + V_5^2}}{V_1} = \frac{\sqrt{0.3^2 + 0.2^2}}{1} = 0.36$$

【답】④

68 그림의 $R - L - C$ 직렬 회로에서 입력을 전압 $e_i(t)$, 출력을 전류 $i(t)$로 할 때 이 계의 전달함수는?

① $\dfrac{s}{s^2 + 10s + 10}$

② $\dfrac{10s}{s^2 + 10s + 10}$

③ $\dfrac{s}{s^2 + s + 1}$

④ $\dfrac{10s}{s^2 + s + 1}$

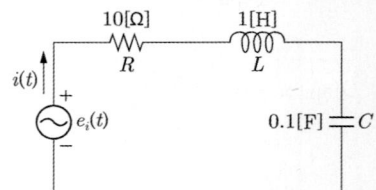

전달 함수

$$G(s) = \frac{I(s)}{V(s)} = Y(s) = \frac{1}{Z(s)} = \frac{1}{10 + s + \dfrac{10}{s}} = \frac{s}{s^2 + 10s + 10}$$

【답】①

69 그림과 같은 회로가 정저항 회로가 되기 위한 L은 몇 [H]인가?

① 0.01

② 0.1

③ 2

④ 10

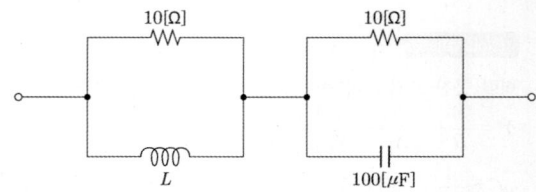

정저항 회로 조건 $R = \sqrt{\dfrac{L}{C}}$ 에서

인덕턴스 $L = R^2 C = 10^2 \times 100 \times 10^{-6} = 0.01[\text{H}]$

【답】①

70 불평형 3상 전류 $I_a = 15 + j2[\text{A}]$, $I_b = -20 - j14[\text{A}]$, $I_c = -3 + j10[\text{A}]$일 때의 역상분 전류 I_2는?

① $1.97 + j6.23[\text{A}]$

② $2.17 + j5.34[\text{A}]$

③ $3.38 - j4.26[\text{A}]$

④ $4.27 - j3.68[\text{A}]$

$$I_2 = \frac{1}{3}(I_a + a^2 I_b + a I_c)$$

$$= \frac{1}{3}\left\{15 + j2 + \left(-\frac{1}{2} - j\frac{\sqrt{3}}{2}\right)(-20 - j14) + \left(-\frac{1}{2} + j\frac{\sqrt{3}}{2}\right)(-3 + j10)\right\} = 1.97 + j6.23$$

【답】①

71 그림과 같은 T형 회로의 영상 파라미터 θ는?

① 0
② +1
③ −3
④ −1

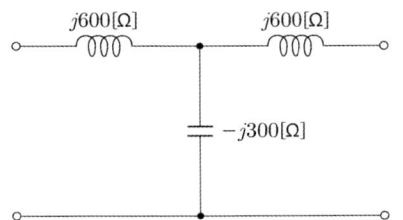

Explanation

$$\begin{bmatrix} A & B \\ C & D \end{bmatrix} = \begin{bmatrix} 1 & j600 \\ 0 & 1 \end{bmatrix} \begin{bmatrix} 1 & 0 \\ \dfrac{1}{-j300} & 1 \end{bmatrix} \begin{bmatrix} 1 & j600 \\ 0 & 1 \end{bmatrix} = \begin{bmatrix} -1 & 0 \\ \dfrac{1}{j\,300} & -1 \end{bmatrix}$$

영상 파라미터 $\theta = \cosh^{-1} \sqrt{AD} = \cosh^{-1} 1 = 0$

【답】①

72 대칭 6상의 성형 결선의 전원이 있다. 상전압이 100[V]이면 선간전압 몇 [V]인가?

① 100
② 220
③ 300
④ 380

Explanation

성형 결선 선간전압 $V_l = 2V_p \sin\dfrac{\pi}{n} = 2V_p \sin\dfrac{\pi}{6} = V_p$

따라서 6상이면 상전압=선간전압

【답】①

73 그림에서 4단자 회로망의 4정수 A, B, C, D 중 출력단자 3, 4가 개방되었을 때의 $\dfrac{V_1}{V_2}$인 A의 값은?

① $1 + \dfrac{Z_2}{Z_1}$

② $\dfrac{Z_1 + Z_2 + Z_3}{Z_1 Z_3}$

③ $1 + \dfrac{Z_2}{Z_3}$

④ $1 + \dfrac{Z_3}{Z_2}$

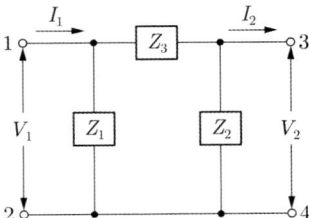

Explanation

π형 4단자 정수

$$A = \frac{V_1}{V_2}\Big|_{I_2=0} = \frac{V_1}{\dfrac{Z_2}{Z_2 + Z_3} \cdot V_1} = \frac{Z_2 + Z_3}{Z_2} = 1 + \frac{Z_3}{Z_2}$$

$$A = 1 + \frac{Z_3}{Z_2}, \quad B = Z_3, \quad C = \frac{Z_1 + Z_2 + Z_3}{Z_1 Z_2}, \quad D = 1 + \frac{Z_3}{Z_1}$$

【답】④

74 $R - L$ 직렬 회로에 $v = 10 + 100\sqrt{2}\sin\omega t + 50\sqrt{2}\sin(3\omega t + 60°)$ $+ 60\sqrt{2}\sin(5\omega t + 30°)$[V]인 전압을 가할 때 제3고조파 전류의 실효값[A]은? 단, $R = 8[\Omega]$, $\omega L = 2[\Omega]$이다.

① 1   ② 3
③ 5   ④ 7

Explanation

제3고조파
임피던스 $Z_3 = R + j3\omega L = 8 + j3 \times 2 = 8 + j6$

전류 $I_3 = \dfrac{V_3}{Z_3} = \dfrac{V_3}{\sqrt{R^2 + (3\omega L)^2}} = \dfrac{50}{\sqrt{8^2 + 6^2}} = 5[A]$ 【답】③

75 그림과 같은 전기 회로의 입력을 v_i, 출력을 v_o라고 할 때 전달 함수는? 단, $T = \dfrac{L}{R}$이다.

① $Ts + 1$ ② $Ts^2 + 1$
③ $\dfrac{1}{Ts + 1}$ ④ $\dfrac{Ts}{Ts + 1}$

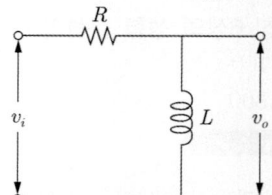

Explanation

전압비 전달 함수는 임피던스 비이므로

$G(s) = \dfrac{V_o(s)}{V_i(s)} = \dfrac{Ls}{R + Ls} = \dfrac{\dfrac{L}{R}s}{1 + \dfrac{L}{R}s} = \dfrac{Ts}{1 + Ts}$ 【답】④

76 그림과 같은 회로에서 부하 임피던스 Z_L을 얼마로 할 때 이에 최대 전력이 공급되는가?

① $10 + j1.3$
② $10 - j1.3$
③ $10 + j4$
④ $10 - j4$

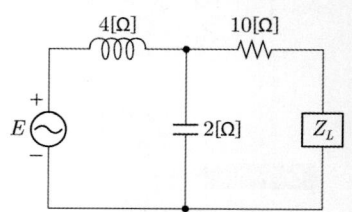

Explanation

전압원을 단락하고 부하 측에서 본 임피던스 : 내부 임피던스(Z_g)

$Z_g = 10 + \dfrac{-j2 \times j4}{-j2 + j4} = 10 - j4[\Omega]$

• 최대 전력 전달 조건
부하 임피던스 $Z_L = \overline{Z_g}$이므로 $Z_0 = 10 + j4[\Omega]$ 【답】③

77 $R[\Omega]$의 3개의 저항을 전압 $V[V]$의 3상 교류 선간에 그림과 같이 접속할 때 선전류는 얼마인가?

① $\dfrac{V}{\sqrt{3}\,R}$ ② $\dfrac{\sqrt{3}\,V}{R}$

③ $\dfrac{V}{3R}$ ④ $\dfrac{3V}{R}$

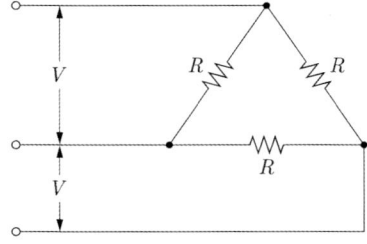

Explanation

- △결선 $I_l = \sqrt{3}\,I_p$
- 상전류 $I_p = \dfrac{V_p}{Z} = \dfrac{V}{R}$ [A]
- 선전류 $I_l = \sqrt{3}\,I_p = \sqrt{3} \times \dfrac{V}{R} = \dfrac{\sqrt{3}\,V}{R}$ [A]

【답】②

78 출력이 $F(s) = \dfrac{3s+2}{s(s^2+2s+6)}$ 로 표시되는 제어계가 있다. 이 계의 시간 함수 $f(t)$의 정상값은?

① 3   ② 2

③ 1/3   ④ 1/6

Explanation

라플라스 변환의 최종치 정리를 이용하여
$f(\infty) = \lim_{t \to \infty} f(t) = \lim_{s \to 0} s\,F(s)$ 로부터
$f(\infty) = \lim_{s \to 0} s \cdot \dfrac{3s+2}{s(s^2+2s+6)} = \dfrac{1}{3}$

【답】③

79 내부 임피던스가 순저항 6[Ω]인 전원과 120[Ω]의 순저항 부하 사이가 있다. 이상 변압기의 권수비를 구하면?

① $\dfrac{1}{\sqrt{20}}$ ② $\dfrac{1}{\sqrt{2}}$

③ $\dfrac{1}{20}$ ④ $\dfrac{1}{2}$

Explanation

변압기 권수비 $n = \dfrac{n_1}{n_2} = \dfrac{V_1}{V_2} = \dfrac{I_2}{I_1} = \sqrt{\dfrac{Z_1}{Z_2}} = \sqrt{\dfrac{L_1}{L_2}} = \sqrt{\dfrac{R_1}{R_2}}$
$a = \sqrt{\dfrac{Z_1}{Z_2}} = \sqrt{\dfrac{6}{120}} = \dfrac{1}{\sqrt{20}}$

【답】①

80 그림과 같은 회로에 대한 설명으로 잘못된 것은?

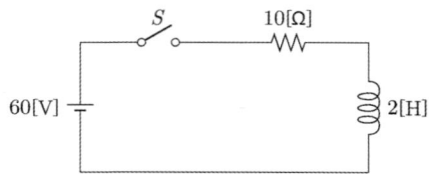

① 이 회로에 시정수는 0.2[s]이다.
② 이 회로의 정상전류는 6[A]이다.
③ 이 회로의 특성근은 -5이다.
④ $t = 0$에서 직류전압 60[V]를 제거할 때 $t = 0.4$[s] 시각의 회로에 전류는 5.26[A]이다.

Explanation

$R-L$ 직렬 회로

• 시정수 $\tau = \dfrac{L}{R} = \dfrac{2}{10} = 0.2[sec]$

• 정상전류 $I_{ss} = \dfrac{E}{R} = \dfrac{60}{10} = 6[A]$

• 특성근 $P = -\dfrac{R}{L} = -\dfrac{10}{2} = -5$

• 전압원 제거 시 전류 $i(t) = \dfrac{E}{R}e^{-\frac{R}{L}t} = \dfrac{60}{10}e^{-\frac{10}{2} \times 0.4} = 4.912[A]$

【답】④

5과목 전기설비기술기준

81 터널 안 전선로의 시설방법으로 옳은 것은?
① 저압전선은 지름 2.6[mm]의 경동선의 절연전선을 사용하였다.
② 고압전선은 절연전선을 사용하여 합성수지관 공사로 하였다.
③ 저압전선을 애자사용 공사에 의하여 시설하고 이를 레일면상 또는 노면상 2.2[m]의 높이로 시설하였다.
④ 고압전선을 금속관공사에 의하여 시설하고 이를 레일면상 또는 노면상 2.4[m]의 높이로 시설하였다.

Explanation

(KEC 335.1조) 터널 안 전선로의 시설
① 저압전선 – 지름 2.6[mm] 이상 경동선, 애자사용배선에 의해 시설할 때 레일면상 또는 노면상 2.5[m] 이상의 높이, 합성수지관배선, 금속관배선, 가요전선관배선, 케이블배선에 의해 시설
② 고압전선 – 지름 4[mm] 이상 경동선, 애자사용배선 시 레일면상 또는 노면상 3[m] 이상의 높이, 케이블배선에 의한 시설
【답】①

82 전선의 색상 식별에서 중성선의 색상은?
① 갈색 ② 검은색
③ 회색 ④ 파란색

Explanation

(KEC 121.2조) 전선의 식별

상(문자)	색상
L1	갈색
L2	검은색
L3	회색
N	파란색
보호도체	녹색-노란색

【답】④

83 제1종 특고압 보안공사로 시설하는 전선로의 지지물로 사용할 수 없는 것은?
① 철탑
② B종 철주
③ B종 철근 콘크리트주
④ 목주

Explanation

(KEC 333.22조) 특고압 보안공사 – 제1종 특고압 보안공사
전선로의 지지물에는 B종 철주·B종 철근 콘크리트주 또는 철탑을 사용할 것(**목주 사용금지**)

【답】④

84 사용되는 전선이 반드시 절연전선이 아니라도 되는 배선공사는?
① 합성수지관공사
② 금속관공사
③ 버스덕트공사
④ 플로어덕트공사

Explanation

(KEC 231.4조) 나전선의 사용 제한
다음의 경우 이외에는 나전선을 사용할 수 없다.
① 전기로용 나선
② 전선의 피복 절연물이 부식하는 장소에 시설하는 전선
③ **버스덕트공사에 의해 시설**
④ 라이팅덕트공사에 의해 시설

【답】③

85 발전소에는 필요한 계측 장치를 시설하여야 한다. 다음 중 시설하지 않아도 되는 계측 장치는?
① 발전기의 전압
② 주요 변압기의 역률
③ 발전기의 고정자 온도
④ 특별 고압용 변압기의 온도

Explanation

(KEC 351.6조) 계측 장치
① 발전기의 전압 및 전류 또는 전력
② 발전기의 베어링 및 고정자의 온도
③ 주요 변압기의 전압 및 전류 또는 전력
④ 특고압용 변압기의 온도

【답】②

86 전력보안통신선에 사용되는 조가선은 단면적 몇 [㎟]이상의 아연도강연선을 사용하는가?
① 22[㎟]
② 38[㎟]
③ 50[㎟]
④ 75[㎟]

Explanation

(KEC 362.3조) 조가선 시설
조가선 : 단면적 38[㎟] 이상의 아연도강연선일 것

【답】②

87 인체 감전에 대한 보호에서 기본보호와 추가적 보호 사항에 해당되지 않는 것은?
① 충전부의 밀폐　　　　　　　　　　② 격벽 및 외함
③ 누전차단기의 사용　　　　　　　　④ 보호등전위본딩 사용

(KEC 211.6, 7조) 기본보호 방법과 추가적 보호
인체 감전에 대한 보호에서 기본보호와 추가적 보호 사항
(1) 기본 보호 방법
　① 충전부의 기본 절연(충전부에 접촉하는 것을 방지하기 위한 것)
　② 격벽 및 외함(인체가 충전부에 접촉하는 것을 방지하기 위한 것)
(2) 추가적 보호
　① 누전차단기의 사용
　② 보조 보호등전위본딩 사용　　　　　　　　　　　　　　　　　　　　　　　　【답】①

88 "고압 또는 특별 고압의 기계 기구, 모선 등을 옥외에 시설하는 발전소, 변전소, 개폐소 또는 이에 준하는 곳에 시설하는 울타리, 담 등의 높이는 (㉠)[m] 이상으로 하고, 지표면과 울타리, 담 등의 하단 사이의 간격은 (㉡)[cm] 이하로 하여야 한다."에서 ㉠, ㉡에 알맞은 것은?
① ㉠ 3 ㉡ 15　　　　　　　　　　② ㉠ 2 ㉡ 15
③ ㉠ 3 ㉡ 25　　　　　　　　　　④ ㉠ 2 ㉡ 25

(KEC 351.1조) 발전소 등의 울타리·담 등의 시설
울타리·담 등의 높이는 2[m] 이상으로 하고 지표면과 울타리·담 등의 하단 사이의 간격은 0.15[m] 이하　　【답】②

89 접지도체의 선정 시에 큰 고장전류가 접지도체를 통하여 흐르지 않을 경우 접지도체는 구리(동)도체의 경우 최소 단면적은 얼마인가?
① 2.5[mm²]　　　　　　　　　　② 6[mm²]
③ 10[mm²]　　　　　　　　　　④ 16[mm²]

(KEC 142.3.1.1조) 접지도체의 선정
큰 고장전류가 접지도체를 통하여 흐르지 않을 경우 접지도체의 최소 단면적
• 구리는 6[mm²] 이상
• 철제는 50[mm²] 이상　　　　　　　　　　　　　　　　　　　　　　　　　　【답】②

90 금속관공사에서 콘크리트에 매설하여 시행하는 경우 관의 두께는 몇 [mm] 이상이어야 하는가?
① 1.0　　　　　　　　　　② 1.2
③ 1.4　　　　　　　　　　④ 1.6

(KEC 232.12조) 금속관공사 – 전선관 두께
• **콘크리트에 매설 : 1.2[mm] 이상**
• 매설 이외의 경우 : 1[mm] 이상
단, 이음매가 없는 길이 4[m] 이하인 것을 건조하고 전개된 곳에 시설하는 경우에는 0.5[mm] 이상　　【답】②

91 가공 전선로의 지지물에 시설하는 지지선으로 연선을 사용할 경우에는 소선이 최소 몇 가닥 이상이어야 하는가?
① 3　　　　　　　　　　② 4
③ 5　　　　　　　　　　④ 6

(KEC 331.11조) 지지선의 시설
• 지지선의 안전율은 2.5 이상일 것
• 허용 인장 하중의 최저는 4.31[kN]으로 한다.
• **지지선은 소선 3가닥 이상의 연선일 것**
• 소선은 지름 2.6[mm] 이상의 금속선을 사용할 것
• 지중 부분 및 지표상 0.3[m]까지는 내식성이 있는 것 또는 아연도금 철봉을 사용   【답】①

---

92 접지 공사에 사용되는 접지도체를 사람이 접촉할 우려가 있는 곳에 시설하는 경우로 잘못된 것은?
① 접지도체로 옥외용 비닐 절연전선을 제외한 절연전선 또는 케이블을 사용하였다.
② 접지도체를 시설한 지지물에 피뢰침용 접지도체를 시설하였다.
③ 접지극은 지하 75[cm] 이상의 깊이에 매설하였다.
④ 접지도체의 지하 75[cm]로부터 지표상 2[m]까지의 부분은 합성수지관 등으로 덮었다.

(KEC 142.2조) 접지극의 시설 및 접지저항
접지 공사에 사용하는 접지도체를 사람이 접촉할 우려가 있는 경우는 다음과 같이 시설한다.
① 접지극은 지하 0.75[m] 이상의 깊이에 매설하되 동결 깊이를 감안하여 매설할 것
② 접지도체를 철주 기타 금속체를 따라서 시설하는 경우에는 접지극을 철주의 밑면으로부터 0.30[m] 이상 깊이에 매설하는 경우 이외에는 접지극을 지중에서 그 금속체로부터 1[m] 이상 이격하거나 0.3[m] 이상 더 깊이 매설할 것
③ 접지도체에는 절연전선 또는 케이블을 사용할 것
④ 접지도체의 지하 0.75[m]부터 지표상 2[m]까지의 부분은 합성수지관 등으로 덮을 것   【답】②

---

93 외부 피뢰 시스템을 구성하는 수뢰부 시스템 형식이 아닌 것은?
① 돌침   ② 수평도체
③ 그물망도체   ④ 접지도체

(KEC 152.1조) 수뢰부시스템
수뢰부시스템의 구성 : 돌침, 수평도체, 그물망도체의 요소 중에 한 가지 또는 이를 조합   【답】④

---

94 고압 및 특고압과 저압 전기설비의 접지극이 서로 근접하여 시설되어 있는 변전소 또는 이와 유사한 곳에 시설하는 접지 방식은?
① 단독접지   ② 공용접지
③ 통합접지   ④ 공통접지

(KEC 142.6조) 공통접지 및 통합접지
공통접지 : 고압 및 특고압과 저압 전기설비의 접지극이 서로 근접하여 시설되어 있는 변전소 또는 이와 유사한 곳에 시설   【답】④

---

95 옥내에 시설하는 고압용 이동 전선의 종류로 적합한 것은?
① 600[V] 비닐 절연전선   ② 비닐 캡타이어 케이블
③ 600[V] 고무 절연전선   ④ 고압용 제3종 클로로플렌 캡타이어 케이블

(KEC 342.2조) 옥내 고압용 이동전선의 시설
전선은 고압용의 캡타이어 케이블일 것   【답】④

96 최대 사용전압이 23,000[V]인 권선으로서 중성점 접지식 전로에 접속하는 변압기 전로의 절연내력을 시험할 때 시험되는 권선과 다른 권선, 철심 및 외함 간에 연속하여 10분간 가하는 시험 전압은 몇 [V]인가? 단, 중성점 접지식 전로는 중성선을 가지는 것으로서 그 중성선에 다중 접지를 하는 것이다.

① 21,160
② 25,300
③ 28,750
④ 34,500

Explanation

(KEC 132조) 전로의 절연저항 및 절연내력

접지방식	최대 사용전압	시험 전압(최대 사용전압 배수)	최저 시험 전압
중성점 직접 접지	60[kV] 초과 170[kV] 이하	0.72배	
	170[kV] 초과	0.64배	
중성점 다중 접지	**25[kV] 이하**	**0.92배**	

※ 전로에 케이블을 사용하는 경우에는 직류로 시험할 수 있으며, 시험 전압은 교류의 경우의 2배가 된다.
∴ 시험 전압 = 23,000 × 0.92 = 21,160[V]　　　　【답】①

97 특고압 가공 전선로에서 양측의 경간의 차가 큰 곳에 사용하는 철탑의 종류는?

① 내장형
② 직선형
③ 잡아당김형
④ 보강형

Explanation

(KEC 333.11조) 특고압 가공전선로의 철주·철근 콘크리트주 또는 철탑의 종류
① 직선형 : 전선로의 직선 부분(3도 이하인 수평 각도를 이루는 곳을 포함한다. 이하 이 조에서 같다)에 사용하는 것
② 각도형 : 전선로중 3도를 초과하는 수평 각도를 이루는 곳에 사용하는 것
③ 잡아당김형 : 전가섭선을 잡아당기는 곳에 사용하는 것
④ **내장형 : 전선로의 지지물 양쪽의 경간의 차가 큰 곳에 사용하는 것**
⑤ 보강형 : 전선로의 직선 부분에 그 보강을 위하여 사용하는 것　　　　【답】①

98 저압 가공 전선이 다른 저압 가공 전선과 접근 상태로 시설되거나 교차하여 시설되는 경우에 저압 가공 전선 상호 간의 이격거리는 몇 [cm] 이상이어야 하는가? 단, 한 쪽의 전선이 고압 절연전선이라고 한다.

① 30
② 60
③ 80
④ 100

Explanation

(KEC 222.16조) 저압 가공전선 상호 간의 접근 또는 교차
저압 가공전선이 다른 저압 가공전선과 접근상태로 시설되거나 교차하여 시설되는 경우에는 저압 가공전선 상호 간의 이격거리는 0.6[m](**어느 한 쪽의 전선이 고압 절연전선, 특고압 절연전선 또는 케이블인 경우에는 0.3[m]**) 이상, 하나의 저압 가공전선과 다른 저압 가공전선로의 지지물 사이의 이격거리는 0.3[m] 이상이어야 한다.　　　　【답】①

99 지중전선로에 사용되는 전선은?

① 절연전선
② 동복강선
③ 케이블
④ 나경동선

Explanation

(KEC 334.1조) 지중 전선로의 시설
지중전선로는 전선에 케이블을 사용하고 또한 관로식·암거식 또는 직접 매설식에 의하여 시설　　　　【답】③

100 저압전로의 보호도체 및 중성선의 접속 방식에 따른 분류 중 다음의 접지방식은 어느 것인가?

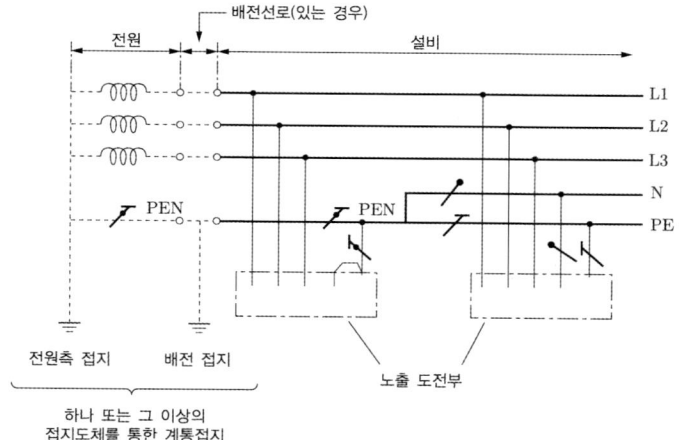

① TN 계통
② TN-C 계통
③ TN-S 계통
④ TN-C-S 계통

Explanation

(KEC 203.2조) TN 계통
TN-C-S계통 : 계통의 일부분에서 PEN 도체를 사용, 중성선과 별도의 PE 도체를 사용

【답】④

01 자유공간을 통과하는 전자파의 전파 속도 v는? (단, ϵ_o : 자유공간의 유전율, μ_o : 자유공간의 투자율)

① $\sqrt{\dfrac{\epsilon_o}{\mu_o}}$

② $\sqrt{\epsilon_o \mu_o}$

③ $\sqrt{\dfrac{\mu_o}{\epsilon_o}}$

④ $\dfrac{1}{\sqrt{\epsilon_o \mu_o}}$

Explanation

전파 속도 $v = \dfrac{1}{\sqrt{\epsilon\mu}} = \dfrac{3\times 10^8}{\sqrt{\epsilon_s \mu_s}}$ 에서 자유공간에서의 전파 속도 $v = \dfrac{1}{\sqrt{\epsilon_0 \mu_0}}$ [m/sec]　　　　【답】④

02 변위 전류밀도를 나타낸 식은? 단, Φ는 자속, D는 전속 밀도, B는 자속밀도, $N\Phi$는 자속쇄교수이다.

① $i = \dfrac{\partial(N\Phi)}{\partial t}$

② $i = \dfrac{\partial \Phi}{\partial t}$

③ $i = \dfrac{\partial D}{\partial t}$

④ $i = \dfrac{\partial B}{\partial t}$

Explanation

• 전도 전류 : 도체에 흐르는 전류(자유전자 이동) $i = kE$

• 변위 전류 : 유전체에서 전속 밀도의 시간적 변화에 의한 전류 $i_d = \dfrac{\partial D}{\partial t}$　　　　【답】③

03 Poisson의 방정식은?

① $\operatorname{div} E = -\dfrac{\rho}{\epsilon_0}$

② $\nabla^2 V = -\dfrac{\rho}{\epsilon_0}$

③ $E = \operatorname{grad} V$

④ $\operatorname{div} E = \epsilon_0$

Explanation

• 프와송의 방정식 : $\nabla^2 V = -\dfrac{\rho}{\epsilon_0}$

• 라플라스의 방정식 : $\nabla^2 V = 0$　　　　【답】②

04 맥스웰의 전자방정식으로 틀린 것은?

① $\operatorname{div} B = \phi$

② $\operatorname{div} D = \rho$

③ $\operatorname{rot} E = -\dfrac{\partial B}{\partial t}$

④ $\operatorname{rot} H = i + \dfrac{\partial D}{\partial t}$

맥스웰 전자계 기초 방정식
- $\text{rot}\,E = -\dfrac{\partial B}{\partial t}$ (패러데이 법칙의 미분형)

 : 전계의 회전은 자속밀도의 시간적 감소율과 같다.
- $\text{rot}\,H = i + \dfrac{\partial D}{\partial t}$ (암페어 주회법칙의 미분형)

 : 자계의 회전은 전류밀도와 같다.
- $\text{div}\,D = \rho$

 : 단위 체적당 발산 전속수는 단위 체적당 공간전하 밀도와 같다.
- $\text{div}\,B = 0$

 : 자계는 발산하지 않으며, 자극은 단독으로 존재하지 않는다.

【답】 ①

05 그림과 같이 $+q[\text{C/m}]$로 대전된 두 도선이 $d[\text{m}]$의 간격으로 평행하게 가설되었을 때, 이 두 도선 간에서 전계가 최소가 되는 점은?

① $\dfrac{d}{3}$ 지점

② $\dfrac{d}{2}$ 지점

③ $\dfrac{2}{3}d$ 지점

④ $\dfrac{3}{5}d$ 지점

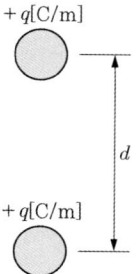

$+q[\text{C/m}]$

d

$+q[\text{C/m}]$

전계가 0이 되는 점
- 부호가 같은 전하 : 두 전하의 사이에 존재
- 부호가 다른 전하 : 두 전하 중 절대값이 적은 전하의 외측에 존재
여기서는 두 전하의 크기가 같고 부호가 같으므로 중점에서 전계의 강도가 0이 된다.

따라서 중점 $x = \dfrac{d}{2}$에서 전계는 0이다.

【답】 ②

06 비투자율 μ_s, 자속밀도 B인 자계 중에 있는 $m[\text{Wb}]$의 점 자극이 받는 힘[N]은?

① $\dfrac{mB}{\mu_0}$

② $\dfrac{mB}{\mu_0\mu_s}$

③ $\dfrac{mB}{\mu_s}$

④ $\dfrac{\mu_0\mu_s}{mB}$

자계 중의 자극이 받는 힘 $F = mH[\text{N}]$
자속밀도 $B = \mu_0\mu_s H$에서

$$H = \frac{B}{\mu_0\mu_s}\,[\text{A/m}]$$

$\therefore F = \dfrac{Bm}{\mu_0\mu_s}\,[\text{N}]$

【답】 ②

07 100[kW]의 전력이 안테나에서 사방으로 균일하게 방사될 때 안테나에서 1[km] 거리에 있는 점의 전계의 실효값은?

① 1.73[V/m]

② 2.45[V/m]

③ 3.68[V/m]

④ 6.21[V/m]

Explanation

【답】①

08 한 변의 길이가 10[m]인 정방형 회로에 100[A]의 전류가 흐를 때 그 중심점의 자계의 세기는 몇 [AT/m]인가?

① 5

② 9

③ 16

④ 21

Explanation

정사각형 중심점의 자계의 세기 $H_T = \dfrac{2\sqrt{2}\,I}{\pi l} = \dfrac{2\sqrt{2}\times 100}{\pi \times 10} = 9\,[\text{AT/m}]$

【답】②

09 표면 전하 밀도 $\rho_s > 0$인 도체 표면상의 한 점의 전속 밀도가 $D = 4a_x - 5a_y + 2a_z\,[\text{C/m}^2]$일 때 ρ_s 는 몇 [C/m²]인가?

① $2\sqrt{3}$

② $2\sqrt{5}$

③ $3\sqrt{3}$

④ $3\sqrt{5}$

Explanation

표면전하밀도 $\rho_s = \dfrac{Q}{S}\,[\text{C/m}^2]$에서

전속밀도 $D = \rho_s$

$\rho_s = \sqrt{4^2 + (-5)^2 + 2^2} = \sqrt{45} = 3\sqrt{5}\,[\text{C/m}^2]$

【답】④

10 전동기 회전력을 나타내는 법칙은?

① 렌츠의 법칙

② 플레밍의 오른손법칙

③ 플레밍의 왼손법칙

④ 암페어의 오른손법칙

Explanation

• 렌츠의 법칙 : 기전력 방향 결정

• 플레밍의 오른손법칙 : 자계 중에서 도체가 운동할 때 유기 기전력의 방향 결정

• **플레밍의 왼손법칙 : 자계 중에 있는 도체에 전류를 흘릴 때 도체의 운동 방향 결정. 전동기의 원리.**

• 암페어의 오른나사(오른손)법칙 : 전류에 의한 자계의 방향

【답】③

11 $A = -i7 - j,\ B = -i3 - j4$의 벡터가 이루는 각은 몇 도인가?

① 30°

② 45°

③ 60°

④ 90°

Explanation

두 벡터의 사잇각은 벡터의 내적으로 구하며

$A \cdot B = |A||B|\cos\theta$

$$\cos\theta = \frac{A \cdot B}{|A||B|} = \frac{(-7)\times(-3)+(-1)\times(-4)}{\sqrt{(-7)^2+(-1)^2}\sqrt{(-3)^2+(-4)^2}} = \frac{21+4}{\sqrt{50}\times5} = \frac{25}{25\sqrt{2}} = \frac{1}{\sqrt{2}}$$

$$\therefore \theta = \cos^{-1}\frac{1}{\sqrt{2}} = 45°$$

【답】②

12 자계의 세기 $H = xya_y - xza_z$[A/m]일 때 점(2, 3, 5)에서 전류 밀도는 몇 [A/m]인가?

① $5a_x + 3a_y$
② $3a_x + 5a_y$
③ $5a_x + 3a_z$
④ $5a_y + 3a_z$

Explanation

Maxwell의 전자파 방정식
$rot H = i$에서

$$rot H = \begin{vmatrix} i & j & k \\ \frac{\partial}{\partial x} & \frac{\partial}{\partial y} & \frac{\partial}{\partial z} \\ 0 & xy & -xz \end{vmatrix} = zj + yk$$ 에서 점(2, 3, 5)을 대입하면

$rot H = i = 5j + 3k$
따라서 전류 밀도 $i = 5a_y + 3a_z$[A/m²]

【답】④

13 철심에 도선을 250회 감고 1.2[A]의 전류를 흘렸더니 1.5×10^{-3}[Wb]의 자속이 생겼다. 자기저항은?

① 2×10^5
② 3×10^5
③ 4×10^5
④ 5×10^5

Explanation

기자력 $F_m = NI = R_m\phi$[AT]

자기저항 $R_m = \frac{NI}{\phi} = \frac{250\times1.2}{1.5\times10^{-3}} = 2\times10^5$

【답】①

14 N회 감긴 환상코일의 단면적이 S[m²]이고 평균 길이가 ℓ[m]이다. 이 코일의 권수를 반으로 줄이고 인덕턴스를 일정하게 하려고 할 때, 다음 중 옳은 것은?

① 단면적을 2배로 한다.
② 길이를 $\frac{1}{4}$로 한다.
③ 전류의 세기를 4배로 한다.
④ 비투자율을 2배로 한다.

Explanation

인덕턴스 $L = \frac{\mu SN^2}{l}$ 에서 권수를 반으로 줄이면 인덕턴스는 $\frac{1}{4}$이 되므로 인덕턴스를 일정하게 유지하기 위해서는 길이 l을 $\frac{1}{4}$로 해야 한다.

【답】②

15 도체 표면의 전류밀도가 커지고 도체 중심으로 갈수록 전류밀도가 작아지는 효과는?

① 표피 효과
② 홀 효과
③ 펠티에 효과
④ 제벡 효과

Explanation

표피 효과 : 도선의 중심부로 갈수록 전류밀도가 적아지는 현상

【답】①

16 그림과 같이 도체구 내부 공동의 중심에 점전하 Q[C]가 있을 때 이 도체구의 외부로 발산되어 나오는 전기력선의 수는 몇 개인가? 단, 도체 내외의 공간은 진공이라 한다.

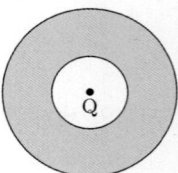

① 4π
② $\dfrac{Q}{\epsilon_o}$
③ Q
④ $\epsilon_o Q$

> **Explanation**
>
> 전기력선의 총수 $N = \displaystyle\int_s E\,ds = \dfrac{Q}{\epsilon_0}$ (가우스의 법칙)

【답】②

17 도체계에서 각 도체의 전위를 V_1, V_2, … 으로 하기 위한 각 도체의 유도계수와 용량계수에 대한 설명으로 옳은 것은?
① q_{11}, q_{22}, q_{33} 등을 유도계수라 한다.
② q_{21}, q_{31}, q_{41} 등을 용량계수라 한다.
③ 일반적으로 유도계수≤0 이다.
④ 용량계수와 유도계수의 단위는 모두 [V/C]이다.

> **Explanation**
>
> 용량 계수 및 유도 계수의 성질
> • 용량 계수 $q_{ii} > 0$
> • 유도 계수 $q_{ij} = q_{ji} \le 0$
> • 용량계수와 유도계수의 단위 : [C/V]

【답】③

18 완전유전체에서 경계조건을 설명한 것 중 맞는 것은?
① 전속밀도의 접선성분은 같다.
② 전계의 법선성분은 같다.
③ 경계면에 수직으로 입사한 전속은 굴절하지 않는다.
④ 유전율이 큰 유전체에서 유전율이 작은 유전체로 전계가 입사하는 경우 굴절각은 입사각보다 크다.

> **Explanation**
>
> 경계조건
> • 전계의 접선성분이 연속($E_{t1} = E_{t2}$) : $E_1 \sin\theta_1 = E_2 \sin\theta_2$
> • 전속밀도의 법선성분이 연속($D_{n1} = D_{n2}$) : $D_1 \cos\theta_1 = D_2 \cos\theta_2$
> • 경계조건 : $\dfrac{\tan\theta_1}{\tan\theta_2} = \dfrac{\epsilon_1}{\epsilon_2}$
> • $\epsilon_1 > \epsilon_2$ 일 경우 $E_1 < E_2$, $D_1 > D_2$, $\theta_1 > \theta_2$
> • $\theta = 0°$ 이면 경계면에 수직 : 전계는 불연속, 전계와 전속은 굴절하지 않는다.

【답】③

19 대지면에서 높이 h[m]로 가선된 대단히 긴 평행도선의 선전하(선전하 밀도 λ[C/m])가 지면으로부터 받는 힘 [N/m]은?
① h에 비례
② h^2에 비례
③ h에 반비례
④ h^2에 반비례

> **Explanation**
>
> 지상의 높이 h[m]와 같은 거리에 선전하 밀도 $-\lambda$ [C/m]인 영상 전하를 고려하면
> 전계의 세기 $E = \dfrac{\lambda}{2\pi\epsilon_o (2h)} = \dfrac{\lambda}{4\pi\epsilon_0 h}$

선전하 간의 영상력 $f=-\lambda E=-\lambda \cdot \dfrac{\lambda}{4\pi\epsilon_0 h}=\dfrac{-\lambda^2}{4\pi\epsilon_0 h}\propto\dfrac{1}{h}$

【답】③

20 점전하 $+Q$의 무한 평면도체에 대한 영상전하는?

① $+Q$

② $-Q$

③ $+2Q$

④ $-2Q$

Explanation

영상법을 이용하여 아래 그림과 같은 형태로 바꾸어 생각하면

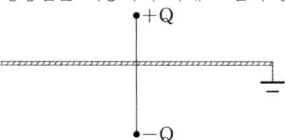

무한 평면 도체에서 점전하 Q[C]에 의한 영상전하는 크기는 같고 부호는 반대인 전하(-Q)이다.

【답】②

2과목   전력공학

21 배전선의 전압 조정 방법이 아닌 것은?

① 승압기 사용

② 유도전압 조정기 사용

③ 주상변압기 탭 전압

④ 병렬 콘덴서 사용

Explanation

배전선로 전압 조정 장치

• 승압기

• 유도전압 조정기(부하에 따라 전압 변동이 심한 경우)

• 주상변압기 탭 조정

【답】④

22 주상변압기의 고장이 배전선로에 파급되는 것을 방지하고 변압기의 과부하 소손을 예방하기 위하여 사용되는 개폐기는?

① 리클로저

② 부하개폐기

③ 컷아웃스위치

④ 섹셔널라이저

Explanation

주상 변압기의 보호 장치

• 1차측 : COS(Cut Out Switch)

• 2차측 : Catch Holder(캐치홀더)

【답】③

23 과전류계전기의 반한시 특성이란?

① 동작전류가 커질수록 동작시간이 짧아진다.

② 동작전류가 적을수록 동작시간이 짧아진다.

③ 동작전류에 관계없이 동작시간은 일정하다.

④ 동작전류가 커질수록 동작시간이 길어진다.

Explanation

계전기 시한 특성

• 순한시 특성 : 최소 동작 전류 이상의 전류가 흐르면 즉시 동작, 고속도 계전기

- 반한시 특성 : 동작 전류가 커질수록 동작 시간이 짧게 되는 특성
- 정한시 특성 : 동작 전류의 크기에 관계없이 일정한 시간에 동작하는 특성
- 반한시 정한시 특성 : 동작 전류가 적은 동안에는 동작 전류가 커질수록 동작 시간이 짧게 되고 어떤 전류 이상이면 동작 전류의 크기에 관계없이 일정한 시간에 동작하는 특성 【답】①

24 전력용 콘덴서에서 방전 코일의 역할은?
① 잔류 전하의 방전
② 고조파의 억제
③ 역률의 개선
④ 콘덴서의 수명 연장

Explanation

전력용 콘덴서 설비
- 직렬 리액터 : 제5고조파 제거
- **방전 코일 : 잔류 전하 방전하여 인체의 감전사고 방지**
- 전력용 콘덴서 : 역률 개선 【답】①

25 배전선로에 3상 3선식 비접지방식을 채용할 경우 장점이 아닌 것은?
① 과도 안정도가 크다.
② 1선 지락고장 시 고장전류가 작다.
③ 1선 지락고장 시 인접 통신선의 유도장해가 작다.
④ 1선 지락고장 시 건전상의 대지전위 상승이 작다.

Explanation

비접지 방식(3.3[kV], 6.6[kV])
- 일반적으로 비접지식은 △−△ 방식 이용
- 저전압 단거리
- **1선 지락 시 지락전류가 적다, 통신선에 유도장해가 적다.**
- 1상 고장 시 V−V 결선이 가능
- 1선 지락 시 $\sqrt{3}$ 배의 대지전위 상승(대지전위 상승이 크다) 【답】④

26 전선 지지점에 고저차가 없는 경간 300[m]인 송전선로가 있다. 이도를 8[m]로 유지할 경우 지지점 간의 전선 길이는 약 몇 [m]인가?
① 300.1[m]
② 300.3[m]
③ 300.6[m]
④ 300.9[m]

Explanation

실제 길이 $L = S + \dfrac{8D^2}{3S} = 300 + \dfrac{8 \times 8^2}{3 \times 300} = 300.57$[m] 【답】③

27 1선 1[km]당의 코로나 손실 P[kW]를 나타내는 Peek식은? 단, δ : 상대 공기 밀도, D : 선간 거리[cm], d : 전선의 지름[cm], f : 주파수[Hz], E : 전선에 걸리는 대지 전압[kV], E_o : 코로나 임계 전압[kV]이다.

① $P = \dfrac{241}{\delta}(f+25)\sqrt{\dfrac{d}{2D}}(E-E_o)^2 \times 10^{-5}$

② $P = \dfrac{241}{\delta}(f+25)\sqrt{\dfrac{2D}{d}}(E-E_o)^2 \times 10^{-5}$

③ $P = \dfrac{241}{\delta}(f+25)\sqrt{\dfrac{d}{2D}}(E-E_o)^2 \times 10^{-3}$

④ $P = \dfrac{241}{\delta}(f+25)\sqrt{\dfrac{2D}{d}}\,(E-E_o)^2 \times 10^{-3}$

Explanation ▶

코로나 손실(Peek식)

$P = \dfrac{241}{\delta}(f+25)\sqrt{\dfrac{d}{2D}}\,(E-E_o)^2 \times 10^{-5}\,[\text{kW/km/line}]$

【답】 ①

28 초고압 장거리 송전선로에 접속되는 1차 변전소에 분로 리액터를 설치하는 목적은?
① 페란티 효과 방지
② 코로나 손실 경감
③ 전압강하 경감
④ 선로 손실 경감

Explanation ▶

페란티 현상
• 무부하시 선로의 정전용량에 의해서 송전단 전압보다 수전단 전압이 커지는 현상
• 방지법 : 분로리액터(Sh.R)

【답】 ①

29 배전전압, 배전거리 및 전력손실이 같다는 조건에서 단상 2선식 전기방식의 전선 총 중량을 100[%]라 할 때 3상 3선식 전기방식은 몇 [%]인가?
① 33.3
② 37.5
③ 75.0
④ 100.0

Explanation ▶

	소요전선량(중량비)
단상2선식	1
단상3선식	3/8=0.375
3상3선식	**3/4=0.75**
3상4선식	1/3=0.33

【답】 ③

30 뒤진 역률 80[%], 1,000[kW]의 3상 부하가 있다. 이것에 콘덴서를 설치하여 역률을 95[%]로 개선하려면 콘덴서의 용량은 약 몇 [kVA]로 해야 하는가?
① 240
② 420
③ 630
④ 950

Explanation ▶

역률개선용 콘덴서의 용량 $Q = P(\tan\theta_1 - \tan\theta_2)\,[\text{kVA}]$

$Q = 1,000 \times \left(\dfrac{\sqrt{1-0.8^2}}{0.8} - \dfrac{\sqrt{1-0.95^2}}{0.95} \right) = 420\,[\text{kVA}]$

【답】 ②

31 그림과 같은 수전단 전력 원선도가 있다. 부하 직선을 참고하여 다음 중 전압 조정을 위한 조상설비가 없어도 정전압 운전이 가능한 부하전력은 대략 어느 정도일 때인가?

① 무부하일 때
② 50[kW]일 때
③ 100[kW]일 때
④ 150[kW]일 때

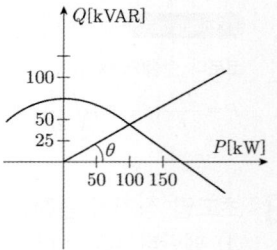

정전압 송전방식에서 피상전력 $P_a = P \pm jQ$에서 원선도상에서의 피상전력은 항상 같으므로 원선도 그림에서 유효전력 100[kW], 무효전력 50[kVAR] 정도일 때 조상설비가 없어도 정전압 운전이 가능하다. **【답】 ③**

32 저수지의 이용 수심이 클 때 사용하면 유리한 조압수조는?

① 차동조압수조
② 단동조압수조
③ 수실조압수조
④ 제수공조압수조

조압수조(surge tank)
부하 변동 시 수압(수격작용)을 완화시켜 수압 철관을 보호하기 위한 장치
• 수실조압수조 : 수조의 상·하부 측면에 수실을 가진 수조
　　　　　　　 저수지의 이용 수심이 클 때 사용하면 유리 **【답】 ③**

33 송전선의 전압변동률의 식은 $\dfrac{V_{R1} - V_{R2}}{V_{R2}} \times 100$[%]로 표현된다. 이 식에서 V_{R1}은 무엇인가?

① 무부하시 송전단전압
② 부하시 송전단전압
③ 무부하시 수전단전압
④ 부하시 수전단전압

전압 변동률　$\epsilon = \dfrac{V_{r0} - V_r}{V_r} \times 100$[%]

$\qquad\qquad = \dfrac{\text{무부하시 수전단 전압} - \text{수전단 정격 전압}}{\text{수전단 정격 전압}} \times 100$ **【답】 ③**

34 가공지선에 대한 설명 중 옳지 않은 것은?

① 가공지선은 직격뢰, 유도뢰 차폐를 목적으로 사용한다.
② 가공지선은 2조로 가선하면 차폐각이 적어지고 보호율이 우수하게 된다.
③ 가공지선의 이도는 전선의 이도보다 크게 한다.
④ 가공지선은 사고 시에 고장전류의 일부분이 흐르므로 전자유도장해를 경감할 수 있다.

가공 지선의 설치 목적
• 직격뢰, 유도뢰 차폐(차폐각을 작게 : 건설비 고가)
• 전자유도장해 경감(지락전류의 일부가 가공지선에 흐르기 때문)
• 차폐각 : 적을수록 보호율 우수(건설비 고가)
　　　　　 보통 30~45° 보호율(97([%])
　　　　　 30° 이하 보호율(100[%]) ⇒ 가공지선을 2줄로 하면 차폐각이 적어지고 보호율이 우수 **【답】 ③**

35 다음의 차단기 중 고압용 차단기가 아닌 것은?

① ACB
② OCB
③ GCB
④ ABB

Explanation

차단기의 종류와 특징

	특　징	소호 매질
ABB 공기차단기	• 투입과 차단을 압축 공기(임펄스 차단기) • 소음이 크다	압축 공기
GCB 가스차단기	• 밀폐 구조이므로 소음이 없다(공기 차단기에 비해 장점). • 절연 내력이 공기의 2~3배 정도 • 소호 능력이 우수함 • 무색, 무취, 무독성 • 154[kV], 345[kV]	SF_6
OCB 유입차단기	• 방음 설비가 불필요 • 부싱 변류기 사용 가능 • 화재의 위험	절연유
VCB 진공차단기	• 소형, 경량 • 차단성능이 우수, 소음 없음 • 차단기 개폐서지 발행 우려	진공
ACB 기중차단기	• **저압용 차단기**	대기

【답】①

36 그림에서 계기 Ⓜ이 지시하는 것은?

① 정상전류
② 영상전압
③ 역상전압
④ 정상 전압

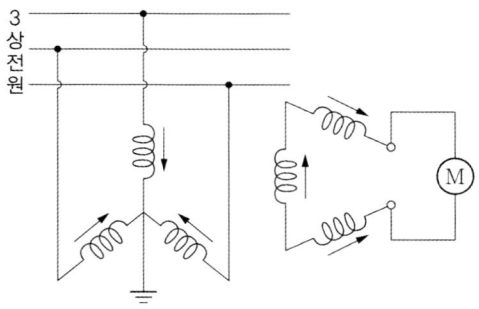

Explanation

GPT(Ground Potential Transformer) : 접지형 계기용 변압기, 영상전압 검출
• 1차측 : Y결선(접지)
• 2차측 : 개방 △결선

【답】②

37 모선보호에 사용되는 계전 방식은?

① 과전류 계전 방식
② 전력 평형 보호 방식
③ 표시선 계전 방식
④ 전류 차동 계전 방식

Explanation

모선(Bus)보호 방식
• 전압차동 방식
• 전류차동 방식
• 위상비교 방식
• 방향비교 방식

【답】④

38 송전 계통의 중성점을 직접 접지하는 목적과 관계없는 것은?

① 고장전류 크기의 억제

② 이상전압 발생의 방지

③ 보호계전기의 신속 정확한 동작

④ 전선로 및 기기의 절연레벨을 경감

> **Explanation**
>
> 송전 계통의 중성점 접지의 목적
> • 1선 지락 시 전위 상승 억제, 계통의 기계 기구의 절연 보호(절연레벨 경감)
> • 지락 사고 시 보호 계전기 동작의 확실
> • 과도 안정도 증진
> • 이상전압의 발생 방지 및 지락 아크 소멸
>
> 【답】①

39 송전선로에서 역섬락을 방지하는 가장 유효한 방법은?

① 피뢰기를 설치한다.

② 가공지선을 설치한다.

③ 소호각을 설치한다.

④ 탑각 접지저항을 작게 한다.

> **Explanation**
>
> 역섬락 방지법
> • 매설지선 설치
> • 탑각 접지저항 적게 함
>
> 【답】④

40 그림의 X부분에 흐르는 전류는 어떤 전류인가?

① b상 전류

② 정상전류

③ 역상전류

④ 영상전류

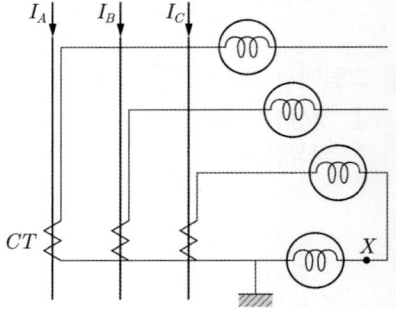

> **Explanation**
>
> 영상전류 $I_o = \dfrac{1}{3}(I_a + I_b + I_c)$
>
> 고장시 $3I_o = I_a + I_b + I_c$이므로 영상전류가 검출된다.
>
> 【답】④

3과목　전기기기

41 직류 전동기의 속도제어에 사용되는 워드 레오나드(Ward Leonard) 방식은 다음 중 어느 제어법을 이용한 것인가?

① 저항제어법

② 전압제어법

③ 주파수제어법

④ 계자제어법

> **Explanation**

직류 전동기 속도 제어 $n = K'\dfrac{V - I_a R_a}{\phi}$ (K' : 기계정수)

종 류	특 징
전압 제어	▶ 광범위 속도제어 가능, 운전효율 우수 ▶ **워드 레오너드 방식** ▶ 일그너 방식(부하가 급변하는 곳, 플라이휠효과 이용, 제철용 압연기) ▶ 정토크 제어
계자 제어	▶ 정출력 제어
저항 제어	▶ 효율이 저하

【답】②

42 GTO 사이리스터의 특징으로 틀린 것은?
① 각 단자의 명칭은 SCR 사이리스터와 같다.
② 온(On) 상태에서는 양방향 전류특성을 보인다.
③ 온(On) 드롭(Drop)은 약 2~4[V]가 되어 SCR 사이리스터 보다 약간 크다.
④ 오프(Off) 상태에서는 SCR 사이리스터처럼 양방향 전압저지능력을 갖고 있다.

> Explanation

GTO 사이리스터 (Gate Turn-off thyrister)
게이트 조작에 의해 부하전류 이상으로 유지 전류를 높일 수 있어 게이트의 턴 온,턴 오프가 가능한 사이리스터　【답】②

43 다음 중 부하의 변화에 대하여 속도 변동이 가장 큰 직류 전동기는?
① 분권전동기　　　　　　　　　　　② 차동 복권 전동기
③ 가동 복권 전동기　　　　　　　　④ 직권전동기

> Explanation

부하의 변화에 대하여 속도 변동이 큰 순서
직권 > 가동복권 > 분권 > 차동복권　【답】④

44 불평형 전압 상태에서 3상 유도전동기를 운전하면 토크와 입력은 어떻게 되는가?
① 토크가 감소하고 입력도 감소한다.　② 토크는 감소하고 입력은 증가한다.
③ 토크는 증가하고 입력은 감소한다.　④ 토크가 증가하고 입력도 증가한다.

> Explanation

전압이 불평형이 되면 불평형 전류가 흘러 전류가 증가하여 입력이 증가되나 토크는 감소한다.　【답】②

45 정격용량 10,000[kVA], 정격전압 6,000[V], 극수 12, 주파수 60[Hz], 1상의 동기 임피던스 2[Ω]인 3상 동기발전기가 있다. 이 발전기의 단락비는 얼마인가?
① 1.0　　　　　　② 1.2　　　　　　③ 1.4　　　　　　④ 1.8

> Explanation

%동기임피던스
• $Z_s' = \dfrac{I_n Z_s}{E} \times 100 = \dfrac{P_n Z_s}{V^2} \times 100 = \dfrac{I_n}{I_s} \times 100$

• % 동기 임피던스[PU] $Z_s' = \dfrac{1}{K_s} = \dfrac{P_n Z_s}{V^2}$

• 단락비 $K_s = \dfrac{1}{Z_s'[PU]} = \dfrac{V^2}{P_n Z_s} = \dfrac{6,000^2}{10,000 \times 10^3 \times 2} = 1.8$　【답】④

46 다음 중 크롤링 현상이 발생하는 전동기는?
① 농형 유도 전동기
② 직류 직권 전동기
③ 회전 변류기
④ 3상 변압기

Explanation

크롤링 현상
• **농형 유도 전동기에서 발생**
• 원인 : 계자에 고조파가 유기
　　　　공극이 불균형
• 전동기의 회전자가 정격속도에 가속이 되지 않는 상태
• 대책 : 사구(Skew Slot) 채용

【답】 ①

47 용량 P[kVA]인 동일 정격의 단상변압기 4대로 낼 수 있는 3상 최대 출력용량은?
① $3P$
② $\sqrt{3}\,P$
③ $4P$
④ $2\sqrt{3}\,P$

Explanation

단상 변압기 2대로 3상을 공급하려면 V결선하여야 하며
V결선 변압기의 출력 $P_V = \sqrt{3}\,K$　　여기서, K는 변압기 1대 용량
따라서 V결선 2 Bank로 구성하면
$P = 2P_V = 2 \times \sqrt{3}\,K = 2\sqrt{3}\,K[\text{kVA}]$

【답】 ④

48 동기발전기가 60[Hz], 20극이며 회전자 외경이 3[m]인 경우 자극 면의 주변 속도는 약 몇 [m/s]인가?
① 44.4[m/s]
② 56.5[m/s]
③ 68.5[m/s]
④ 70.5[m/s]

Explanation

동기속도 $N_s = \dfrac{120f}{p} = \dfrac{120 \times 60}{20} = 360[\text{rpm}]$
전기자 주변 속도 $v = \pi D n$
따라서 $v = \pi D \dfrac{N_s}{60} = \pi \times 3 \times \dfrac{360}{60} = 56.5\,[\text{m/s}]$

【답】 ②

49 기전력에 고조파를 포함하고 중성점이 접지되어 있을 때에는 선로에 제 3고조파를 주로 하는 충전 전류가 흐르고 변압기에는 제3고조파의 영향으로 통신장해를 일으키는 3상 결선법은?
① △-△결선
② Y-Y결선
③ Y-△결선
④ △-Y결선

Explanation

Y-Y 결선 특징
• 1,2차 전압에 위상차가 없다.
• 중성점을 접지할 수 있으므로 이상 전압으로부터 변압기를 보호할 수 있다.
• 상전압이 선간전압의 $\dfrac{1}{\sqrt{3}}$ 배이므로 절연이 용이하여 고전압에 유리하다.
• **중성점 접지 시 접지도체를 통해 제3고조파가 흐르므로 통신선에 유도 장해가 발생한다.**
• 보호계전기 동작이 확실하다.

【답】 ②

50 2대의 3상 동기발전기가 같은 부하를 분담하고 병렬운전을 하고 있다. 각 발전기의 1상의 기전력은 2,000[V]이고, 동기리액턴스는 5[Ω]이라 한다. 어떤 원인에 의하여 두 발전기의 기전력 사이에 30°의 위상차가 생겼다. 이 때 두 발전기 사이에 주고받는 전력[kW]은 얼마인가?

① 200　　　　② 300
③ 400　　　　④ 500

Explanation

동기발전기 병렬운전 시 두 발전기 사이의 기전력의 위상차가 발생하면 동기화전류(유효순환전류)가 흐르며 위상이 앞서는 발전기에서 위상이 늦은 발전기로 수수전력 발생

수수전력 $P = \dfrac{E^2}{2x_s}\sin\delta[\text{W}] = \dfrac{2,000^2}{2 \times 5}\sin30° \times 10^{-3} = 200[\text{kW}]$　【답】①

51 변압기에서 생기는 철손 중 와류손(Eddy Current Loss)은 철심의 규소강판 두께와 어떤 관계가 있는가?

① 두께에 비례　　　　② 두께의 2승에 비례
③ 두께의 3승에 비례　　　　④ 두께의 $\dfrac{1}{2}$ 승에 비례

Explanation

• 와류손 : $P_e = \sigma_e(tf k_f B_m)^2[\text{W}]$
여기서, σ_e는 와류손 상수, t는 두께, k_f는 파형률, B_m은 최대자속밀도
따라서 **와류손은 두께의 제곱에 비례한다.**　【답】②

52 다음은 어떤 전동기에 대한 설명인가?

• 피드백 루프가 필요 없이 오픈 루프로 손쉽게 속도 및 위치제어
• 가속, 감속이 용이하며 정·역전 및 변속이 쉽다.
• 위치제어를 할 때 각도 오차가 적다.
• 회전각과 속도는 펄스 수에 비례

① 3상 유도전동기　　　　② 브러시레스 직류전동기
③ 직류 분권 전동기　　　　④ 스테핑전동기

Explanation

스테핑 모터
• 피드백 루프가 필요 없이 오픈 루프로 손쉽게 속도 및 위치 제어
• 디지털 신호를 직접 제어 할 수 있으므로 컴퓨터 등 다른 디지털 기기와 인터페이스가 용이
• 가속, 감속이 용이하며 정·역전 및 변속이 쉽다.
• 위치제어를 할 때 각도오차가 적다.
• 회전각과 속도는 펄스 수에 비례　【답】④

53 출력 P_o, 2차 동손 P_{c2}, 2차 입력 P_2, 및 슬립 s인 유도전동기에서의 관계는?

① $P_2 : P_{c2} : P_o = 1 : s : (1-s)$　　　　② $P_2 : P_{c2} : P_o = 1 : (1-s) : s$
③ $P_2 : P_{c2} : P_o = 1 : s^2 : (1-s)$　　　　④ $P_2 : P_{c2} : P_o = 1 : (1-s) : s^2$

Explanation

유도전동기 전력변환 관계식
$P_2 : P_{c2} : P_0 = 1 : s : (1-s)$
• 2차 동손 $P_{c2} = sP_2$

• 출력 $P_0 = (1-s)P_2$

따라서 2차 동손은 $P_{c2} = \dfrac{s}{1-s}P_0$

【답】①

54 200[kW], 200[V]의 직류 분권발전기가 있다. 전기자 권선의 저항이 0.025[Ω]일 때 전압변동률은 몇 [%]인가?

① 6.0

② 12.5

③ 20.5

④ 25.0

Explanation

분권발전기 $I_a = I + I_f = \dfrac{P}{V} + \dfrac{V}{R_f}$ 에서

계자전류가 주어지지 않았으므로 $I_a = I = \dfrac{P}{V} = \dfrac{200 \times 10^3}{200} = 1,000[A]$

무부하 단자 전압(유기기전력)

$E = V_0 = V_n + R_a I_a = 200 + 1,000 \times 0.025 = 225[V]$

전압 변동률 $\epsilon = \dfrac{V_0 - V_n}{V_n} \times 100 = \dfrac{225 - 200}{200} \times 100 = 12.5[\%]$

【답】②

55 다이오드 정류 회로에서 상의 수를 크게 했을 경우 다음 중 옳은 것은?

① 맥동 주파수와 맥동률이 증가한다.

② 맥동률과 맥동 주파수가 감소한다.

③ 맥동 주파수는 증가하고 맥동률은 감소한다.

④ 맥동률과 주파수는 감소하나 출력이 증가한다.

Explanation

정류회로 비교

구분	단상 반파	단상 전파	3상 반파	3상 전파
직류전압	$E_d = 0.45E$	$E_d = 0.9E$	$E_d = 1.17E$	$E_d = 1.35E$
맥동주파수	f	2f	3f	6f
맥동률	121[%]	48[%]	17[%]	4[%]

【답】③

56 직류기의 전기자 반작용에 의한 영향이 아닌 것은?

① 자속이 감소하므로 유기기전력이 감소한다.

② 발전기의 경우 회전방향으로 기하학적 중성축이 형성된다.

③ 전동기의 경우 회전방향과 반대방향으로 기하학적 중성축이 형성된다.

④ 브러시에 의해 단락된 코일에는 기전력이 발생하므로 브러시 사이의 유기기전력이 증가한다.

Explanation

전기자 반작용 : 전기자 전류에 의한 전기자 기자력이 계자 기자력에 영향을 미치는 현상(주자속이 감소하는 현상)

• 편자 작용
  - 감자 작용 : 전기자 기자력이 계자기자력에 반대 방향으로 작용하여 자속이 감소
  - 교차자화 작용 : 전기자 기자력이 계자 기자력에 수직방향으로 작용하여 자속분포가 일그러짐
• 중성축 이동
  - 보극이 없는 직류기는 브러시를 이동
  - 발전기 : 회전 방향
  - 전동기 : 회전 반대 방향
• 국부적으로 섬락 발생 : 공극의 자속분포 불균형으로 섬락(불꽃) 발생
• 자속이 감소하므로 유기기전력이 감소한다.

【답】④

57 1차 전압 3,300[V], 권수비 30인 단상 변압기로 전등부하에 30[A]를 공급할 때 입력 [kW]은? 단, 변압기의 손실은 무시한다.

① 3.3 ② 4.4
③ 5.5 ④ 6.6

Explanation

변압기의 권수비

$a = \dfrac{N_1}{N_2} = \dfrac{E_1}{E_2} = \dfrac{V_1}{V_2} = \dfrac{I_2}{I_1} = \sqrt{\dfrac{Z_1}{Z_2}}$ 에서

1차 전류 $I_1 = \dfrac{I_2}{a} = \dfrac{30}{30} = 1\,[A]$

전등 부하는 역률 $\cos\theta = 1$

입력 $P_1 = V_1 I_1 \cos\theta = 3,300 \times 1 \times 1 \times 10^{-3} = 3.3\,[kW]$

【답】①

58 3상 비돌극형 동기발전기가 있다. 정격출력 5,000[kVA], 정격전압 6,000[V], 정격역률 0.8이다. 여자를 정격상태로 유지할 때 이 발전기의 최대출력은 약 몇 [kW] 인가? (단, 1상의 동기리액턴스는 0.8[P.U]이며 저항은 무시한다)

① 7,500 ② 10,000
③ 11,500 ④ 12,500

Explanation

PU(단위)법을 이용하면

유기기전력 $E = \sqrt{\cos^2\theta + (\sin\theta + X_s\,[PU])^2} = \sqrt{0.8^2 + (0.6 + 0.8)^2} = 1.61$

동기발전기 출력 $P = \dfrac{EV}{X_s}\sin\delta = \dfrac{1.61 \times 1}{0.8} \times \sin\delta$ 에서

최대출력($\delta = 90°$) $P_{\max} = \dfrac{1.61 \times 1}{0.8} = 2.02\,[PU]$

따라서 $P' = P_{\max} \times P = 2.02 \times 5,000 = 10,077\,[kW]$

【답】②

59 직류기의 전기자권선 중 중권 권선에서 뒤피치가 앞피치 보다 큰 경우를 무엇이라 하는가?

① 진권 ② 쇄권
③ 여권 ④ 장절권

Explanation

• 진권 : 중권 권선에서 뒤피치가 앞피치보다 큰 경우
• 후퇴권(역진권) : 중권 권선에서 앞피치가 뒤피치보다 큰 경우

【답】①

60 단상 전파 정류 회로에서 저항 부하 시 맥동률은 약 몇 [%]인가?

① 17 ② 48
③ 52 ④ 83

Explanation

정류회로 비교

구분	단상 반파	단상 전파	3상 반파	3상 전파
직류전압	$E_d = 0.45E$	$E_d = 0.9E$	$E_d = 1.17E$	$E_d = 1.35E$
맥동주파수	f	2f	3f	6f
맥 동 률	121[%]	48[%]	17[%]	4[%]

【답】②

61 그림과 같은 회로의 컨덕턴스 G_2에 흐르는 전류 [A]는?

① 5   ② 3

③ 10   ④ 15

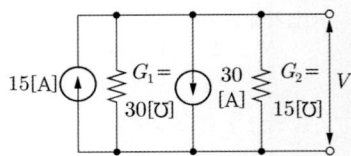

> **Explanation**
>
> 전류원을 정리하면 다음과 같다.
>
>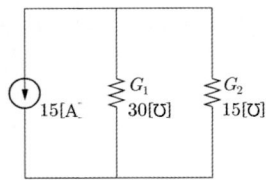
>
> 따라서 컨덕턴스 G_2에 흐르는 전류는 $I_2 = I \times \dfrac{G_2}{G_1 + G_2} = 15 \times \dfrac{15}{30 + 15} = 5\,[\text{A}]$ 【답】①

62 그림과 같은 회로에서 선형 저항 $3\,[\Omega]$ 양단의 전압 [V]은?

① 2   ② 2.5

③ 3   ④ 4.5

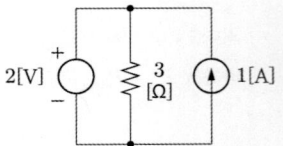

> **Explanation**
>
> 중첩의 원리에 의해
> - 전압원과 전류원이 단독 직렬 : 전압원 단락
> - 전압원과 전류원이 단독 병렬 : 전류원 개방
>
> 따라서 전압원의 2[V]만 존재하므로 3[Ω] 양단의 전압은 2[V]이다. 【답】①

63 그림에서 $e(t) = E_m \cos \omega t$ 의 전원 전압을 인가했을 때 인덕턴스 L에 축적되는 에너지는?

① $\dfrac{1}{4} \cdot \dfrac{E_m^2}{\omega^2 L}(1 - \cos 2\omega t)$

② $\dfrac{1}{2} \cdot \dfrac{E_m^2}{\omega^2 L^2}(1 - \cos 2\omega t)$

③ $\dfrac{1}{4} \cdot \dfrac{E_m^2}{\omega^2 L}(1 + \cos 2\omega t)$

④ $\dfrac{1}{2} \cdot \dfrac{E_m^2}{\omega^2 L^2}(1 + \cos 2\omega t)$

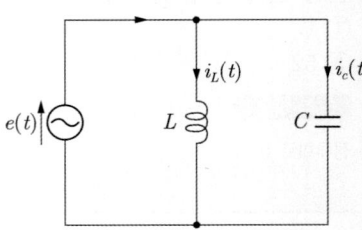

【답】 ①

64 그림과 같은 회로의 영상 임피던스 Z_{01}과 Z_{02}의 값[Ω]은?

① $3\sqrt{5}$, $\dfrac{80}{3}$ ② $3\sqrt{5}$, $\dfrac{\sqrt{80}}{3}$

③ $\dfrac{80}{3}$, $3\sqrt{5}$ ④ $\dfrac{80}{\sqrt{3}}$, $3\sqrt{5}$

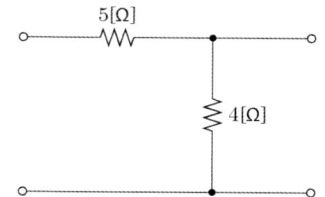

T형 4단자 정수

$$\begin{bmatrix} A\ B \\ C\ D \end{bmatrix} = \begin{bmatrix} 1\ 5 \\ 0\ 1 \end{bmatrix}\begin{bmatrix} 1 & 0 \\ \dfrac{1}{4} & 1 \end{bmatrix} = \begin{bmatrix} \dfrac{9}{4} & 5 \\ \dfrac{1}{4} & 1 \end{bmatrix}$$

영상 임피던스

$$Z_{01} = \sqrt{\dfrac{AB}{CD}} = \sqrt{\dfrac{\dfrac{9}{4}\times 5}{\dfrac{1}{4}\times 1}} = \sqrt{45} = 3\sqrt{5}$$

$$Z_{02} = \sqrt{\dfrac{BD}{AC}} = \sqrt{\dfrac{5\times 1}{\dfrac{9}{4}\times\dfrac{1}{4}}} = \sqrt{\dfrac{80}{9}} = \dfrac{\sqrt{80}}{3}$$

【답】 ②

65 왜형파 전압 $v = 100\sqrt{2}\sin\omega t + 40\sqrt{2}\sin 2\omega t + 30\sqrt{2}\sin 3\omega t$ 의 왜형률을 구하면?

① 1.0   ② 0.8
③ 0.5   ④ 0.3

$$왜형률 = \dfrac{전\,고조파의\ 실효값}{기본파의\ 실효값} = \dfrac{\sqrt{V_2^2 + V_3^2 + V_4^2 + \cdots}}{V_1} = \dfrac{\sqrt{V_3^2 + V_5^2}}{V_1} = \dfrac{\sqrt{40^2 + 30^2}}{100} = 0.5$$

【답】 ③

66 그림과 같은 $R-L-C$ 직렬회로에서 발생하는 과도현상이 진동이 되지 않는 조건은 어느 것인가?

① $\left(\dfrac{R}{2L}\right)^2 - \dfrac{1}{LC} < 0$ ② $\left(\dfrac{R}{2L}\right)^2 - \dfrac{1}{LC} > 0$

③ $\left(\dfrac{R}{2L}\right)^2 = \dfrac{1}{LC}$ ④ $\dfrac{R}{2L} = \dfrac{1}{LC}$

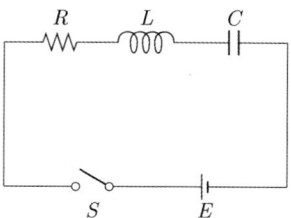

$R-L-C$ 직렬회로에서 직류전압 인가

- 비진동 조건 $\left(\dfrac{R}{2L}\right)^2 - \dfrac{1}{LC} > 0$ 에서 $R^2 > \dfrac{4L}{C}$

- 임계적 조건 $\left(\dfrac{R}{2L}\right)^2 - \dfrac{1}{LC} = 0$ 에서 $R^2 = \dfrac{4L}{C}$

- 진동적 조건 $\left(\dfrac{R}{2L}\right)^2 - \dfrac{1}{LC} < 0$ 에서 $R^2 < \dfrac{4L}{C}$

【답】②

67 전압 200 [V], 전류 30 [A]로서 4.8 [kW]의 전력을 소비하는 회로의 리액턴스[Ω]는?

① 6.6 ② 5.3

③ 4.0 ④ 3.3

Explanation

피상전력 $P_a = \sqrt{P^2 + P_r^2} = VI = 200 \times 30 = 6,000$ [VA]

무효전력 $P_r = VI\sin\theta = I^2 X = \sqrt{P_a^2 - P^2}$ 에서

$P_r = \sqrt{6,000^2 - 4,800^2} = 3,600$ [Var]

따라서, $P_r = VI\sin\theta = I^2 X$ 에서

리액턴스 $X = \dfrac{P_r}{I^2} = \dfrac{3,600}{30^2} = 4$ [Ω]

【답】③

68 $f(t) = \sin t \cos t$ 를 라플라스 변환하면?

① $\dfrac{1}{s^2 - 4}$ ② $\dfrac{1}{s^2 + 2}$

③ $\dfrac{1}{(s-2)^2}$ ④ $\dfrac{1}{(s+4)^2}$

Explanation

삼각 함수의 공식

$\sin t \cos t = \dfrac{1}{2}\sin 2t$ 에서

$F(s) = \mathcal{L}[\sin t \cos t] = \mathcal{L}\left[\dfrac{1}{2}\sin 2t\right] = \dfrac{1}{2} \cdot \dfrac{2}{s^2 + 2^2} = \dfrac{1}{s^2 + 4}$

【답】①

69 대칭 6상 성형(star) 결선에서 선간 전압이 240[V]인 경우 상전압은 몇 [V]인가?

① 240 ② $240\sqrt{3}$

③ $\dfrac{240}{\sqrt{3}}$ ④ 80

Explanation

대칭 n상 Y결선(성형결선) 전압 전류

$V_l = 2\sin\dfrac{\pi}{n} V_p \angle \dfrac{\pi}{2}\left(1 - \dfrac{2}{n}\right)$

$I_l = I_p$

따라서 6상인 경우 $V_l = 2V_p \sin\dfrac{\pi}{n} = 2V_p \sin\dfrac{\pi}{6} = V_p$ ∴ $V_l = V_p$

상전압=선간전압=240[V]

【답】①

70 그림에서 단자 ab에 나타나는 전압 V_{AB}[V]는 얼마인가?

① 6.0 ② 4.0

③ 3.6 ④ 2.0

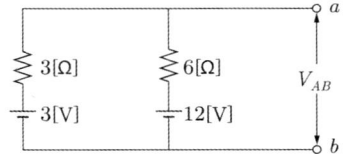

Explanation

밀만의 정리

$$V_{AB} = \frac{\dfrac{V_1}{R_1} + \dfrac{V_2}{R_2}}{\dfrac{1}{R_1} + \dfrac{1}{R_2}} = \frac{\dfrac{3}{3} + \dfrac{12}{6}}{\dfrac{1}{3} + \dfrac{1}{6}} = 6[V]$$

【답】①

71 서로 결합하고 있는 두 코일 A와 B를 같은 방향으로 감아서 직렬로 접속하면 합성 인덕턴스가 10[mH]가 되고, 반대로 연결하면 합성 인덕턴스가 40[%] 감소한다. A코일의 자기 인덕턴스가 5[mH]라면 B코일의 자기 인덕턴스는 몇 [mH]인가?

① 10 ② 8

③ 5 ④ 3

Explanation

같은 방향(가동 접속) : $L_1 + L_2 + 2M = 10$
다른 방향(차동 접속) : $L_1 + L_2 - 2M = 6$
두 식을 더해서 정리하면 $2(L_1 + L_2) = 16$
따라서 $L_1 + L_2 = 8$이므로
$L_1 = 5$[mH]라면 $L_2 = 3$[mH]

【답】④

72 대칭 좌표법에 관한 설명 중 잘못된 것은?

① 불평형 3상 회로 비접지식 회로에서는 영상분이 존재한다.

② 대칭 3상 전압에서 영상분은 0이 된다.

③ 대칭 3상 전압은 정상분만 존재한다.

④ 불평형 3상 회로의 접지식 회로에서는 영상분이 존재한다.

Explanation

△부하 : 비접지식
영상분은 접지식 회로에서만 발생하므로
비접지식에서는 영상분은 0이 된다.

【답】①

73 $R-L$ 직렬회로에서 시정수의 값이 클수록 과도현상의 소멸되는 시간은 어떻게 되는가?

① 짧아진다. ② 길어진다.

③ 과도기가 없어진다. ④ 관계없다.

Explanation

시정수(Time constant) : 목표 값에 63.2[%]에 도달하는 시간으로 정의
시정수가 클수록 과도현상은 오래 지속된다.

【답】②

74 한 상의 임피던스 $Z = 6 + j8\,[\Omega]$인 평형 Y 부하에 평형 3상 전압 200 [V]를 인가할 때 무효전력 [Var]은?

① 1,330
② 1,848
③ 2,381
④ 3,200

3상 무효전력 $P = 3V_p I_p \sin\theta = 3I_p^2 X[\text{Var}]$

Y결선이므로 $I_l = I_p$ 　　　 여기서, 상전류는 $I_p = \dfrac{V_p}{Z} = \dfrac{\frac{200}{\sqrt{3}}}{6+j8} = \dfrac{\frac{200}{\sqrt{3}}}{\sqrt{6^2+8^2}} = \dfrac{20}{\sqrt{3}}\,[\text{A}]$

3상 무효전력은 $P = 3I_p^2 X = 3 \times \left(\dfrac{20}{\sqrt{3}}\right)^2 \times 8 = 3,200\,[\text{Var}]$

【답】④

75 그림과 같은 회로의 전달 함수는? 단, $T = RC$ 이다.

① $\dfrac{1}{Ts^2+1}$
② $\dfrac{1}{Ts+1}$
③ Ts^2+1
④ $Ts+1$

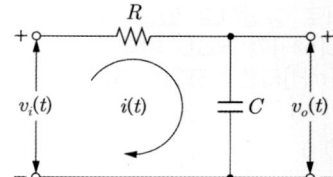

전압비 전달 함수는 임피던스 비이므로

전달 함수 $G(s) = \dfrac{V_o(s)}{V_i(s)} = \dfrac{\frac{1}{Cs}}{R + \frac{1}{Cs}} = \dfrac{1}{RCs+1} = \dfrac{1}{Ts+1}$

【답】②

76 그림과 같은 파형의 실효값은?

① 47.7
② 57.7
③ 67.7
④ 77.5

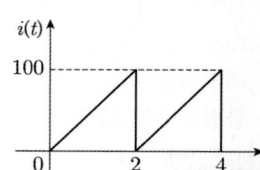

삼각파, 톱니파

평균값 $I_{av} = \dfrac{I_m}{2}$, 실효값 $I = \dfrac{I_m}{\sqrt{3}}$

실효값 $I = \dfrac{I_m}{\sqrt{3}} = \dfrac{100}{\sqrt{3}} = 57.7$

【답】②

77 저항 R과 유도 리액턴스 X_L이 병렬로 접속된 회로의 역률은?

① $\dfrac{\sqrt{R^2+X_L^2}}{R}$
② $\sqrt{\dfrac{R^2+X_L^2}{X_L}}$
③ $\dfrac{R}{\sqrt{R^2+X_L^2}}$
④ $\dfrac{X_L}{\sqrt{R^2+X_L^2}}$

병렬회로의 역률 $\cos\theta = \dfrac{I_R}{I} = \dfrac{G}{Y} = \dfrac{\dfrac{1}{R}}{\sqrt{\left(\dfrac{1}{R}\right)^2 + \left(\dfrac{1}{X_L}\right)^2}} = \dfrac{X_L}{\sqrt{R^2 + X_L^2}}$

【답】④

78 그림과 같은 회로에서 $R = 8\,[\Omega]$, $X_L = 10\,[\Omega]$, $X_C = 16\,[\Omega]$, $E = 100\,[V]$일 때 이 회로에 흐르는 전류의 크기 [A]는?

① 2 ② 3
③ 10 ④ 20

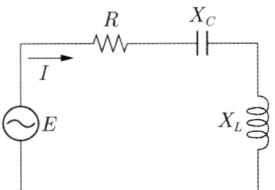

임피던스 $Z = R + j\left(\omega L - \dfrac{1}{\omega C}\right) = 8 + j(10 - 16) = 8 - j6$

전류 $I = \dfrac{E}{Z} = \dfrac{E}{\sqrt{R^2 + (X_L - X_C)^2}} = \dfrac{100}{\sqrt{8^2 + 6^2}} = \dfrac{100}{10} = 10\,[A]$

【답】③

79 각 상의 임피던스 $Z = 6 + j8\,[\Omega]$인 평형 Y부하에 선간 전압 220[V]인 대칭 3상 전압이 가해졌을 때 선전류는 약 몇 [A]인가?

① 11.7 ② 12.7
③ 13.7 ④ 14.7

상전류 $I_p = \dfrac{V_p}{Z} = \dfrac{\dfrac{220}{\sqrt{3}}}{\sqrt{6^2 + 8^2}} = 12.7$

따라서 선전류는 $I_p = I_l = 12.7\,[A]$

【답】②

80 전압의 순시값이 $e = 3 + 10\sqrt{2}\,\sin\omega t + 5\sqrt{2}\,\sin(3\omega t - 30°)$일 때 실효값은 몇 [V]인가?

① 10.4 ② 11.6
③ 12.5 ④ 16.2

비정현파의 실효값 : 각파의 실효값 제곱의 합의 제곱근
$V = \sqrt{V_0^2 + V_1^2 + V_2^2 + \cdots + V_n^2} = \sqrt{3^2 + 10^2 + 5^2} = 11.6\,[V]$

【답】②

5과목　전기설비기술기준

81 사용전압이 저압인 전로에서 절연저항 측정이 곤란한 경우에는 누설전류는 몇[mA] 이하로 유지하여야 하는가?

① 0.1   ② 3

③ 1   ④ 2

Explanation

(KEC 132조) 전로의 절연저항 및 절연내력
사용전압이 저압인 전로에서 절연저항 측정이 곤란한 경우에는 누설전류를 1[mA] 이하로 유지하여 한다.   【답】③

82 이동형의 용접전극을 사용하는 아크용접장치의 용접변압기의 1차 측 전로의 대지전압은 몇 [V] 이하이어야 하는가?

① 220   ② 300

③ 380   ④ 440

Explanation

(KEC 241.10조) 아크 용접기
이동형(가반형) 용접 전극을 사용하는 아크 용접장치 변압기는 1차 대지전압 300[V] 이하의 절연 변압기일 것   【답】②

83 연료전지를 자동으로 전로로부터 차단하는 장치가 동작해야 하는 경우가 아닌 것은?

① 연료전지에 과전류가 생긴 경우

② 연료전지의 온도가 현저하게 상승한 경우

③ 발전전압에 이상이 생겼을 경우

④ 연료가스 출구에서의 산소농도가 현저히 저하되는 경우

Explanation

(KEC 542.2.1조) 연료전지설비의 보호장치
자동적으로 이를 전로에서 차단하고 연료전지에 연료가스 공급을 자동적으로 차단하며 연료전지내의 연료가스를 자동적으로 배제하는 장치를 시설
① 연료전지에 과전류가 생긴 경우
② 발전요소의 발전전압에 이상이 생겼을 경우 또는 **연료가스 출구에서의 산소농도 또는 공기 출구에서의 연료가스 농도가 현저히 상승한 경우**
③ 연료전지의 온도가 현저하게 상승한 경우   【답】④

84 고압 가공전선에 사용할 수 없는 전선은 다음 중 어느 것인가?

① 특고압 절연전선   ② 고압 절연전선

③ 미네랄인슈레이션   ④ 케이블

Explanation

(KEC 332.3조) 고압 가공전선의 굵기 및 종류
고압 가공전선은 고압 절연전선, 특고압 절연전선 또는 케이블을 사용하여야 한다.   【답】③

85 고압 가공전선이 가공약전류전선 등과 접근하는 경우에 고압 가공전선과 가공약전류전선 사이의 이격거리는 몇 [m] 이상이어야 하는가? (단, 전선이 케이블이 아닌 경우이다)

① 0.8   ② 0.6

③ 1.2   ④ 1.0

Explanation

(KEC 332.13조) 고압 가공전선과 가공약전류전선 등의 접근 또는 교차

고압 가공 전선과 가공 약전류 전선이 접근하는 경우의 수평 거리는 0.8[m] 이상으로 되어 있다. 다만, 전화선이 절연 전선 이상인 것이나 통신용 케이블인 경우는 0.4[m] 이상으로 할 수 있다. 【답】①

86 과전류차단기로 시설하는 퓨즈 중 고압전로에 사용하는 비포장 퓨즈는 정격전류의 몇 배의 전류에 견디어야 하는가?

① 1.1   ② 1.25
③ 1.5   ④ 2

Explanation

(KEC 341.10조) 고압 및 특고압 전로 중의 과전류 차단기의 시설
① 포장 퓨즈 : 1.3배의 전류에 견디고 또한 2배의 전류로 120분 안에 용단
② 비포장 퓨즈 : 1.25배의 전류에 견디고 또한 2배의 전류로 2분 안에 용단 【답】②

87 저압 가공인입선 시설 시 사용할 수 없는 전선은?

① 다심형 전선   ② 지름 2.6[mm] 이상의 인입용 비닐절연전선
③ 나전선   ④ 케이블

Explanation

(KEC 221.1.1조) 저압 인입선의 시설
저압 가공인입선은 다음 각 호에 따라 시설하여야 한다.
① 전선이 케이블인 경우 이외에는 인장강도 2.30[kN] 이상의 것 또는 지름 2.6[mm] 이상의 인입용 비닐절연전선일 것. 다만, 경간이 15[m] 이하인 경우는 인장강도 1.25[kN] 이상의 것 또는 지름 2[mm] 이상의 인입용 비닐절연전선일 것
② 전선은 절연전선, 다심형 전선 또는 케이블일 것 【답】③

88 이차전지를 이용한 전기저장장치의 설치장소와 설비의 요구사항에 대한 다음 보기 중 틀린 것은?

① 충전부분은 점검할 수 있도록 노출된 장소에 시설한다.
② 폭발성 가스의 축적을 방지하기 위한 환기시설을 갖추고 적정한 온도와 습도를 유지하도록 시설한다.
③ 침수의 우려가 없도록 시설한다.
④ 축전지, 제어반, 배전반의 시설은 기기 등을 조작 또는 보수 · 점검할 수 있는 충분한 공간을 확보하고 조명설비를 시설한다.

Explanation

(KEC 511.1~2조) 전기저장장소 시설장소의 요구사항, 설비의 안전 요구사항
① 전기저장장치의 축전지, 제어반, 배전반의 시설은 기기 등을 조작 또는 보수 · 점검할 수 있는 충분한 공간을 확보하고 조명설비를 시설
② 폭발성 가스의 축적을 방지하기 위한 환기시설을 갖추고 적정한 온도와 습도를 유지하도록 시설
③ 침수의 우려가 없도록 시설
④ 충전부분은 노출되지 않도록 시설 【답】①

89 발전기 · 변압기 · 무효전력 보상장치 · 계기용변성기 · 모선 또는 이를 지지하는 애자는 어떤 전류에 의하여 생기는 기계적 충격에 견디는 것인가?

① 지상전류   ② 유도전류
③ 충전전류   ④ 단락전류

Explanation

(기술기준 제23조) 발전기 등의 기계적 강도
발전기, 변압기, 무효전력 보상장치, 모선 또는 이를 지지하는 애자는 **단락전류에 의하여 생기는 기계적 충격에 견디는 강도**를 가져야 한다. 【답】④

90 사용전압이 60[kV]의 특고압 가공 전선로에는 전화 선로의 길이 12[km]마다 유도전류가 몇 [μA]를 넘지 아니하도록 하여야 하는가?

① 1.5 ② 2

③ 2.5 ④ 3

Explanation

(KEC 333.2조) 유도장해의 방지
① 사용전압이 60[kV] 이하인 경우에는 전화 선로의 길이 12[km]마다 유도전류가 2[μA]를 넘지 아니할 것
② 사용전압이 60[kV]를 넘는 경우에는 전화 선로의 길이 40[km]마다 유도전류가 3[μA]를 넘지 아니할 것 【답】②

91 전차선로의 전압에 대한 다음의 설명 중 틀린 것은?

① 직류방식의 비지속성 최고전압은 지속시간이 3분 이하로 예상되는 전압의 최고값으로 한다.
② 교류방식의 비지속성 최저전압은 지속시간이 2분 이하로 예상되는 전압의 최저값으로 한다.
③ 수전선로의 공칭전압은 22.9, 154, 345[kV]이다.
④ 교류방식의 주파수 실효값은 60[Hz]이다.

Explanation

(KEC 411.2조) 전차선로의 전압
① **직류방식**: 사용전압과 각 전압별 최고, 최저전압은 아래 표에 따라 선정하여야 한다. 다만, 최고 비영구 전압은 **지속시간이 5분 이하로 예상되는 전압의 최고값**으로 하되, 기존 운행중인 전기철도차량과의 인터페이스를 고려한다.

구분	최저 영구 전압[V]	공칭전압[V]	최고 영구 전압[V]	최고 비영구 전압[V]	장기 과전압[V]
직류 (평균값)	500	750	900	950*	1,269
	900	1,500	1,800	1,950	2,538

* 회생제동의 경우 1,000[V]의 비지속성 최고전압은 허용 가능하다.
② **교류방식**: 사용전압과 각 전압별 최고, 최저전압은 아래 표에 따라 선정하여야 한다. 다만, 최저 비영구 **전압은 지속시간이 2분 이하로 예상되는 전압의 최저값**으로 하되, 기존 운행중인 전기철도차량과의 인터페이스를 고려한다.

주파수 (실효값)	최저 비영구 전압[V]	최저 영구 전압[V]	공칭전압[V]*	최고 영구 전압[V]	최고 비영구 전압[V]	장기 과전압[V]
60[Hz]	17,500	19,000	25,000	27,500	29,000	38,746
	35,000	38,000	50,000	55,000	58,000	77,942

* 급전선과 전차선 간의 공칭전압은 단상교류 50[kV](급전선과 레일 및 전차선과 레일사이의의 전압은 25[kV])를 표준으로 한다. 【답】①

92 저압 옥내배선공사에서 애자공사에 의할 때 전선의 지지점 간의 거리는 전선을 조영재의 윗면 또는 옆면에 따라 붙일 경우에는 몇 [m] 이하로 하여야 하는가?

① 1.5 ② 2

③ 3 ④ 5

Explanation

(KEC 232.56조) 애자공사
전선의 지지점 간의 거리는 전선을 조영재의 위면 또는 옆면에 따라 붙일 경우에는 2[m] 이하 【답】②

93 합성수지관 공사에 대한 다음의 설명 중 틀린 것은?

① 관의 지지점 간의 거리는 1.5[m] 이하로 한다.
② 전선은 합성수지관 안에서 접속점이 없도록 하여야 한다.
③ 관 상호 간 및 박스와는 관을 삽입하는 깊이를 관의 바깥지름의 1.2배 이상으로 한다.
④ 전선은 옥외용 비닐절연전선을 사용하였다.

Explanation

(KEC 232.11조) 합성수지관공사
① 전선은 절연전선(옥외용 비닐 절연전선을 제외)일 것
② 전선은 연선일 것 다만, 다음의 것은 적용하지 않는다.
  – 짧고 가는 합성수지관에 넣은 것
  – 단면적 10[㎟](알루미늄선은 단면적 16[㎟]) 이하의 것
③ 전선은 합성수지관 안에서 접속점이 없도록 할 것
④ 합성수지관 및 박스 기타의 부속품은 다음 각 호에 따라 시설하여야 한다.
  – 관 상호 간 및 박스와는 관을 삽입하는 깊이를 관의 바깥지름의 1.2배(접착제를 사용하는 경우에는 0.8배) 이상으로 하고 또한 꽂음 접속에 의하여 견고하게 접속할 것
  – 관의 지지점 간의 거리는 1.5[m] 이하로 하고, 또한 그 지지점은 관의 끝·관과 박스의 접속점 및 관 상호 간의 접속점 등에 가까운 곳에 시설할 것
  – 습기가 많은 장소 또는 물기가 있는 장소에 시설하는 경우에는 방습 장치를 할 것   【답】④

94 방직공장의 구내 도로에 220[V] 조명등용 가공전선로를 시설하고자 한다. 전선로의 경간은 몇 [m] 이하이어야 하는가?

① 20   ② 30
③ 40   ④ 50

Explanation

(KEC 222.23조) 구내에 시설하는 저압 가공전선로
구내에 시설하는 저압 가공 전선로는 경간 30[m] 이하로 하여 지름 2[㎜] 이상의 전선을 사용한다.   【답】②

95 전기 울타리의 시설에 관한 설명으로 틀린 것은?

① 전원장치에 전기를 공급하는 전로의 사용전압은 600[V] 이하이어야 한다.
② 사람이 쉽게 출입하지 아니하는 곳에 시설한다.
③ 전선은 지름 2[㎜] 이상의 경동선을 사용한다.
④ 수목 사이의 이격거리는 30[cm] 이상이어야 한다.

Explanation

(KEC 241.1.3조) 전기울타리의 시설
① 전기울타리는 사람이 쉽게 출입하지 아니하는 곳에 시설할 것
② 전선은 인장강도 1.38[kN] 이상의 것 또는 지름 2[㎜] 이상의 경동선일 것
③ 전선과 다른 시설물(가공 전선을 제외한다) 또는 수목 사이의 이격거리는 0.3[m] 이상일 것
④ 전기울타리용 **전원 장치에 전기를 공급하는 전로의 사용전압은 250[V] 이하**이어야 한다.   【답】①

96 가공전선로의 지지물에 지지선을 시설할 때 옳은 방법은?

① 지지선의 안전율을 1.2로 하였다.
② 소선은 최소 5가닥 이상의 연선을 사용하였다.
③ 지중의 부분 및 지표상 60[cm]까지의 부분은 아연도금 철봉 등 내부식성 재료를 사용하였다.
④ 도로를 횡단하는 곳의 지지선의 높이는 지표상 5[m]로 하였다.

Explanation

(KEC 331.11조) 지지선의 시설
① 안전율 : 2.5 이상
② 최저 인장 하중 : 4.31[kN]
③ 2.6[㎜] 이상의 금속선을 3가닥 이상 꼬아서 사용
④ 지중 및 지표상 0.3[m]까지의 부분은 아연도금 철봉 등을 사용
⑤ 도로를 횡단하는 곳의 지지선의 높이는 지표상 5[m]   【답】④

97 사용전압이 220[V]인 저압 가공전선은 인장강도 3.43[kN] 이상의 것 또는 지름 몇 [mm] 이상의 것이어야 하는가?(단, 케이블이나 절연전선이 아닌 경우이다)

① 2.C ② 3.2
③ 4.C ④ 5.0

Explanation

(KEC 222.5조) 저압 가공 전선의 굵기 및 종류
사용전압이 400[V] 이하인 저압 가공전선은 케이블인 경우를 제외하고는 인장강도 3.43[kN] 이상의 것 또는 지름 3.2[mm] (절연전선연 경우는 인장강도 2.3[kN] 이상의 것 또는 지름 2.6[mm] 이상의 경동선) 이상의 것이어야 한다. 【답】②

98 발전소의 변압기에 시설해야 하는 계측기로 옳은 것은 무엇인가?

① 전압계 및 전류계 또는 전력계 ② 역률계
③ 전압계 및 역률계 ④ 전력계 및 역률계

Explanation

(KEC 351.6조) 계측장치
발전소에서는 다음의 사항을 계측하는 장치를 시설하여야 한다.
주요 변압기의 전압 및 전류 또는 전력 【답】①

99 "2차 접근상태"라 함은 가공 전선이 다른 시설물과 접근하는 경우에 그 가공전선이 다른 시설물의 위쪽 뜨는 옆쪽에서 수평 거리로 몇 [m] 미만인 곳에 시설되는 상태를 말하는가?

① 2.0 ② 3.0
③ 5.0 ④ 6.0

Explanation

(KEC 112조) 용어 정의
"제2차 접근상태"란 가공 전선이 다른 시설물과 접근하는 경우에 그 가공 전선이 다른 시설물의 위쪽 또는 옆쪽에서 **수평 거리로 3[m] 미만인 곳에 시설되는** 상태를 말한다. 【답】②

100 연료전지 및 태양전지 모듈의 절연내력 시험을 할 때에는, 직류의 경우 충전부분과 대지사이에 연속하여 10분간 가할 때 몇 배의 전압에 견디어야 하는가?

① 1.0 ② 1.5
③ 2.0 ④ 2.5

Explanation

(KEC 134조) 연료전지 및 태양전지 모듈의 절연내력
연료전지 및 태양전지 모듈은 **최대사용전압의 1.5배의 직류전압 또는 1배의 교류전압**(500[V] 미만으로 되는 경우에는 500[V])을 충전부분과 대지사이에 연속하여 10분간 가하여 절연내력을 시험하였을 때에 이에 견디는 것이어야 한다. 【답】②

2022년 전기산업기사 필기

1과목 전기자기학

01 간격 d[m]인 두 평행판 전극 사이에 유전율 ϵ인 유전체를 넣고 전극 사이에 전압 $e = E_m \sin\omega t$[V]를 가했을 때 변위 전류 밀도[A/m^2]는?

① $\dfrac{\epsilon\omega E_m\cos\omega t}{d}$

② $\dfrac{\epsilon E_m\cos\omega t}{d}$

③ $\dfrac{\epsilon\omega E_m\sin\omega t}{d}$

④ $\dfrac{\epsilon E_m\sin\omega t}{d}$

Explanation

변위 전류 밀도 $i_d = \dfrac{\partial D}{\partial t} = \epsilon\dfrac{\partial E}{\partial t} = \epsilon\dfrac{\partial}{\partial t}\left(\dfrac{V}{d}\right) = \dfrac{\epsilon}{d}\dfrac{\partial V}{\partial t}$

$\qquad = \dfrac{\epsilon}{d}\dfrac{\partial}{\partial t}(E_m\sin\omega t) = \omega\dfrac{\epsilon}{d}E_m\cos\omega t$ [A/m^2]

【답】①

02 전하 q[C]이 공기 중의 자계 H[AT/m]에 수직 방향으로 v[m/s] 속도로 돌입하였을 때 받는 힘은 몇 [N]인가?

① $\dfrac{qH}{\mu_o v}$

② $\dfrac{1}{\mu_o}qvH$

③ qvH

④ $\mu_o qvH$

Explanation

$F = q(v\times B) = qvB\sin\theta$에서 수직방향 $\theta = 90°$
따라서 $F = qvB = qv\mu_o H$

【답】④

03 전기쌍극자 모멘트가 M[C·m]인 전기쌍극자에 의한 임의의 점에서의 전위는 몇 [V]인가?(단, 전기쌍극자 간의 중성점에서 임의의 점까지의 거리는 r[m]이고, 이들 간에 이루어진 각은 θ이다)

① $9\times10^9\times\dfrac{M\cos\theta}{r}$

② $9\times10^9\times\dfrac{M\sin\theta}{r}$

③ $9\times10^9\times\dfrac{M\cos\theta}{r^2}$

④ $9\times10^9\times\dfrac{M\sin\theta}{r^2}$

Explanation

• 전기쌍극자 전위 : $V = \dfrac{M\cos\theta}{4\pi\epsilon_0 r^2} = 9\times10^9\times\dfrac{M\cos\theta}{r^2}$ [V]

【답】③

04 자유공간에서의 고유(특성) 임피던스[Ω]는?

① 60τ ② 120π
③ 80π ④ 100π

자유공간에서의 특성 임피던스(파동 임피던스)

$$Z_0 = \frac{E}{H} = \sqrt{\frac{\mu_0}{\epsilon_0}} = 120\pi = 377[\Omega]$$

【답】②

05 도체를 대지에 접지시켰을때 도체의 전위는 어떤 전위에 해당 되는가?

① 부전위 ② 정전위
③ ∞ 전위 ④ 영전위

도체를 대지에 접지시키면 영전위가 된다.

【답】④

06 그림과 같이 도체 1을 도체 2로 포위하여 도체 2를 일정 전위로 유지하고 도체 1과 도체 2의 외측에 도체 3이 있을 때 용량계수 및 유도계수의 성질로 옳은 것은?

① $q_{23} = q_{11}$

② $q_{13} = -q_{11}$

③ $q_{31} = q_{11}$

④ $q_{21} = -q_{11}$

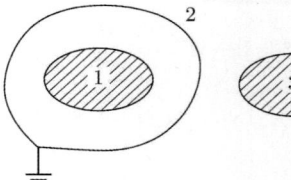

정전차폐 : 1번 도체는 3번 도체의 영향을 받지 않는다.

$q_{13} = q_{31} = 0$

$q_{21} = -q_{11}$

【답】④

07 양극판의 면적이 $S[\text{m}^2]$이고 간격이 $d[\text{m}]$인 평행판 콘덴서의 정전용량이 $C_1[\mu\text{F}]$이다. 이 콘덴서의 양극판 면적을 $\frac{1}{3}S[\text{m}^2]$으로 하고 간격을 $\frac{1}{2}d[\text{m}]$으로 하였을 때 정전용량 $C_2[\mu\text{F}]$는?

① $C_2 = \frac{3}{2}C_1$ ② $C_2 = \frac{1}{3}C_1$

③ $C_2 = \frac{2}{3}C_1$ ④ $C_2 = \frac{1}{6}C_1$

평행판 콘덴서의 정전용량 $C = \frac{\epsilon S}{d}[\text{F}]$에서

양극판 면적을 1/3배로 하고 간격을 1/2배로 하면 $C_2 = \dfrac{\dfrac{\epsilon S}{3}}{\dfrac{d}{2}} = \dfrac{2\epsilon S}{3d} = \dfrac{2}{3} \times \dfrac{\epsilon S}{d} = \dfrac{2}{3}C_1[\text{F}]$

【답】③

08 자기 인덕턴스가 L_1, L_2이고 상호 인덕턴스가 M인 두 회로의 결합계수가 1일 때, 성립되는 식은?

① $L_1 \cdot L_2 = M$

② $L_1 \cdot L_2 < M$

③ $L_1 \cdot L_2 > M$

④ $L_1 \cdot L_2 = M^2$

Explanation

상호 인덕턴스 $M = k\sqrt{L_1 L_2}$ 에서

결합계수 k가 1이므로 $M = \sqrt{L_1 L_2}$ $\quad \therefore M^2 = L_1 \cdot L_2$ 【답】④

09 비투자율이 다른 두 자성체를 접하여 자계를 경계면에 수직으로 가할 때에 대한 설명으로 옳은 것은?

① 자력선은 연속이다.

② 자속은 비투자율이 큰 쪽에 확산한다.

③ 자속밀도는 변하지 않는다.

④ 굴절각은 비투자율이 적을수록 크다.

Explanation

• 자계가 경계면에 수직($\theta = 0°$)이면 자계(자력선)는 불연속($H_1 \neq H_2$)

　자속밀도는 불변이므로 $B_1 \cos\theta = B_2 \cos\theta$ 에서

　$B_1 = B_2$ 이고 $\mu_1 H_1 = \mu_2 H_2$

• Maxwell 응력 : 자성체에 작용하는 힘의 방향은 투자율이 큰 쪽에서 작은 쪽으로 향한다.

• $\mu_1 > \mu_2$ 일 경우 $H_1 < H_2$, $B_1 > B_2$, $\theta_1 > \theta_2$

　자속은 투자율이 큰 쪽으로 모인다. 【답】③

10 면전하 밀도 σ[C/m²]의 대전 도체가 진공 중에 놓여 있을 때 도체 표면에 작용하는 정전응력은?

① σ에 비례한다.

② σ^2에 비례한다.

③ σ^2에 반비례한다.

④ σ에 반비례한다.

Explanation

정전응력 $f = \dfrac{\sigma^2}{2\epsilon_0} = \dfrac{1}{2}\epsilon_0 E^2 = \dfrac{D^2}{2\epsilon_0} = \dfrac{1}{2} ED$ [N/m²] 【답】②

11 도체의 전도도를 k[℧/m], 투자율을 μ[H/m], 전원 주파수를 f[Hz]라 할 때 도체의 표면 전류밀도의 0.368배가 되는 표피에서부터의 깊이 δ[m]는?

① $\delta = \dfrac{\sqrt{\mu}}{\sqrt{\pi f k}}$

② $\delta = \dfrac{f\mu}{\sqrt{\pi k}}$

③ $\delta = \dfrac{\mu}{\sqrt{\pi f k}}$

④ $\delta = \dfrac{1}{\sqrt{\pi f \mu k}}$

Explanation

표피효과 : 도선의 중심부로 갈수록 전류밀도가 적어지는 현상. 침투깊이가 작을수록 표피효과는 커진다.

• **침투깊이** : $\delta = \sqrt{\dfrac{2}{\omega \mu k}} = \sqrt{\dfrac{1}{\pi f \mu k}}$

　여기서, σ : 도체의 도전율, μ : 투자율, f : 전원 주파수, δ : 표피 두께(침투 길이) 【답】④

12 반지름 a[m]인 도체구가 접지되어 있지 않고 절연되어 있을 경우에 도체구의 중심에서 d[m] 떨어진 점에 점전하 Q[C]를 주었을 때 도체구에 유도된 전하의 총합은 얼마인가?

① 1

② $\dfrac{a}{d}Q$

③ $-\dfrac{a}{d}Q$

④ 0

비접지 도체구

영상전하 : $Q = -\dfrac{a}{d}Q$이므로 도체 내에도 반대 전하인 $Q' = +\dfrac{a}{d}Q$가 유도된다.

따라서 전하의 총합은 0이다.

【답】 ④

13 강자성체의 성질에 대한 설명으로 옳은 것은?
① 투자율은 외부 자계와 무관하게 일정하다.
② 외부 자계와 자속밀도 사이에 선형적 관계가 있다.
③ 보자력 강화시키면 잔류자기도 증가한다.
④ 일정 온도 이상 올리면 자성이 상실된다.

강자성체 특징
• 자구(magnetic domain)가 존재(자구는 물질의 종류나 상태에 따라 다르다)
• 히스테리시스 현상
• 고투자율($\mu_s \gg 1$)
• 자기포화 특성
* 퀴리(Curie)온도 : 자화된 철의 온도를 높일 때 자화가 서서히 감소하다가 급격히 강자성이 상자성으로 변하면서 강자성을 잃어버리는 온도, 순철에서 770[℃]

【답】 ④

14 지표상 h[m]의 높이에 평행 가설된 반지름 a[m]인 도선의 단위 길이당 대지 정전용량은 몇 [F/m] 인가?(단, $h \geq a$이다)

① $\dfrac{2\pi\epsilon_0}{\ln\dfrac{2h}{a}}$
② $\dfrac{2\pi\epsilon_0}{\ln\dfrac{a}{2h}}$
③ $\dfrac{\pi\epsilon_0}{\ln\dfrac{2h}{a}}$
④ $\dfrac{\pi\epsilon_0}{\ln\dfrac{a}{2h}}$

【답】 ①

15 와전류손과 히스테리시스손은 각각 최대 자속밀도의 몇 승에 비례하는가?
① 와전류손: 1.8, 히스테리시스손: 1.8
② 와전류손: 1.6, 히스테리시스손: 2.0
③ 와전류손: 2.0, 히스테리시스손: 1.6
④ 와전류손: 3.0, 히스테리시스손: 1.0

히스테리시스 손실 $P_h = \eta f B_m{}^{1.6}$[W] : 최대자속밀도의 1.6승에 비례

와전류손 $P_e = \sigma_e (t f k_f B_m)^2$: 최대자속밀도의 2승에 비례

【답】 ③

16 유전체를 넣은 콘덴서의 용량이 20[μF]이다. 여기에 500[V]의 전압을 인가했을 때의 누설전류는 몇 [mA]인가?(단, 고유 저항 $\rho = 10^{11}$[$\Omega \cdot$m], 비유전율 $\epsilon_r = 2.2$이다)
① 2.2
② 3.6
③ 6.4
④ 5.1

$RC = \rho\epsilon$ 접지저항 $R = \dfrac{\rho\epsilon}{C}[\Omega]$

누설전류 $I = \dfrac{V}{R} = \dfrac{CV}{\rho\epsilon} = \dfrac{CV}{\rho\epsilon_0\epsilon_s} = \dfrac{20 \times 10^{-6} \times 500 \times 10^3}{10^{11} \times 8.855 \times 10^{-12} \times 2.2} = 5.1[\text{mA}]$ 【답】 ④

17 간격 d[m]인 두 개의 평행판 전극 사이에 유전체가 있다. 전극 사이에 전압 $v(t) = V_m \sin\omega t$[V]를 가했을 때 전도전류의 위상은?

① 변위전류보다 90° 빠르다.   ② 변위전류보다 90° 느리다.

③ 변위전류보다 45° 느리다.   ④ 변위전류보다 45° 빠르다.

 Explanation

전도전류 밀도 : $i = kE = k\dfrac{V}{d} = k\dfrac{V_m \sin\omega t}{d}$

변위전류 밀도 : $i_d = \dfrac{\partial D}{\partial t} = \epsilon\dfrac{\partial E}{\partial t} = \epsilon\dfrac{\partial}{\partial t}\left(\dfrac{V}{d}\right) = \dfrac{\epsilon}{d}\dfrac{\partial}{\partial t}V_m \sin\omega t = \dfrac{\omega\epsilon}{d}V_m \cos\omega t \, [\text{A/m}^2]$

따라서 전도전류가 변위전류보다 90도 늦다. 【답】 ②

18 그림과 같이 균일한 자계의 H[AT/m] 자계의 세기가 $\pm m$[Wb], 길이 l[m]인 막대자석을 그 중심 주위에 회전할 수 있도록 놓는다. 이때 이 자석과 자계의 방향이 이룬 각을 θ라 하면 자석이 받는 회전력[N·m]은?

① $mHl\cos\theta$

② $2mHl\sin\theta$

③ $mHl\sin\theta$

④ $2mHl\cos\theta$

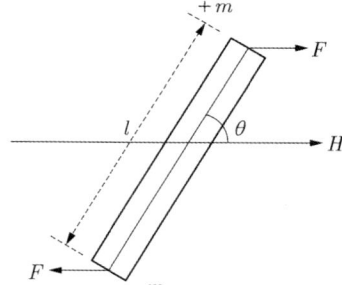

Explanation

자성체에 의한 토크 $T = M \times H = MH\sin\theta = ml\,H\sin\theta\,[\text{N·m}]$ 【답】 ③

19 10[V]의 기전력을 유기시키려면 5초 간에 몇 [Wb]의 자속을 끊어야 하는가?

① 2   ② 10

③ 25   ④ 50

Explanation

패러데이-렌츠의 법칙 : $e = \dfrac{d\phi}{dt}$ 에서 $10 = \dfrac{d\phi}{5}$

따라서 자속의 변화율은 $d\phi = 10 \times 5 = 50[\text{Wb}]$ 【답】 ④

20 시간적으로 변화하지 않는 보존적인 전계가 비회전성이라는 의미를 나타내는 식으로 맞는 것은?

① $\nabla \cdot E = 0$ ② $\nabla^2 \cdot E = 0$

③ $\nabla \cdot E = \infty$ ④ $\nabla \times E = 0$

Explanation

정전계(시간적으로 변화하지 않는 계)

$\oint E \cdot dl = 0$에서 스토욱스의 정리를 적용하면

$\oint E \cdot dl = \oint rot\, E\, ds = 0$에서 $\nabla \times E = 0$ (비회전성) 【답】④

2과목　전력공학

21 송전선로의 중성점 접지의 주된 목적은?

① 송전용량의 극대화　　　　　　② 이상전압의 발생방지
③ 단락전류 제한　　　　　　　　④ 전압강하의 극소화

Explanation

송전선의 중성점 접지 목적
• 1선 지락 시 전위 상승 억제, 계통의 기계 기구의 절연 보호
• 지락 사고 시 보호 계전기 동작의 확실
• 과도안정도 증진
• **이상전압 발생 방지**　　　　　　　　　　　　　　　　　【답】②

22 배전선의 전압을 조정하는 방법은?

① 영상변류기 설치　　　　　　　② 중성점 접지
③ 병렬콘덴서 사용　　　　　　　④ 주상변압기 탭 전환

Explanation

배전선로 전압조정장치
• 승압기
• 유도전압조정기(부하에 따라 전압 변동이 심한 경우)
• **주상변압기 탭 조정**　　　　　　　　　　　　　　　　　【답】④

23 수전용 변전설비의 1차 측에 설치되는 차단기의 용량을 결정할 때 필요한 값은?

① 공급 측 전원의 단락용량　　　② 부하설비의 단락용량
③ 수전 계약용량　　　　　　　　④ 수전전력의 역률과 부하율

Explanation

차단기 용량 $P_s = \sqrt{3} \times$정격전압$\times$정격차단전류[MVA]
단락용량 $P_s = \sqrt{3} \times$공칭전압$\times$단락전류[MVA]
차단기용량 ≥ 단락용량
따라서 **차단기 용량은 공급측 단락용량를 기준으로 선정한다.**　　【답】①

24 원자로에서 카드뮴 봉(rod)에 대한 설명으로 옳은 것은?

① 생체차폐를 한다.　　　　　　　② 냉각재로 사용된다.
③ 핵분열 연쇄반응을 제어한다.　④ 감속재로 사용된다.

Explanation

제어재

- 중성자의 밀도를 조절하여 원자로의 출력 조정
- 중성자를 잘 흡수하는 물질
- B(붕소), Cd(카드뮴), Hf(하프늄)　　　　　　　　　　　　　　　　　　　　　　　　　**【답】③**

25 직렬 콘덴서를 선로에 설치할 때의 현상으로 옳은 것은?
　① 선로의 리액턴스가 증가된다.　　　　　② 계통의 정태안정도를 증가시킨다.
　③ 선로의 전압강하를 줄일 수 없다.　　　④ 부하의 역률을 개선한다.

Explanation

직렬콘덴서(직렬축전지)는 유도 리액턴스에 의한 선로의 전압 강하 보상용으로 전압변동을 줄이고 정태안정도를 개선하기 위해 사용한다. 역률개선에는 큰 영향이 없다.　　　　　　　　　　　　　　　　　　　　　　　**【답】②**

26 송전계통의 접지에 대한 다음 설명 중 옳은 것은?
　① 비접지 방식을 택하는 경우 지락전류 차단이 용이하고 장거리 송전을 할 경우 이중고장의 발생을 예방하기 좋다.
　② 소호리액터 접지방식은 선로의 정전용량과 직렬공진을 이용한 것으로 지락전류가 타방식에 비해 좀 큰 편이다.
　③ 직접 접지방식을 채용하는 경우 중성점이 0전위이므로 변압기 선정 시 단절연이 가능하다.
　④ 고저항 접지방식은 이 중 고장을 발생시킬 확률이 거의 없으며 비접지식보다는 많은 편이다.

Explanation

- 소호리액터 접지 방식 : 선로의 정전 용량과 병렬공진을 이용한 것. 1선 지락전류는 최소
- 고저항 접지 방식 : 다중 고장이 비접지방식보다 적다.
- 비접지 방식 : 지락전류가 적어 보호계전기 동작이 신속하지 않다.　　　　　　　　　　**【답】③**

27 3상 3선식 전선에서 일정한 거리에 일정한 전력을 송전할 경우 선로에서의 전력손실은?
　① 전류의 제곱에 비례한다.　　　　　　　② 선간전압에 반비례한다.
　③ 전류에 비례한다.　　　　　　　　　　④ 선간전압에 제곱에 비례한다.

Explanation

$$선로손실\ P_l = 3I^2R = (\frac{P}{\sqrt{3}\,V\cos\theta})^2 \times R = \frac{P^2R}{V^2\cos^2\theta} \propto \frac{1}{V^2}$$

따라서 **선로손실(저항손)은 전류의 제곱에 비례**한다.　　　　　　　　　　　　　　　　**【답】①**

28 수력 발전소의 댐(Dam)의 설계 및 저수지 용량 등을 결정하는 데 사용되는 것으로서 가장 알맞은 것은?
　① 유황곡선　　　　　　　　　　　　　　② 유량도
　③ 적산 유량곡선　　　　　　　　　　　　④ 수위 유량곡선

Explanation

적산 유량 곡선
- 매일의 수량을 차례로 적산해서 가로축에 일수를, 세로축에 적산
- 수량을 그린 그림으로 **수력 발전소 댐(Dam)의 설계 및 저수지의 용량** 등을 결정하는 데 사용　　　**【답】③**

29 송전선로에서 코로나 임계전압이 높아지는 경우는 다음 중 어느 것인가?
　① 상대공기밀도가 낮은 경우　　　　　　② 기압이 낮은 경우
　③ 온도가 높아지는 경우　　　　　　　　④ 전선의 지름이 큰 경우

코로나 임계 전압 $E = 24.3m_0m_1\delta d\log_{10}\dfrac{D}{r}$[kV]

m_0 : 전선의 표면 상태

m_1 : 천후 계수

δ : 상대 공기 밀도 $= \dfrac{0.386b}{273+t}$ (b : 기압, t : 온도)

d : 전선의 지름

따라서 **코로나 임계전압이 높아지려면 상대 공기밀도가 높고, 전선의 직경이 커야한다.**

또한, 맑은 날, 기압이 높고, 온도가 낮은 경우에 임계전압이 높다.

【답】④

30 정격전압이 3상 6,600[V]이고, 단락 전류가 40[kA]일 때 사용하여야 하는 차단기의 단락용량[MVA]은 약 얼마인가?

① 250

② 585

③ 478

④ 375

Explanation

단락용량 $P_s = \sqrt{3}\,VI_s$ 에서

$\quad = \sqrt{3}\times 6.6\times 40 = 457$[MVA]

차단기의 용량 $\geq$ 단락용량

【답】③

31 송전계통의 안정도 향상대책 중 틀린 것은?

① 송전전압을 높인다.

② 계통의 리액턴스를 증가시키기 위하여 직렬 리액터를 설치한다.

③ 발전기의 단락비를 크게 하거나 중간 조상기를 설비한다.

④ 속응여자방식을 채용하거나 고속도 재폐로방식을 채용한다.

Explanation

안정도 향상 대책

• **직렬 리액턴스(X)를 작게 한다.**

• 전압 변동을 작게 한다.

• 중간 조상 방식을 채용한다.

• 고장 전류를 줄이고 고장 구간을 신속하게 차단한다.

【답】②

32 $E_s = AE_r + BI_r,\ I_s = CE_r + DE_r$을 만족하는 전력 원선도의 반경 크기는?

① $\dfrac{E_s \cdot E_r}{B}$

② $\dfrac{E_s \cdot E_r}{C}$

③ $\dfrac{E_s \cdot E_r}{D}$

④ $\dfrac{E_s \cdot E_r}{A}$

Explanation

전력원선도(송 · 수전단 전압, 일반회로 정수(A, B, C, D))

가로축 : 유효전력,　세로축 : 무효전력

원선도 반지름 : $\dfrac{E_s E_r}{B}$

【답】①

33 다음 중 VCB의 소호원리로 알맞은 것은?

① 절연유 분해가스의 흡부력을 이용해서 차단　② 고진공에서 전자의 고속도 확산에 의해 차단

③ 고성능 절연특성을 가진 가스를 이용하여 차단　④ 압축된 공기를 아크에 불어넣어서 차단

Explanation

차단기의 종류와 특징

	특　징	소호 매질
VCB 진공차단기	• 소형, 경량 • 차단성능이 우수, 소음 없음 • 고진공에서 전자의 고속도 확산에 의해 차단	진공

【답】②

34 동일 굵기의 전선으로 된 3상 3선식 2회선 송전선이 있다. A회선의 전류는 100[A], B회선의 전류는 50[A]이고 선로 손실은 합계 50[kW]이다. 개폐기를 닫아서 두 회선을 병렬로 사용하여 합계 150[A]의 전류를 통하게 하려면 선로 손실[kW]은?

① 50

② 40

③ 45

④ 55

Explanation

계산 : $I_A^2 R + I_B^2 R = 50[\text{kW}]$

$100^2 R + 50^2 R = 50 \times 10^3$ 이므로 $R = 4[\Omega]$

양 회선을 병렬로 사용할 때 동일 굵기의 전선이라면 두 회선에 동일한 전류가 흐르므로

2회선 $\times 75^2 R = 2 \times 75^2 \times 4 = 45,000[\text{W}] = 45[\text{kW}]$

【답】③

35 10[kVA] 단상 변압기 3대를 △–△결선으로 사용하고 있을 때, 1대의 고장으로 이것을 제거하고 나머지 2대를 V–V결선으로 사용하면 약 몇 [kVA]의 부하까지 걸 수 있는가?

① 16.8

② 16.3

③ 17.3

④ 17.8

Explanation

V결선 출력

$P_V = \sqrt{3}\,K = \sqrt{3} \times 10 = 17.3[\text{kVA}]$　　　여기서, K는 변압기 1대 용량

【답】③

36 단상 2선식 배전선로에서 대지 정전용량을 C_s, 선간정전용량을 C_m이라 할 때 합성 정전용량은?

① $C_s + 3C_m$

② $2C_s + C_m$

③ $C_s + 2C_m$

④ $C_s + C_m$

Explanation

1선당 작용정전용량

• 단상 2선식 : $C = C_s + 2C_m$

• 3상 3선식 : $C = C_s + 3C_m$

【답】③

37 배전선로의 전기방식 중 전선의 중량(전선비용)이 가장 적게 소요되는 전기방식은?(단, 배전전압, 거리, 전력 및 전력손실은 같다고 한다)

① 단상 3선식

② 단상 2선식

③ 3상 3선식

④ 3상 4선식

전기방식별 비교

	소요전선량
단상 2선식	1
단상 3선식	3/8=0.375
3상 3선식	3/4=0.75
3상 4선식	1/3=0.33

【답】④

38 차단기의 정격전압 별 정격차단시간이 잘못 연결된 것은?(단, 60[Hz]기준이다)
① 25.8[kV], 5cycle
② 170[kV], 3cycle
③ 362[kV], 1cycle
④ 72.5[kV], 5cycle

우리나라 차단기의 정격전압과 정격차단시간

공칭전압(kV)	6.6	22.9	66	154	345
정격전압(kV)	7.2	25.8	72.5	170	362
차단기의 정격차단시간(Cycles) (60Hz 기준)	5	5	5	3	3

【답】③

39 피뢰기의 제한전압이란?
① 피뢰기 동작 중 단자전압의 파고값
② 피뢰기에 걸린 회로 전압
③ 속류를 끊을 수 있는 최고의 교류전압
④ 특성요소에 흐르는 전압의 순시값

피뢰기의 제한전압 : 피뢰기 동작 중 단자전압의 파고 값
　　　　　　　절연협조의 기본이 되는 값

【답】①

40 피뢰기에 대한 설명으로 틀린 것은?
① 유도뢰에 의한 전압파는 정반사 한다.
② 이상전압의 방전과 속류차단의 작용을 한다.
③ 충격방전 개시전압이 높아야 한다.
④ 상용주파 개시전압이 높아야 한다.

피뢰기의 구비조건
• 상용주파 방전개시전압이 높을 것
• 충격방전 개시전압이 낮을 것
• 제한전압이 낮을 것
• 속류차단능력이 우수할 것
• 내구성이 있을 것

【답】③

3과목　전기기기

41 직류기의 다중 중권 병렬회로수 a와 극수 P는 어떤 관계에 있는가? (단, 다중도는 m이다)

① $a = mP$ ② $a = 2$
③ $a = 2m$ ④ $a = P$

> **Explanation**

중권과 파권 비교

비교항목	단중 중권	단중 파권
전기자의 병렬회로수	a=P(mP)	a=2(2m)

【답】①

42 동기발전기의 단락곡선과 관계가 있는 요소로 옳은 것은?

① 무부하 유도기전력과 단락전류   ② 계자전류와 단락전류
③ 무부하 유도기전력과 전부하 단락전압   ④ 계자전류와 전부하 단락전압

> **Explanation**

• 단락비 계산 : 무부하 포화 시험, 3상 단락시험

【답】②

43 서보모터에 대한 설명으로 틀린 것은?

① 기동토크가 큰 특성을 가져야 한다.
② 응답속도가 빨라야 하기 때문에 회전자의 관성이 작아야 한다.
③ 기동, 정지 및 역회전 동작을 자주 되풀이 할 경우에는 내열성을 고려하여야 한다.
④ 전기자의 직경이 크고 길이가 짧아야 한다.

> **Explanation**

서보모터의 특성
• 기동토크가 클 것
• 응답속도가 빠르고 시정수가 적을 것
• 급가감속, 정역 운전이 가능할 것
• **관성모멘트가 적을 것(회전자를 가늘고 길게)**
• 토크 – 속도곡선이 수하특성을 가질 것

【답】④

44 그림의 정류자형 주파수변환기의 전기자 권선에 슬립링(SR)을 통해 주파수 f_1의 교류 전압을 인가하고 전기자를 회전자계 Φ와 반대 방향, 같은 속도로 회전시킬 때 브러시 전압(E_e)의 주파수는? (단, n: 회전자의 속도, n_s: 회전자계의 속도, s: 슬립이다)

① f_1
② 0
③ 1
④ $n_s f_1$

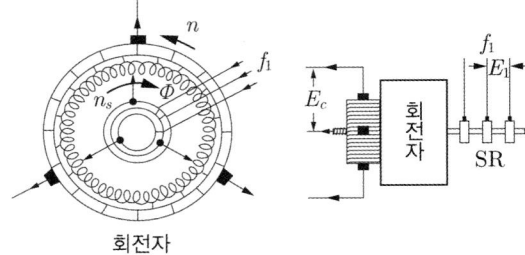

회전자

> **Explanation**

【답】②

45 직류 분권 전동기의 단자전압과 계자전류를 일정하게 하고 2배의 속도로 2배의 토크를 발생하는 데 필요한 전력 P'은 처음 전력 P의 몇 배인가?

① $P' = 4P$
② $P' = 2P$
③ $P' = P$
④ $P' = 8P$

Explanation

토크 $\tau = \dfrac{P}{\omega} = 0.975 \times \dfrac{P}{N}$ 에서

출력 $P = 1.026 N\tau$
따라서 $P \propto N\tau$ 이므로 $P' = 2N \times 2\tau = 4P$

【답】 ①

46 변압기 결선 방식에서 △–△결선 방식의 특성이 아닌 것은?

① 110[kV] 이상 되는 계통에서 많이 사용되고 있다.
② 외부에 고조파 전압이 나오지 않으므로 통신장해의 염려가 없다.
③ 단상 변압기 3대 중 1대의 고장이 생겼을 때 2대를 V 결선하여 운전할 수 있다.
④ 중성점 접지를 할 수 없다.

Explanation

△–△결선의 특징
• 1대 고장 시 V–V 결선으로 3상 전력 공급이 가능하다.
• 제 3고조파 전류가 △결선 내를 순환하므로 정현파 교류전압을 유기하여 기전력의 파형이 왜곡되지 않는다.
• 중성점을 접지할 수 없으므로 이상전압에 의한 전압 상승이 크며 지락사고 검출이 곤란하다.
• 권수가 다른 변압기를 결선하면 순환전류가 흐른다.
• 각 상의 임피던스가 다를 경우 3상 부하가 평형이 되어도 변압기의 부하전류는 불평형이 된다.
※ 비접지 방식은 우리나라의 3.3[kV], 6.6[kV]의 저전압 단거리 선로에서 사용

【답】 ①

47 3상 유도전동기에서 비례추이를 하지 않는 것은?

① 역률
② 1차 전류
③ 효율
④ 토크

Explanation

• 비례 추이할 수 있는 특성 : 1차 전류, 2차 전류, 역률, 동기 와트 등
• 비례 추이할 수 없는 특성 : 출력, 2차 동손, 효율 등

【답】 ③

48 변압기의 동손과 철손의 비율을 α라 할 때, 최대효율을 나타내는 부하전류와의 관계는?
(단, α는 $\sqrt{\dfrac{철손}{동손}}$ 이다)

① α가 커지면 부하전류가 커진다.
② α가 커지면 부하전류가 작아진다.
③ α가 커지면 그 제곱에 비례하여 부하전류가 커진다.
④ 부하전류는 α와 관계없다.

Explanation

변압기의 부하손은 대부분 동손이며
동손 $P_c = I^2 R$이므로 부하전류가 커지면 동손이 제곱에 비례하여 커지므로
α가 커지면 철손에 비해 부하손(동손)이 적어지므로 부하전류가 적어지게 된다.

【답】 ②

49 유도전동기에서 동기와트로 표시되는 것은?

① 1차 입력

② 기계적 출력

③ 토크

④ 기계적 속도

Explanation

유도전동기 토크 $\tau = \dfrac{P_2}{\omega_s} [\mathrm{N \cdot m}]$

$\tau = 0.975 \times \dfrac{P_2}{N_s} [\mathrm{kg \cdot m}]$

동기와트 $P_2 = 1.026 N_s T [\mathrm{W}]$

따라서 동기 와트는 동기 속도 하에서의 2차 입력을 말하며 토크로 표시한다.

【답】③

50 변압기 결선방법 중 3상 전원을 이용하여 2상 전압을 얻고자 할 때 사용하는 결선 방법은?

① 환상 결선

② 2중 3각 결선

③ 스콧 결선

④ 포크 결선

Explanation

변압기 상수 변환법

• **3상에서 2상변환** : scott 결선(=T결선), Meyer 결선, wood bridge 결선

• **3상에서 6상변환** : Fork 결선, 2중 성형 결선 환상 결선, 대각 결선, 2중△결선

【답】③

51 3상 권선형 유도전동기가 동기속도의 50[%] 정도로 회전을 하며 그 이상 속도가 증가하지 않는 경우에 그 원인은?

① 2차 권선 등 두 선을 바꾸어서 결선

② 2차 측에 있는 슬립링이 단락

③ 1차 권선 중 두 선을 바꾸어서 결선

④ 2차 권선 중 한 선이 단선

Explanation

게르게스(Gorges)현상

3상 권선형 유도전동기의 2차회로 중 1선이 단선된 경우에 약간의 과부하 상태에서 슬립 $s = 0.5$ 부근에서 가속되지 않는 현상

【답】④

52 게이트에 의한 턴온(turn-on)을 이용하지 않는 소자는?

① TRIAC

② DIAC

③ GTO

④ SCR

Explanation

DIAC : 2극 양방향성소자로 게이트가 없다.

【답】②

53 출력이 20[kW]인 직류발전기의 효율이 80[%]이면 손실은 몇 [kW]인가?

① 5

② 1

③ 2

④ 8

Explanation

효율 $\eta = \dfrac{출력}{입력} \times 100[\%] = \dfrac{출력}{출력 + 손실}$

따라서 손실 $= \dfrac{출력}{\eta} - 출력 = \dfrac{20 \times 10^3}{0.8} - 20 \times 10^3 = 5,000[\mathrm{W}]$ ∴ 5[kW]

【답】①

54 10[N · m]의 토크로 매분 1,000[회]로 회전하는 전동기의 출력은 약 몇 [kW]인가?

① 5   ② 2

③ 1   ④ 0.1

Explanation

- 토크 $T = \dfrac{P}{\omega}[\text{N} \cdot \text{m}]$

- 출력 $P = \omega T = 2\pi \dfrac{N}{60} \times T = 2\pi \times \dfrac{1,000}{60} \times 10 \times 10^{-3} = 1.04[\text{kW}]$ 【답】③

55 4극 7.5[kW], 200[V], 60[Hz]인 3상 유도전동기가 있다. 전부하에서의 2차 입력이 7,950[W]라면 2차 효율은 약 몇 [%]인가? (단, 기계손은 130[W]이다)

① 96   ② 98

③ 94   ④ 90

Explanation

- 출력 $P_0 = P + P_m = 7,500 + 130 = 7,630[\text{W}]$

- 2차 효율 $\eta_2 = \dfrac{P_o}{P_2} \times 100 = \dfrac{7,630}{7,950} \times 100 = 96[\%]$ 【답】①

56 6극 직류발전기의 정류자 편수가 132, 무부하 단자전압이 220[V], 직렬 도체 수가 132개이고 중권이다. 정류자 편간 전압은 몇 [V]인가?

① 20   ② 40

③ 30   ④ 10

Explanation

정류자 편간전압 $e = \dfrac{PE}{K} = \dfrac{220 \times 6}{132} = 10[\text{V}]$

여기서, e : 정류자 편간 전압, E : 유기 기전력, K : 정류자 편수, P : 극수 【답】④

57 20극의 3상 동기 발전기 360[rpm]으로 회전할 때 단자전압이 6,600[V]이다. 슬롯 수가 180이고 2층권이며, 1개 코일의 권수는 2이다. 권선 계수가 0.9이면 1극당의 자속[Wb]은?(단 전기자는 Y결선이다)

① 0.066   ② 1.32

③ 0.66   ④ 0.132

Explanation

동기발전기 유기기전력 $E = 4.44 k_w f \omega \phi[\text{V}]$

1상의 기전력 $E = \dfrac{6,600}{\sqrt{3}} = 3,810.6[\text{V}]$

주파수 $f = \dfrac{pN_s}{120} = \dfrac{20 \times 360}{120} = 60[\text{Hz}]$

1상당 직렬 권회수 $\omega = \dfrac{180 \times 2}{3} = 120$

$\therefore \phi = \dfrac{E}{4.44 k_w f \omega} = \dfrac{3,810.6}{4.44 \times 0.9 \times 60 \times 120} = 0.132[\text{Wb}]$ 【답】④

58 정격이 동일한 A, B 두 대의 단상 변압기 1,500[kVA]의 임피던스 부하는 각각 6[%], 4[%]이다. 이것을 병렬로 하면 최대 몇 [kVA]의 부하를 걸 수 있는가?
① 3,000   ② 2,500
③ 2,000   ④ 1,500

Explanation

변압기 병렬운전 시의 부하분담은 용량이 크고 %강하가 적은 변압기의 용량은 전부 적용하고 나머지 용량은 부하 분담에 따라 분담한다.
용량 1,500[kVA], 4[%]의 변압기를 A변압기
용량 1,500[kVA], 6[%]의 변압기를 B변압기라 하면
따라서, 용량 1,500[kVA], 4[%]의 A변압기의 용량은 모두 사용하고

$$\frac{P_a}{P_b} = \frac{P_A}{P_B} \times \frac{\%Z_B}{\%Z_A} = \frac{1,500}{1,500} \times \frac{6}{4} = \frac{3}{2} \text{이므로}$$

$$P_b = P_a \times \frac{8}{9} = 1,500 \times \frac{2}{3} = 1,000[kVA]$$

$$P_a = 1,500[kVA], \quad P_b = 1,000[kVA]$$

따라서 전체 용량은 $P = P_a + P_b = 1,500 + 1,000 = 2,500[kVA]$ 【답】②

59 동기발전기의 자기여자현상 방지법에 해당되지 않는 것은?
① 발전기의 단락비를 크게 한다.   ② 송전선 말단에 동기조상기를 설치한다.
③ 충전전류를 증가시킨다.   ④ 발전기를 여러 대 병렬로 연결한다.

Explanation

동기발전기 자기여자 현상
발전기 단자에 장거리 선로가 연결되어 있을 때 무부하시 선로의 충전전류(앞선 역률)에 의해 단자 전압이 상승하여 절연이 파괴되는 현상

동기발전기 자기여자 방지책
• 수전단에 리액턴스가 큰 변압기 사용
• 발전기를 2 대 이상 병렬 운전
• 동기 조상기를 부족여자
• 단락비가 큰 기계사용   【답】③

60 IGBT의 특징으로 틀린 것은?
① BJT처럼 온드롭이 전류에 관계없이 낮고 거의 일정하여 MOSFET보다 훨씬 큰 전류를 흘릴 수 있다.
② 게이트와 에미터간 입력 임피던스가 매우 작아 BJT보다 구동하기 쉽다.
③ GTO 사이리스터처럼 역방향 전압저지 특성을 갖는다.
④ MOSFET처럼 전압 제어소자이다.

Explanation

IGBT(insulated gate bipolar transistor)
• 트랜지스터와 MOSFET를 조합한 것
• 고속 스위칭 소자
• 전력용 반도체 소자   【답】③

4과목   회로이론

61 회로에서 4단자 정수 A, B, C, D 중 C의 값은?

① $j\omega L$
② 1
③ $j\omega C$
④ $1 - j\omega(L + C)$

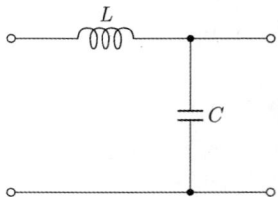

Explanation

$$\begin{bmatrix} A & B \\ C & D \end{bmatrix} = \begin{bmatrix} 1 & j\omega L \\ 0 & 1 \end{bmatrix} \begin{bmatrix} 1 & 0 \\ j\omega C & 1 \end{bmatrix} = \begin{bmatrix} 1 - \omega^2 LC & j\omega L \\ j\omega C & 1 \end{bmatrix}$$

【답】③

62 $f(t) = \sin(10t - 60°)$의 라플라스 변환은?

① $\dfrac{s + 5}{s^2 + 100}$

② $\dfrac{0.866s + 5}{s^2 + 100}$

③ $\dfrac{5 - 0.866s}{s^2 + 100}$

④ $\dfrac{s + 1}{s^2 + 100}$

Explanation

【답】③

63 다음과 같은 왜형파 교류 전압 $v(t)$와 전류 $i(t)$에 의해 소비되는 전력은 몇 [W]인가?

$$v(t) = 100\sin\omega t + 50\sin(3\omega t + 60°)\,[V]$$
$$i(t) = 20\cos(\omega t - 30°) + 10\cos(3\omega t - 30°)\,[A]$$

① 750
② 1,299
③ 1,732
④ 1,000

Explanation

유효전력(평균전력)은 주파수가 같을 때만 발생되므로
전류 $i(t) = 20\sin(\omega t + 60°) + 10\sin(3\omega t + 60°)$
유효전력 $P = V_1 I_1 \cos\theta_1 + V_3 I_3 \cos\theta_3$

$$= \frac{100}{\sqrt{2}} \times \frac{20}{\sqrt{2}} \cos 60° + \frac{50}{\sqrt{2}} \times \frac{10}{\sqrt{2}} \cos 0° = 750\,[W]$$

【답】①

64 대칭 3상 Y결선 부하에서 각 상의 임피던스가 $16 + j12\,[\Omega]$이고 부하전류가 10[A]일 때, 이 부하에서의 선간전압의 크기는 약 몇 [V]인가?

① 346.4
② 445.1
③ 229.1
④ 152.6

Explanation

상전류 $I_P = \dfrac{V_P}{Z}$ 에서

상전압 $V_p = Z I_p = \sqrt{16^2 + 12^2} \times 10 = 200[\text{V}]$

선간전압 $V_l = \sqrt{3} \, V_p = 200 \times \sqrt{3} = 346.4[\text{V}]$

【답】①

65 회로에서 저항 15[Ω]에 흐르는 전류 I[A]는?

① 6
② 2
③ 0.5
④ 4

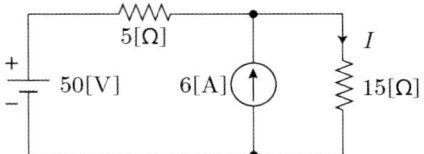

Explanation

중첩의 원리

50[V]에 의한 전류(전류원은 개방) : $I_1 = \dfrac{50}{5+15} = 2.5[\text{A}]$

6[A]에 의한 전류(전압원은 단락) : $I_2 = \dfrac{5}{5+15} \times 6 = 1.5[\text{A}]$

$\therefore I = I_1 + I_2 = 2.5 + 1.5 = 4[\text{A}]$

【답】④

66 어떤 부하에 $v(t) = 100\sin\left(100\pi t + \dfrac{\pi}{6}\right)$[V]의 전압을 가했을 때 흐르는 전류가

$i(t) = 10\cos\left(100\pi t - \dfrac{\pi}{3}\right)$[A]였다면, 이 부하의 소비전력은 몇 [W]인가?

① 500
② 866
③ 433
④ 250

Explanation

전류 $i = 10\cos\left(100\pi t - \dfrac{\pi}{3}\right) = 10\sin\left(100\pi t - \dfrac{\pi}{3} + \dfrac{\pi}{2}\right) = 10\sin\left(100\pi t + \dfrac{\pi}{6}\right)$

유효전력(평균전력, 소비전력)

$P = V I \cos\theta = \dfrac{100}{\sqrt{2}} \times \dfrac{10}{\sqrt{2}} \times \cos 0° = 500[\text{W}]$

【답】①

67 회로에서 $L = 50[\text{mH}]$, $R = 20[\text{k}\Omega]$인 경우 회로의 시정수는 몇 [μs]인가?

① 4.0
② 3.5
③ 3.0
④ 2.5

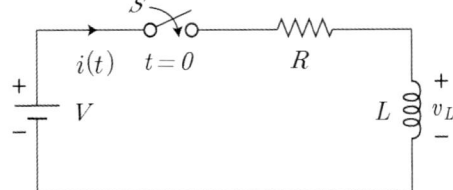

Explanation

$R - L$ 직렬회로

시정수 $\tau = \dfrac{L}{R} = \dfrac{50 \times 10^{-3}}{20 \times 10^3} = 2.5 \times 10^{-6} = 2.5[\mu\text{s}]$

【답】④

68 100$[\mu \mathrm{F}]$인 커패시터의 양단에 전압을 30$[\mathrm{V/ms}]$의 비율로 변화시킬 때 커패시터에 흐르는 전류$[\mathrm{A}]$의 크기는?

① 0.03

② 3

③ 0.3

④ 30

콘덴서에서의 전류 $i = C\dfrac{dv}{dt} = 100 \times 10^{-6} \times \dfrac{30}{10^{-3}} = 3[\mathrm{A}]$ 　　　　　　　　　　　【답】②

---

69 $\dfrac{di(t)}{dt} + 4i(t) + 4\displaystyle\int i(t)dt = 50u(t)$를 라플라스 변환을 이용하여 전류 $i(t)$를 구하면?
(단, $i(0) = 0$이다)

① $-50e^{2t}$

② $50te^{-2t}$

③ $-50e^{-2t}$

④ $50te^{2t}$

양변을 라플라스 변환하면

$sI(s) - 4I(s) + \dfrac{4}{s}I(s) = \dfrac{50}{s}$

$I(s)\left(s + 4 + \dfrac{4}{s}\right) = \dfrac{50}{s}$

$I(s) = \dfrac{\dfrac{50}{s}}{s + 4 + \dfrac{4}{s}} = \dfrac{50}{s^2 + 4s + 4} = \dfrac{50}{(s+2)^2}$

라플라스 역변환하면

$\therefore i(t) = \mathcal{L}^{-1}[I(s)] = 50te^{-2t}$ 　　　　　　　　　　　【답】②

---

70 대칭 n상 환상결선에서 선전류와 환상전류 사이의 위상차는?

① $\dfrac{\pi}{2}\left(1 - \dfrac{2}{n}\right)$

② $2\left(1 - \dfrac{2}{n}\right)$

③ $\dfrac{n}{2}\left(1 - \dfrac{2}{n}\right)$

④ $\dfrac{\pi}{2}\left(1 - \dfrac{n}{2}\right)$

환상 결선(△결선)에서

$I_l = 2\sin\dfrac{\pi}{n}I_P \angle -\dfrac{\pi}{2}\left(1 - \dfrac{2}{n}\right)$ 　　여기서, n은 상수

$V_l = V_p$ 　　　　　　　　　　　【답】①

---

71 대칭좌표법에 관한 설명으로 틀린 것은?

① 평형 3상 전압에서 영상분은 0이다.

② 평형 3상 전압은 정상분만 존재한다.

③ 불평형 3상 Y결선의 접지식 회로에서는 영상분이 존재한다.

④ 불평형 3상 Y결선의 비접지식 회로에서는 영상분이 존재한다.

대칭좌표법

- 비대칭 n상 회로계산(불평형 회로 계산)
- 대칭3상의 경우 영상분과 역상분은 0이고 정상분만 존재
- 접지식회로에만 영상분이 존재

【답】④

72 두 개의 전력계를 사용하여 평형 3상 역률을 측정하려고 한다. 전력계의 지시가 각각 P_1[W], P_2 [W]라 할 때 이 회로의 역률은?

① $\dfrac{\sqrt{P_1 + P_2}}{P_1 + P_2}$

② $\dfrac{P_1 + P_2}{P_1^2 + P_2^2 - 2P_1 P_2}$

③ $\dfrac{2(P_1 + P_2)}{\sqrt{P_1^2 + P_2^2 - P_1 P_2}}$

④ $\dfrac{P_1 + P_2}{2\sqrt{P_1^2 + P_2^2 - P_1 P_2}}$

Explanation

2전력계법
유효전력　$P = P_1 + P_2$ [W]
무효전력　$P_r = \sqrt{3}(P_1 - P_2)$ [Var]
피상전력　$P_a = 2\sqrt{P_1^2 + P_2^2 - P_1 P_2}$ [VA]

역률 $\cos\theta = \dfrac{P}{P_a} = \dfrac{P_1 + P_2}{2\sqrt{P_1^2 + P_2^2 - P_1 P_2}}$

【답】④

73 전류 $i(t) = 30\sin\omega t + 40\sin(3\omega t + 60°)$[A]의 실효값은 몇 [A]인가?

① $30\sqrt{2}$

② $25\sqrt{2}$

③ $50\sqrt{2}$

④ $40\sqrt{2}$

Explanation

비정현파의 실효값 : 각파의 실효값 제곱의 합의 제곱근

$I = \sqrt{I_0^2 + I_1^2 + I_2^2 + \cdots + I_n^2} = \sqrt{\left(\dfrac{30}{\sqrt{2}}\right)^2 + \left(\dfrac{40}{\sqrt{2}}\right)^2} = 25\sqrt{2}$ [A]

【답】②

74 어떤 교류전동기의 명판에 역률이 0.6이고 소비전력이 120[kW]일 때 이 전동기의 무효전력은 몇 [kVar]인가?

① 80

② 140

③ 160

④ 100

Explanation

소비전력 $P = VI\cos\theta$ [kW]

피상전력 $P_a = VI = \dfrac{P}{\cos\theta} = \dfrac{120}{0.6} = 200$ [kVA]

$\qquad P_a = VI = \sqrt{P^2 + P_r^2}$

무효전력 $P_r = \sqrt{P_a^2 - P^2} = \sqrt{200^2 - 120^2} = 160$[kVar]

【답】③

75 상순이 $a - b - c$인 회로에서 3상 전압이 $V_a = 3$[V], $V_b = 2 - j3$[V], $V_c = 4 + j3$[V]를 3상 불평형 전압이라고 할 때 영상분 전압[V]은?

① 6

② 9

③ 0

④ 3

Explanation

대칭좌표법에서

$$\begin{bmatrix} V_0 \\ V_1 \\ V_2 \end{bmatrix} = \frac{1}{3} \begin{bmatrix} 1 & 1 & 1 \\ 1 & a & a^2 \\ 1 & a^2 & a \end{bmatrix} \begin{bmatrix} V_a \\ V_b \\ V_c \end{bmatrix}$$

영상분 $V_0 = \frac{1}{3}(V_a + V_b + V_c) = \frac{1}{3}(3 + 2 - j3 + 4 + j3) = 3[V]$

【답】 ④

76 회로에서 절점 b의 전위[V]는?

① 90
② 110
③ 100
④ 120

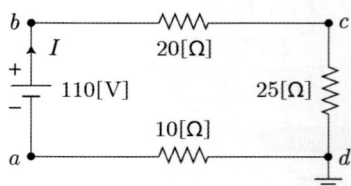

전체 전류 $I = \frac{V}{R} = \frac{110}{(20 + 25 + 10)} = 2[A]$

접지를 기준(0[V])으로 B점의 전위는 B와 C점의 사이의 전압과 C와 D점의 사이의 전압의 합이다.
따라서 B점의 전위는 $e_B = e_{BC} + e_{CD} = 40 + 50 = 90[V]$이다.

【답】 ①

77 $R - C$ 직렬회로의 입력단자에 계단전압을 인가했을 때 출력전압 $v_o(t)$는?

① 0부터 지수적으로 증가하여 입력과 같아진다.
② 같은 모양의 계단 전압이 나타난다.
③ 아무것도 나타나지 않는다.
④ 처음에는 입력과 같이 변했다가 지수적으로 감쇠한다.

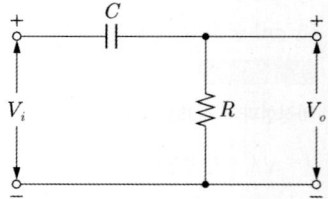

$R - C$ 직렬회로

전류 $i = \frac{E}{R} e^{-\frac{1}{RC}t}$

출력전압(저항에서의 전압) $v = Ri = R\frac{E}{R}e^{-\frac{1}{RC}t} = Ee^{-\frac{1}{RC}t}$

따라서 처음에는 입력과 같이 변했다가 지수적으로 감쇠한다.

【답】 ④

78 회로에서 단자 a, b사이의 합성 저항[Ω]은?

① $\frac{3}{2}r$　　　　　② $\frac{1}{2}r$
③ $3r$　　　　　　　④ r

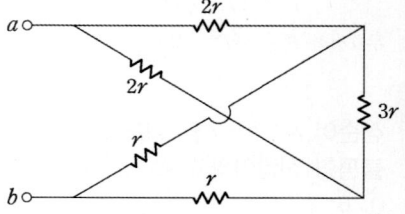

등가회로로 구성하면

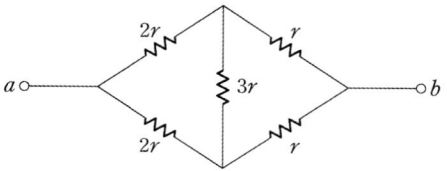

따라서 브리지 회로의 평형상태이므로
단자 a, b 사이의 합성 저항

$$R_{ab} = \frac{3r \times 3r}{3r + 3r} = \frac{9r^2}{6r} = \frac{3}{2}r \, [\Omega]$$

【답】①

79 다음의 회로가 정저항 회로로 되기 위한 C의 값은?

① $4[\mu F]$
② $6[\mu F]$
③ $8[\mu F]$
④ $10[\mu F]$

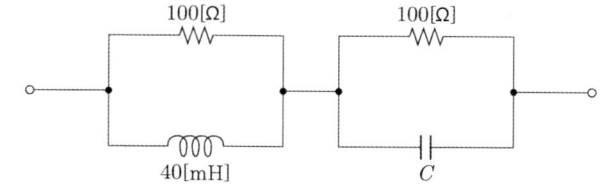

Explanation

정저항 회로 조건 $R = \sqrt{\dfrac{L}{C}}$ 에서

$$C = \frac{L}{R^2} = \frac{40 \times 10^{-3}}{100^2} \times 10^6 = 4[\mu F]$$

【답】①

80 그림과 같은 회로의 a–b 간에 20[V]의 전압을 가할 때 5[A]의 전류가 흐른다. r_1 및 r_2에 흐르는 전류의 비를 1:2로 하려면 r_1 및 r_2는 각각 몇 [Ω]인가?

① $r_1 = 2$, $r_2 = 4$
② $r_1 = 4$, $r_2 = 2$
③ $r_1 = 3$, $r_2 = 6$
④ $r_1 = 6$, $r_2 = 3$

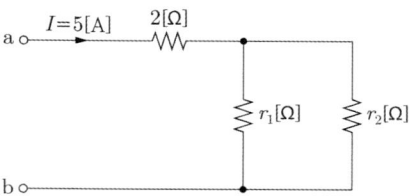

Explanation

합성저항 $R = \dfrac{V}{I} = \dfrac{20}{5} = 4[\Omega]$, $2 + \dfrac{r_1 r_2}{r_1 + r_2} = 4$

따라서 r_1, r_2의 병렬합성저항 $\dfrac{r_1 r_2}{r_1 + r_2} = 2[\Omega]$이며 $r_1 : r_2 = 2 : 1$에서 $r_1 = 2r_2$이므로 $\dfrac{2r_2^2}{2r_2 + r_2} = 2$에서 $r_2 = 3[\Omega]$이며, $r_1 = 6[\Omega]$이다.

【답】④

5과목 **전기설비기술기준**

81 저압전로 중의 전동기 보호용 과전류보호장치로 단락보호전용 퓨즈(aM)을 시설할 때 정격전류의 19배 고장전류에서의 용단시간으로 적합한 것은?

① 1초 이내　　　　　　　　　　　　② 60초 이내
③ 0.5초 이내　　　　　　　　　　　④ 0.1초 이내

Explanation

(KEC 212.6.3조) 저압전로 중의 전동기 보호용 과전류보호장치의 시설

정격전류의 배수	불용단시간	용단시간
4배	60초 이내	–
6.3배	–	60초 이내
8배	0.5초 이내	–
10배	0.2초 이내	–
12.5배	–	0.5초 이내
19배	–	**0.1초 이내**

【답】④

82 사용전압 22.9[kV]의 특고압 가공전선을 시가지에 시설할 경우 그 높이는 지표상 몇 [m]이어야 하는가? (단, 전선은 특고압 절연전선이다)

① 8　　　　　　　　　　　　　　　② 6
③ 4　　　　　　　　　　　　　　　④ 5

Explanation

(KEC 333.1조) 시가지 등에서 특고압 가공전선로의 시설
사용전압이 170[kV] 이하인 전선로를 다음에 의하여 시설하는 경우 전선의 지표상의 높이는 표에서 정한 값 이상일 것

사용전압의 구분	지표상의 높이
35[kV] 이하	**10[m](전선이 특고압 절연전선인 경우에는 8[m])**
35[kV] 초과	10[m]에 35[kV]를 초과하는 10[kV] 또는 그 단수마다 0.12[m]를 더한 값

【답】①

83 연료전지를 자동으로 전로로부터 차단하는 장치가 동작해야 하는 경우가 아닌 것은?

① 연료전지에 저전류가 생긴 경우
② 발전요소의 발전전압에 이상이 생겼을 경우
③ 연료가스 출구에서의 산소농도가 현저히 상승하는 경우
④ 연료전지의 온도가 현저하게 상승한 경우

Explanation

(KEC 542.2.1조) 연료전지설비의 보호장치
자동적으로 이를 전로에서 차단하고 연료전지에 연료가스 공급을 자동적으로 차단하며 연료전지내의 연료가스를 자동적으로 배제하는 장치를 시설
① **연료전지에 과전류가 생긴 경우**
② 발전요소의 발전전압에 이상이 생겼을 경우 또는 연료가스 출구에서의 산소농도 또는 공기 출구에서의 연료가스 농도가 현저히 상승한 경우
③ 연료전지의 온도가 현저하게 상승한 경우

【답】①

84 가공전선로의 지지물에 하중이 가해지는 경우 그 하중을 받는 지지물의 기초의 안전율은 얼마 이상이어야 하는가?

① 2.5　　　　　　　　　　　　　　② 2.0
③ 1.5　　　　　　　　　　　　　　④ 3.0

Explanation

(KEC 331.7조) 가공전선로 지지물의 기초의 안전율
가공전선로의 지지물에 하중이 가하여지는 경우에 그 하중을 받는 지지물의 기초의 안전율은 2(333.14의 1에 규정하는 이상 시 상정하중이 가하여지는 경우의 그 이상 시 상정하중에 대한 철탑의 기초에 대하여는 1.33) 이상이어야 한다. 【답】②

85 발전기나 이를 구동하는 장치에 이상이 발생하였을 때 발전기를 전로로부터 자동적으로 차단하는 장치를 설치하여야 하는 경우로 옳은 것은?
① 용량이 5,000[kVA]인 발전기의 내부에 고장이 생긴 경우
② 용량이 1,000[kVA]인 수차 발전기의 스러스트 베어링의 온도가 현저히 상승한 경우
③ 발전기에 과전류나 과전압이 생긴 경우
④ 용량이 300[kVA]인 발전기를 구동하는 수차의 압유장치의 유압이 현저히 저하한 경우

Explanation

(KEC 351.3조) 발전기 등의 보호 장치
발전기에는 다음과 같은 경우에 **자동적으로 이를 전로로부터 차단하는 장치를 시설하여야** 한다.
① **발전기에 과전류나 과전압이 생긴 경우**
② 용량이 500[kVA] 이상인 발전기를 구동하는 수차 압유 장치의 유압이 현저히 저하한 경우
③ 용량이 10,000[kVA] 이상인 발전기의 내부에 고장이 생긴 경우
④ 용량이 2,000[kVA] 이상인 수차 발전기의 스러스트 베어링의 온도가 현저히 상승한 경우 【답】③

86 옥외용 비닐절연전선을 사용한 저압가공전선을 횡단보도교 위에 시설하는 경우 그 전선의 노면상 높이는 얼마 이상이어야 하는가?
① 3.5
② 4.0
③ 3.0
④ 2.5

Explanation

(KEC 222.7조) 저압 가공전선의 높이
횡단보도교의 위에 시설하는 경우 : 그 노면상 3.5[m](전선이 저압 절연전선(인입용 비닐절연전선·450/750[V] 비닐절연전선·450/750[V] 고무 절연전선·옥외용 비닐절연전선을 말한다)·다심형 전선 또는 케이블인 경우에는 3[m]) 이상 【답】③

87 가공케이블 시설 시 저압 가공전선에 케이블을 사용하는 경우 조가용선은 몇 [㎟] 이상인 아연도강연선을 사용해야 하는가?
① 8
② 14
③ 22
④ 30

Explanation

(KEC 332.2조) 가공케이블의 시설
조가용선은 인장강도 5.93[kN] 이상의 것 또는 단면적 22[㎟] 이상인 아연도강연선일 것 【답】③

88 라이팅덕트공사에서 덕트의 지지점 간의 거리는 몇 [m] 이하인가?
① 2.5
② 3.0
③ 1.5
④ 2.0

Explanation

(KEC 232.71조) 라이팅덕트공사
덕트의 지지점 간의 거리는 2[m] 이하로 할 것 【답】④

89 다음의 전차선 및 급전선의 최소 높이 중 직류 1,500[V]이고 동적인 경우 몇 [m]의 높이를 유지해야 하는가?

① 4.4
② 4
③ 3.6
④ 4.8

Explanation

(KEC 431.6조) 전차선 및 급전선의 높이

시스템 종류	공칭전압[V]	동적[mm]	정적[mm]
직류	750	4,800	4,400
	1,500	4,800	4,400

【답】 ④

90 폭연성 분진 또는 화약류 분말이 전기설비가 발화원이 되어 폭발할 우려가 있는 곳에 시설하는 저압 옥내 전기설비(사용전압이 400[V] 초과인 방전등을 제외)의 공사방법으로 적절한 것은?

① 캡타이어 케이블 공사
② 애자공사
③ 금속관공사
④ 합성수지관 공사

Explanation

(KEC 342.2.1조) 폭연성 분진 위험장소
폭연성 분진(마그네슘·알루미늄·티탄·지르코늄 등의 먼지가 쌓여있는 상태에서 불이 붙었을 때에 폭발할 우려가 있는 것) 또는 화약류의 분말이 전기설비가 발화원이 되어 폭발할 우려가 있는 곳에 시설하는 저압 옥내 전기설비(사용전압이 400[V] 초과인 방전등을 제외)의 저압 옥내배선, 저압 관등회로 배선 및 소세력 회로의 전선은 **금속관공사 또는 케이블공사(캡타이어 케이블을 사용하는 것을 제외**한다)에 의할 것 　　　　　　　　　　【답】 ③

91 교통신호등 제어장치의 2차측 배선의 최대사용전압은 몇 [V] 이하이어야 하는가?

① 500
② 450
③ 400
④ 300

Explanation

(KEC 234.15.1조) 교통신호등 사용전압
교통신호등 제어장치의 2차측 배선의 최대사용전압은 300[V] 이하이어야 한다. 　　　　　【답】 ④

92 가공전선로의 지지물에 시설하는 통신선과 고압 가공전선 사이의 이격거리는 몇 [cm] 이상이어야 하는가? (단, 고압 가공전선이 케이블이 아닌 경우이다)

① 15
② 30
③ 60
④ 75

Explanation

(KEC 362.2.4조) 전력보안통신선의 시설 높이와 이격거리 – 가공전선과 첨가 통신선과의 이격거리
통신선과 고압 가공전선 사이의 이격거리는 0.6[m] 이상일 것. 다만, 고압 가공전선이 케이블인 경우에 통신선이 절연전선과 동등 이상의 절연성능이 있는 것인 경우에는 0.3[m] 이상으로 할 수 있다. 　　　　【답】 ③

93 "전로"어 대한 정의로 옳은 것은?

① 통상의 사용 상태에서 전기를 접지한 곳
② 통상의 사용 상태에서 전기를 절연한 곳
③ 통상의 사용 상태에서 전기가 통하고 있는 곳
④ 통상의 사용 상태에서 전기가 통하고 있지 않은 곳

(기술기준 제3조) 정의
"전로"란 보통의 사용 상태에서 전기를 통하는 회로의 일부나 전부를 말한다. 【답】③

94 최대사용전압이 69[kV]인 중성점 접지식 전로의 절연내력 시험전압은 몇 [kV]인가?
① 75.9
② 63.48
③ 86.25
④ 103.5

(KEC 132조) 고압·특고압의 전로의 절연내력

접지방식	최대 사용전압	시험전압 (최대 사용 전압 배수)	최저 시험전압
중성점 접지	60[kV] 초과	1.1배	75[kV]
중성점 직접 접지	60[kV] 초과 170[kV] 이하	0.72배	
	170[kV] 초과	0.64배	

따라서 절연내력 시험전압 $69 \times 1.1 = 75.9$[kV] 【답】①

95 가연성 가스 또는 인화성 물질의 증기가 체류하여 전기설비가 발화원이 되어 폭발할 우려가 있는 곳에 시설하는 저압 옥내전기설비의 공사방법으로 옳은 것은?
① 애자사용공사
② 캡타이어 케이블공사
③ 합성수지관 공사
④ 금속관 공사

(KEC 242.3.1조) 가스증기 위험장소
저압 옥내전기설비는 **금속관공사 또는 케이블공사(캡타이어케이블을 사용하는 것을 제외한다)**에 의할 것 【답】④

96 사용전압이 저압인 수상전선로와 가공전선로의 접속점의 높이는 도로상 이외의 곳에 있을 때에는 지표상 몇 [m]까지로 감할 수 있는가?
① 2
② 3
③ 5
④ 4

(KEC 335.3조) 수상전선로의 시설
① 접속점이 육상에 있는 경우에는 지표상 5[m] 이상. 다만, **수상전선로의 사용전압이 저압인 경우에 도로상 이외의 곳에 있을 때에는 지표상 4[m]** 까지로 감할 수 있다.
② 접속점이 수면상에 있는 경우에는 수상전선로의 사용전압이 저압인 경우에는 수면상 4[m] 이상, 고압인 경우에는 수면상 5[m] 이상 【답】④

97 전기철도의 변전소의 용량에 대한 설명이다. 다음 (   ) 안에 들어갈 내용으로 옳은 것은?

> 변전소의 용량은 급전구간별 정상적인 열차부하조건에서 ( ) 시간 최대출력 또는 순시 최대출력을 기준으로 결정하고, 연장급전 등 부하의 증가를 고려하여야 한다.

① 1
② 0.5
③ 3
④ 2

(KEC 421.3조) 변전소의 용량
① 변전소의 용량은 급전구간별 정상적인 **열차부하조건**에서 **1시간 최대출력** 또는 순시 최대출력을 기준으로 결정하고, 연장급전 등 부하의 증가를 고려하여야 한다.
② 변전소의 용량 산정 시 현재의 부하와 장래의 수송수요 및 고장 등을 고려하여 변압기 뱅크를 구성하여야 한다. 【답】①

98 통신선에 직접 접속하는 옥내통신 설비를 시설하는 곳에 반드시 설치하여야 하는 장치는? (단, 통신선은 광섬유 케이블을 제외하며, 뇌 또는 전선과의 혼촉에 의하여 사람에게 위험을 줄 우려는 있다고 한다)
① 유도조절장치   ② 보안장치
③ 전력절감장치   ④ 전류제한장치

> **Explanation**

(KEC 362.10조) 전력보안통신설비의 보안장치
통신선(광섬유 케이블을 제외)에 직접 접속하는 옥내통신 설비를 시설하는 곳에는 통신선의 구별에 따라 적합한 보안장치 또는 이에 준하는 보안장치를 시설하여야 한다. 다만, 통신선이 통신용 케이블인 경우에 뇌(雷) 또는 전선과의 혼촉에 의하여 사람에게 위험을 줄 우려가 없도록 시설하는 경우에는 그러하지 아니하다. 【답】②

99 고압 가공전선과 안테나를 접근하여 시설할 때 가공전선과 안테나 사이의 이격거리(가섭선에 의하여 시설하는 안테나에 있어서는 수평 이격거리)는 몇 [cm] 이상이어야 하는가? (단, 전선은 케이블이 아닌 경우이다)
① 70   ② 120
③ 90   ④ 80

> **Explanation**

(KEC 332.14조) 고압 가공전선과 안테나의 접근 또는 교차
저압 가공전선 또는 고압 가공전선이 안테나와 접근상태로 시설되는 경우에는 다음에 따라야 한다.
가공전선과 안테나 사이의 이격거리(가섭선에 의하여 시설하는 안테나에 있어서는 수평 이격거리)는 저압은 0.6[m](전선이 고압 절연전선, 특고압 절연전선 또는 케이블인 경우에는 0.3[m]) 이상, **고압은 0.8[m]**(전선이 케이블인 경우에는 0.4[m]) 이상일 것 【답】④

100 7[kV] 이하의 전로의 중성점 접지용 접지도체의 공칭단면적은 몇 [㎟] 이상의 연동선이어야 하는가?
① 4   ② 16
③ 6   ④ 26

> **Explanation**

(KEC 142.3.1조) 접지도체
• 특고압 · 고압 전기설비용 접지도체 : 단면적 6[㎟] 이상의 연동선
• 중성점 접지용 접지도체 : 단면적 16[㎟] 이상의 연동선
  예외) 단면적 6[㎟] 이상의 연동선 사용
  − 7[kV] 이하의 전로
  − 사용전압이 25[kV] 이하인 특고압 가공전선로(단, 중성선 다중접지식의 것으로서 전로에 지락이 생겼을 때 2초 이내에 자동적으로 이를 전로로부터 차단하는 장치가 되어 있을 것) 【답】③

전기산업기사 필기

2021

과년도
CBT 복원문제

1과목 전기자기학

01 전기력선의 성질에 대한 설명 중 옳지 않은 것은?

① 전기력선의 방향은 그 점의 전계의 방향과 일치하며, 밀도는 그 점에서의 전계의 크기와 같다.

② 전기력선은 부전하에서 시작하여 정전하에서 그친다.

③ 단위전하에서는 $\dfrac{1}{\epsilon_0}$ 개의 전기력선이 출입한다.

④ 전기력선은 전위가 높은 점에서 낮은 점으로 향한다.

> **Explanation**
>
> 전기력선의 성질
>
> • 전기력선의 밀도는 전계의 세기이다.(전기력선의 총수 $N=\displaystyle\int_s E\,ds=\dfrac{Q}{\epsilon}$)
>
> • 전기력선의 접선 방향은 전계의 방향이다.
> • 전기력선은 등전위면과 수직이다.
> • **전기력선은 정전하에서 시작하여 부전하로 도착한다.**
> • 전기력선(전계)은 전위가 높은 점에서 낮은 점으로 향한다.　　　　【답】②

02 반지름 1[m]의 원형 코일에 1[A]의 전류가 흐를 때 중심점의 자계의 세기 [AT/m]는?

① $\dfrac{1}{4}$ 　　　　　　　　② $\dfrac{1}{2}$

③ 1 　　　　　　　　④ 2

> **Explanation**
>
> 원형 코일 중심의 자계의 세기
> $$H_0=\frac{I}{2a}=\frac{1}{2\times1}=\frac{1}{2}\,[\text{AT/m}]$$ 　　　　【답】②

03 div $i=0$에 대한 설명이 아닌 것은?

① 도체 내에 흐르는 전류는 연속적이다. 　　② 도체 내에 흐르는 전류는 일정하다.

③ 단위 시간당 전하의 변화는 없다. 　　④ 도체 내에 전류가 흐르지 않는다.

> **Explanation**
>
> 전류의 연속성 : div $i=0$(도체 내의 전류는 일정하다. 전류의 발산은 없다)　　　　【답】④

04 비유전율이 9이고, 비투자율이 1인 매질 내의 고유 임피던스는 약 몇 [Ω]인가?

① 42 　　　　　　　　② 84

③ 126 　　　　　　　　④ 377

고유 임피던스 $Z_0 = \dfrac{E}{H} = \sqrt{\dfrac{\mu}{\epsilon}} = 377 \times \sqrt{\dfrac{\mu_s}{\epsilon_s}} = 377 \times \sqrt{\dfrac{\mu_s}{\epsilon_s}} = 377 \times \sqrt{\dfrac{1}{9}} = 125.67 [\Omega]$ **【답】** ③

---

05 정전용량 및 내압이 $3[\mu F]/1,000[V]$, $5[\mu F]/500[V]$, $12[\mu F]/250[V]$인 3개의 콘덴서를 직렬로 연결하고 양단에 가한 전압을 서서히 증가시킬 경우 가장 먼저 파괴되는 콘덴서는?

① $3[\mu F]$ ② $5[\mu F]$
③ $12[\mu F]$ ④ 3개 동시에 파괴

콘덴서 직렬연결 시 파괴되는 콘덴서는 $Q = CV$에서 Q값이 작은 콘덴서가 먼저 파괴된다.
- $Q_1 = C_1 V_1 = 3 \times 1,000 = 3,000[C]$
- $Q_2 = C_2 V_2 = 5 \times 500 = 2,500[C]$
- $Q_3 = C_3 V_3 = 12 \times 250 = 3,000[C]$

따라서 전하량이 가장 적은 $500[V]-5[\mu F]$의 콘덴서가 가장 먼저 파괴된다. **【답】** ②

---

06 대지면에서 높이 $h[m]$로 가선된 대단히 긴 평행도선의 선전하(선전하 밀도 $\lambda[C/m]$)가 지면으로부터 받는 힘$[N/m]$은?

① h에 비례   ② h^2에 비례
③ h에 반비례   ④ h^2에 반비례

지상의 높이 $h[m]$와 같은 거리에 선전하 밀도 $-\lambda[C/m]$인 영상 전하를 고려하면

전계의 세기 $E = \dfrac{\lambda}{2\pi\epsilon_o(2h)} = \dfrac{\lambda}{4\pi\epsilon_0 h}$

선전하간의 영상력 $f = -\lambda E = -\lambda \cdot \dfrac{\lambda}{4\pi\epsilon_0 h} = \dfrac{-\lambda^2}{4\pi\epsilon_0 h} \propto \dfrac{1}{h}$ **【답】** ③

---

07 어떤 막대꼴 철심이 있다. 단면적이 $0.5[m^2]$, 길이가 $0.8[m]$, 비투자율이 20이다. 이 철심의 자기 저항$[AT/Wb]$은?

① 6.37×10^4 ② 4.45×10^4
③ 3.67×10^4 ④ 1.76×10^4

자기 저항 $R_m = \dfrac{l}{\mu_0 \mu_s S} = \dfrac{0.8}{4\pi \times 10^{-7} \times 20 \times 0.5} = 6.37 \times 10^4 [AT/Wb]$ **【답】** ①

---

08 두 자성체 경계면에서 정자계가 만족하는 것은?
① 자계의 법선성분이 같다.
② 자속밀도의 접선성분이 같다.
③ 경계면상의 두 점간의 자위차가 같다.
④ 자속은 투자율이 작은 자성체에 모인다.

자성체의 경계조건
완전경계조건 : 경계면상의 두 점간의 자위차가 같다.
- 자계의 접선성분(연속) : $H_{1T} = H_{2T}$, $H_1 \sin\theta_1 = H_2 \sin\theta_2$
- 자속밀도의 법선성분(연속) : $B_{1N} = B_{2N}$, $B_1 \cos\theta_1 = B_2 \cos\theta_2$ **【답】** ③

09 각각 $\pm Q$[C]로 대전된 두 개의 도체 간의 정전용량을 전위계수로 표시하면? (단, $P_{12} = P_{21}$이다)

① $\dfrac{1}{P_{11} + P_{12} + P_{22}}$　　　　　　　② $\dfrac{1}{P_{11} + P_{12} - P_{22}}$

③ $\dfrac{1}{P_{11} - P_{12} + P_{22}}$　　　　　　　④ $\dfrac{1}{P_{11} - 2P_{12} + P_{22}}$

Explanation

전위 $V_1 = P_{11} Q_1 + P_{12} Q_2$, 　$V_2 = P_{21} Q_1 + P_{22} Q_2$에서
$Q_1 = Q$, $Q_2 = -Q$를 대입하면
전위차 $V = V_1 - V_2 = P_{11}Q - P_{12}Q - P_{12}Q + P_{22}Q$
　　　　　$= (P_{11} - 2P_{12} + P_{22})Q$

정전용량 $C = \dfrac{Q}{V} = \dfrac{Q}{(P_{11} - 2P_{12} + P_{22})Q} = \dfrac{1}{P_{11} - 2P_{12} + P_{22}}$ [F]　　　　【답】 ④

10 도체계에서 각 도체의 전위를 V_1, V_2, $\cdots$으로 하기 위한 각 도체의 유도계수와 용량계수에 대한 설명으로 옳은 것은?

① q_{11}, q_{22}, q_{33} 등을 유도계수라 한다.　　② q_{21}, q_{31}, q_{41} 등을 용량계수라 한다.

③ 일반적으로 유도계수≤ 0 이다.　　　　　　④ 용량계수와 유도계수의 단위는 모두[V/C]이다.

Explanation

용량 계수 및 유도 계수의 성질
• 용량 계수 $q_{ii} > 0$
• 유도 계수 $q_{ij} = q_{ji} \leq 0$
• 용량계수와 유도계수의 단위 : [C/V]　　　　　　　　　　　　　　　　　　　　　　【답】 ③

11 전류와 자계 사이의 힘의 효과를 이용한 것으로 자유로이 구부릴 수 있는 도선에 대전류를 통하면 도선 상호 간의 반발력에 의하여 도선이 원을 형성하는 이와 같은 현상은?

① 스트레치 효과　　　　　　　　　　　② 핀치 효과
③ 홀 효과　　　　　　　　　　　　　　④ 스킨효과

Explanation

스트레치 효과
자유로이 구부릴 수 있는 도선에 대전류를 통하면 도선 상호 간의 반발력에 의하여 도선이 원을 형성하게 되는 현상 【답】 ①

12 영구자석의 재료로 사용되는 철에 요구되는 사항으로 다음 중 틀린 것은?

① 보자력이 커야 한다.　　　　　　　　② 잔류자속밀도가 커야 한다.
③ 히스테리시스 루프의 면적이 작을 것　　④ 투자율이 클 것

Explanation

영구자석
• 잔류자속과 보자력이 클 것
• 히스테리시스 루프의 면적이 클 것
• 한번 자화된 다음에는 자기를 영구적으로 보존하는 자석　　　　　　　　　　　　【답】 ③

13 인덕턴스가 20[mH]인 코일에 흐르는 전류가 0.2[sec] 동안에 6[A]가 변화했다면 코일에 유기되는 기전력은 몇 [V]인가?

① 0.6 ② 1
③ 6 ④ 30

Explanation

유기기전력 $e = -L\dfrac{di}{dt} = -20 \times 10^{-3} \times \dfrac{6}{0.2} = -0.6[\mathrm{V}]$ 【답】 ①

14 다음 중 변위전류에 대한 설명으로 옳은 것은?
① 자석 내에 자장의 변화에 의해서 생긴 전류
② 도체 중에 전자의 이동에서 생긴 전류
③ 초전도체 중에 자장을 방해하는 전류
④ 유전체 중에 전속밀도의 시간적 변화에 의한 전류

Explanation

전도 전류 : 도체에 흐르는 전류(자유전자 이동) $i = kE$

변위 전류 : 유전체에서 전속 밀도의 시간적 변화에 의한 전류 $i_d = \dfrac{dD}{dt}$ 【답】 ④

15 무한길이의 직선 도체에 전하가 균일하게 분포되어 있다. 이 직선 도체로부터 ℓ인 거리에 있는 점의 전계의 세기는?
① ℓ에 비례한다. ② ℓ에 반비례한다.
③ ℓ^2에 비례한다. ④ ℓ^2에 반비례한다.

Explanation

축 대칭(선전하밀도 : $\lambda[\mathrm{C/m}]$, 원통도체) : 전하가 균일 분포

• 표면$(r > a)$: $E = \dfrac{\lambda}{2\pi\epsilon_0 r}$

• 내부$(r < a)$: $E = \dfrac{r\lambda}{2\pi\epsilon_0 a^2}$

여기서, 직선 도체로부터 ℓ인 거리의 전계 $E = \dfrac{\lambda}{2\pi\epsilon_0 \ell}[\mathrm{V/m}]$

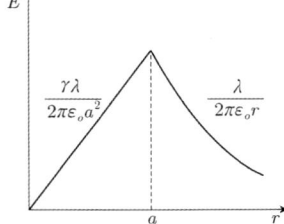

【답】 ②

16 그림과 같은 정전용량이 $C_0[\mathrm{F}]$ 되는 평행판 공기 콘덴서의 판면적의 2/3되는 공간에 비유전율 ϵ_S인 유전체를 채우면 공기 콘덴서의 정전용량은 몇 [F]인가?
① $\dfrac{2\epsilon_s}{3} C_0$ ② $\dfrac{3}{1+2\epsilon_s} C_0$
③ $\dfrac{1+\epsilon_s}{3} C_0$ ④ $\dfrac{1+2\epsilon_s}{3} C_0$

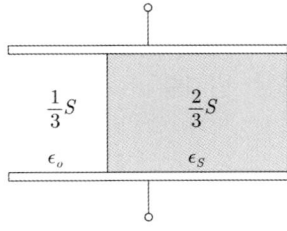

Explanation

면적의 변화 : 병렬 연결

$$C = C_1 + C_2 = \frac{1}{3}C_0 + \frac{2}{3}C_0\epsilon_S = \frac{1}{3}C_0(1 + 2\epsilon_S)$$

【답】 ④

17 비유전율이 2.8인 유전체에의 전속밀도가 $D = 3.0 \times 10^{-7}$[C/m²]일 때 분극의 세기 P는 약 몇 [C/m²]인가?

① 1.93×10^{-7}
② 2.93×10^{-7}
③ 3.50×10^{-7}
④ 4.07×10^{-7}

Explanation

분극의 세기

$$P = D - \epsilon_0 E = D - \epsilon_0\left(\frac{D}{\epsilon}\right) = \left(1 - \frac{1}{\epsilon_s}\right)D = \epsilon_0(\epsilon_s - 1)E$$

$$= \left(1 - \frac{1}{2.8}\right) \times 3 \times 10^{-7} = 1.93 \times 10^{-7}[\text{C/m}^2]$$

【답】 ①

18 그림과 같은 회로에서 a,b 양단의 합성 정전용량은 몇 [F]인가?

① 2.6
② 3.6
③ 4.6
④ 5.6

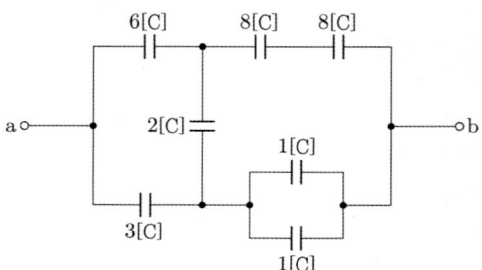

Explanation

등가회로는 평형 브리지 회로가 적용되어 다음과 같다.

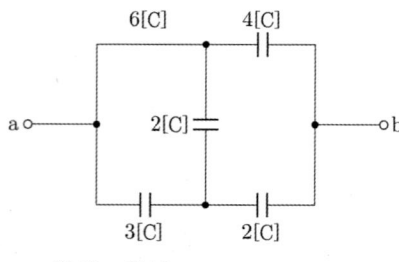 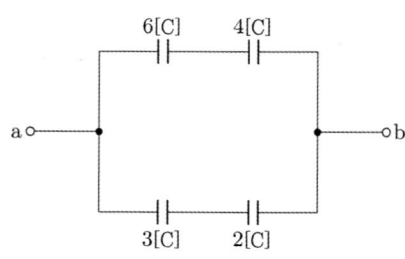

$$C_{ab} = \frac{3 \times 2}{3 + 2} + \frac{6 \times 4}{6 + 4} = 1.2 + 2.4 = 3.6[\text{F}]$$

【답】 ②

19 반지름 a[m]인 전선을 지상 h[m] 높이에 지면에 나란하게 가설했을 때의 단위 길이 당 자기유도계수 L[H/m]은? (단, 도선의 투자율은 μ[H/m]이다)

① $\frac{\mu}{4\pi} + \frac{\mu_o}{2\pi}\ln\frac{2h}{a}$
② $\frac{\mu}{4\pi} + \frac{\mu_o}{\pi}\ln\frac{2h}{a}$
③ $\frac{\mu}{8\pi} + \frac{\mu_o}{2\pi}\ln\frac{2h}{a}$
④ $\frac{\mu}{8\pi} + \frac{\mu_o}{\pi}\ln\frac{2h}{a}$

Explanation

【답】③

20 그림과 같은 간격 d인 무한히 긴 2개의 평행 도선에 전류 I가 반대 방향으로 흐를 때 임의의 점 P의 자계의 세기는?

① $\dfrac{Id}{2\pi r_1 r_2}$

② $\dfrac{Ir_2}{2\pi d r_1}$

③ $\dfrac{Ir_1}{2\pi d r_2}$

④ $\dfrac{Id}{4\pi r_1 r_2}$

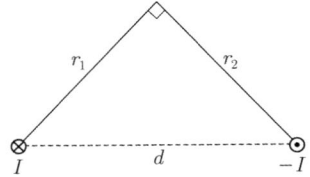

> **Explanation**

무한장 직선전류에 의한 자계의 세기

$H_P = H_1 + H_2$ 이며

$H_1 = \dfrac{I}{2\pi r_1}$, $H_2 = \dfrac{I}{2\pi r_2}$ 에서

$H_P = \sqrt{H_1^2 + H_2^2} = \sqrt{\left(\dfrac{I}{2\pi r_1}\right)^2 + \left(\dfrac{I}{2\pi r_2}\right)^2}$

$\quad = \dfrac{I}{2\pi}\sqrt{\left(\dfrac{1}{r_1}\right)^2 + \left(\dfrac{1}{r_2}\right)^2} = \dfrac{I}{2\pi r_1 r_2}\sqrt{r_1^2 + r_2^2}$ 여기서, $d = \sqrt{r_1^2 + r_2^2}$

$\quad = \dfrac{Id}{2\pi r_1 r_2}$

【답】①

2과목   전력공학

21 코로나의 방지대책으로 적당하지 않은 것은?

① 복도체를 사용한다.

② 가선금구를 개량한다.

③ 전선의 바깥지름을 크게 한다.

④ 선간거리를 감소시킨다.

> **Explanation**

코로나 방지대책
* 코로나 임계 전압을 크게, 전위경도를 작게
* 복도체(다도체) 방식(가장 효과적인 방법)
* 전선의 지름을 크게
* 가선금구를 개량

【답】④

22 제5고조파를 제거하기 위하여 전력용 콘덴서 용량의 몇 [%]에 해당하는 직렬 리액터를 설치하는가?

① 2~3

② 5~6

③ 7~8

④ 9~10

> **Explanation**

직렬리액터는 제5고조파를 제거하기 위하여 전력용 콘덴서 전단에 시설

직렬 리액터의 용량은 $5\omega L = \dfrac{1}{5\omega C}$,   이론적 : 4[%], **실제적 : 5~6[%]**

【답】②

23 전력 원선도에서 구할 수 없는 것은?

① 조상용량　　　　　　　　　　② 송전손실

③ 정태안정 극한전력　　　　　　④ 과도안정 극한전력

전력원선도에서 구할 수 없는 것(사고값)
- **과도안정 극한전력**
- **코로나 손실**　　　　　　　　　　　　　　　　　　　　　　　　　　【답】④

24 직류 송전방식이 교류 송전방식에 비하여 유리한 점이 아닌 것은?

① 선로의 절연이 용이하다.　　　　② 통신선에 대한 유도잡음이 적다.

③ 표피효과에 의한 송전손실이 적다.　④ 정류가 필요 없고 승압 및 강압이 쉽다.

Explanation

직류송전의 특징
- 선로의 리액턴스가 없으므로 안정도가 높다.
- 비동기연계가 가능하다.(주파수가 다른 선로의 연계 가능)
- 도체의 표피효과가 없다.
- 충전전류와 유전체손을 고려하지 않아도 된다.
- **변압이 어렵다.**
- 고조파 억제 대책이 필요하다.　　　　　　　　　　　　　　　　　【답】④

25 다음 중 유도장해 방지법 중 전력선측 대책으로 맞는 것은?

① 배류 코일을 설치　　　　　　　② 절연변압기를 사용

③ 특성이 양호한 피뢰기 시설　　　④ 상호인덕턴스를 작게

Explanation

유도장해 방지 대책

전력선측	통신선측
・연가 ・소호 리액터 접지방식 → 지락 전류 소멸 ・고속도 차단기 설치 ・이격거리 크게 ・차폐선을 설치(30~50[%] 경감) ・지중전선로 설치 ・**상호인덕턴스를 작게**	・전력선과 교차 시 수직 교차 ・연피케이블 ・절연 강화 ・절연변압기 ・배류 코일(쵸크 코일) 설치 ・특성이 양호한 피뢰기 시설

　　　　　　　　　　　　　　　　　　　　　　　　　　　　　　【답】④

26 $V_a = 3[\text{V}]$, $V_b = 2 - j3[\text{V}]$, $V_c = 4 + j3[\text{V}]$를 3상 불평형 전압이라고 할 때 영상 전압[V]은?

① 3　　　　　　　　　　　　　　② 9

③ 27　　　　　　　　　　　　　　④ 0

Explanation

대칭좌표법에서

$$\begin{bmatrix} V_0 \\ V_1 \\ V_2 \end{bmatrix} = \frac{1}{3} \begin{bmatrix} 1 & 1 & 1 \\ 1 & a & a^2 \\ 1 & a^2 & a \end{bmatrix} \begin{bmatrix} V_a \\ V_b \\ V_c \end{bmatrix}$$

영상분 $V_0 = \frac{1}{3}(V_a + V_b + V_c) = \frac{1}{3}(3 + 2 - j3 + 4 + j3) = 3$　　　【답】①

27 전력용 퓨즈의 장점으로 틀린 것은?
① 소형으로 큰 차단용량을 갖는다.
② 밀폐형 퓨즈는 차단 시에 소음이 없다.
③ 가격이 싸고 유지보수가 간단하다.
④ 고장 제거 후 재투입이 가능하다.

Explanation

전력 퓨즈(PF : Power Fuse) : 단락전류 차단
장 점 : ① 소형, 경량
② 차단 용량이 크다.
③ 보수가 간단
④ 가격이 저렴
단 점 : ① 재투입이 불가능
② 과도 전류에 용단되기 쉽다.
③ 한류 형은 차단 시 과전압 유기
④ 계전기처럼 시한 특성을 자유롭게 할 수 없다. 【답】④

28 저압 뱅킹(Banking)배전방식이 적당한 곳은?
① 농촌
② 어촌
③ 화학공장
④ 부하 밀집지역

Explanation

저압 뱅킹 방식 : 부하가 밀집된 시가지(부하증가에 대한 탄력성)
• 장점 : 전압 강하와 전력 손실이 적다.
변압기의 동량 및 저압선 동량 감소
플리커 현상 감소
• 단점 : 캐스케이딩 현상 발생(저압선의 일부 고장으로 건전한 변압기의 일부 또는 전부가 차단되는 현상) 【답】④

29 우리나라의 송전 방식으로 가장 많이 사용되고 있는 것은?
① 단상 2선식
② 3상 3선식
③ 3상 4선식
④ 2상 4선식

Explanation

우리나라 공급방식
• 송전 : 3상 3선식
• 배전 : 3상 4선식 【답】②

30 연간 최대 수용 전력이 70[kW], 75[kW], 85[kW], 100[kW]인 4개의 수용가에 부등률이 1.32이다. 이 수용가의 합성 최대전력은 얼마인가?
① 230
② 250
③ 275
④ 330

Explanation

$$부등률 = \frac{개개의\ 최대\ 전력의\ 합}{합성\ 최대\ 수용\ 전력}$$

$$합성\ 최대전력 = \frac{개개의\ 최대전력의\ 합}{부등률} = \frac{70+75+85+100}{1.32} = 250[kW]$$ 【답】②

31 어떤 발전소의 유효 낙차가 40[m]이고, 이론적인 출력이 4,900[kW]일 경우 이 발전소의 사용 유량 [m³/s]은?

① 12.5   ② 125

③ 1,250   ④ 12,500

Explanation

수력발전 이론 출력 $P = 9.8QH[\text{kW}]$에서

유량 $Q = \dfrac{P}{9.8H} = \dfrac{4,900}{9.8 \times 40} = 12.5[\text{m}^3/\text{s}]$

【답】①

32 화력 발전소의 재열기(reheater)의 목적은?

① 급수를 예열한다.   ② 석탄을 건조한다.

③ 공기를 예열한다.   ④ 증기를 가열한다.

Explanation

재열기: 증기를 다시 가열

【답】④

33 차단기의 정격 차단 시간은?

① 고장발생부터 소호까지의 시간

② 가동접촉자 시동부터 소호까지의 시간

③ 트립 코일 여자부터 가동 접촉자 시동까지의 시간

④ 트립 코일 여자부터 소호까지의 시간

Explanation

차단기의 정격 차단 시간
- 트립코일 여자로부터 소호까지의 시간
- 개극 시간과 아크 시간의 합 (3~8[Hz])

【답】④

34 송전단에서 전류가 동일하고 배전선에 리액턴스를 무시하면, 배전선에 따라 균등한 부하가 분포되어 있는 경우의 전력손실은 배전선 말단에 단일부하가 있을 때의 전력손실에 비하여 몇 배나 되는가?

① $\dfrac{1}{2}$ ② 2

③ $\dfrac{1}{3}$ ④ 3

Explanation

부하에 따른 특성

	전압 강하	전력 손실
말단 집중 부하	e	P_l
균등 분산 부하	$\dfrac{1}{2}e$	$\dfrac{1}{3}P_l$

【답】③

35 가공 송전선에 사용되는 애자 1연 중 전압부담이 최대인 애자는?

① 중앙에 있는 애자   ② 철탑에 제일 가까운 애자

③ 전선에 제일 가까운 애자   ④ 전선으로부터 1/4 지점에 있는 애자

Explanation

애자련의 전압부담
- **전압부담이 최대인 애자 : 전선에 가장 가까운 애자**
- 전압부담이 최소인 애자 : 철탑(접지측)에서 1/3 또는 전선에서 2/3 되는 지점의 애자

【답】③

36 직접 접지방식에 대한 설명 중 옳지 않은 것은?

① 이상 전압 발생의 우려가 거의 없다.
② 계통의 절연수준이 낮아지므로 경제적이다.
③ 변압기가 단절연이 가능하다.
④ 보호계전기가 신속히 작동하므로 과도안정도가 좋다.

Explanation

직접 접지방식의 특징
- 1선 지락 시 건전상의 대지전압 상승이 가장 낮다.(절연레벨 경감)
- 중성점을 0전위로 유지 가능(단절연 가능)
- 보호계전기 동작이 확실하다.
- 정격이 낮은 피뢰기 사용 가능
- 통신선의 유도장해가 크다.
- **과도안정도가 낮다.**

【답】④

37 송전 계통에서 이상 전압의 방지 대책으로 볼 수 없는 것은?

① 철탑 접지저항의 저감
② 가공 송전선로의 피뢰용으로서의 가공지선에 의한 뇌차폐
③ 기기 보호용으로서의 피뢰기 설치
④ 복도체 방식 채택

Explanation

이상 전압 보호 장치 및 기능
- 가공지선 : 뇌의 차폐
- 피뢰기 : 기기(변압기) 보호
- 매설지선, 철탑 접지저항의 저감 : 역섬락 방지
여기서, 복도체 방식은 코로나 대책이다.

【답】④

38 피뢰기의 제한 전압이란?

① 상용주파전압에 피뢰기의 충격 방전 개시 전압
② 충격파 침입 시 피뢰기의 충격 방전 개시 전압
③ 피뢰기가 충격 방전 종료 후 언제나 속류를 확실히 차단할 수 있는 사용주파 최대 전압
④ 충격 방전 전류가 흐르고 있는 때의 피뢰기 단자 전압

Explanation

피뢰기의 제한전압
- 피뢰기 동작 중 단자전압의 파고 값
- 충격 방전 전류가 흐르고 있는 때의 피뢰기 단자 전압

【답】④

39 동일한 전압에서 동일한 전력을 송전할 때 역률을 0.7에서 0.95로 개선하면 전력손실은 개선 전에 비해 약 몇 [%]인가?

① 80
② 65
③ 54
④ 40

Explanation

전력용 콘덴서(Static Condenser)
부하의 역률개선을 통해 전력손실을 감소시키기 위한 목적

전력 손실 $P_l = I^2 R = (\dfrac{P}{V cos\theta})^2 \times R = \dfrac{P^2 R}{V^2 cos^2\theta} \propto \dfrac{1}{cos^2\theta}$

따라서 전력 손실 $P_l \propto \dfrac{1}{cos^2\theta} = \dfrac{1}{\left(\dfrac{0.95}{0.7}\right)^2} \times 100 = \left(\dfrac{0.7}{0.95}\right)^2 \times 100 = 54[\%]$

【답】③

40 그림과 같은 전선로의 단락 용량은 약 몇 [MVA]인가? 단, 그림의 수치는 10,000[kVA]를 기준으로 한 %리액턴스를 나타낸다.

① 33.7
② 66.7
③ 99.7
④ 132.7

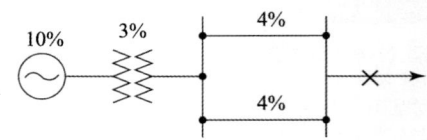

Explanation

합성 %임피던스 $\%Z = 10 + 3 + \dfrac{4 \times 4}{4 + 4} = 15[\%]$

단락용량 $P_s = \dfrac{100}{\%Z} P_n = \dfrac{100}{15} \times 10,000 \times 10^{-3}$
$= 66.7[\text{MVA}]$

【답】②

3과목 전기기기

41 다음 그림은 속도 특성 곡선 및 토크(torque) 특성 곡선을 나타낸다. 어느 전동기인가?

① 직류 분권전동기
② 직류 직권전동기
③ 직류 복권전동기
④ 유도 전동기

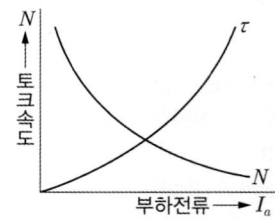

Explanation

직류 직권 전동기
• 변속도 전동기(전기철도용)
• 부하에 따라 속도가 심하게 변한다.
• $T \propto I^2 \propto \dfrac{1}{N^2}$

【답】②

42 직류 분권전동기가 있다. 단자 전압이 215[V], 전기자 전류가 50[A], 전기자의 전저항이 0.1[Ω], 회전 속도 1,500[rpm]일 때 발생 토크[kg·m]를 구하여라.

① 6.82[kg·m]
② 6.68[kg·m]
③ 68.2[kg·m]
④ 66.8[kg·m]

Explanation

분권전동기 발생 동력 $P = EI_a$ 에서

역기전력 $E = V - R_a I_a = 215 - 0.1 \times 50 = 210[\text{V}]$

따라서 발생 동력 $\quad P = EI_a = 210 \times 50 \times 10^{-3} = 10.5[\text{kW}]$

토크 $\quad \tau = 0.975 \times \dfrac{P}{N} = 0.975 \times \dfrac{10.5 \times 10^3}{1,500} = 6.82[\text{kg} \cdot \text{m}]$ 【답】①

43 3상 동기 발전기의 매극, 매상의 슬롯수를 3이라 할 때 분포권 계수를 구하면?

① $6\sin\dfrac{\pi}{18}$

② $3\sin\dfrac{\pi}{9}$

③ $\dfrac{1}{6\sin\dfrac{\pi}{18}}$

④ $\dfrac{1}{3\sin\dfrac{\pi}{18}}$

Explanation

분포권 계수 $\quad K_d = \dfrac{\sin\dfrac{\pi}{2m}}{q\sin\dfrac{\pi}{2mq}} = \dfrac{\sin\dfrac{\pi}{2\times3}}{3\sin\dfrac{\pi}{2\times3\times3}} = \dfrac{1}{6\sin\dfrac{\pi}{18}}$ 【답】③

44 단권 변압기의 설명으로 틀린 것은?
① 분로권선과 직렬권선으로 구분된다.
② 1차 권선과 2차 권선의 일부가 공통으로 사용된다.
③ 3상에는 사용할 수 없고 단상으로만 사용한다.
④ 분로권선에서 누설자속이 없기 때문에 전압변동률이 적다.

Explanation

단권 변압기의 특징
• 1, 2차 권선이 하나이므로 동량과 철량이 감소되어 손실이 적고 효율이 우수
• 누설 리액턴스가 적어 전압 변동이 적다.
• 단락 시 대전류가 흐를 수 있다.
• 자기 용량 보다 큰 부하 용량 사용 가능
• **단상 및 3상에서 사용이 가능** 【답】③

45 2[kVA]의 단상변압기 3대를 △-△ 결선하여 급전 중 1대가 소손되어 2대로 V-V 결선하여 운전하였다. 각 변압기가 30[%]의 과부하에 견딜 수 있다면 공급 가능한 최대 3상 부하[kVA]는?
① 3.5
③ 4.5

② 4.0
④ 5.2

Explanation

변압기 1대 용량을 K라 하면
• Y, △결선 : $P = 3K$
• V 결선 : $P = \sqrt{3}K$
V결선 변압기의 용량 : $P_V = \sqrt{3}K \times$ 과부하율 $= \sqrt{3} \times 2 \times 1.3 = 4.5[\text{kVA}]$ 【답】③

46 15[kW] 3상 유도 전동기의 기계손이 350[W], 전부하 시의 슬립이 3[%]이다. 전부하 시의 2차 동손은 약 몇 [W]인가?

① 523   ② 475

③ 411   ④ 365

Explanation

$P_0 = (1-s)P_2$ 에서 $P_2 = \dfrac{1}{1-s}P_0$ 이며

2차 동손 $P_{c2} = sP_2 = \dfrac{s}{1-s}P_o = \dfrac{s}{1-s}(P_k + P_m) = \dfrac{0.03}{1-0.03}(15,000+350) = 475[W]$

단, P_k : 전동기 출력, P_m : 기계손

【답】②

47 10[kVA], 2,000/100[V] 변압기에서 1차에 환산한 등가 임피던스는 $6.2 + j7[\Omega]$ 이다. 이 변압기의 퍼센트 리액턴스 강하는?

① 3.5   ② 0.175

③ 0.35   ④ 1.75

Explanation

변압기 1차 정격전류 $I_{1n} = \dfrac{P}{V_{1n}} = \dfrac{10 \times 10^3}{2,000} = 5[A]$

%리액턴스 강하 $q = \dfrac{I_{1n}x_{21}}{V_{1n}} \times 100 = \dfrac{5 \times 7}{2,000} \times 100 = 1.75[\%]$

【답】④

48 3상 권선형 유도전동기의 2차 회로의 한상이 단선된 경우에 부하가 약간 커지면 슬립이 50[%]인 곳에서 운전이 되는 것을 무엇이라 하는가?

① 차등기 운전   ② 자기여자

③ 게르게스 현상   ④ 난조

Explanation

게르게스 현상 : 3상 권선형 유도전동기의 2차 회로의 한상이 단선된 경우에 부하가 약간 커지면 슬립이 50[%]인 곳에서 운전이 되는 것

【답】③

49 3상 즉 권정류자 전동기의 특성으로 옳지 않은 것은?

① 직권특성의 변속도 전동기이다.

② 토크는 거의 전류의 제곱에 비례하고 기동토크가 크다.

③ 역률은 동기속도 이상에서 저하되며 80[%] 정도이다.

④ 효율은 고속에서의 거의 일정하며 동기속도 근처에서 가장 좋다.

Explanation

3상 직권 정류자 전동기

• $T \propto I^2 \propto \dfrac{1}{N^2}$ 로서 변속도 특성

• 토크는 거의 전류의 제곱에 비례하며 기동 토크가 크다.

• 효율은 저속에서는 나쁘나 동기속도 근처에서 가장 좋다.

• 역률은 동기속도 근처나 그 이상에서는 매우 양호하다.

【답】③

50 PN 접합 구조로 되어 있고 제어는 불가능하나 교류를 직류로 변환하는 반도체 정류 소자는?
① IGBT
② 다이오드
③ MOSFET
④ 사이리스터

Explanation

PN접합 다이오드 : 정류용(제어 불가능)　　　　　　　　　　　　　　　【답】②

51 트랜지스터에 비해 스위칭 속도가 매우 빠른 이점이 있는 반면에 용량이 적어서 비교적 저전력용에 주로 사용되는 전력용 반도체 소자는?
① SCR
② GTO
③ IGBT
④ MOSFET

Explanation

MOSFET(Metal Oxide Silicon Field Effect Transistor)의 특징
• 고속 스위칭 소자
• 스위칭 속도가 매우 빠르다.
• 용량이 적어 저전력 소자　　　　　　　　　　　　　　　　　　【답】④

52 유도 전동기의 부하가 증가할 때 발생하는 현상으로 옳은 것은?
① 슬립이 감소한다.
② 회전자 전류(2차 전류)가 감소한다.
③ 회전자 전압(2차 전압)이 감소한다.
④ 회전자의 회전 속도가 감소한다.

Explanation

① 유도전동기의 부하가 증가하면 회전속도가 감소하므로
　$N=(1-s)N_s$ 에서 슬립은 증가
② 3상 유도전동기 회전 시(슬립이 증가하면 2차 유도기전력 및 2차 주파수 모두 증가)
　2차 유도기전력 $E_{2s}=sE_2$
　2차 주파수 $f_2=sf_1$　　　　　　　　　　　　　　　　　　【답】④

53 동기발전기에서 유기기전력의 특정 고조파분을 제거하고 또 권선을 절약하기 위하여 자주 사용되는 권선법은?
① 전절권
② 분포권
③ 집중권
④ 단절권

Explanation

동기기 전기자 권선법
① 분포권
　• 고조파를 제거하여 기전력의 파형을 개선
　• 누설 리액턴스를 감소
② 단절권
　• 고조파를 제거하여 기전력의 파형을 개선
　• 코일의 길이, 동량이 절약　　　　　　　　　　　　　　　　【답】④

54 5차 고조파에 의한 기자력의 회전 방향 및 속도는 기본파 회전 자계와 비교할 때 다음 중 적당한 것은?
① 기본파의 역방향이고 5배의 속도
② 기본파와 역방향이고 1/5배의 속도
③ 기본파와 동방향이고 5배의 속도
④ 회전자계를 발생하지 않는다.

Explanation

고조파

$h = 2nm + 1$: 기본파와 동일한 방향의 회전자계 발생. 7차, 13차, ……$\frac{1}{h}$ 의 속도

$h = 2nm - 1$: 기본파와 반대 방향의 회전자계 발생. 5, 11차, ……$\frac{1}{h}$ 의 속도

$h = 2nm$: 회전자계 발생 하지 않는다. 3, 6차, ……

【답】②

55 직류 분권전동기의 공급전압의 극성을 반대로 하면 회전 방향은 어떻게 되는가?

① 반대로 된다.   ② 변하지 않는다.
③ 발전기로 된다.   ④ 회전하지 않는다.

Explanation

직류 전동기의 종류

종 류	전동기의 특징
타여자	· +, − 극성을 반대로 하면 ⇨ 회전 방향이 반대 · 정속도 전동기
분 권	· 정속도 특성의 전동기 · 위험 상태 ⇨ 무여자 상태 · +, − 극성을 반대로 하면 ⇨ 회전 방향이 불변 · $T \propto I \propto \frac{1}{N}$

【답】②

56 정격출력 5,000[kVA], 정격전압 3.3[kV], 동기임피던스가 매상 1.8[Ω]인 3상 동기발전기의 단락비는 약 얼마인가?

① 1.1   ② 1.2
③ 1.3   ④ 1.4

Explanation

%동기임피던스

· $Z_s' = \dfrac{I_n Z_s}{E} \times 100 = \dfrac{P_n Z_s}{V^2} \times 100 = \dfrac{I_n}{I_s} \times 100\,[\%]$

· %동기임피던스[PU] $Z_s' = \dfrac{1}{K_s} = \dfrac{P_n Z_s}{V^2}$

· 단락비 $K_s = \dfrac{1}{Z_s'[\mathrm{PU}]} = \dfrac{V^2}{P_n Z_s} = \dfrac{3,300^2}{5,000 \times 10^3 \times 1.8} = 1.21$

【답】②

57 8극 50[Hz]의 3상 유도전동기가 있다. 매분 600회전으로 최대 토크를 발생한다고 한다. 최대 토크로 가동시키기 위해서는 회전각 각상 저항의 몇 배의 저항을 삽입하면 좋은가? (단, 여기서 회전자는 Y결선이다)

① 2   ② 3
③ 4   ④ 5

Explanation

고정자 속도 $N_s = \dfrac{120 \times 50}{8} = 750\,[\mathrm{rpm}]$

슬립 $s = \dfrac{750 - 600}{750} = 0.2$

$\therefore R = \dfrac{1-s}{s} r_2 = \dfrac{1-0.2}{0.2} r_2 = 4r_2$

【답】③

58 동기전동기의 위상특성곡선(V곡선)에 대한 설명으로 옳은 것은?

① 출력을 일정하게 유지할 때 부하전류와 전기자전류의 관계를 나타낸 곡선

② 역률을 일정하게 유지할 때 계자전류와 전기자전류의 관계를 나타낸 곡선

③ 계자전류를 일정하게 유지할 때 전기자전류와 출력사이의 관계를 나타낸 곡선

④ 공급전압 V와 부하가 일정할 때 계자전류의 변화에 대한 전기자전류의 변화를 나타낸 곡선

Explanation

동기 전동기의 위상 특성 곡선(V곡선)
- I_a와 I_f 관계곡선 (P는 일정)
- **계자전류의 변화에 대한 전기자 전류의 변화를 나타낸 곡선**
- 과여자 : 앞선 역률(진상)
- 부족여자 : 늦은 역률(지상)

역률 $\cos\theta = 1$ 일 때, 전기자 전류 최소

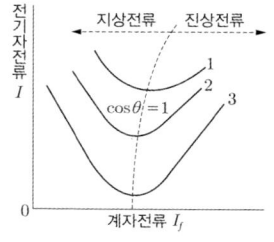

【답】④

59 변압기의 주파수를 증가시킬 경우, 변압기 철심의 와전류손 변화는?(단, 공급전압의 크기는 일정하다)

① 변화 없다.

② 주파수에 비례해서 증가한다.

③ 주파수의 제곱에 비례해서 증가한다.

④ 주파수의 세 제곱에 비례해서 증가한다.

Explanation

【답】①

60 2차 저항 0.02[Ω], $s=1$에서 2차 리액턴스 0.05[Ω]인 3상 유도전동기가 있다. 이 전동기의 슬립이 5[%]일 때 1차 부하 전류가 12[A]라면, 그 기계적 출력[kW]은? (단, 권수비 $a=10$, 상수비 $m=1$이다)

① 5.28

② 5.47

③ 16.4

④ 18.6

Explanation

$r_2' = a^2 m r_2 = 10^2 \times 1 \times 0.02 = 2[\Omega]$

기계적 출력을 대표하는 부하 저항 $R' = \dfrac{1-s}{s}r_2' = \dfrac{1-0.05}{0.05} \times 2 = 38[\Omega]$

기계적 출력 $P = 3(I_1')^2 R' = 3 \times 12^2 \times 38 = 16,416[\text{W}] = 16.4[\text{kW}]$

【답】③

4과목　　**회로이론**

61 $v = V_m \sin wt$인 정현파 교류의 실효값은 최대값의 얼마인가?

① 1

② $\dfrac{1}{\sqrt{2}}$

③ $\dfrac{1}{2}$

④ $\dfrac{1}{\sqrt{3}}$

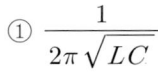

각 파형의 평균값 및 실효값

	파 형	실효값	평균값
정현파	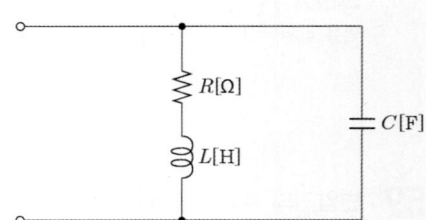	$\dfrac{I_m}{\sqrt{2}}$	$\dfrac{2}{\pi} I_m$

【답】②

62 그림과 같은 회로의 공진 주파수 f [Hz]는?

① $\dfrac{1}{2\pi\sqrt{LC}}$

② $\dfrac{1}{2\pi\sqrt{LC}}\sqrt{1-\dfrac{R^2 L}{C}}$

③ $\dfrac{1}{2\pi}\sqrt{\dfrac{C}{L}}$

④ $\dfrac{1}{2\pi\sqrt{LC}}\sqrt{1-\dfrac{R^2 C}{L}}$

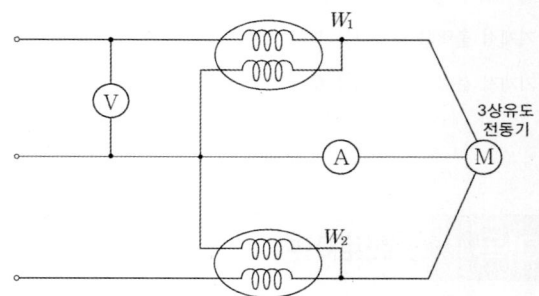

Explanation

병렬 공진 조건은 $\omega C = \dfrac{\omega L}{R^2 + (\omega L)^2}$ 이므로

$R^2 + \omega^2 L^2 = \dfrac{L}{C}$, $\omega^2 L^2 = \dfrac{L}{C} - R^2$

따라서 $\omega^2 = \dfrac{1}{LC} - \dfrac{R^2}{L^2}$ 이며 공진각주파수 $\omega = \sqrt{\dfrac{1}{LC} - \dfrac{R^2}{L^2}}$

공진주파수 $f_r = \dfrac{1}{2\pi\sqrt{LC}}\sqrt{1-\dfrac{R^2 C}{L}}$

【답】④

63 그림은 평형 3상 회로에서 운전하고 있는 유도전동기의 결선도이다. 각 계기의 지시가 $W_1 = 2.36$ [kW], $W_2 = 5.95$[kW], $V = 200$[V], $I = 30$[A] 일 때, 이 유도 전동기의 역률은 약 몇 [%]인가?

① 80

② 76

③ 70

④ 66

Explanation

2전력계법이므로
유효전력 $P = P_1 + P_2 = 2.36 + 5.95 = 8.31$[kW]
피상전력 $P_a = \sqrt{3}\,VI = \sqrt{3} \times 200 \times 30 = 10,392.3$[VA]

역률 $\cos\theta = \dfrac{P}{P_a} = \dfrac{8,310}{10,392.3} \times 100 = 79.96[\%]$

【답】①

64 3상 불평형 전압을 V_a, V_b, V_c라고 할 때 역상전압은? (단, $a = -\dfrac{1}{2} + j\dfrac{\sqrt{3}}{2}$ 이다)

① $\dfrac{1}{3}(V_a + aV_b + a^2V_c)$　　　　　② $\dfrac{1}{3}(V_a + a^2V_b + aV_c)$

③ $\dfrac{1}{3}(V_a + a^2V_b + V_c)$　　　　　④ $\dfrac{1}{3}(V_a + V_b + V_c)$

Explanation

- 영상분　$V_0 = \dfrac{1}{3}(V_a + V_b + V_c)$
- 정상분　$V_1 = \dfrac{1}{3}(V_a + aV_b + a^2V_c)$
- 역상분　$V_2 = \dfrac{1}{3}(V_a + a^2V_b + aV_c)$

【답】②

65 비정현파에 있어서 정현 대칭의 조건은?

① $f(t) = f(-t)$　　　　　② $f(t) = -f(t)$

③ $f(t) = -f(-t)$　　　　　④ $f(t) = -f\left(t + \dfrac{T}{2}\right)$

Explanation

- **정현대칭** : $f(t) = -f(-t)$
- 여현대칭 : $f(t) = f(-t)$
- 반파대칭 : $f(t) = -f\left(t + \dfrac{T}{2}\right)$

【답】③

66 그림과 같은 회로에서 S를 열었을 때 전류계의 지시는 10[A]였다. S를 닫을 때 전류계의 지시는 몇 배가 되는가?

① 0.8
② 1
③ 1.2
④ 1.5

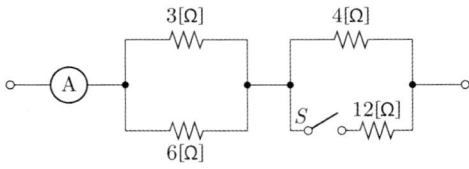

Explanation

(1) 스위치 S를 열었을 때 전체전압을 구하면

　전체 저항 $R_T = \dfrac{3 \times 6}{3+6} + 4 = 6[\Omega]$

　전체 전압 $V = IR = 10 \times 6 = 60\,[\text{V}]$

(2) 스위치 S를 닫으면

　전체저항 $R_T' = \dfrac{3 \times 6}{3+6} + \dfrac{4 \times 12}{4+12} = 5$

　전체 회로에 흐르는 전류 $I' = \dfrac{E}{R'} = \dfrac{60}{5} = 12[\text{A}]$

따라서 전류는 스위치를 닫으면 전류는 스위치를 닫기 전에 비해 $\dfrac{12}{10} = 1.2$배

【답】③

67 다음과 같은 회로에서 $L = 50[\text{mH}]$, $R = 20[\text{k}\Omega]$인 경우 회로의 시정수는?

① $4.0[\mu s]$
② $3.5[\mu s]$
③ $3.0[\mu s]$
④ $2.5[\mu s]$

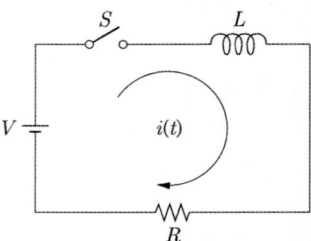

> **Explanation**

$R - L$ 직렬 회로

시정수 $\tau = \dfrac{L}{R} = \dfrac{50 \times 10^{-3}}{20 \times 10^{3}} = 2.5 \times 10^{-6} = 2.5[\mu s]$

【답】④

68 $R - L - C$ 직렬 회로에서 회로 저항값 R이 다음의 어느 값이어야 이 회로가 임계적으로 제동되는가?

① $\sqrt{\dfrac{L}{C}}$

② $2\sqrt{\dfrac{L}{C}}$

③ $\dfrac{1}{\sqrt{LC}}$

④ $2\sqrt{\dfrac{C}{L}}$

> **Explanation**

$R - L - C$ 직렬회로에서 직류전압 인가

• 비진동 조건 : $R > 2\sqrt{\dfrac{L}{C}}$

• **임계적 조건 : $R = 2\sqrt{\dfrac{L}{C}}$**

• 진동적 조건 : $R < 2\sqrt{\dfrac{L}{C}}$

【답】②

69 $\sin t$의 라플라스 변환은?

① $\dfrac{s}{s^2 + 1}$

② $\dfrac{-s}{s^2 + 1}$

③ $\dfrac{1}{s^2 + 1}$

④ $\dfrac{1}{s^2 - 1}$

> **Explanation**

라플라스 변환표

	$f(t)$	$F(s)$
정현(여현)파 함수	$\sin \omega t$	$\dfrac{\omega}{s^2 + \omega^2}$
	$\cos \omega t$	$\dfrac{s}{s^2 + \omega^2}$

【답】③

70 그림과 같은 $R-C$회로에서 입력을 $e_i(t)$[V], 출력을 $e_o(t)$라 할 때 전달함수는?
(단, $T=RC$ 이다)

① $\dfrac{1}{Ts+1}$

② $\dfrac{1}{Ts+2}$

③ $\dfrac{2}{Ts+3}$

④ $\dfrac{1}{Ts+3}$

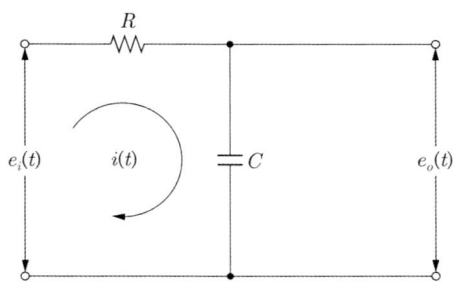

Explanation

전압비 전달함수는 임피던스 비이므로

$$G(s)=\frac{E_o(s)}{E_i(s)}=\frac{\frac{1}{Cs}}{R+\frac{1}{Cs}}=\frac{1}{RCs+1}=\frac{1}{Ts+1}$$
여기서, 시정수 $T=RC$

【답】①

71 다음과 같은 브리지 회로가 평형이 되기 위한 Z_4의 값은?

① $2+j4$
② $-2+j4$
③ $4+j2$
④ $4-j2$

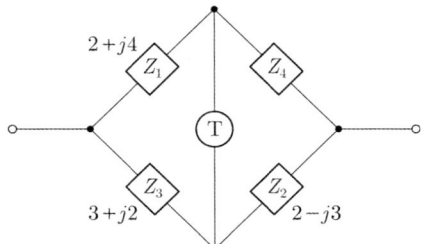

Explanation

브리지 평형 조건
$Z_4(3+j2)=(2+j4)(2-j3)$

$$\therefore Z_4=\frac{(2+j4)(2-j3)}{3+j2}=\frac{(16+j2)(3-j2)}{(3+j2)(3-j2)}=4-j2$$

【답】④

72 그림과 같은 T형 회로에서 4단자 정수 중 D는 얼마인가?

① $1+\dfrac{Z_1}{Z_3}$

② $1+\dfrac{Z_2}{Z_3}$

③ $\dfrac{Z_1 Z_2}{Z_3}+Z_2+Z_1$

④ $1+\dfrac{Z_3}{Z_2}$

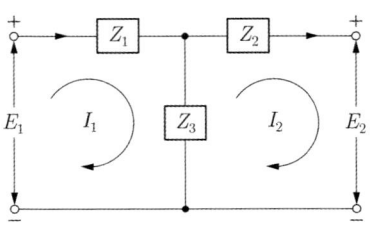

Explanation

$$\begin{bmatrix} A & B \\ C & D \end{bmatrix}=\begin{bmatrix} 1 & Z_1 \\ 0 & 1 \end{bmatrix}\begin{bmatrix} 1 & 0 \\ \dfrac{1}{Z_3} & 1 \end{bmatrix}\begin{bmatrix} 1 & Z_2 \\ 0 & 1 \end{bmatrix}$$

$$= \begin{bmatrix} 1 + \dfrac{Z_1}{Z_3} & Z_1 + Z_2 + \dfrac{Z_1 Z_2}{Z_3} \\ \dfrac{1}{Z_3} & 1 + \dfrac{Z_2}{Z_3} \end{bmatrix}$$

【답】②

73 다음 회로에서 I를 구하면 몇 [A]인가?

① 2
② -2
③ -4
④ 4

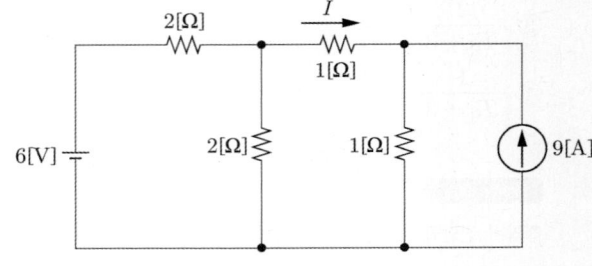

【답】②

74 푸리에 급수에서 직류분이 포함되는 것은?
① 우함수이다.
② 기함수이다.
③ 우함수+기함수이다.
④ 우함수×기함수이다.

Explanation

비정현파를 푸리에 변환하면
비정현파 교류 = 직류분 + 기본파 + 고조파로 표시되며
• 정현대칭 : sin성분
• **여현대칭 : 직류분, cos성분**
• 반파대칭 : 홀수항의 sin, cos항
따라서 우함수(여현대칭)는 직류분과 여현항(cos 성분)이 존재한다.

【답】①

75 저항과 콘덴서를 병렬로 접속한 회로에 직류를 100[V]를 가하면 5[A]가 흐르고, 교류 300[V]를 가하면 25[A]가 흐른다. 이때, 용량 리액턴스[Ω]는?
① 7
② 14
③ 15
④ 30

Explanation

직류를 인가하면 저항만의 회로이므로 $I = \dfrac{V}{R}$에서

저항 $R = \dfrac{V}{I} = \dfrac{100}{5} = 20[\Omega]$

교류를 인가하면 전 전류
$\dot{I} = \dot{I}_R + \dot{I}_c = \sqrt{I_R^2 + I_c^2} = 25[A]$에서

$\dot{I} = \dot{I}_R + \dot{I}_c = \dfrac{V}{R} + j\dfrac{V}{X_c} = \dfrac{300}{20} + j\dfrac{300}{X_c} = \sqrt{15^2 + \left(\dfrac{300}{X_c}\right)^2} = 25[A]$에서

용량성 리액턴스 $\dfrac{300}{X_c} = 20$에서 $X_c = \dfrac{300}{20} = 15[\Omega]$

【답】③

76 내부 임피던스 $Z_g = 0.3 + j2[\Omega]$인 발전기에 임피던스 $Z_l = 1.7 + j3[\Omega]$인 선로를 연결하여 부하에 전력을 공급한다. 부하 임피던스 $Z_0[\Omega]$이 어떤 값을 취할 때 부하에 최대 전력이 전송되는가?

① $2 - j5$

② $2 + j5$

③ 2

④ $\sqrt{2^2 + 5^2}$

Explanation

전체 내부 임피던스
$Z_g = 0.3 + j2 + 1.7 + j3 = 2 + j5[\Omega]$
• 최대 전력 전달조건
부하 임피던스 $Z_o = \overline{Z_g}$ 이므로 $Z_0 = 2 - j5[\Omega]$

【답】 ①

77 그림과 같은 회로에서 $V - i$ 관계식은?

① $V = 0.8i$

② $V = i_s R_s - 2i$

③ $V = 3 + 0.2i$

④ $V = 2i$

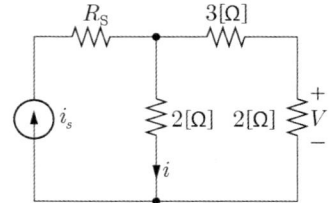

Explanation

$V = \dfrac{2}{3+2} \times 2i = \dfrac{4}{5}i = 0.8i$

【답】 ①

78 그림과 같이 접속한 회로에 평형 3상 전압 E를 가할 때에 상전류 $I_2[A]$는 얼마인가?

① $\dfrac{E}{4r}$

② $\dfrac{\sqrt{3}E}{4r}$

③ $\dfrac{E}{3r}$

④ $\dfrac{2E}{3r}$

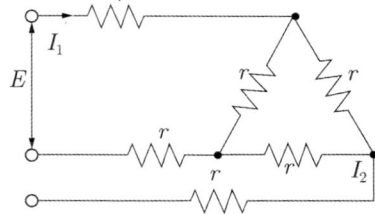

Explanation

I_2 : △결선의 상전류
따라서 우선 회로를 Y결선으로 전환하면

△→Y로 변환 : 저항은 $\dfrac{1}{3}$이 되므로 $\dfrac{r}{3}$

따라서 전체 1상의 저항은 $R = r + \dfrac{r}{3} = \dfrac{4}{3}r$

$I_p = \dfrac{V_p}{Z} = \dfrac{\dfrac{E}{\sqrt{3}}}{\dfrac{4}{3}r} = \dfrac{3E}{4\sqrt{3}r} = \dfrac{\sqrt{3}E}{4r}$ 이므로 선전류도 $I_l = \dfrac{\sqrt{3}E}{4r}$

문제에서 I_2는 △결선의 상전류이므로 선전류를 $\sqrt{3}$으로 나누어야 하며

$I_2 = \dfrac{\sqrt{3}E}{4r} \times \dfrac{1}{\sqrt{3}} = \dfrac{E}{4r}$

【답】 ①

79 무왜형 선로를 설명한 것 중 맞는 것은?

① 특성 임피던스가 주파수의 함수이다.　② 감쇠 정수는 0이다.

③ $LR = CG$의 관계가 있다.　④ 위상 속도 v는 주파수에 관계가 없다.

Explanation

무손실회로와 무왜형회로

	무왜형 선로
조건	$\dfrac{R}{L} = \dfrac{G}{C}$
특성 임피던스	$Z_0 = \sqrt{\dfrac{Z}{Y}} = \sqrt{\dfrac{L}{C}}$
전파정수	$\gamma = \sqrt{ZY} \quad \alpha = \sqrt{RG}, \quad \beta = \omega\sqrt{LC}$
위상속도	$v = \dfrac{\omega}{\beta} = \dfrac{\omega}{\omega\sqrt{LC}} = \dfrac{1}{\sqrt{LC}}$

【답】④

80 어떤 회로의 전류에 대한 라플라스 변환이 다음과 같을 때 전류의 시간 함수는?

$$I(s) = \frac{1}{s^2 + 2s + 2}$$

① $5e^{-t}$　　　　　　　　　　② $2\sin tu(t)$

③ $e^{-t}\sin tu(t)$　　　　　　　④ $e^{-t}\cos tu(t)$

Explanation

완전제곱형으로 역라플라스 변환하면

$I(s) = \dfrac{1}{s^2 + 2s + 2} = \dfrac{1}{(s+1)^2 + 1}$

$\therefore \ i(t) = \mathcal{L}^{-1}[I(s)] = e^{-t}\sin tu(t)$

【답】③

5과목　**전기설비기술기준**

---

81 중성점 비접지식 전선로에 접속한 66[kV] 변압기의 절연내력 시험전압[kV]은?

① 72.6　　　　　　　　　② 75.0

③ 82.5　　　　　　　　　④ 99.0

Explanation

(KEC 135조) 변압기 전로의 절연내력

구분		배율	최저 전압
중성점 직접 접지식이 아닌 경우	7[kV] 이하	1.5	500[V]
	7[kV] 초과 ~ 60[kV] 이하	1.25	10.5[kV]
	60[kV] 초과(비접지식)	1.25	

	60[kV] 초과(중성점 접지식) (성형결선, 또는 스콧결선의 것에 한한다)	1.1	75[kV]

* 시험전압 : 66 × 1.25 = 82.5[kV]

【답】③

82 발전기의 용량에 관계없이 자동적으로 이를 전로로부터 차단하는 장치를 시설하여야 하는 경우는?
① 과전류인입
② 베어링 과열
③ 발전기 내부고장
④ 유압의 과팽창

Explanation

(KEC 351.3조) 발전기 등의 보호장치
발전기에는 다음의 경우에 자동적으로 이를 전로로부터 차단하는 장치를 시설하여야 한다.
① **발전기에 과전류나 과전압이 생긴 경우**
② 용량이 500 [kVA] 이상의 발전기를 구동하는 수차의 압유 장치의 유압 또는 전동식 가이드밴 제어장치, 전동식 니들 제어장치 또는 전동식 디플렉터 제어장치의 전원전압이 현저히 저하한 경우
③ 용량 100 [kVA] 이상의 발전기를 구동하는 풍차(風車)의 압유장치의 유압, 압축 공기장치의 공기압 또는 전동식 브레이드 제어장치의 전원전압이 현저히 저하한 경우
④ 용량이 2,000 [kVA] 이상인 수차 발전기의 스러스트 베어링의 온도가 현저히 상승한 경우
⑤ 용량이 10,000 [kVA] 이상인 발전기의 내부에 고장이 생긴 경우
⑥ 정격출력이 10,000[kW]를 초과하는 증기터빈은 그 스러스트 베어링이 현저하게 마모되거나 그의 온도가 현저히 상승한 경우

【답】①

83 가공전선로의 지지물에 하중이 가해지는 경우에 그 하중을 받는 지지물의 기초 안전율은 몇 이상 이어야 하는가?
① 0.5
② 1.0
③ 1.5
④ 2.0

Explanation

(KEC 331.7조) 가공전선로 지지물의 기초의 안전율
가공전선로의 지지물에 하중이 가하여지는 경우 : 그 하중을 받는 **지지물의 기초의 안전율은 2 이상**

【답】④

84 저압가공전선이 횡단보도교 위에 시설되는 경우에 그 전선의 노면상 높이는 몇 [m] 이상으로 하여야 하는가?
① 2.5
② 3.0
③ 3.5
④ 4.0

Explanation

(KEC 222.7조) 저압 가공전선의 높이
횡단보도교의 위에 시설하는 경우 저압 가공전선은 그 노면상 3.5m(전선이 저압 절연전선 · 다심형 전선 · 고압 절연전선 · 특고압 절연전선 또는 케이블인 경우에는 3[m]) 이상, 고압 가공전선은 그 노면상 3.5[m] 이상

【답】③

85 고압 가공전선이 안테나와 접근상태로 시설되는 경우, 가공전선과 안테나의 이격거리는 고압 가공전선으로 사용되는 전선이 케이블이 아니라면 몇 [m] 이상으로 이격시켜야 하는가?
① 0.6
② 0.8
③ 1
④ 1.2

Explanation

(KEC 332.14조) 고압 가공전선과 안테나의 접근 또는 교차
고압 가공전선이 안테나와 접근상태로 시설되는 경우, 안테나 사이의 이격거리는 저압은 0.6[m](전선이 고압 절연전선, 특고압 절연전선 또는 케이블인 경우에는 0.3[m]) 이상, **고압은 0.8[m](전선이 케이블인 경우에는 0.4[m]) 이상**

【답】②

86 154[kV] 전선로를 경동연선을 사용하여 가공으로 시가지에 시설할 경우, 최소 단면적은 몇 [㎟] 이상이어야 하는가?

① 55　　　　　　　　　　　　　② 100
③ 150　　　　　　　　　　　　④ 200

> **Explanation**

(KEC 333.1조) 시가지 등에서 특고압 가공전선로의 시설
가공전선 100[kV] 미만은 55[㎟], 100[kV] 이상은 150[㎟]이다.　　　　　　　【답】③

87 다음의 전차선 및 급전선의 최소 높이 중 직류 1,500[V]이고 정적인 경우 몇 [mm]의 높이를 유지해야 하는가?

① 4,400　　　　　　　　　　　② 4,500
③ 4,800　　　　　　　　　　　④ 5,000

> **Explanation**

(KEC 431.6조) 전차선 및 급전선의 높이

시스템 종류	공칭전압[V]	동적[mm]	정적[mm]
직류	750	4,800	4,400
	1,500	4,800	4,400

【답】①

88 전기철도의 변전방식 중 변전소 용량은 급전구간별 정상적인 열차부하조건에서 몇 시간의 최대출력을 기준으로 하는가?

① 1시간　　　　　　　　　　　② 2시간
③ 3시간　　　　　　　　　　　④ 4시간

> **Explanation**

(KEC 421.3조) 변전소의 용량
변전소의 용량 : 급전구간별 정상적인 열차부하조건에서 1시간 최대출력 또는 순시 최대출력을 기준으로 결정　　【답】①

89 터널 내에 3.3[kV] 전선로를 케이블 배선 방법으로 하였다. 노면상의 높이[m]는?

① 1　　　　　　　　　　　　　② 1.5
③ 2　　　　　　　　　　　　　④ 3

> **Explanation**

(KEC 335.1조) 터널 안 전선로의 시설
고압 전선은 다음에 의하여 시설할 것
　– 인장강도 5.26[kN] 이상의 것 또는 지름 4[mm] 이상의 경동선의 고압 절연전선 또는 특고압 절연전선을 사용하여 애자 사용 공사에 의하여 시설하고 또한 **이를 레일면상 또는 노면상 3[m] 이상의 높이로 유지할 것**　　【답】④

90 가공전선로의 지지물에 시설하는 통신선과 고압 가공전선사이의 이격거리는 몇 [m] 이상이어야 하는가?

① 1.2[m]　　　　　　　　　　② 1[m]
③ 0.75[m]　　　　　　　　　④ 0.6[m]

> **Explanation**

(KEC 362.2조) 전력보안통신선의 시설 높이와 이격거리
통신선과 고압 가공전선 사이의 이격거리는 0.6[m] 이상일 것. 다만, 고압 가공전선이 케이블인 경우에 통신선이 절연전선과 동등 이상의 절연효력이 있는 것인 경우에는 0.3[m] 이상으로 할 수 있다.　　【답】④

91 애자 사용 공사에 의한 고압옥내배선을 할 때 전선을 조영재의 면을 따라 붙이는 경우, 전선의 지지
점간의 거리는 몇 [m] 이하이어야 하는가?

① 2   ② 3

③ 4   ④ 5

Explanation

(KEC 342.1조) 고압 옥내배선 등의 시설 – 애자공사
① 전선은 공칭단면적 6[㎟] 이상의 연동선 또는 이와 동등 이상의 세기 및 굵기의 고압 절연전선이나 특고압 절연전선 또는
　인하용 고압 절연전선일 것
② 전선의 지지점 간의 거리는 6[m] 이하일 것. **다만, 전선을 조영재의 면을 따라 붙일 경우에는 2[m] 이하일 것**
③ 전선 상호 간의 간격은 0.08[m] 이상, 전선과 조영재 사이의 이격거리는 0.05[m] 이상일 것　　　　　**【답】** ①

92 교통신호등 회로의 사용전압은 몇 [V] 이하이어야 하는가?

① 110   ② 200

③ 220   ④ 300

Explanation

(KEC 234.15조) 교통신호등
교통신호등 제어장치의 2차측 배선의 최대사용전압은 300[V] 이하이어야 한다.　　　　　**【답】** ④

93 전로의 사용전압이 SELV 및 PELV인 경우 전로 대지 간의 절연저항은 몇 [MΩ] 이상 이어야 하는가?

① 0.1   ② 0.2

③ 0.5   ④ 1

Explanation

(기술기준 제52조) 저압전로의 절연저항

전로의 사용전압[V]	DC 시험전압[V]	절연저항[MΩ]
SELV 및 PELV	250	0.5
FELV, 500[V] 이하	500	1.0
500[V] 초과	1,000	1.0

[주] 특별저압(extra low voltage : 2차 전압이 AC 50V, DC 120V 이하)으로 SELV(비접지회로 구성) 및 PELV
(접지회로 구성)은 1차와 2차가 전기적으로 절연된 회로, FELV는 1차와 2차가 전기적으로 절연되지 않은 회로

【답】 ③

94 중성점을 다중 접지한 22.9[kV] 3상 4선식 가공 전선로를 건조물의 위쪽에서 접근 상태로 시설하는
경우 가공 전선과 건조물의 최소 이격거리는 얼마인가?

① 1.2[m]   ② 2.0[m]

③ 2.5[m]   ④ 3.0[m]

Explanation

(KEC 333.32조) 25[kV] 이하인 특고압 가공 전선로의 시설
특고압 가공 전선이 건조물과 접근하는 경우에 특고압 가공 전선과 건조물의 조영재 사이의 이격거리

건조물의 조영재	접근 형태	전선의 종류	이격거리
상부 조영재	위쪽	**나전선**	**3[m]**
		특고압 절연전선	2.5[m]
		케이블	1.2[m]

【답】 ④

95 고압 보안공사에 의하여 시설하는 A종 철주나 목주의 고압 가공 전선로의 최대 경간은?

① 50 　　　　　　　　　　　　　　② 100
③ 150 　　　　　　　　　　　　　　④ 200

Explanation

(KEC 332.10조) 고압 보안공사
① 전선은 케이블인 경우 이외에는 인장강도 8.01[kN] 이상의 것 또는 지름 5[mm] 이상의 경동선일 것
② 목주의 풍압 하중에 대한 안전율은 1.5 이상일 것
③ 경간은 표에서 정한 값 이하일 것

지지물의 종류	경간
목주·A종 철주 또는 A종 철근 콘크리트주	100[m]
B종 철주 또는 B종 철근 콘크리트주	150[m]
철탑	400[m]

【답】②

96 30[kV]의 지중 전선로를 직접 매설식에 의해 중량물이 통과하는 도로 밑에 시설하는 경우 지표로부터의 최소 깊이[m]는?

① 1.5 　　　　　　　　　　　　　　② 1.2
③ 1.0 　　　　　　　　　　　　　　④ 0.6

Explanation

(KEC 334.1조) 지중 전선로의 시설
① 전선은 케이블을 사용하고, 또한, 관로식·암거식 또는 직접 매설식에 의하여 시공한다.
② 관로식 또는 암거식에 의하여 시설하는 경우 중량물의 압력에 견디도록 해야 한다.
③ 전선을 물로 냉각시키는 경우 순환수의 압력에 견디고, 누수가 없도록 한다.
④ **직접 매설식으로 시공할 경우 매설 깊이는 중량물의 압력이 있는 곳은 1[m] 이상, 없는 곳은 0.6[m] 이상으로 한다.**

【답】③

97 저압전로의 보호도체 및 중성선의 접속 방식에 따른 분류 중 다음의 접지 방식은 어느 것인가?

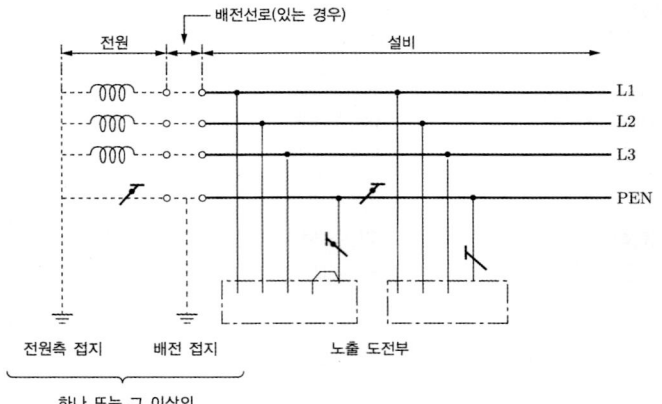

① TN 계통 　　　　　　　　　　　② TN-C 계통
③ IT 계통 　　　　　　　　　　　　④ TT 계통

Explanation

(KEC 203.2조) TN 계통
TN-C 계통 : 계통 전체에 대해 중성선과 보호도체의 기능을 동일도체로 겸용한 PEN TN-S체를 사용

【답】②

98 합성수지관공사에 대한 설명 중 옳은 것은?

① 합성수지관 안에 전선의 접속점이 있어야 한다.
② 전선은 반드시 옥외용 절연전선을 사용하여야 한다.
③ 합성수지관 내 6[㎟] 경동선은 넣을 수 있다.
④ 합성수지관의 지지점 간의 거리는 3[m]로 한다.

Explanation

(KEC 232.11조) 합성수지관공사
① 전선은 절연전선(옥외용 비닐 절연전선을 제외)일 것
② **전선은 연선일 것 다만, 다음의 것은 적용하지 않는다.**
  – 짧고 가는 합성수지관에 넣은 것
  – 단면적 10[㎟](알루미늄선은 단면적 16[㎟]) 이하의 것
③ 전선은 합성수지관 안에서 접속점이 없도록 할 것

【답】 ③

99 이차전지를 이용한 전기저장장치의 이차전지를 자동으로 전로로부터 차단하는 장치가 동작해야 하는 경우가 아닌 것은?

① 과전압 또는 과전류가 발생한 경우
② 제어 장치에 이상이 발생한 경우
③ 침수의 우려가 있는 경우
④ 이차전지 모듈의 내부 온도가 급격히 상승할 경우

Explanation

(KEC 512.2.2조) 전기저장장치의 제어 및 보호장치
전기저장장치의 이차전지는 다음에 따라 자동으로 전로로부터 차단하는 장치를 시설하여야 한다.
① 과전압 또는 과전류가 발생한 경우
② 제어장치에 이상이 발생한 경우
③ 이차전지 모듈의 내부 온도가 급격히 상승할 경우

【답】 ③

100 공칭 전압 154[kV]인 특고압 가공 전선과 그 지지물, 완금류, 지지기둥 또는 지지선과의 이격거리 [m]의 최소값은?

① 0.3
② 0.4
③ 0.65
④ 0.9

Explanation

(KEC 333.5조) 특고압 가공 전선과 지지물 등의 이격거리
특고압 가공 전선과 그 지지물·완금류·지지기둥 또는 지지선 사이의 이격거리는 표에서 정한 값 이상이어야 한다. 다만, 기술상 부득이한 경우에 위험의 우려가 없도록 시설한 때에는 표에서 정한 값의 0.8배까지 감할 수 있다.

사용전압	이격거리[m]
...	...
70[kV] 이상 80[kV] 미만	0.45
80[kV] 이상 130[kV] 미만	0.65
130[kV] 이상 160[kV] 미만	**0.9**
...	...

【답】 ④

2021년 전기산업기사 필기

1과목 전기자기학

01 1,000[AT/m]의 자계 중에 어떤 자극을 놓았을 때 3×10^2[N]의 힘을 받았다고 한다. 자극의 세기 [Wb]는?

① 0.03
② 0.3
③ 3
④ 30

자계에서의 힘 $F = mH$[N]에서

자극 $m = \dfrac{F}{H} = \dfrac{3 \times 10^2}{1,000} = 0.3$[Wb]

【답】②

02 무한히 긴 두 평행도선이 2[cm]의 간격으로 가설되어 100[A]의 전류가 흐르고 있다. 두 도선의 단위 길이당 작용력은 몇 [N/m]인가?

① 0.1
② 0.5
③ 1
④ 1.5

평행도선 단위 길이당 작용하는 힘

$F = \dfrac{\mu_0 I_1 I_2}{2\pi r} = \dfrac{2 I_1 I_2}{r} \times 10^{-7} = \dfrac{2 \times 100 \times 100}{2 \times 10^{-2}} \times 10^{-7} = 0.1$[N/m]

【답】①

03 평행판 커패시터의 정전용량을 2배로 증대하기 위한 방법은?

① 극판 면적을 4배 크게 한다.
② 극판 사이의 간격을 반으로 줄인다.
③ 극판의 도체 두께를 2배로 증가시킨다.
④ 극판 사이에 있는 유전체의 비유전율이 4배 큰 것을 사용한다.

평행판 콘덴서 정전용량

$C = \dfrac{\epsilon_0 \epsilon_s S}{d}$ [F]에서

정전용량을 2배로 하기 위해서는 극판 거리를 2배로 하면
① 극판 면적을 2배로 증가
② 극판 간격을 $\dfrac{1}{2}$로 감소
③ 비유전율이 2인 물질 추가

【답】②

04 맥스웰의 전자방정식으로 틀린 것은?

① div B= ϕ ② div D= ρ

③ rot $E = -\dfrac{\partial B}{\partial t}$ ④ rot $H = i + \dfrac{\partial D}{\partial t}$

Explanation

맥스웰 전자계 기초 방정식

- rot $E = -\dfrac{\partial B}{\partial t}$ (패러데이 법칙의 미분형) : 전계의 회전은 자속밀도의 시간적 감소율과 같다.
- rot $H = i + \dfrac{\partial D}{\partial t}$ (암페어 주회법칙의 미분형) : 전도전류와 변위전류는 회전하는 자장을 발생
- div $D = \rho$: 단위 체적당 발산 전속수는 단위 체적당 공간전하 밀도와 같다.
- **div $B = 0$** : 자계는 발산하지 않으며, 자극은 단독으로 존재하지 않는다. 【답】①

05 자기회로의 구조와 인덕턴스의 관계에 대한 설명으로 옳지 않은 것은?

① 자기회로의 단면적에 비례 ② 자기회로 경로의 길이에 반비례
③ 코일의 전류에 비례 ④ 자성체의 투자율에 비례

Explanation

자기인덕턴스 $L = \dfrac{N\phi}{I} = \dfrac{N}{I}\dfrac{NI}{R_m} = \dfrac{N^2}{R_m} = \dfrac{\mu S N^2}{l}$ [H]

- 자기인덕턴스는 자기회로의 단면적에 비례
- 자기인덕턴스는 자기회로의 길이에 반비례
- 자기인덕턴스는 자기회로의 투자율에 비례
- **자기인덕턴스는 전류에 반비례** 【답】③

06 두 종류의 유전체 경계면에서 전속과 전기력선이 경계면에 수직으로 도달할 때에 대한 설명으로 틀린 것은?

① 전속밀도는 변하지 않는다.
② 전속과 전기력선은 굴절하지 않는다.
③ 전계의 세기는 불연속적으로 변한다.
④ 전속선은 유전율이 작은 유전체 쪽으로 모이려는 성질이 있다.

Explanation

전계와 전속이 경계면에 수직($\theta_1 = 0°$)

- 전계는 불연속
- 전속밀도는 불변이므로 $D_1\cos\theta = D_2\cos\theta$ 에서 $D_1 = D_2$
- 전속과 전기력선은 굴절하지 않는다.
- **전속은 유전율이 큰 유전체로 모이려는 성질($\epsilon_1 > \epsilon_2$ $D_1 > D_2$)** 【답】④

07 임의의 점의 전계가 $E = iE_x + jE_y + kE_z$ 로 표시되었을 때, $\dfrac{\partial E_x}{\partial x} + \dfrac{\partial E_y}{\partial y} + \dfrac{\partial E_z}{\partial z}$ 와 같은 의미를 갖는 것은?

① $\nabla \times E$ ② $\nabla^2 E$
③ $\nabla \cdot E$ ④ $grad\,|E|$

Explanation

연산의 결과가 스칼라량이므로 내적의 형태이며

$$\nabla \cdot E = \left(i\dfrac{\partial}{\partial x} + j\dfrac{\partial}{\partial y} + k\dfrac{\partial}{\partial z}\right)\cdot(iE_x + jE_y + kE_z)$$

$$= \frac{\partial E_x}{\partial x} + \frac{\partial E_y}{\partial y} + \frac{\partial E_z}{\partial z} = \mathrm{div}\, \boldsymbol{E}$$

여기서, grad는 스칼라 함수의 기울기이므로 벡터에는 사용되지 않는다.　　　　　　　　　**【답】** ③

08 진공 중에서 대전 도체의 표면전하 밀도가 $\sigma\,[\mathrm{C/m^2}]$이라면 표면 전계는?

① $E = \dfrac{\sigma}{\epsilon_o}$ 　　　　　　　　　　　② $E = \dfrac{\sigma}{2\epsilon_o}$

③ $E = \dfrac{\sigma}{2\pi\epsilon_o}$ 　　　　　　　　　④ $E = \dfrac{\sigma}{4\pi r^2}$

Explanation

• 도체 표면에서의 전계 $E = \dfrac{\sigma}{\epsilon_0}\,[\mathrm{V/m}]$

• 무한 평면에서의 전계 $E = \dfrac{\sigma}{2\epsilon_0}\,[\mathrm{V/m}]$　　　　　　　　　　　**【답】** ①

09 접지 구도체와 점전하 사이에 작용하는 힘은?
① 항상 반발력이다. 　　　　　　　② 항상 흡인력이다.
③ 조건적 반발력이다. 　　　　　　④ 조건적 흡인력이다.

Explanation

접지 도체구

유도전하 : $Q' = -\dfrac{a}{d}\, Q$

점전하와 반대 극성의 전하가 유도되므로 항상 흡인력이 작용한다.　　　　　　　**【답】** ②

10 반지름 $a[\mathrm{m}]$인 도체구에 전하 $Q\,[\mathrm{C}]$가 있을 때, 이 도체구가 유전율 $\epsilon\,[\mathrm{F/m}]$인 유전체에 있다고 하면 이 도체구가 가진 에너지는 몇 $[\mathrm{J}]$인가?

① $\dfrac{Q^2}{2\pi\epsilon a}$ 　　　　　　　　　　② $\dfrac{Q^2}{4\pi\epsilon a}$

③ $\dfrac{Q^2}{8\pi\epsilon a}$ 　　　　　　　　　　④ $\dfrac{Q^2}{16\pi\epsilon a}$

Explanation

정전에너지 $W = \dfrac{1}{2} QV = \dfrac{Q^2}{2C} = \dfrac{1}{2} CV^2\,[\mathrm{J}]$

유전체 구도체의 정전용량 $C = 4\pi\epsilon a$에서

전하 $Q\,[\mathrm{C}]$가 일정하므로 정전에너지는 $W = \dfrac{Q^2}{2C} = \dfrac{1}{2} \times \dfrac{Q^2}{4\pi\epsilon a} = \dfrac{Q^2}{8\pi\epsilon a}\,[\mathrm{J}]$　　**【답】** ③

11 권수 3,000회인 공심 코일의 자기 인덕턴스는 0.06 [mH]이다. 자기 인덕턴스를 0.135 [mH]로 하자면 권수는 몇 회로 하면 되는가?
① 3,500 　　　　　　　　　　② 4,500
③ 5,500 　　　　　　　　　　④ 6,750

Explanation

자기인덕턴스 $L = \dfrac{N^2}{R_m}$ [H]에서

$L \propto N^2$ 이며 $N \propto \sqrt{N}$ 이므로

$\therefore N' = N \times \sqrt{\dfrac{L'}{L}} = 3,000 \times \sqrt{\dfrac{0.135}{0.06}} = 4,500$ [회] 【답】②

12 공기 중에 있는 무한 직선 도체에 전류 I[A]가 흐르고 있을 때 도체에서 r [m] 떨어진 점에서의 자속밀도는 몇 [Wb/㎡]인가?

① $\dfrac{I}{2\pi r}$ ② $\dfrac{2\mu_0 I}{\pi r}$

③ $\dfrac{\mu_0 I}{r}$ ④ $\dfrac{\mu_0 I}{2\pi r}$

Explanation

무한장 직선의 자계의 세기 $H = \dfrac{I}{2\pi r}$ [A/m]

자속밀도 $B = \mu H = \dfrac{\mu_0 I}{2\pi r}$ [Wb/㎡] 【답】④

13 비유전율 4, 비투자율 1인 공간에서 전자파의 전파속도는 몇 [m/sec]인가?

① 0.5×10^8 ② 1.0×10^8

③ 1.5×10^8 ④ 2.0×10^8

Explanation

전파 속도 $v = \dfrac{1}{\sqrt{\mu \epsilon}} = \dfrac{1}{\sqrt{\mu_0 \epsilon_0}} \dfrac{1}{\sqrt{\mu_s \epsilon_s}} = \dfrac{3 \times 10^8}{\sqrt{\mu_s \epsilon_s}}$

$= \dfrac{3 \times 10^8}{\sqrt{4 \times 1}} = 1.5 \times 10^8$ [m/s] 【답】③

14 자극의 세기가 8×10^{-6}[Wb]이고, 길이가 30[㎝]인 막대자석을 120[AT/m] 평등자계 내에 자력선과 $30°$ 의 각도로 놓았다면 자석이 받는 회전력은 몇 [N·m]인가?

① 1.44×10^{-4} ② 1.44×10^{-5}

③ 2.88×10^{-4} ④ 2.88×10^{-5}

Explanation

토크

자성체에 의한 토크 : $T = M \times H = MH \sin\theta$

$T = MH \sin\theta = ml\, H \sin\theta = 8 \times 10^{-6} \times 0.3 \times 120 \times \sin 30° = 1.44 \times 10^{-4}$[N·m] 【답】①

15 비유전율 $\epsilon_s = 5$인 유전체 내의 한 점에서 전계의 세기가 $E = 10^4$[V/m]일 때 이 점의 분극의 세기 P [C/㎡]는?

① $\dfrac{10^{-5}}{9\pi}$ ② $\dfrac{10^{-9}}{9\pi}$

③ $\dfrac{10^{-5}}{18\pi}$ ④ $\dfrac{10^{-9}}{18\pi}$

Explanation

분극의 세기 $P=\epsilon_0(\epsilon_s-1)E$ 　　여기서, $\dfrac{1}{4\pi\epsilon_o}=9\times10^9$ 에서 $\epsilon_0=\dfrac{1}{4\pi\times9\times10^9}$

$$=\frac{1}{4\pi\times9\times10^9}\times(5-1)\times10^4=\frac{10^{-5}}{9\pi}\,[\text{C/m}^2]$$

【답】①

16
반지름 a인 접지 도체구의 중심에서 $d(>a)$되는 곳에 점전하 Q가 있다. 도체구에 유기되는 영상 전하 및 그 위치(중심에서의 거리)는 각각 얼마인가?

① $+\dfrac{a}{d}Q$이며 $\dfrac{a^2}{d}$이다.

② $-\dfrac{a}{d}Q$이며 $\dfrac{a^2}{d}$이다.

③ $+\dfrac{d}{a}Q$이며 $\dfrac{a^2}{d}$이다.

④ $-\dfrac{d}{a}Q$이며 $\dfrac{d^2}{a}$이다.

Explanation

접지 도체구에 유기되는 전하

• 위치 : $x=\dfrac{a^2}{d}$

• 크기 : $Q'=-\dfrac{a}{d}Q$

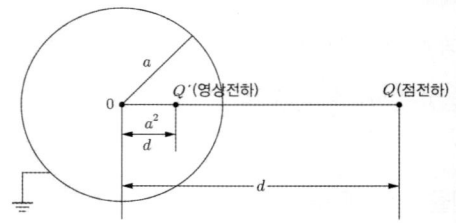

【답】②

17
단면적이 같은 자기회로가 있다. 철심의 투자율을 μ라 하고 철심회로의 길이를 l이라 한다. 지금 그 일부에 미소공극 l_o을 만들었을 때 자기회로의 자기저항은 공극이 없을 때의 약 몇 배인가? 단, $l\gg l_o$이다.

① $1+\dfrac{\mu l}{\mu l_o}$

② $1+\dfrac{\mu l_o}{\mu_o l}$

③ $1+\dfrac{\mu_o l}{\mu l_o}$

④ $1+\dfrac{\mu_o l_o}{\mu l}$

Explanation

공극(air gap)이 있는 경우 : 자기저항 증가

$$\frac{R_m{}'}{R_m}=1+\frac{l_o}{l}\mu_s$$　　여기서, l_o : 공극의 길이

$$=1+\frac{l_o\mu_s\mu_0}{l\mu_0}=1+\frac{l_o\mu}{l\mu_0}$$

【답】②

18
액체 유전체를 넣은 콘덴서의 용량이 30[μF]이다. 여기에 500[V]의 전압을 가했을 때 누설전류는 약 얼마인가? 단, 고유 저항 ρ는 $10^{11}[\Omega\cdot\text{m}]$, 비유전율 ϵ_s는 2.20이다.

① 5.1[mA]

② 7.7[mA]

③ 10.2[mA]

④ 15.4[mA]

Explanation

$RC=\rho\epsilon$에서 접지저항 $R=\dfrac{\rho\epsilon}{C}[\Omega]$

누설전류 $I=\dfrac{V}{R}=\dfrac{CV}{\rho\epsilon}=\dfrac{CV}{\rho\epsilon_0\epsilon_s}=\dfrac{30\times10^{-6}\times500}{10^{11}\times8.855\times10^{-12}\times2.2}\times10^3=7.7[\text{mA}]$

【답】②

19 공기 중에서 E[V/m] 전계를 i_d[A/m²]의 변위 전류로 흐르게 하려면 주파수[Hz]는 얼마가 되어야 하는가?

① $f = \dfrac{i_d}{2\pi\epsilon E}$　　　　　　　　　② $f = \dfrac{i_d}{4\pi\epsilon E}$

③ $f = \dfrac{\epsilon i_d}{2\pi^2 E}$　　　　　　　　　④ $f = \dfrac{i_d E}{4\pi^2\epsilon}$

Explanation

변위 전류 밀도 $i_d = \dfrac{\partial D}{\partial t} = \dfrac{\partial(\epsilon E)}{\partial t} = \epsilon\dfrac{\partial E}{\partial t} = jw\epsilon E$[A/m²]

$\qquad\qquad = \omega\epsilon E = 2\pi f\epsilon E$

$\therefore f = \dfrac{i_d}{2\pi\epsilon E}$ [Hz]

【답】①

20 자계 중에 한 코일이 있다. 이 코일에 전류 $I = 2$[A]가 흐르면 $F = 2$[N]의 힘이 작용한다. 또 이 코일을 $v = 5$[m/s]로 운동시키면 e[V]의 기전력이 발생한다. 기전력[V]은?

① 3　　　　　　　　　　② 5
③ 7　　　　　　　　　　④ 9

Explanation

플레밍의 왼손 법칙
• 평등자장 내에서 전류가 흐르고 있는 도선이 받는 힘
• $F = (I \times B)l = IBl\sin\theta$[N]

플레밍의 오른손 법칙
• 평등자장 내에서 도체가 속도로 운동 시 유기기전력
• $e = (v \times B)l = vBl\sin\theta$ [V]

여기서, $F = (I \times B)l = IBl\sin\theta$에서 $Bl = \dfrac{F}{I} = \dfrac{2}{2} = 1$

$\therefore e = vBl\sin\theta = 5 \times 1 = 5$[V]

【답】②

2과목　전력공학

21 저압뱅킹 배전방식에서 저전압 측의 고장에 의하여 건전한 변압기의 일부 또는 전부가 차단되는 현상은?

① 아킹(Arcing)　　　　　　　　② 플리커(Flicker)
③ 밸런서(Balancer)　　　　　　④ 캐스케이딩(Cascading)

Explanation

저압 뱅킹 방식 : 부하가 밀집된 시가지(부하증가에 대한 탄력성)
• 장점 : 전압 강하와 전력 손실이 적다.
　　　　변압기의 동량 및 저압선 동량 감소
　　　　플리커 현상 감소
• 단점 : 캐스케이딩 현상 발생
　　　　(저압선의 일부 고장으로 건전한 변압기의 일부 또는 전부가 차단되는 현상)

【답】④

22 전주 사이의 경간이 80[m]인 가공전선로에서 전선 1[m]당의 하중이 0.37[kg], 전선의 이도가 0.8[m]일 때 수평장력은 몇 [kg]인가?

① 330
② 350
③ 370
④ 390

이도 $D = \dfrac{WS^2}{8T}$ 에서

수평장력 $T = \dfrac{WS^2}{8D} = \dfrac{0.37 \times 80^2}{8 \times 0.8} = \dfrac{0.37 \times 6,400}{6.4} = 370[\text{kg}]$

【답】③

23 송전선로에 충전전류가 흐르면 수전단 전압이 송전단 전압보다 높아지는 현상과 이 현상의 발생 원인으로 가장 옳은 것은?

① 페란티 효과, 선로의 인덕턴스 때문
② 페란티 효과, 선로의 정전용량 때문
③ 근접 효과, 선로의 인덕턴스 때문
④ 근접 효과, 선로의 정전용량 때문

페란티 현상
• 무부하시 송전단 전압보다 수전단 전압이 커지는 현상
• **발생 원인 : 선로의 정전용량에 의해서**
• 방지법 : 분로리액터(Sh.R)

【답】②

24 3상 변압기의 %임피던스는? 단, 임피던스는 $Z[\Omega]$, 선간 전압은 $V[\text{kV}]$, 변압기의 용량은 P [kVA]이다.

① $\dfrac{PZ}{V}$
② $\dfrac{PZ}{10V}$
③ $\dfrac{PZ}{10V^2}$
④ $\dfrac{10PZ}{V^2}$

%임피던스 $\%Z = \dfrac{PZ}{10V^2}$ 여기서, $V[\text{kV}]$, $P[\text{kVA}]$

【답】③

25 3상 차단기의 정격차단용량을 나타낸 것은?

① $\sqrt{3} \times$ 정격전압 $\times$ 정격전류
② $\dfrac{1}{\sqrt{3}} \times$ 정격전압 $\times$ 정격전류
③ $\sqrt{3} \times$ 정격전압 $\times$ 정격차단전류
④ $\dfrac{1}{\sqrt{3}} \times$ 정격전압 $\times$ 정격차단전류

3상용 차단기의 정격용량 $P_s = \sqrt{3} \times$ 정격전압 $\times$ 정격차단전류 [MVA]

【답】③

26 송전선로에서 코로나 임계 전압이 높아지는 경우는?

① 온도가 높아지는 경우
② 상대공기밀도가 작을 경우
③ 전선의 지름이 큰 경우
④ 기압이 낮은 경우

코로나 임계 전압 $E = 24.3 m_0 m_1 \delta d \log_{10} \dfrac{D}{r} [\text{kV}]$

m_0 : 전선의 표면 상태

m_1 : 천후 계수

δ : 상대 공기 밀도 $= \dfrac{0.386b}{273+t}$ (b : 기압, t : 온도)

d : 전선의 지름

따라서 코로나 임계 전압이 높아지는 경우는 상대공기밀도가 높고, 전선의 직경이 커야 한다.

또한, 코로나 임계 전압은 맑은 날, 기압이 높고, 온도가 낮은 경우 높다. 【답】③

27 교류송전에서는 송전거리가 멀어질수록 동일 전압에서의 송전 가능 전력이 적어진다. 그 이유로 가장 알맞은 것은?

① 표피효과가 커지기 때문이다. ② 코로나 손실이 증가하기 때문이다.

③ 선로의 어드미턴스가 커지기 때문이다. ④ 선로의 유도성 리액턴스가 커지기 때문이다.

Explanation

$P_s = \dfrac{V_s V_r}{X} \sin\delta [\text{MW}]$

송전거리가 멀어질수록 선로의 유도 리액턴스가 커지기 때문에 송전 가능 전력은 적어진다. 【답】④

28 설비용량 600[kW], 부등률 1.2, 수용률 60[%]일 때의 합성 최대전력은 몇 [kW]인가?

① 240 ② 300

③ 432 ④ 833

Explanation

합성 최대전력 $= \dfrac{\text{설비 용량} \times \text{수용률}}{\text{부등률}} = \dfrac{600 \times 0.6}{1.2} = 300[\text{kW}]$ 【답】②

29 3,000[kW], 역률 80[%](뒤짐)의 부하에 전력을 공급하고 있는 변전소에 전력용 콘덴서를 설치하여 변전소에서의 역률을 90[%]로 향상시키는 데 필요한 전력용 콘덴서의 용량은 약 몇 [kVA]인가?

① 600 ② 700

③ 800 ④ 900

Explanation

전력용 콘덴서의 용량 $Q_c = P(\tan\theta_1 - \tan\theta_2)[\text{kVA}]$

$Q_c = 3,000 \times \left(\dfrac{0.6}{0.8} - \dfrac{\sqrt{1-0.9^2}}{0.9} \right) \fallingdotseq 800[\text{kVA}]$ 【답】③

30 부하에 따라 전압 변동이 심한 급전선을 가진 배전 변전소의 전압 조정 장치는?

① 단권변압기 ② 전력용 콘덴서

③ 주변압기 탭 ④ 유도 전압 조정기

Explanation

배전선로 전압조정장치

• 승압기

• 유도전압조정기(부하에 따라 전압 변동이 심한 경우)

• 주상변압기 탭 조정 【답】④

31 진공차단기 설치 시 개폐 서지 이상 전압 발생을 억제할 목적으로 설치하는 것은?

① 단로기   ② 차단기

③ 리액터   ④ 서지흡수기

Explanation

- 단로기 : 무부하시 전로개폐
- 차단기 : 사고전류차단
- 리액터 : 한류리액터 : 단락전류제한
               분로리액터 : 페란티현상 방지
- ※ **서지흡수기 : 개폐서지 방지**   【답】 ④

32 소호리액터 접지에 대한 설명으로 틀린 것은?

① 지락전류가 작다.   ② 과도안정도가 높다.

③ 전자유도장해가 경감된다.   ④ 선택지락계전기의 작동이 쉽다.

Explanation

소호리액터 접지
- $L-C$ 병렬공진(지락전류가 최소)
- 1선 지락 시 건전상의 전위상승 최대($\sqrt{3}$ 배 이상)
- 과도안정도 우수
- 전자유도장해 최소
여기서, 지락전류의 크기는 직접 접지>고저항 접지>비접지>소호리액터 접지   【답】 ④

33 62,000[kW]의 전력을 60[km] 떨어진 지점에서 송전하려면 전압은 몇 [kV]로 하면 좋은가? 단, Still 식을 사용한다.

① 66   ② 110

③ 140   ④ 154

Explanation

Still의 식(경제적인 송전 전압 결정식)

$$V_s = 5.5\sqrt{0.6l + \frac{P}{100}}\,[\text{kV}] \quad\quad \text{여기서, } l : \text{송전 거리[km]}, \ P : \text{송전전력[kW]}$$

$$= 5.5\sqrt{0.6 \times 60 + \frac{62,000}{100}} = 140.86[\text{kV}]$$

【답】 ③

34 다음 중 핵연료의 특성으로 적합하지 않은 것은?

① 높은 융점을 가져야 한다.   ② 낮은 열전도율을 가져야 한다.

③ 부식에 강해야 한다.   ④ 방사선에 안정하여야 한다.

Explanation

핵연료의 구비 조건
- 높은 융점을 가져야 한다.
- **높은 열전도율을 가져야 한다.**
- 부식에 강해야 한다.
- 방사선에 안정하여야 한다.   【답】 ②

35 3상 송전선로에서 3상 단락이 발생하였을 때 다음 중 옳은 것은?

① 정상전류와 역상전류가 흐른다.   ② 정상전류, 역상전류 및 영상전류가 흐른다.

③ 역상전류만 흐른다.   ④ 정상전류만 흐른다.

- 1선 지락 : $I_0 = I_1 = I_2$ $\therefore I_g = 3I_0 = \dfrac{3E_a}{Z_0 + Z_1 + Z_2}$
- 선간 단락 : $I_0 = 0,\ V_0 = 0$ $I_1 = -I_2,\ V_1 = V_2$
- 3상 단락 : $I_1 = \dfrac{E_a}{Z_1}$

【답】 ④

36 콘덴서형 계기용변압기의 특징으로 틀린 것은?

① 권선형에 비해 오차가 적고 특성이 좋다.
② 절연의 신뢰도가 권선형에 비해 크다.
③ 전력선 반송용 결합 콘덴서와 공용할 수 있다.
④ 고압 회로용의 경우는 권선형에 비해 소형 경량이다.

계기용 변압기
① 전자형(권선형) : 오차가 적고 특성이 양호, 절연 신뢰도가 낮다.
② **콘덴서형**(CPD : Capacitance Potential Device)
 • 콘덴서의 분압원리 이용
 • 권선형에 비해 소형 경량
 • 절연의 신뢰도가 권선형에 비해 크다.
 • **전자형에 비해 오차가 많고 특성이 나쁘다.**

【답】 ①

37 배전방식으로 저압 네트워크 방식이 적당한 경우는?

① 부하가 밀집되어 있는 시가지
② 바람이 많은 어촌지역
③ 농촌 지역
④ 화학공장

저압 네트워크 방식 : 부하가 밀집된 시가지

【답】 ①

38 안정권선(△권선)을 가지고 있는 대용량 고전압의 변압기가 있다. 조상기 전력용 콘덴서는 주로 어디에 접속되는가?

① 주변압기의 1차
② 주변압기의 2차
③ 주변압기의 3차(안정권선)
④ 주변압기의 1차와 2차

안정권선(△권선)의 설치 목적
• **조상설비 설치**
• 제3고조파의 제거
• 소내 전력 공급용

【답】 ③

39 경간 200[m]인 가공 전선로가 있다. 사용 전선의 길이는 경간보다 몇 [m] 더 길게 하면 되는가? 단, 사용 전선의 1[m]당 무게는 2.0[kg], 인장 하중은 4,000[kg]이고 전선의 안전율을 2로 하고 풍압하중은 무시한다.

① $\dfrac{1}{2}$
② $\sqrt{2}$
③ $\dfrac{1}{3}$
④ $\sqrt{3}$

이도 $D = \dfrac{WS^2}{8T}$ \qquad 여기서, 수평장력 $T = \dfrac{인장하중}{안전율}$

실제 길이 $L = S + \dfrac{8D^2}{3S}$ [m]

이도 $D = \dfrac{WS^2}{8T} = \dfrac{2 \times 200^2}{8 \times \dfrac{4,000}{2}} = 5$

실제 길이 $L = S + \dfrac{8D^2}{3S} = 200 + \dfrac{8 \times 5^2}{3 \times 200} = 200.33$ [m]

따라서 $200.33 - 200 = 0.33 = \dfrac{1}{3}$ [m]

【답】③

40 역률 개선용 콘덴서를 부하와 병렬로 연결할 때 △ 결선방법을 채택하는 이유로 가장 타당한 것은?
① 부하 저항을 일정하게 유지할 수 있기 때문이다.
② 콘덴서의 정전용량[μF]의 소요가 적기 때문이다.
③ 콘덴서의 관리가 용이하기 때문이다.
④ 부하의 안정도가 높기 때문이다.

진상용량(콘덴서 용량)
- △결선 $C_\triangle = \dfrac{Q}{3 \times 2\pi f V^2} \times 10^3$
- Y결선 $C_Y = \dfrac{Q}{2\pi f V^2} \times 10^3$

$C_\triangle : C_Y = \dfrac{1}{3} : 1$ \quad $\therefore C_\triangle = \dfrac{C_Y}{3}$

따라서 Y결선에 비해 콘덴서의 정전용량[μF]의 소모가 적기 때문이다.

【답】②

3과목 전기기기

41 자기용량 3[kVA], 3,000/100[V]의 단권변압기를 승압기로 연결하고 1차 측에 3,000[V]를 가했을 때 그 부하용량[kVA]은?
① 76 \qquad ② 85
③ 93 \qquad ④ 94

$V_h = V_l \left(1 + \dfrac{1}{a}\right) = 3,000 \left(1 + \dfrac{100}{3,000}\right) = 3,100$ [V]

$\dfrac{자기용량}{부하용량} = \dfrac{e_2 I_2}{V_h I_2} = \dfrac{e_2}{V_h} \fallingdotseq \dfrac{V_h - V_l}{V_h}$

부하용량 $= \dfrac{V_h}{e_2} \times 자기용량$

$= \dfrac{3,100}{100} \times 3 = 93$ [kVA]

【답】③

42 직류기에서 전기자 반작용을 방지하기 위한 보상권선의 전류 방향은?
① 계자 전류의 방향과 같다.
② 계자 전류의 방향과 반대이다.
③ 전기자 전류의 방향과 같다.
④ 전기자 전류의 방향과 반대이다.

Explanation

보상권선의 전류 방향 : 전기자 전류의 방향과 반대

【답】④

43 동기전동기에서 90° 앞선 전류가 흐를 때 전기자 반작용은?
① 감자작용
② 증자작용
③ 편자작용
④ 교차자화작용

Explanation

동기전동기의 전기자 반작용

• 증자작용 : 공급전압보다 $\frac{\pi}{2}$ 뒤진 전류가 흐를 때

• 감자작용 : 공급전압보다 $\frac{\pi}{2}$ 앞선 전류가 흐를 때

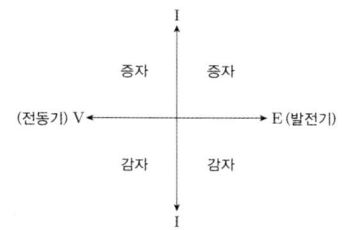

【답】①

44 직류 분권전동기에서 단자전압 210[V], 전기자전류 20[A], 1,500[rpm]으로 운전할 때 발생토크는 약 몇 [N·m]인가? 단, 전기자 저항은 0.15[Ω]이다.
① 13.2
② 26.4
③ 33.9
④ 66.9

Explanation

역기전력 $E_c = V - R_a I_a = 210 - 20 \times 0.15 = 207[V]$

토크 $T = \dfrac{P}{\omega} = \dfrac{E \cdot I_a}{2\pi \dfrac{N}{60}} = \dfrac{207 \times 20}{2\pi \times \dfrac{1,500}{60}} = 26.4[N \cdot m]$

【답】②

45 2대의 동기발전기를 병렬 운전할 때, 무효횡류(무효순환전류)가 흐르는 경우는?
① 부하분담의 차가 있을 때
② 기전력의 위상차가 있을 때
③ 기전력의 파형에 차가 있을 때
④ 기전력의 크기에 차가 있을 때

Explanation

동기 발전기의 병렬 운전 조건

병렬운전 조건	문제점
기전력의 크기가 같을 것	**무효순환전류(무효횡류)**
기전력의 위상이 같을 것	동기화 전류(유효횡류)
기전력의 주파수가 같을 것	난조 발생
기전력의 파형이 같을 것	고조파 무효순환전류
상회전 방향이 같을 것	

【답】④

46 동기발전기의 전기자 권선을 단절권으로 하는 가장 큰 이유는?
① 과열을 방지
② 기전력 증가
③ 기본파를 제거
④ 고조파를 제거해서 기전력 파형 개선

Explanation

• 단절권
 − 고조파를 제거하여 기전력의 파형을 개선
 − 코일의 길이, 동량이 절약
【답】 ④

47 권선형 유도전동기에서 2차 저항을 변화시켜서 속도제어를 하는 경우 최대 토크는?
① 항상 일정하다.
② 2차 저항에만 비례한다.
③ 최대 토크가 생기는 점의 슬립에 비례한다.
④ 최대 토크가 생기는 점의 슬립에 반비례한다.

Explanation

비례 추이의 원리 : 권선형 유도전동기
• **최대 토크는 불변**, 최대 토크의 발생 슬립은 변화(2차 저항이 증가하면 토크 곡선 등이 슬립이 증가하는 방향으로 2차 저항에 비례하여 이동)
• 기동 전류는 감소하고, 기동 토크는 증가
【답】 ①

48 2개의 사이리스터로 단상 전파정류를 하여 90[V]의 직류전압을 얻는 데 필요한 최대 첨두역전압은 약 몇 [V]인가?
① 141
② 283
③ 365
④ 400

Explanation

단상 전파정류 회로 $E_d = \dfrac{2\sqrt{2}}{\pi} E$에서

$\text{PIV} = \pi E_d = \pi \times 90 = 282.74[\text{V}]$
【답】 ②

49 변압기의 임피던스 전압이란?
① 정격 전류시 2차측 단자전압
② 변압기의 1차를 단락, 1차에 1차 정격 전류와 같은 전류를 흐르게 하는 데 필요한 1차 전압
③ 변압기 누설 임피던스와 정격 전류와의 곱인 내부전압 강하이다.
④ 변압기의 2차를 단락, 2차에 2차 정격 전류와 같은 전류를 흐르게 하는 데 필요한 2차 전압

Explanation

임피던스전압
• 변압기 2차 측을 단락한 상태에서 1차 측에 정격전류(I_{1n})가 흐르도록 1차 측에 인가하는 전압
• **정격전류가 흐를 때 변압기내의 전압강하**
【답】 ③

50 스테핑모터에 대한 설명으로 옳지 않은 것은?
① 양방향 회전이 가능하다.
② 위치, 속도 및 방향제어에 사용될 수 있다.
③ 스텝각이 작을수록 1회전 당 스텝수는 적어진다.
④ 전기적 신호에 의해 특정 각 변위를 회전할 수 있다.

Explanation

스테핑 모터(Stepping Motor)
• 피드백 루프가 필요 없이 오픈 루프로 손쉽게 속도 및 위치제어
• 디지털 신호를 직접 제어 할 수 있으므로 컴퓨터 등 다른 디지털 기기와 인터페이스가 용이
• 가속, 감속이 용이하며 정·역전 및 변속이 쉽다.
• 위치제어를 할 때 각도오차가 적다.
• 회전각과 속도는 펄스 수에 비례(스텝각이 작을수록 1회전 당 펄스수(스텝수)는 증가) 【답】③

51 유도 발전기의 장점을 열거한 것이다. 옳지 않은 것은?
① 농형 회전자를 사용할 수 있으므로 구조가 간단하고 가격이 싸다.
② 선로에 단락이 생기면 여자가 없어지므로 동기 발전기에 비해 단락 전류가 적다.
③ 공극이 크고 역률이 동기기에 비해 좋다.
④ 유도 발전기는 여자기로서 동기 발전기가 필요하다.

Explanation

유도발전기
• 고정자 권선을 전원에 연결하고 회전자를 원동기로 회전시키면 회전자 속도가 회전자계 속도(N_s)보다 빠르게 회전하여 발전기로 동작
• 슬립 $s = \dfrac{n_s - n}{n_s}$ 에서 $n_s < n$인 경우 $s < 0$

여기서, n : 회전자 속도, n_s : 회전자계 속도

문제에서, 유도 발전기는 동기기(동기기는 역률 1로 운전 가능)에 비하여 효율과 역률이 나쁘다. 【답】③

52 와류손이 50[W]인 3,300/110[V], 60[Hz]용 단상변압기를 50[Hz], 3,000[V]의 전원에 사용하면 이 변압기의 와류손은 약 몇 [W]로 되는가?
① 25   ② 31
③ 36   ④ 41

Explanation

유기기전력 $E = 4.44 f N \phi_m = 4.44 f B_m A N \rightarrow B_m \propto \dfrac{E}{f}$

와류손 $P_e = \sigma_e (t f k_f B_m)^2$ 에서 $P_e = k f^2 \left(\dfrac{E}{f}\right)^2 = k E^2$ 이므로

$P_e' = P_e \times \left(\dfrac{V'}{V}\right)^2 = 50 \times \left(\dfrac{3,000}{3,300}\right)^2 = 41.3[\text{W}]$ 【답】④

53 3상 유도전동기의 원선도를 작성하는 데 필요하지 않은 것은?
① 무부하시험   ② 구속시험
③ 권선저항측정   ④ 전부하시 회전수측정

Explanation

유도전동기 원선도
• 저항측정
• 무부하(개방) 시험
• 구속(단락) 시험 【답】④

54 어떤 유도전동기가 부하 시 슬립 5[%]에서 한 상당 10[A]의 전류를 흘리고 있다. 한 상에 대한 회전자 유효저항이 0.1[Ω]일 때 3상 회전자 출력은?

① 190[W]
② 570[W]
③ 620[W]
④ 780[W]

55 전력용 MOSFET와 전력용 BJT에 대한 설명 중 틀린 것은?

① 전력용 BJT는 전압제어소자로 온 상태를 유지하는데 거의 무시할 만큼의 전류가 필요로 된다.
② 전력용 MOSFET는 비교적 스위칭 시간이 짧아 높은 스위칭 주파수로 사용할 수 있다.
③ 전력용 BJT는 일반적으로 턴온 상태에서의 전압강하가 전력용 MOSFET보다 작아 전력손실이 적다.
④ 전력용 MOSFET는 온·오프 제어가 가능한 소자이다.

56 220[V], 60[Hz], 8극, 15[kW]의 3상 유도전동기에서 전부하 회전수가 864[rpm]이면 이 전동기의 2차 동손은 몇 [W]인가?

① 435
② 537
③ 625
④ 723

57 전압을 일정하게 유지하는 정전압 특성이 있는 다이오드는?

① 쇼트키 다이오드
② 바리스터 다이오드
③ 정류 다이오드
④ 제너 다이오드

58 다음은 직류 발전기의 정류 곡선이다. 이 중에서 정류 말기에 정류의 상태가 좋지 않은 것은?

① 1
② 2
③ 3
④ 4

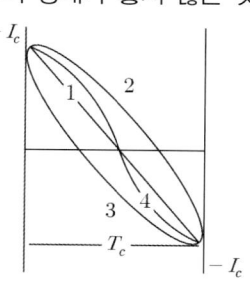

Explanation

정 류
- 전기자 코일이 브러시에 단락된 후 브러시를 지날 때 전류의 방향이 바뀌는 것
- 리액턴스 전압 : $e_L = L\dfrac{di}{dt} = L\dfrac{I_c - (-I_c)}{T_c} = L\dfrac{2I_c}{T_c}$ [V]
- 종 류
  - 직선정류 (이상적인 정류) : 불꽃 없는 정류(1)
  - 정현파 정류 : 불꽃 없는 정류(4)
  - **부족 정류 : 정류 말기에 브러쉬 후단부에서 불꽃 발생(2)**
  - 과정류 : 정류 초기에 브러쉬 전단부(앞쪽)에서 불꽃 발생(3)

【답】②

59 다음은 사이리스터의 래칭 전류의 관한 설명이다. 옳은 것은?
① 게이트를 개방한 상태에서 사이리스터 도통 상태를 유지하기 위한 최소 전류
② 게이트 전압을 인가한 후에 급히 제거한 상태에서 도통 상태가 유지되는 최소의 순전류
③ 사이리스터의 게이트를 개방한 상태에서 전압을 상승하면 급히 증가하게 되는 순전류
④ 사이리스터가 턴온하기 시작하는 순전류

Explanation

래칭(latching)전류 : 사이리스터가 턴온하기 시작하는 순전류

【답】④

60 변압기에서 생기는 와류손은 철심 두께와 어떤 관계가 있는가?

① 철심 두께의 $\dfrac{1}{2}$ 승에 비례
② 철심 두께에 비례
③ 철심 두께에 2승에 비례
④ 철심 두께에 3승에 비례

Explanation

와류손 $P_e = \sigma_e (t \cdot f \cdot K_f \cdot B_m)^2 \propto t^2$
여기서, t : 철심의 두께, K_f는 파형률

【답】③

4과목	회로이론

61 어떤 회로에 전압 $v(t) = 25\sin(\omega t + \theta)$ [V]을 인가하면 전류 $i(t) = 4\sin(\omega t + \theta - 60°)$ [A]가 흐른다. 이 회로에서 평균전력[W]은?

① 15

② 20

③ 25

④ 30

평균전력(유효전력) $P = VI\cos\theta = \dfrac{25}{\sqrt{2}} \times \dfrac{4}{\sqrt{2}} \times \cos 60° = 25$ [W]

【답】③

62 어떤 제어계의 출력이 $C(s) = \dfrac{5}{s(s^2 + s + 2)}$ 로 주어질 때 출력의 시간함수 $c(t)$의 최종값은?

① 5

② 2

③ $\dfrac{2}{5}$

④ $\dfrac{5}{2}$

라플라스 변환의 최종치 정리를 이용하여

$f(\infty) = \lim_{t \to \infty} f(t) = \lim_{s \to 0} s\,F(s)$ 로부터

$f(\infty) = \lim_{s \to 0} s\,\dfrac{5}{s(s^2 + s + 2)} = \lim_{s \to 0} \dfrac{5}{s^2 + s + 2} = \dfrac{5}{2}$

【답】④

63 그림의 회로가 주파수에 관계없이 일정한 임피던스를 갖도록 $C[\mu F]$의 값을 구하면?

① 20

② 10

③ 2.45

④ 0.24

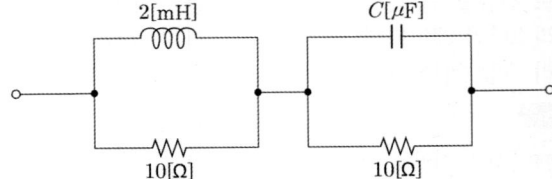

정저항 회로 $R = \sqrt{\dfrac{L}{C}}$ 에서

$C = \dfrac{L}{R^2} = \dfrac{2 \times 10^{-3}}{10^2} \times 10^6 = 20\,[\mu F]$

【답】①

64 비정현파의 일그러짐의 정도를 표시하는 양으로서 왜형률이란?

① $\dfrac{평균값}{실효값}$

② $\dfrac{실효값}{최대값}$

③ $\dfrac{고조파만의 실효값}{기본파의 실효값}$

④ $\dfrac{기본파의 실효값}{고조파만의 실효값}$

왜형률 $= \dfrac{전 고조파의 실효값}{기본파의 실효값}$

【답】③

65 평형 3상 부하의 결선을 Y에서 △로 하면 소비전력은 몇 배가 되는가?

① 1.5

② 1.73

③ 3

④ 3.46

Explanation

3상 소비전력 $P=3I_p^2R$에서

• △결선 시

$$P_\triangle = 3I_p^2R = 3\left(\frac{V_p}{Z}\right) = 3\left(\frac{V}{R}\right)^2 R = \frac{3V^2}{R}$$

• Y결선 시

$$P_Y = 3I_p^2R = 3\left(\frac{V_p}{Z}\right) = 3\left[\frac{\frac{V}{\sqrt{3}}}{R}\right]^2 R = 3 \cdot \frac{V^2}{3R} = \frac{V^2}{R}$$

따라서 $\dfrac{P_\triangle}{P_Y} = \dfrac{\frac{3V^2}{R}}{\frac{V^2}{R}} = 3$배

【답】③

66 V_S의 크기를 갖는 직류 전압을 $t=0$ 시점에서 $R-L$ 직렬회로에 인가했을 때 L 양단에 나타나는 순시 전압 파형을 옳게 나타낸 것은?

①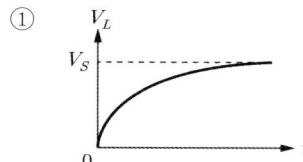

②

③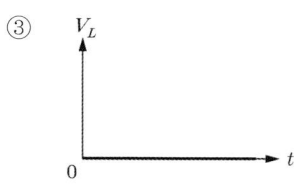

④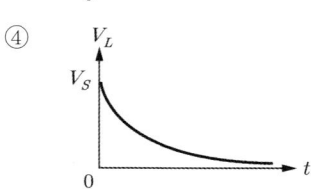

Explanation

$R-L$ 직렬회로에서 직류 기전력 인가 시와 제거 시의 특성

$R-L$ 직렬회로	직류 기전력 인가 시(S/W on)
전류 $i(t)$	$i(t) = \dfrac{E}{R}(1-e^{-\frac{R}{L}t})$
V_R	$V_R = E(1-e^{-\frac{R}{L}t})$
V_L	$V_L = Ee^{-\frac{R}{L}t}$

인덕터에서의 전압 $V_L = Ee^{-\frac{R}{L}t}$ [V]이므로

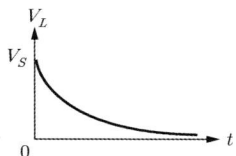

【답】④

67 저항 30[Ω], 용량성 리액턴스 40[Ω]의 병렬 회로에 120[V]의 정현파 교류전압을 가할 때 전체 전류는?

① 3[A]　　　　　　　　　　　　② 4[A]

③ 5[A]　　　　　　　　　　　　④ 6[A]

Explanation

$R-C$ 병렬 회로

• 전체 전류　$I = I_R + jI_c$

• 저항에 흐르는 전류　$I_R = \dfrac{V}{R} = \dfrac{120}{30} = 4[A]$

• 커패시터에 흐르는 전류　$I_c = \dfrac{120}{-jX_c} = j\dfrac{120}{40} = j3[A]$

• 전체 전류　$I = I_R + jI_c = 4 + j3$

따라서 전류의 크기　$|I| = \sqrt{4^2 + 3^2} = 5[A]$　　　　　　　【답】③

68 회로망의 전달 함수 $G(s) = \dfrac{V_2(s)}{V_1(s)}$ 를 구하면?

① $\dfrac{LC}{1 + LCs}$　　　② $\dfrac{LC}{1 + LCs^2}$

③ $\dfrac{1}{1 + LCs}$　　　④ $\dfrac{1}{1 + LCs^2}$

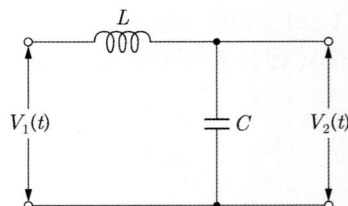

Explanation

전압비 전달 함수는 임피던스 비로 구하며

$$G(s) = \frac{V_2(s)}{V_1(s)} = \frac{\dfrac{1}{Cs}}{Ls + \dfrac{1}{Cs}} = \frac{1}{1 + LCs^2}$$　　　【답】④

69 저항 4[Ω]과 X_L의 유도 리액턴스가 병렬로 접속된 회로에 12[V]의 교류 전압을 가하니 5[A]의 전류가 흘렀다. 이 회로의 리액턴스 X_L의 값[Ω]은?

① 8　　　　　　　　　　　　② 6

③ 3　　　　　　　　　　　　④ 1

Explanation

저항에 흐르는 전류 $I_R = \dfrac{12}{4} = 3[A]$

$\dot{I} = \dot{I_R} + \dot{I_L} = \sqrt{I_R^2 + I_L^2}$ 에서 $I_L = \sqrt{I^2 - I_R^2} = \sqrt{5^2 - 3^2} = 4[A]$

인덕터에 흐르는 전류 $\dot{I_L} = \dfrac{V}{X_L}$ 에서 $X_L = \dfrac{12}{I_L} = \dfrac{12}{4} = 3[Ω]$　　　【답】③

70 그림과 같은 회로에서 R_2 양단의 전압 E_2[V]는?

① $\dfrac{R_1}{R_1+R_2}E$ ② $\dfrac{R_2}{R_1+R_2}E$

③ $\dfrac{R_1 R_2}{R_1+R_2}E$ ④ $\dfrac{R_1+R_2}{R_1+R_2}E$

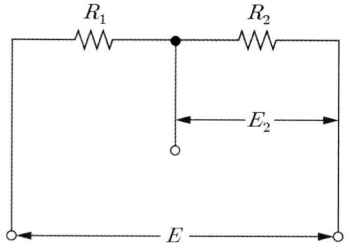

Explanation

직렬회로의 전압분배 : 저항의 크기에 비례

$$E_2 = \frac{R_2}{R_1+R_2}E$$

【답】②

71 평형 3상 회로에 대한 설명으로 옳지 않은 것은?

① 성형 결선(Y결선)에서 선전류의 크기는 상전류의 크기와 같다.
② 성형 결선(Y결선)에서 선간전압의 크기는 상전압의 크기와 같다.
③ 부하에 공급되는 유효 전력 P는 $P=\sqrt{3}\times$ 선간전압 $\times$ 선전류 $\times$ 역률 이다.
④ 부하에 공급되는 유효 전력 P는 $P=3\times$ 상전압 $\times$ 상전류 $\times$ 역률 이다.

Explanation

3상 Y결선 회로의 특징

• 선간전압 $V_l = \sqrt{3}\,V_p \angle \dfrac{\pi}{6}$[V] : **선간전압이 상전압보다 $\sqrt{3}$ 배 크고, 위상은 30° 앞선다.**
• $I_l = I_p \angle 0$[A] : 선전류는 상전류와 크기 및 위상이 같다.
• 소비전력 $P=\sqrt{3}\,V_l I_l \cos\theta = 3V_p I_p \cos\theta$[W]

【답】②

72 3상 3선식 회로에서 $V_a = -j6$ [V], $V_b = -8+j6$ [V], $V_c = 8$ [V]일 때 정상분 전압은 몇 [V]가 되는가?

① $7.81 \angle 77°$ ② $2.37 \angle 43°$

③ $0.33 \angle 37°$ ④ 0

Explanation

대칭좌표법에서

$$\begin{bmatrix} V_0 \\ V_1 \\ V_2 \end{bmatrix} = \frac{1}{3} \begin{bmatrix} 1 & 1 & 1 \\ 1 & a & a^2 \\ 1 & a^2 & a \end{bmatrix} \begin{bmatrix} V_a \\ V_b \\ V_c \end{bmatrix}$$

정상분 $V_1 = \dfrac{1}{3}(V_a + a V_b + a^2 V_c)$

$\qquad = \dfrac{1}{3}\left\{ -j6 + \left(-\dfrac{1}{2} + j\dfrac{\sqrt{3}}{2} \right)(-8+j6) + \left(-\dfrac{1}{2} - j\dfrac{\sqrt{3}}{2} \right) \times 8 \right\}$

$\qquad = \dfrac{1}{3}(-3\sqrt{3} - j22.856)$

$\therefore$ 크기 $= \dfrac{1}{3}\sqrt{(3\sqrt{3})^2 + (22.856)^2} = 7.81$, 위상 $\theta = \tan^{-1}\dfrac{-22.856}{-3\sqrt{3}} = 77°$

【답】①

73 그림과 같은 회로에서 정전용량 C[F]를 충전한 후 스위치 S를 닫아서 이것을 방전할 때 과도 전류는? 단, 회로에는 저항이 없다.

① 주파수가 다른 전류
② 크기가 일정하지 않은 전류
③ 증가 후 감쇠하는 전류
④ 불변의 진동전류

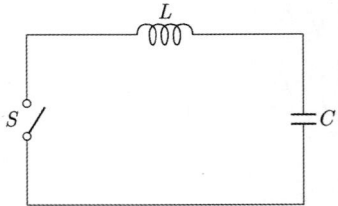

Explanation

직류인가 $L-C$ 직렬회로

전류 $i(t) = \dfrac{E}{\sqrt{\dfrac{L}{C}}} \sin \dfrac{1}{\sqrt{LC}} t$[A]이므로 불변의 진동전류

【답】 ④

74 $\dfrac{B(s)}{A(s)} = \dfrac{2}{2s+3}$ 의 전달 함수를 미분 방정식으로 표시하면?

① $2\dfrac{d}{dt}b(t) + 3b(t) = a(t)$

② $\dfrac{d}{dt}b(t) + b(t) = a(t)$

③ $2\dfrac{d}{dt}b(t) + 3b(t) = 2a(t)$

④ $3\dfrac{d}{dt}a(t) + (t) = 2b(t)$

Explanation

$\dfrac{B(s)}{A(s)} = \dfrac{2}{2s+3}$ 에서

$2sB(s) + 3B(s) = 2A(s)$

따라서 미분방정식으로 표현하면 $2\dfrac{d}{dt}b(t) + 3b(t) = 2a(t)$

【답】 ③

75 그림과 같은 L형 회로의 4단자 정수는 어떻게 되는가?

① $A = Z_1,\ B = 1 + \dfrac{Z_1}{Z_2},\ C = \dfrac{1}{Z_2},\ D = 1$

② $A = 1,\ B = \dfrac{1}{Z_2},\ C = 1 + \dfrac{1}{Z_2},\ D = Z_1$

③ $A = 1 + \dfrac{Z_1}{Z_2},\ B = Z_1,\ C = \dfrac{1}{Z_2},\ D = 1$

④ $A = \dfrac{1}{Z_2},\ B = 1,\ C = Z_1,\ D = 1 + \dfrac{Z_1}{Z_2}$

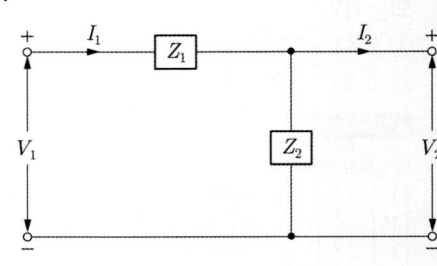

Explanation

$$\begin{bmatrix} A & B \\ C & D \end{bmatrix} = \begin{bmatrix} 1 & Z_1 \\ 0 & 1 \end{bmatrix} \begin{bmatrix} 1 & 0 \\ \dfrac{1}{Z_2} & 1 \end{bmatrix} = \begin{bmatrix} 1 + \dfrac{Z_1}{Z_2} & Z_1 \\ \dfrac{1}{Z_2} & 1 \end{bmatrix}$$

【답】 ③

76 그림과 같은 이상적인 변압기로 구성된 4단자 회로에서 정수 A와 C는 어떻게 되는가?

① $A = 0, C = n$ ② $A = 0, C = \dfrac{1}{n}$

③ $A = n, C = 0$ ④ $A = \dfrac{1}{n}, C = 0$

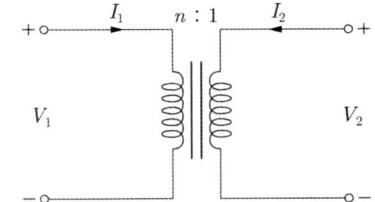

Explanation

변압기의 권수비

$a = \dfrac{N_1}{N_2} = \dfrac{V_1}{V_2} = \dfrac{I_2}{I_1}$ 에서 권수비 $a = n$ 이므로

$\begin{bmatrix} V_1 \\ I_1 \end{bmatrix} = \begin{bmatrix} A & B \\ C & D \end{bmatrix} \begin{bmatrix} V_2 \\ I_2 \end{bmatrix} = \begin{bmatrix} n & 0 \\ 0 & \dfrac{1}{n} \end{bmatrix}$ 【답】③

77 그림과 같은 회로에서 인가 전압에 의한 전류 i를 입력, V_o를 출력이라 할 때 전달 함수는?
단, 초기 조건은 모두 0이다.

① $\dfrac{1}{Cs}$ ② Cs

③ $\dfrac{1}{1+Cs}$ ④ $1 + Cs$

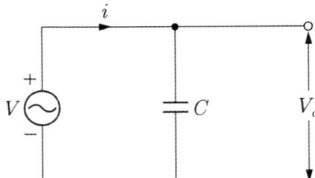

Explanation

전달 함수 $G(s) = \dfrac{V_0(s)}{I(s)} = Z(s) = \dfrac{1}{Cs}$ 【답】①

78 용량 30[kVA]의 단상 변압기 2대를 V결선하여 역률 0.8, 전력 20[kW]의 평형 3상 부하에 전력을 공급할 때 변압기 1대가 분담하는 피상 전력[kVA]은 얼마인가?

① 14.4   ② 15

③ 20   ④ 30

Explanation

V결선 변압기 $P_V = \sqrt{3}\,K$ 여기서, K는 변압기 1대 용량

여기서, 부하의 용량 $P' = \dfrac{P}{\cos\theta} = \dfrac{20}{0.8} = 25\,[\text{KVA}]$

따라서 V결선 용량 $P_V = \sqrt{3}\,K$ 에서

변압기 1대 용량 $K = \dfrac{P_V}{\sqrt{3}} = \dfrac{25}{\sqrt{3}} = 14.4\,[\text{kVA}]$ 【답】①

79 그림과 같은 회로에서 저항 $R[\Omega]$과 정전용량 $C[\text{F}]$의 직렬 회로에서 잘못 표현된 것은?

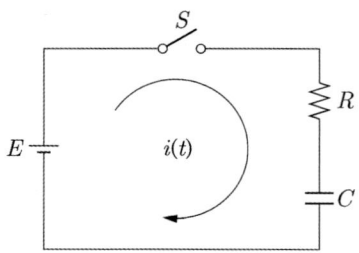

① 회로의 시정수는 $\tau = RC[\text{s}]$이다.

② $t = 0$에서 직류 전압 $E[\text{V}]$를 가했을 때 $t[\text{s}]$ 후의 전류 $i = \dfrac{E}{R}e^{-\frac{1}{RC}t}[\text{A}]$이다.

③ $t = 0$에서 직류 전압 $E[\text{V}]$를 가했을 때 $t[\text{s}]$ 후의 전류 $i = \dfrac{E}{R}\left(1 - e^{-\frac{1}{RC}t}\right)[\text{A}]$이다.

④ $R-C$ 직렬 회로의 직류 전압 $E[\text{V}]$를 충전하는 경우 회로의 전압 방정식은 $Ri + \dfrac{1}{C}\displaystyle\int idt = E$
이다.

Explanation

$R-C$ 직렬회로 전압 방정식 : $Ri + \dfrac{1}{C}\displaystyle\int idt = E$

	R–C 직렬회로	직류 기전력 인가 시(S/W on)
①	전류 $i(t)$	$i = \dfrac{E}{R}e^{-\frac{1}{RC}t}$ [A]
②	시정수	$\tau = RC[\text{sec}]$
③	V_R	$V_R = Ee^{-\frac{1}{RC}t}[\text{V}]$
④	V_c	$V_c = E\left(1 - e^{-\frac{1}{RC}t}\right)[\text{V}]$

【답】 ③

80 그림에서 저항 R이 접속되고 여기에 3상 평형 전압 V가 가해져 있다. 지금 X표의 곳에서 1선이 단선 되었다고 하면 소비 전력은 처음의 몇 배로 되는가?

① 1.0
② 0.7
③ 0.5
④ 0.25

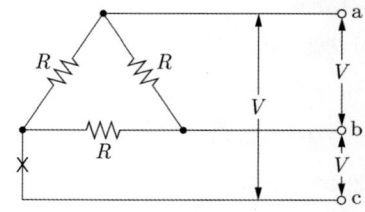

Explanation

【답】 ③

81 두 개 이상의 전선을 병렬로 사용하는 경우에서 틀린 것은?

① 동선 50[㎟] 이상 또는 알루미늄 70[㎟] 이상으로 하고, 전선은 같은 도체, 같은 재료, 같은 길이 및 같은 굵기의 것을 사용할 것

② 같은 극의 각 전선은 동일한 터미널러그에 완전히 접속할 것

③ 병렬로 사용하는 전선에는 반드시 각각에 퓨즈를 설치할 것

④ 교류회로에서 병렬로 사용하는 전선은 금속관 안에 전자적 불평형이 생기지 않도록 시설할 것

Explanation

(KEC 123조) 전선의 접속
두 개 이상의 전선을 병렬로 사용하는 경우
• 동선 50[㎟] 이상 또는 알루미늄 70[㎟] 이상으로 하고, 전선은 같은 도체, 같은 재료, 같은 길이 및 같은 굵기의 것을 사용
• 같은 극의 각 전선은 동일한 터미널러그에 완전히 접속할 것
• 같은 극인 각 전선의 터미널러그는 동일한 도체에 2개 이상의 리벳 또는 2개 이상의 나사로 접속할 것
• **병렬로 사용하는 전선에는 각각에 퓨즈를 설치하지 말 것**
• 교류회로에서 병렬로 사용하는 전선은 금속관 안에 전자적 불평형이 생기지 않도록 시설할 것   【답】③

82 1[kV] 이하 방전등을 옥내에 시설하는 경우 점검할 수 있는 은폐장소의 배선방식으로 적당하지 않은 것은?(단, 건조한 장소임)

① 애자공사 ② 합성수지몰드공사
③ 금속몰드공사 ④ 금속덕트공사

Explanation

(KEC 234.11조) 1[kV] 이하 방전등 – 관등회로의 배선방식

시설장소의 구분		배선방법
전개된 장소	건조한 장소	애자공사·합성수지몰드공사 또는 금속몰드공사
	기타의 장소	애자공사
점검할 수 있는 은폐된 장소	**건조한 장소**	**금속몰드공사**

【답】④

83 저압 가공 전선과 식물이 상호 접촉되지 않도록 이격시키는 기준으로 옳은 것은?

① 이격거리는 최소 50[cm] 이상 떨어져 시설하여야 한다.
② 상시 불고 있는 바람 등에 의해 식물에 접촉하지 않도록 시설하여야 한다.
③ 저압 가공 전선은 반드시 방호구에 넣어 시설하여야 한다.
④ 트리와이어(Tree Wire)를 사용하여 시설하여야 한다.

Explanation

(KEC 222.19조) 저압 가공 전선과 식물의 이격거리
저압 가공 전선은 상시 부는 바람 등에 의하여 식물에 접촉하지 않도록 시설하여야 한다. 다만, 저압 가공 절연전선을 방호구에 넣어 시설하거나 절연내력 및 내마모성이 있는 케이블을 시설하는 경우는 그러하지 아니하다.   【답】②

84 비접지식 고압전로에 접속되는 변압기의 외함에 실시하는 접지공사의 접지극으로 사용할 수 있는 건물 철골의 대지 전기저항은 몇 [Ω] 이하인가?

① 2 ② 3
③ 5 ④ 10

(KEC 142.2조) 접지극의 시설 및 접지저항
대지와의 사이에 전기저항 값이 2[Ω] 이하인 값을 유지하는 건물의 철골 기타의 금속제는 이를 비접지식 고압전로에 시설하는 기계기구의 철대(鐵臺) 또는 금속제 외함의 접지공사나 비접지식 고압전로와 저압전로를 결합하는 변압기의 저압전로에 시설하는 접지공사의 접지극으로 사용할 수 있다.　　　　　　　　　　　　　　　　　　　　　　　　　　　【답】①

85 옥내에 시설하는 전동기에 과부하 보호장치의 시설을 생략할 수 없는 경우는?
① 정격출력이 0.75[kW]인 전동기
② 전동기의 구조나 부하의 성질로 보아 전동기가 소손할 수 있는 과전류가 생길 우려가 없는 경우
③ 전동기가 단상의 것으로 전원측 전로에 시설하는 배선차단기의 정격전류가 20[A] 이하인 경우
④ 전동기가 단상의 것으로 전원측 전로에 시설하는 과전류 차단기의 정격전류가 16[A] 이하인 경우

(KEC 212.6.3조) 저압전로 중의 전동기 보호용 과전류보호장치의 시설
옥내에 시설하는 전동기(정격 출력이 0.2[kW] 이하인 것을 제외)에는 전동기가 소손될 우려가 있는 과전류가 생겼을 때에 자동적으로 이를 저지하거나 이를 경보하는 장치를 하여야 한다. 다만, 다음에 해당하는 경우에는 그러하지 아니하다.
① 전동기를 운전 중 상시 취급자가 감시할 수 있는 위치에 시설하는 경우
② 전동기의 구조나 부하의 성질로 보아 전동기가 소손할 수 있는 과전류가 생길 우려가 없는 경우
③ 단상전동기로서 그 전원측 전로에 시설하는 과전류 차단기의 정격전류가 16[A](배선차단기는 20[A]) 이하인 경우
　　　【답】①

86 345[kV] 옥외 변전소에 울타리 높이와 울타리에서 충전 부분까지의 거리[m]의 합계는?
① 6.48　　　　　　　　　　　　　　　　　② 8.16
③ 8.40　　　　　　　　　　　　　　　　　④ 8.28

(KEC 351.1조) 발전소 등의 울타리·담 등의 시설

사용전압의 구분	울타리·담 등의 높이와 울타리·담 등으로부터 충전 부분까지의 거리의 합계
35[kV] 이하	5[m]
35[kV] 초과 160[kV] 이하	6[m]
160[kV] 초과	6[m]에 160[kV]를 초과하는 10[kV] 또는 그 단수마다 0.12[m]를 더한 값

• 단수　: $34.5 - 16 = 18.5$ → 19단
• 이격거리 : $6 + 19 \times 0.12 = 8.28$[m]　　　　　　　　　　　　　　　　　　　　　　　　　　　　【답】④

87 특고압 가공전선로의 경간은 지지물이 철탑인 경우 몇 [m] 이하이어야 하는가? 단, 단주가 아닌 경우이다.
① 400　　　　　　　　　　　　　　　　　② 500
③ 600　　　　　　　　　　　　　　　　　④ 700

(KEC 333.21조) 특고압 가공전선로의 경간 제한
특고압 가공전선로의 경간은 표에서 정한 값 이하이어야 한다.

지지물의 종류	경간
목주·A종 철주 또는 A종 철근 콘크리트주	150[m]
B종 철주 또는 B종 철근 콘크리트주	250[m]
철탑	**600[m]** (단주인 경우에는 400[m])

　　【답】③

88 시가지에서 저압 가공 전선로를 도로에 따라 시설할 경우 지표상의 최저 높이는 몇 [m] 이상이어야 하는가?

① 4.5[m]
② 5.0[m]
③ 5.5[m]
④ 6.0[m]

Explanation

(KEC 222.7조) 저압 가공전선의 높이
① 도로횡단 : 6[m] 이상
② 철도횡단 : 레일면상 6.5[m] 이상
③ 횡단보도교 위 : 3.5[m] 이상
④ **기타 : 5[m] 이상**

【답】②

89 사용전압이 20[kV]인 변전소에 울타리·담 등을 시설하고자 할 때 울타리·담 등의 높이는 몇 [m] 이상이어야 하는가?

① 1
② 2
③ 5
④ 6

Explanation

(KEC 351.1조) 발전소 등의 울타리·담 등의 시설
울타리·담 등의 높이는 2[m] 이상으로 하고 지표면과 울타리·담 등의 하단 사이의 간격은 0.15[m] 이하로 할 것 【답】②

90 전기철도의 안전을 위하여 레일 전위의 위험에 대한 보호 중 0.5초 이하의 순시조건에서 교류 전기철도 급전시스템의 최대 허용 접촉전압(실효값)은 얼마인가?

① 60[V]
② 65[V]
③ 600[V]
④ 670[V]

Explanation

(KEC 461.2조) 레일 전위의 위험에 대한 보호
교류 전기철도 급전시스템에서의 레일 전위의 최대 허용 접촉전압

시간조건[초]	최대 허용 접촉전압(실효값)
순시조건($t \leq 0.5$)	670[V]
일시적 조건($0.5 < t \leq 300$)	65[V]
영구적 조건($t > 300$)	60[V]

【답】④

91 발전소에 시설하는 계측 장치 중 주요 변압기의 계측 장치로 알맞은 것은?

① 전압 및 전류 또는 전력
② 전압 및 유온 또는 주파수
③ 전압 및 전류 또는 전력 품질
④ 전압 및 전류 또는 온도

Explanation

(KEC 351.6조) 계측 장치
① 발전기의 전압 및 전류 또는 전력
② 발전기의 베어링 및 고정자의 온도
③ **주요 변압기의 전압 및 전류 또는 전력**
④ 특고압용 변압기의 온도

【답】①

92 특고압 가공전선로의 지지물에 시설하는 통신선 또는 이에 직접 접속하는 통신선이 철도의 레일과 교차할 때 경동선의 최소 굵기[mm]는?

① 3.2   ② 4.0
③ 4.5   ④ 5.0

Explanation

(KEC 362.2조) 전력보안통신선의 시설 높이와 이격거리
특고압 가공전선로의 지지물에 시설하는 통신선 또는 이에 직접 접속하는 통신선이 도로·횡단보도교·철도의 레일·삭도·가공전선·다른 가공약전류 전선 등 또는 교류 전차선 등과 교차하는 경우
① 통신선이 도로·횡단보도교·철도의 레일 또는 삭도와 교차하는 경우에는 통신선은 단면적 16[㎟](지름 4[mm])의 절연전선과 동등 이상의 절연 효력이 있는 것, 인장강도 8.01[kN] 이상의 것 또는 단면적 25[㎟](지름 5[mm])의 경동선일 것
② 통신선과 삭도 또는 다른 가공 약전류 전선 등 사이의 이격거리는 0.8[m](통신선이 케이블 또는 광섬유 케이블일 때는 0.4[m]) 이상으로 할 것 【답】④

93 철근 콘크리트주로서 전장이 15[m]이고, 설계하중이 8.2[kN]이다. 이 지지물의 논이나 기타 지반이 연약한 곳 이외에 기초 안전율의 고려 없이 시설하는 경우 그 묻히는 깊이는 기준보다 몇 [m]를 가산하여 시설하여야 하는가?

① 0.1   ② 0.3
③ 0.5   ④ 0.7

Explanation

(KEC 331.7조) 가공 전선로 지지물의 기초의 안전율
철근 콘크리트주로서 전체의 길이가 14[m] 이상 20[m] 이하이고, 설계하중이 6.8[kN] 초과 9.8[kN] 이하의 것을 논이나 그 밖의 지반이 연약한 곳 이외에 시설하는 경우 그 묻히는 깊이는 기준보다 0.3[m]를 가산하여 시설 【답】②

94 고압 지중전선이 지중 약전류 전선 등과 접근하여 이격거리가 몇 [m] 이하인 때에는 양 전선 사이에 견고한 내화성의 격벽을 설치하는 경우 이외에는 지중전선을 견고한 불연성 또는 난연성의 관에 넣어 그 관이 지중 약전류선 등과 직접 접촉되지 않도록 하여야 하는가?

① 0.15   ② 0.2
③ 0.25   ④ 0.3

Explanation

(KEC 334.6조) 지중전선과 지중약전류전선 등 또는 관과의 접근 또는 교차
지중전선이 지중 약전류 전선 등과 접근하거나 교차하는 경우에 상호 간의 이격거리가 저압 또는 **고압의 지중전선은 0.3[m] 이하**, 특고압 지중전선은 0.6[m] 이하인 때에는 지중전선과 지중 약전류 전선 등 사이에 견고한 내화성의 격벽(隔壁)을 설치하는 경우 이외에는 지중전선을 견고한 불연성(不燃性) 또는 난연성(難燃性)의 관에 넣어 그 관이 지중 약전류 전선 등과 직접 접촉하지 아니하도록 하여야 한다. 【답】④

95 중성선 다중접지식의 것으로서 전로에 지락이 생겼을 때 2초 이내에 자동적으로 이를 전로로부터 차단하는 장치가 되어 있는 22.9[kV] 특고압 가공전선이 다른 특고압 가공전선과 접근하는 경우 이격거리는 몇 [m] 이상으로 하여야 하는가?(단, 양쪽이 나전선인 경우이다)

① 0.5   ② 1.0
③ 1.5   ④ 2.0

Explanation

(KEC 333.32조) 25[kV] 이하인 특고압 가공 전선로의 시설
특고압 가공전선이 다른 특고압 가공전선과 접근 또는 교차하는 경우의 이격거리는 표에서 정한 값 이상일 것.

사용 전선의 종류	이격거리 [m]
어느 한쪽 또는 양쪽이 나전선인 경우	1.5

양쪽이 특고압 절연전선인 경우	1.0
한쪽이 케이블이고 다른 한쪽이 케이블이거나 특고압 절연전선인 경우	0.5

【답】③

96 금속 덕트 공사에 의한 저압 옥내배선 공사 시설 기준에 적합하지 않은 것은?

① 금속 덕트에 넣은 전선의 단면적의 합계가 덕트의 내부 단면적의 20[%] 이하가 되게 하였다.

② 덕트 상호 및 덕트와 금속관과는 전기적으로 완전하게 접속했다.

③ 덕트를 조영재에 붙이는 경우 덕트의 지지점 간의 거리를 4[m] 이하로 견고하게 붙였다.

④ 덕트에는 접지 공사를 한다.

Explanation

(KEC 232.31조) 금속덕트공사

① 전선은 절연전선(OW 제외)으로 금속 덕트의 전선의 단면적은(절연 피복 포함) 덕트 내부 단면적의 20[%](전광표시 장치 기타 이와 유사한 장치 또는 제어 회로 등의 배선만을 넣은 경우는 50[%]) 이하일 것

② 덕트 안에는 전선의 접속점이 없어야 하나 전선을 분기하는 경우에 그 접속점을 쉽게 점검할 수 있는 경우는 접속 가능

③ 덕트는 폭이 40[mm]를 넘고 두께가 1.2[mm] 이상일 것

④ **덕트의 지지점 간 거리는 3[m] 이하일 것**

【답】③

97 교통신호등의 시설기준에 관한 내용으로 틀린 것은?

① 제어장치의 금속제 외함에는 접지공사를 한다.

② 교통신호등 회로의 사용전압은 300[V] 이하로 한다.

③ 교통신호등 회로의 인하선은 지표상 2[m] 이상으로 시설한다.

④ LED를 광원으로 사용하는 교통신호등의 설치는 KS C 7528 "LED 교통신호등"에 적합한 것을 사용한다.

Explanation

(KEC 234.15조) 교통신호등

① 교통신호등 회로의 사용전압은 300[V] 이하이어야 한다.

② 교통신호등 회로의 배선(인하선을 제외)은 케이블인 경우 이외는 공칭 단면적 2.5[㎟] 연동선과 동등 이상의 세기 및 굵기의 450/750[V] 일반용 단심 비닐절연전선 또는 450/750[V] 내열성에틸렌아세테이트 고무절연전선일 것

③ **교통신호등 회로의 인하선에 사용하는 전선의 지표상의 높이는 2.5[m] 이상일 것**

④ 교통신호등 제어장치의 전원측에는 전용 개폐기 및 과전류 차단기를 각 극에 시설하여야 하며 또한 교통신호등 회로의 사용전압이 150[V]를 초과하는 경우에는 전로에 지락이 생겼을 때에 자동적으로 전로를 차단하는 장치를 시설할 것

⑤ 교통신호등 제어장치의 금속제 외함에는 접지공사를 할 것

【답】③

98 피뢰기 설치기준으로 옳지 않은 것은?

① 발전소 · 변전소 또는 이에 준하는 장소의 가공 전선의 인입구 및 인출구

② 가공 전선로와 특고압 전선로가 접속되는 곳

③ 가공 전선로에 접속한 1차 측 전압이 35[kV] 이하인 배전용 변압기의 고압 측 및 특고압 측

④ 고압 및 특고압 가공 전선로로부터 공급 받는 수용 장소의 인입구

Explanation

(KEC 341.13조) 피뢰기의 시설

고압 및 특고압의 전로 중 다음 각 호에 열거하는 곳 또는 이에 근접한 곳에는 피뢰기를 시설하여야 한다.

① 발전소, 변전소 또는 이에 준하는 장소의 가공 전선 인입구 및 인출구

② 가공 전선로에 접속하는 배전용 변압기의 고압 측 및 특고압 측

③ 고압 및 특고압 가공 전선로로부터 공급을 받는 수용 장소의 인입구

④ **가공 전선로와 지중전선로가 접속되는 곳**

【답】②

99 발전소에서 사용하는 차단기의 압축 공기 장치의 공기압축기는 최고 사용 압력 몇 배의 수압을 연속하여 10분간 가하였을 때 견디고 새지 않아야 하는가?

① 1.2배   ② 1.25배

③ 1.5배   ④ 1.55배

Explanation

(KEC 341.15조) 압축공기계통

발·변전소, 개폐소 또는 이에 준하는 곳에서 개폐기 또는 차단기에 사용하는 압축 공기 장치는 **최고 사용 압력의 1.5배의** 수압을 계속하여 10분간 가하여 시험을 한 경우에 이에 견디고 또한 새지 아니할 것 　　　　　　　　　　　　　【답】③

100 폭연성 분진 또는 화약류의 분말이 존재하는 곳의 저압 옥내배선은 어느 공사에 의하는가?

① 애자공사 또는 가요전선관공사   ② 캡타이어 케이블 공사

③ 합성수지관공사   ④ 금속관공사 또는 케이블공사

Explanation

(KEC 242.2.1조) 폭연성 분진 위험장소

폭연성 분진 또는 화약류의 분말이 전기설비가 발화원이 되어 폭발할 우려가 있는 곳에 시설하는 저압 옥내 전기설비는 금속관 공사 또는 케이블 공사(캡타이어 케이블을 사용하는 것 제외)에 의할 것 　　　　　　　　　　　　　【답】④

2021년 전기산업기사 필기

1과목 전기자기학

01 도체의 전계 에너지는 도체 전위에 대하여 어떤 상태로 증가하는가?
① 직선
② 쌍곡선
③ 포물선
④ 원형곡선

Explanation

에너지 $W = \frac{1}{2} QV = \frac{1}{2} CV^2$[J]

따라서 $W = \frac{1}{2} CV^2 \propto V^2$ 이므로 포물선의 형태이다. 　【답】③

02 직류전압을 가하면 전류는 도선 중심 쪽으로 흐르려고 한다. 이러한 현상을 무슨 효과라 하는가?
① Skin 효과
② Pinch 효과
③ 압전기 효과
④ Peltier 효과

Explanation

핀치 효과(Pinch Effect)
액체 도체에 전류를 흘리면 원형 자계가 생겨서 구심력의 전자력이 작용한다. 그 결과 액체 단면은 수축하고, 저항이 커지고, 전류는 적게 흐르게 된다. 전류가 적게 흐르면 수축력이 감소하여 액체 단면은 원상태로 복귀하고 다시 전류가 많이 흐르게 되어 수축과 확장을 반복하는 현상 　【답】②

03 (A), (B), (C)가 각각 설명하고 있는 법칙들을 바르게 연결한 것은?

> (A) 전자유도에 의한 기전력은 자속변화를 방해하는 전류가 흐르도록 그 방향이 결정된다.
> (B) 전류가 흐르고 있는 도선에 대해 자기장이 미치는 힘의 방향을 정하는 법칙으로, 전동기의 회전방향을 결정하는 데 유용하다.
> (C) 코일에 발생하는 유도기전력의 크기는 쇄교자속의 시간적 변화율과 같다.

	(A)	(B)	(C)
①	렌츠의 법칙,	플레밍의 왼손법칙,	패러데이의 유도법칙
②	쿨롱의 법칙,	플레밍의 왼손법칙,	암페어의 주회법칙
③	렌츠의 법칙,	플레밍의 오른손법칙,	암페어의 주회법칙
④	쿨롱의 법칙,	플레밍의 오른손법칙,	패러데이의 유도법칙

Explanation

(A) 렌쯔의 법칙 : $e = -N\frac{d\phi}{dt}$

　전자유도에 의한 기전력은 자속 변화를 방해하는 전류가 흐르도록 그 방향이 결정된다.

(B) 플레밍의 왼손 법칙 : $F = (I \times B)l = IBl\sin\theta$

전류가 흐르고 있는 도선에 대해 자기장이 미치는 힘의 방향을 정하는 법칙, 전동기의 원리

(C) 페러데이의 유도법칙 : $e = -N\dfrac{d\phi}{dt}$

코일에 발생하는 유도기전력의 크기는 쇄교 자속의 시간 변화율과 같다.

【답】 ①

04 전하 e[C], 질량 m[kg]인 전자가 전계 E[V/m] 내에 놓여 있을 때 최초에 정지해 있었다고 한다면 t[s] 후에 전자는 어떠한 속도를 얻게 되는가?

① $v = meEt$

② $v = \dfrac{me}{E}t$

③ $v = \dfrac{mE}{e}t$

④ $v = \dfrac{Ee}{m}t$

$F = qE = eE = ma = m\dfrac{v}{t}$ 여기서, a는 가속도

속도 $v = \dfrac{eE}{m}t$

【답】 ④

05 그림과 같이 단면적이 균일한 환상 철심에 권수 N_1인 A코일과 권수 N_2인 B코일이 있을 때 A코일의 자기 인덕턴스가 L_1[H]라면 두 코일의 상호 인덕턴스 M[H]는? (단, 누설 자속은 0이다)

① $\dfrac{L_1 H_1}{N_2}$

② $\dfrac{N_2}{L_1 N_1}$

③ $\dfrac{N_1}{L_1 N_2}$

④ $\dfrac{L_1 N_2}{N_1}$

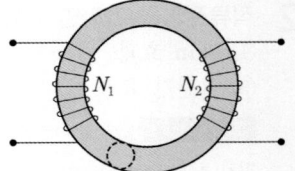

상호인덕턴스 : $M = \dfrac{N_1 N_2}{R_m} = \dfrac{N_2}{N_1}L_1$

【답】 ④

06 진공 중에서 무한평면 도체의 표면전하 밀도가 σ[C/m²]이라면 표면 전계는?

① $E = \dfrac{\sigma}{\epsilon_o}$

② $E = \dfrac{\sigma}{2\epsilon_o}$

③ $E = \dfrac{\sigma}{2\pi\epsilon_o}$

④ $E = \dfrac{\sigma}{4\pi r^2}$

무한 평면에서의 전계 $E = \dfrac{\sigma}{2\epsilon_0}$ [V/m]

【답】 ②

07 전위 함수가 $V = 3x + 2y^2$[V]로 주어질 때 점(2, -1, 3)에서 전계의 세기[V/m]는?

① 5

② 6

③ 8

④ 12

전계의 세기 $E=- grad\ V=-\left(\dfrac{\partial V}{\partial x}i+\dfrac{\partial V}{\partial y}j+\dfrac{\partial V}{\partial x}k\right)$

$\qquad\qquad\quad =-3i-4yj=-3i+4j \qquad (2,\ -1,\ 3)$을 대입

$\qquad\qquad\quad =\sqrt{(-3)^2+4^2}=5$

【답】①

08 진공 중에서 4π[Wb]의 자하(磁荷)로부터 발산되는 총 자력선의 수는?

① 4π

② 10^7

③ $4\pi\times10^7$

④ $\dfrac{10^7}{4\pi}$

Explanation

자기력선 수 $N=\displaystyle\int_s HdS=\dfrac{m}{\mu_0}=\dfrac{4\pi}{4\pi\times10^{-7}}=10^7$ [개]

【답】②

09 4[Ω]과 8[Ω]의 병렬회로 양단에 40[V]를 가했을 때 4[Ω]에서 발생하는 열은 8[Ω]에서 발생하는 열의 몇 배인가?

① 2

② 4

③ $\dfrac{1}{2}$

④ $\dfrac{1}{4}$

Explanation

저항에서 발생되는 열량 $H=0.24I^2Rt=0.24\dfrac{V^2}{R}t$ [cal]에서

병렬회로는 전압이 일정하므로

$H=0.24\dfrac{V^2}{R}t$ 로 계산하며 **열량은 저항의 크기에 반비례** 한다.

따라서 4[Ω]의 저항에서의 열량은 8[Ω]의 열량의 2배가 된다.

【답】①

10 대지 중의 두 전극 사이에 있는 어떤 점의 전계의 세기가 6[V/cm], 지면의 도전율이 10^{-4}[℧/cm]일 때 이 점의 전류 밀도는 몇 [A/cm²]인가?

① 6×10^{-4}

② 6×10^{-3}

③ 6×10^{-2}

④ 6×10^{-1}

Explanation

오옴의 법칙의 미분형 $i=\dfrac{1}{\rho}E=kE$[A/m²]에서

$i=kE=10^{-4}\times6=6\times10^{-4}$ [A/cm²]

【답】①

11 투자율이 μ이고, 감자율이 N인 자성체를 평등자계 H_0 중에 놓았을 때, 이 자성체의 자화의 세기 J를 구하면?

① $\dfrac{\mu_0(\mu_s+1)}{1+\mu(\mu_s+1)}H_0$

② $\dfrac{\mu_0\mu_s}{1+N(\mu_s+1)}H_0$

③ $\dfrac{\mu_0\mu_s}{1+N(\mu_s-1)}H_0$

④ $\dfrac{\mu_0(\mu_s-1)}{1+N(\mu_s-1)}H_0$

Explanation

【답】④

12 반지름 a[m]이고 단위 길이에 대한 권수가 n인 무한장 솔레노이드의 단위 길이당의 자기 인덕턴스는 몇 [H/m]인가?

① $\mu\pi a^2 n^2$

② $\mu\pi an$

③ $\dfrac{an}{2\mu\pi}$

④ $4\mu\pi a^2 n^2$

Explanation

자기인덕턴스 $L=\dfrac{N\phi}{I}=\dfrac{N}{I}\dfrac{NI}{R_m}=\dfrac{N^2}{R_m}=\dfrac{\mu SN^2}{l}=\dfrac{\mu\pi a^2(nl)^2}{l}=\mu\pi a^2 n^2 l$[H]

길이 당 인덕턴스 $L'=\mu\pi a^2 n^2$ [H/m]

【답】①

13 유전율이 각각 다른 두 유전체가 서로 경계를 이루며 접해 있다. 다음 중 옳지 않은 것은? 단, 이 경계면에는 진전하 분포가 없다고 한다.

① 경계면에서 전계의 접선 성분은 연속이다.

② 경계면에서 전속 밀도의 법선 성분은 연속이다.

③ 경계면에서 전계와 전속 밀도는 굴절한다.

④ 경계면에서 전계와 전속 밀도는 불변이다.

Explanation

경계 조건
• 전계의 접선 성분이 연속 : $E_1\sin\theta_1=E_2\sin\theta_2$
• 전속 밀도의 법선 성분이 연속 : $D_1\cos\theta_1=D_2\cos\theta_2$, $\epsilon_1 E_1\cos\theta_1=\epsilon_2 E_2\cos\theta_2$

【답】④

14 0.2[Wb/m²]의 평등자계 속에 자계와 직각방향으로 놓인 길이 30[㎝]의 도선을 자계와 30°의 방향으로 30[m/s]의 속도로 이동시킬 때 도체 양단에 유기되는 기전력은 몇 [V]인가?

① 0.45

② 0.9

③ 1.8

④ 90

Explanation

플레밍의 오른손 법칙(유기기전력)
$e=(v\times B)l=vBl\sin\theta=30\times0.2\times0.3\times\sin30°=0.9$[V]

【답】②

15 무한 평면 도체에서 h[m]의 높이에 반지름 a[m]$(a\ll h)$의 도선을 도체에 평행하게 가설하였을 때 도체에 대한 도선의 정전용량은 몇 [F/m]인가?

① $\dfrac{\pi\epsilon_o}{\ln\dfrac{h}{a}}$

② $\dfrac{2\pi\epsilon_o}{\ln\dfrac{2h}{a}}$

③ $\dfrac{\pi\epsilon_o}{\ln\dfrac{2h}{a}}$

④ $\dfrac{2\pi\epsilon_o}{\ln\dfrac{h}{a}}$

Explanation

두 평형 도선 간 정전용량 $C=\dfrac{\pi\epsilon_o}{\ln\dfrac{2h}{a}}$ [F/m]에서

정전용량 $C = \dfrac{\epsilon S}{d}$ 에서 $C \propto \dfrac{1}{d}$

대지 간 정전용량은 거리가 $\dfrac{1}{2}$ 이므로

$$\therefore C_o = 2C = \dfrac{2\pi\epsilon_o}{\ln\dfrac{2h}{a}} \, [\text{F/m}]$$

【답】 ②

16 일정 전압이 가해져 있는 콘덴서에 비유전율이 ϵ_s 인 유전체를 채웠을 때 일어나는 현상은?

① 극판 간의 전계가 ϵ_s 배가 된다.　　　② 극판 간의 전계가 ϵ_s^2 배가 된다.

③ 극판의 전하량이 ϵ_s 배가 된다.　　　④ 극판의 전하량이 $\dfrac{1}{\epsilon_s}$ 로 된다.

Explanation

전하량 $Q = CV$ 에서 전위차가 일정하면 전계는 일정하고
정전용량은 비유전율이 ϵ_s 인 경우는 $C = \epsilon_s C_0$ 이므로 정전용량이 ϵ_s 배 되어 전하량은 ϵ_s 배가 된다.

【답】 ③

17 고유저항이 $\rho \,[\Omega \cdot \text{m}]$, 한 변의 길이가 $r[\text{m}]$ 인 정육면체의 저항$[\Omega]$은?

① $\dfrac{\rho}{\pi r}$

② $\dfrac{r}{\rho}$

③ $\dfrac{\pi r}{\rho}$

④ $\dfrac{\rho}{r}$

Explanation

정육면체 한 변의 길이 $l = r$
정육면체의 면적 $S = r \times r = r^2$
정육면체의 저항 $R = \rho \dfrac{l}{S} = \rho \dfrac{r}{r^2} = \dfrac{\rho}{r}$

【답】 ④

18 반지름 1[m]의 반원형 코일에 1[A]의 전류가 흐를 때 중심점의 자계의 세기 [AT/m]는?

① $\dfrac{1}{4}$

② $\dfrac{1}{2}$

③ 1

④ 2

Explanation

원형 코일 중심의 자계의 세기 $H = \dfrac{I}{2a} \, [\text{AT/m}]$에서

$$H_0 = \dfrac{1}{2a} \times \dfrac{1}{2} = \dfrac{1}{2 \times 1} \times \dfrac{1}{2} = \dfrac{1}{4} \, [\text{AT/m}]$$

【답】 ①

19 MKS 합리화 단위계에서 진공 중의 유전율에 대한 값으로 옳지 않은 것은? (단, $C[\text{m/s}]$는 진공 중의 전파 속도이다)

① $\dfrac{1}{120\pi C}$

② $\dfrac{10^7}{4\pi C^2}$

③ $\dfrac{1}{36\pi 10^9}$

④ $\dfrac{10^7}{14\pi C}$

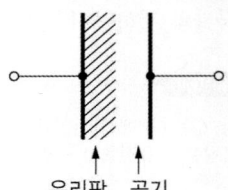

Explanation

$\dfrac{1}{4\pi\epsilon_0} = 9 \times 10^9$ 에서 ϵ_0 : 진공의 유전율

- $\epsilon_0 = \dfrac{1}{36\pi \times 10^9} = \dfrac{1}{120\pi C}$ 여기서, $C = 3 \times 10^8 \,[\text{m/sec}]$

- $\epsilon_0 = \dfrac{1}{36\pi \times 10^9} = \dfrac{1}{120\pi C} = \dfrac{10^7}{4\pi C^2}$ 【답】④

20 2[μF]의 평행판 공기콘덴서가 있다. 다음 그림과 같이 전극사이에 그 간격의 절반 두께의 유리판을 넣을 때 콘덴서의 정전용량[μF]은? (단, 유리판의 유전율은 공기의 유전율의 9배라 가정한다)

① 1.0
② 3.6
③ 4.0
④ 5.4

유리판 공기

Explanation

콘덴서 간격의 $\dfrac{1}{2}$ 에 다른 물질을 채운 경우의 정전용량

$C = \dfrac{2C_0}{1 + \dfrac{1}{\epsilon_s}} = \dfrac{2 \times 2}{1 + \dfrac{1}{9}} = \dfrac{36}{10} = 3.6\,[\mu\text{F}]$ 【답】②

2과목 　전력공학

21 철탑에서 전선의 오프셋을 주는 이유로 옳은 것은?

① 불평형 전압의 유도 방지
② 상하 전선의 접촉 방지
③ 전선의 진동 방지
④ 지락 사고 방지

Explanation

오프셋(off-set)
빙설에 의한 전선 도약 시 발생할 수 있는 **상하선 혼촉 방지(단락 사고 방지)**   【답】②

22 수전 용량에 비해 첨두부하가 커지면 부하율은 그에 따라 어떻게 되는가?

① 높아진다.
② 낮아진다.
③ 변하지 않고 일정하다.
④ 부하의 종류에 따라 달라진다.

Explanation

부하율 $= \dfrac{\text{평균 전력}}{\text{최대 전력}} \times 100[\%]$ 에서
첨두부하가 커지면 즉, 최대 전력은 커지고 평균 전력은 변화가 크지 않은 경우 부하율은 낮아진다.   【답】②

23 3상의 같은 전원에 접속하는 경우, △결선의 콘덴서를 Y결선으로 바꾸어 연결하면 진상 용량은?

① $\sqrt{3}$ 배의 진상 용량이 된다.

② 3배의 진상 용량이 된다.

③ $\frac{1}{\sqrt{3}}$ 의 진상 용량이 된다.

④ $\frac{1}{3}$ 의 진상 용량이 된다.

> **Explanation**
>
> 진상 용량(콘덴서 용량)
>
> △결선 시 용량 $Q_\triangle = 3\omega CE^2 = 3\omega CV^2$
>
> Y결선 시 용량 $Q_Y = 3\omega CE^2 = 3\omega C(\frac{V}{\sqrt{3}})^2 = \omega CV^2$
>
> 따라서 △결선을 Y결선으로 변환하면 용량은 1/3이 된다. **【답】 ④**

24 선간전압이 V [kV]이고, 1상의 대지정전용량이 C [μF], 주파수가 f [Hz]인 3상 3선식 1회선 송전선의 소호리액터 접지방식에서 소호리액터의 용량은 몇 [kVA]인가?

① $6\pi f CV^2 \times 10^{-3}$

② $3\pi f CV^2 \times 10^{-3}$

③ $2\pi f CV^2 \times 10^{-3}$

④ $\sqrt{3}\,\pi f CV^2 \times 10^{-3}$

> **Explanation**
>
> 소호리액터의 용량(3선 일괄의 대지충전용량)
>
> $Q_L = E I_L = E \times \dfrac{E}{\omega L} = \dfrac{E^2}{\dfrac{1}{3\omega C_s}} = 3 \times 2\pi f C_s E^2 \times 10^{-3} [\text{kVA}]$
>
> $= 3 \times 2\pi f C \times 10^{-6} \times \left(\dfrac{V}{\sqrt{3}} \times 10^3\right)^2 \times 10^{-3} = 2\pi f CV^2 \times 10^{-3} [\text{kVA}]$ **【답】 ③**

25 154/22.9[kV], 40[MVA] 3상 변압기의 %리액턴스가 14[%]라면 고압 측으로 환산한 리액턴스는 약 몇 [Ω]인가?

① 95

② 83

③ 75

④ 61

> **Explanation**
>
> %임피던스 $\%Z = \dfrac{PZ}{10V^2}$ 에서 　　여기서, V : 정격전압[kV], P : 기준용량[kVA]
>
> $Z = \dfrac{\%Z \times 10 \times V^2}{P} = \dfrac{14 \times 10 \times 154^2}{40 \times 10^3} = 83[\Omega]$ **【답】 ②**

26 전력계통에서 안정도의 종류에 속하지 않는 것은?

① 상태 안정도

② 정태 안정도

③ 과도 안정도

④ 동태 안정도

> **Explanation**
>
> • 정태 안정도 : 송전 계통이 불변 부하 또는 극히 서서히 증가하는 부하에 대하여 계속적으로 송전할 수 있는 능력
>
> • 과도 안정도 : 부하의 급변 또는 사고가 발생해서 계통에 큰 충격을 주었을 경우에도 탈조하지 않고 새로운 평형 상태를 회복하여 송전을 계속할 수 있는 능력
>
> • 동태 안정도 : AVR이나 조속기 등이 갖는 제어효과까지도 고려한 안정도 **【답】 ①**

27 전원이 양단에 있는 방사상 송전선로에서 과전류 계전기와 조합하여 단락보호에 사용하는 계전기는?

① 선택지락계전기   ② 방향단락계전기

③ 과전압계전기   ④ 부족전류계전기

> **Explanation**
>
> 방사선로 단락보호
> • 전원 1군데 : 과전류 계전 방식
> • 전원 2군데 : **방향단락계전기 + 과전류계전기**   【답】②

28 설비 A가 150[kW], 수용률 0.5, 설비 B가 250[kW], 수용률 0.8일 때 합성 최대 전력이 235[kW]이면 부등률은 약 얼마인가?

① 1.10   ② 1.13

③ 1.17   ④ 1.22

> **Explanation**
>
> $$부등률 = \frac{각\ 개별\ 수용가의\ 최대\ 수용\ 전력의\ 합}{합성\ 최대\ 수용\ 전력} \geq 1 = \frac{150 \times 0.5 + 250 \times 0.8}{235} = 1.17$$
>   【답】③

29 정삼각형 배치의 선간거리가 5[m]이고, 전선의 지름이 1[cm]인 3상 가공 송전선의 1선의 정전용량은 약 몇 [μF/km]인가?

① 0.008   ② 0.016

③ 0.024   ④ 0.032

> **Explanation**
>
> $$작용정전용량\ C = \frac{0.02413}{\log_{10}\dfrac{D}{r}} = \frac{0.02413}{\log_{10}\dfrac{5}{0.5 \times 10^{-2}}} = 0.008[\mu F/km]$$
>   【답】①

30 다음 그림과 같이 200/5[CT] 1차 측에 150[A]의 3상 평형 전류가 흐를 때 전류계 A_3에 흐르는 전류는 몇 [A]인가?

① 3.75

② 5.25

③ 6.75

④ 7.25

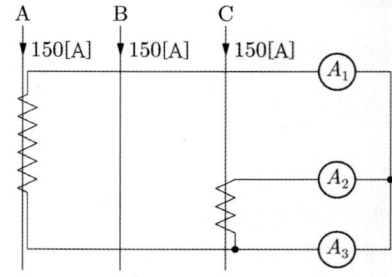

> **Explanation**
>
> CT 2차측의 전류(전류계 전류) $I_2 = I_1 \times \dfrac{1}{CT비} = 150 \times \dfrac{5}{200} = 3.75[A]$
>
> 여기서, 3상 평형이면 $A_1 = A_2 = A_3 = 3.75[A]$ 【답】①

31 중성선 저항 접지 방식에서 1선 지락시의 영상 전류를 I_0 라고 할 때 저항을 통하는 전류는 어떻게 표현 되는가?

① $\dfrac{1}{3}I_0$

② $\sqrt{3}\,I_0$

③ $3I_0$

④ $6I_0$

Explanation

영상전류 $I_0 = \dfrac{1}{3}(I_a + I_b + I_c)$

1선 지락 전류 $I_g = 3I_0 = \dfrac{3E_a}{Z_0 + Z_1 + Z_2}$

【답】③

32 송전선로의 페란티 효과를 방지하는 데 효과적인 것은?

① 분로리액터 사용

② 복도체 사용

③ 병렬 콘덴서 사용

④ 직렬 콘덴서 사용

Explanation

페란티 현상
• 무부하시 송전단 전압보다 수전단 전압이 커지는 현상
• 발생 원인 : 선로의 정전용량에 의해서
• 방지법 : 분로리액터(Sh.R)

【답】①

33 345[kV] 송전계통의 절연협조에서 충격절연내력의 크기순으로 나열한 것은?

① 선로애자 > 차단기 > 변압기 > 피뢰기

② 선로애자 > 변압기 > 차단기 > 피뢰기

③ 변압기 > 차단기 > 선로애자 > 피뢰기

④ 변압기 > 선로애자 > 차단기 > 피뢰기

Explanation

절연협조 : 계통 내의 각 기기, 기구 및 애자 등의 상호 간에 적정한 절연 강도를 지니게 함으로써 계통 설계를 합리적, 경제적으로 할 수 있게 한 것
• 피뢰기의 제한전압은 절연협조의 기본이 되는 부분
• 피뢰기의 제한전압 < 변압기의 기준충격절연강도(BIL) < 부싱, 차단기 < 선로애자

【답】①

34 차단기의 정격 투입전류란 투입되는 전류의 최초 주파수의 어느 값을 말하는가?

① 평균값

② 최대값

③ 실효값

④ 직류값

Explanation

차단기의 정격 투입전류
• 성능에 지장 없이 투입할 수 있는 전류의 한도
• **투입전류의 최초 주파수에서의 최대값으로 표기**

【답】②

35 차단기와 차단기의 소호 매질이 틀리게 결합된 것은 어느 것인가?

① 공기차단기 – 압축 공기

② 가스 차단기 – 냉매

③ 자기차단기 – 전자력

④ 유입차단기 – 절연유

Explanation

차단기의 종류별 소호 매질
• ABB 공기차단기 : 압축 공기

- GCB 가스 차단기 : SF_6
- OCB 유입차단기 : 절연유
- MBB 자기차단기 : 전자력

【답】②

36 가공지선에 대한 설명 중 옳지 않은 것은?
① 가공지선은 일반적으로 아연도금 강연선을 사용한다.
② 가공지선은 뇌해방지를 위하여 1~2조 가선으로 하는 것이 많다.
③ 가공지선의 이도는 전선의 이도보다 크게 한다.
④ 가공지선은 사고 시에 고장전류의 일부분이 흐를 경우가 많다.

Explanation

가공 지선의 설치 목적
- 직격뢰, 유도뢰 차폐(차폐각을 작게 : 건설비 고가)
- 전자유도장해 경감(지락전류의 일부가 가공지선에 흐르기 때문)
- 차폐각 : 적을수록 보호율 우수(건설비 고가)
   보통 30~45° 보호율(97[%])
   30° 이하 보호율(100[%])⇒ 가공지선을 2줄로 하면 차폐각이 적어지고 보호율이 우수

【답】③

37 그림과 같이 6,300/210[V]인 단상 변압기 3대를 △ − △ 결선하여 수전단 전압이 6,000[V]인 배전선로에 접속하였다. 이 중 2대의 변압기는 감극성이고, L1,L3상에 연결된 변압기 1대가 가극성이었다고 한다. 이때 아래 그림과 같이 접속된 전압계에는 몇 [V]의 전압이 유기되는가?
① 0
② 100
③ 200
④ 400

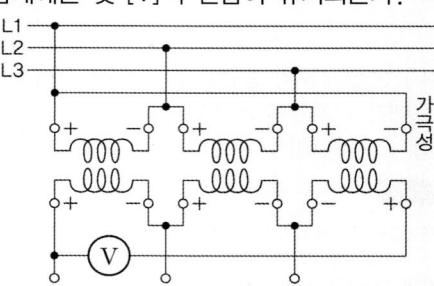

Explanation

【답】④

38 다음 중 특유 속도가 가장 작은 수차는?
① 프로펠러 수차   ② 프란시스 수차
③ 펠턴 수차   ④ 카플란 수차

Explanation

특유 속도는 $N_s = N\dfrac{P^{\frac{1}{2}}}{H^{\frac{5}{4}}}$ 이며   (N : 회전속도, P : 출력, H : 낙차)

따라서 낙차가 높을수록 특유 속도는 낮으며 펠턴 수차가 낙차가 가장 높으므로 특유 속도가 최소가 된다.

【답】③

39 플리커 예방을 위한 수용가 측의 대책이 아닌 것은?
① 공급 전압을 승압한다.
② 전원 계통에 리액터분을 보상한다.
③ 전압 강하를 보상한다.
④ 부하의 무효전력 변동분을 흡수한다.

Explanation

플리커 경감 대책
① **전력 공급 측에서 실시**
  • 전용 계통으로 공급
  • 단락 용량이 큰 계통에서 공급
  • 전용 변압기로 공급
  • **공급 전압을 승압**

② 수용가 측에서의 대책
  • 전원 계통에 리액터분을 보상
  • 전압 강하를 보상
  • 부하의 무효전력 변동분을 흡수
  • 플리커 부하전류의 변동분을 억제

【답】 ①

40 증기터빈의 팽창 도중에서 증기를 추출하는 형태의 터빈은?
① 복수터빈
② 배압터빈
③ 추기터빈
④ 배기터빈

Explanation

추기
터빈에서 팽창된 증기를 추출하여 급수 가열에 사용하므로 연료 소비량은 감소하고 증기 소비량이 증가하여 발전 효율이 향상

【답】 ③

3과목 전기기기

41 스텝 모터(step motor)의 장점이 아닌 것은?
① 가속 , 감속이 용이하며 정·역전 변속이 쉽다.
② 위치제어를 할 때 각도오차가 있고 누적되지 않는다.
③ 피드백 루프가 필요 없이 오픈 루프로 손쉽게 속도 및 위치제어를 할 수 있다.
④ 디지털 신호를 직접 제어 할 수 있으므로 컴퓨터 등 다른 디지털 기기와 인터페이스가 쉽다.

Explanation

스테핑(Stepping) 모터
• 피드백 루프가 필요 없이 오픈 루프로 손쉽게 속도 및 위치제어
• 디지털 신호를 직접 제어할 수 있으므로 컴퓨터 등 다른 디지털 기기와 인터페이스가 용이
• 가속, 감속이 용이하며 정·역전 및 변속이 쉽다.
• **위치제어를 할 때 각도오차가 적다.**
• 회전각과 속도는 펄스 수에 비례
• 브러시, 슬립링 등이 없고 부품수가 적다.

【답】 ②

42 100[kVA], 6,000/200[V], 60[Hz]이고 %임피던스 강하 3[%]인 3상 변압기의 저압측에 3상 단락이 생겼을 경우의 단락전류는 약 몇 [A]인가?
① 5,650
② 9,623
③ 17,000
④ 75,000

Explanation

변압기 2차측 단락전류 $I_s = \dfrac{100}{\%Z} I_n = \dfrac{100}{\%Z} \times \dfrac{P_n}{\sqrt{3}\,V_{2n}} = \dfrac{100}{3} \times \dfrac{100 \times 10^3}{\sqrt{3} \times 200} = 9,623[\text{A}]$ 【답】②

43 전력변환 장치에 대한 설명으로 옳지 않은 것은?

① AC-DC 컨버터로 쓰이는 회로는 일반적으로 정류기라고 부르며, 다이오드 정류기를 이용할 경우 전원 전압의 최댓값에 의하여 평균 출력 전압의 크기가 고정된다.

② DC-DC 컨버터는 직류 전원을 반도체 소자와 수동 소자들을 이용하여 출력 전압을 변환하는 장치이다.

③ DC-AC 컨버터(인버터)는 교류의 크기는 임의로 변환 가능하지만 그 주파수는 변환할 수 없다.

④ 직접적으로 AC를 AC로 변환하는 컨버터는 주파수를 변경할 수 없는 장치도 있지만 주파수 변환이 필요할 경우에는 사이클로 컨버터를 사용한다.

Explanation

전력변환장치
• AC → DC : 정류기(컨버터)
• **DC → AC : 인버터(출력전압과 주파수를 자유롭게 조정)**
• 사이클로 컨버터 : AC전력을 증폭(제어 정류기를 사용한 주파수 변환기)
• DC → DC : 초퍼
【답】③

44 변압기에서 부하에 관계없이 자속만을 만드는 전류는?

① 철손전류
② 자화전류
③ 여자전류
④ 교차전류

Explanation

무부하전류 $\dot{I_o} = \dot{I_\phi} + \dot{I_i}$
• $\dot{I_\phi}$ (자화전류) : 자속을 공급하는 전류
• $\dot{I_i}$ (철손전류) : 철손을 공급하는 전류
【답】②

45 시라게 전동기의 특성과 가장 가까운 전동기는?

① 3상 평복권 정류자 전동기
② 3상 복권 정류자 전동기
③ 3상 직권 정류자 전동기
④ 3상 분권 정류자 전동기

Explanation

시라게 전동기(Schrage Motor)
• 3상 권선형 유도 전동기로서 브러시 간격을 조정하여 속도 제어
• **3상 분권 정류자 전동기**(직류 분권전동기와 특성이 유사)
• 정속도 전동기
【답】④

46 동기속도를 2배로 하였을 때 3상 유도전동기의 동기와트는 몇 배가 되는가?

① 1
② 2
③ 3
④ 4

Explanation

3상 유도전동기의 토크 $T = 0.975 \times \dfrac{P_o}{N} = 0.975 \times \dfrac{P_2}{N_s} [\text{kg} \cdot \text{m}]$

동기와트 $P_2 = \dfrac{N_s\,T}{0.975} = 1.026 N_s\,T\,[\mathrm{W}]$ 이므로

$P_2 \propto N_s$ 이므로 동기속도가 2배가 되면 동기와트도 2배가 된다. 　　　　　　　　　　　　　　　　　【답】②

47 다음 유도전동기에 대한 설명 중 (　　)안에 들어갈 내용이 바르게 연결된 것은?

> 3상 유도전동기에서 기동 시 기동전류는 (ㄱ) 하면서 기동 토크를 (ㄴ) 하기 위해서는 회전자 저항을 크게 해야 하고, 또한 정상 운전 시 효율이 좋고 온도상승이 적게 되려면 회전자 저항을 적게 해야 한다.

① (ㄱ)크게, (ㄴ)작게　　　　　　　　　　② (ㄱ)작게, (ㄴ)크게
③ (ㄱ)크게, (ㄴ)크게　　　　　　　　　　④ (ㄱ)작게, (ㄴ)작게

Explanation

3상 유도전동기 기동 및 운전
① 기동 시 : 회전자 저항을 크게(기동전류 제한)
② 운전 시 : 회전자 저항을 크게(효율 개선 및 온도상승 적게) 　　　　　　　　　　　　【답】②

48 권선형 3상 유도전동기의 2차회로는 Y로 접속되고 2차 각 상의 저항은 0.3[Ω]이며 1차, 2차 리액턴스의 합은 1.5[Ω]이다. 기동 시에 최대 토크를 발생하기 위해서 삽입하여야 할 저항[Ω]은? 단, 1차 각 상의 저항은 무시한다.

① 1.2　　　　　　　　　　　　　　　　　② 1.5
③ 2　　　　　　　　　　　　　　　　　　④ 2.2

Explanation

기동 시에 최대 토크를 발생하기 위해서 삽입하여야 할 저항
$R_s' = \sqrt{r_1^2 + (x_1 + x_2')^2} - r_2' = \sqrt{(x_1 + x_2')^2} - r_2'$ 에서
$x_1' + x_2 = 1.5[\Omega]$, 　$r_2' = 0.3[\Omega]$ 이므로
$R_s = \sqrt{(x_1 + x_2')^2} - r_2' = \sqrt{(1.5)^2} - 0.3 = 1.2[\Omega]$ 　　　　　　　　　　【답】①

49 동일 정격의 3상 동기발전기 2대를 무부하로 병렬 운전하고 있을 때, 두 발전기의 기전력 사이에 30° 의 위상차가 있으면 한 발전기에서 다른 발전기에 공급되는 유효전력은 몇 [kW]인가? (단, 각 발전기의(1상의) 기전력은 1,000[V], 동기 리액턴스는 4[Ω]이고, 전기자 저항은 무시한다)

① 62.5　　　　　　　　　　　　　　　② $62.5 \times \sqrt{3}$
③ 125.5　　　　　　　　　　　　　　　④ $125.5 \times \sqrt{3}$

Explanation

동기 발전기 병렬 운전 시 두 발전기 사이의 기전력의 위상차가 발생하면 동기화전류(유효 순환전류)가 흐르며, 위상이 앞서는 발전기에서 위상이 늦은 발전기로 수수전력이 발생

수수전력　$P = \dfrac{E^2}{2Z_s}\sin\delta = \dfrac{1,000^2}{2 \times 4} \times \sin 30° \times 10^{-3} = 62.5[\mathrm{kW}]$ 　　　　　【답】①

50 다음은 3상 유도전동기의 슬립이 $s < 0$인 경우를 설명한 것이다. 잘못된 것은?
① 동기속도 이상이다.　　　　　　　　　② 유도발전기로 사용된다.
③ 유도전동기 단독으로 동작이 가능하다.　④ 속도를 증가시키면 출력이 증가한다.

Explanation

유도발전기

- 고정자 권선을 전원에 연결하고 회전자를 원동기로 회전시키면 회전자 속도가 회전자계 속도 (N_s)보다 빠르게 회전하여 발전기로 동작
- 슬립 $s = \dfrac{n_s - n}{n_s}$ 에서 $n_s < n$인 경우 $s < 0$

  여기서, n : 회전자 속도, n_s : 회전자계 속도

【답】 ③

51
단상 반파정류회로에서 평균 직류전압 200[V]를 얻는 데 필요한 변압기 2차 전압은 약 몇 [V]인가? 단, 부하는 순저항이고 정류기의 전압강하는 15[V]로 한다.

① 400
② 478
③ 512
④ 642

Explanation

단상 반파정류회로

직류측 전압 $E_d = \left(\dfrac{\sqrt{2}\,E}{\pi} - e \right) = 0.45E - e$ 에서 (여기서, e는 정류기 전압강하)

$E = \dfrac{E_d + e}{0.45} = \dfrac{200 + 15}{0.45} \fallingdotseq 478 [\mathrm{V}]$

【답】 ②

52
단상 50 [Hz], 전파 정류 회로에서 변압기의 2차 상전압 100 [V], 수은 정류기의 전압 강하 15 [V]에서 회로 중의 인덕턴스는 무시한다. 외부 부하로서 기전력 60 [V], 내부 저항 0.2 [Ω]의 축전지를 연결할 때 평균 출력을 구하여라.

① 5,625
② 7,425
③ 8,385
④ 9,205

Explanation

직류 평균 전압 $E_d = \dfrac{2\sqrt{2}}{\pi} E - e = 0.9E - e = 0.9 \times 100 - 15 = 75 [\mathrm{V}]$

평균 부하 전류 $I_d = \dfrac{E_d - V}{R} = \dfrac{75 - 60}{0.2} = 75 [\mathrm{A}]$

따라서 평균 출력 $P_0 = E_d I_d = 75 \times 75 = 5,625 [\mathrm{W}]$

따라서 단상 유도전압 조정기는 위상차가 없다.

【답】 ①

53
3상 동기 발전기의 전기자 권선을 Y결선으로 하는 이유로서 적당하지 않은 것은?

① 고조파 순환 전류가 흐르지 않는다.
② 이상 전압 방지의 대책이 용이하다.
③ 전기자 반작용이 감소한다.
④ 코일의 코로나, 열화 등이 감소된다.

Explanation

전기자 결선 : Y결선(동기발전기)
- 중성점을 접지할 수 있어 이상 전압의 대책이 용이.(접지가능 중성점)
- 코일의 유기 전압이 $1/\sqrt{3}$ 배 감소하므로 절연이 용이
- 제3고조파의 순환 전류가 흐르지 않는다.
- 코로나 발생이 적다

【답】 ③

54
포화하고 있지 않은 직류발전기의 회전수가 1/2로 감소되었을 때 기전력을 속도 변화 전과 같은 값으로 하려면 여자를 어떻게 해야 하는가?

① 1/2로 감소시킨다.
② 1배로 증가시킨다.
③ 2배로 증가시킨다.
④ 4배로 증가시킨다.

Explanation

발전기 유기기전력 $E = K\phi N$에서

기전력이 일정하므로 회전수 N이 $\frac{1}{2}$로 되면, ϕ가 2배가 되어야 한다.　　　　　　　　　　　　【답】③

55 다음은 무슨 회로인가?
① 배전압 정류 회로
② 다이오드 특성 측정 회로
③ 전파 정류 회로
④ 반파 정류 회로

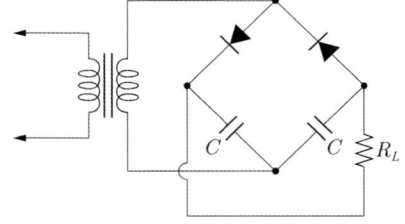

> **Explanation**

그림은 배전압 정류회로이다.　　　　　　　　　　　　　　　　　　　　【답】①

56 정격전압에서 전 부하로 운전하는 직류 직권전동기의 부하전류가 50[A]이다. 부하 토크가 반으로 감소하면 부하전류는 약 몇 [A]인가? 단, 자기포화는 무시한다.
① 25　　　　　　　　　　　　　　　　② 35
③ 45　　　　　　　　　　　　　　　　④ 50

> **Explanation**

직류 직권전동기

토크 $\tau \propto I^2 \propto \frac{1}{N^2}$ 이므로

$T : \frac{1}{2}T = 50^2 : I^2$

$I = \sqrt{\dfrac{\frac{1}{2}T}{T}} \times 50 = \dfrac{50}{\sqrt{2}} = 35.36[A]$　　　　　　　　　　【답】②

57 주권선과 전기적으로 90°의 위치에 보조권선을 설치하고, 두 권선의 전류 위상차를 이용하여 기동 토크를 발생시키는 단상유도전동기는?
① 반발기동형 단상유도전동기　　　　　② 반발유도형 단상유도전동기
③ 분상기동형 단상유도전동기　　　　　④ 셰이딩코일형 단상유도전동기

> **Explanation**

분상기동형 단상 유도전동기
주권선과 90° 위상차가 있는 보조 권선을 설치하여 주권선과 위상차에 의해 기동하는 방식　　　　【답】③

58 출력 10[kVA], 정격 전압에서의 철손이 85[W], 뒤진 역률 0.8, 3/4 부하에서의 효율이 가장 큰 단상 변압기가 있다. 역률 1일 때의 최대 효율은?
① 96[%]　　　　　　　　　　　　　② 97.8[%]
③ 98.8[%]　　　　　　　　　　　　④ 99[%]

> **Explanation**

$\frac{1}{m}$ 부하의 경우, 최대 효율이 된다고 하면 $(\frac{1}{m})^2 P_c = P_i$

따라서 동손은 $P_c = \dfrac{P_i}{\left(\dfrac{1}{m}\right)^2} = \dfrac{85}{\left(\dfrac{3}{4}\right)^2} = 151.1 [\mathrm{W}]$

역률 $\cos\theta = 1$일 때

효율 $\eta = \dfrac{10 \times 10^3 \times 1 \times \dfrac{3}{4}}{10 \times 10^3 \times 1 \times \dfrac{3}{4} + 85 + \left(\dfrac{3}{4}\right)^2 \times 151.1} \times 100 = 97.78 [\%]$

【답】②

59 220[V], 60[Hz], 8극, 15[kW]의 3상 유도전동기에서 전부하 회전수가 864[rpm]이면 이 전동기의 2차 동손은 몇 [W]인가?

① 435

② 537

③ 625

④ 723

Explanation

고정자 속도 $N_s = \dfrac{120f}{p} = \dfrac{120 \times 60}{8} = 900 [\mathrm{rpm}]$

슬립 $\quad s = \dfrac{N_s - N}{N_s} = \dfrac{900 - 864}{900} = 0.04$

$P_0 = (1-s)P_2$에서 $\quad P_2 = \dfrac{P_0}{1-s}$

2차 동손 $P_{c2} = sP_2$이므로

따라서 2차 동손 $\quad P_{c2} = \dfrac{s}{1-s}P_0 = \dfrac{0.04}{1-0.04} \times 15,000 = 625 [\mathrm{W}]$

【답】③

60 농형 유도전동기에 대해서 기동전류가 큰 순서로 나열할 경우 옳은 것은?

① 보통농형 → 디프슬롯농형 → 2중 농형

② 보통농형 → 2중 농형 → 디프슬롯농형

③ 디프슬롯농형 → 2중 농형 → 보통농형

④ 2중 농형 → 디프슬롯농형 → 보통농형

Explanation

농형 유도전동기에 대해서 기동전류가 큰 순서
2중 농형 〉 디프슬롯농형 〉 보통농형

【답】④

4과목　회로이론

61 2단자 임피던스 함수 $Z(s)$가 $Z(s) = \dfrac{(s+3)}{(s+4)(s+5)}$ 일 때의 영점은?

① 4, 5

② −4, −5

③ 3

④ −3

Explanation

임피던스 함수 $Z(s) = \dfrac{Q(s)}{P(s)}$ 에서

• $Q(s) = 0$가 되는 s값을 영점이라 하며 회로단락
• $P(s) = 0$가 되는 s값을 극점이라 하며 회로개방

따라서 영점은 $\quad s = -3$
　　　　극점은 $\quad s = -4, \ s = -5$

【답】④

62 코일의 권수 N=1,000 회이고, 코일의 저항 $R = 10[\Omega]$이다. 전류 $I = 10[A]$를 흘릴 때 코일의 권수 1회에 대한 자속이 $\phi = 3 \times 10^{-2}$[Wb]이라면 이 회로의 시정수[s]는?

① 0.3
② 0.4
③ 3.0
④ 4.0

$R-L$ 직렬회로의 시정수 $\tau = \dfrac{L}{R}$에서

인덕턴스 $L = \dfrac{N\phi}{I} = \dfrac{1,000 \times 3 \times 10^{-2}}{10} = 3[\mathrm{H}]$

$\therefore \ \tau = \dfrac{L}{R} = \dfrac{3}{10} = 0.3[\sec]$

【답】①

---

63 $R = 2[\Omega]$, $L = 10[\mathrm{mH}]$, $C = 4[\mu\mathrm{F}]$의 직렬 공진 회로의 양호도 Q는?

① 25
② 45
③ 65
④ 85

양호도(선택도, 첨예도, 전압확대율) : 저항 대 리액턴스 비

양호도 $Q = \dfrac{1}{R}\sqrt{\dfrac{L}{C}}$

$= \dfrac{1}{2}\sqrt{\dfrac{10 \times 10^{-3}}{4 \times 10^{-6}}} = 25$

【답】①

---

64 어떤 제어계의 임펄스 응답이 $\sin t$일 때 이 계의 전달 함수를 구하면?

① $\dfrac{1}{s+1}$
② $\dfrac{1}{s^2+1}$
③ $\dfrac{s}{s+1}$
④ $\dfrac{s}{s^2+1}$

전달 함수 : 임펄스 응답의 라플라스 변환

$C(s) = \mathcal{L}\,[C(t)] = \mathcal{L}\,[\sin t] = \dfrac{1}{s^2+1}$

$\therefore \ G(s) = C(s) = \dfrac{1}{s^2+1}$

【답】②

---

65 저항과 유도 리액턴스의 직렬 회로에 $E = 14 + j38$[V]인 교류 전압을 가하니 $I = 6 + j2$[A]의 전류가 흐른다. 이 회로의 저항과 유도 리액턴스는 얼마인가?

① $R = 4[\Omega]$, $X_L = 5[\Omega]$
② $R = 5[\Omega]$, $X_L = 4[\Omega]$
③ $R = 6[\Omega]$, $X_L = 3[\Omega]$
④ $R = 7[\Omega]$, $X_L = 2[\Omega]$

임피던스 $Z = \dfrac{E}{I} = \dfrac{14 + j38}{6 + j2} = \dfrac{(14 + j38)(6 - j2)}{(6 + j2)(6 - j2)} = \dfrac{160 + j200}{40} = 4 + j5$

따라서 $R = 4[\Omega]$, $X_L = 5[\Omega]$

【답】①

66 다음과 같은 주기함수의 실효치 전압[V]은?

① 1

② $\sqrt{2}$

③ 2

④ $\sqrt{20}$

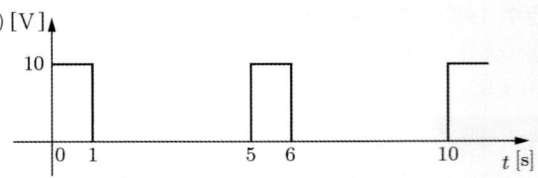

Explanation

실효값 $V = \sqrt{\dfrac{1}{T}\int_0^T v^2 dt} = \sqrt{1$주기 동안의 v^2의평균}$

$V = \sqrt{\dfrac{1}{T}\int_0^T i^2 dt} = \sqrt{\dfrac{1}{5}\int_0^1 10^2 dt} = \sqrt{\dfrac{1}{5}[100t]_0^1} = \sqrt{\dfrac{100}{5}} = \sqrt{20}\,[\text{V}]$

【답】④

67 $e = 200\sqrt{2}\sin\omega t + 150\sqrt{2}\sin 3\omega t + 100\sqrt{2}\sin 5\omega t$[V]인 전압을 $R-L$ 직렬회로에 가할 때에 제3고조파 전류의 실효값은 몇 [A]인가? (단, $R = 8[\Omega]$, $\omega L = 2[\Omega]$이다)

① 5　　　　　　　　　　　　　　② 8

③ 10　　　　　　　　　　　　　④ 15

Explanation

제3고조파 전류

$I_3 = \dfrac{V_3}{Z_3} = \dfrac{V_3}{R + j3\omega L}$

$= \dfrac{V_3}{\sqrt{R^2 + (3\omega L)^2}} = \dfrac{150}{\sqrt{8^2 + (3\times 2)^2}} = 15[\text{A}]$

【답】④

68 부동작 시간(dead time) 요소의 전달함수는?

① Ks　　　　　　　　　　　　② $\dfrac{K}{s}$

③ Ke^{-Ls}　　　　　　　　　④ $\dfrac{K}{Ts+1}$

Explanation

제어요소의 전달함수

비례 요소	$G(s) = K$
적분 요소	$G(s) = \dfrac{K}{s}$
미분 요소	$G(s) = Ks$
1차 지연 요소	$G(s) = \dfrac{K}{1+Ts}$
부동작 시간 요소	$G(s) = e^{-Ts}$

【답】③

69 3상 유도전동기의 출력이 3.7[kW], 선간전압 200[V], 효율 90[%], 역률 80[%]일 때, 이 전동기에 유입되는 선전류는 약 몇 [A]인가?

① 8[A]　　　　　　　　　　　② 10[A]

③ 12[A]　　　　　　　　　　④ 15[A]

Explanation

유도전동기의 효율 $\eta = \dfrac{P_0}{P_i} \times 100[\%]$

여기서, 입력은 $P_i = \dfrac{P_0}{\eta} = \sqrt{3}\, VI\cos\theta,\ 1[\mathrm{HP}] = 746[\mathrm{W}]$

따라서 선전류 $I = \dfrac{P_0}{\eta\sqrt{3}\, V\cos\theta} = \dfrac{3.7\times10^3}{0.9\times\sqrt{3}\times200\times0.80} = 15\,[\mathrm{A}]$

【답】 ④

70 $f(t) = \sin t + 2\cos t$를 라플라스 변환하면?

① $\dfrac{2s}{s^2+1}$
② $\dfrac{2s+1}{(s+1)^2}$
③ $\dfrac{2s+1}{s^2+1}$
④ $\dfrac{2s}{(s+1)^2}$

Explanation

라플라스 변환의 선형 정리에 의해서

$F(s) = \mathcal{L}\,[f(t)] = \mathcal{L}\,[\sin t] + \mathcal{L}\,[2\cos t] = \dfrac{1}{s^2+1} + \dfrac{2s}{s^2+1} = \dfrac{2s+1}{s^2+1}$

【답】 ③

71 전압 100[V], 전류 15[A]로써 1.2[kW]의 전력을 소비하는 회로의 리액턴스는 약 몇 [Ω]인가?

① 4
② 6
③ 8
④ 10

Explanation

피상전력 $P_a = VI = 100 \times 15 = 1,500[\mathrm{VA}]$에서

$P_a = \sqrt{P^2 + P_r^2}$ 에서

무효전력 $P_r = \sqrt{P_a^2 - P^2} = \sqrt{1,500^2 - 1,200^2} = 900[\mathrm{Var}]$

$P_r = I^2 X$에서

$\therefore X = \dfrac{P_r}{I^2} = \dfrac{900}{15^2} = 4[\Omega]$

【답】 ①

72 $R-L-C$ 직렬회로에서 $R = 100[\Omega]$, $L = 5[\mathrm{mH}]$, $C = 2[\mu\mathrm{F}]$일 때 이 회로는?

① 과제동이다.
② 무제동이다.
③ 임계제동이다.
④ 부족제동이다.

Explanation

$R-L-C$ 직렬회로에서 직류전압 인가

• 비진동 조건 : $R^2 > \dfrac{4L}{C}$

• 임계적 조건 : $R^2 = \dfrac{4L}{C}$

• 진동적 조건 : $R^2 < \dfrac{4L}{C}$

여기서, $R^2 - \dfrac{4L}{C} = 100^2 - 4 \times \dfrac{5\times10^{-3}}{2\times10^{-6}} = 0$이므로 임계제동

【답】 ③

73 $F(s) = \dfrac{s^2 + s + 3}{s^3 + 2s^2 + 5s}$ 일 때 $f(t)$의 초기값은?

① 1   ② 2

③ 3   ④ 5

> **Explanation**
>
> 초기값 정리에 의해
>
> $$f(0^+) = \lim_{t \to 0} f(t) = \lim_{s \to \infty} sF(s) = \lim_{s \to \infty} s \cdot \frac{s^2 + s + 3}{s^3 + 2s^2 + 5s}$$
>
> $$= \lim_{s \to \infty} s \cdot \frac{s^2 + s + 3}{s(s^2 + 2s + 5)} = \lim_{s \to \infty} \frac{1 + \dfrac{1}{s} + \dfrac{3}{s^2}}{1 + \dfrac{2}{s} + \dfrac{5}{s^2}} = 1$$

【답】①

74 2개의 단상전력계를 이용하여 어떤 불평형 3상 부하의 전력을 측정한 결과 $P_1 = 6$[W], $P_2 = 12$ [W]일 때, 이 3상 부하의 역률은?

① $\dfrac{3}{5}$ ② $\dfrac{4}{5}$

③ $\dfrac{1}{\sqrt{3}}$ ④ $\dfrac{\sqrt{3}}{2}$

> **Explanation**
>
> **2전력계법** : 전력계 2대를 이용하여 3상 전력을 측정하는 방법
> ① 소비전력(유효전력) : $P = P_1 + P_2$[W]
> ② 무효전력   : $P_r = \sqrt{3}(P_1 - P_2)$[Var]
> ③ 피상전력   : $P_a = 2\sqrt{P_1^2 + P_2^2 - P_1 P_2}$ [VA]
> ④ 역률   : $\cos\theta = \dfrac{P}{P_a} = \dfrac{P_1 + P_2}{2\sqrt{P_1^2 + P_2^2 - P_1 P_2}}$
>
> 여기서, $P_1 = P_2$ $\cos\theta = 1$
> $\qquad\quad P_1 = 2P_2$ $\cos\theta = \dfrac{\sqrt{3}}{2} = 0.866$
> $\qquad\quad P_1 = 0$ $\cos\theta = 0.5$
> 문제에서는 $P_1 = 3$[kW], $P_2 = 6$[kW]
> $\therefore P_1 = 2P_2$이므로 $\cos\theta = \dfrac{\sqrt{3}}{2} = 0.866$

【답】④

75 3대의 단상변압기를 △ 결선으로 하여 운전하던 중 변압기 1대가 고장으로 제거하여 V결선으로 한 경우 공급할 수 있는 전력은 고장 전 전력의 몇 [%]인가?

① 57.7   ② 50.0

③ 63.3   ④ 67.7

> **Explanation**
>
> V결선 변압기 $P_V = \sqrt{3}K$ 여기서, K는 변압기 1대 용량
> △결선 변압기 $P_\triangle = 3K$
> 출력비 $= \dfrac{P_V}{P_\triangle} = \dfrac{\sqrt{3}K}{3K} = \dfrac{\sqrt{3}}{3} \times 100 = 57.7$[%]

【답】①

76 다음과 같은 4단자 회로에서 영상 임피던스[Ω]는?

① 200
② 300
③ 450
④ 600

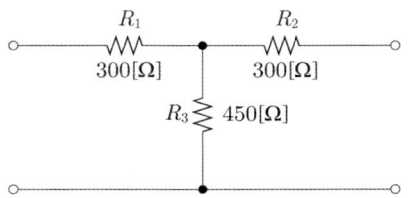

Explanation

T형 4단자 정수에서 좌우대칭인 경우 $A = D$ 이며,

$$\begin{bmatrix} A & B \\ C & D \end{bmatrix} = \begin{bmatrix} 1 & 300 \\ 0 & 1 \end{bmatrix} \begin{bmatrix} 1 & 0 \\ \dfrac{1}{450} & 1 \end{bmatrix} \begin{bmatrix} 1 & 300 \\ 0 & 1 \end{bmatrix} = \begin{bmatrix} \dfrac{5}{3} & 800 \\ \dfrac{1}{450} & \dfrac{5}{3} \end{bmatrix} \qquad \therefore Z_0 = Z_{01} = Z_{02} = \sqrt{\dfrac{B}{C}} = \sqrt{\dfrac{800}{\dfrac{1}{450}}} = 600[\Omega]$$

【답】④

77 다음 회로의 4단자 정수는?

① $A = 1 - 2\omega^2 LC,\ B = j\omega L,\ C = j2\omega C,\ D = 1$
② $A = 2\omega^2 LC,\ B = j\omega C,\ C = j2\omega,\ D = 1$
③ $A = 1 - 2\omega^2 LC,\ B = j\omega L,\ C = j\omega C,\ D = 0$
④ $A = 2\omega^2 LC,\ B = j\omega L,\ C = j2\omega C,\ D = 0$

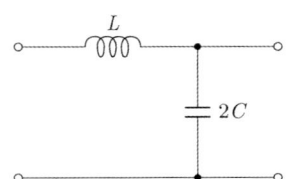

Explanation

$$\begin{bmatrix} A & B \\ C & D \end{bmatrix} = \begin{bmatrix} 1 & jwL \\ 0 & 1 \end{bmatrix} = \begin{bmatrix} 1 & 0 \\ j2wC & 1 \end{bmatrix} = \begin{bmatrix} 1 - 2w^2 LC & jwL \\ j2wC & 1 \end{bmatrix}$$

【답】①

78 다음 회로에 대한 설명으로 옳은 것은?

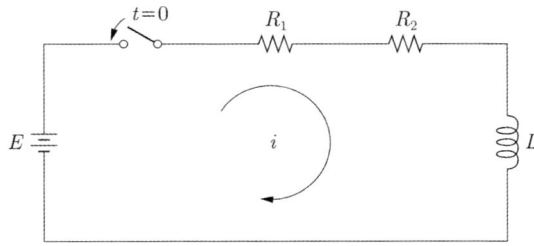

① 이 회로의 시정수는 $\dfrac{L}{R_1 + R_2}$ 이다.

② 이 회로의 특성근은 $\dfrac{R_1 + R_2}{L}$ 이다.

③ 정상전류값은 $\dfrac{E}{R_2}$ 이다.

④ 이 회로의 전류값은 $i(t) = \dfrac{E}{R_1 + R_2}\left(1 - e^{-\frac{L}{R_1 + R_2}t}\right)$ 이다.

Explanation

합성저항 $R = R_1 + R_2$

$R-L$ 직렬회로

- 시정수 $\tau = \dfrac{L}{R} = \dfrac{L}{R_1+R_2}$

- 특성근 $P = -\dfrac{R_1+R_2}{L}$ (특성근은 항상 마이너스다)

- 정상전류값 $I_{ss} = \dfrac{E}{R_1+R_2}$

- 전류 $i(t) = \dfrac{E}{R_1+R_2}\left(1-e^{-\frac{R_1+R_2}{L}t}\right)$

【답】①

79 $R-L$직렬부하에 교류전원이 연결되어 있다. 저항 R과 인덕턴스 L이 일정한 상태에서 전원의 주파수가 높아지면 역률과 소비전력은 어떻게 되는가?

① 역률과 소비전력 모두 감소한다.　　　② 역률과 소비전력 모두 증가한다.
③ 역률은 증가하고 소비전력은 감소한다.　④ 역률과 소비전력은 변하지 않는다.

Explanation

주파수가 상승하면
유도성 리액턴스 $X_L = \omega L = 2\pi f L$이므로 리액턴스가 증가

역률　　　　　$\cos\theta = \dfrac{R}{Z} = \dfrac{R}{\sqrt{R^2+X^2}}$: 감소

소비전력　　　$P = I^2 R = \left(\dfrac{V}{\sqrt{R^2+X^2}}\right)^2 R$: 감소

【답】①

80 그림과 같이 △로 접속된 부하에서 각 선로의 저항은 $r = 1[\Omega]$이고 부하의 임피던스 $Z = 6+j12$ $[\Omega]$이다. 단자 a, b, c간에 200[V]의 평형 3상 전압을 가할 때 부하의 상전류[A]는?

① 23.09
② 40.26
③ 13.33
④ 69.28

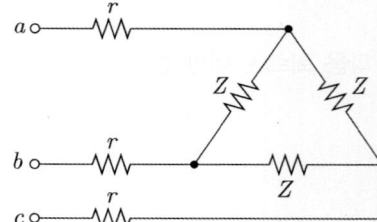

Explanation

△→Y로 등가하면 1상의 임피던스
$$Z_p = r + \dfrac{Z}{3} = 1+2+j4 = 3+j4[\Omega]$$

$$I_p = \dfrac{V_p}{Z_p} = \dfrac{\frac{200}{\sqrt{3}}}{3+j4} = 23.09[A]$$

Y결선의 상전류는 선전류와 같으므로 $I_l = 23.09$이며

따라서 결선의 상전류 $I_p = \dfrac{23.09}{\sqrt{3}} = 13.33[A]$

【답】③

81 옥내에 시설하는 고압의 이동 전선은?
① 절연전선 2.5[mm²]
② 비닐 캡타이어 케이블
③ 고압용 캡타이어 케이블
④ 600[V] 고무 절연전선

Explanation

(KEC 342.2조) 옥내 고압용 이동전선의 시설
전선은 고압용의 캡타이어 케이블일 것 【답】③

82 아크가 발생하는 고압용 차단기는 목재의 벽 또는 천장 기타의 가연성 물체로부터 몇 [m] 이상 이격
하여야 하는가?
① 0.5
② 1
③ 1.5
④ 2

Explanation

(KEC 341.7조) 아크를 발생하는 기구의 시설
• **고압용 – 1[m] 이상**
• 특고용 – 2[m] 이상(사용전압 35[kV] 이하 & 화재발생 우려 없도록 제한하는 경우 1[m] 이상) 【답】②

83 "리플프리(Ripple−free)직류"란 교류를 직류로 변환할 때 리플성분의 실효값이 몇 [%] 이하로 포함
된 직류를 말하는가?
① 3
② 5
③ 10
④ 15

Explanation

(KEC 112조) 용어의 정의
"리플프리직류"란 교류를 직류로 변환할 때 리플성분의 **실효값이 10[%] 이하**로 포함된 직류 【답】③

84 가공 전선로에 사용하는 지지물의 강도 계산 시 구성재의 수직 투영면적 1[m²]에 대한 풍압을 기초로
적용하는 갑종 풍압 하중 값의 기준이 잘못된 것은?
① 목주 : 588[Pa]
② 원형 철주 : 588[Pa]
③ 철근 콘크리트주 : 1,117[Pa]
④ 강관으로 구성된 철탑 : 1,255[Pa]

Explanation

(KEC 331.6조) 풍압 하중의 종별과 적용

풍압을 받는 구분			구성재의 수직 투영면적 1[m²]에 대한 풍압
목주			588[Pa]
지지물	철주	원형의 것	588[Pa]
		삼각형 또는 마름모형의 것	1,412[Pa]
		강관에 의하여 구성되는 4각형의 것	1,117[Pa]
	철근 콘크리트주	**원형의 것**	**588[Pa]**
		기타의 것	**882[Pa]**
	철탑	단주(완철류는 제외함) 원형의 것	588[Pa]
		단주(완철류는 제외함) 기타의 것	1,117[Pa]
		강관으로 구성되는 것(단주는 제외함)	1,255[Pa]

【답】③

85 발전기를 구동하는 풍차의 압유장치의 유압, 압축공기장치의 공기압 또는 전동식 브레이드 제어장치의 전원전압이 현저히 저하한 경우 발전기를 자동적으로 전로로부터 차단하는 장치를 시설하여야 하는 발전기 용량은 몇 [kVA] 이상인가?

① 100

② 300

③ 500

④ 1,000

Explanation

(KEC 351.3조) 발전기 등의 보호 장치
용량 100 [kVA]이상의 발전기를 구동하는 풍차(風車)의 압유장치의 유압, 압축 공기장치의 공기압 또는 전동식 브레이드 제어장치의 전원전압이 현저히 저하한 경우 【답】①

86 지중에 매설된 금속제 수도관로는 각종 접지 공사의 접지극으로 사용할 수 있다. 다음 장소에서 법규상 접지극으로 사용할 수 없는 곳은 어느 곳인가?

① 내경 75[mm] 수도관의 대지 저항이 3[Ω] 이하의 곳

② 내경이 90[mm] 수도관에서 분기하여 12[m]인 곳의 저항값이 2[Ω] 이하인 부분

③ 내경 90[mm] 수도관에서 분기하여 8[m]인 곳의 저항값이 3[Ω] 이하인 부분

④ 내경 75[mm] 수도관에서 분기하여 3[m]인 곳의 저항값이 3[Ω] 이하인 부분

Explanation

(KEC 142.2조) 접지시스템의 시설
대지와의 전기저항 값이 3[Ω] 이하의 값을 유지하고 있는 금속제 수도관로는 각종 접지 공사의 접지극으로 사용할 수 있다. 이때 접지도체와 금속제 수도관로의 접속은 안지름 75[mm] 이상인 금속제 수도관의 부분 또는 이로부터 분기한 안지름 75[mm] 미만인 금속제 수도관의 분기점으로부터 5[m] 이내의 부분에서 할 것. 다만, **금속제 수도관로와 대지 사이의 전기저항 값이 2 [Ω] 이하인 경우**에는 분기점으로부터의 거리는 5[m]를 넘을 수 있다. 【답】③

87 농사용 저압 가공전선로의 시설에 대한 설명으로 틀린 것은?

① 전선로의 경간은 30[m] 이하일 것

② 목주의 굵기는 말구 지름이 0.09[m] 이상일 것

③ 저압 가공전선의 지표상 높이는 5[m] 이상일 것

④ 저압 가공전선은 지름 2[mm] 이상의 경동선일 것

Explanation

(KEC 222.22조) 농사용 저압 가공 전선로의 시설
① 농사용 저압 가공 전선로의 경간은 30[m] 이하일 것
② 목주 말구 지름은 0.09[m] 이상
③ 전선의 최소 굵기는 인장강도 1.38[kN] 이상의 것 또는 2[mm] 이상의 경동선일 것,
④ **전선의 지표상의 높이는 3.5[m] 이상** 【답】③

88 저압 가공 전선 상호 간을 접근 또는 교차하여 시설하는 경우 전선 상호 간 이격거리 및 하나의 저압 가공 전선과 다른 저압, 가공 전선로의 지지물 사이의 이격거리는 각각 몇 [m] 이상이어야 하는가? 단, 어느 한 쪽의 전선이 고압 절연전선, 특고압 절연전선 또는 케이블이 아닌 경우이다.

① 전선 상호 간 : 0.3[m], 전선과 지지물 간 : 0.3[m]

② 전선 상호 간 : 0.3[m], 전선과 지지물 간 : 0.6[m]

③ 전선 상호 간 : 0.6[m], 전선과 지지물 간 : 0.3[m]

④ 전선 상호 간 : 0.6[m], 전선과 지지물 간 : 0.6[m]

Explanation

(KEC 222.16조) 저압 가공전선 상호 간의 접근 또는 교차
저압 가공전선 상호 간의 이격거리는 0.6[m](어느 한쪽의 전선이 케이블인 경우에는 0.3[m]) 이상, **하나의 고압 가공전선과 다**

른 고압 가공전선로의 지지물 사이의 이격거리는 0.3[m] 이상일 것 **【답】③**

89 저압 옥내배선을 합성수지관공사에 의하여 실시하는 경우 사용할 수 있는 단선(동선)의 최대 단면적은 몇 [㎟]인가?

① 4

② 6

③ 10

④ 16

Explanation

(KEC 232.11조) 합성수지관공사

① 전선은 절연전선(옥외용 비닐 절연전선을 제외)일 것

② 전선은 연선일 것. 다만, 다음의 것은 적용하지 않는다.

 - 짧고 가는 합성수지관에 넣은 것

 - **단면적 10[㎟](알루미늄선은 단면적 16[㎟]) 이하의 것**

③ 전선은 합성수지관 안에서 접속점이 없도록 할 것 **【답】③**

90 옥내배선에서 나전선을 사용할 수 없는 것은?

① 전선의 피복 절연물이 부식하는 장소의 전선

② 취급자 이외의 자가 출입할 수 없도록 설비한 장소의 전선

③ 전용의 개폐기 및 과전류 차단기가 시설된 전기기계기구의 저압전선

④ 애자공사에 의하여 전개된 장소에 시설하는 경우로 전기로용 전선

Explanation

(KEC 231.4조) 나전선의 사용 제한

옥내에 시설하는 저압전선에는 나전선을 사용하여서는 아니 된다. 다만, 다음 각 호의 어느 하나에 해당하는 경우에는 그러하지 아니하다.

① 애자공사에 의하여 전개된 곳에 다음의 전선을 시설하는 경우

 • **전기로용 전선**

 • **전선의 피복 절연물이 부식하는 장소에 시설하는 전선**

 • **취급자 이외의 자가 출입할 수 없도록 설비한 장소에 시설하는 전선**

② 버스덕트공사에 의하여 시설하는 경우

③ 라이팅덕트공사에 의하여 시설하는 경우

④ 접촉 전선을 시설하는 경우 **【답】③**

91 고압 가공 전선과 저압 가공 전선을 동일 지지물에 시설하는 경우 고압 가공 전선에 케이블을 사용하면 그 케이블과 저압 가공 전선의 이격거리는 최소 몇 [m] 이상으로 할 수 있는가?

① 0.3[m]

② 0.5[m]

③ 0.75[m]

④ 1[m]

Explanation

(KEC 332.8조) 고압 가공전선 등의 병행설치

① 별개의 완금류에 의해 시설한다.

② 이격거리는 0.5[m] 이상으로 한다. 단, 고압 가공전선이 케이블인 경우는 0.3[m] 이상 이격하면 된다. **【답】①**

92 금속제 외함을 가진 저압의 기계 기구로서 사람이 쉽게 접촉할 우려가 있는 곳에 시설하는 경우 전로에 지락이 생겼을 때 사용전압이 최소 몇 [V]를 초과하는 경우에 자동적으로 전로를 차단하는 장치를 시설하여야 하는가?

① 40[V]

② 50[V]

③ 90[V]

④ 120[V]

Explanation

(KEC 211.2.4조) 누전차단기의 시설
금속제 외함을 가진 사용전압이 50[V]를 넘는 저압의 기계 기구로서 사람이 쉽게 접촉할 우려가 있는 곳에 시설하는 것에 전기를 공급하는 전로에는 전로에 지락이 생겼을 때에 자동적으로 전로를 차단하는 장치를 하여야 한다.　【답】②

93 가공 전선로의 지지물에 시설하는 지지선의 안전율은 일반적인 경우 얼마 이상이어야 하는가?

① 1.8　　　　　　　　　　　　② 2.0
③ 2.2　　　　　　　　　　　　④ 2.5

> **Explanation**

(KEC 331.11조) 지지선의 시설
- **안전율은 2.5 이상일 것**
- 허용 인장하중의 최저는 4.31[kN]으로 한다.
- 지지선은 소선 3가닥 이상의 연선일 것
- 소선은 지름 2.6[mm] 이상의 금속선을 사용할 것
- 지중 부분 및 지표상 0.3[m]까지는 내식성이 있는 것 또는 아연도금 철봉을 사용　【답】④

94 사용전압 15[kV] 이하인 특고압 가공전선로의 중성선 다중 접지시설은 각 접지도체를 중성선으로부터 분리하였을 경우 1[km] 마다의 중성선과 대지사이의 합성 전기저항 값은 몇 [Ω] 이하이어야 하는가?

① 30　　　　　　　　　　　　② 50
③ 400　　　　　　　　　　　④ 500

> **Explanation**

(KEC 333.32조) 25[kV] 이하인 특고압 가공 전선로의 시설
각 접지도체를 중성선으로부터 분리하였을 경우의 각 접지점의 대지 전기 저항치와 1[km] 마다의 중성선과 대지사이의 합성 전기 저항치

사용 전압	각 접지점의 대지 전기 저항치	1[km]마다의 합성 전기 저항치
15[kV] 이하	**300[Ω]**	**30[Ω]**
15[kV] 초과 25[kV] 이하	300[Ω]	15[Ω]

【답】①

95 전로에 시설하는 기계 기구 중에서 외함 접지 공사를 생략할 수 없는 경우는?

① 사용전압이 직류 300[V] 또는 교류 대지 전압이 150[V] 이하인 기계 기구를 건조한 곳에 시설하는 경우
② 철대 또는 외함의 주위에 절연대를 시설하는 경우
③ 전기용품 안전관리법의 적용을 받는 2중 절연의 구조로 되어 있는 기계 기구를 시설하는 경우
④ 정격 감도 전류 20[mA], 동작 시간이 0.5초인 전류 동작형의 인체 감전 보호용 누전 차단기를 시설하는 경우

> **Explanation**

(KEC 142.7조) 기계기구의 철대 및 외함의 접지
감전보호용 누전 차단기는 **정격 감도 전류 30[mA] 이하, 동작 시간 0.03초 이하의 전류 동작형에 한한다.**　【답】④

96 진열장 안의 사용전압이 400[V] 이하인 저압 옥내배선으로 외부에서 보기 쉬운 곳에 한하여 시설할 수 있는 전선은? 단, 진열장은 건조한 곳에 시설하고 또한 진열장 내부를 건조한 상태로 사용하는 경우이다.

① 단면적이 0.75[㎟] 이상인 코드 또는 캡타이어 케이블
② 단면적이 0.75[㎟] 이상인 나전선 또는 캡타이어 케이블
③ 단면적이 1.25[㎟] 이상인 코드 또는 절연전선
④ 단면적이 1.25[㎟] 이상인 나전선 또는 다심형전선

Explanation

(KEC 234.8조) 진열장 또는 이와 유사한 것의 내부 배선
건조한 곳에 시설하고 내부를 건조한 상태로 사용하는 진열장 또는 진열장 안의 사용 전압이 400[V] 이하인 저압 옥내 배선은 외부에서 보기 쉬운 곳에 한하여 단면적이 0.75[㎟] 이상의 코드 또는 캡타이어 케이블을 1[m] 이하마다 시설할 수 있다.
【답】①

97 전기 온상의 발열선의 온도는 몇 [°C]를 넘지 아니하도록 시설하여야 하는가?

① 70 ② 80
③ 90 ④ 100

Explanation

(KEC 241.5조) 전기온상 등
전기 온상 시설은 대지 전압 300[V] 이하로 발열선은 온도가 80[°C]를 넘지 않도록 하여야 한다.
【답】②

98 애자 공사에 의한 고압 옥내배선을 시설하고자 한다. 다음 중 잘못된 내용은?

① 저압 옥내배선과 쉽게 식별되도록 시설한다.
② 전선은 공칭단면적 6[㎟] 이상의 연동선을 사용한다.
③ 전선 상호 간의 간격은 0.08[m] 이상이어야 한다.
④ 전선과 조영재 사이의 이격거리는 0.04[m] 이상이어야 한다.

Explanation

(KEC 342.1조) 고압 옥내배선 등의 시설
① 전선의 지지점 간의 거리는 6[m] 이하일 것. 다만, 전선을 조영재의 면을 따라 붙이는 경우에는 2[m] 이하이어야 한다.
② 전선 상호 간의 간격은 0.08[m] 이상, 전선과 조영재 사이의 이격거리는 0.05[m] 이상일 것
【답】④

99 고압 보안공사에 의하여 시설하는 A종 철주나 목주의 고압 가공 전선로의 최대 경간은?

① 50 ② 100
③ 150 ④ 200

Explanation

(KEC 332.10조) 고압 보안공사
경간은 표에서 정한 값 이하일 것

지지물의 종류	경간
목주·A종 철주 또는 A종 철근 콘크리트주	100[m]
B종 철주 또는 B종 철근 콘크리트주	150[m]
철탑	400[m]

【답】②

100 중앙급전 전원과 구분되는 것으로서 전력소비지역 부근에 분산하여 배치 가능한 전원을 무엇이라 하는가?

① 임시전력원

② 분산형전원

③ 분전반전원

④ 계통연계전원

Explanation

(KEC 112조) 용어 정의

분산형 전원 : **중앙급전 전원과 구분**되는 것으로서 **전력소비지역 부근에 분산하여 배치 가능**한 전원 【답】②

전기산업기사 필기

2020

과년도 기출문제

- 2020년 통합 01, 02회
- 2020년 제 03회
- 2020년 제 04회
  CBT 복원문제

2020년 과년도 기출문제에 대한 출제 빈도 분석 차트입니다.
각 회차별로 별의 개수를 확인하고 학습에 참고하기 바랍니다.

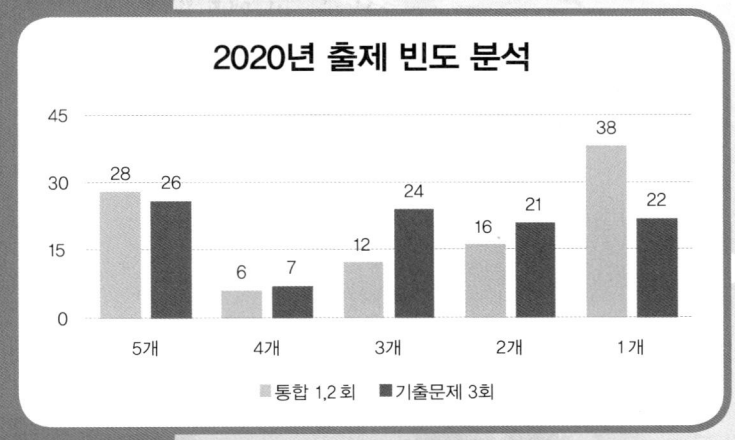

2020년 출제 빈도 분석

구분	5개	4개	3개	2개	1개
통합 1,2 회	28	6	12	16	38
기출문제 3회	26	7	24	21	22

■ 통합 1,2 회 ■ 기출문제 3회

1과목 **전기자기학**

01 ★☆☆☆☆
유전율이 각각 다른 두 종류의 유전체 경계면에 전속이 입사될 때 이 전속은 어떻게 되는가?(단, 경계면에 수직으로 입사하지 않는 경우이다)

① 굴절 ② 반사
③ 회절 ④ 직진

Explanation

굴절(refraction)
매질에 따라서 파동의 진행 속력이 달라지기 때문에 서로 다른 매질의 경계면을 통과하는 파동의 진행방향이 바뀌게 되는 현상

【답】①

02 ★★☆☆☆
반지름이 9[cm]인 도체구 A에 8[C]의 전하가 균일하게 분포되어 있다. 이 도체구에 반지름 3[cm]인 도체구 B를 접촉시켰을 때 도체구 B로 이동한 전하는 몇 [C]인가?

① 1 ② 2
③ 3 ④ 4

Explanation

두 개의 도체 구를 접속하면
• 중화 현상으로 인해 전체 전기량 $Q = 8$ [C]이 되며
• 전하는 도체구의 크기에 비례하므로
반지름 3 [cm]의 도체 구에 남는 전기량 $Q_1 = \dfrac{3}{9+3} \times 8 = 2$ [C]

【답】②

03 ★☆☆☆☆
내구의 반지름 a[m], 외구의 반지름 b[m]인 동심 구 도체 간에 도전율이 k[S/m]인 저항물질이 채워져 있을 때의 내외구간의 합성저항[Ω]은?

① $\dfrac{1}{8\pi k}\left(\dfrac{1}{a}-\dfrac{1}{b}\right)$ ② $\dfrac{1}{4\pi k}\left(\dfrac{1}{a}-\dfrac{1}{b}\right)$
③ $\dfrac{1}{2\pi k}\left(\dfrac{1}{a}-\dfrac{1}{b}\right)$ ④ $\dfrac{1}{\pi k}\left(\dfrac{1}{a}-\dfrac{1}{b}\right)$

Explanation

【답】②

04 ★★☆☆☆ 대전된 도체 표면의 전하밀도를 σ[C/m²]이라고 할 때, 대전된 도체 표면의 단위면적이 받는 정전 응력[N/m²]은 전하밀도 σ와 어떤 관계에 있는가?

① $\sigma^{\frac{1}{2}}$에 비례
② $\sigma^{\frac{3}{2}}$에 비례
③ σ에 비례
④ σ^2에 비례

Explanation

정전응력 $f = \dfrac{\sigma^2}{2\epsilon_0} = \dfrac{1}{2}\epsilon_0 E^2 = \dfrac{D^2}{2\epsilon_0} = \dfrac{1}{2}ED$ [N/m²]

【답】④

---

05 ★★★★★ 양극판의 면적이 S[m²], 극판 간의 간격이 d[m], 정전용량이 C_1[F]인 평행판 콘덴서가 있다. 양극판 면적을 각각 $3S$[m²]로 늘이고 극판 간격을 $\dfrac{1}{3}d$[m]로 줄였을 때의 정전용량 C_2[F]는?

① $C_2 = C_1$
② $C_2 = 3C_1$
③ $C_2 = 6C_1$
④ $C_2 = 9C_1$

Explanation

평행판 콘덴서의 정전용량 $C = \dfrac{\epsilon S}{d}$ [F]에서

양극판 면적을 3배로 하고 간격을 1/3배로 하면 $C' = \dfrac{\epsilon\, 3S}{\dfrac{d}{3}} = 9\dfrac{\epsilon S}{d} = 9C$ [F]

【답】④

---

06 ★★★★☆ 투자율이 각각 μ_1, μ_2인 두 자성체의 경계면에서 자기력선의 굴절의 법칙을 나타낸 식은?

① $\dfrac{\mu_1}{\mu_2} = \dfrac{\sin\theta_1}{\sin\theta_2}$
② $\dfrac{\mu_1}{\mu_2} = \dfrac{\sin\theta_2}{\sin\theta_1}$
③ $\dfrac{\mu_1}{\mu_2} = \dfrac{\tan\theta_1}{\tan\theta_2}$
④ $\dfrac{\mu_1}{\mu_2} = \dfrac{\tan\theta_2}{\tan\theta_1}$

Explanation

자성체의 경계조건
• 자계의 접선성분(연속) : $H_{1T} = H_{2T}$, $H_1\sin\theta_1 = H_2\sin\theta_2$
• 자속밀도의 법선성분(연속) : $B_{1N} = B_{2N}$, $B_1\cos\theta_1 = B_2\cos\theta_2$
• 경계조건 : $\dfrac{\mu_1}{\mu_2} = \dfrac{\tan\theta_1}{\tan\theta_2}$

【답】③

---

07 ★★☆☆☆ 전계 내에서 폐회로를 따라 단위 전하가 일주할 때 전계가 한 일은 몇 [J]인가?

① ∞
② π
③ 1
④ 0

Explanation

에너지 $W = QV = -Q\displaystyle\int_{\infty}^{P} E\, dl = -\int_{\infty}^{P} E\, dl$ [J]

폐곡면을 일주한다면 전위차가 0이므로 일(에너지)은 0이 된다.

【답】④

08 ★☆☆☆☆
진공 중에서 멀리 떨어져 있는 반지름이 각각 a_1[m], a_2[m]인 두 도체구를 V_1[V], V_2[V]인 전위를 갖도록 대전시킨 후 가는 도선으로 연결할 때 연결 후의 공통 전위 V[V]는?

① $\dfrac{V_1}{a_1} + \dfrac{V_2}{a_2}$

② $\dfrac{V_1 + V_2}{a_1 a_2}$

③ $a_1 V_1 + a_2 V_2$

④ $\dfrac{a_1 V_1 + a_2 V_2}{a_1 + a_2}$

Explanation

콘덴서 연결 시 : 병렬연결
따라서 병렬연결이므로 구의 전위 값이 같다(공통전위).
$Q = CV$
- 전체 정전용량 : $C_T = C_1 + C_2 = 4\pi\epsilon r_1 + 4\pi\epsilon r_2$
- 전체 전하량 : $Q_T = Q_1 + Q_2 = C_1 V_1 + C_2 V_2 = 4\pi\epsilon a_1 V_1 + 4\pi\epsilon a_2 V_2$
- 공통전위 : $V_T = \dfrac{Q_T}{C_T} = \dfrac{4\pi\epsilon(a_1 V_1 + a_2 V_2)}{4\pi\epsilon(a_1 + a_2)} = \dfrac{a_1 V_1 + a_2 V_2}{a_1 + a_2}$ 【답】④

09 ★☆☆☆☆
그림과 같이 도체 1을 도체 2로 포위하여 도체 2를 일정 전위로 유지하고 도체 1과 도체 2의 외측에 도체 3이 있을 때 용량계수 및 유도계수의 성질로 옳은 것은?

① $q_{23} = q_{11}$

② $q_{13} = -q_{11}$

③ $q_{31} = q_{11}$

④ $q_{21} = -q_{11}$

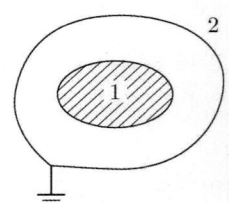 

Explanation

정전차폐 : 1번 도체는 3번 도체의 영향을 받지 않는다.
$q_{13} = q_{31} = 0$
$q_{21} = -q_{11}$ 【답】④

10 ★☆☆☆☆
와전류(eddy current)손에 대한 설명으로 틀린 것은?

① 주파수에 비례한다.

② 저항에 반비례한다.

③ 도전율이 클수록 크다.

④ 자속밀도의 제곱에 비례한다.

Explanation

와전류손 $P_e = \sigma_e (t f k_f B_m)^2$ 여기서, t : 두께, k_f : 파형률, B_m : 최대자속밀도 【답】①

11 ★★★★★
전계 E[V/m] 및 자계 H[AT/m]의 에너지가 자유공간 사이를 C[m/s]의 속도로 전파될 때 단위시간에 단위 면적을 지나는 에너지[W/m²]는?

① $\dfrac{1}{2}EH$

② EH

③ EH^2

④ $E^2 H$

Explanation

포인팅 벡터 $P = E \times H = EH\sin\theta = EH = \dfrac{1}{377}E^2 = 377H^2\,[\text{W/㎡}]$ 【답】②

12 ★★★☆☆ 공기 중에 선간거리 10[cm]의 평행왕복 도선이 있다. 두 도선 간에 작용하는 힘이 4×10^{-6}[N/m]이었다면 도선에 흐르는 전류는 몇 [A]인가?

① 1

② 2

③ $\sqrt{2}$

④ $\sqrt{3}$

평행 도선 사이의 힘

$$F = \dfrac{2I_1 I_2}{r} \times 10^{-7} = \dfrac{2 \times I_1 I_2}{0.1} \times 10^{-7} = 4 \times 10^{-6}\,[\text{N/m}]$$

$$I^2 = \dfrac{4 \times 10^{-6}}{20 \times 10^{-7}} = 2 \quad \therefore I = \sqrt{2}$$

【답】③

13 ★★★★☆ 자기 인덕턴스가 L_1, L_2이고 상호 인덕턴스가 M인 두 회로의 결합계수가 1일 때, 성립되는 식은?

① $L_1 \cdot L_2 = M$

② $L_1 \cdot L_2 < M$

③ $L_1 \cdot L_2 > M$

④ $L_1 \cdot L_2 = M^2$

상호 인덕턴스 $M = k\sqrt{L_1 L_2}$

결합계수 k가 1이므로 $M = \sqrt{L_1 L_2}$ $\quad \therefore M^2 = L_1 \cdot L_2$

【답】④

14 ★★★★★ 어떤 콘덴서에 비유전율 ϵ_s인 유전체로 채워져 있을 때의 정전용량 C와 공기로 채워져 있을 때의 정전용량 C_0의 비$\left(\dfrac{C}{C_0}\right)$는?

① ϵ_s

② $\dfrac{1}{\epsilon_s}$

③ $\sqrt{\epsilon_s}$

④ $\dfrac{1}{\sqrt{\epsilon_s}}$

비유전율 $\epsilon_s = \dfrac{C}{C_0}$

여기서, 비유전율은 공기나 진공에서 1이고
비유전율의 ϵ_s는 물질의 종류에 따라 다르며, 항상 1보다 크다.

【답】①

15 ★☆☆☆☆ 유전체에서의 변위전류에 대한 설명으로 틀린 것은?

① 변위전류가 주변에 자계를 발생시킨다.

② 변위전류의 크기는 유전율에 반비례한다.

③ 전속밀도의 시간적 변화가 변위전류를 발생시킨다.

④ 유전체 중의 변위전류는 진공 중의 전계변화에 의한 변위전류와 구속전자의 변위에 의한 분극전류와의 합이다.

- 변위 전류 : 전속 밀도의 시간적 변화. 유전율에 비례

【답】②

16 ★☆☆☆☆

환상 솔레노이드의 자기 인덕턴스[H]와 반비례 하는 것은?

① 철심의 투자율　　　　　　　　② 철심의 길이
③ 철심의 단면적　　　　　　　　④ 코일의 권수

환상 솔레노이드의 인덕턴스 $L = \dfrac{\mu S N^2}{l}$ 이므로 철심의 길이에 반비례한다.

【답】②

17 ★☆☆☆☆

자성체에 대한 자화의 세기를 정의한 것으로 틀린 것은?

① 자성체의 단위 체적당 자기모멘트　　② 자성체의 단위 면적당 자화된 자하량
③ 자성체의 단위 면적당 자화선의 밀도　　④ 자성체의 단위 면적당 자기력선의 밀도

- 자화의 세기(단위체적당 자기모멘트) $J = \lim\limits_{\triangle V \to 0} \dfrac{M}{V}$　　　여기서, 자기 모멘트 $M = m\delta$ [wb·m]
- 자계의 세기는 자기력선의 밀도와 같다.

【답】④

18 ★☆☆☆☆

두 전하 사이 거리의 세제곱에 반비례하는 것은?

① 두 구 전하 사이에 작용하는 힘　　　② 전기쌍극자에 의한 전계
③ 직선 전하에 의한 전계　　　　　　　④ 전하에 의한 전위

- 점전하(구전하)에 의한 전계 $E = \dfrac{Q}{4\pi\epsilon_0 r^2}$
- 전기 쌍극자에 의한 전계 $E = \dfrac{M}{4\pi\epsilon_0 r^3}\sqrt{1 + 3\cos^2\theta}$
- 선전하(직선전하)에 의한 전계 $E = \dfrac{\lambda}{2\pi\epsilon_0 r}$

【답】전항정답

19 ★☆☆☆☆

정사각형 회로의 면적을 3배로, 흐르는 전류를 2배로 증가시키면 정사각형의 중심에서의 자계의 세기는 약 몇 [%]가 되는가?

① 47　　　　　　　　　　　　　② 115
③ 150　　　　　　　　　　　　　④ 225

정사각형 중심의 자계의 세기 $H = \dfrac{2\sqrt{2}\,I}{\pi l}$

면적이 3배가 되면 한 변의 길이는 $\sqrt{3}$ 이 되므로

$$H' = \dfrac{2\sqrt{2}\times 2I}{\pi\sqrt{3}\,l} = \dfrac{2\sqrt{2}\,I}{\pi l}\times\dfrac{2}{\sqrt{3}} = 1.15\times\dfrac{2\sqrt{2}\,I}{\pi l}$$

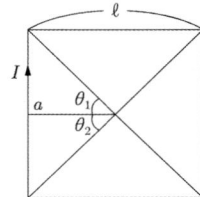

【답】②

20 ★★★☆☆
그림과 같이 권수가 1이고 반지름이 a[m]인 원형 코일에 전류 I[A]가 흐르고 있다. 원형 코일 중심에서의 자계의 세기[AT/m]는?

① $\dfrac{I}{a}$

② $\dfrac{I}{2a}$

③ $\dfrac{I}{3a}$

④ $\dfrac{I}{4a}$

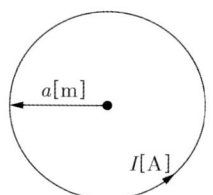

> **Explanation**
>
> 원형코일 중심의 자계의 세기 $H = \dfrac{NI}{2a}$ [AT/m]
>
> 권수(N)가 1이므로 $H = \dfrac{I}{2a}$ [AT/m]
>
> 【답】②

2과목 전력공학

21 ★★★★★
전압이 일정값 이하로 되었을 때 동작하는 것으로서 단락 시 고장 검출용으로도 사용되는 계전기는?

① OVR

② OVGR

③ NSR

④ UVR

> **Explanation**
>
> • UVR(Under Voltage Relay) : 부족 전압 계전기, 전압이 정정값 이하 시 동작
> • OVR(Over Voltage Relay) : 과전압 계전기, 전압이 정정값 초과 시 동작
>
> 【답】④

22 ★☆☆☆☆
반동수차의 일종으로 주요부분은 러너, 안내날개, 스피드링 및 흡출관 등으로 되어 있으며 50~500[m] 정도의 중낙차 발전소에 사용되는 수차는?

① 카플란 수차

② 프란시스 수차

③ 펠턴 수차

④ 튜블러 수차

> **Explanation**
>
> 프란시스(Francis) 수차
> • 대표적인 반동수차
> • 유지보수가 용이하고 공사비가 저렴
> • 적용 가능한 낙차, 유량의 범위가 넓어 소형부터 대형까지 이용됨
>
> 【답】②

23 ★★★★★
페란티 현상이 발생하는 원인은?

① 선로의 과도한 저항

② 선로의 정전용량

③ 선로의 인덕턴스

④ 선로의 급격한 전압강하

> **Explanation**

페란티 현상
- 무부하(경부하)시 송전단 전압보다 수전단 전압이 커지는 현상
- **선로의 정전용량에 의해서 발생**
- 방지법 : 분로리액터(Sh.R), 동기조상기 부족여자 운전

【답】②

24 ★☆☆☆☆
전력계통의 경부하시나 또는 다른 발전소의 발전전력에 여유가 있을 때, 이 잉여전력을 이용하여 전동기로 펌프를 돌려서 물을 상부의 저수지에 저장하였다가 필요에 따라 이 물을 이용해서 발전하는 발전소는?

① 조력 발전소　　　　　　　　　② 양수식 발전소
③ 유역변경식 발전소　　　　　　④ 수로식 발전소

Explanation

양수식 발전소 : 전력 계통의 경부하시 또는 다른 발전소의 발전 전력에 여유가 있을 때, 이 잉여 전력을 이용해서 전동기로 펌프를 돌려 물을 상부의 저수지에 저장하였다가 필요에 따라 수압관을 통하여 이 물을 이용해서 발전　　【답】②

25 ★☆☆☆☆
열의 일당량에 해당되는 단위는?

① kcal/kg　　　　　　　　　　② kg/cm^2
③ kcal/cm^3　　　　　　　　　④ kg · m/kcal

Explanation

열의 일당량 :
열에너지 1 [cal]로 변환되는 일의 양을 의미하며 값은 약 4.2[J/cal]이며,
단위는 [kg · m/kcal]　　【답】④

26 ★★★★★
가공전선을 단도체식으로 하는 것보다 같은 단면적의 복도체식으로 하였을 경우에 대한 내용으로 틀린 것은?

① 전선의 인덕턴스가 감소된다.　　　② 전선의 정전용량이 감소된다.
③ 코로나 발생률이 적어진다.　　　　④ 송전용량이 증가한다.

Explanation

복도체(다도체) 방식의 주목적 : 코로나 방지
- 인덕턴스는 감소, 정전용량은 증가
- 코로나의 방지, 코로나 임계 전압의 상승
- 송전용량의 증대, 안정도 증대　　【답】②

27 ★★★★★
연가의 효과로 볼 수 없는 것은?

① 선로 정수의 평형　　　　　　② 대지 정전용량의 감소
③ 통신선의 유도 장해의 감소　　④ 직렬 공진의 방지

Explanation

연가 : 선로정수를 평형시키기 위하여 3상 3선식 선로를 3배수 등분하여 실시
- 선로정수 평형(각 상의 전압, 전류 평형)
- 정전유도 장해 감소
- 소호리액터 접지 시의 직렬공진 방지　　【답】②

28 ★★★☆☆
발전기나 변압기의 내부고장 검출에 주로 사용되는 계전기는?

① 역상 계전기
② 과전압 계전기
③ 과전류 계전기
④ 비율차동 계전기

Explanation

보호 종류에 따른 분류
• 선로 보호
  거리 계전기(임피던스 계전기, mho 계전기)
• 기기 보호
  비율차동 계전기 : 발·변압기 층간, 단락 보호(내부고장 보호)　　　　【답】④

29 ★★★★★
송전선로에서 역섬락을 방지하는 가장 유효한 방법은?

① 피뢰기를 설치한다.
② 가공지선을 설치한다.
③ 소호각을 설치한다.
④ 탑각 접지저항을 작게 한다.

Explanation

역섬락 방지법
• 매설지선 설치
• 탑각 접지저항 적게 함　　　　【답】④

30 ★☆☆☆☆
교류 송전방식과 직류 송전방식을 비교할 때 교류 송전방식의 장점에 해당되는 것은?

① 전압의 승압, 강압 변경이 용이하다.
② 절연계급을 낮출 수 있다.
③ 송전효율이 좋다.
④ 안정도가 좋다.

Explanation

직류 송전의 특징
• **변압이 용이**
• 회전자계를 얻기 쉽다.
• 계통을 일관되게 운용할 수 있다.　　　　【답】①

31 ★★★☆☆
단상 2선식 교류 배선선로가 있다. 전선의 1가닥 저항이 0.15[Ω]이고, 리액턴스는 0.25[Ω]이다. 부하는 순저항부하이고 100[V], 3[kW]이다. 급전점의 전압[V]은 약 얼마인가?

① 105
② 109
③ 115
④ 124

Explanation

송전단 전압 $V_s = V_r + 2I(R\cos\theta + X\sin\theta)$
무유도성($\cos\theta = 1$)이므로
$$V_s = V_r + 2IR = 100 + 2 \times \frac{3,000}{100} \times 0.15 = 109[V]$$
　　　　【답】②

32 ★★★★★
반한시성 과전류계전기의 전류−시간 특성에 대한 설명으로 옳은 것은?

① 계전기 동작시간은 전류의 크기와 비례한다.
② 계전기 동작시간은 전류의 크기와 관계없이 일정하다.
③ 계전기 동작시간은 전류의 크기와 반비례한다.
④ 계전기 동작시간은 전류의 크기의 제곱에 비례한다.

33 ★☆☆☆☆
지상부하를 가진 3상 3선식 배전선로 또는 단거리 송전선로에서 선간 전압강하를 나타낸 식은?
(단, I, R, X, θ 는 각각 수전단 전류, 선로저항, 리액턴스 및 수전단 전류의 위상각이다)

① $I(R\cos\theta + X\sin\theta)$
② $2I(R\cos\theta + X\sin\theta)$
③ $\sqrt{3}\,I(R\cos\theta + X\sin\theta)$
④ $3I(R\cos\theta + X\sin\theta)$

34 ★☆☆☆☆
다음 중 송·배전 선로의 진동 방지대책에 사용되지 않는 기구는?

① 댐퍼
② 조임쇠
③ 클램프
④ 아머 로드

35 ★★★★☆
단락전류를 제한하기 위하여 사용되는 것은?

① 한류리액터
② 사이리스터
③ 현수애자
④ 직렬콘덴서

36 ★☆☆☆☆
어느 변전설비의 역률을 60[%]에서 80[%]로 개선하는 데 2,800[kVA]의 전력용 커패시터가 필요하였다. 이 변전설비의 용량은 몇 [kW]인가?

① 4,800
② 5,000
③ 5,400
④ 5,800

37 교류 단상 3선식 배전방식을 교류 단상 2선식에 비교하면?

① 전압강하가 크고, 효율이 낮다.　　② 전압강하가 작고, 효율이 낮다.
③ 전압강하가 작고, 효율이 높다.　　④ 전압강하가 크고, 효율이 높다.

Explanation

단상 3선식의 특징
• 전선 소모량이 단상 2선식에 비해 37.5[%](경제적)
• 110/220의 두 종의 전원
• 중성선 단선 시 전압의 불평형 → 저압 밸런서의 설치
　− 여자 임피던스가 크고 누설 임피던스가 작다.
　− 권수비가 1:1인 단권변압기
• 단상 2선식에 비해 효율이 높고 전압강하가 적다.　　【답】③

38 배전선로의 전압을 $\sqrt{3}$ 배로 증가시키고 동일한 전력 손실률로 송전할 경우 송전전력은 몇 배로 증가되는가?

① $\sqrt{3}$　　　　　　　　　② $\dfrac{3}{2}$

③ 3　　　　　　　　　　④ $2\sqrt{3}$

Explanation

공급전력 $P \propto V^2$ (전력 손실률이 일정한 경우 송전전력은 전압의 제곱에 비례)　　【답】③

39 주상 변압기의 2차 측 접지는 어느 것에 대한 보호를 목적으로 하는가?

① 1차 측의 단락　　　　　② 2차 측의 단락
③ 2차 측의 전압강하　　　④ 1차 측과 2차 측의 혼촉

Explanation

주상변압기 2차측 접지 : 접지공사
　　　　　　　1,2차 혼촉 시의 2차측 전위 상승 억제　　【답】④

40 100[MVA]의 3상 변압기 2뱅크를 가지고 있는 배전용 2차 측의 배전선에 시설할 차단기 용량[MVA]은?(단, 변압기는 병렬로 운전되며, 각각의 %Z는 20[%]이고, 전원의 임피던스는 무시한다)

① 1,000　　　　　　　② 2,000
③ 3,000　　　　　　　④ 4,000

Explanation

차단기용량(단락 용량) $P_s = \dfrac{100}{\%Z}P_n = \dfrac{100}{10}\times100 = 1,000[MVA]$

여기서, 병렬이므로 %임피던스 $\%Z = \dfrac{20\times20}{20+20} = 10[\%]$　　【답】①

3과목　전기기기

41 ★☆☆☆☆

단상 다이오드 반파 정류회로인 경우 정류 효율은 약 몇 [%]인가?(단, 저항부하인 경우이다)

① 12.6　　　　　　　　　　　　　　② 40.6
③ 60.6　　　　　　　　　　　　　　④ 81.2

구분	단상 반파	단상 전파	3상 반파	3상 전파
직류전압	$E_d = 0.45E$	$E_d = 0.9E$	$E_d = 1.17E$	$E_d = 1.35E$
정류효율	40.6[%]	81.2[%]	96.5[%]	99.8[%]

【답】②

42 ★★★★★

직류발전기의 병렬운전에서 균압모선을 필요로 하지 않는 것은?

① 분권발전기　　　　　　　　　　② 직권발전기
③ 평복권발전기　　　　　　　　　④ 과복권발전기

균압선(균압모선)
• 병렬운전을 안정하게 하기 위하여 설치하는 것
• 직렬계자권선을 가지는 발전기에 필요
• **직권 및 복권 발전기**

【답】①

43 ★★☆☆☆

3상 유도전동기의 전원 측에서 임의의 2선을 바꾸어 접속하여 운전하면?

① 즉각 정지된다.　　　　　　　　② 회전방향이 반대가 된다.
③ 바꾸지 않았을 때와 동일하다.　④ 회전방향은 불변이나 속도가 약간 떨어진다.

3상 유도전동기의 경우
• 2선의 접속을 반대로 하면 회전계자의 회전 방향이 반대로 되어 운전
• 유도 제동기로 사용

【답】②

44 ★★☆☆☆

직류 분권전동기의 정격 전압 220[V], 정격 전류 105[A], 전기자 저항 및 계자 회로의 저항이 각각 0.1 [Ω] 및 40[Ω]이다. 기동 전류를 정격 전류의 150[%]로 할 때의 기동 저항은 약 몇 [Ω]인가?

① 0.46　　　　　　　　　　　　　② 0.92
③ 1.21　　　　　　　　　　　　　④ 1.35

【답】④

45 ★☆☆☆☆

전기자저항과 계자저항이 각각 0.8[Ω]인 직류 직권전동기가 회전수 200[rpm], 전기자전류 30[A]일 때 역기전력은 300[V]이다. 이 전동기의 단자전압을 500[V]로 사용한다면 전기자전류가 위와 같은 30[A]로 될 때의 속도[rpm]는?(단, 전기자 반작용, 마찰손, 풍손 및 철손은 무시한다)

① 200　　　　　　　　　　　　　② 301
③ 452　　　　　　　　　　　　　④ 500

직권 전동기 역기전력 $E = V - I_a(R_a + R_s) = 500 - 30 \times (0.8 + 0.8) = 452[\text{V}]$

역기전력 $E = k\phi N$ 이므로 회전속도는 역기전력에 비례하므로

$$N' = N \times \frac{E'}{E} = 200 \times \frac{452}{300} = 301[\text{rpm}]$$

【답】②

46 ★★☆☆☆
수은 정류기에 있어서 정류기의 밸브작용이 상실되는 현상을 무엇이라고 하는가?

① 통호   ② 실호
③ 역호   ④ 점호

Explanation

역호 : 정류기의 밸브 작용이 상실되는 현상
• 역호의 원인
  – 과전압 과전류
  – 증기 밀도 과대
  – 양극 재료의 불량 및 불순물 부착

【답】③

47 ★★★★★
3상 유도전동기의 전원주파수와 전압의 비가 일정하고 정격속도 이하로 속도를 제어하는 경우 전동기의 출력 P 와 주파수 f 와의 관계는?

① $P \propto f$ ② $P \propto \dfrac{1}{f}$
③ $P \propto f^2$ ④ P 는 f 에 무관

Explanation

유도전동기 토크 $T = \dfrac{P_0}{\omega} = \dfrac{P_0}{2\pi \dfrac{N}{60}} = \dfrac{P_0}{\dfrac{2\pi}{60}(1-s)N_s} = \dfrac{P_0}{(1-s)\dfrac{2\pi}{60} \times \dfrac{120}{p}f}$

$$= \dfrac{P_0}{(1-s)\dfrac{4\pi f}{p}}[\text{N} \cdot \text{m}] = 0.975\dfrac{P_0}{N}[\text{kg} \cdot \text{m}]$$

출력 $P_0 = (1-s)\dfrac{4\pi f}{p}T$ 이므로 $P_0 \propto f$

【답】①

48 ★★★★★
SCR에 대한 설명으로 옳은 것은?

① 증폭기능을 갖는 단방향성 3단자 소자이다.   ② 제어기능을 갖는 양방향성 3단자 소자이다.
③ 정류기능을 갖는 단방향성 3단자 소자이다.   ④ 스위칭기능을 갖는 양방향성 3단자 소자이다.

Explanation

SCR(Silicon Controlled Rectifier) : 실리콘 제어 정류기
• **실리콘 정류 소자 역저지 3단자**
• 동작 최고 온도가 가장 높다(200[℃]).
• 정류 기능의 단일 방향성 3단자 소자
• 게이트의 작용 : 통과 전류 제어 작용

【답】③

49 ★★★★★
유도전동기의 주파수가 60[Hz]이고 전부하에서 회전수가 매분 1,164회이면 극수는? (단, 슬립은 3[%]이다)

① 4   ② 6
③ 8   ④ 10

Explanation

회전자 속도 $N=(1-s)N_s$ 에서 고정자 속도 $N_s = \dfrac{N}{1-s} = \dfrac{1,164}{1-0.03} = 1,200\,[\text{rpm}]$

$N_s = \dfrac{120f}{p}$ 에서 극수 $p = \dfrac{120f}{N_s} = \dfrac{120 \times 60}{1,200} = 6$

【답】②

50 ★★★★★
동기기의 과도 안정도를 증가시키는 방법이 아닌 것은?

① 속응 여자방식을 채용한다.　　　② 동기 탈조계전기를 사용한다.
③ 동기화 리액턴스를 작게 한다.　　④ 회전자의 플라이휠 효과를 작게 한다.

> **Explanation**

동기기의 안정도 증진법
• 동기 리액턴스를 작게 할 것
• **회전자의 플라이휠 효과를 크게 할 것(관성 모멘트를 크게)**
• 속응 여자방식을 채용
• 발전기의 조속기 동작을 신속히 할 것
• 동기 탈조 계전기를 사용
• 역상, 영상 임피던스를 크게 할 것

【답】④

51 ★★☆☆☆
전압비 3,300/110[V], 1차 누설 임피던스 $Z_1 = 12 + j13\,[\Omega]$, 2차 누설 임피던스 $Z_2 = 0.015 + j0.013\,[\Omega]$ 인 변압기가 있다. 1차로 환산된 등가 임피던스[Ω]는?

① $22.7 + j25.5$　　　　　　　　② $24.7 + j25.5$
③ $25.5 + j22.7$　　　　　　　　④ $25.5 + j24.7$

> **Explanation**

권수비 $a = \dfrac{3,300}{110} = 30$

2차를 1차로 환산하면
$r_{21} = r_1 + a^2 r_2 = 12 + 30^2 \times 0.015 = 25.5\,[\Omega]$
$x_{21} = x_1 + a^2 x_2 = 13 + 30^2 \times 0.013 = 24.7\,[\Omega]$
$Z_{21} = r_{21} + jx_{21} = 25.5 + j24.7$

【답】④

52 ★★★★★
동기 발전기의 단자 부근에서 단락이 발생되었을 때 단락전류에 대한 설명으로 옳은 것은?

① 서서히 증가한다.　　　　　　　② 발전기는 즉시 정지한다.
③ 일정한 큰 전류가 흐른다.　　　④ 처음은 큰 전류가 흐르나 점차 감소한다.

> **Explanation**

단락 초기에는 전기자 반작용이 순간적으로 나타나지 않기 때문에 막대한 과도전류가 흐르고, 수 초 후에는 영구단락전류 값에 이르게 된다.
• 돌발단락전류 : 누설 리액턴스가 제한
• 지속단락전류 : 동기 리액턴스가 제한

【답】④

53 ★☆☆☆☆
어떤 공장에 뒤진 역률 0.8인 부하가 있다. 이 선로에 무효전력 보상장치를 병렬로 결선해서 선로의 역률을 0.95로 개선하였다. 개선 후 전력의 변화에 대한 설명으로 틀린 것은?

① 피상전력과 유효전력은 감소한다.　　　② 피상전력과 무효전력은 감소한다.
③ 피상전력은 감소하고 유효전력은 변화가 없다.　④ 무효전력은 감소하고 유효전력은 변화가 없다.

> **Explanation**

부하변화가 없는 경우(유효전력이 일정)
- 피상전력 감소
- 무효전력 감소
- 유효전력 변화 없음

【답】 ①

54 ★☆☆☆☆
기동 시 정류자의 불꽃으로 라디오의 장해를 주며 단락장치의 고장이 일어나기 쉬운 전동기는?

① 직류 직권전동기
② 단상 직권전동기
③ 반발기동형 단상유도전동기
④ 세이딩코일형 단상유도전동기

Explanation

반발 기동형
브러시를 단락하여 기동, 기동 전류가 크므로 단락장치고장 및 정류자의 불꽃이 발생할 수 있다.

【답】 ③

55 ★☆☆☆☆
8극, 유도기전력 100[V], 전기자전류 200[A]인 직류발전기의 전기자권선을 중권에서 파권으로 변경했을 경우의 유도기전력과 전기자전류는?

① 100[V], 200[A]
② 200[V], 100[A]
③ 400[V], 50[A]
④ 800[V], 25[A]

Explanation

유기기전력 $E = \frac{p}{a} z \phi \frac{N}{60}$ 에서

중권 $a = p = 8$이며 $E = z\phi \frac{N}{60} = 100[\text{V}]$

파권은 $a = 2$이므로 $E' = \frac{8}{2} z\phi \frac{N}{60} = 4E = 4 \times 100 = 400[\text{V}]$

여기서, 출력의 변화가 없다면 $P = EI_a$이며 $100 \times 200 = 400 \times I_a{'}$에서

전기자전류는 $I_a = 50[\text{A}]$가 된다.

【답】 ③

56 ★☆☆☆☆
8극, 50[kW], 3,300[V], 60[Hz]인 3상 권선형 유도전동기의 전부하 슬립이 4[%]라고 한다. 이 전동기의 슬립링 사이에 0.16[Ω]의 저항 3개를 Y로 삽입하면 전부하 토크를 발행할 때의 회전수[rpm]는?(단, 2차 각상의 저항은 0.04[Ω]이고, Y접속이다)

① 660
② 720
③ 750
④ 880

Explanation

비례추이의 원리 : 권선형 유도전동기

고정자 속도 $N_s = \frac{120f}{p} = \frac{120 \times 60}{8} = 900[\text{rpm}]$

$\frac{r_2}{s} = \frac{r_2 + R}{s{'}}$ 에서 $\frac{0.04}{0.04} = \frac{0.04 + 0.16}{s{'}}$ 이므로 $s' = 0.2$

회전속도 $N = (1 - s')N_s = (1 - 0.2) \times 900 = 720[\text{rpm}]$

【답】 ②

57 ★★★★★
임피던스 강하가 5[%]인 변압기가 운전 중 단락되었을 때 그 단락전류는 정격전류의 몇 배인가?

① 20
② 25
③ 30
④ 35

Explanation

단락 전류 $I_s = \dfrac{100}{\%Z} I_n = \dfrac{100}{5} \times I_n = 20 I_n$

【답】①

58 ★★★★★
변압기의 임피던스 와트와 임피던스 전압을 구하는 시험은?

① 부하시험
② 단락시험
③ 무부하시험
④ 충격전압시험

Explanation

변압기의 시험
• 단락 시험 : 임피던스 전압, 임피던스 와트, 동손
• 무부하 시험 : 여자전류, 철손, 여자 어드미턴스

【답】②

59 ★☆☆☆☆
변압기에서 1차 측의 여자 어드미턴스를 Y_0 라고 한다. 2차 측으로 환산한 여자 어드미턴스 $Y_0{}'$ 을 옳게 표현한 식은? (단, 권수비를 a 라고 한다)

① $Y_0{}' = a^2 Y_0$
② $Y_0{}' = a Y_0$
③ $Y_0{}' = \dfrac{Y_0}{a^2}$
④ $Y_0{}' = \dfrac{Y_0}{a}$

Explanation

1차를 2차로 환산

임피던스 $Z_0{}' = \dfrac{1}{a^2} Z_0$

따라서 어드미턴스 $Y_0{}' = a^2 Y_0$

【답】①

60 ★★★★★
3상 동기기의 제동권선을 사용하는 주 목적은?

① 출력이 증가한다.
② 효율이 증가한다.
③ 역률을 개선한다.
④ 난조를 방지한다.

Explanation

제동 권선의 역할
• 난조 방지
• 기동토크 발생(동기전동기)

【답】④

4과목	회로이론

61 ★★★★☆
$Z = 5\sqrt{3} + j5\,[\Omega]$ 인 3개의 임피던스를 Y결선하여 선간전압 250[V]의 평형 3상 전원에 연결하였다. 이때 소비되는 유효전력은 약 몇 [W]인가?

① 3,125
② 5,413
③ 6,252
④ 7,120

Explanation

3상 유효전력은 $P = 3V_pI_p\cos\theta = 3I_p^2R$ [W]

Y결선이므로 $I_l = I_p$

여기서, 상전류는 $I_p = \dfrac{V_p}{Z} = \dfrac{\dfrac{250}{\sqrt{3}}}{5\sqrt{3} + j5} = \dfrac{\dfrac{250}{\sqrt{3}}}{\sqrt{(5\sqrt{3})^2 + 5^2}}$ [A]

3상 유효전력은 $P = 3I_p^2R = 3 \times \left(\dfrac{\dfrac{250}{\sqrt{3}}}{\sqrt{(5\sqrt{3})^2 + 5^2}}\right)^2 \times 5\sqrt{3} = 5,413$ [W]

【답】②

---

62 ★★★★★

그림과 같은 회로에서 스위치 S를 $t = 0$에서 닫았을 때 $v_{L(t)}|_{t=0} = 100$[V], $\dfrac{di(t)}{dt}|_{t=0} = 400$ [A/s]이다. L[H]의 값은?

① 0.75
② 0.5
③ 0.25
④ 0.1

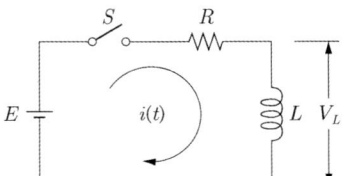

Explanation

인덕터의 단자전압 $V_L = L\dfrac{di}{dt}$ 에서 $100 = L \times 400$

인덕턴스 $L = \dfrac{100}{400} = 0.25$[H]

【답】③

---

63 ★★☆☆☆

$r_1[\Omega]$인 저항에 $r[\Omega]$인 가변저항이 연결된 그림과 같은 회로에서 전류 I를 최소로 하기 위한 저항 $r_2[\Omega]$는? (단 $r[\Omega]$은 가변저항의 최대 크기이다)

① $\dfrac{r_1}{2}$

② $\dfrac{r}{2}$

③ r_1

④ r

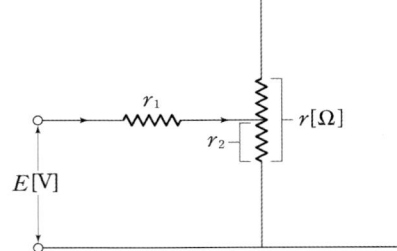

Explanation

전류를 최소로 하기 위해서는 저항이 최대이어야 하며
따라서 r_1은 일정하므로
$r - r_2$와 r_2가 같아야 하므로
$r - r_2 = r_2$에서 $r = 2r_2$

$\therefore r_2 = \dfrac{r}{2}[\Omega]$

【답】②

64 ★★☆☆☆
다음과 같은 회로에서 E_1, E_2, E_3[V]를 평형 3상 전압이라 할 때 전압 E_o[V]은?

① 0

② $\dfrac{E_1}{3}$

③ $\dfrac{2}{3}E_1$

④ E_1

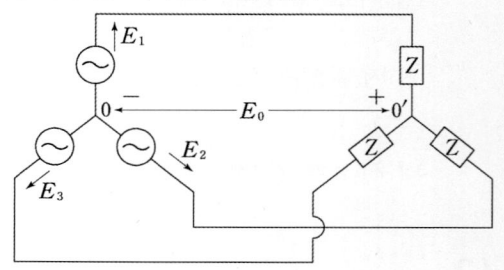

3상 평형인 경우 $E_1 + E_2 + E_3 = 0$이므로 중성선의 전압은 0이다.

【답】 ①

65 ★★★☆☆
9[Ω]과 3[Ω]의 저항 6개를 그림과 같이 연결하였을 때 A, B 사이의 합성저항[Ω]은?

① 9

② 4

③ 3

④ 2

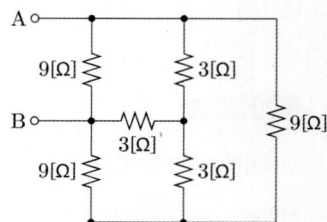

등가회로로 전환하면 다음과 같다.

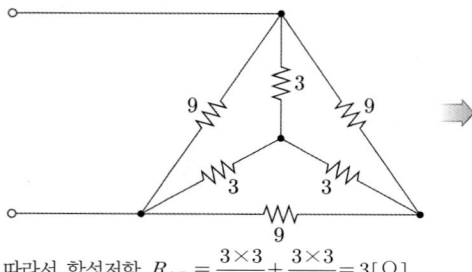

△결선을 Y결선으로 바꾸면

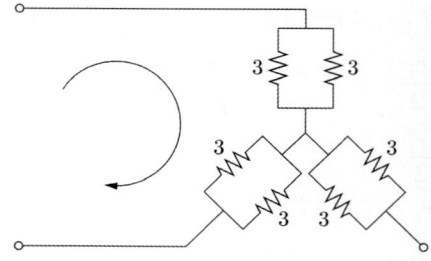

따라서 합성저항 $R_{AB} = \dfrac{3\times3}{3+3} + \dfrac{3\times3}{3+3} = 3[\Omega]$

【답】 ③

66 ★★★★☆
그림과 같은 회로의 전달함수는? 단, 초기조건은 0이다.

① $\dfrac{R_2 + C_s}{R_1 + R_2 + C_s}$

② $\dfrac{R_1 + R_2 + C_s}{R_1 + C_s}$

③ $\dfrac{R_2 C_s + 1}{R_2 C_s + R_1 C_s + 1}$

④ $\dfrac{R_1 C_s + R_2 C_s + 1}{R_2 C_S + 1}$

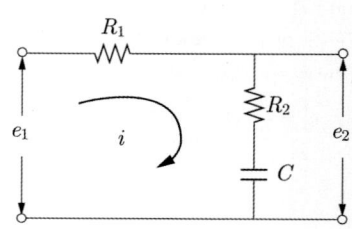

전압비 전달함수는 임피던스비로 구하며

전달함수 $G(s) = \dfrac{V_o(s)}{V_i(s)} = \dfrac{R_2 + \dfrac{1}{Cs}}{R_1 + R_2 + \dfrac{1}{Cs}} = \dfrac{R_2 Cs + 1}{(R_1 + R_2)Cs + 1}$

여기서, $T_1 = R_2 C,\ T_2 = (R_1 + R_2)C$ 이므로

따라서 전달함수 $G(s) = \dfrac{R_2 Cs + 1}{(R_1 + R_2)Cs + 1}$

【답】③

---

67 ★☆☆☆☆
그림과 같은 회로에서 $5[\Omega]$에 흐르는 전류 I는 몇 [A]인가?

① $\dfrac{1}{2}$ ② $\dfrac{2}{5}$

③ 1   ④ $\dfrac{5}{3}$

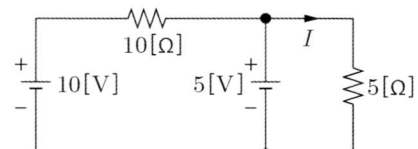

Explanation

【답】③

---

68 ★☆☆☆☆
전류의 대칭분이 $I_0 = -2 + j4[A]$, $I_1 = 6 - j5[A]$, $I_2 = 8 + j10[A]$일 때 3상 전류 중 a상 전류 (I_a)의 크기($|I_a|$)는 몇 [A]인가? (단, I_0는 영상분이고, I_1은 정상분이고, I_2는 역상분이다)

① 9   ② 12
③ 15   ④ 19

Explanation

대칭좌표법을 이용하면

$\begin{bmatrix} I_a \\ I_b \\ I_c \end{bmatrix} = \begin{bmatrix} 1 & 1 & 1 \\ 1 & a^2 & a \\ 1 & a & a^2 \end{bmatrix} \begin{bmatrix} I_0 \\ I_1 \\ I_2 \end{bmatrix}$ 에서

a상 전류 $I_a = I_0 + I_1 + I_2$
$\qquad = -2 + j4 + 6 - j5 + 8 + j10 = 12 + j9$

따라서 $|I_a| = \sqrt{12^2 + 9^2} = 15[A]$

【답】③

---

69 ★★☆☆☆
$V = 50\sqrt{3} - j50[V]$, $I = 15\sqrt{3} + j15[A]$일 때 유효전력 $P[W]$와 무효전력 $Q[var]$는 각각 얼마인가?

① $P = 3,000,\ Q = -1,500$ ② $P = 1,500,\ Q = -1,500\sqrt{3}$
③ $P = 750,\ Q = -750\sqrt{3}$ ④ $P = 2,250,\ Q = -1,500\sqrt{3}$

Explanation

복소전력 $P_a = VI^* = P \pm jP_r = (50\sqrt{3} - j50) \times (15\sqrt{3} - j15) = 1,500 - j1,500\sqrt{3}[VA]$

유효전력 $P = 1,500[W]$, 무효전력 $P_r = -1,500\sqrt{3}[Var]$

【답】②

70 ★★★☆☆

푸리에 급수로 표현된 왜형파 $f(t)$가 반파대칭 및 정현대칭일 때 $f(t)$에 대한 특징으로 옳은 것은?

① a_n의 우수항만 존재한다.
② a_n의 기수항만 존재한다.
③ b_n의 우수항만 존재한다.
④ b_n의 기수항만 존재한다.

Explanation

비정현파를 푸리에 변환하면 비정현파 교류 = 직류분 + 기본파 + 고조파로 표시되며
- 정현대칭 : sin성분
- 여현 대칭 : 직류분, cos성분
- 반파대칭 : 홀수항

여기서, 정현반파 대칭이므로 홀수항의 sin항만 존재하며 $f(t) = b_1 \sin t + b_3 \sin 3t + b_5 \sin 5t + \cdots$의 형태 【답】④

71 ★☆☆☆☆

그림과 같은 회로에서 L_2에 흐르는 전류 I_2[A]가 단자전압 V[V]보다 위상이 90° 뒤지기 위한 조건은? (단, ω는 회로의 각주파수[rad/s])이다)

① $\dfrac{R_2}{R_1} = \dfrac{L_2}{L_1}$
② $R_1 R_2 = L_1 L_2$
③ $R_1 R_2 = \omega L_1 L_2$
④ $R_1 R_2 = \omega^2 L_1 L_2$

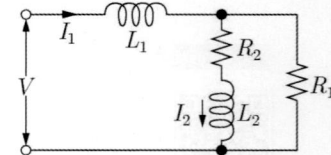

Explanation

【답】④

72 ★★★★★

RC 직렬회로의 과도현상에 대한 설명으로 옳은 것은?

① $(R \times C)$의 값이 클수록 과도 전류는 빨리 사라진다.
② $(R \times C)$의 값이 클수록 과도 전류는 천천히 사라진다.
③ 과도 전류는 $(R \times C)$의 값에 관계가 없다.
④ $\dfrac{1}{R \times C}$의 값이 클수록 과도 전류는 천천히 사라진다.

Explanation

시정수(Time constant) : 목표 값에 63.2[%]에 도달하는 시간으로 정의
$$R - C \text{ 직렬회로의 시정수 } \tau = RC$$
시정수가 클수록 과도현상은 오래 지속된다. 【답】②

73 ★★★★★

용량이 50[kVA]인 단상 변압기 3대를 △결선하여 3상으로 운전하는 중 1대의 변압기에 고장이 발생하였다. 나머지 2대의 변압기를 이용하여 3상 V결선으로 운전하는 경우 최대 출력은 몇 [kVA]인가?

① $30\sqrt{3}$
② $50\sqrt{3}$
③ $100\sqrt{3}$
④ $200\sqrt{3}$

Explanation

V결선 출력 $P_V = \sqrt{3} K = \sqrt{3} \times 50 = 50\sqrt{3}$ 여기서, K는 변압기 1대 용량 【답】②

74 ★★☆☆☆

각 상의 전류가 $i_a = 30\sin\omega t$[A], $i_b = 30\sin(\omega t - 90°)$[A], $i_c = 30\sin(\omega t + 90°)$[A]일 때 영상분 전류[A]의 순시치는?

① $10\sin\omega t$

② $10\sin\dfrac{\omega t}{3}$

③ $30\sin\omega t$

④ $\dfrac{30}{\sqrt{3}}\sin(\omega t + 45°)$

Explanation

각 상의 전류를 최댓값을 기준으로 페이져(Phasor)로 표시하면
$I_a = 30\angle 0 = 30$
$I_b = 30\angle -90 = -j30$
$I_c = 30\angle 90 = j30$

따라서 영상 전류 $I_0 = \dfrac{1}{3}(I_a + I_b + I_c) = \dfrac{1}{3}(30 - j30 + j30) = 10\angle 0°$

$\therefore I_0 = 10\sin\omega t$ 가 된다.

【답】①

75 ★★★★★

$f(t) = \sin t + 2\cos t$를 라플라스 변환하면?

① $\dfrac{2s}{s^2 + 1}$

② $\dfrac{2s + 1}{(s + 1)^2}$

③ $\dfrac{2s + 1}{s^2 + 1}$

④ $\dfrac{2s}{(s + 1)^2}$

Explanation

라플라스 변환의 선형 정리에 의해서
$F(s) = \mathcal{L}[f(t)] = \mathcal{L}[\sin t] + \mathcal{L}[2\cos t] = \dfrac{1}{s^2 + 1} + \dfrac{2s}{s^2 + 1} = \dfrac{2s + 1}{s^2 + 1}$

【답】③

76 ★★★★★

어떤 회로에 흐르는 전류가 $i = 7 + 14.1\sin\omega t$[A]인 경우 실효값은 약 몇 [A]인가?

① 11.2

② 12.2

③ 13.2

④ 14.2

Explanation

비정현파의 실효값 $I = \sqrt{I_0^2 + I_1^2 + I_2^2 + \cdots + I_n^2} = \sqrt{7^2 + \left(\dfrac{14.1}{\sqrt{2}}\right)^2} = 12.18 ≒ 12.2$[A]

【답】②

77 ★☆☆☆☆

어떤 전지에 연결된 외부 회로의 저항은 5[Ω]이고 전류는 8[A]가 흐른다. 외부 회로에 5[Ω] 대신 15[Ω]의 저항을 접속하면 전류는 4[A]로 떨어진다. 이 전지의 내부 기전력은 몇 [V]인가?

① 15

② 20

③ 50

④ 80

Explanation

전지의 경우 기전력 $E = V + rI$ 이며 $V = IR$
$E = RI + rI$ 에서
기전력과 내부저항은 같으므로
$E = 5 \times 8 + r \times 8 = 15 \times 4 + r \times 4$에서 $4r = 20$
내부저항 $r = 5$[Ω]
기전력 $E = 5 \times 8 + 8r = 5 \times 8 + 5 \times 8 = 80$[V]

【답】④

78 ★★★☆☆
파형율과 파고율이 모두 1인 파형은?

① 고조파
③ 구형파
② 삼각파
④ 사인파

각 파형의 평균값 및 실효값

파 형		실효값	평균값
구형파	$i(t)$ 그래프: I_m, $-I_m$, π, 2π, 3π, ωt	I_m	I_m

구형파의 파고율 $= \dfrac{\text{최대값}}{\text{실효값}} = \dfrac{V_m}{V_m} = 1$

구형파의 파형률 $= \dfrac{\text{실효값}}{\text{평균값}} = \dfrac{V_m}{V_m} = 1$

【답】③

79 ★☆☆☆☆
회로으 4단자 정수로 틀린 것은?

① $A = 2$
② $B = 12$
③ $C = \dfrac{1}{4}$
④ $D = 6$

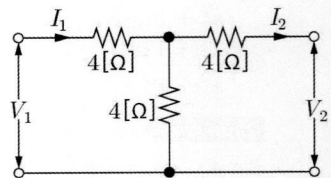

T형 4단자 정수에서 좌우대칭인 경우 $A = D$ 이며

$$\begin{bmatrix} A & B \\ C & D \end{bmatrix} = \begin{bmatrix} 1 & 4 \\ 0 & 1 \end{bmatrix} \begin{bmatrix} 1 & 0 \\ \frac{1}{4} & 1 \end{bmatrix} \begin{bmatrix} 1 & 4 \\ 0 & 1 \end{bmatrix} = \begin{bmatrix} 2 & 12 \\ \frac{1}{4} & 2 \end{bmatrix}$$

【답】④

80 ★★☆☆☆
그림고 같은 4단자 회로망에서 출력 측을 개방하니 $V_1 = 12[V]$, $I_1 = 2[A]$, $V_2 = 4[V]$이고 출력 측을 단락하니 $V_1 = 16[V]$, $I_1 = 4[A]$, $I_2 = 2[A]$이었다. 4단자 정수 A, B, C, D는 얼마인가?

① $A = 2$, $B = 3$, $C = 8$, $D = 0.5$
② $A = 0.5$, $B = 2$, $C = 3$, $D = 8$
③ $A = 8$, $B = 0.5$, $C = 2$, $D = 3$
④ $A = 3$, $B = 8$, $C = 0.5$, $D = 2$

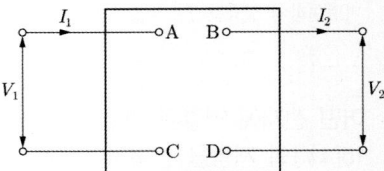

4단자 정수

$$\begin{bmatrix} V_1 \\ I_1 \end{bmatrix} = \begin{bmatrix} A & B \\ C & D \end{bmatrix} \begin{bmatrix} V_2 \\ I_2 \end{bmatrix}$$

$A = \dfrac{V_1}{V_2}\bigg|_{I_2 = 0}$: 전압 이득

$B = \dfrac{V_1}{I_2}\bigg|_{V_2 = 0}$: 임피던스

$C = \dfrac{I_1}{V_2}\bigg|_{I_2 = 0}$: 어드미턴스

$D = \dfrac{I_1}{I_2}\bigg|_{V_2 = 0}$: 전류 이득

따라서 $A = \dfrac{V_1}{V_2}\Big|_{I_2=0} = \dfrac{12}{4} = 3$, $\quad B = \dfrac{V_1}{I_2}\Big|_{V_2=0} = \dfrac{16}{2} = 8$

$\quad C = \dfrac{I_1}{V_2}\Big|_{I_2=0} = \dfrac{2}{4} = 0.5$, $\quad D = \dfrac{I_1}{I_2}\Big|_{V_2=0} = \dfrac{4}{2} = 2$

【답】④

5과목 ▸ 전기설비기술기준

81 ★☆☆☆☆

버스덕트 공사에 의한 저압의 옥측배선 또는 옥외배선의 사용전압이 400[V] 이상인 경우의 시설 기준에 대한 설명으로 틀린 것은?

① 목조 외의 조영물(점검할 수 없는 은폐장소)에 시설할 것
② 버스덕트는 사람이 쉽게 접촉할 우려가 없도록 시설할 것
③ 버스덕트는 KS C IEC 60529(2006)에 의한 보호등급 IPX4에 적합할 것
④ 버스덕트는 옥외용 버스덕트를 사용하여 덕트 안에 물이 스며들어 고이지 아니하도록 한 것일 것

Explanation

(KEC 221.2조) 옥측전선로
① 애자공사(전개된 장소)
② 합성수지관공사
③ 금속관공사(목조 이외의 조영물)
④ 버스덕트공사[목조 이외의 조영물(**점검할 수 없는 은폐된 장소 제외**)]
⑤ 케이블공사(연피 케이블·알루미늄피 케이블 또는 미네럴 인슐레이션 케이블을 사용하는 경우에는 목조 이외의 조영물에 시설하는 경우만)

【답】①

82 ★★★★★

가공전선로의 지지물에 지지선을 시설하려는 경우 이 지지선의 최저 기준으로 옳은 것은?

① 허용인장하중 : 2.11[kN], 소선지름 : 2.0[mm], 안전율 : 3.0
② 허용인장하중 : 3.21[kN], 소선지름 : 2.6[mm], 안전율 : 1.5
③ 허용인장하중 : 4.31[kN], 소선지름 : 1.6[mm], 안전율 : 2.0
④ 허용인장하중 : 4.31[kN], 소선지름 : 2.6[mm], 안전율 : 2.5

Explanation

(KEC 331.11조) 지지선의 시설
• 안전율은 2.5 이상일 것
• **허용 인장 하중의 최저는 4.31[kN]**으로 한다.
• 지지선은 소선 3가닥 이상의 연선일 것
• **소선은 지름 2.6[mm] 이상**의 금속선을 사용할 것
• 지중 부분 및 지표상 0.3[m]까지는 내식성이 있는 것 또는 아연도금 철봉을 사용

【답】④

83 KEC 적용으로 인하여 삭제되었습니다.

84 KEC 적용으로 인하여 삭제되었습니다.

85 ★★★☆☆
변압기에 의하여 특고압전로에 결합되는 고압전로에는 사용전압의 몇 배 이하인 전압이 가하여진 경우에 방전하는 장치를 그 변압기의 단자에 가까운 1극에 설치하여야 하는가?

① 3   ② 4
③ 5   ④ 6

Explanation

(KEC 322.3조) 특고압과 고압의 혼촉 등에 의한 위험방지 시설
변압기에 의해 특고압 전로에 결합하는 고압 전로에는 사용 전압이 **3배 이하인 전압이 가해진 경우** 방전하는 장치를 변압기 단자 가까운 1극에 설치해야 한다.
      【답】 ①

86 ★★★★☆
수상전선로의 시설기준으로 옳은 것은?

① 사용전압이 고압인 경우에는 클로로프렌 캡타이어 케이블을 사용한다.
② 수상전선로에 사용하는 부대(浮臺)는 쇠사슬 등으로 견고하게 연결한다.
③ 고압 수상전선로에 지락이 생길 때를 대비하여 전로를 수동으로 차단하는 장치를 시설한다.
④ 수상전선로의 전선을 부대의 아래에 지지하여 시설하고 또한 그 절연피복을 손상하지 아니하도록 시설한다.

Explanation

(KEC 335.3조) 수상전선로의 시설
① 전선은 전선로의 사용전압이 저압인 경우에는 클로로프렌 캡타이어 케이블이어야 하며, **고압인 경우에는 캡타이어 케이블일 것**
② **수상 전선로에 사용하는 부대(浮臺)는 쇠사슬 등으로 견고하게 연결한 것일 것**
③ 수상 전선로의 **전선은 부대의 위에 지지하여 시설**하고 또한 그 절연피복을 손상하지 아니하도록 시설할 것
④ 고압 수상 전선로에 **지락이 생길 때를 대비하여 전로를 자동으로 차단**하는 장치를 시설한다.
      【답】 ②

87 ★☆☆☆☆
특고압 가공전선이 가공약전류 전선 등 저압 또는 고압의 가공전선이나 저압 또는 고압의 전차선과 제1차 접근상태로 시설되는 경우 60[kV] 이하 가공전선과 저고압 가공전선 등 또는 이들의 지지물 이나 지주 사이의 이격거리는 몇 [m] 이상인가?

① 1.2   ② 2
③ 2.6   ④ 3.2

Explanation

(KEC 333.28조) 특고압 가공전선과 다른 시설물의 접근 또는 교차
특고압 가공전선이 건조물 · 도로 · 횡단보도교 · 철도 · 궤도 · 삭도 · 가공약전류 전선로 등 저압 또는 고압의 가공전선로 · 저압 또는 고압의 전차선로 및 다른 특고압 가공전선로 이외의 시설물과 제1차 접근상태로 시설되는 경우에는 특고압 가공전선과 다른 시설물 사이의 이격거리는 아래 표에 준하여 시설하여야 한다.

사용전압의 구분	이격거리
60[kV] 이하	2[m]
60[kV] 초과	2[m]에 사용전압이 60[kV]를 초과하는 10[kV] 또는 그 단수마다 0.12[m]를 더한 값

      【답】 ②

88 ★★★★★
가공전선로의 지지물에는 취급자가 오르고 내리는 데 사용하는 발판 볼트 등은 특별한 경우를 제외하고 지표상 몇 [m] 미만에는 시설하지 않아야 하는가?

① 1.5   ② 1.8
③ 2.0   ④ 2.2

Explanation

(KEC 331.4조) 가공 전선로 지지물의 철탑오름 및 전주오름 방지
가공전선로의 지지물에 취급자가 오르고 내리는 데 사용하는 발판 볼트 등 : 지표상 1.8[m] 이상   【답】 ②

89 ★★★☆☆
특고압 가공전선과 가공약전류 전선 사이에 보호망을 시설하는 경우 보호망을 구성하는 금속선 상호 간의 간격은 가로 및 세로를 각각 몇 [m] 이하로 시설하여야 하는가?

① 0.75
② 1.0
③ 1.25
④ 1.5

Explanation

(KEC 333.24조) 특고압 가공전선과 도로 등의 접근 또는 교차
특고압 가공전선과 약전류 전선 사이에 시설하는 보호망에서 **보호망을 구성하는 금속선의 상호 간격은 1.5[m] 이하로 구성할 것**
【답】 ④

90 ★★☆☆☆
옥내 고압용 이동전선의 시설기준에 적합하지 않은 것은?

① 전선은 고압용의 캡타이어케이블을 사용하였다.
② 전로에 지락이 생겼을 때에 자동적으로 전로를 차단하는 장치를 시설하였다.
③ 이동전선과 전기사용기계기구와는 볼트 조임 기타의 방법에 의하여 견고하게 접속하였다.
④ 이동전선에 전기를 공급하는 전로의 중성극에 전용 개폐기 및 과전류차단기를 시설하였다.

Explanation

(KEC 342.2조) 옥내 고압용 이동전선의 시설
① 전선은 고압용의 캡타이어 케이블일 것
② 이동 전선에 전기를 공급하는 전로에는 **전용 개폐기 및 과전류 차단기를 각극에 시설**하고, 또한 전로에 지락이 생겼을 때에 자동적으로 전로를 차단하는 장치를 시설할 것
【답】 ④

91 ★★★☆☆
교통신호등의 시설기준에 관한 내용으로 틀린 것은?

① 제어장치의 금속제 외함에는 접지공사를 한다.
② 교통신호등 회로의 사용전압은 300[V] 이하로 한다.
③ 교통신호등 회로의 인하선은 지표상 2[m] 이상으로 시설한다.
④ LED를 광원으로 사용하는 교통신호등의 설치는 KS C 7528 "LED 교통신호등"에 적합한 것을 사용한다.

Explanation

(KEC 234.15조) 교통신호등
① 교통신호등 회로의 사용전압 : 300[V] 이하
② 교통신호등 회로의 인하선에 사용하는 **전선의 지표상의 높이 : 2.5[m] 이상**
③ 교통신호등 제어장치의 금속제 외함에는 접지공사를 할 것
【답】 ③

92
KEC 적용으로 인하여 삭제되었습니다.

93 ★★★☆☆
사람이 상시 통행하는 터널 안 배선의 시설기준으로 틀린 것은?

① 사용전압은 저압에 한한다.
② 전로에는 터널의 입구에 가까운 곳에 전용 개폐기를 시설한다.
③ 애자공사에 의하여 시설하고 이를 노면상 2[m] 이상의 높이에 시설한다.
④ 공칭단면적 2.5[㎟] 연동선과 동등 이상의 세기 및 굵기의 절연전선을 사용한다.

(KEC 242.7.1조) 사람이 상시 통행하는 터널 안의 배선의 시설
① 사용전압은 저압일 것
② 저압 전선은 인장강도 2.30 [kN] 이상의 절연전선 또는 지름 2.6[㎜] 이상의 경동선의 절연전선을 사용하여 애자공사에
   의하여 시설하고 또한 **노면상 2.5[m] 이상의 높이로 유지할 것**
③ 합성수지관공사 · 금속관공사 · 가요전선관공사 또는 케이블공사에 의할 것   【답】③

94 ★★★☆☆
고압 가공전선이 교류 전차선과 교차하는 경우, 고압 가공전선으로 케이블을 사용하는 경우 이외에
는 단면적 몇 [㎟] 이상의 경동연선(교류 전차선 등과 교차하는 부분을 포함하는 경간에 접속점이
없는 것에 한한다)을 사용하여야 하는가?
① 14   ② 22
③ 30   ④ 38

(KEC 332.15조) 고압 가공전선과 교류전차선 등의 접근 또는 교차
고압 가공 전선이 경동연선이면 38[㎟] 이상이어야 한다.   【답】④

95 ★★☆☆☆
1차측 3,300[V], 2차측 220[V]인 변압기 전로의 절연내력 시험전압을 각각 몇 [V]에서 10분간 견디
어야 하는가?
① 1차측 4,950[V], 2차측 500[V]   ② 1차측 4,500[V], 2차측 400[V]
③ 1차측 4,125[V], 2차측 500[V]   ④ 1차측 3,300[V], 2차측 400[V]

(KEC 135조) 변압기 전로의 절연내력

구분		배율	최저 전압
중성적 직접 접지식이 아닌 경우	7[kV] 이하	1.5	500[V]
	7[kV] 초과 ~ 60[kV] 이하	1.25	10.5[kV]
	60[kV] 초과(비접지식)	1.25	
	60[kV] 초과(중성점 접지식)(성형결선, 또는 스콧결선의 것)	1.1	75[kV]

1차측 시험전압=3,300×1.5=4,950[V]
2차측 시험전압=220×1.5=330[V]에서 500[V] 미만이므로 500[V]를 시험전압으로 한다.   【답】①

96 ★★★★★
저압 가공전선과 고압 가공전선을 동일 지지물에 시설하는 경우 이격거리는 몇 [m] 이상이어야 하
는가? (단, 각도주(角度主) 분기주(分岐主) 등에서 혼촉(混觸)의 우려가 없도록 시설하는 경우는 제
외한다)
① 0.5   ② 0.6
③ 0.7   ④ 0.8

(KEC 332.8조) 고압 가공 전선 등의 병행설치
저압 가공 전선과 고압 가공 전선 사이의 이격거리는 0.5[m] 이상일 것. 다만, 각도주 · 분기주 등에서 혼촉의 우려가 없도록
시설하는 경우에는 그러하지 아니하다.   【답】①

97 ★☆☆☆☆
중성선 다중접지식의 것으로서 전로에 지락이 생겼을 때 2초 이내에 자동적으로 이를 전로로부터 차단하는 장치가 되어 있는 22.9[kV] 특고압 가공전선이 다른 특고압 가공전선과 접근하는 경우 이격거리는 몇 [m] 이상으로 하여야 하는가?(단, 양쪽이 나전선인 경우이다)

① 0.5 ② 1.0
③ 1.5 ④ 2.0

Explanation

(KEC 333.32조) 25[kV] 이하인 특고압 가공 전선로의 시설
특고압 가공전선이 다른 특고압 가공전선과 접근 또는 교차하는 경우의 이격거리는 표에서 정한 값 이상일 것.

사용 전선의 종류	이격거리 [m]
어느 한쪽 또는 양쪽이 나전선인 경우	1.5
양쪽이 특고압 절연전선인 경우	1.0
한쪽이 케이블이고 다른 한쪽이 케이블이거나 특고압 절연전선인 경우	0.5

【답】③

98 KEC 적용으로 인하여 삭제되었습니다.

99 ★★☆☆☆
의료장소 중 그룹 1 및 그룹 2의 의료 IT 계통에 시설되는 전기설비의 시설기준으로 틀린 것은?

① 의료용 절연변압기의 정격출력은 10[kVA] 이하로 한다.
② 의료용 절연변압기의 2차측 정격전압은 교류 250[V] 이하로 한다.
③ 전원측에 강화절연을 한 의료용 절연변압기를 설치하고 그 2차측 전로는 접지한다.
④ 절연감시장치를 설치하여 절연저항이 50[kΩ]까지 감소하면 표시설비 및 음향설비로 경보를 발하도록 한다.

Explanation

(KEC 242.10조) 의료장소 – 그룹 1 및 그룹 2의 의료 IT 계통
• 전원 측에 KS C IEC 61558-2-15에 따라 강화절연을 하여야 하며 이를 기호로 표시한 의료용 절연변압기를 설치하고 그 **2차 측 전로는 접지하지 말 것**
• 의료용 절연변압기는 함 속에 설치하여 충전부가 노출되지 않도록 하고 의료장소의 내부 또는 가까운 외부에 설치
• 의료용 절연변압기의 2차 측 정격전압은 교류 250[V] 이하로 하며 공급방식 및 정격출력은 단상 2선식, 10[kVA] 이하
• 의료 IT 계통의 절연상태를 지속적으로 계측, 감시하는 장치를 다음과 같이 설치할 것
  KSC IEC 60364-7-710에 따라 의료 IT 계통의 절연저항을 계측, 지시하는 절연감시장치를 설치하여 절연저항이 50 [kΩ]까지 감소하면 표시설비 및 음향설비로 경보를 발하도록 할 것

【답】③

100 ★★★★★
전력 보안통신 설비인 무선통신용 안테나를 지지하는 목주의 풍압하중에 대한 안전율은 얼마 이상으로 해야 하는가?

① 0.5 ② 0.9
③ 1.2 ④ 1.5

Explanation

(KEC 364.1조) 무선용 안테나 등을 지지하는 철탑 등의 시설
전력 보안통신 설비인 무선통신용 안테나 또는 반사판을 지지하는 목주·철근·철근 콘크리트주 또는 철탑은 다음 각 호에 따라 시설하여야 한다.
① **목주는 풍압하중에 대한 안전율은 1.5 이상이어야 한다.**
② 철주·철근 콘크리트주 또는 철탑의 기초의 안전율은 1.5 이상이어야 한다.

【답】④

01 ★☆☆☆☆
표의 ㉠, ㉡과 같은 단위로 옳게 나열한 것은?

㉠	$\Omega \cdot s$
㉡	s/Ω

① ㉠ H, ㉡ F
② ㉠ H/m, ㉡ F/m
③ ㉠ F, ㉡ H
④ ㉠ F/m, ㉡ H/m

Explanation

1) 인덕턴스 유기 기전력은 $e = -L\dfrac{di}{dt}$ 이므로

$$[V] = [H] \cdot [\frac{A}{\sec}]$$

$$[\frac{V}{A} \cdot \sec] = [H] \qquad [\Omega \cdot \sec] = [H]$$

2) 콘덴서의 전압 $C = \dfrac{Q}{V}[F] = \dfrac{It}{V}\left[\dfrac{A \cdot Sec}{V}\right] = \dfrac{Sec}{\Omega}$

【답】 ①

02 ★★★☆☆
진공 중에 판간 거리가 d[m]인 무한 평판 도체 간의 전위채[V]는?(단, 각 평판 도체에는 면전하 밀도 $+\sigma$[C/m²], $-\sigma$[C/m²]가 각각 분포되어 있다)

① σd
② $\dfrac{\sigma}{\epsilon_0}$

③ $\dfrac{\epsilon_0 \sigma}{d}$
④ $\dfrac{\sigma d}{\epsilon_0}$

Explanation

무한평면 2장(평행판 콘덴서)

• 전계의 세기 $E = \dfrac{\sigma}{\epsilon_o}$

• 전위 $V = E \cdot d = \dfrac{\sigma}{\epsilon_o} \cdot d$

【답】 ④

03 ★★☆☆☆
어떤 자성체 내에서의 자계의 세기가 800[AT/m]이고 자속밀도가 0.05[Wb/m²]일 때 이 자성체의 투자율은 몇 [H/m]인가?

① 3.25×10^{-5}
② 4.25×10^{-5}
③ 5.25×10^{-5}
④ 6.25×10^{-5}

Explanation

자속밀도 $B = \mu H$에서

투자율 $\mu = \dfrac{B}{H} = \dfrac{0.05}{800} = 6.25 \times 10^{-5}\,[\text{H/m}]$

【답】 ④

04

★☆☆☆☆

자기 인덕턴스의 성질을 옳게 설명한 것으로 옳은 것은?

① 경우에 따라 정(+) 또는 부(−)의 값을 갖는다.
② 항상 정(+)의 값을 갖는다.
③ 항상 부(−)의 값을 갖는다.
④ 항상 0이다.

Explanation

자기인덕턴스 $L = \dfrac{N\phi}{I} = \dfrac{N}{I}\dfrac{F}{R_m} = \dfrac{N}{I}\dfrac{NI}{R_m} = \dfrac{N^2}{R_m}$

∴ 자기인덕턴스는 항상 정(正)의 값을 갖는다.

【답】 ②

05

★☆☆☆☆

자기회로에 대한 설명으로 틀린 것은?(단, S는 자기회로의 단면적이다)

① 자기저항의 단위는 H(Henry)의 역수이다.
② 자기저항의 역수를 퍼미언스(permeance)라고 한다.
③ "자기저항=(자기회로의 단면을 통과하는 자속)/(자기회로의 총 기자력)"이다.
④ 자속밀도 B가 모든 단면에 걸쳐 균일하다면 자기회로의 자속은 BS이다.

Explanation

기자력 $F_m = NI = R_m\phi\,[\text{AT}]$에서

자기저항 $R_m = \dfrac{F}{\phi} = \dfrac{NI}{\phi}\,[\text{AT/Wb}]$

자기저항의 역수 $\dfrac{1}{R_m}$: 퍼어미언스

자속 $\phi = BS\,[\text{Wb}]$

【답】 ③

06

★★★☆☆

비유전율이 2.8인 유전체에서의 전속밀도가 $D = 3.0 \times 10^{-7}\,[\text{C/m}^2]$일 때 분극의 세기 P는 약 몇 $[\text{C/m}^2]$인가?

① 1.93×10^{-7}　　　　　　② 2.93×10^{-7}
③ 3.50×10^{-7}　　　　　　④ 4.07×10^{-7}

Explanation

분극의 세기 $P = D - \epsilon_0 E = D - \epsilon_0 \left(\dfrac{D}{\epsilon}\right) = \left(1 - \dfrac{1}{\epsilon_s}\right)D = \epsilon_0(\epsilon_s - 1)E$

$\qquad = \left(1 - \dfrac{1}{2.8}\right) \times 3 \times 10^{-7} = 1.93 \times 10^{-7}\,[\text{C/m}^2]$

【답】 ①

07

★☆☆☆☆

전계의 세기가 $5 \times 10^2\,[\text{V/m}]$인 전계 중에 $8 \times 10^{-8}\,[\text{C}]$인 전하가 놓일 때 전하가 받는 힘은 몇 $[\text{N}]$인가?

① 4×10^{-2}　　　　　　② 4×10^{-3}
③ 4×10^{-4}　　　　　　④ 4×10^{-5}

Explanation

전계가 있는 공간에서의 힘 $F = QE$[N]에서
$$F = QE = 8 \times 10^{-8} \times 5 \times 10^{2} = 4 \times 10^{-5} \,[\text{N}]$$

【답】 ④

08 ★☆☆☆☆

지름 2[mm]의 동선에 π[A]의 전류가 균일하게 흐를 때 전류밀도는 몇 [A/m²]인가?

① 10^3

② 10^4

③ 10^5

④ 10^6

Explanation

전류밀도 $i = \dfrac{I}{S}$ [A/㎡]에서

$$i = \frac{\tau}{\pi r^2} = \frac{\pi}{\pi \left(\dfrac{d}{2} \right)^2} = \frac{4}{d^2} = \frac{4}{(2 \times 10^{-3})^2} = 10^6 \,[\text{A/㎡}]$$

【답】 ④

09 ★★★☆☆

반지름이 a[m]인 도체구에 전하 Q [C]을 주었을 때, 구 중심에서 r[m] 떨어진 구 외부($r > a$)의 한 점에서의 전속밀도 D [C/m²]는?

① $\dfrac{Q}{4\pi a^2}$

② $\dfrac{Q}{4\pi r^2}$

③ $\dfrac{Q}{4\pi \epsilon a^2}$

④ $\dfrac{Q}{4\pi \epsilon r^2}$

Explanation

전속밀도 $D = \epsilon E = \epsilon \times \dfrac{Q}{4\pi \epsilon r^2} = \dfrac{Q}{4\pi r^2}$ [C/㎡]

【답】 ②

10 ★★★★★

2[Wb/m²]인 평등 자계 속에 길이가 30[cm]인 도선이 자계와 직각 방향으로 놓여 있다. 이 도선이 자계와 30°의 방향으로 30[m/s]의 속도로 이동할 때, 도체 양단에 유기되는 기전력[V]의 크기는?

① 3

② 9

③ 30

④ 90

Explanation

플레밍의 오른손 법칙(유기기전력)
$$e = (v \times B)l = vBl\sin\theta$$
$$= Blv\sin\theta = 2 \times 0.3 \times 30 \times \sin30° = 9\,[\text{V}]$$

【답】 ②

11 ★★★★☆

공기 중에 있는 무한 직선 도체에 전류 I[A]가 흐르고 있을 때 도체에서 r[m] 떨어진 점에서의 자속밀도는 몇 [Wb/m²]인가?

① $\dfrac{I}{2\pi r}$

② $\dfrac{2\mu_0 I}{\pi r}$

③ $\dfrac{\mu_0 I}{r}$

④ $\dfrac{\mu_0 I}{2\pi r}$

Explanation

무한장 직선의 자계의 세기 $H = \dfrac{I}{2\pi r}$

자속밀도 $B = \mu H = \dfrac{\mu_0 I}{2\pi r}$ [Wb/m²]

【답】 ④

12 ★★★★☆
무한 평면 도체로부터 d[m]인 곳에 점전하 Q[C]가 있을 때 도체 표면상에 최대로 유도되는 전하밀도는 몇 [C/m²]인가?

① $-\dfrac{Q}{2\pi d^2}$

② $-\dfrac{Q}{2\pi\epsilon_0 d^2}$

③ $-\dfrac{Q}{4\pi d^2}$

④ $-\dfrac{Q}{4\pi\epsilon_0 d^2}$

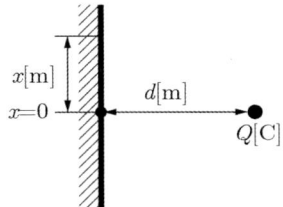

Explanation

무한 평면 도체 표면에 유도되는 면밀도 $\sigma = -\dfrac{aQ}{2\pi(a^2+y^2)^{3/2}}$ [C/m²]

면밀도의 최대인 점은 $\therefore\ \sigma_{\max} = |\sigma|_{y=0} = -\dfrac{Q}{2\pi d^2}$ [C/m²]

【답】 ①

13 ★★☆☆☆
선간전압이 66,000[V]인 2개의 평행 왕복 도선에 10[kA]의 전류가 흐르고 있을 때 도선 1[m]마다 작용하는 힘의 크기는 몇 [N/m]인가?(단, 도선 간의 간격은 1[m]이다)

① 1

② 10

③ 20

④ 200

Explanation

평행 도선 사이의 힘 $F = \dfrac{2I_1 I_2}{r} \times 10^{-7} = \dfrac{2\times(10\times10^3)^2}{1}\times10^{-7} = 20$ [N/m]

【답】 ③

14 ★★★★☆
무손실 유전체에서 평면 전자파의 전계 E와 자계 H 사이 관계식으로 옳은 것은?

① $H = \sqrt{\dfrac{\epsilon}{\mu}}\, E$

② $H = \sqrt{\dfrac{\mu}{\epsilon}}\, E$

③ $H = \dfrac{\epsilon}{\mu} E$

④ $H = \dfrac{\mu}{\epsilon} E$

Explanation

특성(고유)임피던스

$Z_0 = \dfrac{E}{H} = \sqrt{\dfrac{\mu}{\epsilon}} = 377\sqrt{\dfrac{\mu_s}{\epsilon_s}}$ [Ω]

따라서 $\dfrac{E}{H} = \sqrt{\dfrac{\mu}{\epsilon}}$ 에서 $H = \sqrt{\dfrac{\epsilon}{\mu}}\, E$

【답】 ①

15 ★★★☆☆
대전 도체 표면의 전하밀도는 도체 표면의 모양에 따라 어떻게 되는가?

① 곡률이 작으면 작아진다.

② 곡률 반지름이 크면 커진다.

③ 평면일 때 가장 크다.

④ 곡률 반지름이 작으면 작다.

Explanation

대전도체에 인가된 전하는 도체 표면에만 분포한다. 또한, 도체표면에서의 전하밀도는 곡률이 크고 곡률반경이 작을수록 높다. 전계는 등전위면에 수직이므로 도체표면에 수직이며 도체내부는 등전위체적이므로 전계(전기력선)가 존재하지 않는다. 【답】 ①

16 ★☆☆☆☆
1[Ah]의 전기량은 몇 [C]인가?

① $\dfrac{1}{3\,600}$

② 1

③ 60

④ 3,600

> **Explanation**

전류 $i = \dfrac{Q}{t}$ [C/sec]에서

전하량 $Q = I \cdot t$ [A sec]
$\quad\quad = 1 \times 3,600 = 3,600$ [Ah]

【답】 ④

17 ★★★★☆
강자성체가 아닌 것은?

① 철

② 구리

③ 니켈

④ 코발트

> **Explanation**

- **강자성체** : 철(Fe), 니켈(Ni), 코발트(Co)
- 상자성체 : 알루미늄(Al), 백금(Pt), 주석(Sn), 산소(O), 질소(N)
- 반자성체 : 구리(Cu), 은(Ag), 납(Pb)

【답】 ②

18 ★★★★★
맥스웰(Maxwell) 전자방정식의 물리적 의미 중 틀린 것은?

① 자계의 시간적 변화에 따라 전계의 회전이 발생한다.
② 전도전류와 변위전류는 자계를 발생시킨다.
③ 고립된 자극이 존재한다.
④ 전하에서 전속선이 발산한다.

> **Explanation**

맥스웰 전자계 기초 방정식

- $\text{rot}\,E = -\dfrac{\partial B}{\partial t}$ (패러데이 법칙의 미분형) : 전계의 회전은 자속밀도의 시간적 감소율과 같다.

- $\text{rot}\,H = i + \dfrac{\partial D}{\partial t}$ (암페어 주회법칙의 미분형) : 전도전류와 변위전류는 회전하는 자계를 발생한다.

- $\text{div}\,D = \rho$: 단위체적 당 발산 전속수는 단위체적 당 공간전하 밀도와 같다.

- $\text{div}\,B = 0$: 자계는 발산하지 않으며, 고립된 자극은 존재하지 않는다.

【답】 ③

19 ★☆☆☆☆
2[μF], 3[μF], 4[μF]의 커패시터를 직렬로 연결하고 양단에 가한 전압을 서서히 상승시킬 때의 현상으로 옳은 것은?(단, 유전체의 재질 및 두께는 같다고 한다)

① 2[μF]의 커패시터가 제일 먼저 파괴된다.

② 3[μF]의 커패시터가 제일 먼저 파괴된다.

③ 4[μF]의 커패시터가 제일 먼저 파괴된다.

④ 3개의 커패시터가 동시에 파괴된다.

> **Explanation**

콘덴서의 전압 $V = \dfrac{Q}{C} \propto \dfrac{1}{C}$ 이므로 정전용량에 반비례하므로 전압은 2[μF]의 콘덴서에 가장 크게 걸리며,

콘덴서는 2[μF], 3[μF], 4[μF]의 순으로 파괴된다.

【답】 ①

20 ★☆☆☆☆

패러데이관의 밀도와 전속밀도는 어떠한 관계인가?

① 동일하다.
② 패러데이관의 밀도가 항상 높다.
③ 전속밀도가 항상 높다.
④ 항상 틀리다.

Explanation

패러데이관
• 패러데이관의 양단에는 양(+) 또는 음(−)의 단위 진전하가 존재
• 패러데이관의 밀도 = 전속밀도

【답】①

2과목   전력공학

21 ★★★★★

수전용 변전설비의 1차 측에 설치하는 차단기의 용량은 어느 것에 의하여 정하는가?

① 수전전력과 부하율
② 수전계약용량
③ 공급 측 전원의 단락용량
④ 부하설비용량

Explanation

차단기 용량 $P_s = \sqrt{3} \times$ 정격전압 $\times$ 정격차단전류[MVA]
단락용량 $P_s = \sqrt{3} \times$ 공칭전압 $\times$ 단락전류[MVA]
차단기용량 ≥ 단락용량
따라서 차단기 용량은 단락용량를 기준으로 선정한다.

【답】③

22 ★★★☆☆

어떤 발전소의 유효 낙차가 100[m]이고, 사용 수량이 10[m³/s]일 경우 이 발전소의 이론적인 출력 [kW]은?

① 4,900
② 9,800
③ 10,000
④ 14,700

Explanation

수력발전 이론출력 $P = 9.8QH = 9.8 \times 10 \times 100 = 9,800$[kW]

【답】②

23 ★★★★★

피뢰기의 제한전압이란?

① 상용주파전압에 대한 피뢰기의 충격방전 개시전압
② 충격파 침입 시 피뢰기의 충격방전 개시전압
③ 피뢰기가 충격파 방전 종료 후 언제나 속류를 확실히 차단할 수 있는 상용주파 최대전압
④ 충격파 전류가 흐르고 있을 때의 피뢰기 단자전압

Explanation

피뢰기의 제한전압
• 피뢰기 동작 중 단자전압의 파고 값
• **충격파 전류가 흐르고 있을 때의 피뢰기 단자전압**

【답】④

24 ★★☆☆☆ 발전기의 정태 안정 극한전력이란?

① 부하가 서서히 증가할 때의 극한전력   ② 부하가 갑자기 크게 변동할 때의 극한전력

③ 부하가 갑자기 사고가 났을 때의 극한전력   ④ 부하가 변하지 않을 때의 극한전력

안정도의 종류
- **정태 안정도** : 송전 계통이 불변 부하 또는 극히 서서히 증가하는 부하에 대하여 계속적으로 송전할 수 있는 능력(정태안정 극한전력)
- **과도 안정도** : 부하의 급변 또는 사고가 발생해서 계통에 큰 충격을 주었을 경우에도 탈조하지 않고 새로운 평형 상태를 회복하여 송전을 계속할 수 있는 능력
- **동태 안정도** : AVR이나 조속기 등이 갖는 제어효과까지도 고려한 안정도   【답】①

25 ★★★☆☆ 3상으로 표준전압 3[kV], 용량 600[kW], 역률 0.85로 수전하는 공장의 수전회로에 시설할 계기용 변류기의 변류비로 적당한 것은?(단, 변류기의 2차 전류는 5[A]이며, 여유율은 1.5배로 한다)

① 10   ② 20

③ 30   ④ 40

$P = \sqrt{3}\,VI\cos\theta$에서

CT 1차 전류 $I_1 = \dfrac{600 \times 10^3}{\sqrt{3} \times 3,000 \times 0.85} \times 1.5 = 203.77[\mathrm{A}]$

따라서 1차 전류는 200[A]로 정하면 CT비는 $\dfrac{200}{5} = 40$

여기서, CT의 1차 정격전류는 다음과 같다.

5, 10, 15, 20, 30, 40, 50, 75, 100, 150, **200**, 300, 400, 500[A]   【답】④

26 ★★★★★ 30,000[kW]의 전력을 50[km]로 떨어진 지점에 송전하려고 할 때 송전전압[kV]은 약 얼마인가? (단, still식에 의하여 산정한다)

① 22   ② 33

③ 66   ④ 100

Still의 식(경제적인 송전전압 결정 식)

$V_s = 5.5\sqrt{0.6l + \dfrac{P}{100}}\ [\mathrm{kV}]$ 여기서, l : 송전거리[km], P : 송전전력[kW]

$\quad = 5.5\sqrt{0.6 \times 50 + \dfrac{30,000}{100}} = 100[\mathrm{kV}]$ 【답】④

27 ★★★★★ 다음 중 전력선에 의한 통신선의 전자유도장해의 주된 원인은?

① 전력선과 통신선 사이의 상호 정전용량

② 전력선의 불충분한 연가

③ 전력선의 1선 지락 사고 등에 의한 영상전류

④ 통신선 전압보다 높은 전력선의 전압

- **전자유도장해의 원인** : 상호 인덕턴스, 영상전류
- **정전유도장해의 원인** : 상호 정전용량, 영상전압   【답】③

28 ★★★☆☆
조상설비가 있는 발전소 측 변전소에서 주변압기로 주로 사용되는 변압기는?

① 강압용 변압기
② 단권변압기
③ 3권선 변압기
④ 단상 변압기

Explanation

• 조상설비는 3권선 변압기의 3차(안정권선)에 채용
• 안정권선의 역할
 − 소내 전력공급
 − 제3고조파 제거
 − 조상설비 채용

【답】③

29 ★☆☆☆☆
3상 1회선의 송전선로에 3상 전압을 가해 충전할 때 1선에 흐르는 충전전류는 30[A], 또 3선을 일괄하여 이것과 대지사이에 상전압을 가하여 충전시켰을 때 전 충전전류는 60[A]가 되었다. 이 선로의 대지정전용량과 선간 정전용량의 비는?(단, 대지정전용량$= C_s$, 선간정전용량$= C_m$ 이다)

① $\dfrac{C_m}{C_s} = \dfrac{1}{6}$
② $\dfrac{C_m}{C_s} = \dfrac{8}{15}$
③ $\dfrac{C_m}{C_s} = \dfrac{1}{3}$
④ $\dfrac{C_m}{C_s} = \dfrac{1}{\sqrt{3}}$

Explanation

【답】①

30 ★☆☆☆☆
전력 사용의 변동 상태를 알아보기 위한 것으로 가장 적당한 것은?

① 수용률
② 부등률
③ 부하율
④ 역률

Explanation

부하율 : 전력 사용의 변동 상태를 알아보기 위한 것
부하율 $= \dfrac{\text{평균 전력}}{\text{최대 전력}} \times 100[\%] = \dfrac{\text{사용전력량/시간}}{\text{최대전력}} \times 100[\%]$

【답】③

31 ★★☆☆☆
단상 교류회로에 3,150/210[V]의 승압기를 80[kW], 역률 0.8인 부하에 접속하여 전압을 상승시키는 경우 약 몇 [kVA]의 승압기를 사용하여야 적당한가?(단, 전원전압은 2,900[V]이다)

① 3.6
② 5.5
③ 6.8
④ 10

Explanation

승압기
$E_2 = E_1\left(1 + \dfrac{1}{n}\right) = 2,900 \times \left(1 + \dfrac{210}{3,150}\right) = 3,093.33[\text{V}]$

부하전류 $I_2 = \dfrac{P}{V\cos\theta} = \dfrac{80 \times 10^3}{3,093.33 \times 0.8} = 32.33[\text{A}]$

변압기 용량(자기 용량, 승압기 용량)
$w = e_2 I_2 = 210 \times 32.33 \times 10^{-3} = 6.8[\text{kVA}]$

【답】③

32 ★★★★★
철탑의 접지저항이 커지면 가장 크게 우려되는 문제점은?

① 정전 유도
② 역섬락 발생
③ 코로나 증가
④ 차폐각 증가

Explanation

역섬락 방지법
• 매설지선 설치
• 탑각 접지저항 적게

【답】②

33 ★★★☆☆
역률 0.8(지상), 480[kW] 부하가 있다. 전력용 콘덴서를 설치하여 역률을 개선하고자 할 때 콘덴서 220[kVA]를 설치하면 역률은 몇 [%]로 개선되는가?

① 82
② 85
③ 90
④ 96

Explanation

유효 전력 $P = 480$ [kW]

무효 전력 $Q = P\tan\theta = 480 \times \dfrac{0.6}{0.8} = 360$ [kVar]

역률 개선 후 무효전력 $Q' = 360 - 220 = 140$ [kVA]

따라서 개선 후 역률은

$$\cos\theta = \frac{P}{\sqrt{P^2 + Q'^2}} \times 100 = \frac{480}{\sqrt{480^2 + 140^2}} \times 100 = 96[\%]$$

【답】④

34 ★★★★★
화력발전소에서 탈기기를 사용하는 주 목적은?

① 급수 중에 함유된 산소 등의 분리 제거
② 보일러 관벽의 스케일 부착의 방지
③ 급수 중에 포함된 염류의 제거
④ 연소용 공기의 예열

Explanation

탈기기 : 급수 중의 용존 산소 및 이산화탄소 분리 및 제거

【답】①

35 ★★★★★
변류기를 개방할 때 2차측을 단락하는 이유는?

① 1차측 과전류 보호
② 1차측 과전압 방지
③ 2차측 과전류 보호
④ 2차측 절연보호

Explanation

계기용 변성기 점검
• PT(계기용 변압기) : 2차측 개방(2차측 과전류 보호)
• CT(변류기) : 2차측 단락(2차측 과전압보호, 2차측 절연보호)

【답】④

36 ★★★☆☆
(　　)안에 들어갈 알맞은 내용은?

> "화력발전소의 (㉠)은 발생 (㉡)을 열량으로 환산한 값과 이것을 발생하기 위하여 소비된 (㉢)의 보유열량 (㉣)를 말한다."

① ㉠ 손실율 ㉡ 발열량 ㉢ 물 ㉣ 차
② ㉠ 열효율 ㉡ 전력량 ㉢ 연료 ㉣ 비
③ ㉠ 발전량 ㉡ 증기량 ㉢ 연료 ㉣ 결과
④ ㉠ 연료소비율 ㉡ 증기량 ㉢ 물 ㉣ 차

Explanation

화력 발전소 열효율 $\eta = \dfrac{전기}{열} \times 100[\%]$

$\eta_G = \dfrac{860Pt}{MH} \times 100[\%]$

따라서 화력 발전소의 열효율은 발생 전력량을 열량으로 환산한 값과 이것을 발생하기 위하여 소비된 연료의 보유열량 비를 말한다.

【답】②

37 ★★☆☆☆ 다음 중 전압강하의 정도를 나타내는 식이 아닌 것은?(단, E_S는 송전단전압, E_R은 수전단전압이다)

① $\dfrac{I}{E_R}(R\cos\theta + X\sin\theta) \times 100[\%]$

② $\dfrac{\sqrt{3}\,I}{E_R}(R\cos\theta + X\sin\theta) \times 100[\%]$

③ $\dfrac{E_S - E_R}{E_R} \times 100[\%]$

④ $\dfrac{E_S + E_R}{E_S} \times 100[\%]$

Explanation

3상 전압 강하

$e = V_s - V_r = \sqrt{3}\,I(R\cos\theta + X\sin\theta)$ 여기서, 수전전력 $P = \sqrt{3}\,V_r I_r \cos\theta$

$\quad = \sqrt{3}\,\dfrac{P}{\sqrt{3}\,V_r \cos\theta}(R\cos\theta + X\sin\theta)$

$\quad = \dfrac{P}{V_r}(R + X\tan\theta)$

전압강하율 $\delta = \dfrac{E_S - E_R}{E_R} \times 100 = \dfrac{I}{E_R}(R\cos\theta + X\sin\theta) \times 100[\%]\,(단상)$

$\qquad\qquad = \dfrac{\sqrt{3}\,I}{E_R}(R\cos\theta + X\sin\theta) \times 100[\%]\,(3상)$

【답】④

38 ★★★★☆ 수전단 전압이 송전단 전압보다 높아지는 현상과 관련된 것은?

① 페란티 효과
② 표피 효과
③ 근접 효과
④ 도플러 효과

Explanation

페란티 현상
• 무부하시 송전단 전압보다 수전단 전압이 커지는 현상
• 발생원인 : 선로의 정전용량에 의해서
• 방지법 : 분로리액터(Sh. R)

【답】①

39 ★★★★★ 송전선로의 중성점을 접지하는 목적으로 가장 알맞은 것은?

① 전선량의 절약
② 송전용량의 증가
③ 전압강하의 감소
④ 이상 전압의 경감 및 발생 방지

Explanation

송전선의 중성점 접지 목적
- 1선 지락 시 전위 상승 억제, 계통의 기계 기구의 절연 보호
- 지락 사고 시 보호 계전기 동작의 확실
- 과도안정도 증진
- **이상전압 발생 방지**

【답】④

40 ★★★☆☆
송전선로에서 4단자정수 A, B, C, D 사이의 관계는?

① $BC - AD = 1$
② $AC - BD = 1$
③ $AB - CD = 1$
④ $AD - BC = 1$

Explanation

송전선로 4단자 정수
$AD - BC = 1$

【답】④

3과목　전기기기

41 ★★☆☆☆
돌극형 동기발전기에서 직축 리액턴스 X_d와 횡축 리액턴스 X_q는 그 크기 사이에 어떤 관계가 있는가?

① $x_d = x_q$
② $x_d > x_q$
③ $x_d < x_q$
④ $2x_d = x_q$

Explanation

- 돌극형(철극기) : 직축이 횡축에 비하여 공극이 크다. $(x_d > x_q)$
- 비철극기 : 공극이 일정 $(x_d = x_q = x_s)$

【답】②

42 ★★★☆☆
어떤 정류기의 출력전압 평균값이 2,000[V]이고 맥동률이 3[%]이면 교류분은 몇 [V] 포함되어 있는가?

① 20
② 30
③ 60
④ 70

Explanation

$맥동률 = \dfrac{교류분}{직류분} \times 100 = \sqrt{\dfrac{실효값^2 - 평균값^2}{평균값^2}} \times 100[\%]$

$교류분 = 맥동률 \times 직류분 = 0.03 \times 2,000 = 60[V]$

【답】③

43 ★★☆☆☆
직류기에서 전류용량이 크고 저전압 대전류에 가장 적합한 브러시 재료는?

① 탄소질
② 금속 탄소질
③ 금속 흑연질
④ 전기 흑연질

Explanation

브러시의 종류
- 탄소 브러시(접촉저항이 크기 때문에 직류기에 사용)
- 흑연질 브러시
- 전기 흑연질 브러시(전기 기계에 대부분 사용)
- **금속 흑연질 브러시(전기 분해 등의 저전압 대전류용기기에 사용)**

【답】③

---

44 ★★★☆☆
동기발전기 종류 중 회전계자형의 특징으로 옳은 것은?

① 고주파 발전기에 사용
② 극소용량, 특수용으로 사용
③ 소요전력이 크고 기구적으로 복잡
④ 기계적으로 튼튼하여 가장 많이 사용

Explanation

동기 발전기 : 회전 계자형
- 계자는 기계적으로 튼튼하고 구조가 간단하여 회전 유리
- 계자회로는 직류로 소요 전력이 적다.
- 절연이 용이
- 전기자는 Y결선으로 복잡하다.

【답】④

---

45 ★☆☆☆☆
전압비 a인 단상변압기 3대를 1차 △결선, 2차 Y결선으로 하고 1차에 선간전압 V[V]를 가했을 때 무부하 2차 선간전압[V]은?

① $\dfrac{V}{a}$
② $\dfrac{a}{V}$
③ $\sqrt{3}\,\dfrac{V}{a}$
④ $\sqrt{3}\,\dfrac{a}{V}$

Explanation

변압기의 에너지 전달
1차에서 2차로 갈 때 에너지 전달 상 : 상으로 전달되며, 전압은 권수비가 있는 경우 2차 전압은 권수비로 나누고 2차 전류는 권수비를 곱한다.
문제에서는 1차측이 △결선이므로 상전압과 선간전압이 같으므로 상전압은 V가 되며
2차측은 Y결선이므로 상전압이 V라면 무부하 선간전압은 $\sqrt{3}\,V$가 되며

이 때 2차 전압은 1차 전압을 권수비로 나누므로 2차 선간전압은 $V_2 = \dfrac{\sqrt{3}}{a}\,V$가 된다.

【답】③

---

46 ★★★☆☆
단상 및 3상 유도전압조정기에 대한 설명으로 옳은 것은?

① 3상 유도전압조정기에는 단락권선이 필요 없다.
② 3상 유도전압조정기의 1차와 2차 전압은 동상이다.
③ 단락권선은 단상 및 3상 유도전압조정기 모두 필요하다.
④ 단상 유도전압조정기의 기전력은 회전자계에 의해서 유도된다.

Explanation

유도전압조정기

종류	단상 유도 전압 조정기	3상 유도 전압 조정기
전압조정범위	$V_2 = V_1 + E_2\cos\theta$	$V_2 = \sqrt{3}\,(V_1 \pm E_2)$
조정 정격 용량	$P_2 = E_2 I_2 \times 10^{-3}\,[\text{kVA}]$	$P_2 = \sqrt{3}\,E_2 I_2 \times 10^{-3}\,[\text{kVA}]$
정격 출력(부하)	$P = V_2 I_2 \times 10^{-3}\,[\text{kVA}]$	$P = \sqrt{3}\,V_2 I_2 \times 10^{-3}\,[\text{kVA}]$
특징	교번자계 이용 입력과 출력 위상차 없음 단락권선 필요	회전자계 이용 입력과 출력 위상차 있음 단락권선 필요 없음

【답】①

47 ★★★☆☆
12극과 8극인 2개의 유도전동기를 종속법에 의한 직렬접속법으로 속도제어 할 때 전원주파수가 60[Hz]인 경우 무부하 속도 N_0는 몇 [rps]인가?

① 5 ② 6
③ 200 ④ 360

권선형 유도전동기 속도제어법(종속접속법)

직렬 종속 시 $N = \dfrac{120}{P_1+P_2}f = \dfrac{120}{12+8} \times 60 = 360[\text{rpm}]$이며,

초당 회전속도는 $360/60 = 6[\text{rps}]$

【답】②

48 ★★★★★
인버터에 대한 설명으로 옳은 것은?

① 직류를 교류로 변환 ② 교류를 교류로 변환
③ 직류를 직류로 변환 ④ 교류를 직류로 변환

• 사이클로 컨버터 : AC전력을 증폭(제어 정류기를 사용한 주파수 변환기)
• AC → DC : 정류기(컨버터)
• **DC → AC : 인버터**
• DC → DC : 초퍼(직류식 전기철도(직권 전동기))

【답】①

49 ★★☆☆☆
직류전동기의 역기전력에 대한 설명으로 틀린 것은?

① 역기전력은 속도에 비례한다.
② 역기전력은 회전방향에 따라 크기가 다르다.
③ 역기전력이 증가할수록 전기자 전류는 감소한다.
④ 부하가 걸려 있을 때에는 역기전력은 공급전압보다 크기가 작다.

직류전동기 역기전력 $E = K\phi N = V - I_a R_a$

【답】②

50 ★★☆☆☆
유도전동기의 실부하법에서 부하로 쓰이지 않는 것은?

① 전동발전기 ② 전기동력계
③ 프로니 브레이크 ④ 손실을 알고 있는 직류발전기

변압기 온도시험
• 실부하법(전기동력계, 프로니 브레이크, 손실을 알고 있는 직류 발전기)
• 반환부하법 : 일반적인 방법(효율 우수)
    홉킨스법, 블론델법, 카프법

【답】①

51 ★☆☆☆☆
직류기의 구조가 아닌 것은?

① 계자 권선 ② 전기자 권선
③ 내철형 철심 ④ 전기자 철심

- 직류기의 구조는 전기자(철심, 권선), 계자(철심, 권선), 정류자, 브러시로 구성되며,
- 직류기의 3요소라 하면 전기자, 계자, 정류자를 말한다.　　　　　　　　　　　　　【답】③

52 ★★☆☆☆
30[kW]의 3상 유도전동기에 전력을 공급할 때 2대의 단상변압기를 사용하는 경우 변압기의 용량은 약 몇 [kVA]인가?(단, 전동기의 역률과 효율은 각각 84[%], 86[%]이고 전동기 손실은 무시한다)
① 17　　　　　　　　　　　　　　　　② 24
③ 51　　　　　　　　　　　　　　　　④ 72

Explanation

변압기의 용량 $P = \dfrac{출력[kW]}{역률 \times 효율} = \dfrac{30}{0.84 \times 0.86} = 41.53[kVA]$

2대의 단상변압기를 사용 : V 결선이므로

$P_V = \sqrt{3}\,K$ 에서 변압기 1대 용량 $K = \dfrac{41.53}{\sqrt{3}} = 24[kVA]$　　　　　【답】②

53 ★★★☆☆
3상, 6극, 슬롯 수 54의 동기발전기가 있다. 어떤 전기자 코일의 두 변이 제 1슬롯과 제 8슬롯에 들어있다면 단절권 계수는 약 얼마인가?
① 0.9397　　　　　　　　　　　　　② 0.9567
③ 0.9837　　　　　　　　　　　　　④ 0.9117

Explanation

$\beta = \dfrac{코일간격}{극간격} = \dfrac{7}{9}$

단절권 계수 $K_p = \sin\dfrac{\beta\pi}{2} = \sin\dfrac{(\frac{7}{9}) \times \pi}{2} = 0.9397$　　　　　【답】①

54 ★★★★★
부흐홀츠 계전기로 보호되는 기기는?
① 변압기　　　　　　　　　　　　　② 발전기
③ 유도전동기　　　　　　　　　　　④ 회전변류기

Explanation

변압기 내부 고장 보호용
- 전기적인 보호 : 비율 차동 계전기
- 기계적인 보호 : 부흐홀츠계전기, 유온계(온도계전기), 유위계, 충격압력계전기　　【답】①

55 ★★★☆☆
변압기의 효율이 가장 좋을 때의 조건은?

① 철손 = 동손　　　　　　　　　　② 철손 = $\dfrac{1}{2}$동손

③ $\dfrac{1}{2}$철손 = 동손　　　　　　　　④ 철손 = $\dfrac{2}{3}$동손

Explanation

전부하 시 변압기 최대효율 조건 : 철손 = 동손

$\dfrac{1}{m}$ 부하의 경우, 최대 효율 조건 : $P_i = (\dfrac{1}{m})^2 P_c$　　　　　　　　【답】①

56 ★★★★☆ 직류전동기 중 부하가 변하면 속도가 심하게 변하는 전동기는?

① 분권전동기
② 직권 전동기
③ 자동 복권전동기
④ 가동 복권전동기

`Explanation`

직류 직권전동기 $T \propto I^2 \propto \dfrac{1}{N^2}$ 이므로 부하에 따라 속도가 크게 변동한다.　　【답】②

57 ★★★☆☆ 1차 전압 6,900[V], 1차 권선 3,000회, 권수비 20의 변압기가 60[Hz]에 사용할 때 철심의 최대 자속[Wb]은?

① 0.76×10^{-4}
② 8.63×10^{-3}
③ 80×10^{-3}
④ 90×10^{-3}

`Explanation`

유기기전력 $E_1 = 4.44 f \phi_m N_1$

최대 자속 $\phi_m = \dfrac{E_1}{4.44 f N_1} = \dfrac{6,900}{4.44 \times 60 \times 3,000} = 0.00863 = 8.63 \times 10^{-3} [\text{Wb}]$　　【답】②

58 ★★★☆☆ 표면을 절연 피막처리 한 규소강판을 성층하는 이유로 옳은 것은?

① 절연성을 높이기 위해
② 히스테리시스손을 작게 하기 위해
③ 자속을 보다 잘 통하게 하기 위해
④ 와전류에 의한 손실을 작게 하기 위해

`Explanation`

• 히스테리시스손 감소 : 규소강판 사용
• **와류손 감소 : 성층철심 사용**　　【답】④

59 ★★★★★ 단상 유도전동기 중 기동토크가 가장 작은 것은?

① 반발 기동형
② 분상 기동형
③ 쉐이딩 코일형
④ 커패시터 기동형

`Explanation`

단상 유도전동기 기동 토크가 큰 순서
반발 기동형 〉 반발 유도형 〉 콘덴서 기동형 〉 분상 기동형 〉 셰이딩코일형 〉 모노사이클릭형　　【답】③

60 ★★★☆☆ 동기기의 전기자 권선법으로 적합하지 않은 것은?

① 중권
② 2층권
③ 분포권
④ 환상권

`Explanation`

동기기 전기자 권선법
• 분포권
 – 고조파를 제거하여 기전력의 파형을 개선
 – 누설 리액턴스를 감소
• 단절권
 – 고조파를 제거하여 기전력의 파형을 개선
 – 코일의 길이, 동량이 절약　　【답】④

61 $e_i(t) = Ri(t) + L\dfrac{di(t)}{dt} + \dfrac{1}{C}\displaystyle\int i(t)dt$ 에서 모든 초기 값을 0으로 하고 라플라스 변환했을 때 $I(s)$는?(단, $I(s)$, $E_i(s)$는 각각 $i(t)$, $e_i(t)$를 라플라스 변환한 것이다)

① $\dfrac{Cs}{LCs^2 + RCs + 1}E_i(s)$

② $\dfrac{1}{R + Ls + \dfrac{s}{C}}E_i(s)$

③ $\dfrac{1}{R + Ls + Cs^2}E_i(s)$

④ $(R + Ls + \dfrac{1}{Cs})E_i(s)$

Explanation

양변을 라플라스 변환하면

$E_i(s) = RI(s) + LsI(s) + \dfrac{1}{Cs}I(s)$

$E_i(s) = \left(R + sL + \dfrac{1}{sC}\right)I(s)$

$\therefore\ I(s) = \dfrac{1}{sL + R + \dfrac{1}{sC}}E_i(s) = \dfrac{Cs}{LCs^2 + RCs + 1}E_i(s)$

【답】①

62 기본파의 30[%]인 제3고조파와 기본파의 20[%]인 제5고조파를 포함하는 전압의 왜형률은 약 얼마인가?

① 0.21

② 0.31

③ 0.36

④ 0.42

Explanation

왜형률 = $\dfrac{\text{각 고조파의 실횻값의 합}}{\text{기본파의 실횻값}}$

$= \dfrac{\sqrt{V_3^2 + V_5^2}}{V_1} = \dfrac{\sqrt{0.3^2 + 0.2^2}}{1} = 0.36$

【답】③

63 3상 회로의 대칭분 전압이 $V_0 = -8 + j3[\text{V}]$, $V_1 = 6 - j8[\text{V}]$, $V_2 = 8 + j12[\text{V}]$일 때 a상의 전압[V]은?

① $5 - j6$

② $5 + j6$

③ $6 - j7$

④ $6 + j7$

Explanation

대칭좌표법을 이용하면

$\begin{bmatrix} V_a \\ V_b \\ V_c \end{bmatrix} = \begin{bmatrix} 1 & 1 & 1 \\ 1 & a^2 & a \\ 1 & a & a^2 \end{bmatrix} \begin{bmatrix} V_0 \\ V_1 \\ V_2 \end{bmatrix}$ 에서

a상 전압 $V_a = V_0 + V_1 + V_2$

$= -8 + j3 + 6 - j8 + 8 + j12 = 6 + j7[\text{V}]$

【답】④

64 ★★☆☆☆
어느 회로에 $V = 120 + j90$[V]의 전압을 인가하면 $I = 3 + j4$[A]의 전류가 흐른다. 이 회로의 역률은?

① 0.92   ② 0.94

③ 0.96   ④ 0.98

Explanation

$E = 120 + j90 = 150 \angle 36.87°$

$I = 3 + j4 = 5 \angle 53.13°$

임피던스 $Z = \dfrac{E}{I} = \dfrac{150 \angle 36.87°}{5 \angle 53.13°} = 30 \angle -16.26°$

따라서 역률 $\cos\theta = \cos(16.26°) = 0.96$ 【답】③

65 ★★★☆☆
2단자 회로망에 단상 100[V]의 전압을 가하면 30[A]의 전류가 흐르고 1.8[kW]의 전력이 소비된다. 이 회로망과 병렬로 커패시터를 접속하여 합성 역률을 100[%]로 하기 위한 용량성 리액턴스는 약 몇 [Ω]인가?

① 2.1   ② 4.2

③ 6.3   ④ 8.4

Explanation

【답】②

66 ★☆☆☆☆
22[kVA]의 부하가 0.8의 역률로 운전될 때 이 부하의 무효전력[kVar]은?

① 11.5   ② 12.3

③ 13.2   ④ 14.5

Explanation

무효전력 $P_r = VI\sin\theta = P_a \sin\theta = 22 \times \sqrt{1 - 0.8^2} = 13.2[\text{kVar}]$ 【답】③

67 ★☆☆☆☆
어드미턴스 Y[℧]로 표현된 4단자 회로망에서 4단자 정수 행렬 T는?

(단, $\begin{bmatrix} V_1 \\ I_1 \end{bmatrix} = T \begin{bmatrix} V_2 \\ I_2 \end{bmatrix}$, $T = \begin{bmatrix} A & B \\ C & D \end{bmatrix}$)

① $\begin{bmatrix} 1 & 0 \\ Y & 1 \end{bmatrix}$ ② $\begin{bmatrix} 1 & Y \\ 0 & 1 \end{bmatrix}$

③ $\begin{bmatrix} 1 & 0 \\ \dfrac{1}{Y} & 1 \end{bmatrix}$ ④ $\begin{bmatrix} Y & 1 \\ 1 & 0 \end{bmatrix}$

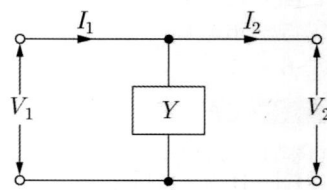

Explanation

- 직렬회로 : 임피던스 성분(matrix B 성분)

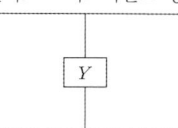

$$\begin{bmatrix} 1 & Z \\ 0 & 1 \end{bmatrix}$$

- 병렬회로 : 어드미턴스 성분(matrix C 성분)

$$\begin{bmatrix} 1 & 0 \\ Y & 1 \end{bmatrix}$$

【답】 ①

68 ★★★★★
회로에서 10[Ω]의 저항에 흐르는 전류[A]은?

① 13
② 14
③ 15
④ 16

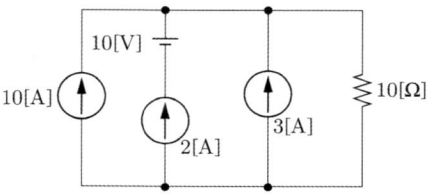

Explanation

중첩의 원리에 의해
- 전압원과 전류원이 단독 직렬 : 전압원 단락
- 전압원과 전류원이 단독 병렬 : 전류원 개방
따라서 10[Ω]의 저항에 흐르는 전류 $I_R = 10 + 2 + 3 = 15[A]$

【답】 ③

69 ★☆☆☆☆
10[Ω]의 저항 5개를 접속하여 얻을 수 있는 합성저항 중 가장 적은 값은 몇 [Ω]인가?

① 10
② 5
③ 2
④ 0.5

Explanation

- 저항 5개 직렬연결 : $R_T = nR = 5 \times 10 = 50[\Omega]$ 최대
- 저항 5개 병렬연결 : $R_T = \dfrac{R}{n} = \dfrac{10}{5} = 2[\Omega]$ 최소

【답】 ③

70 ★☆☆☆☆
동일한 용량 2대의 단상 변압기를 V 결선하여 3상으로 운전하고 있다. 단상 변압기 2대의 용량에 대한 3상 V결선시 변압기 용량의 비인 변압기 이용률은 약 몇 [%]인가?

① 57.7
② 70.7
③ 80.1
④ 86.6

Explanation

V결선 변압기의 출력 $P_V = \sqrt{3}\,K$ 여기서, K는 변압기 1대 용량

V 결선 이용률 $= \dfrac{\sqrt{3}\,K}{2K} = \dfrac{\sqrt{3}}{2} \times 100 = 86.6[\%]$

【답】 ④

71 ★★☆☆☆
4단자 회로망에서의 영상 임피던스[Ω]는?

① $j\dfrac{1}{50}$
② -1
③ 1
④ 0

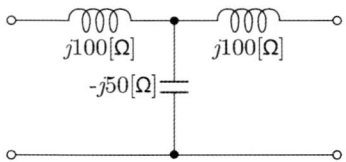

72 ★★☆☆☆
$i(t) = 3\sqrt{2}\sin(377t - 30^\circ)$[A]의 평균값은 약 몇 [A]인가?

① 1.35 ② 2.7
③ 4.35 ④ 5.4

73 ★☆☆☆☆
20[Ω]과 30[Ω]의 병렬회로에서 20[Ω]에 흐르는 전류가 6[A]라면 전체 전류 I[A]는?

① 3
② 4
③ 9
④ 10

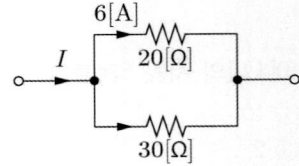

74 ★★☆☆☆
$F(s) = \dfrac{A}{\alpha + s}$ 의 라플라스 역변환은?

① αe^{At} ② $A e^{\alpha t}$
③ αe^{-At} ④ $A e^{-\alpha t}$

75 ★★★★★

RC 직렬회로의 과도현상에 대한 설명으로 옳은 것은?

① 과도상태 전류의 크기는 $(R \times C)$의 값과 무관하다.

② $(R \times C)$의 값이 클수록 과도상태 전류의 크기는 빨리 사라진다.

③ $(R \times C)$의 값이 클수록 과도상태 전류의 크기는 천천히 사라진다.

④ $\dfrac{1}{R \times C}$ 의 값이 클수록 과도상태 전류의 크기는 천천히 사라진다.

Explanation

시정수(Time constant) : 목표 값의 63.2[%]에 도달하는 시간으로 정의

$$R - C \text{ 직렬회로의 시정수 } \tau = RC$$

시정수가 클수록 과도현상은 오래 지속된다. 【답】③

76 ★★★☆☆

그림과 같은 불평형 Y형 회로에 평형 3상 전압을 가할 경우 중성점의 전위 $V_{n'n}$[V]는?(단, Y_1, Y_2, Y_3는 각 상의 어드미턴스[℧], Z_1, Z_2, Z_3는 각 어드미턴스에 대한 임피던스[Ω])

① $\dfrac{E_1 + E_2 + E_3}{Z_1 + Z_2 + Z_3}$

② $\dfrac{Z_1 E_1 + Z_2 E_2 + Z_3 E_3}{Z_1 + Z_2 + Z_3}$

③ $\dfrac{E_1 + E_2 + E_3}{Y_1 + Y_2 + Y_3}$

④ $\dfrac{Y_1 E_1 + Y_2 E_2 + Y_3 E_3}{Y_1 + Y_2 + Y_3}$

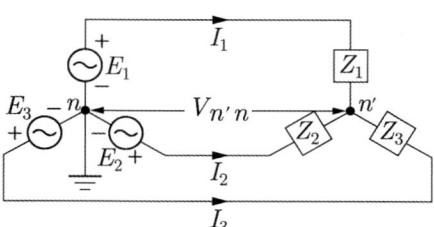

Explanation

밀만의 정리를 이용하면

$$\text{중성점의 전위 } V_o = \dfrac{\dfrac{E_1 + E_2 + E_3}{Z_1 + Z_2 + Z_3}}{\dfrac{1}{Z_1} + \dfrac{1}{Z_2} + \dfrac{1}{Z_3}} = \dfrac{Y_1 E_1 + Y_2 E_2 + Y_3 E_3}{Y_1 + Y_2 + Y_3}$$

【답】④

77 ★★☆☆☆

병렬회로에서 $t = 0$일 때 스위치 S를 닫는 경우 $R[\Omega]$에 흐르는 전류 $i_R(t)$[A]는?

① $I_0 \left(1 - e^{-\frac{R}{L}t} \right)$

② $I_0 \left(1 + e^{-\frac{R}{L}t} \right)$

③ I_0

④ $I_0 e^{-\frac{R}{L}t}$

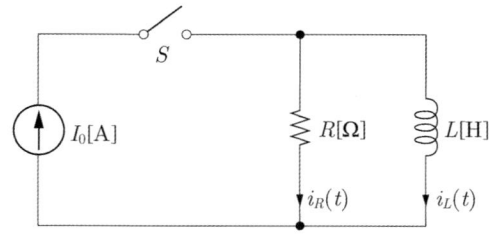

Explanation

스위치를 닫으면 초기에는 저항 R에 전류가 다 흐르게 되고

시간이 지나면(정상상태)에서는 인덕터가 단락되므로 저항 R에 전류가 흐르지 않는다.

따라서 저항의 전류 $i_R(t) = I_0 e^{-\frac{R}{L}t}$ [A]

【답】④

78 ★★★☆☆

1상의 임피던스가 $14 + j48[\Omega]$인 평형 △부하에 선간전압이 200[V]인 평형 3상 전압이 인가될 때 이 부하의 피상전력[VA]은?

① 1,200

② 1,384

③ 2,400

④ 4,157

3상 피상전력 $P_a = 3I_p^2 Z = 3\left(\dfrac{V_p}{\sqrt{R^2 + X^2}}\right)^2 Z = \dfrac{3V_p^2 Z}{R^2 + X^2}$

$\quad = \dfrac{3 \times 200^2 \times \sqrt{14^2 + 48^2}}{14^2 + 48^2} = 2,400[\text{VA}]$

【답】③

79 ★★★★★

$i(t) = 100 + 50\sqrt{2}\sin\omega t + 20\sqrt{2}\sin\left(3\omega t + \dfrac{\pi}{6}\right)$[A]로 표현되는 비정현파 전류의 실효값은 약 몇 [A]인가?

① 20

② 50

③ 114

④ 150

비정현파의 실효값 : 각파의 실효값 제곱의 합의 제곱근

$I = \sqrt{I_0^2 + I_1^2 + I_2^2 + \cdots + I_n^2}$

$\quad = \sqrt{100^2 + 50^2 + 20^2} = 114[\text{A}]$

【답】③

80 ★★☆☆☆

저항만으로 구성된 그림의 회로에 평형 3상 전압을 가했을 때 각 선에 흐르는 선전류가 모두 같게 되기 위한 $R[\Omega]$의 값은?

① 2

② 4

③ 6

④ 8

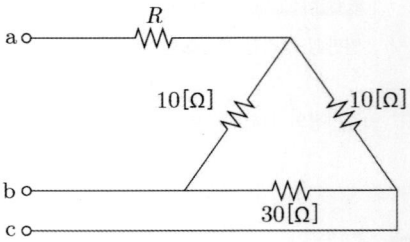

상전압을 가하여 각 선전류를 같게 하려면 Y결선하여야 하며
△결선의 저항을 Y결선 저항으로 변환하면

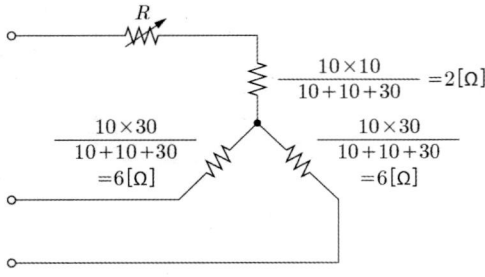

따라서 $R + 2 = 6[\Omega]$
$R = 6 - 2 = 4[\Omega]$

【답】②

5과목 전기설비기술기준

81 KEC 적용으로 인하여 삭제되었습니다.

82 ★★★★★
154[kV] 가공송전선과 식물과의 최소 이격거리는 몇 [m]인가?

① 2.8
② 3.2
③ 3.8
④ 4.2

Explanation

(KEC 333.30조) 특고압 가공 전선과 식물의 이격거리

사용전압의 구분	이격거리
60[kV] 이하	2[m]
60[kV] 초과	2[m]에 사용전압이 60[kV]를 초과하는 10[kV] 또는 그 단수마다 0.12[m]를 더한 값

단수 $n = \dfrac{154-60}{10} ≒ 9.4(절상) \rightarrow 10단$ ∴ 이격거리 = 2 + 10 × 0.12 = 3.2[m]   【답】②

83 ★☆☆☆☆
다음 (   )의 ㉠, ㉡에 들어갈 내용으로 옳은 것은?

> "전기철도용 급전선" 이란 전기철도용 (㉠)로부터 다른 전기철도용 (㉠) 또는 (㉡)에 이르는 전선을 말한다.

① ㉠ 급전소,   ㉡ 개폐소
② ㉠ 궤전선,   ㉡ 변전소
③ ㉠ 변전소,   ㉡ 전차선
④ ㉠ 전차선,   ㉡ 급전소

Explanation

(KEC 112조) 용어 정의
"전기철도용 급전선"이란 전기철도용 변전소로부터 다른 전기철도용 변전소 또는 전차선에 이르는 전선을 말한다.   【답】③

84 ★★★★★
제1종 특고압 보안공사로 시설하는 전선로의 지지물로 사용할 수 없는 것은?

① 목주
② 철탑
③ B종 철주
④ B종 철근 콘크리트주

Explanation

(KEC 333.22조) 특고압 보안공사
제1종 특고압 보안공사의 지지물에는 B종 철주, B종 철근 콘크리트주 또는 철탑을 사용할 것(목주, A종은 사용할 수 없다)
【답】①

85 ★★☆☆☆
저압 가공인입선 시설 시 도로를 횡단하여 시설하는 경우 노면상 높이는 몇 [m] 이상으로 하여야 하는가?

① 4
② 4.5
③ 5
④ 5.5

Explanation

(KEC 221.1.1조) 저압 인입선의 시설
전선의 높이는 다음에 의할 것
- **도로 횡단 : 노면상 5[m]** (기술상 부득이한 경우에 교통에 지장이 없을 때에는 3[m]) 이상
- 철도 또는 궤도 횡단 : 레일면상 6.5[m] 이상
- 횡단보도교의 위에 시설 : 노면상 3[m] 이상
- 위의 경우 이외 : 지표상 4[m](기술상 부득이한 경우에 교통에 지장이 없을 때에는 2.5[m]) 이상   **【답】 ③**

86 ★☆☆☆☆
기구 등의 전로의 절연내력 시험에서 최대 사용전압이 60[kV]를 초과하는 기구 등의 전로로서 중성점 비접지식 전로에 접속하는 것은 최대 사용전압의 몇 배의 전압에 10분간 견디어야 하는가?

① 0.72   ② 0.92
③ 1.25   ④ 1.5

> Explanation

(KEC 136조) 기구 등의 전로의 절연내력

접지방식	최대 사용전압	시험 전압(최대 사용전압 배수)	최저 시험 전압
비접지	7[kV] 이하	1.5배	500[V]
	7[kV] 초과	1.25배	10,500[V]

【답】 ③

87 ★★★★★
저압 가공전선(다중접지된 중성선은 제외한다)과 고압 가공전선을 동일 지지물에 시설하는 경우 저압 가공전선과 고압 가공전선 사이의 이격거리는 몇 [m] 이상이어야 하는가?(단, 각도주(角度柱) 분기주(分岐柱) 등에서 혼촉(混觸)의 우려가 없도록 시설하는 경우가 아니다)

① 0.5   ② 0.6
③ 0.8   ④ 1

> Explanation

(KEC 332.8조) 고압 가공 전선 등의 병행설치
① 저압 가공전선을 고압 가공전선의 아래로 하고 별개의 완금류에 시설할 것
② 저압 가공전선과 고압 가공전선 사이의 **이격거리는 0.5[m] 이상**일 것. 다만, 각도주·분기주 등에서 혼촉의 우려가 없도록 시설하는 경우에는 그러하지 아니하다.   **【답】 ①**

88 ★★★★★
폭연성 분진이 많은 장소의 저압 옥내배선에 적합한 배선공사방법은?

① 금속관 공사   ② 애자공사
③ 합성수지관 공사   ④ 가요전선관 공사

> Explanation

(KEC 242.2.1조) 폭연성 분진 위험장소
폭연성 분진 또는 화약류의 분말이 전기설비가 발화원이 되어 폭발할 우려가 있는 곳에 시설하는 저압 옥내 전기설비는 **금속관 공사 또는 케이블 공사**에 의할 것   **【답】 ①**

89 ★★★★★
절연내력시험은 전로와 대지 사이에 연속하여 10분간 가하여 절연내력을 시험하였을 때 이에 견디어야 한다. 최대 사용전압이 22.9[kV]인 중성선 다중 접지식 가공전선로의 전로와 대지 사이의 절연내력 시험전압은 몇 [kV]인가?

① 16.488   ② 21.068
③ 22.900   ④ 28.625

> Explanation

(KEC 132조) 고압·특고압의 전로의 절연내력

접지방식	최대 사용전압	시험 전압(최대 사용전압 배수)	최저 시험 전압
중성점 직접 접지	60[kV] 초과 170[kV] 이하	0.72배	
	170[kV] 초과	0.64배	
중성점 다중 접지	**25[kV] 이하**	**0.92배**	

절연내력시험전압= 22,900×0.92 = 21,068[V]　　　　　　　　　　　　　　　　【답】②

90
★★☆☆☆
특고압 가공전선로의 지지물에 시설하는 통신선 또는 이에 직접 접속하는 통신선이 도로 횡단보도교 철도의 레일 등 또는 교류 전차선 등과 교차하는 경우의 시설기준으로 옳은 것은?
① 인장강도 4.0[kN] 이상의 것 또는 지름 3.5[㎜] 경동선일 것
② 통신선이 케이블 또는 광섬유 케이블일 때는 이격거리의 제한이 없다.
③ 통신선과 삭도 또는 다른 가공약전류 전선 등 사이의 이격거리는 20[cm] 이상으로 할 것
④ 통신선이 도로 횡단보도교 철도의 레일과 교차하는 경우에는 통신선을 지름 4[㎜]의 절연전선과 동등 이상의 절연 효력이 있을 것

Explanation

(KEC 362.2조) 전력보안통신선의 시설 높이와 이격거리
특고압 가공전선로의 지지물에 시설하는 통신선 또는 이에 직접 접속하는 통신선이 도로·횡단보도교·철도의 레일·삭도·가공전선·다른 가공약전류 전선 등) 또는 교류 전차선 등과 교차하는 경우에는 다음 각 호에 따라 시설하여야 한다.
① **통신선이 도로·횡단보도교·철도의 레일 또는 삭도와 교차하는 경우에는 통신선은 지름 4[㎜]의 절연전선과 동등 이상의 절연 효력이 있는 것, 인장강도 8.01 kN 이상의 것 또는 지름 5[㎜]의 경동선일 것.**
② 통신선과 삭도 또는 다른 가공약전류 전선 등 사이의 이격거리는 0.8[m](통신선이 케이블 또는 광섬유 케이블일 때는 0.4[m]) 이상으로 할 것.　　　　　　　　　　　　　【답】④

91
★☆☆☆☆
시가지 또는 그 밖에 인가가 밀집한 지역에 154[kV] 가공 전선로의 전선을 케이블로 시설하고자 한다. 이때 가공전선을 지지하는 애자장치의 50[%] 충격섬락전압 값이 그 전선의 근접한 다른 부분을 지지하는 애자장치 값의 몇 [%] 이상이어야 하는가?
① 75　　　　　　　　　　　　　　　　② 100
③ 105　　　　　　　　　　　　　　　　④ 110

Explanation

(KEC 333.1조) 시가지 등에서 특고압 가공 전선로의 시설
특고압 가공전선을 지지하는 애자장치 : 50[%] 충격섬락전압 값이 그 전선의 근접한 다른 부분을 지지하는 애자장치 값의 110[%](**사용전압이 130[kV]를 초과하는 경우는 105 [%]**) 이상일 것　　　　　　　　　　【답】③

92
★★★☆☆
변압기에 의하여 154[kV]에 결합되는 3,300[V] 전로에는 몇 배 이하의 사용전압이 가하여진 경우에 방전하는 장치를 그 변압기의 단자에 가까운 1극에 시설하여야 하는가?
① 2　　　　　　　　　　　　　　　　② 3
③ 4　　　　　　　　　　　　　　　　④ 5

Explanation

(KEC 322.3조) 특고압과 고압의 혼촉 등에 의한 위험방지 시설
변압기에 의해 특고압 전로에 결합하는 고압 전로에는 사용 전압이 **3배 이하인 전압이 가해진 경우 방전하는 장치**를 변압기 단자 가까운 1극에 설치해야 한다.　　　　　　　　　　　　　【답】②

93 ★★★★☆ 고압 가공전선으로 ACSR(강심알루미늄연선)을 사용할 때의 안전율은 얼마 이상이 되는 처짐 정도 (이도)로 시설하여야 하는가?

① 1.88

② 2.1

③ 2.5

④ 4.01

(KEC 332.4조) 고압 가공 전선의 안전율

고압 가공 전선은 케이블인 경우 이외에는 다음 각 호에 규정하는 경우에 그 안전율이 경동선 또는 내열 동합금선은 2.2 이상, 그 밖의 전선은 **2.5 이상이 되는 처짐 정도(이도)로 시설하여야 한다.**　　　　　　　　　　　　　　　　　　　　　【답】③

94 ★★☆☆☆ 발전기를 구동하는 풍차의 압유장치의 유압, 압축공기장치의 공기압 또는 전동식 브레이드 제어장 치의 전원전압이 현저히 저하한 경우 발전기를 자동적으로 전로로부터 차단하는 장치를 시설하여야 하는 발전기 용량은 몇 [kVA] 이상인가?

① 100

② 300

③ 500

④ 1,000

(KEC 351.3조) 발전기 등의 보호 장치

용량 100 [kVA] 이상의 발전기를 구동하는 풍차(風車)의 압유장치의 유압, 압축 공기장치의 공기압 또는 전동식 브레이드 제어장치의 전원전압이 현저히 저하한 경우　　　　　　　　　　　　　　　　　　　　　　　　　　　　　　　【답】①

95 ★☆☆☆☆ 욕조나 샤워시설이 있는 욕실 또는 화장실 등 인체가 물에 젖어있는 상태에서 전기를 사용하는 장소 에 콘센트를 시설하는 경우에 적합한 누전차단기는?

① 정격감도전류 15[mA] 이하, 동작시간 0.03초 이하의 전류동작형 누전차단기

② 정격감도전류 15[mA] 이하, 동작시간 0.03초 이하의 전압동작형 누전차단기

③ 정격감도전류 20[mA] 이하, 동작시간 0.3초 이하의 전류동작형 누전차단기

④ 정격감도전류 20[mA] 이하, 동작시간 0.3초 이하의 전압동작형 누전차단기

(KEC 234.5조) 콘센트의 시설

「전기용품 및 생활용품 안전관리법」의 적용을 받는 인체감전보호용 누전차단기(전기용품안전기준 또는 KSC 4613(2007)의 규정에 적합한 **정격감도전류 15[mA] 이하, 동작시간 0.03초 이하**의 전류동작형의 것에 한한다) 또는 절연변압기(정격용량 3 [kVA] 이하인 것에 한한다)로 보호된 전로에 접속하거나, 인체감전보호용 누전차단기가 부착된 콘센트를 시설하여야 한 다.　　　　　　　　　　　　　　　　　　　　　　　　　　　　　　　　　【답】①

96 ★★☆☆☆ 수영장용 수중조명등에 전기를 공급하기 위하여 사용되는 절연변압기에 대한 설명으로 틀린 것은?

① 절연변압기 2차측 전로의 사용전압은 150[V] 이하이어야 한다.

② 절연변압기의 2차측 전로에는 반드시 접지공사를 하며, 그 저항 값은 5[Ω] 이하가 되도록 하여야 한다.

③ 절연변압기 2차측 전로의 사용전압이 30[V] 이하인 경우에는 1차 권선과 2차 권선 사이에 금속제의 혼촉방지판이 있어야 한다.

④ 절연변압기의 2차측 전로의 사용전압이 30[V]를 초과하는 경우에는 그 전로에 지락이 생겼을 때에 자동적으로 전로를 차단하는 장치가 있어야 한다.

(KEC 234.14조) 수중조명등

① 절연 변압기는 그 2차측 전로의 사용전압이 30[V] 이하인 경우에는 1차 권선과 2차 권선 사이에 금속제의 혼촉방지판을 설치하여야 하며 또한 이를 접지공사 할 것
② 절연변압기의 2차 측 전로는 접지하지 말 것

【답】②

97

★☆☆☆☆

건조한 곳에 시설하고 또한 내부를 건조한 상태로 사용하는 진열장 안의 사용전압이 400[V] 이하인 저압 옥내배선은 외부에서 보기 쉬운 곳에 한하여 코드 또는 캡타이어 케이블을 조영재에 접촉하여 시설할 수 있다. 이때 전선의 붙임점 간의 거리는 몇 [m] 이하로 시설하여야 하는가?

① 0.5
② 1.0
③ 1.5
④ 2.0

Explanation

(KEC 234.8조) 진열장 또는 이와 유사한 것의 내부 배선
건조한 곳에 시설하고 내부를 건조한 상채로 사용하는 진열장 또는 진열장 안의 사용전압이 400[V] 이하인 저압 옥내 배선은 외부에서 보기 쉬운 곳에 한하여 단면적 0.75[㎟] 이상의 코드 또는 **캡타이어 케이블 1[m] 이하마다 지지**하여 시설 할 수 있다.

【답】②

98

★★★★★

가공전선로의 지지물에 사용하는 지지선의 시설기준과 관련된 내용으로 틀린 것은?

① 지지선에 연선을 사용하는 경우 소선 3가닥 이상의 연선일 것
② 지지선의 안전율은 2.5 이상, 허용 인장하중의 최저는 3.31[kN]으로 할 것
③ 지지선에 연선을 사용하는 경우 소선의 지름이 2.6[mm] 이상의 금속선을 사용한 것일 것
④ 가공전선로의 지지물로 사용하는 철탑은 지지선을 사용하여 그 강도를 분담시키지 않을 것

Explanation

(KEC 331.11조) 지지선의 시설
가공전선로의 지지물로 사용하는 철탑은 지지선을 사용하여 그 강도를 분담시켜서는 아니 된다.
• 지지선의 안전율은 2.5 이상일 것
• **허용 인장 하중의 최저는 4.31[kN]**으로 한다.
• 지지선은 소선 3가닥 이상의 연선일 것
• 소선은 지름 2.6[mm] 이상의 금속선을 사용할 것
• 지중 부분 및 지표상 0.3[m]까지는 내식성이 있는 것 또는 아연도금 철봉을 사용

【답】②

99

★★★★★

뱅크용량 15,000[kVA] 이상인 분로리액터에서 자동적으로 전로로부터 차단하는 장치가 동작하는 경우가 아닌 것은?

① 내부 고장 시
② 과전류 발생 시
③ 과전압 발생 시
④ 온도가 현저히 상승한 경우

Explanation

(KEC 351.5조) 조상설비의 보호장치

설비종별	뱅크용량의 구분	자동적으로 전로로부터 차단하는 장치
전력용 커패시터 및 분로리액터	500[kVA] 초과 15,000[kVA] 미만	내부에 고장이 생긴 경우에 동작하는 장치 또는 과전류가 생긴 경우에 동작하는 장치
	15,000[kVA] 이상	내부에 고장이 생긴 경우에 동작하는 장치 및 과전류가 생긴 경우에 동작하는 장치 또는 과전압이 생긴 경우에 동작하는 장치

【답】④

100 ★★☆☆☆ 발열선을 도로, 주차장 또는 조영물의 조영재에 고정시켜 시설하는 경우, 발열선에 전기를 공급하는
전로의 대지전압은 몇 [V] 이하이어야 하는가?

① 220

② 300

③ 380

④ 600

Explanation

(KEC 241.12조) 도로 등의 전열 장치
발열선에 전기를 공급하는 전로의 대지전압은 300[V] 이하일 것

【답】②

1과목 전기자기학

01 접지 구도체와 점전하 사이에 작용하는 힘은?

① 항상 반발력이다.
② 항상 흡인력이다.
③ 조건적 반발력이다.
④ 조건적 흡인력이다.

Explanation

접지 도체구
유도전하 : $Q' = -\dfrac{a}{d} Q$, 위치 : $x = \dfrac{a^2}{d}$
점전하와 반대 극성의 전하가 유도되므로 **항상 흡인력**이 작용한다.

【답】②

02 2[C]의 점전하가 전계 $E = 2a_x + a_y - 4a_z$[V/m] 및 자계 $B = -2a_x + 2a_y - a_z$[Wb/m²] 내에서 속도 $v = 4a_x - a_y - 2a_z$[m/s]로 운동하고 있을 때 점전하에 작용하는 힘 F는 몇 [N]인가?

① $-14a_x + 18a_y + 6a_z$
② $14a_x - 18a_y - 6a_z$
③ $-14a_x + 18a_y + 4a_z$
④ $14a_x + 18a_y + 4a_z$

Explanation

로렌쯔의 힘 : 전하 q[C]가 속도 v[m/s]로 자계 B[Wb/m²] 내에서 운동할 때 전계 및 자계에서 받는 힘
$F = q(E + v \times B)$

$$= 2(2a_x + a_y - 4a_z) + 2 \begin{vmatrix} a_x & a_y & a_z \\ 4 & -1 & -2 \\ -2 & 2 & -1 \end{vmatrix}$$
$$= 2(2a_x + a_y - 4a_z) + 2(5a_x + 8a_y + 6a_z)$$
$$= 14a_x + 18a_y + 4a_z$$

【답】④

03 진공 중에서 대전 도체의 표면전하 밀도가 σ[C/m²]이라면 표면 전계는?

① $E = \dfrac{\sigma}{\epsilon_0}$
② $E = \dfrac{\sigma}{2\epsilon_0}$
③ $E = \dfrac{\sigma}{2\pi\epsilon_0}$
④ $E = \dfrac{\sigma}{4\pi r^2}$

Explanation

도체 표면에서의 전계 $E = \dfrac{\sigma}{\epsilon_0}$ [V/m]

【답】①

04 $A = i + 4j + 3k$, $B = 4i + 2j - 4k$의 두 벡터는 서로 어떤 관계에 있는가?

① 평행
② 면적
③ 접근
④ 수직

두 벡터의 사잇각은 벡터의 내적으로 구하며

$A \cdot B = |A| \, |B| \cos\theta$

$\cos\theta = \dfrac{A \cdot B}{|A| \, |B|} = \dfrac{(i+4j+3k) \cdot (4i+2j-4k)}{\sqrt{1^2+4^2+3^2} \cdot \sqrt{4^2+2^2+(-4)^2}} = \dfrac{0}{6\sqrt{26}} = 0$

따라서, $\cos\theta = 0$이면, $\theta = 90°$가 되어 벡터 A와 B는 수직관계이다.

【답】 ④

05 전류가 흐르고 있는 무한 직선도체로부터 2[m]만큼 떨어진 자유공간 내 P점의 자계의 세기가 $\dfrac{4}{\pi}$ [AT/m]일 때, 이 도체에 흐르는 전류는 몇 [A]인가?

① 2
② 4
③ 8
④ 16

무한장 직선도체의 자계의 세기 $H = \dfrac{I}{2\pi r}$

$\dfrac{4}{\pi} = \dfrac{I}{2\pi \times 2}$

$\therefore I = \dfrac{4}{\pi} \times 2\pi \times 2 = 16[A]$

【답】 ④

06 정전용량 및 내압이 3[μF]/1,000[V], 5[μF]/500[V], 12[μF]/250[V]인 3개의 콘덴서를 직렬로 연결하고 양단에 가한 전압을 서서히 증가시킬 경우 가장 먼저 파괴되는 콘덴서는?

① 3[μF]
② 5[μF]
③ 12[μF]
④ 3개 동시에 파괴

콘덴서 직렬연결 시 파괴되는 콘덴서는 $Q = CV$에서 Q값이 작은 콘덴서가 먼저 파괴된다.

$Q_1 = C_1 V_1 = 3 \times 1,000 = 3,000[C]$

$Q_2 = C_2 V_2 = 5 \times 500 = 2,500[C]$

$Q_3 = C_3 V_3 = 12 \times 250 = 3,000[C]$

따라서 전하량이 가장 적은 500[V]-5[μF]의 콘덴서가 가장 먼저 파괴된다.

【답】 ②

07 두 자성체의 경계면에서 정자계가 만족하는 것은?

① 자계의 법선성분이 같다.
② 자속 밀도의 접선 성분이 같다.
③ 자속은 투자율이 작은 자성체에 모인다.
④ 양측 경계면상의 두 점 간의 자위차가 같다.

자성체의 경계조건(경계면상의 두 점 간의 자위차가 같다)
• 자계의 접선성분 : $H_{1T} = H_{2T}$, $H_1 \sin\theta_1 = H_2 \sin\theta_2$
• 자속밀도의 법선성분 : $B_{1N} = B_{2N}$, $B_1 \cos\theta_1 = B_2 \cos\theta_2$
• 경계조건 : $\dfrac{\tan\theta_1}{\tan\theta_2} = \dfrac{\mu_1}{\mu_2}$

【답】 ④

08 전류에 의한 자계의 방향을 결정하는 법칙은?

① 렌츠의 법칙
② 플레밍의 오른손 법칙
③ 플레밍의 왼손 법칙
④ 암페어의 오른손 법칙

- 렌츠의 법칙 : 기전력 방향 결정
- 플레밍의 오른손 법칙 : 자계 중에서 도체가 운동할 때 유기 기전력의 방향 결정
- 플레밍의 왼손 법칙 : 자계 중에 있는 도체에 전류를 흘릴 때 도체의 운동 방향 결정
- **암페어의 오른나사(오른손) 법칙 : 전류에 의한 자계의 방향**

【답】 ④

09 자기인덕턴스 0.5[H]의 코일에 1/200초 동안에 전류가 25[A]로부터 20[A]로 줄었다. 이 코일에 유기된 기전력의 크기 및 방향은?

① 50[V], 전류와 같은 방향
② 50[V], 전류와 반대 방향
③ 500[V], 전류와 같은 방향
④ 500[V], 전류와 반대 방향

유기기전력 $e = -L\dfrac{di}{dt} = -0.5 \times \dfrac{20-25}{\dfrac{1}{200}} = 500[\text{V}]$

따라서 기전력이 (+)이므로 본래의 전류와 같은 방향

【답】 ③

10 표피효과에 관한 설명으로 옳은 것은?
① 주파수가 낮을수록 침투깊이는 작아진다.
② 전도도가 작을수록 침투깊이는 작아진다.
③ 표피효과는 전계 혹은 전류가 도체내부로 들어갈수록 지수함수적으로 적어지는 현상이다.
④ 도체내부의 전계의 세기가 도체표면의 전계세기의 1/2까지 감쇠되는 도체표면에서 거리를 표피두께라 한다.

표피효과 : 도선의 중심부로 갈수록 전류밀도가 적어지는 현상
- 주파수, 투자율, 도전율이 클수록 표피효과는 커진다.
- 표피효과가 커지면 전류가 흐르는 면적이 작아지므로 실효저항이 커진다.

【답】 ③

11 전위 함수가 $V = x^2 + y^2$[V]인 자유공간 내의 전하밀도는 몇 [C/m³]인가?

① -12.5×10^{-12}
② -22.4×10^{-12}
③ -35.4×10^{-12}
④ -70.8×10^{-12}

$\nabla^2 V = -\dfrac{\rho}{\epsilon_0}$(프아송의 방정식)   여기서, ρ : 체적전하밀도[C/m³]

$\nabla^2 V = \dfrac{\partial^2(x^2+y^2)}{\partial x^2} + \dfrac{\partial^2(x^2+y^2)}{\partial y^2} + \dfrac{\partial^2(x^2+y^2)}{\partial z^2} = 2+2+0 = -\dfrac{\rho}{\epsilon_0}$

따라서 체적전하밀도 $\rho = -4\epsilon_0 = -35.4 \times 10^{-12}$[C/m³]

【답】 ③

12 비유전율 $\epsilon_r = 5$인 유전체 내의 한 점에서 전계의 세기가 10^4[V/m]라면, 이 점의 분극의 세기는 약 몇 [C/m²] 인가?

① 3.5×10^{-7}
② 4.3×10^{-7}
③ 3.5×10^{-11}
④ 4.3×10^{-11}

분극의 세기

$$P = \epsilon_0 (\epsilon_s - 1) E [\text{C/m}^2]$$
$$= 8.855 \times 10^{-12} \times (5-1) \times 10^4 = 3.5 \times 10^{-7} [\text{C/m}^2]$$

【답】①

13 단면적 $S[\text{m}^2]$의 철심에 $\phi[\text{Wb}]$의 자속을 통하게 하려면 $H[\text{AT/m}]$의 자계가 필요하다. 이 철심의 비투자율은 얼마인가?

① $\dfrac{\phi}{\mu_0 SH^2}$ ② $\dfrac{\phi}{SH}$

③ $\dfrac{\phi}{SH^2}$ ④ $\dfrac{\phi}{\mu_0 SH}$

Explanation

자속 밀도 $B = \mu H = \mu_0 \mu_s H$ 이며 $B = \dfrac{\phi}{S}$ 이므로

$B = \mu H = \mu_0 \mu_s H = \dfrac{\phi}{S}$ 에서 비투자율 $\mu_s = \dfrac{\phi}{\mu_0 SH}$

【답】④

14 비유전율이 9인 유전체 중에 1[cm]의 거리를 두고 1[μC]과 2[μC]의 두 점전하가 있을 때 서로 작용하는 힘은 약 몇 [N]인가?

① 18   ② 20

③ 180   ④ 200

Explanation

쿨롱의 법칙
$$F = \dfrac{Q_1 Q_2}{4\pi\epsilon_o \epsilon_s r^2} = 9 \times 10^9 \times \dfrac{1 \times 10^{-6} \times 2 \times 10^{-6}}{9 \times (1 \times 10^{-2})^2} = 20 [\text{N}]$$

【답】②

15 공기 중에서 무한 평면 도체 표면 아래의 1[m] 떨어진 곳에 1[C]의 점전하가 있다. 전하가 받는 힘의 크기는 몇 [N]인가?

① 9×10^9 ② $\dfrac{9}{2} \times 10^9$

③ $\dfrac{9}{4} \times 10^9$ ④ $\dfrac{9}{16} \times 10^9$

Explanation

영상법을 이용하여 오른쪽 그림과 같은 형태로 바꾸어 생각하면

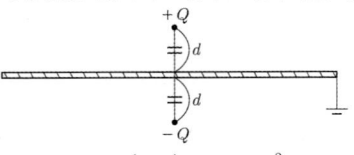

영상력 $F = \dfrac{Q(-Q)}{4\pi\epsilon_0 r^2} = -\dfrac{Q^2}{4\pi\epsilon_0 (2d)^2} = -\dfrac{Q^2}{16\pi\epsilon_0 d^2} [\text{N}]$

$F = \dfrac{1}{4\pi\epsilon_0} \dfrac{QQ'}{(2r)^2} = \dfrac{Q^2}{16\pi\epsilon_0 r^2} = \dfrac{1}{4} \times 9 \times 10^9 \times \dfrac{1^2}{1^2} = \dfrac{9}{4} \times 10^9 [\text{N}]$

단, 여기서 (−)부호는 흡인력을 의미한다.

【답】③

16 전기 쌍극자로부터 임의의 점의 거리가 r이라 할 때, 전계의 세기는 r과 어떤 관계에 있는가?

① $\dfrac{1}{r}$에 비례

② $\dfrac{1}{r^2}$에 비례

③ $\dfrac{1}{r^3}$에 비례

④ $\dfrac{1}{r^4}$에 비례

Explanation

전기쌍극자 전계의 세기 : $E = \dfrac{M\sqrt{1+3\cos^2\theta}}{4\pi\epsilon_0 r^3}$ [V/m] $\qquad \therefore E \propto \dfrac{1}{r^3}$

【답】③

17 자기회로의 자기저항에 대한 설명으로 틀린 것은?

① 단위는 [AT/Wb]이다.

② 자기회로의 길이에 반비례한다.

③ 자기회로의 단면적에 반비례한다.

④ 자성체의 비투자율에 반비례한다.

Explanation

자기저항 $R_m = \dfrac{l}{\mu_0 \mu_s S}$ [AT/Wb]

$\therefore$ 자기저항은 길이에 비례하고 투자율과 단면적에 반비례한다.

【답】②

18 그림과 같이 무한장 직선 도체에 I[A]의 전류가 흐를 때 도체에서 d[m] 떨어진 곳에 있는 가로, 세로가 각각 a[m], b[m]인 구형의 면적을 통과하는 자속 [Wb]은?

① $\dfrac{\mu_0 b I}{2\pi}\ln\dfrac{d}{d+a}$

② $\dfrac{\mu_0 b I}{2\pi}\ln\dfrac{d+a}{d}$

③ $\dfrac{\mu_0 b I}{\pi}\ln\dfrac{d}{d+a}$

④ $\dfrac{\mu_0 b I}{\pi}\ln\dfrac{d+a}{d}$

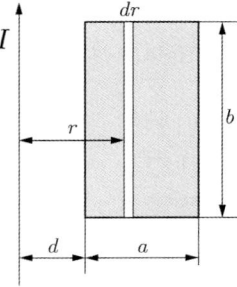

Explanation

【답】②

19 반지름이 2[m], 3[m] 절연도체구의 전위를 각각 5[V], 6[V]로 한 후 가는 도선으로 두 도체구를 연결하면 공통 전위는 몇 [V]가 되는가?

① 5.2

② 5.4

③ 5.6

④ 5.8

Explanation

콘덴서 연결 시 : 병렬연결
따라서 병렬연결이므로 구의 전위 값이 같다(공통전위).
$Q = CV$
• 전체 정전용량 : $C_T = C_1 + C_2 = 4\pi\epsilon r_1 + 4\pi\epsilon r_2$

- 전체 전하량 : $Q_T = Q_1 + Q_2 = C_1 V_1 + C_2 V_2 = 4\pi\epsilon r_1 V_1 + 4\pi\epsilon r_2 V_2$
- 공통전위 : $V_T = \dfrac{Q_T}{C_T} = \dfrac{4\pi\epsilon(r_1 V_1 + r_2 V_2)}{4\pi\epsilon(r_1 + r_2)} = \dfrac{r_1 V_1 + r_2 V_2}{r_1 + r_2} = \dfrac{5 \times 2 + 6 \times 3}{2 + 3} = 5.6[\text{V}]$ 【답】③

20 자계의 벡터 포텐셜을 A 라 할 때, A 와 자계의 변화에 의해 생기는 전계 E 사이에 성립하는 관계식은?

① $A = \dfrac{\partial E}{\partial t}$ ② $E = \dfrac{\partial A}{\partial t}$

③ $A = -\dfrac{\partial E}{\partial t}$ ④ $E = -\dfrac{\partial A}{\partial t}$

Explanation

벡터 포텐셜의 정의 : $B = \nabla \times A$

$\nabla \times E = -\dfrac{\partial B}{\partial t} = -\dfrac{\partial}{\partial t}(\nabla \times A)$

$\displaystyle\int (\nabla \times E)\, ds = -\int \dfrac{\partial}{\partial t}(\nabla \times A)\, ds$ 에서 스토크스의 정리를 이용하면

$E = -\dfrac{\partial A}{\partial t}$ 【답】④

2과목　전력공학

21 3상 3선식 1선 1[km]의 임피던스가 $Z[\Omega]$이고, 어드미턴스가 $Y[\mho]$일 때 특성 임피던스는?

① $\sqrt{\dfrac{Z}{Y}}$ ② $\sqrt{\dfrac{Y}{Z}}$

③ $\sqrt{ZY}$ ④ $\sqrt{Z + Y}$

Explanation

특성 임피던스 $Z_0 = \sqrt{\dfrac{Z}{Y}} = \sqrt{\dfrac{R + j\omega L}{G + j\omega C}} \fallingdotseq \sqrt{\dfrac{L}{C}}$ 【답】①

22 배전선로의 역률개선에 따른 효과로 적합하지 않은 것은?

① 전원측 설비의 이용률 향상 ② 선로절연에 요하는 비용 절감

③ 전압강하 감소 ④ 선로의 전력손실 경감

Explanation

역률 개선의 효과
- 전력 손실 경감
- 전압강하 경감
- 설비 용량의 여유분 증가
- 전력 요금의 절약 【답】②

23 과전류계전기(OCR)의 탭(tap) 값을 옳게 설명한 것은?

① 계전기의 최소 동작전류 ② 계전기의 최대 부하전류

③ 계전기의 동작 시한 ④ 변류기의 권수비

과전류계전기(O.C.R)의 탭 값 : 계전기의 최소 동작전류 【답】 ①

24 송전선로에 충전전류가 흐르면 수전단 전압이 송전단 전압보다 높아지는 현상과 이 현상의 발생 원인으로 가장 옳은 것은?
① 페란티 효과, 선로의 인덕턴스 때문
② 페란티 효과, 선로의 정전용량 때문
③ 근접 효과, 선로의 인덕턴스 때문
④ 근접 효과, 선로의 정전용량 때문

페란티 현상
• 무부하시 송전단 전압보다 수전단 전압이 커지는 현상
• 발생 원인 : 선로의 정전용량
• 방지법 : 분로리액터(Sh.R) 【답】 ②

25 3상 차단기의 정격차단용량을 나타낸 것은?
① $\sqrt{3}$ ×정격전압×정격전류
② $\dfrac{1}{\sqrt{3}}$ ×정격전압×정격전류
③ $\sqrt{3}$ ×정격전압×정격차단전류
④ $\dfrac{1}{\sqrt{3}}$ ×정격전압×정격차단전류

3상용 차단기의 정격용량
$P_s = \sqrt{3}$ ×정격전압×정격차단전류 [MVA] 【답】 ③

26 100[kVA] 단상변압기 3대를 △ − △ 결선으로 사용하다가 1대의 고장으로 V–V결선으로 사용하면 약 몇 [kVA] 부하까지 사용할 수 있는가?
① 150
② 173
③ 225
④ 300

V결선 출력
$P_V = \sqrt{3}\,K = \sqrt{3} \times 100 = 173 [kVA]$ 여기서, K는 변압기 1대 용량 【답】 ②

27 가공 송전선에 사용되는 애자 1연 중 전압부담이 최대인 애자는?
① 중앙에 있는 애자
② 철탑에 제일 가까운 애자
③ 전선에 제일 가까운 애자
④ 전선으로부터 1/4 지점에 있는 애자

애자련의 전압부담
• **전압부담이 최대인 애자 : 전선에 가장 가까운 애자**
• 전압부담이 최소인 애자 : 철탑(접지측)에서 1/3 또는 전선에서 2/3 되는 지점의 애자 【답】 ③

28 지락보호계전기의 동작이 가장 확실한 송전 계통 방식은?
① 고저항 접지식
② 비접지식
③ 소호리액터 접지식
④ 직접 접지식

직접 접지 방식의 특징
- 1선 지락 시 건전상의 대지 전압 상승이 가장 낮다(1.3배 이하로 한다)(절연레벨 경감).
- 중성점을 0전위로 유지 가능(단절연 가능)
- **보호계전기 동작이 확실하다.**
- 정격이 낮은 피뢰기 사용 가능
- 통신선의 유도장해가 크다.
- 과도 안정도가 낮다.

【답】 ④

29 송전선에 복도체를 사용하는 주된 목적은?
① 역률 개선
② 정전용량의 감소
③ 인덕턴스의 증가
④ 코로나 발생의 방지

> **Explanation**

복도체(다도체) 방식의 주목적 : 코로나 방지
- 인덕턴스는 감소, 정전용량은 증가
- 코로나의 방지, 코로나 임계 전압의 상승
- 송전용량의 증대, 안정도 증대

【답】 ④

30 선간거리를 D, 전선의 반지름을 r이라 할 때 송전선의 정전용량은?
① $\log_{10}\dfrac{D}{r}$에 비례한다.
② $\log_{10}\dfrac{r}{D}$에 비례한다.
③ $\log_{10}\dfrac{D}{r}$에 반비례한다.
④ $\log_{10}\dfrac{r}{D}$에 반비례한다.

> **Explanation**

작용정전용량 $C=\dfrac{0.02413}{\log_{10}\dfrac{D}{r}}[\mu F/Km]$이므로

작용정전용량은 $\log_{10}\dfrac{D}{r}$에 반비례한다.

【답】 ③

31 다음 중 부하 전류 차단능력이 없는 것은?
① 부하개폐기(LBS)
② 유입차단기(OCB)
③ 진공차단기(VCB)
④ 단로기(DS)

> **Explanation**

단로기(DS) : 무부하 회로 개폐

【답】 ④

32 22.9[kV-Y] 배전 선로의 보호 협조기기가 아닌 것은?
① 컷아웃 스위치
② 인터럽터 스위치
③ 리클로저
④ 섹셔널라이저

> **Explanation**

배전 선로의 보호협조
- Recloser(R) : 리클로저. 배전선로에 사용되는 자동재폐로 차단기
- Sectionalizer(S) : 섹셔널라이저. 구분개폐기로서 사고 차단 능력이 없어서 후비보호장치인 리클로저와 함께 사용
- Fuse(F) : 퓨즈. 부하의 전단에 사용

【답】 ②

33 다음 중 원자로에서 독작용이란 것을 설명한 것으로 가장 알맞은 것은?

① 열중성자가 독성을 받는 것을 말한다.

② $_{54}Xe^{135}$와 $_{62}Sn^{149}$가 인체에 독성을 주는 작용이다.

③ 열중성자 이용률이 저하되고 반응도가 감소되는 작용을 말한다.

④ 방사성 물질이 생체에 유해 작용을 하는 것을 말한다.

Explanation

독작용 : 열중성자 이용률이 저하되고 반응도가 감소되는 작용　　　　　　　　　　【답】③

34 설비용량 800[kW], 부등률 1.2, 수용률 60[%]일 때, 변전시설 용량은 최저 몇 [kVA] 이상이어야 하는가? 단, 역률은 90[%] 이상 유지되어야 한다고 한다.

① 450[kVA]　　　　　　　　　　　　② 500[kVA]

③ 550[kVA]　　　　　　　　　　　　④ 600[kVA]

Explanation

$$변압기 용량 = \frac{설비용량 \times 수용률}{부등률 \times 역률}[kVA] = \frac{800 \times 0.6}{1.2 \times 0.9} ≒ 444[kVA]$$　　【답】①

35 어떤 발전소의 발전기가 13.2[kV], 용량 9.3[MVA], 동기임피던스 94[%]일 때, 임피던스는 몇 [Ω]인가?

① 9.8　　　　　　② 12.8　　　　　　③ 17.6　　　　　　④ 22.4

Explanation

$$\%동기 임피던스　\%Z_s = \frac{Z_s I}{E} \times 100 = \frac{PZ_s}{10V^2}$$　　여기서, 정격전압 V[kV], 정격용량 P[kVA]

$$Z_s = \frac{\%Z_s \times 10V^2}{P} = \frac{94 \times 10 \times 13.2^2}{9.3 \times 10^3} = 17.6[Ω]$$　　【답】③

36 피뢰기의 구비조건이 아닌 것은?

① 속류의 차단 능력이 충분할 것　　　② 충격방전 개시전압이 높을 것

③ 상용 주파 방전 개시 전압이 높을 것　④ 방전 내량이 크고, 제한전압이 낮을 것

Explanation

피뢰기의 구비조건

• 상용 주파 방전 개시 전압이 높을 것

• **충격방전 개시전압이 낮을 것**

• 제한전압이 낮을 것

• 속류 차단 능력이 우수할 것　　　　　　　　　　　　　　　　　　　　　　【답】②

37 다음 그림에서 송전선의 1선 지락 시 선로에 흐르는 전류를 바르게 나타낸 것은?

① 영상전류만 흐른다.

② 영상전류 및 정상전류만 흐른다.

③ 영상전류 및 역상전류만 흐른다.

④ 영상전류, 정상전류 및 역상전류가 흐른다.

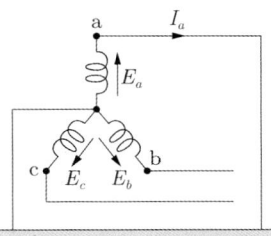

Explanation

1선 지락 : $I_0 = I_1 = I_2$ ∴ $I_g = 3I_0 = \dfrac{3E_a}{Z_0 + Z_1 + Z_2}$

따라서 1선 지락 시 영상전류, 정상전류 및 역상전류가 흐른다.

【답】④

38 3상의 같은 전원에 접속하는 경우, △ 결선의 콘덴서는 Y결선에 비해 진상 용량은 얼마가 되는가?
① $\sqrt{3}$ 배의 진상 용량이 된다.　　　　② 3배의 진상 용량이 된다.
③ $\dfrac{1}{\sqrt{3}}$ 의 진상 용량이 된다.　　　　④ $\dfrac{1}{3}$ 의 진상 용량이 된다.

Explanation

진상 용량(콘덴서 용량)

△결선 $C_\triangle = \dfrac{Q}{3 \times 2\pi f V^2} \times 10^3$, 　Y결선 $C_Y = \dfrac{Q}{2\pi f V^2} \times 10^3$

$C_\triangle : C_Y = \dfrac{1}{3} : 1$ ∴ $C_\triangle = \dfrac{C_Y}{3}$

【답】④

39 수전단 전압 60,000[V], 전류 100[A], 선로 저항 8[Ω], 리액턴스 12[Ω]일 때 송전단 전압 및 전압 강하율[%]은? 단, 수전단 역률은 0.80이다.
① 약 62,000, 3.92　　　　② 약 63,000, 4.1
③ 약 62,300, 3.92　　　　④ 약 63,200, 4.1

Explanation

전압 강하 $e = V_s - V_r = \sqrt{3}\, I(R\cos\theta + X\sin\theta) = \sqrt{3} \times 100 \times (8 \times 0.8 + 12 \times 0.6) = 2,356$ [V]
송전단 전압 $V_s = V_r + e = 60,000 + 2,356 = 62,356$ [V]

전압 강하율 $\delta = \dfrac{V_s - V_r}{V_r} \times 100 = \dfrac{e}{V_r} \times 100 = \dfrac{2,356}{60,000} \times 100 ≒ 3.93$ [%]

【답】③

40 기력발전소에서 과잉공기가 많아질 때의 현상으로 적당하지 않은 것은?
① 노 내의 온도가 저하된다.　　　　② 배기가스가 증가된다.
③ 연도손실이 커진다.　　　　④ 완전 연소되어 매연이 발생하지 않는다.

Explanation

• 공기과잉률 $= \dfrac{실제소요공기량}{이론공기량}$
• 미분탄 연소 1.2~1.4
• 중유 연소 1.05
• 과잉공기가 많아질 때의 현상은 불완전 연소로 매연이 발생한다.

【답】④

3과목　전기기기

41 직류전동기의 속도제어 방법에서 광범위한 속도제어가 가능하며, 운전효율이 가장 좋은 방법은?
① 계자제어　　　　② 전압제어
③ 직렬 저항제어　　　　④ 병렬 저항제어

Explanation

직류 전동기 속도 제어 $n = K' \dfrac{V - I_a R_a}{\phi}$ (K' : 기계정수)

종류	특징
전압 제어	• 광범위 속도제어 가능 • 워드 레오너드 방식 : 소형부하(엘리베이터에 사용) • 일그너 방식(부하가 급변, 대용량 부하−제철, 제강, 압연) : 플라이 휠 효과(관성 모멘트 증가) • 정토크 제어
계자 제어	• 세밀하고 안정된 속도 제어 • 정출력 제어
저항 제어	• 속도 조정 범위 좁다. • 효율이 저하

【답】②

42 직류 분권 발전기를 서서히 단락 상태로 하면 다음 중 어떠한 상태로 되는가?
① 과전류로 소손된다.　　　　　　　　　② 과전압이 된다.
③ 소전류가 흐른다.　　　　　　　　　　④ 운전이 정지된다.

Explanation

분권 발전기의 특성
• 잔류 자기가 없으면 발전 불가능
• 운전 중 회전 방향 반대 → 잔류자기가 소멸 ⇨ 발전 불가능
• 운전 중 서서히 단락하면 → 소전류 발생

【답】③

43 A, B 2대의 동기 발전기를 병렬 운전 중 계통 주파수를 바꾸지 않고 B기의 역률을 좋게 하는 것은?
① A기의 여자전류를 증대　　　　　　　② A기의 원동기 출력을 증대
③ B기의 여자전류를 증대　　　　　　　④ B기의 원동기 출력을 증대

Explanation

병렬 운전 시
① A발전기 여자전류 증가
　A발전기에는 지상전류가 흘러 A발전기의 역률이 저하되며
　B발전기에는 진상전류가 흘러 B발전기의 역률은 좋아지게 된다.
② B발전기 여자전류 증가
　B발전기에는 지상전류가 흘러 B발전기의 역률이 저하되며
　A발전기에는 진상전류가 흘러 A발전기의 역률은 좋아지게 된다.

【답】①

44 권선형 유도전동기에서 2차 저항을 변화시켜서 속도제어를 하는 경우 최대 토크는?
① 항상 일정하다.　　　　　　　　　　② 2차 저항에만 비례한다.
③ 최대 토크가 생기는 점의 슬립에 비례한다.　　④ 최대 토크가 생기는 점의 슬립에 반비례한다.

Explanation

비례 추이의 원리 : 권선형 유도전동기
• 최대 토크는 불변, 최대 토크의 발생 슬립은 변화(2차 저항이 증가하면 토크 곡선 등이 슬립이 증가하는 방향으로 2차 저항에 비례하여 이동)
• 기동 전류는 감소하고, 기동 토크는 증가

【답】①

45 토크가 증가할 때 가장 급격히 속도가 낮아지는 전동기는?

① 직류 분권전동기   ② 직류 복권전동기

③ 직류 직권전동기   ④ 3상 유도전동기

Explanation

직류 직권전동기 : $\tau \propto I^2 \propto \dfrac{1}{N^2}$

토크는 부하전류의 제곱에 비례하고 회전수의 제곱에 반비례
속도는 부하전류에 반비례
용도 : 전기철도용

【답】 ③

46 3상 동기 발전기에서 그림과 같이 1상의 권선을 서로 똑같은 2조로 나누어서 그 1조의 권선전압을 E [V], 각 권선의 전류는 I[A]라 하고 2중 △형(double delta)으로 결선하는 경우 선간전압과 선전 류 및 피상 전력은?

① $3E$, I, $5.19EI$

② $\sqrt{3}\,E$, $2I$, $6EI$

③ E, $2\sqrt{3}\,I$, $6EI$

④ $\sqrt{3}\,E$, $\sqrt{3}\,I$, $5.19EI$

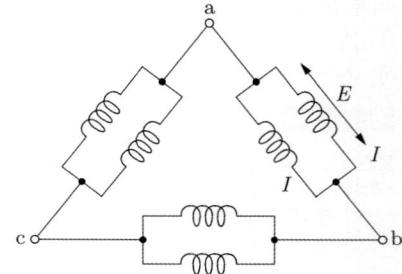

Explanation

접속	선간전압	선전류	피상전력
(e) 2중 △형	E	$2\sqrt{3}\,I$	$\sqrt{3} \times E \times 2\sqrt{3}\,I = 6EI$

【답】 ③

47 단자전압 220[V], 부하전류 48[A], 계자전류 2[A], 전기자 저항 0.2[Ω]인 직류 분권발전기의 유도 기전력[V]은?(단, 전기자 반작용은 무시한다)

① 210   ② 220

③ 230   ④ 240

Explanation

분권발전기 $I_a = I + I_f = 48 + 2 = 50$
유기기전력 $E = V + I_a R_a = 220 + 50 \times 0.2 = 230$[V]

【답】 ③

48 100[V], 10[kW], 1,000[rpm]의 분권전동기를 부하 전류 102[A]의 정격 속도로 운전하고 있다. 지금 전 기자에 직렬 저항 0.4[Ω]을 접속하고 전과 동일한 토크로 운전하려면 몇 [rpm]으로 회전하겠는가? 단, 전기자 및 분권 계자 회로의 저항은 각각 0.05[Ω]과 50[Ω]이다.

① 560   ② 570   ③ 580   ④ 590

Explanation

분권전동기 전기자전류 $I_a = I - I_f = I - \dfrac{V}{R_f} = 102 - \dfrac{100}{50} = 100[\text{A}]$

역기전력 $E_1 = V - I_a R_a = 100 - 100 \times 0.05 = 95[\text{V}]$

분권전동기를 동일한 토크로 운전하려면 $T \propto I_a \propto \dfrac{1}{N}$ 이므로 토크는 전기자전류에 비례한다.

전기자에 직렬저항을 접속하면 역기전력 $E_2 = V - I_a R_a = 100 - 100 \times (0.05 + 0.4) = 55[\text{V}]$

따라서 역기전력 $E = K\phi N$에서 $E \propto N$이므로

$N_2 = N_1 \times \dfrac{E_2}{E_1} = 1,000 \times \dfrac{55}{95} = 578.95[\text{rpm}] \fallingdotseq 580$ 【답】③

49 동기발전기의 단락시험, 무부하시험에서 구할 수 없는 것은?
① 철손
② 단락비
③ 동기리액턴스
④ 전기자 반작용

Explanation

발전기의 시험
• 단락 시험 : 동기 임피던스(동기 리액턴스), 단락비 측정
• 무부하 시험 : 여자전류, 철손, 단락비 측정 【답】④

50 동기 발전기의 단락비는 기계의 특성을 단적으로 잘 나타내는 수치로서, 동일 정격에 대하여 단락 비가 큰 기계는 다음과 같은 특성을 가진다. 옳지 않은 것은?
① 과부하 내량이 크고, 안정도가 좋다.
② 동기 임피던스가 작아져 전압 변동률이 좋으며, 송전선 충전 용량이 크다.
③ 기계의 형태, 중량이 커지며, 철손, 기계 철손이 증가하고 가격도 비싸다.
④ 극수가 적은 고속기가 된다.

Explanation

단락비가 큰 동기기
• 전기자 반작용이 작다(동기 임피던스가 작다).
• 과부하 내량이 크다.
• 기계의 중량이 무겁고 고가이다.
• 전압 변동률이 양호하다.
• 송전 선로의 충전 용량이 크다.
• 안정도가 우수하다.
• 저속기(수차형) 【답】④

51 3,300/200[V], 50[kVA]인 단상 변압기의 퍼센트(%) 저항, 퍼센트(%) 리액턴스를 각각 2.4[%], 1.6[%] 라 하면, 이때의 임피던스 전압은 몇 [V]인가?
① 95
② 100
③ 105
④ 110

Explanation

$\%Z = \sqrt{p^2 + q^2} = \sqrt{2.4^2 + 1.6^2} = 2.88[\%]$

$\%Z = \dfrac{V_s}{V_{1n}} \times 100[\%]$에서

임피던스 전압 $V_s = \dfrac{\%Z \times V_{1n}}{100} = \dfrac{2.88 \times 3,300}{100} = 95[\text{V}]$ 【답】①

52 단상 유도 전압 조정기와 3상 유도전압 조정기의 비교 설명으로 옳지 않은 것은?

① 도두 회전자와 고정자가 있으며 한편에 1차 권선을, 다른 편에 2차 권선을 둔다.
② 도두 입력 전압과 이에 대응한 출력 전압 사이에 위상차가 있다.
③ 단상 유도 전압조정기에는 단락 코일이 필요하나 3상에서는 필요 없다.
④ 도두 회전자의 회전각에 따라 조정된다.

Explanation

유도 전압 조정기(유도 전동기와 변압기 원리를 이용한 전압조정기)

종류	단상 유도 전압 조정기	3상 유도 전압 조정기
전압조정 범위	$V_2 = V_1 + E_2\cos\theta$	$V_2 = \sqrt{3}(V_1 \pm E_2)$
조정 정격 용량	$P_2 = E_2 I_2 \times 10^{-3}[\text{kVA}]$	$P_2 = \sqrt{3} E_2 I_2 \times 10^{-3}[\text{kVA}]$
정격 출력(부하)	$P = V_2 I_2 \times 10^{-3}[\text{kVA}]$	$P = \sqrt{3} V_2 I_2 \times 10^{-3}[\text{kVA}]$
특징	교번자계 이용 입력과 출력 위상차 없음 단락권선 필요	회전자계 이용 입력과 출력 위상차 있음 단락권선 필요 없음

따라서 단상 유도전압 조정기는 위상차가 없다.   【답】②

53 2개의 사이리스터로 단상 전파정류를 하여 90[V]의 직류전압을 얻는 데 필요한 최대 첨두역전압은 약 얼마인가?

① 141[V]   ② 283[V]
③ 335[V]   ④ 400[V]

Explanation

단상 전파정류 회로

$$E_d = \frac{2\sqrt{2}}{\pi}E$$

$$\text{PIV} = \pi E_d = \pi \times 90 = 282.74[\text{V}]$$ 【답】②

54 용량 10[kVA]의 단권변압기를 그림과 같이 접속하면 역률 80[%]의 부하에 몇 [kW]의 전력을 공급할 수 있는가?

① 55
② 63
③ 77
④ 83

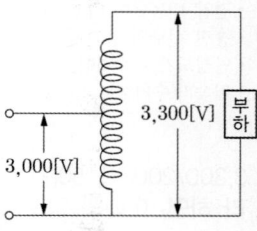

Explanation

$$\frac{\text{자기 용량}}{\text{부하 용량}} = \frac{V_h - V_l}{V_h}$$

$$\text{부하 용량} = \text{자기 용량} \times \frac{V_h}{V_h - V_l} = 10 \times \frac{3,300}{3,300-3,000} = 110[\text{kVA}]$$

$$\text{부하 전력 } P\text{는 } \therefore P = P_a\cos\theta = 110 \times 0.8 = 88[\text{kW}]$$ 【답】④

55 전원 전압 100[V]인 단상 전파 제어 정류에서 점호각이 30°일 때 직류 평균 전압[V]은?

① 84   ② 87

③ 92   ④ 98

Explanation

사이리스터를 이용한 전파 정류회로

직류값 $E_{d\alpha} = \dfrac{1}{\pi}\int_{\alpha}^{\pi}\sqrt{2}\,E\sin\theta\,d\theta = \dfrac{\sqrt{2}\,E}{\pi}\left[-\cos\theta\right]_{\alpha}^{\pi} = \dfrac{\sqrt{2}\,E}{\pi}(1+\cos\alpha)$

$\qquad\quad = \dfrac{2\sqrt{2}\,E}{\pi}\left(\dfrac{1+\cos\alpha}{2}\right) = \dfrac{\sqrt{2}\,E}{\pi}(1+\cos\alpha)$

$E_d = \dfrac{\sqrt{2}\,E}{\pi}(1+\cos\alpha) = \dfrac{\sqrt{2}\times100}{\pi}\left(1+\dfrac{\sqrt{3}}{2}\right) = 84[\text{V}]$

【답】①

56 용량이 50[kVA] 변압기의 철손이 1[kW]이고 전부하동손이 2[kW]이다. 이 변압기를 최대 효율에서 사용하려면 부하를 약 몇 [kVA] 인가하여야 하는가?

① 25   ② 35

③ 50   ④ 71

Explanation

$\dfrac{1}{m}$ 부하의 경우 최대 효율이 된다고 하면

$\left(\dfrac{1}{m}\right)^2 P_c = P_i$

$\therefore \ \dfrac{1}{m} = \sqrt{\dfrac{P_i}{P_c}} = \sqrt{\dfrac{1}{2}} = 0.707$이므로

변압기의 최대 효율이 걸리는 부하는 $50\times0.707 = 35[\text{kVA}]$

【답】②

57 220[V] 3상 유도전동기의 전부하 슬립이 4[%]이다. 공급 전압이 10[%] 저하된 경우의 전부하 슬립은?

① 4[%]   ② 5[%]

③ 6[%]   ④ 7[%]

Explanation

슬립과 전압과의 관계 $s \propto \dfrac{1}{V^2}$

$s' = s\times\left(\dfrac{V}{V'}\right)^2 = s\times\left(\dfrac{V}{V\times0.9}\right)^2 = 0.04\times\left(\dfrac{220}{220\times0.9}\right)^2 = 0.05 = 5[\%]$

【답】②

58 변압기의 기름 중 아크 방전에 의하여 생기는 가스 중 가장 많이 발생하는 가스는?

① 수소   ② 일산화탄소

③ 아세틸렌   ④ 산소

Explanation

변압기의 기름 중 아크 방전에 의하여 생기는 가스 중 가장 많이 발생하는 가스는 수소(H_2)이며, 이를 검출하여 변압기를 보호하는 것이 부흐홀츠 계전기이다.

【답】①

59 변압기에 사용하는 절연유의 성질이 아닌 것은?

① 절연 내력이 클 것   ② 인화점이 낮을 것

③ 비열이 커서 냉각 효과가 클 것   ④ 절연 재료와 접촉해도 화학작용을 미치지 않을 것

60 어느 3상 유도 전동기의 전 전압 기동 토크는 전부하시의 1.8배이다. 전 전압의 2/3로 기동할 때 기동 토크는 전부하시의 몇 배인가?

① 0.8배   ② 0.7배

③ 0.6배   ④ 0.4배

4과목   회로이론

61 어느 2전력계법으로 평형 3상 전력을 측정하였더니 각각의 전력계가 500[W], 300[W]를 지시하였다면 전 전력[W]은?

① 200   ② 300

③ 500   ④ 800

62 $t = 0$에서 스위치 S를 닫았을 때 정상 전류값[A]은?

① 1

② 2.5

③ 3.5

④ 7

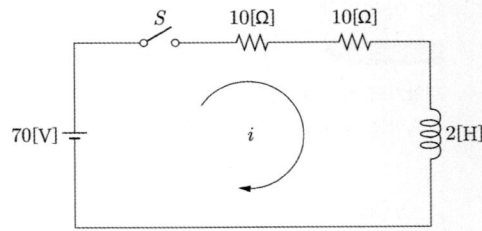

$R-L$ 직렬 회로
- 정상전류 $I_{ss} = \dfrac{E}{R} = \dfrac{70}{20} = 3.5[\text{A}]$

【답】③

63 비접지 3상 Y부하의 각 선에 흐르는 비대칭 각 선전류를 I_a, I_b, I_c라 할 때 선전류의 영상분 I_0는?

① $I_a + I_b$

② $I_a + I_b + I_c$

③ $\dfrac{1}{3}(I_a - I_b - I_c)$

④ 0

Explanation

영상분은 접지식 회로에서만 발생하므로, 비접지식에서는 영상분은 0이다.

【답】④

64 $e = 100\sqrt{2}\sin\omega t + 75\sqrt{2}\sin3\omega t + 20\sqrt{2}\sin5\omega t[\text{V}]$인 전압을 $R-L$ 직렬회로에 가할 때 제3고조파 전류의 실효치는? 단, $R = 4[\Omega]$, $\omega L = 1[\Omega]$이다.

① $15[\text{A}]$

② $15\sqrt{2}[\text{A}]$

③ $20[\text{A}]$

④ $20\sqrt{2}[\text{A}]$

Explanation

제3고조파에 대한 임피던스는 $Z_3 = R + j3\omega L = 4 + j3 = 5[\Omega]$이므로
제3고조파에 의하여 흐르는 전류의 실효값

$I_3 = \dfrac{V_3}{Z_3} = \dfrac{75}{5} = 15[\text{A}]$

【답】①

65 다음과 같은 회로에서 $t = 0$인 순간에 스위치 S를 닫았다. 이 순간에 인덕턴스 L에 걸리는 전압[V]은? 단, L의 초기 전류는 0이다.

① 0

② $\dfrac{\leq}{R}$

③ E

④ $\dfrac{E}{R}$

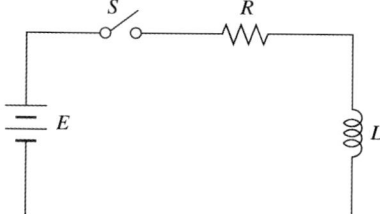

Explanation

인덕턴스의 전압 $v_L = Ee^{-\frac{R}{L}t} = Ee^{-\frac{R}{L}\times 0} = E[\text{V}]$

【답】③

66 다음과 같은 회로에서 단자 a, b 사이의 합성 저항[Ω]은?

① r

② $\dfrac{3}{2}r$

③ $\dfrac{1}{2}r$

④ $3r$

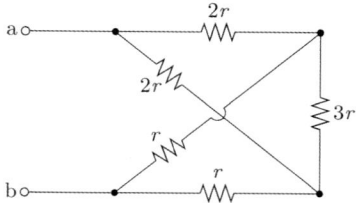

Explanation

브리지 회로의 평형 상태이므로

$$R = \frac{3r \times 3r}{3r + 3r} = \frac{9r^2}{6r} = \frac{3}{2}r[\Omega]$$

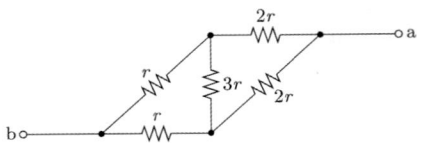

【답】②

67 그림에서 10[Ω]의 저항에 흐르는 전류는 몇 [A]인가?

① 13
② 14
③ 15
④ 16

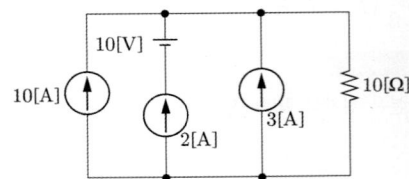

Explanation

중첩의 원리에 의해
• 전압원과 전류원이 단독 직렬 : 전압원 단락
• 전압원과 전류원이 단독 병렬 : 전류원 개방
따라서 10[Ω]의 저항에 흐르는 전류 $I_R = 10 + 2 + 3 = 15[A]$

【답】③

68 불평형 3상 전류가 $I_a = 15 + j2[A]$, $I_b = -20 - j14[A]$, $I_c = -3 + j10[A]$일 때 정상분 전류 $I[A]$는?

① $1.91 + j6.24$
② $-2.67 - j0.67$
③ $15.7 - j3.57$
④ $18.4 + j12.3$

Explanation

영상분 $I_0 = \frac{1}{3}(I_a + I_b + I_c)$

정상분 $I_1 = \frac{1}{3}(I_a + aI_b + a^2 I_c)$

역상분 $I_2 = \frac{1}{3}(I_a + a^2 I_b + aI_c)$

따라서 정상분 $I_1 = \frac{1}{3}(I_a + aI_b + a^2 I_c)$

$$= \frac{1}{3}\left\{15 + j2 + \left(-\frac{1}{2} + j\frac{\sqrt{3}}{2}\right)(-20 - j14) + \left(-\frac{1}{2} - j\frac{\sqrt{3}}{2}\right)(-3 + j10)\right\}$$

$$= \frac{1}{3}(15 + j2 + 22.12 - j10.32 + 10.16 - j2.4) = 15.7 - j3.57[A]$$

【답】③

69 $e^{-2t}\cos 3t$의 라플라스 변환은?

① $\dfrac{s + 2}{(s + 2)^2 + 3^2}$
② $\dfrac{s - 2}{(s - 2)^2 + 3^2}$
③ $\dfrac{s}{(s + 2)^2 + 3^2}$
④ $\dfrac{s}{(s - 2)^2 + 3^2}$

Explanation

라플라스 변환의 복소 추이 정리에 의해서
$\mathcal{L}[e^{-2t}\cos 3t] = \mathcal{L}[\cos 3t]_{s = s + 2}$

$$= \left[\frac{s}{s^2 + 3^2} \right]_{s=s+2} = \frac{s+2}{(s+2)^2 + 3^2}$$

【답】①

70 3상 유도전동기의 출력이 3.7[kW], 선간전압 200[V], 효율 90[%], 역률 80[%]일 때, 이 전동기에 유입되는 선전류는 약 몇 [A]인가?

① 8[A]　　　　　　　　　　　　② 10[A]
③ 12[A]　　　　　　　　　　　　④ 15[A]

> **Explanation**
>
> 유도전동기의 효율 $\eta = \dfrac{P_0}{P_i} \times 100 [\%]$
>
> 여기서, 입력은 $P_i = \dfrac{P_0}{\eta} = \sqrt{3}\, VI \cos\theta$
>
> 따라서 선전류 $I = \dfrac{P_0}{\eta \sqrt{3}\, V \cos\theta} = \dfrac{3.7 \times 10^3}{0.9 \times \sqrt{3} \times 200 \times 0.8} = 15\,[A]$
>
> 【답】④

71 $R - C$ 저역 필터 회로의 전달 함수 $G(j\omega)$는 $\omega = 0$에서 얼마인가?

① 0
② 0.5
③ 1
④ 0.707

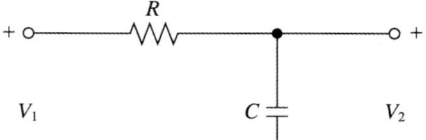

> **Explanation**
>
> 전압비 전달함수는 임피던스 비이므로
>
> 전달함수 $G(s) = \dfrac{V_o(s)}{V_i(s)} = \dfrac{\frac{1}{Cs}}{R + \frac{1}{Cs}} = \dfrac{1}{RCs + 1}$
>
> 따라서 주파수 전달함수로 바꾸면
>
> $G(j\omega) = \dfrac{1}{1 + j\omega RC}$,　　여기서 $\omega = 0$이므로
>
> $\therefore G(j\omega) = 1$
>
> 【답】③

72 그림과 같은 회로가 정저항 회로가 되기 위한 $R[\Omega]$의 값은 얼마인가?

① $200[\Omega]$
② $2[\Omega]$
③ $2 \times 10^{-2}[\Omega]$
④ $2 \times 10^{-4}[\Omega]$

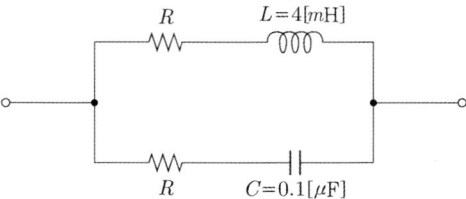

> **Explanation**
>
> 정저항 회로 조건
>
> $R = \sqrt{\dfrac{L}{C}} = \sqrt{\dfrac{4 \times 10^{-3}}{0.1 \times 10^{-6}}} = 200[\Omega]$
>
> 【답】①

73 $i_1 = I_{m1}\sin\omega t$ 와 $i_2 = I_{m2}\sin(\omega t + \alpha)$의 두 전류를 합성할 때 다음 중 잘못된 것은?

① 최대값은 $\sqrt{I_{m1}^2 + I_{m2}^2}$ 이다.

② 초기 위상은 $\tan^{-1}\dfrac{I_{m2}\sin\alpha}{I_{m1} + I_{m2}\cos\alpha}$ 이다.

③ 주파수는 $\dfrac{\omega}{2\pi}$ 이다.

④ 파형은 정현파이다.

> **Explanation**
>
> 전류를 최대값을 기준으로 페이저로 나타내면
> $I_1 = I_{m1}\angle 0° = I_{m1}(\cos 0° + j\sin 0°) = I_{m1}$
> $I_2 = I_{m2}\angle \alpha = I_{m2}(\cos\alpha + j\sin\alpha) = I_{m2}\cos\alpha + jI_{m2}\sin\alpha$
> 전류의 최대값 $I_m = \sqrt{(I_{m1} + I_{m2}\cos\alpha)^2 + I_{m2}\sin\alpha^2}$
>
> 【답】①

74 단상 변압기 3대(50[kVA]×3)를 △결선으로 운전 중 한 대가 고장이 생겨 V결선으로 한 경우 출력은 몇 [kVA]인가?

① $30\sqrt{3}$

② $50\sqrt{3}$

③ $100\sqrt{3}$

④ $200\sqrt{3}$

> **Explanation**
>
> V결선 변압기의 출력 $P_V = \sqrt{3}\,K$ 여기서, K는 변압기 1대 용량
> 따라서 출력은 $P_V = \sqrt{3}\times 50 = 50\sqrt{3}\,[\text{kVA}]$
>
> 【답】②

75 그림과 같은 이상 변압기의 4단자 정수 A, B, C, D는 어떻게 표시되는가?

① n, 0, 0, $\dfrac{1}{n}$

② $\dfrac{1}{n}$, 0, 0, $\dfrac{1}{n}$

③ $\dfrac{1}{n}$, 0, 0, n

④ n, 0, 1, $\dfrac{1}{n}$

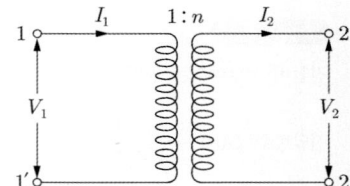

> **Explanation**
>
> 변압기의 권수비
> $a = \dfrac{1}{n} = \dfrac{N_1}{N_2} = \dfrac{V_1}{V_2} = \dfrac{I_2}{I_1}$ 에서
> $V_1 = \dfrac{1}{n}V_2$
> $I_1 = nI_2$ 이므로 $\begin{bmatrix} V_1 \\ I_1 \end{bmatrix} = \begin{bmatrix} A & B \\ C & D \end{bmatrix}\begin{bmatrix} V_2 \\ I_2 \end{bmatrix} = \begin{bmatrix} \dfrac{1}{n} & 0 \\ 0 & n \end{bmatrix}$
>
> 【답】③

76 $F(s) = \dfrac{2s+3}{s^2 + 3s + 2}$ 의 시간 함수는?

① $e^{-t} - e^{-2t}$

② $e^{-t} + e^{-2t}$

③ $e^{-t} + 2e^{-2t}$

④ $e^{-t} - 2e^{-2t}$

> **Explanation**
>
> 부분분수 전개로 역라플라스 변환하면

$$F(s) = \frac{2s+3}{s^2+3s+2} = \frac{2s+3}{(s+2)(s+1)} = \frac{k_1}{s+2} + \frac{k_2}{s+1}$$

여기서, $k_1 = \lim_{s \to -2} \frac{(2s+3)}{(s+1)} = 1$, $k_2 = \lim_{s \to -1} \frac{(2s+3)}{(s+2)} = 1$ 따라서, $\mathcal{L}^{-1}\left[\frac{1}{s+2} + \frac{1}{s+1}\right] = e^{-t} + e^{-2t}$　【답】②

77 최대 눈금이 50[V]인 직류 전압계가 있다. 이 전압계를 사용하여 150[V]의 전압을 측정하려면 배율기의 저항은 몇 [Ω]을 사용하여야 하는가? 단, 전압계의 내부 저항은 5,000[Ω]이다.

① 1,000　　　　　　　　　　　　　② 2,500

③ 5,000　　　　　　　　　　　　　④ 10,000

Explanation

배율기의 배율 $m = 1 + \dfrac{R_m}{R_a}$ 여기서, R_m : 배율기 저항, R_a : 전압계 내부 저항

$R_m = R_a(m-1) = 5,000 \times \left(\dfrac{150}{50} - 1\right) = 10,000\,[\Omega]$　【답】④

78 어떤 회로에 $V = 100 + j20$[V]인 전압을 가할 때 $4 + j3$[A]인 전류가 흘렀다. 이 회로의 임피던스는?

① $18.4 - j8.8\,[\Omega]$　　　　　　② $18.4 + j15.2\,[\Omega]$

③ $45.8 + j31.4\,[\Omega]$　　　　　　④ $65.7 - j54.3\,[\Omega]$

Explanation

임피던스 $Z = \dfrac{V}{I} = \dfrac{100+j20}{4+j3} = \dfrac{(100+j20)(4-j3)}{(4+j3)(4-j3)} = \dfrac{460-j220}{25} = 18.4 - j8.8\,[\Omega]$　【답】①

79 한 상의 임피던스 $Z = 6 + j8\,[\Omega]$인 평형 Y 부하에 평형 3상 전압 200[V]를 인가할 때 무효전력[Var]은?

① 1,330　　　　　　　　　　　　　② 1,848

③ 2,381　　　　　　　　　　　　　④ 3,200

Explanation

3상 무효전력은 $P = 3V_p I_p \sin\theta = 3I_p^2 X$[Var]

Y결선이므로 $I_l = I_p$

여기서, 상전류는 $I_p = \dfrac{V_p}{Z} = \dfrac{\frac{200}{\sqrt{3}}}{6+j8} = \dfrac{\frac{200}{\sqrt{3}}}{\sqrt{6^2+8^2}} = \dfrac{20}{\sqrt{3}}$[A]

3상 무효전력은 $P = 3I_p^2 X = 3 \times \left(\dfrac{20}{\sqrt{3}}\right)^2 \times 8 = 3,200$[Var]　【답】④

80 무손실 분포 정수 선로에 대한 설명 중 옳지 않은 것은?

① 전파 정수 γ는 $j\omega\sqrt{LC}$이다.　　　② 진행파의 전파 속도는 $\sqrt{LC}$이다.

③ 특성 임피던스는 $\sqrt{\dfrac{L}{C}}$이다.　　　④ 파장은 $\dfrac{1}{f\sqrt{LC}}$이다.

Explanation

무손실 선로 조건 $R = G = 0$

- 특성임피던스 $Z_0 = \sqrt{\dfrac{Z}{Y}} = \sqrt{\dfrac{R+j\omega L}{G+j\omega C}} = \sqrt{\dfrac{L}{C}}$
- 전파정수 $\gamma = \sqrt{ZY} = \sqrt{(R+j\omega L)(G+j\omega C)} = j\omega\sqrt{LC} = \alpha + j\beta$ 여기서, α는 감쇠정수, β는 위상정수
  $\alpha = 0$, $\beta = \omega\sqrt{LC}$
- 파장 $\lambda = \dfrac{2\pi}{\beta} = \dfrac{2\pi}{\omega\sqrt{LC}} = \dfrac{1}{f\sqrt{LC}}$
- 전파속도 $v = f\lambda = \dfrac{2\pi f}{\beta} = \dfrac{\omega}{\beta} = \dfrac{1}{\sqrt{LC}}$ (일정)

【답】②

5과목　전기설비기술기준

81 가공전선로의 지지물에 취급자가 오르고 내리는 데 사용하는 발판 볼트 등은 지표상 몇 [m] 미만에 시설하여서는 아니되는가?

① 1.2　　　　　　　　　　　　　② 1.5
③ 1.8　　　　　　　　　　　　　④ 2.0

Explanation

(KEC 331.4조) 가공 전선로 지지물의 철탑오름 및 전주오름 방지
지지물에 취급자가 오르고 내리는 데 사용하는 발판 볼트 등의 지표상 1.8[m] 미만에 시설하여서는 아니된다.　　【답】③

82 가공 전선로에 사용하는 지지물의 강도 계산에 적용하는 갑종 풍압 하중을 계산할 때 구성재의 수직 투영면적 1[㎡]에 대한 풍압의 기준이 잘못된 것은?

① 목주 : 588[Pa]
② 원형 철주 : 588[Pa]
③ 원형 철근 콘크리트주 : 882[Pa]
④ 강관으로 구성(단주는 제외)된 철탑 : 1,255[Pa]

Explanation

(KEC 331.6조) 풍압 하중의 종별과 적용

풍압을 받는 구분			구성재의 수직 투영면적 1[㎡]에 대한 풍압
목주			588[Pa]
지지물	철주	원형의 것	588[Pa]
		삼각형 또는 마름모형의 것	1,412[Pa]
	철근 콘크리트주	원형의 것	588[Pa]
		기타의 것	882[Pa]
	철탑	단주(완철류는 제외함) 원형의 것	588[Pa]
		단주(완철류는 제외함) 기타의 것	1,117[Pa]
		강관으로 구성되는 것(단주는 제외함)	1,255[Pa]

【답】③

83 특고압 가공전선로의 3도를 초과하는 수평각도를 이루는 곳에 사용되는 철탑은?
① 내장형 철탑
② 잡아당김형 철탑
③ 각도형 철탑
④ 보강형 철탑

Explanation

(KEC 333.11조) 특고압 가공전선로의 철주 · 철근 콘크리트주 또는 철탑의 종류
① 직선형 : 전선로의 직선부분(3도 이하인 수평각도를 이루는 곳을 포함한다. 이하 이 조에서 같다)에 사용하는 것
② **각도형 : 전선로중 3도를 초과하는 수평각도를 이루는 곳에 사용하는 것**
③ 잡아당김형 : 전가섭선을 잡아당기는 곳에 사용하는 것
④ 내장형 : 전선로의 지지물 양쪽의 경간의 차가 큰 곳에 사용하는 것
⑤ 보강형 : 전선로의 직선부분에 그 보강을 위하여 사용하는 것   【답】③

84 케이블을 사용하지 않은 154[kV] 가공송전선과 식물과의 최소 이격거리는 몇 [m]인가?
① 2.8
② 3.2
③ 3.8
④ 4.2

Explanation

(KEC 333.30조) 특고압 가공 전선과 식물의 이격거리

사용전압의 구분	이격거리
60[kV] 이하	2[m]
60[kV] 초과	2[m]에 사용전압이 60[kV]를 초과하는 10[kV] 또는 그 단수마다 0.12[m]를 더한 값

단수 $n = \dfrac{154-60}{10} ≒ 9.4$ (절상) → 10단   ∴ 이격거리 = 2 + 10 × 0.12 = 3.2[m]   【답】②

85 과전압이 생긴 경우 자동적으로 전로로부터 차단하는 장치를 하여야 하는 전력용 콘덴서의 최소 뱅크 용량 [kVA]은?
① 500
② 5,000
③ 10,000
④ 15,000

Explanation

(KEC 351.5조) 조상설비의 보호장치

설비종별	뱅크용량의 구분	자동적으로 전로로부터 차단하는 장치
전력용 커패시터 및 분로리액터	500[kVA] 초과 15,000[kVA] 미만	내부에 고장이 생긴 경우에 동작하는 장치 또는 과전류가 생긴 경우에 동작하는 장치
	15,000[kVA] 이상	내부에 고장이 생긴 경우에 동작하는 장치 및 과전류가 생긴 경우에 동작하는 장치 또는 **과전압이 생긴 경우에 동작하는 장치**
무효전력 보상장치	15,000 [kVA] 이상	내부에 고장이 생긴 경우에 동작하는 장치

【답】④

86 시가지 외에 시설하는 고압 가공 전선로에 사용하는 경동선의 최소 굵기는?
① 2.6[mm]
② 3.2[mm]
③ 4.0[mm]
④ 5.0[mm]

Explanation

(KEC 332.3조) 고압 가공 전선의 굵기 및 종류
인장강도 8.01[kN] 이상의 고압 절연전선, 특고압 절연전선 또는 지름 5[mm] 이상의 경동선의 고압 절연전선, 특고압 절연전선   【답】④

87 수상 전선로를 시설하는 경우에 대한 설명으로 알맞은 것은?
① 사용전압이 고압인 경우에는 클로로프렌 캡타이어 케이블을 사용한다.
② 가공 전선로의 전선과 접속하는 경우, 접속점이 육상에 있는 경우에는 지표상 4[m] 이상의 높이로 지지물에 견고하게 붙인다.
③ 가공 전선로의 전선과 접속하는 경우, 접속점이 수면상에 있는 경우, 사용전압이 고압인 경우에는 수권상 5[m] 이상의 높이로 지지물에 견고하게 붙인다.
④ 고압 수상 전선로에 지락이 생길 때를 대비하여 전로를 수동으로 차단하는 장치를 시설한다.

Explanation

(KEC 335.3조) 수상 전선로의 시설
① 전선은 전선로의 사용전압이 저압인 경우에는 클로로프렌 캡타이어 케이블, **고압인 경우에는 캡타이어 케이블**
② 수상 전선로의 전선을 가공 전선로의 전선과 접속하는 경우에는 그 부분의 전선은 접속점으로부터 전선의 절연 피복 안에 물이 스며들지 아니하도록 시설하고 또한 전선의 접속점은 다음의 높이로 지지물에 견고하게 붙일 것
　가. 접속점이 육상에 있는 경우에는 지표상 5[m] 이상. 다만, 수상전선로의 사용전압이 저압인 경우에 도로상 이외의 곳에 있을 때에는 지표상 4[m] 까지로 감할 수 있다.
　나. 접속점이 수면상에 있는 경우에는 수상 전선로의 사용전압이 저압인 경우에는 수면상 4[m] 이상, 고압인 경우에는 수면상 5[m] 이상
③ 수상 전선로에 사용하는 부대(浮臺)는 쇠사슬 등으로 견고하게 연결한 것일 것
④ 수상 전선로의 전선은 부대의 위에 지지하여 시설하고 또한 그 절연 피복을 손상하지 아니하도록 시설할 것
⑤ 사용전압이 **고압인 경우에는 전로에 지락이 생겼을 때에 자동적으로 전로를 차단하기 위한 장치를 시설**　　　　　　**【답】③**

88 KEC 적용으로 인하여 삭제되었습니다.

89 금속관 공사에 의한 저압 옥내배선 시설에 대한 설명으로 틀린 것은?
① 인입용 비닐절연전선을 사용했다.　　　　② 옥외용 비닐절연전선을 사용했다.
③ 짧고 가는 금속관에 연선을 사용했다.　　④ 단면적 10[㎟] 이하의 전선을 사용했다.

Explanation

(KEC 232.12조) 금속관공사
금속관공사에 의한 저압 옥내배선은 다음 각 호에 따라 시설하여야 한다.
(1) **전선은 절연전선(옥외용 비닐절연전선을 제외한다)일 것**
(2) **전선은 연선일 것.** 다만, 다음의 것은 적용하지 않는다.
　① 짧고 가는 금속관에 넣은 것
　② **단면적 10[㎟](알루미늄선은 단면적 16[㎟]) 이하의 것**
(3) 전선은 금속관 안에서 접속점이 없도록 할 것
(4) 관의 두께는 다음에 의할 것
　① 콘크리트에 매설하는 것은 1.2[mm] 이상
　② 콘크리트에 매설하는 것 이외의 것은 1[mm] 이상　　　　　　　　　　**【답】②**

90 사용전압이 20[kV]인 변전소에 울타리·담 등을 시설하고자 할 때 울타리·담 등의 높이는 몇 [m] 이상이어야 하는가?
① 1　　　　　　　　　　　　　　　　② 2
③ 5　　　　　　　　　　　　　　　　④ 6

Explanation

(KEC 351.1조) 발전소 등의 울타리·담등의 시설
울타리·담 등의 높이는 2[m] 이상으로 하고, 지표면과 울타리·담 등의 하단 사이의 간격은 0.15[m] 이하　　　**【답】②**

91 목주, A종 철주 및 A종 철근 콘크리트주를 사용할 수 없는 보안공사는?

① 고압 보안공사
② 제1종 특고압 보안공사
③ 제2종 특고압 보안공사
④ 제3종 특고압 보안공사

Explanation

(KEC 333.22조) 특고압 보안공사
제1종 특고압 보안공사의 지지물에는 B종 철주, B종 철근 콘크리트주 또는 철탑을 사용할 것(목주, A종은 사용할 수 없다)

【답】②

92 저압 가공 전선이 상부 조영재의 위쪽에서 접근하는 경우 전선과 상부 조영재 간의 이격거리[m]는 얼마 이상이어야 하는가? 단, 특고압 절연전선 또는 케이블인 경우이다.

① 0.8
② 1.0
③ 1.2
④ 2.0

Explanation

(KEC 222.11조) 저압 가공 전선과 건조물의 접근
저압 가공 전선과 건조물의 조영재 사이의 이격거리는 다음 표에서 정한 값 이상일 것

건조물 조영재의 구분	접근 형태	이격거리
상부 조영재[지붕·챙(차양 : 遮陽)·옷말리는 곳 기타 사람이 올라갈 우려가 있는 조영재를 말한다. 이하 같다.]	**위쪽**	2[m](전선이 고압 절연전선, **특고압 절연전선 또는 케이블인 경우는 1[m]**)
	옆쪽 또는 아래쪽	1.2[m](전선에 사람이 쉽게 접촉할 우려가 없도록 시설한 경우에는 0.8[m], 고압 절연전선, 특고압 절연전선 또는 케이블인 경우에는 0.4[m])

【답】②

93 고압 가공 전선로의 지지물이 B종 철주인 경우, 경간은 몇 [m] 이하이어야 하는가?

① 150
② 200
③ 250
④ 300

Explanation

(KEC 332.9조) 고압 가공 전선로 경간의 제한
• 목주 또는 A종 지지물 : 150[m]
• **B종 지지물 : 250[m]**
• 철탑 : 600[m]

【답】③

94 KEC 적용으로 인하여 삭제되었습니다.

95 고압 가공전선로에 사용하는 가공지선은 인장강도 5.26[kN] 이상의 것 또는 지름이 몇 [mm] 이상의 나경동선을 사용하여야 하는가?

① 2.6
② 3.2
③ 4.0
④ 5.0

Explanation

(KEC 332.6조) 고압 가공전선로의 가공지선
• 고압 가공전선로 : 인장강도 5.26[kN] 이상의 것 또는 4[mm] 이상의 나경동선
• 특고압 가공전선로 : 인장강도 8.01[kN] 이상의 나선 또는 5[mm] 이상의 나경동선

【답】③

96 동일 지지물에 저압 가공전선(다중접지된 중성선은 제외)과 고압 가공전선을 시설하는 경우 저압 가공전선은?
① 고압 가공전선의 위로 하고 동일 완금류에 시설
② 고압 가공전선과 나란하게 하고 동일 완금류에 시설
③ 고압 가공전선의 아래로 하고 별개의 완금류에 시설
④ 고압 가공전선과 나란하게 하고 별개의 완금류에 시설

Explanation

(KEC 332.8조) 고압 가공 전선 등의 병행설치
① 저압 가공전선을 고압 가공전선의 아래로 하고 별개의 완금류에 시설할 것
② 저압 가공전선과 고압 가공전선 사이의 이격거리는 0.5[m] 이상일 것. 다만, 각도주·분기주 등에서 혼촉의 우려가 없도록 시설하는 경우에는 그러하지 아니하다. 【답】③

97 KEC 적용으로 인하여 삭제되었습니다.

98 방전등용 안정기 또는 방전등용 변압기로부터 방전관까지의 전로를 무엇이라 하는가?
① 가섭선 ② 가공인입선
③ 관등회로 ④ 지중관로

Explanation

(KEC 112조) 용어 정의
"관등회로"란 방전등용 안정기 또는 방전등용 변압기로부터 방전관까지의 전로를 말한다. 【답】③

99 사용전압이 저압인 전로에서 전선과 대지 간의 전압이 100[V]인 경우, 전로의 절연저항은 몇 [MΩ] 이상이어야 하는가?
① 0.1[MΩ] ② 0.2[MΩ]
③ 0.4[MΩ] ④ 1.0[MΩ]

Explanation

(기술기준 제52조) 저압의 전로의 절연저항 하한값

전로의 사용전압[V]	DC 시험전압[V]	절연저항[MΩ]
SELV 및 PELV	250	0.5
FELV, 500[V] 이하	500	1.0
500[V] 초과	1,000	1.0

【답】④

100 345[kV] 가공 전선로를 제1종 특고압 보안 공사에 의하여 시설하는 경우에 사용하는 전선은 인장 강도 77.47[kN] 이상의 연선 또는 단면적 몇 [㎟] 이상의 경동연선이어야 하는가?
① 100 ② 125 ③ 150 ④ 200

Explanation

(KEC 333.22조) 특고압 보안공사

사용전압	전선
100[kV] 미만	인장강도 21.67[kN] 이상의 연선 또는 단면적 55[㎟] 이상의 경동연선
100[kV] 이상 300[kV] 미만	인장강도 58.84[kN] 이상의 연선 또는 단면적 150[㎟] 이상의 경동연선
300[kV] 이상	인장강도 77.47[kN] 이상의 연선 또는 단면적 200[㎟] 이상의 경동연선

【답】④

전기산업기사 필기
2019

과년도 기출문제

- 2019년 제 01회
- 2019년 제 02회
- 2019년 제 03회

2019년 과년도 기출문제에 대한 출제 빈도 분석 차트입니다.
각 회차별로 별의 개수를 확인하고 학습에 참고하기 바랍니다.

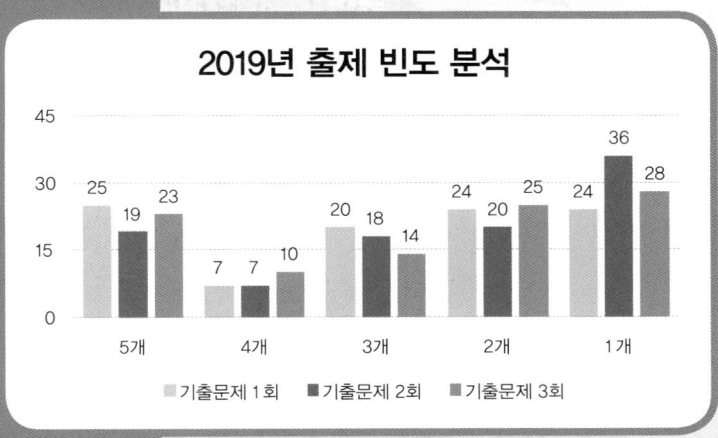

2019년 출제 빈도 분석

	5개	4개	3개	2개	1개
기출문제 1회	25	7	20	24	24
기출문제 2회	19	7	18	20	36
기출문제 3회	23	10	14	25	28

1과목   전기자기학

01 ★★☆☆☆
공기 중 임의의 점에서 자계의 세기(H)가 20[AT/m]라면 자속밀도(B)는 약 몇 [Wb/m²]인가?

① 2.5×10^{-5}

② 3.5×10^{-5}

③ 4.5×10^{-5}

④ 5.5×10^{-5}

Explanation

자속밀도 $B = \mu_0 H = 4\pi \times 10^{-7} \times 20 = 2.5 \times 10^{-5}$ [Wb/m²]`   【답】①

02 ★★★☆☆
질량이 m[kg]인 작은 물체가 전하 Q[C]를 가지고 중력 방향과 직각인 무한도체평면 아래쪽 d[m]의 거리에 놓여있다. 정전력이 중력과 같게 되는 데 필요한 Q[C]의 크기는?

① $d\sqrt{\pi\varepsilon_0 mg}$

② $\dfrac{d}{2}\sqrt{\pi\varepsilon_0 mg}$

③ $2d\sqrt{\pi\varepsilon_0 mg}$

④ $4d\sqrt{\pi\varepsilon_0 mg}$

Explanation

영상법을 이용하여 아래 그림과 같은 형태로 바꾸어 생각하면

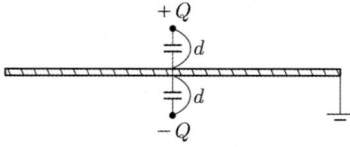

영상력 $F = \dfrac{Q(-Q)}{4\pi\epsilon_0 d^2} = -\dfrac{Q^2}{4\pi\epsilon_0 (2d)^2} = -\dfrac{Q^2}{16\pi\epsilon_0 d^2}$ [N]

단, 여기서 (-)부호는 흡인력을 의미한다. 여기서, 영상력과 중력이 같으므로

$\dfrac{Q^2}{16\pi\epsilon_0 d^2} = mg$

$Q^2 = 16\pi\epsilon_0 d^2 mg$

따라서 $Q = 4d\sqrt{\pi\varepsilon_0 mg}$ 【답】④

03 ★★☆☆☆
권선수가 N회인 코일에 전류 I[A]를 흘릴 경우, 코일에 ϕ[Wb]의 자속이 지나간다면 이 코일에 저장된 자계에너지[J]는?

① $\dfrac{1}{2}N\phi^2 I$

② $\dfrac{1}{2}N\phi I$

③ $\dfrac{1}{2}N^2\phi I$

④ $\dfrac{1}{2}N\phi I^2$

Explanation

자계의 에너지 $W = \frac{1}{2}LI^2$[J]에서 인덕턴스 $L = \frac{N\phi}{I}$이므로

$$W = \frac{1}{2}LI^2 = \frac{1}{2}\frac{N\phi}{I}I^2 = \frac{1}{2}N\phi I\,[\text{J}]$$

【답】②

04

★☆☆☆☆

두 벡터가 $A = 2a_x + 4a_y - 3a_z$, $B = a_x - a_y$일 때 $A \times B$는?

① $6a_x - 3a_y + 3a_z$
② $-3a_x - 3a_y - 6a_z$
③ $6a_x + 3a_x - 3a_z$
④ $-3a_x + 3a_y + 6a_z$

Explanation

두 벡터의 곱 $A \times B = \begin{vmatrix} i & j & k \\ 2 & 4 & -3 \\ 1 & -1 & 0 \end{vmatrix} = -3i - 3j - 6k$

【답】②

05

★★☆☆☆

다음 중 ( )에 들어갈 내용으로 옳은 것은?

> 맥스웰은 전극간의 유전체를 통하여 흐르는 전류를 해석하기 위해 (㉠)의 개념을 도입하였고, 이것도 (㉡)를 발생한다고 가정하였다.

① ㉠ 와전류, ㉡ 자계
② ㉠ 변위전류, ㉡ 자계
③ ㉠ 전자전류, ㉡ 전계
④ ㉠ 파동전류, ㉡ 전계

Explanation

• 전도 전류 : 도체에 흐르는 전류(자유전자 이동) $i = kE$

• 변위 전류 : 유전체에서 전속 밀도의 시간적 변화에 의한 전류 $i_d = \frac{dD}{dt}$

• $\text{rot}\,H = i + \frac{\partial D}{\partial t}$: 전도 전류와 변위 전류가 회전하는 자장을 발생시킨다.

【답】②

06

★★★★★

극판의 면적 $S = 10[\text{cm}^2]$, 간격 $d = 1[\text{mm}]$의 평행판 콘덴서에 비유전율 $\varepsilon_s = 3$인 유전체를 채웠을 때 전압 100[V]를 인가하면 축적되는 에너지는 약 몇 [J]인가?

① 0.3×10^{-7}
② 0.6×10^{-7}
③ 1.3×10^{-7}
④ 2.1×10^{-7}

Explanation

평행판 콘덴서의 정전용량 $C = \frac{\epsilon_0 \epsilon_s S}{d} = \frac{8.855 \times 10^{-12} \times 3 \times 10 \times 10^{-4}}{10^{-3}} = 26.56 \times 10^{-12}\,[\text{F}]$

콘덴서에 축적되는 에너지 $W = \frac{1}{2}CV^2 = \frac{1}{2} \times 26.56 \times 10^{-12} \times 100^2 = 1.32 \times 10^{-7}\,[\text{J}]$

【답】③

07

★☆☆☆☆

내구의 반지름이 6[cm], 외구의 반지름이 8[cm]인 동심구 콘덴서의 외구를 접지하고 내구에 전위 1,800[V]를 가했을 경우 내구에 충전된 전기량은 몇 [C]인가?

① 2.8×10^{-8}
② 3.8×10^{-8}
③ 4.8×10^{-8}
④ 5.8×10^{-8}

Explanation

동심구의 정전용량 $C = \dfrac{4\pi\epsilon_o ab}{b-a} = \dfrac{4\pi \times 8.855 \times 10^{-12} \times 0.08 \times 0.06}{0.08-0.06} = 2.67 \times 10^{-11}[\text{F}]$

전기량 $Q = CV = 2.67 \times 10^{-11} \times 1,800 = 4.8 \times 10^{-8}[\text{C}]$

【답】③

08 ★★★★★
자기인덕턴스 0.5[H]의 코일에 1/200초 동안에 전류가 25[A]로부터 20[A]로 줄었다. 이 코일에 유기된 기전력의 크기 및 방향은?

① 50[V], 전류와 같은 방향　　　　　　② 50[V], 전류와 반대 방향

③ 500[V], 전류와 같은 방향　　　　　　④ 500[V], 전류와 반대 방향

> **Explanation**

유기기전력 $e = -L\dfrac{di}{dt} = -0.5 \times \dfrac{20-25}{\dfrac{1}{200}} = 500[\text{V}]$

따라서 기전력이 (+)이므로 본래의 전류와 같은 방향

【답】③

09 ★★☆☆☆
그림과 같이 면적 S[m]), 간격 d[m]인 극판간에 유전율 ε, 저항률 ρ인 매질을 채웠을 때 극판 간의 정전용량 C와 저항 R의 관계는? (단, 전극판의 저항률은 매우 작은 것으로 한다)

① $R = \dfrac{\varepsilon\rho}{C}$　　　　　　② $R = \dfrac{C}{\varepsilon\rho}$

③ $R = \varepsilon\rho C$　　　　　　④ $R = \dfrac{1}{\varepsilon\rho C}$

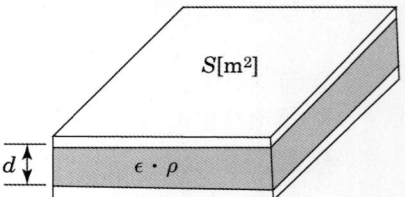

> **Explanation**

$RC = \rho\epsilon$에서 저항 $R = \dfrac{\rho\epsilon}{C}[\Omega]$

【답】①

10 ★★★★☆
전자석의 흡인력은 공극(air gap)의 자속밀도를 B라 할 때 다음의 어느 것에 비례하는가?

① B　　　　　　② $B^{0.5}$　　　　　　③ $B^{1.6}$　　　　　　④ $B^{2.0}$

> **Explanation**

자성체 면적당 힘 $f = \dfrac{1}{2}\mu H^2 = \dfrac{B^2}{2\mu} = \dfrac{1}{2}BH \ [\text{N/m}^2]$에서

흡인력 $F = f \times S = \dfrac{B^2}{2\mu_0}S \propto B^2[\text{N}]$

【답】④

11 ★☆☆☆☆
그림과 같은 동축케이블에 유전체가 채워졌을 때의 정전용량[F]는? (단, 유전체의 비유전율은 ε_s 이고, 내반지름과 외반지름은 각각 a[m], b[m]이며 케이블의 길이는 ℓ[m]이다)

① $\dfrac{2\pi\varepsilon_s\ell}{\ln\dfrac{b}{a}}$　　　　　　② $\dfrac{2\pi\varepsilon_o\varepsilon_s\ell}{\ln\dfrac{b}{a}}$

③ $\dfrac{\pi\varepsilon_s\ell}{\ln\dfrac{b}{a}}$　　　　　　④ $\dfrac{\pi\varepsilon_o\varepsilon_s\ell}{\ln\dfrac{b}{a}}$

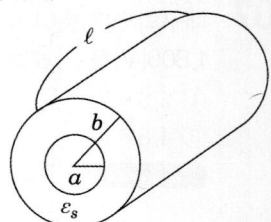

동축케이블의 정전용량 $C = \dfrac{2\pi\epsilon_o\epsilon_s}{\ln\dfrac{b}{a}}l\,[\text{F}]$

【답】②

12 ★★☆☆☆
그림과 같이 평행한 두 개의 무한 직선 도선에 전류가 각각 I, $2I$인 전류가 흐른다. 두 도선 사이의 점 P에서 자계의 세기가 0이다. 이때 $\dfrac{a}{b}$는?

① 4
② 2
③ $\dfrac{1}{2}$
④ $\dfrac{1}{4}$

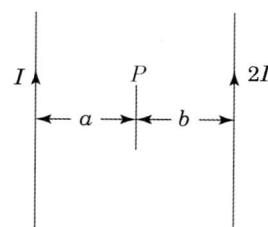

무한장 직선의 자계의 세기 $H = \dfrac{I}{2\pi r}$

오른나사법칙에서 자계의 방향이 서로 반대방향이므로
$H_T = H_2 - H_1 = 0$

따라서 $H_1 = H_2$에서 $\dfrac{I}{2\pi a} = \dfrac{2I}{2\pi b}$, $\dfrac{1}{a} = \dfrac{2}{b}$

$\therefore \dfrac{a}{b} = \dfrac{1}{2}$

【답】③

13 ★★★★☆
감자율(Demagnetization factor)이 "0"인 자성체로 가장 알맞은 것은?
① 환상 솔레노이드
② 굵고 짧은 막대 자성체
③ 가늘고 긴 막대 자성체
④ 가늘고 짧은 막대 자성체

자기감자력 $H' = \dfrac{N}{\mu_o}J$: 자화의 세기(J)에 비례

여기서, N은 감자율로서 구자성체는 $\dfrac{1}{3}$, 환상 솔레노이드는 0이다.

【답】①

14 ★☆☆☆☆
자계의 세기를 표시하는 단위가 아닌 것은?
① A/m
② Wb/m
③ N/Wb
④ AT/m

자계에서의 쿨롱의 힘 $F = mH$에서
자계의 세기는 $H = \dfrac{F}{m}\,[\text{A/m}],\ [\text{N/wb}]$
이 때 자계의 세기 단위를 다른 방법으로 표현하면 다음과 같다.
$\left[\dfrac{\text{N}}{\text{Wb}}\right] = \left[\dfrac{\text{N}\cdot\text{m}}{\text{Wb}\cdot\text{m}}\right] = \left[\dfrac{\text{J}}{\text{Wb}\cdot\text{m}}\right] = \left[\dfrac{\text{A}}{\text{m}}\right] = \left[\dfrac{\text{Wb}}{\text{H}\cdot\text{m}}\right]$ 여기서, A=AT과 같다.

【답】②

15 두 유전체가 접했을 때 $\dfrac{\tan\theta_1}{\tan\theta_2}=\dfrac{\varepsilon_1}{\varepsilon_2}$ 의 관계식에서 $\theta_1=0°$ 일 때의 표현으로 틀린 것은?

① 전속밀도는 불변이다.

② 전기력선은 굴절하지 않는다.

③ 전계는 불연속적으로 변한다.

④ 전기력선은 유전율이 큰 쪽에 모여진다.

Explanation

경계면에 수직($\theta_1=0°$)

• 전계는 불연속

• 전속밀도는 불변이므로 $D_1\cos\theta_1=D_2\cos\theta_2$ 에서

$$D_1=D_2\text{ 이고 }\epsilon_1 E_1=\epsilon_2 E_2\text{ 따라서 }\frac{E_2}{E_1}=\frac{\epsilon_1}{\epsilon_2}\text{ 이 된다.}$$

• 전속과 전기력선은 굴절하지 않는다.

• 전속은 유전율이 큰 유전체로 모이려는 성질

【답】④

16 어느 점전하에 의하여 생기는 전위를 처음 전위의 $\dfrac{1}{2}$ 이 되게 하려면 전하로부터의 거리를 어떻게 해야 하는가?

① $\dfrac{1}{2}$ 로 감소시킨다.

② $\dfrac{1}{\sqrt{2}}$ 로 감소시킨다.

③ 2배 증가시킨다.

④ $\sqrt{2}$ 배 증가시킨다.

Explanation

전위 $V=\dfrac{Q}{4\pi\epsilon_0 r}=9\times10^9\times\dfrac{Q}{r}\,[\mathrm{V}]$

따라서 전위는 거리에 반비례하므로 거리를 2배하면 전위는 $\dfrac{1}{2}$ 배가 된다.

【답】③

17 전계의 세기 E, 자계의 세기가 H일 때 포인팅 벡터(P)는?

① $P=E\times H$

② $P=\dfrac{1}{2}E\times H$

③ $P=\mathrm{H\ curl}E$

④ $P=\mathrm{E\ curl\ H}$

Explanation

포인팅벡터 $P=E\times H=EH\sin\theta=EH$에서

$$=\frac{1}{377}E^2=377H^2\,[\mathrm{W/m^2}]$$

【답】①

18 철심환의 일부에 공극(air gap)을 만들어 철심부의 길이 $\ell\,[\mathrm{m}]$, 단면적 $A\,[\mathrm{m^2}]$, 비투자율이 μ_r 이고 공극부의 길이 $\delta\,[\mathrm{m}]$일 때 철심부에서 총 권수 N회인 도선을 감아 전류 $I[\mathrm{A}]$를 흘리면 자속이 누설되지 않는다고 하고 공극 내에 생기는 자계의 자속 $\phi_0[\mathrm{Wb}]$는?

① $\dfrac{\mu_0 A NI}{\delta\mu_r+\ell}$

② $\dfrac{\mu_0 A NI}{\delta+\mu_r\ell}$

③ $\dfrac{\mu_0\mu_r A NI}{\delta\mu_r+\ell}$

④ $\dfrac{\mu_0\mu_r A NI}{\delta+\mu_r\ell}$

Explanation

【답】③

19 ★☆☆☆☆ 다음 중 자기 인덕턴스의 공식이 옳은 것은? (단, N은 권수, I는 전류, ℓ은 철심의 길이, R_m은 자기저항, μ는 투자율, S는 철심 단면적이다)

① $\dfrac{NI}{R_m}$

② $\dfrac{N^2}{R_m}$

③ $\dfrac{\mu NS}{\ell}$

④ $\dfrac{\mu_0 NIS}{\ell}$

Explanation

자기인덕턴스 $L = \dfrac{N^2}{R_m} = \dfrac{\mu_0 S N^2}{\ell}$

【답】②

20 ★★★★★ 점전하 Q[C]와 무한평면도체에 대한 영상전하는?

① Q[C]와 같다.

② $-Q$[C]와 같다.

③ Q[C]보다 크다.

④ Q[C]보다 작다.

Explanation

영상법을 이용하여 아래 그림과 같은 형태로 바꾸어 생각하면

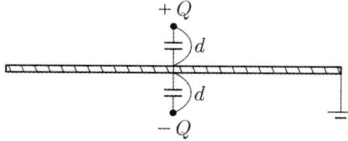

무한 평면 도체에서 점전하 Q[C]에 의한 영상전하는 크기는 같고 부호는 반대인 전하$(-Q)$이다.

【답】②

2과목　전력공학

21 ★☆☆☆☆ 단거리 송전선로에서 정상상태 유효전력의 크기는?

① 선로리액턴스 및 전압위상차에 비례한다.

② 선로리액턴스 및 전압위상차에 반비례한다.

③ 선로리액턴스에 반비례하고 상차각에 비례한다.

④ 선로리액턴스에 반비례하고 상차각에 반비례한다.

Explanation

송전전력 $P_s = \dfrac{V_s V_r}{X} \sin\delta$[MW]이므로

선로의 리액턴스에 반비례하고 송·수전단전압의 상차각에 비례한다.

【답】③

22 ★★☆☆☆
일반회로정수가 A, B, C, D이고 송전단 상전압이 E_s인 경우, 무부하 시의 충전전류(송전단 전류)는?

① CE_s

② ACE_s

③ $\dfrac{C}{A}E_s$

④ $\dfrac{A}{C}E_s$

Explanation

무부하 시($I_r = 0$)

$E_s = AE_r + BI_r$ 에서 $E_s = AE_r$

$\therefore E_r = \dfrac{1}{A}E_s$

$I_s = CE_r + DI_r$

따라서 무부하시의 충전 전류(송전단 전류) $I_s = CE_r = \dfrac{C}{A}E_s$

【답】③

23 ★★★☆☆
배전선에 부하가 균등하게 분포되었을 때 배전선 말단에서의 전압강하는 전 부하가 집중적으로 배전선 말단에 연결되어 있을 때의 몇 [%]인가?

① 25

② 50

③ 75

④ 100

Explanation

부하에 따른 특성

	전압 강하	전력 손실
말단 집중 부하	e	P_l
균등 분산 부하	$\dfrac{1}{2}e$	$\dfrac{1}{3}P_l$

【답】②

24 ★★★★★
송전선로의 중성점을 접지하는 목적으로 가장 옳은 것은?

① 전압강하의 감소

② 유도장해의 감소

③ 전선 동량의 절약

④ 이상전압의 발생 방지

Explanation

송전선의 중성점 접지 목적
• 1선 지락 시 전위 상승 억제, 계통의 기계 기구의 절연 보호
• 지락 사고 시 보호 계전기 동작의 확실
• 과도안정도 증진
• **이상전압 발생 방지**

【답】④

25 ★★★★★
직렬 콘덴서를 선로에 삽입할 때의 현상으로 옳은 것은?

① 부하의 역률을 개선한다.

② 선로의 리액턴스가 증가된다.

③ 선로의 전압강하를 줄일 수 없다.

④ 계통의 정태안정도를 증가시킨다.

Explanation

직렬콘덴서(직렬축전지)는 유도 리액턴스에 의한 선로의 전압 강하 보상용으로 전압변동을 줄이고 정태안정도 개선용으로 사용한다.

【답】④

26 ★★☆☆☆

전선로의 지지물 양쪽의 경간의 차가 큰 장소에 사용되며, 일명 E형 철탑이라고도 하는 표준 철탑의 일종은?

① 직선형 철탑
② 내장형 철탑
③ 각도형 철탑
④ 잡아당김형 철탑

Explanation

표준철탑
• 직선철탑(A형) : 수평 각도 3° 이내의 장소에 사용
• 각도철탑(B, C형) : 수평 각도 3° 이상 30° 이내에 사용
• 잡아당김철탑(D형) : 가공 전선로의 전체 가섭선을 잡아당기는 개소(주로 변전소)
• **내장철탑(E형) : 전선로의 지지물 양쪽의 경간의 차가 큰 곳에 사용**

【답】②

27 ★★★★☆

전력계통의 전력용 콘덴서와 직렬로 연결하는 리액터로 제거되는 고조파는?

① 제2고조파
② 제3고조파
③ 제4고조파
④ 제5고조파

Explanation

• 직렬 리액터 : 제5고조파를 제거하기 위하여 전력용 콘덴서 전단에 시설
• 직렬 리액터의 용량은 $5\omega L = \dfrac{1}{5\omega C}$, 이론적 : 4[%], 실제적 : 5~6[%]

【답】④

28 ★★☆☆☆

다음 ( )에 알맞은 내용으로 옳은 것은? (단, 공급 전력과 선로 손실률은 동일하다)

> 선로의 전압을 2배로 승압할 경우, 공급전력은 승압 전의 (㉮)로 되고, 선로 손실은 승압 전의 (㉯)로 된다.

① ㉮ $\dfrac{1}{4}$, ㉯ 2배
② ㉮ $\dfrac{1}{4}$, ㉯ 4배
③ ㉮ 2배, ㉯ $\dfrac{1}{4}$
④ ㉮ 4배, ㉯ $\dfrac{1}{4}$

Explanation

전압과의 관계

전압강하	$e = \dfrac{P}{V_r}(R + X\tan\theta)$	$e \propto \dfrac{1}{V}$
전압 강하율	$\delta = \dfrac{P}{V_r^2}(R + X\tan\theta)$	$\delta \propto \dfrac{1}{V^2}$
전력 손실	$P_l = \dfrac{P^2 R}{V^2 \cos^2\theta}$	$P_l \propto \dfrac{1}{V^2}$

• 공급전력 $P \propto V^2 = 2^2 = 4$ • 선로손실 $P_l \propto \dfrac{1}{V^2} = \dfrac{1}{2^2} = \dfrac{1}{4}$

【답】④

29 ★★★☆☆

수차발전기가 난조를 일으키는 원인은?

① 수차의 조속기가 예민하다.
② 수차의 속도 변동률이 적다.
③ 발전기의 관성 모멘트가 크다.
④ 발전기의 자극에 제동권선이 있다.

Explanation

수차의 조속기가 예민하면 난조가 발생되며 난조가 심한 경우 탈조(Step Out)에 이를 수 있다.　【답】①

30 ★☆☆☆☆
주상변압기의 고장이 배전선로에 파급되는 것을 방지하고 변압기의 과부하 소손을 예방하기 위하여 사용되는 개폐기는?

① 리클로저　　　　　　　　　　　② 부하개폐기
③ 컷아웃스위치　　　　　　　　　　④ 섹셔널라이저

> Explanation

주상 변압기의 보호 장치
- 1차측 : 컷아웃스위치(COS)
- 2차측 : Catch Holder(캐치홀더)　　　　　　　　　　　　　　　【답】③

31 ★★★★★
배전선로에서 사용하는 전압 조정방법이 아닌 것은?

① 승압기 사용　　　　　　　　　　② 병렬콘덴서 사용
③ 저전압계전기 사용　　　　　　　　④ 주상변압기 탭 전환

> Explanation

배전선로 전압조정장치
- 승압기
- 유도전압조정기(부하에 따라 전압 변동이 심한 경우)
- 주상변압기 탭 조정　　　　　　　　　　　　　　　　　　　　【답】③

32 ★☆☆☆☆
다음 보호계전기 회로에서 박스 (A) 부분의 명칭은?

① 차단코일　　　　② 영상변류기
③ 계기용변류기　　④ 계기용변압기

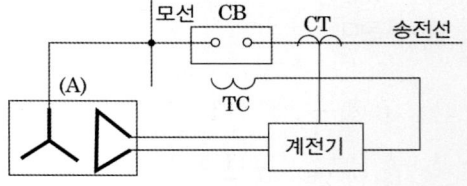

> Explanation

보호계전 시스템

따라서 계전기로 보내주는 신호는 PT, CT이다.　　　　　　　　　【답】④

33 ★★★★★
차단기가 전류를 차단할 때, 재점호가 일어나기 쉬운 차단 전류는?

① 동상전류　　　　　　　　　　　　② 지상전류
③ 진상전류　　　　　　　　　　　　④ 단락전류

> Explanation

재점호는 콘덴서에 의한 진상전류(충전전류) 차단 시 발생하기 쉽다.　【답】③

34 ★★★☆☆

설비용량 600[kW], 부등률 1.2, 수용률 60[%]일 때의 합성 최대전력은 몇 [kW]인가?

① 240

② 300

③ 432

④ 833

Explanation

합성 최대 전력 $= \dfrac{\text{설비 용량} \times \text{수용률}}{\text{부등률}} = \dfrac{600 \times 0.6}{1.2} = 300[\text{kW}]$

【답】②

35 ★☆☆☆☆

송전선의 특성임피던스를 Z_0, 전파속도를 V라 할 때, 이 송전선의 단위길이에 대한 인덕턴스 L은?

① $L = \dfrac{V}{Z_0}$

② $L = \dfrac{Z_0}{V}$

③ $L = \dfrac{Z_0^2}{V}$

④ $L = \sqrt{Z_0 V}$

Explanation

파동 임피던스 $Z_0 = \sqrt{\dfrac{L}{C}}$, 전파속도 $v = \dfrac{1}{\sqrt{LC}}$

$\therefore L = \dfrac{Z_0}{v} = \sqrt{\dfrac{\dfrac{L}{C}}{\dfrac{1}{LC}}}$

【답】②

36 ★☆☆☆☆

그림과 같은 3상 송전계통의 송전전압은 22[kV]이다. 한 점 P에서 3상 단락했을 때 발전기에 흐르는 단락전류는 약 몇 [A]인가?

① 725

② 1,150

③ 1,990

④ 3,725

6[Ω] 1[Ω] 5[Ω]

발전기 선로 P

Explanation

임피던스 $Z = R + jX = 1 + j(6+5) = 1 + j11[\Omega]$

단락전류 $I_s = \dfrac{E}{Z} = \dfrac{\dfrac{22,000}{\sqrt{3}}}{\sqrt{1^2 + 11^2}} = 1,150[\text{A}]$

【답】②

37 ★★★★★

변전소에서 수용가로 공급되는 전력을 차단하고 소내 기기를 점검할 경우, 차단기와 단로기의 개폐 조작 방법으로 옳은 것은?

① 점검 시에는 차단기로 부하회로를 끊고 난 다음에 단로기를 열어야 하며, 점검 후에는 단로기를 넣은 후 차단기를 넣어야 한다.

② 점검 시에는 단로기를 열고 난 후 차단기를 열어야 하며, 점검 후에는 단로기를 넣고 난 다음에 차단기로 부하회로를 연결하여야 한다.

③ 점검 시에는 차단기로 부하회로를 끊고 단로기를 열어야 하며, 점검 후에는 차단기로 부하회로를 연결한 후 단로기를 넣어야 한다.

④ 점검 시에는 단로기를 열고 난 후 차단기를 열어야 하며, 점검이 끝난 경우에는 차단기를 부하에 연결한 다음에 단로기를 넣어야 한다.

Explanation

인터록(Interlock) : 차단기가 열려 있어야 단로기 조작 가능
- 투입 시 : DS → CB 순
- 차단 시 : CB → DS 순

【답】 ①

38 ★★★★★
다음 중 뇌해방지와 관계가 없는 것은?

① 댐퍼
② 소호환
③ 가공지선
④ 탑각접지

Explanation

- 가공지선 : 직격뢰, 유도뢰 차폐
- 소호각, 소호환 : 섬락 시 애자련 보호
- 매설지선, 탑각 접지저항 작게 : 역섬락 방지
여기서, 댐퍼는 선로의 진동 방지에 쓰인다.

【답】 ①

39 ★★☆☆☆
중성점 저항접지방식에서 1선 지락 시의 영상전류를 I_0라고 할 때, 접지저항으로 흐르는 전류는?

① $\frac{1}{3}I_0$
② $\sqrt{3}\,I_0$
③ $3I_0$
④ $6I_0$

Explanation

1선 지락 전류 $I_g = 3I_0 = \dfrac{3E_a}{Z_0 + Z_1 + Z_2}$

【답】 ③

40 ★★★★★
전력 원선도의 실수축과 허수축은 각각 어느 것을 나타내는가?

① 실수축은 전압이고, 허수축은 전류이다.
② 실수축은 전압이고, 허수축은 역률이다.
③ 실수축은 전류이고, 허수축은 유효전력이다.
④ 실수축은 유효전력이고, 허수축은 무효전력이다.

Explanation

전력원선도(송·수전단 전압, 일반회로 정수(A, B, C, D))
가로축(실수축) : 유효전력, 세로축(허수축) : 무효전력

【답】 ④

3과목 | **전기기기**

41 ★★★★★
전기자 총 도체수 500, 6극, 중권의 직류전동기가 있다. 전기자 전 전류가 100[A]일 때의 발생 토크는 약 몇 [kg·m] 인가? (단, 1극당 자속수는 0.01[Wb]이다)

① 8.12
② 9.54
③ 10.25
④ 11.58

Explanation

토크 $\tau = \dfrac{pZ}{2\pi a}\phi I_a = \dfrac{6\times 500}{2\times\pi\times 6}\times 0.01\times 100 = 79.58[\text{N}\cdot\text{m}]$

따라서 토크를 [kg·m]로 나타내기 위하여 9.8로 나누면

$\tau = \dfrac{79.58}{9.8} = 8.12[\text{kg}\cdot\text{m}]$

【답】①

★★☆☆☆
42 단상 유도전동기와 3상 유도전동기를 비교했을 때 단상 유도전동기의 특징에 해당되는 것은?

① 대용량이다.
② 중량이 작다.
③ 역률, 효율이 좋다.
④ 기동장치가 필요하다.

Explanation

단상 유도 전동기의 특성
• 기동 시 기동 토크가 존재하지 않으므로 기동 장치가 필요하다.
• 슬립이 0이 되기 전에 토크는 미리 0이 된다.
• 2차 저항이 증가되면 최대토크는 감소한다.(비례추이 할 수 없다)
• 2차 저항 값이 어느 일정 값 이상이 되면 토크는 부(−)가 된다.

【답】④

★★★☆☆
43 정격 150[kVA], 철손 1[kW], 전부하 동손이 4[kW]인 단상변압기의 최대 효율[%]과 최대 효율 시의 부하[kVA]는? (단, 부하 역률은 1이다)

① 96.8[%], 125[kVA]
② 97[%], 50[kVA]
③ 97.2[%], 100[kVA]
④ 97.4[%], 75[kVA]

Explanation

$\dfrac{1}{m}$ 부하의 경우, 최대 효율이 된다고 하면 $P_i = \left(\dfrac{1}{m}\right)^2 P_c$

$\therefore \dfrac{1}{m} = \sqrt{\dfrac{P_i}{P_c}} = \sqrt{\dfrac{1}{4}} = \dfrac{1}{2}$

따라서 효율이 최대가 되는 부하는 전부하 용량의 $\dfrac{1}{2}$ 이므로

$\therefore 150\times\dfrac{1}{2} = 75[\text{KVA}]$

역률 $\cos\theta = 1$이므로

$\therefore \eta_m = \dfrac{\dfrac{1}{m}P_n\times\cos\theta}{\dfrac{1}{m}P_n\times\cos\theta + 2P_i}\times 100[\%] = \dfrac{150\times\dfrac{1}{2}\times 1}{150\times\dfrac{1}{2}\times 1 + 1\times 2}\times 100 = 97.4[\%]$

【답】④

★☆☆☆☆
44 3상 동기발전기 각 상의 유기기전력 중 제3고조파를 제거하려면 코일간격/극간격을 어떻게 하면 되는가?

① 0.11
② 0.33
③ 0.67
④ 1.34

Explanation

제n고조파에 대한 단절권 계수 $K_P = \sin\dfrac{n\beta\pi}{2}$

제3고조파를 제거하려면 $K_P = \sin\dfrac{3\beta\pi}{2} = 0$이 되도록 하기 위하여

$\beta = 0,\ 0.67\left(\dfrac{2}{3}\right),\ 1.33\left(\dfrac{4}{3}\right)\cdots$ 이 가능하나 이 중에서 1보다 작고 1에 가장 가까운 값인 0.67이 된다.

【답】③

45 ★★★☆☆
동기전동기에서 90° 앞선 전류가 흐를 때 전기자 반작용은?
① 감자작용 ② 증자작용
③ 편자작용 ④ 교차자화작용

Explanation

동기전동기의 전기자 반작용

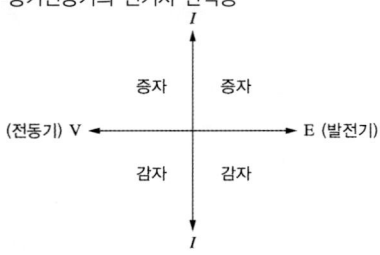

• 증자작용 : 공급전압보다 $\frac{\pi}{2}$ 뒤진 전류가 흐를 때

• 감자작용 : 공급전압보다 $\frac{\pi}{2}$ 앞선 전류가 흐를 때
【답】①

46 ★★★★☆
어떤 변압기의 백분율 저항 강하가 2[%], 백분율 리액턴스 강하가 3[%]라 한다. 이 변압기로 역률이 80[%]인 부하에 전력을 공급하고 있다. 이 변압기의 전압변동률은 몇 [%]인가?
① 2.4 ② 3.4
③ 3.8 ④ 4.0

Explanation

$$\epsilon = \frac{V_{20} - V_{2n}}{V_{2n}} \times 100 = p\cos\theta \pm q\sin\theta \,(\text{지상} : +, \text{진상} : -)$$
$$= 2 \times 0.8 + 3 \times 0.6 = 3.4[\%]$$
【답】②

47 ★★★★★
단자전압 220[V], 부하전류 48[A], 계자전류 2[A], 전기자 저항 0.2[Ω]인 직류 분권발전기의 유도기전력[V]은?(단, 전기자 반작용은 무시한다)
① 210 ② 220
③ 230 ④ 240

Explanation

분권발전기 $I_a = I + I_f = 48 + 2 = 50$
유기기전력 $E = V + I_a R_a = 220 + 50 \times 0.2 = 230[V]$
【답】③

48 ★★★☆☆
전동력 응용기기에서 GD^2의 값이 적은 것이 바람직한 기기는?
① 압연기 ② 송풍기
③ 냉동기 ④ 엘리베이터

Explanation

GD^2는 플라이휠 효과로서, 엘리베이터는 관성모멘트가 적어야 하므로
플라이휠 효과가 적은 것을 사용한다.
【답】④

49 ★★★★☆

유도전동기 슬립 s의 범위는?

① $1 < s$ ② $s < -1$
③ $-1 < s < 0$ ④ $0 < s < 1$

Explanation

슬립 $s = \dfrac{N_s - N}{N_s}$

• $0 < s < 1$: 유도 전동기
• $1 < s < 2$: 유도 제동기
• $s < 0$: 유도 발전기(비동기 발전기)

【답】④

50 ★☆☆☆☆

권수비 30인 단상변압기의 1차에 6,600[V]를 공급하고, 2차에 40[kW], 뒤진 역률 80[%]의 부하를 걸 때 2차 전류 I_2 및 1차 전류 I_1은 약 몇 [A]인가? (단, 변압기의 손실은 무시한다)

① $I_2 = 145.5$, $I_1 = 4.85$ ② $I_2 = 181.8$, $I_1 = 6.06$
③ $I_2 = 227.3$, $I_1 = 7.58$ ④ $I_2 = 321.3$, $I_1 = 10.28$

Explanation

권수비 $a = \dfrac{V_1}{V_2} = \dfrac{I_2}{I_1} = 30$에서

2차 전압 $V_2 = \dfrac{V_1}{a} = \dfrac{6,600}{30} = 220[\text{V}]$

부하 $P = V_2 I_2 \cos\theta$에서

2차 전류 $I_2 = \dfrac{P}{V_2 \cos\theta} = \dfrac{40 \times 10^3}{220 \times 0.8} = 227.27$

1차 전류 $I_1 = \dfrac{I_2}{a} = \dfrac{227.27}{30} = 7.58[\text{A}]$

【답】③

51 ★★☆☆☆

동기발전기에서 전기자 전류를 I, 역률을 $\cos\theta$라 하면 횡축 반작용을 하는 성분은?

① $I\cos\theta$ ② $I\cot\theta$
③ $I\sin\theta$ ④ $I\tan\theta$

Explanation

동기기의 전기자 반작용
• 횡축 반작용 (교차자화작용) : 전기자 전류가 유기기전력과 동위상. 크기는 $I\cos\theta$
• 직축 반작용
  – 감자작용 : 전기자 전류가 유기기전력보다 위상이 $\pi/2$뒤질 때
  – 증자작용 : 전기자 전류가 유기기전력보다 위상이 $\pi/2$앞설 때

【답】①

52 ★★★☆☆

200[kW], 200[V]의 직류 분권 발전기가 있다. 전기자 권선의 저항이 0.025[Ω]일 때 전압 변동률은 몇 [%]인가?

① 6.0   ② 12.5
③ 20.5   ④ 25.0

Explanation

분권발전기 $I_a = I + I_f = \dfrac{P}{V} + \dfrac{V}{R_f}$에서

계자전류가 주어지지 않았으므로 $I_a = I = \dfrac{P}{V} = \dfrac{200 \times 10^3}{200} = 1,000[\text{A}]$

무부하 단자 전압(유기기전력)
$E = V_0 = V + I_a R_a = 200 + 1,000 \times 0.025 = 225[\text{V}]$

전압 변동률 $\epsilon = \dfrac{V_0 - V_n}{V_n} \times 100 = \dfrac{225 - 200}{200} \times 100 = 12.5[\%]$

【답】②

53 ★★☆☆☆
직류전동기의 속도제어법 중 정지 워드 레오나드 방식에 관한 설명으로 틀린 것은?
① 광범위한 속도제어가 가능하다.
② 정토크 가변속도의 용도에 적합하다.
③ 제철용 압연기, 엘리베이터 등에 사용된다.
④ 직권전동기의 저항제어와 조합하여 사용한다.

Explanation

직류 전등기 속도 제어 $n = K'\dfrac{V - I_a R_a}{\phi}$ (K' : 기계정수)

종 류	특 징
전압 제어	• 광범위 속도제어 가능 • 워드 레오너드 방식(광범위한 속도 조정, 효율 양호, 엘리베이터)) • 일그너 방식(부하가 급변하는 곳, 플라이휠 효과 이용, 제철, 제관 공장) • 정토크 제어

【답】④

54 ★☆☆☆☆
온도 측정 장치 중 변압기의 권선온도 측정에 가장 적당한 것은?
① 탐지코일
② dial온도계
③ 권선온도계
④ 봉상온도계

Explanation

온도 측정 장치 중 변압기의 권선온도 측정 : 권선 온도계

【답】③

55 ★★★★☆
직류 및 교류 양용에 사용되는 만능 전동기는?
① 복권전동기
② 유도전동기
③ 동기전동기
④ 직권 정류자전동기

Explanation

단상 직권 정류자 전동기=만능 전동기(직·교류 양용)
• 사용 : 75[W]이하의 소형공구, 치과 의료용

【답】④

56 ★☆☆☆☆
어떤 IGBT의 열용량은 0.02[J/℃], 열저항은 0.625[℃/W]이다. 이 소자에 직류 25[A]가 흐를 때 전압강하는 3[V]이다. 몇 [℃]의 온도상승이 발생하는가?
① 1.5
② 1.7
③ 47
④ 52

Explanation

【답】③

57 ★★☆☆☆
3상 유도전동기의 토크와 출력에 대한 설명으로 옳은 것은?

① 속도에 관계가 없다.
② 동일 속도에서 발생한다.
③ 최대 출력은 최대 토크보다 고속도에서 발생한다.
④ 최대 토크가 최대 출력보다 고속도에서 발생한다.

Explanation

토크 $T=0.975\times\dfrac{P_0}{N}\,[\mathrm{kg\cdot m}]$

출력 $P_0=1.026\,NT$ 이므로 최대 출력은 최대 토크보다 고속도에서 발생한다. 【답】③

58 ★★☆☆☆
일정 전압으로 운전하는 직류전동기의 손실이 $x+yI^2$으로 될 때 어떤 전류에서 효율이 최대가 되는가? (단, x, y는 정수이다)

① $I=\sqrt{\dfrac{x}{y}}$ ② $I=\sqrt{\dfrac{y}{x}}$
③ $I=\dfrac{x}{y}$ ④ $I=\dfrac{y}{x}$

Explanation

손실 $P_l=x+yI^2$
여기서, x(무부하손), yI^2(동손)
발전기의 효율 최대 조건
무부하손(고정손)=부하손(가변손) $x=yI^2$이므로
따라서 부하 전류 $I=\sqrt{\dfrac{x}{y}}$ 에서 최대 효율이 된다. 【답】①

59 ★★★☆☆
T-결선에 의하여 3,300[V]의 3상으로부터 200[V], 40[kVA]의 전력을 얻는 경우 T좌변압기의 권수비는 약 얼마인가?

① 10.2 ② 11.7
③ 14.3 ④ 16.5

Explanation

스코트결선(T결선)
T좌 변압기의 권선비 : $a_T=\dfrac{\sqrt{3}}{2}a$
$a_T=\dfrac{\sqrt{3}}{2}\times\dfrac{3,300}{200}=14.3$ 【답】③

60 ★★★★★
사이리스터에 의한 제어는 무엇을 제어하여 출력전압을 변환시키는가?

① 토크 ② 위상각
③ 회전수 ④ 주파수

Explanation

사이리스터(SCR)에 의한 제어 : 위상제어, 인버터제어, 정지형 레오너드 제어 【답】②

★★☆☆☆

61 $\dfrac{E_o(s)}{E_i(s)} = \dfrac{1}{s^2+3s+1}$ 의 전달함수를 미분방정식으로 표시하면? (단, $\mathcal{L}^{-1}[E_o(s)] = e_o(t)$, $\mathcal{L}^{-1}[E_i(s)] = e_i(t)$ 이다)

① $\dfrac{d^2}{dt^2}e_i(t) + 3\dfrac{d}{dt}e_i(t) + e_i(t) = e_o(t)$ ② $\dfrac{d^2}{dt^2}e_o(t) + 3\dfrac{d}{dt}e_o(t) + e_o(t) = e_i(t)$

③ $\dfrac{d^2}{dt^2}e_i(t) + 3\dfrac{d}{dt}e_i(t) + \displaystyle\int e_i(t)dt = e_o(t)$ ④ $\dfrac{d^2}{dt^2}e_o(t) + 3\dfrac{d}{dt}e_o(t) + \displaystyle\int e_o(t)dt = e_i(t)$

Explanation

$G(s) = \dfrac{E_o(s)}{E_i(s)} = \dfrac{1}{s^2+3s+1}$ 에서

$E_i(s) = s^2 E_o(s) + 3s E_o + E_o(s)$

미분방정식으로 표현하면 $e_i(t) = \dfrac{d^2}{dt^2}e_o(t) + 3\dfrac{d}{dt}e_o(t) + e_o(t)$

【답】②

★★★☆☆

62 대칭 n상 환상결선에서 선전류와 환상전류 사이의 위상차는 어떻게 되는가?

① $2\left(1 - \dfrac{2}{n}\right)$

② $\dfrac{\pi}{2}\left(1 - \dfrac{\pi}{2}\right)$

③ $\dfrac{\pi}{2}\left(\dfrac{\cdot}{\cdot} - \dfrac{n}{2}\right)$

④ $\dfrac{\pi}{2}\left(1 - \dfrac{2}{n}\right)$

Explanation

환상 결선($\triangle$결선)에서

$I_l = 2\sin\dfrac{\pi}{n}I_P\angle - \dfrac{\pi}{2}\left(1 - \dfrac{2}{n}\right)$ 여기서, n은 상수

$V_l = V_p$

【답】④

★★☆☆☆

63 저항 $R = 6[\Omega]$과 유도 리액턴스 $X_L = 8[\Omega]$이 직렬로 접속된 회로에서 $v = 200\sqrt{2}\sin\omega t[\text{V}]$ 인 전압을 인가하였다. 이 회로의 소비되는 전력[kW]은?

① 1.2

② 2.2

③ 2.4

④ 3.2

Explanation

소비전력(유효전력) $P = I^2 R = \left(\dfrac{V}{\sqrt{R^2 + X^2}}\right)^2 R = \dfrac{V^2}{R^2 + X^2}R$

$\quad = \dfrac{200^2}{6^2 + 8^2} \times 6 \times 10^{-3} = 2.4[\text{kW}]$

【답】③

★★☆☆☆

64 $F(s) = \dfrac{s}{s^2 + \pi^2} \cdot e^{-2s}$ 함수를 시간추이정리에 의해서 역변환하면?

① $\sin\pi(t-2) \cdot u(t-2)$

② $\sin\pi(t+a) \cdot u(t+a)$

③ $\cos\pi(t-2) \cdot u(t-2)$　　　　　　④ $\cos\pi(t+a) \cdot u(t+a)$

Explanation

$$\mathcal{L}^{-1}\left[\frac{s}{s^2+\pi^2}\right] = \cos\pi t$$

시간 추이 정리에 의해서 역변환하면
$t \to t-2$를 대입하면
$$\mathcal{L}^{-1}[F(s)] = f(t) = \cos\pi(t-2) \cdot u(t-2)$$

【답】③

65 ★★★☆☆
비정현파의 성분을 가장 옳게 나타낸 것은?

① 직류분 + 고조파　　　　　　② 교류분 + 고조파
③ 교류분 + 기본파 + 고조파　　　④ 직류분 + 기본파 + 고조파

Explanation

푸리에 급수 : 비정현파를 여러 개의 정현파의 합으로 표시
비정현파 = 직류분 + 기본파 + 고조파

【답】④

66 ★★★★★
V_a, V_b, V_c를 3상 불평형 전압이라 하면 정상(正相) 전압[V]은? (단, $a = -\dfrac{1}{2} + j\dfrac{\sqrt{3}}{2}$ 이다)

① $3(V_a + V_b + V_c)$　　　　　　② $\dfrac{1}{3}(V_a + V_b + V_c)$

③ $\dfrac{1}{3}(V_a + a^2 V_b + a V_c)$　　　④ $\dfrac{1}{3}(V_a + a V_b + a^2 V_c)$

Explanation

대칭좌표법

영상분 $V_0 = \dfrac{1}{3}(V_a + V_b + V_c)$

정상분 $V_1 = \dfrac{1}{3}(V_a + a V_b + a^2 V_c)$

역상분 $V_2 = \dfrac{1}{3}(V_a + a^2 V_b + a V_c)$

【답】④

67 ★★☆☆☆
다음과 같은 회로에서 a, b 양단의 전압은 몇 [V]인가?

① 1
② 2
③ 2.5
④ 3.5

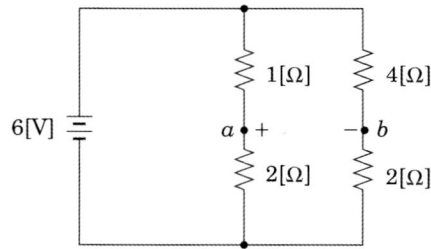

Explanation

a, b 양단의 전압
$$V_{ab} = \frac{4}{4+2} \times 6 - \frac{1}{1+2} \times 6 = 4 - 2 = 2[\text{V}]$$

【답】②

68 ★★★☆☆

3상 회로에 △ 결선된 평형 순저항 부하를 사용하는 경우 선간전압 220[V], 상전류가 7.33[A]라면 1상의 부하저항은 약 몇 [Ω]인가?

① 80
② 60
③ 45
④ 30

Explanation

△결선 $V_l = V_p$ 에서

임피던스 $Z = \dfrac{V_p}{I_p} = \dfrac{220}{7.33} = 30[\Omega]$

【답】 ④

69 ★★☆☆☆

L형 4단자 회로망에서 4단자 정수가 $B = \dfrac{5}{3}$, $C = 1$ 이고 영상 임피던스 $Z_{01} = \dfrac{20}{3}[\Omega]$ 일 때 영상 임피던스 $Z_{02}[\Omega]$의 값은?

① 4
② $\dfrac{1}{4}$
③ $\dfrac{100}{9}$
④ $\dfrac{9}{100}$

Explanation

영상 임피던스와 4단자 정수와의 관계

$Z_{01} \cdot Z_{02} = \dfrac{B}{C}$, $\dfrac{Z_{01}}{Z_{02}} = \dfrac{A}{D}$

$Z_{01} \cdot Z_{02} = \dfrac{B}{C}$ 에서 $Z_{02} = \dfrac{B}{Z_{01} \cdot C}$

따라서 $Z_{02} = \dfrac{\dfrac{5}{3}}{\dfrac{20}{3} \times 1} = \dfrac{1}{4}[\Omega]$

【답】 ②

70 ★☆☆☆☆

두 대의 전력계를 사용하여 3상 평형 부하의 역률을 측정하려고 한다. 전력계의 지시가 각각 $P_1[\text{W}]$, $P_2[\text{W}]$할 때 이 회로의 역률은?

① $\dfrac{\sqrt{P_1 + P_2}}{P_1 + P_2}$

② $\dfrac{P_1 + P_2}{P_1^2 + P_2^2 - 2P_1P_2}$

③ $\dfrac{2(P_1 + P_2)}{\sqrt{P_1^2 + P_2^2 - P_1P_2}}$

④ $\dfrac{P_1 + P_2}{2\sqrt{P_1^2 + P_2^2 - P_1P_2}}$

Explanation

2전력계법
유효전력 $P = P_1 + P_2$
무효전력 $P_r = \sqrt{3}(P_1 - P_2)$
피상전력 $P_a = 2\sqrt{P_1^2 + P_2^2 - P_1P_2}$

역률 $\cos\theta = \dfrac{P}{P_a} = \dfrac{P_1 + P_2}{2\sqrt{P_1^2 + P_2^2 - P_1P_2}}$

【답】 ④

71 ★★★☆☆

어느 소자에 전압 $e = 125\sin 377t[\text{V}]$를 가했을 때 전류 $i = 50\cos 377t[\text{A}]$가 흘렀다. 이 회로의 소자는 어떤 종류인가?

① 순저항   ② 용량 리액턴스
③ 유도 리액턴스   ④ 저항과 유도 리액턴스

Explanation

• 저항 : 전압과 전류가 동위상
• 인덕턴스 : 전압이 전류보다 위상이 90° 앞선다(지상, 유도성 리액턴스).
• 커패시턴스 : 전압이 전류보다 위상이 90° 느리다(진상, 용량성 리액턴스).
$$전압 \ e = 125\sin 377t\,[V]$$
$$전류 \quad i = 50\cos 377t = 50\sin(377t + 90°)\,[A]$$

【답】②

72 ★☆☆☆☆
기전력 3[V], 내부 저항 0.5[Ω]의 전지 9개가 있다. 이것은 3개씩 직렬로 하여 3조 병렬 접속한 것에 부하 저항 1.5[Ω]을 접속하면 부하 전류[A]는?

① 2.5   ② 3.5
③ 4.5   ④ 5.5

Explanation

우선 전지를 3개 직렬연결 하면
• 기전력 : $nE = 3 \times 3 = 9[V]$
• 내부저항 : $nR = 0.5 \times 3 = 1.5[Ω]$이며,
그 다음에 전지를 3조씩 병렬연결 하면
• 기전력(변함없다) : $nE = 3 \times 3 = 9[V]$
• 내부저항 : $\dfrac{nR}{m} = \dfrac{0.5 \times 3}{3} = 0.5[Ω]$이므로
전체 전지의 기전력은 9[V], 내부저항은 0.5[Ω]이므로
$$I = \frac{V}{r+R} = \frac{9}{0.5+1.5} = 4.5[A]$$

【답】③

73 ★★★★★
대칭 3상 Y결선에서 선간 전압이 $200\sqrt{3}\,[V]$이고 각 상의 임피던스 $Z = 30 + j40\,[Ω]$의 평형 부하일 때 선전류 [A]는?

① 2   ② $2\sqrt{3}$
③ 4   ④ $4\sqrt{3}$

Explanation

Y결선에서 $V_l = \sqrt{3}\,V_p$, $I_l = I_p$ 이므로
$$상전류 \ I_p = \frac{V_p}{Z} = \frac{\dfrac{200\sqrt{3}}{\sqrt{3}}}{\sqrt{30^2 + 40^2}} = 4$$
따라서 $I_l = I_p = 4[A]$

【답】③

74 ★★★☆☆
$t = 0$에서 스위치 S를 닫았을 때 정상 전류값(A)은?

① 1
② 2.5
③ 3.5
④ 7

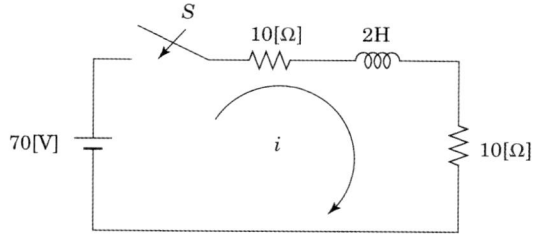

$R-L$ 직렬회로

정상전류 $I_{ss} = \dfrac{E}{R_1 + R_2} = \dfrac{70}{10+10} = 3.5[\text{A}]$

【답】 ③

75 ★★★★★ 저항 $R_1[\Omega]$, $R_2[\Omega]$ 및 인덕턴스 $L[\text{H}]$이 직렬로 연결되어 있는 회로의 시정수[s]는?

① $\dfrac{R_1 + R_2}{L}$

② $\dfrac{L}{R_1 + R_2}$

③ $-\dfrac{R_1 + R_2}{L}$

④ $-\dfrac{L}{R_1 + R_2}$

$R-L$ 직렬회로

시정수 $\tau = \dfrac{L}{R} = \dfrac{L}{R_1 + R_2}[\text{s}]$

【답】 ②

76 ★★★☆☆ 그림에서 4단자 회로 정수 A, B, C, D 중 출력 단자 3, 4가 개방되었을 때의 $\dfrac{V_1}{V_2}$인 A의 값은?

① $1 + \dfrac{Z_2}{Z_1}$

② $1 + \dfrac{Z_3}{Z_2}$

③ $1 + \dfrac{Z_2}{Z_3}$

④ $\dfrac{Z_1 + Z_2 + Z_3}{Z_1 Z_3}$

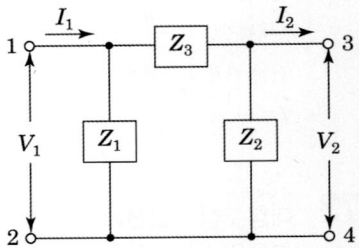

$$\begin{bmatrix} A & B \\ C & D \end{bmatrix} = \begin{bmatrix} 1 & 0 \\ \dfrac{1}{Z_1} & 1 \end{bmatrix} \begin{bmatrix} 1 & Z_3 \\ 0 & 1 \end{bmatrix} \begin{bmatrix} 1 & 0 \\ \dfrac{1}{Z_2} & 1 \end{bmatrix} = \begin{bmatrix} 1 + \dfrac{Z_2}{Z_3} & Z_2 \\ \dfrac{1}{Z_1} + \dfrac{Z_2}{Z_1 Z_3} + \dfrac{1}{Z_3} & \dfrac{Z_2}{Z_1} + 1 \end{bmatrix}$$

$$= \begin{bmatrix} 1 + \dfrac{Z_3}{Z_2} & Z_3 \\ \dfrac{Z_1 + Z_2 + Z_3}{Z_1 Z_2} & 1 + \dfrac{Z_3}{Z_1} \end{bmatrix}$$

【답】 ②

77 ★★★★★ $e = 200\sqrt{2}\sin\omega t + 150\sqrt{2}\sin 3\omega t + 100\sqrt{2}\sin 5\omega t[\text{V}]$인 전압을 $R-L$ 직렬회로에 가할 때에 제3고조파 전류의 실효값은 몇 [A]인가? (단, $R = 8[\Omega]$, $\omega L = 2[\Omega]$이다)

① 5

② 8

③ 10

④ 15

제3고조파 전류 $I_3 = \dfrac{V_3}{Z_3} = \dfrac{V_3}{R + j3\omega L} = \dfrac{V_3}{\sqrt{R^2 + (3\omega L)^2}} = \dfrac{150}{\sqrt{8^2 + (3\times 2)^2}} = 15[\text{A}]$

【답】 ④

78 ☆☆☆☆☆
$R = 1[\text{k}\Omega]$, $C = 1[\mu\text{F}]$가 직렬 접속된 회로에 스텝(구형파)전압 10[V]를 인가하는 순간에 커패시터 C에 걸리는 최대전압[V]은?

① 0   ② 3.72

③ 6.32   ④ 10

Explanation

$R - C$ 직렬회로 직류(구형파)인가

커패시터 양단의 전압 $V_c = E\left(1 - e^{-\frac{1}{RC}t}\right)$[V]에서

초기에는 $t = 0$을 대입하면 전압은 0이다.   【답】①

79 ★★☆☆☆
다음과 같은 전류의 초기값 $i(0^+)$를 구하면?

$$I(s) = \frac{12(s+8)}{4s(s+6)}$$

① 1   ② 2

③ 3   ④ 4

Explanation

초기값 정리에 의해

$i(0^+) = \lim_{t \to 0} i(t) = \lim_{s \to \infty} sI(s) = \lim_{s \to \infty} s \cdot \frac{12(s+8)}{4s(s+6)} = 3$ 【답】③

80 ★☆☆☆☆
정격전압에서 1[kW]의 전력을 소비하는 저항에 정격의 80[%]의 전압을 가할 때의 전력[W]은?

① 340   ② 540

③ 640   ④ 740

Explanation

소비전력 $P = \frac{V^2}{R}$[W]에서 $P \propto V^2$

따라서 소비전력 $P' = 1,000 \times (0.8)^2 = 640$[W]   【답】③

5과목   전기설비기술기준

81 ★★☆☆☆
과전류차단기로 시설하는 퓨즈 중 고압전로에 사용하는 비포장 퓨즈는 정격전류의 몇 배의 전류에 견디어야 하는가?

① 1.1   ② 1.25

③ 1.5   ④ 2

Explanation

(KEC 341.10조) 고압 및 특고압 전로 중의 과전류 차단기의 시설

① 포장 퓨즈 : 1.3배의 전류에 견디고 또한 2배의 전류로 120분 안에 용단

② 비포장 퓨즈 : 1.25배의 전류에 견디고 또한 2배의 전류로 2분 안에 용단   【답】②

82 ★★★★★
22.9[kV] 특고압 가공전선로의 중성선은 다중접지를 하여야 한다, 각 접지도체를 중성선으로부터 분리하였을 경우 1[km]마다 중성선과 대지 사이의 합성전기저항 값은 몇 [Ω] 이하인가?(단, 전로에 지락이 생겼을 때에 2초 이내에 자동적으로 이를 전로로부터 차단하는 장치가 되어 있다)

① 5   ② 10
③ 15   ④ 20

Explanation
(KEC 333.32조) 25[kV] 이하인 특고압 가공 전선로의 시설
각 접지도체를 중성선으로부터 분리하였을 경우의 각 접지점의 대지 전기 저항치와 1[km] 마다의 중성선과 대지 사이의 합성 전기저항치

사용 전압	각 접지점의 대지 전기저항치	1[km]마다의 합성 전기저항치
15[kV]이하	300[Ω]	30[Ω]
15[kV]초과 25[kV] 이하	300[Ω]	15[Ω]

【답】③

83 ★☆☆☆☆
고압 가공전선으로 경동선을 사용하려면 그 지름은 최소 몇 [mm]이어야 하는가?

① 2.6   ② 3.2
③ 4.0   ④ 5.0

Explanation
(KEC 332.3조) 고압 가공전선의 굵기 및 종류
인장강도 8.01[kN] 이상의 고압 절연전선, 특고압 절연전선 또는 지름 5[mm] 이상의 경동선의 고압 절연전선, 특고압 절연전선
【답】④

84 ★★★☆☆
고압 가공전선이 가공약전류전선 등과 접근하는 경우에 고압 가공전선과 가공약전류전선 사이의 이격거리는 몇 [m] 이상이어야 하는가? (단, 전선이 케이블인 경우)

① 0.2   ② 0.3
③ 0.4   ④ 0.5

Explanation
(KEC 332.13조) 고압 가공전선과 가공약전류전선 등의 접근 또는 교차
고압 가공 전선과 가공 약전류 전선이 접근하는 경우의 수평 거리는 0.8[m] 이상으로 되어 있다. 다만, 전화선이 절연 전선 이상인 것이나 **통신용 케이블인 경우는 0.4[m] 이상**으로 할 수 있다.
【답】③

85 ★★★★★
가공전선로의 지지물에 지지선을 시설하는 기준으로 옳은 것은?

① 소선 지름 : 1.6[mm], 안전율 : 2.0, 허용인장하중 : 4.31[kN]
② 소선 지름 : 2.0[mm], 안전율 : 2.5, 허용인장하중 : 2.11[kN]
③ 소선 지름 : 2.6[mm], 안전율 : 1.5, 허용인장하중 : 3.21[kN]
④ 소선 지름 : 2.6[mm], 안전율 : 2.5, 허용인장하중 : 4.31[kN]

Explanation

(KEC 331.11조) 지지선의 시설
• 안전율은 2.5 이상일 것
• 허용 인장 하중의 최저는 4.31[kN]으로 한다.
• 지지선은 소선 3가닥 이상의 연선일 것
• 소선은 지름 2.6[mm]이상의 금속선을 사용할 것
• 지중 부분 및 지표상 0.3[m]까지는 내식성이 있는 것 또는 아연도금 철봉을 사용
【답】④

86 ★★★☆☆
중성선 다중접지식의 것으로 전로에 지락이 생겼을 때에 2초 이내에 자동적으로 이를 전로로부터 차단하는 장치가 되어있는 22.9[kV] 가공전선로를 상부 조영재의 위쪽에서 접근상태로 시설하는 경우, 가공전선과 건조물과의 이격거리는 몇 [m] 이상이어야 하는가? (단, 전선으로는 나전선을 사용한다고 한다)

① 1.2   ② 1.5
③ 2.5   ④ 3.0

Explanation

(KEC 333.32조) 25[kV] 이하인 특고압 가공 전선로의 시설
특고압 가공전선(다중접지를 한 중성선을 제외한다. 이하 이 조에서 같다)이 건조물과 접근하는 경우에 특고압 가공전선과 건조물의 조영재 사이의 이격거리는 표에서 정한 값 이상일 것.

건조물의 조영재	접근형태	전선의 종류	이격거리
		나전선	**3[m]**
상부 조영재	위쪽	특고압 절연전선	2.5[m]
		케이블	1.2[m]

【답】④

87 ★★★★★
전력 보안 통신용 전화설비를 시설하여야 하는 곳은?

① 2 이상의 발전소 상호 간   ② 원격 감시 제어가 되는 변전소
③ 원격 감시 제어가 되는 급전소   ④ 원격 감시 제어가 되지 않는 발전소

Explanation

(KEC 362조) 전력보안통신설비의 시설
다음 각 호에 열거하는 곳에는 전력 보안통신용 전화 설비를 시설하여야 한다.
① **원격감시 제어가 되지 아니하는 발전소·원격 감시제어가 되지 아니하는 변전소·발전제어소 ·변전제어소·개폐소 및 전선로의 기술원 주재소와 이를 운용하는 급전소간**
② **2 이상의 급전소 상호 간과 이들을 총합 운용하는 급전소 간**
③ 수력설비 중 필요한 곳, 수력 설비의 안전상 필요한 양수소(量水所) 및 강수량 관측소와 수력발전소 간
④ 동일 수계에 속하고 안전상 긴급 연락의 필요가 있는 수력발전소 상호 간
⑤ 동일 전력계통에 속하고 또한 안전상 긴급연락의 필요가 있는 발전소·변전소·발전제어소·변전제어소 및 개폐소 상호 간
⑥ 발전소·변전소·발전제어소·변전제어소 및 개폐소와 기술원 주재소간
⑦ 발전소·변전소·발전제어소·변전제어소·개폐소·급전소 및 기술원 주재소와 전기설비의 안전상 긴급 연락의 필요가 있는 기상대·측후소·소방서 및 방사선 감시계측 시설물 등의 사이
【답】④

88 KEC 적용으로 인하여 삭제되었습니다.

89 ★★★★★
시가지 등에서 특고압 가공전선로를 시설하는 경우 특고압 가공전선로용 지지물로 사용할 수 없는 것은?(단, 사용전압이 170[kV] 이하인 경우이다)

① 철탑   ② 목주
③ 철주   ④ 철근 콘크리트주

Explanation

(KEC 333.1조) 시가지 등에서 특고압 가공 전선로의 시설
시가지에 시설하는 특고압 가공전선로용 지지물의 종류로는 A·B종 철주, A·B종 철근 콘크리트주, 또는 철탑을 사용한다 (**목주는 사용할 수 없다**).
【답】②

90 ★★★★★

건조한 장소로서 전개된 장소에 한하여 시설할 수 있는 고압 옥내배선의 방법은?

① 금속관 공사
② 애자공사
③ 가요전선관 공사
④ 합성수지관 공사

Explanation

(KEC 342.1조) 고압 옥내배선 등의 시설
① 애자공사(건조한 장소로서 전개된 장소에 한한다)
② 케이블 공사
③ 케이블 트레이 공사

【답】②

91 ★★☆☆☆

전기부식방지 시설은 지표 또는 수중에서 1[m] 간격의 임의의 2점(양극의 주위 1[m] 이내의 거리에 있는 점 및 울타리의 내부점을 제외한다)간의 전위차가 몇 [V]를 넘으면 안되는가?

① 5
② 10
③ 25
④ 30

Explanation

(KEC 241.16조) 전기부식방지 시설
지표 또는 수중에서 1[m] 간격의 임의의 2점(제4의 양극의 주위 1[m] 이내의 거리에 있는 점 및 울타리의 내부점을 제외)간의 **전위차가 5[V]를 넘지 아니할 것** 【답】①

92 KEC 적용으로 인하여 삭제되었습니다.

93 KEC 적용으로 인하여 삭제되었습니다.

94 ★★☆☆☆

고압 가공전선 상호 간의 접근 또는 교차하여 시설되는 경우, 고압 가공전선 상호 간의 이격거리는 몇 [m] 이상이어야 하는가? (단, 고압 가공전선은 모두 케이블이 아니라고 한다)

① 0.5
② 0.6
③ 0.7
④ 0.8

Explanation

(KEC 332.17조) 고압 가공전선 상호 간의 접근 또는 교차
① 위쪽 또는 옆쪽에 시설되는 고압 가공전선로는 고압 보안공사에 의할 것
② **고압 가공전선 상호 간의 이격거리는 0.8[m]**(어느 한쪽의 전선이 케이블인 경우에는 0.4[m])이상, 하나의 고압 가공전선과 다른 고압 가공전선로의 지지물 사이의 이격거리는 0.6[m](전선이 케이블인 경우에는 0.3[m]) 이상일 것 【답】④

95 KEC 적용으로 인하여 삭제되었습니다.

96 ★★★☆☆

154/22.9 [kV]용 변전소의 변압기에 반드시 시설하지 않아도 되는 계측장치는?

① 전압계
② 전류계
③ 역률계
④ 온도계

Explanation

(KEC 351.6조) 계측 장치

변전소 또는 이에 준하는 곳에는 다음 각 호의 사항을 계측하는 장치를 시설하여야 한다.
① 주요 변압기의 전압 및 전류 또는 전력
② 특고압용 변압기의 온도

【답】③

97 ★★★★★
전기부식방지 시설을 시설할 때 전기부식방지용 전원 장치로부터 양극 및 피방식체까지의 전로의 사용전압은 직류 몇 [V] 이하이어야 하는가?

① 20
② 40
③ 60
④ 80

Explanation

(KEC 241.16조) 전기부식방지 시설
전기 부식 방지 회로의 사용전압은 직류 60[V] 이하일 것

【답】③

98 ★☆☆☆☆
케이블을 지지하기 위하여 사용하는 금속제 케이블 트레이의 종류가 아닌 것은?

① 사다리형
② 통풍 밀폐형
③ 펀칭형
④ 바닥 밀폐형

Explanation

(KEC 232.41조) 케이블트레이공사
케이블 트레이 : 사다리형, 펀칭형, 그물망형, 바닥밀폐형

【답】②

99 ★☆☆☆☆
발전소 · 변전소 또는 이에 준하는 곳의 특고압 전로에는 그의 보기 쉬운 곳에 어떤 표시를 반드시 하여야 하는가?

① 모선(母線) 표시
② 상별(相別) 표시
③ 차단(遮斷) 위험표시
④ 수전(受電) 위험표시

Explanation

(KEC 351.2조) 특고압전로의 상 및 접속 상태의 표시
(1) **발전소 · 변전소 또는 이에 준하는 곳의 특고압전로에는 그의 보기 쉬운 곳에 상별(相別) 표시를 하여야 한다.**
(2) 발전소 · 변전소 또는 이에 준하는 곳의 특고압전로에 대하여는 그 접속 상태를 모의모선(模擬母線)의 사용 기타의 방법에 의하여 표시하여야 한다. 다만, 이러한 전로에 접속하는 특고압전선로의 회선수가 2 이하이고 또한 특고압의 모선이 단일 모선인 경우에는 그러하지 아니하다.

【답】②

100 ★☆☆☆☆
6.6[kV] 지중전선로의 케이블을 직류전원으로 절연 내력시험을 하자면 시험전압은 직류 몇 [V]인가?

① 9,900
② 14,420
③ 16,500
④ 19,800

Explanation

(KEC 132조) 고압 · 특고압의 전로의 절연내력

접지방식	최대사용전압	시험전압 (최대사용 전압 배수)	최저 시험 전압
비접지	**7[kV]이하**	**1.5배**	
	7[kV]초과	1.25배	10,500[V]

※ 전로에 케이블을 사용하는 경우 **직류로 시험할 수 있으며, 시험전압은 교류인 경우의 2배**가 된다.
시험전압=6,600×1.5×2=19,800[V]

【답】④

1과목	전기자기학

01 ★★★★★
두 종류의 유전체 경계면에서 전속과 전기력선이 경계면에 수직으로 도달할 때에 대한 설명으로 틀린 것은?

① 전속밀도는 변하지 않는다.
② 전속과 전기력선은 굴절하지 않는다.
③ 전계의 세기는 불연속적으로 변한다.
④ 전속선은 유전율이 작은 유전체 쪽으로 모이려는 성질이 있다.

Explanation

경계면에 수직($\theta_1 = 0°$)
- 전계는 불연속
- 전속밀드는 불변
- 전속과 전기력선은 굴절하지 않는다.
- **전속은 유전율이 큰 유전체로 모이려는 성질**

【답】④

02 ★★★★★
점전하 $+Q$의 무한 평면도체에 대한 영상전하는?

① $+Q$
② $-Q$
③ $+2Q$
④ $-2Q$

Explanation

무한 평면 도체의 영상 전하는 $-Q$[C]이고 거리는 같다.

【답】②

03 ★☆☆☆☆
MKS 단위계에서 진공 유전율 값은?

① $4\pi \times 10^{-7}$ [H/m]
② $\dfrac{1}{9 \times 10^9}$ [F/m]
③ $\dfrac{1}{4\pi \times 9 \times 10^9}$ [F/m]
④ 6.33×10^{-4} [H/m]

Explanation

$\dfrac{1}{4\pi\epsilon_0} = 9 \times 10^9$ 에서 ϵ_0 : 진공의 유전율

- $\epsilon_0 = \dfrac{1}{36\pi \times 10^9}$
- $\epsilon_0 = \dfrac{1}{36\pi \times 10^9} = \dfrac{1}{120\pi C}$ 여기서, $C = 3 \times 10^8$ [m/sec]
- $\epsilon_0 = \dfrac{1}{36\pi \times 10^9} = \dfrac{1}{120\pi C} = \dfrac{10^7}{4\pi C^2}$

【답】③

04 ★★☆☆☆
진공 중에 서로 떨어져 있는 두 도체 A, B가 있다. A에만 1[C]의 전하를 줄 때 도체 A, B의 전위가 각각 3[V], 2[V]였다고 하면, A에 2[C], B에 1[C]의 전하를 주면 도체 A의 전위는 몇 [V]인가?

① 6　　　　　　　　　　　　　　　② 7
③ 8　　　　　　　　　　　　　　　④ 9

Explanation

$V_A = P_{AA}Q_A + P_{AB}Q_B$
$V_B = P_{BA}Q_A + P_{BB}Q_B$
$Q_A = 1[C]$, $Q_B = 0$일 때 $P_{AA} = V_A = 3$, $P_{BA} = 2$가 되며
전위계수 $P_{AB} = P_{BA} = 2$이므로
도체 A의 전위는 $V_A = P_{AA}Q_A + P_{AB}Q_B = 3 \times 2 + 2 \times 1 = 8[V]$

【답】③

05 ★★★★☆
비유전율 $\epsilon_r = 5$인 유전체 내의 한 점에서 전계의 세기가 10^4[V/m]라면, 이 점의 분극의 세기는 약 몇 [C/m^2] 인가?

① 3.5×10^{-7}　　　　　　　　　② 4.3×10^{-7}
③ 3.5×10^{-11}　　　　　　　　　④ 4.3×10^{-11}

Explanation

분극의 세기 $P = \epsilon_0(\epsilon_s - 1)E[\text{C/m}^2]$
$\qquad\qquad = 8.855 \times 10^{-12} \times (5-1) \times 10^4 = 3.5 \times 10^{-7}[\text{C/m}^2]$

【답】①

06 ★★★☆☆
전자파의 에너지 전달방향은?

① $\nabla \times E$의 방향과 같다.　　　　② $E \times H$의 방향과 같다.
③ 전계 E의 방향과 같다.　　　　　　④ 자계 H의 방향과 같다.

Explanation

전자파의 성질
• 전자파는 전계와 자계가 동시에 존재
• 포인팅 벡터 $P = E \times H$이므로 전자파의 진행 방향은 $E \times H$의 방향과 같다.

【답】②

07 ★☆☆☆☆
자기 유도계수가 20[mH]인 코일에 전류를 흘릴 때 코일과의 쇄교 자속수가 0.2[Wb]였다면 코일에 축적된 에너지는 몇 [J]인가?

① 1　　　　　　　　　　　　　　　② 2
③ 3　　　　　　　　　　　　　　　④ 4

Explanation

자기 에너지 $W = \dfrac{1}{2}LI^2[\text{J}]$

인덕턴스 $L = \dfrac{N\phi}{I}$에서

전류 $I = \dfrac{N\phi}{L} = \dfrac{0.2}{20 \times 10^{-3}} = 10[\text{A}]$

에너지는 $W = \dfrac{1}{2}LI^2 = \dfrac{1}{2} \times 20 \times 10^{-3} \times 10^2 = 1[\text{J}]$

【답】①

08 ★★☆☆☆
등전위면을 따라 전하 Q[C]를 운반하는 데 필요한 일은?

① 항상 0이다.
② 전하의 크기에 따라 변한다.
③ 전위의 크기에 따라 변한다.
④ 전하의 극성에 따라 변한다.

Explanation

등전위면은 전위차가 없으므로 일(에너지)은
$$W = QV = -Q \oint E\,dl = 0$$

【답】①

09 ★☆☆☆☆
접지된 직교 도체 평면과 점전하 사이에는 몇 개의 영상 전하가 존재하는가?

① 1
② 2
③ 3
④ 4

Explanation

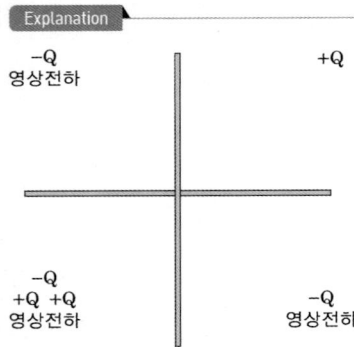

따라서 영상전하는 3개이다.

【답】③

10 ★☆☆☆☆
비자화율 $\chi_m = 2$, 자속밀도 $B = 20y a_x$[Wb/m²]인 균일 물체가 있다. 자계의 세기 H는 약 몇 [AT/m]인가?

① $0.53 \times 10^7 y a_x$
② $0.13 \times 10^7 y a_x$
③ $0.53 \times 10^7 x a_y$
④ $0.13 \times 10^7 x a_y$

Explanation

【답】①

11 ★★☆☆☆
자위의 단위에 해당되는 것은?

① A
② J/m
③ N/Wb
④ Gauss

Explanation

자위 $U = -\displaystyle\int_{\infty}^{p} H\,dl = \dfrac{m}{4\pi\mu_0 r}$ [A]

【답】①

12 ★☆☆☆☆
유전체의 초전효과(pyroelectric effect)에 대한 설명이 아닌 것은?

① 온도변화에 관계없이 일어난다.
② 자발 분극을 가진 유전체에서 생긴다.
③ 초전효과가 있는 유전체를 공기 중에 놓으면 중화된다.
④ 열에너지를 전기에너지로 변화시키는 데 이용된다.

Explanation

초전효과(pyroelectric effect) : 결정의 온도변화에 대응하여 결정의 표면에 전하가 유기되는 현상 **【답】** ①

13 ★★★★★
자기 인덕턴스 0.05[H]의 회로에 흐르는 전류가 매초 500[A]의 비율로 증가할 때 자기 유도 기전력의 크기는 몇 [V]인가?

① 2.5 ② 25
③ 100 ④ 1,000

Explanation

유기기전력 $e = -L\dfrac{di}{dt} = -0.05 \times \dfrac{500}{1} = -25[\text{V}]$ **【답】** ②

14 ★☆☆☆☆
진공 중 반지름이 a[m]인 원형 도체판 2매를 사용하여 극판거리 d[m]인 콘덴서를 만들었다. 만약 이 콘텐서의 극판거리를 2배로 하고 정전용량은 일정하게 하려면 이 도체판의 반지름 a는 얼마로 하면 되는가?

① $2a$ ② $\dfrac{1}{2}a$

③ $\sqrt{2}\,a$ ④ $\dfrac{1}{\sqrt{2}}a$

Explanation

평행판 콘덴서 정전용량 $C = \dfrac{\epsilon_0 S}{d}[\text{F}]$ 에서

처음의 면적을 πa_1^2 이라하고 나중의 면적을 πa_2^2 이라 하면

$C = \dfrac{\epsilon \pi a_1^2}{d} = \dfrac{\epsilon \pi a_2^2}{2d} =$ 일정

따라서 $a_2^2 = 2a_1^2$ 이므로 $a_2 = \sqrt{2}\,a_1$ **【답】** ③

15 ★★☆☆☆
두 개의 코일에서 각각의 자기인덕턴스가 $L_1 = 0.35$[H], $L_2 = 0.5$[H]이고, 상호인덕턴스는 $M = 0.1$[H]이라고 하면 이때 코일의 결합계수는 약 얼마인가?

① 0.175 ② 0.239
③ 0.392 ④ 0.586

Explanation

상호 인덕턴스 $M = k\sqrt{L_1 L_2}$

따라서 결합계수 $k = \dfrac{M}{\sqrt{L_1 L_2}} = \dfrac{0.1}{\sqrt{0.35 \times 0.5}} = 0.239$ **【답】** ②

16 ★★★★★ 맥스웰 전자방정식에 대한 설명으로 틀린 것은?

① 폐곡면을 통해 나오는 전속은 폐곡면 내의 전하량과 같다.

② 폐곡면을 통해 나오는 자속은 폐곡면 내의 자극의 세기와 같다.

③ 폐곡선에 따른 전계의 선적분은 폐곡선 내를 통하는 자속의 시간 변화율과 같다.

④ 폐곡선에 따른 자계의 선적분은 폐곡선 내를 통하는 전류와 전속의 시간적 변화율을 더한 것과 같다.

Explanation

맥스웰 전자계 기초 방정식

- $\mathrm{rot}\,E = -\dfrac{\partial B}{\partial t}$ (패러데이 법칙의 미분형) : 전계의 회전은 자속밀도의 시간적 감소율과 같다.
- $\mathrm{rot}\,H = i + \dfrac{\partial D}{\partial t}$ (암페어 주회법칙의 미분형) : 자계의 회전은 전류밀도와 같다.
- $\mathrm{div}\,D = \rho$: 단위체적 당 발산 전속수는 단위체적당 공간전하 밀도와 같다.
- $\mathrm{div}\,B = 0$: 자계는 발산하지 않으며, 자극은 단독으로 존재하지 않는다.

【답】②

17 ★★★☆☆ 원점 주위의 전류 밀도가 $J = \dfrac{2}{r}a_r$[A/m²]의 분포를 가질 때 반지름 5[cm]의 구면을 지나는 전 전류는 몇 [A]인가?

① 0.1π　　　　　　　② 0.2π

③ 0.3π　　　　　　　④ 0.4π

Explanation

【답】④

18 ★★☆☆☆ 다음 조건 중 틀린 것은? (단, χ_m : 비자화율, μ_r : 비투자율이다)

① $\mu_r \gg 1$이면 강자성체

② $\chi_m > 0, \mu_r < 1$이면 상자성체

③ $\chi_m < 0, \mu_r < 1$이면 반자성체

④ 물질은 χ_m 또는 μ_r의 값에 따라 반자성체, 상자성체, 강자성체 등으로 구분한다.

Explanation

자화율 $\chi = \mu_0(\mu_r - 1)$이므로 ($\mu_r = $ 비투자율)

- 강자성체(철, 니켈, 코발트) : $\mu_r \gg 1$이고 자화율 $\chi > 0$
- 상자성체(공기, 진공, 알루미늄) : $\mu_r \geq 1$이고 자화율 $\chi > 0$
- 역자성체(구리, 창연, 금) : $\mu_r < 1$이고 자화율 $\chi < 0$

【답】②

19 ★☆☆☆☆ 권선수가 400회, 면적이 9π[cm²]인 장방형 코일에 1[A]의 직류가 흐르고 있다. 코일의 장방형 면과 평행한 방향으로 자속밀도가 0.8[Wb/m²]인 균일한 자계가 가해져 있다. 코일의 평행한 두 변의 중심을 연결하는 선을 축으로 할 때 이 코일에 작용하는 회전력은 약 몇 [N·m] 인가?

① 0.3　　　　　　　② 0.5

③ 0.7　　　　　　　④ 0.9

Explanation

도체에 의한 토크 $T = NIBS\cos\theta = 400 \times 1 \times 0.8 \times 9\pi \times 10^{-4} \times \cos 0°$
$= 0.9[\text{N} \cdot \text{m}]$

【답】④

20 ★★★☆☆
자기회로의 자기저항에 대한 설명으로 틀린 것은?

① 단위는 [AT/Wb]이다.
② 자기회로의 길이에 반비례한다.
③ 자기회로의 단면적에 반비례한다.
④ 자성체의 비투자율에 반비례한다.

Explanation

자기저항 $R_m = \dfrac{l}{\mu_0 \mu_s S}$ [AT/Wb]

자기저항은 길이에 비례하고 투자율과 단면적에 반비례한다.

【답】②

2과목 전력공학

21 ★★★☆☆
차단기의 정격차단시간을 설명한 것으로 옳은 것은?

① 계기용변성기로부터 고장전류를 감지한 후 계전기가 동작할 때까지의 시간
② 차단기가 트립 지령을 받고 트립 장치가 동작하여 전류 차단을 완료할 때까지의 시간
③ 차단기의 개극(발호)부터 이동행정 종료 시까지의 시간
④ 차단기 가동접촉자 시동부터 아크 소호가 완료될 때까지의 시간

Explanation

차단기의 정격 차단 시간
• 트립코일 여자로부터 소호까지의 시간(차단기가 트립 지령을 받고 트립 장치가 동작하여 전류 차단을 완료할 때까지의 시간)
• 개극 시간과 아크 시간의 합(3~8[Hz])

【답】②

22 ★★★★★
송전계통의 안정도를 증진시키는 방법은?

① 중간 조상설비를 설치한다.
② 조속기의 동작을 느리게 한다.
③ 계통의 연계는 하지 않도록 한다.
④ 발전기나 변압기의 직렬 리액턴스를 가능한 크게 한다.

Explanation

안정도 향상 대책
• 직렬 리액턴스(X)를 작게 한다.
 ① 발전기나 변압기의 리액턴스를 작게 한다.
 ② 선로의 병행 회선수를 늘리거나 복도체 또는 다도체 방식을 사용한다.
 ③ 직렬 콘덴서를 삽입하여 선로의 리액턴스를 보상한다.
• 전압 변동을 작게 한다.
• **중간 조상 방식을 채용한다.**
• 고장 전류를 줄이고 고장 구간을 신속하게 차단한다.

【답】①

23 ★☆☆☆☆
보일러 절탄기(economizer)의 용도는?

① 증기를 과열한다.
② 공기를 예열한다.
③ 석탄을 건조한다.
④ 보일러 급수를 예열한다.

Explanation

절탄기 : 배기가스의 여열을 이용하여 보일러 급수를 예열하는 여열회수장치(연료 절약)   【답】④

24 ★★★☆☆
보호 계전 방식의 구비 조건이 아닌 것은?

① 여자돌입전류에 동작할 것
② 고장 구간의 선택 차단을 신속 정확하게 할 수 있을 것
③ 과도 안정도를 유지하는 데 필요한 한도 내의 동작 시한을 가질 것
④ 적절한 후비 보호 능력이 있을 것

Explanation

보호계전기의 구비조건
• 정확성, 신뢰성 우수
• 감도가 예민(과도전류에 동작하지 말 것)
• 속응성
• 후비보호능력   【답】①

25 ★★★★★
가공지선을 설치하는 주된 목적은?

① 뇌해 방지
② 전선의 진동 방지
③ 철탑의 강도 보강
④ 코로나의 발생 방지

Explanation

가공 지선의 설치 목적
• 직격뢰 차폐
• 유도뢰에 대한 정전 차폐
• 통신선에 대한 전자유도장해 경감(지락전류의 일부가 가공지선에 흐르므로)   【답】①

26 ★★★☆☆
변압기의 보호방식에서 차동계전기는 무엇에 의하여 동작하는가?

① 1, 2차 전류의 차로 동작한다.
② 전압과 전류의 배수 차로 동작한다.
③ 정상전류와 역상전류의 차로 동작한다.
④ 정상전류와 영상전류의 차로 동작한다.

Explanation

차동 계전기
보호 구간에 유입하는 전류와 유출하는 전류의 차를 검출해서 동작하는 계전기
변압기의 경우 1차 전류와 2차 전류의 차에 의해 동작   【답】①

27 ★★★★★
저압뱅킹 배전방식에서 저전압 측의 고장에 의하여 건전한 변압기의 일부 또는 전부가 차단되는 현상은?

① 아킹(Arcing)
② 플리커(Flicker)
③ 밸런서(Balancer)
④ 캐스케이딩(Cascading)

Explanation

저압 뱅킹 방식 : 부하가 밀집된 시가지(부하증가에 대한 탄력성)
- 장점 : 전압 강하와 전력 손실이 적다.
       변압기의 동량 및 저압선 동량 감소
       플리커 현상 감소
- 단점 : 캐스케이딩 현상 발생
       (저압선의 일부 고장으로 건전한 변압기의 일부 또는 전부가 차단되는 현상)　　　　　　　【답】④

28 ★★★☆☆
직류송전방식의 장점은?

① 역률이 항상 1이다.　　　　　　　　　② 회전자계를 얻을 수 있다.
③ 전력변환장치가 필요하다.　　　　　　④ 전압의 승압, 강압이 용이하다.

> **Explanation**

직류 송전의 장점
- 절연레벨을 낮출 수 있다.
- 선로의 리액턴스가 없어서 안정도가 우수하다.(역률이 언제나 1이 된다)
- 무효전력이 없고 유전체 손실이 없다.
- 표피효과에 의한 실효저항 증대가 없다.
- 주파수가 다른 계통과 연계가 가능하다.(비동기연계)　　　　　　　　　　　　　　　　　　【답】①

29 ★★☆☆☆
주파수 60[Hz], 정전용량 $\frac{1}{6\pi}$[μF]의 콘덴서를 △ 결선해서 3상 전압 20,000[V]를 가했을 때의 충전용량은 몇 [kVA]인가?

① 12　　　　　　　　　　　　　　　　② 24
③ 48　　　　　　　　　　　　　　　　④ 50

> **Explanation**

3상 충전용량 : $Q_\triangle = 3\omega CE^2$[kVA]
△결선 시에는 $E = V$이므로

$$Q_\triangle = 3 \times 2\pi fCE^2 = 3 \times 2\pi fCV^2 = 3 \times 2\pi \times 60 \times \frac{1}{6\pi} \times 10^{-6} \times (20,000)^2 \times 10^{-3} = 24 [\text{kVA}]$$ 　　【답】②

30 ★★☆☆☆
전선에서 전류의 밀도가 도선의 중심으로 들어갈수록 작아지는 현상은?

① 표피효과　　　　　　　　　　　　　② 근접효과
③ 접지효과　　　　　　　　　　　　　④ 페란티효과

> **Explanation**

표피효과 : 도선의 중심부로 갈수록 전류밀도가 적어지는 현상
따라서 전선이 굵을수록, 주파수가 높을수록, 도전율이 높을수록, 투자율이 클수록, 표피 효과는 증대된다.　　【답】①

31 ★★☆☆☆
그림에서 X부분에 흐르는 전류는 어떤 전류인가?

① b상 전류　　　　② 정상전류
③ 역상전류　　　　④ 영상전류

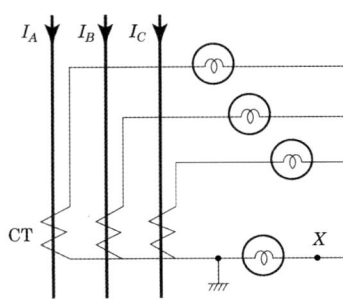

영상전류 $I_o = \dfrac{1}{3}(I_a + I_b + I_c)$

【답】 ④

32 ★★☆☆☆
화력발전소의 기본 사이클이다. 그 순서로 옳은 것은?

① 급수펌프 → 과열기 → 터빈 → 보일러 → 복수기 → 급수펌프
② 급수펌프 → 보일러 → 과열기 → 터빈 → 복수기 → 급수펌프
③ 보일러 → 급수펌프 → 과열기 → 복수기 → 급수펌프 → 보일러
④ 보일러 → 과열기 → 복수기 → 터빈 → 급수펌프 → 축열기 → 과열기

기력발전소 열 사이클 중 기본 사이클은 랭킨사이클이다.

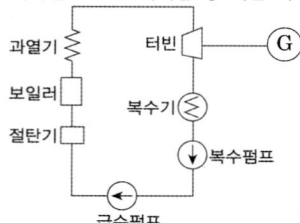

【답】 ②

33 ★★★☆☆
345[kV] 송전계통의 절연협조에서 충격절연내력의 크기순으로 나열한 것은?

① 선로애자 > 차단기 > 변압기 > 피뢰기   ② 선로애자 > 변압기 > 차단기 > 피뢰기
③ 변압기 > 차단기 > 선로애자 > 피뢰기   ④ 변압기 > 선로애자 > 차단기 > 피뢰기

절연협조 : 계통 내의 각 기기, 기구 및 애자 등의 상호 간에 적정한 절연 강도를 지니게 함으로써 계통 설계를 합리적, 경제적으로 할 수 있게 한 것
피뢰기의 제한전압은 절연협조의 기본이 되는 부분
피뢰기의 제한전압 < 변압기의 기준충격절연강도(BIL) < 부싱, 차단기 < 선로애자

【답】 ①

34 ★☆☆☆☆
증기의 엔탈피(Enthalpy)란?

① 증기 1[kg]의 잠열   ② 증기 1[kg]의 기화 열량
③ 증기 1[kg]의 보유 열량   ④ 증기 1[kg]의 증발열을 그 온도로 나눈 것

엔탈피 : 증기 1[kg]이 보유한 열량[kcal/kg](액체열과 증발열의 합)
여기서, 엔탈피＝액체열(현열)+증발열(잠열)+과열증기 비열×과열도

【답】 ③

35 ★★★★☆
최대 수용전력의 합계와 합성 최대 수용전력의 비를 나타내는 계수는?

① 부하율   ② 수용률
③ 부등률   ④ 보상률

부등률 ＝ $\dfrac{\text{각 개별 최대 수용 전력의 합}}{\text{합성 최대 전력}} \geq 1$

최대전력이 발생하는 시간이 부하마다 다르다(최대 전력의 발생시각 또는 발생시기의 분산을 나타내는 지표). 【답】 ③

36 ★★★★★ 연가를 하는 주된 목적은?

① 미관상 필요
② 전압강하 방지
③ 선로정수의 평형
④ 전선로의 비틀림 방지

Explanation

연가 : 선로정수를 평형시키기 위하여 3상 3선식 선로를 3배수 등분하여 실시
• 각 상의 전압, 전류 평형
• 정전유도장해 감소
• 소호리액터 접지 시의 직렬공진 방지 【답】 ③

37 ★☆☆☆☆ 지름 5[mm]의 경동선을 간격 1[m]로 정삼각형 배치를 한 가공전선 1선의 작용 인덕턴스는 약 몇 [mH/km]인가? (단, 송전선은 평형 3상 회로)

① 1.13
② 1.25
③ 1.42
④ 1.55

Explanation

작용 인덕턴스 $L = 0.05 + 0.4605 \log_{10} \dfrac{D}{r}$ [mH/km]

$$= 0.05 + 0.4605 \log_{10} \frac{1,000}{2.5} = 1.25 \text{[mH/km]}$$

【답】 ②

38 ★★☆☆☆ 송전선로의 후비 보호 계전 방식의 설명으로 틀린 것은?

① 주 보호 계전기가 그 어떤 이유로 정지해 있는 구간의 사고를 보호한다.
② 주 보호 계전기에 결함이 있어 정상 동작을 할 수 없는 상태에 있는 구간 사고를 보호한다.
③ 차단기 사고 등 주 보호 계전기로 보호할 수 없는 장소의 사고를 보호한다.
④ 후비 보호 계전기의 정정값은 주 보호 계전기와 동일하다.

Explanation

후비보호 계전 방식
• 주 보호 계전기가 그 어떤 이유로 정지해 있는 구간의 사고를 보호
• 주 보호 계전기에 결함이 있어 정상 동작을 할 수 없는 상태에 있는 구간 사고를 보호
• 차단기 사고 등 주 보호 계전기로 보호할 수 없는 장소의 사고를 보호 【답】 ④

39 ★★★☆☆ 지상 역률 80[%], 10,000[kVA]의 부하를 가진 변전소에 6,000[kVA]의 콘덴서를 설치하여 역률을 개선하면 변압기에 걸리는 부하[kVA]는 콘덴서 설치 전의 몇 [%]로 되는가?

① 60
② 75
③ 80
④ 85

Explanation

개선 후 역률 $\cos\theta_2 = \dfrac{8,000}{\sqrt{8,000^2 + (6,000-6,000)^2}} = 1$

역률 개선 후의 유효 전력 $P = P_a \cos\theta_2 = 10,000 \times 1 = 10,000 \text{[kW]}$
역률 개선 전 유효 전력 $P = P_a \cos\theta_2 = 10,000 \times 0.8 = 8,000 \text{[kW]}$
따라서 역률 개선 후에는 10,000[kVA] 변압기의 80(%)만 사용하게 된다. 【답】 ③

40 ★★★★☆
3상 3선식 3각형 배치의 송전선로에 있어서 각 선의 대지 정전용량이 0.5038[μF]이고, 선간 정전용량이 0.1237[μF]일 때 1선의 작용 정전용량은 약 몇 [μF]인가?

① 0.6275   ② 0.8749
③ 0.9164   ④ 0.9755

Explanation

3상 3선식 1선당 작용정전용량
$C = C_s + 3C_m = 0.5038 + 3 \times 0.1237 = 0.8749 [\mu F]$

【답】②

3과목   전기기기

41 ★☆☆☆☆
단상변압기 3대를 이용하여 △ − △ 결선하는 경우에 대한 설명으로 틀린 것은?

① 중성점을 접지할 수 없다.

② Y−Y결선에 비해 상전압이 선간전압의 $\dfrac{1}{\sqrt{3}}$ 배이므로 절연이 용이하다.

③ 3대 중 1대에서 고장이 발생하여도 나머지 2대로 V결선하여 운전을 계속할 수 있다.

④ 결선 내에 순환전류가 흐르나 외부에는 나타나지 않으므로 통신장해에 대한 염려가 없다.

Explanation

△−△결선의 특징
• 선전류가 상전류의 $\sqrt{3}$ 배이므로 대전류 부하에 적합하다.
• 1대 고장 시 V−V 결선으로 3상 전력 공급이 가능하다
• 제3고조파 전류가 △결선 내를 순환하므로 정현파 교류전압을 유기하여 기전력의 파형이 왜곡되지 않는다.
• 중성점을 접지할 수 없으므로 이상전압에 의한 전압 상승이 크며 지락사고 검출이 곤란하다.

【답】②

42 ★★★☆☆
누설 변압기에 필요한 특성은 무엇인가?

① 수하특성   ② 정전압특성
③ 고저항특성   ④ 고임피던스특성

Explanation

누설 변압기
• 2차 전류가 증가하면 1, 2차 누설 자속이 증가하게 되어 2차 유기기전력이 감소되어 2차 전류도 감소
• 수하 특성 : 부하가 증가되면 단자전압이 급격히 떨어지는 특성
• 용접용 변압기에 사용

【답】①

43 ★★☆☆☆
권선형 유도전동기의 저항제어법의 장점은?

① 부하에 대한 속도변동이 크다.
② 역률이 좋고, 운전효율이 양호하다.
③ 구조가 간단하며, 제어조작이 용이하다.
④ 전부하로 장시간 운전하여도 온도 상승이 적다.

Explanation

- 저항제어법 : 구조간단, 제어조작 편리

  손실(I^2R)이 발생하여 효율이 저하된다.

【답】 ③

44 ★★★★★

권선형 유도전동기에서 비례추이를 할 수 없는 것은?

① 토크   ② 출력

③ 1차 전류   ④ 2차 전류

Explanation

- 비례 추이할 수 있는 특성 : 1차 전류, 2차 전류, 역률, 동기 와트 등
- 비례 추이할 수 없는 특성 : 출력, 2차 동손, 효율 등

【답】 ②

45 ★☆☆☆☆

직류발전기에서 기하학적 중성축과 각도 θ만큼 브러시의 위치가 이동되었을 때 감자기자력[AT/극]은? (단, $K = \dfrac{I_a Z}{2Pa}$)

① $K\dfrac{\theta}{\pi}$ ② $K\dfrac{2\theta}{\pi}$

③ $K\dfrac{3\theta}{\pi}$ ④ $K\dfrac{4\theta}{\pi}$

Explanation

감자 작용 : 전기자 기자력이 계자 기자력에 반대 방향으로 작용하여 주자속이 감소하는 현상

감자 기자력 $AT_d = \dfrac{2\delta}{\pi} \cdot \dfrac{Z}{P} \cdot \dfrac{I_a}{2a}$ [AT/극]

$\qquad\qquad = K\dfrac{2\theta}{\pi}$ (여기서, $K = \dfrac{I_a Z}{2Pa}$)

【답】 ②

46 ★★☆☆☆

동기발전기의 단락시험, 무부하시험에서 구할 수 없는 것은?

① 철손   ② 단락비

③ 동기리액턴스   ④ 전기자 반작용

Explanation

발전기의 시험

- 단락 시험 : 동기 임피던스(동기 리액턴스), 단락비 측정
- 무부하 시험 : 여자전류, 철손, 단락비 측정

【답】 ④

47 ★☆☆☆☆

자극수 4, 전기자 도체수 50, 전기자저항 0.1[Ω]의 중권 타여자전동기가 있다. 정격전압 105[V], 정격전류 50[A]로 운전하던 것을 전압 106[V] 및 계자회로를 일정히 하고 무부하로 운전했을 때 전기자전류가 10[A]이라면 속도변동률[%]은? (단, 매극의 자속은 0.05[Wb]라 한다)

① 3   ② 5   ③ 6   ④ 8

Explanation

역기전력 $E = \dfrac{p}{a} Z\Phi \dfrac{N}{60} = V - I_a R_a = 105 - 50 \times 0.1 = 100$ [V]

회전속도 $N = \dfrac{aE \times 60}{pZ\Phi} = \dfrac{100 \times 4 \times 60}{4 \times 50 \times 0.05} = 2,400$ [rpm]

무부하 시 역기전력 $E = V - I_a R_a = 106 - 10 \times 0.1 = 105$ [V]

역기전력 $E = \dfrac{p}{a} Z\Phi \dfrac{N}{60}$ [V]에서 역기전력은 속도에 비례하므로

무부하 시 속도 $N_0 = \dfrac{105}{100} \times 2,400 = 2,520[\text{rpm}]$

속도 변동률 $\delta = \dfrac{N_0 - N}{N} \times 100[\%] = \dfrac{2,520 - 2,400}{2,400} \times 100 = 5[\%]$

【답】②

48 ★☆☆☆☆ 직류 직권전동기의 속도제어에 사용되는 기기는?

① 초퍼

② 인버터

③ 듀얼 컨버터

④ 사이클로 컨버터

Explanation

• 사이클로 컨버터 : AC전력을 증폭(제어 정류기를 사용한 주파수 변환기)

• AC → DC : 정류기(컨버터)

• DC → AC : 인버터

• **DC → DC : 초퍼(직류식 전기철도(직권 전동기))**

【답】①

49 ★☆☆☆☆ 6극 유도전동기의 고정자 슬롯(slot)홈 수가 36이라면 인접한 슬롯 사이의 전기각은?

① 30°

② 60°

③ 120°

④ 180°

Explanation

• 극당 슬롯 수$= \dfrac{36}{6} = 6$

• 전기각 $\theta = \dfrac{180}{6} = 30°$

【답】①

50 ★★☆☆☆ 다음은 직류 발전기의 정류곡선이다. 이 중에서 정류 말기에 정류의 상태가 좋지 않은 것은?

① ⓐ

② ⓑ

③ ⓒ

④ ⓓ

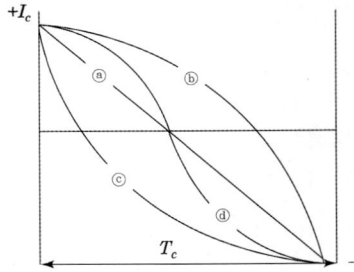

Explanation

정류

• 전기자 코일이 브러시에 단락된 후 브러시를 지날 때 전류의 방향이 바뀌는 것

• 리액턴스 전압 : $e_L = L\dfrac{di}{dt} = L\dfrac{I_c - (-I_c)}{T_c} = L\dfrac{2I_c}{T_c}$ [V]

• 종류

  – 직선정류(이상적인 정류) : 불꽃 없는 정류(ⓐ)

  – 정현파 정류 : 불꽃 없는 정류(ⓓ)

  – **부족 정류 : 정류 말기에 브러쉬 후단부에서 불꽃 발생(ⓑ)**

  – 과정류 : 정류 초기에 브러쉬 전단부(앞쪽)에서 불꽃 발생(ⓒ)

【답】②

51 ★★★★☆ 직류전압의 맥동률이 가장 작은 정류회로는? (단, 저항부하를 사용한 경우이다)

① 단상전파
② 단상반파
③ 3상반파
④ 3상전파

Explanation

정류회로 비교

구분	단상 반파	단상 전파	3상 반파	**3상 전파**
직류전압	$E_d = 0.45E$	$E_d = 0.9E$	$E_d = 1.17E$	$E_d = 1.35E$
맥동률	121[%]	48[%]	17[%]	**4[%]**

$$맥동률 = \frac{교류분}{직류분} \times 100 = \sqrt{\frac{실효값^2 - 평균값^2}{평균값^2}} \times 100[\%]$$

【답】④

52 ★★☆☆☆ 동기 주파수변환기의 주파수 f_1 및 f_2 계통에 접속되는 양극을 P_1, P_2라 하면 다음 어떤 관계가 성립되는가?

① $\dfrac{f_1}{f_2} = P_2$
② $\dfrac{f_1}{f_2} = \dfrac{P_2}{P_1}$

③ $\dfrac{f_1}{f_2} = \dfrac{P_1}{P_2}$
④ $\dfrac{f_2}{f_1} = P_1 \cdot P_2$

Explanation

동기속도 $N_s = \dfrac{120f}{p}$ 에서

주파수 $f = \dfrac{p\,N_s}{120}$ 이므로 주파수는 극수에 비례한다.

따라서 $\dfrac{f_1}{f_2} = \dfrac{P_1}{P_2}$

【답】③

53 ★★★★★ 단락비가 큰 동기발전기에 대한 설명 중 틀린 것은?

① 효율이 나쁘다.
② 계자전류가 크다.
③ 전압변동률이 크다.
④ 안정도와 선로 충전용량이 크다.

Explanation

단락비가 큰 동기기
• 과부하 내량이 크다.
• 기계의 중량이 무겁고 고가이다.
• 전압 변동률이 작다.
• 송전 선로의 충전 용량이 크다.
• 안정도가 우수하다.
• 전기자 반작용이 작다. (동기 임피던스가 작다)
• 극수가 적은 저속기(수차형)

【답】③

54 ★☆☆☆☆ 직류 분권발전기가 운전 중 단락이 발생하면 나타나는 현상으로 옳은 것은?

① 과전압이 발생한다.
② 계자저항선이 확립된다.
③ 큰 단락전류로 소손된다.
④ 작은 단락전류가 흐른다.

Explanation

분권 발전기의 특성
- 잔류 자기가 없으면 발전 불가능
- 운전 중 회전 방향 반대 ⇨ 잔류자기가 소멸 ⇨ 발전 불가능
- **운전 중 ∥서히 단락하면 ⇨ 소전류 발생**

【답】④

55 ★★★★★
직류전동기의 속도제어 방법에서 광범위한 속도제어가 가능하며, 운전효율이 가장 좋은 방법은?
① 계자제어   ② 전압제어
③ 직렬 저항제어   ④ 병렬 저항제어

Explanation

직류 전동기 속도 제어 $n = K' \dfrac{V - I_a R_a}{\phi}$ (K' : 기계정수)

종 류	특 징
전압 제어	• **광범위 속도제어 가능** • 워드 레오너드 방식 : 소형부하(엘리베이터에 사용) • 일그너 방식(부하가 급변, 대용량 부하-제철, 제강, 압연) : 플라이 휠 효과(관성 모멘트 증가) • 정토크 제어
계자 제어	• 세밀하고 안정된 속도 제어 • 정출력 제어
저항 제어	• 속도 조정 범위 좁다. • 효율이 저하

【답】②

56 ★★★★★
동기발전기의 권선을 분포권으로 하면?
① 난조를 방지한다.   ② 파형이 좋아진다.
③ 권선의 리액턴스가 커진다.   ④ 집중권에 비하여 합성 유도 기전력이 높아진다.

Explanation

분포권
- 고조파 제거에 의한 기전력의 파형을 개선
- 누설 리액턴스를 감소
- 집중권에 비해 유기기전력이 K_d배로 감소

【답】②

57 ★☆☆☆☆
어떤 변압기의 부하역률이 60[%]일 때 전압변동률이 최대라고 한다. 지금 이 변압기의 부하역률이 100[%]일 때 전압변동률을 측정했더니 3[%]였다. 이 변압기의 부하역률이 80[%]일 때 전압변동률은 몇 [%]인가?
① 2.4   ② 3.6
③ 4.8   ④ 5.0

Explanation

- 부하 역률 $\cos\theta = 100[\%]$일 때 $\epsilon = p = 3[\%]$
- 부하 역률 $\cos\theta = 80[\%]$일 때, $\epsilon = p\cos\theta + q\sin\theta$에서
* 전압 변동률이 최대로 되는 부하 역률

$$\cos\phi_m = \frac{p}{\sqrt{p^2 + q^2}} = \frac{p}{\sqrt{p^2 + q^2}} = 0.6$$

$$\frac{3}{\sqrt{3^2 + q^2}} = 0.6$$

$$\therefore \ q = 4[\%]$$

부하 역률이 80[%]일 때

$$\therefore \epsilon_{80} = p\cos\phi + q\sin\phi = 3 \times 0.8 + 4 \times 0.6 = 4.8[\%]$$

【답】 ③

58 ★☆☆☆☆
그림은 복권발전기의 외부특성곡선이다. 이 중 과복권을 나타내는 곡선은?

① A
② B
③ C
④ D

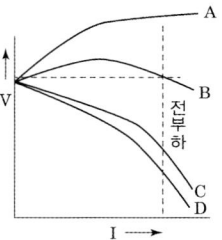

Explanation ▶

복권발전기
(1) 가동복권발전기 : 분권발전기에서는 부하가 증가하면 전압강하가 커져서 단자전압이 낮아지는데, 가동복권발전기는 전기자
  와 직렬로 있는 직권계자권선에 의한 기자력이 분권계자와 합해져서 유도기전력이 증가되어 전압강하를 보충하는 발전기
  ① 평복권 발전기 : 무부하전압과 전부하전압을 같게 하는 특성(B그림)
  ② 과복권 발전기 : 직권계자의 기자력을 크게 하여 유도기전력이 전기자 내부의 전압강하보다 크게 설계하여 전부하전압
    이 무부하전압보다 크게 하는 특성(A그림)

【답】 ①

59 ★★☆☆☆
200[V]의 배전선 전압을 220[V]로 승압하여 30[kVA]의 부하에 전력을 공급하는 단권변압기가
있다. 이 단권변압기의 자기용량은 약 몇 [kVA]인가?

① 2.73
② 3.55
③ 4.26
④ 5.25

Explanation ▶

$$\frac{자기용량}{부하용량} = \frac{e_2 I_2}{V_h I_2} = \frac{e_2}{V_h} \fallingdotseq \frac{V_h - V_l}{V_h}$$

$$자기용량 = \frac{V_h - V_l}{V_h} \times 부하용량 = \frac{220 - 200}{220} \times 30 = 2.73[\text{kVA}]$$

【답】 ①

60 ★☆☆☆☆
유도전동기에서 공간적으로 본 고정자에 의한 회전자계와 회전자에 의한 회전자계는?

① 항상 동상으로 회전한다.
② 슬립만큼의 위상각을 가지고 회전한다.
③ 역률각만큼의 위상각을 가지고 회전한다.
④ 항상 180° 만큼의 위상각을 가지고 회전한다.

Explanation ▶

유도전동기에서 공간적으로 본 고정자에 의한 회전자계와 회전자에 의한 회전자계는 항상 동상으로 회전한다.

【답】 ①

4과목	회로이론

61 ★☆☆☆☆
$f(t) = e^{-t} + 3t^2 + 3\cos 2t + 5$의 라플라스 변환식은?

① $\dfrac{1}{s+1} + \dfrac{6}{s^2} + \dfrac{3s}{s^2+5} + \dfrac{5}{s}$

② $\dfrac{1}{s+1} + \dfrac{6}{s^3} + \dfrac{3s}{s^2+4} + \dfrac{5}{s}$

③ $\dfrac{1}{s+1} + \dfrac{5}{s^2} + \dfrac{3s}{s^2+5} + \dfrac{4}{s}$

④ $\dfrac{1}{s+1} + \dfrac{5}{s^3} + \dfrac{2s}{s^2+4} + \dfrac{4}{s}$

> **Explanation**
>
> 라플라스 변환의 선형 정리를 이용하면
>
> $$\mathcal{L}\left[e^{-t} + 3t^2 + 3\cos 2t + 5\right] = \frac{1}{s+1} + 3\frac{2!}{s^{2+1}} + 3\frac{s}{s^2+2^2} + \frac{5}{s}$$
>
> $$= \frac{1}{s+1} + \frac{6}{s^3} + \frac{3s}{s^2+4} + \frac{5}{s}$$

【답】②

62 ★★★★★
$R-L-C$ 직렬회로에서 R=100[Ω], L=5[mH], C=2[μF]일 때 이 회로는?

① 과제동이다.
② 무제동이다.
③ 임계제동이다.
④ 부족제동이다.

> **Explanation**
>
> $R-L-C$ 직렬회로에서 직류전압 인가
>
> • 비진동 조건 : $R^2 > \dfrac{4L}{C}$
>
> • 임계적 조건 : $R^2 = \dfrac{4L}{C}$
>
> • 진동적 조건 : $R^2 < \dfrac{4L}{C}$
>
> 여기서, $R^2 - \dfrac{4L}{C} = 100^2 - 4 \times \dfrac{5 \times 10^{-3}}{2 \times 10^{-6}} = 0$이므로 임계제동

【답】③

63 ★★★☆☆
구형파의 파형률(㉠)과 파고율(㉡)은?

① ㉠ 1, ㉡ 0
② ㉠ 1.11, ㉡ 1.414
③ ㉠ 1, ㉡ 1
④ ㉠ 1.57, ㉡ 2

> **Explanation**
>
> 각 파형의 평균값 및 실횻값

	파 형	실효값	평균값
구형파		I_m	I_m

> 구형파의 파고율 $= \dfrac{\text{최대값}}{\text{실효값}} = \dfrac{V_m}{V_m} = 1$
>
> 구형파의 파형률 $= \dfrac{\text{실효값}}{\text{평균값}} = \dfrac{V_m}{V_m} = 1$

【답】③

64 ★★☆☆☆ 그림과 같은 회로의 전압 전달함수 $G(s)$는?

① $\dfrac{RC}{s + \dfrac{1}{RC}}$ ② $\dfrac{RC}{s + RC}$

③ $\dfrac{RC}{RCs + 1}$ ④ $\dfrac{1}{RCs + 1}$

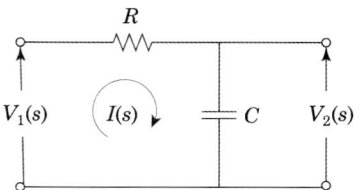

Explanation

전압비 전달함수는 임피던스 비이므로

$$G(s) = \frac{E_o(s)}{E_i(s)} = \frac{\dfrac{1}{Cs}}{R + \dfrac{1}{Cs}} = \frac{1}{RCs + 1}$$

【답】 ④

65 ★★★☆☆ 평형 3상 부하에 전력을 공급할 때 선전류가 20[A]이고 부하의 소비전력이 4[kW]이다. 이 부하의 등가 Y회로에 대한 각 상의 저항은 약 몇 [Ω]인가?

① 3.3   ② 5.7

③ 7.2   ④ 10

Explanation

3상 소비전력(유효전력) $P = 3I_p^2 R$에서
Y결선에서 $I_p = I_l$이므로

$$R = \frac{P}{3I_p^2} = \frac{P}{3I_l^2} = \frac{4,000}{3 \times 20^2} = 3.33 [\Omega]$$

【답】 ①

66 ★★☆☆☆ 그림과 같은 회로의 영상 임피던스 Z_{01}, Z_{02}[Ω]는 각각 얼마인가?

① 9, 5   ② 6, $\dfrac{10}{3}$

③ 4, 5   ④ 4, $\dfrac{20}{9}$

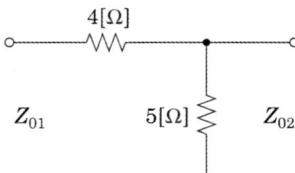

Explanation

$$\begin{bmatrix} A & B \\ C & D \end{bmatrix} = \begin{bmatrix} 1 + \dfrac{4}{5} & 4 \\ \dfrac{1}{5} & 1 \end{bmatrix} = \begin{bmatrix} \dfrac{9}{5} & 4 \\ \dfrac{1}{5} & 1 \end{bmatrix}$$

$$Z_{01} = \sqrt{\frac{AB}{CD}} = \sqrt{\frac{\dfrac{9}{5} \times 4}{\dfrac{1}{5} \times 1}} = 6, \qquad Z_{02} = \sqrt{\frac{BD}{AC}} = \sqrt{\frac{4 \times 1}{\dfrac{9}{5} \times \dfrac{1}{5}}} = \frac{10}{3}$$

【답】 ②

67 ★★★★★ 기본파의 60[%]인 제3고조파와 80[%]인 제5고조파를 포함하는 전압의 왜형률은?

① 0.3   ② 1

③ 5   ④ 10

왜형률 $= \dfrac{\text{각 고조파의 실효값의 합}}{\text{기본파의 실효값}}$

$$= \frac{\sqrt{V_3^2 + V_5^2}}{V_1} = \frac{\sqrt{0.6^2 + 0.8^2}}{1} = 1$$

【답】 ②

68 ★★★★☆ $R - L$ 직렬회로에서 시정수의 값이 클수록 과도현상은 어떻게 되는가?

① 없어진다.　　　　　　　　　　② 짧아진다.

③ 길어진다.　　　　　　　　　　④ 변화가 없다.

시정수(Time constant) : 목표 값의 63.2[%]에 도달하는 시간으로 정의
시정수가 클수록 과도현상은 오래 지속된다.

【답】 ③

69 ★☆☆☆☆ $e_1 = 6\sqrt{2}\sin \omega t$[V], $e_2 = 4\sqrt{2}\sin(\omega t - 60°)$[V]일 때, $e_1 - e_2$의 실효값[V]은?

① 4　　　　　　　　　　　　② $2\sqrt{2}$

③ $2\sqrt{7}$　　　　　　　　　　④ $2\sqrt{13}$

페이저로 나타내면
$E_1 = 6\angle 0° = 6(\cos 0° + j\sin 0°) = 6$
$E_2 = 4\angle -60° = 4(\cos 60° - j\sin 60°) = 2 - j2\sqrt{3}$
$E_1 - E_2 = 6 - (2 - j2\sqrt{3}) = 4 + j2\sqrt{3} = \sqrt{4^2 + (2\sqrt{3})^2} = \sqrt{28} = 2\sqrt{7}$ [V]

【답】 ③

70 ★★★★☆ 3상 평형회로에서 선간전압이 200[V]이고 각 상의 임피던스가 $24 + j7$[Ω]인 Y결선 3상 부하의 유효전력은 약 몇 [W]인가?

① 192　　　　　　　　　　　② 512

③ 1,536　　　　　　　　　　④ 4,608

3상 유효전력은 $P = 3V_p I_p \cos\theta = 3I_p^2 R$[Var]
Y결선이므로 $I_l = I_p$

여기서, 상전류는 $I_p = \dfrac{V_p}{Z} = \dfrac{\frac{200}{\sqrt{3}}}{24 + j7} = \dfrac{\frac{200}{\sqrt{3}}}{\sqrt{24^2 + 7^2}}$ [A]

3상 유효전력은 $P = 3I_p^2 R = 3 \times \left(\dfrac{\frac{200}{\sqrt{3}}}{\sqrt{24^2 + 7^2}}\right)^2 \times 24 = 1,536$[W]

【답】 ③

71 ★★★☆☆ 대칭 6상 전원이 있다. 환상결선으로 각 전원이 150[A]의 전류를 흘린다고 하면 선전류는 몇 [A]인가?

① 50　　　　　　　　　　　② 75

③ $\dfrac{150}{\sqrt{3}}$　　　　　　　　④ 150

환상결선(△결선)

$V_l = V_p$

$I_l = 2 \sin \dfrac{\pi}{n} I_p = 2 \times 150 \times \sin \dfrac{\pi}{6} = 150[\text{A}]$

【답】④

72 ★★★☆☆
$f(t) = e^{at}$ 의 라플라스 변환은?

① $\dfrac{1}{s-a}$

② $\dfrac{1}{s+a}$

③ $\dfrac{1}{s^2-a^2}$

④ $\dfrac{1}{s^2+a^2}$

Explanation

라플라스 변환

$f(t)$		$F(s)$
임펄스함수	$\delta(t)$	1
단위계단함수	$u(t)$	$\dfrac{1}{s}$
램프함수	t	$\dfrac{1}{s^2}$
지수함수	$e^{\pm at}$	$\dfrac{1}{s \mp a}$

$\mathcal{L}[e^{at}] = \dfrac{1}{s-a}$

【답】①

73 ★★★☆☆
1상의 직렬 임피던스가 $R = 6[\Omega]$, $X_L = 8[\Omega]$인 △ 결선의 평형부하가 있다. 여기에 선간전압 100[V]인 대칭 3상 교류전압을 가하면 선전류는 몇 [A]인가?

① $3\sqrt{3}$

② $\dfrac{10\sqrt{3}}{3}$

③ 10

④ $10\sqrt{3}$

Explanation

△결선 $I_l = \sqrt{3} I_p$

상전류 $I_p = \dfrac{V_p}{Z} = \dfrac{100}{\sqrt{6^2+8^2}} = 10[\text{A}]$

선전류 $I_l = \sqrt{3} I_p = \sqrt{3} \times 10 = 10\sqrt{3}[\text{A}]$

【답】④

74 ★☆☆☆☆
그림의 회로에서 전류 I는 약 몇 [A]인가? (단, 저항의 단위는 $[\Omega]$이다)

① 1.125

② 1.29

③ 6

④ 7

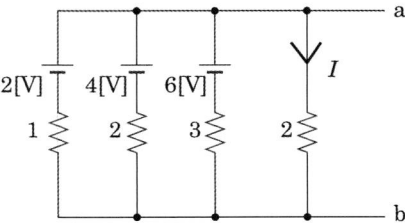

Explanation

밀만의 정리를 이용하여 $I = 6 \times \dfrac{0.55}{2 + 0.55} = 1.29[\mathrm{A}]$ 【답】②

75 ★★★☆☆ $i = 20\sqrt{2}\sin\left(377t - \dfrac{\pi}{6}\right)$의 주파수는 약 몇 [Hz]인가?

① 50 　　　　② 60 　　　　③ 70 　　　　④ 80

Explanation

순시값 $v = V_m \sin\omega t$

여기서, $\omega t = 377t$ 이므로 각주파수 $\omega = 2\pi f = 377$

$\therefore f = \dfrac{377}{2\pi} = 60[\mathrm{Hz}]$ 【답】②

76 ★★★★☆ $Z(s) = \dfrac{2s+3}{s}$ 로 표시되는 2단자 회로망은?

① 　2[Ω] 　　$\dfrac{1}{3}$[F]
　　—WW—————||———

② 　2[H] 　　3[Ω]
　　—mmm—————WW———

③ 　2[Ω] 　　3[H]
　　—WW—————mmm———

④ 　3[F] 　　2[Ω]
　　——||————WW———

Explanation

구동점 임피던스

① $R \rightarrow Z_R(s) = R$
② $L \rightarrow Z(s) = j\omega L = sL$
③ $C \rightarrow Z(s) = \dfrac{1}{j\omega C} = \dfrac{1}{sC}$

$Z(s) = \dfrac{2s+3}{s} = 2 + \dfrac{3}{s} = 2 + \dfrac{1}{\dfrac{1}{3}s}$

따라서 저항 2[Ω]과 정전용량 $\dfrac{1}{3}$[F]의 직렬회로가 된다. 【답】①

77 ★☆☆☆☆ a–b 단자의 전압이 $50\angle 0°$[V], a–b 단자에서 본 능동 회로망[N]의 임피던스가 $Z = 6 + j8[\Omega]$일 때, a–b 단자에 임피던스 $Z' = 2 - j2[\Omega]$를 접속하면 이 임피던스에 흐르는 전류 [A]는?

① 3–j4 　　　　② 3+j4
③ 4–j3 　　　　④ 4+j3

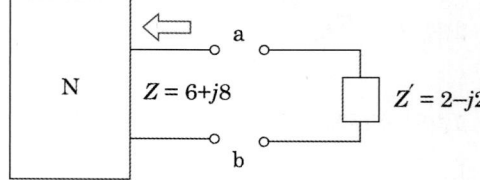

Explanation

개방 단 전압 : 테브난 전압 $V_{Th} = 50\angle 0°$[V]

개방 단에서 본 임피던스 : 테브난 임피던스 $Z_{Th} = 6 + j8[\Omega]$

회로의 전체 임피던스 : $Z_T = 6 + j8 + 2 - j2 = 8 + j6[\Omega]$

전류 $I = \dfrac{V_{Th}}{Z_T} = \dfrac{50}{8+j6} = \dfrac{50(8-j6)}{(8+j6)(8-j6)} = 4 - j3[\mathrm{A}]$ 【답】③

78 ★★★★★

$F(s) = \dfrac{2}{(s+1)(s+3)}$ 의 역라플라스 변환은?

① $e^{-t} - e^{-3t}$

② $e^{-t} - e^{3t}$

③ $e^{t} - e^{3t}$

④ $e^{t} - e^{-3t}$

Explanation

부분분수로 라플라스 역변환하면 $F(s) = \dfrac{2}{(s+1)(s+3)} = \dfrac{K_1}{s+1} + \dfrac{K_2}{s+3}$

$K_1 = \lim_{s \to -1}(s+1) \cdot F(s) = \left[\dfrac{2}{s+3}\right]_{s=-1} = 1$

$K_2 = \lim_{s \to -3}(s+3)F(s) = \left[\dfrac{2}{s+1}\right]_{s=-3} = -1$

$F(s) = \dfrac{1}{s+1} - \dfrac{1}{s+3}$

$\therefore f(t) = \mathcal{L}^{-1}\left[\dfrac{1}{s+1} - \dfrac{1}{s+3}\right] = e^{-t} - e^{-3t}$

【답】①

79 ★☆☆☆☆

그림과 같은 평형 3상 Y 결선에서 각 상이 8[Ω]의 저항과 6[Ω]의 리액턴스가 직렬로 연결된 부하에 선간전압 $100\sqrt{3}$[V]가 공급되었다. 이때 선전류는 몇 [A]인가?

① 5

② 10

③ 15

④ 20

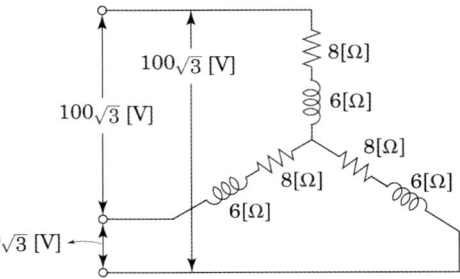

Explanation

Y결선 $V_l = \sqrt{3}\,V_p$, $I_l = I_p$에서

상전류 $I_p = \dfrac{V_p}{Z} = \dfrac{\dfrac{100\sqrt{3}}{\sqrt{3}}}{\sqrt{8^2+6^2}} = 10$

선전류 $I_l = I_p = 10$[A]

【답】②

80 ★☆☆☆☆

인덕턴스가 각각 5[H], 3[H]인 두 코일을 모두 dot 방향으로 전류가 흐르게 직렬로 연결하고 인덕턴스를 측정하였더니 15[H]이었다. 두 코일 간의 상호 인덕턴스 [H]는?

① 3.5

② 4.5

③ 7

④ 9

Explanation

L_1과 L_2의 결합이 가동 결합

$L = L_1 + L_2 + 2M$[H]

상호인덕턴스 $M = \dfrac{1}{2}[L - L_1 - L_2] = \dfrac{1}{2}[15 - 5 - 3] = 3.5$[H]

【답】①

81 KEC 적용으로 인하여 삭제되었습니다.

82 ★★★★★
특고압 가공전선로의 지지물 양쪽의 경간의 차가 큰 곳에 사용되는 철탑은?

① 내장형철탑　　　　　　　　　　　　② 잡아당김형철탑
③ 각도형철탑　　　　　　　　　　　　④ 보강형철탑

> Explanation

(KEC 333.11조) 특고압 가공전선로의 철주·철근 콘크리트주 또는 철탑의 종류
① 직선형 : 전선로의 직선부분(3도 이하인 수평각도를 이루는 곳을 포함한다. 이하 이 조에서 같다)에 사용하는 것
② 각도형 : 전선로중 3도를 초과하는 수평각도를 이루는 곳에 사용하는 것
③ 잡아당김형 : 전가섭선을 잡아당기는 곳에 사용하는 것
④ **내장형 : 전선로의 지지물 양쪽의 경간의 차가 큰 곳에 사용하는 것**
⑤ 보강형 : 전선로의 직선부분에 그 보강을 위하여 사용하는 것　　　　　　　　　　　　【답】①

83 ★☆☆☆☆
고압 가공 전선이 경동선 또는 내열 동합금선인 경우 안전율의 최소값은?

① 2.0　　　　　　　　　　　　　　　② 2.2
③ 2.5　　　　　　　　　　　　　　　④ 4.0

> Explanation

(KEC 332.4조) 고압 가공 전선의 안전율
고압 가공전선은 케이블인 경우 이외에는 다음 각 호에 규정하는 경우에 그 안전율이 경동선 또는 **내열 동합금선은 2.2 이상**, 그 밖의 전선은 2.5 이상이 되는 처짐 정도(이도)로 시설하여야 한다.　　　　　　　　　　　　【답】②

84 KEC 적용으로 인하여 삭제되었습니다.

85 ★☆☆☆☆
사용전압 60,000[V]인 특고압 가공전선과 그 지지물·지지기둥·완금류 또는 지지선 사이의 이격거리는 몇 [m] 이상이어야 하는가?

① 0.35　　　　　　　　　　　　　　② 0.4
③ 0.45　　　　　　　　　　　　　　④ 0.65

> Explanation

(KEC 333.5조) 특고압 가공전선과 지지물 등의 이격거리

사용전압		이격거리(m)
...		...
50[kV] 이상	60[kV] 미만	0.35
60[kV] 이상	**70[kV] 미만**	**0.4**
...		...

【답】②

86 ★☆☆☆☆

특고압 가공전선로의 지지물에 시설하는 통신선 또는 이것에 직접 접속하는 통신선일 경우에 설치하여야 할 보안장치로서 모두 옳은 것은?

① 특고압용 제2종 보안장치, 고압용 제2종 보안장치
② 특고압용 제1종 보안장치, 특고압용 제3종 보안장치
③ 특고압용 제2종 보안장치, 특고압용 제3종 보안장치
④ 특고압용 제1종 보안장치, 특고압용 제2종 보안장치

Explanation

(KEC 362.5조) 특고압 가공전선로 첨가설치 통신선의 시가지 인입 제한
특고압 가공 전선로의 지지물에 첨가하는 통신선 또는 이에 직접 접속하는 통신선은 시가지에 시설하는 통신선에 접속하여서는 아니 된다. 다만 다음 각 호 어느 하나에 해당하는 경우에는 그러하지 아니하다.
① 특고압 가공전선로의 지지물에 첨가하는 통신선 또는 이에 직접 접속하는 통신선과 시가지의 통신선과의 접속점에 제3항에서 정하는 표준에 적합한 특고압용 제1종 보안장치, 특고압용 제2종 보안장치 또는 이에 준하는 보안장치를 시설하고 또한 그 중계선륜(中繼線輪) 또는 배류 중계선륜(排流中繼線輪)의 2차측에 시가지의 통신선을 접속하는 경우
② 시가지의 통신선이 절연전선과 동등 이상의 절연효력이 있는 것 **【답】** ④

87 ★☆☆☆☆

특고압 가공전선로에서 발생하는 극저주파 전자계는 지표상 1[m]에서 전계가 몇 [kV/m] 이하가 되도록 시설하여야 하는가?

① 3.5   ② 2.5
③ 1.5   ④ 0.5

Explanation

(기술기준 제17조) 유도장해 방지
특고압 가공전선로에서 발생하는 극저주파 전자계는 지표상 1[m]에서 전계가 3.5[kV/m] 이하, 자계가 83.3[μT] 이하가 되도록 시설하는 등 상시 정전유도(靜電 誘導) 및 전자유도(電磁誘導) 작용에 의하여 사람에게 위험을 줄 우려가 없도록 시설하여야 한다. **【답】** ①

88 ★★☆☆☆

철탑의 강도 계산에 사용하는 이상 시 상정하중의 종류가 아닌 것은?

① 좌굴하중   ② 수직하중
③ 수평 횡하중   ④ 수평 종하중

Explanation

(KEC 333.14조) 이상 시 상정하중
철탑의 강도계산에 사용하는 이상 시 상정하중은 풍압이 전선로에 직각방향으로 가하여지는 경우의 하중(**수직하중**)과 전선로의 방향으로 가하여지는 경우의 하중(**수평 횡하중, 수평 종하중**)을 각각 다음 각 호에 따라 계산하여 각 부재에 대한 이들의 하중 중 그 부재에 큰 응력이 생기는 쪽의 하중을 채택한다. **【답】** ①

89 KEC 적용으로 인하여 삭제되었습니다.

90 ★★★★★

고압 옥내배선을 애자공사로 하는 경우, 전선의 지지점간의 거리는 전선을 조영재의 면을 따라 붙이는 경우 몇 [m] 이하이어야 하는가?

① 1   ② 2
③ 3   ④ 5

Explanation

(KEC 342.1조) 고압 옥내배선 등의 시설

① 전선의 지지점 간의 거리는 6[m] 이하일 것. 다만, **전선을 조영재의 면을 따라 붙이는 경우에는 2[m] 이하이어야 한다.**
② 전선 상호 간의 간격은 0.08[m] 이상, 전선과 조영재 사이의 이격거리는 0.05[m] 이상일 것 **【답】②**

91
★★☆☆☆
수소냉각식의 발전기 · 무효전력 보상장치에 부속하는 수소 냉각 장치에서 필요 없는 장치는?

① 수소의 압력을 계측하는 장치
② 수소의 온도를 계측하는 장치
③ 수소의 유량을 계측하는 장치
④ 수소의 순도 저하를 경보하는 장치

Explanation

(KEC 351.10조) 수소냉각식 발전기 등의 시설
① 발전기 내부 또는 무효전력 보상장치 내부의 **수소의 순도**가 85[%]이하로 저하한 경우에 이를 경보장치를 시설할 것
② 발전기 내부 또는 무효전력 보상장치 내부의 **수소의 압력(온도)**을 계측하는 장치 및 그 압력(온도)이 현저히 변동할 경우에 이를 경보하는 장치를 시설할 것 **【답】③**

92
★★★★★
동일 지지물에 저압 가공전선(다중접지된 중성선은 제외)과 고압 가공전선을 시설하는 경우 저압 가공전선은?

① 고압 가공전선의 위로 하고 동일 완금류에 시설
② 고압 가공전선과 나란하게 하고 동일 완금류에 시설
③ 고압 가공전선의 아래로 하고 별개의 완금류에 시설
④ 고압 가공전선과 나란하게 하고 별개의 완금류에 시설

Explanation

(KEC 332.8조) 고압 가공 전선 등의 병행설치
① 저압 가공전선을 **고압 가공전선의 아래로 하고 별개의 완금류에 시설**할 것
② 저압 가공전선과 고압 가공전선 사이의 이격거리는 0.5[m] 이상일 것. 다만, 각도주 · 분기주 등에서 혼촉의 우려가 없도록 시설하는 경우에는 그러하지 아니하다. **【답】③**

93
★☆☆☆☆
사용전압 15[kV] 이하인 특고압 가공전선로의 중성선 다중 접지시설은 각 접지도체를 중성선으로부터 분리하였을 경우 1[km] 마다의 중성선과 대지사이의 합성 전기저항 값은 몇 [Ω] 이하이어야 하는가?

① 30
② 50
③ 400
④ 500

Explanation

(KEC 333.32조) 25[kV] 이하인 특고압 가공 전선로의 시설
각 접지도체를 중성선으로부터 분리하였을 경우의 각 접지점의 대지 전기 저항치와 1[km] 마다의 중성선과 대지사이의 합성 전기 저항치

사용 전압	각 접지점의 대지 전기 저항치	1[km]마다의 합성 전기 저항치
15[kV] 이하	300[Ω]	30[Ω]
15[kV] 초과 25[kV] 이하	300[Ω]	15[Ω]

【답】①

94
★☆☆☆☆
저압 옥내배선과 옥내 저압용의 전구선의 시설방법으로 틀린 것은?

① 쇼케이스 내의 배선에 0.75[mm²]의 캡타이어케이블을 사용하였다.
② 제어회로용 전선으로 1.0[mm²]의 연동선을 사용하여 금속관에 넣어 시설하였다.
③ 전광표시장치의 배선으로 1.5[mm²]의 연동선을 사용하고 합성수지관에 넣어 시설하였다.
④ 조영물에 고정시키지 아니하고 백열전등에 이르는 전구선으로 0.55[mm²]의 케이블을 사용하였다.

Explanation

(KEC 231.3조) 저압 옥내배선의 사용전선
저압 옥내배선의 전선은 다음 각 호 어느 하나에 적합한 것을 사용하여야 한다.
• 단면적이 2.5[㎟] 이상의 연동선 또는 이와 동등 이상의 강도 및 굵기의 것
옥내배선의 사용 전압이 400[V] 이하인 경우로 다음 각 호 어느 하나에 해당하는 경우에는 다음과 같다.
(1) **전광표시 장치 기타 이와 유사한 장치 또는 제어 회로 등에 사용하는 배선에 단면적 1.5[㎟] 이상의 연동선을 사용하고** 이를 합성수지관 공사・금속관 공사・금속 몰드 공사・금속 덕트 공사・플로어 덕트 공사 또는 셀룰러 덕트 공사에 의하여 시설하는 경우
(2) 전광표시 장치 기타 이와 유사한 장치 또는 제어회로 등의 배선에 단면적 0.75[㎟] 이상인 다심케이블 또는 다심 캡타이어 케이블을 사용하고 또한 과전류가 생겼을 때에 자동적으로 전로에서 차단하는 장치를 시설하는 경우
(3) 진열장 안의 배선 공사에는 단면적 0.75[㎟] 이상인 코드 또는 캡타이어 케이블을 사용하는 경우
(KEC 234.3조) 코드 및 이동전선
① 조명용 전원선 또는 이동전선은 단면적 0.75[㎟] 이상의 코드 또는 캡타이어케이블 【답】②, ④

95 KEC 적용으로 인하여 삭제되었습니다.

96 ★☆☆☆☆
저압 및 고압 가공전선의 높이에 대한 기준으로 틀린 것은?
① 철도를 횡단하는 경우는 레일면상 6.5[m] 이상이다.
② 횡단 보도교 위에 시설하는 경우 저압 가공전선은 노면 상에서 3[m] 이상이다.
③ 횡단 보도교 위에 시설하는 경우 고압 가공전선은 그 노면 상에서 3.5[m] 이상이다.
④ 다리의 하부 기타 이와 유사한 장소에 시설하는 저압의 전기철도용 급전선은 지표상 3.5[m] 까지로 감할 수 있다.

Explanation

(KEC 222.7, 332.5조) 저・고압 가공전선의 높이
① 도로를 횡단하는 경우에는 지표상 6[m] 이상
② 철도 또는 궤도를 횡단하는 경우에는 레일면상 6.5[m] 이상
③ **횡단보도교의 위에 시설하는 경우에는 저압 가공전선은 그 노면상 3.5[m]** (전선이 저압 절연전선・다심형 전선・고압 절연전선・특고압 절연전선 또는 케이블인 경우는 3[m]) 이상, 고압 가공전선은 그 노면상 3.5[m] 이상
④ 제1호부터 제3호까지 이외의 경우에는 지표상 5[m] 이상. 다만, 저압 가공전선을 도로 이외의 곳에 시설하는 경우 또는 절연전선이나 케이블을 사용한 저압 가공전선으로서 옥외 조명용에 공급하는 것으로 교통에 지장이 없도록 시설하는 경우에는 지표상 4[m]까지로 감할 수 있다. 【답】②

97 ★★☆☆☆
"지중 관로"에 포함되지 않는 것은?
① 지중 전선로
② 지중 레일 선로
③ 지중 약전류 전선로
④ 지중 광섬유 케이블 선로

Explanation

(KEC 112조) 용어 정의
"지중 관로"란 지중 전선로, 지중 약전류 전선로, 지중에 시설하는 수관 및 가스관과 이와 유사한 것 및 이들에 부속하는 지중함 등을 말한다. 【답】②

98 ★★★☆☆
전체의 길이가 16[m]이고 설계하중이 6.8 [kN] 초과 9.8[kN] 이하인 철근 콘크리트주를 논, 기타 지반이 연약한 곳 이외의 곳에 시설할 때, 묻히는 깊이를 2.5[m] 보다 몇 [m] 가산하여 시설하는 경우에는 기초의 안전율에 대한 고려 없이 시설하여도 되는가?
① 0.1
② 0.2
③ 0.3
④ 0.4

(KEC 331.7조) 가공 전선로 지지물의 기초의 안전율
철근 콘크리트주로서 전체의 길이가 14[m] 이상 20[m] 이하이고, 설계하중이 6.8[kN] 초과 9.8[kN] 이하의 것을 **논이나 그 밖의 지반이 연약한 곳 이외**에 시설하는 경우 그 묻히는 깊이는 기준보다 **0.3[m]를 가산**하여 시설 　　　　　【답】③

99 ★☆☆☆☆
사용전압이 20[kV]인 변전소에 울타리·담 등을 시설하고자 할 때 울타리·담 등의 높이는 몇 [m] 이상이어야 하는가?

① 1　　　　　　　　　　　　　② 2
③ 5　　　　　　　　　　　　　④ 6

(KEC 351.1조) 발전소 등의 울타리·담 등의 시설
울타리·담 등의 높이는 2[m] 이상으로 하고 지표면과 울타리·담 등의 하단 사이의 간격은 0.15[m] 이하로 할 것 　　　　　【답】②

100 ★★★☆☆
최대사용전압 440[V]인 전동기의 절연내력 시험전압은 몇 [V]인가?

① 330　　　　　　　　　　　　② 440
③ 500　　　　　　　　　　　　④ 660

(KEC 133조) 회전기 및 정류기의 절연내력

종류		시험전압	시험방법
회전기	발전기·전동기·무효전력 보상장치·기타 회전기(회전 변류기 제외)	**최대사용전압 7[kV] 이하**	**최대사용전압의 1.5배의 전압**(500[V] 미만으로 되는 경우에는 500[V])	권선과 대지 사이에 연속하여 10분간 가한다.
		최대사용전압 7[kV] 초과	최대사용전압의 1.25배의 전압(10,500[V] 미만으로 되는 경우에는 10,500[V])	

절연내력 시험전압은 440×1.5=660[V]가 된다. 　　　　　【답】④

2019년 전기산업기사 필기

1과목 **전기자기학**

01 ★★★★★
인덕턴스가 20[mH]인 코일에 흐르는 전류가 0.2초 동안 6[A]가 변화되었다면 코일에 유기되는 기전력은 몇 [V]인가?

① 0.6

② 1

③ 6

④ 30

Explanation

유기기전력 $e = -L\dfrac{di}{dt} = -20 \times 10^{-3} \times \dfrac{6}{0.2} = -0.6[\text{V}]$

【답】①

02 ★☆☆☆☆
어떤 물체에 $F_1 = -3i + 4j - 5k$ 와 $F_2 = 6i + 3j - 2k$의 힘이 작용하고 있다. 이 물체에 F_3을 가하였을 때 세 힘이 평형이 되기 위한 F_3은?

① $F_3 = -3i - 7j + 7k$

② $F_3 = 3i + 7j - 7k$

③ $F_3 = 3i - j - 7k$

④ $F_3 = 3i - j + 3k$

Explanation

세 힘이 평형 : $\boldsymbol{F_1} + \boldsymbol{F_2} + \boldsymbol{F_3} = 0$

$F_3 = -(F_1 + F_2) = -\{(-3i + 4j - 5k) + (6i + 3j - 2k)\}$
$\quad = -(3i + 7j - 7k) = -3i - 7j + 7k$

【답】①

03 ★★★☆☆
직류 500[V] 절연저항계로 절연저항을 측정하니 2[MΩ]이 되었다면 누설전류[μA]는?

① 25

② 250

③ 1,000

④ 1,250

Explanation

누설전류 $I_g = \dfrac{V}{R_g} = \dfrac{500}{2 \times 10^6} = 250 \times 10^{-6}[\text{A}] = 250[\mu\text{A}]$

여기서, R_g는 절연저항

【답】②

04 ★★☆☆☆
동심구에서 내부 도체의 반지름이 a, 절연체의 반지름이 b, 외부 도체의 반지름이 c이다. 내부 도체에만 전하 Q[C]를 주었을 때 내부 도체의 전위는?(단, 절연체의 유전율은 ϵ_0이다)

① $\dfrac{Q}{4\pi\epsilon_0 a}\left(\dfrac{1}{a} + \dfrac{1}{b}\right)$

② $\dfrac{Q}{4\pi\epsilon_0}\left(\dfrac{1}{a} - \dfrac{1}{b}\right)$

③ $\dfrac{Q}{4\pi\epsilon_0}\left(\dfrac{1}{a} - \dfrac{1}{b} - \dfrac{1}{c}\right)$

④ $\dfrac{Q}{4\pi\epsilon_0}\left(\dfrac{1}{a} - \dfrac{1}{b} + \dfrac{1}{c}\right)$

$$V_A = -\int_\infty^c E dr - \int_b^a E dr = \frac{Q}{4\pi\epsilon_0}\left(\frac{1}{a} - \frac{1}{b} + \frac{1}{c}\right) [\text{V}]$$

【답】④

05 ★☆☆☆☆
M.K.S 단위로 나타낸 진공에 대한 유전율은?

① $8.855 \times 10^{-12}[\text{N/m}]$ ② $8.855 \times 10^{-10}[\text{N/m}]$
③ $8.855 \times 10^{-12}[\text{F/m}]$ ④ $8.855 \times 10^{-10}[\text{F/m}]$

Explanation

ϵ_0 : 진공 또는 공기 중의 유전율
$\epsilon_0 = 8.855 \times 10^{-12}[\text{F/m}]$

【답】③

06 ★☆☆☆☆
인덕턴스의 단위에서 1[H]는?

① 1[A]의 전류에 대한 자속이 1[Wb]인 경우이다.
② 1[A]의 전류에 대한 유전율이 1[F/m]이다.
③ 1[A]의 전류가 1초간에 변화하는 양이다.
④ 1[A]의 전류에 대한 자계가 1[AT/m]인 경우이다.

Explanation

인덕턴스 : 전류에 대한 자속 쇄교수
$L = \dfrac{N\phi}{I}[\text{H}]$

【답】①

07 ★★★★☆
자유공간의 변위 전류가 만드는 것은?

① 전계   ② 전속
③ 자계   ④ 분극지력선

Explanation

• 변위 전류 밀도 $i_d = \dfrac{\partial D}{\partial t}$: 전속 밀도의 시간적 변화

• $\text{rot}H = i + \dfrac{\partial D}{\partial t}$: 변위 전류와 전도 전류는 회전하는 자계를 발생시킨다.

【답】③

08 ★☆☆☆☆
평행한 두 도선 간의 전자력은? (단, 두 도선 간의 거리는 $r[\text{m}]$라 한다)

① r에 반비례   ② r에 비례
③ r^2에 티례   ④ r^2에 반비례

Explanation

평행도선 단위길이 당 작용하는 힘 $F = \dfrac{2I_1 I_2}{r} \times 10^{-7}[\text{N/m}]$

힘은 거리에 반비례하고 전류의 곱과 투자율에 비례한다.

【답】①

09 ★★☆☆☆

간격 d[m]인 두 평행판 전극 사이에 유전율 ϵ인 유전체를 넣고 전극 사이에 전압 $e = E_m \sin\omega t$[V]를 가했을 때 변위 전류 밀도[A/m²]는?

① $\dfrac{\epsilon \omega E_m \cos\omega t}{d}$

② $\dfrac{\epsilon E_m \cos\omega t}{d}$

③ $\dfrac{\epsilon \omega E_m \sin\omega t}{d}$

④ $\dfrac{\epsilon E_m \sin\omega t}{d}$

Explanation

변위 전류 밀도 $i_d = \dfrac{\partial D}{\partial t} = \epsilon \dfrac{\partial E}{\partial t} = \epsilon \dfrac{\partial}{\partial t}\left(\dfrac{V}{d}\right) = \dfrac{\epsilon}{d}\dfrac{\partial V}{\partial t}$

$\qquad = \dfrac{\epsilon}{d}\dfrac{\partial}{\partial t}E_m \sin\omega t = \omega \dfrac{\epsilon}{d}E_m \cos\omega t$ [A/m²]

【답】①

10 ★★☆☆☆

10^6[cal]의 열량은 약 몇 [kWh]의 전력량인가?

① 0.06

② 1.16

③ 2.27

④ 4.17

Explanation

열량계산 : 1[J]=0.24[cal]

$\qquad\qquad$ 1[cal]=4.17[J]=4.17[W·sec]

전력량 $W = 4.17 \times 10^6$[W·sec]

$W = \dfrac{4.17 \times 10^6}{3,600} \times 10^{-3} = 1.16$[kWh]

【답】②

11 ★★★★☆

전기기기의 철심(자심)재료로 규소강판을 사용하는 이유는?

① 동손을 줄이기 위해

② 와전류손을 줄이기 위해

③ 히스테리시스손을 줄이기 위해

④ 제작을 쉽게 하기 위하여

Explanation

• 규소강판 : 히스테리시스손 감소
• 성층 철심 : 와류손 감소

【답】③

12 ★★★★★

접지 구도체와 점전하 사이에 작용하는 힘은?

① 항상 반발력이다.

② 항상 흡인력이다.

③ 조건적 반발력이다.

④ 조건적 흡인력이다.

Explanation

접지 도체구

유도전하 : $Q' = -\dfrac{a}{d}Q$

점전하와 반대 극성의 전하가 유도되므로 항상 흡인력이 작용한다.

【답】②

13 ★★☆☆☆

플레밍의 왼손법칙에서 왼손의 엄지, 검지, 중지의 방향에 해당되지 않는 것은?

① 전압

② 전류

③ 자속밀도

④ 힘

플레밍의 왼손법칙

평등자장 내에 전류가 흐르고 있는 도체가 받는 힘 $F = (I \times B)l = IBl \sin\theta$

- 엄지 : 힘의 방향
- 인지(검지) : 자속의 방향
- 중지 : 전류의 방향

【답】 ①

14 ★★★★★
반지름 1[m]의 원형 코일에 1[A]의 전류가 흐를 때 중심점의 자계의 세기[AT/m]는?

① $\dfrac{1}{4}$

② $\dfrac{1}{2}$

③ 1

④ 2

원형 코일 중심의 자계의 세기 $H_0 = \dfrac{I}{2a} = \dfrac{1}{2 \times 1} = \dfrac{1}{2}$ [AT/m]

【답】 ②

15 ★★★★☆
전류가 흐르는 도선을 자계 내에 놓으면 이 도선에 힘이 작용한다. 평등자계의 진공 중에 놓여 있는
직선전류 도선이 받는 힘에 대한 설명으로 옳은 것은?

① 도선의 길이에 비례한다.

② 전류의 세기에 반비례한다.

③ 자계의 세기에 반비례한다.

④ 전류와 자계 사이의 각에 대한 정현[sine]에 반비례한다.

플레밍의 왼손법칙

평등자장 내에 전류가 흐르고 있는 도체가 받는 힘 $F = (I \times B)l = IBl \sin\theta$ [N]

→ 전류, 도선의 길이, 자장 및 정현(sine)에 비례

【답】 ①

16 ★★★☆☆
여러 가지 도체의 전하 분포에 있어서 각 도체의 전하를 n배 할 경우, 중첩의 원리가 성립하기 위해
서 그 전위는 어떻게 되는가?

① $\dfrac{1}{2}n$이 된다.

② n배가 된다.

③ $2n$배가 된다.

④ n^2배가 된다.

전위 : 스칼라 함수이므로 중첩의 원리가 성립 → 전하를 n배하면 전위도 n배가 된다.

【답】 ②

17 ★☆☆☆☆
$E = i + 2j + 3k$ [V/cm]로 표시되는 전계가 있다. 0.02[μC]의 전하를 원점으로부터 $r = 3i$ [m]로
움직이는 데 필요로 하는 일[J]는?

① 3×10^{-6}

② 6×10^{-6}

③ 3×10^{-8}

④ 6×10^{-8}

일 $W = F \cdot r = QE \cdot r$

$\quad = 0.02 \times 10^{-6} \times 10^2 \cdot (i + 2j + 3k) \cdot (3i)$

$\quad = 0.02 \times 10^{-6} \times 10^2 \times 3 = 6 \times 10^{-6}$ [J]

【답】 ②

18 ★★☆☆☆ 동일 용량 C[μF]의 커패시터 n개를 병렬로 연결하였다면 합성 정전용량은 얼마인가?

① $n^2 C$

② nC

③ $\dfrac{C}{n}$

④ C

Explanation

동일 용량의 콘덴서 연결

• 직렬연결 : $\dfrac{C}{n}$

• 병렬연결 : nC

【답】②

19 ★★★★★ 무한장 직선 도체에 선전하밀도 λ[C/m]의 전하가 분포되어 있는 경우, 이 직선 도체를 축으로 하는 반지름 r[m]의 원통면상의 전계 [V/m]는?

① $\dfrac{\lambda}{2\pi\epsilon_o r^2}$

② $\dfrac{\lambda}{2\pi\epsilon_o r}$

③ $\dfrac{\lambda}{4\pi\epsilon_o r^2}$

④ $\dfrac{\lambda}{4\pi\epsilon_o r}$

Explanation

축 대칭(선전하 밀도 : λ[C/m], 원통도체)

• **표면**($r > a$) : $E = \dfrac{\lambda}{2\pi\epsilon_0 r}$

• 내부($r < a$) : $E = 0$

【답】②

20 ★★★★☆ 전류 2π[A]가 흐르고 있는 무한 직선 도체로부터 2[m]만큼 떨어진 자유공간 내 P점의 자속밀도의 세기 [Wb/m²]는?

① $\dfrac{\mu_0}{8}$

② $\dfrac{\mu_0}{4}$

③ $\dfrac{\mu_0}{2}$

④ μ_0

Explanation

• 무한장 직선의 자계의 세기 $H = \dfrac{I}{2\pi r}$

• 자속밀도 $B = \mu H = \dfrac{\mu_0 I}{2\pi r} = \dfrac{\mu_0 \times 2\pi}{2\pi \times 2} = \dfrac{\mu_0}{2}$ [Wb/m²]

【답】③

2과목	전력공학

21 ★★☆☆☆ 가공 왕복선 배치에서 지름이 d[m]이고 선간 거리가 D[m]인 선로 한 가닥의 작용 인덕턴스는 몇 [mH/km]인가? (단, 선로의 투자율은 1이라 한다)

① $0.5 + 0.4605\log_{10}\dfrac{D}{d}$　　　　　　　② $0.05 + 0.4605\log_{10}\dfrac{D}{d}$

③ $0.5 + 0.4605\log_{10}\dfrac{2D}{d}$　　　　　　　④ $0.05 + 0.4605\log_{10}\dfrac{2D}{d}$

작용 인덕턴스 $L = 0.05 + 0.4605\log\dfrac{D}{r} = 0.05 + 0.4605\log\dfrac{D}{\dfrac{d}{2}} = 0.05 + 0.4605\log\dfrac{2D}{d}$ [mH/km]　　　　【답】④

22 ★★★★★ 송전계통의 중성점을 접지하는 목적으로 틀린 것은?

① 지락 고장 시 전선로의 대지 전위 상승을 억제하고 전선로와 기기의 절연을 경감시킨다.
② 소호리액터 접지방식에서는 1선 지락 시 지락점 아크를 빨리 소멸시킨다.
③ 차단기의 차단용량을 증대시킨다.
④ 지락고장에 대한 계전기의 동작을 확실하게 한다.

Explanation

송전선의 중성점 접지 목적
• 1선 지락 시 전위 상승 억제하고, 전선로와 기기의 절연을 경감
• 지락 사고 시 보호 계전기 동작의 확실
• 과도안정도 증진
• 이상 전압 발생 방지　　　　【답】③

23 ★★★★☆ 다음 중 전력선 반송 보호계전방식의 장점이 아닌 것은?

① 저주파 반송전류를 중첩시켜 사용하므로 계통의 신뢰도가 높아진다.
② 고장 구간의 선택이 확실하다.
③ 동작이 예민하다.
④ 고장점이나 계통의 여하에 불구하고 선택 차단개소를 동시에 고속도 차단할 수 있다.

Explanation

전력선 반송보호계전 방식
• 고장점이나 계통의 여하에 불구하고 양단을 동시에 고속도 차단
• 동작이 예민하고 고장의 선택성이 우수
• 반송파의 전송로로 가공송전선로를 이용하는 방식
• **반송 주파수의 범위 : 30~300[kHz]의 고주파**　　　　【답】①

24 ★☆☆☆☆ 발전소의 발전기 정격전압[kV]으로 사용되는 것은?

① 6.6　　　　　　　　　② 33
③ 66　　　　　　　　　④ 154

Explanation

발전소의 발전기 정격전압 : 6.6[kV]　　　　【답】①

25 ★★★★★
송전선로를 연가하는 주된 목적은?

① 페란티 효과의 방지　　　　　　　　　② 직격뢰의 방지
③ 선로정수의 평형　　　　　　　　　　　④ 유도뢰의 방지

Explanation

연가 : 선로정수를 **평형**시키기 위하여 3상3선식 선로를 3배수 등분하여 실시
• 선로정수 평형(각 상의 전압, 전류 평형)
• 정전유도장해 감소
• 소호리액터 접지 시의 직렬공진 방지　　　　　　　　　　　　　　　　【답】③

26 ★★☆☆☆
뒤진 역률 80[%], 10[kVA]의 부하를 가지는 주상변압기의 2차 측에 2[kVA]의 전력용 콘덴서를 접속하면 주상변압기에 걸리는 부하는 약 몇 [kVA]가 되겠는가?

① 8　　　　　　　　　　　　　　　　　② 8.5
③ 9　　　　　　　　　　　　　　　　　④ 9.5

Explanation

• 유효전력 $P = P_a \cos\theta = 10 \times 0.8 = 8[\text{kW}]$
• 무효전력 $Q = P_a \sin\theta = 10 \times 0.6 = 6[\text{kVar}]$
• 콘덴서 설치 후 무효전력 $Q' = Q - Q_c = 6 - 2 = 4[\text{kVar}]$
• 콘덴서 설치 후 피상전력 $P_a' = \sqrt{P^2 + Q'^2} = \sqrt{8^2 + 4^2} ≒ 8.94[\text{kVA}]$　【답】③

27 ★★☆☆☆
부하전류 및 단락전류를 모두 개폐할 수 있는 스위치는?

① 단로기　　　　　　　　　　　　　　　② 차단기
③ 선로개폐기　　　　　　　　　　　　　④ 전력퓨즈

Explanation

전력용 개폐장치
• **차단기(CB) : 부하전류 개폐 및 고장전류 차단**
• 개폐기 : 부하전류 개폐, 사고 차단 불능
• 단로기(DS) : 무부하 회로 개폐　　　　　　　　　　　　　　　　　【답】②

28 ★★★★★
송전선로에 낙뢰를 방지하기 위하여 설치하는 것은?

① 댐퍼　　　　　　　　　　　　　　　　② 초호환
③ 가공지선　　　　　　　　　　　　　　④ 애자

Explanation

가공 지선의 설치 목적
• 직격뢰 차폐
• 유도뢰에 대한 정전 차폐
• 통신선에 대한 전자유도장해 경감(지락전류의 일부가 가공지선에 흐르므로)　【답】③

29 ★★☆☆☆
송, 수전단 전압을 E_S, E_R 이라 하고 4단자 정수를 A, B, C, D라 할 때 전력 원선도의 반지름은?

① $\dfrac{E_S E_R}{A}$　　　② $\dfrac{E_S^2 E_R^2}{A}$　　　③ $\dfrac{E_S E_R}{B}$　　　④ $\dfrac{E_S^2 E_R^2}{B}$

Explanation

전력 원선도(송·수전단 전압, 일반회로 정수(A, B, C, D))
가로축 : 유효전력, 세로축 : 무효전력

원선도 반지름 : $\dfrac{E_S E_R}{B}$

【답】③

30 ★★☆☆☆
양수발전의 주된 목적으로 옳은 것은?

① 연간 발전량을 늘이기 위하여
② 연간 평균 손실 전력을 줄이기 위하여
③ 연간 발전비용을 줄이기 위하여
④ 연간 수력발전량을 늘이기 위하여

Explanation

양수식 발전소
• 전력 계통의 경부하시 또는 다른 발전소의 발전 전력에 여유가 있을 때, 이 잉여 전력을 이용해서 전동기로 펌프를 돌려 물을 상부의 저수지에 저장하였다가 필요에 따라 수압관을 통하여 이 물을 이용해서 발전
• 첨두부하용
• **연간 발전비용 절감**

【답】③

31 ★★☆☆☆
동일한 부하전력에 대하여 전압을 2배로 승압하면 전압강하, 전압강하율, 전력 손실률은 각각 얼마나 감소하는지를 순서대로 나열한 것은?

① $\dfrac{1}{2},\ \dfrac{1}{2},\ \dfrac{1}{2}$
② $\dfrac{1}{2},\ \dfrac{1}{2},\ \dfrac{1}{4}$

③ $\dfrac{1}{2},\ \dfrac{1}{4},\ \dfrac{1}{4}$
④ $\dfrac{1}{4},\ \dfrac{1}{4},\ \dfrac{1}{4}$

Explanation

전압과의 관계

• 전압강하 : $e \propto \dfrac{1}{V} \propto \dfrac{1}{2}$

• 전압강하율 : $\delta \propto \dfrac{1}{V^2} \propto \dfrac{1}{2^2} \propto \dfrac{1}{4}$

• 전력 손실률 : $K = \dfrac{P_l}{P} \times 100 = \dfrac{P}{V^2 \cos^2\theta} \times 100 \propto \dfrac{1}{V^2} = \dfrac{1}{2^2} = \dfrac{1}{4}$

【답】③

32 ★★★★★
송전선로에 근접한 통신선에 유도장해가 발생하였을 때, 전자유도의 원인은?

① 역상전압
② 정상전압
③ 정상전류
④ 영상전류

Explanation

• 전자유도장해의 원인 : 상호 인덕턴스, 영상전류
• 정전유도장해의 원인 : 상호 정전용량, 영상전압

【답】④

33 ★☆☆☆☆
66[kV], 60[Hz] 3상 3선식 선로에서 중성점을 소호리액터 접지하여 완전 공진상태로 되었을 때 중성점에 흐르는 전류는 몇 [A]인가? (단, 소호리액터를 포함한 영상회로의 등가 저항은 200[Ω], 중성점 잔류전압은 4,400[V]라고 한다)

① 11
② 22
③ 33
④ 44

Explanation

완전 공진 상태에서의 중성점에 흐르는 전류 $I = \dfrac{E}{R} = \dfrac{4,400}{200} = 22[\text{A}]$

【답】②

34 ★★★★★
변류기 개방 시 2차측을 단락하는 이유는?

① 2차측 절연 보호
② 2차측 과전류 보호
③ 측정오차 방지
④ 1차측 과전류 방지

Explanation

계기용 변성기 점검
• PT(계기용 변압기) : 2차측 개방(2차측 과전류 보호)
• **CT(변류기) : 2차측 단락(2차측 과전압보호, 2차측 절연보호)**

【답】①

35 ★☆☆☆☆
3상 3선식 송전 선로에서 정격전압이 66[kV]이고, 1선당 리액턴스가 10[Ω]일 때, 100[MVA] 기준의 % 리액턴스는 약 얼마인가?

① 17[%]
② 23[%]
③ 52[%]
④ 69[%]

Explanation

퍼센트 임피던스 $\%Z = \dfrac{ZP}{10V^2}$ 여기서, V : 정격전압[kV], P : 기준용량[kVA]

퍼센트 리액턴스 $\%X = \dfrac{PX}{10V^2} = \dfrac{100 \times 10^3 \times 10}{10 \times 66^2} = 23[\%]$

【답】②

36 ★★★★☆
정격용량 150[kVA]인 단상 변압기 두 대로 V결선을 했을 경우 최대 출력은 약 몇 [kVA]인가?

① 170
② 173
③ 260
④ 280

Explanation

V결선 출력 $P_V = \sqrt{3}\,K = \sqrt{3} \times 150 = 260$ 여기서, K는 변압기 1대 용량

【답】③

37 ★★★★★
배전선로의 역률개선에 따른 효과로 적합하지 않은 것은?

① 전원측 설비의 이용률 향상
② 선로절연에 요하는 비용 절감
③ 전압강하 감소
④ 선로의 전력손실 경감

Explanation

역률 개선의 효과
• 전력 손실 경감
• 전압강하 경감
• 설비 용량의 여유분 증가
• 전력 요금의 절약

【답】②

38 ★★☆☆☆
어떤 수력 발전소의 수압관에서 분출되는 물의 속도와 직접적인 관련이 없는 것은?

① 수면에서의 연직거리
② 관의 경사
③ 관의 길이
④ 유량

Explanation

물의 분출 속도(토리첼리의 법칙)

$v = C_v\sqrt{2gH}$ 단, C_v : 유속계수, g : 중력 가속도[m/s^2]

【답】③

39 ★★★★★
송전단 전압 161[kV], 수전단 전압 155[kV], 상차각 40°, 리액턴스가 49.8[Ω]일 때 선로손실을 무시한다면 전송 전력은 약 몇 [MW]인가?

① 289
② 322
③ 373
④ 869

Explanation

송전전력 $P_s = \dfrac{V_s V_r}{X}\sin\delta = \dfrac{161 \times 155}{49.8}\sin 40° = 322$[MW]

【답】②

40 ★★☆☆☆
차단기에서 정격차단 시간의 표준이 아닌 것은?

① 3[Hz]
② 5[Hz]
③ 8[Hz]
④ 10[Hz]

Explanation

차단기의 정격 차단 시간
• 트립코일 여자로부터 소호까지의 시간
• 개극 시간과 아크 시간의 합

【답】④

3과목   전기기기

41 ★★★☆☆
동기발전기에 회전계자형을 사용하는 이유로 틀린 것은?

① 기전력의 파형을 개선한다.
② 계자가 회전자이지만 저전압 소용량의 직류이므로 구조가 간단하다.
③ 전기자가 고정자이므로 고전압 대전류용에 좋고 절연이 쉽다.
④ 전기자보다 계자극을 회전자로 하는 것이 기계적으로 튼튼하다.

Explanation

동기발전기 : 회전계자형
• 계자는 기계적으로 튼튼하고 구조가 간단하여 회전 유리
• 계자회로는 직류로 소요 전력이 적다.
• 절연이 용이
• 전기자는 Y결선으로 복잡하다.
동기발전기의 기전력 개선법은 분포권과 단절권이다.

【답】①

42 ★★★★★
60[Hz], 12극, 회전자의 외경 2[m]인 동기발전기에 있어서 자극면의 주변속도 [m/s]는 약 얼마인가?

① 34
② 43
③ 59
④ 63

Explanation

$$N_s = \frac{120f}{p} = \frac{120 \times 60}{12} = 600[\text{rpm}]$$

전기자 주변속도 $v = \pi D \frac{N_s}{60} = \pi \times 2 \times \frac{600}{60} = 62.8[\text{m/s}]$

【답】 ④

43 ★☆☆☆☆
단상 전파정류회로를 구성한 것으로 옳은 것은?

①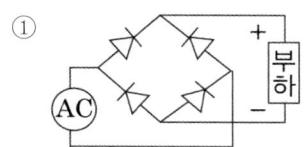

②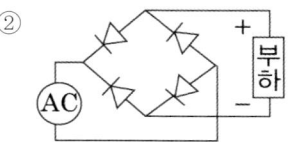

③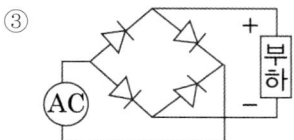

④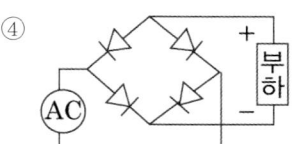

Explanation

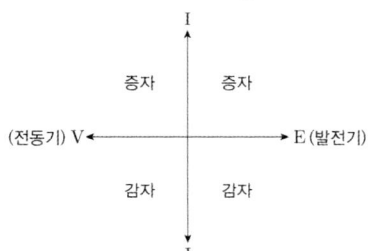

〈단상 전파정류회로(브리지)〉

【답】 ①

44 ★★★☆☆
동기전동기의 전기자반작용에서 전기자전류가 앞서는 경우 어떤 작용이 일어나는가?

① 증자작용   ② 감자작용
③ 횡축반작용   ④ 교차자화작용

Explanation

동기전동기의 전기자 반작용

• 증자작용 : 공급전압보다 $\frac{\pi}{2}$ 뒤진 전류가 흐를 때

• 감자작용 : 공급전압보다 $\frac{\pi}{2}$ 앞선 전류가 흐를 때

```
                    I
                    ↑
        증자       증자
(전동기) V ←──────────→ E (발전기)
        감자       감자
                    ↓
                    I
```

【답】 ②

45 ★★★★★
3상 유도전동기의 원선도 작성에 필요한 기본량이 아닌 것은?

① 저항 측정
② 슬립 측정
③ 구속 시험
④ 무부하 시험

유도전동기 원선도
• **저항측정**
• **무부하(개방) 시험**
• **구속(단락) 시험**

【답】②

46 ★★★☆☆
유도 전동기 원선도에서 원의 지름은? (단, E를 1차 전압, r는 1차로 환산한 저항, x를 1차로 환산한 누설 리액턴스라 한다)

① rE에 비례
② rxE에 비례
③ $\dfrac{E}{r}$에 비례
④ $\dfrac{E}{x}$에 비례

유도전동기 원선도 : 전류에 의한 궤적

$$I_{2s} = \frac{E_{2s}}{Z_s} = \frac{sE_2}{r_2 + jsx_2} = \frac{E_2}{\sqrt{\left(\dfrac{r_2}{s}\right)^2 + x_2^2}} \fallingdotseq \frac{E_2}{x_2}$$

$\therefore$ 지름 $\propto \dfrac{E}{x}$

【답】④

47 ★☆☆☆☆
단상 직권정류자전동기에 관한 설명 중 틀린 것은? (단, A : 전기자 , C : 보상권선, F : 계자권선 이라 한다)

① 직권형은 A와 F가 직렬로 되어 있다.
② 보상 직권형은 A, C 및 F가 직렬로 되어 있다.
③ 단상 직권정류자전동기에서는 보극권선을 사용하지 않는다.
④ 유도 보상 직권형은 A와 F가 직렬로 되어 있고 C는 A에서 분리한 후 단락되어 있다.

단상 직권 정류자 전동기

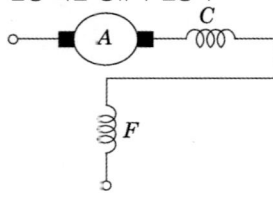

• A(Armature) : 전기자
• F(Field) : 계자
• C(Compensator) : 보상권선(전기자 반작용을 제거하여 역률개선)
  − 직권형 : A와 F가 직렬
  − 보상직권형 : A, C, F가 직렬
  − 유도 보상 직권형 : A와 F가 직렬
  　　　　　　 C는 A에서 분리한 후 단락

【답】③

48 ★★★☆☆

PN 접합 구조로 되어 있고 제어는 불가능하나 교류를 직류로 변환하는 반도체 정류 소자는?

① IGBT
② 다이오드
③ MOSFET
④ 사이리스터

Explanation

PN접합 다이오드 : 정류용(제어 불가능)

【답】②

49 ★☆☆☆☆

3상 분권 정류자전동기의 설명으로 틀린 것은?

① 변압기를 사용하여 전원전압을 낮춘다.
② 정류자권선은 저전압 대전류에 적합하다.
③ 부하가 가해지면 슬립의 발생 소요 토크는 직류전동기와 같다.
④ 특성이 가장 뛰어나고 널리 사용되고 있는 전동기는 시라게 전동기이다.

Explanation

3상 분권 정류자전동기 : 시라게 전동기
• 1차 권선을 회전자에 둔 3상 권선형 유도전동기
• 직류 분권전동기와 특성이 비슷한 정속도 전동기
• 브러시 이동으로 간단히 원활하게 속도 제어

【답】③

50 ★★★★★

유도전동기의 회전자에 슬립 주파수의 전압을 공급하여 속도를 제어하는 방법은?

① 2차 저항법
② 2차 여자법
③ 직류 여자법
④ 주파수 변환법

Explanation

2차 여자법(슬립 제어)
• 유도전동기 회전자의 외부에서 슬립링을 통하여 슬립 주파수 전압을 인가하여 회전자 슬립에 의한 속도를 제어하는 방식
• E_c(슬립 주파수 전압)를 sE_2와 같은 방향으로 인가 : 속도 증가
• E_c(슬립 주파수 전압)를 sE_2와 반대 방향으로 인가 : 속도 감소

【답】②

51 ★★☆☆☆

권선형 유도전동기의 속도-토크 곡선에서 비례추이는 그 곡선이 무엇에 비례하여 이동하는가?

① 슬립
② 회전수
③ 공급전압
④ 2차 저항

Explanation

비례추이의 원리 : 권선형 3상 유도전동기
• 최대 토크는 불변, 최대 토크의 발생 슬립은 변화(2차 저항이 증가하면 토크 곡선 등이 슬립이 증가하는 방향으로 2차 저항에 비례하여 이동)
• 기동 전류는 감소하고, 기동 토크는 증가

【답】④

52 ★★★☆☆

정격전압 200[V], 전기자 전류 100[A] 일 때 1,000[rpm] 으로 회전하는 직류 분권전동기가 있다. 이 전동기의 무부하 속도는 약 몇 [rpm]인가? (단, 전기자 저항은 0.15[Ω], 전기자 반작용은 무시한다)

① 981
② 1,081
③ 1,100
④ 1,180

Explanation

$I_a = 50$[A]일 때의 역기전력 $E_c = V - I_a R_a = 200 - 100 \times 0.15 = 185$[V]

$I_a = 0$[A]일 때의 역기전력 $E_{c0} = 200$[V]$(\because I_a = 0)$

$E = k\phi N$에서 $E \propto N$이므로

무부하 회전속도 $N_0 = \dfrac{200}{185} \times 1,000 \fallingdotseq 1,081$[rpm]

【답】②

53
★☆☆☆☆
이상적인 변압기에서 2차를 개방한 벡터도 중 서로 반대 위상인 것은?

① 자속, 여자 전류
② 입력 전압, 1차 유도기전력
③ 여자 전류, 2차 유도기전력
④ 1차 유도기전력, 2차 유도기전력

Explanation

변압기의 1차 전원전압을 V_1이라 하면

1차 유도 기전력 $E_1 = -V_1$으로 입력전압과 위상이 반대인 전압이다.

【답】②

54
★★★★★
동일 정격의 3상 동기발전기 2대를 무부하로 병렬 운전하고 있을 때, 두 발전기의 기전력 사이에 30°의 위상차가 있으면 한 발전기에서 다른 발전기에 공급되는 유효전력은 몇 [kW]인가? (단, 각 발전기의(1상의) 기전력은 1,000[V], 동기 리액턴스는 4[Ω]이고, 전기자 저항은 무시한다)

① 62.5
② $62.5 \times \sqrt{3}$
③ 125.5
④ $125.5 \times \sqrt{3}$

Explanation

동기 발전기 병렬 운전 시 두 발전기 사이의 기전력의 위상차가 발생하면 동기화전류(유효 순환전류)가 흐르며, 위상이 앞서는 발전기에서 위상이 늦은 발전기로 수수전력이 발생

수수전력 $P = \dfrac{E^2}{2Z_s} \sin\delta = \dfrac{1,000^2}{2 \times 4} \times \sin 30° \times 10^{-3} = 62.5$[kW]

【답】①

55
★☆☆☆☆
어떤 단상 변압기의 2차 무부하 전압이 240[V]이고 정격 부하시의 2차 단자전압이 230[V]이다. 전압 변동률은 약 몇 [%]인가?

① 2.35
② 3.35
③ 4.35
④ 5.35

Explanation

전압 변동률 $\epsilon = \dfrac{V_{20} - V_{2n}}{V_{2n}} \times 100 = \dfrac{240 - 230}{230} \times 100 = 4.35$[%]

【답】③

56
★★★☆☆
정격 전압 6,000[V], 용량 5,000[kVA]의 Y결선 3상 동기 발전기가 있다. 여자전류 200[A]에서의 무부하 단자전압 6,000[V], 단락전류 600[A]일 때, 이 발전기의 단락비는 약 얼마인가?

① 0.25
② 10
③ 1.25
④ 1.5

Explanation

정격 전류 $I_n = \dfrac{P}{\sqrt{3}\,V} = \dfrac{5,000 \times 10^3}{\sqrt{3} \times 6,000} = 481.13$[A]

단락비 $K_s = \dfrac{I_s}{I_m} = \dfrac{600}{481.13} = 1.25$

【답】③

57 ★☆☆☆☆
다음은 직류 발전기의 정류 곡선이다. 이 중에서 정류 초기에 정류의 상태가 좋지 않은 것은?

① ⓐ
② ⓑ
③ ⓒ
④ ⓓ

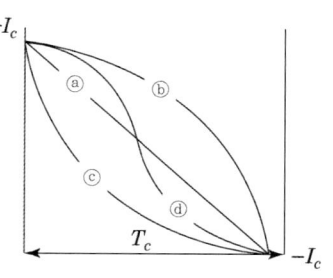

Explanation

정류
① 전기자 코일이 브러시에 단락된 후 브러시를 지날 때 전류의 방향이 바뀌는 것

② 리액턴스 전압 : $e_L = L\dfrac{di}{dt} = L\dfrac{I_c - (-I_c)}{T_c} = L\dfrac{2I_c}{T_c}$ [V]

③ 종류
- 직선정류(이상적인 정류) : 불꽃 없는 정류(ⓐ)
- 정현파 정류 : 불꽃 없는 정류(ⓓ)
- 부족 정류 : 정류 말기에 브러쉬 후단부에서 불꽃 발생(ⓑ)
- **과정류 : 정류 초기에 브러쉬 전단부(앞쪽)에서 불꽃 발생(ⓒ)**

【답】③

58 ★★☆☆☆
2대의 변압기로 V결선하여 3상 변압하는 경우 변압기 이용률[%]은?

① 57.8
② 66.6
③ 86.6
④ 100

Explanation

V결선 변압기의 출력 $P_V = \sqrt{3}\,K$ 여기서, K는 변압기 1대 용량

V결선 이용률 $= \dfrac{\sqrt{3}\,K}{2K} = \dfrac{\sqrt{3}}{2} \times 100 = 86.6[\%]$

【답】③

59 ★★★☆☆
직류기의 전기자에 일반적으로 사용되는 전기자 권선법은?

① 2층권
② 개로권
③ 환상권
④ 단층권

Explanation

직류기 권선법 : 고상권, 폐로권, 이층권

【답】①

60 ★★★☆☆
3,300/200[V], 50[kVA]인 단상 변압기의 % 저항, % 리액턴스를 각각 2.4[%], 1.6[%]라 하면 이때의 임피던스 전압은 약 몇 [V]인가?

① 95
② 100
③ 105
④ 110

Explanation

$\%Z = \sqrt{2.4^2 + 1.6^2} = 2.88$

$\%Z = \dfrac{V_s}{V_1} \times 100$ 이므로 $V_s = \dfrac{\%Z}{100} \times V_1 = \dfrac{2.88}{100} \times 3,300 = 95[\text{V}]$

【답】①

61 ★★★★☆
전달 함수 출력(응답)식 $C(s) = G(s)R(s)$에서 입력함수 $R(s)$를 단위 임펄스 $\delta(t)$로 인가할 때 이 계의 출력은?

① $C(s) = G(s)\delta(s)$

② $C(s) = \dfrac{G(s)}{\delta(s)}$

③ $C(s) = \dfrac{G(s)}{s}$

④ $C(s) = G(s)$

Explanation

임펄스 응답(Impulse Response) : $r(t) = \delta(t)$
출력 $C(s) = G(s)R(s)$에서 입력 $r(t) = \delta(t)$를 라플라스 변환하면 $R(s) = 1$
∴ $C(s) = G(s)$

【답】④

62 ★★☆☆☆
단자 a와 b사이에 전압 30[V]를 가했을 때 전류 I가 3[A] 흘렀다고 한다. 저항 $r[\Omega]$은 얼마인가?

① 5
② 10
③ 15
④ 20

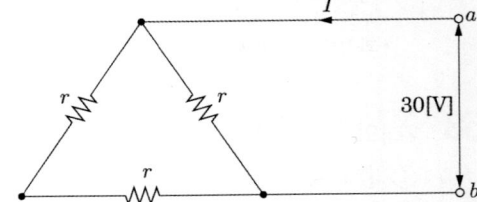

Explanation

합성 저항은 $R_T = \dfrac{r \times 2r}{r + 2r} = \dfrac{2}{3}r[\Omega]$

전체 전류 $I_T = \dfrac{V}{R_T}$에서 전체 저항 $R_T = \dfrac{V}{I_T} = \dfrac{30}{3} = 10[\Omega]$

$R_T = \dfrac{2}{3}r = 10$이므로 $r = \dfrac{3}{2} \times 10 = 15[\Omega]$

【답】③

63 ★★★★★
3상 불평형 전압에서 불평형률은?

① $\dfrac{영상전압}{정상전압} \times 100[\%]$

② $\dfrac{역상전압}{정상전압} \times 100[\%]$

③ $\dfrac{정상전압}{역상전압} \times 100[\%]$

④ $\dfrac{정상전압}{영상전압} \times 100[\%]$

Explanation

불평형률 = $\dfrac{역상전압}{정상전압} \times 100[\%]$

【답】②

64 ★★☆☆☆
전압과 전류가 각각 $v = 141.4\sin\left(377t + \dfrac{\pi}{3}\right)[\text{V}]$, $i = \sqrt{8}\sin\left(377t + \dfrac{\pi}{6}\right)[\text{A}]$인 회로의 소비 (유효)전력은 약 몇 [W]인가?

① 100
② 173
③ 200
④ 344

유효전력 $P = VI\cos\theta = I^2 R[\text{Var}]$

$$= \frac{141.4}{\sqrt{2}} \times \frac{\sqrt{8}}{\sqrt{2}} \cos\theta = \frac{141.4 \times \sqrt{8}}{2} \cos\left(\frac{\pi}{3} - \frac{\pi}{6}\right) = 173[\text{W}]$$

【답】②

65 ★★★☆☆
다음과 같은 4단자 회로에서 영상 임피던스[Ω]는?

① 200
② 300
③ 450
④ 600

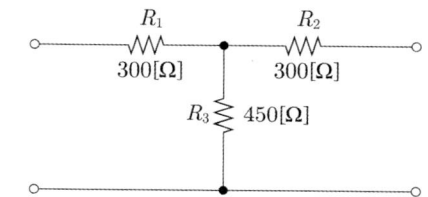

T형 4단자 정수에서 좌우대칭인 경우 $A = D$ 이며,

$$\begin{bmatrix} A & B \\ C & D \end{bmatrix} = \begin{bmatrix} 1 & 300 \\ 0 & 1 \end{bmatrix} \begin{bmatrix} 1 & 0 \\ \frac{1}{450} & 1 \end{bmatrix} \begin{bmatrix} 1 & 300 \\ 0 & 1 \end{bmatrix} = \begin{bmatrix} \frac{5}{3} & 800 \\ \frac{1}{450} & \frac{5}{3} \end{bmatrix}$$

$$\therefore Z_0 = Z_{01} = Z_{02} = \sqrt{\frac{B}{C}} = \sqrt{\frac{800}{\frac{1}{450}}} = 600[\Omega]$$

【답】④

66 ★☆☆☆☆
저항 1[Ω]과 인덕턴스 1[H]를 직렬로 연결한 후 60[Hz], 100[V]의 전압을 인가할 때 흐르는 전류의 위상은 전압의 위상보다 어떻게 되는가?

① 뒤지지만 90° 이하이다.
② 90° 늦다.
③ 앞서지만 90° 이하이다.
④ 90° 빠르다.

전압과 전류의 위상 관계
• 저항(R)만의 회로 : 동위상
• 인덕턴스(L)만의 회로 : 전류가 90도 늦다.
• 캐패시터(C)만의 회로 : 전류가 90도 앞선다.
• $R - L$ 회로 : 전류의 위상이 늦지만 90도 이하이다.
• $R - C$회로 : 전류의 위상이 앞서지만 90도 이하이다.

【답】①

67 ★★★☆☆
어떤 정현파 교류전압의 실효값이 314[V]일 때 평균값은 약 몇 [V]인가?

① 142
② 283
③ 365
④ 382

실효값 $V = \frac{1}{\sqrt{2}} V_m$ 에서 $V_m = \sqrt{2} V$

평균값 $V_{av} = \frac{2}{\pi} V_m = \frac{2\sqrt{2}}{\pi} V = \frac{2\sqrt{2}}{\pi} \times 314 = 283[\text{V}]$

【답】②

68 ★★☆☆☆ 평형 3상 저항 부하가 3상 4선식 회로에 접속되어 있을 때 단상 전력계를 그림과 같이 접속했더니 그 지시값이 W[W]이었다. 이 부하의 3상 전력[W]은?

① $\sqrt{2}\,W$

② $2\,W$

③ $\sqrt{3}\,W$

④ $3\,W$

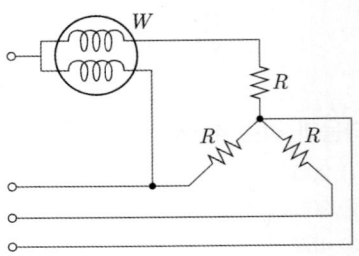

2전력계법

$W = W_1 + W_2 = 2W_a = \sqrt{3}\,VI\cos\theta$

【답】②

69 ★☆☆☆☆ 그림과 같은 R–C 직렬회로에 $t = 0$에서 스위치 S를 닫아 직류 전압 100[V]를 회로의 양단에 인가하면 시간 t에서의 충전전하는? (단, $R = 10[\Omega]$, $C = 0.1$[F]이다)

① $10(1-e^{-t})$

② $-10(1-e^{t})$

③ $10e^{-t}$

④ $-10e^{t}$

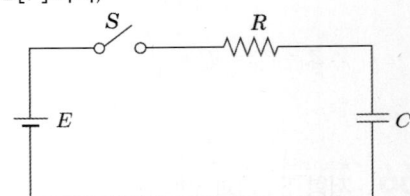

$R-C$ 직렬 회로의 충전전하 $q = CE\left(1 - e^{-\frac{1}{RC}t}\right) = 10(1-e^{-t})$ [C]

【답】①

70 ★☆☆☆☆ 다음 두 회로의 4단자 정수 A, B, C, D가 동일할 조건은?

① $R_1 = R_2$, $R_3 = R_4$

② $R_1 = R_3$, $R_2 = R_4$

③ $R_1 = R_4$, $R_2 = R_3 = 0$

④ $R_2 = R_3$, $R_1 = R_4 = 0$

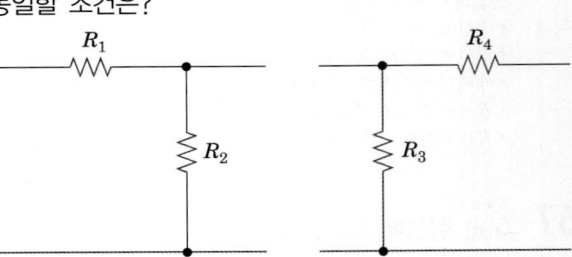

T형 4단자 정수

왼쪽의 경우 $\begin{bmatrix} A\ B \\ C\ D \end{bmatrix} = \begin{bmatrix} 1 & R_1 \\ 0 & 1 \end{bmatrix}\begin{bmatrix} 1 & 0 \\ \dfrac{1}{R_2} & 1 \end{bmatrix} = \begin{bmatrix} 1+\dfrac{R_1}{R_2} & R_1 \\ \dfrac{1}{R_2} & 1 \end{bmatrix}$

오른쪽의 경우 $\begin{bmatrix} A\ B \\ C\ D \end{bmatrix} = \begin{bmatrix} 1 & 0 \\ \dfrac{1}{R_3} & 1 \end{bmatrix}\begin{bmatrix} 1 & R_4 \\ 0 & 1 \end{bmatrix} = \begin{bmatrix} 1 & R_4 \\ \dfrac{1}{R_3} & 1+\dfrac{R_4}{R_3} \end{bmatrix}$

따라서 동일한 4단자 정수를 가지려면 $R_2 = R_3$, $R_1 = R_4 = 0$

【답】④

71 ★☆☆☆☆

Y결선된 대칭 3상 회로에서 전원 한 상의 전압이 $V_a = 220\sqrt{2}\sin\omega t$ [V]일 때 선간전압의 실효값 크기는 약 몇 [V]인가?

① 220

② 310

③ 380

④ 540

Explanation

$V_a = 220\sqrt{2}\sin\omega t$ 에서 전압의 실효값 $V = \dfrac{220\sqrt{2}}{\sqrt{2}} = 220$[V]

Y결선에서 $V_l = \sqrt{3}\,V_p$, $I_l = I_p$

선간전압 $V_l = \sqrt{3}\,V_p = \sqrt{3}\times 220 \fallingdotseq 380$[V]

【답】③

72 ★☆☆☆☆

$a + a^2$의 값은? (단, $a = e^{j2\pi/3} = 1\angle 120°$이다)

① 0

② −1

③ 1

④ a^3

Explanation

대칭좌표법에서

$1 + a + a^2 = 0$이므로 $a + a^2 = -1$

【답】②

73 ★☆☆☆☆

평형 3상 Y결선 회로의 선간전압이 V_l, 상전압이 V_p, 선전류가 I_l, 상전류가 I_p일 때 다음의 수식 중 틀린 것은? (단, P는 3상 부하전력을 의미한다)

① $V_l = \sqrt{3}\,V_p$

② $I_l = I_p$

③ $P = \sqrt{3}\,V_l I_l \cos\theta$

④ $P = \sqrt{3}\,V_p I_p \cos\theta$

Explanation

Y결선에서

$V_l = \sqrt{3}\,V_p$, $I_l = I_p$

소비전력 : $P = 3V_p I_p \cos\theta = \sqrt{3}\,V_l I_l \cos\theta$

【답】④

74 ★★★☆☆

전압이 $v = 10\sin 10t + 20\sin 20t$[V]이고 전류가 $i = 20\sin 10t + 10\sin 20t$[A]이면, 소비(유효) 전력[W]은?

① 400

② 283

③ 200

④ 141

Explanation

유효전력은 주파수가 같을 때만 만들어지며

$P = \dfrac{10}{\sqrt{2}}\times\dfrac{20}{\sqrt{2}}\times\cos 0° + \dfrac{20}{\sqrt{2}}\times\dfrac{10}{\sqrt{2}}\times\cos 0° = 200$[W]

【답】③

75 ★★★★☆

코일의 권수 N=1,000 회이고, 코일의 저항 $R = 10[\Omega]$이다. 전류 $I = 10[A]$를 흘릴 때 코일의 권수 1회에 대한 자속이 $\phi = 3\times 10^{-2}$[Wb]이라면 이 회로의 시정수[s]는?

① 0.3

② 0.4

③ 3.0

④ 4.0

Explanation

$R-L$ 직렬회로의 시정수 $\tau = \dfrac{L}{R}$ 에서

인덕턴스 $L = \dfrac{N\phi}{I} = \dfrac{1{,}000 \times 3 \times 10^{-2}}{10} = 3[\mathrm{H}]$

$\therefore \ \tau = \dfrac{L}{R} = \dfrac{3}{10} = 0.3[\sec]$

【답】①

76 ★★☆☆☆ $\mathcal{L}\,[f(t)] = F(s) = \dfrac{5s+8}{5s^2+4s}$ 일 때, $f(t)$의 최종값 $f(\infty)$는?

① 1
② 2
③ 3
④ 4

Explanation

라플라스 변환의 최종치 정리를 이용하여
$f(\infty) = \lim\limits_{t \to \infty} f(t) = \lim\limits_{s \to 0} s\, F(s)$ 로부터

$f(\infty) = \lim\limits_{s \to 0} s\, \dfrac{5s+8}{s(5s+4)} = \lim\limits_{s \to 0} \dfrac{5s+8}{5s+4} = \dfrac{8}{4} = 2$

【답】②

77 ★★★★★ 평형 3상 부하의 결선을 Y에서 △로 하면 소비전력은 몇 배가 되는가?

① 1.5
② 1.73
③ 3
④ 3.46

Explanation

3상 소비전력 $P = 3I_p^2 R$에서
• △결선 시

$\quad P_\triangle = 3I_p^2 R = 3\left(\dfrac{V_p}{Z}\right) = 3\left(\dfrac{V}{R}\right)^2 R = \dfrac{3V^2}{R}$

• Y결선 시

$\quad P_Y = 3I_p^2 R = 3\left(\dfrac{V_p}{Z}\right) = 3\left[\dfrac{\frac{V}{\sqrt{3}}}{R}\right]^2 R = 3 \cdot \dfrac{V^2}{3R} = \dfrac{V^2}{R}$

따라서 $\dfrac{P_\triangle}{P_Y} = \dfrac{\frac{3V^2}{R}}{\frac{V^2}{R}} = 3$배

【답】③

TIP

'저항, 임피던스, 소비전력, 선전류'는 Y에서 △로 가면 3배가 되고, △에서 Y로 가면 $\dfrac{1}{3}$ 배가 된다.

78 ★★☆☆☆ 정현파 교류 $i = 10\sqrt{2}\,\sin\left(\omega t + \dfrac{\pi}{3}\right)$ 를 복소수의 극좌표 형식인 페이저(phasor)로 나타내면?

① $10\sqrt{2} \angle \dfrac{\pi}{3}$
② $10\sqrt{2} \angle -\dfrac{\pi}{3}$
③ $10 \angle \dfrac{\pi}{3}$
④ $10 \angle -\dfrac{\pi}{3}$

교류의 페이저 표시

① 정현파 교류를 크기와 위상으로 표시 $i = i_m \sin(\omega t + \theta)$

② 페이저의 크기 : 실효값 $\dfrac{I_m}{\sqrt{2}}$

　　　　　위상 : θ

문제의 전류를 페이저로 나타내면 $\dot{I} = \dfrac{I_m}{\sqrt{2}} \angle \theta$

따라서 $I = \dfrac{10\sqrt{2}}{\sqrt{2}} \angle \dfrac{\pi}{3} = 10 \angle \dfrac{\pi}{3}$

【답】③

79 ★☆☆☆☆
$V_1[s]$을 입력, $V_2[s]$를 출력이라 할 때, 다음 회로의 전달함수는? (단, $C_1 = 1[\mathrm{F}]$, $L_1 = 1[\mathrm{H}]$)

① $\dfrac{s}{s+1}$ 　　　　② $\dfrac{s^2}{s^2+1}$

③ $\dfrac{1}{s+1}$ 　　　　④ $1 + \dfrac{1}{s}$

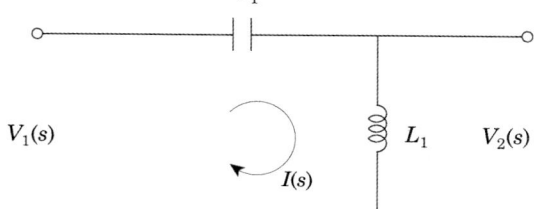

전압비 전달함수는 임피던스 비이므로

전달함수 $G(s) = \dfrac{V_2(s)}{V_1(s)} = \dfrac{L_1 s}{\dfrac{1}{C_1 s} + L_1 s} = \dfrac{L_1 C_1 s^2}{L_1 C_1 s^2 + 1}$

여기서, $C_1 = 1[\mathrm{F}]$, $L_1 = 1[\mathrm{H}]$이므로 대입하면

전달함수 $G(s) = \dfrac{L_1 C_1 s^2}{L_1 C_1 s^2 + 1} = \dfrac{s^2}{s^2+1}$

【답】②

80 ★★☆☆☆
$\dfrac{dx(t)}{dt} + 3x(t) = 5$의 라플라스 변환은? (단, $x(0) = 0$, $X(s) = \mathcal{L}[x(t)]$)

① $X(s) = \dfrac{5}{s+3}$ 　　　　　　② $X(s) = \dfrac{3}{s(s+5)}$

③ $X(s) = \dfrac{3}{s+5}$ 　　　　　　④ $X(s) = \dfrac{5}{s(s+3)}$

양변을 라플라스 변환하면

$sX(s) + 3X(s) = \dfrac{5}{s}$

$X(s)(s+3) = \dfrac{5}{s}$

$X(s) = \dfrac{5}{s(s+3)}$

【답】④

81 ★☆☆☆☆
전용 개폐기 또는 과전류차단기에서 화약류 저장소의 인입구까지의 배선은 어떻게 시설하는가?

① 애자공사에 의하여 시설한다. 　② 케이블을 사용하여 지중으로 시설한다.

③ 케이블을 사용하여 가공으로 시설한다. 　④ 합성수지관공사에 의하여 가공으로 시설한다.

Explanation

(KEC 242.5.1조) 화약류 저장소에서 전기설비의 시설
케이블을 전기기계기구에 인입할 때에는 인입구에서 케이블이 손상될 우려가 없도록 시설할 것(지중)　　　**【답】** ②

82 KEC 적용으로 인하여 삭제되었습니다.

83 ★★★★☆
과전류차단기를 설치하지 않아야 할 곳은?

① 수용가의 인입선 부분

② 고압 배전선로의 인출장소

③ 직접 접지계통에 설치한 변압기의 접지도체

④ 역률조정용 고압 병렬콘덴서 뱅크의 분기선

Explanation

(KEC 341.11조) 과전류차단기의 시설 제한
① 각종 접지공사의 접지도체
② 다선식 전로의 중성선
③ 전로의 일부에 접지공사를 한 저압가공 전선로의 접지 측 전선　　　**【답】** ③

84 ★☆☆☆☆
사용전압 154[kV]의 가공전선을 시가지에 시설하는 경우 전선의 지표상의 높이는 최소 몇 [m] 이상이어야 하는가?(단, 발전소·변전소 또는 이에 준하는 곳의 구내와 구외를 연결하는 1경간 가공전선은 제외한다)

① 7.44 　　　　　② 9.44

③ 11.44 　　　　　④ 13.44

Explanation

(KEC 333.1조) 시가지 등에서 특고압 가공 전선로의 시설 – 사용전압이 170[kV] 이하인 전선로

사용전압의 구분	지표상의 높이
35[kV] 이하	10[m](전선이 특고압 절연전선인 경우에는 8[m])
35[kV] 초과	10[m]에 35[kV]를 초과하는 10[kV] 또는 그 단수마다　0.12[m]를 더한 값

지표상의 높이 : 10+단수×0.12=10+12×0.12=11.44[m]
여기서, 단수 : 15.4-3.5=11.9 ∴ 12단　　　**【답】** ③

85 ★☆☆☆☆
특고압 가공전선로의 지지물에 시설하는 가공 통신 인입선은 조영물의 붙임점에서 지표상의 높이를 몇 [m] 이상으로 하여야 하는가? (단, 교통에 지장이 없고 또한 위험의 우려가 없을 때에 한한다)

① 2.5 　　　　　② 3

③ 3.5 　　　　　④ 4

Explanation ▶

(KEC 362.12조) 가공통신 인입선 시설

특고압 가공전선로의 지지물에 시설하는 통신선 또는 이에 직접 접속하는 가공 통신선의 지지물에서의 지지점 및 분기점 이외의 가공 통신 인입선 부분의 높이 및 다른 가공약전류 전선 등 사이의 이격거리는 **교통에 지장이 없고 또한 위험의 우려가 없을 때에 한하여** 노면상의 높이는 5[m] 이상, 조영물의 붙임점에서의 지표상의 높이는 3.5[m] 이상, 다른 가공약전류 전선 등 사이의 이격거리는 0.6[m] 이상으로 하여야 한다.　　　　　　　　　　　　　　　**【답】③**

86 ★★☆☆☆
발전기의 보호장치에 있어서 과전류, 압유장치의 유압 저하 및 베어링의 온도가 현저히 상승한 경우 자동적으로 이를 전로로부터 차단하는 장치를 시설하여야 한다. 해당하지 않는 것은?

① 발전기에 과전류가 생긴 경우
② 용량 10,000[kVA] 이상인 발전기의 내부에 고장이 생긴 경우
③ 원자력발전소에 시설하는 비상용 예비발전기에 있어서 비상용 노심냉각장치가 작동한 경우
④ 용량 100[kVA] 이상의 발전기를 구동하는 풍차의 압유장치의 유압, 압축공기장치의 공기압이 현저히 저하한 경우

Explanation ▶

(KEC 351.3조) 발전기 등의 보호 장치

발전기에는 다음과 같은 경우에 자동적으로 이를 전로로부터 차단하는 장치를 시설하여야 한다.
① 발전기에 과전류나 과전압이 생긴 경우
② 용량이 500[kVA] 이상인 발전기를 구동하는 수차 압유 장치의 유압이 현저히 저하한 경우
③ 용량이 10,000[kVA] 이상인 발전기의 내부에 고장이 생긴 경우
④ 용량이 2,000[kVA] 이상인 수차 발전기의 스러스트 베어링의 온도가 현저히 상승한 경우
⑤ 정격출력이 10,000[kW]를 넘는 증기 터빈에 있어서 그의 스러스트 베어링이 현저하게 마모되거나 그의 온도가 현저히 상승한 경우
⑥ 용량 100[kVA]이상의 발전기를 구동하는 풍차(風車)의 압유장치의 유압, 압축 공기장치의 공기압 또는 전동식 브레이드 제어장치의 전원전압이 현저히 저하한 경우　　　　　　　　　　　　　　　　　　　**【답】③**

87 ★★★★★
지중 또는 수중에 시설되어 있는 금속체의 부식을 방지하기 위한 전기부식방지 회로의 사용전압은 직류 몇 [V] 이하이어야 하는가? (단, 전기부식방지 회로는 전기부식방지용 전원 장치로부터 양극 및 피방식체까지의 전로를 말한다)

① 30　　　　　　　　　　　　　　　　② 60
③ 90　　　　　　　　　　　　　　　　④ 120

Explanation ▶

(KEC 241.16조) 전기부식방지 시설

지중 또는 수중에 시설되는 금속체의 부식을 방지하기 위하여 지중 또는 수중에 시설하는 양극과 금속체 간에 방식 전류를 통하는 시설로 다음과 같이 한다.
① **사용 전압은 직류 60[V] 이하일 것**
② 지중에 매설하는 양극은 0.75[m] 이상의 깊이일 것　　　　　　　　　　　　　　**【답】②**

88 ★★☆☆☆
특고압 전선로에 사용되는 애자장치에 대한 갑종 풍압하중은 그 구성재의 수직 투영면적 1[㎡]에 대한 풍압하중을 몇 [Pa]를 기초로 하여 계산한 것인가?

① 588　　　　　　　　　　　　　　　② 666
③ 946　　　　　　　　　　　　　　　④ 1,039

Explanation ▶

(KEC 331.6조) 풍압 하중의 종별과 적용

풍압을 받는 구분	구성재의 수직 투영면적 1[m²]에 대한 풍압
애자장치(특별 전선용의 것에 한한다)	1,039[Pa]
목주·철주(원형의 것에 한한다) 및 철근 콘크리트주의 완금류(특고압 전선로용의 것에 한한다)	단일재로서 사용하는 경우에는 1,196[Pa], 기타의 경우에는 1,627[Pa]

【답】 ④

89 ★★☆☆☆ 특고압 가공전선로에서 철탑(단주 제외)의 경간은 몇 [m] 이하로 하여야 하는가?

① 400
② 500
③ 600
④ 700

Explanation

(KEC 333.21조) 특고압 가공전선로의 경간 제한

지지물의 종류	경간
목주·A종 철주 또는 A종 철근 콘크리트주	150[m]
B종 철주 또는 B종 철근 콘크리트주	250[m]
철탑	**600[m]** (단주인 경우에는 400[m])

【답】 ③

90 ★★★★★ 지중 전선로를 직접 매설식에 의하여 시설하는 경우에 차량 및 기타 중량물의 압력을 받을 우려가 있는 장소의 매설 깊이는 몇 [m] 이상인가?

① 1.0
② 1.2
③ 1.5
④ 1.8

Explanation

(KEC 334.1조) 지중 전선로의 시설
지중 전선로를 직접 매설식에 의하여 시설하는 경우에는 매설 깊이를 **차량 기타 중량물의 압력을 받을 우려가 있는 장소에는 1[m] 이상**, 기타 장소에는 0.6[m] 이상으로 하고 또한 지중 전선을 견고한 트라프 기타 방호물에 넣어 시설하여야 한다.

【답】 ①

91 ★★★★★ 지중전선이 지중 약전류 전선 등과 접근하거나 교차하는 경우에 상호 간의 이격거리가 저압 또는 고압의 지중전선이 몇 [m] 이하일 때, 지중전선과 지중 약전류 전선 사이에 견고한 내화성의 격벽(隔壁)을 설치하여야 하는가?

① 0.1
② 0.2
③ 0.3
④ 0.6

Explanation

(KEC 334.6조) 지중전선과 지중약전류전선 등 또는 관과의 접근 또는 교차
고압 지중 전선이 지중 약전류 전선과 접근 교차하는 경우에 상호 간의 이격 거리가 **저압 또는 고압의 지중전선은 0.3[m] 이하**인 경우에는 지중 전선과 관과의 사이에 견고한 내화성의 격벽을 시설하여야 한다.

【답】 ③

92 ★★★★★ 가공전선르의 지지물에 시설하는 지지선의 안전율과 허용 인장하중의 최저값은?

① 안전율은 2.0이상, 허용 인장하중 최저값은 4[kN]
② 안전율은 2.5이상, 허용 인장하중 최저값은 4[kN]
③ 안전율은 2.0이상, 허용 인장하중 최저값은 4.4[kN]
④ 안전율은 2.5이상, 허용 인장하중 최저값은 4.31[kN]

Explanation

(KEC 331.11조) 지지선의 시설
① 안전율은 2.5 이상일 것
② 허용 인장 하중의 최저는 4.31[kN]으로 한다.
③ 지지선은 소선 3가닥 이상의 연선일 것
④ 소선은 지름 2.6[㎜] 이상의 금속선을 사용할 것   【답】④

93 ★★★★★
건조한 장소로서 전개된 장소에 한하여 고압 옥내배선을 할 수 있는 것은?
① 금속관공사   ② 애자공사
③ 합성수지관공사   ④ 가요전선관공사

Explanation

(KEC 342.1조) 고압 옥내배선 등의 시설
① 애자사용공사(건조한 장소로서 전개된 장소에 한한다)
② 케이블 공사
③ 케이블 트레이 공사   【답】②

94 KEC 적용으로 인하여 삭제되었습니다.

95 ★★★★☆
피뢰기를 반드시 시설하지 않아도 되는 곳은?
① 발전소·변전소의 가공전선의 인출구
② 가공전선로와 지중전선로가 접속되는 곳
③ 고압 가공전선로로부터 수전하는 차단기 2차측
④ 특고압 가공전선로로부터 공급을 받는 수용장소의 인입구

Explanation

(KEC 341.13조) 피뢰기의 시설
고압 및 특고압의 전로 중 다음 각 호에 열거하는 곳 또는 이에 근접한 곳에는 피뢰기를 시설하여야 한다.
① 발전소, 변전소 또는 이에 준하는 장소의 가공전선 인입구 및 인출구
② 특고압 가공전선로에 접속하는 배전용 변압기의 고압측 및 특고압측
③ 고압 및 특고압 가공전선로로부터 공급을 받는 수용장소의 인입구
④ 가공전선로와 지중전선로가 접속되는 곳   【답】③

96 KEC 적용으로 인하여 삭제되었습니다.

97 ★★★★★
백열전등 또는 방전등에 전기를 공급하는 옥내전로의 대지전압은 몇 [V] 이하이어야 하는가?
① 150   ② 300
③ 400   ④ 600

Explanation

(KEC 231.6조) 옥내전로의 대지 전압의 제한
백열전등 또는 방전등에 전기를 공급하는 대지전압은 300[V] 이하   【답】②

98 ★☆☆☆☆ 내부에 고장이 생긴 경우에 자동적으로 전로로부터 차단하는 장치가 반드시 필요한 것은?

① 뱅크용량 1,000[kVA]인 변압기　　　② 뱅크용량 10,000[kVA]인 무효전력 보상장치
③ 뱅크용량 300[kVA]인 분로리액터　　④ 뱅크용량 10,000[kVA]인 전력용 커패시터

Explanation

(KEC 351.5조) 조상설비의 보호장치

설비종별	뱅크용량의 구분	자동적으로 전로로부터 차단하는 장치
전력용 커패시터 및 분로리액터	500[kVA] 초과 15,000[kVA] 미만	내부에 고장이 생긴 경우에 동작하는 장치 또는 과전류가 생긴 경우에 동작하는 장치
	15,000[kVA] 이상	내부에 고장이 생긴 경우에 동작하는 장치 및 과전류가 생긴 경우에 동작하는 장치 또는 과전압이 생긴 경우에 동작하는 장치
무효전력 보상장치	15,000[kVA] 이상	내부에 고장이 생긴 경우에 동작하는 장치

【답】④

99 ★☆☆☆☆ 특고압 가공전선로에 사용하는 가공지선에는 지름 몇 [mm] 이상의 나경동선을 사용하여야 하는가?

① 2.6　　　　　　　　　　　② 3.5
③ 4　　　　　　　　　　　　④ 5

Explanation

(KEC 332.6조) 고압 가공 전선로의 가공지선
• 고압 가공 전선로 : 인장강도 5.26[kN] 이상의 것 또는 4[mm] 이상의 나동경선
• 특고압 가공 전선로 : 인장강도 8.01[kN] 이상의 나선 또는 5[mm] 이상의 나경동선

【답】④

100 ★☆☆☆☆ 접지공사에 사용하는 접지도체를 사람이 접촉할 우려가 있는 곳에 철주 기타의 금속체를 따라서 시설하는 경우에는 접지극을 그 금속체로부터 지중에서 몇 [m] 이상 이격시켜야 하는가?(단, 접지극을 철주의 밑면으로부터 0.3[m] 이상의 깊이에 매설하는 경우는 제외한다)

① 1　　　　　　　　　　　　② 2
③ 3　　　　　　　　　　　　④ 4

Explanation

(KEC 142.2조) 접지극의 시설 및 접지저항
접지공사에 사용하는 접지도체를 사람이 접촉할 우려가 있는 경우는 다음과 같이 시설한다.
① 접지극은 지하 0.75[m] 이상의 깊이에 매설하되 동결 깊이를 감안하여 매설할 것
② 접지도체를 철주 기타 금속체를 따라서 시설하는 경우에는 접지극을 철주의 밑면으로부터 0.3[m]이상 깊이에 매설하는 경우 이외에는 접지극을 지중에서 그 금속체로부터 1[m] 이상 이격하거나 0.3[m]이상 더 깊이 매설할 것
③ 접지도체에는 절연 전선 또는 케이블을 사용할 것
④ 접지도체의 지하 0.75[m]부터 지표상 2[m]까지의 부분은 합성수지관 등으로 덮을 것

【답】①

기산업기사 필기

과년도 기출문제

2018

- 2018년 제 01회
- 2018년 제 02회
- 2018년 제 03회

2018년 과년도 기출문제에 대한 출제 빈도 분석 차트입니다.
각 회차별로 별의 개수를 확인하고 학습에 참고하기 바랍니다.

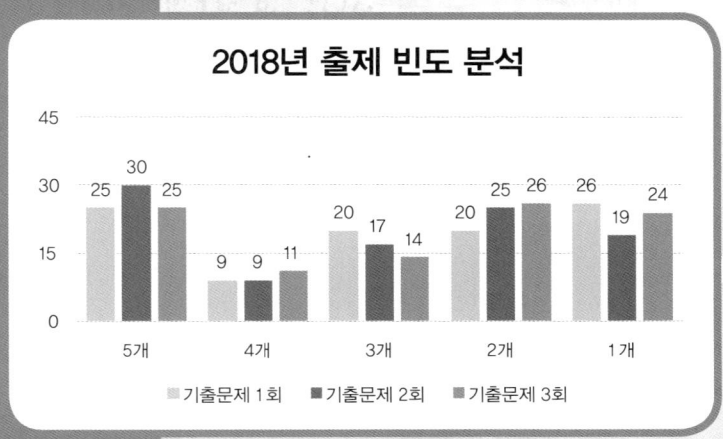

2018년 출제 빈도 분석

■ 기출문제 1회   ■ 기출문제 2회   ■ 기출문제 3회

1과목   전기자기학

01 ★★★☆☆

무한장 원주형 도체에 전류 I가 표면에만 흐른다면 원주 내부 자계의 세기는 몇 [AT/m]인가?
단, r[m]는 원주의 반지름이고, N은 권선수이다.

① 0

② $\dfrac{NI}{2\pi r}$

③ $\dfrac{I}{2r}$

④ $\dfrac{I}{2\pi r}$

Explanation

무한장 직선도체(원통도체)

• 표면($r > a$) : $H = \dfrac{I}{2\pi r}$

• 내부($r < a$) : $H = 0$

【답】①

02 ★☆☆☆☆

다음이 설명하고 있는 것은?

> 수정, 로셀염 등에 열을 가하면, 분극을 일으켜 한쪽 끝에 양(+)전기, 다른 쪽 끝에 음(−)전기가 나타나며, 냉각할 때에는 역분극이 생긴다.

① 강유전성

② 압전기 현상

③ 파이로(Pyro) 전기

④ 톰슨(Thomson) 효과

Explanation

• Pyro 전기(Pyro electricity) : 전기석과 같은 결정체를 냉각시키거나 가열시키면 전기 분극이 발생

【답】③

03 ★★★☆☆

비유전율이 9인 유전체 중에 1[cm]의 거리를 두고 1[μC]과 2[μC]의 두 점전하가 있을 때 서로 작용하는 힘은 약 몇 [N]인가?

① 18

② 20

③ 180

④ 200

Explanation

쿨롱의 법칙

$$F = \frac{Q_1 Q_2}{4\pi\epsilon_o \epsilon_s r^2} = 9 \times 10^9 \times \frac{1 \times 10^{-6} \times 2 \times 10^{-6}}{9 \times (1 \times 10^{-2})^2} = 20[\text{N}]$$

【답】②

04 ★★★★★
비투자율 [μ_s], 자속 밀도 B[Wb/m²]인 자계 중에 있는 m[Wb]의 자극이 받는 힘[N]은?

① $\dfrac{Bm}{\mu_0 \mu_s}$　　　　　　　　　　② $\dfrac{Bm}{\mu_0}$

③ $\dfrac{\mu_0 \mu_s}{Bm}$　　　　　　　　　　④ $\dfrac{Bm}{\mu_s}$

Explanation

자계 중의 자극이 받는 힘 $F = mH$[N]

자속밀도 $B = \mu_0 \mu_s H$에서 $H = \dfrac{B}{\mu_o \mu_s}$ [A/m]

$\therefore F = \dfrac{Bm}{\mu_o \mu_s}$ [N]

【답】①

05 ★★★☆☆
반지름이 1[m]인 도체구에 최고로 줄 수 있는 전위는 몇 [kV]인가? 단, 주위 공기의 절연내력은 3×10^6[V/m]이다.

① 30　　　　　　　　　　② 300
③ 3,000　　　　　　　　　④ 30,000

Explanation

$E = G(\text{절연내력}) = \dfrac{Q}{4\pi\epsilon_0 r^2}$ [V/m], $V = \dfrac{Q}{4\pi\epsilon_0 r}$ [V]

전위 $V = Er = Gr = 3 \times 10^6 \times 1 = 3 \times 10^6$ [V] $= 3,000$[kV]

【답】③

06 ★★★★☆
그림과 같은 정전용량이 C_o[F]가 되는 평행판 공기콘덴서가 있다. 이 콘덴서의 판면적의 $\dfrac{2}{3}$ 가 되는 공간에 비유전율 ε_s 인 유전체를 채우면 공기콘덴서의 정전용량[F]은?

① $\dfrac{2\epsilon_s}{3} C_o$　　　　② $\dfrac{3}{1+2\epsilon_s} C_o$

③ $\dfrac{1+\epsilon_s}{3} C_o$　　　　④ $\dfrac{1+2\epsilon_s}{3} C_o$

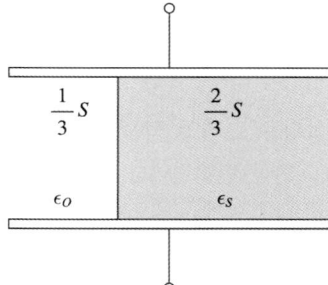

Explanation

면적의 변화 : 병렬연결

$C = C_1 + C_2 = \dfrac{1}{3} C_0 + \dfrac{2}{3} C_0 \epsilon_s = \dfrac{1}{3} C_0 (1 + 2\epsilon_s)$

【답】④

07 ★★☆☆☆
단면적 S[m²], 자로의 길이 ℓ[m], 투자율 μ[H/m]의 환상 철심에 1[m]당 N회 코일을 균등하게 감았을 때 자기 인덕턴스[H]는?

① $\mu N \ell S$　　　　　　　　　② $\mu N^2 \ell S$

③ $\dfrac{\mu N^2 \ell}{S}$　　　　　　　　④ $\dfrac{\mu N^2 S}{\ell}$

Explanation

자기 인덕턴스 $L = \dfrac{\mu S N^2}{\ell} = \dfrac{\mu S (N\ell)^2}{\ell} = \mu S N^2 \ell \,[\text{H}]$

【답】②

---

08 ★★★★☆
반지름 $a[\text{m}]$인 접지 도체구의 중심에서 $r[\text{m}]$ 되는 거리에 점전하 $Q[\text{C}]$을 놓았을 때 도체구에 유도된 총 전하는 몇 [C]인가?

① 0
② $-Q$
③ $-\dfrac{a}{r}Q$
④ $-\dfrac{r}{a}Q$

Explanation

접지 도체구에 유기되는 전하
• 크기 : $Q' = -\dfrac{a}{r}Q$

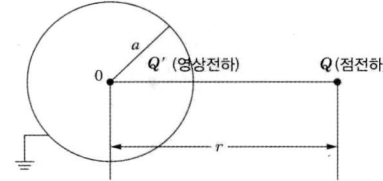

【답】③

---

09 ★★☆☆☆
각각 $\pm Q[\text{C}]$로 대전된 두 개의 도체 간의 전위차를 전위계수로 표시하면? 단, $P_{12} = P_{21}$ 이다.

① $(P_{11} + P_{12} + P_{22})Q$
② $(P_{11} + P_{12} - P_{22})Q$
③ $(P_{11} - P_{12} + P_{22})Q$
④ $(P_{11} - 2P_{12} + P_{22})Q$

Explanation

전위 $V_1 = P_{11}Q_1 + P_{12}Q_2$, $V_2 = P_{21}Q_1 + P_{22}Q_2$ 에서
$Q_1 = Q$, $Q_2 = -Q$를 대입하면
전위차 $V = V_1 - V_2 = P_{11}Q - P_{12}Q - P_{12}Q + P_{22}Q$
$\qquad\qquad = (P_{11} - 2P_{12} + P_{22})Q$

【답】④

---

10 ★★★★★
접지구 도체와 점전하 간의 작용력은?

① 항상 반발력이다.
② 항상 흡인력이다.
③ 조건적 반발력이다.
④ 조건적 흡인력이다.

Explanation

접지 도체구
• 유도전하 : $Q' = -\dfrac{a}{d}Q$
점전하와 반대 극성의 전하가 유도되므로 항상 흡인력이 작용한다.

【답】②

---

11 ★☆☆☆☆
공기 중에서 무한평면 도체로부터 수직으로 $10^{-10}[\text{m}]$ 떨어진 점에 한 개의 전자가 있다. 이 전자에 작용하는 힘은 약 몇 [N]인가? 단, 전자의 전하량 : $-1.602 \times 10^{-19}[\text{C}]$이다.

① 5.77×10^{-9}
② 1.602×10^{-9}
③ 5.77×10^{-19}
④ 1.602×10^{-19}

Explanation

전기영상법을 이용하면

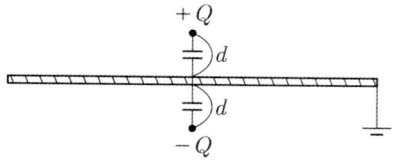

영상력 $F = -\dfrac{Q^2}{4\pi\epsilon_0(2d)^2} = -\dfrac{Q^2}{16\pi\epsilon_0 d^2}$ [N]

$= 9\times 10^9 \times \dfrac{(1.602\times 10^{-19})^2}{4\times(10^{-10})^2} = 5.77\times 10^{-9}$ [N]

여기서, 전자 $e = 1.602\times 10^{-19}$[C]

【답】 ①

12 ★☆☆☆☆
자속밀도 B[Wb/m²]가 도체 중에서 f[Hz]로 변화할 때 도체 중에 유기되는 기전력 e는 무엇에 비례하는가?

① $e \propto Bf$

② $e \propto \dfrac{B}{f}$

③ $e \propto \dfrac{B^2}{f}$

④ $e \propto \dfrac{f}{B}$

Explanation

유기기전력

$e = -N\dfrac{d\phi}{dt} = -N\dfrac{d}{dt}(\phi_m \sin 2\pi ft)$

$= -2\pi f N \phi_m \cos 2\pi ft = -2\pi f N B_m S \cos 2\pi ft$ [V]

따라서 유기기전력 $e \propto Bf$

【답】 ①

13 ★★★☆☆
유전체 중의 전계의 세기를 E, 유전율을 ε이라 하면 전기변위는?

① εE

② εE^2

③ $\dfrac{\varepsilon}{E}$

④ $\dfrac{E}{\varepsilon}$

Explanation

전기변위는 전속밀도와 같으므로 $D = \epsilon E$[C/m²]

【답】 ①

14 ★★★★★
맥스웰의 전자방정식으로 틀린 것은?

① div B$= \phi$

② div D$= \rho$

③ $\mathrm{rot}E = -\dfrac{\partial B}{\partial t}$

④ $\mathrm{rot}H = i + \dfrac{\partial D}{\partial t}$

Explanation

맥스웰 전자계 기초 방정식

• $\mathrm{rot}E = -\dfrac{\partial B}{\partial t}$ (패러데이 법칙의 미분형) : 전계의 회전은 자속밀도의 시간적 감소율과 같다.

• $\mathrm{rot}H = i + \dfrac{\partial D}{\partial t}$ (암페어 주회법칙의 미분형) : 자계의 회전은 전류밀도와 같다.

• $\mathrm{div}D = \rho$: 단위 체적당 발산 전속수는 단위 체적당 공간전하 밀도와 같다.

• $\mathrm{div}B = 0$: 자계는 발산하지 않으며, 자극은 단독으로 존재하지 않는다.

【답】 ①

15 ★★★☆☆
유전율 ε, 투자율 μ인 매질 내에서 전자파의 전파속도는?

① $\sqrt{\varepsilon\mu}$

② $\sqrt{\dfrac{\varepsilon}{\mu}}$

③ $\dfrac{1}{\sqrt{\varepsilon\mu}}$

④ $\sqrt{\dfrac{\mu}{\varepsilon}}$

Explanation

전파속도 $v = \dfrac{1}{\sqrt{\epsilon\mu}} = \dfrac{3\times10^{8}}{\sqrt{\epsilon_s\mu_s}}$ [m/sec]

【답】③

16 ★★☆☆☆
평행판 콘덴서에서 전극 간 V[V]의 전위차를 가할 때 전계의 세기가 공기의 절연내력 E[V/m]를 넘지 않도록 하기 위한 콘덴서의 단위 면적당 최대 용량은 몇 [F/m²]인가?

① $\dfrac{\varepsilon_0 V}{E}$

② $\dfrac{\varepsilon_0 E}{V}$

③ $\dfrac{\varepsilon_0 V^2}{E}$

④ $\dfrac{\varepsilon_0 E^2}{V}$

Explanation

평행판 콘덴서의 정전용량 $C = \dfrac{\epsilon_0 S}{d}$ [F]

전계 $E = \dfrac{V}{d}$이며 여기서, $d = \dfrac{V}{E}$

콘덴서의 단위 면적당 최대 용량 $C = \dfrac{\epsilon_o}{d} = \dfrac{\epsilon_o}{\dfrac{V}{E}} = \dfrac{\epsilon_o E}{V}$

【답】②

17 ★★★☆☆
그림과 같이 권수가 1이고 반지름 a[m]인 원형 전류 I[A]가 만드는 자계의 세기[AT/m]는?

① $\dfrac{I}{a}$

② $\dfrac{I}{2a}$

③ $\dfrac{I}{3a}$

④ $\dfrac{I}{4a}$

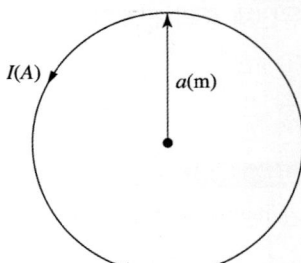

Explanation

원형 코일 중심의 자계의 세기 $H_0 = \dfrac{I}{2a}$ [AT/m]

【답】②

18 ★☆☆☆☆
두 점전하 q, $\dfrac{1}{2}q$가 a만큼 떨어져 놓여 있다. 이 두 점전하를 연결하는 선상에서 전계의 세기가 영(0)이 되는 점은 q가 놓여 있는 점으로부터 얼마나 떨어진 곳인가?

① $\sqrt{2}\,a$

② $(2-\sqrt{2})a$

③ $\dfrac{\sqrt{3}}{2}c$

④ $\dfrac{(1+\sqrt{2})a}{2}$

Explanation

【답】②

19 ★★★★☆
균일한 자장 내에서 자장에 수직으로 놓여 있는 직선도선이 받는 힘에 대한 설명 중 옳은 것은?

① 힘은 자장의 세기에 비례한다.
② 힘은 전류의 세기에 반비례한다.
③ 힘은 도선 길이의 $\dfrac{1}{2}$ 승에 비례한다.
④ 자장의 방향에 상관없이 일정한 방향으로 힘을 받는다.

> **Explanation**

플레밍의 왼손법칙 : 평등자장 내에 전류가 흐르고 있는 도체가 받는 힘
$F = (I \times B)\ell = IB\ell \sin\theta [\text{N}]$

【답】①

20 ★☆☆☆☆
전류밀도 J, 전계 E, 입자의 이동도 μ, 도전율을 σ 라 할 때 전류밀도 $[\text{A/m}^2]$를 옳게 표현한 것은?

① $J = 0$ 　　　　　　　　　② $J = E$
③ $J = \sigma E$ 　　　　　　　　　④ $J = \mu E$

> **Explanation**

전도전류 : 도체에 흐르는 전류(자유전자 이동) $i = kE$ (여기서 k＝도전율)
변위전류 : 유전체에서 전속밀도의 시간적 변화에 의한 전류 $i_d = \dfrac{dD}{dt}$

【답】③

2과목　　전력공학

21 ★★☆☆☆
수차의 특유속도 N_s를 나타내는 계산식으로 옳은 것은? 단, 유효낙차 : $H[\text{m}]$, 수차의 출력 : P $[\text{kW}]$, 수차의 정격 회전수 : $N[\text{rpm}]$이라 한다.

① $N_s = \dfrac{NP^{\frac{1}{2}}}{H^{\frac{5}{4}}}$ 　　　　　　　　② $N_s = \dfrac{H^{\frac{5}{4}}}{NP}$

③ $N_s = \dfrac{HP^{\frac{1}{4}}}{N^{\frac{5}{4}}}$ 　　　　　　　　④ $N_s = \dfrac{NP^2}{H^{\frac{5}{4}}}$

> **Explanation**

특유속도(비속도)
기하학적으로 같은 러너를 가정하여 이것을 단위낙차 1[m]에서 단위출력 1[kW]를 발생하였을 때의 회전수[m · kW]
$N_s = N\dfrac{P^{\frac{1}{2}}}{H^{\frac{5}{4}}} [\text{rpm}]$

【답】①

22 ★★☆☆☆
화력 발전소에서 가장 큰 손실은?

① 소내용 동력
② 복수기의 방열손
③ 연돌 배출가스 손실
④ 터빈 및 발전기의 손실

Explanation

복수기
- 터빈에서 배기되는 증기를 용기 내로 도입하여 물로 냉각
- 열 강하를 크게 함으로써 증기의 보유 열량을 가능한 많이 이용하려고 하는 장치(열손실이 가장 크다)
- 복수기에서의 열손실은 기력발전소 손실의 약 47[%]에 이른다.

【답】②

23 ★☆☆☆☆
전력계통에서의 단락용량 증대가 문제가 되고 있다. 이러한 단락용량을 경감하는 대책이 아닌 것은?

① 사고 시 모선을 통합한다.
② 상위전압 계통을 구성한다.
③ 모선 간에 한류 리액터를 삽입한다.
④ 발전기와 변압기의 임피던스를 크게 한다.

Explanation

단락용량 저감 대책 $P_s = \dfrac{100}{\%Z} P_n$

- 임피던스를 크게
- 한류리액터 설치
- 계통 분리

【답】①

24 ★★★★☆
피뢰기의 구비조건이 아닌 것은?

① 속류의 차단 능력이 충분할 것
② 충격방전 개시전압이 높을 것
③ 상용 주파 방전 개시 전압이 높을 것
④ 방전 내량이 크고, 제한전압이 낮을 것

Explanation

피뢰기의 구비조건
- 상용 주파 방전 개시 전압이 높을 것
- **충격방전 개시전압이 낮을 것**
- 제한전압이 낮을 것
- 속류 차단 능력이 우수할 것
- 내구성이 있을 것

【답】②

25 ★★☆☆☆
150[kVA] 전력용 콘덴서에 제5고조파를 억제시키기 위해 필요한 직렬 리액터의 최소 용량은 몇 [kVA]인가?

① 1.5
② 3
③ 4.5
④ 6

Explanation

- 직렬리액터 : 제5고조파 제거
- 직렬 리액터의 용량은 $5\omega L = \dfrac{1}{5\omega C}$

  이론적 : 4[%], 실제적 : 5~6[%]

- 직렬 리액터의 용량 $\omega L = \dfrac{1}{25\omega C} = 0.04 \dfrac{1}{\omega C}$

$$\therefore \omega L = \dfrac{1}{\omega C} \times 0.04 = 150 \times 0.04 = 6[kVA]$$

【답】④

26 ★★★★★

영상변류기와 관계가 가장 깊은 계전기는?

① 차동계전기
② 과전류계전기
③ 과전압계전기
④ 선택접지계전기

영상변류기(ZCT) : 영상(지락)전류 검출
지락(접지)계전기와 연결

【답】④

27 ★★★★★

3상 계통에서 수전단전압 60[kV], 전류 250[A], 선로의 저항 및 리액턴스가 각각 7.61[Ω], 11.85[Ω]일 때 전압강하율은? 단, 부하역률은 0.8(늦음)이다.

① 약 5.50[%]
② 약 7.34[%]
③ 약 8.69[%]
④ 약 9.52[%]

$$전압강하율 \ \ \epsilon = \frac{V_s - V_r}{V_r} \times 100 = \frac{\sqrt{3}\,I(R\cos\theta + X\sin\theta)}{V_r} \times 100$$

$$= \frac{\sqrt{3} \times 250(7.61 \times 0.8 + 11.85 \times 0.6)}{60,000} \times 100 = 9.52[\%]$$

【답】④

28 ★☆☆☆☆

선간전압, 부하역률, 선로손실, 전선중량 및 배전거리가 같다고 할 경우 단상 2선식과 3상 3선식의 공급전력의 비(단상/3상)는?

① $\dfrac{3}{2}$

② $\dfrac{1}{\sqrt{3}}$

③ $\sqrt{3}$

④ $\dfrac{\sqrt{3}}{2}$

【답】④

29 ★☆☆☆☆

배전선로의 용어 중 틀린 것은?

① 궤전점 : 간선과 분기선의 접속점
② 분기선 : 간선으로 분기되는 변압기에 이르는 선로
③ 간선 : 급전선에 접속되어 부하로 전력을 공급하거나 분기선을 통하여 배전하는 선로
④ 급전선 : 배전용 변전소에서 인출되는 배전선로에서 최초의 분기점까지의 전선으로 도중에 부하가
접속되어 있지 않은 선로

궤전점
전차선 등에 대해 전력을 공급하기 위하여 궤전 분기선을 접속

【답】①

30 ★☆☆☆☆
송전계통에서 발생한 고장 때문에 일부 계통의 위상각이 커져서 동기를 벗어나려고 할 경우 이것을 검출하고 계통을 분리하기 위해서 차단하지 않으면 안 될 경우에 사용되는 계전기는?

① 한시계전기
② 선택단락계전기
③ 탈조보호계전기
④ 방향거리계전기

Explanation

탈조보호계전기
송전계통에서 발생한 고장 때문에 일부 계통의 위상각이 커져서 동기를 벗어나려고 할 경우 이것을 검출하고 계통을 분리하기 위해서 차단하지 않으면 안 될 경우에 사용되는 계전기 【답】③

31 ★★★★★
보일러 급수 중에 포함되어 있는 산소 등에 의한 보일러배관의 부식을 방지할 목적으로 사용되는 장치는?

① 탈기기
② 공기 예열기
③ 급수 가열기
④ 수위 경보기

Explanation

탈기기 : 급수 중의 용존 산소 및 이산화탄소 분리 【답】①

32 ★★★☆☆
선간거리를 D, 전선의 반지름을 r이라 할 때 송전선의 정전용량은?

① $\log_{10}\dfrac{D}{r}$ 에 비례한다.
② $\log_{10}\dfrac{r}{D}$ 에 비례한다.
③ $\log_{10}\dfrac{D}{r}$ 에 반비례한다.
④ $\log_{10}\dfrac{r}{D}$ 에 반비례한다.

Explanation

작용정전용량 $C=\dfrac{0.02413}{\log_{10}\dfrac{D}{r}}[\mu\text{F/Km}]$ 이므로

작용정전용량은 $\log_{10}\dfrac{D}{r}$ 에 반비례한다. 【답】③

33 ★★★★☆
전주 사이의 경간이 80[m]인 가공전선로에서 전선 1[m]당의 하중이 0.37[kg], 전선의 이도가 0.8[m]일 때 수평장력은 몇 [kg]인가?

① 330
② 350
③ 370
④ 390

Explanation

이도 $D=\dfrac{WS^2}{8T}$ 에서

수평장력 $T=\dfrac{WS^2}{8D}=\dfrac{0.37\times80^2}{8\times0.8}=\dfrac{0.37\times6,400}{6.4}=370[\text{kg}]$ 【답】③

34 ★★★☆☆
차단기의 정격 투입전류란 투입되는 전류의 최초 주파수의 어느 값을 말하는가?

① 평균값
② 최대값
③ 실효값
④ 직류값

35 ★★★★☆
가공 송전선에 사용되는 애자 1연 중 전압부담이 최대인 애자는?

① 중앙에 있는 애자
② 철탑에 제일 가까운 애자
③ 전선에 제일 가까운 애자
④ 전선으로부터 1/4 지점에 있는 애자

Explanation

애자련의 전압부담
- **전압부담이 최대인 애자 : 전선에 가장 가까운 애자**
- 전압부담이 최소인 애자 : 철탑(접지측)에서 1/3 또는 전선에서 2/3 되는 지점의 애자

【답】③

36 ★★★★☆
송전선에 복도체를 사용하는 주된 목적은?

① 역률 개선
② 정전용량의 감소
③ 인덕턴스의 증가
④ 코로나 발생의 방지

Explanation

복도체(다도체) 방식의 주목적 : 코로나 방지
- 인덕턴스는 감소, 정전용량은 증가
- 코로나의 방지, 코로나 임계 전압의 상승
- 송전용량의 증대, 안정도 증대

【답】④

37 ★★★★★
송전선로의 중성점 접지의 주된 목적은?

① 단락전류 제한
② 송전용량의 극대화
③ 전압강하의 극소화
④ 이상전압의 발생 방지

Explanation

송전선의 중성점 접지 목적
- 1선 지락 시 전위 상승 억제, 계통의 기계기구의 절연 보호
- 지락 사고 시 보호 계전기 동작의 확실
- 과도안정도 증진
- **이상전압 발생 방지**

【답】④

38 ★★★★★
다음 중 그 값이 1 이상인 것은?

① 부등률
② 부하율
③ 수용률
④ 전압강하율

Explanation

$$부등률 = \frac{각\ 개별\ 최대\ 수용\ 전력의\ 합}{합성\ 최대\ 전력} \geq 1$$

최대 전력이 발생하는 시간이 부하마다 다르다(최대 전력의 발생시각 또는 발생시기의 분산을 나타내는 지표).

【답】①

39 ★★★★★

송전계통의 안정도 증진 방법에 대한 설명이 아닌 것은?

① 전압변동을 작게 한다.
② 직렬 리액턴스를 크게 한다.
③ 고장 시 발전기 입·출력의 불평형을 작게 한다.
④ 고장전류를 줄이고 고장 구간을 신속하게 차단한다.

Explanation

안정도 향상 대책
① **직렬 리액턴스(X)를 작게 한다.**
② 전압변동을 작게 한다.
③ 중간 조상 방식을 채용한다.
④ 고장전류를 줄이고 고장 구간을 신속하게 차단한다.
⑤ 고장 시 발전기 입·출력의 불평형을 작게 한다.

【답】②

40 ★★★☆☆

고장점에서 전원 측을 본 계통 임피던스를 $Z[\Omega]$, 고장점의 상전압을 $E[V]$라 하면 3상 단락전류 [A]는?

① $\dfrac{E}{Z}$

② $\dfrac{ZE}{\sqrt{3}}$

③ $\dfrac{\sqrt{3}\,E}{Z}$

④ $\dfrac{3E}{Z}$

Explanation

단락전류 $I_s = \dfrac{E}{Z}$

【답】①

3과목 전기기기

41 ★★★☆☆

전압이나 전류의 제어가 불가능한 소자는?

① SCR
② GTO
③ IGBT
④ Diode

Explanation

다이오드(Diode) : 정류용으로 전압이나 전류의 제어는 불가능하다.

【답】④

42 ★★★★★

2대의 동기발전기가 병렬운전하고 있을 때 동기화 전류가 흐르는 경우는?

① 부하분담에 차가 있을 때
② 기전력의 크기에 차가 있을 때
③ 기전력의 위상에 차가 있을 때
④ 기전력의 파형에 차가 있을 때

Explanation

동기발전기의 병렬운전 조건

기전력의 크기가 같을 것	무효순환전류(무효횡류)

기전력의 위상이 같을 것	동기화 전류(유효횡류)
기전력의 주파수가 같을 것	난조 발생
기전력의 파형이 같을 것	고조파 무효순환전류
상회전 방향이 같을 것(3상)	

【답】③

43 ★☆☆☆☆

전기자저항이 각각 $R_A = 0.1[\Omega]$과 $R_B = 0.2[\Omega]$인 100[V], 10[kW]의 두 분권발전기의 유기기전력을 같게 해서 병렬운전 하여 정격전압으로 135[A]의 부하전류를 공급할 때 각 기기의 분담전류는 몇 [A]인가?

① $I_A = 80, I_B = 55$
② $I_A = 90, I_B = 45$
③ $I_A = 100, I_B = 35$
④ $I_A = 110, I_B = 25$

Explanation

직류발전기 병렬운전 시의 부하분담
• 유기기전력(계자전류)이 큰 쪽이 부하분담을 많이 한다.
• 전기자 저항이 작은 쪽이 부하분담을 많이 한다.
• 속도변동률이 적은 쪽이 부하분담을 많이 한다.
문제에서는 유기기전력은 같으며 전기자 저항이 1 : 2이므로 부하분담은 전기자 저항에 반비례하여 2 : 1이 되어
90 : 45가 된다. 【답】②

44 ★★☆☆☆

직류 타여자발전기의 부하전류와 전기자전류의 크기는?

① 전기자전류와 부하전류가 같다.
② 부하전류가 전기자전류보다 크다.
③ 전기자전류가 부하전류보다 크다.
④ 전기자전류와 부하전류는 항상 0이다.

Explanation

타여자 발전기 : 외부에서 자속을 공급
$$I_a = I$$

【답】①

45 ★★★★☆

직류 분권전동기에서 단자전압 210[V], 전기자전류 20[A], 1,500[rpm]으로 운전할 때 발생토크는 약 몇 [N·m]인가? 단, 전기자 저항은 0.15[Ω]이다.

① 13.2
② 26.4
③ 33.9
④ 66.9

Explanation

역기전력 $E_c = V - R_a I_a = 210 - 20 \times 0.15 = 207[V]$

토크 $T = \dfrac{P}{\omega} = \dfrac{E \cdot I_a}{2\pi \dfrac{N}{60}} = \dfrac{207 \times 20}{2\pi \times \dfrac{1,500}{60}} = 26.4[N \cdot m]$

【답】②

46 ★★★★★

60[Hz], 12극, 회전자의 외경 2[m]인 동기발전기에 있어서 회전자의 주변속도는 약 몇 [m/s]인가?

① 43
② 62.8
③ 120
④ 132

Explanation

$$N_s = \frac{120f}{p} = \frac{120 \times 60}{12} = 600[\text{rpm}]$$

전기자 주변속도 $v = \pi D \dfrac{N_s}{60} = \pi \times 2 \times \dfrac{600}{60} = 62.8[\text{m/s}]$ 【답】②

47

★★★★★

220[V], 60[Hz], 8극, 15[kW]의 3상 유도전동기에서 전부하 회전수가 864[rpm]이면 이 전동기의 2차 동손은 몇 [W]인가?

① 435　　　　　　　　　　　　　　② 537
③ 625　　　　　　　　　　　　　　④ 723

Explanation

고정자 속도 $N_s = \dfrac{120f}{p} = \dfrac{120 \times 60}{8} = 900[\text{rpm}]$

슬립 $s = \dfrac{N_s - N}{N_s} = \dfrac{900 - 864}{900} = 0.04$

$P_0 = (1-s)P_2$ 에서 $P_2 = \dfrac{P_0}{1-s}$

2차 동손 $P_{c2} = sP_2$ 이므로

따라서 2차 동손 $P_{c2} = \dfrac{s}{1-s} P_0 = \dfrac{0.04}{1-0.04} \times 15,000 = 625[\text{W}]$ 【답】③

48

★★★★★

병렬운전하고 있는 2대의 3상 동기발전기 사이에 무효순환전류가 흐르는 경우는?

① 부하의 증가　　　　　　　　　　② 부하의 감소
③ 여자전류의 변화　　　　　　　　④ 원동기의 출력 변화

Explanation

동기발전기의 병렬운전 조건

기전력의 크기가 같을 것	무효순환전류(무효횡류)
기전력의 위상이 같을 것	동기화 전류(유효횡류)
기전력의 주파수가 같을 것	난조 발생
기전력의 파형이 같을 것	고조파 무효순환전류
상회전 방향이 같을 것(3상)	

【답】③

49

★★☆☆☆

유도전동기의 특성에서 토크와 2차 입력 및 동기속도의 관계는?

① 토크는 2차 입력과 동기속도의 곱에 비례한다.
② 토크는 2차 입력에 반비례하고, 동기속도에 비례한다.
③ 토크는 2차 입력에 비례하고, 동기속도에 반비례한다.
④ 토크는 2차 입력의 자승에 비례하고, 동기속도의 자승에 반비례한다.

Explanation

토크 $\tau = \dfrac{P_2}{\omega_s} = \dfrac{P_2}{2\pi \dfrac{N_s}{60}}[\text{N} \cdot \text{m}]$

$\qquad = 0.975 \times \dfrac{P_2}{N_s}[\text{kg} \cdot \text{m}]$

따라서 **토크**는 2차 입력 P_2 에 비례하고 동기속도 N_s 에 반비례한다. 【답】③

50 ★☆☆☆☆
직류발전기를 병렬운전할 때 균압선이 필요한 직류발전기는?

① 분권발전기, 직권발전기
② 분권발전기, 복권발전기
③ 직권발전기, 복권발전기
④ 분권발전기, 단극발전기

Explanation

균압선(균압모선)
• 병렬운전을 안정하게 하기 위하여 설치하는 것
• 직렬계자권선을 가지는 발전기에 필요
• **직권 및 복권 발전기**
【답】③

51 ★★★★★
△ 결선 변압기의 한 대가 고장으로 제거되어 V결선으로 공급할 때 공급할 수 있는 전력은 고장 전 전력에 대하여 몇 [%]인가?

① 57.7
② 66.7
③ 75.0
④ 86.3

Explanation

$$V결선\ 출력비 = \frac{V결선의\ 출력}{\triangle결선의\ 출력} = \frac{\sqrt{3}\,K}{3K} \times 100 = 57.7[\%]$$
【답】①

52 ★☆☆☆☆
유도전동기의 출력과 같은 것은?

① 출력=입력전압－철손
② 출력=2차입력－철손
③ 출력=2차 입력－2차 저항손
④ 출력=입력전압－1차 저항손

Explanation

• 출력=2차 입력－2차 저항손
• 출력 $P_0 = P_2 - P_{c2}$
【답】③

53 ★★☆☆☆
220[V], 50[kW]인 직류 전동기를 운전하는 데 전기자 저항(브러시의 접촉저항 포함)이 0.05[Ω]이고 기계적 손실이 1.7[kW], 표유손이 출력의 1[%]이다. 부하전류가 100[A]일 때의 출력은 약 몇 [kW]인가?

① 14.5
② 167.7
③ 18.2
④ 19.6

Explanation

직류 직권 전동기 역기전력 $E_c = V - (R_a + R_s)I = 220 - 0.05 \times 100 = 215[\text{V}]$

기계적 출력 $P = E_c I = 215 \times 100 \times 10^{-3} = 21.5[\text{kW}]$

실제 출력 $P' = 21.5 - 1.7 - (21.5 \times 0.01) = 19.6[\text{kW}]$
【답】④

54 ★☆☆☆☆
변압기의 2차를 단락한 경우 1차 단락전류 I_{s1}은? 단, V_1 : 1차 단자전압, Z_1 : 1차 권선의 임피던스, Z_2 : 2차 권선의 임피던스, a : 권수비, Z : 부하의 임피던스

① $I_{s1} = \dfrac{V_1}{Z_1 + a^2 Z_2}$

② $I_{s1} = \dfrac{V_1}{Z_1 + a Z_2}$

③ $I_{s1} = \dfrac{V_1}{Z_1 - a Z_2}$

④ $I_{s1} = \dfrac{V_1}{Z_1 + Z_2 + Z}$

$$1차\ 단락전류\ I_{s1} = \frac{V_1}{Z_{21}} = \frac{V_1}{Z_1 + Z_2{}'} = \frac{V_1}{Z_1 + a^2 Z_2}$$
$$= \frac{V_1}{\sqrt{(r_1 + a^2 r_2)^2 + (x_1 + a^2 x_2)^2}}$$

【답】①

55 ★★★★★
농형 유도전동기의 속도제어법이 아닌 것은?
① 극수 변환
② 1차 저항 변환
③ 전원전압 변환
④ 전원주파수 변환

농형 유도전동기 속도제어법
• 주파수 변환법
• 극수 변환법
• 전압 제어법

【답】②

56 ★★★☆☆
선박추진용 및 전기자동차용 구동전동기의 속도제어로 가장 적합한 것은?
① 저항에 의한 제어
② 전압에 의한 제어
③ 극수 변환에 의한 제어
④ 전원주파수에 의한 제어

Explanation

	특징
농형 유도 전동기	① **주파수 변환법** • 역률이 양호하며 연속적인 속도제어가 되지만, 전용 전원이 필요 • **인견·방직 공장의 포트모터, 선박의 전기추진기** ② 극수 변환법 ③ 전압 제어법 • 전원전압의 크기를 조절하여 속도제어

【답】④

57 ★★★★☆
75[W] 이하의 소 출력으로 소형공구, 영사기, 치과 의료용 등에 널리 이용되는 전동기는?
① 단상 반발전동기
② 영구자석 스텝전동기
③ 3상 직권 정류자전동기
④ 단상 직권 정류자전동기

Explanation

• 단상 직권 정류자전동기=만능 전동기(직류·교류 양용)
  – 종류 : 직권형, 보상형, 유도보상형
  – 특징 : 성층 철심, 역률 및 정류 개선을 위해 약계자, 강전기자형으로 함
          역률 개선을 위해 보상권선 설치
          회전속도를 증가시킬수록 역률이 개선
  – 용도 : 75[W] 정도 이하의 소형 공구, 영사기, 치과 의료용으로 사용

【답】④

58 ★★★★★
변압기의 등가회로를 작성하기 위하여 필요한 시험은?
① 권선저항측정, 무부하시험, 단락시험
② 상회전시험, 절연내력시험, 권선저항측정
③ 온도상승시험, 절연내력시험, 무부하시험
④ 온도상승시험, 절연내력시험, 권선저항측정

Explanation

변압기의 등가회로를 그리기 위한 시험
- 단락시험 : 임피던스 전압, 임피던스 와트, 동손
- 무부하시험 : 여자전류, 철손, 여자 어드미턴스
- 각 권선의 저항측정

【답】 ①

59 ★★☆☆☆
변압기에서 권수가 2배가 되면 유기기전력은 몇 배가 되는가?

① 1
② 2
③ 4
④ 8

Explanation

변압기 유기기전력 $E_1 = 4.44f\phi_m N_1$에서 기전력과 권수는 비례하므로
따라서 $E \propto N \propto 2$배

【답】 ②

60 ★★☆☆☆
다이오드를 사용한 정류회로에서 여러 개를 병렬로 연결하여 사용할 경우 얻는 효과는?

① 인가전압 증가
② 다이오드의 효율 증가
③ 부하 출력의 맥동률 감소
④ 다이오드의 허용전류 증가

Explanation

- 다이오드 직렬연결 : 과전압으로부터 보호
- 다이오드 병렬연결 : 과전류로부터 보호

【답】 ④

4과목 회로이론

61 ★★★☆☆
$R = 50[\Omega]$, $L = 200[\text{mH}]$의 직렬회로에서 주파수 $f = 50[\text{Hz}]$의 교류에 대한 역률[%]은?

① 82.3
② 72.3
③ 62.3
④ 52.3

Explanation

$R-L$ 직렬회로의 역률 $\cos\theta = \dfrac{V_R}{V} = \dfrac{R}{Z} = \dfrac{R}{\sqrt{R^2 + X_L^2}} \times 100$

$= \dfrac{50}{\sqrt{50^2 + (2 \times \pi \times 50 \times 200 \times 10^{-3})^2}} \times 100 = 62.3[\%]$

【답】 ③

62 ★★★★★
그림과 같은 회로에서 스위치 S를 닫았을 때 시정수[sec]의 값은? 단, $L = 10[\text{mH}]$, $R = 20[\Omega]$
이다.

① 200
② 2,000
③ 5×10^{-3}
④ 5×10^{-4}

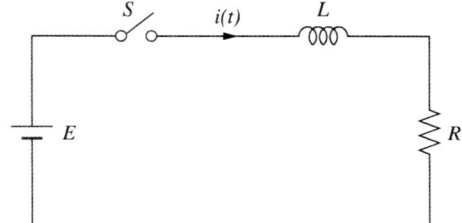

$R-L$ 직렬회로의 시정수

$$\tau = \frac{L}{R} = \frac{10 \times 10^{-3}}{20} = 5 \times 10^{-4} [\text{sec}]$$

【답】④

63

★★★★★

다음고 같은 회로에서 $t = 0$인 순간에 스위치 S를 닫았다. 이 순간에 인덕턴스 L에 걸리는 전압 [V]은? 단, L의 초기 전류는 0이다.

① 0

② $\dfrac{LE}{R}$

③ E

④ $\dfrac{E}{R}$

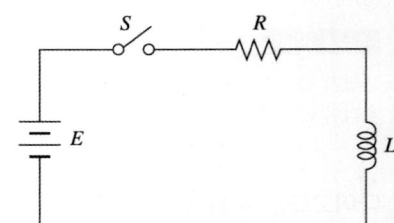

인덕턴스의 전압 $v_L = Ee^{-\frac{R}{L}t} = Ee^{-\frac{R}{L} \times 0} = E[\text{V}]$

【답】③

64

★★☆☆☆

$R-L-C$ 직렬회로에서 공진 시의 전류는 공급전압에 대하여 어떤 위상차를 갖는가?

① 0°

② 90°

③ 180°

④ 270°

직렬공진 $Z = R$이므로 전압과 전류의 위상차는 0도이다.

【답】①

65

★★☆☆☆

회로의 전압비 전달함수 $G(s) = \dfrac{V_2(s)}{V_1(s)}$ 는?

① RC

② $\dfrac{1}{RC}$

③ $RCs + 1$

④ $\dfrac{1}{RCs + 1}$

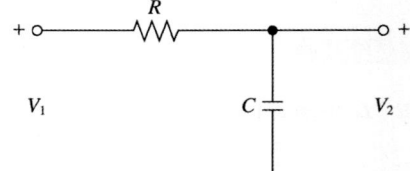

전압비 전달함수는 임피던스 비이므로

전달함수 $C(s) = \dfrac{V_2(s)}{V_1(s)} = \dfrac{\dfrac{1}{Cs}}{R + \dfrac{1}{Cs}} = \dfrac{1}{RCs + 1}$

【답】④

66

★★★☆☆

대칭 3상 교류전원에서 각 상의 전압이 v_a, v_b, v_c일 때 3상 전압[V]의 합은?

① 0

② $0.3v_a$

③ $0.5v_a$

④ $3v_a$

Explanation

a상을 기준으로 하면

$v_a + v_b + v_c = v_a + a^2 v_a + a v_a = v(1 + a^2 + a) = 0$

여기서, $1 + a^2 + a = 0$

【답】①

67 ★☆☆☆☆
측정하고자 하는 전압이 전압계의 최대 눈금보다 클 때에 전압계에 직렬로 저항을 접속하여 측정 범위를 넓히는 것은?

① 분류기
② 분광기
③ 배율기
④ 감쇠기

Explanation

배율기
전압계의 측정 범위를 확대하기 위해 내부저항 $R_a[\Omega]$의 전압계에 직렬로 연결하는 저항 $R_m[\Omega]$

【답】③

68 ★★☆☆☆
$F(s) = \dfrac{2(s+1)}{s^2 + 2s + 5}$의 시간함수 $f(t)$는 어느 것인가?

① $2e^t \cos 2t$
② $2e^t \sin 2t$
③ $2e^{-t} \cos 2t$
④ $2e^{-t} \sin 2t$

Explanation

완전제곱형으로 역라플라스 변환하면

$F(s) = \dfrac{2(s+1)}{s^2 + 2s + 5} = 2\dfrac{s+1}{(s+1)^2 + 4} = 2\dfrac{s+1}{(s+1)^2 + 2^2}$

$\therefore\ f(t) = \mathcal{L}^{-1}[F(s)] = 2e^{-t} \cos 2t$

【답】③

69 ★☆☆☆☆
어느 회로망의 응답 $h(t) = (e^{-t} + 2e^{-2t})u(t)$의 라플라스 변환은?

① $\dfrac{3s+4}{(s+1)(s+2)}$
② $\dfrac{3s}{(s-1)(s-2)}$
③ $\dfrac{3s+2}{(s+1)(s+2)}$
④ $\dfrac{-s-4}{(s-1)(s-2)}$

Explanation

$H(s) = \mathcal{L}[h(t)] = \dfrac{1}{s+1} + \dfrac{2}{s+2} = \dfrac{s+2+2s+2}{(s+1)(s+2)} = \dfrac{3s+4}{(s+1)(s+2)}$

【답】①

70 ★★☆☆☆
그림과 같은 $e = E_m \sin \omega t$인 정현파 교류의 반파정류파형의 실효값은?

① E_m
② $\dfrac{E_m}{\sqrt{2}}$
③ $\dfrac{E_m}{2}$
④ $\dfrac{E_m}{\sqrt{3}}$

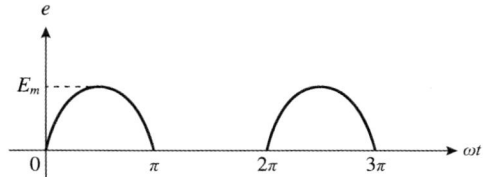

Explanation

정현파를 반파정류한 것을 '정현반파'라고 하고, 실효값과 평균값은 다음과 같다.

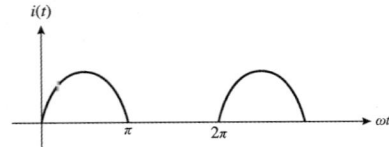

실효값	평균값
$\dfrac{I_m}{2}$	$\dfrac{I_m}{\pi}$

【답】③

71 ★★★★★ 전압 $\epsilon = 100\sin 10t + 20\sin 20t$[V]이고, 전류 $i = 20\sin(10t - 60°) + 10\sin 20t$[A]일 때 소비 전력은 몇 [W]인가?

① 500   ② 550

③ 600   ④ 650

> Explanation
>
> 유효전력(평균전력)은 주파수가 같을 때만 발생되므로
> $P = V_1 I_1 \cos\theta_1 + V_2 I_2 \cos\theta_2$ 에서
> $P = \dfrac{100}{\sqrt{2}} \times \dfrac{20}{\sqrt{2}} \cos 60° + \dfrac{20}{\sqrt{2}} \times \dfrac{10}{\sqrt{2}} \cos 0° = 600$[W]

【답】③

72 ★★★☆☆ $r[\Omega]$인 6개의 저항을 그림과 같이 접속하고 평형 3상 전압 E를 가했을 때 전류 I 는 몇 [A]인가? 단, $R = 3[\Omega]$, $E = 60$[V]이다.

① 8.66
② 9.56
③ 10.8
④ 12.6

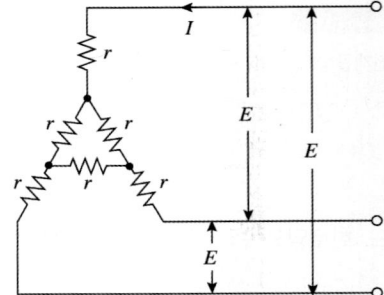

> Explanation
>
> 우선 회로를 Y결선으로 전환하면 △→Y로 변환 : 저항은 $\dfrac{1}{3}$이 되므로 $\dfrac{r}{3}$
>
> 따라서 전체 1상의 저항은 $R = r + \dfrac{r}{3} = \dfrac{4}{3}r$, $I_p = \dfrac{V_p}{Z} = \dfrac{\dfrac{E}{\sqrt{3}}}{\dfrac{4}{3}r} = \dfrac{3E}{4\sqrt{3}r} = \dfrac{\sqrt{3}E}{4r}$ 이므로
>
> 선전류 $I_l = \dfrac{\sqrt{3}E}{4r} = \dfrac{60\sqrt{3}}{4 \times 3} = 8.66$[A]

【답】①

73 ★★☆☆☆ 다음과 같은 Y결선 회로와 등가인 △ 결선 회로의 A, B, C 값은 몇 [Ω]인가?

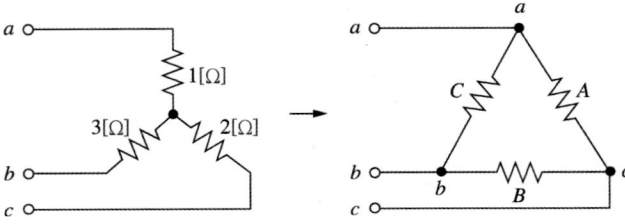

① A=$\frac{7}{3}$, B=7, C=$\frac{7}{2}$ ② A=7, B=$\frac{7}{2}$, C=$\frac{7}{3}$

③ A=11, B=$\frac{11}{2}$, C=$\frac{11}{3}$ ④ A=$\frac{11}{3}$, B=11, C=$\frac{11}{2}$

Explanation

Y ↔ △ 회로의 상호 변환

Y → △ 변환	
$Z_{ab} = \frac{Z_a Z_b + Z_b Z_c + Z_c Z_a}{Z_c}$ [Ω]	A = $\frac{1 \times 2 + 2 \times 3 + 3 \times 1}{3} = \frac{11}{3}$
$Z_{bc} = \frac{Z_a Z_b + Z_b Z_c + Z_c Z_a}{Z_a}$ [Ω]	B = $\frac{1 \times 2 + 2 \times 3 + 3 \times 1}{1} = 11$
$Z_{ca} = \frac{Z_a Z_b + Z_b Z_c + Z_c Z_a}{Z_b}$ [Ω]	C = $\frac{1 \times 2 + 2 \times 3 + 3 \times 1}{2} = \frac{11}{2}$
※ 3상 평형 시 임피던스 3배 어드미턴스 1/3배	

【답】 ④

74 ★☆☆☆☆
그림과 같이 주기가 3s인 전압파형의 실효값은 약 몇 [V]인가?

① 5.67   ② 6.67
③ 7.57   ④ 8.57

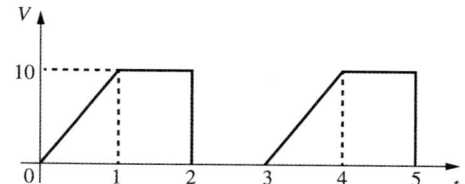

Explanation

【답】 ②

75 ★★☆☆☆
다음 중 정전용량의 단위 F(패럿)과 같은 것은? 단, [C]는 쿨롱, [N]은 뉴턴, [V]는 볼트, [m]은 미터이다.

① $\frac{V}{C}$ ② $\frac{N}{C}$

③ $\frac{C}{m}$ ④ $\frac{C}{V}$

Explanation

정전용량 $C = \frac{Q}{V}$ [C/V], [F]

【답】 ④

76 ★☆☆☆☆
비정현파 $f(x)$가 반파대칭 및 정현대칭일 때 옳은 식은? 단, 주기는 2π이다.

① $f(-x) = f(x),\ f(x+\pi) = f(x)$ ② $f(-x) = f(x),\ f(x+2\pi) = f(x)$
③ $f(-x) = -f(x),\ -f(x+\pi) = f(x)$ ④ $f(-x) = -f(x),\ -f(x+2\pi) = f(x)$

- 정현대칭(기함수) : $f(t) = -f(-t)$, sin성분
- 여현대칭(우함수) : $f(t) = f(-t)$, 직류분, cos성분
- 반파대칭 : $f(t) = -f\left(t + \dfrac{T}{2}\right)$, 홀수항

【답】③

77 ★★★★★
회로에서 단자 1-1'에서 본 구동점 임피던스 Z_{11}은 몇 [Ω]인가?

① 5
② 8
③ 10
④ 15

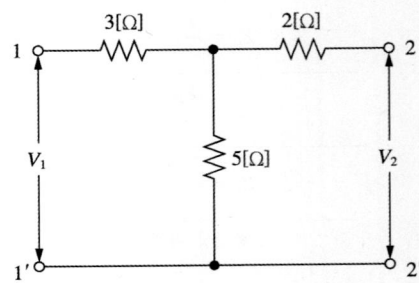

Explanation

임피던스 파라미터(T형 회로망)

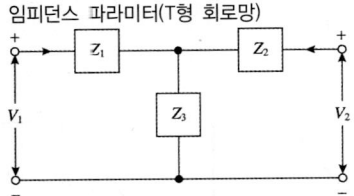

$Z_{11} = Z_1 - Z_3$, $Z_{12} = Z_{21} = Z_3$, $Z_{22} = Z_2 + Z_3$
따라서 $Z_{11} = 3 + 5 = 8[\Omega]$

【답】②

78 ★☆☆☆☆
대칭 10상회로의 선간전압이 100[V]일 때 상전압은 약 몇 [V]인가? 단, $\sin 18° = 0.309$ 이다.

① 161.8
② 172
③ 183.1
④ 193

Explanation

대칭 n상 Y결선의 전압과 전류
$V_l = 2\sin\dfrac{\pi}{n} V_p \angle \dfrac{\pi}{2}\left(1 - \dfrac{2}{n}\right)$, $I_l = I_p$
따라서 10상인 경우
$V_l = 2\sin\dfrac{\pi}{n} V_p = 2\sin\dfrac{\pi}{10} V_p = 2 \times 0.309 V_p = 100$

상전압 $V_p = \dfrac{100}{2 \times 0.309} = 161.8[\text{V}]$

【답】①

79 ★★★☆☆
$f(t) = 3u(t) + 2e^{-t}$인 시간함수를 라플라스 변환한 것은?

① $\dfrac{3s}{s^2 + 1}$
② $\dfrac{s + 3}{s(s + 1)}$
③ $\dfrac{5s + 3}{s(s + 1)}$
④ $\dfrac{5s + 1}{(s + 1)s^2}$

라플라스변환의 선형 정리에 의해서

$$\mathcal{L}\left[3u(t)\right] + \mathcal{L}\left[2e^{-t}\right] = \frac{3}{s} + \frac{2}{s+1} = \frac{3(s+1)+2s}{s(s+1)}$$

$$= \frac{5s+3}{s(s+1)}$$

【답】③

80 ★★☆☆☆

1[mV]의 입력을 가했을 때 100[mV]의 출력이 나오는 4단자 회로의 이득[dB]은?

① 40
② 30
③ 20
④ 10

Explanation

이득 $g = 20\log_{10}\left|\dfrac{V_o}{V_i}\right| = 20\log_{10}\left|\dfrac{100}{1}\right| = 40[\text{dB}]$

【답】①

5과목 전기설비기술기준

81 ★★☆☆☆

케이블 트레이공사에 사용되는 케이블 트레이가 수용된 모든 전선을 지지할 수 있는 적합한 강도의 것일 경우 케이블 트레이의 안전율은 얼마 이상으로 하여야 하는가?

① 1.1
② 1.2
③ 1.3
④ 1.5

Explanation

(KEC 232.41조) 케이블트레이공사
수용된 모든 전선을 지지할 수 있는 적합한 강도의 것이어야 한다. **이 경우 케이블 트레이의 안전율은 1.5 이상으로 하여야** 한다.

【답】④

82 KEC 적용으로 인하여 삭제되었습니다.

83 ★☆☆☆☆

전가섭선에 관하여 각 가섭선의 상정 최대 장력의 33[%]와 같은 불평균 장력의 수평 종분력에 의한 하중을 더 고려하여야 할 철탑의 유형은?

① 직선형
② 각도형
③ 내장형
④ 잡아당김형

Explanation

(KEC 333.13조) 상시 상정하중
① 잡아당김형의 경우에는 전가섭선에 관하여 각 가섭선의 상정 최대 장력과 같은 불평균 장력의 수평 종분력에 의한 하중
② 내장형·보강형의 경우에는 전가섭선에 관하여 각 가섭선의 상정 최대 장력의 33[%]와 같은 불평균 장력의 수평 종분력에 의한 하중

【답】③

84 ★★★★★ 전력보안 통신용 전화설비를 시설하지 않아도 되는 것은?

① 원격감시제어가 되지 아니하는 발전소

② 원격감시제어가 되지 아니하는 변전소

③ 2 이상의 급전소 상호간과 이들을 총합 운용하는 급전소 간

④ 발전소로서 전기공급에 지장을 미치지 않고, 휴대용 전력보안통신 전화설비에 의하여 연락이 확보된 경우

Explanation

(KEC 362조) 전력보안통신설비의 시설
다음 각 호에 열거하는 곳에는 전력보안 통신용 전화설비를 시설하여야 한다.
① 원격감시 제어가 되지 아니하는 발전소 · 원격감시제어가 되지 아니하는 변전소 · 발전제어소 · 변전제어소 · 개폐소 및 전선로의 기술원 주재소와 이를 운용하는 급전소 간
② 2 이상의 급전소 상호 간과 이들을 총합 운용하는 급전소 간

【답】 ④

85 ★☆☆☆☆ 태양전지 발전소에 태양전지 모듈 등을 시설할 경우 사용전선(연동선)의 공칭 단면적은 몇 [㎟] 이상인가?

① 1.6 ② 2.5
③ 5 ④ 10

Explanation

(KEC 522조) 태양광설비의 시설
전선은 공칭 단면적 2.5[㎟] 이상의 연동선 또는 이와 동등 이상의 세기 및 굵기의 것일 것

【답】 ②

86 ★★★★★ 금속관 공사에 의한 저압 옥내배선 시설에 대한 설명으로 틀린 것은?

① 인입용 비닐절연전선을 사용했다. ② 옥외용 비닐절연전선을 사용했다.
③ 짧고 가는 금속관에 연선을 사용했다. ④ 단면적 10[㎟] 이하의 단선을 사용했다.

Explanation

(KEC 232.12조) 금속관공사
(1) **전선은 절연전선(옥외용 비닐절연전선을 제외)일 것**
(2) **전선은 연선일 것.** 다만, 다음의 것은 적용하지 않는다.
   ① 짧고 가는 금속관에 넣은 것
   ② 단면적 10[㎟](알루미늄선은 단면적 16[㎟]) 이하의 것

【답】 ②

87 ★☆☆☆☆ 케이블 공사에 의한 저압 옥내배선의 시설방법에 대한 설명으로 틀린 것은?

① 전선은 케이블 및 캡타이어 케이블로 한다.

② 콘크리트 안에는 전선에 접속점을 만들지 아니한다.

③ 400[V] 이하인 경우 전선을 넣는 방호장치의 금속제 부분에는 접지공사를 한다.

④ 전선을 조영재의 옆면에 따라 붙이는 경우 전선의 지지점 간의 거리를 케이블은 3[m] 이하로 한다.

Explanation

(KEC 232.51조) 케이블공사
① 전선은 케이블 및 캡타이어 케이블일 것
② 중량물의 압력 또는 현저한 기계적 충격을 받을 우려가 있는 곳에 시설하는 케이블에는 적당한 방호 장치를 할 것
③ **전선을 조영재의 아랫면 또는 옆면에 따라 붙이는 경우에는 전선의 지지점 간의 거리를 케이블은 2[m]**(사람이 접촉할 우려가 없는 곳에서 수직으로 붙이는 경우에는 6[m]) 이하 캡타이어 케이블은 1[m] 이하
④ 저압 옥내배선은 관 기타의 전선을 넣는 방호 장치의 금속제 부분 · 금속제의 전선 접속함 및 전선의 피복에 사용하는 금속체에는 접지공사를 할 것

【답】 ④

88 ★★★★★

고압 가공전선로에 사용하는 가공지선은 인장강도 5.26[kN] 이상의 것 또는 지름이 몇 [mm] 이상의 나경동선을 사용하여야 하는가?

① 2.6

② 3.2

③ 4.0

④ 5.0

Explanation

(KEC 332.6조) 고압 가공 전선로의 가공지선
- **고압 가공 전선로 : 인장강도 5.26[kN] 이상의 것 또는 4[mm] 이상의 나경동선**
- **특고압 가공 전선로 : 인장강도 8.01[kN] 이상의 나선 또는 5[mm] 이상의 나경동선**　　　　　　　　【답】③

89 ★★☆☆☆

고압 가공전선로에 케이블을 조가용선에 행거로 시설할 경우 그 행거의 간격은 몇 [m] 이하로 하여야 하는가?

① 0.5

② 0.6

③ 0.7

④ 0.8

Explanation

(KEC 332.2조) 가공케이블의 시설
케이블은 조가용선에 행거로 시설할 것(**사용전압이 고압인 때에는 그 행거 간격 0.5[m] 이하**)　　　　【답】①

90 ★★★☆☆

지중 전선로의 시설방식이 아닌 것은?

① 관로식

② 압착식

③ 암거식

④ 직접매설식

Explanation

(KEC 334.1조) 지중 전선로의 시설
지중 전선로는 전선에 케이블을 사용하고 또한 **관로식·암거식(暗渠式) 또는 직접매설식**에 의하여 시설　　　【답】②

91 ★★★☆☆

최대 사용전압이 23,000[V]인 중성점 비접지식 전로의 절연내력 시험전압은 몇 [V]인가?

① 16,560

② 21,160

③ 25,300

④ 28,750

Explanation

(KEC 132조) 고압 · 특고압의 전로의 절연내력

접지방식	최대 사용전압	시험전압(최대 사용 전압 배수)	최저 시험전압
비접지	7[kV] 이하	1.5배	
	7[kV] 초과	1.25배	10,500[V]

따라서 절연내력 시험전압 $23,000 \times 1.25 = 28,750$[V]　　　　　　　　　　　　　　　　　　　　【답】④

92 ★☆☆☆☆

특고압 가공전선은 케이블인 경우 이외에는 단면적이 몇 [mm²] 이상의 경동연선이어야 하는가?

① 8

② 14

③ 22

④ 30

Explanation

(KEC 333.4조) 특고압 가공전선의 굵기 및 종류
특고압 가공전선은 케이블인 경우 이외에는 인장강도 8.71[kN] 이상의 연선 또는 **단면적이 22[mm²] 이상의 경동연선일 것**　　　　　　　　　　　　　　　　　　　　　　　　　　　　　　　　　　　　　　　【답】③

93 ★★★☆☆

400[V] 이하의 경우에 전광표시 장치에 사용하는 저압 옥내배선을 금속관공사로 시설할 경우 연동선의 단면적은 몇 [㎟] 이상 사용하여야 하는가?

① 0.75
② 1.25
③ 1.5
④ 2.5

(KEC 231 3조) 저압 옥내배선의 사용전선
400[V] 이하의 경우에 전광표시장치 기타 이와 유사한 장치 또는 제어회로 등에 사용하는 배선에는 단면적 1.5[㎟] 이상의 연동선을 사용할 것   【답】③

94 ★★★☆☆

철근 콘크리트주로서 전장이 15[m]이고, 설계하중이 8.2[kN]이다. 이 지지물의 논이나 기타 지반이 연약한 곳 이외에 기초 안전율의 고려 없이 시설하는 경우 그 묻히는 깊이는 기준보다 몇 [m]를 가산하여 시설하여야 하는가?

① 0.1
② 0.3
③ 0.5
④ 0.7

(KEC 331.7조) 가공 전선로 지지물의 기초의 안전율
철근 콘크리트주로서 전체의 길이가 14[m] 이상 20[m] 이하이고, 설계하중이 6.8[kN] 초과 9.8[kN] 이하의 것을 논이나 그 밖의 지반이 연약한 곳 이외에 시설하는 경우 그 묻히는 깊이는 기준보다 0.3[m]를 가산하여 시설   【답】②

95 ★★★★★

지중 전선로에 사용하는 지중함의 시설기준으로 틀린 것은?

① 조명 및 세척이 가능한 장치를 하도록 할 것
② 그 안의 고인 물을 제거할 수 있는 구조일 것
③ 견고하고 차량 기타 중량물의 압력에 견딜 수 있을 것
④ 뚜껑은 시설자 이외의 자가 쉽게 열 수 없도록 할 것

(KEC 334.2조) 지중함의 시설
① 지중함은 견고하고 차량 기타 중량물의 압력에 견디는 구조일 것
② 지중함은 그 안의 고인 물을 제거할 수 있는 구조로 되어 있을 것
③ 폭발성 또는 연소성의 가스가 침입할 우려가 있는 곳에 시설하는 지중함으로서 그 크기가 1[㎥] 이상인 것에는 통풍장치 기타 가스를 방산시키기 위한 적당한 장치를 시설할 것
④ 지중함의 뚜껑은 시설자 이외의 자가 쉽게 열 수 없도록 시설할 것   【답】①

96 ★☆☆☆☆

변압기의 그압측 1선 지락전류가 30[A]인 경우에 접지공사의 최대 접지저항 값은 몇 [Ω]인가? 단, 고압측 전로가 저압측 전로와 혼촉하는 경우 1초 이내에 자동적으로 차단하는 장치가 설치되어 있다.

① 5
② 10
③ 15
④ 20

(KEC 142.5.1조) 변압기 중성점 접지
접지 저항의 최대 값

접지 저항값

• $\dfrac{150}{I_g}[\Omega]$ 이하(여기서, I_g는 1선 지락전류. 이하 같음)

- $\dfrac{300}{I_g}[\Omega]$ 자동 차단 설비가 1초 초과 2초 이내 동작시

- $\dfrac{600}{I_g}[\Omega]$ 자동 차단 설비가 1초 이내 동작시

- 1초 이내에 자동적으로 차단하는 장치를 설치

$$R_2 = \frac{600}{I_1} = \frac{600}{30} = 20[\Omega]$$

【답】④

97 KEC 적용으로 인하여 삭제되었습니다.

98
★☆☆☆☆
35[kV] 초과의 특고압 가공전선과 저압 가공전선을 동일 지지물에 병행설치하는 경우 이격거리는 몇 [m] 이상이어야 하는가?

① 1   ② 2

③ 3   ④ 4

Explanation

(KEC 333.17조) 특고압 가공전선과 저고압 가공전선 등의 병행설치
- 사용전압이 35[kV] 이하인 특고압 가공전선 : 특고압 가공전선과 저압 또는 고압 가공전선 사이의 이격거리는 1.2[m] 이상
- 사용전압이 35[kV]를 초과하고 100[kV] 미만인 특고압 가공전선 : 특고압 가공전선과 저압 또는 고압 가공전선 사이의 이격거리는 2[m] 이상

【답】②

99
★★★★★
345[kV] 변전소의 충전부분에서 6[m]의 거리에 울타리를 설치하려고 한다. 울타리의 최소 높이는 약 몇 [m]인가?

① 2   ② 2.28

③ 2.57   ④ 3

Explanation

(KEC 351.1조) 발전소 등의 울타리 · 담 등의 시설

사용전압의 구분	울타리 · 담 등의 높이와 울타리 · 담 등으로부터 충전부분까지의 거리의 합계
160[kV] 초과	• 거리 = 6 + 단수 × 0.12[m] • 단수 = $\dfrac{\text{사용전압}[kV] - 160}{10}$ 단수 계산에서 소수점 이하는 절상

단수 34.5−16=18.5 → 19단
울타리 · 담 등의 높이와 울타리 · 담 등으로부터 충전부분까지의 거리의 합계
6+(19×0.12)=8.28[m]
여기서, 울타리에서 충전부분까지 거리는 6[m]이므로
따라서 울타리의 최소 높이=8.28−6=2.28[m]

【답】②

100 KEC 적용으로 인하여 삭제되었습니다.

1과목 전기자기학

01 ★★★★★
유전체에 가한 전계 E[V/m]와 분극의 세기 P[C/m²]와의 관계로 옳은 식은?

① $P = \epsilon_0(\epsilon_s + 1)E$

② $P = \epsilon_0(\epsilon_s - 1)E$

③ $P = \epsilon_s(\epsilon_0 + 1)E$

④ $P = \epsilon_s(\epsilon_0 - 1)E$

Explanation

분극의 세기 : 체적당 모멘트 $P = D - \epsilon_0 E = D - \epsilon_0\left(\dfrac{D}{\epsilon}\right) = D\left(1 - \dfrac{1}{\epsilon_r}\right) = \epsilon_0(\epsilon_s - 1)E$[C/m²]

【답】②

02 ★★★★★
자유공간(진동)에서의 고유 임피던스[Ω]는?

① 144

② 277

③ 377

④ 544

Explanation

자유공간에서의 특성 임피던스(파동 임피던스) $Z_0 = \dfrac{E}{H} = \sqrt{\dfrac{\mu_0}{\epsilon_0}} = 120\pi = 377[\Omega]$

【답】③

03 ★★★☆☆
크기가 1[C]인 두 개의 같은 점전하가 진공 중에서 일정한 거리가 떨어져 9×10^9[N]의 힘으로 작용할 때 이들 사이의 거리는 몇 [m]인가?

① 1

② 2

③ 4

④ 10

Explanation

쿨롱의 법칙 $F = 9 \times 10^9 \times \dfrac{Q_1 Q_2}{r^2}$[N]에서

$r = \sqrt{\dfrac{9 \times 10^9 \times 1^2}{9 \times 10^9}} = 1$[m]

【답】①

04 ★★☆☆☆
공극을 가진 환상 솔레노이드에서 총 권수 N, 철심의 비투자율 μ_r, 단면적 A, 길이 ℓ이고 공극이 δ일 때, 공극부에 자속밀도 B를 얻기 위해서는 얼마의 전류를 몇 [A] 흘려야 하는가?

① $\dfrac{10^7 B}{2\pi N}\left(\dfrac{\ell}{\mu_r} + \delta\right)$

② $\dfrac{10^7 B}{2\pi N}\left(\dfrac{\delta}{\mu_r} + \ell\right)$

③ $\dfrac{10^7 B}{4\pi N}\left(\dfrac{\ell}{\mu_r} + \delta\right)$

④ $\dfrac{10^7 B}{4\pi N}\left(\dfrac{\delta}{\mu_r} + \ell\right)$

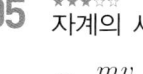

【답】③

05 ★★★☆☆
자계의 세기가 H인 자계 중에 직각으로 속도 v로 발사된 전하 Q가 그리는 원의 반지름 r은?

① $\dfrac{mv}{QH}$ ② $\dfrac{mv^2}{QH}$

③ $\dfrac{mv}{\mu QH}$ ④ $\dfrac{mv^2}{\mu QH}$

Explanation

로렌츠의 힘 $F = q[E + (v \times B)]$이며

전자가 자계 내로 진입하면 원심력 $\dfrac{mv^2}{r}$과 구심력 $e(v \times B)$가 같아지며, 전자는 원운동 하게 된다.

$\dfrac{mv^2}{r} = qvB$에서

원운동 반경 : $r = \dfrac{mv}{qB} = \dfrac{mv}{Q\mu H}$

【답】③

06 ★★★☆☆
면전하밀도 σ[C/m²], 판간거리 d[m]인 무한 평행판 대전체 간의 전위차[V]는?

① σd ② $\dfrac{\sigma}{\epsilon}$

③ $\dfrac{\epsilon_o \sigma}{d}$ ④ $\dfrac{\sigma d}{\epsilon_o}$

Explanation

무한평면 2장(평행판 콘덴서)

• 전계의 세기 $E = \dfrac{\sigma}{\epsilon_o}$

• 전위 $V = E \cdot d = \dfrac{\sigma}{\epsilon_o} \cdot d$

【답】④

07 ★★☆☆☆
진공 중의 도체계에서 임의의 도체를 일정 전위의 도체로 완전히 포위하면 내외 공간의 전계를 완전 차단시킬 수 있는데 이것을 무엇이라 하는가?

① 홀효과   ② 정전차폐
③ 핀치효과   ④ 전자차폐

Explanation

정전차폐
임의의 도체를 일정 전위(영전위)의 도체로 완전 포위하여 내외 공간의 전계를 완전히 차단하는 현상

【답】②

08

★★★★☆

평면 전자파의 전계 E와 자계 H와의 관계식은?

① $E = \sqrt{\dfrac{\epsilon}{\mu}}\,H$ 　　　　　② $E = \sqrt{\mu\epsilon}\,H$

③ $E = \sqrt{\dfrac{\mu}{\epsilon}}\,H$ 　　　　　④ $E = \dfrac{1}{\sqrt{\mu\epsilon}}\,H$

Explanation

자유공간에서의 특성임피던스(파동임피던스)

$$Z_0 = \frac{E}{H} = \sqrt{\frac{\mu_0}{\epsilon_0}} = 120\pi = 377 \, [\Omega]$$

여기서, $Z_0 = \dfrac{E}{H} = \sqrt{\dfrac{\mu}{\epsilon}}$ 에서

$$E = Z_0 H = \sqrt{\frac{\mu}{\epsilon}}\,H$$

【답】 ③

09

★★★★☆

그림과 같은 반지름 a[m]인 원형 코일에 I[A]의 전류가 흐르고 있다. 이 도체 중심 축상 x[m]인 점 P의 자위는 몇 [A]인가??

① $\dfrac{I}{2}\left(1 - \dfrac{x}{\sqrt{a^2 + x^2}}\right)$ 　　　② $\dfrac{I}{2}\left(1 - \dfrac{a}{\sqrt{a^2 + x^2}}\right)$

③ $\dfrac{I}{2}\left(1 - \dfrac{x^2}{(a^2 + x^2)^{\frac{3}{2}}}\right)$ 　　　④ $\dfrac{I}{2}\left(1 - \dfrac{a^2}{(a^2 + x^2)^{\frac{3}{2}}}\right)$

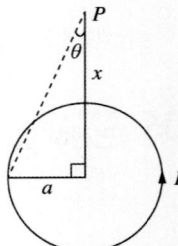

Explanation

자위 $U = \dfrac{P}{4\pi\mu_o}\omega = \dfrac{P}{4\pi\mu_o} \times 2\pi(1 - \cos\theta)$

$= \dfrac{P}{2\mu_o}\left(1 - \dfrac{x}{\sqrt{a^2 + x^2}}\right)$ 　여기서, 판자석의 세기 $P = \sigma\delta = \mu_o I[\text{Wb/m}]$

$= \dfrac{I}{2}\left(1 - \dfrac{x}{\sqrt{a^2 + x^2}}\right)$

【답】 ①

10

★★★☆☆

자기 인덕턴스가 각각 L_1, L_2인 두 코일을 서로 간섭이 없도록 병렬로 연결했을 때 그 합성 인덕턴스는?

① L_1, L_2 　　　　　② $\dfrac{L_1 + L_2}{L_1 L_2}$

③ $L_1 + L_2$ 　　　　　④ $\dfrac{L_1 L_2}{L_1 + L_2}$

Explanation

병렬접속 시 인덕턴스

가극성 $L = \dfrac{L_1 L_2 - M^2}{L_1 + L_2 - 2M}$

감극성 $L = \dfrac{L_1 L_2 - M^2}{L_1 + L_2 + 2M}$

여기서 간섭이 없도록 연결하면 상호 인덕턴스 $M = 0$이므로 $L = \dfrac{L_1 L_2}{L_1 + L_2}$ 【답】④

11 ★★★☆☆
도체의 성질에 대한 설명으로 틀린 것은?

① 도체 내부의 전계는 0이다.
② 전하는 도체 표면에만 존재한다.
③ 도체의 표면 및 내부의 전위는 등전위이다.
④ 도체 표면의 전하밀도는 표면의 곡률이 큰 부분일수록 작다.

Explanation

도체(등전위체적)이며 대전도체에 인가된 전하는 도체 표면에만 분포한다. 또한, **도체 표면에서의 전하밀도는 곡률이 크고 곡률반경이 작을수록 높다.** 전계는 등전위면에 수직이므로 도체 표면에 수직이며 도체 내부는 등전위체적이므로 전계(전기력선)가 존재하지 않는다. 【답】④

12 ★★★★★
전류에 의한 자계의 방향을 결정하는 법칙은?

① 렌츠의 법칙
② 플레밍의 오른손 법칙
③ 플레밍의 왼손 법칙
④ 암페어의 오른손 법칙

Explanation

• 렌츠의 법칙 : 기전력 방향 결정
• 플레밍의 오른손 법칙 : 자계 중에서 도체가 운동할 때 유기 기전력의 방향 결정
• 플레밍의 왼손 법칙 : 자계 중에 있는 도체에 전류를 흘릴 때 도체의 운동 방향 결정
• **암페어의 오른나사(오른손) 법칙 : 전류에 의한 자계의 방향** 【답】④

13 ★★☆☆☆
금속 도체의 전기저항은 일반적으로 온도와 어떤 관계인가?

① 전기저항은 온도의 변화에 무관하다.
② 전기저항은 온도의 변화에 대해 정특성을 갖는다.
③ 전기저항은 온도의 변화에 대해 부특성을 갖는다.
④ 금속 도체의 종류에 따라 전기저항의 온도 특성은 일관성이 없다.

Explanation

저항온도계수 : 도체는 온도가 상승되면 저항 증가(정특성)
(1) $0[℃] \rightarrow t[℃]$: $R_t = R_0[1 + \alpha_0 t]$
(2) $t[℃] \rightarrow T[℃]$: $R_T = R_t[1 + \alpha_t(T - t)]$ 【답】②

14 ★★★★★
반지름 a[m]인 두 개의 무한장 도선이 d[m]의 간격으로 평행하게 놓여 있을 때 $a \ll d$인 경우, 단위 길이당 정전용량[F/m]은?

① $\dfrac{2\pi\epsilon}{\ln\dfrac{d}{a}}$

② $\dfrac{\pi\epsilon}{\ln\dfrac{d}{a}}$

③ $\dfrac{4\pi\epsilon}{\dfrac{1}{a} - \dfrac{1}{d}}$

④ $\dfrac{2\pi\epsilon}{\dfrac{1}{a} - \dfrac{1}{d}}$

두 평행 도선 간 정전용량 $C = \dfrac{\pi\epsilon}{\ln\dfrac{d}{a}}$ [F/m]

【답】②

15 ★★☆☆☆
두 개의 코일이 있다. 각각의 자기 인덕턴스가 0.4[H], 0.9[H] 상호인덕턴스가 0.36[H]일 때 결합 계수는?

① 0.5 ② 0.6
③ 0.7 ④ 0.8

Explanation

상호 인덕턴스 $M = k\sqrt{L_1 L_2}$

따라서 결합계수 $k = \dfrac{M}{\sqrt{L_1 L_2}} = \dfrac{0.36}{\sqrt{0.4 \times 0.9}} = 0.6$

【답】②

16 ★★☆☆☆
비유전율이 2.4인 유전체 내의 전계의 세기가 100[mV/m]이다. 유전체에 축적되는 단위 체적당 정전에너지는 몇 [J/m³]인가?

① 1.06×10^{-13} ② 1.77×10^{-13}
③ 2.32×10^{-13} ④ 2.32×10^{-11}

Explanation

유전체 내의 체적당 에너지

$w = \dfrac{1}{2}\epsilon E^2 = \dfrac{D^2}{2\epsilon} = \dfrac{1}{2}ED[\text{J/m}^3]$ 에서

$= \dfrac{1}{2} \times 8.855 \times 10^{-12} \times 2.4 \times (100 \times 10^{-3})^2$

$= 1.06 \times 10^{-13} [\text{J/m}^3]$

【답】①

17 ★☆☆☆☆
동심구 사이의 공극에 절연내력이 50[kV/mm]이며 비유전율이 3인 절연유를 넣으면, 공기인 경우의 몇 배의 전하를 축적할 수 있는가? 단, 공기의 절연내력은 3[kV/mm]라 한다.

① 3 ② $\dfrac{50}{3}$
③ 50 ④ 150

Explanation

• 절연내력기 공기에 비해 $\dfrac{50}{3}$ 배이며

• 비유전율이 3이므로
전하 $Q = C \cdot V$ 에서 정전용량이 3배 되며

전위는 $\dfrac{50}{3}$ 배이므로

축적되는 전하는 $\dfrac{50}{3} \times 3 = 50$배

【답】③

18 ★★★☆☆

자계의 벡터 포텐셜을 A라 할 때, A와 자계의 변화에 의해 생기는 전계 E 사이에 성립하는 관계식은?

① $A = \dfrac{\partial E}{\partial t}$　　　　　　　　② $E = \dfrac{\partial A}{\partial t}$

③ $A = -\dfrac{\partial E}{\partial t}$　　　　　　　④ $E = -\dfrac{\partial A}{\partial t}$

Explanation

벡터 포텐셜의 정의 : $B = \nabla \times A$

$\nabla \times E = -\dfrac{\partial B}{\partial t} = -\dfrac{\partial}{\partial t}(\nabla \times A)$

$\displaystyle \int (\nabla \times E)\, ds = -\int \dfrac{\partial}{\partial t}(\nabla \times A)\, ds$에서 스토크스의 정리를 이용하면

$E = -\dfrac{\partial A}{\partial t}$

【답】④

19 ★★★☆☆

그림과 같이 유전체 경계면에서 $\varepsilon_1 < \varepsilon_2$이었을 때 E_1과 E_2의 관계식 중 옳은 것은?

① $E_1 > E_2$

② $E_1 < E_2$

③ $E_1 = E_2$

④ $E_1 \cos\theta_1 = E_2 \cos\theta_2$

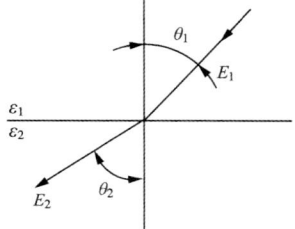

Explanation

경계조건

• 전계의 접선성분이 연속 : $E_1 \sin\theta_1 = E_2 \sin\theta_2$

• 전속밀도의 법선성분이 연속 : $D_1 \cos\theta_1 = D_2 \cos\theta_2$

$$\epsilon_1 E_1 \cos\theta_1 = \epsilon_2 E_2 \cos\theta_2$$

• 경계조건 : $\dfrac{\tan\theta_1}{\tan\theta_2} = \dfrac{\epsilon_1}{\epsilon_2}$

$\varepsilon_1 < \varepsilon_2$일 경우 $\theta_1 < \theta_2$, $E_1 > E_2$, $D_1 < D_2$

【답】①

20 ★☆☆☆☆

균등하게 자화된 구(球) 자성체가 자화될 때의 감자율은?

① $\dfrac{1}{2}$　　　　　　　　　　② $\dfrac{1}{3}$

③ $\dfrac{2}{3}$　　　　　　　　　　④ $\dfrac{3}{4}$

Explanation

자기감자력 $H' = \dfrac{N}{\mu_o} J$: 자화의 세기[J]에 비례

여기서, N은 감자율로서

구 자성체는 $\dfrac{1}{3}$, 환상 솔레노이드는 0이다.

【답】②

21 ★★★★★
송전선로의 뇌해 방지와 관계없는 것은?

① 댐퍼 　　　　　　　　　　② 피뢰기
③ 매설지선 　　　　　　　　　④ 가공지선

Explanation ▶

• 가공지선 : 직격뢰, 유도뢰 차폐
• 매설지선 : 역섬락 방지
• 소호각(소호환) : 섬락 시 애자련 보호
여기서, 댐퍼는 선로의 진동 방지에 쓴다.　　　　　　　　　　　　　　　【답】 ①

22 ★☆☆☆☆
제5고조파를 제거하기 위하여 전력용 콘덴서 용량의 몇 [%]에 해당하는 직렬 리액터를 설치하는가?

① 2~3 　　　　　　　　　　② 5~6
③ 7~8 　　　　　　　　　　④ 9~10

Explanation ▶

직렬 리액터 : 제5고조파 제거

직렬 리액터의 용량은 $5\omega L = \dfrac{1}{5\omega C}$　(이론적 : 4[%], **실제적 : 5~6[%]**)　　　【답】 ②

23 ★☆☆☆☆
분기회로용으로 개폐기 및 자동차단기의 2가지 역할을 수행하는 것은?

① 기중차단기 　　　　　　　② 진공차단기
③ 전력용 퓨즈 　　　　　　　④ 배선차단기

Explanation ▶

배선차단기(MCCB, NFB)
• 분기회로 개폐
• 자동차단　　　　　　　　　　　　　　　　　　　　　　　　　　　　　【답】 ④

24 ★★★★★
전력용 퓨즈는 주로 어떤 전류의 차단을 목적으로 사용하는가?

① 지락전류 　　　　　　　　② 단락전류
③ 과도전류 　　　　　　　　④ 과부하전류

Explanation ▶

전력 퓨즈(PF : Power Fuse) : 단락전류 차단　　　　　　　　　　　　　【답】 ②

25 ★★★★★
변류기 개방 시 2차측을 단락하는 이유는?

① 측정 오차 방지 　　　　　② 2차측 절연보호
③ 1차측 과전류 방지 　　　　④ 2차측 과전류 보호

Explanation ▶

계기용 변성기 점검
• PT(계기용 변압기) : 2차측 개방(2차측 과전류 보호)
• **CT(변류기) : 2차측 단락(2차측 과전압보호, 2차측 절연보호)**　　　　　【답】 ②

26 ★★☆☆☆

단상 승압기 1대를 사용하여 승압할 경우 승압기의 전압을 E_1 이라 하면, 승압 후의 전압 E_2 는 어떻게 되는가? 단, 승압기의 변압비는 $\dfrac{\text{전원측전압}}{\text{부하측전압}} = \dfrac{e_1}{e_2}$ 이다.

① $E_2 = E_1 + e_1$

② $E_2 = E_1 + e_2$

③ $E_2 = E_1 + \dfrac{e_2}{e_1}E_1$

④ $E_2 = E_1 + \dfrac{e_1}{e_2}E_1$

Explanation

단권변압기

$\dfrac{V_h}{V_l} = \dfrac{n_1 + n_2}{n_1} = \left(1 + \dfrac{n_2}{n_1}\right)$ 에서

$\dfrac{E_2}{E_1} = \dfrac{n_1 + n_2}{n_1} = \left(\dfrac{e_1 + e_2}{e_1}\right) = \left(1 + \dfrac{e_2}{e_1}\right)$

따라서 $E_2 = E_1 + \dfrac{e_2}{e_1}E_1$

【답】③

27 ★★★★☆

보호계전기 동작이 가장 확실한 중성점 접지방식은?

① 비접지방식

② 저항접지방식

③ 직접접지방식

④ 소호리액터 접지방식

Explanation

직접 접지방식의 특징
• 1선 지락 시 건전상의 대지전압 상승이 가장 낮다(절연레벨 경감).
• 중성점을 0전위로 유지 가능(단절연 가능)
• **보호계전기 동작이 확실하다.**
• 정격이 낮은 피뢰기 사용 가능
• 통신선의 유도장해가 크다.
• 과도안정도가 낮다.

【답】③

28 ★★★☆☆

단상 2선식의 교류 배전선이 있다. 전선 한 줄의 저항은 0.15[Ω], 리액턴스는 0.25[Ω]이다. 부하는 무유도성으로 100[V], 3[kW]일 때 급전점의 전압은 약 몇 [V]인가?

① 100

② 109

③ 120

④ 130

Explanation

송전단 전압 $V_s = V_r + 2I(R\cos\theta + X\sin\theta)$
무유도성($\cos\theta = 1$)이므로
$V_s = V_r + 2I(R\cos\theta + X\sin\theta)$
$\quad = 100 + 2 \times \dfrac{3,000}{100} \times 0.15 = 109[V]$

【답】②

29 ★★☆☆☆

변전소에서 사용되는 조상설비 중 지상용으로만 사용되는 조상설비는?

① 분로 리액터

② 동기 조상기

③ 전력용 콘덴서

④ 정지형 무효전력 보상장치

Explanation

조상설비 비교

	진상	지상	시충전(시송전)	조정	전력손실	증설
전력용 콘덴서	○	×	×	단계적	적다	가능
분로 리액터	×	○	×	단계적	적다	가능
동기 조상기	○	○	○	연속적	크다	불가능

따라서 지상용으로만 사용되는 조상설비는 분로 리액터이다. 　　　　　　**【답】 ①**

30 ★★★★★
3상 차단기의 정격차단용량을 나타낸 것은?

① $\sqrt{3}$ ×정격전압×정격전류

② $\dfrac{1}{\sqrt{3}}$ ×정격전압×정격전류

③ $\sqrt{3}$ ×정격전압×정격차단전류

④ $\dfrac{1}{\sqrt{3}}$ ×정격전압×정격차단전류

Explanation

3상용 차단기의 정격용량 $P_s = \sqrt{3}$ ×정격전압×정격차단전류 [MVA] 　　　　　　**【답】 ③**

31 ★★★☆☆
3상 3선식 배전선로에 역률이 0.8(지상)인 3상 평형 부하 40[kW]를 연결했을 때 전압강하는 약 몇 [V]인가? 단, 부하의 전압은 200[V], 전선 1조의 저항은 0.02[Ω]이고, 리액턴스는 무시한다.

① 2

② 3

③ 4

④ 5

Explanation

3상 전압강하

$e = V_s - V_r = \sqrt{3}\,I(R\cos\theta + X\sin\theta)$ 　　여기서, 수전전력 $P = \sqrt{3}\,V_r I_r \cos\theta$

$\quad = \sqrt{3}\dfrac{P}{\sqrt{3}\,V_r\cos\theta}(R\cos\theta + X\sin\theta)$

$\quad = \dfrac{P}{V_r}(R + X\tan\theta)$ 이며 선로의 리액턴스를 무시하면

$\quad = \dfrac{P}{V_r}R = \dfrac{40\times10^3\times0.02}{200} = 4[\text{V}]$ 　　　　　　**【답】 ③**

32 ★★☆☆☆
우리나라에서 현재 사용되고 있는 송전전압에 해당되는 것은?

① 150[kV]

② 220[kV]

③ 345[kV]

④ 700[kV]

Explanation

현재 사용되는 송전전압
154[kV], 345[kV], 765[kV] 　　　　　　**【답】 ③**

33 ★★☆☆☆
정정된 값 이상의 전류가 흘렀을 때 동작전류의 크기와 상관없이 항상 정해진 시간이 경과한 후에 동작하는 보호계전기는?

① 순시계전기

② 정한시계전기

③ 반한시계전기

④ 반한시성 정한시계전기

Explanation

계전기의 시한특성

- 순한시 특성 : 최소 동작전류 이상의 전류가 흐르면 즉시 동작, 고속도계전기
- **정한시 특성 : 동작전류의 크기에 관계없이 일정한 시간에 동작**
- 반한시 특성 : 동작전류가 커질수록 동작시간이 짧게 되는 특성
- 반한시성 정한시 특성 : 동작전류가 적은 구간에서는 반한시 특성
    동작전류가 큰 구간에서는 정한시 특성

【답】②

34 ★★★★★
3상 1회선 전선로에서 대지정전용량은 C_s 이고 선간정전용량을 C_m 이라 할 때, 작용정전용량 C_n 은?

① $C_s + C_m$
② $C_s + 2C_m$
③ $C_s + 3C_m$
④ $2C_s + C_m$

Explanation

1선당 작용 정전용량
- 단상 2선식 : $C = C_s + 2C_m$
- 3상 3선식 : $C = C_s + 3C_m$

【답】③

35 ★☆☆☆☆
장거리 송전선로의 4단자 정수(A, B, C, D) 중 일반식을 잘못 표기한 것은?

① $A = \cosh\sqrt{ZY}$
② $B = \sqrt{\dfrac{Z}{Y}}\sinh\sqrt{ZY}$
③ $C = \sqrt{\dfrac{Z}{Y}}\sinh\sqrt{ZY}$
④ $D = \cosh\sqrt{ZY}$

Explanation

분포정수 회로 4단자정수

$A = \cosh\gamma l = \cosh\sqrt{ZY}$ $B = Z_0\sinh\gamma l = \sqrt{\dfrac{Z}{Y}}\sinh\sqrt{ZY}$

$C = \dfrac{1}{Z_o}\sinh\gamma l = \sqrt{\dfrac{Y}{Z}}\sinh\sqrt{ZY}$ $D = \cosh\gamma l = \cosh\sqrt{ZY}$

【답】③

36 ★★☆☆☆
저압 뱅킹(Banking) 배전방식이 적당한 곳은?

① 농촌
② 어촌
③ 화학공장
④ 부하 밀집지역

Explanation

저압 뱅킹 방식 : 부하가 밀집된 시가지(부하증가에 대한 탄력성)
- 장점
    - 전압 강하와 전력 손실이 적다.
    - 변압기의 동량 및 저압선 동량 감소
    - 플리커 현상 감소
- 단점
    - 캐스케이딩 현상 발생(저압선의 일부 고장으로 건전한 변압기의 일부 또는 전부가 차단되는 현상)

【답】④

37 ★★☆☆☆
보일러에서 흡수 열량이 가장 큰 것은?

① 수냉벽
② 과열기
③ 절탄기
④ 공기예열기

Explanation

수냉벽
• 노벽을 보호
• 흡수 열량이 가장 크다.　　　　　　　　　　　　　　　　　　　　　　　　　　　　【답】①

38 ★★★★☆
소호리액터 접지에 대한 설명으로 틀린 것은?

① 지락전류가 작다.　　　　　　　　　　② 과도안정도가 높다.
③ 전자유도장애가 경감된다.　　　　　　④ 선택지락계전기의 작동이 쉽다.

Explanation

소호리액터 접지
• $L-C$ 병렬공진(지락전류가 최소)
• 1선 지락 시 건전상의 전위상승 최대($\sqrt{3}$ 배 이상)
• 과도안정도 우수
• 전자유도장해 최소　　　　　　　　　　　　　　　　　　　　　　　　　　　　　【답】④

39 ★★★★☆
교류 저압 배전방식에서 밸런서를 필요로 하는 방식은?

① 단상 2선식　　　　　　　　　　　　② 단상 3선식
③ 3상 3선식　　　　　　　　　　　　　④ 3상 4선식

Explanation

단상 3선식의 특징
• 전선 소모량이 단상 2선식에 비해 37.5[%](경제적)
• 110/220의 두 종의 전원
• **중성선 단선 시 전압의 불평형 → 저압 밸런서의 설치**　　　　　　　　　　　　【답】②

40 ★★☆☆☆
유효낙차가 40[%] 저하되면 수차의 효율이 20[%] 저하된다고 할 경우 이때의 출력은 원래의 약 몇 [%]인가? 단, 안내 날개의 열림은 불변인 것으로 한다.

① 37.2　　　　　　　　　　　　　　　② 48.0
③ 52.7　　　　　　　　　　　　　　　④ 63.7

Explanation

속도 $v = \sqrt{2gH}$
유량 $Q[\text{m}^3/\text{sec}] = A[\text{m}^2] \times v[\text{m/sec}] \propto \sqrt{H}$
출력 $P = 9.8\,QH\eta$에서
$$P \propto H^{\frac{3}{2}}\eta \propto (0.6)^{\frac{3}{2}} \times 0.8 = 0.3718$$
$\therefore\ P = 0.3718 \times 100 = 37.18[\%]$　　　　　　　　　　　　　　　　　　【답】①

3과목　전기기기

41 ★★★★☆
직류 직권전동기의 운전상 위험속도를 방지하는 방법 중 가장 적합한 것은?

① 무부하 운전한다.　　　　　　　　　　② 경부하 운전한다.
③ 무여자 운전한다.　　　　　　　　　　④ 부하와 기어를 연결한다.

직류 직권전동기 위험운전
• 무부하(경부하) 운전
• 벨트 운전

【답】 ④

42 ★★☆☆☆
단상변압기를 병렬운전하는 경우 부하전류의 분담에 관한 설명 중 옳은 것은?

① 누설리액턴스에 비례한다.　　　　　② 누설임피던스에 비례한다.
③ 누설임피던스에 반비례한다.　　　　④ 누설리액턴스의 제곱에 반비례한다.

변압기의 병렬운전 시 부하분담
• $\dfrac{I_a}{I_b} = \dfrac{I_A}{I_B} \times \dfrac{\%Z_b}{\%Z_a}$: 분담전류는 정격전류에 비례하고 누설임피던스에 반비례

여기서, I_a : A기 분담전류, I_A : A기 정격전류
　　　　I_b : B기 분담전류, I_B : B기 정격전류

【답】 ③

43 ★☆☆☆☆
동기기의 단락전류를 제한하는 요소는?

① 단락비　　　　　　　　　　　　　② 정격전류
③ 동기임피던스　　　　　　　　　　④ 자기여자 작용

단락 초기에는 전기자 반작용이 순간적으로 나타나지 않기 때문에 막대한 과도전류
즉, 큰 단락전류가 흐르고, 수 초 후에는 영구단락 전류 값에 이르게 된다.
• 돌발단락전류 : 누설리액턴스가 제한
• 지속단락전류 : 동기리액턴스(동기임피던스)가 제한

【답】 ③

44 ★★★★★
직류전동기의 속도제어법 중 광범위한 속도제어가 가능하며 운전효율이 좋은 방법은?

① 병렬 제어법　　　　　　　　　　② 전압 제어법
③ 계자 제어법　　　　　　　　　　④ 저항 제어법

직류 전동기 속도제어

$n = K' \dfrac{V - I_a R_a}{\phi}$ (K' : 기계정수)

종류	특징
전압 제어	• **광범위 속도제어 가능, 운전효율 우수** • 워드 레오너드 방식(광범위한 속도 조정(1 : 20), 효율 양호) • 일그너 방식(부하가 급변하는 곳, 플라이휠 효과 이용, 제철용 압연기) • 정토크 제어
계자 제어	• 세밀하고 안정된 속도 제어 • 정출력 제어
저항 제어	• 속도 조정 범위 좁다. • 효율이 저하

【답】 ②

45 ★★★☆☆

정격전압에서 전 부하로 운전하는 직류 직권전동기의 부하전류가 50[A]이다. 부하 토크가 반으로 감소하면 부하전류는 약 몇 [A]인가? 단, 자기포화는 무시한다.

① 25
② 35
③ 45
④ 50

직류 직권전동기

토크 $\tau \propto I^2 \propto \dfrac{1}{N^2}$ 이므로

$T : \dfrac{1}{2}T = 50^2 : I^2$

$I = \sqrt{\dfrac{\dfrac{1}{2}T}{T}} \times 50 = \dfrac{50}{\sqrt{2}} = 35.36[\text{A}]$

【답】②

46 ★☆☆☆☆

3상 동기발전기가 그림과 같이 1선 지락이 발생하였을 경우 지락전류 I_o를 구하는 식은? 단, E_a는 무부하 유기기전력의 상전압, Z_o, Z_1, Z_2는 영상, 정상, 역상 임피던스이다.

① $\dot{I}_o = \dfrac{3\dot{E}_a}{\dot{Z}_o \times \dot{Z}_1 \times \dot{Z}_2}$

② $\dot{I}_o = \dfrac{\dot{E}_a}{\dot{Z}_o + \dot{Z}_1 + \dot{Z}_2}$

③ $\dot{I}_o = \dfrac{3\dot{E}_a}{\dot{Z}_o + \dot{Z}_1 + \dot{Z}_2}$

④ $\dot{I}_o = \dfrac{3\dot{E}_a}{\dot{Z}_o + \dot{Z}_1^{\,2} + \dot{Z}_2^{\,3}}$

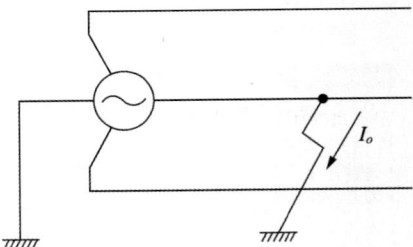

1선 지락 시 $I_o = I_1 = I_2$

지락전류 $I_g = 3I_o = \dfrac{3E_a}{Z_o + Z_1 + Z_2}$

【답】③

47 ★★★★★

전기자 저항이 0.3[Ω]인 분권발전기가 단자전압 550[V]에서 부하전류가 100[A]일 때 발생하는 유도기전력[V]은? 단, 계자전류는 무시한다.

① 260
② 420
③ 580
④ 750

분권발전기 $I_a = I + I_f = 100 + 0 = 100$(계자 전류를 무시하면)

유기기전력 $E = V + I_a R_a = 550 + 100 \times 0.3 = 580[\text{V}]$

【답】③

48 ★★☆☆☆

유도전동기의 동기와트에 대한 설명으로 옳은 것은?

① 동기속도에서 1차 입력
② 동기속도에서 2차 입력
③ 동기속도에서 2차 출력
④ 동기속도에서 2차 동손

유도전동기 토크 $\tau = \dfrac{P_2}{\omega_s}$ [N · m]

$\tau = 0.975 \times \dfrac{P_2}{N_s}$ [kg · m]

동기와트 $P_2 = 1.026 N_s T$ [W]

따라서 동기와트는 동기속도 하에서 2차 입력을 말한다.　　　　【답】②

---

49 ★☆☆☆☆

4극, 60[Hz]의 정류자 주파수 변환기가 회전자계 방향과 반대방향으로 1,440[rpm]으로 회전할 때의 주파수는 몇 [Hz]인가?

① 8　　　　　　　　　　　　　　　② 10
③ 12　　　　　　　　　　　　　　④ 15

정류자 주파수 변환기

고정자 속도 $N_s = \dfrac{120f}{P} = \dfrac{120 \times 60}{4} = 1,800$[rpm]

역회전시의 슬립 $s = \dfrac{N_s - N}{N_s} = \dfrac{1,800 - 1,440}{1,800} = 0.2$

회전 시 2차 주파수 $f_{2s} = sf_1 = 0.2 \times 60 = 12$[Hz]　　　　【답】③

---

50 ★★★★★

유도전동기의 속도제어 방식으로 틀린 것은?

① 크레머 방식　　　　　　　　　② 일그너 방식
③ 2차 저항제어 방식　　　　　　④ 1차 주파수제어 방식

유도 전동기의 속도제어

	특징
농형 유도 전동기	① 주파수 변환법 • 역률이 양호하며 연속적인 속도제어가 되지만, 전용 전원이 필요 • 인견·방직 공장의 포트모터, 선박의 전기추진기 ② 극수 변환법 ③ 전압 제어법 : 전원 전압의 크기를 조절하여 속도제어
권선형 유도 전동기	① 2차 저항법 • 토크의 비례추이를 이용한 것 • 2차 회로에 저항을 삽입 토크에 대한 슬립 S를 바꾸어 속도 제어 ② 2차 여자법 • 회전자 기전력과 같은 주파수 전압을 인가하여 속도제어 • 고효율로 광범위한 속도제어 ③ 종속접속법

여기서, 일그너 방식은 직류전동기의 속도제어 중 전압제어에 해당한다.　　　　【답】②

---

51 ★★★★★

병렬운전 중인 A, B 두 동기발전기 중 A발전기의 여자를 B발전기보다 증가시키면 A발전기는?

① 동기화 전류가 흐른다.　　　　② 부하전류가 증가한다.
③ 90° 진상전류가 흐른다.　　　④ 90° 지상전류가 흐른다.

동기발전기 병렬운전 시
• A발전기 여자전류 증가
　A발전기에는 지상전류가 흘러 A발전기의 역률이 저하되며 B발전기에는 진상전류가 흘러 B발전기의 역률은 좋아지게 된다.
• B발전기 여자전류 증가
　B발전기에는 지상전류가 흘러 B발전기의 역률이 저하되며 A발전기에는 진상전류가 흘러 A발전기의 역률은 좋아지게 된다.
【답】④

52 ★★★★★
3상 동기기에서 제동권선의 주 목적은?

① 출력 개선　　　　　　　　　　② 효율 개선
③ 역률 개선　　　　　　　　　　④ 난조 방지

Explanation

제동 권선의 역할
• 난조 방지
• 기동토크 발생(동기전동기)
【답】④

53 ★★★★☆
유도전동기의 슬립 s 의 범위는?

① $1 < s < 0$　　　　　　　　　② $0 < s < 1$
③ $-1 < s < 1$　　　　　　　　④ $-1 < s < 0$

Explanation

슬립 $s = \dfrac{N_s - N}{N_s}$

• $0 < s < 1$: 유도전동기
• $1 < s < 2$: 유도제동기
• $s < 0$: 유도발전기(비동기 발전기)
【답】②

54 ★★★☆☆
단상 반파정류회로에서 평균 직류전압 200[V]를 얻는 데 필요한 변압기 2차 전압은 약 몇 [V]인가?
단, 부하는 순저항이고 직류기의 전압강하는 15[V]로 한다.

① 400　　　　　　　　　　　　② 478
③ 512　　　　　　　　　　　　④ 642

Explanation

단상 반파정류회로

직류측 전압 $E_d = \left(\dfrac{\sqrt{2}\,E}{\pi} - e \right) = 0.45E - e$ 에서

$E = \dfrac{E_d + e}{0.45} = \dfrac{200 + 15}{0.45} = 478[\text{V}]$
【답】②

55 ★★★★★
3상 전원에서 2상 전원을 얻기 위한 변압기의 결선방법은?

① △　　　　　　　　　　　　　② T
③ Y　　　　　　　　　　　　　④ V

Explanation

변압기 상수 변환법
• 3상에서 2상변환 : scott 결선(=T결선), Meyer 결선, wood bridge 결선
• 3상에서 6상변환 : Fork 결선, 2중 성형 결선, 환상 결선, 대각 결선, 2중△결선
【답】②

56 ★★★☆☆

교류 단상 직권전동기의 구조를 설명한 것 중 옳은 것은?

① 역률 및 정류 개선을 위해 약계자 강전기자형으로 한다.

② 전기자 반작용을 줄이기 위해 약계자 강전기자형으로 한다.

③ 정류 개선을 위해 강계자 약전기자형으로 한다.

④ 역률 개선을 위해 고정자와 회전자의 자로를 성층철심으로 한다.

Explanation

단상 직권 정류자 전동기 = 만능 전동기(직류 · 교류 양용)

• 종류 : 직권형, 보상형, 유도보상형

• 특징
  - 성층 철심, **역률 및 정류 개선을 위해 약계자, 강전기자형으로 함**
  - 역률 개선을 위해 보상권선 설치
  - 회전속도를 증가시킬수록 역률이 개선

• 용도 : 75[W] 정도 이하의 소형 공구, 영사기, 치과 의료용으로 사용

【답】①

57 ★★★★★

임피던스 전압강하 4[%]의 변압기가 운전 중 단락되었을 때 단락전류는 정격전류의 몇 배가 흐르는가?

① 15

② 20

③ 25

④ 30

Explanation

단락전류 $I_s = \dfrac{100}{\%Z}I_n = \dfrac{100}{4} \times I_n = 25I_n$

【답】③

58 ★☆☆☆☆

단상 유도전압조정기의 원리는 다음 중 어느 것을 응용한 것인가?

① 3권선 변압기

② V결선 변압기

③ 단상 단권변압기

④ 스콧트결선(T결선) 변압기

Explanation

유도전압조정기의 원리

• 단상 : 단권변압기의 원리

• 3상 : 3상 유도전동기의 원리(회전자계)

【답】③

59 ★☆☆☆☆

권선형 유도전동기의 설명으로 틀린 것은?

① 회전자의 3개의 단자는 슬립링과 연결되어 있다.

② 기동할 때에 회전자는 슬립링을 통하여 외부에 가감저항기를 접속한다.

③ 기동할 때에 회전자에 적당한 저항을 갖게 하여 필요한 기동토크를 갖게 한다.

④ 전동기 속도가 상승함에 따라 외부저항을 점점 감소시키고 최후에는 슬립링을 개방한다.

Explanation

권선형 유도전동기(비례추이)

2차 저항을 감소하면 슬립이 적어져 속도가 상승한다.

2차 저항을 증가하면 슬립이 커져서 속도가 감소한다.

【답】④

60 ★★★★★

변압기 단락시험과 관계없는 것은?

① 전압 변동률

② 임피던스 와트

③ 임피던스 전압

④ 여자 어드미턴스

Explanation

변압기의 시험
- 단락시험 : 임피던스 전압, 임피던스 와트, 동손
- 무부하 시험 : 여자 전류, 철손, 여자 어드미턴스

【답】④

4과목 회로이론

61 ★☆☆☆☆
부하에 $100 \angle 30°$[V]의 전압을 가하였을 때 $10 \angle 60°$[A]의 전류가 흘렀다면 부하에서 소비되는 유효전력은 약 몇 [W]인가?

① 400
② 500
③ 682
④ 866

Explanation

유효전력
$$P = VI\cos\theta = 100 \times 10 \times \cos(60° - 30°) = 100 \times 10 \times \cos 30°$$
$$= 866[W]$$

【답】④

62 ★☆☆☆☆
그림과 같은 회로에서 $G_2[\mho]$ 양단의 전압강하 E_2[V]는?

① $\dfrac{G_2}{G_1 + G_2} E$
② $\dfrac{G_1}{G_1 + G_2} E$

③ $\dfrac{G_1 G_2}{G_1 + G_2} E$
④ $\dfrac{G_1 + G_2}{G1 + G_2} E$

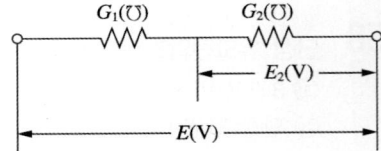

Explanation

컨덕턴스의 전압분배(컨덕턴스의 크기에 반비례)
$$E_1 = \frac{G_2}{G_1 + G_2} E$$
$$E_2 = \frac{G_1}{G_1 + G_2} E$$

【답】②

63 ★☆☆☆☆
$\mathcal{L}[u(t-a)]$는 어느 것인가?

① $\dfrac{e^{as}}{s^2}$
② $\dfrac{e^{-as}}{s^2}$

③ $\dfrac{e^{as}}{s}$
④ $\dfrac{e^{-as}}{s}$

Explanation

시간이동정리를 적용하면

【답】④

$$\mathcal{L}[u(t-a)] = \frac{1}{s}e^{-as}$$

64 ★★★★★

그림과 같은 회로에서 0.2[Ω]의 저항에 흐르는 전류는 몇 [A]인가?

① 0.1
② 0.2
③ 0.3
④ 0.4

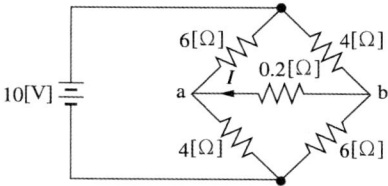

Explanation

테브난 회로를 이용하면

• 테브난 저항 $R_{Th} = \dfrac{6 \times 4}{6+4} + \dfrac{4 \times 6}{4+6} = 4.8[\Omega]$

• 테브난 전압 $V_{Th} = V_T = 10 \times \dfrac{6}{6+4} - 10 \times \dfrac{4}{6+4} = 2[V]$

따라서 저항 0.2[Ω]에 흐르는 전류

$I = \dfrac{V_{Th}}{R_{Th} + R} = \dfrac{2}{4.8 + 0.2} = 0.4[A]$

【답】④

65 ★★★☆☆

정현파의 파고율은?

① 1.111
② 1.414
③ 1.732
④ 2.356

Explanation

각 파형의 평균값 및 실효값

	파형	실효값	평균값
정현파	$i(t)$ π 2π ωt	$\dfrac{I_m}{\sqrt{2}}$	$\dfrac{2}{\pi} I_m$

정현파의 파고율 $= \dfrac{\text{최대값}}{\text{실효값}} = \dfrac{V_m}{\dfrac{V_m}{\sqrt{2}}} = \sqrt{2} = 1.414$

【답】②

66 ★★★★★

3상 불평형 전압에서 역상전압이 50[V], 정상전압이 200[V], 영상전압이 10[V]라고 할 때 전압의 불평형률[%]은?

① 1
② 5
③ 25
④ 50

Explanation

불평형률 $= \dfrac{\text{역상분}}{\text{정상분}} \times 100 = \dfrac{50}{200} \times 100 = 25[\%]$

【답】③

67 ★★★★★

대칭 3상 Y결선 부하에서 각 상의 임피던스가 $Z = 16 + j12[\Omega]$이고 부하전류가 5[A]일 때, 이 부하의 선간전압[V]은?

① $100\sqrt{2}$
② $100\sqrt{3}$
③ $200\sqrt{2}$
④ $200\sqrt{3}$

상전류 $I_p = \dfrac{V_p}{Z}$ 에서

상전압 $V_p = Z I_p = \sqrt{16^2 + 12^2} \times 5 = 100[\text{V}]$

선간전압 $V_l = \sqrt{3}\, V_p = 100 \times \sqrt{3} = 100\sqrt{3}\,[\text{V}]$

【답】 ②

68 ★★★★★
부동작 시간(dead time) 요소의 전달함수는?

① Ks

② $\dfrac{K}{s}$

③ Ke^{-Ls}

④ $\dfrac{K}{Ts+1}$

제어요소의 전달함수

비례 요소	$G(s) = K$
적분 요소	$G(s) = \dfrac{K}{s}$
미분 요소	$G(s) = Ks$
1차 지연 요소	$G(s) = \dfrac{K}{1 + Ts}$
부동작 시간 요소	$G(s) = e^{-Ts}$

【답】 ③

69 ★★☆☆☆
그림과 같은 T형 회로의 영상 전달정수 θ 는?

① 0
② 1
③ −3
④ −1

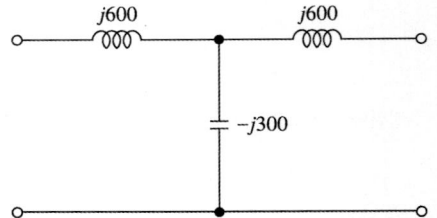

$$\begin{bmatrix} A & B \\ C & D \end{bmatrix} = \begin{bmatrix} 1 & j600 \\ 0 & 1 \end{bmatrix} \begin{bmatrix} 1 & 0 \\ \dfrac{1}{-j300} & 1 \end{bmatrix} \begin{bmatrix} 1 & j600 \\ 0 & 1 \end{bmatrix} = \begin{bmatrix} -1 & 0 \\ j\dfrac{1}{300} & -1 \end{bmatrix}$$

$\therefore\ \theta = \cosh^{-1}\sqrt{AD} = \cosh^{-1}1 = 0$

【답】 ①

70 ★★☆☆☆
$R - L - C$ 직렬회로에서 시정수의 값이 작을수록 과도현상이 소멸되는 시간은 어떻게 되는가?

① 짧아진다.
② 관계없다.
③ 길어진다.
④ 일정하다.

• 시정수(Time constant) : 목표 값에 63.2[%]에 도달하는 시간으로 정의
• 시정수가 클수록 과도현상은 오래 지속된다.
따라서 **시정수가 작으면 과도현상은 짧아지게 된다.**

【답】 ①

71 $i(t) = I_o e^{st}$ [A]로 주어지는 전류가 콘덴서 C[F]에 흐르는 경우의 임피던스[Ω]는?

① C　　　　　　② sC　　　　　　③ $\dfrac{C}{s}$　　　　　　④ $\dfrac{1}{sC}$

Explanation

콘덴서에서의 전압

$$v(t) = \frac{1}{C}\int i(t)dt = \frac{1}{C}\int I_0 e^{st}\,dt = \frac{I_0}{sC}e^{st}$$

임피던스 $Z = \dfrac{v(t)}{i(t)} = \dfrac{\dfrac{I_0 e^{st}}{sC}}{I_0 e^{st}} = \dfrac{1}{sC}$

【답】④

72 대칭좌표법에서 사용되는 용어 중 3상에 공통된 성분을 표시하는 것은?

① 공통분　　　　　　　　　　② 정상분
③ 역상분　　　　　　　　　　④ 영상분

Explanation

대칭좌표법
- **영상분 : 불평형에서 각 상의 공통성분**
- 정상분 : 불평형에서 상회전 방향이 같은 성분
- 역상분 : 불평형에서 상회전 방향이 다른 성분

【답】④

73 전기회로의 입력을 V_1, 출력을 V_2라고 할 때 전달함수는? 단, $s = j\omega$ 이다.

① $\dfrac{1}{R + \dfrac{1}{j\omega C}}$　　② $\dfrac{1}{j\omega + \dfrac{1}{RC}}$

③ $\dfrac{j\omega}{j\omega + \dfrac{1}{RC}}$　　④ $\dfrac{j\omega}{R + \dfrac{1}{j\omega C}}$

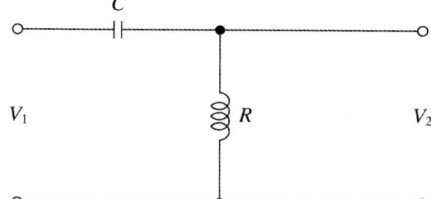

Explanation

전압비 전달함수는 임피던스비로 구하며

$$G(s) = \frac{V_2(s)}{V_1(s)} = \frac{R}{R + \dfrac{1}{sC}} = \frac{RCs}{RCs+1}$$

$$G(j\omega) = \frac{j\omega RC}{1+j\omega RC} = \frac{j\omega}{j\omega + \dfrac{1}{RC}}$$

【답】③

74 저항 $\dfrac{1}{3}$[Ω], 유도리액턴스 $\dfrac{1}{4}$[Ω]인 $R-L$ 병렬회로의 합성 어드미턴스 [℧]는?

① $3 + j4$　　　　　　　　　② $3 - j4$
③ $\dfrac{1}{3} + j\dfrac{1}{4}$　　　　　　　④ $\dfrac{1}{3} - j\dfrac{1}{4}$

Explanation

어드미턴스 $Y = \dfrac{1}{R} + j\dfrac{1}{X}$ 이며

여기서, 저항 $R = \dfrac{1}{3}$ 이므로 $\dfrac{1}{R} = 3$

유도리액턴스 $X_L = \dfrac{1}{4}$ 이므로 $\dfrac{1}{X_L} = \dfrac{1}{jX_L} = -j\dfrac{1}{X_L} = -j4$

따라서 어드미턴스는 $Y = 3 - j4\,[\mho]$

【답】②

---

75 ★☆☆☆☆ 비정현파 전압 $v = 100\sqrt{2}\sin\omega t + 50\sqrt{2}\sin 2\omega t + 30\sqrt{2}\sin 3\omega t\,[V]$의 왜형률은 약 얼마인가?

① 0.36

② 0.58

③ 0.87

④ 1.41

Explanation

왜형률 $= \dfrac{\text{각 고조파의 실효값의 합}}{\text{기본파의 실효값}}$

$\quad = \dfrac{\sqrt{V_2^{\,2} + V_3^{\,2}}}{V_1} = \dfrac{\sqrt{50^2 + 30^2}}{100} = 0.58$

【답】②

---

76 ★★★★★ 어떤 회로의 단자전압이 $V = 100\sin\omega t + 40\sin 2\omega t + 30\sin(3\omega t + 60°)\,[V]$이고 전압강하의 방향으로 흐르는 전류가 $I = 10\sin(\omega t - 60°) + 2\sin(3\omega t + 105°)\,[A]$일 때 회로에 공급되는 평균 전력 [W]은?

① 271.2

② 371.2

③ 530.2

④ 630.2

Explanation

유효전력은 주파수가 같을 때만 만들어지며

$P = V_1 I_1 \cos\theta_1 + V_3 I_3 \cos\theta_3$

$\quad = \dfrac{100}{\sqrt{2}}\dfrac{10}{\sqrt{2}}\cos 60° + \dfrac{30}{\sqrt{2}}\dfrac{2}{\sqrt{2}}\cos 45° = 271.21\,[W]$

【답】①

---

77 ★★☆☆☆ 2단자 임피던스 함수 $Z(s) = \dfrac{(s+2)(s+3)}{(s+4)(s+5)}$ 일 때 극점(pole)은?

① $-2,\ -3$

② $-3,\ -4$

③ $-2,\ -4$

④ $-4,\ -5$

Explanation

구동점 임피던스 $Z(s) = \dfrac{Q(s)}{P(s)} = \dfrac{(s+Z_1)(s+Z_2)(s+Z_3)\cdots}{(s+P_1)(s+P_2)(s+P_3)\cdots}$

영점($Z(s) = 0$) : $Q(s) = 0,\ s = -Z_1, -Z_2, -Z_3, \cdots$, 회로 단락

극점($Z(s) = \infty$) : $P(s) = 0,\ s = -P_1, -P_2, -P_3, \cdots$, 회로 개방

따라서 회로의 개방상태는 극점이며

극점은 $(s+4)(s+5) = 0$에서 $s = -4,\ -5$

【답】④

---

78 ★★★★★ 3상 대칭분 전류를 $I_0,\ I_1,\ I_2$라 하고 선전류를 $I_a,\ I_b,\ I_c$라고 할 때 I_b는 어떻게 되는가?

① $I_0 + I_1 + I_2$

② $I_0 + a^2 I_1 + a I_2$

③ $I_0 + a I_1 + a^2 I_2$

④ $\dfrac{1}{3}(I_0 + I_1 + I_2)$

대칭좌표법을 이용하면

$$\begin{bmatrix} I_a \\ I_b \\ I_c \end{bmatrix} = \begin{bmatrix} 1 & 1 & 1 \\ 1 & a^2 & a \\ 1 & a & a^2 \end{bmatrix} \begin{bmatrix} I_0 \\ I_1 \\ I_2 \end{bmatrix} \text{에서}$$

b상 전류 $I_b = I_0 + a^2 I_1 + a I_2$

【답】②

---

79 ★☆☆☆☆
다음과 같은 회로의 a–b간 합성 인덕턴스는 몇 [H]인가? 단, $L_1 = 4[\text{H}]$, $L_2 = 4[\text{H}]$, $L_3 = 2[\text{H}]$, $L_4 = 2[\text{H}]$이다.

① $\dfrac{8}{9}$

② 6

③ 9

④ 12

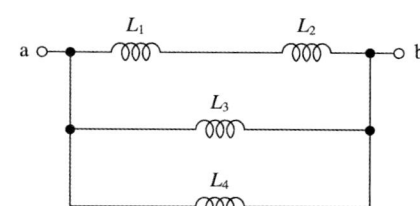

합성 인덕턴스 $L_o = \dfrac{1}{\dfrac{1}{L_1 + L_2} + \dfrac{1}{L_3} + \dfrac{1}{L_4}} = \dfrac{1}{\dfrac{1}{4+4} + \dfrac{1}{2} + \dfrac{1}{2}} = \dfrac{8}{9}$

【답】①

---

80 ★★☆☆☆
$\dfrac{1}{s^2 + 2s + 5}$ 의 라플라스 역변환 값은?

① $e^{-2t}\cos 2t$

② $\dfrac{1}{2}e^{-t}\sin t$

③ $\dfrac{1}{2}e^{-t}\sin 2t$

④ $\dfrac{1}{2}e^{-t}\cos 2t$

라플라스 역변환을 하면 분모가 인수분해 되지 않으므로 완전제곱식을 이용한다.

$I(s) = \dfrac{1}{s^2 + 2s + 5} = \dfrac{1}{2} \cdot \dfrac{2}{(s+1)^2 + 2^2}$

역라플라스 변환하면 $i(t) = \mathcal{L}^{-1}[I(s)] = \dfrac{1}{2}e^{-t}\sin 2t$ 가 된다.

【답】③

5과목   전기설비기술기준

81 ★★★☆☆
"조상설비"에 대한 용어의 정의로 옳은 것은?
① 전압을 조정하는 설비를 말한다.   ② 전류를 조정하는 설비를 말한다.
③ 유효전력을 조정하는 전기기계기구를 말한다.   ④ 무효전력을 조정하는 전기기계기구를 말한다.

(KEC 1-2조) 용어 정의
"조상설비"란 무효전력을 조정하는 전기기계기구를 말한다.

【답】④

82 ★★★★☆
345[kV] 가공 송전선로를 평야에 시설할 때, 전선의 지표상의 높이는 몇 [m] 이상으로 하여야 하는가?

① 6.12 ② 7.36
③ 8.28 ④ 9.48

Explanation

(KEC 333.7조) 특고압 가공전선의 높이

전압의 범위	일반 장소	도로횡단	철도 또는 궤도 횡단	횡단보도교
160[kV] 초과	일반 장소		가공전선의 높이=6+단수×0.12[m]	
	철도 또는 궤도횡단		가공전선의 높이=6.5+단수×0.12[m]	
	산지		가공전선의 높이=5+단수×0.12[m]	

단수$=\frac{345-160}{10}=18.5 \rightarrow 19$단 $\therefore$ 전선의 지표상 높이$=6+19 \times 0.12=8.28$[m]

【답】③

83 KEC 조용으로 인하여 삭제되었습니다.

84 ★★★★★
최대 사용전압이 23[kV]인 권선으로서 중성선 다중접지방식의 전로에 접속되는 변압기 권선의 절연내력 시험전압은 약 몇 [kV]인가?

① 21.16 ② 25.3
③ 28.75 ④ 34.5

Explanation

(KEC 135조) 변압기 전로의 절연내력

접지방식	최대 사용전압	시험전압 (최대 사용전압 배수)	최저 시험전압
중성점 다중접지	25[kV] 이하	0.92배	

절연내력 시험전압 : $23 \times 0.92 = 21.16$[kV]

【답】①

85 ★★★★★
전력보안 통신설비인 무선통신용 안테나를 지지하는 목주는 풍압하중에 대한 안전율이 얼마 이상이어야 하는가?

① 1.0 ② 1.2
③ 1.5 ④ 2.0

Explanation

(KEC 364.1조) 무선용 안테나 등을 지지하는 철탑 등의 시설
① 목주는 풍압하중에 대한 안전율은 1.5 이상이어야 한다.
② 철주·철근 콘크리트주 또는 철탑의 기초 안전율은 1.5 이상이어야 한다.

【답】③

86 ★★★★★
목주, A종 철주 및 A종 철근 콘크리트주를 사용할 수 없는 보안공사는?

① 고압 보안공사 ② 제1종 특고압 보안공사
③ 제2종 특고압 보안공사 ④ 제3종 특고압 보안공사

87 ★☆☆☆☆
저압 옥내배선의 사용전선으로 틀린 것은?

① 단면적 2.5[㎟] 이상의 연동선
② 사용전압 400[V] 이하의 전광표시장치 배선 시 단면적 0.75[㎟] 이상의 코드
③ 사용전압 400[V] 이하의 전광표시장치 배선 시 단면적 1.5[㎟] 이상의 연동선
④ 사용전압 400[V] 이하의 전광표시장치 배선 시 단면적 0.5[㎟] 이상의 다심케이블

88 ★★★☆☆
고압 가공전선로의 경간은 B종 철근 콘크리트주로 시설하는 경우 몇 [m] 이하로 하여야 하는가?

① 100　　　　　　　　　　　② 150
③ 200　　　　　　　　　　　④ 250

89 KEC 적용으로 인하여 삭제되었습니다.

90 ★★☆☆☆
사용전압이 380[V]인 옥내배선을 애자공사로 시설할 때 전선과 조영재 사이의 이격거리는 몇 [mm] 이상이어야 하는가?

① 20　　　　　　　　　　　② 25
③ 45　　　　　　　　　　　④ 60

91 ★★☆☆☆ 저압 가공전선이 가공약전류 전선과 접근하여 시설될 때 저압 가공전선과 가공약전류 전선 사이의 이격거리는 몇 [m] 이상이어야 하는가?

① 0.4   ② 0.5

③ 0.6   ④ 0.8

Explanation

(KEC 332.13조) 고압 가공전선과 가공약전류전선 등의 접근 또는 교차
저압 가공전선과 가공약전류 전선이 접근하는 경우의 수평 거리는 0.6[m] 이상으로 되어 있다. 다만, 전화선이 절연전선 이상인 것이나 통신용 케이블인 경우는 0.3[m] 이상으로 할 수 있다. 【답】③

92 KEC 적용으로 인하여 삭제되었습니다.

93 KEC 적용으로 인하여 삭제되었습니다.

94 KEC 적용으로 인하여 삭제되었습니다.

95 ★★☆☆☆ 특고압 가공전선로의 경간은 지지물이 철탑인 경우 몇 [m] 이하이어야 하는가? 단, 단주가 아닌 경우이다.

① 400   ② 500

③ 600   ④ 700

Explanation

(KEC 333.21조) 특고압 가공전선로의 경간 제한
특고압 가공전선로의 경간은 표에서 정한 값 이하이어야 한다.

지지물의 종류	경간
목주·A종 철주 또는 A종 철근 콘크리트주	150[m]
B종 철주 또는 B종 철근 콘크리트주	250[m]
철탑	**600[m]** (단주인 경우에는 400[m])

【답】③

96 KEC 적용으로 인하여 삭제되었습니다.

97 ★★★★★ 가공전선로의 지지물 중 지지선을 사용하여 그 강도를 분담시켜서는 안 되는 것은?

① 철탑   ② 목주

③ 철주   ④ 철근 콘크리트주

Explanation

(KEC 331.11조) 지지선의 시설
가공전선로의 지지물로 사용하는 철탑은 지지선을 사용하여 그 강도를 분담시켜서는 아니 된다. 【답】①

98 ★★★★★

특고압 가공전선로에 사용하는 철탑 중에서 전선로의 지지물 양쪽의 경간의 차가 큰 곳에 사용하는 철탑의 종류는?

① 각도형
② 잡아당김형
③ 보강형
④ 내장형

Explanation

(KEC 333.11조) 특고압 가공전선로의 철주·철근 콘크리트주 또는 철탑의 종류
① 직선형 : 전선로의 직선부분(3도 이하인 수평각도를 이루는 곳을 포함한다. 이하 이 조에서 같다)에 사용하는 것
② 각도형 : 전선로 중 3도를 초과하는 수평각도를 이루는 곳에 사용하는 것
③ 잡아당김형 : 전가섭선을 잡아당기는 곳에 사용하는 것
④ **내장형 : 전선로의 지지물 양쪽의 경간의 차가 큰 곳에 사용하는 것**
⑤ 보강형 : 전선로의 직선부분에 그 보강을 위하여 사용하는 것

【답】④

99 ★★★★★

백열전등 또는 방전등에 전기를 공급하는 옥내전로의 대지전압은 몇 [V] 이하이어야 하는가?

① 150
② 220
③ 300
④ 600

Explanation

(KEC 231.6조) 옥내전로의 대지 전압의 제한
백열전등 또는 방전등에 전기를 공급하는 대지전압은 300[V] 이하이어야 한다.

【답】③

100 KEC 적용으로 인하여 삭제되었습니다.

1과목 전기자기학

01 ★★★☆☆
자화율을 χ, 자속밀도를 B, 자계의 세기를 H, 자화의 세기를 J라고 할 때, 다음 중 성립될 수 없는 식은?

① $B = \mu H$

② $J = \chi B$

③ $\mu = \mu_0 + \chi$

④ $\mu_s = 1 + \dfrac{\chi}{\mu_0}$

Explanation

자계의 법칙
- 자화의 세기 $J = \chi H [\text{Wb/m}^2]$
- 자화율 $\chi = \mu_0(\mu_s - 1) = \mu - \mu_0$ 에서 $\mu = \mu_0 + \chi$

$$\mu_s = \frac{\mu}{\mu_0} = \frac{\mu_0 + \chi}{\mu_0} = 1 + \frac{\chi}{\mu_0}$$

- $B = \mu H$

【답】②

02 ★★☆☆☆
두 유전체의 경계면에서 정전계가 만족하는 것은?

① 전계의 법선성분이 같다.

② 전계의 접선성분이 같다.

③ 전속밀도의 접선성분이 같다.

④ 분극 세기의 접선성분이 같다.

Explanation

경계조건
- 전계의 접선성분이 연속 : $E_1 \sin\theta_1 = E_2 \sin\theta_2$
- 전속밀도의 법선성분이 연속 : $D_1 \cos\theta_1 = D_2 \cos\theta_2$

【답】②

03 ★★★☆☆
자기 쌍극자의 중심축으로부터 $r[\text{m}]$인 점의 자계의 세기에 관한 설명으로 옳은 것은?

① r에 비례한다.

② r^2에 비례한다.

③ r^2에 반비례한다.

④ r^3에 반비례한다.

Explanation

자기 쌍극자에 의한 자계 $H = \dfrac{M}{4\pi\mu_0 r^3}\sqrt{1 + 3\cos^2\theta}\,[\text{AT/m}]$

【답】④

04 ★★☆☆☆
진공 중의 전계강도 $E = ix + jy + kz$로 표시될 때 반지름 10[m]의 구면을 통해 나오는 전체 전속은 약 몇 [C]인가?

① 1.1×10^{-7}

② 2.1×10^{-7}

③ 3.2×10^{-7}

④ 5.1×10^{-7}

【답】①

05

★★★☆☆

물의 유전율을 ε, 투자율을 μ 라 할 때 물속에서의 전파속도는 몇 [m/s]인가?

① $\dfrac{1}{\sqrt{\varepsilon\mu}}$ 　　　　② $\sqrt{\varepsilon\mu}$ 　　　　③ $\sqrt{\dfrac{\mu}{\varepsilon}}$ 　　　　④ $\sqrt{\dfrac{\varepsilon}{\mu}}$

Explanation

전파 속도 $v = \dfrac{1}{\sqrt{\mu\epsilon}}$ [m/s]

【답】①

06

★★★★☆

반지름 a[m]인 원주 도체의 단위 길이당 내부 인덕턴스[H/m]는?

① $\dfrac{\mu}{4\pi}$ 　　　　　　　　　② $\dfrac{\mu}{8\pi}$

③ $4\pi\mu$ 　　　　　　　　　④ $8\pi\mu$

Explanation

내부 인덕턴스 $L_i = \dfrac{\mu}{8\pi}l$[H]이므로 단위 길이당 내부 인덕턴스 $L_i = \dfrac{\mu}{8\pi}$ [H/m]

【답】②

07

★★★☆☆

$[\Omega \cdot sec]$와 같은 단위는?

① F 　　　　　　　　　　② H
③ F/m 　　　　　　　　　④ H/m

Explanation

유기 기전력은 $e = -N\dfrac{d\phi}{dt} = -N\dfrac{d\phi}{dt} \cdot \dfrac{di}{dt} = -L\dfrac{di}{dt}$ 이므로

$[V] = [H] \cdot \left[\dfrac{A}{\sec}\right] \Rightarrow \left[\dfrac{V}{A} \cdot \sec\right] = [H] \Rightarrow [\Omega \cdot \sec] = [H]$

【답】②

08

★★☆☆☆

그림과 같이 일정한 권선이 감겨진 권회수 N회, 단면적 $S[m^2]$, 평균자로의 길이 l[m]인 환상솔레노이드에 전류 I[A]를 흘렸을 때 이 환상솔레노이드의 자기인덕턴스[H]는? 단, 환상철심의 투자율은 μ이다.

① $\dfrac{\mu^2 N}{l}$ 　　　　　② $\dfrac{\mu SN}{l}$

③ $\dfrac{\mu^2 SN}{l}$ 　　　　④ $\dfrac{\mu SN^2}{l}$

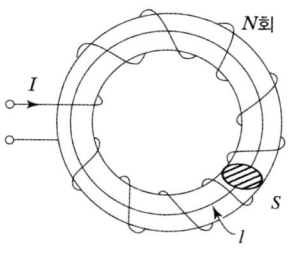

Explanation

환상 솔레노이드 인덕턴스 $L = \dfrac{\mu S N^2}{\ell}$

【답】④

09 ★★☆☆☆
콘덴서의 성질에 관한 설명으로 틀린 것은?
① 정전용량이란 도체의 전위를 1[V]로 하는 데 필요한 전하량을 말한다.
② 용량이 같은 콘덴서를 n개 직렬 연결하면 내압은 n배, 용량은 $1/n$로 된다.
③ 용량이 같은 콘덴서를 n개 병렬 연결하면 내압은 같고, 용량은 n배로 된다.
④ 콘덴서를 직렬 연결할 때 각 콘덴서에 분포되는 전하량은 콘덴서 크기에 비례한다.

Explanation

용량이 같은 콘덴서의 연결
• 직렬 : 내압 nV, 정전용량 $\dfrac{C}{n}$
• 병렬 : 내압 V, 정전용량 nC
직렬 연결할 때 각 콘덴서의 전하량은 콘덴서 용량에 관계없이 일정

【답】④

10 ★☆☆☆☆
두 도체 사이에 100[V]의 전위를 가하는 순간 700[μC]의 전하가 축적되었을 때 이 두 도체 사이의 정전용량은 몇 [μF]인가?
① 4
② 5
③ 6
④ 7

Explanation

콘덴서의 정전용량 $C = \dfrac{Q}{V} = \dfrac{700 \times 10^{-6}}{100} = 7 \times 10^{-6} = 7[\mu\text{F}]$

【답】④

11 ★★★★☆
무한 평면도체로부터 거리 a[m]의 곳에 점전하 2π[C]가 있을 때 도체 표면에 유도되는 최대 전하밀도는 몇 [C/m²]인가?
① $-\dfrac{1}{a^2}$
② $-\dfrac{1}{2a^2}$
③ $-\dfrac{1}{2\pi a}$
④ $-\dfrac{1}{4\pi a}$

Explanation

【답】①

12 ★★★★☆
강자성체가 아닌 것은?
① 철(Fe)
② 니켈(Ni)
③ 백금(Pt)
④ 코발트(Co)

Explanation

• **강자성체 :** 철(Fe), 니켈(Ni), 코발트(Co)
• 상자성체 : 알루미늄(Al), 백금(Pt), 주석(Sn), 산소(O), 질소(N)
• 반자성체 : 구리(Cu), 은(Ag), 납(Pb)

【답】③

13 ★☆☆☆☆

온도 0[℃]에서 저항이 $R_1[\Omega]$, $R_2[\Omega]$, 저항 온도계수가 α_1, $\alpha_2[1/℃]$인 두 개의 저항선을 직렬로 접속하는 경우, 그 합성저항 온도계수는 몇 [1/℃]인가?

① $\dfrac{\alpha_1 R_2}{R_1 + R_2}$

② $\dfrac{\alpha_1 R_1 + \alpha_2 R_2}{R_1 + R_2}$

③ $\dfrac{\alpha_1 R_1 - \alpha_2 R_2}{R_1 + R_2}$

④ $\dfrac{\alpha_1 R_2 + \alpha_2 R_1}{R_1 + R_2}$

Explanation

합성저항 온도계수 $\alpha = \dfrac{\alpha_1 R_1 + \alpha_2 R_2}{R_1 + R_2}$

【답】②

14 ★★☆☆☆

평행판 콘덴서에서 전극 간에 $V[V]$의 전위차를 가할 때, 전계의 강도가 공기의 절연내력 $E[V/m]$를 넘지 않도록 하기 위한 콘덴서의 단위면적당 최대 용량은 몇 $[F/m^2]$인가?

① $\epsilon_o EV$

② $\dfrac{\epsilon_o E}{V}$

③ $\dfrac{\epsilon_o V}{E}$

④ $\dfrac{EV}{\epsilon_o}$

Explanation

평행판 콘덴서

- 전계의 세기 $E = \dfrac{V}{d}$에서 $d = \dfrac{V}{E}$이며

- 정전용량 $C = \dfrac{\epsilon_0 S}{d} = \dfrac{\epsilon_o S}{\dfrac{V}{E}} = \dfrac{\epsilon_o E S}{V}$ [F]

여기서 단위면적당 정전용량이므로 $C = \dfrac{\epsilon_0}{d} = \dfrac{\epsilon_o}{\dfrac{V}{E}} = \dfrac{\epsilon_o E}{V}$ $[F/m^2]$

【답】②

15 ★★★★★

그림과 같이 반지름 $a[m]$, 중심 간격 $d[m]$, A에 $+\lambda[C/m]$, B에 $-\lambda[C/m]$의 평행 원통도체가 있다. $d \gg a$라 할 때의 단위 길이당 정전용량은 약 몇 [F/m]인가?

① $\dfrac{2\pi\epsilon_o}{\ln \dfrac{a}{d}}$

② $\dfrac{\pi\epsilon_o}{\ln \dfrac{a}{d}}$

③ $\dfrac{2\pi\epsilon_o}{\ln \dfrac{d}{a}}$

④ $\dfrac{\pi\epsilon_o}{\ln \dfrac{d}{a}}$

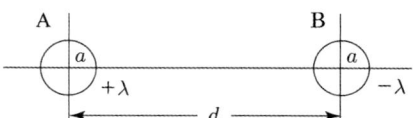

Explanation

평행왕복도선의 정전용량 : $C = \dfrac{\pi\epsilon_0}{\ln \dfrac{d}{a}}$ [F/m]

【답】④

16 ★☆☆☆☆

벡터 $A = 5r\sin\phi a_z$가 원기둥 좌표계로 주어졌다. 점$(2, \pi, 0)$에서의 $\nabla \times A$를 구한 값은?

① $5a_r$

② $-5a_r$

③ $5a_\phi$

④ $-5a_\phi$

【답】②

17 ★★★★☆
두 종류의 금속으로 된 폐회로에 전류를 흘리면 양 접속점에서 한쪽은 온도가 올라가고 다른 쪽은 온도가 내려가는 현상을 무엇이라 하는가?

① 볼타(Volta) 효과
② 지벡(Seebeck) 효과
③ 펠티에(Peltier) 효과
④ 톰슨(Thomson) 효과

Explanation

열전현상
• 제벡 효과 : 두 종류 금속 접속면에 온도차가 있으면 기전력이 발생
• **펠티에 효과** : 서로 다른 두 종류의 금속선으로 폐회로를 만들고 전류를 흘리면 금속선의 접속점에서의 **열의 흡수 또는 발생**
• 톰슨 효과 : 동일한 금속 도선의 두 접점 간에 전류를 흘리면 도선 속에서 열이 발생되거나 흡수 【답】③

18 ★★★☆☆
전자유도작용에서 벡터퍼텐셜을 A[Wb/m]라 할 때 유도되는 전계 E[V/m]는?

① $\dfrac{\partial A}{\partial t}$
② $\displaystyle\int A \, dt$
③ $-\dfrac{\partial A}{\partial t}$
④ $-\displaystyle\int A \, dt$

Explanation

벡터퍼텐셜의 정의 : $B = rot\,A = \nabla \times A$

맥스웰의 방정식 : $rot\,E = \nabla \times E = -\dfrac{\partial B}{\partial t}$

$\nabla \times E = -\dfrac{\partial B}{\partial t} = -\dfrac{\partial(\nabla \times A)}{\partial t}$

따라서 전계의 세기 $E = -\dfrac{\partial A}{\partial t}$ 【답】③

19 ★★★★★
비투자율 μ_s, 자속밀도 B[Wb/m²]인 자계 중에 있는 m[Wb]의 점자극이 받는 힘[N]은?

① $\dfrac{mB}{\mu_o}$
② $\dfrac{mB}{\mu_o\mu_s}$
③ $\dfrac{mB}{\mu_s}$
④ $\dfrac{\mu_o\mu_s}{mB}$

Explanation

자계 중의 자극이 받는 힘 $F = mH$[N]

자속밀도 $B = \mu_0\mu_s H$에서 $H = \dfrac{B}{\mu_o\mu_s}$[A/m]

$\therefore F = \dfrac{Bm}{\mu_o\mu_s}$[N] 【답】②

20 ★★☆☆☆
모든 전기 장치를 접지시키는 근본적 이유는?

① 영상전하를 이용하기 때문에
② 지구는 전류가 잘 통하기 때문에
③ 편의상 지면의 전위를 무한대로 보기 때문에
④ 지구의 용량이 커서 전위가 거의 일정하기 때문에

지구는 정전용량이 크므로 많은 전하가 축적되어도 지구의 전위는 일정하다.
모든 전기 장치를 접지시킨다.

【답】 ④

2과목　전력공학

21 ★★☆☆☆
단상 2선식에 비하여 단상 3선식의 특징으로 옳은 것은?

① 소요 전선량이 많아야 한다.
② 중성선에는 반드시 퓨즈를 끼워야 한다.
③ 110[V] 부하 외에 220[V] 부하의 사용이 가능하다.
④ 전압 불평형을 줄이기 위하여 저압선의 말단에 전력용 콘덴서를 설치한다.

Explanation

단상 3선식의 특징
• 전선 소모량이 단상 2선식에 비해 37.5%(경제적)
• 110/220의 두 종의 전원
• 중성선 단선 시 전압의 불평형 → 저압 밸런서의 설치
• 단상 2선식에 비해 효율이 높고 전압 강하가 적다.
• 조건 및 특성
 – 변압기 2차측 1단자 접지 공사
 – 개폐기는 동시 동작형
 – 중성선에 퓨즈 설치하지 말 것

【답】 ③

22 ★★★★☆
정삼각형 배치의 선간거리가 5[m]이고, 전선의 지름이 1[cm]인 3상 가공 송전선의 1선의 정전용량은 약 몇 [μF/km]인가?

① 0.008
② 0.016
③ 0.024
④ 0.032

Explanation

작용정전용량 $C = \dfrac{0.02413}{\log_{10}\dfrac{D}{r}} = \dfrac{0.02413}{\log_{10}\dfrac{5}{0.5\times10^{-2}}} = 0.008\,[\mu\text{F/km}]$

【답】 ①

23 ★☆☆☆☆
수력발전소의 취수 방법에 따른 분류로 틀린 것은?

① 댐식
② 수로식
③ 역조정지식
④ 유역변경식

Explanation

취수 방식에 따른 방식
• 수로식 : 하천 하류의 구배를 이용할 수 있도록 수로를 설치하여 낙차를 얻는 발전방식
• 댐식 : 댐을 설치하여 낙차를 얻는 발전 방식
• 댐수로식 : 수로식+댐식
• 유역변경식 : 유량이 풍부한 하천과 낙차가 큰 하천을 연결하여 발전하는 방식

【답】 ③

24 ★★★☆☆
선로의 특성임피던스에 관한 내용으로 옳은 것은?

① 선로의 길이에 관계없이 일정하다.
② 선로의 길이가 길어질수록 값이 커진다.
③ 선로의 길이가 길어질수록 값이 작아진다.
④ 선로의 길이보다는 부하전력에 따라 값이 변한다.

Explanation

특성임피던스 $Z_0 = \sqrt{\dfrac{L}{C}}$

따라서 특성임피던스는 길이에 무관하다.　　　　　　　　　　　　　　　　　【답】①

25 ★★★★★
송전선에 복도체를 사용할 때의 설명으로 틀린 것은?

① 코로나 손실이 경감된다.
② 안정도가 상승하고 송전용량이 증가한다.
③ 정전 반발력에 의한 전선의 진동이 감소된다.
④ 전선의 인덕턴스는 감소하고, 정전용량이 증가한다.

Explanation

복도체(다도체) 방식(주목적 : 코로나 방지)
• 인덕턴스는 감소, 정전 용량은 증가
• 코로나의 방지, 코로나 임계 전압의 상승
• 송전 용량의 증대, 안정도 증대
• 전선 표면의 전위경도 감소
• 소도체 간의 흡인력 발생 : 스페이서 사용　　　　　　　　　　　　　【답】③

26 ★★★☆☆
화력발전소에서 증기 및 급수가 흐르는 순서는?

① 보일러 → 과열기 → 절탄기 → 터빈 → 복수기
② 보일러 → 절탄기 → 과열기 → 터빈 → 복수기
③ 절탄기 → 보일러 → 과열기 → 터빈 → 복수기
④ 절탄기 → 과열기 → 보일러 → 터빈 → 복수기

Explanation

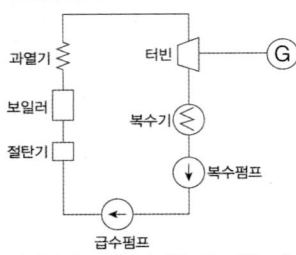

기력발전소 열 사이클 중 기본 사이클은 랭킨사이클이다.　　　　　　　【답】③

27 ★★★★☆
선간전압이 V[kV]이고, 1상의 대지정전용량이 $C[\mu F]$, 주파수가 f[Hz]인 3상 3선식 1회선 송전선의 소호리액터 접지방식에서 소호리액터의 용량은 몇 [kVA]인가?

① $6\pi f C V^2 \times 10^{-3}$　　　　　　② $3\pi f C V^2 \times 10^{-3}$
③ $2\pi f C V^2 \times 10^{-3}$　　　　　　④ $\sqrt{3}\,\pi f C V^2 \times 10^{-3}$

소호리액터의 용량(3선 일괄의 대지충전용량)

$$Q_L = E I_L = E \times \frac{E}{\omega L} = \frac{E^2}{\frac{1}{3\omega C_s}} = 3 \times 2\pi f C_s E^2 \times 10^{-3} [\text{kVA}]$$

$$= 3 \times 2\pi f C \times 10^{-6} \times \left(\frac{V}{\sqrt{3}} \times 10^3\right)^2 \times 10^{-3} = 2\pi f C V^2 \times 10^{-3} [\text{kVA}]$$

【답】 ③

28 ★☆☆☆☆
중성점 비접지방식을 이용하는 것이 적당한 것은?

① 고전압 장거리
② 고전압 단거리
③ 저전압 장거리
④ 저전압 단거리

Explanation

비접지 방식(3.3[kV], 6.6[kV])
- 일반적으로 비접지식은 △-△ 방식 이용
- **저전압 단거리**
- 지락전류가 적다. 통신선에 유도장해가 적다.
- 1상 고장 시 V-V 결선이 가능
- 1선 지락 시 $\sqrt{3}$ 배의 전위 상승

【답】 ④

29 ★★☆☆☆
수전단전압이 3,300[V]이고, 전압강하율이 4[%]인 송전선의 송전단전압은 몇 [V]인가?

① 3,395
② 3,432
③ 3,495
④ 5,678

Explanation

전압강하율 $\delta = \dfrac{V_s - V_r}{V_r} \times 100 [\%]$에서

송전단 전압 $V_s = (1+\delta) V_r = (1+0.04) \times 3,300 = 3,432 [\text{V}]$

【답】 ②

30 ★★☆☆☆
현수애자 4개를 1련으로 한 66[kV] 송전선로가 있다. 현수애자 1개의 절연저항은 1,500[MΩ], 이 선로의 경간이 200[m]라면 선로 1[km]당의 누설 컨덕턴스는 몇 [℧]인가?

① 0.83×10^{-9}
② 0.83×10^{-6}
③ 0.83×10^{-3}
④ 0.83×10^{-2}

Explanation

현수 애자 1련의 저항 $r = 1,500 \times 4 \times 10^6 = 6 \times 10^9 [\Omega]$
표준 경간이 200[m]이므로 1[km]당 현수 애자는 5련을 시설하므로

절연저항 $R = \dfrac{r}{n} = \dfrac{6}{5} \times 10^9 [\Omega]$

누설 컨덕턴스 $G = \dfrac{1}{R} = \dfrac{5}{6} \times 10^{-9} [\text{℧}] = 0.83 \times 10^{-9} [\text{℧}]$

【답】 ①

31 ★★☆☆☆
변압기의 손실 중 철손의 감소 대책이 아닌 것은?

① 자속 밀도의 감소
② 권선의 단면적 증가
③ 아몰퍼스 변압기의 채용
④ 고배향성 규소 강판 사용

Explanation

- 철손 : 히스테리시스손 + 와류손

따라서 철손을 감소하려면 히스테리시스손과 와류손이 감소되어야 하며

- **권선의 단면적 감소**
- 자속밀도의 감소
- 규소강판 성층철심 사용
- 아몰퍼스 변압기 채용(아몰퍼그 강을 소재로 하여 철손이 $\frac{1}{10}$로 감소)　　　　　　　　【답】②

32 ★★★☆☆
변압기 내부 고장에 대한 보호용으로 현재 가장 많이 쓰이고 있는 계전기는?

① 주파수 계전기　　　　　　　　② 전압차동 계전기
③ 비율차동 계전기　　　　　　　　④ 방향 거리 계전기

Explanation

- 비율차동 계전기(RDfR) : 발·변압기 층간, 단락 보호(내부 고장 보호)　　　　　　　　【답】③

33 ★☆☆☆☆
그림과 같은 전선로의 단락 용량은 약 몇 [MVA]인가? 단, 그림의 수치는 10,000[kVA]를 기준으로 한 %리액턴스를 나타낸다.

① 33.7　　　　　　② 66.7
③ 99.7　　　　　　④ 132.7

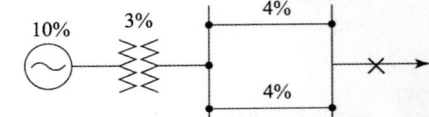

Explanation

합성 %임피던스 $\%Z = 10 + 3 + \dfrac{4 \times 4}{4 + 4} = 15[\%]$

단락용량 $P_s = \dfrac{100}{\%Z} P_n = \dfrac{100}{15} \times 10,000 \times 10^{-3}$
$\qquad\qquad = 66.7[\text{MVA}]$　　　　　　　　【답】②

34 ★★★★★
영상변류기를 사용하는 계전기는?

① 지락계전기　　　　　　　　② 차동계전기
③ 과전류계전기　　　　　　　　④ 과전압계전기

Explanation

영상변류기(ZCT) : 영상(지락)전류 검출
　　　　　　　　　지락(접지)계전기와 연결　　　　　　　　【답】①

35 ★★☆☆☆
전선의 지지점 높이가 31[m]이고, 전선의 이도가 9[m]라면 전선의 평균 높이는 몇 [m]인가?

① 25.0　　　　　　② 26.5
③ 28.5　　　　　　④ 30.0

Explanation

전선의 평균 높이 $h = h' - \dfrac{2}{3} D = 31 - \dfrac{2}{3} \times 9 = 25[\text{m}]$

여기서, h' : 전선 지지점의 높이, D : 이도　　　　　　　　【답】①

36

★★☆☆☆

초고압용 차단기에서 개폐저항을 사용하는 이유는?

① 차단전류 감소
② 이상전압 감쇄
③ 차단속도 증진
④ 차단전류의 역률 개선

Explanation

내부 이상전압 : 직격뢰, 유도뢰를 제외한 나머지
• 개폐서지 : 무부하 충전전류 개로 시 가장 크다.
• 대책: 개폐저항기(SOV), 서지흡수기(SA)

【답】②

37

★☆☆☆☆

전력계통 안정도는 외란의 종류에 따라 구분되는데, 송전선로에서의 고장, 발전기 탈락과 같은 큰 외란에 대한 전력계통의 동기운전 가능 여부로 판정되는 안정도는?

① 과도안정도
② 정태안정도
③ 전압안정도
④ 미소신호안정도

Explanation

• 정태안정도 : 송전 계통이 불변 부하 또는 극히 서서히 증가하는 부하에 대하여 계속적으로 송전할 수 있는 능력
• **과도안정도** : 부하의 급변 또는 사고가 발생해서 계통에 큰 충격을 주었을 경우에도 탈조하지 않고 새로운 평형 상태를 회복하여 송전을 계속할 수 있는 능력
• 동태안정도 : AVR이나 조속기 등이 갖는 제어효과까지도 고려한 안정도

【답】①

38

★★★★★

역률 개선에 의한 배전계통의 효과가 아닌 것은?

① 전력 손실 감소
② 전압강하 감소
③ 변압기 용량 감소
④ 전선의 표피효과 감소

Explanation

역률 개선의 효과
• 전력 손실 경감
• 전압강하 경감
• 설비 용량의 여유분 증가
• 전력 요금의 절약

【답】④

39

★☆☆☆☆

원자력 발전의 특징이 아닌 것은?

① 건설비와 연료비가 높다.
② 설비는 국내 관련 사업을 발전시킨다.
③ 수송 및 저장이 용이하여 비용이 절감된다.
④ 방사선 측정기, 폐기물 처리 장치 등이 필요하다.

Explanation

기력발전과 원자력 발전의 비교
원자력 발전은 원자로에서 끌어낸 증기는 연료 피복재의 관계상 고온으로 할 수 없으므로 증기조건은 좋지 못하여 터빈이 대형으로 되며 따라서 가동날개의 길이가 크게 된다. 따라서 원자력 발전소의 건설비는 화력 발전소에 비하여 많이 소요되며 방사선 측정기, 폐기물 처리 장치 등이 필요하다.

【답】①

40

★★★★☆

최대 전력의 발생시각 또는 발생시기의 분산을 나타내는 지표는?

① 부등률
② 부하율
③ 수용률
④ 전일효율

2018년 3회 기출문제 ◀ 18-63

Explanation

$$\text{부등률} = \frac{\text{각 개별 최대 수용 전력의 합}}{\text{합성 최대 전력}} \geq 1$$

최대 전력이 발생하는 시간이 부하마다 다르다(최대 전력의 발생시각 또는 발생시기의 분산을 나타내는 지표). **【답】** ①

3과목　전기기기

41 ★☆☆☆☆
3상 Y결선, 30[kW], 460[V], 60[Hz] 정격인 유도전동기의 시험결과가 다음과 같다. 이 전동기의 무부하 시 1상당 동손은 약 몇 [W]인가? 단, 소수점 이하는 무시한다.

> 무부하 시험 : 인가전압 460[V], 전류 32[A]
> 소비전력 : 4,600[W]
> 직류시험 : 인가전압 12[V], 전류 60[A]

① 102 ② 104
③ 106 ④ 108

Explanation

직류시험 $R = \dfrac{V}{I} = \dfrac{12}{60} = 0.2[\Omega]$

한 상의 저항은 $R' = \dfrac{0.2}{2} = 0.1[\Omega]$

한 상의 무부하 동손 $P_o = I_o^2 R = 32^2 \times 0.1 = 102.4[W]$ **【답】** ①

42 ★★★★★
임피던스 강하가 4[%]인 변압기가 운전 중 단락되었을 때 그 단락전류는 정격전류의 몇 배인가?
① 15 ② 20
③ 25 ④ 30

Explanation

단락 전류 $I_s = \dfrac{100}{\%Z} I_n = \dfrac{100}{4} \times I_n = 25 I_n$ **【답】** ③

43 ★★☆☆☆
3상 유도전동기의 특성에 관한 설명으로 옳은 것은?
① 최대 토크는 슬립과 반비례한다. ② 기동토크는 전압의 2승에 비례한다.
③ 최대 토크는 2차 저항과 반비례한다. ④ 기동토크는 전압의 2승에 반비례한다.

Explanation

유도전동기의 특성 기동토크 $T \propto V_1^2$(전압의 2승에 비례) **【답】** ②

44 ★★★★★
3상 유도전동기의 속도제어법이 아닌 것은?
① 극수변환법 ② 1차 여자제어
③ 2차 저항제어 ④ 1차 주파수제어

유도 전동기의 속도제어

	특징

농형
유도 전동기
	① 주파수 변환법
	  – 역률이 양호하며 연속적인 속도제어가 되지만, 전용 전원이 필요
	  – 인견·방직 공장의 포트모터, 선박의 전기추진기
	② 극수 변환법
	③ 전압 제어법
	  – 전원 전압의 크기를 조절하여 속도제어

권선형
유도 전동기
	① 2차 저항법
	  – 토크의 비례추이를 이용한 것
	  – 2차 회로에 저항을 삽입 토크에 대한 슬립 S를 바꾸어 속도 제어
	② 2차 여자법
	  – 회전자 기전력과 같은 주파수 전압을 인가하여 속도제어
	  – 고효율로 광범위한 속도제어
	③ 종속접속법

【답】②

45 ★★★★★
3상 유도전동기의 출력이 10[kW], 전부하 때의 슬립이 5[%]라 하면 2차 동손은 약 몇 [kW]인가?

① 0.426
② 0.526
③ 0.626
④ 0.726

Explanation

$P_0 = (1-s)P_2$에서 $P_2 = \dfrac{P_0}{1-s}$

2차 동손 $P_{c2} = sP_2$이므로

2차 동손 $P_{c2} = \dfrac{s}{1-s}P_0 = \dfrac{0.05}{1-0.05} \times 10 = 0.526[kW]$

【답】②

46 ★★★★★
직류발전기의 전기자 권선법 중 단중 파권과 단중 중권을 비교했을 때 단중 파권에 해당하는 것은?

① 고전압 대전류
② 저전압 소전류
③ 고전압 소전류
④ 저전압 대전류

Explanation

중권과 파권 비교

비교항목	단중 중권	단중 파권
전기자의 병렬회로수	a=P(mP)	a=2(2m)
브러시 수	a=P=b	b=2
용도	저전압, 대전류	**고전압, 소전류**
균압접속	균압환 필요	불필요

【답】③

47 ★★★★☆
일반적으로 전철이나 화학용과 같이 비교적 용량이 큰 수은 정류기용 변압기의 2차 측 결선 방식으로 쓰이는 것은?

① 3상 반파
② 3상 전파
③ 3상 크로즈파
④ 6상 2중 성형

Explanation

변압기 상수 변환법
• 3상에서 2상변환 : scott 결선(=T결선), Meyer 결선, wood bridge 결선
• 3상에서 6상변환 : Fork 결선, 2중 성형 결선, 환상 결선, 대각 결선, 2중△결선
여기서, **부하가 수은 정류기일 때는 6상 결선을 사용한다.**　　　　　　　　　　　　　　　　　　　　　　　【답】④

48
★★★★★
자기용량 3[kVA], 3,000/100[V]의 단권변압기를 승압기로 연결하고 1차 측에 3,000[V]를 가했을 때 그 부하용량[kVA]은?

① 76　　　　　　　　　　　　　　　　　② 85
③ 93　　　　　　　　　　　　　　　　　④ 94

> **Explanation**

$$V_h = V_l\left(1+\frac{1}{a}\right) = 3,000\left(1+\frac{100}{3,000}\right) = 3,100[\text{V}]$$

$$\frac{\text{자기용량}}{\text{부하용량}} = \frac{e_2 I_2}{V_h I_2} = \frac{e_2}{V_h} \fallingdotseq \frac{V_h - V_l}{V_h}$$

$$\text{부하용량} = \frac{V_h}{e_2} \times \text{자기용량}$$
$$= \frac{3,100}{100} \times 3 = 93[\text{kVA}]$$　　　　　　　　　　　　　　　　　【답】③

49
★★★★★
SCR에 관한 설명으로 틀린 것은?

① 3단자 소자이다.
② 전류는 애노드에서 캐소드로 흐른다.
③ 소형의 전력을 다루고 고주파 스위칭을 요구하는 응용분야에 주로 사용된다.
④ 도통 상태에서 순반향 애노드전류가 유지 전류 이하로 되면 SCR은 차단상태로 된다.

> **Explanation**

SCR(Silicon Controlled Rectifier) : 실리콘 제어 정류기
• 실리콘 정류 소자 역저지 3단자, 대전력 제어
• 동작 최고 온도가 가장 높다(200[℃]).
• 정류기능의 단일 방향성 3단자 소자
• 위상 제어
• 역방향 내전압 : 약 500~1,000[V](역방향 내전압이 가장 크다)　　　　　　　　　　　　　【답】③

50
★★★★☆
직류 분권전동기의 기동 시에는 계자저항기의 저항 값은 어떻게 설정하는가?

① 끊어둔다.　　　　　　　　　　　　　② 최대로 해 둔다.
③ 0(영)으로 해 둔다.　　　　　　　　　④ 중위(中位)로 해 둔다.

> **Explanation**

직류전동기 기동 시
• 기동저항기 : 최대
• 계자저항기 : 최소(기동토크를 크게 하기 위하여 0으로 해둔다)　　　　　　　　　　　　　【답】③

51
★★★★★
공급전압이 일정하고 역률 1로 운전하고 있는 동기전동기의 여자전류를 증가시키면 어떻게 되는가?

① 역률은 뒤지고 전기자 전류는 감소한다.　　② 역률은 뒤지고 전기자 전류는 증가한다.
③ 역률은 앞서고 전기자 전류는 감소한다.　　④ 역률은 앞서고 전기자 전류는 증가한다.

> **Explanation**

동기 전동기의 위상 특성 곡선(V곡선)
- I_a 와 I_f 관계곡선(P는 일정)
- 계자전류의 변화에 대한 전기자 전류의 변화를 나타낸 곡선
- 과여자 : 앞선 역률(진상)
- 부족여자 : 늦은 역률(지상)
역률 $\cos\theta = 1$일 때, 전기자 전류 최소

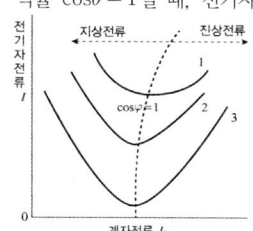

【답】 ④

52 ★★★★★
동기발전기의 단락비나 동기임피던스를 산출하는 데 필요한 특성곡선은?

① 부하 포화곡선과 3상 단락곡선
② 단상 단락곡선과 3상 단락곡선
③ 무부하 포화곡선과 3상 단락곡선
④ 무부하 포화곡선과 외부특성곡선

Explanation

단락비 계산 : 무부하 포화 시험, 3상 단락시험

【답】 ③

53 ★★★☆☆
변압기 내부고장에 대한 보호용으로 사용되는 계전기는 어느 것이 적당한가?

① 방향계전기
② 온도계전기
③ 접지계전기
④ 비율차동계전기

Explanation

변압기 내부 고장 보호용
- **전기적인 보호 : 비율차동계전기**
- 기계적인 보호 : 부흐홀츠계전기, 유온계(온도계전기), 유위계, 충격압력계전기

【답】 ④

54 ★★★★★
직류 분권전동기 운전 중 계자 권선의 저항이 증가할 때 회전속도는?

① 일정하다.
② 감소한다.
③ 증가한다.
④ 관계없다.

Explanation

직류 분권전동기의 속도 $n = K\dfrac{V - I_a R_a}{\phi}$ 이므로
계자저항 R_f를 증가하면 계자전류 I_f가 감소하며
따라서 자속 ϕ가 감소하므로 속도는 증가한다.

【답】 ③

55 ★★★★★
동기기의 과도 안정도를 증가시키는 방법이 아닌 것은?

① 단락비를 크게 한다.
② 속응 여자방식을 채용한다.
③ 회전부의 관성을 작게 한다.
④ 역상 및 영상 임피던스를 크게 한다.

Explanation

동기기의 안정도 증진법
- 동기 리액턴스를 작게 할 것

- 회전자의 플라이휠 효과를 크게 할 것(관성 모멘트를 크게)
- 속응 여자방식을 채용
- 발전기의 조속기 동작을 신속히 할 것
- 동기 탈조 계전기를 사용
- 역상, 영상 임피던스를 크게 할 것

【답】③

56 ★☆☆☆☆
단상 반발 유도전동기에 대한 설명으로 옳은 것은?

① 역률은 반발기동형보다 나쁘다.
② 기동토크는 반발기동형보다 크다.
③ 전부하 효율은 반발기동형보다 좋다.
④ 속도의 변화는 반발기동형보다 크다.

Explanation

단상 반발 유도형전동기
- 기동토크는 반발기동형보다 작다.
- 최대 토크는 반발기동형보다 크다.
- **부하에 의한 속도 변화는 반발기동형보다 크다.**
- 효율은 좋지 않지만 역률은 좋다.

【답】④

57 ★☆☆☆☆
2중 농형 유도전동기가 보통 농형 유도전동기에 비해서 다른 점은 무엇인가?

① 기동전류가 크고, 기동토크도 크다.
② 기동전류가 적고, 기동토크도 적다.
③ 기동전류가 적고, 기동토크는 크다.
④ 기동전류가 크고, 기동토크는 적다.

Explanation

2중 농형전동기 : 기동토크가 크고, 기동전류가 작다. 열이 많이 발생하여 효율은 낮다.

【답】③

58 ★☆☆☆☆
직류전동기의 공급전압을 $V[\text{V}]$, 자속을 $\phi[\text{Wb}]$, 전기자 전류를 $I_a[\text{A}]$, 전기자 저항을 $R_a[\Omega]$, 속도를 $N[\text{rpm}]$이라 할 때 속도의 관계식은 어떻게 되는가?

① $N = k\dfrac{V + I_a R_a}{\phi}$
② $N = k\dfrac{V - I_a R_a}{\phi}$
③ $N = k\dfrac{\phi}{V + I_a R_a}$
④ $N = k\dfrac{\phi}{V - I_a R_a}$

Explanation

직류 전동기의 속도 제어 $n = K\dfrac{V - I_a R_a}{\phi}[\text{rps}]$　　여기서, K는 기계정수

【답】②

59 ★☆☆☆☆
유입식 변압기에 콘서베이터(conservator)를 설치하는 목적으로 옳은 것은?

① 충격 방지
② 열화 방지
③ 통풍 장치
④ 코로나 방지

Explanation

절연열화 방지대책
- 콘서베이터(보조탱크) 설치
- 질소 봉입 방식
- 흡착제 방식

【답】②

60 ★★☆☆☆
3상 반파정류회로에서 직류전압의 파형은 전원전압 주파수의 몇 배의 교류분을 포함하는가?

① 1

② 2

③ 3

④ 6

Explanation

정류회로 비교

구분	단상 반파	단상 전파	**3상 반파**	3상 전파
직류전압	$E_d = 0.45E$	$E_d = 0.9E$	$E_d = 1.17E$	$E_d = 1.35E$
맥동주파수	f	2f	**3f**	6f
맥동률	121[%]	48[%]	17[%]	4[%]

【답】 ③

4과목   회로이론

61 ★★☆☆☆
$e^{j\frac{2}{3}\pi}$ 와 같은 것은?

① $\dfrac{1}{2} - j\dfrac{\sqrt{3}}{2}$

② $-\dfrac{1}{2} - j\dfrac{\sqrt{3}}{2}$

③ $-\dfrac{1}{2} + j\dfrac{\sqrt{3}}{2}$

④ $\cos\dfrac{2}{3}\pi + \sin\dfrac{2}{3}\pi$

Explanation

$$e^{j\frac{2}{3}\pi} = 1\angle\frac{2}{3}\pi = 1\left(\cos\frac{2}{3}\pi + j\sin\frac{2}{3}\pi\right) = -\frac{1}{2} + j\frac{\sqrt{3}}{2}$$

【답】 ③

62 ★☆☆☆☆
100[V], 800[W], 역률 80[%]인 교류회로의 리액턴스는 몇 [Ω]인가?

① 6

② 8

③ 10

④ 12

Explanation

소비전력 $P = VI\cos\theta$ [W]

피상전력 $P_a = VI = \dfrac{P}{\cos\theta} = \dfrac{800}{0.8} = 1,000$ [VA]

$P_a = VI$이므로 $I = \dfrac{P_a}{V} = \dfrac{1,000}{100} = 10$[A]

무효전력 $P_r = VI\sin\theta = 1,000 \times 0.6 = 600$ [Var]

$P_r = I^2 X$이므로

리액턴스 $X = \dfrac{P_r}{I^2} = \dfrac{600}{10^2} = 6$[Ω]

【답】 ①

63 ★★☆☆☆ 그림고- 같은 π형 4단자 회로의 어드미턴스 상수 중 Y_{22}는 몇 [℧]인가?

① 5
② 6
③ 9
④ 11

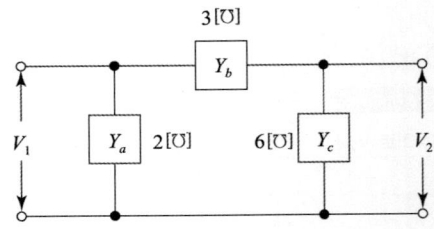

어드미턴스 파라미터
$$I_1 = Y_{11}V_1 + Y_{21}V_2$$
$$I_2 = Y_{21}V_1 + Y_{22}V_2$$

$$Y_{11} = \frac{I_1}{V_1}\bigg|_{V_2=0} = Y_a + Y_b \qquad Y_{12} = \frac{I_1}{V_2}\bigg|_{V_1=0} = \frac{-Y_b V_2}{V_2} = -Y_b$$

$$Y_{21} = \frac{I_2}{V_1}\bigg|_{V_2=0} = \frac{-Y_b V_1}{V_1} = -Y_b \qquad Y_{22} = \frac{I_2}{V_2}\bigg|_{V_1=0} = Y_b + Y_c$$

따라서 $Y_{22} = 3 + 6 = 9$[℧]

【답】③

64 ★★★★★ 불평형 3상 전류 $I_a = 15 + j2$[A], $I_b = -20 - j14$[A], $I_c = -3 + j10$[A]일 때 영상전류 I_0는 약 몇 [A]인가?

① $2.67 + j0.36$
② $15.7 - j3.25$
③ $-1.91 + j6.24$
④ $-2.67 - j0.67$

영상분 $I_0 = \frac{1}{3}(I_a + I_b + I_c)$

정상분 $I_1 = \frac{1}{3}(I_a + aI_b + a^2 I_c)$

역상분 $I_2 = \frac{1}{3}(I_a + a^2 I_b + aI_c)$

따라서 영상분 $I_0 = \frac{1}{3}(I_a + I_b + I_c) = \frac{1}{3}(15 + j2 - 20 - j14 - 3 + j10)$

$$= \frac{1}{3}(-8 - j2) = -2.67 - j0.67[A]$$

【답】④

65 ★☆☆☆☆ 어떤 계에 임펄스 함수(δ함수)가 입력으로 가해졌을 때 시간함수 e^{-2t}가 출력으로 나타났다. 이 계의 전달함수는?

① $\dfrac{1}{s+2}$
② $\dfrac{1}{s-2}$
③ $\dfrac{2}{s+2}$
④ $\dfrac{2}{s-2}$

전달함수 : 입력과 출력의 라플라스 변환비
　　　　　임펄스 응답의 라플라스 변환(초기값=0)
여기서, 임펄스 응답이 e^{-2t}이므로 전달함수는 임펄스 응답의 라플라스 변환이므로

$$\mathcal{L}[e^{-2t}] = \frac{1}{s+2}$$

따라서 전달함수는 $G(s) = \dfrac{Y(s)}{X(s)} = \dfrac{1}{s+2}$

【답】 ①

66 ★☆☆☆☆

0.2[H]의 인덕터와 150[Ω]의 저항을 직렬로 접속하고 220[V] 상용교류를 인가하였다. 1시간 동안 소비된 전력량은 약 몇 [Wh]인가?

① 209.6

② 226.4

③ 257.6

④ 286.9

Explanation

유도성 리액턴스 $X_L = \omega L = 2\pi f L = 2\pi \times 60 \times 0.2 = 75.4[\Omega]$

임피던스 $Z = R + jX_L = 150 + j75.4 = \sqrt{150^2 + 75.4^2} = 167.88[\Omega]$

전류 $I = \dfrac{V}{Z} = \dfrac{220}{167.88} = 1.31[A]$

전력량 $W = Pt = I^2 Rt = 1.31^2 \times 150 \times 1 = 257.6[Wh]$

【답】 ③

67 ★★★★★

어떤 제어계의 출력이 $C(s) = \dfrac{5}{s(s^2 + s + 2)}$ 로 주어질 때 출력의 시간함수 $c(t)$의 최종값은?

① 5

② 2

③ $\dfrac{2}{5}$

④ $\dfrac{5}{2}$

Explanation

라플라스 변환의 최종치 정리를 이용하여

$f(\infty) = \lim_{t \to \infty} f(t) = \lim_{s \to 0} s\, F(s)$ 로부터

$f(\infty) = \lim_{s \to 0} s \dfrac{5}{s(s^2 + s + 2)} = \lim_{s \to 0} \dfrac{5}{s^2 + s + 2} = \dfrac{5}{2}$

【답】 ④

68 ★★☆☆☆

$e = E_m \cos\left(100\pi t - \dfrac{\pi}{3}\right)$[V]와 $i = I_m \sin\left(100\pi t + \dfrac{\pi}{4}\right)$[A]의 위상차를 시간으로 나타내면 약 몇 초인가?

① 3.33×10^{-4}

② 4.33×10^{-4}

③ 6.33×10^{-4}

④ 8.33×10^{-4}

Explanation

$e = E_m \cos\left(100\pi t - \dfrac{\pi}{3}\right) = E_m \sin(100\pi t + 30°)$

$i = I_m \sin\left(100\pi t + \dfrac{\pi}{4}\right) = I_m \sin(100\pi t + 45°)$

따라서 위상차 $\theta = \theta_2 - \theta_1 = 45° - 30° = 15° = \dfrac{\pi}{12}$

여기서, $\theta = \omega t$ 에서

$t = \dfrac{\theta}{\omega} = \dfrac{\pi}{12} \times \dfrac{1}{100\pi} = \dfrac{1}{1,200} = 8.33 \times 10^{-4}[sec]$

【답】 ④

69 ★☆☆☆☆

같은 저항 $r[\Omega]$ 6개를 사용하여 그림과 같이 결선하고 대칭 3상 전압 $V[V]$를 가했을 때 흐르는 전류 I는 몇 [A]인가?

① $\dfrac{V}{2r}$

② $\dfrac{V}{3r}$

③ $\dfrac{V}{4r}$

④ $\dfrac{V}{5r}$

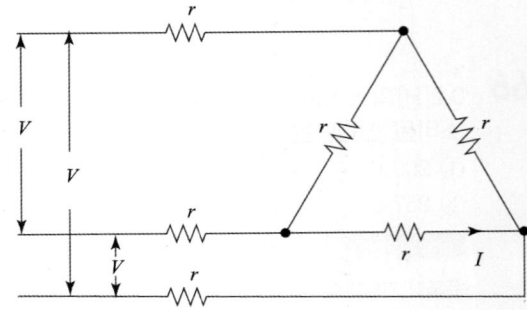

Explanation

우선 회로를 Y결선으로 전환하면

$\triangle \rightarrow$Y로 변환 : 저항은 $\dfrac{1}{3}$이 되므로 $\dfrac{r}{3}$

따라서 전체 1상의 저항은 $R = r + \dfrac{r}{3} = \dfrac{4}{3}r$

$$I_p = \frac{V_p}{Z} = \frac{\dfrac{V}{\sqrt{3}}}{\dfrac{4}{3}r} = \frac{3V}{4\sqrt{3}r} = \frac{\sqrt{3}\,V}{4r}$$

따라서 $\triangle$결선의 상전류는 $I_p = \dfrac{I_l}{\sqrt{3}} = \dfrac{\dfrac{\sqrt{3}\,V}{4r}}{\sqrt{3}} = \dfrac{V}{4r}$

【답】③

70 ★☆☆☆☆

어떤 교류전동기의 명판에 역률 = 0.6, 소비전력 = 120[kW]로 표기되어 있다. 이 전동기의 무효전력은 몇 [kVar]인가?

① 80

② 100

③ 140

④ 160

Explanation

소비전력 $P = VI\cos\theta\,[\text{kW}]$

피상전력 $P_a = VI = \dfrac{P}{\cos\theta} = \dfrac{120}{0.6} = 200[\text{VA}]$

$P_a = VI = \sqrt{P^2 + P_r^2}$

무효전력 $P_r = \sqrt{P_a^2 - P^2} = \sqrt{200^2 - 120^2} = 160[\text{kVar}]$

【답】④

71 ★★☆☆☆

대칭 3상 전압이 있을 때 한 상의 Y전압 순시값 $e_p = 1,000\sqrt{2}\sin\omega t + 500\sqrt{2}\sin(3\omega t + 20°)$

$+ 100\sqrt{2}\sin(5\omega t + 30°)[V]$이면 선간전압 E_l에 대한 상전압 E_p의 실효값 비율 $\left(\dfrac{E_p}{E_l}\right)$은 약 몇 [%]인가?

① 55

② 64

③ 85

④ 95

Explanation

상전압은 대지(접지측)와의 관계이므로 기본파와 제3고조파 전압이 존재하며 따라서 $V_p = \sqrt{V_1^2 + V_3^2 + V_5^2} = \sqrt{1,000^2 + 500^2 + 100^2} = 1,122.5$

선간전압은 제3 고조파분이 존재하지 않으므로

$V_l = \sqrt{3} \cdot \sqrt{V_1^2 + V_5^2} = \sqrt{3} \times \sqrt{1,000^2 + 100^2} = 1,740.7$

$\therefore \dfrac{V_p}{V_l} = \dfrac{1,122.5}{1,740.7} \times 100 = 64.5[\%]$

【답】②

72 ★★★★★

대칭 좌표법에서 사용되는 용어 중 각 상에 공통인 성분을 표시하는 것은?

① 영상분
② 정상분
③ 역상분
④ 공통분

Explanation

대칭 좌표법
- **영상분 : 불평형에서 각 상의 공통성분**
- 정상분 : 불평형에서 상회전 방향이 같은 성분
- 역상분 : 불평형에서 상회전 방향이 다른 성분

【답】①

73 ★★☆☆☆

어느 저항에 $v_1 = 220\sqrt{2}\sin(2\pi \cdot 60t - 30°)$[V]와 $v_2 = 100\sqrt{2}\sin(3 \cdot 2\pi \cdot 60t - 30°)$[V]의 전압이 각각 걸릴 때의 설명으로 옳은 것은?

① v_1이 v_2보다 위상이 15° 앞선다.
② v_1이 v_2보다 위상이 15° 뒤진다.
③ v_1이 v_2보다 위상이 75° 앞선다.
④ v_1과 v_2의 위상관계는 의미가 없다.

Explanation

페이저로 표현하면
$V_1 = 220\angle -30°$
$V_2 = 100\angle -30°$
따라서 v_1과 v_2의 위상차는 0이므로 의미가 없다.

【답】④

74 ★★☆☆☆

$R-L-C$ 병렬 공진회로에 관한 설명 중 틀린 것은?

① R의 비중이 작을수록 Q가 높다.
② 공진 시 입력 어드미턴스는 매우 작아진다.
③ 공진 주파수 이하에서의 입력전류는 전압보다 위상이 뒤진다.
④ 공진 시 L 또는 C에 흐르는 전류는 입력전류 크기의 Q배가 된다.

Explanation

【답】①

75 ★★★☆☆

대칭 5상 회로의 선간전압과 상전압의 위상차는?

① 27°
② 36°
③ 54°
④ 72°

Explanation

대칭 n상 교류 성형(Y) 결선

선간 전압과 상전압의 위상차 $\theta = \dfrac{\pi}{2}\left(1-\dfrac{2}{n}\right) = \dfrac{180}{2}\left(1-\dfrac{2}{5}\right) = 54°$ 【답】③

76 ★★★☆☆ $\dfrac{s\sin\theta + \omega\cos\theta}{s^2 + \omega^2}$ 의 역라플라스 변환을 구하면 어떻게 되는가?

① $\sin(\omega t - \theta)$ ② $\sin(\omega t + \theta)$

③ $\cos(\omega t - \theta)$ ④ $\cos(\omega t + \theta)$

Explanation

【답】②

77 ★★★★☆ 대칭 3상 전압이 a상 V_a[V], b상 $V_b = a^2 V_a$[V], c상 $V_c = a V_a$[V]일 때 a상을 기준으로 한 대칭분전압 중 정상분 V_1[V]은 어떻게 표시되는가? 단, $a = -\dfrac{1}{2} + j\dfrac{\sqrt{3}}{2}$ 이다.

① 0 ② V_a

③ $a V_a$ ④ $a^2 V_a$

Explanation

평형 3상 : 각 상의 크기가 같고 위상만 $120°$ 씩 차이

영상분과 역상분은 없고 정상분만 존재

$V_a,\ V_b = a^2 V_a,\ V_c = a V_a$

$\begin{bmatrix} V_0 \\ V_1 \\ V_2 \end{bmatrix} = \dfrac{1}{3}\begin{bmatrix} 1 & 1 & 1 \\ 1 & a & a^2 \\ 1 & a^2 & a \end{bmatrix}\begin{bmatrix} V_a \\ V_b \\ V_c \end{bmatrix} = \dfrac{1}{3}\begin{bmatrix} 1 & 1 & 1 \\ 1 & a & a^2 \\ 1 & a^2 & a \end{bmatrix}\begin{bmatrix} V_a \\ a^2 V_a \\ a V_a \end{bmatrix} = \begin{bmatrix} 0 \\ V_a \\ 0 \end{bmatrix}$

【답】②

78 ★★☆☆☆ 그림에서 a, b 단자의 전압이 100[V], a, b에서 본 능동 회로망 N의 임피던스가 15[Ω]일 때 a, b 단자에 10[Ω]의 저항을 접속하면 a, b 사이에 흐르는 전류는 몇 [A]인가?

① 2

② 4

③ 6

④ 8

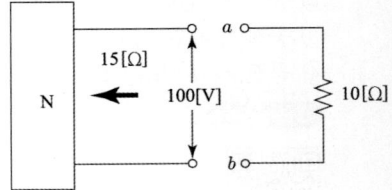

Explanation

개방 단 전압 : 테브난 전압 $V_{Th} = 100$[V]

개방 단에서 본 저항 : 테브난 저항 $R_{Th} = 15$[Ω]

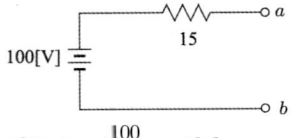

전류 $I = \dfrac{100}{15+10} = 4$[A]

【답】②

79 ★★☆☆☆
전원이 Y결선, 부하가 △결선된 3상 대칭회로가 있다. 전원의 상전압이 220[V]이고 전원의 상전류가 10[A]일 경우, 부하 한 상의 임피던스[Ω]는?

① $22\sqrt{3}$

② 22

③ $\dfrac{22}{\sqrt{3}}$

④ 66

Explanation

상전류 $I_p = \dfrac{V_p}{Z}$ 에서

부하는 △ 결선이므로 $V_p = V_l = 220\sqrt{3}$, $I_p = \dfrac{10}{\sqrt{3}}$

임피던스 $Z = \dfrac{V_p}{I_p} = \dfrac{220\sqrt{3}}{\dfrac{10}{\sqrt{3}}} = 66[\Omega]$

【답】④

---

80 ★★☆☆☆
$\dfrac{dx(t)}{dt} + 3x(t) = 5$ 의 라플라스 변환 $X(s)$는? 단, $x(0^+) = 0$ 이다.

① $\dfrac{5}{s+3}$

② $\dfrac{3s}{s+5}$

③ $\dfrac{3}{s(s+5)}$

④ $\dfrac{5}{s(s+3)}$

Explanation

양변을 라플라스 변환하면

$sX(s) + 3X(s) = \dfrac{5}{s}$

$X(s)(s+3) = \dfrac{5}{s}$

$X(s) = \dfrac{5}{s(s+3)}$

【답】④

5과목 전기설비기술기준

81 ★★★☆☆
사용전압이 22.9[kV]인 가공전선과 지지물 사이의 이격거리는 몇 [m] 이상이어야 하는가?

① 0.05

② 0.1

③ 0.15

④ 0.2

Explanation

(KEC 333.5조) 특고압 가공전선과 지지물 등의 이격거리

사용전압	이격거리[m]
15[kV] 미만	0.15
15[kV] 이상 25[kV] 미만	0.2
...	...

【답】④

82 ★★★★☆ 농사용 저압 가공전선로의 시설에 대한 설명으로 틀린 것은?

① 전선로의 경간은 30[m] 이하일 것
② 목주의 굵기는 말구 지름이 0.09[m] 이상일 것
③ 저압 가공전선의 지표상 높이는 5[m] 이상일 것
④ 저압 가공전선은 지름 2[mm] 이상의 경동선일 것

Explanation

(KEC 222.22조) 농사용 저압 가공 전선로의 시설
① 농사용 저압 가공 전선로의 경간은 30[m] 이하일 것
② 목주 말구 지름은 0.09[m] 이상
③ 전선의 최소 굵기는 인장강도 1.38[kN] 이상의 것 또는 2[mm] 이상의 경동선일 것.
④ **전선의 지표상의 높이는 3.5[m] 이상**

【답】③

83 ★★★☆☆ 수소 냉각식 발전기 · 무효전력 보상장치 또는 이에 부속하는 수소 냉각 장치의 시설방법으로 틀린 것은?

① 발전기 내부 또는 무효전력 보상장치 내부의 수소의 순도가 70[%] 이하로 저하한 경우에 경보장치를 시설할 것
② 발전기 또는 무효전력 보상장치는 기밀구조의 것이고 또한 수소가 대기압에서 폭발하는 경우 생기는 압력에 견디는 강도를 가지는 것일 것
③ 발전기 내부 또는 무효전력 보상장치 내부의 수소의 압력을 계측하는 장치 및 그 압력이 현저히 변동할 경우에 이를 경보하는 장치를 시설할 것
④ 발전기축의 밀봉부에는 질소 가스를 봉입할 수 있는 장치와 누설한 수소가스를 안전하게 외부에 방출할 수 있는 장치를 설치할 것

Explanation

(KEC 351.10조) 수소냉각식 발전기 등의 시설
수소냉각식의 발전기 · 무효전력 보상장치 또는 이에 부속하는 수소 냉각 장치는 다음 각 호에 따라 시설하여야 한다.
① 발전기 또는 무효전력 보상장치는 기밀구조(氣密構造)의 것이고 또한 수소가 대기압에서 폭발하는 경우에 생기는 압력에 견디는 강도를 가지는 것일 것.
② 발전기축의 밀봉부에는 질소 가스를 봉입할 수 있는 장치 또는 발전기 축의 밀봉부로부터 누설된 수소 가스를 안전하게 외부에 방출할 수 있는 장치를 시설할 것.
③ **발전기 내부 또는 무효전력 보상장치 내부의 수소의 순도가 85[%] 이하로 저하한 경우에 이를 경보하는 장치를 시설할 것.**
④ 발전기 내부 또는 무효전력 보상장치 내부의 수소의 압력을 계측하는 장치 및 그 압력이 현저히 변동한 경우에 이를 경보하는 장치를 시설할 것.

【답】①

84 ★★★★★ 폭연성 분진 또는 화약류의 분말이 전기설비가 발화원이 되어 폭발할 우려가 있는 곳에 시설하는 저압 옥내배선의 공사방법으로 옳은 것은?

① 금속관공사
② 애자공사
③ 합성수지관공사
④ 캡타이어케이블공사

Explanation

(KEC 242.2.1조) 폭연성 분진 위험장소
폭연성 분진 또는 화약류의 분말이 전기설비가 발화원이 되어 폭발할 우려가 있는 곳에 시설하는 저압 옥내 전기설비는 **금속관공사 또는 케이블공사에** 의할 것

【답】①

85 ★★★★★
전력계통의 운용에 관한 지시 및 급전조작을 하는 곳은?

① 급전소

② 개폐소

③ 변전소

④ 발전소

Explanation

(KEC 112조) 용어 정의
"급전소"라 함은 전력계통의 운용에 관한 지시 및 급전조작을 하는 곳을 말한다. 　　　　【답】 ①

86 ★★★★★
가공전선로의 지지물에 취급자가 오르고 내리는 데 사용하는 발판 볼트 등은 지표상 몇 [m] 미만에 시설하여서는 아니되는가?

① 1.2

② 1.5

③ 1.8

④ 2.0

Explanation

(KEC 331.4조) 가공 전선로 지지물의 철탑오름 및 전주오름 방지
지지물에 취급자가 오르고 내리는 데 사용하는 발판 볼트 등의 지표상 1.8[m] 미만에 시설하여서는 아니된다. 　　　　【답】 ③

87 ★☆☆☆☆
금속몰드 배선공사에 대한 설명으로 틀린 것은?

① 몰드에는 접지공사를 하지 말 것

② 접속점을 쉽게 점검할 수 있도록 시설할 것

③ 황동제 또는 동제의 몰드는 폭이 50[㎜] 이하, 두께 0.5[㎜] 이상인 것일 것

④ 몰드 안의 전선을 외부로 인출하는 부분은 몰드의 관통 부분에서 전선이 손상될 우려가 없도록 시설할 것

Explanation

(KEC 232.22조) 금속몰드 공사
① 전선은 절연전선(옥외용 비닐절연 전선을 제외한다)일 것
② 금속 몰드 안에는 전선에 접속점이 없도록 할 것
③ 황동제 또는 동제의 몰드는 폭이 40[㎜] 이하, 두께 0.5[㎜] 이상인 것일 것
④ 몰드에는 접지공사를 할 것 　　　　【답】 ①

88 ★☆☆☆☆
그룹 2의 의료장소에 상용전원 공급이 중단될 경우 15초 이내에 최소 몇 [%]의 조명에 비상전원을 공급하여야 하는가?

① 30

② 40

③ 50

④ 60

Explanation

(KEC 242.10조) 의료장소
1. 절환시간 0.5초 이내에 비상전원을 공급하는 장치 또는 기기
　가. 0.5초 이내에 전력공급이 필요한 생명유지장치
　나. 그룹 1 또는 그룹 2의 의료장소의 수술등, 내시경, 수술실 테이블, 기타 필수 조명
2. **절환시간 15초 이내에 비상전원을 공급하는 장치 또는 기기**
　가. 15초 이내에 전력공급이 필요한 생명유지장치
　나. 그룹 2의 의료장소에 최소 50[%]의 조명, 그룹 1의 의료장소에 최소 1개의 조명 　　　　【답】 ③

89 ★☆☆☆☆
전선을 접속하는 경우 전선의 세기(인장하중)는 몇 [%] 이상 감소되지 않아야 하는가?

① 10
② 15
③ 20
④ 25

Explanation ▶

(KEC 123조) 전선의 접속
전선의 세기(인장하중으로 표시)를 20[%] 이상 감소시키지 아니할 것

【답】③

90 ★★★★★
고압 보안공사 시에 지지물로 A종 철근 콘크리트주를 사용할 경우 경간은 몇 [m] 이하이어야 하는가?

① 50
② 100
③ 150
④ 400

Explanation ▶

(KEC 332.10조) 고압 보안공사

지지물 종류	표준경간	저·고압 보안 공사	1종 특고 보안 공사	2·3종 특고 보안 공사	특고 시가지
목주, A종	150	100	X	100	75
B종	250	150	150	200	150
철탑	600	400	400	400	400

【답】②

91 ★★☆☆☆
154[kV] 가공전선을 사람이 쉽게 들어갈 수 없는 산지(山地)에 시설하는 경우 전선의 지표상 높이는 몇 [m] 이상으로 하여야 하는가?

① 5.0
② 5.5
③ 6.0
④ 6.5

Explanation ▶

(KEC 333.7조) 특고압 가공전선의 높이

전압의 범위	일반 장소	도로 횡단	철도 또는 궤도 횡단	횡단보도교
35[kV] 이하	5[m]	6[m]	6.5[m]	4[m] (특고압절연전선 또는 케이블 사용)
35[kV] 초과 160[kV] 이하	6[m]	6[m]	6.5[m]	5[m] (케이블 사용)
	산지 등에서 사람이 쉽게 들어갈 수 없는 장소 : 5[m] 이상			

【답】①

92 ★★★★★
조상기의 보호장치로서 내부 고장 시에 자동적으로 전로로부터 차단되는 장치를 설치하여야 하는 무효전력 보상장치의 용량은 몇 [kVA] 이상인가?

① 5,000
② 7,500
③ 10,000
④ 15,000

Explanation ▶

(KEC 351.5조) 조상설비의 보호장치

설비종별	뱅크용량의 구분	자동적으로 전로로부터 차단하는 장치
무효전력 보상장치	15,000[kVA] 이상	내부에 고장이 생긴 경우에 동작하는 장치

【답】④

93 ★★★★★
154[kV] 가공전선로를 제1종 특고압 보안공사에 의하여 시설하는 경우 사용전선의 단면적은 몇 [㎟] 이상의 경동연선이어야 하는가?

① 35
② 50
③ 95
④ 150

Explanation

(KEC 333.22조) 특고압 보안공사
• 100[kV] 미만 : 55[㎟] 이상
• 300[kV] 미만 : 150[㎟] 이상
• 300[kV] 이상 : 200[㎟] 이상

【답】④

94 KEC 적용으로 인하여 삭제되었습니다.

95 ★☆☆☆☆
조가용선을 사용하지 않아도 되는 전력 보안 통신선의 굵기는 지름 몇 [mm]의 어떤 선을 사용하는가? 단, 케이블은 제외한다.

① 2.0, 경동선
② 2.0, 연동선
③ 2.6, 경동선
④ 2.6, 연동선

Explanation

(KEC 362.3조) 조가선 시설기준
통신선을 조가용선으로 조가할 것(다만, 통신선(케이블은 제외)을 인장강도 2.30[kN]의 것 또는 지름 2.6[mm] 의 경동선을 사용하는 경우에는 그러하지 아니하다.

【답】③

96 ★★★☆☆
인가가 많이 이웃 연결되어 있는 장소에 시설하는 가공전선로의 구성재에 병종 풍압하중을 적용할 수 없는 경우는?

① 저압 또는 고압 가공전선로의 지지물
② 저압 또는 고압 가공전선로의 가섭선
③ 사용전압이 35[kV] 이상의 전선에 특고압 가공전선로에 사용하는 케이블 및 지지물
④ 사용전압이 35[kV] 이하의 전선에 특고압 절연전선을 사용하는 특고압 가공전선로의 지지물

Explanation

(KEC 331.6조) 풍압 하중의 종별과 적용
사용 전압이 35,000[V] 이하 전선에 특고압 절연전선 또는 케이블 사용하는 특고압 가공전선로의 지지물, 가섭선 및 특고압 가공전선을 지지하는 애자장치 및 완금류

【답】③

97 ★★★★★
지지선 시설에 관한 설명으로 틀린 것은?

① 지지선의 안전율은 2.5 이상이어야 한다.
② 철탑은 지지선을 사용하여 그 강도를 분담시켜야 한다.
③ 지지선에 연선을 사용할 경우 소선 3가닥 이상의 연선이어야 한다.
④ 전주 버팀대는 지지선의 인장하중에 충분히 견디도록 시설하여야 한다.

Explanation

(KEC 331.11조) 지지선의 시설
가공전선로의 지지물로 사용하는 철탑은 지지선을 사용하여 그 강도를 분담시켜서는 아니 된다.
① 지지선의 안전율은 2.5 이상일 것
② 지지선은 소선 3가닥 이상의 연선일 것

【답】②

98 ★★☆☆☆

횡단보도교 위에 시설하는 경우 그 노면상 전력보안 가공통신선의 높이는 몇 [m] 이상인가?

① 3   ② 4
③ 5   ④ 6

Explanation

(KEC 362.2조) 전력보안통신선의 시설높이와 이격거리

구분	지상고	비고
도로(차도와 인도의 구별이 없는 도로)에 시설 시	5.0[m] 이상	경간 중 지상고
교통에 지장을 줄 우려가 없는 경우	4.5[m] 이상	
철도 궤도 횡단 시	6.5[m] 이상	레일면상
횡단보도교 위	**3.0[m] 이상**	**그 노면상**
기타	3.5[m] 이상	

【답】①

99 ★☆☆☆☆

전격살충기의 시설방법으로 틀린 것은?

① 전기용품안전 관리법의 적용을 받은 것을 설치한다.
② 전용개폐기를 가까운 곳에 쉽게 개폐할 수 있게 시설한다.
③ 전격격자가 지표상 3.5[m] 이상의 높이가 되도록 시설한다.
④ 전격격자와 다른 시설물 사이의 이격거리는 0.5[m] 이상으로 한다.

Explanation

(KEC 241.7조) 전격살충기
① 전격살충기에 전기를 공급하는 전로에는 전용 개폐기를 전격살충기에서 가까운 곳에 쉽게 개폐할 수 있도록 시설할 것
② 전격살충기는 전격격자(電擊格子)가 지표상 또는 마루 위 3.5[m] 이상의 높이가 되도록 시설할 것. 다만, 2차측 개방 전압이 7[kV] 이하인 절연변압기를 사용하고 또한 보호격자의 내부에 사람이 손을 넣거나 보호격자에 사람이 접촉할 때에 절연 변압기의 1차측 전로를 자동적으로 차단하는 보호장치를 설치한 것은 지표상 또는 마루 위 1.8[m] 높이까지로 감할 수 있다.
③ 전격살충기의 전격격자와 다른 시설물(가공전선을 제외한다) 또는 식물 사이의 이격거리는 0.3[m] 이상일 것   【답】④

100 KEC 적용으로 인하여 삭제되었습니다.